Springer-Lehrbuch

W0087512

Springer
Berlin
Heidelberg
New York
Barcelona
Hongkong
London
Mailand
Paris
Singapur
Tokio

Klaus Backhaus   Bernd Erichson
Wulff Plinke   Rolf Weiber

Multivariate Analysemethoden

Eine anwendungsorientierte Einführung

Neunte, überarbeitete und erweiterte Auflage

Mit 217 Abbildungen und 230 Tabellen

 Springer

Prof. Dr. Klaus Backhaus
Westfälische Wilhelms-Universität Münster
Institut für Anlagen und Systemtechnologien
Am Stadtgraben 13–15
D-48143 Münster

Prof. Dr. Bernd Erichson
Otto-von-Guericke-Universität Magdeburg
Lehrstuhl für Marketing
Postfach 4120
D-39016 Magdeburg

Prof. Dr. Wulff Plinke
Humboldt-Universität zu Berlin
Institut für Marketing
Spandauer Straße 1
D-10178 Berlin

Prof. Dr. Rolf Weiber
Universität Trier ˙
Lehrstuhl für Marketing
Postfach 3825
D-54228 Trier

Die Deutsche Bibliothek – CIP-Einheitsaufnahme
Multivariate Analysemethoden: eine anwendungsorientierte Einführung/Klaus Backhaus ... – 9., überarb. u. erw. Aufl. – Berlin; Heidelberg; New York; Barcelona; Hongkong; London; Mailand; Paris; Singapur; Tokio: Springer, 2000
  (Springer-Lehrbuch)
  ISBN 3-540-67146-3
NE: Backhaus, Klaus

ISBN 3-540-67146-3 Springer-Verlag Berlin Heidelberg New York
ISBN 3-540-60917-2 8. Auflage Springer-Verlag Berlin Heidelberg New York

Dieses Werk ist urheberrechtlich geschützt. Die dadurch begründeten Rechte, insbesondere die der Übersetzung, des Nachdrucks, des Vortrags, der Entnahme von Abbildungen und Tabellen, der Funksendung, der Mikroverfilmung oder der Vervielfältigung auf anderen Wegen und der Speicherung in Datenverarbeitungsanlagen, bleiben, auch bei nur auszugsweiser Verwertung, vorbehalten. Eine Vervielfältigung dieses Werkes oder von Teilen dieses Werkes ist auch im Einzelfall nur in den Grenzen der gesetzlichen Bestimmungen des Urheberrechtsgesetzes der Bundesrepublik Deutschland vom 9. September 1965 in der jeweils geltenden Fassung zulässig. Sie ist grundsätzlich vergütungspflichtig. Zuwiderhandlungen unterliegen den Strafbestimmungen des Urheberrechtsgesetzes.

Springer-Verlag ist ein Unternehmen der Fachverlagsgruppe BertelsmannSpringer.
© Springer-Verlag Berlin Heidelberg 1980, 1982, 1985, 1987, 1989, 1990, 1994, 1996, 2000
Printed in Italy

Die Wiedergabe von Gebrauchsnamen, Handelsnamen, Warenbezeichnungen usw. in diesem Werk berechtigt auch ohne besondere Kennzeichnung nicht zu der Annahme, daß solche Namen im Sinne der Warenzeichen- und Markenschutz-Gesetzgebung als frei zu betrachten wären und daher von jedermann benutzt werden dürften.

Umschlaggestaltung: design & production, Heidelberg

SPIN 10701153   42/2202-5 4 3 2 1 0 – Gedruckt auf säurefreiem Papier

www.multivariate.de

die Online-Unterstützung zum Buch bei

Anwendungsfragen

Auf der Internet-Seite www.multivariate.de erhalten unsere Leser vielfältige Unter-
stützungsleistungen zu den Verfahren der multivariaten Datenanalyse. Ziel ist es,
ergänzend zum Buch auch zwischen den verschiedenen Buchauflagen auf aktuelle
Enwicklungen hinzuweisen und eine Plattform für den Erfahrungsaustausch unter
den Nutzern des Buches bereitzustellen. Im ersten Schritt bieten wir neben ausführlichen Informationen zum Buch insbesondere folgende Serviceleistungen an:

- **Newsletter**
  Der Newletter informiert per E-Mail oder Internet z. B. über neuste
  Entwicklungen im Bereich der multivariaten Verfahren, über Ergänzungen oder Korrekturen der jeweils aktuellen Auflage, Erscheinungs-
  hinweise zu neuen Veröffentlichungen u.v.m.
- **MVA-Forum**
  Das Forum bietet allen Anwendern die Möglichkeit, untereinander
  statistische Fragen und Probleme zu diskutieren, sowie eine komfor-
  table Recherche in allen Beiträgen.
- **FAQs**
  Die am häufigsten diskutierten Fragen und Hinweise werden über-
  sichtlich in der Rubrik "Frequently Asked Questions" archiviert, so
  daß eine schnelle Problemlösung gewährleistet ist.
- **Bestellungen**
  Via Internet können sowohl die Foliensätze, als auch die Support-
  Diskette schnell und bequem bestellt werden.

Die Serviceleistungen werden permanent ausgebaut und an die Bedürfnisse der
Leser des MVA-Buches anpaßt.

Vorwort zur neunten Auflage

Mit der neunten Auflage ist das Buch zu einem Standardwerk der Multivariaten Analysemethoden geworden. Wie auch in den Vorauflagen haben wir das Buch fortgeschrieben und an die neuen Entwicklungen angepasst. Dieses dokumentiert sich im einzelnen in folgenden Veränderungen gegenüber der achten Auflage:

- Es wurde ein neues Kapitel über „Logistische Regression" aufgenommen. Dieses Kapitel wurde von Herrn Professor Dr. Mario Rese, Universität Paderborn, verfaßt.
- Alle Kapitel wurden im übrigen einer kritischen Durchsicht unterzogen, ohne jedoch die Substanz des Textes zu ändern.
- Da das SPSS-Programm häufig unter Windows benutzt wird, haben wir uns entschieden, die Windows-Screenshots mit in das Buch aufzunehmen, um die Benutzerfreundlichkeit zu erhalten und weiter zu steigern. Leider ist die Conjoint-Analyse in SPSS 9.0 noch nicht in die Menüführung integriert und erfordert weiterhin die Anwendung der SPSS-Kommandosprache.
- Nach Fertigstellung des Manuskriptes ist die Version SPSS 10.0 erschienen, die wir nicht mehr integrieren konnten. Die Screenshots und Ausdrucke basieren auf der Version SPSS 9.0. Ein erster Vergleich zeigt jedoch, daß dabei keine wesentlichen Veränderungen relevant werden.
- Am Ende des Buches finden Sie - wie auch in den vergangenen Auflagen - eine Bestellkarte zum Bezug der Datendiskette sowie den Auswertungsprozeduren und den zu Folienvorlagen aufgearbeiteten Abbildungen zu allen Kapitel des Buches. Wir haben diesen Service nun ausgeweitet, und unsere Leser erhalten ab sofort unter der Internetadresse http://www.multivariate.de aktuelle Hinweise zum Buch. Hier werden wir auch auf etwaige Korrekturerfordernisse aufmerksam machen und eine FAQ-Rubrik einrichten, unter der wir häufig gestellte Fragen zu den Verfahren beantworten und Anregungen zu Buch wiedergeben. Selbstverständlich können ab sofort die Bestellungen von Folienvorlagen und der Daten-/Programmdiskette auch über diesen Weg erfolgen.

Wiederum haben wir dem großen Kreis von Kollegen, wissenschaftlichen Mitarbeitern und Studenten, die uns mit kritischen Fragen und Hinweisen auf Fehler aufmerksam gemacht haben, herzlich zu danken. Unser besonderer Dank gilt darüber hinaus Herrn Dipl.-Kfm. Thorsten Schmidt, Universität Münster, der die gesamte Neuauflage als Projektleiter begleitet hat und immer wieder kritische Anmerkungen geliefert hat. Frau Dipl.-Kffr. Christiane Tietz von der Universität Magdeburg sowie Herr Dipl.-Kfm. Markus Weber und Herr Dipl.-Kfm. Jörg Meyer von der

Universität Trier haben uns bei den Veränderungen in den Kapiteln Regressionsanalyse, Diskriminanzanlyse, Clusteranalyse und Conjoint-Analyse, sowie Herr Dipl.-Volksw. Frank Ullrich, Humboldt-Universität zu Berlin, bei den Kapiteln Kontingenz- und Varianzanalyse unterstützt. Herr cand. rer. pol. Jens van Laak, Universität Münster, hat mit großem Engagement für die gesamte Formatierung gesorgt. Durch ihre konstruktiven Beiträge haben die genannten Mitarbeiter wesentlich dazu beigetragen, daß die Neuauflage so schnell auf den Markt gebracht werden konnte.

April 2000

Klaus Backhaus, Münster
Bernd Erichson, Magdeburg
Wulff Plinke, Berlin
Rolf Weiber, Trier

Vorwort zur 8. Auflage

Auch die 7. Auflage dieses Buches hat wiederum eine erfreulich positive Aufnahme im Markt gefunden, so daß jetzt nach kurzer Zeit eine 8. Auflage erforderlich wurde. Während jedoch die 7. Auflage eine vollständige Neubearbeitung erfahren hatte, liegt mit der 8. Auflage eine Version vor, die lediglich im Hinblick auf Unstimmigkeiten und anderen Korrekturbedarf bearbeitet wurde. Alle Kapitel wurden einer kritischen Durchsicht unterzogen, die Substanz des Textes ist jedoch unverändert geblieben. Auch die Rechenbeispiele sind vollständig in der alten Struktur erhalten.

Wiederum haben wir herzlich zu danken dem großen Kreis von Kollegen, wissenschaftlichen Mitarbeitern und Studenten, die uns mit kritischen Fragen und Hinweisen auf Fehler aufmerksam gemacht haben. Durch ihre konstruktive Unterstützung ist mit Sicherheit der Gebrauch des Textes erleichtert worden. Den Satz für diese Auflage besorgten wiederum Frau Heidemarie Rolle, Humboldt-Universität zu Berlin, sowie Frau Simone Schuirmann, Universität Münster. Beiden gilt unser herzlicher Dank.

Januar 1996

Klaus Backhaus, Münster
Bernd Erichson, Magdeburg
Wulff Plinke, Berlin
Rolf Weiber, Trier

Vorwort zur 7. Auflage

Das Buch ist vollständig neu bearbeitet worden. Alle Kapitel wurden gründlich revidiert, das Einführungskapitel "Zur Verwendung dieses Buches" enthält nunmehr ausführlichere Hinweise zum Einsatz von SPSS. Das Kapitel 4 "Kreuztabellierung und Kontingenzanalyse" ist hinzugefügt worden. Alle Kapitel erscheinen jetzt in einer einheitlichen Struktur. Zunächst wird die Problemstellung der jeweiligen Methode im Hinblick auf den Untersuchungsansatz und die Anwendungsperspektiven vorgestellt, sodann erfolgt eine ausführliche Darstellung der Vorgehensweise der Methode. Darauf aufbauend wird im nächsten Schritt ein ausführliches Fallbeispiel unter Anwendung von SPSS-Prozeduren durchgerechnet, so daß der Benutzer ein nachvollziehbares Bild der notwendigen Schritte bei der Anwendung der Methoden erhält. Jedes Kapitel schließt mit Anwendungsempfehlungen für die jeweilige Methode und den SPSS-Kommandos, die für den Aufruf der Prozeduren zu wählen sind.

Neu in dieser Auflage ist auch ein Service für Anwender in Form einer Diskette, die mit der beigefügten Bestellkarte bei den Autoren angefordert werden kann. Diese Diskette enthält die Daten und SPSS-Kommandodateien für die in den einzelnen Kapiteln aufgeführten Fallbeispiele. Darüber hinaus wird für Dozenten, die dieses Buch in der Lehre einsetzen, ein Service-Paket angeboten, das zusätzlich zu der Datendiskette ein komplettes Set von Folienvorlagen mit allen Abbildungen, Tabellen, Schaukästen etc. in vergrößerter Form enthält. Auch dieses Service-Paket kann über die beigefügte Bestellkarte bei den Autoren angefordert werden.

Eine derartig gründliche Überarbeitung dieses Buches war nicht ohne die intensive Mitwirkung unserer Mitarbeiter an der Universität möglich. Wir danken sehr herzlich unseren wissenschaftlichen Mitarbeitern, Herrn Dipl.-Kfm. Christian Hahn, Universität Münster; Herrn Dipl.-Kfm. Jürgen Maretzki, Universität Erlangen-Nürnberg; Herrn Dipl.-Kfm. Alexander Pohl, Universität Trier; Herrn Dipl.-math.oec. Bernhard Peter Utzig, Humboldt-Universität zu Berlin, für ihre umfassende Unterstützung. Diese hat uns wesentlich geholfen, Fehler zu beseitigen, die Methodendarstellung zu verbessern und neue Impulse aufzugreifen. Des weiteren haben wir erhebliche wissenschaftliche Unterstützung durch Herrn Kollegen Walter Kristof, Ph. D., Universität Hamburg, erhalten, der uns als Methodenfachmann mit großer Gründlichkeit auf Fehler und Mißverständnisse hingewiesen hat. Ebenfalls danken wir Herrn Kollegen Sönke Albers, Universität Kiel, Herrn Kollegen Herbert Gülicher, Universität Münster, Herrn Dipl.-math.oec. Waldemar Toporowski, Universität Köln, sowie Herrn Dr. Gerhard Untiedt, Universität Münster. Sie alle haben uns durch ihre intensive Beschäftigung mit diesem Text sowie durch ihre fundierte Kritik Anregungen für notwendige Änderungen und Ergänzungen gegeben und Einzelfragen klären geholfen. Allen, die uns durch ihre Kritik und Verbesserungsvorschläge geholfen haben, sind wir zu großem Dank verpflichtet. Wir sehen es als selbstverständlich an, daß gleichwohl alle eventuellen Fehler, die noch verblieben sein sollten, zu unseren eigenen Lasten gehen.

Schließlich danken wir Frau Simone Schuirmann, Universität Münster, für die Bearbeitung sämtlicher Grafiken, die sie mit großer Sorgfalt erstellt hat, und Frau Heidemarie Rolle, Humboldt-Universität zu Berlin. Frau Rolle hat mit außerordentlichem Einsatz, Kompetenz und nicht endender Geduld die Desktop-Publishing-Aufgabe eines druckfertigen Manuskripts geleistet.

September 1993

Klaus Backhaus, Münster
Bernd Erichson, Nürnberg
Wulff Plinke, Berlin
Rolf Weiber, Trier

Vorwort zur vierten Auflage

Die 4. Auflage der "Multivariaten Analysemethoden" ist von Grund auf neu bearbeitet worden. Die Analysemethoden sind sowohl in der methodischen Darstellung als in den Rechenbeispielen vollständig variiert worden. Die Kausalanalyse unter Verwendung von LISREL sowie die Conjoint Analyse sind wegen ihrer gestiegenden Bedeutung neu in das Buch aufgenommen worden.

Alle Beispiele, die in den bisherigen Auflagen mit SPSS gerechnet worden sind, wurden auf die neueste Programmversion SPSS^X umgestellt. Dadurch haben sich im Einzelfall Änderungen gegenüber den Vorauflagen ergeben, auf die ggf. in den einzelnen Kapiteln hingewiesen wird.

Im übrigen haben wir uns bemüht, die bewährte Konzeption des Buches beizubehalten: In allen Darstellungen hat der einführende und anwendungsorientierte Charakter Vorrang vor dem methodischen Detail.

Herrn Dr. Lutz Hildebrandt, Technische Universität Berlin, danken wir für konstruktive Kritik zur Darstellung des LISREL-Ansatzes.

Berlin, Bochum, Mainz, Münster,
im Oktober 1986   Die Verfasser

Vorwort zur ersten Auflage

Bei der Erstellung dieses Buches erhielten wir vielfältige Unterstützung. Für wichtige kritische Hinweise zu den einzelnen Kapiteln danken wir den Herren Dipl.-Math. Helmut Braun, Bochum; Prof. Dr. Herbert Büning, Freie Universität Berlin; Dr. Horst Degen, Ruhr-Universität Bochum; Dipl.-Ökonom Konrad Lüneborg, Ruhr-Universität Bochum; Dipl.-Math. Axel Poscher, Ruhr-Universität Bochum. Herr Akad. Direktor Hanspeter Zoller im Rechenzentrum der Ruhr-Universität war uns bei der Erstellung druckfähiger Vorlagen für die EDV-Ausdrucke behilflich. Darüber hinaus sind wir einer Reihe von Testlesern für Hinweise und Verbesserungen zu Dank verpflichtet.

Im Januar 1980   Die Verfasser

Inhaltsübersicht*

*Ein ausführliches Inhaltsverzeichnis steht zu Beginn jedes Kapitels.

Zur Verwendung dieses Buches

1 Zielsetzung des Buches

Multivariate Analysemethoden sind heute eines der Fundamente der empirischen Forschung in den Realwissenschaften. Die Methoden sind immer noch in stürmischer Entwicklung. Es werden ständig neue methodische Varianten entwickelt, neue Anwendungsbereiche erschlossen und neue oder verbesserte Computer-Programme, ohne die eine praktische Anwendung der Verfahren nicht möglich ist, entwickelt. Insbesondere die zunehmende Verbreitung des Personal Computers (PC) hat die Entwicklung der Computer-Programme (Software) stark vorangetrieben und damit auch die Anwendung der Methoden sehr erleichtert.

Mancher Interessierte aber empfindet Zugangsbarrieren zur Anwendung der Methoden, die aus

-   Vorbehalten gegenüber mathematischen Darstellungen,
-   einer gewissen Scheu vor dem Einsatz des Computers und
-   mangelnder Kenntnis der Methoden und ihrer Anwendungsmöglichkeiten

resultieren. Es ist eine Kluft zwischen interessierten Fachleuten und Methodenexperten festzustellen, die bisher nicht genügend durch das Angebot der Fachliteratur überbrückt wird.

Die Autoren dieses Buches haben sich deshalb das Ziel gesetzt, zur Überwindung dieser Kluft beizutragen. Daraus ist ein Text entstanden, der folgende Charakteristika besonders herausstellt:

1. Es ist größte Sorgfalt darauf verwendet worden, die Methoden *allgemeinverständlich* darzustellen. Der Zugang zum Verständnis durch den mathematisch ungeschulten Leser hat in allen Kapiteln Vorrang gegenüber dem methodischen Detail. Dennoch wird der rechnerische Gehalt der Methoden in den wesentlichen Grundzügen erklärt, damit sich der Leser, der sich in die Methoden einarbeitet, eine Vorstellung von der Funktionsweise, den Möglichkeiten und Grenzen der Methoden verschaffen kann.
2. Das Verständnis wird erleichtert durch die ausführliche Darstellung von *Beispielen*, die es erlauben, die Vorgehensweise der Methoden leicht nachzuvollziehen und zu verstehen.
3. Darüber hinaus wurde - soweit die Methoden das zulassen - ein Beispiel durchgehend für mehrere Methoden benutzt, um das Einarbeiten zu erleichtern und um die Ergebnisse der Methoden vergleichen zu können. Die Rohdaten des Beispiels finden sich im Anhang zu diesem Buch.
    Die Beispiele sind dem Marketing-Bereich entnommen. Die Darstellung ist jedoch so gehalten, daß jeder Leser die Fragestellung versteht und auf seine spezifischen Anwendungsprobleme in anderen Bereichen übertragen kann.
4. Der Umfang des zu verarbeitenden Datenmaterials ist in aller Regel so groß, daß die Rechenprozeduren der einzelnen Verfahren mit vertretbarem Aufwand nur computergestützt durchgeführt werden können. Deshalb erstreckt sich die Darstellung der Methoden sowohl auf die Grundkonzepte der Metho-

den als auch auf die *Nutzung geeigneter Computer-Programme* als Arbeitshilfe. Es existiert heute eine Reihe von Programmpaketen, die die Anwendung multivariater Analysemethoden nicht nur dem Computer-Spezialisten erlauben. Insbesondere bedingt durch die zunehmende Verbreitung und Leistungsfähigkeit des PCs sowie die komfortablere Gestaltung von Benutzeroberflächen wird auch die Nutzung der Programme zunehmend erleichtert. Damit wird der Fachmann für das Sachproblem unabhängig vom Computer-Spezialisten.

Das Programmpaket bzw. Programmsystem, mit dem die meisten Beispiele durchgerechnet werden, ist *SPSS* (ursprünglich: *S*tatistical *P*ackage for the *S*ocial *S*ciences, jetzt: *S*tatistical *P*roduct and *S*ervice *S*olutions). Als Programmsystem wird dabei eine Sammlung von Programmen mit einer gemeinsamen Benutzeroberfläche bezeichnet. SPSS hat sehr weite Verbreitung gefunden, besonders im Hochschulbereich, aber auch in der Praxis. Es ist unter vielen Betriebssystemen auf Großrechnern, Workstations und PC verfügbar.

5.   Das vorliegende Buch hat den Charakter eines *Arbeitsbuches*. Die Darstellungen sind so gewählt, daß der Leser in jedem Fall alle Schritte der Lösungsfindung nachvollziehen kann. Alle Ausgangsdaten, die den Beispielen zugrunde liegen, sind abgedruckt. Die Syntaxkommandos für die Computer-Programme werden im einzelnen aufgeführt, so daß der Leser durch eigenes Probieren sehr schnell erkennen kann, wie leicht letztlich der Zugang zur Anwendung der Methoden unter Einsatz des Computers ist, wobei er seine eigenen Ergebnisse gegen die im vorliegenden Buch ausgewiesenen kontrollieren kann.

6.   Die Ergebnisse der computergestützten Rechnungen in den einzelnen Methoden werden jeweils anhand der betreffenden *Programmausdrucke* erläutert und kommentiert. Dadurch kann der Leser, der sich in die Handhabung der Methoden einarbeitet, schnell in den eigenen Ergebnissen eine Orientierung finden.

7.   Besonderes Gewicht wurde auf die *inhaltliche Interpretation* der Ergebnisse der einzelnen Verfahren gelegt. Wir haben es uns deshalb zur Aufgabe gemacht, die *Ansatzpunkte für Ergebnismanipulationen* in den Verfahren offenzulegen und die Gestaltungsspielräume aufzuzeigen, damit der Anwender der Methoden objektive und subjektive Bestimmungsfaktoren der Ergebnisse unterscheiden kann. Dies macht u.a. erforderlich, daß methodische Details offengelegt werden. Dabei wird auch deutlich, daß dem Anwender der Methoden eine Verantwortung für seine Interpretation der Ergebnisse zukommt.

Faßt man die genannten Merkmale des Buches zusammen, dann ergibt sich ein Konzept, das geeignet ist, sowohl dem Anfänger, der sich in die Handhabung der Methoden einarbeitet, als auch demjenigen, der mit den Ergebnissen dieser Methoden arbeiten muß, die erforderliche Hilfe zu geben. Die Konzeption läßt es dabei zu, daß *jede dargestellte Methode für sich verständlich* ist. Der Leser ist also an keine Reihenfolge der Kapitel gebunden.

Im folgenden wird ein knapper Überblick über die Verfahren der multivariaten Analysetechnik gegeben. Da sich die einzelnen Verfahren vor allem danach unterscheiden lassen, welche Anforderungen sie an das Datenmaterial stellen, seien hierzu einige Bemerkungen vorausgeschickt, die für Anfänger gedacht und deshalb betont knapp gehalten sind[1].

2 Daten und Skalen

Das "Rohmaterial" für multivariate Analysen sind die (vorhandenen oder noch zu erhebenden) *Daten*. Die Qualität von Daten wird u.a. bestimmt durch die Art und Weise der *Messung*. Daten sind nämlich das Ergebnis von Meßvorgängen. Messen bedeutet, daß Eigenschaften von Objekten nach bestimmten Regeln in Zahlen ausgedrückt werden.

Im wesentlichen bestimmt die jeweils betrachtete Art einer Eigenschaft, wie gut man ihre Ausprägung messen, d.h. wie gut man sie in Zahlen ausdrücken kann. So wird z.B. die Körpergröße eines Menschen sehr leicht in Zahlen auszudrücken sein, seine Intelligenz, seine Motivation oder sein Gesundheitszustand dagegen sehr schwierig.

Die "Meßlatte", auf der die Ausprägungen einer Eigenschaft abgetragen werden, heißt *Skala*. Je nachdem, in welcher Art und Weise eine Eigenschaft eines Objektes in Zahlen ausgedrückt (gemessen) werden kann, unterscheidet man Skalen mit unterschiedlichem *Skalenniveau*:

1. Nominalskala
2. Ordinalskala
3. Intervallskala
4. Ratioskala.

Das Skalenniveau bedingt sowohl den *Informationsgehalt der Daten* wie auch die *Anwendbarkeit von Rechenoperationen*. Nachfolgend sollen die Skalentypen und ihre Eigenschaften kurz umrissen werden.

Die *Nominalskala* stellt die primitivste Grundlage des Messens dar. Beispiele für Nominalskalen sind

- Geschlecht (männlich - weiblich)
- Religion (katholisch - evangelisch - andere)
- Werbemedium (Fernsehen - Zeitungen - Plakattafeln).

Nominalskalen stellen also Klassifizierungen qualitativer Eigenschaftsausprägung dar. Zwecks leichterer Verarbeitung mit Computern werden die Ausprägungen von Eigenschaften häufig durch Zahlen ausgedrückt, z.B.

männlich = 0
weiblich = 1.

---

[1] Vgl. z.B. Bleymüller, J./Gehlert, G./Gülicher, H. (1998), Kapitel 1.5. oder Mayntz, R./Holm, K./Hübner, P. (1978), Kap. 2.

Es handelt sich dabei lediglich um eine Kodierung der Merkmalsausprägungen, für die an Stelle von Zahlen auch andere Symbole hätten verwendet werden können. Mit derartigen Zahlen sind daher keine arithmetischen Operationen (wie Addition, Subtraktion, Multiplikation oder Division) erlaubt. Vielmehr lassen sich lediglich durch Zählen der Merkmalsausprägungen (bzw. der sie repräsentierenden Zahlen) Häufigkeiten ermitteln.

Eine *Ordinalskala* stellt das nächsthöhere Meßniveau dar. Die Ordinalskala erlaubt die Aufstellung einer Rangordnung mit Hilfe von Rangwerten (d.h. ordinalen Zahlen). Beispiele: Produkt A wird Produkt B vorgezogen, Herr M. ist tüchtiger als Herr N. Die Untersuchungsobjekte können immer nur in eine Rangordnung gebracht werden. Die Rangwerte 1., 2., 3. etc. sagen nichts über die Abstände zwischen den Objekten aus. Aus der Ordinalskala kann also nicht abgelesen werden, um wieviel das Produkt A besser eingeschätzt wird als das Produkt B. Daher dürfen auch ordinale Daten, ebenso wie nominale Daten, nicht arithmetischen Operationen unterzogen werden. Zulässige statistische Maße sind neben Häufigkeiten z.B. der Median oder Quantile.

Das wiederum nächsthöhere Meßniveau stellt die *Intervallskala* dar. Diese weist gleichgroße Skalenabschnitte aus. Ein typisches Beispiel ist die Celsius-Skala zur Temperaturmessung, bei der der Abstand zwischen Gefrierpunkt und Siedepunkt des Wassers in hundert gleichgroße Abschnitte eingeteilt wird. Bei intervallskalierten Daten besitzen auch die Differenzen zwischen den Daten Informationsgehalt (z.B. großer oder kleiner Temperaturunterschied), was bei nominalen oder ordinalen Daten nicht der Fall ist.

Oftmals werden - auch in dem vorliegenden Buch - Skalen benutzt, von denen man lediglich annimmt, sie seien intervallskaliert. Dies ist z.B. der Fall bei Ratingskalen: Eine Auskunftsperson ordnet einer Eigenschaft eines Objektes einen Zahlenwert auf einer Skala von 1 bis 7 (oder einer kürzeren oder längeren Skala) zu. Solange die Annahme gleicher Skalenabstände unbestätigt ist, handelt es sich allerdings strenggenommen um eine Ordinalskala.

Intervallskalierte Daten erlauben die arithmetischen Operationen der Addition und Subtraktion. Zulässige statistische Maße sind, zusätzlich zu den oben genannten, z.B. der Mittelwert (arithmetisches Mittel) und die Standardabweichung, nicht aber die Summe.

Die *Ratio- (oder Verhältnis)skala* stellt das höchste Meßniveau dar. Sie unterscheidet sich von der Invervallskala dadurch, daß zusätzlich ein natürlicher Nullpunkt existiert, der sich für das betreffende Merkmal im Sinne von "nicht vorhanden" interpretieren läßt. Das ist z.B. bei der Celsius-Skala oder der Kalenderzeit nicht der Fall, dagegen aber bei den meisten physikalischen Merkmalen (z.B. Länge, Gewicht, Geschwindigkeit) wie auch bei den meisten ökonomischen Merkmalen (z.B. Einkommen, Kosten, Preis). Bei verhältnisskalierten Daten besitzen nicht nur die Differenz, sondern, infolge der Fixierung des Nullpunktes, auch der Quotient bzw. das Verhältnis (Ratio) der Daten Informationsgehalt (daher der Name). Ratioskalierte Daten erlauben die Anwendung aller arithmetischen Operationen wie auch die Anwendung aller obigen statistischen Maße. Zusätzlich sind z.B. die Anwendung des geometrischen Mittels oder des Variationskoeffizienten erlaubt.

Nominalskala und Ordinalskala bezeichnet man als nichtmetrische Skalen, Intervallskala und Ratioskala als metrische Skalen.

In Tabelle 1 sind noch einmal die vier Skalenniveaus mit ihren Merkmalen zusammengestellt.

Tabelle 1:   Skalenniveau

Skala		Merkmale	Mögliche rechnerische Handhabung
nicht-metrische Skalen	NOMINAL-SKALA	Klassifizierung qualitativer Eigenschaftsausprägungen	Bildung von Häufigkeiten
	ORDINAL-SKALA	Rangwert mit Ordinalzahlen	Median, Quantile
metrische Skalen	INTERVALL-SKALA	Skala mit gleichgroßen Abschnitten ohne natürlichen Nullpunkt	Subtraktion, Mittelwert
	RATIO-SKALA	Skala mit gleichgroßen Abschnitten und natürlichem Nullpunkt	Addition, Division, Multiplikation

Zusammenfassend läßt sich sagen: Je höher das Skalenniveau ist, desto größer ist auch der Informationsgehalt der betreffenden Daten und desto mehr Rechenoperationen und statistische Maße lassen sich auf die Daten anwenden.

Es ist generell möglich, Daten von einem höheren Skalenniveau auf ein niedrigeres Skalenniveau zu transformieren, nicht aber umgekehrt. Dies kann sinnvoll sein, um die Übersichtlichkeit der Daten zu erhöhen oder um ihre Analyse zu vereinfachen. So werden z.B. häufig Einkommensklassen oder Preisklassen gebildet. Dabei kann es sich um eine Transformation der ursprünglich ratio-skalierten Daten auf eine Intervall-, Ordinal- oder Nominal-Skala handeln. Mit der Transformation auf ein niedrigeres Skalenniveau ist natürlich immer auch ein Informationsverlust verbunden.

3 Einteilung multivariater Analysemethoden

In diesem Buch werden die nachfolgenden Verfahren behandelt:

Kapitel 1:   Regressionsanalyse (REG)
Kapitel 2:   Varianzanalyse (VAR)
Kapitel 3:   Logistische Regression (LREG)
Kapitel 4:   Diskriminanzanalyse (DISK)
Kapitel 5:   Kontingenzanalyse (KONT)
Kapitel 6:   Faktorenanalyse (FAKT)
Kapitel 7:   Clusteranalyse (CLUS)
Kapitel 8:   Kausalanalyse (CAUS)
Kapitel 9:   Multidimensionale Skalierung (MDS)
Kapitel 10:   Conjoint Measurement (CONJ)

Im folgenden wird versucht, eine Einordnung dieser multivariaten Analysemethoden vor dem Hintergrund des Anwendungsbezuges vorzunehmen. Dabei sei jedoch betont, daß eine *überschneidungsfreie Zuordnung* der Verfahren zu praktischen Fragestellungen nicht immer möglich ist, da sich die Zielsetzungen der Verfahren z.T. überlagern.

Versucht man jedoch eine Einordnung der Verfahren nach anwendungsbezogenen Fragestellungen, so bietet sich eine Einteilung in primär *strukturen-entdekkende Verfahren* und primär *strukturen-prüfende Verfahren* an. Diese beiden Kriterien werden in diesem Zusammenhang wie folgt verstanden:

1. *Strukturen-prüfende Verfahren* sind solche multivariaten Verfahren, deren primäres Ziel in der *Überprüfung von Zusammenhängen* zwischen Variablen liegt. Der Anwender besitzt eine auf sachlogischen oder theoretischen Überlegungen basierende Vorstellung über die Zusammenhänge zwischen Variablen und möchte diese mit Hilfe multivariater Verfahren überprüfen.

    Verfahren, die diesem Bereich der multivariaten Datenanalyse zugeordnet werden können, sind die Regressionsanalyse, die Varianzanalyse, die Diskriminanzanalyse, die Kontingenzanalyse sowie die Kausalanalyse und das Conjoint Measurement zur Analyse von Präferenzstrukturen.

2. *Strukturen-entdeckende Verfahren* sind solche multivariaten Verfahren, deren primäres Ziel in der *Entdeckung von Zusammenhängen* zwischen Variablen oder zwischen Objekten liegt. Der Anwender besitzt zu Beginn der Analyse noch keine Vorstellungen darüber, welche Beziehungszusammenhänge in einem Datensatz existieren.

    Verfahren, die mögliche Beziehungszusammenhänge aufdecken können, sind die Faktorenanalyse, die Clusteranalyse und die Multidimensionale Skalierung.

3.1   Strukturen-prüfende Verfahren

Die strukturen-prüfenden Verfahren werden primär zur Durchführung von *Kausalanalysen* eingesetzt, z.B. um herauszufinden, ob und welche Wirkung das Wetter, die Bodenbeschaffenheit und unterschiedliche Düngemittel und -mengen auf den Ernteertrag haben oder wie die Nachfrage eines Produktes von dessen Qualität, dem Preis, der Werbung und dem Einkommen der Konsumenten abhängt.

Vorraussetzung für die Anwendung der Verfahren ist, daß der Anwender a priori (vorab) eine Vorstellung über den Kausalzusammenhang zwischen den Variablen hat, d.h. er weiß oder vermutet, welche der Variablen auf andere Variablen einwirken. Er muß also i.d.R. die von ihm betrachteten Variablen in *abhängige* und *unabhängige* Variablen einteilen können.

Nach dem Skalenniveau der Variablen lassen sich die grundlegenden strukturen-prüfenden Verfahren gemäß Tabelle 2 charakterisieren.

Tabelle 2:   Grundlegende strukturen-prüfende Verfahren

		UNABHÄNGIGE VARIABLE	
		metrisches Skalenniveau	nominales Skalenniveau
ABHÄNGIGE VARIABLE	metrisches Skalennivau	Regressions-analyse	Varianz-analyse
	nominales Skalenniveau	Diskriminanz-analyse, Logistische Regression	Kontingenz-analyse

Regressionsanalyse
Bei der Regressionsanalyse wird der Zusammenhang zwischen einer abhängigen und einer oder mehreren unabhängigen Variablen betrachtet, wobei unterstellt wird, daß alle Variablen auf metrischem Skalenniveau gemessen werden können. Mit Hilfe der Regressionsanalyse können dann die unterstellten Beziehungen überprüft und quantitativ abgeschätzt werden. Ein Beispiel bildet die Frage, ob und wie die Absatzmenge eines Produktes vom Preis, den Werbeausgaben, der Zahl der Verkaufsstätten und dem Volkseinkommen abhängt.

Die Regressionsanalyse ist ein außerordentlich flexibles Verfahren, das sowohl für die *Erklärung von Zusammenhängen* wie auch für die *Durchführung von Prognosen* große Bedeutung besitzt. Es ist damit sicherlich das wichtigste und am häufigsten angewendete multivariate Analyseverfahren.

Varianzanalyse
Werden die unabhängigen Variablen auf nominalem Skalenniveau gemessen und die abhängigen Variablen auf metrischem Skalenniveau, so findet die Varianzanalyse Anwendung. Dieses Verfahren besitzt besondere Bedeutung für die *Analyse von Experimenten*, wobei die nominalen unabhängigen Variablen die experimentellen Einwirkungen repräsentieren. So kann z.B. in einem Experiment untersucht werden, welche Wirkung alternative Verpackungen eines Produktes oder dessen Plazierung im Geschäft auf die Absatzmenge haben.

Diskriminanzanalyse
Ist die abhängige Variable nominal skaliert, und besitzen die unabhängigen Variablen metrisches Skalenniveau, so findet die Diskriminanzanalyse Anwendung. Die Diskriminanzanalyse ist ein Verfahren zur *Analyse von Gruppenunterschieden*. Ein Beispiel bildet die Frage, ob und wie sich die Wähler der verschiedenen Parteien hinsichtlich soziodemografischer und psychografischer Merkmale unterscheiden. Die abhängige nominale Variable identifiziert die Gruppenzugehörigkeit, hier die gewählte Partei, und die unabhängigen Variablen beschreiben die Gruppenelemente, hier die Wähler.
Ein weiteres Anwendungsgebiet der Diskriminanzanalyse bildet die *Klassifizierung von Elementen*. Nachdem für eine gegebene Menge von Elementen die Zusammenhänge zwischen der Gruppenzugehörigkeit der Elemente und ihren Merkmalen analysiert wurden, läßt sich darauf aufbauend eine Prognose der Gruppenzugehörigkeit von neuen Elementen vornehmen. Derartige Anwendungen finden sich z.B. bei der Kreditwürdigkeitsprüfung (Einstufung von Kreditkunden einer Bank in Risikoklassen) oder bei der Personalbeurteilung (Einstufung von Außendienstmitarbeitern nach erwartetem Verkaufserfolg).

Kontingenzanalyse
Eine weitere Methodengruppe, die der Analyse von Beziehungen zwischen ausschließlich nominalen Variablen dient, wird als Kontingenzanalyse bezeichnet. Hier kann es z.B. darum gehen, die Frage nach dem Zusammenhang zwischen Rauchen (Raucher vs. Nichtraucher) und Lungenerkrankung (ja, nein) statistisch zu überprüfen. Mit Hilfe weiterführender Verfahren, wie der sog. Logit-Analyse, läßt sich auch die Abhängigkeit einer nominalen Variablen von mehreren nominalen Einflußgrößen untersuchen.

Logistische Regression
Ganz ähnliche Fragestellungen, wie mit der Diskriminanzanalyse können auch mit dem Verfahren der logistischen Regression untersucht werden. Hier wird die Wahrscheinlichkeit der Zugehörigkeit zu einer Gruppe (einer Kategorie der abhängigen Variablen) in Abhängigkeit von einer oder mehrerer unabhängiger Variablen bestimmt. Dabei können die unabhängigen Variablen sowohl nominales als auch metrisches Skalenniveau aufweisen. Die Ermittlung von Wahrscheinlichkeiten gestattet es über die Analyse der Gruppenunterschiede hinaus z.B. das Herzinfarktrisiko von Patienten in Abhängigkeit von ihrem Alter und ihrem Cholesterin-Spiegel anzugeben.

LISREL-Analyse

Die bisher betrachteten Analysemethoden gehen davon aus, daß alle Variablen in der Realität beobachtbar und gegebenenfalls auch meßbar sind. Bei vielen theoriegestützten Fragestellungen hat man es aber auch mit nicht beobachtbaren Variablen zu tun, sog. *hypothetischen Konstrukten* oder *latenten Variablen.* Beispiele sind psychologische Konstrukte wie Einstellung oder Motivation oder soziologische Konstrukte wie Kultur oder soziale Schicht. In solchen Fällen kann die LISREL-Analyse zur Anwendung kommen.

LISREL (*Li*near Structural *Rel*ationships) ist ein Computer-Programm, mit Hilfe dessen sich sehr komplexe Kausalstrukturen überprüfen lassen. Insbesondere ist LISREL in der Lage, Beziehungen mit mehreren abhängigen Variablen, mehrstufigen Kausalbeziehungen und mit nicht-beobachtbaren (latenten) Variablen zu überprüfen.

Der Benutzer von LISREL muß, wenn er latente Variable einbezieht, zwei Modelle spezifizieren:

- Das *Meßmodell*, das die Beziehungen zwischen den latenten Variablen und geeigneten Indikatoren vorgibt, mittels derer sich die latenten Variablen indirekt messen lassen.
- Das *Strukturmodell*, welches die Kausalbeziehungen zwischen den latenten Variablen vorgibt, die letztlich dann zu überprüfen sind.

Die Variablen des Strukturmodells können alle latent sein, müssen es aber nicht. Ein Beispiel, bei dem nur die unabhängigen Variablen latent sind, wäre die Abhängigkeit der Absatzmenge von der subjektiven Produktqualität und Servicequalität eines Anbieters.

Conjoint Measurement

Bei den obigen Verfahren wurde nur zwischen metrischem und nominalem Skalenniveau der Variablen unterschieden. Ein Verfahren, bei dem die abhängige Variable häufig auf ordinalem Skalenniveau gemessen wird, ist das Conjoint Measurement. Insbesondere lassen sich mit Hilfe des Conjoint Measurement ordinal gemessene Präferenzen analysieren. Ziel ist es dabei, den *Beitrag einzelner Merkmale* von Produkten oder sonstigen Objekten *zum Gesamtnutzen* dieser Objekte herauszufinden. Einen wichtigen Anwendungsbereich bildet die Gestaltung neuer Produkte. Dazu ist es von Wichtigkeit, den Einfluß oder Beitrag alternativer Produktmerkmale, z.B. alternativer Materialien, Formen, Farben oder Preisstufen, auf die Nutzenbeurteilung zu kennen.

Beim Conjoint Measurement muß der Forscher vorab festlegen, welche Merkmale in welchen Ausprägungen berücksichtigt werden sollen. Hierauf basierend wird sodann ein Erhebungsdesign gebildet, im Rahmen dessen Präferenzen, z.B. bei potentiellen Käufern eines neuen Produktes, gemessen werden. Auf Basis dieser Daten erfolgt dann die Analyse zur Ermittlung der Nutzenbeiträge der berücksichtigten Merkmale und ihrer Ausprägungen. Das Conjoint Measurement bildet also eine *Kombination aus Erhebungs- und Analyseverfahren.*

3.2   Strukturen-entdeckende Verfahren

Die primär strukturen-entdeckenden Verfahren lassen sich, wie schon gesagt, zur *Entdeckung von Zusammenhängen* zwischen Variablen oder zwischen Objekten einsetzen. Es erfolgt daher vorab durch den Anwender keine Zweiteilung der Variablen in abhängige und unabhängige Variablen, wie es bei den strukturen-prüfenden Verfahren der Fall ist.

Faktorenanalyse
Die Faktorenanalyse findet insbesondere dann Anwendung, wenn im Rahmen einer Erhebung eine Vielzahl von Variablen zu einer bestimmten Fragestellung erhoben wurde, und der Anwender nun an einer Reduktion bzw. *Bündelung der Variablen* interessiert ist. Von Bedeutung ist die Frage, ob sich möglicherweise sehr zahlreiche Merkmale, die zu einem bestimmten Sachverhalt erhoben wurden, auf einige wenige "zentrale Faktoren" zurückführen lassen. Ein einfaches Beispiel bildet die Verdichtung der zahlreichen technischen Eigenschaften von Kraftfahrzeugen auf wenige Dimensionen, wie Größe, Leistung und Sicherheit.

Einen wichtigen Anwendungsbereich der Faktorenanalyse bilden *Positionierungsanalysen*. Dabei werden die subjektiven Eigenschaftsbeurteilungen von Objekten (z.B. Produktmarken, Unternehmen oder Politiker) mit Hilfe der Faktorenanalyse auf zugrundeliegende Beurteilungsdimensionen verdichtet. Ist eine Verdichtung auf zwei oder drei Dimensionen möglich, so lassen sich die Objekte im Raum dieser Dimensionen grafisch darstellen. Im Unterschied zu anderen Formen der Positionierungsanalyse spricht man hier von faktorieller Positionierung.

Clusteranalyse
Während die Faktorenanalyse eine Verdichtung oder Bündelung von Variablen vornimmt, wird mit der Clusteranalyse eine *Bündelung von Objekten* angestrebt. Das Ziel ist dabei, die Objekte so zu Gruppen (Clustern) zusammenzufassen, daß die Objekte in einer Gruppe möglichst ähnlich und die Gruppen untereinander möglichst unähnlich sind. Beispiele sind die Bildung von Persönlichkeitstypen auf Basis der psychografischen Merkmale von Personen oder die Bildung von Marktsegmenten auf Basis nachfragerelevanter Merkmale von Käufern.

Zur Überprüfung der Ergebnisse einer Clusteranalyse kann die Diskriminanzanalyse herangezogen werden. Dabei wird untersucht, inwieweit bestimmte Variablen zur Unterscheidung zwischen den Gruppen, die mittels Clusteranalyse gefunden wurden, beitragen bzw. diese erklären.

Multidimensionale Skalierung
Den Hauptanwendungsbereich der Multidimensionalen Skalierung (MDS) bilden Positionierungsanalysen, d.h. die *Positionierung von Objekten im Wahrnehmungsraum* von Personen. Sie bildet somit eine Alternative zur faktoriellen Positionierung mit Hilfe der Faktorenanalyse.

Im Unterschied zur faktoriellen Positionierung werden bei Anwendung der MDS nicht die subjektiven Beurteilungen von Eigenschaften der untersuchten Objekte erhoben, sondern es werden nur wahrgenommene globale Ähnlichkeiten zwischen den Objekten erfragt. Mittels der MDS werden die diesen Ähnlichkeiten zugrundeliegenden Wahrnehmungsdimensionen abgeleitet. Wie schon bei der faktoriellen Positionierung lassen sich sodann die Objekte im Raum dieser Dimensionen positionieren und grafisch darstellen.

Die MDS findet insbesondere dann Anwendung, wenn der Forscher keine oder nur vage Kenntnisse darüber hat, welche Eigenschaften für die subjektive Beurteilung von Objekten (z.B. Produktmarken, Unternehmen oder Politiker) von Relevanz sind.

Zwischen der Multidimensionalen Skalierung und dem Conjoint Measurement besteht sowohl inhaltlich wie auch methodisch eine enge Beziehung, obgleich wir sie hier unterschiedlich zum einen den strukturen-entdeckenden und zum anderen den strukturen-prüfenden Verfahren zugeordnet haben. Beide Verfahren befassen sich mit der Analyse psychischer Sachverhalte und bei beiden Verfahren können auch ordinale Daten analysiert werden, weshalb sie z.T. auch identische Algorithmen verwenden. Die betreffenden Kapitel stehen daher gemeinsam am Ende dieses Buches. Ein gewichtiger Unterschied besteht dagegen darin, daß der Forscher bei Anwendung des Conjoint Measurement bestimmte Merkmale auszuwählen hat.

3.3   Zusammenfassende Betrachtung

Die vorgenommene Zweiteilung der multivariaten Verfahren in strukturen-prüfende und strukturen-entdeckende Verfahren kann keinen Anspruch auf Allgemeingültigkeit erheben, sondern kennzeichnet nur den vorwiegenden Einsatzbereich der Verfahren. So kann und wird auch die Faktorenanalyse zur Überprüfung von hypothetisch gebildeten Strukturen eingesetzt, und viel zu häufig werden in der empirischen Praxis auch Regressions- und Diskriminanzanalyse im heuristischen Sinne zur Auffindung von Kausalstrukturen eingesetzt. Diese Vorgehensweise wird nicht zuletzt auch durch die Verfügbarkeit leistungsfähiger Rechner und Programme unterstützt. Der gedankenlose Einsatz von multivariaten Verfahren kann leicht zu einer Quelle von Fehlinterpretationen werden, da ein statistisch signifikanter Zusammenhang keine hinreichende Bedingung für das Vorliegen eines kausal bedingten Zusammenhangs bildet. ("Erst denken, dann rechnen!") Es sei daher generell empfohlen, die strukturen-prüfenden Verfahren auch in diesem Sinne, d.h. zur empirischen Überprüfung von theoretisch oder sachlogisch begründeten Hypothesen, einzusetzen.

In Tabelle 3 sind die oben skizzierten multivariaten Verfahren noch einmal mit jeweils einem Anwendungsbeispiel zusammengefaßt.

Tabelle 3:   Synopsis der multivariaten Analyseverfahren

Verfahren	Beispiel
Regressionsanalyse	Abhängigkeit der Absatzmenge eines Produktes von Preis, Werbeausgaben und Einkommen.
Varianzanalyse	Wirkung alternativer Verpackungsgestaltungen auf die Absatzmenge eines Produktes.
Logistische Regression	Ermittlung des Herzinfarktrisikos von Patienten in Abhängigkeit ihres Alters und ihres Cholesterin-Spiegels.
Diskriminanzanalyse	Unterscheidung der Wähler der verschiedenen Parteien hinsichtlich soziodemografischer und psychografischer Merkmale.
Kontingenzanalyse	Zusammenhang zwischen Rauchen und Lungenerkrankung.
Faktorenanalyse	Verdichtung einer Vielzahl von Eigenschaftsbeurteilungen auf zugrundeliegende Beurteilungsdimensionen.
Clusteranalyse	Bildung von Persönlichkeitstypen auf Basis der psychografischen Merkmale von Personen.
Kausalanalyse	Abhängigkeit der Käufertreue von der subjektiven Produktqualität und Servicequalität eines Anbieters.
Multidimensionale Skalierung	Positionierung von konkurrierenden Produktmarken im Wahrnehmungsraum der Konsumenten.
Conjoint Measurement	Ableitung der Nutzenbeiträge alternativer Materialien, Formen oder Farben von Produkten.

4 Zur Verwendung von SPSS

Wie bereits erwähnt, wurde zur rechnerischen Durchführung der Analysen, die in diesem Buch behandelt werden, vornehmlich das Programmsystem SPSS verwendet, da dieses in Wissenschaft und Praxis eine besonders große Verbreitung gefunden hat. Der Name 'SPSS' stand ursprünglich als Akronym für *S*tatistical *P*ackage for the *S*ocial *S*ciences. Der Anwendungsbereich von SPSS reicht allerdings weit über den Bereich der Sozialwissenschaften hinaus und umfaßt auch verschiedene Systeme. Vermutlich deshalb steht heute SPSS für *S*tatistical *P*roduct and *S*ervice *S*olutions.

In den einzelnen Kapiteln sind jeweils die erforderlichen Kommando-Sequenzen zum Nachvollzug der Analysen wiedergegeben. An dieser Stelle sollen in sehr kurzer Form einige allgemeine Hinweise zur Handhabung von SPSS gegeben werden. Bezüglich näherer Ausführungen muß auf die einschlägige Literatur verwiesen werden[2].

4.1   Die Daten

Die Datenanalyse mit SPSS setzt voraus, daß die Daten in Form einer *Matrix* angeordnet werden (vgl. Tabelle 4). SPSS erwartet, daß die *Spalten der Matrix* sich auf *Variablen* (variables), z.B. Eigenschaften, Merkmale, Dimensionen, beziehen. Die *Zeilen der Matrix* bilden *Beobachtungen bzw. Fälle* (cases), die sich auf unterschiedliche Personen, Objekte oder Zeitpunkte beziehen können. Ein kleines Beispiel zeigt Tabelle 5.

Tabelle 4:   Datenmatrix

Fälle	Variablen				
k	1	2	3	.....	J
1	x_{11}	x_{12}	x_{13}	.....	x_{1J}
2	x_{21}	x_{22}	x_{23}	.....	x_{2J}
.	.				.
.	.				.
.	.		Werte x_{kj}		.
.	.				.
.	.				.
K	x_{K1}	x_{K2}	x_{K3}	.....	x_{KJ}

Tabelle 5:   Beispiel einer Datenmatrix

Person	Geschlecht	Größe [cm]	Gewicht [kg]
1	1	178	68
2	0	166	50
3	1	183	75
4	0	168	52
5	1	195	100
6	1	175	73

---

[2] Vgl. hierzu inbesondere die Handbücher von Norusis, M.J./ SPSS Inc., die im Literaturverzeichnis aufgeführt sind, sowie das deutschsprachige Handbuch von Bühl, A. / Zöfel, P. (2000).

4.1.1 Der Daten-Editor

Der Daten-Editor dient der Eingabe der zu analysierenden Daten in SPSS. Neben der Erstellung neuer Datensätze können hier aber auch bereits bestehende Datensätze modifiziert werden. Abbildung 1 zeigt zunächst den Aufbau des Daten-Editors. Er besteht ähnlich einem Spreadsheet aus Zeilen und Spalten. Die einzelnen Zeilen entsprechen dabei den Beobachtungen bzw. Fällen (z.B. Personen, Marken) und die Spalten den Variablen (Merkmalen). In die einzelnen Felder sind für jeden Fall die jeweiligen Meßwerte der entsprechenden Variablen einzugeben. Die Größe des rechteckigen Daten-Tableaus wird folglich durch die Anzahl der Fälle und Variablen bestimmt. So liegen für das Beispiel aus Tabelle 5 für sechs Personen bezüglich der drei Variablen Geschlecht, Größe und Gewicht Meßwerte vor, die in den Daten-Editor eingegeben werden können. Neben dem Eingabefeld enthält der Daten-Editor auch eine Menüleiste mit den Optionen "Datei", "Bearbeiten", "Ansicht" etc. Auf deren Anwendung bzw. Nutzung wird innerhalb der einzelnen Analyseverfahren näher eingegangen.

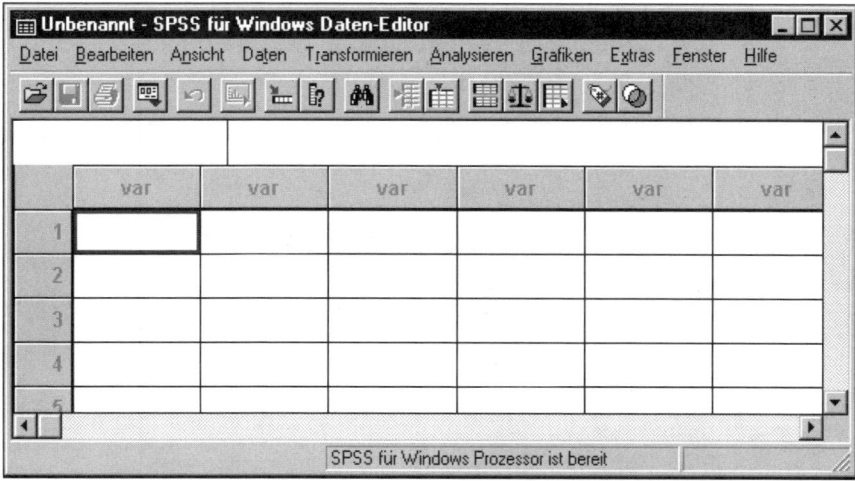

Abb. 1: Der Daten-Editor

4.1.2 Erstellung einer neuen Datendatei

4.1.2.1 Variablen definieren

Bevor mit der Eingabe der zu analysierenden Daten in den Daten-Editor begonnen werden kann, ist es in einem ersten Schritt erforderlich, die relevanten Variablen (z.B. Geschlecht, Größe, Gewicht) zu definieren. Der Eintrag "var" in den jeweiligen Spaltenköpfen zeigt zunächst an, daß für die entsprechende Spalte noch keine

Variable definiert wurde. Folgende Eigenschaften der Variablen können im Rahmen der Variablendefinition festgelegt werden: Variablenname, Variablentyp, Variablen- und Wertelabels, fehlende Werte, Spaltenformat und Meßniveau.

Um eine Variable zu definieren, stehen verschiedene Herangehensweisen alternativ zur Verfügung:

-    Aufruf der Option "Daten/ Variable definieren" aus der Menüleiste,

-    Doppelklick auf einen mit "var" betitelten Spaltenkopf bzw. auf den entsprechenden Spaltenkopf bei Änderung einer bereits definierten Variable,

-    Klick mit der rechten Maustaste auf entsprechenden Spaltenkopf und Auswahl der Option "Variable definieren".

Bei allen drei Vorgehensweisen ist jedoch darauf zu achten, daß sich der Befehl auf die jeweilige aktive Spalte bezieht. Bei der aktiven Spalte handelt es sich um diejenige, die ein stark umrandetes Feld enthält. Durch alle drei Vorgehensweisen wird das in Abbildung 2 dargestellte Dialogfenster "Variable definieren" geöffnet.

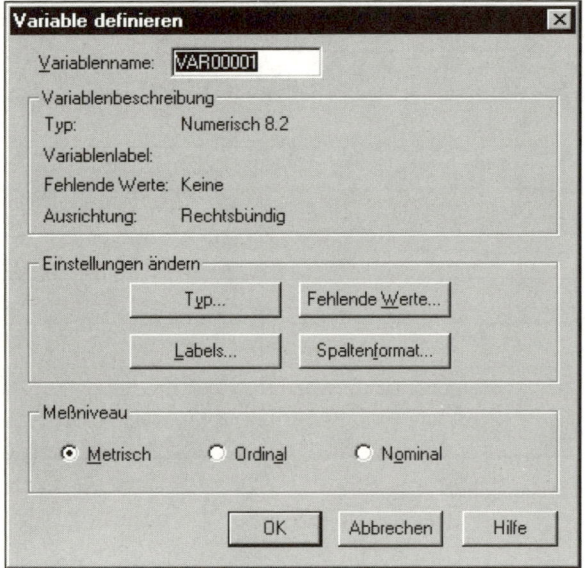

Abb. 2:   Dialogfenster "Variable definieren"

Zunächst werden in diesem Dialogfenster unter der Überschrift "Variablenbeschreibung" die aktuellen Einstellungen der Variable angezeigt. Diese Voreinstellungen werden jedoch in der Regel nicht übernommen, sondern variablenspezifisch angepaßt. So kann im Eingabefeld *"Variablenname"* der Variablen ein Name zugewiesen werden. Hierbei sind jedoch einige Beschränkungen zu berücksichtigen, wie z.B.:

- Der Name muß mit einem Buchstaben beginnen.

- Der Name darf nicht länger als acht Zeichen sein.

- Der Name kann aus Buchstaben und Ziffern sowie einigen Sonderzeichen (_, ., $, @, #) gebildet werden.

Aufgrund der Beschränkung bei der Festlegung des Variablennamens ist es in SPSS möglich, jeder Variable noch ein sog. Label, d.h. eine nähere Beschreibung, die maximal 120 Zeichen umfassen kann, zuzuordnen. Über die Schaltfläche "Labels…" wird hierzu das Dialogfenster "Labels definieren:" (vgl. Abbildung 3) aufgerufen. In diesem Dialogfenster können sowohl Variablen- als auch Wertelabels definiert oder geändert werden. So kann im Feld *Variablenlabel* die Variable näher beschrieben werden, z.B. "Größe in cm". Über *Wertelabels* ist es jedoch auch möglich, die einzelnen Werte einer Variable zu beschreiben. Dies ist vor allem dann nützlich und sinnvoll, wenn die einzelnen Variablenwerte als Text vorliegen, diese in den Daten-Editor aber in kodierter Form eingegeben werden sollen, wie z.B. im Fall der Variable Geschlecht. Soll ein Wertelabel hinzugefügt werden, wird der entsprechende Wert in das Feld "Wert" (z.B. 2) eingefügt und die Beschreibung dieses Wertes in das Feld "Wertelabel" (weiblich). Durch Klicken der Schaltfläche "Hinzufügen" wird das entsprechende Wertelabel der unteren Liste hinzugefügt.

Abb. 3:   Dialogfenster "Labels definieren:"

Zusätzlich läßt sich im unteren Abschnitt des Dialogfensters "Variable definieren" (vgl. Abbildung 2) auch das "*Meßniveau*" der Variable (metrisch, ordinal und nominal) spezifizieren. Voreingestellt (default) ist das Skalenniveau "metrisch". So wäre zum Beispiel für die Variable Geschlecht der Variablenname "geschlec" möglich und als Meßniveau wäre "nominal" zu definieren. Die Variablen Größe ("groesse") und Gewicht ("gewicht") wurden dahingegen auf dem metrischen Skalenniveau gemessen.

Die zu analysierenden Daten weisen häufig sehr unterschiedliche *Variablentypen* auf. So können neben einfachen numerischen Werten z.B. auch Datums- und Währungsformate oder auch Stringformate vorliegen. Klickt man auf die Schaltfläche "Typ..." wird das Dialogfenster "Variablentyp definieren:" (vgl. Abbildung 4) geöffnet. Hier wird es dem Nutzer ermöglicht, zwischen verschiedenen Variablentypen zu wählen. Je nach gewähltem Typ können für die Variable zusätzlich unterschiedliche Spezifikationen vorgenommen werden. So kann z.B. im Rahmen der Definition eines numerischen Variablentyps (Voreinstellung) zum einen die Anzahl der Zeichen (einschließlich Nachkommastellen und Dezimaltrennzeichen) angegeben werden, die die Werte der Variablen umfassen dürfen (Breite, maximal 40 Zeichen). Zum anderen ist es möglich, die Anzahl der Dezimalstellen (maximal 16) festzulegen. Ähnliche Einstellungen sind auch innerhalb der anderen Variablentypen möglich. Für die drei Variablen Geschlecht, Größe und Gewicht kann die Voreinstellung numerisch beibehalten werden. Lediglich die Anzahl der Dezimalstellen ließe sich hier auf Null herabsetzen (vgl. Daten in Tabelle 5).

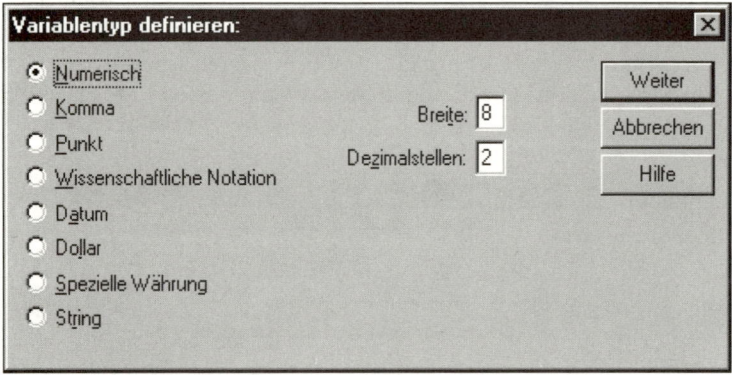

Abb. 4:   Dialogfenster "Variablentyp definieren:"

Ein Problem, das bei der praktischen Anwendung statistischer Methoden häufig auftritt, bilden *fehlende Werte (missing values)*. Hierbei handelt es sich um Variablenwerte, die von den Befragten entweder außerhalb des zulässigen Beantwortungsintervalls vergeben oder überhaupt nicht eingetragen wurden. So bedeutet zum Beispiel eine "0" für das Gewicht einer Person, daß der Wert nicht bekannt ist. Um eine Fehlinterpretation zu vermeiden, kann dies dem SPSS-Programm angezeigt werden. Zunächst kann zwischen zwei Arten von fehlenden Werte unterschieden werden. Werden die Felder im Daten-Editor, für die keine Angaben vorliegen leer gelassen bzw. entspricht der Eintrag nicht dem Variablenformat, erzeugt SPSS automatisch fehlende Werte. Diese werden als *systemdefinierte fehlende Werte* bezeichnet. Für den Nutzer werden diese Werte automatisch durch ein Komma in dem entsprechenden Feld kenntlich.[3] Es ist jedoch durch den Nutzer auch möglich, fehlende Werte selbst zu definieren. Zur Festlegung dieser *benutzerdefinierten fehlenden Werte* wird über die Schaltfläche "Fehlende Werte..." das Dialogfenster "Fehlende Werte definieren:" (vgl. Abbildung 5) aufgerufen. Für jede Variable stehen hier vier Optionen zur Festsetzung der fehlenden Werte zur Verfügung:

- keine fehlenden Werte (keine benutzerdefinierten fehlenden Werte),

- einzelne fehlende Werte (Eingabe von bis zu drei einzelnen Werten möglich, die als fehlende Werte behandelt werden sollen),

- Bereich fehlender Werte (Eingabe eines Wertebereiches für fehlende Werte, nur für numerische Variablen verfügbar),

- Bereich und einzelner Wert (Eingabe eines Wertebereiches für fehlende Werte und eines einzelnen Wertes außerhalb dieses Bereiches, nur für numerische Variablen verfügbar).

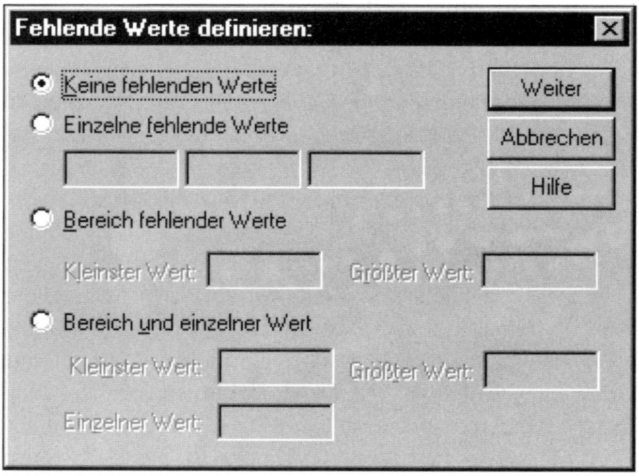

Abb. 5:   Dialogfenster "Fehlende Werte definieren:"

Die so definierten fehlenden Werte unterliegen im Rahmen der einzelnen Analyse-verfahren automatisch einer speziellen Handhabung oder werden von vielen Be-rechnungen ausgeschlossen. Da in unserem Beispiel sämtliche Variablenwerte vorliegen, kann die Voreinstellung "Keine fehlenden Werte" beibehalten werden. Schließlich ist es über die Schaltfläche "Spaltenformat..." für jede Variable mög-lich, die Spaltenbreite und die Textausrichtung festzulegen (vgl. Abbildung 6).

---

[3] Allerdings gilt dies nicht für String-Variablen, da diese auch einen leeren Eintrag enthal-ten können.

Abb. 6:   Dialogfenster "Spaltenformat definieren:"

Über die Schaltfläche "Weiter" gelangt man jeweils wieder zurück zum Dialogfenster "Variable definieren" und dort werden über die Schaltfläche "OK" die vorgenommenen Einstellungen bezüglich der einzelnen Variablen aktiviert.

4.1.2.2   Dateneingabe

Nachdem die Variablen definiert wurden, können die Daten direkt in den Daten-Editor eingegeben werden. Dabei kann man sowohl fall- als auch variablenweise vorgehen. Das jeweils aktive Feld, in das ein Wert eingegeben werden kann, ist durch eine starke Umrandung hervorgehoben. Die eingegebenen Daten werden allerdings zunächst in die Bearbeitungszeile geschrieben, die sich über den einzelnen Spalten befindet. Weist das aktive Feld bereits einen Eintrag auf, wird in der Bearbeitungszeile auch die entsprechende Zeilennummer und der Variablenname ausgewiesen (vgl. Abbildung 7). Bei der Eingabe der Daten ist jedoch zu beachten, daß nur Werte entsprechend des definierten Variablentyps eingegeben werden können. Das heißt, daß beispielsweise beim Variablentyp "numerisch" keine Buchstaben eingegeben werden können. Die Zulässigkeit überprüft SPSS bereits während der Eingabe, indem unzulässige Zeichen gar nicht erst aufgenommen werden.

Nachdem die neuen Daten in den Daten-Editor eingegeben oder eine bereits bestehende Datei geändert wurde, muß die Datei vor dem Schließen bzw. dem Beenden von SPSS gespeichert werden. Hierzu ist aus dem Menü der Befehl "Datei, Speichern unter..." auszuwählen. Es wird die Dialogbox "Daten speichern unter" geöffnet, über die die Datei unter Angabe eines Dateinamens gespeichert werden kann. Die für Datendateien erforderliche Erweiterung .sav wird von SPSS automatisch vorgegeben.

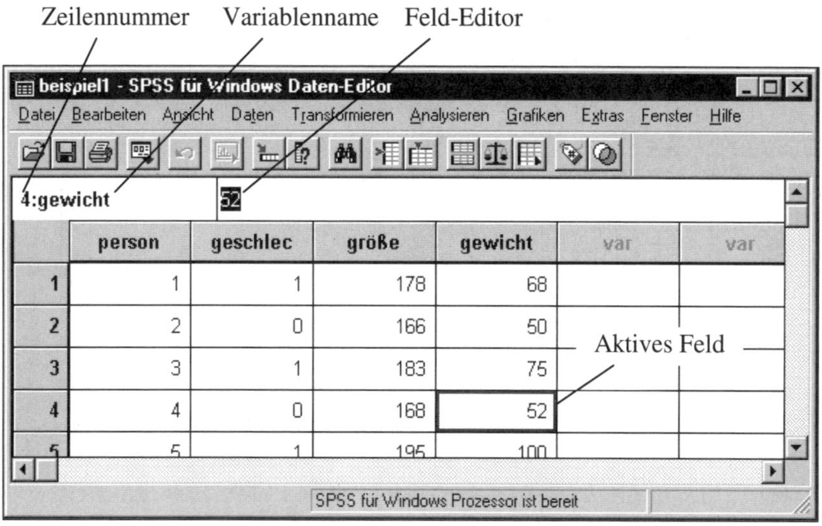

Zeilennummer   Variablenname   Feld-Editor

Abb. 7:   Aufbau des Daten-Editor

4.2   Einfache Statistiken und Grafiken

Wurden die Daten in den Daten-Editor eingegeben, ist es in der Regel sinnvoll, nicht sofort mit umfangreichen näheren Analysen zu beginnen, sondern zunächst die Daten selbst etwas ausführlicher zu betrachten. Somit erlangt man zum einen einen ersten Eindruck von den Daten selbst und kann zum zweiten mögliche Hypothesen über den Zusammenhang zwischen einzelnen Variablen aufstellen. SPSS bietet hier die Möglichkeit, die Daten z.B. durch entsprechende Kennzahlen (Mittelwert, Standardabweichung, Spannweite etc.) zu beschreiben oder ihre Verteilung zu überprüfen (z.B. Darstellung der Verteilung in Form eines Histogrammes, Berechnung von Kurtosis und Schiefe). Diese einfachen Analysen sind insbesondere auch für die Aufdeckung etwaiger Eingabefehler hilfreich. Mittels eines Streudiagrammes ist es beispielsweise aber auch möglich, zwei Variablen gegenüberzustellen, um so eine erste Vermutung über deren Zusammenhang zu erhalten. Im folgenden soll auf einige dieser einfachen Analysen eingegangen werden.

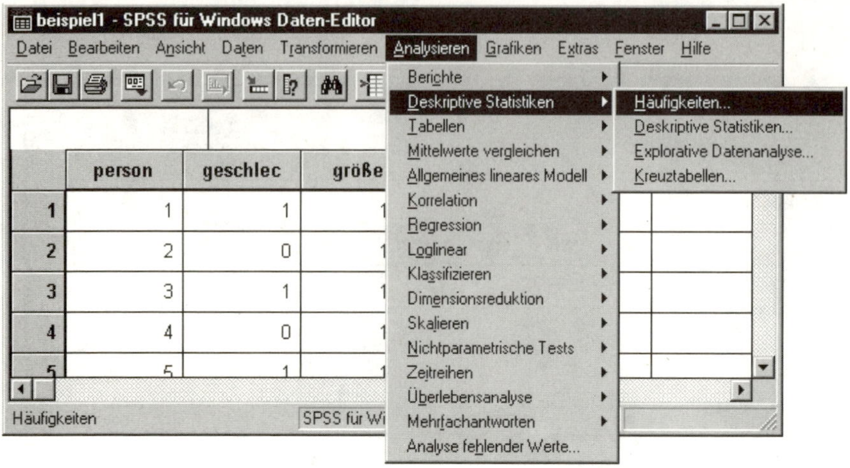

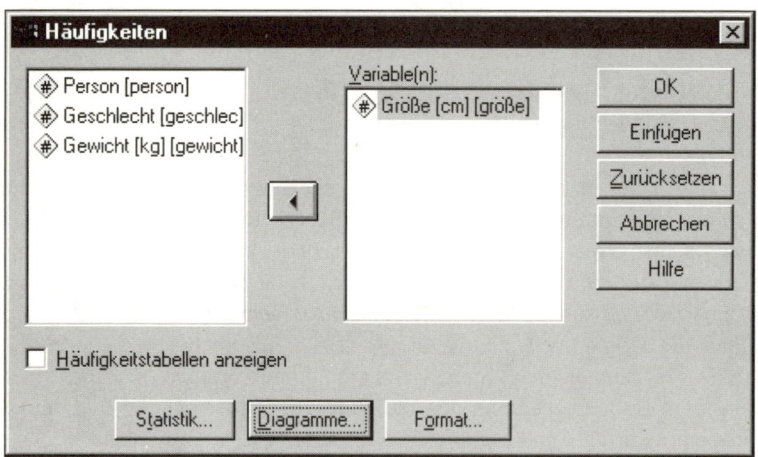

Abb. 8:   Daten-Editor mit Auswahl der Option "Analysieren/ Deskriptive Statistiken/ Häufigkeiten"

Abb. 9:   Dialogfenster "Häufigkeiten"

Unter dem Menüpunkt "Analysieren/ Deskriptive Statistiken/ Häufigkeiten" (vgl. Abbildung 8) ist es möglich, ein Dialogfenster aufzurufen, daß die Optionen bietet, zum einen verschiedene statistische Kennzahlen zu berechnen und zum anderen die Häufigkeitsverteilung tabellarisch und grafisch darzustellen.[4] Um diese Auswer-

---

[4] Die statistischen Kennzahlen lassen sich aber auch unter den Menüoptionen "Deskriptive Statistiken" und "Explorative Datenanalyse" berechnen und unter dem Menüpunkt " Explorative Datenanalyse" ist es ebenso möglich zur grafischen Veranschaulichung der Häufigkeitsverteilung das Histogramm zu wählen.

tungen zu berechnen bzw. anzuzeigen, sind in dem Dialogfenster "Häufigkeiten" (vgl. Abbildung 9) zunächst aus der linken Quellvariablenliste die relevanten Variablen auszuwählen und über den Variablen-Selektionsschalter (kleine Pfeil-Schaltfläche) in die nebenstehende Wahlvariablenliste zu übertragen. Abbildung 9 verdeutlicht dies am Beispiel der Variable "Größe". Im folgenden Schritt können dann über die entsprechenden Schaltflächen "Statistik..." und "Diagramme..." weitere Dialogfenster aufgerufen werden, die es ermöglichen, die erforderlichen statistischen Kennzahlen bzw. grafischen Darstellungen für die selektierten Variablen optional auszuwählen.

Die Ergebnisse dieser Analysen werden von SPSS automatisch in eine gesonderte Ausgabedatei (Viewer) geschrieben. Hierbei handelt es sich um eine reine Textdatei, die bis auf hochauflösende Grafiken sämtlichen Output der Analysen enthält. Wie Abbildung 10 verdeutlicht, unterteilt sich diese Ausgabedatei in zwei Fenster. Das linke Fenster enthält einen Überblick über die Inhalte des Outputs und im rechten werden statistische Tabellen, Diagramme und Textoutputs (z.B. auch Fehlermeldungen) ausgewiesen.

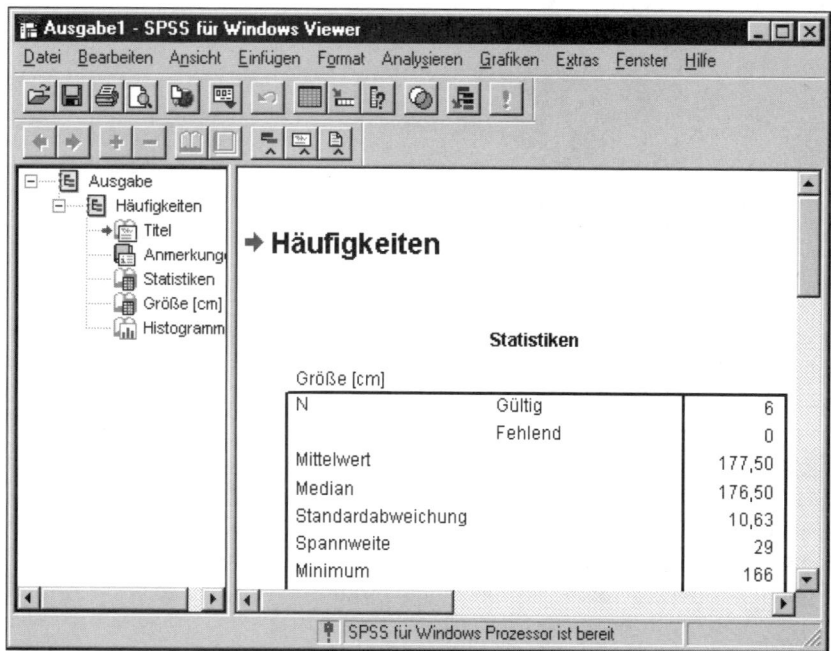

Abb. 10:   Ausgabedatei

Abbildung 10 enthält bereits für die Variable "Größe" einige statistische Kennzahlen (Mittelwert, Median, Standardabweichung, Spannweite, Minimum), die nach der dargestellten Vorgehensweise optional ausgewählt wurden. Wie erwähnt, können neben diesen Statistiken aber auch Diagramme ausgegeben werden, wie zum Beispiel ein Histogramm für die Variable "Größe" (vgl. Abbildung 11). Diese Darstellung verdeutlicht, daß zwei Personen eine Größe im Bereich von 165 bis 174 cm aufweisen, drei Personen im Bereich von 175 bis 184 cm liegen und eine Person zwischen 195 und 204 cm groß ist. Sämtliche Tabellen, Grafiken etc. lassen sich in der Ausgabedatei auch weiter bearbeiten. Die Ausgabedatei selbst kann unter der Erweiterung .spo abgespeichert werden.

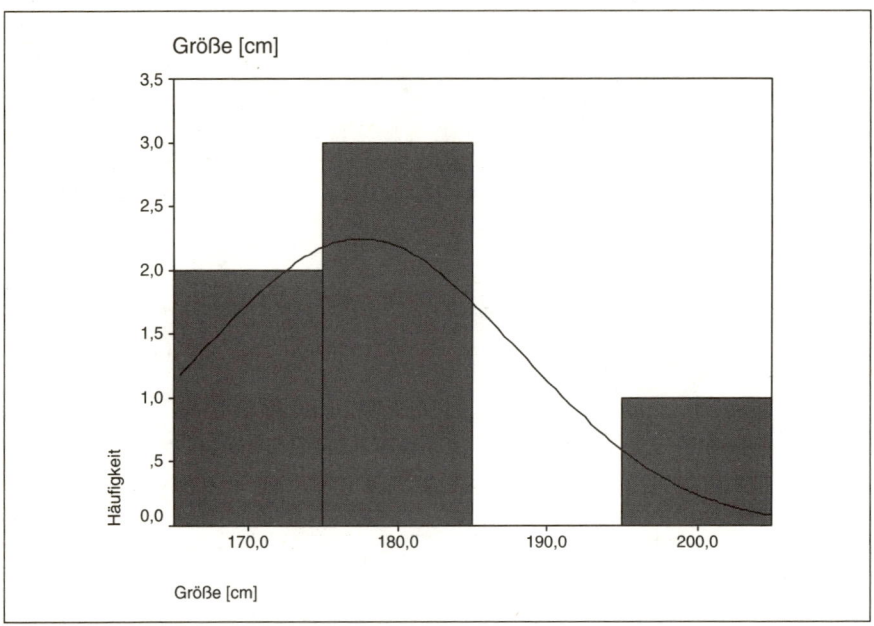

Abb. 11:   Histogramm mit Normalverteilungskurve

Um für zwei (oder drei) metrische Variablen die gemeinsame Verteilung darzustellen und somit auch einen ersten Einblick in deren möglichen Zusammenhang zu erhalten, bietet es sich an, diese Variablen in einem Streudiagramm abzubilden. Hierzu ist aus dem Menü der Befehl "Grafik/ Streudiagramm…" auszuwählen, wodurch das Dialogfenster "Streudiagramm" (vgl. Abbildung 12) geöffnet wird.[5]

---

[5] Dieser Befehl läßt sich sowohl im Daten-Editor als auch in der Ausgabedatei (Viewer) aufrufen.

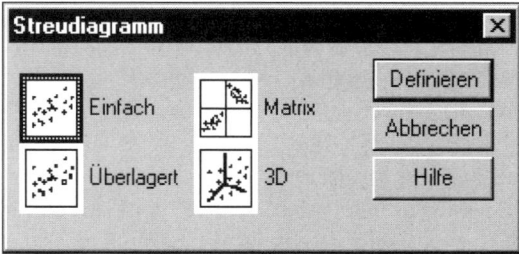

Abb. 12: Dialogfenster "Streudiagramm"

Um die gemeinsame Verteilung zweier Variablen darzustellen, ist das einfache Streudiagramm zu definieren. Hierzu sind aus der Variablenliste des Dialogfensters "Einfaches Streudiagramm" (vgl. Abbildung 13) die entsprechenden Variablen (hier z.B. Gewicht und Größe) auszuwählen und der Y- bzw. X-Achse zuzuordnen.

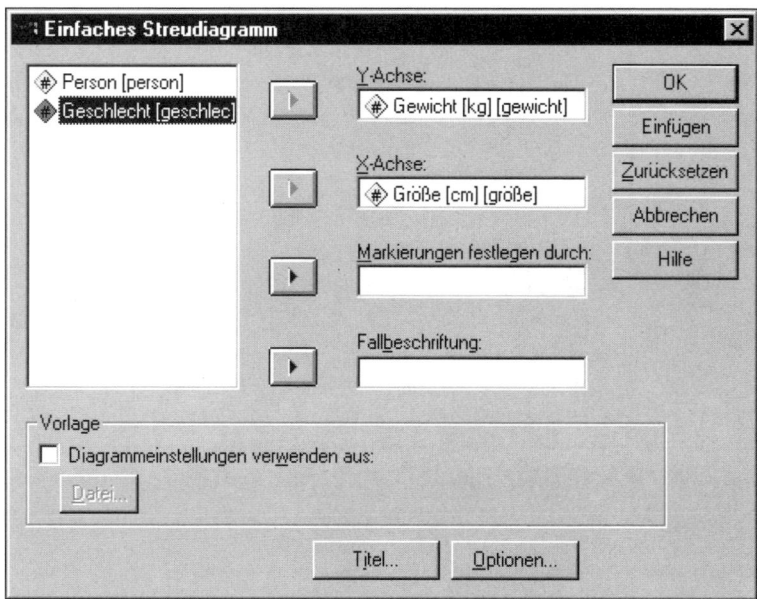

Abb. 13: Dialogfenster "Einfaches Streudiagramm"

Im Ergebnis liefert SPSS in der Ausgabedatei ein Streudiagramm entsprechend Abbildung 14. Hier wird jedes Wertepaar durch eine Quadrat angezeigt.[6] Wie das

---

[6] Zusätzlich wäre es möglich, diese Markierungen zum Beispiel durch die Variable Geschlecht festzulegen (vgl. Abbildung 13). Im Output erscheint die Markierung dann je

Streudiagramm verdeutlicht, besteht zwischen den Variablen Gewicht und Größe scheinbar ein positiver Zusammenhang. Das heißt, daß mit zunehmender Größe auch das Gewicht zunimmt. Gestützt wird dieser vermutete Zusammenhang auch durch den Korrelationskoeffizienten, der sich durch SPSS ebenfalls leicht berechnen läßt (Menü: "Analysieren/ Korrelation..."). Dieser liegt in diesem Fall bei 0,975. Dieser Zusammenhang läßt sich noch deutlicher erkennen, wenn in die Grafik eine Regressionsgerade (siehe zur Regression ausführlich Kapitel 1) eingefügt wird. Dabei ist wie folgt vorzugehen: Durch einen Doppelklick auf das Streudiagramm wird ein neues Fenster geöffnet, der Diagramm-Editor. In diesem Editor ist es möglich, das Diagramm weiter zu bearbeiten.

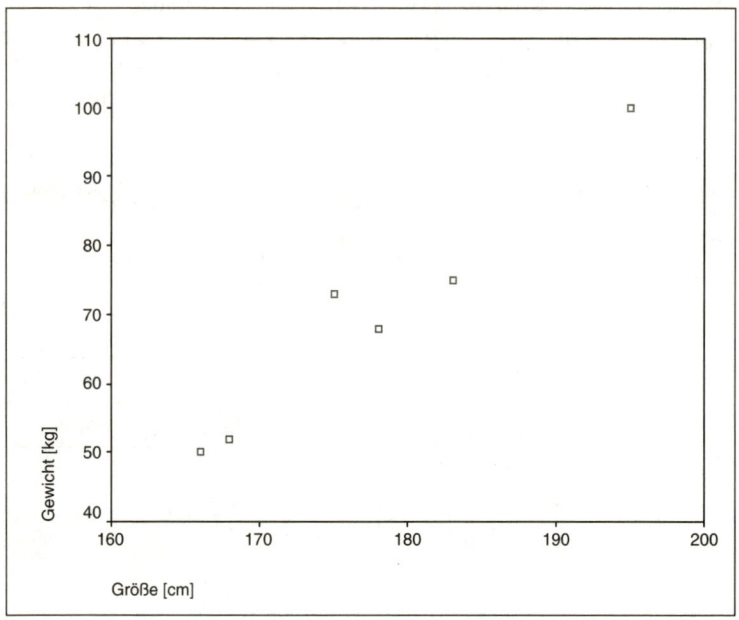

Abb. 14:   Einfaches Streudiagramm für die Variablen Größe und Gewicht

Zum Einfügen der Regressionsgeraden ist aus dem Menü der Befehl "Diagramme/ Optionen..." und in dem neuen Dialogfenster (vgl. Abbildung 15) unter dem Punkt "Anpassungslinie" die Option "Gesamt" auszuwählen. Über die Schaltfläche "Anpassungs-Optionen..." ist aufgrund des vermuteten linearen Zusammenhanges zwischen den beiden Variablen die Methode "Lineare Regression" zu wählen. Die dadurch in die Grafik eingefügte Regressionsgerade (vgl. Abbildung 16) bestätigt die Vermutung aus dem einfachen Scatterplot.

---

nach Ausprägung des Geschlechtes in einer anderen Farbe, so daß die einzelnen Wertepaare zugeordnet werden können.

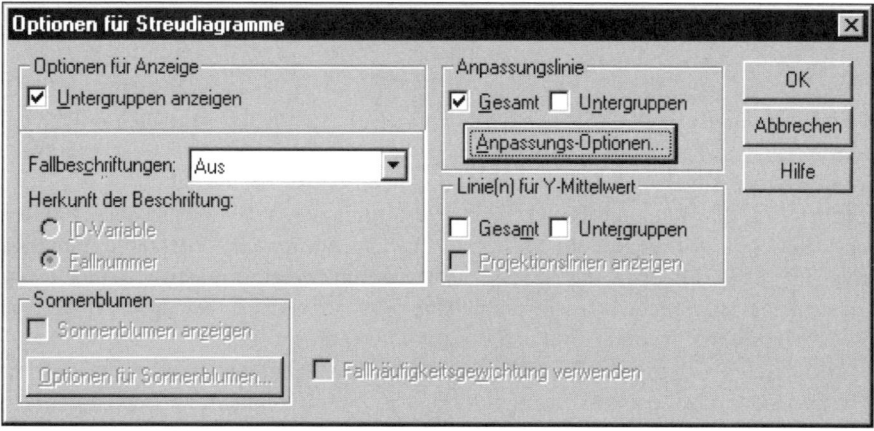

Abb. 15:   Dialogfenster "Optionen für Streudiagramme"

Die einzelnen Wertepaare weisen nur sehr geringe Abweichungen von der Geraden auf.

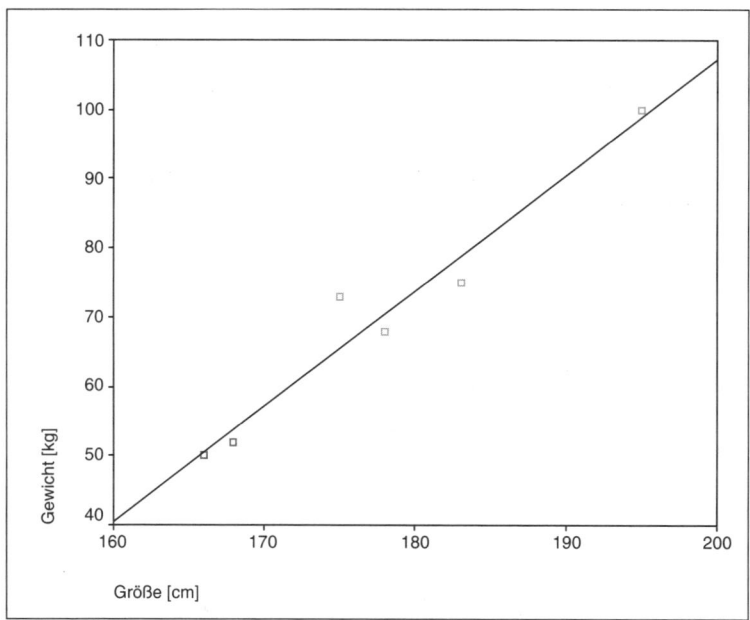

Abb. 16:   Einfaches Streudiagramm mit linearer Regressionskurve

4.3   Die Kommandosprache

Das Programmsystem SPSS existiert in unterschiedlichen Versionen für PC und Großrechner. Allen Versionen liegt eine gemeinsame Kommandosprache zugrunde. Auf diese wird auch von der grafischen Benutzeroberfläche von SPSS für Windows zugegriffen, d.h. wenn der Benutzer über die Dialogfelder des Programmes Befehle auswählt, werden diese automatisch in die Kommandosprache übersetzt und in eine Syntaxdatei geschrieben. Es handelt sich dabei um eine einfache Textdatei, die gelesen und bearbeitet werden kann. Alternativ kann man aber auch direkt eine Syntaxdatei erstellen und damit den Programmablauf steuern.

Wenngleich sich mit *SPSS für Windows* auch ohne Kenntnis der Kommandosprache arbeiten läßt, so ist es doch vorteilhaft, einige Grundkenntnisse hierüber zu haben. Zum einen sind einige Funktionen von *SPSS für Windows* nur über die Kommandosprache zugänglich und zum anderen ist es bei komplexeren Problemen von Vorteil, mit Syntaxdateien zu arbeiten. Die Erstellung einer Syntaxdatei wird bei Verwendung der Windows-Version dem Anwender sehr erleichtert, indem ihm die beim Dialogbetrieb intern erzeugte Kommandosequenz über ein Dialogfenster zugänglich gemacht wird. Dort kann er sie wie einen Text weiterbearbeiten und sodann erneut starten. Bei Bedarf kann er sie in einer Datei abspeichern, auf die sich später wieder zugreifen läßt. Hierauf wird aber später noch etwas ausführlicher eingegangen.

4.3.1   Aufbau einer Syntaxdatei

Tabelle 6 zeigt ein Beispiel für eine Syntaxdatei. Neben den Syntaxkommandos enthält diese Datei auch den Datensatz aus Tabelle 5.

Die Syntaxdatei gliedert sich in zwei Teile:

- Datendefinition
- Prozedur (Datenanalyse).

Die Datendefinition beschreibt die Daten und kann auch, wie in der Syntaxdatei in Tabelle 6, die Daten selbst enthalten. Bei größeren Datensätzen kann es dagegen vorteilhaft sein, diese in einer separaten Datei abzulegen. In diesem Fall ist in der Datendefinition der Name der betreffenden Datendatei anzugeben.

Der Prozedurteil weist SPSS an, welche Analysen mit den Daten vorzunehmen sind. Das Kommando DESCRIPTIVES im Beispiel weist SPSS an, für die drei Variablen Geschlecht, Größe und Gewicht einfache Statistiken wie den arithmetischen Mittelwert und die Standardabweichung zu berechnen. Es können beliebig viele Prozedurkommandos folgen. Mittels FREQUENCIES werden die Häufigkeiten der Geschlechter ausgezählt.

Tabelle 6:   Beispiel einer Syntaxdatei für SPSS

```
TITLE "Mutivariate Analysemethoden".

*DATENDEFINITION.

DATA LIST FREE
   /Person Geschl Groesse Gewicht.
VARIABLE LABELS    Person      "Nr. der Person"
                   /Geschl     "Geschlecht"
                   /Groesse    "Groesse in cm"
                   /Gewicht    "Gewicht in kg".

VALUE LABELS    Geschl 0 "weiblich"
                       1 "männlich".

BEGIN DATA
   1  1  178  68
   2  0  166  50
   3  1  183  75
   4  0  168   0
   5  1  195  100
   6  1  175  73
END DATA.

*PROZEDUR

SUBTITLE "Berechnung einfacher Statistiken".

DESCRIPTIVE VARIABLES = Geschl Groesse Gewicht.

FREQUENCIES VARIABLES = Geschl
   /HISTOGRAM.
```

4.3.2 Syntax der Kommandos

Die Kommandos entsprechen den Sätzen einer Sprache. Sie sind nach einfachen syntaktischen Regeln aufgebaut.

Ein *Kommando* besteht aus einem

- *Schlüsselwort* (keyword), das gleichzeitig auch den Namen des Kommandos bildet (z.B. TITLE, DATA LIST oder DESCRIPTIVES) und
- *Spezifikationen*, die zusätzliche Informationen enthalten.

Spezifikationen können folgende Elemente enthalten:

- Schlüsselwörter, z.B. FREE oder VARIABLES,
- Namen, z.B. Person oder Geschl,
- Zahlen, z.B. Daten oder Parameter,
- sonstige Zeichenketten (Strings), die durch Hochkommata oder Anführungszeichen eingeschlossen sein müssen, z.B. Titel oder Labels.

Beispiel: DATA LIST-Kommando

Kommando   Spezifikation

DATA LIST   FREE / Person Geschl Groesse Gewicht.

Schlüsselwörter sind hier DATA LIST und FREE.
Spezifikationen bilden hier die Formatangabe FREE und die Variablenliste mit den
Namen der Variablen. Mehrere Spezifikationen sind durch Schrägstrich (/) zu tren-
nen.
   Zur Unterscheidung von Namen und Strings werden hier Schlüsselwörter mit
Großbuchstaben geschrieben. SPSS unterscheidet dagegen nicht zwischen Klein-
und Großbuchstaben.
   Ein Kommando kann auch *Unterkommandos* enthalten, die ebenso aufgebaut
sind. Wie alle Kommandos beginnen auch Unterkommandos mit einem Schlüsselwort, das gleichzeitig dessen Namen bildet. Kommandos wie Unterkommandos
können Spezifikationen enthalten, müssen es aber nicht. Z.B. ist HISTOGRAM ein
Unterkommando des Kommandos FREQUENCIES. Es erzeugt eine Darstellung
der Häufigkeitsverteilung, die durch FREQUENCIES ermittelt wird. Mehrere Unterkommandos sind durch Schrägstrich (/) zu trennen. Falls das Unterkommando
Spezifikationen umfaßt, so sind diese durch das Gleichheitszeichen (=) vom Kom-
mando-Schlüsselwort zu trennen (z.B. VARIABLES = Geschl).
Ein Kommando kann beliebig viele Zeilen umfassen. Es muß aber immer in einer
neuen Zeile begonnen und durch einen Punkt (.) abgeschlossen werden. Alternativ
kann auch eine Leerzeile angehängt werden. Leerzeichen innerhalb eines Kommandos werden vom Programm überlesen.
   Neben den Kommandos kann eine Syntaxdatei auch Kommentarzeilen enthalten,
die durch einen Stern (*) einzuleiten sind. Sie dienen der besseren Lesbarkeit der
Syntaxdatei. Ein Kommentar kann auch mehrere Zeilen umfassen, wobei Fortset-
zungszeilen ebenfalls durch einen Stern einzuleiten oder um wenigstens eine Spalte
einzurücken sind.
   Die *SPSS-Kommandos* lassen sich grob in drei Gruppen einteilen:

-   Kommandos zur Datendefinition (z.B. DATA LIST, VALUE LABELS),
-   Prozedurkommandos (z.B. DESCRIPTIVES, REGRESSION),
-   Hilfskommandos (z.B. TITLE).

4.3.3 Kommandos zur Datendefinition

Durch das Kommando DATA LIST wird dem SPSS-Programm mitgeteilt, wo die
Eingabedaten stehen und wie sie formatiert sind. Falls die Eingabedaten nicht, wie
hier im Beispiel, in der Syntaxdatei stehen, könnte hier der Name der Datendatei
angegeben werden.
   Der Parameter FREE besagt, daß die Eingabedaten formatfrei (freefield) zu lesen
sind. Erforderlich ist hierfür, das die Zahlen durch Leerzeichen (blanks) oder
Kommata voneinander getrennt stehen. Wenn den Variablen feste Spalten zuge-

wiesen werden sollen, ist der Parameter FIXED zu verwenden. In diesem Fall ist kein Trennzeichen zwischen den Variablenwerten erforderlich.

Mittels der folgenden Liste von Variablennamen wird angezeigt, wieviele Variablen der Datensatz enthält. Ein Variablenname darf maximal 8 Zeichen umfassen, von denen das erste Zeichen ein Buchstabe sein muß. Falls das Datenformat FIXED spezifiziert wurde, muß hinter jedem Namen angegeben werden, welche Spalten die betreffende Variable belegt.

Mit dem Kommando VALUE LABELS können den Werten einer Variablen Beschreibungen zugeordnet werden, um so den Ausdruck besser lesbar zu machen. Die Labels sollten nicht mehr als 20 Zeichen umfassen und müssen durch Hochkommata oder Anführungsstriche eingeschlossen sein.

Ein ähnliches Kommando ist VARIABLE LABELS, mit dem den Variablen bei Bedarf erweiterte Bezeichnungen oder Beschreibungen (bis zu 120 Zeichen) zugeordnet werden können.

Die Kommandos BEGIN DATA und END DATA zeigen Beginn und Ende der Daten an. Sie müssen unmittelbar vor der ersten und nach der letzten Datenzeile stehen. Die Daten lassen sich auch als eine Spezifikation von BEGIN DATA auffassen.

Ein Problem, das bei der praktischen Anwendung statistischer Methoden häufig auftaucht, bilden *fehlende Werte*. So bedeutet im Beispiel die "0" für das Gewicht von Person 4, daß der Wert nicht bekannt ist. Um eine Fehlinterpretation zu vermeiden, kann dies dem Programm durch das folgende Kommando angezeigt werden:

MISSING VALUE Gewicht(0).

Der fehlende Wert, für den hier die "0" steht, wird dann bei den Durchführungen von Rechenoperationen gesondert behandelt.

Neben derartigen *vom Benutzer spezifizierten fehlenden Werten* (User-Missing Values) setzt SPSS auch *automatisch fehlende Werte* (System-Missing Values) ein, wenn im Datensatz anstelle einer Zahl ein Leerfeld oder eine sonstige Zeichenfolge steht. Automatisch fehlende Werte werden bei der Ausgabe durch einen Punkt (.) gekennzeichnet. Generell aber ist es von Vorteil, wenn der Benutzer fehlende Werte durch das MISSING VALUE-Kommando spezifiziert.

4.3.4 Prozedurkommandos

Prozedurkommandos sind im Sprachgebrauch von SPSS alle Kommandos, die "etwas mit den Daten machen", z.B. sie einlesen, verarbeiten oder ausgeben. Die Kommandos zur Datendefinition (oder auch Transformationen) werden erst dann wirksam, wenn ein Prozedurkommando das Einlesen der Daten auslöst. Der Großteil der Prozedurkommandos betrifft die statistischen Prozeduren von SPSS. Eine Ausnahme ist z.B. das Kommando LIST, mit dem sich die Daten in das Ausgabeprotokoll schreiben lassen.

Durch Prozedurkommandos wird SPSS mitgeteilt, welche statistischen Analysen mit den zuvor definierten Daten durchgeführt werden sollen. So lassen sich z.B. mit dem Kommando DESCRIPTIVES einfache Statistiken wie Mittelwert und Standardabweichung berechnen oder mit dem Kommando REGRESSION eine multiple Regressionsanalyse durchführen. Weitere Kommandos zur Durchführung multivariater Analysen sind z.B. ANOVA, DISCRIMINANT, FACTOR oder CLUSTER. Sie werden im Zusammenhang mit der Darstellung der Verfahren in den jeweiligen Kapiteln dieses Buches erläutert.

Eine Syntaxdatei kann beliebig viele Prozedurkommandos enthalten. Die Prozedurkommandos sind z.T. sehr komplex und können eine große Zahl von Unterkommandos (subcommands) umfassen.

Viele Kommandos wie auch Unterkommandos besitzen hinsichtlich ihrer möglichen Spezifikationen *Voreinstellungen* (*defaults*), die zur Anwendung kommen, wenn durch den Benutzer keine Spezifikation erfolgt. Die Voreinstellungen von Unterkommandos treten z.T. auch in Kraft, wenn das Unterkommando selbst nicht angegeben wird. So wurde hier bei den Prozeduren DESCRIPTIVES und FREQUENCIES jeweils auf Angabe des Unterkommandos STATISTICS verzichtet, mit Hilfe dessen sich steuern läßt, welche statistischen Maße berechnet und ausgegeben werden sollen.

4.3.5 Hilfskommandos

SPSS kennt eine Vielzahl weiterer Kommandos, die weder die Datendefinition noch die Datenanalyse betreffen und die hier der Einfachheit halber als Hilfskommandos bezeichnet werden. Hierunter fallen die im Beispiel verwendeten Kommandos TITLE, SUBTITLE und FINISH.

Durch TITLE wird, wie bereits erwähnt, eine Seitenüberschrift spezifiziert und durch SUBTITLE eine zweite Überschrift, die bei der Ausgabe in der zweiten Zeile einer jeden Seite erscheint. Die Kommandos TITLE und SUBTITLE können beliebig oft und unabhängig voneinander zur Änderung der Überschriften im Verlauf eines Jobs verwendet werden.

Weitere Hilfskommandos, die SPSS anbietet, dienen z.B. zur Steuerung der Ausgabe oder zur Selektion, Gewichtung, Sortierung und Transformation von Daten.

4.3.6 Erstellen, Öffnen und Speichern einer Syntaxdatei

Um eine neue Syntaxdatei zu erstellen, stehen zwei alternative Vorgehensweisen zur Verfügung. Zum einen kann eine neue leere Syntaxdatei nach dem Start von SPSS geöffnet werden. Hierzu ist aus dem Menüpunkt "Datei/ Neu" die Option "Syntax" zu wählen (vgl. Abbildung 17).

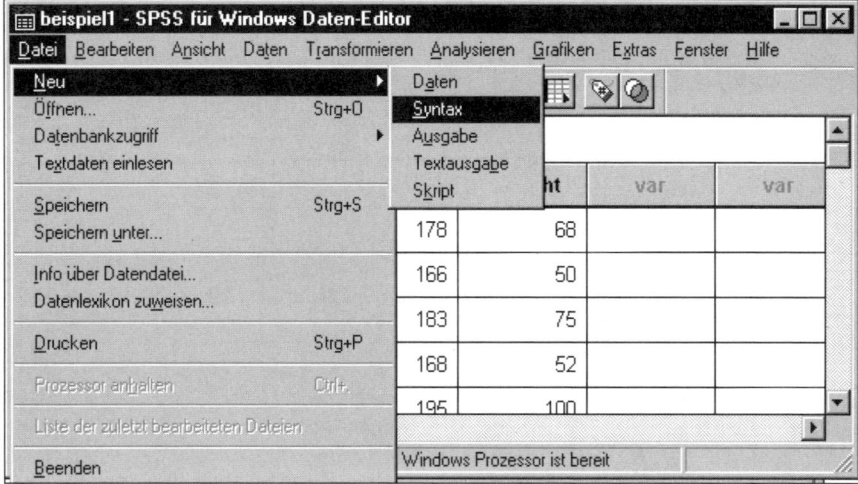

Abb. 17:   Erstellung einer neuen Syntaxdatei nach dem Start von SPSS

Andererseits ist es möglich festzulegen, daß bei jedem Programmstart von SPSS automatisch eine neue Syntaxdatei geöffnet wird. Hierzu ist zunächst aus dem Menüpunkt "Bearbeiten" der Befehl "Optionen" aufzurufen. Aus dem nunmehr geöffneten Dialogfenster "Optionen" (vgl. Abbildung 18) ist im weiteren die Karte "Allgemein" auszuwählen. Durch Aktivierung der Option "Syntax-Fenster beim Start öffnen" wird bei jedem Start von SPSS automatisch eine neue Syntaxdatei erstellt.

Neben der Erstellung neuer Syntaxdateien können natürlich auch bereits bestehende während einer SPSS-Sitzung geöffnet werden. Über den Menüpunkt "Datei/ Öffnen" wird hierzu das Dialogfenster "Datei öffnen" aufgerufen. In diesem kann dann die zu öffnende Syntaxdatei ausgewählt werden, wobei zu beachten ist, daß die Syntaxdateien standardmäßig mit der Extension ".sps" versehen sind. Der Inhalt der Syntaxdatei erscheint dann im Syntax-Editor (vgl. Abbildung 19).

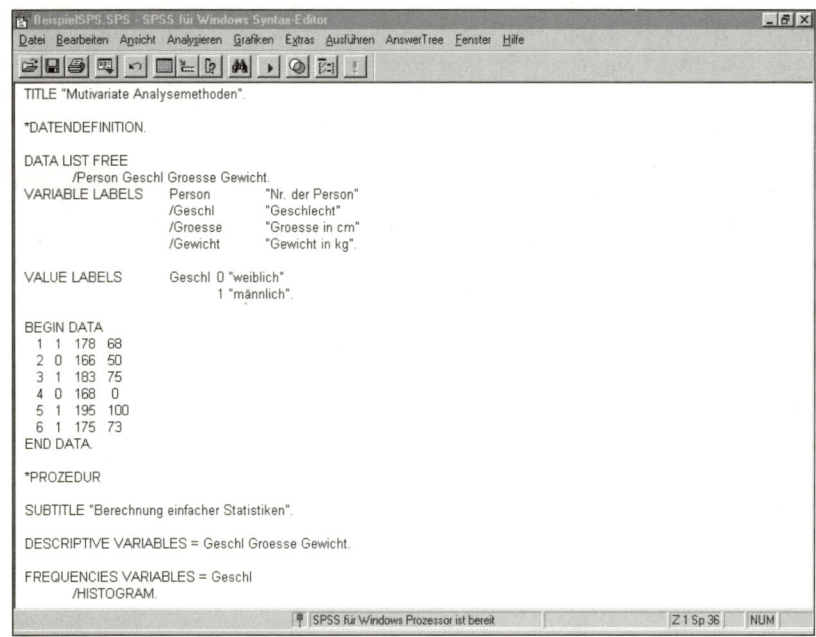

Abb. 18:   Dialogfenster "Optionen/ Allgemein"

```
TITLE "Mutivariate Analysemethoden".

*DATENDEFINITION.

DATA LIST FREE
      /Person Geschl Groesse Gewicht.
VARIABLE LABELS    Person        "Nr. der Person"
                   /Geschl       "Geschlecht"
                   /Groesse      "Groesse in cm"
                   /Gewicht      "Gewicht in kg".

VALUE LABELS    Geschl 0 "weiblich"
                       1 "männlich".

BEGIN DATA
 1  1  178  68
 2  0  166  50
 3  1  183  75
 4  0  168   0
 5  1  195 100
 6  1  175  73
END DATA.

*PROZEDUR

SUBTITLE "Berechnung einfacher Statistiken".

DESCRIPTIVE VARIABLES = Geschl Groesse Gewicht.

FREQUENCIES VARIABLES = Geschl
      /HISTOGRAM.
```

Abb. 19:   Syntax-Editor von SPSS

Beim Speichern einer Syntaxdatei (über den Menüpunkt "Datei/ Speichern unter..." bzw. "Datei/ Speichern") wird die Extension .sps automatisch vergeben. Hier ist lediglich der bei einer neuen Syntaxdatei von SPSS automatisch gebildete Dateiname sinnvollerweise zu ändern bzw. bei Bedarf auch der Dateiname einer bestehenden Datei zu variieren.

Neben der direkten Erstellung einer Syntaxdatei, d.h. der manuellen Eingabe der Kommandos durch den Nutzer, stehen auch die folgenden Methoden zur Verfügung, um automatisch eine Syntaxdatei zu erzeugen: Zum einen ist es möglich, die Syntax über die Dialogfenster der jeweils aktuellen Analyse in den Syntax-Editor einzufügen. Hierzu ist in dem jeweiligen Dialogfenster die Schaltfläche "Einfügen" zu aktivieren (vgl. Abbildung 20). Die Syntax wird dann automatisch in den geöffneten Syntax-Editor geschrieben, bzw. es wird automatisch ein neuer Syntax-Editor geöffnet, in den die jeweiligen der Analyse zugrundeliegenden Kommandos eingefügt werden.

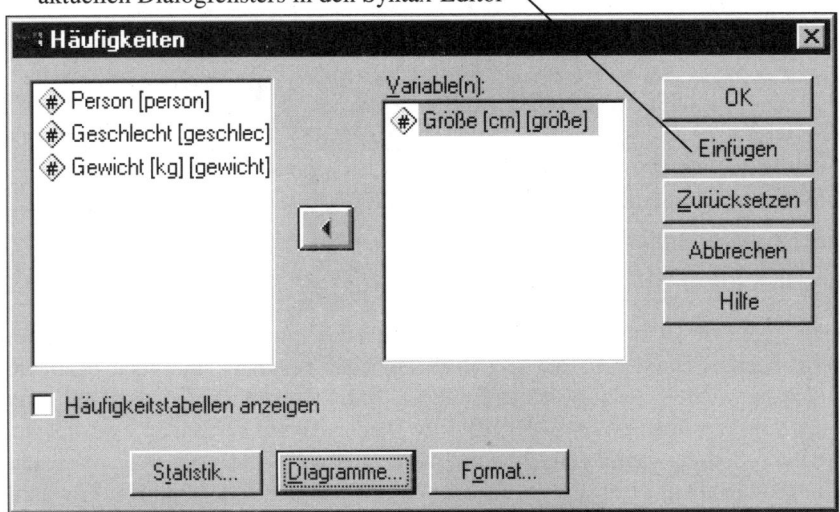

Abb. 20: Übertragung der Syntaxkommandos aus dem Dialogfenster

Eine zweite Möglichkeit besteht darin, die Syntax aus dem SPSS-Log der Ausgabedatei manuell in den Syntax-Editor zu kopieren. Damit sämtliche Befehle zunächst in den Log der Ausgabedatei geschrieben werden, ist es vor der Durchführung von Analysen erforderlich, die Option "Befehle im Log anzeigen" auszuwählen. Diese Option ist in der Karte "Viewer" des Dialogfensters "Optionen" zu finden (vgl. Abbildung 21). Werden dann Analysen über die Dialogfenster durchgeführt, werden die entsprechenden SPSS-Kommandos automatisch zusammen mit dem Output im Ausgabefenster angezeigt. Von hier können dann die Kommandos in eine Syntaxdatei manuell kopiert werden.

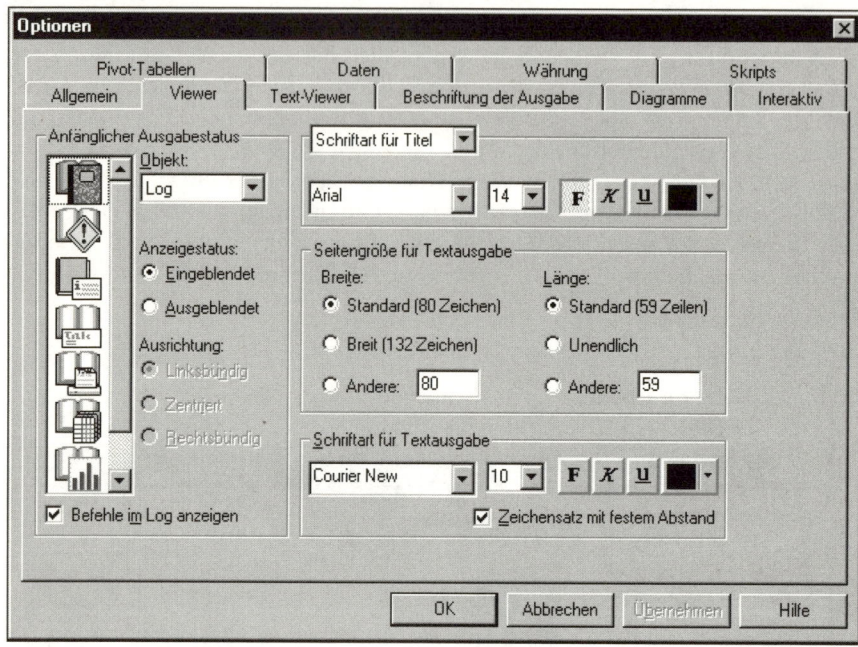

Abb. 21:   Dialogfenster "Optionen/ Viewer"

Letztendlich ist es möglich, sämtliche Kommandos in einer Journaldatei zu speichern. Hierbei handelt es sich ebenfalls um eine Textdatei, die auch bearbeitet werden kann. Sie besitzt zwar die Extension .jnl, kann aber als Syntaxdatei (.sps) gespeichert werden, die dann wiederholt zu Datenanalysen verwendet werden kann. Damit das Sitzungsjournal erstellt wird, ist die Option "Befehlssyntax in Journaldatei aufzeichnen" in der Karte "Allgemein" des Dialogfensters "Optionen" zu aktivieren (vgl. Abbildung 22). Per Voreinstellung wird dieses Journal im Verzeichnis C:\Temp\spss.jnl gespeichert. Diese Einstellung kann aber auch variiert werden, d.h. es kann ein anderes Verzeichnis angegeben werden. Hierzu ist über die Schaltfläche "Durchsuchen" ein entsprechender Pfad zu wählen. Je nach Einstellung wird die Journaldatei bei jeder SPSS-Sitzung erweitert ("Anhängen") oder überschrieben ("Überschreiben").

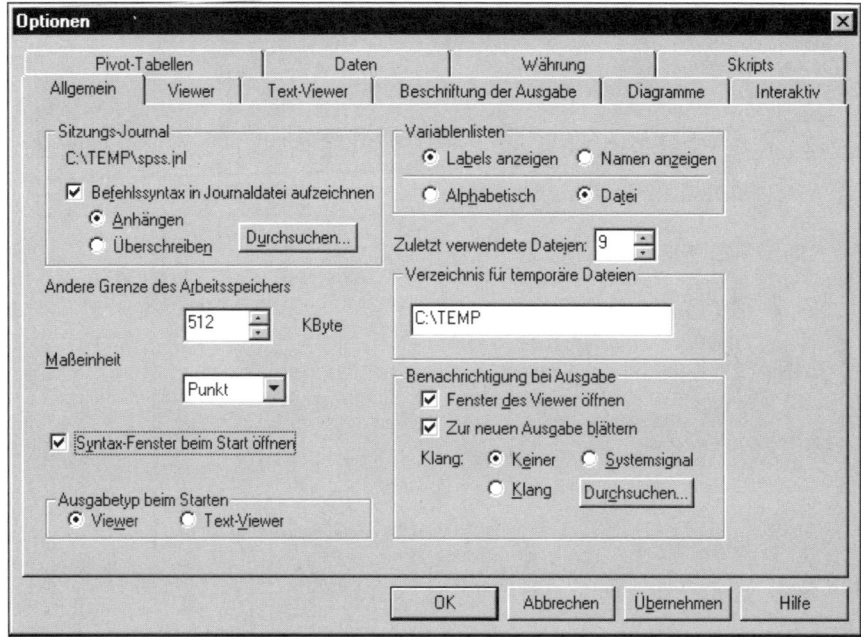

Abb. 22:   Dialogfenster "Optionen/ Allgemein"

4.3.7   Ausführen der Syntaxdatei

Um eine Syntaxdatei zur Ausführung zu bringen, muß zunächst entsprechend der bereits dargestellten Vorgehensweise nach dem Programmaufruf von SPSS die Syntaxdatei geöffnet werden. Es lassen sich sodann entweder sämtliche Befehle der Datei oder einzelne, unmittelbar aufeinanderfolgende Befehle ausführen. Hierzu ist aus dem Menü des Syntax-Editors der Befehl "Ausführen" zu wählen, wobei dieser wie folgt spezifiziert werden kann (vgl. Abbildung 23):

-    Alles (Alle Kommandos der Syntaxdatei werden ausgeführt.)
-    Auswahl (Nur die markierten Kommandos werden ausgeführt.)
-    Aktuellen Befehl (Es werden alle Kommandos ausgeführt, wo sich der Cursor befindet.)
-    Bis Ende (Alle Kommandos zwischen der aktuellen Cursorposition und dem Ende der Syntaxdatei werden ausgeführt.)

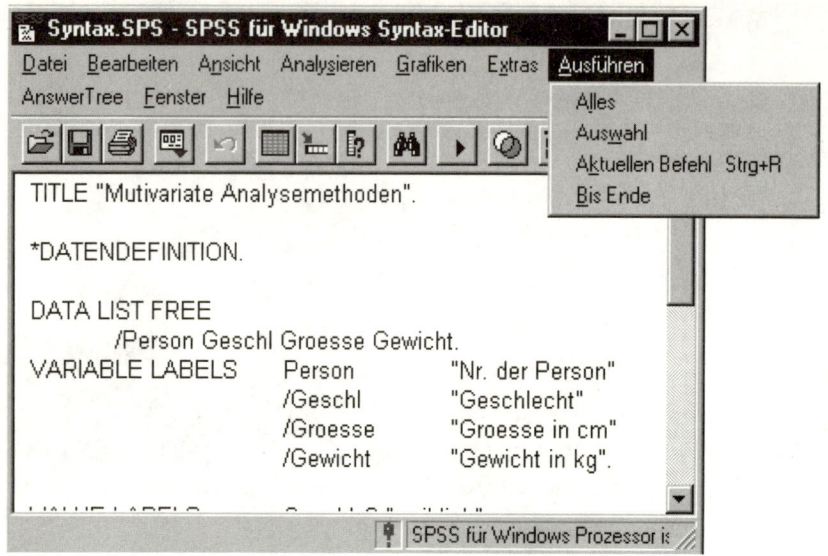

Abb. 23.: Auswahl der Option "Ausführen" im Syntax-Editor

4.4   Die Systeme von SPSS

Die PC-Versionen von SPSS umfassen jeweils eine Reihe von Modulen oder Systemen, die separat gekauft werden können und für die jeweils getrennte Handbücher existieren. Von den Systemen von *SPSS für Windows* sind für die hier behandelten Verfahren die folgenden relevant:

Base System
Advanced Models
Regression Models
Conjoint
LISREL (einschließlich PRELIS)

Mit Ausnahme von LISREL laufen alle Systeme unter einer gemeinsamen Benutzeroberfläche. Die folgende Aufstellung in Tabelle 7 zeigt, welche SPSS-Prozeduren für die hier behandelten Methoden benötigt werden und in welchen SPSS-Systemen diese zu finden sind.

Tabelle 7:   Synopse der behandelten Methoden und der entsprechenden SPSS-Prozeduren

Methode	SPSS-Prozeduren	in SPSS-System
REG	REGRESSION	Base
VAR	ANOVA MANOVA	Base Advanced Models
LREG	LOGISTIC REGRESSION NOMREG	Regression Models
DISK	DISCRIMINANT	Base
KONT	CROSSTABS LOGLINEAR HILOGLINEAR	Base Advanced Models Advanced Models
FAKT	FACTOR	Base
CLUS	CLUSTER QUICK CLUSTER	Base
CAUS	LISREL PRELIS	LISREL PRELIS
MDS	ALSCAL	Base
CONJ	CONJOINT ORTHOPLAN PLANCARDS	Conjoint

5 Literaturhinweise

Bleymüller, J. / Gehlert, G. / Gülicher, H. (1998): Statistik für Wirtschaftswissenschaftler, 11. Aufl., München.

Bühl, A. / Zöfel, P. (2000): SPSS Version 9: Einführung in die moderne Datenanalyse unter Windows, 6. Aufl., München.

Buttler, G. (1992): Einführung in die Statistik, Hamburg.

Mayntz, R. / Holm, K. / Hübner, P. (1978): Einführung in die Methoden der empirischen Soziologie, 5. Aufl., Opladen.

Norusis, M.J. / SPSS Inc. (1999): SPSS Base 9.0 User's Guide Package, Chicago.

Norusis, M.J. / SPSS Inc. (1999): SPSS Base 9.0 Applications Guide, Chicago.

Norusis, M.J. / SPSS Inc. (1999): SPSS Base 9.0 Syntax Reference Guide, Chicago.

Norusis, M.J. / SPSS Inc. (1999): SPSS Advanced Models 9.0, Chicago.

Norusis, M.J. / SPSS Inc. (1997): SPSS Regression Models 9.0, Chicago.

Norusis, M.J. / SPSS Inc. (1997): SPSS Conjoint 8.0, Chicago.

Wittenberg, R. (1998): Grundlagen computerunterstützte Datenanalyse, 2. Aufl., Stuttgart.

Wittenberg, R. / Cramer, H. (1998): Datenanalyse mit SPSS für Windows 95/NT, Stuttgart.

1 Regressionsanalyse

1.1 Problemstellung

Die Regressionsanalyse bildet eines der flexibelsten und am häufigsten eingesetzten statistischen Analyseverfahren. Sie dient der Analyse von Beziehungen zwischen einer abhängigen Variablen und einer oder mehreren unabhängigen Variablen (Tabelle 1.1). Insbesondere wird sie eingesetzt, um

- Zusammenhänge zu erkennen und zu erklären,
- Werte der abhängigen Variablen zu schätzen bzw. zu prognostizieren.

Beispiel: Untersucht wird der Zusammenhang zwischen dem Absatz eines Produktes und seinem Preis sowie anderen den Absatz beeinflussenden Variablen, wie Werbung, Verkaufsförderung etc. Die Regressionsanalyse bietet in einem solchen Fall Hilfe bei folgenden Fragen: Wie wirkt der Preis auf die Absatzmenge? Welche Absatzmenge ist zu erwarten, wenn der Preis und gleichzeitig auch die Werbeausgaben um vorgegebene Größen verändert werden? (Tabelle 1.2)

Tabelle 1.1:   Die Variablen der Regressionsanalyse

REGRESSIONSANALYSE	
Eine ABHÄNGIGE VARIABLE (metrisch)	eine oder mehrere UNABHÄNGIGE VARIABLE (metrisch)
Y	$X_1, X_2,..., X_j,..., X_J$

Tabelle 1.2:   Beispiel zur Regressionsanalyse

REGRESSIONSANALYSE	
Absatzmenge eines Produktes	Preis Werbung Verkaufsförderung etc.
Y	$X_1, X_2,..., X_j,..., X_J$

Im Unterschied zu anderen multivariaten Verfahren (z. B. Varianzanalyse, Diskriminanzanalyse) müssen bei der Regressionsanalyse sowohl die abhängige als auch die unabhängigen Variablen *metrisch* skaliert sein. Binäre (zweiwertige) Variable lassen sich jedoch generell wie metrische Variable behandeln. Außerdem können auch nominal skalierte unabhängige Variable berücksichtigt werden, indem diese in binäre Variablen zerlegt werden.[1] Es ist somit auch möglich, gewisse Problemstellungen der Varianz- oder Diskriminanzanalyse mit Hilfe der Regressionsanalyse zu behandeln. Im Rahmen der Pfadanalyse wird die Regressionsanalyse auch zur Untersuchung von mehrstufigen Kausalstrukturen eingesetzt.

Die Einteilung der zu untersuchenden Variablen in abhängige und unabhängige Variable muß *vorab* aufgrund eines sachlogischen Vor-Urteils festgelegt werden. Diese Entscheidung liegt oft auf der Hand, manchmal ist sie jedoch auch sehr schwierig.

Beispiel: Zu untersuchen sind die Beziehungen zwischen dem Absatz einer Marke und ihrem Bekanntheitsgrad. Welche der beiden Variablen ist die abhängige, welche die unabhängige? Sowohl kann der Bekanntheitsgrad ursächlich für den Absatz als auch umgekehrt der Absatz und die damit verbundene Verbreitung des Produkts ursächlich für den hohen Bekanntheitsgrad sein. Aus diesem Beispiel können wir entnehmen: Für eine Regressionsanalyse reicht es nicht aus, daß zwei Variablen in irgendeiner Weise zusammenhängen. Solche Beziehungen, in denen man die Richtung des Zusammenhanges nicht kennt oder eine eindeutige Richtung gar nicht zu vermuten ist (wie in dem genannten Beispiel), werden von der *Korrelationsanalyse* untersucht. Die Korrelationsanalyse liefert also Maßgrößen dafür, ob überhaupt ein Zusammenhang zwischen Variablen gegeben ist.

Die Regressionsanalyse geht darüber hinaus. Sie unterstellt eine eindeutige Richtung des Zusammenhanges unter den Variablen, die nicht umkehrbar ist. Man kann auch sagen, sie untersucht *Je-Desto-Beziehungen*. Damit überprüft sie eine unterstellte Struktur zwischen zwei oder mehreren Variablen.

Beispiel: Je niedriger der Preis, desto größer die abgesetzte Menge. Solche Je-Desto-Sätze deuten darauf hin, daß eine Regression auf einer Vermutung über Ursache-Wirkungs-Beziehungen zwischen den Variablen beruht. Die Hypothese über eine mögliche Ursache-Wirkungs-Beziehung (d. h. die Entscheidung über die für die Analyse relevanten unabhängigen Variablen und die abhängige Variable) ist vor der Anwendung der Regressionsanalyse auf ihre sachlogische Plausibilität zu prüfen. Denn von der Auswahl der Variablen und der Qualität ihrer Messung hängen die materiell zu erwartenden Ergebnisse der Regressionsanalyse ab.

Typische Fragestellungen, die mit Hilfe der Regressionsanalyse untersucht werden, sowie mögliche Definitionen der jeweils abhängigen und unabhängigen Variablen zeigt Tabelle 1.3. Der Fall Nr. 4 in Tabelle 1.3 stellt einen Spezialfall der Regressionsanalyse dar, die *Zeitreihenanalyse*. Sie untersucht die Abhängigkeit einer Variablen von der Zeit. Formal beinhaltet sie die Schätzung einer Funktion Y = f(t), wobei t einen Zeitindex bezeichnet. Bei Kenntnis dieser Funktion ist es möglich, die Werte der Variablen Y für zukünftige Perioden zu schätzen (prognostizieren). In das Gebiet der Zeitreihenanalyse fallen insbesondere

---

[1] Das Rechnen mit binären Variablen, kodiert als 0/1 - Variablen, wird an einem anschaulichen Beispiel demonstriert bei Bleymüller, J. / Gehlert, G. / Gülicher, H. (1998): Statistik für Wirtschaftswissenschaftler, 11. Aufl., München 1998. Ausführlicher dazu Wonnacott, T. H. / Wonnacott, R. J. (1987): Regression: A Second Course in Statistics, New York u.a.

Tabelle 1.3:   Typische Fragestellungen der Regressionsanalyse

Fragestellung	Abhängige Variable	Unabhängige Variable
1. Hängt die Höhe des Verkäuferumsatzes von der Zahl der Kundenbesuche ab?	DM Umsatz pro Verkäufer pro Periode	Zahl der Kundenbesuche pro Verkäufer pro Periode
2. Wie wird sich der Absatz ändern, wenn die Werbung verdoppelt wird?	Absatzmenge pro Periode	DM Ausgaben für Werbung pro Periode oder Sekunden Werbefunk oder Zahl der Inserate etc.
3. Reicht es aus, die Beziehung zwischen Absatz und Werbung zu untersuchen oder haben auch Preis und Zahl der Vertreterbesuche eine Bedeutung für den Absatz?	Absatzmenge pro Periode	Zahl der Vertreterbesuche, Preis pro Packung, DM Ausgaben für Werbung pro Periode
4. Wie läßt sich die Entwicklung des Absatzes in den nächsten Monaten schätzen?	Absatzmenge pro Monat t	Menge pro Monat t - k (k = 1, 2, ..., K)
5. Wie erfaßt man die Wirkungsverzögerung der Werbung?	Absatzmenge in Periode t	Werbung in Periode t, Werbung in Periode t - 1, Werbung in Periode t - 2 etc.
6. Wie wirkt eine Preiserhöhung von 10 % auf den Absatz, wenn gleichzeitig die Werbeausgaben um 10 % erhöht werden?	Absatzmenge pro Periode	DM Ausgaben für Werbung, Preis in DM, Einstellung und kognitive Dissonanz
7. Sind das wahrgenommene Risiko, die Einstellung zu einer Marke und die Abneigung gegen kognitive Dissonanzen Faktoren, die die Markentreue von Konsumenten beeinflussen?	Anteile der Wiederholungskäufe einer Marke an allen Käufen eines bestimmten Produktes durch einen Käufer	Rating-Werte für empfundenes Risiko, Einstellung und kognitive Dissonanz

Trendanalysen und -prognosen, aber auch die Analyse von saisonalen und konjunkturellen Schwankungen oder von Wachstums- und Sättigungsprozessen. Tabelle 1.4 faßt die in Tabelle 1.3 beispielhaft aufgeführten Fragestellungen zu den drei zentralen Anwendungsbereichen der Regressionsanalyse zusammen.

Tabelle 1.4: Anwendungsbereiche der Regressionsanalyse

Ursachenanalysen	Wie stark ist der Einfluß der unabhängigen Variablen auf die abhängige Variable?
Wirkungsprognosen	Wie verändert sich die abhängige Variable bei einer Änderung der unabhängigen Variablen?
Zeitreihenanalysen	Wie verändert sich die abhängige Variable im Zeitablauf und somit ceteris paribus auch in der Zukunft?

Für die Variablen der Regressionsanalyse werden unterschiedliche Bezeichnungen verwendet, die verwirrend und auch mißverständlich sein können. So soll z. B. die Bezeichnung "abhängige Variable" keinen Tatbestand ausdrücken, sondern lediglich eine Hypothese, die mittels Regressionsanalyse untersucht werden soll. Allerdings ist dies die gebräuchlichste Bezeichnung für die Variablen der Regressionsanalyse. In Tabelle 1.5 finden sich vier weitere Bezeichnungen. Die Bezeichnung der Variablen als Regressanden und Regressoren ist am neutralsten und somit zur Vermeidung von Mißverständnissen besonders geeignet.

Tabelle 1.5: Alternative Bezeichnungen der Variablen in der Regressionsanalyse

Y	$X_1, X_2, ..., X_j, ..., X_J$
Regressand	Regressoren
abhängige Variable	unabhängige Variable
endogene Variable	exogene Variable
erklärte Variable	erklärende Variable
Prognosevariable	Prädiktorvariable

Die lineare Regressionsanalyse unterstellt, daß zwischen *Regressand* und *Regressor(en)* eine lineare Beziehung besteht. *Linearität* bedeutet, daß sich Regressand und Regressor(en) nur in konstanten Relationen verändern.[2] Modelle nichtlinearer Regression werden hier nicht behandelt.[3]

Linearitätsprämisse der Regressionsanalyse

$$\frac{\Delta Y}{\Delta X_j} = \text{constant} \tag{1}$$

Eine häufige Anwendungssituation der Regressionsanalyse ist, daß eine Stichprobe vorliegt oder erhoben wird, die als Teil einer größeren, meist unbekannten Grundgesamtheit anzusehen ist.

Beispiel: Es liegen Aufzeichnungen über den Absatz in verschiedenen Verkaufsgebieten sowie über die Preise und die Vertriebsanstrengungen in diesen Gebieten vor: Das ist die Stichprobe. Die entsprechende Grundgesamtheit ist z. B. die Menge aller Verkaufsgebiete mit den jeweiligen ökonomischen Daten, die in der Stichprobe erfaßt sind, und zwar im Zeitpunkt der Erhebung der Stichprobe und in der Zukunft. Oft ist die Grundgesamtheit gar nicht überschaubar.

Beispiel: In einem Labortest werden 30 Verbraucher einer simulierten Kaufsituation ausgesetzt (Stichprobe). Die Grundgesamtheit wären dann "alle" Verbraucher.

Man schließt in solchen Fällen von der Stichprobe auf die Grundgesamtheit oder anders ausgedrückt: Die Regressionsanalyse schätzt aufgrund einer Stichprobe den "wahren" Zusammenhang in der Grundgesamtheit.

Die Regressionsanalyse hat demnach ein *doppeltes Problem* zu bewältigen:

a) Sie muß einen Zusammenhang zwischen Regressand und Regressor(en) in der Stichprobe ermitteln. Das bedeutet, daß aus den empirischen Werten für Regressand und Regressor(en) eine lineare Beziehung errechnet wird, die folgenden allgemeinen Ausdruck findet:

Die Regressionsfunktion der Stichprobe

$$\hat{Y} = b_0 + b_1 X_1 + b_2 X_2 + ... + b_j X_j + ... + b_J X_J \tag{2}$$

mit

$\hat{Y}$ = Regressand (geschätzte Funktion)
b_0 = Konstantes Glied
b_j = Regressionskoeffizient des j-ten Regressors
X_j = j-ter Regressor

---

[2] Linearität ist eine oft recht brauchbare *Approximation*. In reiner Form tritt Linearität wohl kaum auf. Die Annahme der Linearität ist um so problematischer, je weiter die Schätzwerte der Regression außerhalb des Spektrums der Beobachtungswerte liegen. Die Linearitätsprämisse bezieht sich auf die Parameter des Regressionsmodells.

[3] Vgl. dazu Hartung, J. (1998): Statistik: Lehr- und Handbuch der angewandten Statistik, 11. Auflage, München, S. 589-595; Draper, N.-R. / Smith, H. (1981): Applied Regression Analysis, 2nd ed., New York u. a., S. 458-517.

Das erste Problem der Regressionsanalyse besteht darin, die Regressions-koeffizienten sowie das konstante Glied aus den empirischen Stichprobenwer-ten y_k sowie x_{1k}, x_{2k}, ..., x_{Jk} rechnerisch zu ermitteln.

b) Das zweite Problem besteht darin zu prüfen, ob der auf diese Weise ermittelte Zusammenhang in der Stichprobe auch für die Grundgesamtheit als gültig an-gesehen werden kann, denn für diese wird ja die Analyse angestellt: Man will die "wahre" Beziehung aufgrund der in der Stichprobe ermittelten Beziehung schätzen.

Wir wollen die Grundgedanken der Regressionsanalyse zunächst an einem kleinen Beispiel demonstrieren. Der Verkaufsleiter eines Margarineherstellers ist mit dem mengenmäßigen Absatz seiner Marke nicht zufrieden. Er stellt zunächst fest, daß der Absatz zwischen seinen Verkaufsgebieten differiert: Die Werte liegen zwischen 921 Kartons und 2.585 Kartons. Der Mittelwert beträgt 1.806,8. Er möchte wissen, warum die Werte so stark differieren und deshalb prüfen, von welchen Faktoren, die er beeinflussen kann, im wesentlichen der Absatz abhängt. Zu diesem Zweck nimmt er eine Stichprobe von Beobachtungen aus zehn etwa gleich großen Verkaufsgebieten. Er sammelt für die Untersuchungsperiode Daten über die abgesetzte Menge, den Preis, die Ausgaben für Verkaufsförderung sowie die Zahl der Vertreterbesuche. Folgendes Ergebnis zeigt sich (vgl. Tabelle 1.6). Die Rohda-ten dieses Beispiels enthalten die Werte von vier Variablen, unter denen MENGE als abhängige und PREIS, AUSGABEN (für Verkaufsförderung) sowie (Zahl der Vertreter-) BESUCHE als unabhängige Variable in Frage kommen. Der Verkaufs-leiter hält diese Einflußgrößen für relevant.

Die Untersuchung soll nun Antwort auf die Frage geben, ob die genannten Ein-flußgrößen sich auf die Absatzmenge auswirken. Wenn ein ursächlicher Zusam-menhang zwischen z. B. Vertreterbesuchen und Absatzmenge gegeben wäre, dann müßten überdurchschnittliche oder unterdurchschnittliche Absatzmengen sich (auch) auf Unterschiede in der Zahl der Besuche zurückführen lassen, z. B.: je hö-her die Zahl der Vertreterbesuche, desto höher der Absatz.

Zum besseren Verständnis wird im folgenden zunächst eine *einfache Regressi-onsanalyse* dargestellt (eine abhängige, eine unabhängige Variable). Dazu wird be-liebig eine der in Frage kommenden Variablen, BESUCHE, herausgegriffen. Im normalen Anwendungsfall würde es allerdings zu empfehlen sein, gleich alle als erklärende Variable in Betracht kommenden Größen in die Untersuchung einzube-ziehen. In solchen Fällen, in denen mehr als eine erklärende Variable in den Re-gressionsansatz aufgenommen wird, spricht man von *multipler Regressionsanalyse.* Sie wird im Anschluß an die einfache Regressionsanalyse beschrieben.

Tabelle 1.6:   Ausgangsdaten des Rechenbeispiels

Nr.	Menge Kartons pro Periode (MENGE)	Preis pro Karton (PREIS)	Ausgaben für Verkaufs-förderung (AUSGABEN)	Zahl der Ver-treter-besuche (BESUCHE)
1	2.585	12,50	2.000	109
2	1.819	10,00	550	107
3	1.647	9,95	1.000	99
4	1.496	11,50	800	70
5	921	12,00	0	81
6	2.278	10,00	1.500	102
7	1.810	8,00	800	110
8	1.987	9,00	1.200	92
9	1.612	9,50	1.100	87
10	1.913	12,50	1.300	79

1.2   Vorgehensweise

Die Regressionsanalyse geht regelmäßig in einer bestimmten, der Methode entsprechenden Schrittfolge vor. Zunächst geht es darum, das sachlich zugrunde liegende Ursache-Wirkungs-Modell in Form einer linearen Regressionsbeziehung (s.o.) zu bestimmen. Im Anschluß daran wird die Regressionsfunktion geschätzt. In einem dritten Schritt schließlich wird die Regressionsfunktion im Hinblick auf den Beitrag zur Erreichung des Untersuchungsziels geprüft. Den Ablauf zeigt Tabelle 1.7.

Tabelle 1.7:   Ablaufschritte der Regressionsanalyse

(1) Formulierung des Modells

(2) Schätzung der Regressionsfunktion

(3) Prüfung der Regressionsfunktion

1.2.1 Formulierung des Modells

(1) Formulierung des Modells

(2) Schätzung der Regressionsfunktion

(3) Prüfung der Regressionsfunktion

Das zu untersuchende lineare Regressionsmodell muß aufgrund von Vorabüberlegungen des Forschers entworfen werden. Dabei spielen ausschließlich fachliche Gesichtspunkte eine Rolle. Methodenanalytische Fragen treten in dieser Phase zunächst in den Hintergrund. Das Bemühen des Forschers sollte dahin gehen, daß ein Untersuchungsansatz gewählt wird, der die vermuteten Ursache-Wirkungs-Beziehungen möglichst vollständig enthält. Ein solches Modell ist der methodisch saubere Einstieg in die Regressionsanalyse.

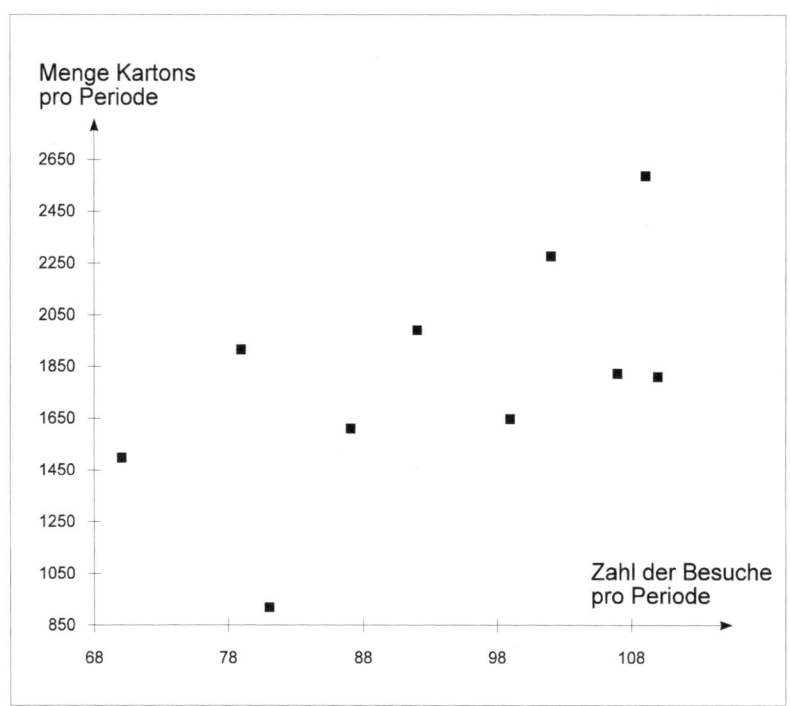

Abb. 1.1: Streudiagramm der Beobachtungswerte für Menge und Zahl der Vertreterbesuche

In unserem Beispiel vermutet der Verkaufsleiter aufgrund seiner Erfahrungen bei der Einschätzung des Marktes, daß die Absatzmenge von der Zahl der Vertreterbesuche abhängig ist. Der vermutete Zusammenhang zwischen Menge und Zahl der

Vertreterbesuche muß der Grundprämisse der Linearität entsprechen. Ob eine lineare Beziehung unterstellt werden kann, läßt sich eventuell (jeweils für zwei Variablen, die abhängige und je eine unabhängige) anhand eines Diagramms erkennen, in dem die Stichprobenwerte auf zwei Koordinatenachsen abgetragen sind. Im betrachteten Beispiel ergibt sich das in Abbildung 1.1 wiedergegebene Diagramm. Die Punkte liegen zwar ziemlich verstreut, es ist jedoch ein gewisser Zusammenhang zu erkennen. Wenn eine starke lineare Beziehung vorläge, dann würden sich die empirischen x/y-Werte sehr eng um eine Gerade verteilen, die durch die Punkte laufen würde. Im Mehr-Variablen-Fall erfordert die Überprüfung der Prämisse der Linearität weitere Schritte. Dazu wird auf Abschnitt 1.2.3.4 verwiesen.

1.2.2   Die Schätzung der Regressionsfunktion

1.2.2.1   Einfache Regression

(1) Formulierung des Modells

(2) Schätzung der Regressionsfunktion

(3) Prüfung der Regressionsfunktion

Um das grundsätzliche Vorgehen der Regressionsanalyse zeigen zu können, gehen wir von der graphischen Darstellung einer empirischen Punkteverteilung in einem zweidimensionalen Koordinatensystem aus. Der Leser möge sich noch einmal die Fragestellung der Analyse vergegenwärtigen: Es geht um die Schätzung der Wirkung der Zahl der Vertreterbesuche auf die Absatzmenge. Die unabhängige Variable BESUCHE wird vorgegeben und der zu einer beliebigen Zahl der Vertreterbesuche sich ergebende Mengenschätzwert wird gesucht. Die Ermittlung der Beziehung erfolgt aufgrund einer Stichprobe von Wertepaaren. Abbildung 1.1.1 zeigt einen Ausschnitt der Abbildung 1.1.

Wir müssen zunächst unterstellen, daß die Beziehung zwischen Zahl der Vertreterbesuche und Menge linear ist. Das bedeutet, daß die Veränderung der Absatzmenge, die durch eine Veränderung der Zahl der Vertreterbesuche hervorgerufen wird, immer zur Veränderung der Zahl der Besuche proportional ist. Gesucht ist die genaue Lage einer linearen Funktion im Koordinatensystem (x, y), die wir *Regressionsgerade* nennen.

Zwei Parameter bestimmen die Lage einer Geraden:

- das konstante Glied b_0, das den Y-Wert für X = 0 angibt,
- der Regressionskoeffizient b_1, der die Neigung der Geraden bestimmt:

$$b_1 = \frac{\Delta Y}{\Delta X}$$

(d.h. um wieviel ändert sich Y, wenn sich X um eine Einheit ändert?)

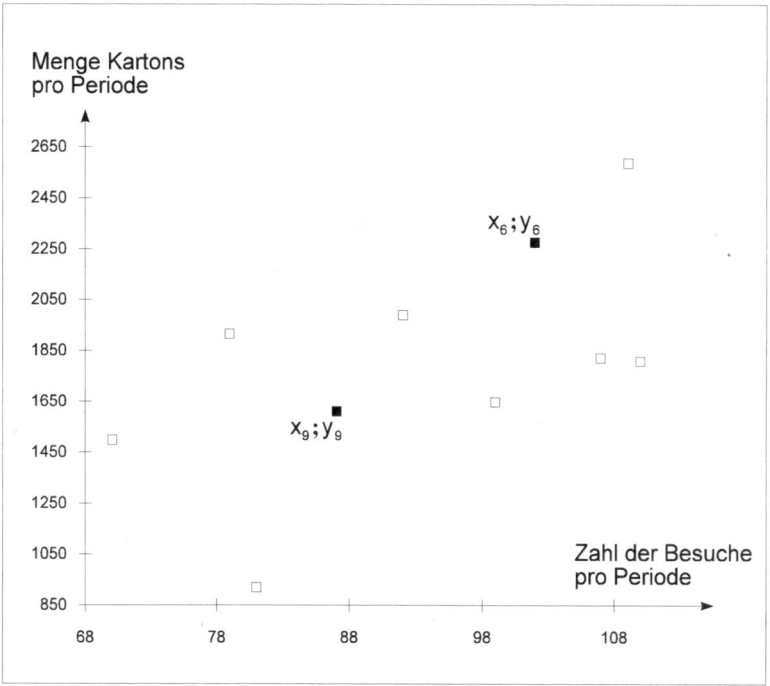

Abb. 1.1.1:   Empirische Verteilung der x/y-Wertepaare

Die gesuchte Regressionsfunktion lautet also

$$\hat{Y} = b_0 + b_1 X \tag{3}$$

Abbildung 1.1.2 zeigt einen möglichen Verlauf einer solchen Geraden.

Noch ist der Verlauf der Geraden allerdings unbekannt. Die gesuchte Gerade kann sowohl eine andere Neigung als auch einen anderen Schnittpunkt mit der Y-Achse haben. Es ist aber bereits deutlich, daß es keinen denkbaren Verlauf einer Geraden gibt, auf der alle beobachteten x/y-Kombinationen liegen. Es geht also vielmehr darum, einen Verlauf der gesuchten Geraden zu finden, der sich der empirischen Punkteverteilung möglichst gut anpaßt.

Ein Grund dafür, daß in diesem Beispiel die Punkte nicht auf einer Geraden liegen, sondern um diese streuen, liegt möglicherweise darin, daß neben der Zahl der Vertreterbesuche noch andere Einflußgrößen auf die Absatzmenge einwirken (z. B. Konkurrenzpreise, Konjunktur etc.), die in der Regressionsgleichung nicht erfaßt sind. Andere Gründe für das Streuen der empirischen Werte können z. B. Beobachtungsfehler und Meßfehler sein.

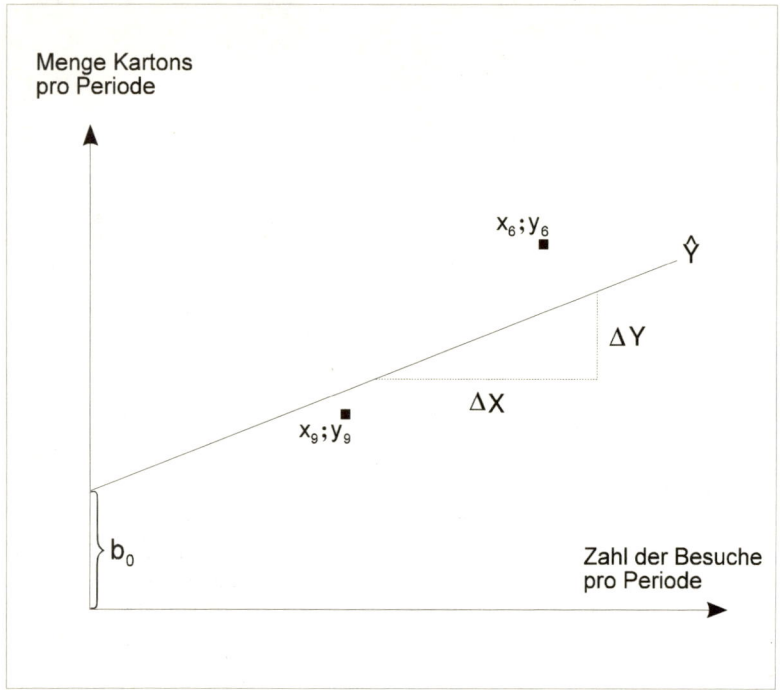

Abb. 1.1.2:   Hypothetische Regressionsgerade

Angenommen, die gesuchten Parameter b_0 und b_1 seien bekannt, z. B. $b_0 = 50$ und $b_1 = 20$. Dann würde sich für eine Zahl von Vertreterbesuchen von $x = 100$ ein rechnerischer Mengenwert von

$$\hat{y} = 50 + 20 \cdot 100$$
$$= 2.050$$

ergeben. Wenn nun aber der beobachtete Wert von y bei $x = 100$ nicht 2.050, sondern 2.000 ist, dann ist die Differenz zwischen dem beobachteten y-Wert und dem aufgrund der Regressionsgleichung geschätzten Wert $\hat{y}$ diejenige Abweichung, die nicht auf die Zahl der Vertreterbesuche, sondern auf nicht erfaßte Einflußgrößen zurückzuführen ist.

Die in einer vorgegebenen Regressionsgleichung nicht erfaßten Einflußgrößen der empirischen y-Werte schlagen sich in Abweichungen von der Regressionsgeraden nieder. Diese Abweichungen werden durch die Variable e repräsentiert. Die Werte e_k werden *Residuen* genannt[4].

---

[4] Auf das der Regressionsanalyse zugrundeliegende stochastische Modell wird in den Abschnitten 1.2.3.2.1 und 1.2.3.4 eingegangen.

Definition der Residualgröße

$$y_k - \hat{y}_k = e_k \tag{4}$$

mit

y_k = Beobachtungswert der abhängigen Variablen für x_k (k=1, 2, ..., K)

$\hat{y}_k$ = aufgrund der Regressionsfunktion ermittelter Schätzwert der abhängigen Variablen für x_k

e_k = nicht erklärte (d. h. nicht durch die unabhängige Variable erklärte) Abweichung des Beobachtungswertes von dem entsprechenden Schätzwert

Die Residualgröße einer Beobachtung bildet einen Teil der Abweichung des beobachteten y-Wertes vom Mittelwert aller Beobachtungswerte. Tabelle 1.8 listet diese Abweichungen in unserem Beispiel auf.

Die der Regressionsanalyse zugrundeliegende Frage lautet: Welcher Anteil aller Abweichungen der Beobachtungswerte von ihrem gemeinsamen Mittelwert läßt sich durch den unterstellten linearen Einfluß der unabhängigen Variablen erklären und welcher Anteil verbleibt als unerklärte Residuen? Betrachtet sei die Beobachtung Nr. 1: Läßt sich die gesamte Abweichung von 778,20 Mengeneinheiten durch die Zahl der Vertreterbesuche von 109 erklären, oder ist sie auch durch andere Einflußgrößen maßgeblich bestimmt worden? Die Zielsetzung der Regressionsanalyse besteht darin, eine lineare Funktion zu ermitteln, die möglichst viel von den Abweichungen erklärt und somit möglichst geringe Residuen übrig läßt.

Wenn man die Residuen explizit in die Regressionsgleichung einbezieht, erhält man anstelle von (3) die folgende Gleichung:

$$Y = b_0 + b_1 X + e \tag{5}$$

Ein beobachteter Wert y_k der Absatzmenge setzt sich damit additiv zusammen aus einer Komponente, die sich linear mit der Zahl der Vertreterbesuche verändert, und der Residualgröße e_k. Abbildung 1.1.3. macht dies deutlich. Die Residuen können sowohl positiv als auch negativ sein.

Will man den Zusammenhang zwischen Menge und Zahl der Vertreterbesuche schätzen, dann gelingt dies umso besser, je kleiner die e_k sind. Im Extremfall, wenn alle e_k null sind, liegen alle Beobachtungswerte auf der Regressionsgeraden. Da dieser Fall aber bei empirischen Problemstellungen kaum vorkommt, wird ein Rechenverfahren benötigt, das die Parameter der Regressionsgeraden so schätzt (m. a. W., das die gesuchte Gerade so in die Punktewolke legt), daß die Streuung der Stichprobenwerte um die Gerade möglichst klein wird. Zu diesem Zweck wird die Summe der quadrierten Residuen minimiert. Durch Einsetzen von (3) in (4) und Summation über die Beobachtungen k erhält man die Zielfunktion der Regressionsanalyse.

Tabelle 1.8:   Abweichungen der Beobachtungswerte y_i vom Stichprobenmittelwert $\overline{y}$

Nr.	Beobachtungswert	Mittelwert	Abweichung
k	y_k	$\overline{y}$	$y_k - \overline{y}$
1	2.585	1.806,80	778,20
2	1.819	1.806,80	12,20
3	1.647	1.806,80	- 159,80
4	1.496	1.806,80	- 310,80
5	921	1.806,80	- 885,80
6	2.278	1.806,80	471,20
7	1.810	1.806,80	3,20
8	1.987	1.806,80	180,20
9	1.612	1.806,80	- 194,80
10	1.913	1.806,80	106,20

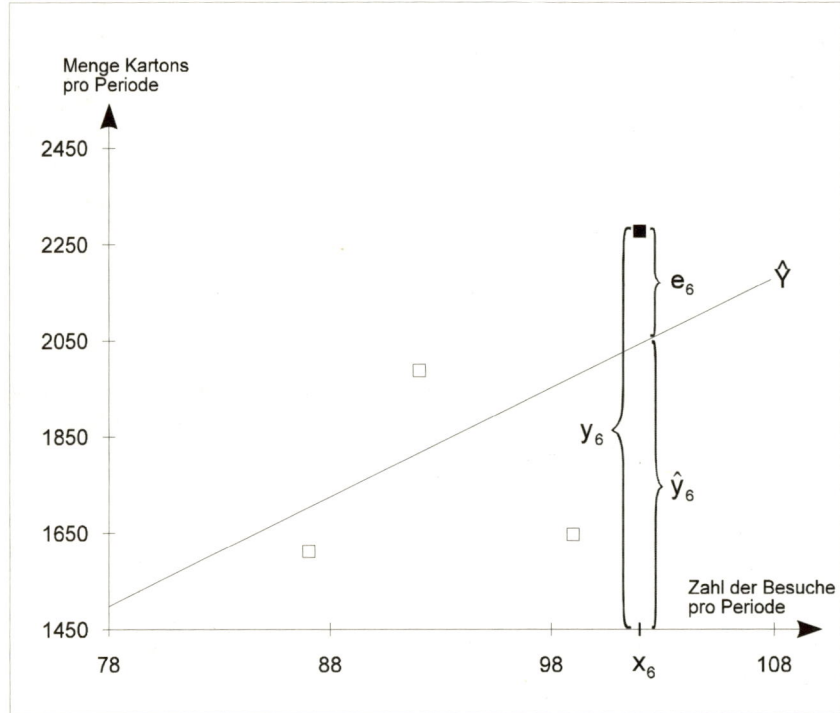

Abb. 1.1.3:   Erfassung der Restschwankung

Zielfunktion der Regressionsanalyse

$$\sum_{k=1}^{K} e_k^2 = \sum_{k=1}^{K} \left[y_k - (b_0 + b_1 x_k) \right]^2 \rightarrow \text{min!} \qquad (6)$$

mit

e_k = Werte der Residualgröße (k=1, 2, ..., K)
y_k = Werte der abhängigen Variablen (k=1, 2, ..., K)
b_0 = konstantes Glied
b_1 = Regressionskoeffizient
x_k = Werte der unabhängigen Variablen (k=1, 2, ..., K)
K = Zahl der Beobachtungen

Die Parameter b_0 und b_1 werden also so bestimmt, daß die Summe der quadrierten Residuen minimiert wird. Diese Art der Schätzung wird deshalb als die *"Methode der kleinsten Quadrate"* (auch als Kleinste-Quadrate-Schätzung oder KQS) bezeichnet. Die Methode der kleinsten Quadrate gehört zu den wichtigsten statistischen Schätzverfahren. Durch die Quadrierung der Abweichungen der Beobachtungswerte von den Schätzwerten werden größere Abweichungen stärker gewichtet und es wird vermieden, daß sich die positiven und negativen Abweichungen kompensieren.

Rechnerisch erhält man die gesuchten Schätzwerte durch partielle Differentiation von (6) nach b_0 und b_1. Dadurch ergeben sich folgende Formeln:

Ermittlung der Parameter der Regressionsfunktion

$$b_1 = \frac{K \left(\sum x_k y_k \right) - \left(\sum x_k \right) \left(\sum y_k \right)}{K \left(\sum x_k^2 \right) - \left(\sum x_k \right)^2} \qquad \text{Regressionskoeffizient} \qquad (7)$$

$$b_0 = \bar{y} - b_1 \bar{x} \qquad \text{Konstantes Glied} \qquad (8)$$

Die Gleichungen (7) und (8) werden als *Normalgleichungen* bezeichnet.

Mit den beiden Parametern b_0 und b_1 ist die Regressionsgleichung bestimmt. Das Fallbeispiel soll im folgenden durchgerechnet werden, um die Vorgehensweise zu demonstrieren. Die Ausgangsdaten müssen zunächst rechnerisch umgeformt werden. Dies zeigt Tabelle 1.9.

Die Werte können nun unmittelbar in die Formeln (7) und (8) eingesetzt werden:

$$b_1 = \frac{10 \cdot 1.724.403 - 936 \cdot 18.068}{10 \cdot 89.370 - (936)^2} = 18,88105$$

$$b_0 = 1.806,8 - 18,88105 \cdot 93,6$$
$$= 39,5337$$

Die vollständige Regressionsgleichung lautet demnach

$$\hat{y}_k = 39,5337 + 18,88105 \, x_k$$

Mit Hilfe dieser Gleichung ist man nunmehr in der Lage, beliebige $\hat{y}$-Werte in Abhängigkeit vom x-Wert zu schätzen.

Tabelle 1.9:   Rechnerische Umformung der Ausgangsdaten

Beobachtung k	Menge y	Besuche x	xy	x^2
1	2.585	109	281.765	11.881
2	1.819	107	194.633	11.449
3	1.647	99	163.053	9.801
4	1.496	70	104.720	4.900
5	921	81	74.601	6.561
6	2.278	102	232.356	10.404
7	1.810	110	199.100	12.100
8	1.987	92	182.804	8.464
9	1.612	87	140.244	7.569
10	1.913	79	151.127	6.241
Σ	18.068	936	1.724.403	89.370
	$\bar{y} = 1.806,8;$	$\bar{x} = 93,6$		

Beispiel: Die Zahl der Vertreterbesuche sei 110. Wie hoch ist die geschätzte Absatzmenge?

$$\hat{y} = 39{,}5337 + 18{,}88105 \cdot 110$$

$$= 2.116{,}45, \text{ d. h. gerundet } 2.116 \text{ Kartons.}$$

Beobachtet wurden dagegen 1.810 (Beobachtung Nr. 7). Das Residuum beträgt demnach - 306,45.

Die Regressionsfunktion erlaubt nicht nur die Schätzung der Absatzmenge für jede Zahl von Vertreterbesuchen, sondern sie zeigt auch an, um wieviel sich die geschätzte Menge ändern wird, wenn die Zahl der Vertreterbesuche um eine Einheit geändert wird. In diesem Beispiel zeigt der Regressionskoeffizient b_1 an, daß die geschätzte Menge um 18,88105 Einheiten zunehmen wird, wenn die Zahl der Vertreterbesuche um eine Einheit zunimmt. Auf diese Weise kann der Regressionskoeffizient für die Absatzplanung der Unternehmung wichtige Hinweise für eine optimale Vertriebsgestaltung geben.

1.2.2.2   Multiple Regression

Für die meisten Untersuchungszwecke ist es erforderlich, mehr als eine unabhängige Variable in das Modell aufzunehmen. Der Regressionsansatz hat dann folgende Form:

$$\hat{Y} = b_0 + b_1 X_1 + b_2 X_2 + \dots + b_j X_j + \dots + b_J X_J \qquad (9)$$

Auch bei der multiplen Regressionsanalyse lautet die Aufgabe, die Parameter b_0, b_1, b_2, ..., b_J so zu bestimmen, daß die Summe der Abweichungsquadrate (nicht erklärte Streuung) minimiert wird.

Zielfunktion der multiplen Regressionsfunktion

$$\sum_{k=1}^{K} e_k^2 = \sum_{k=1}^{K} \left[y_k - (b_0 + b_1 x_{1k} + b_2 x_{2k} + \dots + b_j x_{jk} + \dots + b_J x_{Jk}) \right]^2 \to \min \qquad (10)$$

mit

e_k = Werte der Residualgröße (k=1, 2, ..., K)
y_k = Werte der abhängigen Variablen (k=1, 2, ..., K)
b_0 = konstantes Glied
b_j = Regressionskoeffizienten (j = 1, 2,..... , J)
x_{jk} = Werte der unabhängigen Variablen (j = 1, 2,.... , J; k=1, 2, ..., K)
J = Zahl der unabhängigen Variablen
K = Zahl der Beobachtungen

Dieser Ansatz führt zu einem sog. System von Normalgleichungen, dessen Lösung einen erheblich erhöhten Rechenaufwand verursacht.[5] Im folgenden sei unser Beispiel angewendet auf den Fall einer abhängigen mit drei unabhängigen Variablen. In Tabelle 1.6 finden wir die Angaben über die Ausprägungen von drei unabhängigen Variablen (PREIS, AUSGABEN und BESUCHE).

Angenommen, der Verkaufsleiter mißt allen drei unabhängigen Variablen eine Bedeutung für den Absatz zu. Wiederum muß unterstellt werden, daß die Beziehungen zwischen Menge, Zahl der Vertreterbesuche, Preis sowie Ausgaben für Verkaufsförderung linearer Natur sind. Eine Reihe weiterer Prämissen, die einer multiplen Regressionsanalyse zugrunde liegen, wird weiter unten dargestellt (Kap. 1.2.3.4). Das Modell nimmt dann folgende Form an:

$$\hat{Y} = b_0 + b_1 \cdot \text{BESUCHE} + b_2 \cdot \text{PREIS} + b_3 \cdot \text{AUSGABEN} \qquad (11)$$

Eine beispielhafte rechnerische Anwendung des multiplen Regressionsansatzes im Sinne von Forderung (10) für die Fragestellung in Formel (11) auf der Grundlage der in Tabelle 1.6 aufgeführten Beobachtungen ergibt folgende Regressionsfunktion:[6]

---

[5] Siehe hierzu die Ausführungen im Anhang dieses Kapitels oder die einschlägige Literatur, z.B. Bleymüller, J. / Gehlert, G. / Gülicher, H. (1998): Statistik für Wirtschaftswissenschaftler, 11. Aufl., München, S. 164-167; Bortz, J. (1993): Statistik für Sozialwissenschaftler, 4. Aufl., Berlin u. a. 1985, S. 430-435; Schneeweiß, H. (1990): Ökonometrie, 4. Aufl., Heidelberg, S. 94-97.

[6] Die Ergebnisse lassen sich analog zu dem weiter unten dargestellten ausführlichen Fallbeispiel ermitteln. Es können die identischen Programmaufrufe verwendet werden, jedoch muß der verkürzte Datensatz verwendet werden.

$$\hat{Y} = 6{,}8655 + 11{,}0855 \cdot \text{BESUCHE} + 9{,}9271 \cdot \text{PREIS} + 0{,}6555 \cdot \text{AUSGABEN}$$

Betrachten wir beispielsweise den Fall Nr. 7 in Tabelle 1.6. Es ergibt sich ein neuer Schätzwert für die Absatzmenge von 1.816,35. Das Residuum beträgt nur noch - 6,35, die Übereinstimmung zwischen beobachtetem und geschätztem Wert hat sich demnach gegenüber dem univariaten Fall (Residuum = - 306,45) deutlich verbessert. Die Tatsache, daß sich der Regressionskoeffizient b_1 für die erste unabhängige Variable (BESUCHE) verändert hat, ist auf die Einbeziehung weiterer unabhängiger Variablen zurückzuführen.

Die Regressionsanalyse weist als Ergebnis die Koeffizienten der Regressionsgleichung aus. Diese können in einer groben Analyse bereits Anhaltspunkte für die unterschiedliche Stärke des Zusammenhanges zwischen Regressoren und Regressand geben. Je größer der absolute Betrag des Regressionskoeffizienten ist, desto stärker ist der vermutete Einfluß auf die abhängige Variable. Allerdings sind die numerischen Werte nicht ohne weiteres vergleichbar, da sie möglicherweise in unterschiedlichen Skalen gemessen werden. Eine geeignete Umformung des Regressionskoeffizienten mit dem Ziel, eine direkte Vergleichbarkeit der numerischen Werte herzustellen, ist der *standardisierte Regressionskoeffizient* b*. Diese Werte lassen die Einflußstärke der unabhängigen Variablen für die Erklärung der abhängigen Variablen erkennen (die Vorzeichen sind dabei belanglos). Durch die Standardisierung werden die unterschiedlichen Meßdimensionen der Variablen, die sich in den Regressionskoeffizienten niederschlagen, eliminiert und diese somit vergleichbar gemacht. Bei Durchführung einer Regressionsanalyse mit standardisierten Variablen würden Regressionskoeffizienten und b*-Werte übereinstimmen. Zur Schätzung von Werten der abhängigen Variablen müssen, damit man diese in den Meßdimensionen der Ausgangsdaten erhält, die unstandardisierten Regressionskoeffizienten verwendet werden.

Der standardisierte Regressionskoffizient errechnet sich wie folgt:

$$b_j^* = b_j \cdot \frac{\text{Standardabweichung von } X_j}{\text{Standardabweichung von } Y}$$

Die Standardabweichungen der Variablen X und Y betragen in unserem Beispiel:[7]

S_{MENGE} =   449,228

S_{BESUCHE} =   13,986

Demnach ergibt sich als Wert für

---

[7] Die Schätzung der Standardabweichung erfolgt nach folgendem Ausdruck:

$$S_x = \sqrt{\frac{\sum_{k=1}^{K}(x_k - \bar{x})^2}{K-1}}$$

$$b^*_{BESUCHE} = \frac{11,0855 \cdot 13,986}{449,228}$$

$$= 0,3451$$

Analog ergeben sich für unser Beispiel mit zehn Beobachtungen und drei Regressoren

$$s_{PREIS} = 1,547 \qquad b^*_{PREIS} = 0,0342$$

$$s_{AUSGABEN} = 544,289 \qquad b^*_{AUSGABEN} = 0,7942$$

Es zeigt sich, daß die Variable BESUCHE den höchsten Regressionskoeffizienten, die Variable AUSGABEN jedoch den höchsten standardisierten Regressionskoeffizienten aufweist und damit den größten Erklärungsbeitrag in der Regressionsfunktion des Beispiels liefert. Man sieht auch, daß PREIS trotz eines relativ hohen Regressionskoeffizienten nahezu bedeutungslos ist.

1.2.3   Prüfung der Regressionsfunktion

1.2.3.1   Überblick

| (1) Formulierung des Modells |
| (2) Schätzung der Regressionsfunktion |
| (3) Prüfung der Regressionsfunktion |

Nachdem die Regressionsfunktion geschätzt wurde, ist deren Güte zu überprüfen, d.h. es ist zu klären, wie gut sie als Modell der Realität geeignet ist. Die Überprüfung läßt sich in zwei Bereiche gliedern.

1. Globale Prüfung der Regressionsfunktion
    Hier geht es um die Prüfung der Regressionsfunktion als ganzer, d.h. ob und wie gut die abhängige Variable Y durch das Regressionsmodell erklärt wird.

2. Prüfung der Regressionskoeffizienten
    Hier geht es um die Frage, ob und wie gut einzelne Variablen des Regressionsmodells zur Erklärung der abhängigen Variablen Y beitragen.

Wenn sich aufgrund der Prüfung der Regressionskoeffizienten zeigt, daß eine Variable keinen Beitrag zur Erklärung leistet, so ist diese aus der Regressionsfunktion zu entfernen. Zuvor aber ist die globale Güte zu überpüfen. Erweist sich das Modell insgesamt als unbrauchbar, so erübrigt sich eine Überprüfung der einzelnen Regressionskoeffizienten.

Globale Gütemaße zur Prüfung der Regressionsfunktion sind
-   das Bestimmtheitsmaß (R-Quadrat),
-   die F-Statistik
-   der Standardfehler.

Maße zur Prüfung der Regressionskoeffizienten sind
- der t-Wert
- der Beta-Wert.

Nachfolgend soll auf diese Maße eingegangen werden.

1.2.3.2   Globale Prüfung der Regressionsfunktion

1.2.3.2.1   Bestimmtheitsmaß

Das Bestimmtheitsmaß mißt die Güte der Anpassung der Regressionsfunktion an die empirischen Daten ("goodness of fit"). Die Basis hierfür bilden die Residualgrößen, d.h. die Abweichungen zwischen den Beobachtungswerten und den geschätzten Werten von Y.
    Zur Illustration gehen wir auf die einfache Regressionsanalyse, die Beziehung zwischen Absatzmenge und Zahl der Vertreterbesuche, zurück. Aufgrund obiger Schätzung der Regressionsfunktion (gemäß Formel 7 und 8) erhält man die Werte in Tabelle 1.10.

Tabelle 1.10:   Abweichungen der Beobachtungswerte von den Schätzwerten der Regressionsgleichung

Nr. k	Beobachtungswert y_k	Schätzwert $\hat{y}_k$	Residuum e_k
1	2.585	2.097,57	487,43
2	1.819	2.059,81	-240,81
3	1.647	1.908,76	-261,76
4	1.496	1.361,21	134,79
5	921	1.568,90	-647,90
6	2.278	1.965,40	312,60
7	1.810	2.116,45	-306,45
8	1.987	1.776,59	210,41
9	1.612	1.682,19	- 70,19
10	1.913	1.531,14	381,86

Betrachtet sei beispielsweise für k = 6 der Beobachtungswert y = 2.278. Der zugehörige Schätzwert für x = 102 beträgt 1.965,4 Kartons. Mithin besteht eine Abweichung (Residuum) von 312,6. Ist das viel oder wenig? Um dies beurteilen zu können, benötigt man eine Vergleichsgröße, zu der man die Abweichung in Relation setzen kann. Diese erhält man, wenn man die Gesamtabweichung der Beobachtung y_k vom Mittelwert $\overline{y}$ heranzieht. Diese läßt sich wie folgt zerlegen:

Gesamtabweichung   =   Erklärte Abweichung   +   Residuum

$$y_k - \overline{y} \quad = \quad (\hat{y}_k - \overline{y}) \quad + \quad (y_k - \hat{y}_k)$$

Die Schätzung von y_k ist offenbar um so besser, je größer der Anteil der durch die unabhängige Variable erklärten Abweichung an der Gesamtabweichung ist bzw. je geringer der Anteil der Restabweichung an der Gesamtabweichung ist. Abbildung 1.2 verdeutlicht den Gedanken der Abweichungszerlegung.

Betrachten wir zunächst das Wertepaar $(x_6; y_6)$. Die Gesamtabweichung des Stichprobenwertes y_6 vom Mittelwert $\overline{y}$ (vgl. Ziffer ③) läßt sich in zwei Abschnitte aufteilen. Der Abstand $\hat{y}_6 - \overline{y}$ wird durch die Lage der Geraden in der Punktewolke erklärt (vgl. Ziffer ①). Dieses ist die durch den Regressionsansatz "erklärte Abweichung". Nun liegt der Punkt $(x_6; y_6)$ aber nicht auf der Regressionsgeraden, d. h. hier haben neben der unabhängigen Variablen X weitere, unbekannte Einflüsse gewirkt. Deshalb ist $y_6 - \hat{y}_6$ die "nicht erklärte" Abweichung (vgl. Ziffer ②). Diese bezeichnen wir als Restabweichung (Residuum).

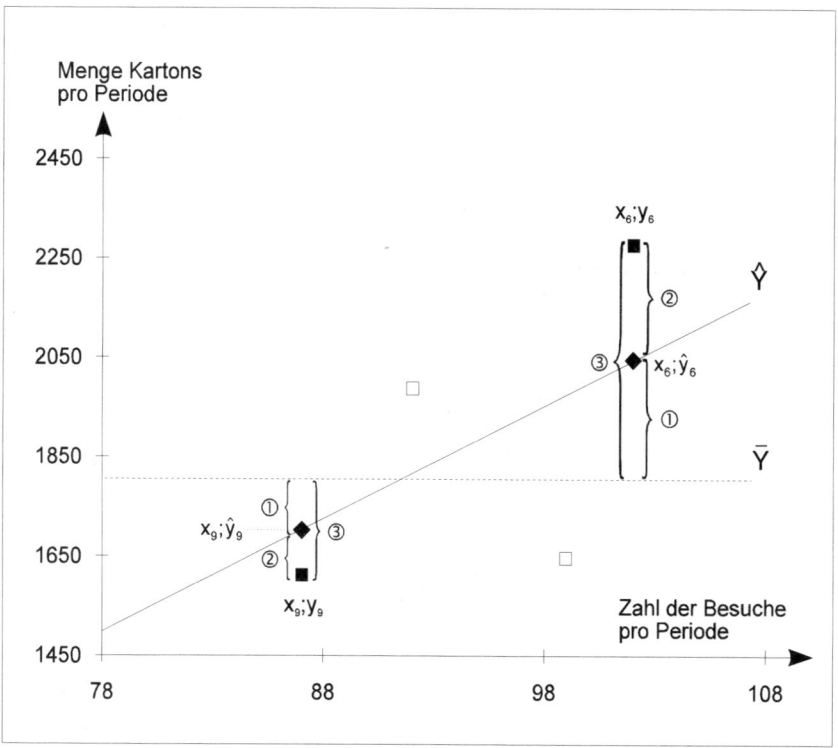

Abb. 1.2: Zerlegung der Gesamtabweichungen

Für den Mittelwert gilt hier $\overline{y} = 1.806,8$ (vgl. Tabelle 1.9). Damit ergibt sich für Beobachtung k = 6 folgende Zerlegung der Gesamtabweichung:

Gesamtabweichung = Erklärte Abweichung + Residuum

$$y_6 - \overline{y} = (\hat{y}_6 - \overline{y}) + (y_6 - \hat{y}_6)$$

$$471{,}20 = 158{,}60 + 312{,}60$$

Die Restabweichung ist hier größer als die erklärte Abweichung und beträgt 66 % der Gesamtabweichung. Dies ist offenbar ein schlechtes Ergebnis.

Analog sei der Punkt $(x_9;y_9)$ in Abbildung 1.2 betrachtet. Hier möge der Leser selbst nachvollziehen, daß das Prinzip der Abweichungszerlegung stets in gleicher Weise angewendet wird. Es kann dabei vorkommen, daß sich erklärte und nicht erklärte Abweichung zum Teil kompensieren.

Im Unterschied zur Gesamtabweichung einer einzelnen Beobachtung y_k bezeichnen wir die Summe der quadrierten Gesamtabweichungen aller Beobachtungen als *Gesamtstreuung*. Analog zu der oben beschriebenen Zerlegung der Gesamtabweichung einer Beobachtung gilt folgende Zerlegung der Gesamtstreuung:[8]

Zerlegung der Gesamtstreuung

Gesamtstreuung = erklärte Streuung + nicht erklärte Streuung

$$\sum_{k=1}^{K}(y_k-\overline{y})^2 = \sum_{k=1}^{K}(\hat{y}_k-\overline{y})^2 + \sum_{k=1}^{K}(y_k-\hat{y}_k)^2 \tag{13}$$

Auf Basis der Streuungszerlegung läßt sich das Bestimmtheitsmaß leicht berechnen. Es wird mit r^2 bezeichnet und ergibt sich aus dem Verhältnis von erklärter Streuung zur Gesamtstreuung:

Bestimmtheitsmaß

$$r^2 = \frac{\sum_{k=1}^{K}(\hat{y}_k - \overline{y})^2}{\sum_{k=1}^{K}(y_k - \overline{y})^2} = \frac{\text{erklärte Streuung}}{\text{Gesamtstreuung}} \tag{14}$$

Das Bestimmtheitsmaß ist eine normierte Größe, dessen Wertebereich zwischen Null und Eins liegt. Es ist um so größer, je höher der Anteil der erklärten Streuung an der Gesamtstreuung ist. Im Extremfall, wenn die gesamte Streuung erklärt wird, ist $r^2 = 1$, im anderen Extremfall entsprechend $r^2 = 0$.

Man kann das Bestimmtheitsmaß auch durch Subtraktion des Verhältnisses der nicht erklärten Streuung zur Gesamtstreuung vom Maximalwert 1 ermitteln, was rechentechnisch von Vorteil ist, da die nicht erklärte Streuung leicht zu berechnen ist und meist ohnehin vorliegt:

---

[8] Während die Zerlegung einer einzelnen Gesamtabweichung trivial ist, gilt dies für die Zerlegung der Gesamtstreuung nicht. Die Streuungszerlegung gemäß (13) ergibt sich aufgrund der Kleinste-Quadrate-Schätzung und gilt nur für lineare Modelle.

$$r^2 = 1 - \frac{\sum\limits_{k=1}^{K}(y_k - \hat{y}_k)^2}{\sum\limits_{k=1}^{K}(y_k - \overline{y})^2} = 1 - \frac{\sum\limits_{k=1}^{K}e_k^2}{\sum\limits_{k=1}^{K}(y_k - \overline{y})^2} \qquad (14a)$$

$$= 1 - \frac{\text{nicht erklärte Streuung}}{\text{Gesamtstreuung}}$$

Aus der Formel wird deutlich, daß das Kleinste-Quadrate-Kriterium, das zur Schätzung der Regressionsbeziehung angewendet wird, gleichbedeutend mit der Maximierung des Bestimmtheitsmaßes ist.

Zur Demonstration der Berechnung soll wiederum das Beispiel dienen. Die Ausgangsdaten und bisherigen Ergebnisse werden wie folgt aufbereitet (Tabelle 1.11).

Tabelle 1.11: Aufbereitung der Daten für die Ermittlung des Bestimmtheitsmaßes

k	y_k	$\hat{y}_k$	y_k-$\hat{y}_k$	$(y_k$-$\hat{y}_k)^2$	y_k-$\overline{y}$	$(y_k$-$\overline{y})^2$
1	2.585	2.097,57	487,43	237.588,00	778,20	605.595,24
2	1.819	2.059,81	-240,81	57.989,46	12,20	148,84
3	1.647	1.908,76	-261,76	68.518,30	-159,80	25.536,04
4	1.496	1.361,21	134,79	18.168,34	-310,80	96.596,64
5	921	1.568,90	-647,90	419.774,41	-885,80	784.641,64
6	2.278	1.965,40	312,60	97.718,76	471,20	222.029,44
7	1.810	2.116,45	-306,45	93.911,60	3,20	10,24
8	1.987	1.776,59	210,41	44.272,37	180,20	32.472,04
9	1.612	1.682,19	-70,19	4.926,64	-194,80	37.947,04
10	1.913	1.531,14	381,86	145.817,06	106,20	11.278,44
$\overline{y}$	1.806,8					
Σ				1.188.684,94		1.816.255,60

Die Ergebnisse lassen sich in Formel (14a) eintragen:

$$r^2 = 1 - \frac{1.188.684,94}{1.816.255,60} = 0,3455.$$

Das Ergebnis besagt, daß 34,55 % der gesamten Streuung auf die erklärende Variable BESUCHE und 65,45 % auf in der Regressionsgleichung nicht erfaßte Einflüsse zurückzuführen sind. Dieses Ergebnis, das auch durch den optischen Eindruck in Abbildung 1.1 unterstützt wird, zeigt an, daß der Zusammenhang zwischen Menge und Zahl der Vertreterbesuche hier nur schwach ausgeprägt ist. Es besteht die Vermutung, daß ein Einfluß der Häufigkeit der Vertreterbesuche zwar gegeben ist, daß dieser aber zum Teil durch andere Einflüsse überlagert wird.

Das Bestimmtheitsmaß läßt sich alternativ durch Streuungszerlegung (siehe Formel 14) oder als Quadrat der Korrelation r zwischen den beobachteten und den geschätzten Y-Werten berechnen (hieraus resultiert die Bezeichnung "r^2"). Es besteht in dieser Hinsicht kein Unterschied zwischen einfacher und multipler Regressionsanalyse. Da die geschätzte abhängige Variable aber im Falle der multiplen Regressionsanalyse durch lineare Verknüpfung von mehreren unabhängigen Variablen gebildet wird, bezeichnet man r auch als *multiplen Korrelationskoeffizienten*.

Das Bestimmtheitsmaß wird in seiner Höhe durch die Zahl der Regressoren beeinflußt. Bei gegebener Stichprobengröße wird mit jedem hinzukommenden Regressor ein mehr oder weniger großer Erklärungsanteil hinzugefügt, der möglicherweise nur zufällig bedingt ist. Der Wert des Bestimmtheitsmaßes kann also auch mit der Aufnahme von irrelevanten Regressoren nur zunehmen bzw. nicht abnehmen. Insbesondere bei kleiner Zahl von Freiheitsgraden aber verschlechtern sich mit der Zahl der Regressoren die Schätzeigenschaften des Modells. Das korrigierte Bestimmtheitsmaß r^2_{KORR} (Formel 14b) berücksichtigt diesen Sachverhalt. Es vermindert das einfache Bestimmtheitsmaß um eine Korrekturgröße, die um so größer ist, je größer die Zahl der Regressoren und je kleiner die Zahl der Freiheitsgrade ist. Das korrigierte Bestimmtheitsmaß kann daher im Gegensatz zum einfachen Bestimmtheitsmaß durch die Aufnahme weiterer Regressoren auch abnehmen.[9]

Korrigiertes Bestimmtheitsmaß

$$r^2_{KORR} = r^2 - \frac{J \cdot (1 - r^2)}{K - J - 1}$$ (14b)

mit

$\quad$ K $\quad$ = Zahl der Beobachtungswerte

$\quad$ J $\quad$ = Zahl der Regressoren

K - J - 1 = Zahl der Freiheitsgrade

1.2.3.2.2 F-Statistik

Das Bestimmtheitsmaß drückt aus, wie gut sich die Regressionsfunktion an die beobachteten Daten anpaßt. In empirischen Untersuchungen wird die Regressionsanalyse aber nicht nur deskriptiv zur Beschreibung vorliegender Daten eingesetzt. Vielmehr handelt es sich i.d.R. um Daten einer Stichprobe und es stellt sich die Frage, ob das geschätzte Modell auch über die Stichprobe hinaus für die Grundgesamtheit Gültigkeit besitzt. Das hierfür geeignete Prüfkriterium bildet die F-

---

[9] Wonnacott, T. H. / Wonnacott, R. J. (1987): Regression: A Second Course in Statistics, New York u. a., S. 181.

Statistik, in deren Berechnung neben der obigen Streuungszerlegung zusätzlich auch der Umfang der Stichprobe eingeht. So bietet ein möglicherweise "phantastisches" Bestimmtheitsmaß wenig Gewähr für die Gültigkeit eines Modells, wenn dieses aufgrund nur weniger Beobachtungswerte geschätzt wurde.

Die geschätzte Regressionsfunktion (Regressionsfunktion der Stichprobe)

$$\hat{Y} = b_0 + b_1 X_1 + b_2 X_2 + ... + b_j X_j + ... + b_J X_J$$

läßt sich als Realisation einer "wahren" Funktion mit den unbekannten Parametern β_0, β_1, β_2, ... , β_J auffassen, die den Wirkungszusammenhang in der Grundgesamtheit wiedergibt. Da diese Funktion neben dem systematischen Einfluß der Variablen X_1, X_2, ... , X_J, die auf Y wirken, auch eine Zufallsgröße U (stochastische Komponente) enthält, bezeichnet man sie als das stochastische Modell der Regressionsanalyse.

Stochastisches Modell der Regressionsanalyse

$$Y = \beta_0 + \beta_1 X_1 + \beta_2 X_2 + ... + \beta_j X_j + ... + \beta_J X_J + U \tag{12}$$

mit

Y	=	Abhängige Variable
β_0	=	Konstantes Glied der Regressionsfunktion
β_j	=	Regressionskoeffizient (j=1, 2, ..., J)
X_j	=	Unabhängige Variable (j=1, 2, ..., J)
U	=	Störgröße

In der Größe U ist die Vielzahl zufälliger Einflüsse, die neben dem systematischen Einfluß der Variablen X_1, X_2, ... , X_J auf Y wirken, zusammengefaßt. Sie ist eine Zufallsvariable und wird als *Störgröße* bezeichnet, da sie den systematischen Einfluß überlagert und damit verschleiert. Die Störgröße U ist nicht beobachtbar, manifestiert sich aber in den Residuen e_k.

Da in der abhängigen Variablen Y die Störgröße U enthalten ist, bildet Y ebenfalls eine Zufallsvariable, und auch die Schätzwerte bj für die Regressionsparameter, die aus Beobachtungen von Y gewonnen wurden, sind Realisationen von Zufallsvariablen. Bei wiederholten Stichproben schwanken diese um die wahren Werte β_j.

Wenn zwischen der abhängigen Variablen Y und den unabhängigen Variablen X_j ein kausaler Zusammenhang besteht, wie es hypothetisch postuliert wurde, so müssen die wahren Regressionskoeffizienten β_j ungleich Null sein. Zur Prüfung des Modells wird jetzt die Gegenhypothese H_0 ("Nullhypothese") formuliert, die besagt, daß kein Zusammenhang besteht und somit in der Grundgesamtheit die Regressionskoeffizienten alle Null sind:

$$H_0: \beta_1 = \beta_2 = ... = \beta_J = 0$$

Zur Prüfung dieser Nullhypothese dient der *F-Test*. Er besteht im Kern darin, daß ein empirischer F-Wert (F-Statistik) berechnet und mit einem kritischen Wert verglichen wird. Bei Gültigkeit der Nullhypothese ist zu erwarten, daß der F-Wert

Null ist. Weicht er dagegen stark von Null ab und überschreitet einen kritischen Wert, so ist es unwahrscheinlich, daß die Nullhypothese richtig ist. Folglich ist diese zu verwerfen und zu folgern, daß in der Grundgesamtheit ein Zusammenhang existiert und somit nicht alle β_j Null sind.

In die Berechnung der F-Statistik gehen die Streuungskomponenten ein (wie in das Bestimmtheitsmaß) und zusätzlich der Stichprobenumfang K und die Zahl der Regressoren J. Sie berechnet sich wie folgt:

F-Statistik

$$F_{emp} = \frac{\sum_{k=1}^{K}(\hat{y}_k - \overline{y})^2 / J}{\sum_{k=1}^{K}(y_k - \hat{y}_k)^2 / (K - J - 1)} \tag{15a}$$

$$= \frac{\text{erklärte Streuung} / J}{\text{nicht erklärte Streuung} / (K - J - 1)}$$

Zur Berechnung sind die erklärte und die nicht erklärte Streuung jeweils durch die Zahl ihrer *Freiheitsgrade* zu dividieren und ins Verhältnis zu setzen. Die Zahl der Freiheitsgrade der
- erklärten Streuung ist gleich der Zahl der unabhängigen Variablen: J
- nicht erklärten Streuung ist gleich der Zahl der Beobachtungen vermindert um die zu schätzenden Parameter in der Regressionsbeziehung: K-J-1.

Mit Hilfe von (14a) läßt sich die F-Statistik auch als Funktion des Bestimmtheitsmaßes formulieren:

$$F_{emp} = \frac{r^2 / J}{(1 - r^2) / (K - J - 1)} \tag{15b}$$

Der **F-Test** läuft in folgenden Schritten ab:

1. Berechnung des empirischen F-Wertes
    Im Beispiel hatten wir für das Bestimmtheitsmaß den Wert $r^2 = 0{,}3455$ errechnet. Mittels Formel 15b erhält man:

    $$F_{emp} = \frac{0{,}3455 / 1}{(1 - 0{,}3455) / (10 - 1 - 1)} = 4{,}223$$

    Der Leser möge alternativ die Berechnung mittels Formel 15a durchführen.

2. Vorgabe eines Signifikanzniveaus
    Es ist, wie bei allen statistischen Tests, eine Wahrscheinlichkeit vorzugeben, die das Vertrauen in die Verläßlichkeit des Testergebnisses ausdrückt. Üblicherweise wird hierfür die *Vertrauenswahrscheinlichkeit* 0,95 (oder auch 0,99) gewählt. Das bedeutet: Mit einer Wahrscheinlichkeit von 95 Prozent

kann man sich darauf verlassen, daß der Test zu einer Annahme der Nullhypothese führen wird, wenn diese korrekt ist, d.h. wenn kein Zusammenhang besteht.

Entsprechend beträgt die Wahrscheinlichkeit, daß die Nullhypothese abgelehnt wird, obgleich sie richtig ist, $\alpha = 1 - 0{,}95 = 5$ Prozent. α ist die *Irrtums-wahrscheinlichkeit* des Tests und wird als *Signifikanzniveau* bezeichnet. Die Irrtumswahrscheinlichkeit bildet das Komplement der Vertrauenswahrscheinlichkeit $1-\alpha$.

3. Auffinden des theoretischen F-Wertes

Als kritischer Wert zur Prüfung der Nullhypothese dient ein theoretischer F-Wert, mit dem der empirische F-Wert zu vergleichen ist. Dieser ergibt sich für das gewählte Signifikanzniveau aus der F-Verteilung und kann aus einer *F-Tabelle* entnommen werden. Tabelle 1.12 zeigt einen Ausschnitt aus der F-Tabelle für die Vertrauenswahrscheinlichkeit 0,95 (vgl. Anhang).

Der gesuchte Wert ergibt sich durch die Zahl der Freiheitsgrade im Zähler und im Nenner von Formel 15 (a oder b). Die Zahl der Freiheitsgrade im Zähler (1) bestimmt die Spalte und die der Freiheitsgrade im Nenner (8) bestimmt die Zeile der Tabelle und man erhält den Wert 5,32.

Der tabellierte Wert bildet das 95%-Quantil der F-Verteilung mit der betreffenden Zahl von Freiheitsgraden, d.h. Werte dieser Verteilung sind mit 95 % Wahrscheinlichkeit kleiner als der tabellierte Wert.

Tabelle 1.12: F-Tabelle (95 % Vertrauenswahrscheinlichkeit; Ausschnitt)

K-J-1	J=1	J=2	J=3	J=4	J=5	J=6	J=7	J=8	J=9
1	161,00	200,00	216,00	225,00	230,00	234,00	237,00	129,00	241,00
2	18,50	19,00	19,20	19,20	19,30	19,30	19,40	19,40	19,40
3	10,10	9,55	9,28	9,12	9,01	8,94	8,89	8,85	8,81
4	7,71	6,94	6,59	6,39	6,26	6,16	6,09	6,04	6,00
5	6,61	5,79	5,41	5,19	5,05	4,95	4,88	4,82	4,77
6	5,99	5,14	4,76	4,53	4,39	4,28	4,21	4,15	4,10
7	5,59	4,74	4,35	4,12	3,97	3,87	3,79	3,73	3,68
8	5,32	4,46	4,07	3,84	3,69	3,58	3,50	3,44	3,39
9	5,12	4,26	3,86	3,63	3,48	3,37	3,29	3,23	3,18
10	4,96	4,10	3,71	3,48	3,33	3,22	3,14	3,07	3,02

Legende:

J   =   Zahl der erklärenden Variablen (Freiheitsgrade des Zählers);

K-J-1   =   Zahl der Freiheitsgrade des Nenners (K = Zahl der Beobachtungen)

4. Vergleich des empirischen mit dem theoretischen F-Wert
    Das Entscheidungskriterium für den F-Test lautet:
    -   Ist der empirische F-Wert (F_{emp}) größer als der aus der Tabelle abgelesene theoretische F-Wert (F_{tab}), dann ist die Nullhypothese H_0 zu verwerfen. Es ist also zu folgern, daß nicht alle β_j Null sind. Der durch die Regressionsbeziehung hypothetisch postulierte Zusammenhang wird damit als signifikant erachtet.
    -   Ist dagegen der empirische F-Wert klein und übersteigt nicht den theoretischen Wert, so kann die Nullhypothese nicht verworfen werden. Die Regressionsbeziehung ist damit nicht signifikant (vgl. Tabelle 1.13).

Hier ergibt sich:

$$4,2 < 5,32 \quad \rightarrow \quad H_0 \text{ wird nicht verworfen}$$

Tabelle 1.13:   F-Test

$F_{emp} > F_{tab} \quad \rightarrow H_0$ wird verworfen $\quad \rightarrow$ Zusammenhang ist signifikant
$F_{emp} \leq F_{tab} \quad \rightarrow H_0$ wird nicht verworfen

Da der empirische F-Wert hier kleiner ist als der Tabellenwert, kann die Nullhypothese nicht verworfen werden. Das bedeutet, daß der durch die Regressionsbeziehung postulierte Zusammenhang empirisch nicht bestätigt werden kann, d.h. er ist statistisch nicht signifikant.

Dies bedeutet allerdings nicht, daß kein Zusammenhang zwischen der Zahl der Vertreterbesuche und der Absatzmenge besteht. Möglicherweise ist dieser durch andere Einflüsse überlagert und wird damit infolge des geringen Stichprobenumfangs nicht deutlich. Oder er wird nicht deutlich, weil relevante Einflußgrößen (wie hier der Preis oder die Ausgaben für Verkaufsförderung) nicht berücksichtigt wurden und deshalb die nicht erklärte Streuung groß ist.

Prinzipiell kann die Annahme einer Nullhypothese nicht als Beweis für deren Richtigkeit angesehen werden. Sie ließe sich andernfalls immer beweisen, indem man den Stichprobenumfang klein macht und/oder die Vertrauenswahrscheinlichkeit hinreichend groß wählt. Nur umgekehrt kann die Ablehnung der Nullhypothese als Beweis dafür angesehen werden, daß diese falsch ist und somit ein Zusammenhang besteht. Damit wird auch deutlich, daß es keinen Sinn macht, die Vertrauenswahrscheinlichkeit zu groß (die Irrtumswahrscheinlichkeit zu klein) zu wählen, denn dies würde dazu führen, daß die Nullhypothese, auch wenn sie falsch ist, nicht abgelehnt wird und somit bestehende Zusammenhänge nicht erkannt werden. Man sagt dann, daß der Test an "Trennschärfe" verliert.

Die zweckmäßige Wahl der Vertrauenswahrscheinlichkeit sollte berücksichtigen, welches Maß an Unsicherheit im Untersuchungsbereich besteht. Und sie sollte auch berücksichtigen, welche Risiken mit der fälschlichen An- oder Ablehnung der Nullhypothese verbunden sind. So wird man beim Bau einer Brücke eine andere

Vertrauenswahrscheinlichkeit wählen als bei der Untersuchung von Kaufverhalten. Letztlich aber ist die Wahl der Vertrauenswahrscheinlichkeit immer mit einem gewissen Maß an Willkür behaftet.

1.2.3.2.3 Standardfehler der Schätzung

Ein weiteres Gütemaß bildet der Standardfehler der Schätzung, der angibt, welcher mittlere Fehler bei Verwendung der Regressionsfunktion zur Schätzung der abhängigen Variablen Y gemacht wird. Er errechnet sich wie folgt:

$$s = \sqrt{\sum_k e_k^2/(K - J - 1)} \qquad (16)$$

Im Beispiel ergibt sich mit dem Wert der nicht erklärten Streuung aus Tabelle 1.11:

$$s = \sqrt{\sum_k 1.188.685/(10 - 1 - 1)} = 385$$

Bezogen auf den Mittelwert $\overline{y} = 1.806{,}8$ beträgt der Standardfehler der Schätzung damit 21 %, was wiederum nicht als gut beurteilt werden kann.

1.2.3.3   Prüfung der Regressionskoeffizienten

1.2.3.3.1 t-Test des Regressionskoeffizienten

Wenn die globale Prüfung der Regressionsfunktion durch den F-Test ergeben hat, daß nicht alle Regressionskoeffizienten β_j Null sind (und somit ein Zusammenhang in der Grundgesamtheit besteht), so sind jetzt die Regressionskoeffizienten einzeln zu überprüfen. Üblicherweise wird auch hier wieder die Nullhypothese $H_0: \beta_j = 0$ getestet. Prinzipiell jedoch könnte auch jeder andere Wert getestet werden. Das Kriterium hierfür ist die t-Statistik.

t - Statistik

$$t_{emp} = \frac{b_j - \beta_j}{s_{bj}} \qquad (17)$$

mit

t_{emp}	=	Empirischer t-Wert für den j-ten Regressor
β_j	=	Wahrer Regressionskoeffizient (unbekannt)
b_j	=	Regressionskoeffizient des j-ten Regressors
s_{bj}	=	Standardfehler des Regressionskoeffizienten des j-ten Regressors

Wird die Nullhypothese $H_0: \beta_j = 0$ getestet, so vereinfacht sich (17) zu

$$t_{emp} = \frac{b_j}{s_{bj}} \qquad (17a)$$

Unter der Nullhypothese folgt die t-Statistik einer t-Verteilung (Student-Verteilung) um den Mittelwert Null, die in tabellierter Form im Anhang wiedergeben ist (wir betrachten hier nur den zweiseitigen t-Test[10]). Einen Ausschnitt zeigt Tabelle 1.14. Wiederum gilt, daß bei Gültigkeit der Nullhypothese für die t-Statistik ein Wert von Null zu erwarten ist. Weicht der empirische t-Wert dagegen stark von Null ab, so ist es unwahrscheinlich, daß die Nullhypothese richtig ist. Folglich ist diese zu verwerfen und zu folgern, daß in der Grundgesamtheit ein Einfluß von X_j auf Y existiert und somit β_j ungleich Null ist.

Der t-Test verläuft analog zum F-Test in folgenden Schritten:

1. Berechnung des empirischen t-Wertes
   Für den Regressionskoeffizienten b_1 hatten wir den Wert 18,881 und für den Standardfehler des Regressionskoeffizienten s_{bj} erhält man in diesem Fall den Wert 9,187.[11] Aus (17a) folgt damit

$$t_{emp} = \frac{18,881}{9,187} = 2,055$$

2. Vorgabe eines Signifikanzniveaus
   Wir wählen wiederum eine Vertrauenswahrscheinlichkeit von 95 Prozent bzw. $\alpha = 0,05$.

3. Auffinden des theoretischen t-Wertes
   Für die vorgegebene Vertrauenswahrscheinlichkeit von 95 Prozent und die Zahl der Freiheitsgrade (der nicht erklärten Streuung) K-J-1 = 10-1-1 = 8 erhält man aus Tabelle 1.14 den theoretischen t-Wert $t_{tab} = 2,306$.

4. Vergleich des empirischen mit dem theoretischen t-Wert
   Da der t-Wert auch negativ werden kann (im Gegensatz zum F-Wert), ist dessen Absolutbetrag mit dem theoretischen t-Wert zu vergleichen (zweiseitiger Test).
   - Ist der Absolutbetrag des empirischen t-Wertes (t_{emp}) größer als der aus der Tabelle abgelesene theoretische t-Wert (t_{tab}), dann ist die Nullhypothese H_o zu verwerfen. Es ist also zu folgern, daß β_j ungleich Null ist. Der Einfluß von X_j auf Y wird damit als signifikant erachtet.

---

[10] Zur Unterscheidung von *einseitigem* und *zweiseitigem t-Test* vgl. Hartung, J. (1998): Statistik: Lehr- und Handbuch der angewandten Statistik, 11. Aufl., München, S. 580.

[11] Die exakte Ermittlung ist nachvollziehbar aufgrund der Ableitung von Bleymüller et al., vgl. Bleymüller, J. / Gehlert, G. / Gülicher, H (1998).: Statistik für Wirtschaftswissenschaftler, 11. Aufl., München, S. 151.

- Ist dagegen der Absolutbetrag des empirischen t-Wertes klein und übersteigt nicht den theoretischen Wert, so kann die Nullhypothese nicht verworfen werden. Der Einfluß von X_j ist damit nicht signifikant (vgl. Tabelle 1.15).

Hier ergibt sich

$$|2,005| < 2,306 \qquad \rightarrow H_0 \text{ wird nicht verworfen}$$

Tabelle 1.14: t-Tabelle (Ausschnitt)

Freiheitsgrade	Vertrauenswahrscheinlichkeit		
	0,90	0,95	0,99
1	6,314	12,706	63,657
2	2,920	4,303	9,925
3	2,353	3,182	5,841
4	2,132	2,776	4,604
5	2,015	2,571	4,032
6	1,943	2,447	3,707
7	1,895	2,365	3,499
8	1,860	2,306	3,355
9	1,833	2,262	3,250
10	1,812	2,228	3,169

Tabelle 1.15: t-Test

$|t_{emp}| > t_{tab} \rightarrow H_0$ wird verworfen $\qquad \rightarrow$ Einfluß ist signifikant
$|t_{emp}| \leq t_{tab} \rightarrow H_0$ wird nicht verworfen

Der Einfluß der unabhängigen Variablen (Zahl der Vertreterbesuche) erweist sich damit als nicht signifikant. Dieses Ergebnis wurde schon durch den F-Test vorweggenommen. Bei nur einer unabhängigen Variablen müssen F-Test und t-Test zu identischen Ergebnissen kommen [12]

---

[12] Dieses Ergebnis ist im Grunde bereits durch den F-Test vorweggenommen. Wir haben die Analyse jedoch aus didaktischen Gründen fortgeführt. Im weiteren Verlauf dieses Kapitels wird der t-Test im Rahmen der multiplen Regression gezeigt. Dabei wird sich herausstellen, daß F-Test und t-Test zu unterschiedlichen Ergebnissen und Aussagen kommen.

1.2.3.3.2 Konfidenzintervall des Regressionskoeffizienten

Durch den t-Test wurde die Frage überprüft, ob die unbekannten Regressionskoeffizienten der Grundgsamtheit β_j (j = 1, 2, ..., J) sich von Null unterscheiden. Hierfür wurde ein *Annahmebereich* für b_j bzw. die Transformation von b_j in eine t-Wert konstruiert. Eine andere Frage ist jetzt, welchen Wert die unbekannten Regressionskoeffizienten der Grundgsamtheit β_j mutmaßlich haben. Dazu ist ein *Konfidenzintervall* für β_j zu bilden.

Die beste Schätzung für den unbekannten Regressionskoeffizienten β_j liefert der geschätzte Regressionskoeffizient b_j. Als Konfidenzintervall ist daher ein Bereich um b_j zu wählen, in dem der unbekannte Wert β_j mit einer bestimmten Wahrscheinlichkeit liegen wird. Dazu ist wiederum die Vorgabe einer Vetrauenswahrscheinlichkeit erforderlich.

Für diese Vertrauenswahrscheinlichkeit und die Zahl der Freiheitgrade der nicht erklärten Streuung (K-J-1) ist sodann der betreffende t-Wert zu bestimmen (aus der t-Tabelle für den zweiseitigen t-Test entnehmen).

Konfidenzintervall für den Regressionskoeffizienten

$$b_j - t \cdot s_{bj} \ \leq \beta_j \ \leq b_j + t \cdot s_{bj} \tag{18}$$

mit

β_j = Wahrer Regressionskoeffizient (unbekannt)
b_j = Regressionskoeffizient der Stichprobe
t = t-Wert aus der Student-Verteilung
s_{bj} = Standardfehler des Regressionskoeffizienten

Die benötigten Werte sind identisch mit denen, die wir im t-Test verwendet haben. Für den Regressionskoeffizienten in unserem Beispiel erhält man damit das folgende Konfidenzintervall:

$$18,881 - 2,306 \cdot 9,187 \ \leq \beta_1 \ \leq 18,881 + 2,306 \cdot 9,187$$

$$- 2,304 \ \leq \beta_1 \ \leq 40,066$$

Das Ergebnis ist wie folgt zu interpretieren. Mit einer Vertrauenswahrscheinlichkeit von 0,95 liegt der Regressionskoeffizient der Variablen BESUCHE in der Grundgesamtheit zwischen den Werten -2,304 und 40,066. Je größer das Konfidenzintervall ist, desto unsicherer ist die Schätzung der Steigung der Regressionsgeraden in der Grundgesamtheit, m. a. W. desto unzuverlässiger ist die gefundene Regressionsfunktion bezüglich dieses Parameters. Dieses gilt insbesondere dann, wenn innerhalb des Konfidenzintervalls ein Vorzeichenwechsel liegt, die Richtung des vermuteten Einflusses sich also umkehren kann ("Je größer die Zahl der Besuche, desto kleiner die abgesetzte Menge").

1.2.3.4   Prüfung auf Verletzung der Prämissen des Regressionsmodells

Die empirische Anwendung der Regressionsanalyse, bei der es sich i.d.R. um die Analyse von Stichprobendaten handelt, erfordert, daß ein stochastisches Modell zugrunde gelegt wird. Dieses stochastische Modell (Gleichung 12 bzw. 19) ist mit einer Reihe von Annahmen verbunden, die wir bislang stillschweigend unterstellt hatten. Die Bedeutung dieser Annahmen und die Konsequenzen ihrer Verletzung sollen nachfolgend erläutert werden. Da wir uns hier auf die lineare Regressionsanalyse beschränken, sprechen wir im folgenden vom *linearen Modell* der Regressionsanalyse.

Das lineare Regressionsmodell:

1) $$y_k = \beta_0 + \sum_{j=1}^{J} \beta_j \, x_{jk} + u_k \qquad \text{mit } k = 1, 2, \ldots, K \text{ und } J < K \qquad (19)$$

Das Modell ist linear in den Parametern β_0 und β_j (*Linearität*) und die Zahl der erklärenden Variablen (J) ist kleiner ist kleiner als die Zahl der Beobachtungen (K).

2) $\text{Erw}(u_k) = 0$

Die Störgrößen haben den Erwartungswert Null.
Dazu müssen alle relevanten Variablen im Modell berücksichtigt sein (*Vollständigkeit des Modells*).

3) $\text{Var}(u_k) = \sigma^2$

Die Störgrößen haben konstante Varianz σ^2 (*Homoskedastizität*).

4) $\text{Cov}(u_k, u_{k+r}) = 0 \qquad\qquad \text{mit } r \neq 0$

Die Störgrößen sind voneinander statistisch unabhängig (*keine Autokorrelation*).

5)   Zwischen den erklärenden Variablen X_j besteht keine lineare Abhängigkeit (*keine exakte Multikollinearität*).

6)   Die Störgrößen u_k sind *normalverteilt*.

Unter den Annahmen 1 bis 5 liefert die Methode der kleinsten Quadrate *Schätzwerte*, die *blue* sind (best linear unbiased estimators).[13] Mit "best" ist dabei gemeint, daß die Schätzwerte effizient sind, d.h. kleinstmögliche Varianz aufweisen. Zur Durchführung von *Signifikanztests* ist außerdem Annahme 6 erforderlich. Da die Störgröße die gemeinsame Wirkung sehr vieler und im einzelnen

---

[13] Vgl.dazu z.B. Bleymüller, J. / Gehlert, G. / Gülicher, H. (1998): Statistik für Wirtschaftswissenschaftler, 11. Aufl., München, S. 150; Kmenta, J. (1986): Elements of Econometrics, 2nd ed., New York u. a., S. 156 ff.

relativ unbedeutender Einflußfaktoren repräsentiert, die voneinander weitgehend unabhängig sind, läßt sich die Annahme der Normalverteilung durch den "zentralen Grenzwertsatz" der Statistik stützen.[14]

1.2.3.4.1 Nichtlinearität

Nichtlinearität kann in vielen verschiedenen Formen auftreten. In Abb. 1.3 sind Beispiele nichtlinearer Beziehungen dargestellt (b, c und d). Das lineare Regressionsmodell fordert lediglich, daß die Beziehung linear in den Parametern ist. In vielen Fällen ist es daher möglich, eine nichtlineare Beziehung durch Transformation der Variablen in eine lineare Beziehung zu überführen. Ein Beispiel zeigt Abb. 1.3 b.

Derartige nichtlineare Beziehungen zwischen der abhängigen und einer unabhängigen Variablen können durch Wachstums- oder Sättigungsphänomene bedingt sein (z.B. abnehmende Ertragszuwächse der Werbeausgaben). Sie lassen sich oft leicht durch Betrachten des Punktediagramms entdecken. Die Folge von nicht entdeckter Nichtlinearität ist eine Verzerrung der Schätzwerte der Parameter, d.h. die Schätzwerte b_j streben mit wachsendem Stichprobenumfang nicht mehr gegen die wahren Werte β_j.

Generell läßt sich eine Variable X durch eine Variable $X' = f(X)$ ersetzen, wobei f eine beliebige nichtlineare Funktion bezeichnet. Folglich ist das Modell

$$Y = \beta_0 + \beta_1 X' + U \qquad \text{mit} \qquad X' = f(X) \tag{20}$$

linear in den Parametern β_0 und β_1 und in X', nicht aber in X. Durch Transformation von X in X' wird die Beziehung linearisiert und läßt sich mittels Regressionsanalyse schätzen.

In allgemeinerer Form läßt sich das lineare Regressionsmodell unter Berücksichtigung nichtlinearer Transformationen der Variablen auch in folgender Form schreiben:

$$f(Y) = \beta_0 + \sum_{j=1}^{J} \beta_j \, f_j(X_j) + U \tag{21}$$

Tabelle 1.15 zeigt Beispiele für anwendbare nichtlineare Transformationen. Dabei ist jeweils der zulässige Wertebereich angegeben. Der Exponent c in der Potenzfunktion 10 muß vorgegeben werden.

Ein spezielles nichtlineares Modell bildet das *multiplikative Modell* der Form

$$Y = \beta_0 \cdot X_1^{\beta_1} \cdot X_2^{\beta_2} \cdot \ldots \cdot X_J^{\beta_J} \cdot U \tag{22a}$$

---

[14] Der zentrale Grenzwertsatz der Statistik besagt, daß die Summenvariable von N Zufallsvariablen für großes N asymptotisch normalverteilt ist, und zwar unabhängig von der Verteilung der Zufallsvariablen. Daraus resultiert die breite Anwendbarkeit der Normalverteilung.

Ein Beispiel für ein derartiges Modell ist die bekannte Cobb/Douglas-Produktionsfunktion. Die Exponenten β_j lassen sich als Elastizitäten interpretieren (d.h. die Beziehung zwischen Y und den Variablen X_j ist durch konstante Elastizitäten gekennzeichnet). Durch Logarithmieren aller Variablen läßt sich das multiplikative Modell in ein lineares Modell überführen und damit mittels Regressionsanalyse schätzen. Man erhält

$$\ln Y = \beta_0' + \beta_0 \cdot \ln X_1 + \beta_0 \cdot \ln X_2 + \ldots + \beta_0 \cdot \ln X_J + U' \qquad (22b)$$

mit $\beta_0' = \ln \beta_0$ und $U' = \ln U$.

Tabelle 1.15: Nichtlineare Transformationen

Nr.	Bezeichnung	Definition	Bereich
1	Logarithmus	$\ln(X)$	$X > 0$
2	Exponential	$\exp(X)$	
3	Arkussinus	$\sin^{-1}(X)$	$|X| \leq 1$
4	Arkustangens	$\tan^{-1}(X)$	
5	Logit	$\ln(X/(1-X))$	$0 < X < 1$
6	Reziprok	$1/X$	$X \neq 0$
7	Quadrat	X^2	
8	Wurzel	$X^{1/2}$	$X \geq 0$
10	Potenz	X^c	$X > 0$

Die Beziehungen in Abb. 1.3 c und d weisen jeweils einen Strukturbruch auf. Derartige Strukturbrüche findet man häufig bei Zeitreihenanalysen, z.B. wenn durch Änderung der wirtschaftlichen Rahmenbedingungen eine Änderung in der zeitlichen Entwicklung einer betrachteten Variablen Y bewirkt wird. Strukturbrüche lassen sich durch eine Dummy-Variable berücksichtigen, deren Werte vor dem Strukturbruch in Periode k' Null sind und danach Eins (oder größer Eins) werden.

Niveauänderung:

$$y_k = \beta_0 + \beta_1 x_k + \beta_2 q + u_k \qquad \text{mit } q = \begin{cases} 0 \text{ für } k < k' \\ 1 \text{ für } k \geq k' \end{cases} \qquad (23)$$

Trendänderung:

$$y_k = \beta_0 + \beta_1 x_k + \beta_2 q + u_k \qquad \text{mit } q = \begin{cases} 0 & \text{für } k < k' \\ (k - k' + 1) & \text{für } k \geq k' \end{cases} \qquad (24)$$

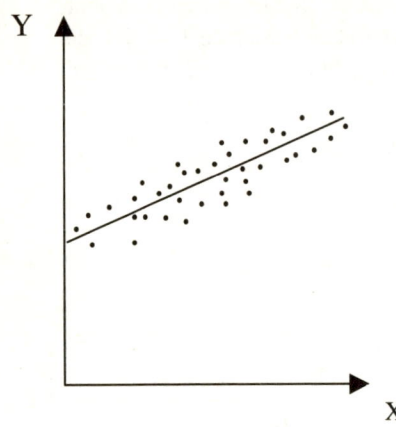

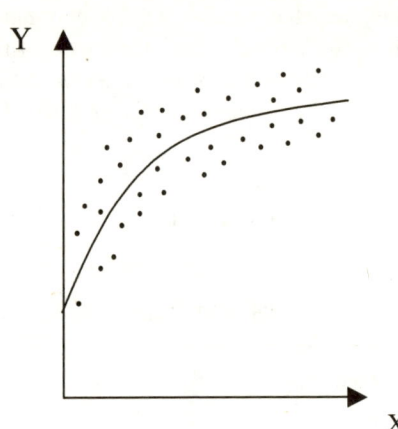

a) Regressionsgerade
    $(Y = \beta_0 + \beta_1 X)$

b) nichtlineare Regressionsbeziehung
    $(z.B.: Y = \beta_0 + \beta_1 X^{1/2})$

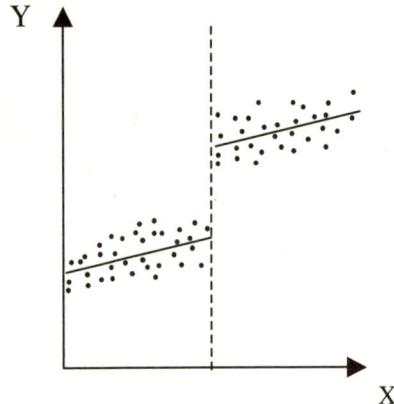

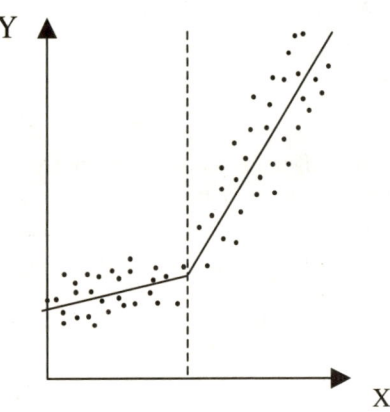

c) Strukturbruch:
    Niveauänderung

d) Strukturbruch:
    Trendänderung

Abb. 1.3: Lineare und nichtlineare Regressionsbeziehungen

Eine weitere Form von Nichtlinearität kann im Mehr-Variablen-Fall dadurch auftreten, daß sich die Wirkungen von unabhängigen Variablen nicht-additiv verknüpfen. So kann z. B. eine Preisänderung in Verbindung mit einer Verkaufsförderungsaktion anders wirken als ohne diese. Derartige *Interaktionseffekte* lassen sich wie folgt berücksichtigen:

$$Y = \beta_0 + \beta_1 V_t + \beta_2 P_t + \beta_3 V_t P_t \tag{25}$$

Dabei bezeichnet V die Verkaufsaktion und P den Preis. Das Produkt VxP wird als *Interaktionsterm* bezeichnet, dessen Wirkung der Koeffizient β_3 reflektiert.

Für die Aufdeckung von Nichtlinearität sind statistische *Testmöglichkeiten* vorhanden, auf die hier nur verwiesen werden kann.[15] Hinweise auf das Vorliegen von Nichtlinearität können im übrigen auch die nachfolgend beschriebenen Tests auf Autokorrelation und Heteroskedastizität geben.

1.2.3.4.2 Unvollständigkeit des Modells

Wenn im Regressionsmodell alle relevanten Einflußgrößen von Y berücksichtigt werden, dann umfaßt die Störvariable U nur zufällige Schwankungen, deren Erwartungswert Null ist. Leider sind nicht immer alle relevanten Einflußgrößen bekannt und es kommt zu einer Unvollständigkeit der Modellformulierung, d.h. es fehlen erklärende Variable. Als Folge kommt es zu einer Verzerrung der Schätzwerte.

Neben der Vernachlässigung relevanter Variablen (underfitting) kann es auch vorkommen, daß ein Modell zu viele erklärende Variable enthält (overfitting).[16] Während der erste Fall meist die natürliche Folge unvollständigen theoretischen Wissens ist, resultiert der zweite Fall gewöhnlich aus einer häufig vorkommenden Neigung, aus Sorge davor, relevante Variable zu übersehen, beliebige Variable in das Modell aufzunehmen, ohne daß sie einer sachlogischen Prüfung standhalten. Diese Vorgehensweise führt zwar nicht zu verzerrten Schätzern für die Regressionskoeffizienten, wohl aber zu ineffizienten Schätzern.[17] Je größer die Anzahl von Variablen in der Regressionsgleichung ist, desto größer wird auch die Gefahr, daß ein statistisch signifikanter Regressionskoeffizient darin vorkommt, obgleich die betreffende Variable nur zufällig mit der abhängigen Variablen korreliert.

---

[15] Vgl. z. B. Fröhlich, W. D. / Becker, J. (1972): Forschungsstatistik, 6. Aufl., Bonn, S. 480 ff.

[16] Eine ausführlichere Darstellung der Folgen von Over- und Underfitting finden sich bei Wonnacott, Th. H. / Wonnacott, R. J. (1987): Regression: A Second Course in Statistics, New York u. a., S. 99-102; Kmenta, J. (1986): Elements of Econometrics, 2nd ed. New York u. a., S. 442-449; Chatterljee, S. / Hadi, A. S. (1988): Sensitivity Analysis in Linear Regression, New York u. a., S. 43 und S. 45.

[17] Effizienz ist eine Güteeigenschaft von Parameterschätzern. Sie stellt ein Maß für die Genauigkeit der Schätzung dar. Vgl. Bortz, J. (1993): Statistik für Sozialwissenschaftler, 4. Aufl., Berlin u.a. 1985, S. 94.

Umgekehrt kann es sein, daß ein tatsächlicher Einflußfaktor als nicht signifikant erscheint, weil seine Wirkung durch Störeinflüsse verdeckt wird. Ein anderer Grund kann darin liegen, daß der Einflußfaktor in der Stichprobe nicht oder nur wenig variiert und somit keine Wirkung beobachtet werden kann. Solange das Ergebnis nicht aufgrund fachlicher Überlegungen widersprüchlich ist (falsches Vorzeichen eines signifikanten Koeffizienten), besteht damit auch kein Grund, eine sachlich begründete Hypothese zu verwerfen.

1.2.3.4.3 Heteroskedastizität

Wenn die Streuung der Residuen in einer Reihe von Werten der prognostizierten abhängigen Variablen nicht konstant ist, dann liegt Heteroskedastizität vor. Damit ist eine Prämisse des linearen Regressionsmodells verletzt, die verlangt, daß die Varianz der Fehlervariablen U für alle k homogen ist, m. a. W. die Störgröße darf nicht von den unabhängigen Variablen und von der Reihenfolge der Beobachtungen abhängig sein Ein Beispiel für das Auftreten von Heteroskedastizität wäre eine zunehmende Störgröße in einer Reihe von Beobachtungen etwa aufgrund von Meßfehlern, die durch nachlassende Aufmerksamkeit der beobachtenden Person entstehen.

Heteroskedastizität führt zu Ineffizienz der Schätzung und verfälscht den Standardfehler des Regressionskoeffizienten. Damit wird auch die Schätzung des Konfidenzintervalls ungenau.

Zur Aufdeckung von Heteroskedastizität empfiehlt sich zunächst eine visuelle Inspektion der Residuen, indem man diese gegen die prognostizierten (geschätzten) Werte von Y plottet. Dabei ergibt sich bei Vorliegen von Heteroskedastizität meist ein Dreiecksmuster, wie in Abb. 1.4 a oder b dargestellt.

Der bekannteste Test zur Aufdeckung von Heteroskedastizität bildet der *Goldfeld/Quandt-Test*, bei dem die Stichprobenvarianzen der Residuen in zwei Unterstichproben, z.B. der ersten und zweiten Hälfte einer Zeitreihe, verglichen und ins Verhältnis gesetzt werden.[18] Liegt perfekte Homoskedastizität vor, müssen die Varianzen identisch sein ($s_1^2 = s_2^2$), d.h. das Verhältnis der beiden Varianzen der Teilgruppen entspricht dem Wert Eins. Je weiter das Verhältnis von Eins abweicht, desto unsicherer wird die Annahme gleicher Varianz. Wenn die Residuen normalverteilt sind und die Annahme der Homoskedastizität zutrifft, folgt das Verhältnis der Varianzen einer F-Verteilung und kann daher als Teststatistik gegen die Nullhypothese gleicher Varianz $H_0 : \sigma_1^2 = \sigma_1^2$ getestet werden.[19] Die F-Teststatistik berechnet sich wie folgt:

---

[18] Zu dieser und anderen Testmöglichkeiten auf Heteroskedastizität vgl. Kmenta, J. (1986): Elements of Econometrics, 2nd ed., New York u. a., S. 292-298. Dort findet sich auch eine Beschreibung des Weighted-Least-Squares-Verfahrens, das einen Ausweg in Situationen starker Heteroskedastizität weist. Vgl. ebendort, S. 352-355.

[19] Vgl. Kmenta, J., 1986, Elements of Econometrics, 2nd ed., New York u. a., S. 292 f.

$$F_{emp} = \frac{s_1^2}{s_2^2} \qquad mit \qquad s_1^2 = \frac{\sum_{k=1}^{K_1} e_k^2}{K_1 - J - 1} \qquad und \qquad s_2^2 = \frac{\sum_{k=1}^{K_2} e_k^2}{K_2 - J - 1}$$

Dabei sind K_1 und K_2 die Fallzahlen in den beiden Teilgruppen und J bezeichnet die Anzahl der unabhängigen Variablen in der Regression. Die Gruppen sind dabei so anzuordnen, daß $s_1^2 \geq s_2^2$ gilt. Der ermittelte F-Wert ist bei vorgegebenem Signifikanzniveau gegen den theoretischen F-Wert für (K_1-J-1, K_2-J-1) Freiheitgrade zu testen.

Eine andere einfache Methode zur Aufdeckung von Heteroskedastizität ist ein *Verfahren von Glejser*, bei dem eine Regression der absoluten Residuen auf die Regressoren durchgeführt wird:

$$|e_k| = b_0 + \sum_{j=1}^{J} b_j X_j$$

Bei Homoskedastizität gilt die Nullhypohese $H_0 : b_j = 0$ (j = 1, 2, ... J). Wenn sich signifikant von Null abweichende Koeffizienten ergeben, so muß die Annahme der Homoskedastizität abgelehnt werden.

Zur Begegnung von Heteroskedastizität wird versucht, durch Transformation der abhängigen Variablen oder der gesamten Regressionsbeziehung Homoskedastizität der Störgrößen herzustellen.[20] Dies impliziert meist eine nichtlineare Transformation. Somit ist Heteroskedastizität meist auch ein Problem von Nichtlinearität und der Test auf Heteroskedastizität kann auch als ein Test auf Nichtlinearität aufgefaßt werden. Ähnliches gilt auch für das nachfolgend behandelte Problem der Autokorrelation.

1.2.3.4.4 Autokorrelation

Das lineare Regressionsmodell basiert auf der Annahme, daß die Residuen in der Grundgesamtheit unkorreliert sind. Wenn diese Bedingung nicht gegeben ist, sprechen wir von Autokorrelation. Autokorrelation tritt vor allem bei Zeitreihen auf. Die Abweichungen von der Regressions(=Trend)geraden sind dann nicht mehr zufällig, sondern in ihrer Richtung von den Abweichungen, z. B. des vorangegangenen Beobachtungswertes, abhängig.

Autokorrelation führt zu Verzerrungen bei der Ermittlung des Standardfehlers der Regressionskoeffizienten und demzufolge auch bei der Bestimmung der Konfidenzintervalle für die Regressionskoeffizienten.

---

[20] Vgl. Kockläuner, G. (1988): Angewandte Regressionsanalyse mit SPSS, Braunschweig u. a., S. 88 ff.

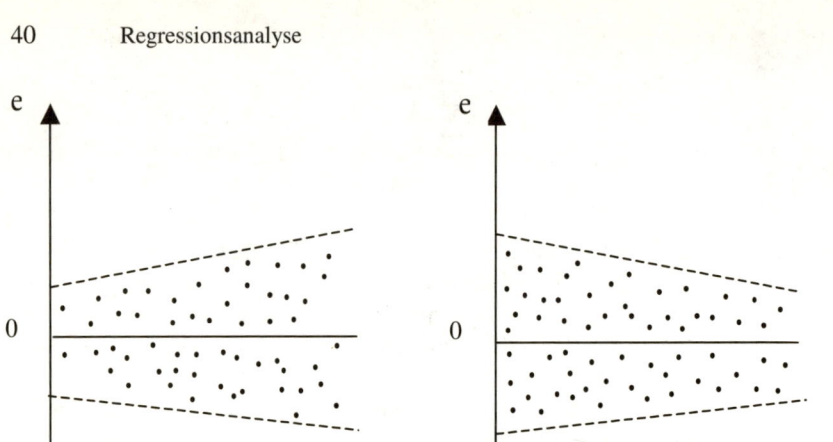

a) Heteroskedastizität I   b) Heteroskedastizität II

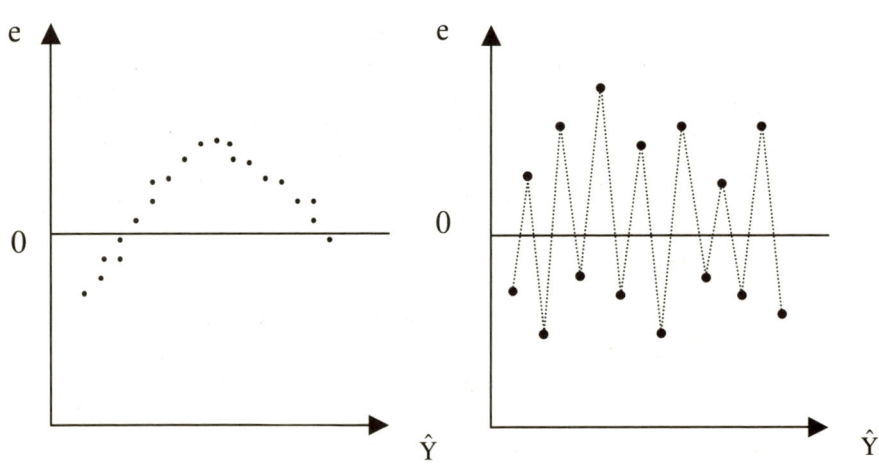

c) positive Autokorrelation   d) negative Autokorrelation

Abb. 1.4:   Heteroskedastizität und Autokorrelation

Zur Aufdeckung von Autokorrelation empfiehlt sich auch hier zunächst eine visuelle Inspektion der Residuen, indem man diese gegen die prognostizierten (geschätzten) Werte von Y plottet. Bei positiver Autokorrelation liegen aufeinander folgende Werte der Residuen nahe beieinander (vgl. Abb. 1.4 c), bei negativer Autokorrelation dagegen schwanken sie stark (vgl. Abb. 1.4 d).

Die rechnerische Methode, eine Reihe von Beobachtungswerten auf Autokorrelation zu prüfen, stellt der *Durbin/Watson-Test* dar. Bei diesem Test wird die Reihenfolge der Residuen der Beobachtungswerte zum Gegenstand der Analyse gemacht. Der Durbin/Watson-Test prüft die Hypothese H_0, daß die Beobachtungswerte nicht autokorreliert sind.[21] Um diese Hypothese zu testen, wird ein empirischer Wert d ermittelt, der die Differenzen zwischen den Residuen von aufeinander folgenden Beobachtungswerten aggregiert.

Durbin/Watson-Formel

$$d = \frac{\sum\limits_{k=2}^{K}(e_k - e_{k-1})^2}{\sum\limits_{k=1}^{K}e_k^2} \tag{19}$$

wobei

e_k = Residualgröße für den Beobachtungswert in der Periode k (k=1, 2, ..., K)
d = Indexwert für die Prüfung der Autokorrelation

Wenn nun die Residuen zweier aufeinander folgender Beobachtungswerte nahezu gleich sind, mithin einem Trend unterliegen, dann ist auch der Wert d klein. Niedrige Werte von d deuten auf eine positive Autokorrelation hin (vgl. Abb. 1.4 c). Umgekehrt führen starke Sprünge in den Residuen zu hohen Werten von d und damit zur Existenz einer negativen Autokorrelation (vgl. Abb. 1.4 d).

1.2.3.4.5 Multikollinearität

Das lineare Regressionsmodell basiert auf der Prämisse, daß die Regressoren nicht exakt linear abhängig sind, d. h. daß sich ein Regressor als lineare Funktion der übrigen Regressoren darstellen läßt. Bei empirischen Daten besteht immer ein gewisser Grad an linearer Abhängigkeit (Multikollinearität). Multikollinearität wird erst dann zum Problem, wenn eine starke lineare Abhängigkeit zwischen den unabhängigen Variablen besteht. Mit zunehmender Multikollinearität werden die Standardfehler der Regressionskoeffizienten größer und damit deren Schätzung unzuverlässiger (Ineffizienz der Schätzwerte). Bei perfekter Multikollinearität ist die

---

[21] Strenggenommen wird die Hypothese geprüft, daß keine lineare Autokorrelation erster Ordnung (zwischen e_k und e_{k-1}) vorliegt. Selbst wenn also die Nullhypothese nicht verworfen wird, heißt das nicht, daß keine nichtlineare Autokorrelation oder daß keine lineare Autokorrelation r-ter Ordnung (also zwischen e_k und e_{k-r}) vorliegt.

Regressionsanalyse (mit den betroffenen Variablen) rechnerisch nicht durchführbar.

Wenn der Standardfehler eines Regressionskoeffizienten zunimmt, dann sinkt damit dessen Aussagekraft. Bei Multikollinearität kann es vorkommen, daß das Bestimmtheitsmaß r^2 der Regressionsfunktion signifikant ist, obgleich alle Koeffizienten in der Funktion nicht signifikant sind. Eine andere Folge von Multikollinearität kann darin bestehen, daß sich die Regressionskoeffizienten einer Funktion erheblich verändern, wenn eine weitere Variable in die Funktion einbezogen oder eine enthaltene Variable aus ihr entfernt wird.

Um dem Problem der Multikollinearität zu begegnen, ist zunächst deren Aufdeckung erforderlich, d. h. es muß festgestellt werden, welche Variablen betroffen sind und wie stark das Ausmaß der Multikollinearität ist. Einen ersten Anhaltspunkt kann die Betrachtung der *Korrelationsmatrix* liefern. Hohe Korrelationskoeffizienten (nahe |1|) zwischen den unabhängigen Variablen bedeuten ernsthafte Multikollinearität. Die Korrelationskoeffizienten messen allerdings nur *paarweise* Abhängigkeiten. Es kann deshalb auch hochgradige Multikollinearität trotz durchgängig niedriger Werte für die Korrelationskoeffizienten der unabhängigen Variablen bestehen. Ein besseres Kriterium zur Aufdeckung von Multikollinearität bilden daher die Toleranzwerte der Regressoren (vgl. hierzu Abschnitt 1.3).

Eine Möglichkeit, hoher Multikollinearität zu begegnen, besteht darin, daß man eine oder mehrere Variable aus der Regressionsgleichung entfernt. Dies ist unproblematisch, wenn es sich dabei um eine für den Untersucher weniger wichtige Variable handelt (z. B. Einfluß des Wetters auf die Absatzmenge). Eventuell müssen auch mehrere Variable entfernt werden. Problematisch wird dieser Vorgang, wenn es sich bei der oder den betroffenen Variablen gerade um diejenigen handelt, deren Einfluß den Untersucher primär interessiert. Er steht dann oft vor dem Dilemma, entweder die Variable in der Gleichung zu belassen und damit die Folgen der Multikollinearität (unzuverlässige Schätzwerte) in Kauf zu nehmen, oder die Variable zu entfernen und damit möglicherweise den Zweck der Untersuchung in Frage zu stellen.

Ein Ausweg aus diesem Dilemma könnte darin bestehen, den Stichprobenumfang und somit die Informationsbasis zu vergrößern. Aus praktischen Gründen ist dies aber oft nicht möglich. Andere Maßnahmen zur Beseitigung oder Umgehung von Multikollinearität bilden z. B. Transformationen der Variablen oder Ersetzung der Variablen durch *Faktoren*, die mittels Faktorenanalyse gewonnen wurden.[22] Um die Wirkung der Multikollinearität besser abschätzen zu können, sollte der Untersucher in jedem Fall auch Alternativrechnungen mit verschiedenen Varia-

---

[22] Vgl. dazu das Kapitel 6 "Faktorenanalyse" in diesem Buch. Bei einem Ersatz der Regressoren durch Faktoren muß man sich allerdings vergegenwärtigen, daß dadurch womöglich der eigentliche Untersuchungszweck in Frage gestellt wird: Gesucht sind ja unabhängige Einzelvariablen, die als Prädiktoren für die abhängige Variable in Frage kommen.

blenkombinationen durchführen. Sein subjektives Urteil muß letztlich über die Einschätzung und Behandlung der Multikollinearität entscheiden.[23]

1.2.3.4.6 Nicht-Normalverteilung der Störgrößen

Das statistische Modell der linearen Regression beruht auf der Annahme der Normalverteilung der Störgrößen. Für die Überprüfung der Einhaltung existieren Tests und graphische Unterstützungen, auf die hier nur verwiesen wird.[24] Wenn die Bedingung der Normalverteilung verletzt ist, sind die Prüfgrößen der oben dargestellten Testverfahren im Prinzip nicht anwendbar.

Tabelle 1.16: Prämissenverletzungen des linearen Regressionsmodells

Prämisse	Prämissen-verletzung	Konsequenzen
Linearität in den Parametern	Nichtlinearität	Verzerrung der Schätzwerte
Vollständigkeit des Modells (Berücksichtigung aller relevanten Variablen)	Unvollständigkeit	Verzerrung der Schätzwerte
Homoskedastizität der Störgrößen	Heteroskedastizität	Ineffizienz
Unabhängigkeit der Störgrößen	Autokorrelation	Ineffizienz
Keine lineare Abhängigkeit zwischen den unabhängigen Variablen	Multikollinearität	Ineffizienz
Normalverteilung der Störgrößen	nicht normalverteilt	Ungültigkeit der Signifikanztests (F-Test und t-Test)

---

[23] Weiterführende Darstellungen zur Multikollinearität finden sich bei Schneeweiß, H. (1990): Ökonometrie, Heidelberg, 4. Aufl., S. 134-148; Belsley, D.A. / Kuh, E. / Welsch, R.E. (1980): Regression Diagnostics. New York u.a.; Schönfeld, P. (1969): Methoden der Ökonometrie, Band I, Lineare Regressionsmodelle, Berlin u.a., S. 79 ff.
[24] Vgl. Bleymüller, J. / Gehlert, G. / Gülicher, H. (1998): Statistik für Wirtschaftswissenschaftler, 11. Aufl., München.

Tabelle 1.16 faßt die wichtigsten Prämissen des linearen Regressionsmodells und die Konsequenzen ihrer Verletzung zusammen.[25]

Aufgrund der Vielzahl der Annahmen, die der Regressionsanalyse zugrunde liegen, mag deren Anwendbarkeit sehr eingeschränkt erscheinen. Das aber ist nicht der Fall. Die Regressionsanalyse ist recht unempfindlich gegenüber kleineren Verletzungen der obigen Annahmen und bildet ein äußerst flexibles und vielseitig anwendbares Analyseverfahren.

1.3   Fallbeispiel

In einer Untersuchung über potentielle Ursachen von Veränderungen im Margarineabsatz erhebt der Verkaufsleiter eines Margarineherstellers Daten über potentielle, von ihm vermutete Einflußgrößen der Absatzveränderungen. Aufgrund seiner Erfahrung vermutet der Verkaufsleiter, daß die von ihm kontrollierten Größen Preis, Ausgaben für Verkaufsförderung sowie Zahl der Vertreterbesuche einen ursächlichen Einfluß auf den Margarineabsatz in seinen Verkaufsgebieten haben. Aus diesem Grunde erhebt er Daten über die Ausprägungen dieser Einflußgrößen in 37 Verkaufsgebieten, die zufällig ausgesucht werden. Er hofft, aufgrund dieser Stichprobe ein zuverlässiges Bild über die Wirkungsweise dieser Einflußgrößen auf den Margarineabsatz in allen Verkaufsgebieten zu gewinnen. Die Daten für den Erhebungszeitraum finden sich im Anhang.

1.3.1   Blockweise Regressionsanalyse

Mit der Methode EINSCHLUSS (ENTER) kann der Benutzer eine einzelne Variable oder Blöcke von Variablen in eine Regressionsgleichung einbeziehen. Um mittels des Programms SPSS ein Regressionsmodell unter Verwendung dieser Methode zu berechnen und zu überprüfen, ist zunächst die Prozedur "Regression" aus dem Menüpunkt "Analysieren" auszuwählen und sodann die Option "Linear" (vgl. Abb. 1.5).

Im nunmehr geöffneten Dialogfenster "Lineare Regression" (vgl. Abb. 1.6) werden zunächst die abhängige Variable (hier: MENGE) und eine oder mehrere unabhängige Variable (hier: PREIS, AUSGABEN, BESUCHE) aus der Variablenliste ausgewählt und mittels der Option (Methode) EINSCHLUSS in die Regressionsfunktion einbezogen. Nach Anklicken von "OK" erhält man das Ergebnis der Analyse, das in Tabelle 1.17 wiedergegeben ist.

---

[25] Vgl. zu einer ausführlichen Dokumentation Kmenta, J. (1986): Elements of Econometrics, 2nd ed., New York u. a., S. 260-341; 430-455.

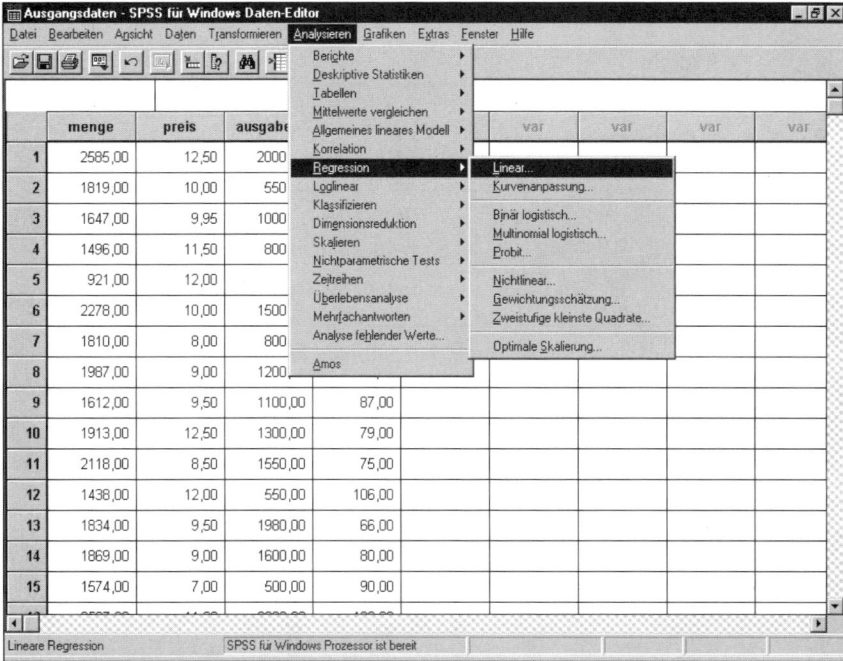

Abb. 1.5: Daten-Editor mit Auswahl des Analyseverfahrens "Regression (Linear)"

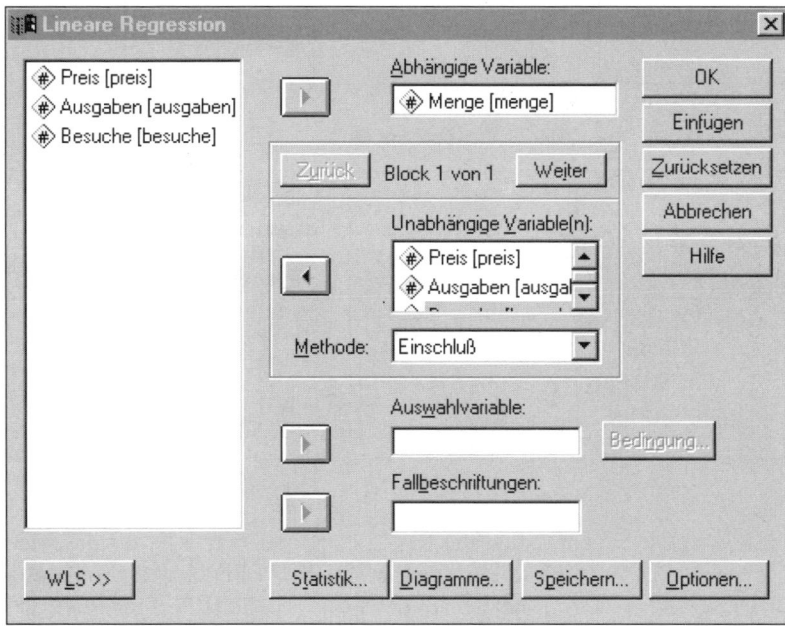

Abb. 1.6: Dialogfenster "Lineare Regression"

Tabelle 1.17: SPSS-Output der Regressionsanalyse mittels der Methode EINSCHLUSS (1.Teil)

Regression

Aufgenommene/Entfernte Variablen [b]

Modell	Aufgenommene Variablen	Entfernte Variablen	Methode
1	BESUCHE, PREIS, AUSGABEN[a]	,	Eingeben

a. Alle gewünschten Variablen wurden aufgenommen.

b. Abhängige Variable: MENGE

Modellzusammenfassung

Modell	R	R-Quadrat	Korrigiertes R-Quadrat	Standardfehler des Schätzers	Durbin-Watson-Statistik
1	,920	,847	,833	155,3195	2,020

ANOVA

Modell		Quadratsumme	df	Mittel der Quadrate	F	Signifikanz
1	Regression	4395065,962	3	1465021,987	60,728	,000
	Residuen	796097,011	33	24124,152		
	Gesamt	5191162,973	36			

Koeffizienten

Modell		Nicht standardisierte Koeffizienten		Standardisierte Koeffizienten	T	Signifikanz
		B	Standardfehler	Beta		
1	(Konstante)	763,650	223,946		3,410	,002
	PREIS	-45,177	16,102	-,191	-2,806	,008
	AUSGABEN	,551	,050	,753	10,925	,000
	BESUCHE	9,705	1,658	,404	5,854	,000

Das erste wichtige Ergebnis sind die Regressionskoeffizienten b_j für die drei unabhängigen Variablen BESUCHE, PREIS, AUSGABEN sowie das konstante Glied. Diese finden sich im unteren Bereich der Tabelle (KOEFFIZIENTEN) in der mit B bezeichneten Spalte. Das Ergebnis der Analyse ist demnach:

$$MENGE = 763,65 + 9,71 \cdot BESUCHE - 45,18 \cdot PREIS + 0,55 \cdot AUSGABEN.$$

In demselben Abschnitt der Tabelle finden sich auch die standardisierten Regressionskoeffizienten $\hat{b}$ in der mit BETA überschriebenen Spalte. Wir erkennen, daß AUSGABEN den höchsten BETA-Wert annehmen. Daraus können wir schließen, daß AUSGABEN den höchsten Erklärungsbeitrag für die Höhe der MENGE haben.

Die für die Ermittlung der Konfidenzintervalle (vgl. Tabelle 1.19) und für die Berechnung des t-Tests erforderlichen Standardfehler s_{bj} der Regressionskoeffizienten finden sich in der gleichnamigen Spalte.

Das Bestimmtheitsmaß befindet sich unter der Bezeichnung R-QUADRAT im Abschnitt Modellzusammenfassung. Es beträgt 0,85. Die Größe R (0,92) ist der multiple Korrelationskoeffizient (Wurzel aus R-QUADRAT). Das KORRIGIERTE R-QUADRAT (0,83) beschreibt das korrigierte Bestimmtheitsmaß r^2_{KORR}. Bei dem STANDARDFEHLER DES SCHÄTZERS (155,23) handelt es sich um einen Schätzer für die Standardabweichung der Residuen in der Grundgesamtheit. Der Wert für R-QUADRAT ist für eine Marktuntersuchung ein relativ hoher Wert, der auch durch das KORRIGIERTE R-QUADRAT bestätigt wird. Mindestanforderungen können jedoch nicht allgemeingültig formuliert werden.

Der F-Test wird in dem Abschnitt ANOVA ausgedruckt. Die Protokollausdrucke im SPSS-Programm beruhen auf der veränderten Schreibweise des F-Tests (vgl. Formel 15b). In der mit REGRESSION bezeichneten Zeile wird zunächst die durch das unterstellte Regressionsmodell erklärte Streuung (QUADRATSUMME), daneben die Anzahl der Freiheitsgrade (DF), sowie der Quotient aus Streuung und Freiheitsgraden (MITTEL DER QUADRATE) ausgewiesen. Analog kann man in der Zeile RESIDUEN die nicht erklärte Streuung, die zugehörigen Freiheitsgrade und das hieraus bestimmte MITTEL DER QUADRATE (MEAN SQUARE) ablesen.

Die Anzahl der Freiheitsgrade (DF) bestimmt sich für den erklärten Anteil der Streuung nach

$$DF = J$$

und für den nicht erklärten Anteil nach

$$DF = K - J - 1$$

Die F- Statistik bestimmt sich im SPSS-Programm nach

$$F_{emp} = \frac{\dfrac{Erklärte\ Streuung}{Freiheitsgrade}}{\dfrac{Nicht\ erklärte\ Streuung}{Freiheitsgrade}}$$

$$= \frac{MEAN\ SQUARE_{REGRESSION}}{MEAN\ SQUARE_{RESIDUAL}}$$

Die ausgewiesene Größe SIGNIFIKANZ im Abschnitt ANOVA dient der Entscheidung über die Annahme oder Nichtannahme der Nullhypothese: $r^2 = 0$ bzw. es besteht kein Einfluß der drei Variablen auf die abhängige Variable. Wenn der Untersucher eine Vertrauenswahrscheinlichkeit für den Test von 0,95 vorgegeben hat, dann entspricht das einer Irrtumswahrscheinlichkeit von 1 - 0,95 = 0,05. Die Testentscheidung erfolgt nicht mittels der tabellierten theoretischen F-Werte, sondern direkt durch Vergleich der vom Programm errechneten Größe SIGNIFIKANZ mit der vorgegebenen Irrtumswahrscheinlichkeit. Ist der ausgewiesene SIGNIFIKANZ-Wert kleiner als die vorgegebene Irrtumswahrscheinlichkeit, so wird die Nullhypothese abgelehnt, andernfalls wird sie beibehalten. In diesem Beispiel weist SIGNIFIKANZ einen Wert 0,000 aus, so daß die Nullhypothese bei der vorgegebenen Irrtumswahrscheinlichkeit verworfen werden kann, d. h. es kann angenommen werden, daß ein Einfluß bei einer oder mehreren Variablen auf die abhängige Variable gegeben ist.

Die Ergebnisse des t-Tests sind ablesbar im Abschnitt KOEFFIZIENTEN. Die mit T bezeichnete Spalte enthält die Ergebnisse der t-Statistik für alle Regressoren und das konstante Glied. Eine Entscheidung über die Annahme oder Nichtannahme der jeweiligen Nullhypothese ($\beta_j = 0$) erfolgt analog zum F-Test mittels der in der Spalte SIGNIFIKANZ ausgewiesen Größen.

Im Ergebnis zeigt sich, daß die Variablen BESUCHE, PREIS und AUSGABEN jeweils für sich genommen einen Erklärungsbeitrag liefern. Die Größen SIGNIFIKANZ sind mit 0 % bzw. 0,8 % jeweils kleiner als 5 %, d.h. alle Nullhypothesen für die drei Regressoren des Beispiels können bei einer zugrundegelegten Irrtumswahrscheinlichkeit von 5% abgelehnt werden.

Neben den durch das Programm SPSS voreingestellten Statistiken (Schätzer, Anpassungsgüte des Modells) können im Dialogfenster "Statistiken" (vgl. Abb.1.7) weitere Testergebnisse für den Output ausgewählt werden. Diese dienen unter anderem dazu, die Einhaltung der Prämissen des linearen Regressionsmodells zu überprüfen.

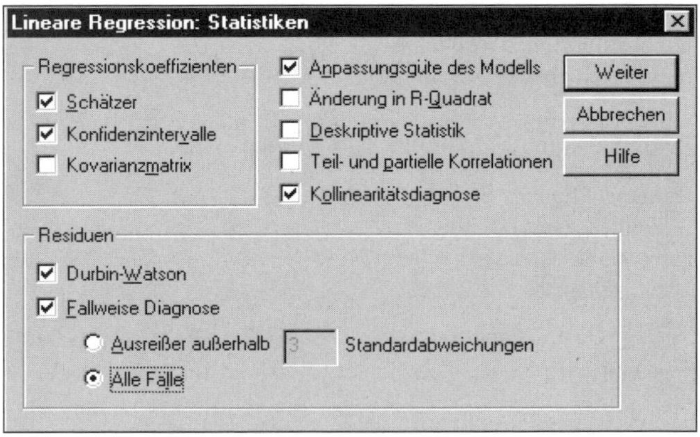

Abb. 1.7: Dialogfenster "Statistiken"

In einem ersten Schritt wird die Korrelationsmatrix auf erkennbare Abhängigkeiten unter den Regressoren geprüft (vgl. Tabelle 1.18). (Der Aufruf der Korrelations-berechnung erfolgt allerdings nicht unter dem Menüpunkt "Analysieren/ Regression" sondern unter dem gesonderten Menüpunkt Analysieren/ Korrelation.)

Tabelle 1.18: SPSS-Output der Regressionsanalyse mittels der Methode EINSCHLUSS (2.Teil)

Korrelationen

		MENGE	PREIS	AUSGABEN	BESUCHE
Korrelation nach Pearson	MENGE	1,000	-,164	,810	,507
	PREIS	-,164	1,000	,014	,043
	AUSGABEN	,810	,014	1,000	,148
	BESUCHE	,507	,043	,148	1,000

Erkennbare Korrelationen unter den Regressoren sind nicht gegeben. Es existiert allerdings eine Methode zur Aufdeckung von Multikollinearität, die durch SPSS unterstützt wird. Für jede unabhängige Variable X_j wird das Bestimmtheitsmaß r_j^2 ermittelt, das sich bei Regression von X_j auf die übrigen unabhängigen Variablen ergeben würde. Ein Wert $r_j^2 = 1$ besagt, daß sich die Variable X_j durch Linear-kombination der anderen unabhängigen Variablen erzeugen läßt. Folglich enthält die Variable X_j keine zusätzliche Information und kann somit auch nicht zur Er-klärung der abhängigen Variablen Y beitragen. Für Werte von r_j^2 nahe 1 gilt das gleiche in abgeschwächter Form.

Messung der Toleranz

r_j^2 = Bestimmtheitsmaß für Regression der unabhängigen Variablen X_j auf die übrigen unabhängigen Variablen in der Regressions-gleichung $X_j = f(X_1,..., X_{j-1}, X_{j+1},..., X_J)$

$1-r_j^2$ = Toleranz der Variablen X_j.

Der Wert $1-r_j^2$ wird als *Toleranz* der Variablen X_j bezeichnet. Tabelle 1.19 enthält die Toleranzen der unabhängigen Variablen des Beispiels in der Spalte TOLE-RANZ. Die Spalte VIF gibt den Kehrwert der TOLERANZ ($1/ 1-r_j^2$) aus. Für die Toleranzen gilt, daß kleine Werte ernsthafte Multikollinearität bedeuten. Die vorliegenden Werte lassen dagegen keine erhebliche Multikollinearität erkennen.

Im Programm SPSS wird die Toleranz jeder unabhängigen Variablen vor Auf-nahme in die Regressionsgleichung geprüft. Die Aufnahme unterbleibt, wenn der Toleranzwert unter einem Schwellenwert von 0,0001 liegt. Dieser Schwellenwert, der sich vom Benutzer innerhalb einer Syntaxdatei auch ändern läßt, bietet allerdings keinen Schutz gegen Multikollinearität, sondern gewährleistet nur die rechnerische Durchführbarkeit der Regressionsanalyse. Eine exakte Grenze für "ernsthafte Multikollinearität" läßt sich nicht angeben.

Neben der Kollinearitätsstatistik sind in der Tabelle 1.19. auch die Konfidenzintervalle der Regressionskoeffizienten sowie des konstanten Gliedes auf dem 95%-Niveau direkt ablesbar (95%-KONFIDENZINTERVALL FÜR B). Die Konfidenzintervalle der drei Regressionskoeffizienten zeigen eine unterschiedliche Breite. Das engste Intervall finden wir bei AUSGABEN.

Tabelle 1.19: SPSS-Output der Regressionsanalyse mittels der Methode EINSCHLUSS (3.Teil)

Koeffizienten					
		95%-Konfidenzintervall für B		Kollinearitätsstatistik	
Modell		Untergrenze	Obergrenze	Toleranz	VIF
1	(Konstante)	308,029	1219,272		
	PREIS	-77,936	-12,417	,998	1,002
	AUSGABEN	,448	,654	,978	1,023
	BESUCHE	6,332	13,079	,976	1,024

Die Analyse der Residuen erfolgt mit dem Ziel, weitere Hinweise auf eventuelle Prämissenverletzungen zu gewinnen. Dabei geht es um die Prämissen der Linearität, der Normalverteilung der Residuen sowie um Autokorrelation und Heteroskedastizität. Tabelle 1.20 zeigt in einer Liste für alle Beobachtungen die tatsächliche Ausprägung der abhängigen Variable (im Beispiel: MENGE), die aufgrund der geschätzten Regressionsgleichung vorhergesagten Werte (nichtstandardisiert) und die aus beiden Größen bestimmten Residuen (nichtstandardisiert). Weiterhin werden die standardisierten Residuen ausgegeben. Bei letzteren handelt es sich um den Quotienten aus den nichtstandardisierten Residuen und der Standardabweichung der Residuen in der Stichprobe. In der Tabelle 1.21 befindet sich eine Zusammenstellung von Minima und Maxima sowie Mittelwert und Standardabweichung der aufgrund der Regressionsfunktion geschätzten MENGE-Werte sowie der Residuen.

Die Residuen bieten keine Anhaltspunkte für die Vermutung von Prämissenverletzungen. So sind die Werte der Residuen alle etwa innerhalb ± 2·Standardabweichung. Hinweise auf das Vorliegen einer Autokorrelation sind ebenfalls nicht gegeben, da keine Abhängigkeiten zwischen aufeinanderfolgenden Residuen (z.B. Regelmäßigkeiten) erkennbar sind. Der Durbin/Watson-Test bestätigt diese Vermutung (vgl. Tabelle 1.17 und 1.22).

Tabelle 1.20: SPSS-Output der Regressionsanalyse mittels der Methode EINSCHLUSS (4.Teil)

Fallweise Diagnose [a]

Fallnummer	Standardisierte Residuen	MENGE	Nichtstandardisierter vorhergesagter Wert	Nichtstandardisierte Residuen
1	1,455	2585,00	2359,0653	225,9347
2	1,066	1819,00	1653,4810	165,5190
3	-1,153	1647,00	1826,0974	-179,0974
4	,847	1496,00	1364,3922	131,6078
5	-,558	921,00	1007,6728	-86,6728
6	,962	2278,00	2128,5119	149,4881
7	-,649	1810,00	1910,7293	-100,7293
8	,487	1987,00	1911,2997	75,7003
9	-1,114	1612,00	1785,0727	-173,0727
10	1,486	1913,00	1682,1216	230,8784
11	1,006	2118,00	1961,7850	156,2150
12	-,743	1438,00	1553,4221	-115,4221
13	-1,495	1834,00	2066,2381	-232,2381
14	-,942	1869,00	2015,2797	-146,2797
15	-,145	1574,00	1596,4625	-22,4625
16	,408	2597,00	2533,5905	63,4095
17	-,861	2026,00	2159,7741	-133,7741
18	-,955	2016,00	2164,2683	-148,2683
19	-,955	1566,00	1714,2982	-148,2982
20	,819	2169,00	2041,8503	127,1497
21	,708	1996,00	1886,1044	109,8956
22	,855	2501,00	2368,2511	132,7489
23	1,186	2604,00	2419,8439	184,1561
24	-,292	1277,00	1322,4222	-45,4222
25	,882	1789,00	1652,0323	136,9677
26	-,590	1824,00	1915,7086	-91,7086
27	-,802	1813,00	1937,6411	-124,6411
28	,479	1513,00	1438,5733	74,4267
29	-,500	1172,00	1249,6605	-77,6605
30	,677	1987,00	1881,8421	105,1579
31	,941	2056,00	1909,9122	146,0878
32	-,448	1513,00	1582,5333	-69,5333
33	1,280	1756,00	1557,1700	198,8300
34	-1,347	2007,00	2216,2075	-209,2075
35	-1,707	2079,00	2344,1633	-265,1633
36	,669	1664,00	1560,0658	103,9342
37	-,956	1699,00	1847,4558	-148,4558

a. Abhängige Variable: MENGE

Tabelle 1.21: SPSS-Output der Regressionsanalyse mittels der Methode EINSCHLUSS (5.Teil)

Residuenstatistik					
	Minimum	Maximum	Mittelwert	Standard-abweichung	N
Nicht standardisierter vorhergesagter Wert	1007,6729	2533,5906	1852,0270	349,4069	37
Nicht standardisierte Residuen	-265,1633	230,8784	2,212E-13	148,7071	37
Standardisierter vorhergesagter Wert	-2,417	1,951	,000	1,000	37
Standardisierte Residuen	-1,707	1,486	,000	,957	37

Tabelle 1.22: Entscheidungsregeln für den Durbin/Watson-Test[26]

Fragestellung	Teststatistik	Entscheidung
Test zum Niveau α von: H_0: keine Autokorrelation	$d_o^+{}_{;\,\alpha/2} \leq d \leq 4 - d_o^+{}_{;\,\alpha/2}$	H_0
gegen	$d \leq d_u^+{}_{;\,\alpha/2}$ oder $d \geq 4 - d_u^+{}_{;\,\alpha/2}$	H_1
H_1: Autokorrelation gegeben	Unschärfebereich	keine möglich

Legende:

d	=	empirischer Wert
$d_u^+{}_{;\,\alpha/2}$	=	unterer Grenzwert aus der Tabelle zum Niveau $\alpha/2$
$d_o^+{}_{;\,\alpha/2}$	=	oberer Grenzwert aus der Tabelle zum Niveau $\alpha/2$

Als Grenzwerte ergeben sich aufgrund der Durbin-Watson-Tabelle (vgl. Anhang) bei 37 Fällen und drei Regressoren (auf 95% - Niveau) im *zwei*seitigen Test[27] für $d_u^+ = 1{,}21$ und für $d_o^+ = 1{,}56$. Bei dem errechneten Wert für d = 2,02 (vgl. Tabelle

---

[26] Es handelt sich in der dargestellten Form der Entscheidungsfindung im Durbin/ Watson-Test um den zweiseitigen Test. Für die Fragestellungen des einseitigen Tests vgl. Hartung, J. (1998): Statistik: Lehr- und Handbuch der angewandten Statistik, 11. Aufl., München, S. 740f.

[27] Die Durbin/Watson-Tabelle ist indifferent gegenüber der Frage, ob es sich um einen einseitigen oder zweiseitigen Test handelt. Im Falle des zweiseitigen Tests mit der Irrtums-wahrscheinlichkeit α sind die Grenzwerte aus der Tabelle mit der Vertrauenswahr-scheinlichkeit $1 - \alpha/2$ zu bestimmen.

1.17) ergibt sich aus dem Test eine klare Entscheidung, da die Teststatistik die Ablehnung der Nullhypothese nicht zuläßt[28], d. h. es gibt nicht genügend Grund zu der Annahme, daß Autokorrelation besteht. Abbildung 1.8 beschreibt noch einmal graphisch den Annahmebereich sowie die Ablehnungs- und Unschärfebereiche des Durbin/Watson-Tests.[29]

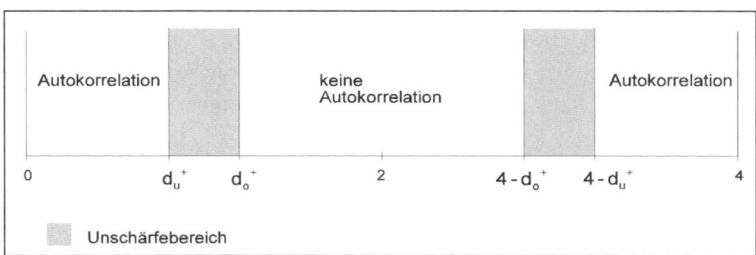

Abb. 1.8: Ablehnungs- und Unschärfebereich

Heteroskedastizität läßt sich zunächst durch die direkte Betrachtung der Beobachtungswerte im Diagramm prüfen. Abbildung 1.9 zeigt zunächst, wie über das Dialogfenster "Diagramme" das entsprechende Streudiagramm ausgewählt werden kann.

Abb. 1.9: Dialogfenster "Diagramme"

---

[28] Testtabellen, die bereits bei sechs Beobachtungswerten beginnen, finden sich bei Savin, N. E. / White, K. J. (1977): The Durbin-Watson Test for Serial Correlation with Extreme Sample Sizes or many Regressors, in: Econometrica, Jg. 45 Nr. 8, S. 1989-1996.

[29] Schnitzler, O. / Dalichow, K.-H. / Krieger, H. (1975): Statistische Methoden in der Markt- und Bedarfsforschung, Berlin, S. 165 f.

Das SPSS-Programm druckt die Residuen in ihrem Verhältnis zu den geschätzten abhängigen Werten aus (vgl. Abbildung 1.10).

Das Diagramm ist wie folgt zu lesen. Auf der horizontalen Achse sind die standardisierten $\hat{y}$-Werte abgetragen, also die aufgrund der Regressionsgleichung geschätzten standardisierten Mengen (*ZPRED). Die vertikale Achse zeigt die standardisierten Residuen für die einzelnen Beobachtungswerte (*ZRESID). Die Maßeinheiten sind Vielfache der Standardabweichungen. Den Ursprung des Koordinatenkreuzes bilden wegen der Standardisierung die jeweiligen Mittelwerte. Wenn nun Heteroskedastizität vorläge, dann müßten die Residuen einen deutlich erkennbaren Zusammenhang mit $\hat{y}$ aufweisen, was hier nicht der Fall ist.

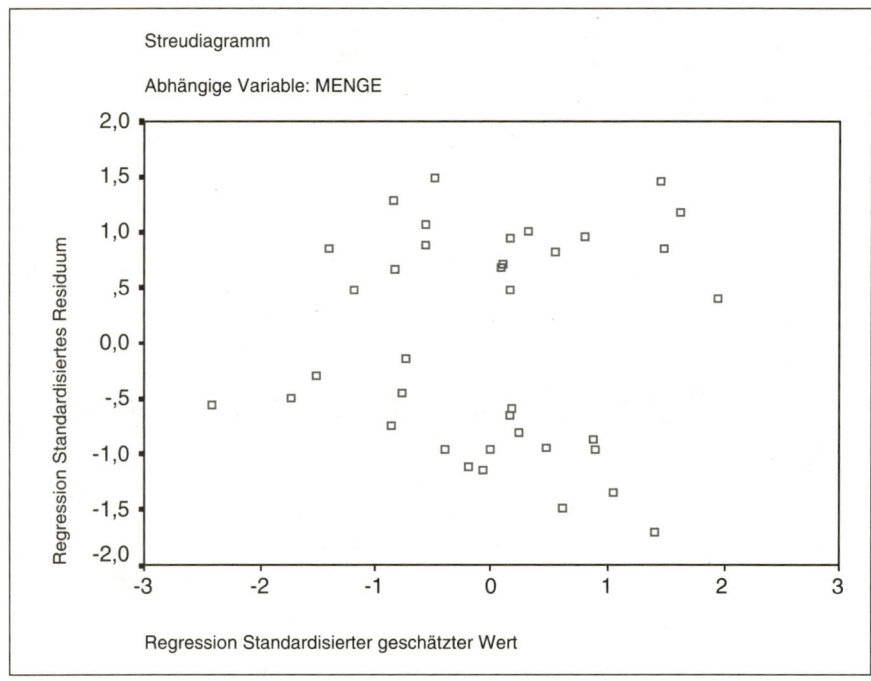

Abb. 1.10:   Prüfung der Residuen auf Heteroskedastizität

Die Analyse dieses Punktediagramms kann darüber hinaus Aufschlüsse geben, ob die Residuen in einer linearen oder nichtlinearen Beziehung zu $\hat{y}$ stehen. Generell kann man sagen, daß erkennbare Muster in den Residuen immer ein deutliches Indiz für eine Verletzung der Prämissen des Regressionsmodells darstellen.[30]

---

[30] Zu einer ausführlichen Darstellung der verschiedenen Möglichkeiten, Residuen zu analysieren im Hinblick auf Verletzung der Prämissen vgl. Draper, N. R. / Smith, H.: Applied Regression Analysis, 2nd ed. New York 1981, Kapitel 3.

1.3.2   Schrittweise Regressionsanalyse

Das Programm SPSS bietet eine Reihe von Möglichkeiten, um aus einer Menge von unabhängigen Variablen unterschiedliche Kombinationen auszuwählen und somit unterschiedliche Regressionsmodelle zu formulieren. Mit den drei unabhängigen Variablen "PREIS", "AUSGABEN" und "BESUCHE" lassen sich insgesamt sieben verschiedene Modelle (Regressionsgleichungen) bilden: drei mit einer unabhängigen Variablen, drei mit zwei unabhängigen Variablen und eines mit drei unabhängigen Variablen. Die Anzahl der möglichen Kombinationen erreicht mit wachsender Anzahl der unabhängigen Variablen sehr schnell beträchtliche Größen. Es ist zwar möglich, alle Kombinationen durchrechnen zu lassen. Für den Untersucher verbleibt das Problem, die alternativen Modelle zu vergleichen und unter diesen auszuwählen. Weniger aufwendig sind die beiden folgenden Vorgehensweisen:

- Der Untersucher formuliert ein oder einige Modelle, die ihm aufgrund von theoretischen oder sachlogischen Überlegungen sinnvoll erscheinen und überprüft diese empirisch durch Anwendung der Regressionsanalyse (zur Auswahl der unabhängigen Variablen wird hierzu in SPSS die Methode EINSCHLUSS verwendet).
- Der Untersucher läßt sich vom Computer eine Auswahl von Modellen, die sein Datenmaterial gut abbilden (dies ist in SPSS mittels der Methode SCHRITTWEISE möglich), zeigen und versucht sodann, diese sinnvoll zu interpretieren.

Die zweite Alternative ist besonders verlockend und findet in der empirischen Forschung durch die Verfügbarkeit leistungsfähiger Computer-Programme zunehmende Verbreitung. Es besteht hierbei jedoch die Gefahr, daß sachlogische Überlegungen in den Hintergrund treten können, d. h. daß der Untersucher mehr dem Computer als seinem gesunden Menschenverstand vertraut. Der Computer kann nur nach statistischen Kriterien wählen, nicht aber erkennen, ob ein Modell auch inhaltlich sinnvoll ist.

Statistisch signifikante Zusammenhänge sollten vom Untersucher nur dann akzeptiert werden, wenn sie seinen sachlogischen Erwartungen entsprechen. Andererseits sollte der Untersucher bei Nichtsignifikanz eines Zusammenhanges nicht folgern, daß kein Zusammenhang besteht, wenn ansonsten das Ergebnis sachlich korrekt ist. Andernfalls sollte man bei widersprüchlichen Ergebnissen oder sachlogisch unbegründeten Einflußfaktoren nicht zögern, diese aus dem Regressionsmodell zu entfernen, auch wenn der Erklärungsanteil dadurch sinkt.

Nachdem wir gezeigt haben, wie in SPSS mit der Methode EINSCHLUSS die unabhängigen Variablen ausgewählt und blockweise in die Regressionsgleichung einbezogen werden, zeigen wir nun die schrittweise Regression, bei der die Auswahl der Variablen automatisch (durch einen Algorithmus gesteuert) erfolgt. In SPSS läßt sie sich durch die Anweisung SCHRITTWEISE aufrufen (vgl. Abb.1.11). Bei der schrittweisen Regression werden die unabhängigen Variablen einzeln nacheinander in die Regressionsgleichung einbezogen, wobei jeweils diejenige Variable ausgewählt wird, die ein bestimmtes Gütekriterium maximiert. Im ersten Schritt wird eine einfache Regression mit derjenigen Variablen durchgeführt, die die höchste (positive oder negative) Korrelation mit der abhängigen Variablen aufweist. In den folgenden Schritten wird dann jeweils die Variable mit der höchsten partiellen Korrelation ausgewählt. Aus der Rangfolge der Aufnahme läßt sich die statistische Wichtigkeit der Variablen erkennen.

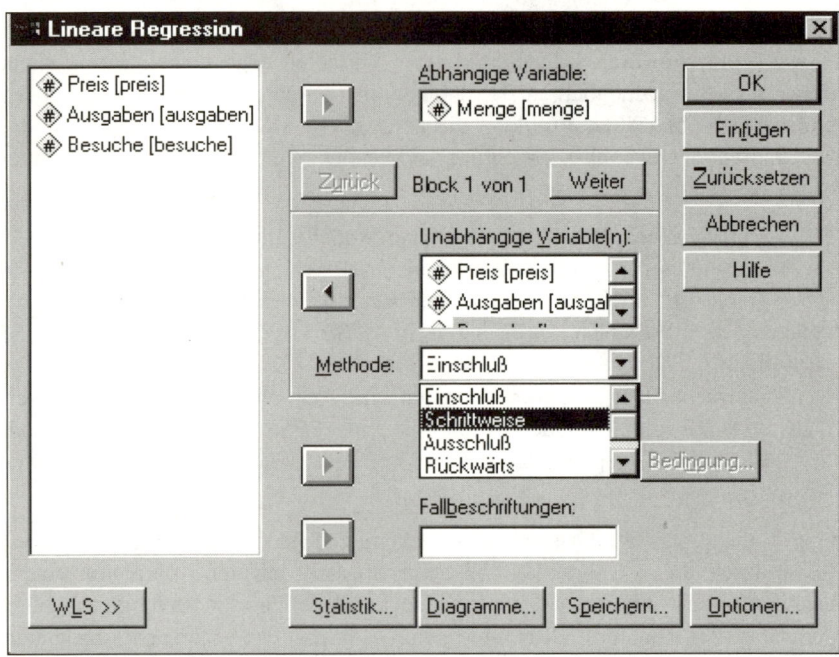

Abb. 1.11:   Dialogfenster "Lineare Regression"

Die Anzahl der durchgeführten Analysen bei der schrittweisen Regression ist bedeutend geringer als die Anzahl der kombinatorisch möglichen Regressionsgleichungen. Bei 10 unabhängigen Variablen sind i. d. R. auch nur 10 Analysen gegenüber 1.023 möglichen Analysen durchzuführen. Die Zahl der durchgeführten Analysen kann allerdings schwanken. Einerseits kann sie sich verringern, wenn Variablen ein bestimmtes Aufnahmekriterium nicht erfüllen. Andererseits kann es vorkommen, daß eine bereits ausgewählte Variable wieder aus der Regressionsgleichung entfernt wird, weil sie durch die Aufnahme anderer Variablen an Bedeutung verloren hat und das Aufnahmekriterium nicht mehr erfüllt. Es besteht allerdings keine Gewähr, daß die schrittweise Regression immer zu einer optimalen Lösung führt.

Die folgenden Tabelle 1.23 zeigt das Ergebnis der schrittweisen Regressionsanalyse für das Fallbeispiel. Dabei verweisen wir hinsichtlich der identischen Größen auf die Tabellen mit den Ergebnissen der Methode EINSCHLUSS.

Tabelle 1.23: SPSS-Output der Regressionsanalyse mittels der Methode SCHRITTWEISE

Regression

Aufgenommene/Entfernte Variablen [a]

Modell	Aufgenommene Variablen	Entfernte Variablen	Methode
1	AUSGABEN	,	Schrittweise Auswahl (Kriterien: Wahrscheinlichkeit von F-Wert für Aufnahme <= ,050, Wahrscheinlichkeit von F-Wert für Ausschluß >= ,100).
2	BESUCHE	,	Schrittweise Auswahl (Kriterien: Wahrscheinlichkeit von F-Wert für Aufnahme <= ,050, Wahrscheinlichkeit von F-Wert für Ausschluß >= ,100).
3	PREIS	,	Schrittweise Auswahl (Kriterien: Wahrscheinlichkeit von F-Wert für Aufnahme <= ,050, Wahrscheinlichkeit von F-Wert für Ausschluß >= ,100).

a. Abhängige Variable: MENGE

Modellzusammenfassung

Modell	R	R-Quadrat	Korrigiertes R-Quadrat	Standardfehler des Schätzers
1	,810[a]	,657	,647	225,6197
2	,900[b]	,810	,799	170,2936
3	,920[c]	,847	,833	155,3195

a. Einflußvariablen : (Konstante), AUSGABEN
b. Einflußvariablen : (Konstante), AUSGABEN, BESUCHE
c. Einflußvariablen : (Konstante), AUSGABEN, BESUCHE, PREIS

Tab. 1.23 (Fortsetzung)

ANOVA

Modell		Quadrat-summe	df	Mittel der Quadrate	F	Signifikanz
1	Regression	3409514,944	1	3409514,944	66,979	,000[a]
	Residuen	1781648,029	35	50904,229		
	Gesamt	5191162,973	36			
2	Regression	4205165,941	2	2102582,970	72,503	,000[b]
	Residuen	985997,032	34	28999,913		
	Gesamt	5191162,973	36			
3	Regression	4395065,962	3	1465021,987	60,728	,000[c]
	Residuen	796097,011	33	24124,152		
	Gesamt	5191162,973	36			

[a]. Einflußvariablen : (Konstante), AUSGABEN

[b]. Einflußvariablen : (Konstante), AUSGABEN, BESUCHE

[c]. Einflußvariablen : (Konstante), AUSGABEN, BESUCHE, PREIS

Koeffizienten

Modell		Nicht standardisierte Koeffizienten		Standardisierte Koeffizienten		
		B	Standard-fehler	Beta	T	Signifikanz
1	(Konstante)	1116,669	97,207		11,488	,000
	AUSGABEN	,593	,072	,810	8,184	,000
2	(Konstante)	311,219	170,379		1,827	,077
	AUSGABEN	,550	,055	,752	9,945	,000
	BESUCHE	9,513	1,816	,396	5,238	,000
3	(Konstante)	763,650	223,946		3,410	,002
	AUSGABEN	,551	,050	,753	10,925	,000
	BESUCHE	9,705	1,658	,404	5,854	,000
	PREIS	-45,177	16,102	-,191	-2,806	,008

Tab.1.23 (Fortsetzung)

Ausgeschlossene Variablen

Modell		Beta In	T	Signifkanz	Partielle Korrelation	Kollineari- tätsstatistik Toleranz
1	PREIS	-,175	-1,824	,077	-,299	1,000
	BESUCHE	,396	5,238	,000	,668	,978
2	PREIS	-,191	-2,806	,008	-,439	,998

Im ersten Schritt wurde von der Prozedur die Variable AUSGABEN ausgewählt (Modell 1). Das Programm wählt für den ersten Schritt diejenige Variable aus, die mit der abhängigen Variablen den höchsten Korrelationskoeffizienten hat. Bei jedem Schritt wird für die noch unberücksichtigten Variablen (AUSGE-SCHLOSSENE VARIABLEN) der Beta-Wert (BETA IN) angegeben, den die Variable nach einer eventuellen Aufnahme im folgenden Schritt erhalten würde. Die für die Auswahl verwendeten partiellen Korrelationskoeffizienten der Variablen sind hier ebenfalls ersichtlich. Als Kriterium für die Aufnahme oder Elimination einer unabhängigen Variablen dient der F-Wert des partiellen Korrelationskoeffizienten bzw. dessen Signifikanzniveau. Eine Variable wird nur dann aufgenommen, wenn ihr F-Wert einen vorgegebenen Wert (FIN) übersteigt oder wenn das zugehörige Signifikanzniveau (F-Wahrscheinlichkeit) kleiner als eine vorgegebene F-Wahrscheinlichkeit (PIN) ist. Umgekehrt wird eine Variable bei Unterschreiten der Grenze für die F-Prüfgröße (FOUT) oder bei Überschreiten des Grenzwertes für das Signifikanzniveau (POUT) eliminiert. Diese Werte können durch den Benutzer in dem Dialogfenster "Optionen" (vgl. Abb.1.12) variiert werden.

In unserem Beispiel haben wir die Grenzwerte mittels der F-Wahrscheinlichkeiten PIN (Aufnahme) und POUT (Ausschluß) festgelegt.

PIN: Schwellenwert für das Signifikanzniveau des F-Wertes bei der Aufnahme einer Variablen. Voreingestellt ist der Wert PIN = 0,05.

POUT: Schwellenwert für das Signifikanzniveau des F-Wertes bei der Elimination einer Variablen. Voreingestellt ist der Wert POUT = 0,1.

Alternativ kann dafür einer der beiden folgenden Parameter verwendet werden:

FIN: Schwellenwert für den F-Wert des partiellen Korrelationskoeffizienten (F-to-enter) bei der Aufnahme einer Variablen. Voreingestellt ist der Wert FIN = 3,84.

FOUT: Schwellenwert für den F-Wert des partiellen Korrelationskoeffizien-
        ten (F-to-remove) bei der Elimination einer Variablen. Voreingestellt
        ist der Wert FOUT = 2,71.

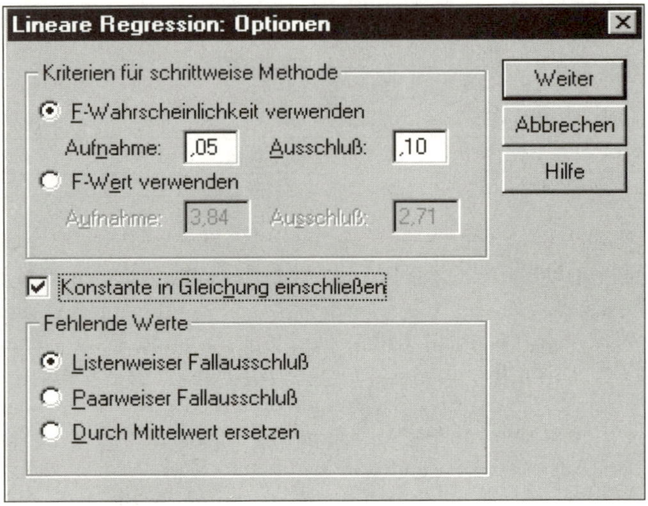

Abb.1.12:   Dialogfenster "Optionen"

Die beiden Kriterien sind nicht völlig identisch, da das Signifikanzniveau des F-
Wertes auch von der Anzahl der Variablen in der Regressionsgleichung abhängt.

Je größer FIN bzw. je kleiner PIN, desto mehr werden die Anforderungen für die
Aufnahme einer Variablen verschärft. Entsprechend lassen sich auch ein FOUT und
POUT für die Elimination von Variablen spezifizieren. Bei der Methode
SCHRITTWEISE ist jeweils nur ein Kriterium für die Aufnahme und die Elimi-
nation zulässig. Es ist darauf zu achten, daß zwischen beiden Werten positive
Differenzen (FOUT < FIN und POUT > PIN) bestehen.

Die Tabelle 1.23 zeigt auch die Ergebnisse der Methode SCHRITTWEISE, für
die sukzessive Aufnahme aller drei Regressoren in die Gleichung. So wurde in
Modell 2 die zweite Variable BESUCHE und in Modell 3 die dritte Variable
PREIS mit einbezogen. Alle drei Regressoren haben das voreingestellte
Aufnahmekriterium erfüllt.

Die Ergebnisse der Methode SCHRITTWEISE stimmen mit denen der Methode
EINSCHLUSS überein, wovon sich der Leser überzeugen sollte (vgl. Tabelle
1.17).[31] Die Methode SCHRITTWEISE beendet die Iterationen, nachdem keine

---

[31] Intern führt das Programm auch bei blockweiser Aufnahme der Variablen
(EINSCHLUSS) eine schrittweise Regression durch (mit PIN=1). Im Output ist dann
erkennbar, in welcher Reihenfolge das Programm die Variablen in die Gleichung
aufgenommen hat.

weiteren unabhängigen Variablen aufgenommen werden können (in diesem Falle waren keine mehr vorhanden) und keine der bereits aufgenommenen Variablen wieder entfernt werden muß.

1.4   Anwendungsempfehlungen

Für die praktische Anwendung der Regressionsanalyse sollen abschließend einige Empfehlungen gegeben werden, die rezeptartig formuliert sind und den schnellen Zugang zur Anwendung der Methode erleichtern sollen.

1. Das Problem, das es zu untersuchen gilt, muß genau definiert werden: Welche Größe soll erklärt werden? Der zu erklärende Sachverhalt bedarf einer metrischen Skalierung.

2. Es ist viel Sachkenntnis und Überlegung einzubringen, um mögliche Einflußgrößen, die auf die zu erklärende Variable einwirken, zu erkennen und zu definieren.

3. Die Stichprobe muß genügend groß sein. Die Zahl der Beobachtungen sollte wenigstens doppelt so groß sein wie die Anzahl der Variablen in der Regressionsgleichung.

4. Vor Beginn der Rechnung sollten aufgrund der vorhandenen Sachkenntnis zunächst hypothetische Regressionsmodelle mit den vorhandenen Variablen formuliert werden. Dabei sollten auch die Art und Stärke der Wirkungen von berücksichtigten Variablen überlegt werden.

5. Nach Schätzung einer Regressionsfunktion ist zunächst das Bestimmtheitsmaß auf Signifikanz zu prüfen. Wenn kein signifikantes Testergebnis erreichbar ist, muß der ganze Regressionsansatz verworfen werden.

6. Anschließend sind die einzelnen Regressionskoeffizienten sachlogisch (auf Vorzeichen) und statistisch (auf Signifikanz) zu prüfen.

7. Die gefundene Regressionsgleichung ist auf Einhaltung der Prämissen des linearen Regressionsmodells zu prüfen.

8. Eventuell sind Variablen aus der Gleichung zu entfernen oder neue Variablen aufzunehmen. Die Modellbildung ist oft ein iterativer Prozeß, bei dem der Untersucher auf Basis von empirischen Ergebnissen neue Hypothesen formuliert und diese anschließend wieder überprüft.

9. Wenn die gefundene Regressionsgleichung alle Prämissen-Prüfungen überstanden hat, erfolgt die Überprüfung an der Realität.

1.5   SPSS-Kommandos

```
TITLE " Multivariate Analysemethoden ".

* Datendefinition
* ---------------.

DATA LIST FREE / MENGE PREIS AUSGABEN BESUCHE.
BEGIN DATA.
2585 12,5 2000 109
1819 10 550 107
................
1699 12,5 1600 79
END DATA.

* Prozedur
* --------.

SUBTITLE  'Regressionsanalyse nach der Methode EINSCHLUSS (ENTER)'.
REGRESSION /VARIABLES MENGE PREIS AUSGABEN BESUCHE
/STATISTICS R ANOVA COEFF CI TOL
/DESCRIPTIVES CORR
/DEPENDENT MENGE
/METHOD ENTER PREIS AUSGABEN BESUCHE
/CASEWISE DEPENDENT PRED RESID OUTLIERS (0)
/RESIDUALS DURBIN
/SCATTERPLOT (*ZRESID,*ZPRED).




SUBTITLE  'Regressionsanalyse nach der Methode SCHRITTWEISE (STEPWISE)'.
REGRESSION /VARIABLES MENGE PREIS AUSGABEN BESUCHE
/CRITERIA PIN (0.05) POUT (0.1)
/DEPENDENT MENGE
/METHOD STEPWISE PREIS AUSGABEN BESUCHE.
```

Abb. 1.13:   SPSS-Kommandos zur Regressionsanalyse

Verwendung der Kommandosprache zur Regressionsanalyse

Die Regressionsanalyse wird durch die Prozedur *REGRESSION* aufgerufen. Zuvor wurde mit dem *SUBTITLE*-Befehl noch eine zweite Überschrift für die aktuelle Prozedur eingeführt. Mit dem Unterbefehl *VARIABLES* wird der Prozedur REGRESSION mitgeteilt, welche Variablen (abhängige und unabhängige) in die Regressionsanalyse einfließen sollen. Jeder weitere Unterbefehl der Prozedur REGRESSION wird durch einen Schrägstrich (/) eingeleitet. In der vorliegenden Regressionsanalyse wurden folgende Unterbefehle verwendet:[32]

Der Unterbefehl DEPENDENT:
Durch den Unterbefehl *DEPENDENT* wird die abhängige Variable der Regressionsgleichung bestimmt. Werden mehrere Variablen angegeben, so wird für jede einzelne Variable eine Regressionsgleichung erstellt, wobei in jeder dieser Regressionsgleichungen dieselben unabhängigen Variablen verwendet werden.

Der Unterbefehl METHOD:
Der Unterbefehl *METHOD* bestimmt die Methode, nach der die unabhängigen Variablen in die Regressionsgleichung einbezogen werden und spezifiziert die zu verwendenden unabhängigen Variablen. Wird keine Liste der unabhängigen Variablen eingegeben, so werden alle Variablen als unabhängige Variablen verwendet, die im Rahmen des VARIABLES-Unterbefehls angegeben wurden mit Ausnahme der Variablen, die im DEPENDENT-Unterbefehl stehen. Wird der Unterbefehl METHOD mehrmals verwendet, so werden die entsprechenden Variablen sukzessive in die Regressionsgleichung (zusätzlich zu bereits enthaltenen Variablen) einbezogen. Folgende Wahlmöglichkeiten für den Einbezug der unabhängigen Variablen stellt der Unterbefehl METHOD zur Verfügung:

(1) Simultane Methoden der Regressionsanalyse

ENTER: Alle aufgeführten Variablen werden in einem Schritt in die Regressionsgleichung in der Reihenfolge des abnehmenden TOLERANCE-Wertes aufgenommen (vgl. CRITERIA-Unterbefehl). Sollen die Variablen in einer bestimmten Reihenfolge einbezogen werden, so sind mehrere METHOD=ENTER-Unterbefehle zu verwenden.
REMOVE (varlist): Zunächst werden alle Variablen in die Regressionsgleichung einbezogen. Anschließend werden die im Unterbefehl REMOVE angegebenen Variablen gleichzeitig ausgeschlossen.
TEST (varlist): Zunächst wird ein Regressionsmodell mit allen angegebenen Variablen errechnet. Anschließend wird für jede Gruppe von Variablen in der

---

[32] Eine detaillierte Aufstellung aller möglichen Unterbefehle in der Prozedur REGRESSION findet sich bei: Norusis, M. J./SPSS Inc. (1999): SPSS Base 9.0 Syntax Reference Guide, Chicago 1999.

VARLIST geprüft, ob sie ohne Verlust an erklärter Varianz aus dem vollen Modell entfernt werden kann.

(2) Schrittweise Methoden der Regressionsanalyse

STEPWISE: Die unabhängigen Variablen werden bei jedem Schritt auf Ausschluß und Aufnahme überprüft. Es wird jeweils die Variable mit dem größten PROBABILITY-of-F ausgeschlossen, solange dieser Wert größer ist als der Wert von POUT (vgl. CRITERIA-Unterbefehl). Nach Ausschluß einer Variable wird die Regressionsgleichung neu errechnet. Dieser Vorgang wird solange wiederholt, bis keine Variable mehr ausgeschlossen werden kann. Anschließend wird diejenige unabhängige Variable mit dem kleinsten PROBABILITY-of-F in die Regressionsgleichung aufgenommen, solange dieser Wert kleiner als der Wert von PIN ist. Dieser Prozeß wird solange fortgesetzt, bis keine unabhängige Variable mehr nach den obigen Kriterien aufgenommen bzw. ausgeschlossen werden kann. Darüber hinaus kann dieser Prozeß noch durch die Angabe der maximal durchzuführenden Schritte begrenzt werden (vgl. CRITERIA-Unterbefehl).

FORWARD: Die unabhängigen Variablen werden nach der Reihenfolge ihres kleinsten PROBABILITY-of-F-Wertes in die Regressionsgleichung aufgenommen, solange dieser Wert kleiner als der Wert von PIN (vgl. CRITERIA-Unterbefehl) ist.

BACKWARD: Die unabhängigen Variablen werden nach der Reihenfolge ihres größten PROBABILITY-of-F-Wertes aus der Regressionsgleichung ausgeschlossen, solange dieser Wert größer als der Wert von POUT (vgl. CRITERIA-Unterbefehl) ist.

Der Unterbefehl CRITERIA:

Durch den Unterbefehl *CRITERIA* werden die statistischen Kriterien festgelegt, nach denen die Regressionsgleichungen gebildet werden. Folgende Kriterien stehen zur Verfügung:

PIN(wert): Spezifiziert den Wert PROBABILITY of F-to-enter, der in der Voreinstellung auf 0.05 gesetzt ist.

FIN(wert): Spezifiziert den Wert F-to-enter, der in der Voreinstellung auf 3.84 gesetzt ist.

POUT(wert): Spezifiziert den Wert PROBABILITY of F-to-remove, der in der Voreinstellung auf 0,1 gesetzt ist.

FOUT(wert): Spezifiziert den Wert F-to-remove, der in der Voreinstellung auf 2.71 gesetzt ist.

TOLERANCE(wert): Bestimmt den minimalen Toleranzwert, mit dem eine unabhängige Variable in die Regressionsgleichung aufgenommen wird. Die Voreinstellung für diesen Wert ist 0.0001.

MAXSTEPS(n): Bestimmt die maximale Anzahl der Schritte, mit denen eine unabhängige Variable aufgenommen bzw. entfernt wird.

Wird der CRITERIA-Unterbefehl nicht im Rahmen der SPSS-Kommandos zur Regressionsanalyse aufgeführt, so sind folgende Voreinstellungen relevant: PIN=0.05; POUT=0.1; TOLERANCE=0.0001.

Der Unterbefehl DESCRIPTIVES:
Durch *DESCRIPTIVES* werden Statistiken für alle im Unterbefehl VARIABLES genannten Variablen angefordert. Es stehen u.a. folgende Statistiken zur Verfügung:

MEAN: Mittelwert der Variablen.
STDDEV: Standardabweichung der Variablen.
VARIANCE: Varianz der Variablen.
CORR: Errechnung der Korrelationsmatrix.
COV: Errechnung der Kovarianzmatrix.

Der Unterbefehl STATISTICS:
Durch den Unterbefehl *STATISTICS* werden Statistiken für die Ergebnisse der Regressionsanalyse erstellt. Die verfügbaren Statistiken lassen sich dabei in drei Gruppen unterteilen, die u.a. folgende Statistiken bereitstellen:

(1) Statistiken für die Regressionsgleichungen insgesamt:

R: Multiple Korrelationskoeffizienten.
ANOVA: Varianzanalyse-Tabelle (F-Test).

(2) Statistiken für die unabhängigen Variablen:

COEFF: Unstandardisierte Regressionskoeffizienten (B), einschließlich der Standardfehler, standardisierte Regressionskoeffizienten (beta), t-Werte und zweiseitiges Signifikanzniveau der t-Werte.
OUTS: Statistiken für alle Variablen, die nicht in die Regression einbezogen, aber im METHOD-Unterbefehl genannt wurden.
CI: 95%-iges Konfidenzintervall der unstandardisierten Regressionskoeffizienten.
SES: Näherungsweiser Standardfehler der standardisierten Regressionskoeffizienten.

(3) Statistiken für die schrittweise Regressionsanalyse:

LINE: Nach jedem Schritt wird eine Zeile ausgegeben und eine vollständige Ausgabe der Statistiken erfolgt erst am Ende.
END: Die angeforderten Statistiken werden nur nach dem letzten Schritt ausgegeben.
HISTORY: Erstellt am Ende eine Ergebnis-Statistik.

Wird der Unterbefehl STATISTICS weggelassen oder ohne nähere Spezifikationen angegeben, so werden standardmäßig die Statistiken R, ANOVA, COEFF und OUTS ausgegeben.

Der Unterbefehl RESIDUALS:

Mit dem Unterbefehl *RESIDUALS* können summarische und univariate Statistiken sowie Graphiken prozedur-interner Variablen erzeugt werden. Zu den prozedur-internen Variablen zählen z.B. die unstandardisierten Residuen (RESID), die standardisierten Residuen (ZRESID) und die t-Werte zu den Residuen (SRESID). Folgende Spezifikationen sind u.a. beim Unterbefehl RESIDUALS möglich:

HISTOGRAM(varname): Erstellung von Säulendiagrammen für die in Klammern angegebenen Variablen oder prozedur-internen Variablen. Wird kein Variablen-Name angegeben, so wird ein Säulendiagramm für die prozedur-interne Variable ZRESID ausgegeben.

OUTLIERS(varname): Ausgabe der zehn extremsten Ausreißer bei jeder der Variablen, die in Klammern angegeben wurde. Voreinstellung ist hier nur die Variable ZRESID.

DURBIN: Durbin-Watson-Test auf Autokorrelation der Residuen.

Der Unterbefehl CASEWISE:

Durch den Unterbefehl *CASEWISE* wird eine Graphik der Residualvariablen angefordert. Dabei können u.a. folgende Spezifikationen vorgenommen werden:

    OUTLIERS(wert): Es werden nur die Fälle dargestellt, deren Werte mindestens so groß wie der in Klammern angegebene Grenzwert sind.

    ALL: Alle Fälle werden in der Residual-Graphik ausgegeben.

    PLOT(varname): Graphische Darstellung der standardisierten Werte der prozedur-internen Variablen. Standardmäßig werden die Werte der Variable ZRESID dargestellt.

Die Behandlung von Missing Values

Als fehlende Werte (MISSING VALUES) bezeichnet man Variablenwerte, die von den Befragten entweder außerhalb des zulässigen Beantwortungsintervall vergeben wurden oder überhaupt nicht eingetragen wurden. Im Datensatz können fehlende Werte der Merkmalsvariablen als Leerzeichen kodiert werden (Datenformat FIX). Sie werden dann vom Programm automatisch durch einen sog. *System-missing value* ersetzt.

    Alternativ kann man die fehlenden Werte im Datensatz auch durch eine 0 (oder durch einen anderen Wert, der unter den beobachteten Werten nicht vorkommt), ersetzen. Mit Hilfe der Anweisung

    MISSING VALUES Besuche (0)

kann man dem Programm z.B. mitteilen, daß der Wert 0 bei der Variablen BE-SUCHE für einen fehlenden Wert steht. Derartige vom Benutzer bestimmte fehlende Werte werden von SPSS als *User-missing values* bezeichnet. Für eine Variable lassen sich mehrere Missing Values angeben, z.B. 0 für "Ich weiß nicht" und 9 für "Antwort verweigert". Im Rahmen der hier aufgezeigten Regressionsanalyse treten allerdings keine fehlenden Werte auf.

Innerhalb der Regressionsanalyse können durch den Unterbefehl *MISSING* fehlende Werte im Datensatz wie folgt behandelt werden:

LISTWISE: Sobald bei einer der zu analysierenden Variablen ein fehlender Wert auftritt, wird der gesamte Fall aus der Analyse ausgeschlossen. Damit wird erreicht, daß die Fallzahl bei allen Variablen gleich groß bleibt. Die Spezifikation *LISTWISE ist die Voreinstellung* des Systems, d.h. sie wird wirksam, wenn der Unterbefehl MISSING nicht angegeben wird.

PAIRWISE: Diese Spezifikation bewirkt, daß nur die Variablen mit fehlenden Werten aus der Analyse ausgeschlossen werden, nicht aber der gesamte Fall. Das führt allerdings dazu, daß die einzelnen Variablen mit unterschiedlich starker Fallzahl in die Analyse eingehen.

MEANSUBSTITUTION: Durch die Angabe von MEANSUB werden alle fehlenden Werte durch die entsprechenden Variablen-Mittelwerte ersetzt. Durch diese Substitution können alle Fälle in der Analyse berücksichtigt werden.

INCLUDE: Mit dieser Spezifikation werden die vom Anwender als fehlend deklarierten Werte mit in die Analyse einbezogen, d.h. wie gültige Werte behand

Anhang

A. Schätzung der Regressionsfunktion

Ergänzend zum Text soll nachfolgend kurz die Methode zur Schätzung der Regressionsfunktion beschrieben werden.

Die *Schätzfunktion des linearen Regressionsmodells* läßt sich wie folgt schreiben:

$$y_k = b_0 + \sum_{j=1}^{J} b_j\, x_{jk} + e_k \qquad (k = 1,2,...,K) \qquad (A1)$$

In Matrizenschreibweise ergibt sich:

$$Y = b_0 + X\,b + e \qquad (A2)$$

mit

Y: K-Vektor der Beobachtungswerte der abhängigen Variablen

X: (K x J) - Matrix der Beobachtungswerte der J Regressoren

b: J-Vektor der Regressionskoeffizienten

b_0: konstantes Glied bzw. K-Vektor, der K mal das konstante Glied enthält

e: T-Vektor der Residualgrößen

Weiterhin sei vereinbart, daß eine Variable durch einen Punkt gekennzeichnet wird, wenn ihre Werte um den Mittelwert reduziert wurden, z.B.

$\dot{Y}$ mit den Werten $\dot{y}_k = y_k - \overline{y}$

Die Summe der Werte von $\dot{Y}$ ist damit 0.

Entsprechend sind alle Spaltensummen der Matrix $\dot{X}$, die die transformierten Regressoren enthält, gleich 0. Da die Summe der Residualgrößen zwangsläufig gleich 0 ist, wird e nicht besonders gekennzeichnet.

Unter Anwendung des Kleinstquadrate-Kriteriums

$$\min_{b_0, b} \left\{ \sum_{k=1}^{K} e_k^2 \right\} \tag{A3}$$

erhält man durch partielle Differentiation nach b_0 und b für die Schätzung der Regressionsparameter folgende Formeln:

$$b = \left(\dot{X}' \dot{X} \right)^{-1} \dot{X}' \dot{Y} \tag{A4}$$

$$b_0 = \overline{y} - b_1 \overline{x}_1 - b_2 \overline{x}_2 - \ldots - b_J \overline{x}_J \tag{A5}$$

Verzichtet man auf ein konstantes Glied in der Regressionsbeziehung, so erhält man die Regressionsparameter durch

$$b = \left(X' X \right)^{-1} X' Y \tag{A6}$$

B. Schätzfehler der Parameter

Bezeichnet s die Standardabweichung der Residualgrößen (Standardfehler), so erhält man die *Varianz-Kovarianz-Matrix* der Regressionskoeffizienten wie folgt:

$$V = s^2 \left(\dot{X}' \dot{X} \right)^{-1} \tag{B1}$$

Für den *Standardfehler des Regressionskoeffizienten* b_j (j = 1, 2, ..., J) gilt:

$$s_{b_j} = s \sqrt{a_{jj}} \tag{B2}$$

$$\text{mit}\ \ a_{jj} = \left[\left(\dot{X}' \dot{X} \right)^{-1} \right]_{jj}$$

Der *Standardfehler des konstanten Gliedes* errechnet sich durch:

$$s_{b_0} = s \sqrt{ \overline{X}' \left(\dot{X}' \dot{X} \right)^{-1} \overline{X} + \frac{1}{K} } \tag{B3}$$

mit $\overline{X}$: J-Vektor der Mittelwerte der Regressoren.

1.6   Literaturhinweise

Bleymüller J. / Gehlert G. / Gülicher H. (1998): Statistik für Wirtschaftswissenschaftler, 11. Aufl., München

Bortz, J. (1999): Statistik für Sozialwissenschaftler, 5. Aufl., Berlin et. al.

Chatterjee, S. / Hadi, A. (1988) Sensitivity Analysis in Linear Regression, New York.

Draper, N.R. / Smith, H. (1998) Applied Regression Analysis, 3rd ed., New York u.a.

Dunn, O.J. / Clark, V.A. (1987) Applied Statistics. Analysis of Variance and Regression, 2nd ed., New York.

Hanssens, D.M. / Parsons, L.J. / Schultz, R.L. (1990) Market Response Models. Econometric and Time Series Analysis, Bosten u. a.

Hartung, J. (1998) Statistik. Lehr- und Handbuch der angewandten Statistik, 11. Aufl., München.

Janssen, J. / Laatz, W. (1999) Statistische Datenanalyse mit SPSS für Windows. Eine anwendungsorientierte Einführung in das Basissystem Version 8 und das Modul Exakte Tests, 3. Aufl., Berlin u. a.

Kmenta, J. (1986) Elements of Econometrics, 2nd ed., New York.

Kockläuner, G. (1988) Angewandte Regressionsanalyse mit SPSS, Braunschweig u. a.

Norusis, M.J. / SPSS Inc. (1999) SPSS Base 9.0 User's Guide Package, Chicago.

Norusis, M.J. / SPSS Inc. (1999) SPSS Base 9.0 Applications Guide, Chicago.

Norusis, M.J. / SPSS Inc. (1999) SPSS Base 9.0 Syntax Reference Guide, Chicago.

Sachs, L. (1999) Angewandte Statistik. Anwendung stochastischer Methoden, 9. Aufl., Berlin u. a.

Schneeweiß, H. (1990) Ökonometrie, 4. Aufl., Heidelberg.

Schönfeld, P. (1969) Methoden der Ökonometrie, Bd. 1, Berlin u. a.

Wonnacott, T.H. / Wonnacott, R.J. (1987) Regression. A Second Course in Statistics, Malabar.

2 Varianzanalyse

2.1 Problemstellung

Die Varianzanalyse ist ein Verfahren, das die Wirkung einer (oder mehrerer) unabhängiger Variablen auf eine (oder mehrere) abhängige Variable untersucht. Für die unabhängige Variable wird dabei lediglich Nominalskalierung verlangt, während die abhängige Variable metrisches Skalenniveau aufweisen muß. Die Varianzanalyse ist das wichtigste Analyseverfahren zur Auswertung von *Experimenten*. Typische Anwendungsbeispiele zeigt Tabelle 2.1.

Gemeinsam ist allen Beispielen, daß ihnen eine *Vermutung über die Wirkungsrichtung* der Variablen zugrunde liegt. Wie in der Regressionsanalyse, die einen Erklärungszusammenhang der Art

$$Y = f(X_1, X_2,...,X_j, ..., X_J)$$

über metrische Variable herstellt, formuliert auch die Varianzanalyse einen solchen Zusammenhang, allein mit dem Unterschied, daß die Variablen X_1, X_2...X_J *nominal* skaliert sein dürfen. Die Beispiele verdeutlichen das. So nimmt man im 1. Beispiel an, daß die Werbung als unabhängige Variable mit den beiden Ausprägungen "Plakat"

Tabelle 2.1:   Anwendungsbeispiele

1. Welche Wirkung haben verschiedene Formen der Bekanntmachung eines Kinoprogramms (z. B. Plakate, Zeitungsinserate) auf die Besucherzahlen? Um dieses zu erfahren, wendet ein Kinobesitzer eine Zeit lang jeweils nur eine Form der Bekanntmachung an.

2. Welche Wirkung haben zwei Marketinginstrumente jeweils isoliert und gemeinsam auf die Zielvariable? Ein Konfitürenhersteller geht z. B. von der Vermutung aus, daß der Markenname und der Absatzweg einen wichtigen Einfluß auf den Absatz haben. Deshalb testet er drei verschiedene Markennamen in zwei verschiedenen Absatzwegen.

3. Es soll die Wahrnehmung von Konsumenten untersucht werden, die sie gegenüber zwei alternativen Verpackungsformen für die gleiche Seife empfinden. Deshalb werden die Probanden gebeten, auf drei Ratingskalen die Attraktivität der Verpackung, die Gesamtbeurteilung des Produktes und ihre Kaufbereitschaft anzugeben.

4. Ein Landwirtschaftsbetrieb will die Wirksamkeit von drei verschiedenen Düngemitteln im Zusammenhang mit der Bodenbeschaffenheit überprüfen. Dazu werden der Ernteertrag und die Halmlänge bei gegebener Getreidegattung auf Feldern verschiedener Bodenbeschaffung, die jeweils drei verschiedene Düngesegmente haben, untersucht.

5. In einer medizinischen Querschnittsuntersuchung wird der Einfluß unterschiedlicher Diäten auf das Körpergewicht festgestellt.

6. In mehreren Schulklassen der gleichen Ausbildungsstufe wird der Lernerfolg verschiedener Unterrichtsmethoden festgestellt.

und "Zeitungsannonce" einen Einfluß auf die Zahl der Kinobesucher hat. Die Ausprägungen der unabhängigen Variablen beschreiben dabei stets alternative Zustände. Demgegenüber ist die abhängige Variable, hier die Zahl der Kinobesucher, metrisch skaliert.

Gemeinsam ist weiterhin allen Anwendungsbeispielen, daß sie experimentelle Situationen beschreiben: Feldexperimente im 1. und 2. Beispiel, ein Laborexperiment im 3. Beispiel. Die Varianzanalyse ist das klassische Verfahren zur Analyse von Experimenten mit Variablen des bezeichneten Skalenniveaus.

Die genannten Beispiele unterscheiden sich durch die Zahl der Variablen. So wird im 1. Beispiel die Wirkung *einer* unabhängigen Variablen (Werbung) auf *eine* abhängige Variable (Besucherzahl) untersucht. Im 2. Beispiel wird demgegenüber die Wirkung von *zwei* unabhängigen Variablen (Markenbezeichnung und Absatzweg) auf *eine* abhängige Variable (Absatz) analysiert. Im 3. Beispiel gilt das Interesse schließlich der Wirkung *einer* unabhängigen Variablen (Verpackungsform) auf *drei* abhängige Variable (Attraktivität der Verpackung, Gesamtbeurteilung des Produktes und Kaufbereitschaft).

Die unabhängigen Variablen werden als *Faktoren* bezeichnet, die einzelnen Ausprägungen als *Faktorstufen*. Die Typen der Varianzanalyse lassen sich nach der Zahl der Faktoren differenzieren. Wenn *eine* abhängige Variable und eine unabhängige gegeben ist, spricht man von einfaktorieller, entsprechend bei zwei unabhängigen von zweifaktorieller Varianzanalyse usw. Bei mehr als einer abhängigen Variablen spricht man von mehrdimensionaler Varianzanalyse, vgl. Tabelle 2.2.

Tabelle 2.2:   Typen der Varianzanalyse

Zahl der abhängigen Variablen	Zahl der unabhängigen Variablen	Bezeichnung des Verfahrens
1	1	Einfaktorielle Varianzanalyse
1	2	Zweifaktorielle Varianzanalyse
1	3 usw.	Dreifaktorielle Varianzanalyse
Mindestens 2	Eine oder mehrere	Mehrdimensionale Varianzanalyse

2.2   Vorgehensweise

2.2.1   Einfaktorielle Varianzanalyse

Zunächst werden wir mit einer abhängigen und einer unabhängigen Variablen (einfaktorielles Modell) beginnen, um den Kern des Verfahrens herauszuarbeiten. Der folgende kleine Fall sei zugrundegelegt.

Der Leiter einer Supermarktkette will die Wirkung verschiedener Arten der Warenplazierung überprüfen. Er wählt dazu Margarine in der Becherverpackung aus. Es stehen drei Möglichkeiten der Regalplazierung offen:

1.   Plazierung im Normalregal der Frischwarenabteilung
2.   Plazierung im Normalregal der Frischwarenabteilung und Zweitplazierung im Fleischmarkt
3.   Plazierung im Kühlregal der Frischwarenabteilung.

Es wird folgendes experimentelle Design entworfen: Aus den insgesamt vorhandenen Supermärkten werden drei weitgehend vergleichbare Supermärkte des Unternehmens ausgewählt, die sich durch unterschiedliche Präsentation von Margarine unterscheiden. In einem Zeitraum von 5 Tagen wird in jedem der drei Supermärkte jeweils eine Form der Margarine-Präsentation durchgeführt. Die Auswirkungen der Maßnahmen werden jeweils in der Größe "kg Margarineabsatz pro 1 000 Kassenvorgänge" erfaßt. Tabelle 2.3 zeigt die Ergebnisse.

Tabelle 2.3:   kg Margarineabsatz pro 1 000 Kassenvorgänge in drei Supermärkten in Abhängigkeit von der Plazierung

	Tag 1	Tag 2	Tag 3	Tag 4	Tag 5
Supermarkt 1 "Normalregal"	47	39	40	46	45
Supermarkt 2 "Zweitplazierung"	68	65	63	59	67
Supermarkt 3 "Kühlregal"	59	50	51	48	53

Wir erhalten drei Teilstichproben mit jeweils genau fünf Beobachtungswerten; die Teilstichproben haben also den gleichen Umfang. Es fällt ins Auge, daß die drei Supermärkte unterschiedliche Erfolge im Margarineabsatz aufweisen. Die Mittelwerte zeigt Tabelle 2.4.

Tabelle 2.4:   Mittelwerte des Margarineabsatzes in drei Supermärkten

	Mittelwert pro Supermarkt
Supermarkt 1 "Normalregal" Supermarkt 2 "Zweitplazierung Supermarkt 3 "Kühlregal"	$\bar{y}_1 = 43,4$ $\bar{y}_2 = 64,4$ $\bar{y}_3 = 52,2$
Gesamtmittelwert	$\bar{y} = 53,\overline{3}$

Dabei führen wir folgende Notation ein:

y_{gk} = Beobachtungswert mit

g = Kennzeichnung einer Faktorstufe als Ausprägung einer unabhängigen Variablen ($g=1, 2, ..., G$)

k = Kennzeichnung des Beobachtungswertes innerhalb einer Faktorstufe ($k=1, 2, ..., K$)

$\bar{y}_g$ = Mittelwert der Beobachtungswerte einer Faktorstufe

$\bar{y}$ = Gesamtmittelwert aller Beobachtungswerte

Der Leiter des Unternehmens will nun wissen, ob die unterschiedlichen Absatzergebnisse in den drei Supermärkten auf die Variation der Warenplazierung zurückzuführen sind. Nehmen wir zur Vereinfachung an, daß keine Einflußgrößen "von außen" (d. h. außerhalb der experimentellen Anordnung, wie z. B. Preiseinflüsse, Konkurrenzeinflüsse, Standorteinflüsse) das Ergebnis mitbestimmt haben. Dann dürften,wenn kein Einfluß der Art der Warenplazierung auf den Absatz bestände, auch keine größeren Unterschiede zwischen den Mittelwerten der drei Supermärkte auftreten; umgekehrt kann bei Vorliegen von Mittelwertunterschieden auf das Wirksamwerden der unterschiedlichen Warenplazierung geschlossen werden.

Nun zeigen die einzelnen Beobachtungswerte y_{gk}, daß sie deutlich um den Mittelwert je Supermarkt $\bar{y}_g$ streuen. Diese Streuung ist allein auf andere absatzwirksame Einflußgrößen als die Warenplazierung zurückzuführen. Strenggenommen müssen wir unsere vereinfachende Annahme "keine Einflußgrößen von außen" also genauer formulieren: Es gibt Einflüsse "von außen", jedoch geht die Varianzanalyse davon aus, daß diese Einflüsse bis auf zufällige Abweichungen in allen drei Supermärkten gleich sind.

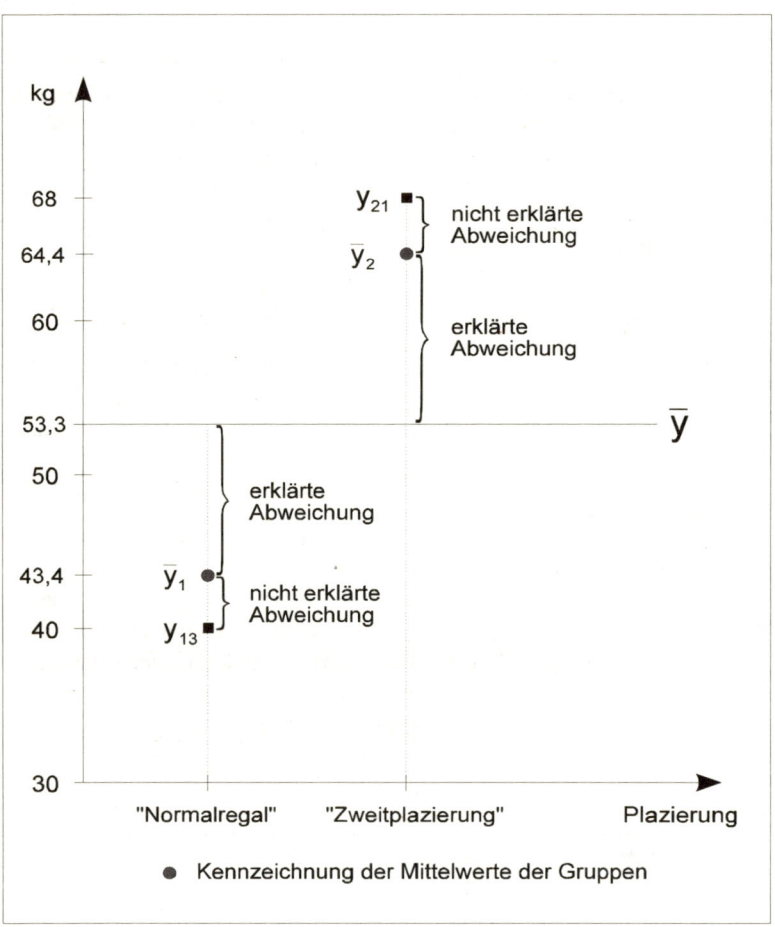

Abb. 2.1: Erklärte und nicht erklärte Abweichungen bei "Normalregal" und "Zweitplazierung" (y_{gk} aus Tabelle 2.3)

Wenn wir nun der Frage nachgehen, ob die Warenplazierung einen signifikanten Einfluß auf den Absatz hat, dann müssen wir die im Modell nicht erfaßten Einflüsse von den im Modell erfaßten trennen. Wir tun dies, indem wir fragen, ob ein bestimmter Beobachtungswert, z. B. der Wert $y_{11} = 47$, sich "zufällig" (d. h. nur durch nicht erfaßte äußere Einflüsse erklärt) oder "systematisch" (d. h. durch die Warenplazierung erklärt) vom Gesamtmittelwert $53,\overline{3}$ unterscheidet.

Im Rahmen unserer vereinfachenden Annahmen können wir nun mit folgender Überlegung weiterarbeiten. Wenn die im Modell nicht erfaßten Einflüsse sich in allen drei Supermärkten bis auf zufällige Abweichungen gleich stark auswirken, dann drückt sich in den Abweichungen der Mittelwerte je Supermarkt vom Gesamtmittelwert die untersuchte Einflußgröße "Warenplazierung" aus. Abbildung 2.1 verdeutlicht das Konzept.

Wir können die Abbildung auch so interpretieren: Der Prognosewert für den Margarineabsatz, wenn kein Einfluß der Warenplazierung vorhanden wäre, ist $\overline{y}$. Nimmt man einen Einfluß der Warenplazierung auf den Absatz an, dann ist der Prognosewert für den Margarineabsatz je nach Art der Plazierung $\overline{y}_1$, $\overline{y}_2$ oder $\overline{y}_3$. Die Abweichungen vom Prognosewert $(y_{gk} - \overline{y}_g)$ sind auf zufällige äußere Einflüsse zurückzuführen und somit nicht erklärt. Die Gesamtabweichung läßt sich also in zwei Komponenten zerlegen (sog. Streuungszerlegung):

Gesamtabweichung = erklärte Abweichung + nicht erklärte Abweichung

Diese Zerlegung der Gesamtabweichung je Beobachtung läßt sich in der Varianzanalyse auf die Summe der Gesamtabweichungen aller Beobachtungen übertragen (SS = "sum of sqares"):

Gesamtabweichung	Erklärte Abweichung	Nicht erklärte Abweichung
= Summe der quadrierten Gesamtabweichungen	= Summe der quadrierten Abweichungen zwischen den Faktorstufen	+ Summe der quadrierten Abweichungen innerhalb der Faktorstufen
$\displaystyle\sum_{g=1}^{G}\sum_{k=1}^{K}(y_{gk} - \overline{y})^2$	$= \displaystyle\sum_{g=1}^{G}K(\overline{y}_g - \overline{y})^2$	$+ \displaystyle\sum_{g=1}^{G}\sum_{k=1}^{K}(y_{gk} - \overline{y}_g)^2$
$= SS_{t(otal)}$	$= SS_{b(etween)}$	$+ SS_{w(ithin)}$

Wir wenden diese Definition auf den Datensatz in Tabelle 2.3 an und erhalten das in Tabelle 2.5 dargestellte Ergebnis.

Die Quadratsumme der Abweichungen als Maß für die Streuung wird um so größer, je größer die Zahl der Einzelwerte ist. Um eine aussagefähigere Schätzgröße für die Streuung zu erhalten, teilen wir SS durch die Zahl der Einzelwerte, vermindert um 1 und erhalten damit die *Varianz*, die unabhängig von der Zahl der Beobachtungswerte ist. Allgemein ist die (empirische) Varianz definiert als *mittlere quadratische Abweichung* ("mean sum of squares"):

$$\text{Varianz} \; = \; \frac{SS}{\text{Zahl der Beobachtungen} - 1}$$

Tabelle 2.5:   Ermittlung der Abweichungsquadrate

	SS_t $\displaystyle\sum_{g=1}^{G}\sum_{k=1}^{K}(y_{gk}-\overline{y})^2$	SS_b $\displaystyle\sum_{g=1}^{G}K(\overline{y}_g-\overline{y})^2$	SS_w $\displaystyle\sum_{g=1}^{G}\sum_{k=1}^{K}(y_{gk}-\overline{y}_g)^2$
"Normal-regal"	$(47\text{-}53,\overline{3})^2=$ 40,11 $+(39\text{-}53,\overline{3})^2=$ 205,44 $+(40\text{-}53,\overline{3})^2=$ 177,78 $+(46\text{-}53,\overline{3})^2=$ 53,78 $+(45\text{-}53,\overline{3})^2=$ 69,44	$(43,4\text{-}53,\overline{3})^2=$ 98,67 $+(43,4\text{-}53,\overline{3})^2=$ 98,67 $+(43,4\text{-}53,\overline{3})^2=$ 98,67 $+(43,4\text{-}53,\overline{3})^2=$ 98,67 $+(43,4\text{-}53,\overline{3})^2=$ 98,67	$(47\text{-}43,4)^2=$ 12,96 $(39\text{-}43,4)^2=$ 19,36 $(40\text{-}43,4)^2=$ 11,56 $(46\text{-}43,4)^2=$ 6,76 $(45\text{-}43,4)^2=$ 2,56
"Zweit-plazierung"	$+(68\text{-}53,\overline{3})^2=$ 215,11 $+(65\text{-}53,\overline{3})^2=$ 136,11 $+(63\text{-}53,\overline{3})^2=$ 93,44 $+(59\text{-}53,\overline{3})^2=$ 32,11 $+(67\text{-}53,\overline{3})^2=$ 186,78	$+(64,4\text{-}53,\overline{3})^2=$ 122,47 $+(64,4\text{-}53,\overline{3})^2=$ 122,47 $+(64,4\text{-}53,\overline{3})^2=$ 122,47 $+(64,4\text{-}53,\overline{3})^2=$ 122,47 $+(64,4\text{-}53,\overline{3})^2=$ 122,47	$(68\text{-}64,4)^2=$ 12,96 $(65\text{-}64,4)^2=$ 0,36 $(63\text{-}64,4)^2=$ 1,96 $(59\text{-}64,4)^2=$ 29,16 $(67\text{-}64,4)^2=$ 6,76
"Kühl-regal"	$+(59\text{-}53,\overline{3})^2=$ 32,11 $+(50\text{-}53,\overline{3})^2=$ 11,11 $+(51\text{-}53,\overline{3})^2=$ 5,44 $+(48\text{-}53,\overline{3})^2=$ 28,44 $+(53\text{-}53,\overline{3})^2=$ 0,11	$+(52,2\text{-}53,\overline{3})^2=$ 1,28 $+(52,2\text{-}53,\overline{3})^2=$ 1,28 $+(52,2\text{-}53,\overline{3})^2=$ 1,28 $+(52,2\text{-}53,\overline{3})^2=$ 1,28 $+(52,2\text{-}53,\overline{3})^2=$ 1,28	$(59\text{-}52,2)^2=$ 46,24 $(50\text{-}52,2)^2=$ 4,84 $(51\text{-}52,2)^2=$ 1,44 $(48\text{-}52,2)^2=$ 17,64 $(53\text{-}52,2)^2=$ 0,64
	SS_t = 1287,33	SS_b = 1112,13	SS_w = 175,20

Die Größe im Nenner ist die Zahl der *Freiheitsgrade* df (degrees of freedom). Der Wert ergibt sich aus der Zahl der Beobachtungswerte vermindert um 1, weil der Mittelwert, von dem die Abweichungen berechnet wurden, aus den Beobachtungswerten selbst errechnet wurde. Demnach läßt sich immer einer der Beobachtungswerte aus den anderen $G \cdot K - 1$ Beobachtungswerten *und* dem geschätzten Mittelwert errechnen, d. h. er ist nicht mehr "frei". So wie wir die Gesamtquadratsumme aufgeteilt haben in SS_b und SS_w können auch die Freiheitsgrade aufgeteilt werden. In unserem Beispiel haben wir 3 Faktorstufen mit je 5 Beobachtungen, d. h. 15 Beobachtungen insgesamt. df_t ist demnach $15 - 1 = 14$. Da nun jede Faktorstufe 5 Beobachtungen enthält, von denen nur $5 - 1$ frei variieren können, ergeben sich bei drei Faktorstufen $3(5 - 1)$ Freiheitsgrade. Der Wert für df_w ist demnach 12. Bei 3 vorhandenen Faktorstufenmittelwerten können nur $3 - 1$ frei variieren. Demnach ist $df_b = 2$.

Mit Hilfe der verschiedenen Freiheitsgrade sind wir in der Lage, die Varianzen zwischen den Faktorstufen und innerhalb der Faktorstufen sowie die Gesamtvarianz zu bestimmen.

Wir definieren:

Mittlere quadratische (Gesamt-)Abweichung

$$MS_t = \frac{SS_t}{G \cdot K - 1}$$

Mittlere quadratische Abweichung zwischen den Faktorstufen

$$MS_b = \frac{SS_b}{G - 1}$$

Mittlere quadratische Abweichung innerhalb der Faktorstufen

$$MS_w = \frac{SS_w}{G \cdot (K - 1)}$$

Bei Anwendung der Definition auf unseren Datensatz ergibt sich

$$MS_t = \frac{1\,287,33}{15 - 1} = 91,95$$

$$MS_b = \frac{1\,112,13}{3 - 1} = 556,07$$

$$MS_w = \frac{175,20}{3(5 - 1)} = 14,60.$$

Ausgehend von unseren bisher gesetzten vereinfachenden Annahmen über das Wirksamwerden von im Modell erfaßten und von im Modell nicht erfaßten Einflußgrößen können wir nun folgern, daß SS_b von der Warenplazierung und SS_w von den nicht erfaßten Einflüssen bestimmt wird.

Ein Vergleich beider Größen kann Auskunft über die Bedeutung der unabhängigen Variablen im Vergleich zu den nicht erfaßten Einflüssen geben. Wenn bei gegebener Gesamtvarianz MS_w null wäre, dann könnten wir folgern, daß MS_t allein durch die experimentelle Variable erklärt wird. Je größer MS_w ist, desto geringer muß dem Grundprinzip der Streuungszerlegung gemäß ($SS_t = SS_b + SS_w$) der Erklärungsanteil der experimentellen Variablen sein. Je größer demnach MS_b im Verhältnis zu MS_w ist, desto eher ist eine Wirkung der unabhängigen Variablen anzunehmen. In unserem Beispiel übersteigt $MS_b = 556,07$ den Wert für $MS_w = 14,6$ erheblich, so daß ein Einfluß der unabhängigen Variablen Warenplazierung vermutet werden kann. Tabelle 2.6 faßt die Rechenschritte zur Durchführung der Varianzanalyse zusammen.

Tabelle 2.6:   Zusammenstellung der Ergebnisse der einfaktoriellen Varianzanalyse

Varianzquelle	SS	df	MS
zwischen den Faktorstufen	$\sum\limits_{g=1}^{G} K(\overline{y}_g - \overline{y})^2 = 1112,13$	G- 1 = 2	$\dfrac{SS_b}{G-1} = 556,07$
innerhalb der Faktorstufen	$\sum\limits_{g=1}^{G}\sum\limits_{k=1}^{K} (y_{gk} - \overline{y}_g)^2 = 175,2$	G(K - 1) = 12	$\dfrac{SS_w}{G(K-1)} = 14,6$
gesamt	$\sum\limits_{g=1}^{G}\sum\limits_{k=1}^{K} (y_{gk} - \overline{y})^2 = 1287,33$	G·K - 1 = 14	$\dfrac{SS_t}{G·K-1} = 91,95$

Die dargestellte Analyse basiert auf folgendem Modell der einfaktoriellen Varianzanalyse.

$$y_{gk} = \mu + \alpha_g + \varepsilon_{gk}.$$

μ ist der Gesamtmittelwert der Grundgesamtheit, der durch $\overline{y}$ der Stichprobe geschätzt wird. α_g erfaßt die Wirkung der Stufe g des Faktors, die sich durch Abweichung vom Gesamtmittelwert der Grundgesamtheit bemerkbar macht. Sie wird durch $(\overline{y}_g - \overline{y})$, d.h. durch die Abweichung des Faktorstufenmittelwertes vom Gesamtmittelwert der Stichprobe geschätzt. ε_{gk} steht für den nicht erklärten Einfluß der Zufallsgrößen in der Grundgesamtheit. Wir kennen damit das Grundprinzip und können uns nun weiterführenden Überlegungen zuwenden.

Wir hatten die ermittelten mittleren quadratischen Abweichungen zwischen den und innerhalb der Faktorstufen dahingehend interpretiert, daß ein Einfluß des Faktors Warenplazierung vermutet werden kann. Um diese interpretierende Aussage über die Wirkung des Faktors statistisch prüfen zu können, werden MS_b und MS_w in folgende Beziehung gesetzt:

$$F_{emp} = \frac{MS_b}{MS_w}$$

mit F_{emp} = empirischer F-Wert

Im Beispiel (vgl. Tabelle 2.6) ergibt sich

$$F_{emp} = \frac{556,07}{14,6} = 38,09.$$

Den Maßstab zur Beurteilung des empirischen F-Wertes bildet die *theoretische F-Verteilung*. Ausgangspunkt der Prüfung ist die *Nullhypothese* (H_0): Es bestehen bezüglich des Margarineabsatzes *keine* Unterschiede in der Wirkung durch die Art der Warenplazierung. Die Alternativhypothese H_1 lautet: Es besteht bezüglich des Margarineabsatzes ein Unterschied in den Wirkungen alternativer Arten der Warenplazierung. Formal lautet die Fragestellung des F-Tests:

H_0: $\alpha_1 = \alpha_2 = \alpha_3 = 0$

H_1:   mindestens ein α-Wert $\neq 0$

Die Prüfung erfolgt anhand eines Vergleichs des empirischen F-Wertes mit dem theoretischen F-Wert lt. Tabelle. Die Tabelle der theoretischen F-Werte zeigt für die jeweilige Vertrauenswahrscheinlichkeit einen Prüfwert. Seine Höhe hängt von der Zahl der Freiheitsgrade im Zähler (Spalten der Tabelle) und von der Zahl der Freiheitsgrade im Nenner (Zeilen der Tabelle) ab. Tabelle 2.7 zeigt einen Ausschnitt aus der F-Tabelle für die Vertrauenswahrscheinlichkeit von 99% (vgl. Anhang). Die Ermittlung des theoretischen F-Wertes in unserem Beispiel führt zu df = 2 im Zähler und df = 12 im Nenner, d. h. zu dem theoretischen Wert 6,93.

Tabelle 2.7:   Ausschnitt aus der F-Werte-Tabelle (Signifikanzniveau 1 %)

Freiheits- grade des Nenners	Freiheitsgrade des Zählers 1	2	3	4	5
10	10,04	7,56	6,55	5,99	5,64
11	9,65	7,21	6,22	5,67	5,32
12	9,33	6,93	5,95	5,41	5,06
13	9,07	6,70	5,74	5,21	4,86
14	8,86	6,51	5,56	5,04	4,69

Empirischer und theoretischer F-Wert werden verglichen. Ist der empirische Wert größer als der theoretische, dann kann die Nullhypothese verworfen werden, d. h. es kann ein Einfluß des Faktors gefolgert werden. Theoretische F-Werte werden üblicherweise für Vertrauenswahrscheinlichkeiten von 90%, 95% und 99% in Tabellenform aufbereitet. Die materielle Bedeutung der Vertrauenswahrscheinlichkeiten ist die Erfassung der grundsätzlich verbleibenden Restunsicherheit, daß eine Wirkung der unabhängigen Variablen angenommen wird, obwohl tatsächlich der Einfluß nur zufälliger Natur ist.

Im Beispiel überschreitet der empirische F-Wert von 38,09 den theoretischen von 6,93 erheblich, so daß im Rahmen der gesetzten Annahmen die Nullhypothese verworfen, d.h. (mit einer Vertrauenswahrscheinlichkeit von 99 %) der Schluß gezogen werden kann, daß die Plazierungsarten einen unterschiedlichen Einfluß auf die Absatzmenge haben.

2.2.2 Zweifaktorielle Varianzanalyse

Während das bisher dargestellte Grundprinzip der Varianzanalyse von einer unabhängigen nichtmetrischen Variablen und einer abhängigen metrischen Variablen ausging, wollen wir nun eine Erweiterung der Perspektive vornehmen, ohne das dargestellte Grundprinzip zu verändern. Die Varianzanalyse läßt sich auch mit zwei oder mehr Faktoren und einer metrischen abhängigen Variablen durchführen. Die Untersuchungsanordnung heißt *Faktorielles Design*.

Wir kommen zu unserem Ausgangsbeispiel zurück und erweitern es. Der an der bestmöglichen Gestaltung des Margarineabsatzes interessierte Supermarkt-Manager will nicht nur wissen, welchen Einfluß die Warenplazierung auf den Absatz hat, sondern er hegt auch die Vermutung, daß die Verpackungsart den Absatz mitbestimmt, und er will diese Vermutung überprüfen. Das Experiment wird erweitert.

Bei drei Plazierungsarten und zwei Verpackungsarten ("Becher" und "Papier") ergeben sich genau 3 x 2 experimentelle Kombinationen der Faktorstufen. Wir sprechen auch von einem 3 x 2-faktoriellen Design. Die notwendige Zahl von Teilstichproben im Experiment erhöht sich also auf sechs. Demnach werden sechs annähernd gleiche Supermärkte ausgesucht und wiederum setzen wir die vereinfachende Annahme, daß mögliche äußere Einflüsse bis auf Zufallsabweichungen jeweils einen gleich starken Einfluß auf die 6 Teilstichproben haben. Zunächst zeigen wir die erweiterte Datenmatrix der Experimentergebnisse (kg Margarineabsatz pro 1 000 Kassenvorgänge) in Abhängigkeit von der Warenplazierung und der Verpackungsart (vgl. Tabelle 2.8).

Die Fragestellung der Varianzanalyse ist im faktoriellen Design gegenüber der einfachen Varianzanalyse erweitert. Zunächst werden die beiden Faktoren betrachtet.

1. Hat die Warenplazierung Einfluß auf den Absatz?
2. Hat die Verpackung Einfluß auf den Absatz?

Falls für jede Kombination von Faktorausprägungen mehr als eine Beobachtung vorliegt (K>1)[1], erlaubt die zweifaktorielle Varianzanalyse gegenüber der einfaktoriellen zusätzlich die Erfassung des gleichzeitigen Wirksamwerdens zweier Faktoren, indem das Vorliegen von *Wechselwirkungen* (Interaktionen) zwischen den Faktoren getestet wird: So mag z. B. die Vermutung gerechtfertigt erscheinen, daß der durchschnittliche Absatz von Margarine in Becherform anders auf die Variation der Plazierung reagiert als die Papierverpackung, etwa, weil ein Weichwerden der Margarine im "Normalregal" eher auffällt als im Kühlregal. Eine weitere Fragestellung der Varianzanalyse im faktoriellen Design ist also:

---

[1] Zur Analyse für den Fall mit nur einer Beobachtung pro Zelle vgl. Fahrmeier, Ludwig / Hamerle, Alfred: Multivariate statistische Verfahren, Berlin 1984, S.179-182 oder Scheffé, Henry: The Analysis of Variance, New York 1959, S. 98-106.

Tabelle 2.8:   kg Margarineabsatz pro 1 000 Kassenvorgänge in sechs Supermärkten in Abhängigkeit von der Plazierung und der Verpackung

Plazierung		Verpackung	
		"'Becher"	"Papier"
"Normalregal"	Tag 1	47	40
	Tag 2	39	39
	Tag 3	40	35
	Tag 4	46	36
	Tag 5	45	37
"Zweit-plazierung"	Tag 1	68	59
	Tag 2	65	57
	Tag 3	63	54
	Tag 4	59	56
	Tag 5	67	53
"Kühlregal"	Tag 1	59	53
	Tag 2	50	47
	Tag 3	51	48
	Tag 4	48	50
	Tag 5	53	51

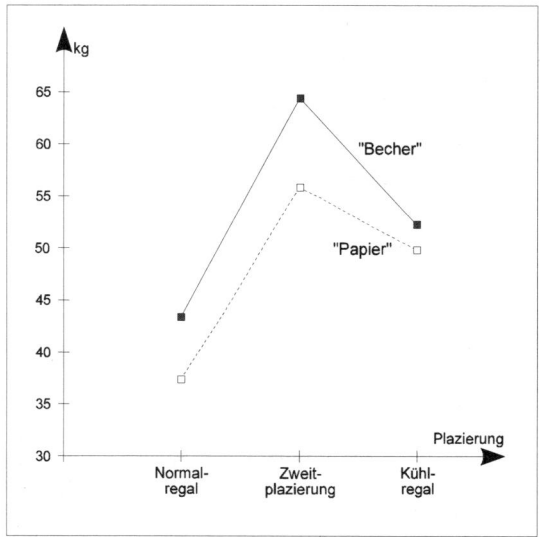

Abb. 2.2:   Graphische Analyse von Interaktionen (Werte entnommen aus Tabelle 2.9)

3. Besteht eine Wechselwirkung zwischen Verpackung und Warenplazierung?

Eine einfache und sehr anschauliche Methode, das Vorhandensein von Interaktion zu prüfen, ist ein Plot der Faktorstufenmittelwerte. Abbildung 2.2 zeigt die Werte des Beispiels.

Keine Interaktionen liegen vor, wenn die Verbindungslinien der Mittelwerte (die hier nur zur Verdeutlichung eingezeichnet sind) parallel laufen. Nichtparallele Verläufe sind ein klares Indiz für das Vorhandensein und die Stärke von Interaktionen. Im vorliegenden Fall bietet sich ein Anhaltspunkt für eine schwache Interaktion von Verpackung und Plazierung, da der Wirkungsunterschied zwischen Becher und Papier im Kühlregal im Analyseergebnis nahezu verschwindet, möglicherweise, weil dort von den Käufern ein Unterschied nicht wahrgenommen wird.

Dem Grundprinzip der Varianzanalyse (Streuungszerlegung) entsprechend gehen wir von folgendem Ansatz aus (vgl. Abbildung 2.3). Wir definieren einen Faktor A und einen Faktor B.

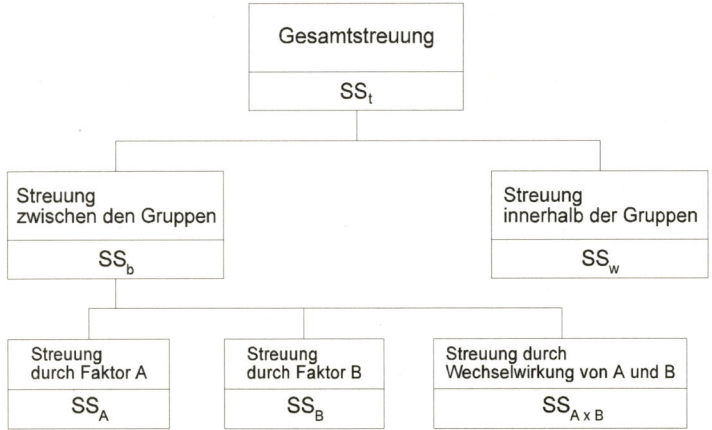

Abb. 2.3: Aufteilung der Gesamtstreuung im faktoriellen Design mit 2 Faktoren

Es gilt nach Abbildung 2.3 folgende Beziehung:

$$SS_t = SS_A + SS_B + SS_{AxB} + SS_w$$

Wir können also jeden Wert für die Absatzmenge schätzen durch seinen Abstand vom Gesamtmittelwert, der bestimmt wird durch den Einfluß des Faktors A sowie des Faktors B, durch den Einfluß der Interaktion zwischen Faktoren A und B sowie durch den Zufallseffekt nicht kontrollierter Einflüsse. Das Modell der zweifaktoriellen Varianzanalyse mit Interaktionseffekten hat folgende Form:

$$y_{ghk} = \mu + \alpha_g + \beta_h + (\alpha\beta)_{gh} + \varepsilon_{ghk}$$

mit

y_{ghk} = Beobachtungswert

μ = Mittelwert der Grundgesamtheit

α_g = tatsächlicher Einfluß des Faktors 'Plazierung' (g=1, 2, 3)

β_h = tatsächlicher Einfluß des Faktors 'Verpackungsart' (h=1, 2)

$(\alpha\beta)_{gh}$ = tatsächlicher Interaktionseffekt zwischen der g-ten Stufe von α (Plazierung) und der h-ten Stufe von β (Verpackungsart)

ε_{ghk} = Zufallseffekt durch nicht im Experiment kontrollierte Einflüsse

Die Berechnung der quadratischen Abweichungen geschieht im zweifaktoriellen Design nach folgendem Schema (vgl. Tabelle 2.9).

Tabelle 2.9:   Ermittlung der Zeilen- und Spaltenmittelwerte

G \ H	h = 1		h = 2		$\sum\sum y_{ghk}$ h k	
g = 1	47 39 40 46 45	43,4	40 39 35 36 37	37,4		$\bar{y}_{(g=1)} = \dfrac{404}{10}$ $= 40,4$
$\sum y_{1hk}$	(217)		(187)		404	
g = 2	68 65 63 59 67	64,4	59 57 54 56 53	55,8		$\bar{y}_{(g=2)} = \dfrac{601}{10}$ $= 60,1$
$\sum y_{2hk}$	(322)		(279)		601	
g = 3	59 50 51 48 53	52,2	53 47 48 50 51	49,8		$\bar{y}_{(g=3)} = \dfrac{510}{10}$ $= 51,0$
$\sum y_{3hk}$	(261)		(249)		510	
$\sum\sum y_{ghk}$ g k	800		715		1.515	
	$\bar{y}_{(h=1)} = \dfrac{800}{15}$ $= 53,\overline{3}$		$\bar{y}_{(h=2)} = \dfrac{715}{15}$ $= 47,\overline{6}$		$\bar{y} = \dfrac{1.515}{30}$ $= 50,5$	

Die Tabelle beschreibt die erhobenen Werte für die Absatzmenge in sechs Zellen. Die Zeilen g=1 bis g=3 beschreiben die Ergebnisse getrennt nach der Plazierung, die Spalten h=1 und h=2 die Ergebnisse geordnet nach Verpackungsarten. Neben den jeweils fünf Einzelwerten je Zelle ist der Zellenmittelwert eingetragen. In den Differenzen der Spaltenmittelwerte drückt sich der Einfluß des Faktors 'Verpackungsart', in den Differenzen der Zeilenmittelwerte der des Faktors 'Plazierung', in den Differenzen aus Zellenmittelwerten und Gesamtmittelwert schließlich der gemeinsame Einfluß von Plazierung und Verpackungsart auf den Absatz aus.

Die Schätzung für den Einfluß, den Verpackungsart *und* Warenplazierung auf die Absatzmenge haben, ist wie folgt aufzubauen. Jede Ausprägung der Variablen 'Plazierung' (Faktor A) und der Variablen 'Verpackungsart' (Faktor B) hat einen bestimmten Einfluß auf den Absatz. Es gibt also sechs verschiedene Wirkungskombinationen. Jede Wirkungskombination nennen wir eine Zelle. Die kombinierte Wirkung der Faktoren auf eine Zelle setzt sich zusammen aus dem Gesamtmittelwert μ, der Wirkung α_g, der Wirkung β_h sowie der Interaktionswirkung $\alpha\beta_{gh}$. Diese Werte werden nach Tabelle 2.10 wie folgt geschätzt:

Tabelle 2.10:   Schätzung der Parameter

	Wahrer Wert	Schätzung
Gesamtmittelwert	μ	$\overline{y}$
Wirkung Faktor A	α_g	$(\overline{y}_g - \overline{y})$
Wirkung Faktor B	β_h	$(\overline{y}_h - \overline{y})$
Interaktionseffekt	$\alpha\beta_{gh}$	$\overline{y}_{gh} - (\overline{y} + (\overline{y}_g - \overline{y}) + (\overline{y}_h - \overline{y}))$
		$= \quad \overline{y}_{gh} - \overline{y}_g - \overline{y}_h + \overline{y}$
		$= \quad \overline{y}_{gh} - \hat{y}_{gh}$
		mit $\hat{y}_{gh} = \overline{y}_g + \overline{y}_h - \overline{y}$

Um den Einfluß der verschiedenen Effekte zu überprüfen, zerlegen wir analog zur einfaktoriellen Varianzanalyse die Gesamtstreuung in die durch die jeweiligen Effekte erklärte Streuung und die nicht erklärte Reststreuung.

Für die Gesamtstreuung ergibt sich in unserem Beispiel:

$$SS_t = \sum_{g=1}^{G} \sum_{h=1}^{H} \sum_{k=1}^{K} (y_{ghk} - \overline{y})^2 = 2.471{,}50$$

Die isolierten Effekte von Faktor A (Plazierung) und Faktor B (Verpackung), die man auch als Haupteffekte (main effects) bezeichnet, errechnen sich aus den Abweichungen der Zeilen- bzw. Spaltenmittel vom Gesamtmittel (vgl. Tabelle 2.11).

Im Beispiel sind die Haupteffekte demnach:

$$SS_A = 2 \cdot 5 \cdot \left[(40{,}4 - 50{,}5)^2 + (60{,}1 - 50{,}5)^2 + (51{,}0 - 50{,}5)^2 \right] = 1.944{,}20$$

$$SS_B = 3 \cdot 5 \cdot \left[(53{,}\overline{3} - 50{,}5)^2 + (47{,}\overline{6} - 50{,}5)^2 \right] = 240{,}83$$

Tabelle 2.11: Haupteffekte im zweifaktoriellen Design

$SS_A = H \cdot K \cdot \sum\limits_{g=1}^{G} (\overline{y}_g - \overline{y})^2$	
$SS_B = G \cdot K \cdot \sum\limits_{h=1}^{H} (\overline{y}_h - \overline{y})^2$	
G	= Zahl der Ausprägungen des Faktors A
H	= Zahl der Ausprägungen des Faktors B
K	= Zahl der Elemente in Zelle (g, h)
$\overline{y}_g$	= Zeilenmittelwert
$\overline{y}_h$	= Spaltenmittelwert

Der Interaktionseffekt zwischen den Faktoren Warenplazierung und Verpackungsart ist je Zelle zu ermitteln, um die Wirkung der Faktor*kombination* zu erfassen, die die Zelle bestimmt.

$$SS_{A \times B} = K \cdot \sum_{g=1}^{G} \sum_{h=1}^{H} (\overline{y}_{gh} - \hat{y}_{gh})^2$$

mit

K	= Zahl der Elemente in Zelle (g,h)
G	= Zahl der Ausprägungen des Faktors A
H	= Zahl der Ausprägungen des Faktors B
$\overline{y}_{gh}$	= Mittelwert in Zelle (g,h) (Schätzwert mit Interaktion)
$\hat{y}_{gh}$	= Schätzwert (ohne Interaktion) für Zelle (g,h)

Der Schätzwert $\hat{y}_{gh}$ ist derjenige Wert, der für die Zelle (g,h) zu erwarten wäre, wenn keine Interaktion vorläge. Der Schätzwert $\hat{y}_{gh}$ errechnet sich aus dem Gesamtmittel und den Gruppenmitteln wie folgt (vgl. Tabelle 2.10):

$$\hat{y}_{gh} = \overline{y}_g + \overline{y}_h - \overline{y}$$

Im einzelnen erhält man:

$\hat{y}_{11} = 40,4 + 53,\overline{3} - 50,5 = 43,2\overline{3}$

$\hat{y}_{12} = 40,4 + 47,\overline{6} - 50,5 = 37,5\overline{6}$

$\hat{y}_{21} = 60,1 + 53,\overline{3} - 50,5 = 62,9\overline{3}$

$\hat{y}_{22} = 60,1 + 47,\overline{6} - 50,5 = 57,2\overline{6}$

$\hat{y}_{31} = 51,0 + 53,\overline{3} - 50,5 = 53,8\overline{3}$

$\hat{y}_{32} = 51,0 + 47,\overline{6} - 50,5 = 48,1\overline{6}$

Die Abweichung des tatsächlich beobachteten Mittelwertes von diesem Schätzwert $\hat{y}_{gh}$ ergibt ein Maß für den Interaktionseffekt. Die Mittelwerte der Zellen sind aus Tabelle 2.9 zu entnehmen. Wir können nunmehr die Wechselwirkung endgültig berechnen.

$$
\begin{aligned}
SS_{AxB} = \quad & 5 \cdot \Big[(43,4 - 43,2\overline{3})^2 + (37,4 - 37,5\overline{6})^2 \\
& + (64,4 - 62,9\overline{3})^2 + (55,8 - 57,2\overline{6})^2 \\
& + (\%2 - 53,8\overline{3})^2 + (49,8 - 48,1\overline{6})^2 \Big] \\
= \quad & 48,47
\end{aligned}
$$

Analog zu Abbildung 2.2 gilt:

$$ SS_b = SS_A + SS_B + SS_{AxB} $$

Die Sum of Squares SS_b sind die Abweichungen zwischen den Gruppenmitteln und dem Gesamtmittel:

$$ SS_b = K \cdot \sum_{g=1}^{G} \sum_{h=1}^{H} (\overline{y}_{gh} - \overline{y})^2 $$

Zu unserem Beispiel ergibt sich:

$$
\begin{aligned}
SS_b &= 5 \cdot \Big\{ (43,4 - 50,5)^2 + \dots + (49,8 - 50,5)^2 \Big\} \\
&= 2.233,5
\end{aligned}
$$

Die SS_{AxB} können nun auch bestimmt werden aus:

$$
\begin{aligned}
SS_{AxB} &= SS_b - SS_A - SS_B \\
&= 2.233,5 - 240,83 - 1.944,20 \\
&= 48,47
\end{aligned}
$$

Die Reststreuung, die sich als "Streuung innerhalb der Zellen" analog zu SS_w bei der einfachen Analyse manifestiert, ist definiert als

$$SS_W = \sum_{g=1}^{G} \sum_{h=1}^{H} \sum_{k=1}^{K} (y_{ghk} - \bar{y}_{gh})^2$$

Sie ist die Streuung, die weder auf die beiden Faktoren noch auf Interaktionseffekte zurückzuführen ist, d. h. es handelt sich um zufällige Einflüsse auf die abhängige Variable. Die Beispielsrechnung ergibt (vgl. Tabelle 2.9):

$$SS_W = (47-43,4)^2 + ... + (45-43,4)^2$$
$$+ (40-37,4)^2 + ... + (37-37,4)^2$$
$$+ (68-64,4)^2 + ... + ...$$
$$+ (53-49,8)^2 + ... + (51-49,8)^2$$
$$= 238$$

In Analogie zu Abbildung 2.2 läßt sich die Reststreuung auch indirekt über die Zerlegung der Gesamtstreuung berechnen:

$$SS_W = SS_t - SS_A - SS_B - SS_{AxB} = SS_t - SS_b$$
$$= 2.471,5 - 2.233,5 = 238$$

Die Varianzen (MS) erhalten wir wiederum, indem wir die Streuungen durch die Zahl ihrer Freiheitsgrade dividieren. Letzteres wird nachfolgend zusammengestellt:

$$df_A = G - 1$$
$$df_B = H - 1$$
$$df_{AxB} = (G-1)(H-1)$$
$$df_W = G \cdot H \cdot (K-1)$$
$$df_t = G \cdot H \cdot K - 1$$

Tabelle 2.12 zeigt das Gesamtergebnis der zweifaktoriellen Varianzanalyse.

Tabelle 2.12:   Ergebnis der zweifaktoriellen Varianzanalyse

Varianzquelle	SS	df	MS
Haupteffekte			
Plazierung	1.944,2000	2	972,1000
Verpackung	240,8333	1	240,8333
Interaktion			
Plazierung/Verpackung	48,4667	2	24,2333
Reststreuung	238	24	9,9167
Total	2.471,50	29	85,224

Im zweifaktoriellen Fall erfolgt die statistische Prüfung auf unterschiedliche Wirkungen der beiden Faktoren durch einen Vergleich der Mittelwerte in allen Zellen.
Wenn alle Mittelwerte gleich sind, kann angenommen werden, daß die jeweiligen
Stufen beider Faktoren keinen unterschiedllichen Einfluß auf die abhängige Variable haben (Nullhypothese). Andernfalls kann angenommen werden, daß zumindest
eine Faktorstufe einen anderen Einfluß besitzt als die anderen (Alternativhypothese). Weitere Fragestellungen, die beantwortet werden können, betreffen die
isolierte Analyse einzelner Faktoren bzw. Interaktionen. In diesen Fällen lautet die
Nullhypothese: Es gibt keinen Unterschied in den Mittelwerten der Faktorstufen
bzw. Interaktionsstufen.

Die Ermittlung der empirischen F-Werte erfolgt durch Division der Mean
Squares der betrachteten Faktoren durch die Mean Squares der Reststreuung, vgl.
Tabelle 2.12.

Mit einer Vertrauenswahrscheinlichkeit von 99% ergibt sich in unserem zweifaktoriellen Beispiel das Testergebnis in Tabelle 2.13.

Tabelle 2.13:   F-Test im zweifaktoriellen Design

Quelle der Varianz	df(Zähler)	df(Nenner)	F_{tab}	F_{emp}
Verpackung	1	24	7,82	24,2856
Plazierung	2	24	5,61	98,0265
Interaktion				
Verpackung/Plazierung	2	24	5,61	2,4437

Übersteigt der empirische F-Wert den tabellierten F-Wert, kann die Nullhypothese
verworfen werden, andernfalls nicht. In unserem Beispiel werden die Faktoren
einzeln auf unterschiedliche Stufenwirkungen geprüft. Das Ergebnis zeigt, daß für
beide Faktoren die jeweilige Nullhypothese verworfen werden kann, für die
Interaktion dagegen nicht. Verpackung und Plazierung haben also isoliert betrachtet jeweils eine Wirkung auf den Absatz, eine gemeinsame Wirkung von
Verpackung und Plazierung zeigt sich aufgrund des F-Tests als nicht signifikant.
Dies muß nicht heißen, daß in Wirklichkeit kein Zusammenhang vorliegt, sondern
nur, daß die Nullhypothese aufgrund der vorliegenden Ergebnisse nicht verworfen
werden kann (vgl. die graphische Analyse der Interaktionen in Abbildung 2.2).

2.2.3   Erweiterungen

Mehrere Faktoren und ungleich besetzte Zellen
In der bisherigen Darstellung sind wir davon ausgegangen, daß jede Zelle mit einer
gleich großen Zahl von Beobachtungswerten besetzt ist. Eine erste Erweiterung der
Analyse liegt in der Einbeziehung von ungleich besetzten Zellen. Es ergibt sich
eine Anpassung in den oben definierten Formeln zur Zerlegung der Streuung. Am

Prinzip der Streuungszerlegung ändert sich allerdings nichts. Es kommt lediglich zu einer Gewichtung der einzelnen Beobachtungswerte.

Eine andere Erweiterung, die ebenfalls am Prinzip der Streuungszerlegung fest-hält, ist die Einbeziehung von mehr als zwei Faktoren in die Analyse. So ergeben sich beispielsweise bei der dreifaktoriellen Varianzanalyse prinzipiell keine Unter-schiede zur zweifaktoriellen. Durch das Hinzutreten des dritten Faktors ergibt sich lediglich eine differenziertere Zerlegung der Streuung. Die Gesamtstreuung teilt sich nunmehr wie in Abbildung 2.4 dargestellt auf.

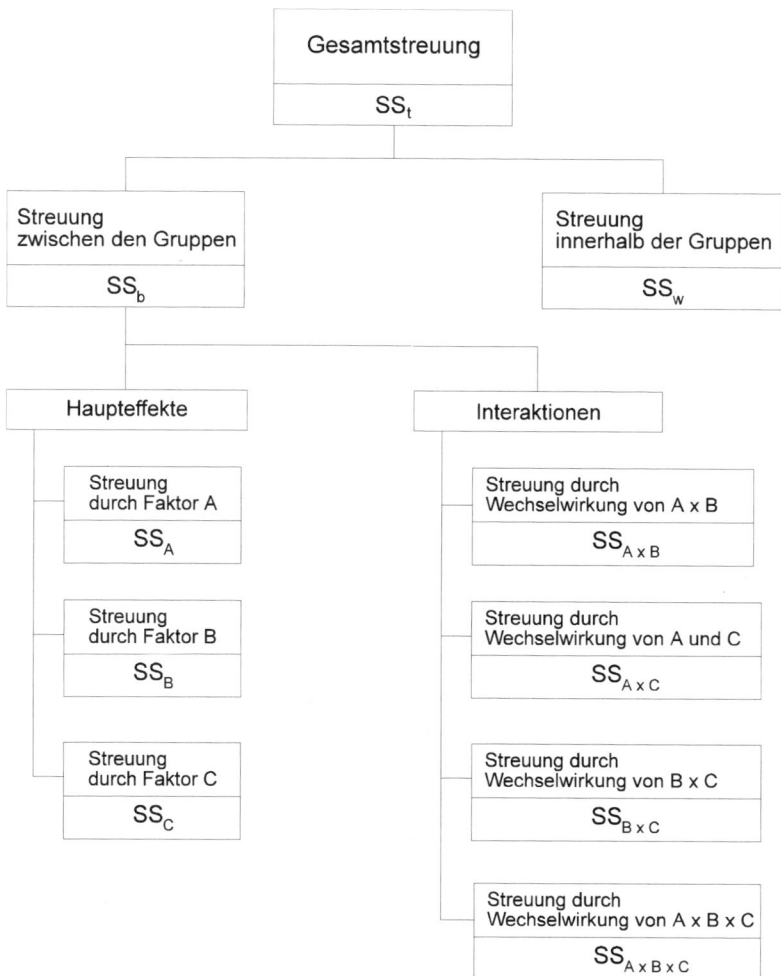

Abb. 2.4: Aufteilung der Gesamtstreuung im dreifaktoriellen Design

Die Besonderheit gegenüber der zweifaktoriellen Varianzanalyse liegt darin, daß jetzt zwei verschiedene Ebenen möglicher Wechselwirkungen entstehen: Es gibt die Wechselwirkung zwischen jeweils *zwei* Faktoren und zusätzlich die Wechselwirkung zwischen allen drei Faktoren. Werden mehr als drei Faktoren in die Analyse einbezogen, ergeben sich entsprechend mehr Ebenen der Analyse von Interaktionen zwischen den Faktoren. In diesen Fällen sind die Interaktionen jedoch kaum noch inhaltlich interpretierbar.

Multiple Tests

Lehnt man mittels des F-Tests die Nullhypothese der gleichen Einflußstärke aller Faktorstufen ab, ergibt sich zwangsläufig die Frage, welche Faktorstufen voneinander abweichen. Auskunft hierüber erhält man mit Hilfe der sogenannten Multiplen (Mittelwert-)Tests. Diese bieten die Möglichkeit, einzelne Paare von Mittelwerten oder lineare Kombinationen von Mittelwerten zu vergleichen.[2]

Unvollständige Versuchspläne

In unserem Beispiel der Supermarktkette sind wir bisher stets davon ausgegangen, daß ein *vollständiger Versuchsplan* vorliegt, d.h. alle G · H Faktorstufenkombinationen sind besetzt und werden in die Analyse einbezogen. Dieses kann aus verschiedenen Gründen nicht möglich (z.B. fehlende Daten oder inhaltliche Gründe) oder nicht wünschenswert sein, da es zu unnötigen und daher kostspieligen Beobachtungen führt. So kann es z.B. unsinnig sein, bei weiteren Faktorstufen der Verpackung und der Plazierung Kombinationen wie "Lose Ware" und "Zweitplazierung" zu bilden, da lose Ware allein in der Fachabteilung durch Bedienungspersonal verkauft werden kann. Wenn nicht alle Zellen besetzt sind, sind bestimmte Vorkehrungen hinsichtlich der Versuchsanordnung[3] und -auswertung[4] zu treffen.

Kovarianzanalyse

Eine Erweiterung der Varianzanalyse liegt in der Einbeziehung von Kovariaten in die Analyse. *Kovariate* sind metrisch skalierte unabhängige, d. h. erklärende Variable in einem faktoriellen Design. Häufig ist dem Forscher bewußt, daß es außer den Faktoren Einflußgrößen auf die abhängige Variable gibt, deren Einbeziehung sinnvoll und notwendig sein kann. Wenn in unserem Margarine-Beispiel der Absatzpreis in den 6 Zellen der Erhebung unterschiedlich ist (z. B. aufgrund unterschiedlicher Preise je Verpackungsart oder aufgrund unterschiedlicher Preise für Zweitplazierung), dann würde die Reststreuung nicht nur zufällige, sondern

---

[2] Weiterführende Literatur siehe: Hochstädter, Dieter / Kaiser, Ulrike: Varianz- und Kovarianzanalyse, Frankfurt/M. 1988, S. 35-54, und Sonnemann, Eckehardt: Allgemeine Lösungen multipler Testprobleme, in: EDV in Medizin und Biologie, Jg. 13 (1982), Heft 4, S. 120-128.

[3] Es handelt sich dabei um ein sog. reduziertes Design, vgl. auch Kapitel 10 Conjoint Measurement.

[4] Vgl. Hochstädter, Dieter / Kaiser, Ulrike: Varianz- und Kovarianzanalyse, Frankfurt/M. 1988, S. 129-145.

auch systematische Einflüsse enthalten. Indem der Preis als Kovariate eingeführt wird, kann ein Teil der Gesamtvarianz möglicherweise auf die Variation des Preises zurückgeführt werden, was sich bei Nichterfassung in einer erhöhten Reststreuung (SS_w) ausdrücken würde.

Üblicherweise geht die Varianzanalyse bei einem Untersuchungsdesign mit Kovariaten ("Kovarianzanalyse") so vor, daß zunächst der auf die Kovariaten entfallende Varianzanteil ermittelt wird. Dieses entspricht im Prinzip einer vorgeschalteten Regressionsanalyse. Die Beobachtungswerte der abhängigen Variablen werden um den durch die Regressionsanalyse ermittelten Einfluß korrigiert und anschließend der Varianzanalyse unterzogen.[5] Dadurch wird rechnerisch der Einfluß der Kovariaten bereinigt. Andere Vorgehensweisen zur Berücksichtigung metrischer unabhängiger Variabler sind möglich.[6]

Mehrdimensionale Varianzanalyse

Die *mehrdimensionale Varianzanalyse* erlaubt ein Design mit mehr als einer abhängigen Variablen und mehreren Faktoren und Kovariaten. Diese Analyse führt zu einem allgemeinen linearen Modellansatz, der in der Lage ist, nicht nur die Varianzanalyse, sondern auch die Regressionsanalyse und weitere multivariate Verfahren auf ihren gemeinsamen (linearen) Kern zurückzuführen. Eine Darstellung des Algorithmus der mehrdimensionalen Varianzanalyse geht über eine Einführung weit hinaus, so daß hier auf Spezialliteratur verwiesen wird.[7]

Multiple Classification Analysis

Eine nützliche Ergänzung der Analyse besteht in der *"Multiple Classification Analysis"* (MCA) , die die *Stärke* des Einflusses der Haupteffekte zu schätzen versucht. Die Varianzanalyse kommt in ihrem Ergebnis nur zu der Feststellung, *ob* (mutmaßlich) ein Unterschied in den Einflußstärken der Faktorstufen eines Faktors vorliegt. Es erfolgt keine Aussage über die Stärke der einzelnen Faktorstufen. Eine solche wird möglich durch Betrachtung der in Tabelle 2.10 verwendeten Schätzer. Die MCA stellt eine solche Erweiterung der Varianzanalyse dar, indem sie die

---

[5] Die beschriebene Vorgehensweise schildert nur das Grundprinzip der Kovarianzanalyse. Die Formeln zur Bestimmung der verschiedenen Bestandteile der Streuung (Streuungszerlegung) werden gegenüber der normalen Varianzanalyse aus statistischen Überlegungen heraus modifiziert. Vgl. dazu Diehl, Jörg M.: Varianzanalyse, Frankfurt/M. 1983, Kapitel 10.

[6] Vgl. Schubö, Werner / Uehlinger, Hans-Martin / Perleth, Christoph / Schröger, Erich / Sierwald, Wolfgang: SPSS Handbuch der Programmversionen 4.0 und SPSS-X 3.0, Stuttgart New York 1991, S. 278-279

[7] Vgl. zum allgemeinen linearen Modell Hartung, Joachim / Elpelt, Bärbel: Multivariate Statistik, München u. a. 1984, S. 655-739, (zur multivariaten Varianzanalyse ebendort S. 667-707); Bortz, Jürgen: Statistik, Berlin u. a. 1999; Fahrmeier, Ludwig / Hamerle, Alfred: Multivariate statistische Verfahren, Berlin u. a. 1984, S. 257-299 (zur multivariaten Varianzanalyse ebendort S. 199-209).

Abweichungen der Gruppenmittelwerte vom Gesamtmittelwert errechnet und auf diese Weise einen Hinweis auf die Stärke der Wirkung vermittelt.[8]

2.3   Fallbeispiel

Eine Supermarktkette untersucht den Einfluß von Verpackung und Regalplazierung auf den Margarineabsatz. Es wird vermutet, daß außer den Faktoren Verpackung (VERPACK) und Plazierung (REGAL) der Verkaufspreis (PREIS) sowie die durchschnittliche Temperatur im Supermarkt (TEMP) die nachgefragte Menge (MENGE) erklärt. Die bereits in Abschnitt 2.2.1 und 2.2.2 verwendete Datenmatrix wird um die Daten der Kovariaten PREIS und TEMP erweitert, vgl. Tabelle 2.14.

Tabelle 2.14:   Datenmatrix des Fallbeispiels

Verpackung / Plazierung		"Becher"			"Papier"		
		Absatz	Preis	Temp.	Absatz	Preis	Temp.
"Normal-Regal"	Tag 1	47	1,89	16	40	2,13	22
	Tag 2	39	1,89	21	39	2,13	24
	Tag 3	40	1,89	19	35	2,13	21
	Tag 4	46	1,84	24	36	2,09	21
	Tag 5	45	1,84	25	37	2,09	20
"Zweit-Regal"	Tag 1	68	2,09	18	59	2,09	18
	Tag 2	65	2,09	19	57	1,99	19
	Tag 3	63	1,99	21	54	1,99	18
	Tag 4	59	1,99	21	56	2,09	18
	Tag 5	67	1,99	19	53	2,09	18
"Kühl-Regal"	Tag 1	59	1,99	20	53	2,19	19
	Tag 2	50	1,98	21	47	2,19	20
	Tag 3	51	1,98	23	48	2,19	17
	Tag 4	48	1,89	24	50	2,13	18
	Tag 5	53	1,89	20	51	2,13	18

Wir beginnen die Varianzanalyse mit der zweifaktoriellen Lösung ohne Kovariaten, wie sie aus dem oben gerechneten Beispiel bereits bekannt ist. Zunächst wird in der

---

[8] Ein Algorithmus zur Bestimmung der verschiedenen Schätzer der Parameter in der Varianzanalyse findet sich bei Andrews, Frank / Morgan, James / Sonquist, John: Multiple Classification Analysis, 3rd Printing, University of Michigan, 1969.

Programmversion SPSS 9.0 aus dem Menüpunkt „Analysieren" der Unterpunkt „Allgemeines lineares Modell" und dort die Prozedur „Univariat" aufgerufen (vgl. Abb. 2.5). Im erscheinenden Dialogfeld „Univariat" werden die abhängige Variable (hier: Absatzmenge), die unabhängigen Variablen (Plazierung, Verpackungsart) aus der Liste ausgesucht und in die entsprechenden Felder übertragen (vgl. Abb. 2.6). Durch anklicken von „OK" wird die Prozedur „Univariat" gestartet. Tabelle 2.15 zeigt das Ergebnis der SPSS-Auswertung.

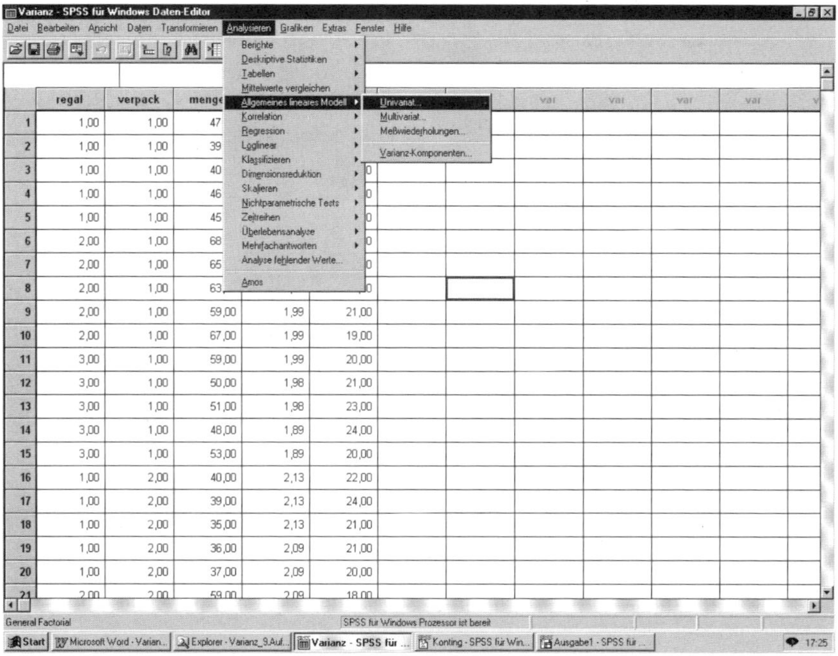

Abb. 2.5: Daten-Editor mit Auswahl des Analyseverfahrens „Univariat"

Es ist sowohl im Aufbau als auch im materiellen Ergebnis eine identische Lösung im Vergleich zu den Tabellen 2.12 und 2.13. Der Unterschied besteht lediglich darin, daß für den F-Test nicht nur der empirische F-Wert ausgewiesen wird, sondern zusätzlich die Größe SIGNIFIKANZ. Ist diese kleiner als das vorgegebene Testniveau (1 - Vertrauenswahrscheinlichkeit), so kann die Nullhypothese verworfen werden. Das Nachschlagen in einer Tabelle der F-Verteilung wird so dem Benutzer erspart.

Der Aufbau der Tabelle spiegelt sehr deutlich das Grundprinzip der Varianz-zerlegung wider. Es findet sich in der ersten Spalte die Gesamtstreuung (KORRIGIERTE GESAMTVARIATION = SS_t) und ihre Zerlegung in die erklärte (KORRIGIERTES MODELL = SS_b) und die nicht erklärte (FEHLER = SS_w). In der ersten Spalte wird ebenfalls die erklärte Streuung aufgegliedert in die durch die beiden Haupteffekte jeweils einzeln erklärte Streuung (REGAL, VERPACK) sowie die durch die Interaktionseffekte (REGAL*VERPACK) erklärte Streuung. Die übrigen Angaben lassen die Bildung der empirischen F-Statistik (F) nachvollziehen. Sie zeigen die jeweiligen Freiheitsgrade (DF) sowie die mittleren quadratischen Abweichungen (MITTEL DER QUADRATE).

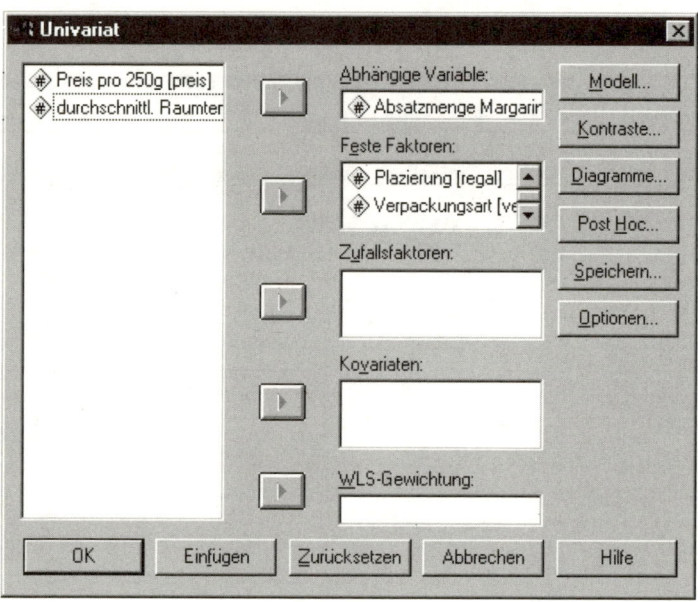

Abb 2.6: Dialogfeld „Univariat"

Tabelle 2.15: Zweifaktorielle Varianzanalyse mittels Prozedur UNIVARIAT

Tests der Zwischensubjekteffekte

Abhängige Variable: Absatzmenge Margarine

Quelle	Quadratsumme vom Typ III	df	Mittel der Quadrate	F	Signifikanz
Korrigiertes Modell	2233,500[a]	5	446,700	45,045	,000
Konstanter Term	76507,500	1	76507,500	7715,042	,000
REGAL	1944,200	2	972,100	98,027	,000
VERPACK	240,833	1	240,833	24,286	,000
REGAL * VERPACK	48,467	2	24,233	2,444	,108
Fehler	238,000	24	9,917		
Gesamt	78979,000	30			
Korrigierte Gesamtvariation	2471,500	29			

a. R-Quadrat = ,904 (korrigiertes R-Quadrat = ,884)

Die Aufnahme der Kovariaten PREIS und TEMPERATUR in das Modell erfolgt wiederum im Dialogfeld „Univariat" durch übertragen dieser Variablen in das Feld „Kovariate". Durch die erneute Berechnung der Prozedur und eine neue Analyse zeigt sich folgendes Ergebnis (vgl. Tabelle 2.16).

Tabelle 2.16: Zweifaktorielle Kovarianzanalyse mit 2 Kovariaten mittels Prozedur UNIVARIAT

Tests der Zwischensubjekteffekte

Abhängige Variable: Absatzmenge Margarine

Quelle	Quadratsumme vom Typ III	df	Mittel der Quadrate	F	Signifikanz
Korrigiertes Modell	2247,511[a]	7	321,073	31,536	,000
Konstanter Term	8,815	1	8,815	,866	,362
PREIS	5,010	1	5,010	,492	,490
TEMP	4,884	1	4,884	,480	,496
REGAL	1207,881	2	603,941	59,319	,000
VERPACK	82,605	1	82,605	8,113	,009
REGAL * VERPACK	13,220	2	6,610	,649	,532
Fehler	223,989	22	10,181		
Gesamt	78979,000	30			
Korrigierte Gesamtvariation	2471,500	29			

a. R-Quadrat = ,909 (korrigiertes R-Quadrat = ,881)

Wiederum finden wir in der ersten Spalte der Tabelle die Zerlegung der Gesamtstreuung in die durch die im Modell berücksichtigten Variablen erklärte Streuung (KORRIGIERTES MODELL) und in die Reststreuung (FEHLER). Die mittleren Zeilen zeigen nunmehr in der ersten Spalte eine Aufteilung der durch die Kovariaten und durch die Faktoren erklärte Streuung (KORRIGIERTES MODELL) in ihren jeweiligen Einzelbeiträgen (PREIS, TEMP, REGAL, VERPACK, REGAL*VERPACK). Die übrigen Spalten enthalten wie oben die Freiheitsgrade (DF) sowie die empirischen F-Werte (F) und das Signifikanzniveau der F-Statistik (SIGNIFIKANZ).[9] Man erkennt, daß durch die Berücksichtigung der Kovariaten der insgesamt erklärte Anteil an der Gesamtstreuung geringfügig gestiegen ist. Jedoch wird nun ein Teil der erklärten Streuung auf den Einfluß durch die Raumtemperatur und die verschiedenen Preise zurückgeführt. Alle vier Größen (Plazierung, Verpackung, Preis, Temperatur) besitzen einen signifikanten Einfluß

---

[9] Aus statistischen Gründen stimmt die Summe aus Sum of Squares von PREIS und TEMP nicht mit der gemeinsamen Sum of Squares für die Kovariaten (COVARIATES) überein.

auf den Absatz. Eine Wirkung durch einen Interaktionseffekt kann nicht vermutet werden.[10]

Die Multiple Classification Analysis (MCA), die die Stärke des Einflusses der Haupteffekte zu schätzen versucht, kann in der Programmversion SPSS 9.0 nicht direkt aufgerufen werden. Die hierzu folgende Darstellung beruht daher auf der Ausführung der in Abschnitt 2.5 vorgestellten SPSS Kommando-Syntax (vgl. Tabelle 2.20). Die MCA weist nun vier Ergebnisspalten aus. Die Spalte ABWEICHUNG NICHT ANGEPAßT zeigt die Abweichungen der Zellenmittelwerte vom Gesamtmittelwert. Diese Zahlen lassen sich auch an unserem Handbeispiel leicht nachvollziehen, vgl. Tabelle 2.9. Diese Werte entsprechen den Schätzern für die Wirkungen der einzelnen Faktorstufen im Modell der zweifaktoriellen Varianzanalyse, vgl. Tabelle 2.10.

Rechts wird die Größe η unter der Bezeichnung ETA ausgewiesen. η ist die Wurzel aus dem Quotienten von durch den Faktor erklärter Streuung und Gesamtstreuung.

Für einen beliebigen Faktor i gilt:

$$\eta_i = \sqrt{\frac{SS_i}{SS_t}}$$

In unserem Beispiel ergibt sich durch Handrechnung (zu den Streuungswerten vgl. Tabelle 2.15):

$$\text{Plazierung} \quad \eta_\alpha = \sqrt{\frac{1944,20}{2471,5}} = 0,887$$

$$\text{Verpackung} \quad \eta_\beta = \sqrt{\frac{240,83}{2471,5}} = 0,312$$

---

[10] In unserem Beispiel wurde *zuerst* der Einfluß der Kovariaten auf die abhängigen Variablen mittels einer Regressionsanalyse bestimmt. Daneben werden vom SPSS-Programm weitere Optionen für die Reihenfolge der in die Rechnung einzubeziehenden Variablen bereitgestellt, auf die hier nur hingewiesen werden kann. Vgl. hierzu die Unterbefehle METHOD und COVARIATES.

Tabelle 2.17:   Ergebnisse der Multiple Classification Analysis der Kovarianzanalyse
(Abweichungen vom Gesamtmittelwert)

Multiple Klassifikationsanalyse (MCA)

				Vorhergesagtes Mittel		Abweichung	
			N	Nicht angepaßt	Nach Faktoren und Kovariaten angepaßt	Nicht angepaßt	Nach Faktoren und Kovariaten angepaßt
Absatzmenge Margarine	Plazierung	Normalregal	10	40,4000	41,4354	-10,1000	-9,0646
		Zweitplazierung	10	60,1000	59,5184	9,6000	9,0134
		Kühlregal	10	51,0000	50,5462	,5000	4,622E-02
	Verpackungsart	Becher	15	53,3333	54,8692	2,8333	4,3692
		Papier	15	47,6667	46,1308	-2,8333	-4,3692

a. Absatzmenge Margarine nach Plazierung, Verpackungsart mit Preis pro 250g, durchschnittl. Raumtemperatur

Tabelle 2.18: Ergebnisse der Multiple Classification Analysis der Kovarianzanalyse
(Faktorauswertung)

Faktorauswertung[a]

			Beta
		Eta	Nach Faktoren und Kovariaten angepaßt
Absatzmenge Margarine	Plazierung	,887	,813
	Verpackungsart	,312	,481

a. Absatzmenge Margarine nach Plazierung, Verpackungsart mit
Preis pro 250g, durchschnittl. Raumtemperatur

Tabelle 2.19:   Ergebnisse der Multiple Classification Analysis der Kovarianzanalyse
(Güte der Anpassung)

Güte der Anpassung für das Modell

	Faktoren und Kovariaten	
	R	R-Quadrat
Absatzmenge Margarine nach Plazierung, Verpackungsart mit Preis pro 250g, durchschnittl. Raumtemperatur	,951	,904

Indem η zum Quadrat gesetzt wird, erhält man den Anteil des Faktors an der Gesamtvarianz:

$$\eta_\alpha^2 = 0,887^2 = 0,787$$

$$\eta_\beta^2 = 0,312^2 = 0,0967$$

Die Spalte ABWEICHUNG NACH FAKTOREN UND KOVARIATEN ANGEPAßT enthält wiederum links die durch die Faktorstufe erklärte Abweichung vom GESAMTMITTELWERT, dieses mal allerdings korrigiert um den Einfluß der anderen Faktoren und der Kovariaten. In Tabelle 2.18 finden wir die Kenngröße BETA. Sie beschreibt einen ähnlichen Sachverhalt wie die Größe ETA, allerdings ebenfalls korrigiert um den Einfluß der übrigen Variablen. An den Zahlen des Faktors VERPACKUNGSART erkennen wir z. B., daß durch die Einbeziehung der Kovariaten die Einschätzung der Wirkung der einzelnen Faktorstufen sich in verschiedene Richtungen verändert. Der Erklärungsbeitrag des Faktors ist gestiegen, die durch die einzelnen Faktorstufen erklärten Abweichungen sind größer als vorher. Beim Faktor PLAZIERUNG hat die Berücksichtigung der Kovariaten kaum Veränderungen in seiner Beurteilung zur Folge. Der Anteil der durch alle Faktoren und Kovariaten erklärten Streuung an der Gesamtstreuung (Güte der Anpassung für das Modell) wird durch die Größe R-QUADRAT ausgedrückt. Diese Größe erlaubt also ein Urteil über die Qualität des Gesamtmodells. Bei der Ermittlung von R-QUADRAT wird der Erklärungsanteil der Interaktionseffekte nicht berücksichtigt, da die MCA auf der Prämisse beruht, daß keine Interaktionen vorliegen. Der Wert R ist die Wurzel aus R-QUADRAT.

2.4   Anwendungsempfehlungen

Um das Instrument der Varianzanalyse anwenden zu können, müssen Voraussetzungen erfüllt sein, die sich sowohl auf die Eigenschaften der erhobenen Daten als auch auf die Auswertung der Daten beziehen. Aus wissenschaftstheoretischer Sicht ist es erforderlich, eine *Hypothese* über den Wirkungszusammenhang der unabhängigen Variablen (z. B. Plazierung) und der abhängigen Variablen (z. B. Absatzmenge) zu formulieren. Die theoretische Frage, die durch die Varianzanalyse beantwortet werden soll, darf sich nicht erst aus den Daten ergeben. Von der Qualität der Hypothese über den Wirkungszusammenhang hängt es ab, ob neben der *statistischen* Signifikanz des Ergebnisses auch eine inhaltlich relevante Aussage formuliert werden kann.

Die Methode stellt bestimmte Anforderungen an die *Auswahl der Daten*. Während unabhängige Variablen mit jedem Skalenniveau (nominale, ordinale und metrische Skalierung) in die Untersuchung eingehen können, müssen die abhängigen Variablen metrisch skaliert sein.

Die Faktoren müssen sich eindeutig voneinander unterscheiden, d. h. sie müssen wirklich verschiedene Einflußgrößen der abhängigen Variablen darstellen. Wird nämlich unter zwei vermeintlich unterschiedlichen Faktoren *derselbe* Zusammenhang erhoben (z. B. wenn als Faktoren Verpackung und Markierung gewählt werden, der Käufer beide aber unlösbar gemeinsam wahrnimmt), so läßt sich die Variation der abhängigen Variablen nicht mehr eindeutig auf einen der beiden Faktoren zurückführen.

In dem angeführten Beispiel werden Absatzmengen für Margarine jeweils nach der Art der Verpackung ("Papier" oder "Becher") und/oder z. B. jeweils nach der Art der Plazierung ("Normal", "Zweitplazierung" oder "Kühlregal") in kg Absatz pro Periode eines Ladens ermittelt, wobei wir unterstellt haben, daß die anderen möglichen absatzbeeinflussenden Größen sich bis auf zufällige Schwankungen, die sich ausgleichen, in allen Stichprobenzellen gleich auswirken. Diese Voraussetzung wird auch als *Varianzhomogenität* bezeichnet.

Darüber hinaus muß dafür Sorge getragen werden, daß die in die Untersuchung gelangten Teilstichproben die gleiche Struktur der absatzbeeinflussenden Größen haben wie die Grundgesamtheit, auf die die Ergebnisse der Stichprobe ggf. angewendet werden sollen. Wesentlich für die Gültigkeit der Stichprobe in unserem Beispiel ist, daß nicht besondere Merkmale des ausgewählten Ladens die Absatzzahlen der Stichprobe systematisch beeinflussen, die nicht in der Grundgesamtheit gegeben sind.

Um die notwendige Strukturgleichheit sicherzustellen, muß die Anzahl der hinsichtlich ihrer Nachfrage nach Margarine untersuchten Kunden groß genug sein, damit die Stichprobe einen Rückschluß auf das Verhalten aller Kunden des untersuchten Ladens zuläßt. Darüber hinaus liegt der Varianzanalyse die Annahme zugrunde, daß die Werte in der Grundgesamtheit *normalverteilt* sind.

Eine weitere Voraussetzung des linearen Modellansatzes der Varianzanalyse ist die *Additivität* der Einflußgrößen. Dieses bedeutet, daß z. B. bei der einfaktoriellen Varianzanalyse der Einfluß des Faktors auf die Ergebnisvariable unabhängig ist von dem Einfluß der Störvariablen auf die Ergebnisvariable. Diese Bedingung wäre verletzt, wenn im genannten Beispiel derselbe Supermarkt unter zwei verschiedenen experimentellen Anordnungen in die Untersuchung aufgenommen würde und auf diese Weise z. B. die Konsumenten Lerneffekte zeigen würden. Die Bedingung der Additivität läßt sich sicherstellen durch eine strikte Zufallsauswahl bei der Zusammenstellung der Gesamtstichprobe (was in unserem Beispiel nicht der Fall ist!).

Sofern die Voraussetzung der Normalverteilung der Grundgesamtheit und/oder der Varianzhomogenität nicht gegeben ist/sind, bleibt die Varianzanalyse unter Beachtung bestimmter Bedingungen dennoch anwendbar.[11]

Insgesamt gilt die Faustregel, daß die Varianzanalyse bei Stichproben bzw. Experimenten mit gleichen Zellenbesetzungen verhältnismäßig robust gegenüber

---

[11] Zu den genauen Bedingungen und Prämissen des linearen Grundmodells der Varianzanalyse vgl. Diehl, Jörg M.: Varianzanalyse, Frankfurt/M. 1983, passim; Glaser, Wilhelm R.: Varianzanalyse, Stuttgart New York 1978, S. 102-115.

Verletzungen der Prämissen ihres linearen Grundansatzes ist. Da auch die materielle Aufgabe der Varianzanalyse lediglich darin besteht, die *Tatsache* des Vorliegens eines Zusammenhanges zu testen und nicht eine Aussage über die Stärke des Zusammenhanges zu machen, ist der Raum für Fehlinterpretationen verhältnismäßig klein.

Der Einstieg in die Varianzanalyse mit Hilfe des SPSS-Programms wird erleichtert, wenn der Anfänger nicht zu viele Faktoren und Kovariaten auf einmal in die Untersuchung einbezieht, da andernfalls die Interpretation der Ergebnisse erschwert wird. Bei mehrfaktoriellen Varianzanalysen sollten die höheren Interaktionen gegebenenfalls durch die Option MAXORDER unterdrückt werden, was zur Folge hat, daß der auf sie entfallende Varianzanteil die Reststreuung erhöht. Das SPSS-Programm sieht über die Voreinstellungen (DEFAULT) der Prozedur hinaus eine Reihe von weiteren Optionen vor, die nur dann zur Anwendung kommen sollten, wenn der Anwender sich ein genaues Bild von der Wirkungsweise dieser Prozedur-Variationen gemacht hat.

2.5   SPSS-Kommandos

Die Varianzanalyse wird durch die Prozedur ANOVA aufgerufen (vgl. Tabelle 2.20). Zuvor wurde mit dem SUBTITLE-Befehl noch eine zweite Überschrift für die aktuelle Prozedur eingeführt. Mit dem Unterbefehl VARIABLES wird der Prozedur ANOVA mitgeteilt, welche Variablen in die Varianzanalyse einfließen sollen. Alle Variablen, die vor dem Schlüsselwort BY stehen, sind abhängige Variable und alle Variablen nach dem Schlüsselwort BY sind unabhängige Variable (Faktoren), wobei für die Faktoren jeweils der zulässige Wertebereich in Klammern angegeben werden muß. Nach dem Schlüsselwort WITH werden die Variablen aufgeführt, die als Kovariaten (konkomitante Variablen) in die Varianzanalyse eingehen. Jeder weitere Unterbefehl der Prozedur ANOVA wird durch einen Schrägstrich (/) eingeleitet. Folgende Unterbefehle stehen in der Prozedur ANOVA zur Verfügung:[12]

Der Unterbefehl STATISTICS:
Folgende Statistiken können angefordert werden:
MCA: Multiple Klassifikationsanalyse (nicht in Verbindung mit METHOD = UNIQUE oder fehlender METHOD-Angabe).
REG: Ausgabe der unstandardisierten partiellen Regressionskoeffizienten für die Kovariaten.
MEANS: Ausgabe der Häufigkeiten und Mittelwerte für alle Zellen (nicht in Verbindung mit METHOD = UNIQUE oder fehlender METHOD-Angabe).

---

[12] Vgl. auch SPSS Inc.: SPSS Base System-Syntax Reference Guide-Release 5.0, Chicago 1992, S. 95-103.

ALL: Fordert alle Statistiken (MEAN, REG, MCA) an.
NONE: keine zusätzlichen Statistiken (Voreinstellung)

Tabelle 2.20:   SPSS-Kommandos zur Varianzanalyse

```
TITLE " Multivariate Analysemethoden (9. Auflage)".

* DATENDEFINITION
* ---------------.

DATA LIST free
/REGAL VERPACK MENGE PREIS TEMP

VARIABLE LABELS
REGAL "Plazierung"
/VERPACK "Verpackungsart"
/MENGE "Absatzmenge Margarine"
/PREIS "Preis pro 250g"
/TEMP "durchschnittl. Raumtemperatur".

VALUE LABELS
REGAL 1 "Normalregal" 2 "Zweitplazierung" 3 "Kühlregal"
/VERPACK 1 "Becher" 2 "Papier".

BEGIN DATA.
1 1 47 1,89 16
1 1 39 1,89 21
.............
3 2 51 2,13 18
END DATA.

* PROZEDUR
* --------.

SUBTITLE "                    Zweifaktorielle Varianzanalyse".

ANOVA
/VARIABLES MENGE BY REGAL (1 3) VERPACK (1 2)
/Method Experimental.

SUBTITLE "               Zweifaktorielle Varianzanalyse mit
Kovariaten".

ANOVA
/VARIABLES MENGE BY REGAL (1 3) VERPACK (1 2) WITH PREIS TEMP
/Method Experimental
/Statistics MCA.
```

Der Unterbefehl METHOD

Bei Versuchen mit ungleichen Zellenbesetzungen sind häufig die Haupteffekte und Wechselwirkungen voneinander abhängig, so daß es entscheidend ist, in welcher Reihenfolge die verschiedenen Effekte beachtet werden. Der Unterbefehl METHOD bietet hierfür drei Möglichkeiten:

UNIQUE: Sämtliche Effekte (Haupteffekte, Wechselwirkungen, Kovariate) gehen simultan in die Berechnung ein. Dies ist die Voreinstellung.

EXPERIMENTAL: Zunächst werden alle Kovariaten in der Streuungszuerlegung berücksichtigt, dann die Haupteffekte und schließlich die Wechselwirkungen.

HIERARCHICAL: Im Unterschied zur Berechnung nach EXPERIMENTAL werden hier die Effekte jeweils nur an die Effekte angepaßt, die bereits im Modell aufgenommen sind. Die Reihenfolge der Nennung der Variablen im ANOVA-Kommando bestimmt die Reihenfolge der Berücksichtigung.

Der Unterbefehl COVARIATES

Dieser Befehl bestimmt die Reihenfolge der Beachtung von Kovariaten und Hauptfaktoren. Für die Methode UNIQUE ist er bedeutungslos, für die anderen Methoden ist die Voreinstellung die Option FIRST.

FIRST: Die Kovariaten werden vor den Haupteffekten berücksichtigt.
WITH: Beide Gruppen von Variablen werden gleichzeitig beachtet.
AFTER: Haupteffekte werden vor Kovariate berücksichtigt.

Zu möglichen Kombinationen der Unterbefehle METHOD und COVARIATES vgl. SPSS Base System-Syntax Reference Guide, S. 101

Der Unterbefehl MAXORDER

Dieser Befehl bestimmt die Ordnung der im Modell berücksichtigten Interaktionseffekte.

ALL: Alle aus den Haupteffekten bestimmbaren Wechselwirkungen bis zur
      5. Ordnung werden im Modell beachtet.
NONE: Entfernt alle Interaktionseffekte aus dem Modell.
n: Alle Interaktionseffekte bis zur n-ten Ordnung werden beachtet.

Die Behandlung von Missing Values

Als fehlende Werte (MISSING VALUES) bezeichnet man Variablenwerte, die von den Befragten entweder außerhalb des zulässigen Beantwortungsintervalles vergeben wurden oder überhaupt nicht eingetragen wurden. Im Datensatz können fehlende Werte der Merkmalsvariablen beim Einlesen mit dem Format Fix als Leerzeichen kodiert werden. Sie werden dann vom Programm automatisch durch einen sog. *System-missing value* ersetzt.

Alternativ kann man die fehlenden Werte im Datensatz auch durch eine 0 (oder durch einen anderen Wert, der unter den beobachteten Werten nicht vorkommt), ersetzen. Mit Hilfe der Anweisung

MISSING VALUES Menge (0)

kann man dem Programm z.b. mitteilen, daß der Wert 0 bei der Variablen Menge für einen fehlenden Wert steht. Derartige vom Benutzer bestimmte fehlende Werte werden von SPSS als *User-missing values* bezeichnet. Für eine Variable lassen sich mehrere Missing Values angeben, z.b. 0 für "Ich weiß nicht" und 9 für "Antwort verweigert". Im Rahmen der hier aufgezeigten Varianzanalyse treten allerdings keine fehlenden Werte auf.

In der Voreinstellung werden alle Fälle, die einen fehlenden Wert bei einer oder mehreren Variablen aufweisen, aus den Berechnungen ausgeschlossen (LIST-WISE-Deletion). Durch Angabe eines entsprechenden Befehls OPTION können aber alle User-missing-values in die Berechnungen eingeschlossen werden.

2.6   Literaturhinweise

Ahrens, H. / Läuter, J. (1981): Mehrdimensionale Varianzanalyse, 2. Aufl., Berlin.

Banks, S. (1965): Experimentation im Marketing, New York u. a.

Bleymüller, J. / Gehlert, G. / Gülicher, H. (1998): Statistik für Wirtschaftswissenschaftler, 11. Aufl., München.

Bortz, J. (1999): Statistik für Sozialwissenschaftler, 5. Aufl., Berlin u. a.

Glaser, W. (1978): Varianzanalyse, Stuttgart u. a.

Green, P.E. / Tull, D.S. (1982): Methoden und Techniken der Marketingforschung, 4. Aufl., Stuttgart u. a.

Hochstädter, D. / Kaiser, U. (1988): Varianz- und Kovarianzanalyse, Frankfurt.

Moosbrugger, H. / Zistler, R. (1994): Lineare Modelle, Göttingen.

Winer, B.J. / Brown, D.R. / Michels, K.M. (1991): Statistical Principles in Experimental Design, 3rd ed., New York u. a.

Wonnacott, T.H. / Wonnacott, R.J. (1987): Regression. A Second Course in Statistics, Malabar.

3 Logistische Regression

Mario Rese*

* Prof. Dr. Mario Rese
  Universität Paderborn,
  Lehrstuhl für Betriebswirtschaftslehre,
  insbesondere Marketing
  33095 Paderborn

3.1   Problemstellung

3.1.1   Einführung

Für die Analyse des Einflusses mehrerer unabhängiger Variablen auf eine kategorial ausgeprägte abhängige Variable findet im betriebswirtschaftlichen Forschungs-
feld in der Regel die Diskriminanzanalyse Anwendung. Eine Alternative hierzu
bietet die logistische Regression. Auch sie ist in der Lage, die Trennfähigkeit von
beobachteten Variablen zwischen Gruppen zu bestimmen. Von Seiten der linearen
Regression betrachtet erweitert die logistische Regression das Anwendungs-
spektrum des Regressionsansatzes auf kategorial ausgeprägte abhängige Variablen.
Dabei ist sowohl der Fall zweier Kategorien abgedeckt (binäre logistische Regression), wie auch der Mehrgruppenfall (multinomiale logistische Regression).

Seinen Ursprung hat das Verfahren im Bereich der Medizin und Biologie. Hier
wurde z.b. die Wahrscheinlichkeit von Fehlgeburten in Abhängigkeit von den
Lebensumständen der Mutter untersucht. Auf der einen Seite wurden die statistisch
erfaßten Geburten in die zwei Gruppen 'Fehlgeburt' und 'normale Geburt' unterteilt. Parallel wurden die Frauen nach ihren Lebensumständen befragt: Alter, Gewicht, Zigarettenkonsum, Alkoholkonsum, diverse Krankheiten etc. Mit Hilfe der
logistischen Regression konnte nun ermittelt werden, welche Variablen (-kombi-
nationen) einen besonders hohen Einfluß auf die Gefahr einer Fehlgeburt hatten.
Auf diese Weise konnten Gefährdungsprofile für werdende Mütter und entsprechende Vorbeugungsmaßnahmen entwickelt werden.

Im Bereich der Wirtschaft eröffnet sich ein sehr weites Feld potentieller Anwen-
dungsmöglichkeiten: Kreditwürdigkeitsprüfung, Identifikation der trennenden
Variablen zwischen Marktsegmenten, Ermittlung der Ursachen für den Kauf bzw.
Nichtkauf eines Produktes, Unterstützung einer Entscheidung für verschiedene
Vertriebsformen etc. Tabelle 3.1 zeigt einige in der Literatur beschriebene Anwen-
dungen der logistischen Regression.

Das Interessante an der logistischen Regression ist nun, daß nicht nur die Unterschiede zwischen verschiedenen untersuchten Gruppen bestimmt werden können.
Indem sie (Gruppen-) Zugehörigkeitswahrscheinlichkeiten ermittelt, werden auch
Aussagen möglich bezüglich der Veränderung eben dieser Wahrscheinlichkeit,
wenn eine beobachtete Variable einen anderen Wert annimmt. Für unser Gebur-
tenbeispiel bedeutet das, daß z.B. für jede beobachtete Altersgruppe (die Frauen
wurden jeweils in Altersgruppen eingeteilt) die Wahrscheinlichkeitsveränderung
einer Fehlgeburt angegeben werden konnte.

Mit Blick auf ökonomische Fragestellungen sind z.B. bezüglich des Kaufs bzw.
Nichtkaufs eines Produktes Gestaltungsempfehlungen möglich, indem offenbar
wird, welche Kriterien bei einer entsprechenden Änderung einen großen (positiven) Effekt auf die Wahrscheinlichkeit des Kaufes erwarten lassen und welche
nicht.

Tabelle 3.1: Anwendungsbeispiele der logistischen Regression

Problemstellung	Abhängige Variable	Unabhängige Variablen
Wahl der Absatzform [1]	2 Gruppen: Vertreter- vs. Handelsreisendeneinsatz	19 Variablen, u.a.: Kundenzahl je Mitarbeiter, Substituierbarkeit der Produkte, Anzahl Hotelübernachtungen, Anzahl Besuche bis Abschluß, Produktspezifische Kenntnisse
Ausbildungsadäquate Beschäftigung von Berufsanfängern mit Hochschulabschluß [2]	2 Gruppen: rund ½ Jahr nach Abschluß ausbildungsadäquat beschäftigt vs. inadäquat beschäftigt oder arbeitslos	15 Variablen u.a.: Geschlecht, Ausbildungsdauer (kurz/lang), Wohnstatus (Eltern: ja/nein), Fachrichtung, Berufsausbildung (ja/nein), Nebenerwerbstätigkeit (ja/nein)
Wahlverhalten von Bürgern [3]	3 Gruppen: CDU-Wähler vs. SPD-Wähler vs. Wähler anderer Parteien	Politische Einstellung, Demokratie-Zufriedenheit, Gewerkschafts-mitgliedschaft, Konfession etc.
Welche Faktoren haben Einfluß auf die Sterbe-wahrscheinlichkeit auf Intensivstationen? [4]	2 Gruppen: lebendig vs. verstorben	21 Variablen, u.a.: Alter, Geschlecht, Rasse, Krebserkrankung (ja/nein), chronische Nierenerkrankung (ja/nein), Blutdruck (mm HG), Pulsschlag (Schläge/min)
Einflußfaktoren auf das Geburtsgewicht von Babys [5]	2 Gruppen: normalgewichtige vs. untergewichtige Babys	Alter, Gewicht der Mutter bei der letzten Menstruation, Rasse, Anzahl der Arztbesuche in den ersten 3 Monaten der Schwangerschaft
Bestimmung einer geeigneten Markteintrittsstrategie [6]	2 Gruppen: Kooperationsstrategie vs. Alleineigentumsstrategie	14 Variablen, u.a.: Werbung, Vertrieb, F + E, Größe des Unternehmens, Risikoeinstellung

Die Beispiele machen bereits deutlich, daß die logistische Regression bezüglich der Skalierungsanforderungen recht offen ist: Auf Seiten der unabhängigen Variablen sind dem Grunde nach sowohl kategorial als auch metrisch skalierte Variablen 'verarbeitbar'. In ihrer Behandlung unterscheiden sie sich jedoch. So werden kategoriale Variablen letztlich in dichotome Variablen zerlegt. Für jede Variablenstufe wird eine eigenständige Schätzung des Einflusses auf die Zugehörigkeit zu einer Ausprägung der abhängigen Variablen vorgenommen. Bei metrisch skalierten unabhängigen Variablen findet hingegen nur eine einzige Schätzung statt.

---

[1] Vgl. Krafft, M., Der Ansatz der Logistischen Regression, in: Zeitschrift für Betriebswirtschaft, Jg. 67 (1997), S. 625-642.

[2] Vgl. Büchel, F./Matiaske, W., Ausbildungsadäquanz bei Berufsanfängern mit Hochschulabschluß, in: Konjunkturpolitik, Jg. 42 (1996), S. 53-83.

[3] Vgl. Urban, D., Logit-Analyse, Stuttgart/Jena/New York, 1993, S. 75-101.

[4] Vgl. Hosmer, D.W./Lemeshow, S., Applied Logistic Regression, New York, 1989, S. 21-24.

[5] Vgl. ebenda, S. 25-37.

[6] Vgl. Hildebrandt, L./Weiss, C., Internationale Markteintrittsstrategien und der Transfer von Marketing-Know-how, in: zfbf, Jg. 49 (1997), S. 3-25.

Es wird der Zusammenhang ermittelt zwischen der Veränderung der kontinuier-lichen unabhängigen Variablen auf der einen Seite und der Wahrscheinlichkeit der Zugehörigkeit zu einer betrachteten Kategorie (der abhängigen Variablen) auf der anderen Seite. Wir betrachten in diesem Kapitel allein metrisch skalierte unabhängige Variablen. Die Ergebnisse sind jedoch leicht auf ihr kategoriales Pendant übertragbar.

Auf Seiten der abhängigen Variablen kann die logistische Regression sowohl binär (zwei Ausprägungen in der abhängigen Variable) als auch multinomial (mehr als zwei Variablenausprägungen) gerechnet werden. Dabei unterscheidet sich die jeweilige Methodik im Grunde nicht. Jedoch treten Unterschiede bei einigen Gütemaßen auf und auch sonst sind kleinere Unterschiede zu vermerken. Um dem gerecht zu werden, wird im weiteren Verlauf des Kapitels ein zweigeteiltes Vor-gehen gewählt. Das Grundprinzip der logistischen Regression wird im folgenden Abschnitt zunächst am binären Modell erläutert. Das sich hieran anschließende Fallbeispiel, an dem vor allem der Umgang von SPSS mit der logistischen Regres-sion vorgestellt wird, geht hingegen von einem Datensatz aus, bei dem die abhän-gige Variable drei Ausprägungen aufweist. Insoweit wird der multinominale Fall im Rahmen des Fallbeispiels abgehandelt.

Hinweis: SPSS 9.0 bietet sowohl für den binären als auch für den multinomialen Fall eine eigene Analyseprozedur an. Etwas irritierend ist, daß die beiden Proze-duren zum Teil ein unterschiedliches Vorgehen wählen. Hieraus ergeben sich in einigen Punkten unterschiedliche Ergebnisse, je nachdem ob (im Fall zweier Kate-gorien) mit der Prozedur für die binäre oder für die multinomiale logistische Re-gression gerechnet wird. Die Ursachen dieser Unterschiede, aber auch ihre Konse-quenzen werden im vierten und fünften Abschnitt dieses Kapitels besprochen.

Als letzte Forderung des Verfahrens der logistischen Regression ist die zumin-dest benötigte Fallzahl anzusprechen: In der Literatur wird eine absolute Unter-grenze von 50 Beobachtungen (für den binären Fall) genannt. Hinreichend aussa-gekräftige Ergebnisse sind bei einer Fallzahl >100 zu erwarten. Die Frage der benötigten Beobachtungen hängt jedoch in hohem Maße von den Umständen der Untersuchung ab. Es gilt: Je größer die Zahl der betrachteten Kategorien (auf Seiten der abhängigen Variablen), desto größer sollte auch die Zahl der Beobach-tungen werden. Nimmt man die Forderung nach mindestens 50 Beobachtungen als Referenz, ergibt sich eine Mindestbeobachtungszahl pro Kategorie von 25. Sind die Fälle zwischen den Kategorien nicht gleichverteilt, erhöht sich die Zahl der benötigten Beobachtungen, bis die kleinste Gruppe die 25 erreicht.

Ein zweiter Einfluß geht aus von der Zahl der unabhängigen Variablen: Je größer sie wird, desto größer auch die Zahl der benötigten Beobachtungen. Der Grund ist, daß bei zunehmender Variablenanzahl die Zahl der möglichen 'Kovariatenmuster' explodiert und damit bei zu geringer Beobachtungsanzahl eine Grundannahme des Verfahrens der logistischen Regression verletzt wird.

3.1.2   Der Rechenansatz der Logistischen Regression

Folgendes einfache Fallbeispiel liegt den nachfolgenden Überlegungen zu Grunde: In drei verschiedenen Supermärkten wurden jeweils zehn Kunden beobachtet, von denen fünf eine bestimmte Margarinemarke M (Kauf=1) und fünf eine andere Marke (Nichtkauf=0) gekauft haben. Am Ausgang wurden alle gebeten, auf einer fünfstufigen Rating-Skala von 1 (='sehr unwichtig') bis 5 (='sehr wichtig') die Bedeutung des Merkmals 'Haltbarkeit' bei ihrer Markenwahl zu beurteilen. Es ergab sich folgendes Bild:

Tabelle 3.2: Die Datenmatrix zum Fallbeispiel

Kunden	1	2	3	4	5	6	7	8	9	10
Käufer	0	0	0	0	0	1	1	1	1	1
Haltbarkeit										
Supermarkt A:	1	2	1	2	1	4	5	4	5	4
Supermarkt B:	2	3	2	3	2	2	3	2	3	2
Supermarkt C:	1	2	4	2	1	5	4	2	4	5

Anmerkung: Im weiteren Text werden die verschiedenen Supermärkte als Datenreihe A, Datenreihe B bzw. Datenreihe C bezeichnet.

Es ist offensichtlich, daß in der Datenreihe A ein sehr enger Zusammenhang zwischen dem Kauf der Marke M und der Bedeutung des Kriteriums Haltbarkeit besteht. Anders sieht es in der Datenreihe B aus. Aus der Bedeutung der Haltbarkeit für die Kunden ist kein Schluß auf das Kaufverhalten möglich. Für die Datenreihe C ergibt sich ein unklares Bild: für die Mehrzahl der Kunden scheint es einen Zusammenhang zwischen dem Kauf der Marke M und der Bedeutung der Haltbarkeit zu geben. Jedoch gibt es zwei Kunden (3 und 8), die mit ihrem Verhalten aus dem Bild ausscheren.

Die drei fiktiven Beobachtungsreihen sollen als Datenbasis für drei Regressionsmodelle dienen. Damit kann die Funktionsweise beispielhaft anhand der jeweils unterschiedlich stark wirkenden unabhängigen Variablen nachvollzogen werden, so daß der Leser ein Gefühl für das Funktionsprinzip der Methode erhält. Wichtig ist noch zu erwähnen, daß die Abstände zwischen den Skalenwerten als gleich groß angenommen werden. Damit interpretieren wir die unabhängige Variable als metrisch skaliert.

Hinweis: Die Simplizität der Daten gestattet es, alle Rechenschritte leicht selbst mit Hilfe eines Tabellenkalkulationsprogramms – z.B. Excel – nachzuvollziehen.

Soll die Beziehung zwischen dem Kauf der Marke M und der Bedeutung der Haltbarkeit per Regression modelliert werden, stehen wir vor dem Problem, daß die abhängige Variable y_i nur zwei Ausprägungen aufweist: Kauf der Marke M ($y_i = 1$) und Nichtkauf ($y_i = 0$). Der lineare regressionsanalytische Ansatz (Gleichung (1)) ist damit nicht anwendbar.

$$y_i = \beta_0 + \beta_1 x_{i1} + \beta_2 x_{i2} + \ldots + \beta_j x_{ij} + \ldots + \beta_k x_{ik} + u_i \qquad (1)$$

mit:

y_i = Ausprägung der abhängigen Variablen bei Subjekt i (i=1, 2, ..., I)
x_{ij} = Ausprägung der j-ten beobachteten unabhängigen Variablen bei
    Subjekt i (i=1, 2, ..., I und j=1, 2, ..., k)
β_j = Koeffizient der unabhängigen Variablen j (j=1, 2, ..., k)
β_0 = Absolutglied
u_i = Residuum bei Subjekt i (i=1, 2, ..., I)

Bei der logistischen Regression wird dieser 'Defekt' der abhängigen Variablen mit drei Kunstgriffen behoben: Der erste Schritt besteht darin, nicht die Gruppenzugehörigkeit, sondern die im [0,1]-Intervall stetige, allerdings nicht beobachtbare Wahrscheinlichkeit der Gruppenzugehörigkeit $p(y_i=1)$ als die abhängige Größe zu betrachten. Damit entsteht jedoch ein neues Problem: Je nach Ausprägung der unabhängigen Variablen können auch (unzulässige) Wahrscheinlichkeitswerte von $p > 1$ oder $p < 0$ vorkommen. Um die Beschränkung der abhängigen Variablen aufzuheben, werden zwei Transformationen vorgenommen. (1) Man betrachtet nicht die Eintrittswahrscheinlichkeit $p(y_i=1)$, sondern das Chancenverhältnis ('odd') $p(y_i=1)/(1-p(y_i=1))$, definiert als die Wahrscheinlichkeit des Eintretens eines Ereignisses dividiert durch seine Gegenwahrscheinlichkeit. Damit liegt der Wertebereich der modifizierten abhängigen Variablen nunmehr zwischen 0 und $+\infty$. Um des weiteren auch noch Werte (der Linearkombination der unabhängigen Variablen $z_i = \beta_0 + \beta_1 x_{i1} + \ldots + \beta_k x_{ik}$) unter Null zuzulassen, wird (2) das Chancenverhältnis logarithmiert. Damit reicht der Wertebereich der transformierten abhängigen Variablen von $-\infty$ bis $+\infty$. Das logarithmierte Chancenverhältnis wird als *Logit* der Wahrscheinlichkeit $p(y_i=1)$ bezeichnet.

$$\ln\left(\frac{p(y_i=1)}{(1-p(y_i=1))}\right) = \beta_0 + \beta_1 x_{i1} + \ldots + \beta_j x_{ij} + \ldots + \beta_k x_{ik} \qquad (2)$$

Der Vergleich von Gleichung (1) und (2) offenbart, daß sich die lineare von der logistischen Regression im wesentlichen in der abhängigen Variablen unterscheidet. Die Konsequenzen des Unterschieds werden deutlich, wenn man Gleichung (2) nach $p(y_i=1)$ auflöst:

$$p(y_i=1) = \frac{1}{1 + e^{-(\beta_0 + \beta_1 x_{i1} + \ldots + \beta_j x_{ij} + \ldots + \beta_k x_{ik})}} \qquad (3)$$

Die Exponentialform auf der rechten Seite der Gleichung sorgt dafür, daß sich der Wahrscheinlichkeitswert für alle möglichen x- und β-Werte stets im zulässigen [0,1]-Intervall bewegt.[7]

---

[7] Die Wahrscheinlichkeit $p(y_i=1)$ konvergiert für $z_i \to +\infty$ gegen Eins bzw. für $z_i \to -\infty$ gegen Null. Insoweit ist $p(y_i=1)$ bei exakter Betrachtung auf das offene Intervall (0,1) beschränkt.

Wenn bis hierher der Eindruck entstanden ist, daß die Logarithmierung nur ein Kunstgriff sei, um die abhängige Variable in ihrem Wertebereich 'anzupassen', existiert auch eine formale Begründung für die Bildung des Logit. Ausgangspunkt sind die Residuen u_i, die wir in Gleichung (2) und (3) bisher nicht betrachtet haben, die es aber gleichwohl in dem logistischen Regressionsmodell gibt. Inhaltlich repräsentiert u_i die Summe der Einflüsse aller Variablen, die die Kaufwahrscheinlichkeit mitbeeinflussen, jedoch von uns nicht gemessen (oder berücksichtigt) werden (können). Wenn die Zahl dieser nicht berücksichtigten Variablen hinreichend groß ist, läßt sich zeigen, daß die Verteilung der Residuen nahezu einer Normalverteilung folgt (wie es auch für die lineare Regressionsanalyse angenommen wird).[8]

Da die logistische Verteilung der Normalverteilung sehr ähnlich ist, kann auch ohne großen Fehler unterstellt werden, daß die Residuen u_i einer logistischen Verteilung folgen. Diese Annahme hat insoweit Vorteile, als das Rechnen deutlich vereinfacht wird. Legt man nun tatsächlich diese Verteilungsidee zugrunde, ergibt sich automatisch ein logistischer Funktionsverlauf für unsere Wahrscheinlichkeit $p(y_i=1)$, wie er in Gleichung (3) ausgedrückt ist.[9] Mit anderen Worten: Der logistische Funktionsverlauf unserer Wahrscheinlichkeit ist direktes Ergebnis der Annahme einer logistischen Verteilung der Residuen u_i. Abb. 3.1 zeigt einen solchen Verlauf grafisch.[10]

Daß der logistische Funktionsverlauf auch eine hohe Plausibilität aufweist, zeigt die Interpretation eben dieses Verlaufes. Es ist realistisch, daß sich die Wahrscheinlichkeit der Zugehörigkeit zu einer Gruppe weit entfernt vom 'Wendepunkt' nur gering verändert, während sie nahe dem Punkt schneller 'umkippt'. Wenn also jemand eingeschworener Fan einer Fußballmannschaft ist (unabhängige Variable 1), werden ihn auch einige verlorene Spiele (unabhängige Variable 2) nicht dazu bewegen, seine Besuche im Stadion (abhängige kategoriale Variable) zu beenden. Betrachten wir hingegen einen sehr viel weniger fanatischen Fußballfan, kann eine gewisse Zahl verlorener Spiele sehr wohl aus einem Stadionbesucher einen Sportschaugucker machen. Bezogen auf die Abb. 3.1 bedeutet das, daß der erste Fan aufgrund der sehr viel größeren Verbundenheit weit rechts auf der Funktion angesiedelt ist. Die Zahl der verlorenen Spiele verschiebt seine Position tendenziell nach links, jedoch reicht diese Verschiebung nicht, einen Wahrscheinlichkeitsübergang hin zum Nichtbesuch im Stadion zu erreichen. Die Position des zweiten 'Fans' ist aufgrund seiner geringeren Verbundenheit sehr viel weniger rechts. Wenn nun der negative Effekt der zweiten Variable – Zahl der verlorenen Spiele – hinzukommt, kann die relativ gleiche Bewegung nach links mit einem Wechsel der Kategorie einhergehen. Ein solcher Effekt ist niemals mit einer linearen Funktion

---

[8] Nimmt man an, daß die Einflüsse der nicht berücksichtigten Variablen unabhängig voneinander auftreten, so strebt die Verteilung ihrer Summe nach dem zentralen Grenzwertsatz mit steigender Anzahl der Einflüsse gegen eine Normalverteilung.

[9] Zu einer Herleitung vgl. Krafft, M., a.a.O., S. 626-629.

[10] Es wird offensichtlich, dass $p(y_i=1)$ nur eine geschätzte Wahrscheinlichkeit darstellt. Sie ist verschieden von der *wahren* Wahrscheinlichkeit bei Berücksichtigung aller denkbaren Einflüsse, also bei $u_i = 0$ für alle i.

beschreibbar. Das reale Verhaltensmuster wird sehr viel besser von eben dem logistischen Funktionsverlauf wiedergegeben.

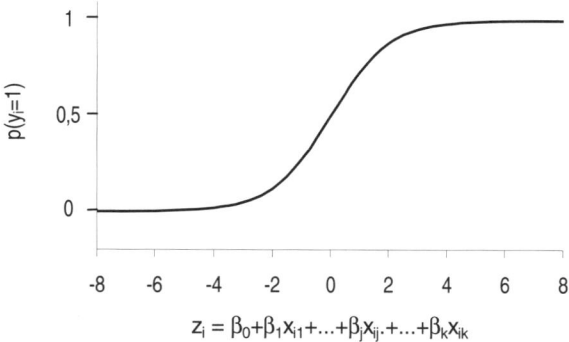

Abb. 3.1:   Beispiel eines logistischen Funktionsverlaufs

Damit ist das Grundprinzip der logistischen Regression skizziert: Sie modelliert den Wahrscheinlichkeitsübergang einer kategorial (hier: binär) ausgeprägten Variablen in Abhängigkeit von der Ausprägung der unabhängigen Variablen (unter der Annahme der logistischen Verteilung der Residuen). Im folgenden Abschnitt werden nun die Schritte der Schätzung und Deutung eines logistischen Regressionsmodells vorgestellt, wie sie in Abb. 3.2 zusammengefaßt sind.

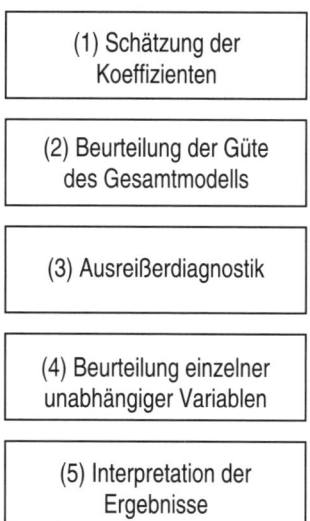

Abb. 3.2:   Ablaufdiagramm der Logistischen Regression

3.2   Vorgehensweise

3.2.1   Die Schätzung der Koeffizienten

| (1) Schätzung der Koeffizienten |
| (2) Beurteilung der Güte des Gesamtmodells |
| (3) Ausreißerdiagnostik |
| (4) Beurteilung einzelner unabhängiger Variablen |
| (5) Interpretation der Ergebnisse |

Ziel der logistischen Regression ist es, die Koeffizienten β_j derart zu schätzen, daß eine optimale Trennung der zwei Ausprägungen der abhängigen Variablen erreicht wird. Zur Schätzung wird die Maximum-Likelihood-Methode verwendet. Dabei wird das Produkt der Wahrscheinlichkeiten der Zuordnung zur jeweils korrekten Gruppe [1 (Kauf) oder 0 (Nichtkauf)] aller Beobachtungen maximiert. Die Grundgleichung der Likelihood-Funktion lautet:

$$L = \prod_{y_i=1} p(y_i = 1) \cdot \prod_{y_i=0} (1 - p(y_i = 1)) \qquad (4)$$

Der Likelihood-Wert kann maximal Eins werden. In diesem Fall liegt die Wahrscheinlichkeit für jede Beobachtung genau bei Eins. Es ergibt sich eine Multiplikation in der Form $1 \cdot 1 \cdot 1 \cdot ...$ Andererseits kann der Likelihood-Wert nicht kleiner als Null werden, da keine Wahrscheinlichkeit einer Beobachtung negativ sein kann.[11]

Aufgrund des engen Wertebereiches der Likelihood-Funktion und zur Vereinfachung der Berechnung wird üblicherweise die logarithmierte Likelihood-Funktion (LogLikelihood-Funktion)

$$LL = \ln(L) = \sum_{y_i=1} \ln(p(y_i = 1)) + \sum_{y_i=0} \ln(1 - p(y_i = 1)) \qquad (5)$$

maximiert.[12] Der Likelihood-Wert von Eins entspricht dabei einem LogLikelihood-Wert von Null. Ein Likelihood-Wert nahe Null führt zu einem sehr großen negativen LogLikelihood-Wert. Insoweit spreizt die Logarithmierung den Wertebereich des Likelihood-Kriteriums auf ein Intervall $(-\infty, 0]$.

Die Maximierung selbst erfolgt über die einzelnen β_j-Werte, die gemäß Gleichung (3) $p(y_i=1)$ bestimmen.[13] Es wird die β-Kombination gesucht, die die Log-

---

[11] In der Regel besitzt die Likelihood-Funktion nur ein (dann globales) Maximum.

[12] Weil der Logarithmus eine monotone Transformation ist, haben die Likelihood-Funktion und die LogLikelihood-Funktion ihr Maximum an derselben Stelle.

[13] Da eine analytische Bestimmung der β-Kombination, die die LogLikelihood-Funktion maximiert, nahezu unmöglich ist, werden iterative Verfahren zur Schätzung der Koeffizienten eingesetzt. Häufig (z.B. auch in SPSS) findet der Newton-Raphson-Algorithmus Anwendung. Vgl. zu einer Darstellung dieses Verfahrens z.B. Judge, G.G./Griffiths,

Likelihood-Funktion maximiert und damit die bestmögliche Trennung zwischen den zwei Ausprägungen der Variablen gestattet. Für den Fall standardisierter unabhängiger Variablen gilt dabei, daß die Höhe des β-Wertes anzeigt, wie gut es um deren Trennkraft bestellt ist (je größer desto besser!). Hohe β-Werte bedeuten eine große Steigung der logistischen Funktion und begrenzen damit den Wahrscheinlichkeitsübergang auf einen engeren Wertebereich. In unserem Beispiel ist

$$p(y_i = 1) = \frac{1}{1 + e^{-(\beta_0 + \beta_1 x_{i1})}} \tag{6}$$

D.h. man wird mit der Maximierung der LogLikelihood-Funktion neben dem obligatorischen β_0 nur ein weiteres β bestimmen, da nur eine unabhängige Variable x_1 zur Erklärung der Kaufentscheidung betrachtet wird. Die Datenreihe A läßt dabei ein großes β_1 vermuten. Die Trennfähigkeit der Variable 'Haltbarkeit' für die Käufer und Nichtkäufer der Marke M ist gut. Umgekehrt müßte bei der Datenreihe B ein β_1-Wert nahe Null herauskommen. Das Wissen um die Bedeutung, die die Käufer der Haltbarkeit beimessen, hilft überhaupt nicht für die Beantwortung der Frage, ob jemand die Marke M kauft oder nicht. Für die Datenreihe C ist ein β_1 zwischen den beiden Extrema zu erwarten.

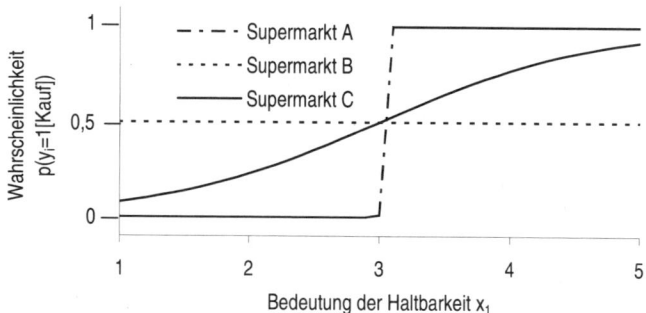

Abb. 3.3:   Verlauf der logistischen Funktionskurven für die drei Datenreihen

Tatsächlich konvergiert für die Datenreihe A β_1 gegen unendlich (je größer das β_1, desto mehr nähert sich der LL-Wert Null an). Umgekehrt ergibt sich für die Datenreihe B ein β_1 von Null (bei einem β_0 von ebenfalls Null). Der Wert der maximierten LogLikelihood-Funktion liegt bei −6,93. Der β_1-Wert für die Datenreihe C liegt bei 1,224 (bei einem β_0 von −3,672). Der zugehörige LL-Wert liegt bei −4,326. Abb. 3.3 stellt den Wahrscheinlichkeitsübergang von Nichtkauf zu Kauf für die drei Datenreihen gegenüber. Wie vorhergesagt, reagiert die Steigung der Funktion

W.E./Hill, R.C./Lütkepohl, H./Lee, T.-C.: The Theory and Practice of Econometrics, 2nd ed., New York u.a. 1985, S. 764 f. und S. 955 ff.

auf die Trennfähigkeit der unabhängigen Variablen. Für die Datenreihe A verläuft sie quasi rechtwinklig (in Abb. 3.3 dargestellt für $\beta_1 = 666,66$ und $\beta_0 = -2.000$). Der Wahrscheinlichkeitsübergang ist auf einen extrem engen Wertebereich von x_1 begrenzt. Ist die Haltbarkeit für einen Kunden z.B. 'wichtig' (Skalenwert 4), so ist er mit einer Wahrscheinlichkeit von nahe Eins ein Käufer der Marke M. Die Residuenwirkung ist in dem Fall nahezu Null. Eine immer korrekte Vorhersage scheint möglich.

Umgekehrt sieht es für die Befragten aus dem Supermarkt B aus. Die Kenntnis der Bedeutung, die die Haltbarkeit für diese Kunden besitzt, hilft nicht für die Beurteilung, ob der Kunde die Marke M erwirbt oder nicht. Im Maximum der Log-Likelihood-Funktion ergibt sich sowohl für β_1 als auch für β_0 ein Wert von Null. Entsprechend verläuft die Funktion über den gesamten betrachteten Wertebereich von x_1 bei der Wahrscheinlichkeit von 0,5 für beide Alternativen. Unabhängig von der Bedeutung der Haltbarkeit haben wir immer eine Wahrscheinlichkeit von 0,5 für den Kauf bzw. den Nichtkauf der betrachteten Marke M.

In der Datenreihe C erklärt die unabhängige Variable das Kaufverhalten zumindest zum Teil. Jedoch gibt es annahmegemäß auch noch unbeobachtete Einflüsse, die die Zugehörigkeit mitbestimmen (und für die eine logistische Verteilung angenommen wird). Das offenbart auch der Funktionsverlauf in Abb. 3.3. Der Bereich des Wahrscheinlichkeitsübergangs ist deutlich breiter als im Fall der Datenreihe A. Kunden, denen die Haltbarkeit 'wichtig' (= 4) ist, weist das Modell hier lediglich eine Wahrscheinlichkeit von 0,77 zu, daß sie die Marke M auch tatsächlich erwerben.

3.2.2   Die Beurteilung der Güte des Gesamtmodells

(1) Schätzung der Koeffizienten

(2) Beurteilung der Güte des Gesamtmodells

(3) Ausreißerdiagnostik

(4) Beurteilung einzelner unabhängiger Variablen

(5) Interpretation der Ergebnisse

Mit der Schätzung eines Modells – Maximierung der LogLikelihood-Funktion – ist noch nichts darüber gesagt, wie gut die unabhängigen Variablen in ihrer Gesamtheit zur Trennung der Ausprägungen von y beitragen. Wir haben gesehen, daß in allen drei Beispielfällen ein Modell gefunden wurde. Für die vorliegenden Datensätze ist klar, daß das Modell für die Datenreihe A eine hervorragende Trennung erlaubt – Kauf und Nichtkauf können exakt vorhergesagt werden – während das Modell für die Datenreihe B gleiches nicht gestattet.

Die am häufigsten verwendeten Methoden zur Prüfung der Modellgüte sind die Devianz, der Likelihood Ratio-Test und McFadden's-R² (McF-R²). Alle drei machen sich folgenden Effekt des Maximierungsalgorithmus für die LogLikelihood-Funktion zu nutze: Je besser das Modell zur Trennung der y-Ausprägungen beiträgt, desto näher ist der LL-Wert seinem Maximum von Null. Die sogenannte Devianz ergibt sich aus der Multiplikation des LL-Wertes des geschätzten Modells mit –2. Je kleiner ihr Wert ausfällt, desto besser ist das Gesamtmodell zu beurteilen. Der Grund für die Multiplikation gerade mit –2 ist, daß diese Größe sodann asymptotisch χ^2-verteilt ist mit I-k-1 Freiheitsgraden (I = Zahl der Beobachtungen, k = Zahl der unabhängigen Variablen). Damit ermöglicht die Devianz einen Test der Nullhypothese, daß das Modell eine perfekte Anpassung liefert. Eine hohe Irrtumswahrscheinlichkeit für die Ablehnung der Nullhypothese (hohes Signifikanzniveau) spricht insoweit für eine gute Anpassung.

In unserem Beispiel beträgt die Devianz für Datenreihe A annähernd 0, für Datenreihe B 13,86 und für Datenreihe C 8,65. Verglichen mit dem tabellierten χ^2-Wert von 2,73 bei einer Irrtumswahrscheinlichkeit von 95% ist die Nullhypothese für Datenreihe B und Datenreihe C abzulehnen, so daß nur das Modell für Datenreihe A eine sehr gute Anpassung aufweist.

Die Devianz als Gütemaß ist jedoch in der Literatur nicht unumstritten: Ihr Problem liegt in der Nichtberücksichtigung der Verteilung der Beobachtungen auf die Gruppen. Daß die Häufigkeit des Auftretens der jeweiligen Kategorien eine Rolle spielt, wird sofort klar, wenn man sich im Extrem einen Datensatz mit 100 Beobachtungen denkt, von denen 99 einer Gruppe y=1 angehören. Stellen wir uns nun ein Modell vor, in dem keine unabhängige Variable berücksichtigt wird, das also nur aus dem Absolutglied β_0 besteht, so ergibt sich ein LL-Wert nahe dem absoluten Maximum von Null (LL = 99·ln 0,99 + 1·ln 0,01= –5,60). Liegt hingegen bei gleicher Beobachtungszahl (100) eine Gleichverteilung der zwei Kategorien vor (50:50), haben wir einen LL-Wert von –69,31 (LL = 50·ln 0,50 + 50·ln 0,50 = –69,31).

Es wird offensichtlich, daß der Abstand des LL-Wertes von Null auf zwei Einflüsse zurückzuführen ist: zum einen wird er bestimmt von der Trennfähigkeit der Variablen, zum anderen beeinflußt ihn aber auch die Verteilung der Beobachtungen auf die Kategorien der abhängigen Variablen.

Für die Devianz als Gütekriterium hat das zur Konsequenz, daß ein Modell auf Basis eines Datensatzes mit einer sehr schiefen Verteilung zwischen den Gruppen in der Tendenz besser abschneidet, als ein Modell mit nahezu gleich großer Gruppenstärke. Die Devianz reagiert insoweit nicht ausschließlich auf die Trennfähigkeit der betrachteten unabhängigen Variablen.

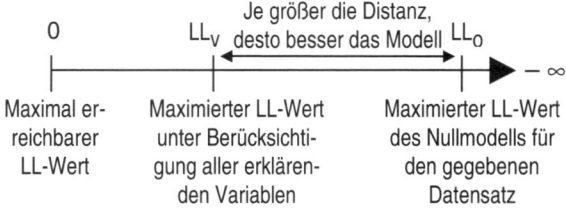

Abb. 3.4:   Der Zusammenhang zwischen den verschiedenen LogLikelihood-Werten

Diese Schwierigkeit der Devianz wird von den zwei anderen Gütekriterien geheilt, indem sie den maximierten LL-Wert nicht mit Null vergleichen, sondern mit dem LL-Wert, der sich ergibt, wenn die β-Werte der unabhängigen Variablen alle Null gesetzt werden (→ das sogenannte Null-Modell). Ist diese Distanz klein, tragen die unabhängigen Variablen nur wenig zur Unterscheidung der y-Zustände bei. Ist die Distanz hingegen groß, können wir von einem hohen Erklärungswert der unabhängigen Variablen ausgehen. Durch den Bezug auf das Null-Modell wird der Effekt der Gruppengröße neutralisiert. Abb. 3.4 zeigt den Zusammenhang schematisch.

Der Likelihood Ratio-Test (LR-Test) und McF-R^2 unterscheiden sich nun darin, wie sie die Distanz zwischen LL_V und LL_0 in ein Gütemaß umwandeln und damit bewertbar machen. Beim LR-Test wird der maximierte Likelihood-Wert des vollständigen Modells L_V in Relation zu dem Likelihood-Wert des Null-Modells L_0 gesetzt. Der entstehende Wert wird logarithmiert und mit -2 multipliziert.

$$LR - Test = -2\ln \cdot \frac{L_0}{L_V} = -2 \cdot (LL_0 - LL_V) \tag{7}$$

Die sich ergebende Teststatistik ist asymptotisch χ^2-verteilt mit k Freiheitsgraden (k = Zahl der unabhängigen Variablen). Verglichen mit dem Referenzwert aus der χ^2-Tabelle kann die Signifikanz des Modells beurteilt werden. Die unabhängigen Variablen haben dann einen bedeutenden Einfluß, wenn der LR-Wert größer als der tabellierte χ^2-Wert ist. In unserem Beispiel ist LL_0 für alle drei Datenreihen gleich $-6,93$. Damit ergibt sich für Datenreihe A ein LR-Wert von 13,86, für Datenreihe B ein solcher von 0 und für Datenreihe C einer von 5,21. Verglichen mit dem tabellierten Wert von 3,84 (Vertrauenswahrscheinlichkeit 95%; Freiheitsgrad = 1) ist für die Datenreihen A und C (nicht jedoch für Datenreihe B) das Modell signifikant.

McF-R^2 beruht ebenfalls auf der Gegenüberstellung der LL-Werte des vollständigen und des Null-Modells.

$$McFadden's - R^2 = 1 - \frac{LL_V}{LL_0} \tag{8}$$

Bei einem geringen Unterschied zwischen den beiden Modellen ist der Quotient nahe Eins, McF-R^2 insoweit nahe Null. Bei einem großen Unterschied ist es genau umgekehrt, wobei das Erreichen der Eins aufgrund der Konstruktion der Statistik (bei realen Datensätzen) nahezu unmöglich ist. Als Regel wird bereits bei Werten im Bereich von 0,2–0,4 von einer guten Modellanpassung gesprochen.[14] Für unser Beispiel ist McF-R^2 für die Datenreihe A gleich 1, für die Datenreihe B gleich 0 und für die Datenreihe C gleich 0,38.

Liefert der LR-Test eine Antwort auf die Frage nach der Signifikanz des Modells und damit nach der Übertragbarkeit der Ergebnisse auf die Grundgesamtheit, stellt McF-R^2 ein Maß dar, mit dem die Trennkraft der unabhängigen Variablen insge-

---

[14] Vgl. Urban, D., a.a.O., S. 62.

samt mit einem Wert benannt und damit vergleichbar (zwischen verschiedenen Modellen) gemacht werden kann.[15]

Ein viertes Maß zur Gesamtgütebeurteilung ist die sogenannte Pearson χ^2-Statistik. Jedoch ist sich die Literatur nicht vollständig einig über die Verwendung dieser Prüfgröße. Entsprechend soll sie in diesem Grundlagenteil nicht weiter betrachtet werden. Für den interessierten Leser finden sich jedoch im Anhang entsprechende Ausführungen zu den angesprochenen Problemen.

3.2.3   Ausreißerdiagnostik

(1) Schätzung der Koeffizienten

(2) Beurteilung der Güte des Gesamtmodells

(3) Ausreißerdiagnostik

(4) Beurteilung einzelner unabhängiger Variablen

(5) Interpretation der Ergebnisse

Was mit den in Abschnitt 3.2.2 vorgestellten Gütemaßen nicht getestet werden kann, sind die Effekte, die einzelne Beobachtungen auf die Gesamtgüte des Modells ausüben. Eine schlechte Modellanpassung kann prinzipiell zwei Gründe haben:

1. Das Modell ist unpassend; die unabhängigen Variablen sagen nichts über das Auftreten der y-Ausprägungen aus.
2. Es gibt eine geringe Zahl von Beobachtungen, die den vom Modell beschriebenen Zusammenhang nicht aufweisen und durch ihre besondere Variablenausprägung das Ergebnis deutlich verzerren.

Um Fälle dieser Kategorie 2 zu identifizieren, sollte jede Gütebeurteilung eines logistischen Regressionsmodells eine Ausreißerdiagnostik beinhalten.

Eine Möglichkeit liegt in der Betrachtung der individuellen Residuen[16] (jeder befragten Person). Dieses Residuum ist die Differenz zwischen der tatsächlich beobachteten Ausprägung y_i und dem geschätzten Wahrscheinlichkeitswert $p(y_i=1)$. Während die beobachteten Werte nur 0 oder 1 annehmen können, bewegen sich die geschätzten Wahrscheinlichkeitswerte $p(y_i=1)$ im Intervall [0,1]. Die Residuen können sodann in einem Streudiagramm abgebildet werden.

Für die Entscheidung, ob und welche Residuen einen erheblichen negativen Einfluß auf die Modellgüte haben, gibt es keine statistische Vorgabe. Jedoch finden sich qualitative Hinweise in der Literatur, wie Ausreißer identifiziert werden können. Alle Überlegungen gehen dabei davon aus, daß nur Residuen > 0,5 einen

---

[15] Neben McFaddens-R² gibt es zwei weitere Maße – Cox and Snells-R² und Nagelkerkes-R² –, die prinzipiell auf demselben Weg, jedoch mit leichten Modifikationen eine Gütebeurteilung zulassen. Die genaue Erklärung dieser zwei Maße ist im entsprechenden Abschnitt des Fallbeispiels nachzulesen.

[16] *Hinweis*: Diese Residuen sind nicht zu verwechseln mit den Residuen u_i im Rahmen der Formulierung des linearen bzw. logistischen Regressionsansatzes.

Klassifikationsfehler darstellen (im Zwei-Gruppen-Fall). Um die Schwere des Fehlers offensichtlich zu machen, wird vorgeschlagen, nicht die 'puren' Residuen zu betrachten. Statt dessen werden modifizierte Maße empfohlen, die die Schwere des Fehlers berücksichtigen.

Eine Möglichkeit hierzu bietet das für jedes Befragungssubjekt berechnete Pearson-Residuum r.[17]

$$r(y_i, p(y_i = 1)) = \frac{y_i - p(y_i = 1)}{\sqrt{p(y_i = 1) \cdot (1 - p(y_i = 1))}}$$ (9)

Ist die Diskrepanz zwischen der tatsächlichen Gruppenzugehörigkeit und der ermittelten Wahrscheinlichkeit groß, nimmt der Zähler einen Wert zwischen 0,5 und 1 an. Die Größe im Nenner dient zusätzlich der Gewichtung. Je größer der Fehler im Zähler (bei Werten über 0,5), desto kleiner wird der Nenner, was insgesamt zu einem hohen r-Wert führt.

Beispiel: Gehört ein Subjekt zur Gruppe der Käufer und bestimmt das Modell einen Wahrscheinlichkeitswert von 0,9, ergibt sich ein r-Wert von 0,33. Weist das Modell hingegen für das gleiche Subjekt eine Zugehörigkeitswahrscheinlichkeit von lediglich 0,1 aus – ein schwerwiegender Fehler –, ergibt sich ein r-Wert von 3.

Besonders eklatante Fehler werden so leicht offenbar, weil sie sich im Streudiagramm als echte Ausreißer zeigen (vgl. Abb. 3.5). An den drei Beispieldatensätzen wird die Wirkung der Pearson-Residuen offensichtlich. Für die Datenreihe A sind die Residuen für jede Beobachtung gleich Null. Die Residuenstruktur der Datenreihe B zeigt deutlich, daß das Modell insgesamt nicht zur Vorhersage des Kaufverhaltens taugt: Jede Beobachtung besitzt ein großes Residuum. In der Datenreihe C wird deutlich, daß die Güte vor allem aufgrund zweier Beobachtungen vermindert wird. Bei zwei Kunden (3 und 8) treten 'hohe' Ausreißer-Werte auf (± 1,844).

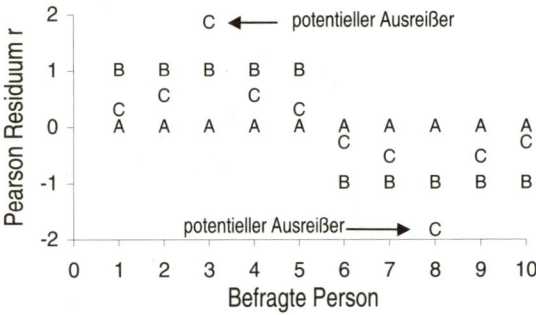

Abb. 3.5:   Streudiagramm der Pearson-Residuen r für die drei Datenreihen

---

[17] Vgl. Hosmer, D.W./Lemeshow, S., a.a.O., S. 149 ff.

Diese Fälle müssen vom Forscher genauestens betrachtet werden, um die Ursache für die extreme Position zu ergründen. Prinzipiell sind zwei Ursachen denkbar:

1. Die Subjekte sind tatsächlich atypisch in ihrem Antwortverhalten (Trifft das zu und treten solche Fälle nur selten auf, können sie ausgeschlossen werden).
2. Die hohen Residuen weisen auf eine schlechte Spezifikation des Modells hin. Wenigstens eine weitere Einflußgröße ist nicht berücksichtigt. In dem Fall ist das Modell zu erweitern oder zu modifizieren.

3.2.4   Die Beurteilung einzelner unabhängiger Variablen

| (1) Schätzung der Koeffizienten |
| (2) Beurteilung der Güte des Gesamtmodells |
| (3) Ausreißerdiagnostik |
| (4) Beurteilung einzelner unabhängiger Variablen |
| (5) Interpretation der Ergebnisse |

Das Wissen um die Trennfähigkeit der einzelnen Variablen gibt vor allem Aufschluß über ein mögliches Modell-Overfitting (zu viele erklärende Variablen). Zur Überprüfung stehen hier drei Tests zur Verfügung. Zwei davon haben wir bereits zur Prüfung der Güte des Gesamtmodells im vorhergehenden Abschnitt kennen gelernt: der Likelihood-Ratio-Test und McF-R². Hinzu kommt der sogenannte Wald-Test.

Beim LR-Test wird das vollständige Modell$_V$ (= alle spezifizierten unabhängigen Variablen) nicht gegen das Null-Modell, sondern gegen ein reduziertes Modell$_R$ (= die zu testende unabhängige Variable ist ausgeschlossen) kontrastiert. Eine Signifikanzprüfung über die χ^2-Verteilung ist hierbei genauso möglich. Die Freiheitsgrade ergeben sich aus der Differenz der Parameter beider Modelle (wenn nur eine Variable getestet wird, haben wir einen Freiheitsgrad von Eins!).

Für Mc-F-R² gilt prinzipiell das gleiche: es wird der logarithmierte Likelihood-Wert des vollständigen Modells (LL_v) mit dem LL-Wert eines um den interessierenden Effekt reduzierten Modells in Relation gesetzt. Eine Referenzzahl zur Beurteilung der Stärke der unabhängigen Variablen gibt es hierfür nicht. Jedoch kann man die Effekte der einzelnen unabhängigen Variablen untereinander vergleichen. Da wir in unserem Beispiel nur eine unabhängige Variable betrachten, stimmen die Ergebnisse des Gesamtmodelltests (Abschnitt 3.2.2) mit denen für die einzelne Variable überein.

Das Funktionsprinzip des Wald-Tests ist eng angelehnt an die Überprüfung der Signifikanz einzelner Koeffizienten innerhalb der linearen Regressionsanalyse (t-Test). Auch hier wird die Null-Hypothese getestet, daß ein bestimmtes β_j Null ist, d.h. die zugehörige unabhängige Variable keinen Einfluß auf die Trennung der Gruppen hat. Die Formel der Wald-Teststatistik W lautet:

$$W = \left(\frac{\beta_j}{s_{\beta_j}} \right)^2 \qquad (10)$$

mit:

s_{β_j} = Standardfehler[18] von β_j (j=0, 1, 2, ..., k)

W ist wiederum asymptotisch χ^2-verteilt. Insoweit erfolgt der Test gegen die tabellierte χ^2-Verteilung bei einem Freiheitsgrad von Eins.

In unserem Beispiel konvergiert der Wert der Wald-Teststatistik bezüglich des Koeffizienten β_1 für die Datenreihe A gegen unendlich. Für die Datenreihe B ist sie dagegen Null und für die Datenreihe C hat sie einen Wert von 3,33. Bei einer Vertrauenswahrscheinlichkeit von 95% beträgt der tabellierte χ^2-Wert 3,84. Somit ist β_1 lediglich bei Datenreihe A signifikant verschieden von Null, d.h. nur in diesem Fall hat die Bedeutung der Haltbarkeit einen signifikanten Einfluß auf die Markenwahl.

3.2.5   Interpretation der Ergebnisse

(1) Schätzung der Koeffizienten

(2) Beurteilung der Güte des Gesamtmodells

(3) Ausreißerdiagnostik

(4) Beurteilung einzelner unabhängiger Variablen

(5) Interpretation der Ergebnisse

Aufgrund des logistischen Funktionsverlaufs ist ohne weitere Mühe nur die Richtung des Einflusses der unabhängigen Variablen direkt ablesbar: Negative β-Werte bedeuten (bei steigendem x) eine größere Wahrscheinlichkeit für die Referenzausprägung (in unserem Beispiel Nichtkauf, y=0), während positive β's bei entsprechender x-Entwicklung einen Anstieg der Wahrscheinlichkeit für die Alternativausprägung bedeuten. Ein negatives β_j führt ceteris paribus dazu, daß der Wert der Linearkombination $z_i = \beta_0 + \beta_1 x_{i1} + ...$ bei steigendem x_j kleiner wird. Demnach weist eine hohe Ausprägung der unabhängigen Variablen darauf hin, daß das Subjekt i eher der Referenzgruppe angehört. Genau umgekehrt ist es bei einem positiven β_j-Wert. Abb. 3.6 verdeutlicht die Wirkungsrichtungen.

Eine Deutung über die Wirkungsrichtung der Variablen hinaus verlangt nach mathematischen Manipulationen. Weder sind (1) die β-Werte immer untereinander vergleichbar, noch ist (2) die Wirkung der unabhängigen Variablen über die gesamte Bandbreite der Ausprägungen konstant. Die Nichtvergleichbarkeit der β-Werte hat ihre Ursache vor allem in der häufig unter-

---

[18] Zur Schätzung des Standardfehlers von β_j vgl. Hosmer, D.W./ Lemeshow, S., a.a.O., S. 28 f.

schiedlichen Skalierung der unabhängigen Variablen. Insoweit setzt Vergleichbarkeit Standardisierung voraus.

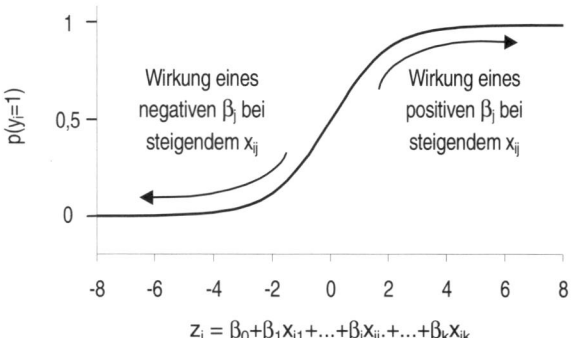

Abb. 3.6:   Die Wirkung eines positiven oder negativen β-Wertes
auf die Wahrscheinlichkeit p(y$_i$=1)

Daß die Wirkung einer einzelnen Variablen nicht in einer Zahl angegeben werden kann – z.B.: „Mit jeder Zunahme des Einkommens um 1.000,- DM steigt die Wahrscheinlichkeit für den Kauf eines bestimmten Produktes um 20%" –, liegt an der logistischen Verteilungsannahme. Der nichtlineare Funktionsverlauf (vgl. Abb. 3.3, Supermarkt C) bewirkt, daß eine Änderung der x$_1$-Ausprägung z.B. von 1 auf 2 eine andere Wahrscheinlichkeitswirkung als eine solche von 3 auf 4 nach sich zieht trotz gleichen Intervalls Δx$_1$.

Die am häufigsten verwendete Methode, um über die Wirkungsrichtung hinaus etwas über die Wirkungsstärke der unabhängigen Variablen zu erfahren, ist die Ermittlung der sogenannten 'odd ratios' für jede unabhängige Variable. Die odd ratio gibt an, wie sich das Chancenverhältnis ändert, wenn sich die entsprechende Variable um eine empirische Einheit erhöht (bei ansonsten gleichen Bedingungen). Die odd ratio ist insoweit die Relation aus dem Chancenverhältnis bei x$_j$ = m+1 und demselben bei x$_j$ = m. Gleichung (11) zeigt den Zusammenhang.[19]

$$\text{odd ratio} = \frac{p_{x_j=m+1}\big/(1-p_{x_j=m+1})}{p_{x_j=m}\big/(1-p_{x_j=m})} = e^{\beta_j} \tag{11}$$

Es wird deutlich, daß die Multiplikation des Chancenverhältnisses im Fall x$_j$ = m mit der odd ratio das Chancenverhältnis erbringt, wie es sich bei x$_j$ = m+1 darstellt. Der Vorteil der odd ratio ist, daß sie im Falle kontinuierlicher unabhängiger Variablen über den gesamten Definitionsbereich immer gleich bleibt. Ein weiterer Vorteil ist ihre leichte Berechenbarkeit: Sie ergibt sich ganz einfach als Exponen-

---

[19] Vgl. Hosmer, D.W./Lemeshow, S., a.a.O., S. 40 f.

tialform des zugehörenden β-Wertes exp (β_j). Die odd ratio hilft insoweit, die Wirkung der unabhängigen Variablen doch in einer einzigen Zahl festzuhalten. Eine odd ratio von z.B. 2 bedeutet dann, daß sich bei Erhöhung des zugehörenden x-Wertes um eine Einheit das Chancenverhältnis um den Faktor zwei verändert. War es vorher 2:1, ist es dann 4:1.

Sinnvoll ist, wenn man zusätzlich zur odd ratio ihr Konfidenzintervall betrachtet. Das Konfidenzintervall gibt an die Wertober- und -untergrenze, innerhalb derer sich die odd ratio bei vorgegebener Wahrscheinlichkeit befindet. Liegt die odd ratio über Eins (unter Eins) und liegt auch das Konfidenzintervall mit beiden Werten über Eins (unter Eins), so haben wir eine für die Ausprägung der unabhängigen Variablen bedeutsame Einflußgröße ermittelt. Dabei gibt die Distanz der odd ratio zu Eins im Fall standardisierter Variablen auch noch die relative Bedeutung der Variablen an (Je größer, desto bedeutender!).

Für unser Beispiel der drei Datenreihen sind die odd ratios und die zugehörenden Chancenverhältnisse in der nachfolgenden Tabelle 3.3 vermerkt. In den grauen Balken stehen die über den gesamten Definitionsbereich der unabhängigen Variablen gleichen odd ratios, während die nicht schraffierten Zeilen die jeweiligen Chancenverhältnisse (odds) repräsentieren.

Für die Datenreihe A ist die odd ratio nahe unendlich. Das Wahrscheinlichkeitsverhältnis verändert sich dicht um den Wert x = 3 von Null auf unendlich. Umgekehrt ist die odd ratio der Datenreihe B gleich Eins. Damit ist das Wahrscheinlichkeitsverhältnis für jede Ausprägung von x_1 immer Eins (0,5/0,5). Für die Datenreihe C ergibt sich eine odd ratio in Höhe von 3,402. Das heißt, daß sich das Wahrscheinlichkeitsverhältnis mit jeder Zunahme des Skalenwertes um eine Einheit – die Haltbarkeit wird immer bedeutsamer – immer um das 3,402 fache zu Gunsten des Kaufes der Marke M (y=1) verändert.

Tabelle 3.3: Odds und odd ratios für das Supermarktbeispiel

x_1	1	2	3	4	5
Supermarkt A odds	0	0	1	$\to \infty$	$\to \infty$
odd ratio			$\to \infty$		
Supermarkt B odds	1	1	1	1	1
odd ratio			1		
Supermarkt C odds	0,09	0,29	1,00	3,40	11,57
odd ratio			3,402		

Hinweis: Die hier angegebenen Werte für unser kleines Fallbeispiel können mit der Prozedur 'binäre logistische Regression' von SPSS 9.0 nachvollzogen werden. Verwendet man hingegen die Methode 'multinomiale logistische Regression', kommen aufgrund des anderen Vorgehens eben dieser Prozedur in einigen Punkten unterschiedliche Werte heraus. Auf die Unterschiede und ihre Ursachen wird – wie angekündigt – im Anhang eingegangen.

3.3   Fallbeispiel

3.3.1   Problemstellung

Nachfolgend wird die Logistische Regression an einem Fallbeispiel unter Anwendung des Computer-Programms SPSS 9.0 durchgeführt. Wir verwenden dabei den gleichen Datensatz und die gleiche Fragestellung, wie bei der Diskriminanzanalyse. Dadurch wird ein Ergebnisvergleich der zwei Verfahren ermöglicht sowie die Einarbeitung in den Datensatz vereinfacht.

Unser Margarinehersteller möchte wissen, wie die Margarinemarken wahrgenommen werden, d.h.
- ob signifikante Unterschiede in der Wahrnehmung verschiedener Marken bestehen und
- welche Eigenschaften für die unterschiedliche Wahrnehmung der Marken verantwortlich sind.

Zu diesem Zweck wurde eine Befragung von 18 Personen durchgeführt, wobei diese veranlaßt wurden, 11 Butter- und Margarinemarken jeweils bezüglich 10 verschiedener Variablen auf einer siebenstufigen Rating-Skala zu beurteilen (vgl. Tabelle 3.4) Da nicht alle Personen alle Marken beurteilen konnten, umfaßt der Datensatz nur 127 Markenbeurteilungen anstelle der vollständigen Anzahl von 198 Markenbeurteilungen (18 Personen · 11 Marken). Eine Markenbeurteilung umfaßt dabei die Skalenwerte der 10 Merkmalsvariablen (später Kovariatenmuster genannt!).

Von den 127 Markenbeurteilungen sind nur 92 vollständig, während die restlichen 35 Beurteilungen fehlende Werte, sog. Missing Values, enthalten. Missing Values bilden ein unvermeidliches Problem bei der Durchführung von Befragungen (z.B. weil Personen nicht antworten können oder wollen oder als Folge von Interviewerfehlern). Die unvollständigen Beurteilungen sollen in der logistischen Regression nicht berücksichtigt werden, so daß sich die Fallzahl auf 92 verringert. Zu den verschiedenen weiteren Methoden der Behandlung von Missing Values in SPSS verweisen wir auf den entsprechenden Abschnitt im Kapitel Diskriminanzanalyse und die einschlägige Literatur.

Um die Zahl der Gruppen zu vermindern, wurden die 11 Marken zu drei Gruppen (Marktsegmenten) zusammengefaßt. Die Gruppenbildung wurde durch Anwendung einer Cluster-Analyse vorgenommen. In Tabelle 3.5 ist die Zusammensetzung der Gruppen angegeben. Mittels logistischer Regression soll jetzt untersucht werden, ob und wie sich diese Gruppen unterscheiden, welche Variablen also in besonderem verantwortlich sind für die Gruppenunterschiede und damit die Unterschiede im Wettbewerb.[20]

---

[20] Da die Beurteilungen der verschiedenen Marken von denselben Personen vorgenommen werden, läßt sich gegen die Anwendung der logistischen Regression einwenden, daß die Stichproben der Gruppen (Marken-Cluster) nicht unabhängig sind. Dieses inhaltliche Problem soll hier zugunsten der Demonstration von SPSS an einem größeren Datensatz zurückgestellt werden.

Tabelle 3.4: Untersuchte Marken und Variable im Fallbeispiel

Emulsionsfette (Butter- und Margarinemarken)		Merkmalsvariablen (subjektive Beurteilungen)	
1	Becel	1	Streichfähigkeit
2	Du darfst	2	Preis
3	Rama	3	Haltbarkeit
4	Delicado	4	Anteil ungesättigter Fettsäuren
5	Holländische Markenbutter	5	Back- und Brateignung
6	Weihnachtsbutter	6	Geschmack
7	Homa	7	Kaloriengehalt
8	Flora Soft	8	Anteil tierischer Fette
9	SB	9	Vitamingehalt
10	Sanella	10	Natürlichkeit
11	Botteram		

Weiterhin kann auf Basis des Wissens um die odd ratios untersucht werden, inwieweit sich die Wettbewerbsverhältnisse zwischen den Gruppen ändern, wenn die Ausprägung einzelner Variablen verändert wird. Damit können sowohl wettbewerbsverschärfende Maßnahmen beurteilt als auch der Differenzierungsspielraum ausgelotet werden.

Tabelle 3.5 Definition der Gruppen

Marktsegmente (Gruppen)	Marken im Segment
1	Homa, Flora Soft
2	Becel, Du darfst, Rama, SB, Sanella, Botteram
3	Delicado, Holländische Markenbutter, Weihnachtsbutter

3.3.2   Dialogfelder und Einstellungsoptionen in SPSS 9.0

Der Startbildschirm der multinomialen logistischen Regression verbirgt sich hinter dem Menüpunkt 'Analysieren', Submenü 'Regression', Auswahl 'Multinomial logistisch ...'. Abb. 3.7 zeigt die aufgeklappten Fenster. In der Abbildung ebenfalls offensichtlich wird der eigene Menüpunkt für die binäre logistische Regression.

Die bereits oben angemerkten Unterschiede in den zwei angebotenen Prozeduren werden im Anhang diskutiert.

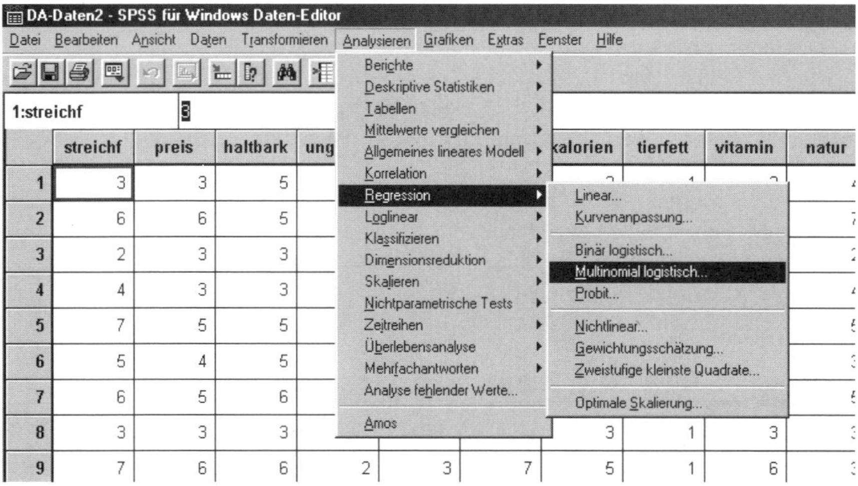

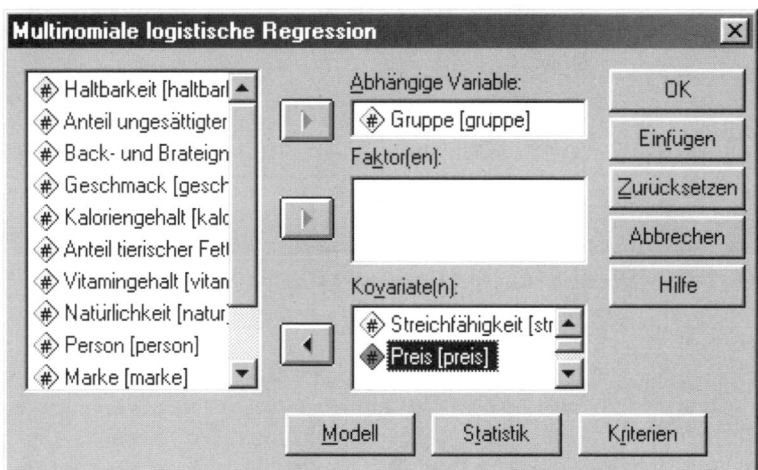

Abb. 3.7:   Die Schrittfolge zum Startmenü multinomiale logistische Regression

Das Hauptmenü der multinomialen logistischen Regression zeigt Abb. 3.8.

Abb. 3.8:   Hauptmenü der multinomialen logistischen Regression

Dem Benutzer bieten sich drei Felder zum Eintrag von Variablen und drei Schaltflächen zur Spezifikation des Outputs bzw. des Modells. Das oberste Feld verlangt nach dem Eintrag der abhängigen kategorialen Variable. Das zweite Feld mit der Bezeichnung 'Faktor(en)' ist reserviert für alle nicht metrischen unabhängigen Variablen. Das dritte Feld 'Kovariate(n)' nimmt die metrisch skalierten unabhängigen Variablen auf, die in das Modell eingehen sollen. Mit diesen drei Feldern wird die Datenbasis des zu schätzenden Modells bestimmt.

   Die Einstellungen zum Modell und zum Output werden über die Schaltflächen 'Modell', 'Statistik' und 'Kriterien' kontrolliert. Hinter dem Schaltknopf 'Modell' (Abb. 3.9) verbergen sich die Möglichkeiten zur genaueren Spezifikation des zu schätzenden Modells an sich. Dabei stehen prinzipiell drei Optionen zur Wahl: Entscheidet man sich für den Menüpunkt 'Haupteffekte', gehen tatsächlich nur die im Hauptmenü vorab ausgewählten Variablen in das Modell ein (wie sie im Fenster 'Faktoren und Kovariaten' aufgeführt sind).

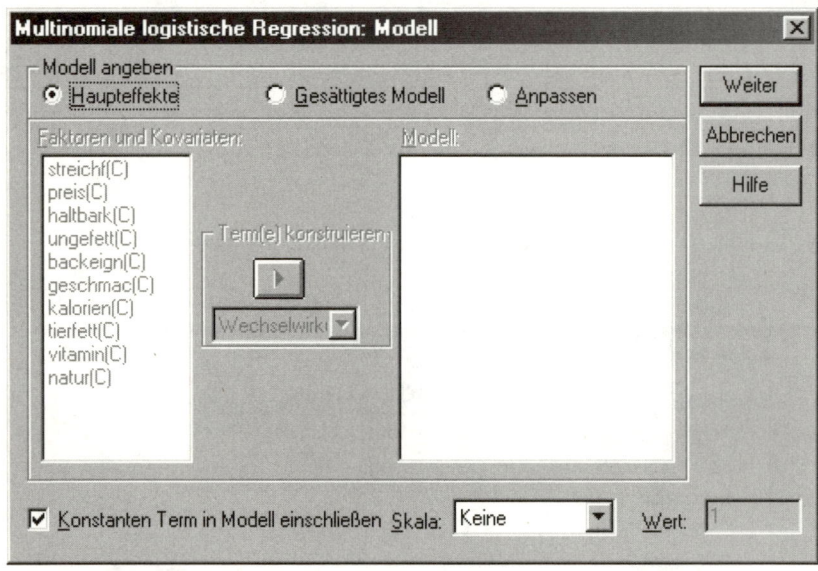

Abb. 3.9:   Dialogfeld hinter der Schaltfläche 'Modell'

Wählt man hingegen den Menüpunkt 'Gesättigtes Modell', werden auch alle möglichen Kreuzeffekte zwischen den ursprünglich bestimmten Variablen in das Modell einbezogen. Die Option 'Anpassen' eröffnet dem Benutzer die Möglichkeit, das Modell nach seinen Wünschen zu spezifizieren. So können z.B. interessierende Kreuzeffekte zwischen Variablen zusätzlich in das Modell eingebracht werden ohne jedoch ein gesättigtes Modell zu rechnen.

   Am unteren Rand kann noch gewählt werden, ob der konstante Term – das β_0 – im Modell enthalten sein soll oder nicht. Mit der Schaltfläche 'Weiter' kommt man wieder in das Hauptmenü zurück.

Die zweite Schaltfläche 'Statistik' (Abb. 3.10) ermöglicht dem Benutzer die Wahl der Auswertungen und Gütemaße für den letztendlichen Output.

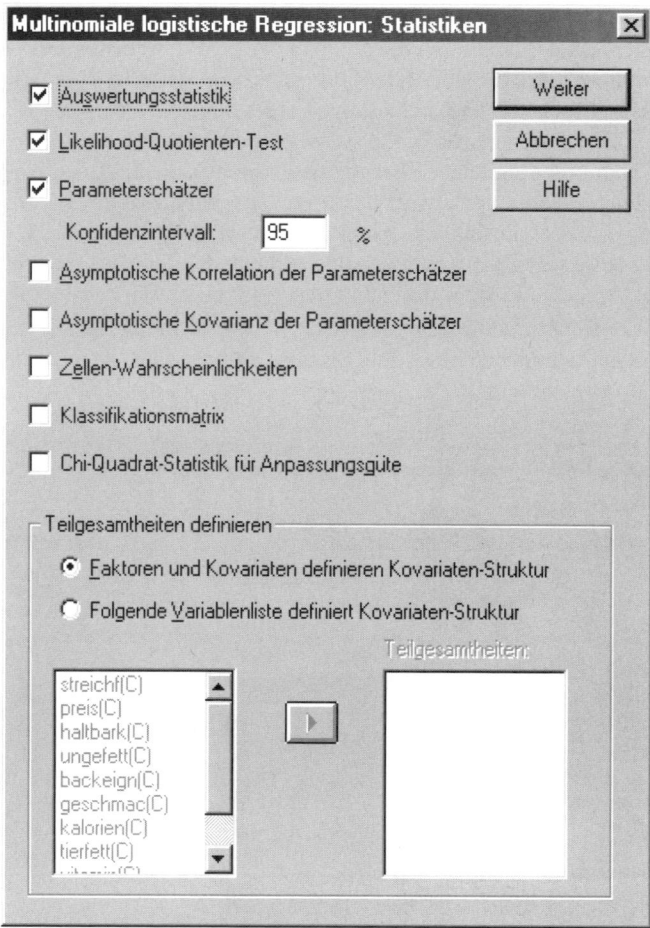

Abb. 3.10:   Dialogfeld hinter der Schaltfläche 'Statistik'

Der erste Menüpunkt 'Auswertungsstatistik' produziert drei Maße zur Gesamtbeurteilung der Güte des Modells: McFaddens-R^2, Cox and Snells-R^2 und Nagelkerkes-R^2. Die Option 'Likelihood-Quotienten-Test' entspricht dem Likelihood-Ratio-Test für jeweils eine unabhängige Variable. Insoweit wird hier informiert über den Einfluß der einzelnen Variablen zur Trennung der Gruppen. Der Menüpunkt 'Parameterschätzer' aktiviert eine Tabelle, in der die geschätzten β-Werte mit zugehörenden Standardfehlern, die Werte für die Wald-Teststatistik inklusive der Signifikanzen sowie die odd ratios mit entsprechenden Konfidenzintervallen angegeben werden (wobei die Vertrauenswahrscheinlichkeit für das Konfidenzintervall frei bestimmt werden kann). Der dritte und vierte Menüpunkt 'Asymptotische Korrelation der Parameterschätzer' und 'Asymptotische Kovarianz der Parameterschätzer' produziert jeweils eine Matrix, in der die Korrelations- bzw. Kovarianzwerte zwischen den geschätzten Parametern dargestellt werden.

Die Menüoption 'Zellen-Wahrscheinlichkeiten' läßt eine Übersicht entstehen, in der die vorhergesagten und tatsächlich beobachteten Häufigkeiten pro Gruppe pro Kovariatenmuster (absolut und relativ) gegenübergestellt werden. Zudem wird jeweils das von Hosmer und Lemeshow vorgeschlagene Pearson-Residuum berechnet. Eine Diskussion dieser Größe findet sich im Anhang.

Markiert man den Menüpunkt 'Klassifikationsmatrix', erhält man eine Tafel, in der die beobachtete und die (durch das Modell) vorhergesagte Zugehörigkeit der Beobachtungen zu den jeweiligen Gruppen vermerkt sind. Damit ist die Klassifikationsmatrix ein weiteres Instrument zur Bestimmung der Güte des Gesamtmodells.

Als letzter Menüpunkt steht die 'Chi-Quadrat-Statistik für Anpassungsgüte' zur Auswahl. Hier werden das sogenannte Pearson-χ^2 und die Devianz errechnet und jeweils auf Basis der χ^2-Verteilung ihre Signifikanz bestimmt.

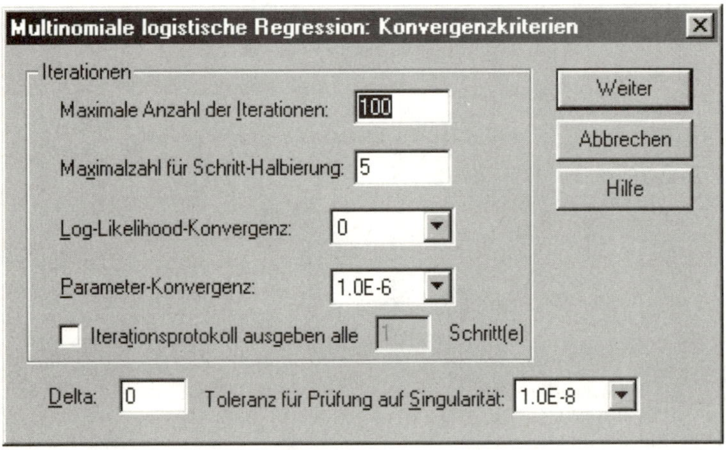

Abb. 3.11:   Dialogfeld hinter der Schaltfläche 'Kriterien'

Die dritte Schaltfläche 'Kriterien' (Abb. 3.11) gestattet es dem Benutzer, die Einstellungen für den Iterationsprozeß bei der Schätzung der β-Werte zu bestimmen. Insgesamt sind mit diesen Einstellungen das Modell und der Output spezifiziert.

Bezogen auf unseren Datensatz und den nachfolgenden Output haben wir folgende Einstellungen vorgenommen: (1) abhängige Variable = GRUPPE, (2) unabhängige Variablen = STREICHF, PREIS, HALTBARK, UNGEFETT, BACK-EIGN, GESCHMAC, KALORIEN, TIERFETT, VITAMIN, NATUR, (3) 'Modell': Haupteffekte, (4) 'Statistik': Auswertungsstatistik, Likelihood-Quotienten-Test, Parameterschätzer (Vertrauenswahrscheinlichkeit = 95%), Klassifikationsmatrix, Chi-Quadrat-Statistik für Anpassungsgüte, (5): 'Kriterien': Voreinstellungen von SPSS.

3.3.3   Ergebnisse

Als Standardoutput in SPSS 9.0 erscheinen zu Beginn drei Tafeln: Unter dem Namen 'Verarbeitete Fälle' generiert SPSS Informationen zur Zahl der akzeptierten Beobachtungen und zur Verteilung eben dieser auf die Kategorien unserer abhängigen Variablen (Tabelle 3.6). Für unseren Datensatz haben wir 92 akzeptierte Fälle (von 127), die sich im Verhältnis 19:51:22 auf die drei Gruppen verteilen.

Tabelle 3.6: Verarbeitete Fälle

		Anzahl
Gruppe	1	19
	2	51
	3	22
Gültig		92
Fehlend		35
Gesamt		127

Die zweite Tabelle 'Informationen zur Modellanpassung' liefert (a) den mit -2 multiplizierten LL-Wert des Null-Modells (183,068), (b) den mit -2 multiplizierten LL-Wert des vollständigen Modells (96,684) und (c) die Differenz der zwei Werte (86,384), die dem in Abschnitt 3.2.2 vorgestellten Likelihood-Ratio-Test entspricht (Tabelle 3.7). Folglich sind für diese Teststatistik auch die Zahl der Freiheitsgrade (20) und das Signifikanzniveau (0,000) angegeben. Allein hieraus ist bereits zu schließen, daß das Modell insgesamt eine gute Trennkraft aufweist für die Unterscheidung der Gruppen.

Tabelle 3.7: Informationen zur Modellanpassung

Modell	-2 log Likelihood	Chi-Quadrat	Freiheitsgrade	Signifikanz
Nur konstanter Term	183,068			
Endgültig	96,684	86,384	20	,000

Auf den ersten Blick verwirren könnte die Zahl der Freiheitsgrade. Sie wird jedoch sofort verständlich, wenn man sich vor Augen führt, in welcher Art und Weise die Schätzung vor sich geht: Der Fall von mehr als zwei Kategorien der abhängigen Variable führt dazu, daß nicht mehr nur ein einziger Wahrscheinlichkeitsübergang

von einer Ausprägung auf die andere geschätzt werden kann. Bei drei Gruppen –
wie es in unserem Beispiel der Fall ist – gibt es vielmehr drei Wahrscheinlichkeits-
übergänge zwischen jeweils zwei Gruppen, die zu beachten sind. Insofern müssen
statt eines Logits (wie in der binären logistischen Regression) drei Logits bestimmt
werden (vgl. Abb. 3.12).

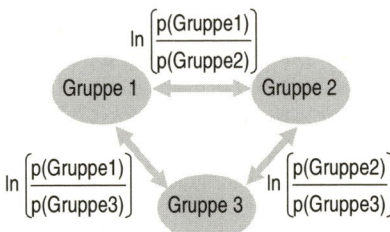

Abb. 3.12:   Der Ansatz der multinomialen logistischen Regression
am Beispiel dreier Gruppen

Daß trotz dieser Situation die Schätzung der β-Werte von nur zwei Logits hinreichend ist, ergibt sich aus folgendem Zusammenhang:

$$\ln\left(\frac{p\,(\text{Gruppe 1})}{p\,(\text{Gruppe 2})}\right) = \ln\left(\frac{p\,(\text{Gruppe 1})}{p\,(\text{Gruppe 3})}\right) - \ln\left(\frac{p\,(\text{Gruppe 2})}{p\,(\text{Gruppe 3})}\right) \qquad (12)$$

Im Drei-Gruppen-Fall ist ein Logit aus den anderen beiden herleitbar. Insoweit
schätzt SPSS nur die β-Werte der Logits einer Referenzgruppe (SPSS wählt immer
die Gruppe mit der höchsten Ordnungszahl, hier also die 3) gegen die beiden
verbleibenden Gruppen.

Damit können wir zurückkehren zur Frage der Freiheitsgrade. Es ergibt sich folgende Überlegung: Für unser Beispiel von zehn unabhängigen Variablen und drei
Gruppen müssen 22 β-Werte geschätzt werden (inklusive zwei β_0). Die Zahl 20 bei
den Freiheitsgraden ergibt sich nun daraus, daß die mitgeschätzten β_0 nicht zählen,
da der LR-Wert durch die Subtraktion der zwei LL-Werte quasi vom β_0-Effekt
befreit ist.

Neben diesen beiden Grundtabellen gibt SPSS auch noch einen Warnhinweis
aus, wenn es leere Zellen feststellt bei der Gegenüberstellung der abhängigen Vari-
ablenstufen und den im Datensatz vorhandenen Kovariatenmustern (Tabelle 3.8).

Tabelle 3.8: Warnungen

> Es gibt 178 (66,7%) Zellen (also
> abhängige Variablenstufen für
> Kovariatenmuster) mit einer
> Häufigkeit von Null.

Unter Kovariatenmuster wird verstanden eine bestimmte Kombination der Ausprägungen jeder unabhängigen Variablen $x_{i1},...,x_{ij},...,x_{ik}$. Eine Zelle wird definiert
durch eine Antwortkombination (Kovariatenmuster) und eine bestimmte Kategorie
der abhängigen Variablen (vgl. Tabelle 3.9).

Tabelle 3.9: Kovariatenmuster und Zellen in der logistischen Regression

Kovariatenmuster	Abhängige Variable		
	Gruppe 1	Gruppe 2	Gruppe 3
Muster 1	Zelle 1	Zelle 2	Zelle 3
Muster 2	Zelle 4	Zelle 5	Zelle 6
Muster ...	...	...	...

Die Notwendigkeit eines Warnhinweises liegt darin begründet, daß die logistische
Regression prinzipiell davon ausgeht, daß alle möglichen Zellen gefüllt sein sollten
(Beobachtungen enthalten sollten). Daß das für einen Datensatz so nicht zutrifft,
kann nun zwei Gründe haben: (1) die Zahl der Beobachtungen ist zu gering, (2) die
Zahl der Kovariatenmuster ist zu groß. In beiden Fällen will SPSS den Benutzer
darauf aufmerksam machen, daß eine Grundanforderung des Verfahrens eigentlich
nicht erfüllt ist und insoweit bei einigen Statistiken oder Auswertungen
unzutreffende Ergebnisse entstehen können. Mehr zu diesem Problem und den
Konsequenzen, die sich für die logistische Regression daraus ergeben, können in
den Anwendungsempfehlungen und im Anhang nachgelesen werden.

Hier ist wichtig festzustellen, daß die Warnmeldung für unseren Datensatz 178
leere Zellen ausweist. Maximal gibt es 3 Kategorien · 92 Beobachtungen = 276
mögliche Zellen. Wäre nun jede Beobachtung ein eigenes Kovariatenmuster,
müßten 184 Zellen leer sein, denn jede Beobachtung kann ja immer nur genau
einer Gruppe angehören. Vor dem Hintergrund weist die Zahl 178 darauf hin, daß
es nur sehr wenige Beobachtungen mit gleichem Kovariatenmuster gibt, die dabei
zu unterschiedlichen Gruppen gehören (Im vorliegenden Datensatz gibt es überhaupt keine!). Insoweit muß man feststellen, daß die Forderung nach Belegung
aller möglichen Antwortzellen in unserem Datensatz eklatant verletzt wird. Das
gebietet Vorsicht bei einigen Maßzahlen und Statistiken.

An vierter Stelle des Outputs erscheint eine Tabelle mit der Überschrift 'Güte der
Anpassung' (Tabelle 3.10). Hier werden ausgegeben die Werte für die Pearson χ^2-
Statistik ($\rightarrow$ Pearson = 161,69) und die Devianz ($\rightarrow$ Abweichung = 96,684). Da
beide Statistiken einer χ^2-Verteilung folgen, sind des weiteren die Freiheitsgrade

(jeweils 156) und die zugehörenden Signifikanzen angegeben. Die Zahl der Freiheitsgrade ergibt sich aus der Zahl der im Datensatz vorhandenen 89 Kovariatenmuster multipliziert mit 2 Schätzungen (Gruppe 3 vs. 1 und 3 vs. 2) abzüglich der geschätzten 22 Parameter ($2 \cdot 10$ β-Werte für die unabhängigen Variablen plus $2 \beta_0$).[21] Die Signifikanzen weisen im Fall des Pearson-Maßes auf eine schlechte Anpassung des Modells hin (0,361) während die Devianz eine gute suggeriert. Jedoch: Für unseren Datensatz ist bei beiden Gütemaßen Vorsicht geboten. Voraussetzung eines χ^2-Anpassungstests ist, daß die Zahl der Kovariatenmuster deutlich geringer ist, als die Zahl der Beobachtungen, daß also viele Befragte das gleiche Antwortenmuster aufweisen. Anderenfalls führt ein χ^2-Test zu falschen Aussagen.

Tabelle 3.10: Güte der Anpassung

	Chi-Quadrat	Freiheitsgrade	Signifikanz
Pearson	161,690	156	,361
Abweichung	96,684	156	1,000

Wie oben gezeigt werden konnte, ist die Voraussetzung eines χ^2-Tests für das Pearson-Maß und auch die Devianz bei dem vorliegenden Datensatz keinesfalls gegeben: Die Zahl der Kovariatenmuster ist fast so groß wie die Zahl der Beobachtungen (was zu einer Explosion der Freiheitsgrade führt). Entsprechend helfen die hier gegebenen Informationen nicht zur Beurteilung der Güte des Modells.

Das fünfte Element des Outputs informiert über drei verschiedene Pseudo-R-Quadrat-Maße: McFaddens-R^2, Cox und Snells-R^2 und Nagelkerkes-R^2 (Tabelle 3.11). Alle drei Größen sagen etwas über die Güte des Gesamtmodells aus.

Tabelle 3.11: Pseudo-R-Quadrat

Cox und Snell	,609
Nagelkerke	,705
McFadden	,472

[21] An dieser Stelle wird deutlich, daß das Pearson-Maß und die Devianz in dieser Prozedur nicht auf Basis der einzelnen Beobachtungen (wie bei der Prozedur zur binären logistischen Regression) berechnet werden sondern auf Basis der beobachteten Kovariatenmuster, was durchaus zu unterschiedlichen Ergebnissen führt. (Vgl. hierzu auch die Ausführungen im Anhang).

Der Wert von 0,472 beim McFadden-Maß weist auf eine hervorragende Erklärung der Gruppenzugehörigkeit durch die unabhängigen Variablen hin. Cox und Snells-R^2 funktioniert dem Grunde nach wie das McFadden-Maß. Jedoch werden hier nicht die LogLikelihoods gegenübergestellt, sondern die Likelihood-Werte. Ein weiterer Unterschied besteht darin, daß eine Gewichtung über die Fallzahl erfolgt:

$$\text{Cox and Snell} - R^2 = 1 - \left[\frac{L_0}{L_V}\right]^{\frac{2}{I}} \tag{13}$$

mit:
I = Zahl der Beobachtungen

Die Deutung der Maßzahl ist vergleichbar mit der bei McFadden: Je näher der Wert an Eins, desto besser die Erklärungskraft der Variablen insgesamt für die Gruppenzugehörigkeit. Das Problem dieser Maßgröße ist, daß sie auch im optimalen Fall nicht die Eins erreichen kann. Diesen 'Defekt' hat Nagelkerke versucht mit seiner Maßzahl zu überwinden. Er dividiert den Cox and Snell-Wert durch einen Korrekturfaktor und erreicht so, daß nunmehr nicht nur ein Wert von Eins erreicht werden kann, sondern daß die Deutung der Maßgröße auch exakt der entspricht, die wir vom Bestimmtheitsmaß bei der linearen Regression kennen: Demnach gibt Nagelkerkes-R^2 an, wieviel Varianz der abhängigen Variablen durch die betrachteten unabhängigen Variablen erklärt wird. Bezogen auf unseren Fall heißt das: 70,5% der Varianz bezüglich der Gruppenzugehörigkeit läßt sich auf die zehn Variablen zurückführen.

$$\text{Nagel ker kes} - R^2 = \frac{\text{Cox and Snells} - R^2}{1 - [L_0]^{\frac{2}{I}}} \tag{14}$$

An sechster Stelle erscheint eine Tabelle zu den Likelihood Ratio-Tests für die einzelnen Variablen (vgl. Tabelle 3.14). Für jede Variable wird der $-2 \cdot LL$-Wert des reduzierten Modells vermerkt (Sp. 2), die Differenz zum $-2 \cdot LL_V$-Wert (Sp. 3), die Zahl der Freiheitsgrade[22] (Sp. 4) und die Signifikanz eben dieser Variablen (Sp. 5). Ist die Diskrepanz zwischen den zwei Modellen groß, liegt ein hoher Erklärungsanteil der betrachteten Variablen vor. Entsprechend ist die errechnete Signifikanz nahe Null, bedeutet: die Nullhypothese, nach der die betrachtete Variable keinen Einfluß auf die Gruppentrennung hat, kann verworfen werden.

---

[22] Sie ergibt sich als Differenz der Anzahl der geschätzten Parameter zwischen dem vollständigen und dem reduzierten Modell, in diesem Fall = 2.

134   Logistische Regression

Tabelle 3.12: Likelihood-Quotienten-Tests

Effekt	-2 log Likelihood für reduziertes Modell	Chi-Quadrat	Freiheitsgrade	Signifikanz
Konstanter Term	106,258	9,573	2	,008
STREICHF	101,116	4,432	2	,109
PREIS	97,841	1,157	2	,561
HALTBARK	105,520	8,836	2	,012
UNGEFETT	100,707	4,022	2	,134
BACKEIGN	97,339	,655	2	,721
GESCHMAC	99,971	3,286	2	,193
KALORIEN	103,822	7,138	2	,028
TIERFETT	97,900	1,216	2	,544
VITAMIN	100,392	3,708	2	,157
NATUR	109,235	12,551	2	,002

Die Chi-Quadrat-Statistik stellt die Differenz der -2 log Likelihoods zwischen dem endgültigen Modell und einem reduziertem Modell dar. Das reduzierte Modell wird berechnet, indem ein Effekt aus dem endgültigen Modell weggelassen wird. Hierbei liegt die Nullhypothese zugrunde, nach der alle Parameter dieses Effekts 0 betragen.

Betrachtet man z.B. die Variable NATUR, wird der Effekt offensichtlich: Die Diskrepanz zwischen den zwei Modellen ist mit 12,551 recht groß, die Signifikanz mit 0,002 entsprechend gering. Umgekehrt wird offensichtlich, daß die Variable BACKEIGN nur einen sehr geringen Beitrag zur Trennung der Gruppen leistet. Die Diskrepanz zwischen dem Vollmodell und dem reduzierten Modell ist mit 0,655 gering, die Signifikanz mit 0,721 entsprechend hoch. Hier muß die Nullhypothese angenommen werden, daß BACKEIGN tatsächlich keine Erklärung für die Trennung der Gruppen liefert.

Die Tabelle 'Parameterschätzer' führt die geschätzten β-Werte (Sp. 2) mit zugehörenden Standardfehlern (Sp. 3), die Werte für die Wald-Teststatistik (Sp. 4) inklusive der Signifikanzen (Sp. 6) sowie die odd ratios (Sp. 7) mit entsprechenden Konfidenzintervallen (Sp. 8 u. 9) auf (vgl. Tabelle 3.16). Die zwei Blöcke 1 und 2 repräsentieren die zwei Schätzungen der Referenzgruppe 3 gegen die Gruppe 1 (Block 1) bzw. gegen die Gruppe 2 (Block 2).

Aus dieser Tabelle können die Wirkungsrichtung und -stärke der Variablen abgelesen werden. So bedeutet der β-Schätzer von −1,861 für die Variable NATUR im ersten Block, daß ein hoher Skalenwert von z.B. sechs darauf hindeutet, daß die Beobachtung eher der Referenzgruppe 3 angehört. Umgekehrt weist z.B. der positive β-Wert von 1,214 bei der Variable HALTBARK darauf hin, daß eine Beobachtung mit einem hohen Score eher der Gruppe 1 angehört. Ein β-Schätzer nahe Null signalisiert, daß die Variable – z.B. BACKEIGN für den Gruppenvergleich 3 gegen 1 – keine Trennung erlaubt. In beiden Gruppen treten sowohl hohe als auch niedrige Skalenwerte für BACKEIGN auf.

Tabelle 3.13: Parameterschätzer

Gruppe		B	Standardfehler	Wald	Freiheitsgrade	Signifikanz	Exp (B)	95% Konfidenzintervall für Exp(B)	
								Untergrenze	Obergrenze
1	Konstanter Term	4,606	3,704	1,547	1	,214			
	STREICHF	,708	,515	1,887	1	,169	2,030	,739	5,571
	PREIS	-,469	,452	1,079	1	,299	,625	,258	1,516
	HALTBARK	1,214	,678	3,202	1	,074	3,367	,891	12,728
	UNGEFETT	,523	,473	1,225	1	,268	1,687	,668	4,260
	BACKEIGN	,118	,386	,094	1	,759	1,125	,528	2,397
	GESCHMAC	-,773	,746	1,073	1	,300	,462	,107	1,993
	KALORIEN	-,979	,410	5,686	1	,017	,376	,168	,840
	TIERFETT	-,095	,245	,150	1	,698	,909	,563	1,470
	VITAMIN	,743	,570	1,697	1	,193	2,102	,688	6,427
	NATUR	-1,861	,645	8,329	1	,004	,156	4,4E-02	,550
2	Konstanter Term	8,238	3,395	5,890	1	,015			
	STREICHF	,109	,451	,058	1	,810	1,115	,461	2,699
	PREIS	-,331	,420	,619	1	,431	,719	,315	1,637
	HALTBARK	1,537	,628	5,996	1	,014	4,651	1,359	15,917
	UNGEFETT	,761	,444	2,940	1	,086	2,140	,897	5,107
	BACKEIGN	-,096	,342	,078	1	,779	,909	,465	1,777
	GESCHMAC	-1,080	,707	2,330	1	,127	,340	8,5E-02	1,359
	KALORIEN	-,820	,399	4,231	1	,040	,440	,202	,962
	TIERFETT	-,214	,227	,882	1	,348	,808	,517	1,261
	VITAMIN	,206	,521	,156	1	,693	1,229	,442	3,414
	NATUR	-1,413	,599	5,562	1	,018	,243	7,5E-02	,788

Ob aus den Schätzergebnissen tatsächlich auf die Trennkraft der Variablen geschlossen werden darf, hängt auch von der Streuung der geschätzten Parameter ab. Diese Information können wir dem Wald-Test entnehmen. Für die Variable NATUR erhalten wir einen W-Wert von 8,329 und damit eine Signifikanz von 0,004, bedeutet: Mit einer Wahrscheinlichkeit von 99,6% kann die Nullhypothese verworfen werden, daß die Variable NATUR keinen Einfluß auf die Trennung der Gruppen 3 und 1 hat. Ein ähnliches Ergebnis finden wir für die Variable HALTBARK bei einem W-Wert von 3,202 und einer Signifikanz von 0,074. Die Variable BACKEIGN weist hingegen einen Signifikanzwert von 0,759 auf. Das ist ein deutliches Signal für die geringe Trennfähigkeit dieser Variable.

Wirkungsrichtung und -stärke der Variablen offenbaren sich vor allem in den odd ratios. Ein Wert von 0,156 für die Variable NATUR besagt, daß sich bei Erhöhung des x-Wertes um eine Einheit das Chancenverhältnis p(Gruppe 1)/(p(Gruppe 3) um eben diesen Faktor verändert. War es vorher 1:1, ist es dann 0,156:1. Erhöht sich der Score in der Variable NATUR um einen weiteren Wert, verändert sich das Chancenverhältnis zu $(0,156)^2:1$. Umgekehrt sieht es im Fall der Variable HALTBARK aus. Die odd ratio von 3,367 signalisiert, daß sich das Chancenverhältnis bei einem Anstieg des Skalenwertes um Eins in etwa um das 3,4 fache zugunsten der Gruppe 1 verändert. Für die Variable BACKEIGN ergibt sich ein odd ratio von 1,125. Das weist darauf hin, daß sich das Chancenverhältnis in Abhängigkeit von der Ausprägung der Variablen kaum ändert.

Die jeweiligen Konfidenzintervalle geben den Wertebereich an, in dem sich bei gegebener Vertrauenswahrscheinlichkeit die odd ratios tatsächlich bewegen. Für die Variable NATUR zeigt sich, daß beide Grenzen unter Eins liegen. Insoweit ist der negative Einfluß auf das Chancenverhältnis mit großer Wahrscheinlichkeit zu erwarten. Nicht so gut sieht es bei der Variablen HALTBARK aus. Das Konfidenzintervall schließt auch Werte unter Eins ein. Es kann nicht mit 95%iger Vertrauenswahrscheinlichkeit gesagt werden, daß der angezeigte positive Effekt tatsächlich eintritt. Für die Variable BAECKEIGN liegt das Konfidenzintervall mit seiner Obergrenze deutlich über und der Untergrenze deutlich unter Eins. Auch hieraus ergibt sich der Hinweis auf die geringe Bedeutung der Variablen.

Vergleicht man die Ergebnisse des Blockes 1 (Gruppe 3:1) mit denen des Blockes 2 (Gruppe 3:2), kann festgestellt werden, daß bei allen Variablen (abgesehen von BACKEIGN) die Wirkungsrichtung gleich ist, häufig finden sich sogar Parameter mit ähnlichen Werten. Die größte Differenz ergibt sich bezüglich STREICHF. Das kann als Hinweis darauf gedeutet werden, daß sich vor allem bezüglich dieser Variablen die Gruppen 1 und 2 trennen lassen. Um dies zu überprüfen, müssen die β-Werte für den Wahrscheinlichkeitsübergang von Gruppe 1 zu Gruppe 2 bestimmt werden. Dies erfolgt in Anlehnung an Gleichung (12) ganz einfach durch Subtraktion der bereits bekannten β-Schätzer nach der Formel $\beta_j(2 \text{ vs. } 1) = \beta_j(3 \text{ vs. } 1) - \beta_j(3 \text{ vs. } 2)$. Für die Variable STREICHF bedeutet das ein $\beta_j(2 \text{ vs. } 1)$ von 0,599 (= 0,708 – 0,109).

Ein einfacher Weg zur Bestimmung der β-Werte der nicht betrachteten Gruppenkombination besteht in einer Umkodierung der Gruppenbezeichnung. Tauscht man die Kodierung von Gruppe 2 mit der von Gruppe 3, wird nunmehr die alte Gruppe 2 von SPSS als Referenz der Schätzung benutzt. Insoweit erhalten wir die Schätzergebnisse 2(alt) vs. 1 und 2(alt) vs. 3 (alt). Der Vorteil dieser Vorgehensweise ist, daß zugleich die Signifikanzen angegeben werden (und nicht 'per Hand' berechnet werden müssen). Für die Streichfähigkeit ergibt sich im Fall 2(alt) vs. 1 ein W-Wert von 3,499 und eine Signifikanz von 0,061. Unsere Vermutung bezüglich des Einflusses auf die Trennung der betrachteten Gruppen kann bestätigt werden.

Tabelle 3.14: Klassifikation

Beobachtet	Vorhergesagt			
	1	2	3	Prozent richtig
1	6	12	1	31,6%
2	4	45	2	88,2%
3	1	2	19	86,4%
Prozent insgesamt	12,0%	64,1%	23,9%	76,1%

Das letzte Tableau des Outputs zeigt die sogenannte Klassifikationsmatrix (vgl. Tabelle 3.14). Hier werden pro Gruppe in den Zeilen die beobachtete und in den Spalten die geschätzte Gruppenzugehörigkeit[23] abgetragen. Entsprechend stehen die korrekt klassifizierten Fälle auf der Hauptdiagonalen. Die verbleibenden Zellen offenbaren die Fehlklassifikationen. Hieraus werden in den Zeilen Trefferquoten errechnet. Für unser Beispiel können wir erkennen, daß 31,6% der tatsächlich zur Gruppe 1 gehörenden Beobachtungen korrekt klassifiziert wurden. Für die Gruppe 2 ergibt sich eine Erfolgsquote von 88,2%, für die Gruppe 3 eine solche von 86,4%. Insgesamt sind damit 76,1% der Beobachtungen korrekt klassifiziert worden.

Diesen Wert kann man vergleichen mit derjenigen Trefferquote, die man bei zufälliger Zuordnung der Beobachtungen unter Beachtung der Gruppenstärken erwarten kann. Ausgehend von einer Verteilung der Beobachtungen auf die Gruppen von 19:51:22 ist eine Trefferquote von 55,4% (= 51/92) zu erwarten. Daß die Trefferquote auf Basis unseres Modells deutlich höher ausgefallen ist, können wir als weiteren Hinweis für die Modellgüte ansehen.

Insgesamt hat sich gezeigt, daß die drei Gruppen sehr wohl Unterschiede aufweisen. Als trennende Kriterien zwischen den Gruppen 1 und 3 bzw. 2 und 3 haben sich vor allem die Variablen HALTBARK, KALORIEN und NATUR herauskristallisiert. Für die Trennung der Gruppen 1 und 2 sind vor allem die Variablen STREICHF und VITAMIN verantwortlich. Auch offensichtlich ist geworden, daß die Gruppe 3 von den anderen zwei Gruppen deutlich besser getrennt ist, als die Gruppen 1 und 2. Damit soll das Fallbeispiel abgeschlossen sein.

3.4   Anwendungsempfehlungen

Anforderungen an das Datenmaterial
- Die Fallzahl sollte pro Gruppe (= eine Ausprägung der abhängigen Variablen) nicht kleiner als 25 sein.
- Eine größere Zahl an unabhängigen Variablen verlangt auch nach höheren Beobachtungszahlen pro Gruppe.
- Die unabhängigen Variablen sollten weitgehend frei von Multikollinearität sein. (keine linearen Abhängigkeiten, vgl. Kapitel 1)
- Es sollte keine Autokorrelation vorliegen, das heißt, die Beobachtungen y_i sollten unabhängig voneinander sein. (vgl. Kapitel 1)
- Der logistische Wahrscheinlichkeitsverlauf sollte für die Fragestellung auch auf seine Plausibilität geprüft werden.

---

[23] Die Bestimmung der Gruppenzugehörigkeit auf Basis der Schätzung erfolgt derart, daß eine Beobachtung immer der Gruppe zugeordnet wird, für die sich die größte Wahrscheinlichkeit ergibt (zur Berechnung vgl. Urban, D., a.a.O., S. 77).

Schätzung der β-Werte

– Um im multinomialen Fall auch die β-Schätzer inklusive der zugehörenden Signifikanzen der von SPSS nicht geschätzten Logits zu erhalten, wird eine Umkodierung der Gruppenbezeichnung empfohlen.

– Es ist zu beachten, daß bei einer Kodierung der Ausprägungen der abhängigen Variablen mit Null und Eins die Prozedur zur binären logistischen Regression die Gruppe Null als Referenzkategorie wählt, während jene zur multinomialen logistischen Regression stets die Gruppe mit der höchsten Kodierung – hier die Gruppe Eins – als Referenz setzt. Insoweit unterscheiden sich die geschätzten Parameter in ihrem Vorzeichen, jedoch nicht in ihrem Betrag.

Gütemaße

– Der Likelihood-Ratio-Test zur Beurteilung der Signifikanz des Gesamtmodells ist unabhängig von der Struktur des Datensatzes immer geeignet.

– Die Devianz und die Pearson χ^2-Statistik zur Beurteilung der Güte des Gesamtmodells sind nur unter bestimmten Voraussetzungen zulässig und auf eine bestimmte Art und Weise zu ermitteln (die Erklärung hierfür findet sich im Anhang):

  – Unabhängig davon, ob die abhängige Variable zwei oder mehr Ausprägungen aufweist, sollten die beiden Maße nur mit der multinomialen Prozedur ermittelt werden.

  – Nur wenn die Zahl der Kovariatenmuster deutlich kleiner ist als die Zahl der Beobachtungen, ist für die Devianz und das Pearson-χ^2 ein Signifikanztest auf Basis der χ^2-Verteilung zulässig.

  – Ist die Zahl der Kovariatenmuster in etwa gleich groß wie die Zahl der Beobachtungen, sollte das von Hosmer und Lemeshow vorgeschlagene modifizierte Pearson χ^2-Maß $\hat{C}$ berechnet und die Signifikanz bestimmt werden. Für den Fall eines multinomialen Modells setzt das eine Zerlegung in mehrere binäre Modelle voraus, da die $\hat{C}$-Statistik von SPSS nur in der binären Prozedur angeboten wird.

– Generell wird eine Ausreißerdiagnostik auf Basis der Pearson-Residuen pro Beobachtung empfohlen. Im Fall eines multinomialen Modells muß wiederum eine Zerlegung in mehrere binäre Modelle erfolgen, da SPSS 9.0 die Bestimmung der Residuen pro Beobachtung nur in der binären Prozedur zur Verfügung stellt.

3.5   Anhang

Zu Beginn dieses Kapitels haben wir bereits darauf hingewiesen, daß SPSS 9.0 in seiner binären und seiner multinomialen Prozedur zum Teil ein anderes Vorgehen wählt und entsprechend unterschiedliche Ergebnisse produziert. Das ist insoweit irritierend, als die binäre logistische Regression lediglich einen Spezialfall der multinomialen logistischen Regression darstellt. Aus diesem Grunde sollen die Ursachen für die Unterschiede etwas genauer beleuchtet werden.

Jede Beobachtung i innerhalb eines Datensatzes ist charakterisiert durch eine bestimmte Kombination von Ausprägungen (Kovariatenmuster) der betrachteten unabhängigen Variablen x_{i1}, x_{i2}, ..., x_{ik}. Da es durchaus möglich ist, daß mehrere Befragte bezüglich aller Items dieselbe Antwort gegeben haben, kann in einem Datensatz ein Kovariatenmuster auch mehrmals vertreten sein. Im Fall weniger kategorialer unabhängiger Variablen und einer großen Beobachtungszahl wird dies eintreten. Ist J die Anzahl der unterschiedlichen Kovariatenmuster und I die Anzahl der Beobachtungen, so gilt $J \leq I$.

Während die Prozedur zur binären logistischen Regression bei der Berechnung bestimmter Gütemaße die einzelnen Beobachtungen zugrunde legt, werden von der Prozedur zur multinomialen logistischen Regression Beobachtungen mit demselben Kovariatenmuster gemeinsam betrachtet, d.h. Basis der Berechnung sind nicht mehr die Beobachtungen sondern die Kovariatenmuster.

Deutlich wird dieser Unterschied, wenn wir die sogenannte Pearson χ^2-Statistik betrachten.[24] Basierend auf den einzelnen Beobachtungen ist sie definiert als die Summe über alle quadrierten Pearson-Residuen $r(y_i, p(y_i=1))$, i=1, ..., I, (vgl. Gleichung (9)), d.h.

$$X^2 = \sum_{i=1}^{I} r(y_i, p(y_i = 1))^2 = \sum_{i=1}^{I} \frac{(y_i - p(y_i = 1))^2}{p(y_i = 1) \cdot (1 - p(y_i = 1))} \qquad (15)$$

X^2 folgt näherungsweise einer χ^2-Verteilung mit I-k-1 Freiheitsgraden. Wie bereits in Abschnitt 3.2.3 beschrieben, weisen große Summanden auf große Fehler hin. Gibt es nun viele Beobachtungen, bei denen ein großer Fehler auftritt, nimmt X^2 einen hohen Wert an. Insoweit signalisieren hohe X^2-Werte eine schlechte und niedrige Werte eine gute Modellanpassung.

Zur Definition der Pearson χ^2-Statistik auf Basis der Kovariatenmuster ist die Einführung weiterer Variablen erforderlich. Es seien im folgenden m_j (j=1, ..., J) die Anzahl aller Beobachtungen, die durch ein bestimmtes Kovariatenmuster j gekennzeichnet sind, sowie t_j (j=1, ..., J) die Anzahl der Beobachtungen mit dem Kovariatenmuster j und y=1. Weiterhin sei p_j die Wahrscheinlichkeit, daß die abhängige Variable y für das Kovariatenmuster j den Wert 1 aufweist. Das Pearson-Residuum bezüglich eines Kovariatenmusters j ist dann wie folgt definiert[25]:

$$\tilde{r}(t_j, p_j) = \frac{t_j - m_j \cdot p_j}{\sqrt{m_j \cdot p_j \cdot (1 - p_j)}} \qquad (16)$$

---

[24] Dieses Maß wird bei der binären logistischen Regression in SPSS 9.0 als 'Goodness of Fit' bezeichnet. In der Literatur findet sich dieses Maß z.B. bei Krafft, M., a.a.O., S. 630.

[25] Vgl. Hosmer, D.W./Lemeshow, S., a.a.O., S. 138.

Demzufolge berechnet sich die Pearson χ^2-Statistik auf Basis der Kovariatenmuster gemäß

$$\tilde{X}^2 = \sum_{j=1}^{J} \tilde{r}(t_j, p_j)^2 = \sum_{j=1}^{J} \frac{(t_j - m_j \cdot p_j)^2}{m_j \cdot p_j \cdot (1 - p_j)} \tag{17}$$

$\tilde{X}^2$ ist asymptotisch χ^2-verteilt mit J-k-1 Freiheitsgraden. Genau wie bei X^2 weisen große Werte für $\tilde{X}^2$ auf eine schlechte und kleine Werte auf eine gute Modellanpassung hin. Tabelle 3.15 zeigt beispielhaft die Berechnung von $r(y_i, p(y_i=1))$ und Tabelle 3.16 diejenige von $\tilde{r}(t_j, p_j)$ für die Datenreihe C aus dem zu Beginn des Kapitels vorgestellten Supermarktbeispiel:

Tabelle 3.15: Berechnung von $r(y_i, p(y_i=1))$

i	1	2	3	4	5	6	7	8	9	10
x_{i1}	1	2	4	2	1	5	4	2	4	5
y_i	0	0	0	0	0	1	1	1	1	1
$p(y_i=1)$	0,08	0,23	0,77	0,23	0,08	0,92	0,77	0,23	0,77	0,92
$r(y_i,p(y_i=1))$	-0,29	-0,54	-1,84	-0,54	-0,29	0,29	0,54	1,84	0,54	0,29

Tabelle 3.16: Berechnung von $\tilde{r}(t_j, p_j)$

j	$x_1=1$	$x_1=2$	$x_1=4$	$x_1=5$
m_j	2	3	3	2
t_j	0	1	2	2
p_j	0,08	0,23	0,77	0,92
$r(t_j,y_j)$	-0,42	0,44	-0,44	0,42

Damit ergibt sich für X^2 ein Wert von 8,32 bei 8 Freiheitsgraden und ein Signifikanzniveau von 0,40. $\tilde{X}^2$ weist einen Wert von 0,73 bei 2 Freiheitsgraden und ein Signifikanzniveau von 0,69 auf. Insoweit deutet $\tilde{X}^2$ auf eine bessere Anpassung des Modells hin als X^2.

Zur Beurteilung der beiden Vorgehensweisen ist es nützlich, sich eine zentrale Anforderung an eine χ^2-Statistik vor Augen zu führen. Damit von einer χ^2-Verteilung der Teststatistik ausgegangen werden kann, muß die Anzahl der erwarteten absoluten Häufigkeiten einer jeden Zelle 'groß' sein. Eine Zelle ist bei X^2 definiert durch eine Beobachtung, bei $\tilde{X}^2$ dagegen durch ein Kovariatenmuster. Demnach kann diese Anforderung von X^2 niemals und von $\tilde{X}^2$ lediglich dann erfüllt werden, wenn die Anzahl der Beobachtungen I deutlich größer ist als die Anzahl der verschiedenen Kovariatenmuster J (und auf jedes Kovariatenmuster auch tatsächlich mehrere Beobachtungen entfallen).

Aus diesem Grund sind bei Verletzung dieser Forderung die aus der entsprechenden χ^2-Verteilung abgeleiteten Signifikanzniveaus mit großer Vorsicht zu interpretieren. Ist J ≈ I, d.h. jedes Kovariatenmuster ist nahezu ein Unikat, so erfüllt auch $\tilde{X}^2$ nicht mehr die Anforderung – wie bei X^2 explodiert die Anzahl der Freiheitsgrade.

Generell schlagen Hosmer und Lemeshow für den Fall J ≈ I ein modifiziertes Pearson χ^2-Maß $\hat{C}$ vor.[26] Sie betrachten nicht mehr jede Beobachtung bzw. jedes Kovariatenmuster für sich. Vielmehr werden die Beobachtungen entlang ihrer geschätzten Wahrscheinlichkeitswerte in zehn gleich große Gruppen unterteilt. Die Abweichung zwischen den beobachteten y-Ausprägungen und den errechneten Wahrscheinlichkeiten (für das Eintreten der tatsächlichen Ausprägung) wird gruppenweise bestimmt (wobei der gleiche Gewichtungsmechanismus wie bei der Pearson χ^2-Statistik zum Einsatz kommt[27]). Die zehn Ergebnisse werden sodann zu einem Wert aufaddiert[28] (Gleichung (18)).

$$\hat{C} = \sum_{g=1}^{h} \frac{(o_g - n_g \cdot \overline{p}_g)^2}{n_g \cdot \overline{p}_g \cdot (1 - \overline{p}_g)} \tag{18}$$

mit:

g = Laufindex für die Gruppen (g=1, 2, ..., h)
n_g = Zahl der Mitglieder in Gruppe g
o_g = Zahl der Mitglieder in Gruppe g mit dem Wert 1 der abhängigen Variable
$\overline{p}_g$ = Mittelwert der geschätzten Wahrscheinlichkeit p(y$_i$=1) über die Mitglieder
    der Gruppe g

Die Verteilung der Teststatistik folgt näherungsweise einer χ^2-Verteilung mit h-2 Freiheitsgraden (h = 10 = Anzahl der Gruppen). Nach Hosmer und Lemeshow wird ein derart modifiziertes Pearson-Maß $\hat{C}$ zu einem echten Prüfstein für die Güte des Modells. Dabei sagen sie selbst, daß bereits Signifikanzwerte von z.B. 0,7 als gut zu bezeichnen sind. Für unser Supermarktbeispiel ist ihr Maß jedoch nicht sinnvoll anwendbar. Der Grund liegt in unserer geringen Zahl von zehn Beobachtungen. Die zehn zu bildenden Gruppen wären jeweils nur mit einer Beobachtung besetzt. Das widerspricht (wie beschrieben) der Basisannahme einer χ^2-Statistik.

Die Auswahl der Prozedur zur logistischen Regression hat jedoch nicht nur Konsequenzen für das Pearson χ^2-Maß, sondern auch für die Devianz. Auf Basis der Kovariatenmuster ist diese wie folgt definiert:[29]

---

[26] Vgl. Hosmer, D.W./Lemeshow, S., a.a.O., S. 140 ff.

[27] Vgl. zur Erklärung des Gewichtungsmechanismus die Ausführungen zu den Pearson-Residuen in Abschnitt 3.2.3.

[28] Das Maß $\hat{C}$ von Hosmer und Lemeshow steht in SPSS nur im Rahmen der Prozedur zur binären logistischen Regression zur Verfügung.

[29] Vgl. Hosmer, D.W./Lemeshow, S., a.a.O., S. 138.

$$D = \sum_{j=1}^{J} d(t_j, p_j)^2 \qquad (19)$$

mit:

$$d(t_j, p_j) = \pm \left[2 \cdot \left[t_j \cdot \ln\left(\frac{t_j}{m_j \cdot p_j} \right) + (m_j - t_j) \cdot \ln\left(\frac{m_j - t_j}{m_j \cdot (1 - p_j)} \right) \right] \right]^{\frac{1}{2}} \qquad (20)$$

D ist wie $\tilde{X}^2$ asymptotisch χ^2-verteilt mit J-k-1 Freiheitsgraden. Für die Datenreihe C unseres Supermarktbeispiels beträgt die Devianz 1,015 bei 2 Freiheitsgraden und einem Signifikanzniveau von 0,602.[30]

Wird dagegen jede Beobachtung einzeln betrachtet, ist die Devianz gleich -2·LL (vgl. Abschnitt 3.2.2). Dieser Zusammenhang zwischen Gleichung (19) und dem maximierten LogLikelihoodwert LL läßt sich zeigen, indem wir annehmen, daß jedes Kovariatenmuster genau einmal auftritt. Dann ist J = I und man betrachtet implizit jede Beobachtung einzeln. In diesem Fall ist $m_j = 1$ und t_j entweder 0 oder 1. Für $t_j = 0$ ist

$$d(t_j, p_j) = -\left[2 \cdot \ln\left(\frac{1}{1 - p_j} \right) \right]^{\frac{1}{2}}$$

und für $t_j = 1$ ist

$$d(t_j, p_j) = +\left[2 \cdot \ln\left(\frac{1}{p_j} \right) \right]^{\frac{1}{2}}$$

Da jedes Kovariatenmuster genau einer Beobachtung zuzuordnen ist, können $p_j = p(y_i = 1)$ und $t_j = y_i$ für j = i gesetzt werden. D.h. für $y_i = 0$ ist

$$d(t_j, p_j)^2 = d(y_i, p(y_i = 1))^2 = 2 \cdot \ln\left(\frac{1}{1 - p(y_i = 1)} \right) = -2 \cdot \ln(1 - p(y_i = 1))$$

und für $y_i = 1$ ist

$$d(t_j, p_j)^2 = d(y_i, p(y_i = 1))^2 = 2 \cdot \ln\left(\frac{1}{p(y_i = 1)} \right) = -2 \cdot \ln(p(y_i = 1))$$

---

[30] Die Einwände gegen die Verwendung der Pearson χ^2-Statistik gelten für die Devianz analog.

Demzufolge ergibt sich für die Devianz bei J = I:

$$D = \sum_{j=1}^{J} d(t_j, p_j)^2 = \sum_{i=1}^{I} d(y_i, p(y_i = 1))^2$$

$$= \sum_{y_i=1} -2 \cdot \ln(p(y_i = 1)) + \sum_{y_i=0} -2 \cdot \ln(1 - p(y_i = 1))$$

$$= -2 \cdot \left(\sum_{y_i=1} \ln(p(y_i = 1)) + \sum_{y_i=0} \ln(1 - p(y_i = 1)) \right)$$

$$= -2 \cdot LL$$

Des weiteren läßt sich zeigen, daß auch für J < I die Devianz gleich −2·LL ist, wenn alle Beobachtungen mit gleichem Kovariatenmuster dieselbe Ausprägung der abhängigen Variablen aufweisen, d.h. es muß gelten $t_j = 0$ oder $t_j = m_j$ für alle j. Die Konsequenz dieser Erkenntnis ist, daß sich bei gleichen Devianz-Werten ein Widerspruch in der Zahl der Freiheitsgrade ergibt: (J−k−1) < (I−k−1). Dies dürfte der Grund dafür sein, daß in SPSS 9.0 bei der Prozedur 'binäre logistische Regression' auf die Bestimmung der Signifikanz von −2·LL verzichtet wird.[31]

Ein weiterer Unterschied der beiden Prozeduren offenbart sich beim Vergleich der Werte für −2·LL. Die LogLikelihood-Funktion innerhalb der Prozedur zur multinomialen logistischen Regression enthält im Gegensatz zu der Prozedur bei der binären logistischen Regression eine zusätzliche, von den zu schätzenden Parametern unabhängige Konstante.[32] Wenn die Anzahl der Kovariatenmuster gleich der Anzahl der Beobachtungen ist (J = I), ist diese Konstante Null und man erhält bei der Anwendung beider Prozeduren für −2·LL dieselben Werte. Diese Konstante hat jedoch weder Auswirkungen auf die Schätzung der Parameter noch auf die Gütemaße, die durch die Differenz der LL-Werte respektive den Quotienten der Werte der Likelihoodfunktion zweier unterschiedlicher Modelle bestimmt werden.

---

[31] Unter den hier beschriebenen Voraussetzungen der Identität von Devianz und −2·LL sind auch die Werte für X^2 und $\tilde{X}^2$ gleich.

[32] Vgl. Norusis, M.J./SPSS Inc., SPSS Regression Models 9.0, Chicago 1999, S. 70 und dieselben, SPSS Regression Models 10.0, Chicago 1999, S. 45 u. S. 72.

3.6   Literaturhinweise

Ben-Akiva, M. / Lerman, S.R. (1985): Discrete Choice Analysis, Cambridge, MASS/London, England.

Hosmer, D.W. / Lemeshow, S. (1989): Applied Logistic Regression. Wiley Series in Probability and Mathematical Statistics, New York u.a.

Krafft, M. (1997): Der Ansatz der Logistischen Regression, in: Zeitschrift für Betriebswirtschaft, 67. Jg., H. 5/6, S. 636-641.

Norusis, M.J./SPSS Inc. (1999): SPSS Regression Models 9.0, Chicago.

Norusis, M.J./SPSS Inc. (1999): SPSS Regression Models 10.0, Chicago.

Steinberg, D. / Colla, P. (1997): Logistic Regression, in: New Statistics, Software Documentation SYSTAT 7.0, USA.

Urban, D. (1993): Logit-Analyse. Statistische Verfahren zur Analyse von Modellen mit qualitativen Response-Variablen, Stuttgart, Jena, New York.

4 Diskriminanzanalyse

4.1   Problemstellung

Die Diskriminanzanalyse ist ein multivariates Verfahren zur *Analyse von Gruppen-unterschieden*. Sie ermöglicht es, die Unterschiedlichkeit von zwei oder mehreren Gruppen hinsichtlich einer Mehrzahl von Variablen zu untersuchen[1], um Fragen folgender Art zu beantworten:

- *"Unterscheiden sich die Gruppen signifikant voneinander hinsichtlich der Variablen?"*
- *"Welche Variablen sind zur Unterscheidung zwischen den Gruppen geeignet bzw. ungeeignet?"*

Beispielsweise kann es sich bei den Gruppen um Käufer verschiedener Marken, Wähler verschiedener Parteien oder Patienten mit verschiedenen Symptomen handeln. Untersuchen läßt sich sodann mittels Diskriminanzanalyse, ob sich die jeweiligen Gruppen hinsichtlich soziodemographischer, psychographischer oder sonstiger Variablen unterscheiden und welche dieser Variablen zur Unterscheidung besonders geeignet oder ungeeignet sind.

Die Anwendung der Diskriminanzanalyse erfordert, daß Daten für die *Merk-malsvariablen* der Elemente (Personen, Objekte) und deren *Gruppenzugehörigkeit* vorliegen.

Die Diskriminanzanalyse gehört, wie z.B. auch die Regressionsanalyse oder die Varianzanalyse, zur Klasse der *strukturen-prüfenden Verfahren*. Während die Merkmalsvariablen der Elemente metrisch skaliert sein müssen, läßt sich die Gruppenzugehörigkeit durch eine nominal skalierte Variable (Gruppierungs-variable) ausdrücken. Die Diskriminanzanalyse läßt sich damit formal als ein Verfahren charakterisieren, mit dem die *Abhängigkeit einer nominal skalierten Variable* (der Gruppierungsvariable) *von metrisch skalierten Variablen* (den Merkmalsvariablen der Elemente) untersucht wird.

Während die Analyse von Gruppenunterschieden primär wissenschaftlichen Zwecken dient, ist ein weiteres Anwendungsgebiet der Diskriminanzanalyse von unmittelbarer praktischer Relevanz. Es handelt sich hierbei um die Bestimmung oder *Prognose der Gruppenzugehörigkeit* von Elementen (Klassifizierung). Die Fragestellung lautet:

"In welche Gruppe ist ein "neues" Element, dessen Gruppenzugehörigkeit nicht bekannt ist, aufgrund seiner Merkmalsausprägungen einzuordnen?"

Ein illustratives, wenn auch in der praktischen Durchführung nicht ganz unpro-blematisches *Anwendungsbeispiel* bildet die Kreditwürdigkeitsprüfung[2]. Die

---

[1] Will man prüfen, ob sich zwei Gruppen (Stichproben) hinsichtlich nur eines einzigen Merkmals signifikant unterscheiden, so kann dies durch einen t-Test, und bei mehr als zwei Gruppen mittels Varianzanalyse erfolgen (vgl. dazu Kapitel 2).

[2] Problematisch für die Anwendung der Diskriminanzanalyse bei der Kreditwürdig-keitsprüfung ist, daß die Datenbasis immer vorselektiert ist und daher in der Regel weit

Kreditkunden einer Bank lassen sich nach ihrem Zahlungsverhalten in "gute" und "schlechte" Fälle einteilen. Mit Hilfe der Diskriminanzanalyse kann sodann geprüft werden, hinsichtlich welcher Variablen (z.B. Alter, Familienstand, Einkommen, Dauer des gegenwärtigen Beschäftigungsverhältnisses oder der Anzahl bereits bestehender Kredite) sich die beiden Gruppen signifikant unterscheiden. Auf diese Weise läßt sich ein Katalog von relevanten (diskriminatorisch bedeutsamen) Merkmalen zusammenstellen. Die Diskriminanzanalyse ermöglicht es weiterhin, die Kreditwürdigkeit neuer Antragsteller zu überprüfen, wobei, wie noch zu zeigen ist, im Modell der Diskriminanzanalyse die Wahrscheinlichkeit einer *Fehlklassifikation* minimiert wird.

In jüngerer Zeit hat man versucht, alternativ zur Diskriminanzanalyse das Problem der Kreditwürdigkeitsprüfung mit Hilfe Neuronaler Netze (einer Methode der künstlichen Intelligenz) zu behandeln und hat damit der Diskriminanzanalyse vergleichbare Ergebnisse erzielt.[3]

Ein ganz ähnliches Problem, wie bei der Kreditwürdigkeitsprüfung, stellt sich z.B. auch dem Personalberater oder der Zulassungsbehörde, der (die) die Erfolgsaussichten von Bewerbern zu beurteilen hat;[4] oder dem Arzt, der eine Frühdiagnose stellen muß; oder dem Archäologen, der einen Schädel gefunden hat und jetzt klären möchte, zu welchem Volksstamm sein Träger wohl gehört haben mag. In Tabelle 4.1 sind einige Anwendungsbeispiele der Diskriminanzanalyse mit Angabe der jeweiligen Gruppierungsvariable und den Merkmalsvariablen zusammengestellt[5].

Die Diskriminanzanalyse unterscheidet sich hinsichtlich ihrer Problemstellung grundsätzlich von sog. taxonomischen (gruppierenden) Verfahren, wie der Clusteranalyse, die von ungruppierten Daten ausgehen. Durch die Clusteranalyse werden Gruppen *erzeugt*, durch die Diskriminanzanalyse dagegen werden vorgegebene Gruppen *untersucht*. Beide Verfahren können sich damit sehr gut ergänzen.

In beiden Problembereichen wird von Klassifizierung gesprochen, wobei der Begriff mit unterschiedlicher Bedeutung verwendet wird. Zum einen wird damit die *Bildung von Gruppen* (Taxonomie), zum anderen die *Einordnung von Elementen*

---

weniger "schlechte" als "gute" Fälle enthalten wird. Vgl. hierzu z.B.: Häußler, W.M. (1979): Empirische Ergebnisse zu Diskriminationsverfahren bei Kreditscoringsystemen, in: Zeitschrift für Operations Research, Band 23, 1979, Seite B191-B210.

[3] Vgl. dazu Erxleben, K. / Baetge, J. / Feidicker, M. / Koch, H. / Krause, C. / Mertens, P. (1992): Klassifikation von Unternehmen - Ein Vergleich von neuronalen Netzen und Diskriminanzanalyse, in: Zeitschrift für Betriebswirtschaft, H. 11, S. 1237-1262; Wilbert, R. (1991): Kreditwürdigkeitsprüfung im Konsumentenkreditgeschäft auf der Basis Neuronaler Netze, in: Zeitschrift für Betriebswirtschaft, H12, S. 1377-1393.

[4] Vgl. hierzu Humme, U. (1987): Die Bestimmung von Kriterien zur Auswahl von Außendienstmitarbeitern, Eine Empirische Untersuchung am Beispiel des Pharmaberaters, Bochum.

[5] Auf zahlreiche Anwendungen der Diskriminanzanalyse verweist Lachenbruch, P.A. (1975): Discriminant Analysis, London. Eine Bibliographie zu Anwendungen der Diskriminanzanalyse im Marketing-Bereich findet sich in: Green, P.E. / Tull, D.S. (1988): Research for Marketing Decisions, 5. Aufl., Englewood Cliffs (NJ).

in vorgegebene Gruppen gemeint. Im Rahmen der Diskriminanzanalyse findet er mit letzterer Bedeutung Verwendung.

Tabelle 4.1:   Anwendungsbeispiele der Diskriminanzanalyse

Problemstellung	Gruppierung	Merkmalsvariablen
Prüfung der Kredit- würdigkeit	Risikoklasse: -hoch -niedrig	Soziodemographische Merkmale (Alter, Ein- kommen etc.), Anzahl weiterer Kredite, Beschäftigungsdauer etc.
Auswahl von Außen- dienstmitarbeitern	Verkaufserfolg -hoch -niedrig	Ausbildung, Alter, Persönlichkeitsmerkmale, Körperliche Merkmale etc.
Analyse der Markenwahl beim Autokauf	Marke: -Mercedes -BMW -Audi etc.	Einstellung zu Eigenschaf- ten von Autos, z.B.: Aussehen, Straßenlage, Geschwindigkeit, Wirtschaftlichkeit etc.
Wähleranalyse	Partei: -CDU -SPD -FDP -Grüne	Einstellung zu politischen Themen wie Abrüstung, Atomenergie, Tempolimit, Besteuerung, Wehrdienst, Mitbestimmung etc.
Diagnose bei Atemnot von Neugeborenen	Überleben: -ja -nein	Geburtsgewicht, Geschlecht, postmenstruales Alter, pH-Wert des Blutes etc.
Erfolgsaussichten von neuen Produkten	Wirtschaftlicher Erfolg: -Gewinn -Verlust	Neuigkeitsgrad des Pro- duktes, Marktkenntnis des Unternehmens, Preis/Leistungs-Verhältnis, technolog. Know-how etc.
Analyse der Diffusion von Innovationen	Adoptergruppen -Innovatoren -Imitatoren	Risikofreudigkeit, soziale Mobilität, Einkommen, Statusbewußtsein etc.

4.2   Vorgehensweise

Die Durchführung einer Diskriminanzanalyse läßt sich in sechs Teilschritte zerlegen, wie sie das folgende Ablaufdiagramm in Abbildung 4.0 darstellt.

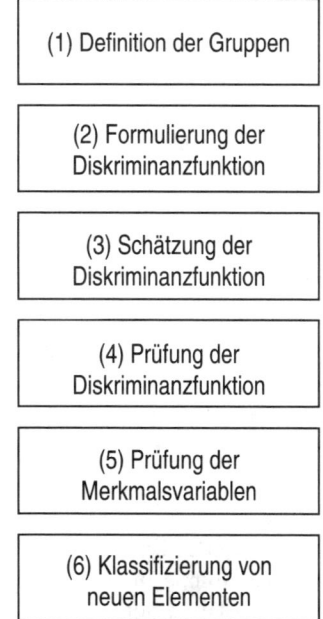

Abb. 4.0:   Ablaufschritte der Diskriminanzanalyse

Gemäß den Stufen dieses Schemas behandeln wir nachfolgend die Diskriminanzanalyse. Zur Illustration wählen wir ein kleines *Beispiel*. Ein Hersteller von Margarine möchte wissen, ob und in welchem Maße die Merkmale "Streichfähigkeit" und "Haltbarkeit" bei der Wahl einer Margarinemarke von Bedeutung sind. Insbesondere möchte er herausfinden, ob sich die Stammkäufer der von ihm hergestellten Marke hinsichtlich der Beurteilung dieser Merkmale von den Stammkäufern anderer Marken unterscheiden.

4.2.1 Definition der Gruppen

(1) Definition der Gruppen

(2) Formulierung der Diskriminanzfunktion

(3) Schätzung der Diskriminanzfunktion

(4) Prüfung der Diskriminanzfunktion

(5) Prüfung der Merkmalsvariablen

(6) Klassifizierung von neuen Elementen

Die Durchführung einer Diskriminanzanalyse beginnt mit der Definition der Gruppen. Diese kann sich unmittelbar aus dem Anwendungsproblem ergeben (z.B. Gruppierung von Käufern nach Produktmarken oder von Wählern nach Parteien). Sie kann aber auch das Ergebnis einer vorgeschalteten Analyse sein. So lassen sich z.B. durch die Anwendung der Clusteranalyse Gruppen bilden, die sodann mit Hilfe der Diskriminanzanalyse untersucht werden.

Mit der Definition der Gruppen ist auch die Festlegung der Anzahl der Gruppen, die in einer Diskriminanzanalyse berücksichtigt werden sollen, verbunden. In unserem Beispiel könnte der Margarinehersteller z.B. für jede existierende Marke eine Gruppe bilden. Die Zahl der Gruppen wäre dann allerdings sehr groß und die Analyse sehr aufwendig.

Bei der Definition der Gruppen ist auch das verfügbare Datenmaterial zu berücksichtigen, da die Fallzahlen in den einzelnen Gruppen nicht zu klein werden dürfen. Außerdem sollte die Anzahl der Gruppen nicht größer sein als die Anzahl der Merkmalsvariablen. Unter Umständen kann es daher erforderlich werden, mehrere Gruppen zu einer Gruppe zusammenzufassen.

Den einfachsten Fall bildet die Analyse von zwei Gruppen, auf die wir uns hier zunächst beschränken wollen. So definiert im *Beispiel* unser Margarinehersteller zwei Gruppen A und B, eine Gruppe für die Stammkäufer der von ihm hergestellten Marke A und eine zweite Gruppe für die Stammkäufer der wichtigsten Konkurrenzmarke B. Alternativ hätte er in der zweiten Gruppe auch die Stammkäufer mehrerer oder aller Konkurrenzmarken zusammenfassen können.

Die Gruppen werden zweckmäßigerweise durch eine Gruppierungsvariable bzw. einen Gruppenindex g (g = 1,2,...,G) gekennzeichnet, wobei G die Zahl der Gruppen ist. Im Beispiel gilt damit G = 2 und g = 1,2 bzw. hier g = A,B.

4.2.2 Formulierung der Diskriminanzfunktion

(1) Definition der Gruppen

(2) Formulierung der Diskriminanzfunktion

(3) Schätzung der Diskriminanzfunktion

(4) Prüfung der Diskriminanzfunktion

(5) Prüfung der Merkmalsvariablen

(6) Klassifizierung von neuen Elementen

Im Rahmen der Diskriminanzanalyse ist eine Diskriminanzfunktion (Trennfunktion) zu formulieren und zu schätzen, die sodann

- eine optimale Trennung zwischen den Gruppen und
- eine Prüfung der diskriminatorischen Bedeutung der Merkmalsvariablen

ermöglicht.

Die *Diskriminanzfunktion* hat allgemein die folgende Form:

$$Y = b_0 + b_1 X_1 + b_2 X_2 + ... + b_J X_J \qquad (1)$$

mit

Y = Diskriminanzvariable
X_j = Merkmalsvariable j (j = 1,2,...,J)
b_j = Diskriminanzkoeffizient für Merkmalsvariable j
b_0 = Konstantes Glied

Die Parameter b_0 und b_j (j = 1,2,...,J) sind auf Basis von Daten für die Merkmalsvariablen zu schätzen. Für jedes Element i (i = 1,...,I_g) einer Gruppe g (g = 1,...,G) mit den Merkmalswerten X_{jgi} (j = 1,...,J) liefert die Diskriminanzfunktion einen Diskriminanzwert Y_{gi}.

Die Diskriminanzfunktion wird auch als kanonische Diskriminanzfunktion und die Diskriminanzvariable Y als kanonische Variable bezeichnet. Der Ausdruck "*kanonisch*" kennzeichnet, daß eine *Linearkombination* von Variablen vorgenommen wird. Wir hatten oben die Diskriminanzanalyse als ein Verfahren charakterisiert, mit dem die Abhängigkeit einer nominal skalierten Variable (der Gruppierungsvariablen oder dem Gruppenindex) von metrisch skalierten Variablen untersucht wird. Die sich ergebende Diskriminanzvariable aber ist eine metrische Variable, da sie durch eine arithmetische Verknüpfung von metrischen Variablen gebildet wird.

Die Formulierung der Diskriminanzfunktion erfordert die *Auswahl von Merkmalsvariablen*. Diese erfolgt zunächst hypothetisch, d.h. aufgrund von theoretischen oder sachlogischen Überlegungen werden solche Variablen ausgewählt, die mutmaßlich zwischen den Gruppen differieren und somit zur Unterscheidung der Gruppen oder Erklärung der Gruppenunterschiede beitragen können. Nach Schätzung der Diskriminanzfunktion läßt sich sodann die diskriminatorische Eignung der Variablen überprüfen.

In unserem *Beispiel* beschränken wir uns auf den einfachsten Fall einer Diskriminanzanalyse, den mit zwei Gruppen und auch nur zwei Merkmalsvariablen. Der Margarinehersteller möchte wissen, ob und in welchem Maße die empfundene

Wichtigkeit von *Streichfähigkeit* und *Haltbarkeit* bei der Wahl einer Margarinemarke von Bedeutung ist. Insbesondere möchte er herausfinden, ob sich die Stammkäufer der von ihm hergestellten Marke A hinsichtlich der Beurteilung dieser Merkmale von den Stammkäufern der Konkurrenzmarke B unterscheiden. Es gilt damit:

Gruppen (g = A,B):

A = Stammkäufer von Marke A

B = Stammkäufer von Marke B

Diskriminanzfunktion:

$$Y = b_0 + b_1 X_1 + b_2 X_2$$

mit

X_1 = Wichtigkeit der Streichfähigkeit
X_2 = Wichtigkeit der Haltbarkeit

Jede Gruppe g läßt sich kompakt durch ihren mittleren Diskriminanzwert, der als *Centroid* (Schwerpunkt) bezeichnet wird, beschreiben:

$$\overline{Y}_g = \frac{1}{I_g} \sum_{i=1}^{I_g} Y_{gi} \tag{2}$$

Die *Unterschiedlichkeit zweier Gruppen* g = A,B läßt sich damit durch die Differenz

$$\left| \overline{Y}_A - \overline{Y}_B \right| \tag{3}$$

messen. Es wird später gezeigt, wie sich dieses Maß verfeinern und für die Messung der Unterschiedlichkeit von mehr als zwei Gruppen (Mehrgruppenfall) erweitern läßt.

Die Werte der Diskriminanzfunktion lassen sich auf einer sog. *Diskriminanzachse* abtragen. Einzelne Elemente sowie die Centroide der Gruppen lassen damit auf der Diskriminanzachse lokalisieren und die Unterschiede zwischen den Elementen und/oder Gruppen als *Distanzen* repräsentieren. In Abbildung 4.1 sind schematisch die Centroide der Gruppen A und B auf der Diskriminanzachse markiert.

Neben den Gruppen-Centroiden ist auf der Diskriminanachse in Abbildung 4.1 auch der *kritische Diskriminanzwert* Y^* markiert. Dieser ermöglicht eine Klassifizierung neuer Elemente. Die Einteilung eines Elementes i´ mit dem Diskriminanzwert $Y_{i'}$ läßt sich damit wie folgt durchführen:

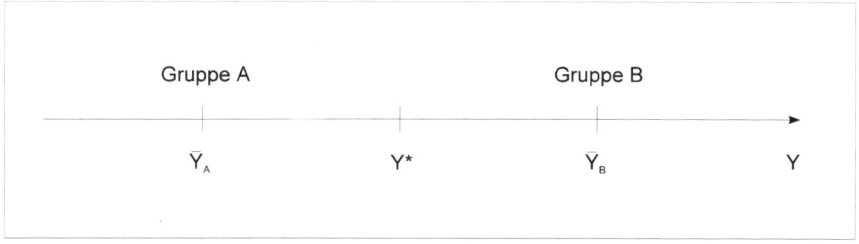

$\bar{Y}_g$: Centroid von Gruppe g (g = A,B)

Y^* : kritischer Diskriminanzwert (Trennkriterium)

Abb. 4.1: Diskriminanzachse

$$Y_{i'} < Y^* \rightarrow \text{Gruppe A}$$
$$Y_{i'} > Y^* \rightarrow \text{Gruppe B}$$

(4)

In unserem *Beispiel* könnte der Margarinehersteller auf Basis der Urteilswerte $X_{1i'}$ und $X_{2i'}$ eines Käufers i´ prognostizieren, ob dieser Stammkäufer der Marke A oder B ist. Durch Einsetzen in die Diskriminanzfunktion erhält er den Diskriminanzwert $Y_{i'}$. Die Diskriminanzfunktion laute:

$$Y = -2 + 1{,}0\,X_1 - 0{,}5\,X_2$$

mit

$$Y^* = 0 \quad \text{(kritischer Wert)}$$

Für einen Käufer i´ mit den Urteilswerten $X_{1i'} = 4$ und $X_{2i'} = 6$ erhält man den Diskriminanzwert $Y_{i'} = -1$. Folglich wäre zu prognostizieren, daß diese Person Stammkäufer der Marke A ist.

4.2.3 Schätzung der Diskriminanzfunktion

(1) Definition der Gruppen

(2) Formulierung der Diskriminanzfunktion

(3) Schätzung der Diskriminanzfunktion

(4) Prüfung der Diskriminanzfunktion

(5) Prüfung der Merkmalsvariablen

(6) Klassifizierung von neuen Elementen

Die Schätzung der Diskriminanzfunktion (1) oder genauer gesagt der unbekannten Koeffizienten b_j in der Diskriminanzfunktion soll so erfolgen, daß sie optimal zwischen den untersuchten Gruppen trennt. Dazu ist ein Kriterium erforderlich, welches die Unterschiedlichkeit der Gruppen mißt. Dieses Kriterium wird als Diskriminanzkriterium bezeichnet. Die Schätzung erfolgt dann so, daß das Diskriminanzkriterium maximiert wird.

4.2.3.1   Das Diskriminanzkriterium

Als Maß für die Unterschiedlichkeit von Gruppen wurde bereits die Distanz zwischen den Gruppencentroiden eingeführt. Dieses Maß muß jedoch noch verfeinert werden.

Die Unterscheidung zwischen zwei Gruppen ist zwar einerseits um so besser möglich, je größer die Distanz ihrer Centroide ist, andererseits aber wird sie erschwert, wenn die Gruppen stark streuen. Dies zeigt Abbildung 4.2, in der zwei Paare von Gruppen mit gleichem Abstand der Centroide als Verteilungen über der Diskriminanzachse dargestellt sind. Die beiden Gruppen in der unteren Hälfte überschneiden sich stärker, da sie breiter streuen, und lassen sich daher weniger gut unterscheiden.

Ein besseres Maß der Unterschiedlichkeit (Diskriminanz) erhält man deshalb, wenn auch die Streuung der Gruppen berücksichtigt wird. Wählt man die Standardabweichung s der Diskriminanzwerte als Maß für die Streuung einer Gruppe, so läßt sich das folgende Diskriminanzmaß für zwei Gruppen A und B bilden:

$$\frac{\left| \overline{Y}_A - \overline{Y}_B \right|}{s} \tag{5}$$

Dieses Diskriminanzmaß ist allerdings nur unter folgenden *Prämissen* anwendbar:

a)   nur zwei Gruppen
b)   annähernd gleiche Streuung s für beide Gruppen.

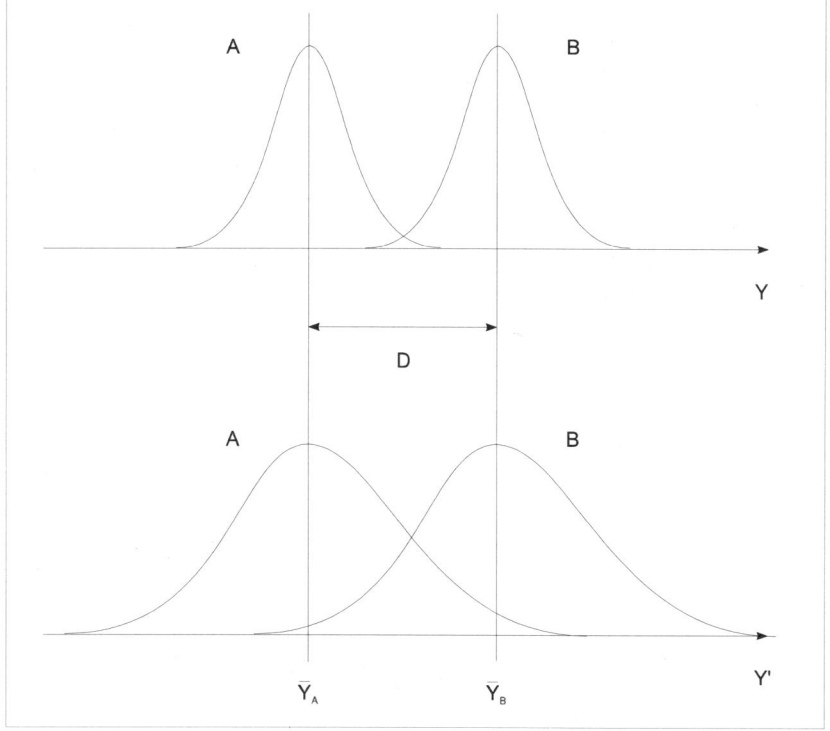

Abb. 4.2:   Gruppen (Verteilungen) mit unterschiedlicher Streuung

Diese Prämissen lassen sich aufheben, wenn man das folgende *Diskriminanz-kriterium* verwendet:

$$\Gamma = \frac{\text{Streuung zwischen den Gruppen}}{\text{Streuung in den Gruppen}}$$

das sich wie folgt präzisieren läßt:

$$\Gamma = \frac{\sum_{g=1}^{G} I_g \left(\overline{Y}_g - \overline{Y}\right)^2}{\sum_{g=1}^{G} \sum_{i=1}^{I_g} \left(Y_{gi} - \overline{Y}_g\right)^2} = \frac{SS_b}{SS_w} \tag{6}$$

Die *Streuung zwischen den Gruppen* wird durch die quadrierten Abweichungen der Gruppencentroide vom Gesamtmittel gemessen und kann so für beliebig viele Gruppen erfolgen. Um unterschiedliche Gruppengrößen zu berücksichtigen, werden die Abweichungen jeweils mit der Gruppengröße I_g multipliziert.

Die *Streuung in den Gruppen* wird durch die quadrierten Abweichungen der Gruppenelemente vom jeweiligen Gruppencentroid gemessen.

Die Streuung zwischen den Gruppen wird gewöhnlich durch SS_b (Sum of Squares *between*) und die Streuung in den Gruppen durch SS_w (Sum of Squares *within*) symbolisiert.

Die Streuung zwischen den Gruppen wird auch als (durch die Diskriminanzfunktion) *erklärte Streuung* und die Streuung in den Gruppen als *nicht erklärte Streuung* bezeichnet. Das Diskriminanzkriterium läßt sich damit auch als Verhältnis von erklärter zu nicht erklärter Streuung interpretieren.

Die *Gesamtstreuung* (Streuung aller Elemente um das Gesamtmittel) errechnet sich durch:

$$SS = \sum_{g=1}^{G} \sum_{i=1}^{I_g} \left(Y_{gi} - \overline{Y} \right)^2 \tag{7}$$

Wie schon in vorherigen Kapiteln bei der Behandlung der Regressionsanalyse oder der Varianzanalyse ausgeführt, gilt folgende *Zerlegung der Gesamtstreuung*:

$$SS = SS_b + SS_w \tag{8}$$

Gesamt-streuung	=	Streuung zwischen den Gruppen	+	Streuung in den Gruppen
	=	erklärte Streuung	+	nicht erklärte Streuung

Die Diskriminanzwerte selbst und damit auch deren Streuungen sind abhängig von den zu bestimmenden Koeffizienten b_j der Diskriminanzfunktion. Das konstante Glied b_0 spielt dabei keine Rolle. Es bewirkt lediglich eine Skalenverschiebung der Diskriminanzwerte, verändert aber nicht deren Streuung. Durch geeignete Wahl von b_0 kann man z.B. bewirken, daß der kritische Diskriminanzwert den Wert Null erhält.

Die Schätzung der Diskriminanzfunktion beinhaltet damit das folgende *Optimierungsproblem*:

$$\max_{b_1,...,b_J} \left\{ \Gamma \right\} \tag{9}$$

Wähle die Koeffizienten b_j ($j = 1,...,J$) so, daß das Diskriminanzkriterium Γ maximal wird.

Die mathematische Lösung dieses Optimierungsproblems wird im Anhang (Teil A) dieses Kapitels ausgeführt[6].

4.2.3.2   Rechenbeispiel

Die Schätzung der Diskriminanzfunktion soll nachfolgend an einem kleinen Rechenbeispiel demonstriert werden. Unser Margarinehersteller, der herausfinden möchte, welche Bedeutung die Merkmale "Streichfähigkeit" und "Haltbarkeit" für die Markenwahl haben, läßt jeweils 12 Stammkäufer der Marken A und B befragen. Jede der 24 Personen wird gebeten, die empfundene Wichtigkeit der beiden Merkmale auf einer siebenstufigen Rating-Skala zu beurteilen. Die Daten sind in Tabelle 4.2 wiedergegeben.

Tabelle 4.2:   Ausgangsdaten für das Rechenbeispiel (zwei Gruppen, zwei Variablen)

Stammkäufer von Marke A			Stammkäufer von Marke B		
Person i	Streichfähigkeit X_{1Ai}	Haltbarkeit X_{2Ai}	Person i	Streichfähigkeit X_{1Bi}	Haltbarkeit X_{2Bi}
1	2	3	13	5	4
2	3	4	14	4	3
3	6	5	15	7	5
4	4	4	16	3	3
5	3	2	17	4	4
6	4	7	18	5	2
7	3	5	19	4	2
8	2	4	20	5	5
9	5	6	21	6	7
10	3	6	22	5	3
11	3	3	23	6	4
12	4	5	24	6	6

In Abbildung 4.3 ist das Ergebnis der Befragung als Streudiagramm dargestellt. Jede der 24 befragten Personen ist entsprechend der abgegebenen Urteilswerte im Raum der beiden Variablen als Punkt repräsentiert. Dabei sind die Käufer von Marke A durch Quadrate und die der Marke B durch Sterne markiert.

In Abbildung 4.3 sind außerdem die Häufigkeitsverteilungen (Histogramme) der Urteilswerte bezüglich jeder der beiden Variablen neben bzw. unter dem Streudiagramm dargestellt. Man ersieht daraus, daß die Stammkäufer von Marke B die

---

[6] Zur Mathematik der Diskriminanzanalyse vgl. insbesondere Tatsuoka, M.M. (1988): Multivariate Analysis, 2. Aufl., New York, S. 210 ff.; Cooley, W.W. / Lohnes, P.R. (1971): Multivariate Data Analysis, New York, S. 243 ff.

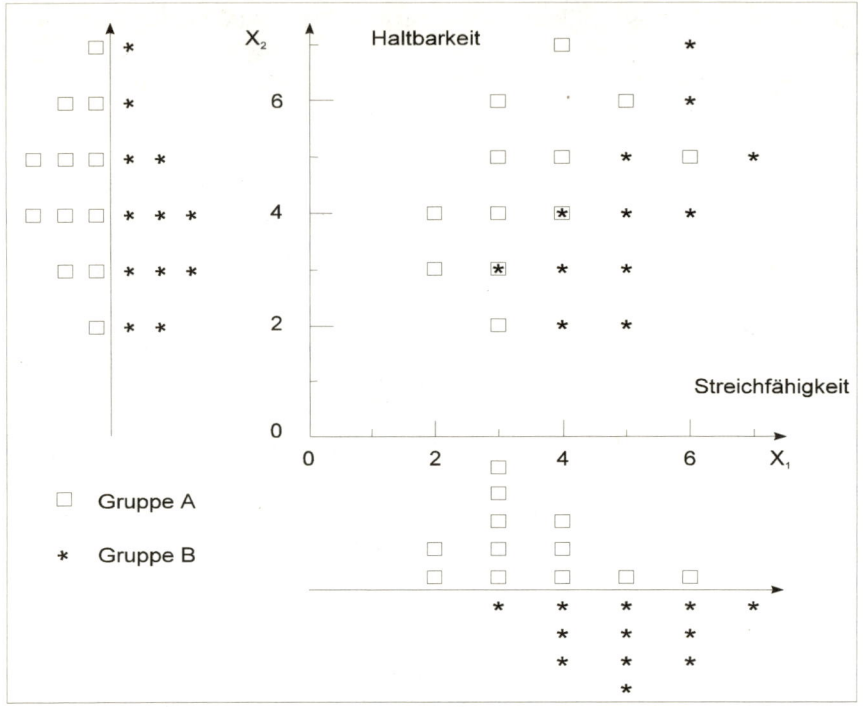

Abb. 4.3: Streuung der Urteilswerte in den beiden Gruppen

Wichtigkeit der Streichfähigkeit tendenziell höher einstufen als die Stammkäufer von Marke A. Dagegen ergeben sich für die Käufer der Marke A im Durchschnitt etwas höhere Werte bei der Einstufung der Haltbarkeit. Infolge der erheblichen Überschneidungen der Häufigkeitsverteilungen aber ermöglicht keine der beiden Variablen eine gute Trennung zwischen den Käufergruppen. Offenbar aber besitzt die "Streichfähigkeit" eine größere diskriminatorische Bedeutung.

Es soll jetzt geprüft werden, ob die Diskriminanzfunktion

$$Y = b_0 + b_1 X_1 + b_2 X_2$$

eine bessere Trennung zwischen den Gruppen ermöglicht.

Die Auswertungstabellen 4.3a-d zeigen die Berechnung der Streuung der beiden Merkmalsvariablen in und zwischen den Gruppen. Mit diesen Werten läßt sich die *optimale Diskriminanzfunktion* berechnen (vgl. Anhang A). Sie lautet:

$$Y = -1,98 + 1,031 X_1 - 0,565 X_2 \tag{10}$$

Durch Einsetzen der Daten aus Tabelle 4.2 in die Diskriminanzfunktion (10) erhält man die Diskriminanzwerte in Tabelle 4.4. Beispielsweise ergibt sich für den ersten Stammkäufer der Marke A:

$$Y = -1,98 + 1,031 \cdot 2 - 0,565 \cdot 3 = -1,614$$

Tabelle 4.3a: Gruppenspezifische Maße der Merkmalsvariablen

$\overline{X}_{jg}$ = Mittelwert von Variable j in Gruppe g

SS_{jg} = Quadratsumme der Abweichungen vom Mittelwert

(Sum of Squares)

SC_{12} = Kreuzproduktsumme der Abweichungen (Sum of

Cross-Products)

Gruppe g:	Marke A		Marke B	
Variable j:	Streich-fähigkeit X_{1A}	Haltbar-barkeit X_{2A}	Streich-fähigkeit X_{1B}	Haltbar-barkeit X_{2B}
$\overline{X}_{jg} = \dfrac{1}{I_g}\sum\limits_{i=1}^{I_g} X_{jgi}$	3,5	4,5	5,0	4,0
$SS_{jg} = \sum\limits_{i=1}^{I_g}\left(X_{jgi} - \overline{X}_{jg}\right)^2$	15,0	23,0	14,0	26,0
$SC_{12g} = \sum\limits_{i=1}^{I_g}\left(X_{1gi} - \overline{X}_{1g}\right)\cdot\left(X_{2gi} - \overline{X}_{2g}\right)$	9,0		12,0	

Mit diesen Werten und unter Anwendung der Formel (6) und (7) erhält man für das Diskriminanzkriterium Γ den Wert:

$$\Gamma = \frac{SS_b}{SS_w} = \frac{20,07}{22,0} = 0,912$$

Zum Vergleich berechnen wir beispielhaft, welche Werte sich für das Diskriminanzkriterium mit anderen Werten der Koeffizienten ergeben würden. In Tabelle 4.5 sind einige Werte der Koeffizienten b_1 und b_2, mit dem jeweiligen Wert für das Diskriminanzkriterium zusammengestellt. Der Wert von b_0 hat keinen Einfluß auf das Diskriminanzkriterium und kann hier somit auch auf Null gesetzt werden. Die Koeffizienten in Tabelle 4.5 wurden zwecks besserer Übersicht so normiert, daß ihre Absolutwerte sich zu eins addieren:

$$|b_1| + |b_2| = 1$$

160   Diskriminanzanalyse

Tabelle 4.3b: Innergruppen-Streuungsmaße der Merkmalsvariablen

W_{jj} = Within Sum of Squares

W_{12} = Within Sum of Cross Products

Variable j:	Streichfähigkeit X_1	Haltbarkeit X_2
$W_{jj} = \sum_{g=1}^{G} \sum_{i=1}^{I_g} \left(X_{jgi} - \overline{X}_{jg}\right)^2$ $= SS_{jA} + SS_{jB}$	15 + 14 = 29	23 + 26 = 49
$W_{12} = \sum_{g=1}^{G} \sum_{i=1}^{I_g} \left(X_{1gi} - \overline{X}_{1g}\right) \cdot \left(X_{2gi} - \overline{X}_{2g}\right)$ $= SC_{12A} + SC_{12B}$	9 + 12 = 21	

Tabelle. 4.3c: Gesamtmittelwerte der Merkmalsvariablen

Variable j:	Streichfähigkeit X_1	Haltbarkeit X_2
$\overline{X} = \frac{1}{I} \sum_{i=1}^{I} X_{ji}$	4,25	4,25

Tabelle 4.5 verdeutlicht, daß sich keine Kombination von Koeffizienten finden läßt, die einen höheren Wert als 0,912 für das Diskriminanzkriterium liefert. Die Koeffizienten 0,646 und -0,354 sind proportional zu den Koeffizienten in (10), d.h. sie unterscheiden sich von diesen nur um einen konstanten Faktor:

$$\frac{1,031}{0,646} = \frac{-0,565}{-0,354} = 1,6$$

Sie liefern daher ebenfalls den maximalen Wert für das Diskriminanzkriterium.

Tabelle 4.3d: Zwischengruppen-Streuungsmaße der Merkmalsvariablen

$$B_{jj} = \text{Between Sum of Squares}$$
$$B_{12} = \text{Between Sum of Cross Products}$$

Variable j:	Streichfähigkeit X_1	Haltbarkeit X_2
$B_{jj} = \sum\limits_{g=1}^{G} I_g \left(\overline{X}_{jg} - \overline{X}_j\right)^2$	$12\,(3,5\text{-}4,25)^2$ $+12\,(5,0\text{-}4,25)^2$ $=13,5$	$12\,(4,5\text{-}4,25)^2$ $+12\,(4,0\text{-}4,25)^2$ $=1,5$
$B_{12} = \sum\limits_{g=1}^{G} I_g (\overline{X}_{1g} - \overline{X}_1) \cdot (\overline{X}_{2g} - \overline{X}_2)$	$12\,(3,5\text{-}4,25)\,(4,5\text{-}4,25)$ $+12\,(5,0\text{-}4,25)\,(4,0\text{-}4,25)$ $= -4,5$	

Für die Werte $b_1 = 1$ und $b_2 = 0$ ist die Diskriminanzvariable identisch mit Variable 1 (Streichfähigkeit) und für die Werte $b_1 = 0$ und $b_2 = 1$ ist sie identisch mit Variable 2 (Haltbarkeit). Tabelle 4.5 zeigt also in den ersten beiden Zeilen die isolierte Diskriminanz der beiden Merkmalsvariablen. Wie schon aus Abbildung 4.3 ersichtlich, besitzt die Variable Streichfähigkeit eine erheblich größere Trennschärfe für die Markenwahl als die Variable Haltbarkeit. Bei optimaler Verknüpfung der beiden Variablen aber läßt sich die Trennschärfe fast verdoppeln.

Um die isolierte Diskriminanz der beiden Merkmalsvariablen zu bestimmen, kann auf die Auswertungstabellen 4.3a-d zurückgegriffen werden. Tabelle 4.6 zeigt das Ergebnis.

Die Variable Haltbarkeit weist eine niedrige Streuung zwischen den Gruppen (erklärte Streuung) und eine hohe Streuung in den Gruppen (nichterklärte Streuung) auf. Ihre Diskriminanz ist daher mit 0,031 minimal.

Tabelle 4.4: Diskriminanzwerte der Markenbeurteilungen sowie deren Mittelwerte und Standardabweichungen

Person i	Marke A Y_{Ai}	Person i	Marke B Y_{Bi}
1	-1,614	13	0,914
2	-1,148	14	0,448
3	1,381*	15	2,412
4	-0,117	16	-0,583*
5	-0,018	17	-0,117*
6	-1,810	18	2,044
7	-1,712	19	1,013
8	-2,179	20	0,350
9	-0,215	21	0,252
10	-2,277	22	1,479
11	-0,583	23	1,946
12	-0,681	24	0,816
$\overline{Y}_g$	-0,914	$\overline{Y}_g$	0,914
s_g	1,079	s_g	0,915

Tabelle 4.5: Werte des Diskriminanzkriteriums für unterschiedliche Werte der Diskriminanzkoeffizienten

Diskriminanzkoeffizienten		Diskriminanzkriterium
b_1	b_2	Γ
1	0	0,466
0	1	0,031
0,5	0,5	0,050
0,5	-0,5	0,667
0,6	-0,4	0,885
0,646	-0,354	0,912*
0,7	-0,3	0,882
0,8	-0,2	0,735
0,9	-0,1	0,582

Tabelle 4.6:   Isolierte Diskriminanz der beiden Merkmalsvariablen

Streichfähigkeit X_1	Haltbarkeit X_2
$SS_b = B_{11} = 13,5$	$SS_b = B_{22} = 1,5$
$SS_w = W_{11} = 29,0$	$SS_w = W_{22} = 49,0$
$\Gamma_1 = \dfrac{13,5}{29,0} = 0,466$	$\Gamma_2 = \dfrac{1,5}{49,0} = 0,031$

4.2.3.3   Geometrische Ableitung

Die Diskriminanzfunktion bildet geometrisch gesehen eine Ebene (für J = 2) bzw. Hyperebene (für J > 2) *über* dem Raum, der durch die J Merkmalsvariablen gebildet wird. Sie läßt sich aber auch als eine Gerade *im* Raum (Koordinatensystem) der Merkmalsvariablen repräsentieren, die als *Diskriminanzachse* bezeichnet wird. Für die Diskriminanzfunktion

$$Y = b_0 + b_1\, X_1 + b_2\, X_2$$

bildet die Diskriminanzachse eine Gerade der Form

$$X_2 = \frac{b_2}{b_1} \cdot X_1 \qquad (11)$$

Sie verläuft durch den Nullpunkt des Koordinatensystems und ihre Steigung bzw. Neigung wird durch das Verhältnis der Diskriminanzkoeffizienten bestimmt. Die Diskriminanzachse ist so mit einer Skala zu versehen, daß die Projektion eines beliebigen Punktes (X_1, X_2) gerade den zugehörigen Diskriminanzwert Y liefert.

Abbildung 4.4 zeigt die der optimalen Diskriminanzfunktion (10) zugehörige Diskriminanzachse im Raum der beiden Merkmalsvariablen. Es sind außerdem die Häufigkeitsverteilungen der Diskriminanzwerte beider Gruppen dargestellt. Wie man sieht, weisen die Häufigkeitsverteilungen der Diskriminanzwerte eine geringere Überschneidung auf, als die Häufigkeitsverteilungen der Merkmalswerte in Abbildung 4.3, worin die höhere Trennschärfe der Diskriminanzfunktion zum Ausdruck kommt.

Die Diskriminanzwerte wurden durch Wahl von b_0 so skaliert, daß der kritische Diskriminanzwert gerade Null ist. Man sieht, daß nur ein Element von Gruppe A rechts vom kritischen Diskriminanzwert und zwei Elemente von Gruppe B links davon liegen. Insgesamt werden also nur noch drei Elemente falsch klassifiziert. Diese Elemente sind in Tab.4.4 mit einem Stern gekennzeichnet.

Die Diskriminanzachse läßt sich bei gegebener Diskriminanzfunktion sehr einfach konstruieren. Man braucht nur für einen beliebigen Wert z den Punkt $(b_1 \cdot z, b_2 \cdot z)$ in das Koordinatensystem einzutragen und mit dem Nullpunkt zu verbinden.

Die sich so ergebende Gerade bildet die Diskriminanzachse. Für $z = 4$ erhält man z.B. den Punkt

$$X_1 = 1,031 \cdot 4 = 4,12$$
$$X_2 = -0,565 \cdot 4 = -2,26$$

Dessen Koordinaten sind in Abbildung 4.5 durch die gepunkteten Linien markiert. Die Diskriminanzfunktion (10) liefert für diesen Punkt den Wert $Y = 3,54$, der auf der Diskriminanzachse verzeichnet ist. Im Koordinatenursprung gilt $Y = b_0 = -1,98$. Durch diese beiden Werte ist die Skala auf der Diskriminanzachse determiniert.

Damit lassen sich die Diskriminanzwerte beliebiger Punkte durch Projektion auf die Diskriminanzachse ermitteln. Beispielsweise ergibt sich für Element 7 aus Gruppe B (Person 19) ein Wert nahe Eins. Der genaue Wert, der sich aus Tabelle 4.4 entnehmen läßt, beträgt 1,013.

Durch die Diskriminanzfunktion wird die Steigung bzw. Neigung der Diskriminanzachse bestimmt. Eine Veränderung des Quotienten der Diskriminanzkoeffizienten b_2/b_1 bewirkt somit eine Rotation der Diskriminanzachse um den Koordinatenursprung (vgl. Abbildung 4.6). Umgekehrt könnte man somit, zumindest angenähert, die optimale Diskriminanzfunktion auch geometrisch durch Rotation der Diskriminanzachse ermitteln.

In Abbildung 4.6 sind die Projektionen der Gruppencentroide auf die Diskriminanzachsen Y_2 und Y_4 eingezeichnet. An der größeren Distanz zwischen den Projektionspunkten ist zu erkennen, daß die Achse Y_2 besser diskriminiert als die Achse Y_4. Noch schlechter diskriminiert die Achse Y_3 und noch besser die Achse Y_1. Da die Diskriminanzachse Y_1 parallel zur Verbindungslinie der Gruppencentroide verläuft, wird auf ihr die Distanz der Projektionspunkte maximal. Sie bildet somit die optimale Diskriminanzachse.

Die geometrische Ermittlung der optimalen Diskriminanzfunktion ist allerdings nicht mehr durchführbar, wenn, was gewöhnlich der Fall ist, mehr als zwei Merkmalsvariablen vorliegen. Überdies ist die Distanz der Gruppencentroide nur dann ein geeignetes Diskriminanzkriterium, wenn nur zwei Gruppen mit annähernd gleicher Streuung betrachtet werden.

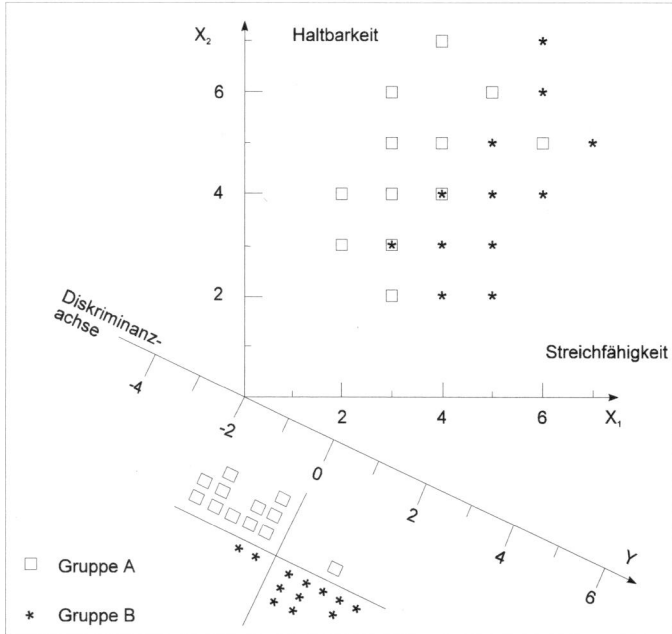

Abb. 4.4:   Darstellung der optimalen Diskriminanzachse

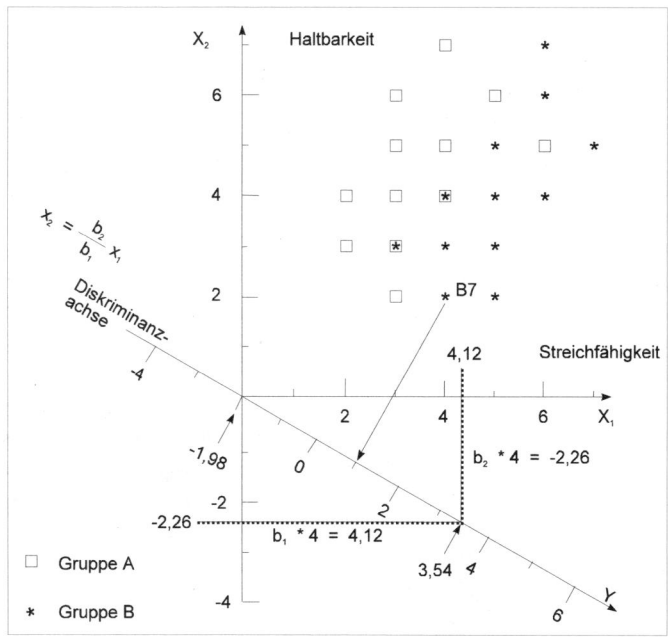

Abb. 4.5:   Konstruktion der Diskriminanzachse

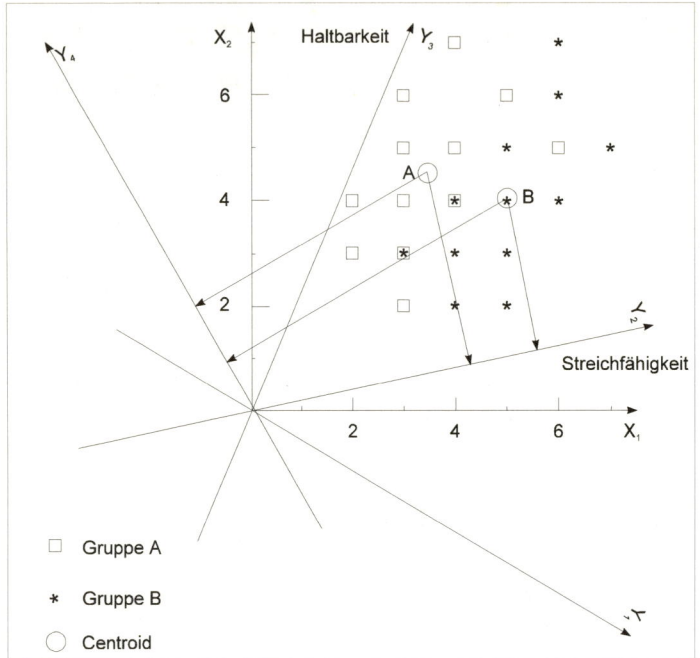

Abb. 4.6: Rotation der Diskriminanzachse und Projektionen der Gruppencentroide

4.2.3.4   Normierung der Diskriminanzfunktion

Durch die Maximierung des Diskriminanzkriteriums wird nur das Verhältnis der Diskriminanzkoeffizienten b_2/b_1 bestimmt. Multipliziert man die Koeffizienten mit einem konstanten Faktor, so ändern sich dadurch zwar die Diskriminanzwerte und auch die Skaleneinheit auf der Diskriminanzachse, der Wert des Diskriminanzkriteriums wie auch die Lage der Diskriminanzachse aber ändern sich nicht. Die Werte der Koeffizienten sind also nicht eindeutig bestimmt.

Eine Veränderung des konstanten Gliedes b_0 bewirkt ebenfalls nur eine Veränderung der Diskriminanzwerte bzw. eine Verschiebung der Skala auf der Diskriminanzachse. Der Wert von b_0 bestimmt die Entfernung des Nullpunktes der Skala vom Nullpunkt des Koordinatensystems.

Zwecks Erzielung eindeutiger Werte für die Parameter der Diskriminanzfunktion ist daher eine *Normierung* erforderlich. Diese erfolgt mehr oder minder willkürlich nach Zweckmäßigkeitsgründen. Es existieren daher unterschiedliche Konventionen, unter denen sich die folgende durchgesetzt hat: Die Diskriminanzkoeffizienten werden so normiert, daß die *Innergruppen-Varianz* aller Diskriminanzwerte (pooled within-groups variance) Eins ergibt. Sie errechnet sich, indem man die Streuung in den Gruppen durch die Zahl der Freiheitsgrade dividiert:

$$s^2 = \frac{SS_W}{I - G} \qquad (12)$$

Anschließend wird der Wert von b_0 so gewählt, daß der Gesamtmittelwert der Diskriminanzwerte Null wird. Dadurch erhält im Normalfall auch der kritische Diskriminanzwert Y^* für den Zwei-Gruppen-Fall den Wert Null[7].

4.2.3.5   Vergleich mit der Regressionsanalyse

Die Diskriminanzanalyse wurde oben formal als ein Verfahren charakterisiert, mittels dessen eine nominal skalierte Variable (die Gruppierungsvariable) durch eine Mehrzahl von metrisch skalierten Variablen (den Merkmalsvariablen) erklärt oder prognostiziert werden soll. Im Unterschied dazu, ist bei der Regressionsanalyse auch die abhängige Variable metrisch skaliert.

Da sich eine binäre Variable formal immer wie eine metrische Variable behandeln läßt, besteht im *Zwei-Gruppen-Fall* eine formale Übereinstimmung zwischen Diskriminanz- und Regressionsanalyse. Mit einer Gruppierungsvariablen, die für Elemente der Gruppe A den Wert 1 und für Elemente der Gruppe B den Wert 2 annimmt, erhält man die folgende *Regressionsfunktion*:

$$Y = 0{,}98 + 0{,}269X_1 - 0{,}147X_2 \qquad (R^2 = 0{,}477)$$

Das Bestimmtheitsmaß R^2 besagt, daß 47,7 % der Streuung der Gruppierungsvariable durch die Regressionsfunktion erklärt werden (vgl. Kapitel 1).

Multipliziert man die Regressionskoeffizienten mit dem Faktor 3,83, so erhält man die in (10) angegebenen Koeffizienten der optimalen Diskriminanzfunktion. Die erhaltene Regressionsfunktion ist also lediglich anders "normiert" als die Diskriminanzfunktion.

Trotz der formalen Ähnlichkeit bestehen gravierende *modelltheoretische Unterschiede* zwischen Regressionsanalyse und Diskriminanzanalyse. Die abhängige Variable des Regressionsmodells ist eine Zufallsvariable, während die unabhängigen Variablen fix sind. Im statistischen Modell der Diskriminanzanalyse, das auf R.A. Fisher zurückgeht[8], verhält es sich genau umgekehrt, d.h. die Gruppen sind fixiert und die Merkmale variieren zufällig (stochastisch). Bei der Durchführung statistischer Tests wird unterstellt, daß die Merkmalsvariablen multivariat normalverteilt sind.

4.2.3.6   Mehrfache Diskriminanzfunktionen

Im *Mehr-Gruppen-Fall*, d.h. bei mehr als zwei Gruppen, können mehr als eine Diskriminanzfunktion ermittelt werden. Bei G Gruppen lassen sich maximal G-1 Diskriminanzfunktionen, die jeweils orthogonal (rechtwinklig bzw. unkorreliert)

---

[7] Dieser Konvention wird auch im Programm SPSS gefolgt.

[8] Fisher, R.A. (1936): The use of multiple measurement in taxonomic problems, in: Annals of Eugenics, 7, S. 179-188.

zueinander sind, bilden. Die Anzahl der Diskriminanzfunktionen kann allerdings nicht größer sein als die Anzahl J der Merkmalsvariablen, so daß die maximale Anzahl von Diskriminanzfunktionen durch Min{G-1, J} gegeben ist. Gewöhnlich wird man jedoch mehr Merkmalsvariablen als Gruppen haben. Ist das nicht der Fall, so sollte die Anzahl der Gruppen vermindert werden.

Auch im Mehr-Gruppen-Fall werden die Diskriminanzfunktionen durch Maximierung des Diskriminanzkriteriums

$$\Gamma = \frac{SS_b}{SS_w} = \frac{\text{erklärte Streuung}}{\text{nicht erklärte Streuung}}$$

ermittelt. Der Maximalwert des Diskriminanzkriteriums

$$\gamma = Max\{\Gamma\}$$

wird als Eigenwert bezeichnet, da er sich mathematisch durch Lösung eines sog. Eigenwertproblems auffinden läßt (vgl. Anhang A).

Zu jeder Diskriminanzfunktion gehört ein Eigenwert. Für die Folge der Eigenwerte gilt

$$\gamma_1 \geq \gamma_2 \geq \gamma_3 \geq .....$$

Eine zweite Diskriminanzfunktion wird so ermittelt, daß sie einen maximalen Anteil derjenigen Streuung erklärt, die nach Ermittlung der ersten Diskriminanzfunktion als Rest verbleibt. Da die erste Diskriminanzfunktion so ermittelt wurde, daß ihr Eigenwert und damit ihr Erklärungsanteil maximal wird, kann der Erklärungsanteil der zweiten Diskriminanzfunktion (bezogen auf die gesamte Streuung) nicht größer sein. Entsprechend wird jede weitere Diskriminanzfunktion so ermittelt, daß sie jeweils einen maximalen Anteil der verbleibenden Reststreuung erklärt.

Als Maß für die relative Wichtigkeit einer Diskriminanzfunktion wird der *Eigenwertanteil* (erklärter Varianzanteil)

$$EA_k = \frac{\gamma_k}{\gamma_1 + \gamma_2 + ... + \gamma_K} \tag{13}$$

verwendet. Er gibt die durch die k-te Diskriminanzfunktion erklärte Streuung als Anteil der Streuung an, die insgesamt durch die Menge der K möglichen Diskriminanzfunktionen erklärt wird. Die Eigenwertanteile summieren sich zu Eins, während die Eigenwerte selbst auch größer als Eins sein können. Auf die statistische Signifikanzprüfung von Diskriminanzfunktionen wird im folgenden Abschnitt eingegangen.

Die Wichtigkeit (diskriminatorische Bedeutung) der sukzessiv ermittelten Diskriminanzfunktionen nimmt in der Regel sehr schnell ab. Empirische Erfahrungen zeigen, daß man auch bei großer Anzahl von Gruppen und Merkmalsvariablen meist mit zwei Diskriminanzfunktionen auskommt[9]. Dies hat unter anderem den Vorteil, daß sich die Ergebnisse leichter interpretieren und auch graphisch darstellen lassen.

Bei zwei Diskriminanzfunktionen läßt sich (analog der Diskriminanzachse bei einer Diskriminanzfunktion) eine *Diskriminanzebene* bilden. Die Elemente der Gruppen, die geometrisch gesehen Punkte im J-dimensionalen Raum der Merkmalsvariablen bilden, lassen sich in der Diskriminanzebene graphisch darstellen. Desgleichen lassen sich auch die Merkmalsvariablen in der Diskriminanzebene als Vektoren darstellen. Die Diskriminanzanalyse kann somit auch, alternativ zur Faktorenanalyse oder zur Multidimensionalen Skalierung für Positionierungsanalysen Verwendung finden[10].

---

[9] Vgl. Cooley, W.W. / Lohnes, P.R. (1971): Multivariate Data Analysis, New York, S. 244.

[10] Auf der Diskriminanzanalyse basiert z.B. das Programm "Adaptive Perceptual Mapping" (APM), das von der amerikanischen Firma Sawtooth Software (Ketchum, ID) kommerziell angeboten wird. Vgl. dazu Johnson, R.M. (1987): Adaptive Perceptual Mapping, Proceedings of the Sawtooth Software Conference on Perceptual Mapping, 1987, S. 143-158; Johnson, R.M. (1971): Market Segmentation - A Strategic Management Tool, in: Journal of Marketing Research, Vol. 8, Febr., S. 13-18.

4.2.4. Prüfung der Diskriminanzfunktion

(1) Definition der Gruppen

(2) Formulierung der Diskriminanzfunktion

(3) Schätzung der Diskriminanzfunktion

(4) Prüfung der Diskriminanzfunktion

(5) Prüfung der Merkmalsvariablen

(6) Klassifizierung von neuen Elementen

Die Güte (Trennkraft) einer Diskriminanzfunktion läßt die Unterschiedlichkeit der Gruppen, wie sie sich in den Diskriminanzwerten widerspiegelt, messen. Zwecks Prüfung der Diskriminanzfunktion läßt sich daher auf das oben abgeleitete Diskriminanzkriterium zurückgreifen.

Eine zweite Möglichkeit zur Prüfung der Diskriminanzfunktion besteht darin, die durch die Diskriminanzfunktion bewirkte Klassifizierung der Untersuchungsobjekte mit deren tatsächlicher Gruppenzugehörigkeit zu vergleichen. Beide Möglichkeiten sind inhaltlich eng miteinander verknüpft und müssen somit zu ähnlichen Ergebnissen führen. Die zweite Möglichkeit soll hier zunächst behandelt werden.

4.2.4.1   Prüfung der Klassifikation

In Tabelle 4.4 wurden die Diskriminanzwerte aller 24 Käufer sowie die Mittelwerte und Standardabweichungen in den beiden Gruppen zusammengestellt. Die Mittelwerte kennzeichnen die Lage der Gruppenmittel (Centroide) auf der Diskriminanzachse (vgl. Abbildung 4.4). Für das Gesamtmittel und damit für den kritischen Diskriminanzwert ergibt sich gemäß der durchgeführten Normierung der Wert Null.

Die korrekt klassifizierten Elemente der Gruppe A müssen negative und die der Gruppe B positive Diskriminanzwerte haben. Aus Tabelle 4.4, wie auch aus Abbildung 4.4, ist ersichtlich, daß ein Element von Gruppe A und zwei Elemente von Gruppe B falsch zugeordnet werden. Insgesamt werden somit 21 von 24 Beurteilungen korrekt klassifiziert und die "*Trefferquote*" beträgt 87,5%.

Die Häufigkeiten der korrekt und falsch klassifizierten Elemente für die verschiedenen Gruppen lassen sich übersichtlich in einer sog. *Klassifikationsmatrix* (auch Confusion-Matrix genannt) zusammenfassen. Tabelle 4.7 zeigt die Klassifikationsmatrix für das Beispiel. In der Hauptdiagonale stehen die Fallzahlen der korrekt klassifizierten Elemente jeder Gruppe und in den übrigen Feldern die der falsch klassifizierten Elemente. In Klammern sind jeweils die relativen Häufigkeiten angegeben. Die Klassifikationsmatrix läßt sich analog auch für mehr als zwei Gruppen erstellen.

Tabelle 4.7: Klassifikationsmatrix

Tatsächliche	Prognostizierte Gruppenzugehörigkeit	
Gruppenzugehörigkeit	Marke A	Marke B
Marke A	11 (91,7%)	1 (8,3%)
Marke B	2 (16,7%)	10 (83,3%)

Um die Klassifikationsfähigkeit einer Diskriminanzfunktion richtig beurteilen zu können, muß man deren Trefferquote mit derjenigen Trefferquote vergleichen, die man bei einer rein *zufälligen Zuordnung* der Elemente, z.b. durch Werfen einer Münze oder durch Würfeln, erreichen würde. Im vorliegenden Fall bei zwei Gruppen mit gleicher Größe wäre bei zufälliger Zuordnung bereits eine Trefferquote von 50% zu erwarten.

Die Trefferquote, die man durch zufällige Zuordnung erreichen kann, liegt noch höher bei ungleicher Größe der Gruppen. So kann bei einem Größenverhältnis von 80 zu 20 und rein zufälliger Zuordnung eine Trefferquote von 80% erwartet werden. Eine Diskriminanzfunktion kann nur dann von Nutzen sein, wenn sie eine höhere Trefferquote erzielt, als nach dem Zufallsprinzip zu erwarten ist.

Weiterhin ist zu berücksichtigen, daß die Trefferquote immer überhöht ist, wenn sie, wie allgemein üblich, auf Basis derselben Stichprobe berechnet wird, die auch für die Schätzung der Diskriminanzfunktion verwendet wurde. Da die Diskriminanzfunktion immer so ermittelt wird, daß die Trefferquote in der verwendeten Stichprobe maximal wird, ist bei Anwendung auf eine andere Stichprobe mit einer niedrigeren Trefferquote zu rechnen. Dieser *Stichprobeneffekt* vermindert sich allerdings mit zunehmendem Umfang der Stichprobe.

Eine *bereinigte Trefferquote* läßt sich gewinnen, indem man die verfügbare Stichprobe zufällig in zwei Unterstichproben aufteilt, eine Lernstichprobe und eine Kontrollstichprobe. Die Lernstichprobe wird zur Schätzung der Diskriminanzfunktion verwendet. Mit Hilfe dieser Diskriminanzfunktion werden sodann die Elemente der Kontrollstichprobe klassifiziert und hierfür die Trefferquote berechnet. Diese Vorgehensweise ist allerdings nur dann zweckmäßig, wenn eine hinreichend große Stichprobe zur Verfügung steht, da mit abnehmender Größe der Lernstichprobe die Zuverlässigkeit der geschätzten Diskriminanzkoeffizienten abnimmt. Außerdem wird die vorhandene Information nur unvollständig genutzt[11].

---

[11] Ein effizienteres Verfahren besteht darin, die Stichprobe in eine Mehrzahl von k Unterstichproben aufzuteilen, von denen man k-1 Unterstichproben für die Schätzung einer Diskriminanzfunktion verwendet, mit welcher sodann die Elemente der k-ten Unterstichprobe klassifiziert werden. Dies läßt sich für jede Kombination von k-1 Unterstichproben

4.2.4.2   Prüfung des Diskriminanzkriteriums

Der Eigenwert (Maximalwert des Diskriminanzkriteriums)

$$\gamma = \frac{SS_b}{SS_w} = \frac{\text{erklärte Streuung}}{\text{nicht erklärte Streuung}}$$

bildet ein Maß für die Güte (Trennkraft) der Diskriminanzfunktion. Er besitzt jedoch den Nachteil, daß er nicht auf Werte zwischen Null und Eins normiert ist. Da SS_b und SS_w beliebige positive Werte annehmen können, kann der Eigenwert auch größer als Eins sein.

Im Gegensatz dazu sind die folgenden Quotienten auf Werte von Null bis Eins normiert:

$$\frac{\gamma}{1+\gamma} = \frac{SS_b}{SS_b + SS_w} = \frac{\text{erklärte Streuung}}{\text{Gesamtstreuung}} \tag{14}$$

$$\frac{1}{1+\gamma} = \frac{SS_w}{SS_b + SS_w} = \frac{\text{nicht erklärte Streuung}}{\text{Gesamtstreuung}} \tag{15}$$

Im Zwei-Gruppen-Fall, in dem sich, wie oben dargelegt, auch die Regressionsanalyse anwenden läßt, entspricht (14) dem Bestimmtheitsmaß $R^2 = 0{,}477$, das als Gütemaß bei der Regressionsanalyse üblich ist. In der Diskriminanzanalyse wird üblicherweise die Wurzel von (14) als Gütemaß verwendet. Sie wird als kanonischer Korrelationskoeffizient bezeichnet[12].

---

wiederholen (Jackknife-Methode). Man erhält damit insgesamt k Diskriminanzfunktionen, deren Koeffizienten miteinander zu kombinieren sind. Ein Spezialfall dieser Vorgehensweise ergibt sich für k = N. Man klassifiziert jedes Element mit Hilfe einer Diskriminanzfunktion, die auf Basis der übrigen N-1 Elemente geschätzt wurde. Auf diese Art läßt sich unter vollständiger Nutzung der vorhandenen Information eine unverzerrte Schätzung der Trefferquote wie auch der Klassifikationsmatrix erzielen. Vgl. hierzu Melvin, R.C. / Perreault, W.D. (1977): Validation of Discriminant Analysis in Marketing Research, in: Journal of Marketing Research, Febr., S. 60-68, sowie die dort angegebene Literatur.

[12] Der Begriff stammt aus der kanononischen Korrelationsanalyse. Mit diesen Verfahren läßt sich die Beziehung zwischen zwei Mengen von jeweils metrisch skalierten Variablen untersuchen. Faßt man jede Menge mittels einer Linearkombination zu einer kanonischen Variablen zusammen, so ist der kanonische Korrelationskoeffizient der einfache Korrelationskoeffizient (nach Bravais/Pearson) zwischen den beiden kanonischen Variablen. Die Linearkombinationen werden bei der kanonischen Analyse so ermittelt, daß der kanonische Korrelationskoeffizient maximal wird.

Die Diskriminanzanalyse läßt sich als Spezialfall einer kanonischen Analyse interpretieren. Jede nominal skalierte Variable mit G Stufen, und somit auch die Gruppierungsvariable einer Diskriminanzanalyse, läßt sich äquivalent durch G-1 binäre Variablen ersetzen. Die Diskriminanzanalyse bildet somit eine kanonische Analyse zwischen einer Menge von binären Variablen und einer Menge metrisch skalierten Merkmalsvariablen. Vgl. hierzu Tatsuoka, M.M., a.a.O., S. 235 ff.

Kanonischer Korrelationskoeffizient:

$$c = \sqrt{\frac{\gamma}{1+\gamma}} = \sqrt{\frac{\text{erklärte Streuung}}{\text{Gesamtstreuung}}} \tag{16}$$

Im Zwei-Gruppen-Fall ist die kanonische Korrelation identisch mit der (einfachen) Korrelation zwischen den geschätzten Diskriminanzwerten und der Gruppierungsvariable. Im Beispiel erhält man für den kanonischen Korrelationskoeffizienten den Wert

$$c = \sqrt{\frac{0,912}{1+0,912}} = 0,691$$

Das gebräuchlichste Kriterium zur Prüfung der Diskriminanz bildet Wilks' Lambda (auch als U-Statistik bezeichnet). Es entspricht dem Ausdruck in (15).

Wilks' Lambda

$$\Lambda = \frac{1}{1+\gamma} = \frac{\text{nicht erklärte Streuung}}{\text{Gesamtstreuung}} \tag{17}$$

Wilks' Lambda ist ein "inverses" Gütemaß, d.h. kleinere Werte bedeuten höhere Trennkraft der Diskriminanzfunktion und umgekehrt.
Im Beispiel erhält man für Wilks' Lambda den Wert

$$\Lambda = \frac{1}{1+0,912} = 0,523$$

Zwischen c und Λ besteht die folgende Beziehung

$$c^2 + \Lambda = 1$$

Die Bedeutung von Wilks' Lambda liegt darin, daß es sich in eine probabilistische Variable transformieren läßt und damit Wahrscheinlichkeitsaussagen über die Unterschiedlichkeit von Gruppen erlaubt. Dadurch wird eine statistische *Signifikanzprüfung der Diskriminanzfunktion* möglich. Die Transformation

$$\chi^2 = -\left[N - \frac{J+G}{2} - 1\right] \ln \Lambda \tag{18}$$

mit

N : Anzahl der Fälle
J : Anzahl der Variablen
G : Anzahl der Gruppen
Λ : Wilks' Lambda
ln : natürlicher Logarithmus

liefert eine Variable, die angenähert wie χ^2 (Chi-quadrat) verteilt ist mit $J\cdot(G-1)$ Freiheitsgraden (degrees of freedom)[13]. Der χ^2-Wert wird mit kleinerem Λ größer. Höhere Werte bedeuten daher auch größere Unterschiedlichkeit der Gruppen.

Für das Beispiel erhält man:

$$\chi^2 = -\left[24 - \frac{2+2}{2} - 1\right]\ln 0,523 = 13,6$$

Für 2 Freiheitsgrade läßt sich damit aus der χ^2-Tabelle im Anhang dieses Buches ein Signifikanzniveau (Irrtumswahrscheinlichkeit) α von annähernd 0,001 entnehmen. Die ermittelte Diskriminanzfunktion ist also hoch signifikant.

Die Signifikanzprüfung beinhaltet einen Test der Nullhypothese H_0 gegen die Alternativhypothese H_1:

H_0 : Die beiden Gruppen unterscheiden sich nicht.
H_1 : Die beiden Gruppen unterscheiden sich.

Angewendet auf das Beispiel besagt die Nullhypothese, daß die beiden Gruppen von Stammkäufern sich hinsichtlich ihrer Einstellungen nicht unterscheiden. Unter dieser Hypothese ist hier für χ^2 der Wert 2 (= Zahl der Freiheitsgrade) zu erwarten. Tatsächlich aber ergibt sich χ^2 = 13,6. Die Wahrscheinlichkeit, daß sich bei Richtigkeit von H_0 (und somit also rein zufallsbedingt) ein so großer oder größerer Wert für χ^2 ergibt, beträgt nur 0,1%. Damit ist es höchst unwahrscheinlich, daß H_0 richtig ist. H_0 ist folglich abzulehnen und damit H_1 anzunehmen. Mit der Irrtumswahrscheinlichkeit (Signifikanzniveau) von 0,1 % läßt sich also sagen, daß die beiden Gruppen sich unterscheiden.

In Tabelle 4.8 sind die Werte verschiedener Gütemaße zusammengestellt.

Im *Mehr-Gruppen-Fall*, wenn sich K Diskriminanzfunktionen bilden lassen, können diese einzeln mit Hilfe der obigen Maße beurteilt und miteinander verglichen werden. Um die *Unterschiedlichkeit der Gruppen* zu prüfen, müssen dagegen alle Diskriminanzfunktionen bzw. deren Eigenwerte gemeinsam berücksichtigt werden. Ein geeignetes Maß hierfür ist das multivariate Wilks' Lambda. Man erhält es durch Multiplikation der univariaten Lambdas.

---

[13] Die χ^2-Verteilung ergibt sich als Verteilung der Summe von quadrierten unabhängigen normalverteilten Variablen. Sie konvergiert, allerdings recht langsam, mit wachsender Zahl von Freiheitsgraden gegen die Normalverteilung.

Tabelle 4.8:   Gütemaße der Diskriminanzfunktion

Variable	Diskriminanz (Eigenwert γ)	Wilks' Lambda Λ	Chi-quadrat χ^2	Signifikanz α
Y	**0,912**	**0,523**	**13,6**	**0,001**

Multivariates Wilks' Lambda:

$$\Lambda = \prod_{k=1}^{K} \frac{1}{1+\gamma_k} \qquad (19)$$

mit

γ_k = Eigenwert der k-ten Diskriminanzfunktion

Zwecks Signifikanzprüfung der Unterschiedlichkeit der Gruppen bzw. der Gesamtheit der Diskriminanzfunktionen kann wiederum mittels der Transformation (18) eine χ^2-Variable gebildet werden.

Um zu entscheiden, ob nach Ermittlung der ersten k Diskriminanzfunktionen die restlichen K-k Diskriminanzfunktionen noch signifikant zur Unterscheidung der Gruppen beitragen können, ist es von Nutzen, Wilks' Lambda in folgender Form zu berechnen:

Wilks' Lambda für residuelle Diskriminanz
(nach Ermittlung von k Diskriminanzfunktionen)

$$\Lambda_k = \prod_{q=k+1}^{K} \frac{1}{1+\gamma_q} \qquad \left(k = 0,1,\ldots, K-1 \right) \qquad (20)$$

mit

γ_q = Eigenwert der q-ten Diskriminanzfunktion

Die zugehörige χ^2-Variable, die man durch Einsetzen von Λ_k in (17) erhält, besitzt (J-k)·(G-k-1) Freiheitsgrade. Für k = 0 ist Formel (20) identisch mit (19).

Wird die residuelle Diskriminanz insignifikant, so kann man die Ermittlung weiterer Diskriminanzfunktionen abbrechen, da diese nicht signifikant zur Trennung der Gruppen beitragen können. Diese Vorgehensweise bietet allerdings keine Gewähr dafür, daß die bereits ermittelten k Diskriminanzfunktionen alle signifikant sind (ausgenommen bei k = 1), sondern stellt lediglich sicher, daß diese *in ihrer Gesamtheit* signifikant trennen. Ist die residuelle Diskriminanz bereits für k = 0 insignifikant, so bedeutet dies, daß die Nullhypothese nicht widerlegt werden kann. Es besteht dann kein empirischer Befund für einen systematischen Unterschied zwischen den Gruppen. Die Bildung von Diskriminanzfunktionen erscheint somit nutzlos.

Die statistische Signifikanz einer Diskriminanzfunktion besagt andererseits noch nicht, daß diese auch wirklich gut trennt, sondern lediglich, daß sich die Gruppen bezüglich dieser Diskriminanzfunktion signifikant unterscheiden. Wie bei allen statistischen Tests gilt auch hier, daß ein signifikanter Unterschied nicht auch "relevant" sein muß. Wenn nur der Stichprobenumfang hinreichend groß ist, so wird auch ein sehr kleiner Unterschied signifikant. Es sind daher auch die Unterschiede der Mittelwerte (vgl. Tab. 4.3b) sowie die Größe des kanonischen Korrelationskoeffizientes oder von Wilks' Lambda zu beachten.

Aus Gründen der Interpretierbarkeit und graphischen Darstellbarkeit kann es bei einer Mehrzahl von signifikanten Diskriminanzfunktionen sinnvoll sein, nicht alle signifikanten Diskriminanzfunktionen zu berücksichtigen, sondern sich mit nur zwei oder maximal drei Diskriminanzfunktionen zu begnügen.

4.2.5   Prüfung der Merkmalsvariablen

(1) Definition der Gruppen

(2) Formulierung der Diskriminanzfunktion

(3) Schätzung der Diskriminanzfunktion

(4) Prüfung der Diskriminanzfunktion

(5) Prüfung der Merkmalsvariablen

(6) Klassifizierung von neuen Elementen

Es ist aus zweierlei Gründen von Interesse, die Wichtigkeit der Merkmalsvariablen in der Diskriminanzfunktion beurteilen zu können. Zum einen, um die Unterschiedlichkeit der Gruppen zu *erklären*, und zum anderen, um unwichtige Variablen aus der Diskriminanzfunktion zu *entfernen*.

Die diskriminatorische Bedeutung der Merkmalsvariablen hatten wir bereits isoliert (univariat) betrachtet. Sie zeigt sich in der Unterschiedlichkeit ihrer Mittelwerte zwischen den Gruppen (vgl. Tabelle 4.3a) oder besser noch am Wert des Diskriminanzkriteriums bei Anwendung auf die Merkmalsvariablen (vgl. Tabelle 4.5, Zeile 1 und 2). Diese Werte lassen sich vor Ermittlung der Diskriminanzfunktion berechnen.

Ebenfalls läßt sich auch mit Hilfe von Wilks' Lambda vor Durchführung einer Diskriminanzanalyse für jede Merkmalsvariable isoliert deren Trennfähigkeit überpüfen. Die Berechnung erfolgt in diesem Fall durch Streuungszerlegung gemäß Formel (15). Zur Signifikanzprüfung kann der allgemein übliche F-Test anstelle des χ^2-Tests verwendet werden. Das Ergebnis entspricht dann einer einfachen Varianzanalyse zwischen Gruppierungs- und Merkmalsvariable (vgl. Kapitel 2). Die Ergebnisse sind in Tabelle 4.9 wiedergegeben.

Tabelle 4.9:   Univariate Diskriminanzprüfung der Merkmalsvariablen

Variable	Diskriminanz	Wilks' Lambda	F-Wert	Signifikanz
X_1	0,466	0,682	10,24	0,004
X_2	0,031	0,970	0,67	0,421

Für die Diskriminanz von Variable 1 (Streichfähigkeit) ergibt sich ein Signifikanzniveau (Irrtumswahrscheinlichkeit) von 0,4 %, für Variable 2 (Haltbarkeit) dagegen von 42,1 %.

Infolge möglicher Interdependenz zwischen den Merkmalsvariablen ist eine univariate Prüfung der Diskriminanz nicht ausreichend. Obgleich Variable 2 allein nur eine minimale Diskriminanz besitzt, trägt sie doch in Kombination mit Variable 1 erheblich zur Erhöhung der Diskriminanz bei, wie sich durch einen Vergleich der Tabellen 4.8 und 4.9 erkennen läßt (der Diskriminanzwert in 4.8 ist bedeutend größer als die Summe der beiden Diskriminanzwerte in 4.9).

Die Basis für die *multivariate Beurteilung der diskriminatorischen Bedeutung* einer Merkmalsvariablen, also ihre Bedeutung im Rahmen der Diskriminanzfunktion, bilden die Diskriminanzkoeffizienten. Diese repräsentieren den Einfluß einer Merkmalsvariablen auf die Diskriminanzvariable. Im Beispiel ergab sich:

$$b_1 = 1,031 \qquad b_2 = -0,565$$

Diese Werte sind allerdings noch zu modifizieren, da die Größe eines Diskriminanzkoeffizienten auch von eventuell willkürlichen Skalierungseffekten beeinflußt wird. Hat man z.B. eine Merkmalsvariable "Preis" und ändert deren Maßeinheit von [Pfennig] auf [DM], so würde sich der zugehörige Diskriminanzkoeffizient um den Faktor 100 vergrößern. Auf die diskriminatorische Bedeutung hat die Skalentransformation keinen Einfluß.

Um derartige Effekte auszuschalten, muß man die Diskriminanzkoeffizienten *standardisieren*, indem man sie mit der Standardabweichung der betreffenden Merkmalsvariablen multipliziert[14].

Standardisierter Diskriminanzkoeffizient

$$b_j^* = b_j \cdot s_j \qquad (21)$$

---

[14] Die normierten Diskriminanzkoeffizienten stimmen mit den standardisierten Diskriminanzkoeffizienten dann überein, wenn die Merkmalsvariablen vor Durchführung der Diskriminanzanalyse so standardisiert werden, daß ihre Mittelwerte Null und ihre gepoolten Innergruppen-Standardabweichungen Eins ergeben.

mit

b_j =   Diskriminanzkoeffizient von Merkmalsvariable j

s_j =   Standardabweichung von Merkmalsvariable j

Zweckmäßigerweise wird für die Standardisierung auf die Innergruppen-Streuung zurückgegriffen. Für die *Innergruppen-Varianz* der Merkmalsvariablen (pooled within-groups variance) gilt analog zu (12):

$$s_j = \sqrt{\frac{W_{jj}}{I - G}}$$

Mit den Werten aus Tabelle 4.3b ergibt sich:

$$s_1 = \sqrt{\frac{29}{24 - 2}} = 1,148$$

$$s_2 = \sqrt{\frac{49}{24 - 2}} = 1,492$$

Man erhält damit die standardisierten Diskriminanzkoeffizienten:

$$b_1^* = b_1 \cdot s_1 = \quad 1,031 \cdot 1,148 = \quad 1,184$$
$$b_2^* = b_2 \cdot s_2 = -0,565 \cdot 1,492 = -0,843$$

Für die Beurteilung der diskriminatorischen Bedeutung spielt das Vorzeichen der Koeffizienten keine Rolle. Wie schon zuvor gesehen, besitzt Variable 2 (Haltbarkeit) eine geringere Bedeutung als Variable 1 (Streichfähigkeit). Die Bedeutung von Variable 2 ist aber weit größer, als eine isolierte Betrachtung erkennen läßt.

Zur Unterscheidung von den standardisierten Diskriminanzkoeffizienten werden die (normierten) Koeffizenten in der Diskriminanzfunktion auch als *unstandardisierte Diskriminanzkoeffizienten* bezeichnet. Zur Berechnung von Diskriminanzwerten müssen immer die unstandardisierten Diskriminanzkoeffizienten verwendet werden.

Im Falle von mehrfachen Diskriminanzfunktionen existieren für jede Merkmalsvariable mehrere Diskriminanzkoeffizienten. Um die diskriminatorische Bedeutung einer Merkmalsvariablen bezüglich aller Diskriminanzfunktionen zu beurteilen, sind die mit den Eigenwertanteilen gemäß Formel (13) gewichteten absoluten Werte der Koeffizienten einer Merkmalsvariablen zu addieren. Man erhält auf diese Weise die *mittleren Diskriminanzkoeffizienten*:

$$\overline{b}_j = \sum_{k=1}^{K} \left| b_{jk}^* \right| \cdot EA_k \tag{22}$$

mit

b_{jk}^* =   Standardisierter Diskriminanzkoeffizient für Merkmalsvariable j bezüglich Diskriminanzfunktion k

EA_k = Eigenwertanteil der Diskriminanzfunktion k

Bei Vorschaltung einer Clusteranalyse für die Gruppenbildung können bei der nachfolgenden Diskriminanzanalyse dieselben oder andere Variablen verwendet werden. Im ersten Fall will man die Eignung der Variablen für die Clusterbildung überprüfen, im zweiten Fall die durch die Clusteranalyse erzeugte Gruppierung erklären. Dabei bezeichnet man die für die Clusteranalyse verwendeten Variablen auch als "aktive" und die für die Diskriminanzanalyse verwendeten Variablen als "*passive*" Variablen. Beispiel: Gruppierung (Segmentierung) von Personen nach ihrem Kaufverhalten (aktiv) durch Clusteranalyse und Erklärung der Unterschiede im Kaufverhalten durch psychographische Variable (passiv) mittels Diskriminanzanalyse.

4.2.6 Schrittweise Diskriminanzanalyse

Wir hatten oben unterstellt, daß zunächst alle vorhandenen Merkmalsvariablen in die Diskriminanzfunktion einbezogen werden und hatten gezeigt, wie sich durch Berechnung der standardisierten Diskriminanzkoeffizienten unwichtige Merkmalsvariablen erkennen lassen, die sodann aus der Diskriminanzfunktion eliminiert werden können. Insbesondere bei mehrfachen Diskriminanzfunktionen kann diese Vorgehensweise mühevoll sein.

Eine alternative und weit bequemere Vorgehensweise bietet die schrittweise Diskriminanzanalyse, bei der die Merkmalsvariablen einzeln nacheinander in die Diskriminanzfunktion einbezogen werden. Dabei wird jeweils diejenige Variable ausgewählt, die ein bestimmtes Gütemaß maximiert. Es wird also zunächst eine Diskriminanzanalyse mit einer Merkmalsvariablen, dann mit zwei Merkmalsvariablen und so fort durchgeführt.

Wird Wilks' Lambda als Gütemaß verwendet, so wird dieses, da es sich um ein inverses Gütemaß handelt, minimiert. Bei mehr als zwei Gruppen kommt hier das multivariate Wilks' Lambda gemäß Formel (19) zur Anwendung.

Bei Anwendung einer schrittweisen Diskriminanzanalyse werden nur Merkmalsvariablen in die Diskriminanzfunktion aufgenommen, die signifikant zur Verbesserung der Diskriminanz beitragen, wobei das Signifikanzniveau durch den Anwender vorgegeben werden kann. Der Algorithmus wählt dann automatisch aus der Menge der Merkmalsvariablen die wichtigsten aus. Aus der Rangfolge, mit der die Variablen in die Diskriminanzfunktion(en) aufgenommen werden, läßt sich deren relative Wichtigkeit erkennen.

Die prinzipielle Vorgehensweise der schrittweisen Diskriminanzanalyse ist identisch mit der schrittweisen Regressionsanalyse, die in Abschnitt 1.2.5 behandelt wurde. Dort wurden auch Vorbehalte gegen die unkritische Anwendung dieser Methode geäußert. In Abschnitt 4.5.4 wird die Anwendung der schrittweisen Diskriminanzanalyse am Fallbeispiel demonstriert.

4.2.7   Klassifizierung von neuen Elementen

(1) Definition der Gruppen

(2) Formulierung der Diskriminanzfunktion

(3) Schätzung der Diskriminanzfunktion

(4) Prüfung der Diskriminanzfunktion

(5) Prüfung der Merkmalsvariablen

(6) Klassifizierung von neuen Elementen

Für die Klassifizierung von neuen Elementen lassen sich die folgenden Konzepte unterscheiden:

- Distanzkonzept
- Wahrscheinlichkeitskonzept
- Klassifizierungsfunktionen.

Das Distanzkonzept wurde oben bereits angesprochen. Danach wird ein Element i in diejenige Gruppe g eingeordnet, der es auf der Diskriminanzachse am nächsten liegt, d.h. bezüglich derer die Distanz zwischen Element und Gruppenmittel (Centroid) minimal wird. Dies ist äquivalent damit, ob das Element links oder rechts vom kritischen Diskriminanzwert liegt. Bei mehreren Diskriminanzfunktionen aber wird die Anwendung etwas schwieriger.

Auf dem Distanzkonzept basiert auch das Wahrscheinlichkeitskonzept, welches die Behandlung der Klassifizierung als ein statistisches Entscheidungsproblem ermöglicht. Es besitzt daher unter allen Konzepten die größte Flexibilität, ist aber, besonders für einen Nicht-Statistiker, auch schwerer verständlich. Wir behandeln es daher an letzter Stelle.

4.2.7.1   Klassifizierungsfunktionen

Die von R.A. Fisher entwickelten Klassifizierungsfunktionen bilden ein bequemes Hilfsmittel, um die Klassifizierung direkt auf Basis der Merkmalswerte (ohne Verwendung von Diskriminanzfunktionen) durchzuführen. Die Klassifizierungsfunktionen sind allerdings nur dann anwendbar, wenn gleiche Streuung in den Gruppen unterstellt werden kann, d.h. wenn die Kovarianzmatrizen der Gruppen annähernd gleich sind (s.u.). Da die Klassifizierungsfunktionen auch als (lineare) Diskriminanzfunktionen bezeichnet werden, können sich leicht Verwechslungen mit den (kanonischen) Diskriminanzfunktionen (vgl. 4.2.2) ergeben.

Für jede Gruppe g ist eine gesonderte Klassifizierungsfunktion zu bestimmen. Man erhält damit G Funktionen folgender Form:

Fischer's Klassifizierungsfunktionen

$$F_1 = b_{01} + b_{11}X_1 + b_{21}X_2 + \dots + b_{J1}X_J$$

$$F_2 = b_{02} + b_{12}X_1 + b_{22}X_2 + \dots + b_{J2}X_J$$

.

.   (23)

.

$$F_G = b_{0G} + b_{1G}X_1 + b_{2G}X_2 + \dots + b_{JG}X_J$$

Zur Durchführung der Klassifizierung eines Elementes ist mit dessen Merkmals-werten für jede Gruppe g ein Funktionswert F_g zu berechnen. Das Element ist derjenigen Gruppe g zuzuordnen, für die der Funktionswert F_g maximal ist. Die Funktionswerte selbst haben keinen interpretatorischen Gehalt.

Für das *Beispiel* erhält man die folgenden zwei Klassifizierungsfunktionen (vgl. Anhang D):

$$F_A = -6,597 + 1,728 \; X_1 + 1,280 \; X_2$$
$$F_B = -10,22 + 3,614 \; X_1 + 0,247 \; X_2$$

Für die Merkmalswerte

$$X_1 = 6 \quad \text{und} \quad X_2 = 7$$

erhält man durch Einsetzen in die Klassifizierungsfunktionen die Funktionswerte:

$$F_A = 12,7$$
$$F_B = 13,2$$

Das Element ist also in die Gruppe B einzuordnen. Aus dieser Gruppe stammt auch Person 21 (vgl. Tabelle 4.2), die identische Merkmalswerte besitzt.

Die Klassifizierungfunktionen ermöglichen auch die Einbeziehung von *A-priori-Wahrscheinlichkeiten*. Damit sind Wahrscheinlichkeiten gemeint, die a priori, d.h. vor Durchführung einer Diskriminanzanalyse hinsichtlich der Gruppenzu-gehörigkeit gegeben sind oder geschätzt werden können.

Mittels der A-priori-Wahrscheinlichkeiten läßt sich gegebenenfalls berücksich-tigen, daß die betrachteten Gruppen mit unterschiedlicher Häufigkeit in der Realität vorkommen. A priori ist z.B. von einer Person eher zu erwarten, daß sie Wähler einer großen Partei oder Käufer einer Marke mit großem Marktanteil ist, als Wähler einer kleinen Partei oder Käufer einer kleinen Marke. Entsprechend den relativen Größen der Gruppen, soweit diese bekannt sind, können daher A-priori-Wahrscheinlichkeiten gebildet werden. Der Untersucher kann aber auch durch subjektive Schätzung der A-priori-Wahrscheinlichkeiten seine persönliche Mei-nung, die er unabhängig von den in die Diskriminanzfunktion eingehenden Informationen gebildet hat, in die Rechnung einbringen.

Die A-priori-Wahrscheinlichkeiten müssen sich über die Gruppen zu Eins addieren:

$$\sum_{g=1}^{G} P(g) = 1$$

Zur Berücksichtigung der A-priori-Wahrscheinlichkeit $P(g)$ sind die Klassifizie-rungsfunktionen wie folgt zu modifizieren:

$$F_g := F_g + \ln P(g) \qquad (g = 1,...,G) \qquad (24)$$

Bei der Durchführung einer Klassifizierung lassen sich auch individuelle A-priori-Wahrscheinlichkeiten $P_i(g)$ berücksichtigen. Werden nur gruppenspezifische A-priori-Wahrscheinlichkeiten $P(g)$ berücksichtigt, so lassen sich diese in die Berechnung des konstanten Gliedes b_{0g} einer Funktion F_g einbeziehen:

$$b_{0g} = a_g + \ln P(g)$$

Sind keine A-priori-Wahrscheinlichkeiten bekannt, so kann immer $P(g) = 1/G$ gesetzt werden. So wurden auch die konstanten Glieder in den obigen Funktionen wie folgt berechnet (vgl. auch Anhang D):

$$b_{0A} = -5,904 + \ln 0,5 = -6,597$$
$$b_{0B} = -9,529 + \ln 0,5 = -10,222$$

In dieser Form erhält man auch bei Anwendung von SPSS die Klassifizierungs-funktionen, wenn keine A-priori-Wahrscheinlichkeiten angegeben werden. Wenn die A-priori-Wahrscheinlichkeiten gleich sind, dann hat ihre Einbeziehung natür-lich keinen Effekt auf das Ergebnis der Klassifizierung.

4.2.7.2   Das Distanzkonzept

Gemäß dem Distanzkonzept wird ein Element i in diejenige Gruppe g eingeordnet, der es am nächsten liegt, d.h. bezüglich derer die Distanz zwischen Element und Gruppenmittel (Centroid) minimal wird. Üblicherweise werden die *quadrierten Distanzen*

$$D_{ig}^2 = \left(Y_i - \overline{Y}_g\right)^2 \quad (g = 1,...,G) \qquad (25)$$

verwendet. Bei einer Mehrzahl von K Diskriminanzfunktionen wird analog die quadrierte euklidische Distanz im K-dimensionalen Diskriminanzraum zwischen dem Element i und dem Centroid der Gruppe g herangezogen.

Quadrierte euklidische Distanz

$$D_{ig}^2 = \sum_{k=1}^{K} \left(Y_{ki} - \overline{Y}_{kg}\right)^2 \qquad (g = 1, \ldots, G) \qquad (26)$$

mit

Y_{ki} = Diskriminanzwert von Element i bezüglich Diskriminanzfunktion k

$\overline{Y}_{kg}$ = Centroid von Gruppe g bezüglich Diskriminanzfunktion k

Die Anwendbarkeit der euklidischen Distanz ist zulässig infolge Orthogonalität und Normierung der Diskriminanzfunktionen. Alternativ lassen sich auch Distanzen im J-dimensionalen Raum der Merkmalsvariablen berechnen. Es müssen dabei jedoch die unterschiedlichen Maßeinheiten (Standardabweichungen) der Variablen wie auch die Korrelationen zwischen den Variablen berücksichtigt werden. Ein verallgemeinertes Distanzmaß, bei dem dies der Fall ist, ist die *Mahalanobis-Distanz*. Bei nur zwei Variablen errechnet sich die quadrierte Mahalanobis-Distanz wie folgt:

$$D_{ig}^2 = \frac{\left(X_{1i} - \overline{X}_{1g}\right)^2 s_2^2 + \left(X_{2i} - \overline{X}_{2g}\right)^2 s_1^2 - 2\left(X_{1i} - \overline{X}_{1g}\right)\left(X_{2i} - \overline{X}_{2g}\right) s_{12}}{s_1^2 \, s_2^2 - s_{12}^2}$$

Dabei sind durch s_1^2 bzw. s_2^2 die empirischen Varianzen und durch s_{12} die empirische Kovarianz der beiden Variablen bezeichnet. Die Mahalanobis-Distanz nimmt zu, wenn die Korrelation zwischen den Variablen (und damit s_{12}) abnimmt. Da die Standardabweichungen der Diskriminanzvariablen immer Eins und deren Korrelationen Null sind, sind folglich die euklidischen Distanzen im Diskriminanzraum zugleich auch Mahalanobis-Distanzen. (Vgl. hierzu auch die Ausführungen im Anhang B dieses Kapitels.)

Die Klassifizierung nach euklidischen Distanzen im Raum der Diskriminanzvariablen ist der Klassifizierung nach Mahalanobis-Distanzen im Raum der Merkmalsvariablen äquivalent, wenn alle K möglichen Diskriminanzfunktionen berücksichtigt werden[15]. Liegen die Diskriminanzfunktionen vor, so bedeutet es eine erhebliche Erleichterung, wenn die Distanzen im Diskriminanzraum gebildet werden.

Es ist für die Durchführung der Klassifizierung nicht zwingend, alle mathematisch möglichen Diskriminanzfunktionen zu berücksichtigen. Vielmehr reicht es aus, sich auf die wichtigen oder die signifikanten Diskriminanzfunktionen zu beschränken, da sich dadurch bei nur unbedeutendem Informationsverlust die Berechnung wesentlich vereinfacht. Die Beschränkung auf die signifikanten Diskriminanzfunktionen kann überdies den Vorteil haben, daß Zufallsfehler in den Merkmalsvariablen herausgefiltert werden.

---

[15] Vgl. dazu Tatsuoka, M.M., a.a.O., S. 232 ff.

Die obigen Ausführungen unterstellen, daß die Streuungen in den Gruppen annähernd gleich sind. Wenn diese Annahme nicht aufrechterhalten werden kann, müssen modifizierte Distanzen verwendet werden, deren Berechnung im Anhang B gezeigt wird. Bei Verwendung von SPSS kann die Annahme gleicher Streuungen (Kovarianzmatrizen der Merkmalsvariablen) durch Berechnung von *Box's M* überprüft werden[16]. Mittels eines F-Tests läßt sich die Signifikanz dieser Annahme prüfen. Niedrige Signifikanzwerte deuten auf ungleiche Streuungen hin.

Die Klassifikation auf Basis des Distanzkonzeptes führt zum gleichen Ergebnis wie die Klassifikation mit Hilfe der Klassifizierungsfunktionen, wenn alle Diskriminanzfunktionen berücksichtigt und wenn gleiche Streuungen in den Gruppen unterstellt werden.

4.2.7.3   Das Wahrscheinlichkeitskonzept

Das Wahrscheinlichkeitskonzept, das auf dem Distanzkonzept aufbaut, ist das flexibelste Konzept zur Klassifizierung von Elementen. Insbesondere ermöglicht es, wie schon die Klassifizierungfunktionen, die Berücksichtigung von (ungleichen) *A-priori-Wahrscheinlichkeiten* (vgl. 4.2.7.1). Zusätzlich ermöglicht es auch die Berücksichtigung von (ungleichen) *"Kosten" der Fehlklassifikation*. Ohne diese Erweiterungen führt es zu den gleichen Ergebnissen, wie das Distanzkonzept. Tabelle 4.10 gibt einen Überblick über Möglichkeiten der drei Konzepte zur Klassifizierung.

Im Wahrscheinlichkeitskonzept kommt die nachfolgende *Klassifizierungsregel* zur Anwendung.

Ordne ein Element i derjenigen Gruppe g zu, für die die Wahrscheinlichkeit

$$P\ (g|Y_i)$$

maximal ist.

Dabei bezeichnet $P(g|Y_i)$ die Wahrscheinlichkeit für die Zugehörigkeit von Element i mit Diskriminanzwert Y_i zu Gruppe g (g=1,...,G).

In der Terminologie der statistischen Entscheidungstheorie werden die Klassifizierungswahrscheinlichkeiten als *A-posteriori-Wahrscheinlichkeiten* bezeichnet. Zu ihrer Berechnung wird das Bayes-Theorem angewendet.

---

[16] vgl. dazu Cooley, W.W. / Lohnes, P.R., a.a.O., S. 229.

Tabelle 4.10: Vergleich der Konzepte zur Klassifizierung

	Klassifiz.-Funktionen	Distanz-Konzept	Wahrsch.-Konzept
Unterschiedliche A-priori-Wahrscheinlichkeiten	ja	nein	ja
Unterschiedliche Kosten der Fehlklassifikation	nein	nein	ja
Berücksichtigung ungleicher Streuungen in den Gruppen	nein	ja	ja
Unterdrückung irrelevanter Diskriminanzfunktionen	nein	ja	ja

Bayes-Theorem

$$P\left(g|Y_i\right) = \frac{P\left(Y_i|g\right) P_i\left(g\right)}{\sum\limits_{g=1}^{G} P\left(Y_i|g\right) P_i\left(g\right)} \qquad (g = 1,...,G) \qquad (27)$$

mit

$P\left(g|Y_i\right)$ =   A-posteriori-Wahrscheinlichkeit

$P\left(Y_i|g\right)$ =   Bedingte Wahrscheinlichkeit

$P_i\left(g\right)$ =   A-priori-Wahrscheinlichkeit

Im Bayes-Theorem werden die a priori gegebenen Wahrscheinlichkeiten mit bedingten Wahrscheinlichkeiten, in denen die in den Merkmalsvariablen enthaltene Information zum Ausdruck kommt, verknüpft. Die bedingte Wahrscheinlichkeit $P(Y_i|g)$ gibt an, wie wahrscheinlich ein Diskriminanzwert Y_i für das Element i wäre, wenn dieses zu Gruppe g gehören würde. Sie läßt sich durch Transformation der Distanz D_{ig} ermitteln.

Bei Durchführung einer Klassifikation im Rahmen von konkreten Problemstellungen (Entscheidungsproblemen) ist es häufig der Fall, daß die Konsequenzen oder *"Kosten" der Fehlklassifikation* zwischen den Gruppen differieren. So ist z.B. in der medizinischen Diagnostik der Schaden, der dadurch entsteht, daß eine bösartige Krankheit nicht rechtzeitig erkannt wird, sicherlich größer, als die irrtümliche Diagnose einer bösartigen Krankheit. Das Beispiel macht gleichzeitig deutlich, daß die Bewertung der "Kosten" sehr schwierig sein kann. Eine ungenaue Bewertung aber ist i.d.R. besser als keine Bewertung und damit keine Berücksichtigung der unterschiedlichen Konsequenzen.

Die Berücksichtigung von ungleichen Kosten der Fehlklassifikation kann durch Anwendung der *Bayes'schen Entscheidungsregel* erfolgen, die auf dem Konzept des statistischen Erwartungswertes basiert[17]. Es ist dabei gleichgültig, ob der Erwartungswert eines Kosten- bzw. Verlustkriteriums minimiert oder eines Gewinn- bzw. Nutzenkriteriums maximiert wird.

Klassifizierung durch Anwendung der Bayes-Regel

Ordne ein Element i derjenigen Gruppe g zu, für die der Erwartungswert der Kosten

$$E_g(K) = \sum_{h=1}^{G} K_{gh} \ P(h|Y_i) \qquad (g=1,...,G) \qquad (28)$$

minimal ist.

Dabei bezeichnet

$P(h|Y_i)$ = Wahrscheinlichkeit für die Zugehörigkeit von Element i mit Diskriminanzwert Y_i zu Gruppe h (h=1,...,G)

K_{gh} = Kosten der Einstufung in Gruppe g, wenn das Element zu Gruppe h gehört

Die Anwendung der Bayes-Regel soll an einem kleinen *Beispiel* verdeutlicht werden. Ein Bankkunde i möchte einen Kredit in Höhe von DM 1.000 für ein Jahr zu einem Zinssatz von 10 % aufnehmen. Für die Bank stellt sich das Problem, den möglichen Zinsgewinn gegen das Risiko eines Kreditausfalls abzuwägen. Für den Kunden wurden folgende *Klassifizierungswahrscheinlichkeiten* ermittelt:

$$P(1|Y_i) = 0,8 \qquad \text{(Kreditrückzahlung)}$$

$$P(2|Y_i) = 0,2 \qquad \text{(Kreditausfall)}$$

Wenn die Einordnung in Gruppe 1 mit einer Vergabe des Kredites und die Einordnung in Gruppe 2 mit einer Ablehnung gekoppelt ist, so lassen sich die folgenden *Kosten einer Fehlklassifikation* angeben (Tabelle 4.11):

---

[17] Vgl. dazu z.B. Schneeweiss, H. (1967): Entscheidungskriterien bei Risiko, Berlin; Bamberg, G. / Coenenberg, A.G. (1992): Betriebswirtschaftliche Entscheidungslehre, München.

Tabelle 4.11:   Kosten einer Fehlkalkulation (Beispiel)

Einordnung in Gruppe g	tatsächliche Gruppenzugehörigkeit	
	Rückzahlung 1	Ausfall 2
1: Vergabe	-100	1.000
2: Ablehnung	100	0

Vergibt die Bank den Kredit, so erlangt sie bei ordnungsgemäßer Tilgung einen Gewinn (negative Kosten) in Höhe von DM 100, während ihr bei Zahlungsunfähigkeit des Kunden ein Verlust in Höhe von DM 1000 entsteht. Vergibt die Bank dagegen den Kredit nicht, so entstehen ihr eventuell Opportunitätskosten (durch entgangenen Gewinn) in Höhe von DM 100.

Die *Erwartungswerte* der Kosten für die beiden Handlungsalternativen errechnen sich mit den obigen Wahrscheinlichkeiten wie folgt:

Vergabe: $E_1(K) = -100 \cdot 0,8 + 1.000 \cdot 0,2 = 120$

Ablehnung: $E_2(K) = 100 \cdot 0,8 + 0 \cdot 0,2 = 80$

Die erwarteten Kosten der zweiten Alternative sind niedriger. Folglich ist der Kreditantrag bei Anwendung der Bayes-Regel abzulehnen, obgleich die Wahrscheinlichkeit einer Kreditrückzahlung weit höher ist als die eines Kreditausfalls.

4.2.7.4   Berechnung der Klassifizierungswahrscheinlichkeiten

Die Klassifizierungswahrscheinlichkeiten lassen sich aus den Distanzen unter Anwendung des Bayes-Theorems wie folgt berechnen (vgl. Anhang C):

$$P\left(g|Y_i\right) = \frac{\exp\left(-D_{ig}^2 / 2\right) P_i(g)}{\sum\limits_{g=1}^{G} \exp\left(-D_{ig}^2 / 2\right) P_i(g)} \qquad (g = 1,...,G) \qquad (29)$$

mit

D_{ig} = Distanz zwischen Element i und dem Centroid von Gruppe g

$P_i(g)$ = A-priori-Wahrscheinlichkeit für die Zugehörigkeit von Element i zu Gruppe g

Beispiel: Für ein Element i mit den Merkmalswerten

$X_{1i} = 6$ und $X_{2i} = 7$

erhält man durch Anwendung der oben ermittelten Diskriminanzfunktion den folgenden Diskriminanzwert:

$$Y_i = -1,98 + 1,031 \cdot 6 - 0,565 \cdot 7 = 0,252$$

Bezüglich der beiden Gruppen A und B erhält man gemäß (25) die *quadrierten Distanzen*:

$$D_{ig}^2 = \left(Y_i - \overline{Y}_g\right)^2$$

$$D_{iA}^2 = \left(0,252 - (-0,914)\right)^2 = 1,360$$

$$D_{iB}^2 = \left(0,252 - 0,914\right)^2 \quad\ = 0,438$$

Die Transformation der Distanzen liefert die Werte (Dichten):

$$f\left(Y_i|g\right) = \exp\left(-D_{ig}^2 / 2\right)$$

$$f\left(Y_i|A\right) = 0,507$$

$$f\left(Y_i|B\right) = 0,803$$

Damit erhält man durch (29) unter Vernachlässigung von A-priori-Wahrscheinlichkeiten die gesuchten Klassifizierungswahrscheinlichkeiten:

$$P\left(g|Y_i\right) = \frac{f\left(Y_i|g\right)}{f\left(Y_i|A\right) + f\left(Y_i|B\right)}$$

$$P\left(A|Y_i\right) = \frac{0,507}{0,507 + 0,803} = 0,39$$

$$P\left(B|Y_i\right) = \frac{0,803}{0,507 + 0,803} = 0,61$$

Das Element i ist folglich in die Gruppe B einzuordnen. Dasselbe Ergebnis liefert auch das Distanzkonzept. Unterschiedliche Ergebnisse können sich nur bei Einbeziehung von unterschiedlichen A-priori-Wahrscheinlichkeiten ergeben.

Sind die *A-priori-Wahrscheinlichkeiten*

$$P_i(A) = 0,4 \quad \text{und} \quad P_i(B) = 0,6$$

gegeben und sollen diese in die Schätzung einbezogen werden, so erhält man stattdessen die folgenden Klassifizierungswahrscheinlichkeiten:

$$P\left(g|Y_1\right) = \frac{f\left(Y_i|g\right)P_i(g)}{f\left(Y_i|A\right)P_i(A) + f\left(Y_i|B\right)P_i(B)}$$

$$P\left(A|Y_i\right) = \frac{0{,}507 \cdot 0{,}4}{0{,}507 \cdot 0{,}4 + 0{,}803 \cdot 0{,}6} = 0{,}30$$

$$P\left(B|Y_i\right) = \frac{0{,}803 \cdot 0{,}6}{0{,}507 \cdot 0{,}4 + 0{,}803 \cdot 0{,}6} = 0{,}70$$

Da sich hier die in den Merkmalswerten enthaltene Information und die A-priori-Information gegenseitig bestärken, erhöht sich die relative Sicherheit für die Einordnung von Element i in Gruppe B.

Die obigen Berechnungen basieren auf der *Annahme gleicher Streuungen* (Kovarianzmatrizen) in den Gruppen. Die Überprüfung dieser Annahme mit Hilfe von Box's M liefert für das Beispiel ein Signifikanzniveau von über 95 %, welches die Annahme gleicher Streuungen rechtfertigt. Die Berechnung von Klassifizierungswahrscheinlichkeiten unter Berücksichtigung ungleicher Streuungen wird im Anhang C behandelt. Bei Anwendung von SPSS kann die Klassifizierung wahlweise unter der Annahme gleicher Streuungen (Voreinstellung) wie auch unter Berücksichtigung der individuellen Streuungen in den Gruppen durchgeführt werden.

4.2.7.5   Überprüfung der Klassifizierung

Die Summe der Klassifizierungswahrscheinlichkeiten, die man durch Anwendung des Bayes-Theorems erhält, ergibt immer Eins. Die Anwendung des Bayes-Theorems schließt also aus, daß ein zu klassifizierendes Element eventuell keiner der vorgegebenen Gruppen angehört. Die Klassifizierungswahrscheinlichkeiten erlauben deshalb auch keine Aussage darüber, ob und wie wahrscheinlich es ist, daß ein klassifiziertes Element überhaupt einer der betrachteten Gruppen angehört.

Aus diesem Grunde ist es zur Kontrolle der Klassifizierung zweckmäßig, für die gewählte Gruppe g (mit der höchsten Klassifizierungswahrscheinlichkeit) die bedingte Wahrscheinlichkeit $P(Y_i|g)$ zu überprüfen. In Formel (29) wurde die explizite Berechnung der bedingten Wahrscheinlichkeiten umgangen. Sie müssen daher bei Bedarf gesondert ermittelt werden.

Die bedingte Wahrscheinlichkeit ist in Abbildung 4.7 dargestellt. Je größer die Distanz D_{ig} wird, desto unwahrscheinlicher wird es, daß für ein Element von Gruppe g eine gleich große oder gar größere Distanz beobachtet wird, und desto geringer wird damit die Wahrscheinlichkeit der Hypothese "Element i gehört zu Gruppe g". Die bedingte Wahrscheinlichkeit $P(Y_i|g)$ ist die Wahrscheinlichkeit bzw. das Signifikanzniveau dieser Hypothese.

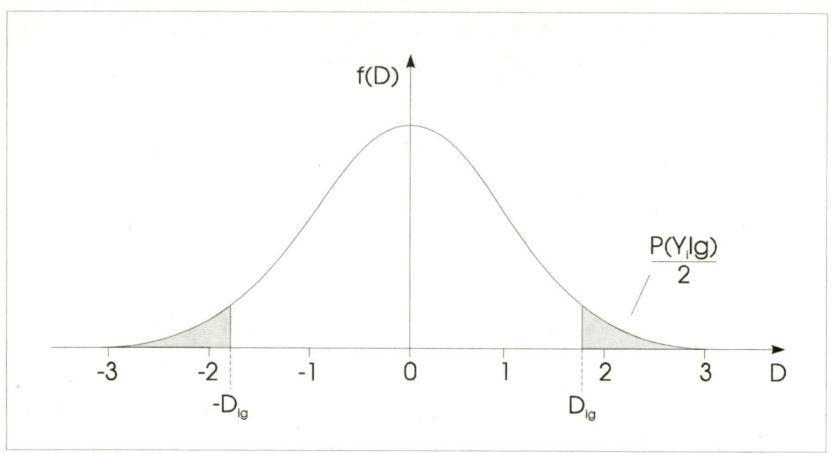

Abb. 4.7: Darstellung der bedingten Wahrscheinlichkeit (schraffierte Fläche) unter der Dichtefunktion der standardisierten Normalverteilung

Im Gegensatz zu den A-priori- und A-posteriori-Wahrscheinlichkeiten müssen sich die bedingten Wahrscheinlichkeiten über die Gruppen nicht zu Eins addieren. Die bedingten Wahrscheinlichkeiten eines Elementes können daher bezüglich aller Gruppen beliebig klein sein. Da die bedingte Wahrscheinlichkeit für die Gruppe mit der höchsten Klassifizierungswahrscheinlichkeit am größten ist, braucht sie nur für diese Gruppe überprüft zu werden. Etwas anderes kann gelten, wenn A-priori-Wahrscheinlichkeiten berücksichtigt wurden.

Die bedingte Wahrscheinlichkeit läßt sich mit Hilfe einer Tabelle der standardisierten Normalverteilung leicht bestimmen. Für das oben betrachtete Element mit dem Diskriminanzwert $Y_i = 0,252$ und der minimalen Distanz $D^2_{iB} = 0,663$ (= $\sqrt{0,439}$) erhält man die bedingte Wahrscheinlichkeit

$$P\left(Y_i \middle| B\right) = 0,51$$

Gut die Hälfte aller Elemente der Gruppe B ist also weiter entfernt vom Centroid, als das Element i. Das Element i fällt daher nicht durch ungewöhnliche Merkmalsausprägungen auf.

Im Vergleich dazu sei ein Element r mit den Merkmalswerten

$$X_{1r} = 1 \quad \text{und} \quad X_{2r} = 6$$

betrachtet. Für dieses Element erhält man den Diskriminanzwert $Y_r = -4,339$ und die Klassifizierungswahrscheinlichkeiten

$$P\left(A \middle| Y_r\right) = 0,9996$$
$$P\left(B \middle| Y_r\right) = 0,0004$$

Das Element wäre also der Gruppe A zuzuordnen. Die Distanz zum Centroid von Gruppe A beträgt $D_{rA} = 3{,}42$. Damit ergibt sich bezüglich Gruppe A die bedingte Wahrscheinlichkeit

$$P(Y_r|A) = 0{,}0006$$

Die Wahrscheinlichkeit dafür, daß ein Element der Gruppe A eine so große Distanz aufweist, wie das Element r, ist also außerordentlich gering. Bezüglich Gruppe B wäre die bedingte Wahrscheinlichkeit natürlich noch geringer. Man muß sich daher fragen, ob dieses Element überhaupt einer der beiden Gruppen angehört.

4.3   Fallbeispiel

4.3.1 Problemstellung

Nachfolgend soll die Diskriminanzanalyse an einem Fallbeispiel unter Anwendung des Computer-Programms SPSS durchgeführt werden. Nachdem unser Margarinehersteller sich mit der Frage befaßt hat, welche Eigenschaften bei einer Margarine von Wichtigkeit sind, möchte er jetzt herausfinden, wie die Margarinemarken selbst wahrgenommen werden, d.h.

- ob signifikante Unterschiede in der Wahrnehmung verschiedener Marken bestehen und
- welche Eigenschaften für die unterschiedliche Wahrnehmung der Marken relevant sind.

Zu diesem Zweck wurde eine Befragung von 18 Personen durchgeführt, wobei diese veranlaßt wurden, 11 Butter- und Margarinemarken jeweils bezüglich 10 verschiedener Variablen auf einer siebenstufigen Rating-Skala zu beurteilen (vgl. Tabelle 4.12). Da nicht alle Personen alle Marken beurteilen konnten, umfaßt der Datensatz nur 127 Markenbeurteilungen anstelle der vollständigen Anzahl von 198 Markenbeurteilungen (18 Personen x 11 Marken). Eine Markenbeurteilung umfaßt dabei die Skalenwerte der 10 Merkmalsvariablen.

Von den 127 Markenbeurteilungen sind nur 92 vollständig, während die restlichen 35 Beurteilungen fehlende Werte, sog. Missing Values, enthalten. Missing Values bilden ein unvermeidliches Problem bei der Durchführung von Befragungen (z.B. weil Personen nicht antworten können oder wollen oder als Folge von Interviewerfehlern). Die unvollständigen Beurteilungen sollen zunächst in der Diskriminanzanalyse nicht berücksichtigt werden, so daß sich die Fallzahl auf 92 verringert. In SPSS existieren verschiedene Optionen zur Behandlung von Missing Values, auf die in Abschnitt 4.5.3. eingegangen wird.

Tabelle 4.12: Untersuchte Marken und Variablen im Fallbeispiel

Emulsionsfette (Butter und Margarine)		Merkmalsvariablen (subjektive Beurteilungen)	
1	Becel	1	Streichfähigkeit
2	Du darfst	2	Preis
3	Rama	3	Haltbarkeit
4	Delicado	4	Anteil ungesättigter Fettsäuren
5	Holländische Markenbutter	5	Back- und Brateignung
6	Weihnachtsbutter	6	Geschmack
7	Homa	7	Kaloriengehalt
8	Flora Soft	8	Anteil tierischer Fette
9	SB	9	Vitamingehalt
10	Sanella	10	Natürlichkeit
11	Botteram		

Um die Zahl der Gruppen zu vermindern, wurden die 11 Marken zu drei Gruppen (Marktsegmenten) zusammengefaßt. Die Gruppenbildung wurde durch Anwendung einer Clusteranalyse vorgenommen (vgl. Kapitel 7). In Tabelle 4.13 ist die Zusammensetzung der Gruppen angegeben. Mittels Diskriminanzanalyse soll jetzt untersucht werden, ob und wie sich diese Gruppen unterscheiden.[18]

Eine weitergehende Problemstellung, der hier allerdings nicht nachgegangen werden soll, könnte in der Kontrolle der Marktpositionierung eines neuen Produktes bestehen. Mittels der oben behandelten Techniken der Klassifizierung ließe sich überprüfen, ob das Produkt sich bezüglich seiner Wahrnehmung durch die Konsumenten in das angestrebte Marktsegment einordnet.

---

[18] Da die Beurteilungen der verschiedenen Marken von denselben Personen vorgenommen werden, läßt sich gegen die Anwendung der Diskriminanzanalyse einwenden, daß die Stichproben der Gruppen (Markencluster) nicht unabhängig sind. Dieses inhaltliche Problem soll hier zugunsten der Demonstration von SPSS an einem größeren Datensatz zurückgestellt werden.

Tabelle 4.13: Definition der Gruppen

Marktsegmente (Gruppen)	Marken im Segment
A	Homa, Flora Soft
B	Becel, Du darfst, Rama, SB, Sanella, Botteram
C	Delicado, Holländische Markenbutter, Weihnachtsbutter

4.3.2 Ergebnisse

Im Folgenden wird einerseits gezeigt, wie mit SPSS die Diskriminanzanalyse durchgeführt wird. Andererseits werden die wichtigsten Ergebnisse des Programmausdrucks von SPSS wiedergegeben und kommentiert. Abbildung 4.8 zeigt zunächst, wie das relevante Analyseverfahren Diskriminanzanalyse aus dem Menüpunkt "Analysieren" als eines der klassifizierenden Prozeduren aufgerufen wird.

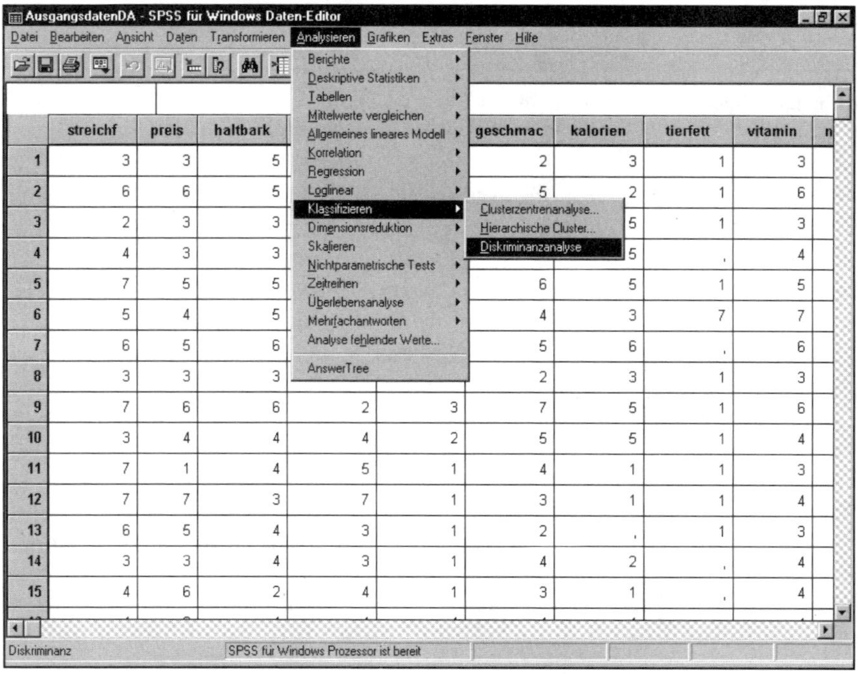

Abb. 4.8: Daten-Editor mit Auswahl des Analyseverfahrens "Diskriminanzanalyse"

Nachdem die Diskriminanzanalyse als Verfahren ausgewählt wurde, wird das in Abbildung 4.9 wiedergegebene Dialogfenster geöffnet. In diesem Beispiel zur Diskriminanzanalyse soll untersucht werden, ob und wie sich die drei aus einer vorherigen Clusteranalyse resultierenden Gruppen unterscheiden. In der Variable "Segment" ist für jede Marke die Gruppenzugehörigkeit enthalten. Diese ist somit aus der linken Variablenliste auszuwählen und in das Feld "Gruppenvariable" zu verschieben. Die Festlegung der für die Analyse relevanten Gruppen erfolgt über die Schaltfläche "Bereich definieren" unterhalb der Gruppenvariable.

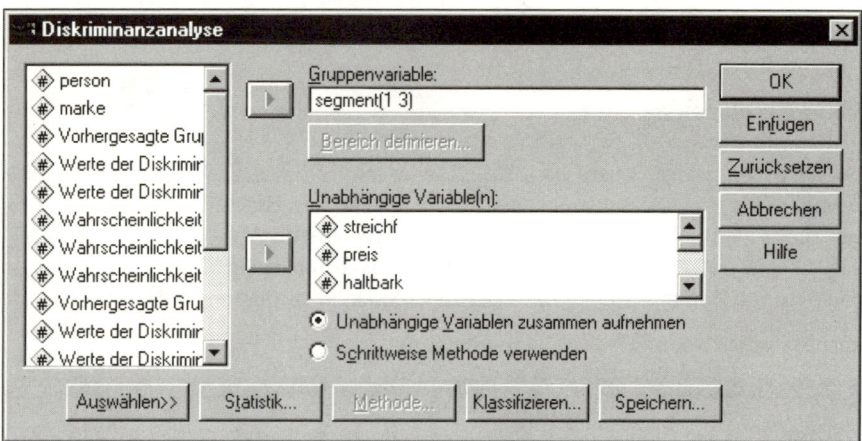

Abb. 4.9: Dialogfenster "Diskriminanzanalyse"

Als Methode der Diskriminanzanalyse ist die direkte Methode (hier: "Unabhängige Variablen zusammen aufnehmen") voreingestellt. Dies bedeutet, daß alle Merkmalsvariablen (ausgewählte "Unabhängige Variable") simultan in die Diskriminanzfunktion aufgenommen werden. Alternativ kann auch eine schrittweise Aufnahme erfolgen. Auf diese Methode wird weiter unten näher eingegangen (vgl. Abschnitt 4.5.4). An dieser Stelle wird zunächst lediglich die gleichzeitige Einbeziehung aller Merkmalsvariablen betrachtet.

Zur Durchführung der Diskriminanzanalyse stehen noch weitere Optionen zur Verfügung, die entweder den Standardoutput (Voreinstellung) ergänzen oder ersetzen. Im Folgenden sollen die in der Analyse verwendeten Einstellungen und deren Ergebnisse wiedergegeben werden. Abbildung 4.10 zeigt zunächst zusätzliche Statistiken, die den Standardoutput der Diskriminanzanalyse ergänzen. Hierbei handelt es ich um "Deskriptive Statistiken", "Funktionskoeffizienten" und "Matrizen". Im vorliegenden Beispiel soll zum einen zur Prüfung der Diskriminanz eine "Univariate ANOVA" durchgeführt werden und zum anderen sollen die Koeffizienten der Diskriminanzfunktion nicht nur entsprechend der voreingestellten Output-Option in standardisierter Form, sondern auch unstandardisiert und die

Koeffizienten der linearer Diskriminanzfunktion nach Fisher angegeben werden. Dementsprechend sind diese Optionen im Dialogfenster "Statistik" auszuwählen.

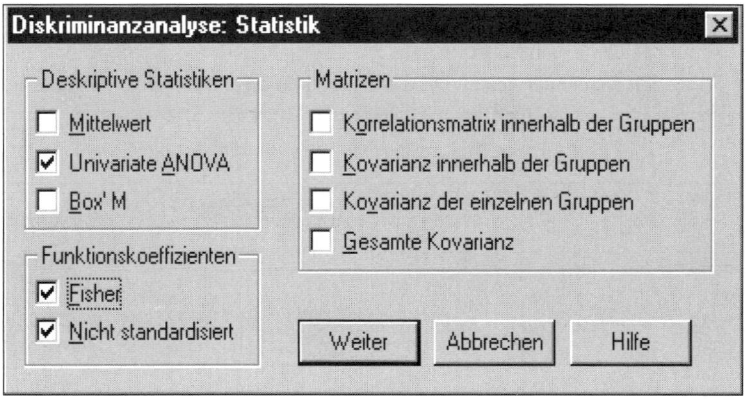

Abb. 4.10:   Dialogfenster "Statistik"

Tabelle 4.14 (Ergebniss der "Univariaten ANOVA") zeigt zunächst, wie gut die 10 Merkmalsvariablen jeweils isoliert zwischen den drei Gruppen trennen (vgl. dazu Abschnitt 4.2.5). Mit Ausnahme der Variablen "Haltbark", "Ungefett" und "Backeign" trennen alle Variablen signifikant mit einer Irrtumswahrscheinlichkeit unter 5 %. Am besten trennt die Variable "Natur".

Tabelle 4.14:   Univariate Trennfähigkeit der Merkmalsvariablen

Gleichheitstest der Gruppenmittelwerte

	Wilks-Lambda	F	df1	df2	Signifikanz
STREICHF	,798	11,246	2	89	,000
PREIS	,916	4,074	2	89	,020
HALTBARK	,952	2,264	2	89	,110
UNGEFETT	,993	,321	2	89	,726
BACKEIGN	,944	2,619	2	89	,078
GESCHMAC	,795	11,484	2	89	,000
KALORIEN	,836	8,703	2	89	,000
TIERFETT	,712	17,980	2	89	,000
VITAMIN	,885	5,806	2	89	,004
NATUR	,703	18,813	2	89	,000

Bei drei Gruppen lassen sich zwei *Diskriminanzfunktionen* bilden. In Tabelle 4.15 sind die geschätzten Parameter (unstandardisiert) dieser beiden Diskriminanzfunktionen wiedergegeben. Außerdem sind im unteren Abschnitt die Centroide der drei Gruppen bezüglich der beiden Diskriminanzfunktionen angegeben.

Tabelle 4.15:   Parameter der beiden Diskriminanzfunktionen und Werte der Centroide

Kanonische Diskriminanzfunktionskoeffizienten

	Funktion	
	1	2
STREICHF	-,140	,408
PREIS	,223	-,127
HALTBARK	-,336	-,276
UNGEFETT	-,091	-,126
BACKEIGN	-,020	,131
GESCHMAC	,190	,372
KALORIEN	,268	-,102
TIERFETT	,189	,166
VITAMIN	-,180	,429
NATUR	,486	-,332
(Konstant)	-2,164	-2,322

Nicht-standardisierte Koeffizienten

Funktionen bei den Gruppen-Zentroiden

	Funktion	
SEGMENT	1	2
Segment A	-,773	,885
Segment B	-,613	-,349
Segment C	2,088	4,538E-02

Nicht-standardisierte kanonische Diskriminanzfunktionen, die bezüglich des Gruppen-Mittelwertes bewertet werden

Tabelle 4.16 (Standardoutput) enthält die in Abschnitt 4.2.4.2 behandelten *Gütemaße* zur Beurteilung der Diskriminanzfunktionen. Die Fußnote a in der zweiten Spalte des oberen Abschnitts der abgebildeten Tabelle zeigt an, daß beide Diskriminanzfunktionen bei der Klassifizierung berücksichtigt werden.

Aus Spalte 2 und 3 im oberen Teil ist ersichtlich, daß die relative Wichtigkeit der zweiten Diskriminanzfunktion mit 14,3 % Eigenwertanteil (Varianzanteil) wesentlich geringer ist als die der ersten Diskriminanzfunktion mit 85,7 % Eigenwertanteil (vgl. Abschnitt 4.2.3.6). Die kumulativen Eigenwertanteile in Spalte 4 erhält man durch Summierung der Eigenwertanteile. Für den letzten Wert (hier den zweiten) muß sich daher immer 100 ergeben. Die folgende Spalte enthält die kanonischen Korrelationskoeffizienten gemäß Formel (16).

Im unteren Teil der Tabelle findet man die Werte für das residuelle Wilks' Lambda (nach Bildung von 0 und 1 Diskriminanzfunktionen) gemäß Formel (20). Daneben sind die zugehörigen χ^2-Werte nebst Freiheitgraden und Signifikanzniveau angegeben. Sie zeigen, daß auch die zweite Diskriminanzfunktion noch signifikant (mit Irrtumswahrscheinlichkeit = 3,5 %) zur Trennung der Gruppen beiträgt.

Tabelle 4.16: Gütemaße der Diskriminanzfunktionen

Eigenwerte

Funktion	Eigenwert	% der Varianz	Kumulierte %	Kanonische Korrelation
1	1,420[a]	85,7	85,7	,766
2	,238[a]	14,3	100,0	,438

a. Die ersten 2 kanonischen Diskriminanzfunktionen werden in dieser Analyse verwendet.

Wilks' Lambda

Test der Funktion(en)	Wilks-Lambda	Chi-Quadrat	df	Signifikanz
1 bis 2	,334	92,718	20	,000
2	,808	18,029	9	,035

Die Tabelle 4.17 mit den *standardisierten Diskriminanzkoeffizienten* läßt die Wichtigkeit der Merkmalsvariablen innerhalb der beiden Diskriminanzfunktionen erkennen. Die größte diskriminatorische Bedeutung besitzt die Variable "Natur" für die Diskriminanzfunktion 1 und die Variable "Streichf " für die Diskriminanzfunktion 2.

Tabelle 4.17:   Standardisierte Diskriminanzkoeffizienten

Standardisierte kanonische Diskriminanzfunktionskoeffizienten		
	Funktion	
	1	2
STREICHF	-,206	,598
PREIS	,359	-,204
HALTBARK	-,396	-,325
UNGEFETT	-,130	-,180
BACKEIGN	-,032	,214
GESCHMAC	,243	,475
KALORIEN	,390	-,148
TIERFETT	,443	,389
VITAMIN	-,238	,566
NATUR	,620	-,423

Um die diskriminatorische Bedeutung einer Merkmalsvariablen bezüglich aller Diskriminanzfunktionen zu beurteilen, sind gemäß Formel (22) durch Gewichtung der absoluten Werte der Koeffizienten mit dem Eigenwertanteil der betreffenden Diskriminanzfunktion die *mittleren Diskriminanzkoeffizienten zu ermitteln.*

Es ergibt sich hier mit den Eigenwertanteilen aus Tabelle 4.16 für die Variable 5 = "Backeign" der niedrigste und für die Variable 10 = "Natur" der höchste Wert für den mittleren Diskriminanzkoeffizienten:

$$\overline{b}_5 \quad = \quad 0,032 \cdot 0,857 + \quad 0,214 \cdot 0,143 = \quad 0,058$$

$$\overline{b}_{10} \quad = \quad 0,620 \cdot 0,857 + \quad 0,423 \cdot 0,143 = \quad 0,592$$

Die Variable "Backeign" besitzt somit die geringste und und die Variable "Natur" die größte diskriminatorische Bedeutung.

Tabelle 4.18 zeigt die geschätzten *Klassifizierungsfunktionen* (Koeffizienten der linearen Diskriminanzfunktion nach Fisher) für die drei Gruppen (vgl. Abschnitt 4.2.7.1).

Tabelle 4.18:   Klassifizierungsfunktionen

Klassifizierungsfunktionskoeffizienten

	SEGMENT		
	Segment A	Segment B	Segment C
STREICHF	2,516	1,990	1,772
PREIS	,576	,768	1,320
HALTBARK	1,580	1,866	,850
UNGEFETT	1,714	1,855	1,559
BACKEIGN	,159	-5,396E-03	-6,699E-03
GESCHMAC	,351	-7,722E-02	,584
KALORIEN	,855	1,025	1,709
TIERFETT	1,122	,948	1,523
VITAMIN	-8,275E-02	-,641	-,958
NATUR	1,516	2,004	3,187
(Konstant)	-23,073	-20,111	-28,805

Lineare Diskriminanzfunktionen nach Fisher

Über das Dialogfenster "Klassifizieren" (vgl. Abbildung 4.11) ist es möglich, die A-priori-Wahrscheinlichkeiten sowie die Kovarianzen zur Klassifizierung der Gruppen festzulegen. Desweitern können hier zusätzlich Auswertungen und Diagramme angefordert werden. Bezüglich der A-priori-Wahrscheinlichkeit und der Kovarianzmatrix wird hier die jeweilige Voreinstellung beibehalten. Es soll

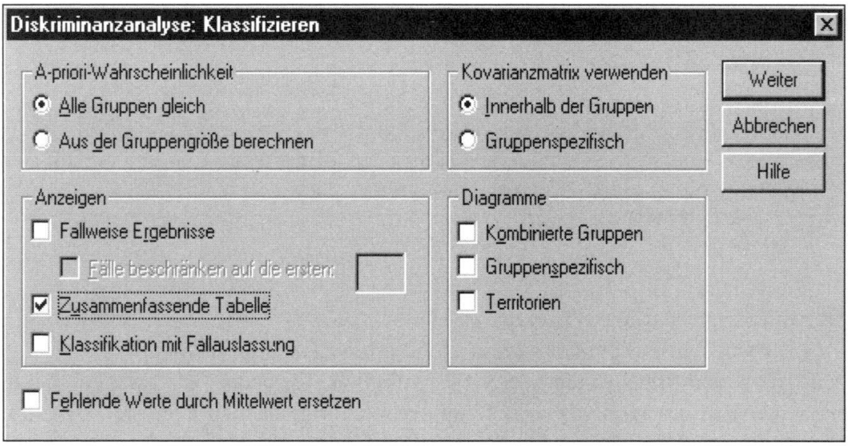

Abb. 4.11:   Dialogfenster "Klassifizieren"

jedoch zusätzlich eine "Zusammenfassende Tabelle" (Klassifikationsmatrix) ausgegeben werden, in der zum einen die Häufigkeiten angegeben werden, mit denen die verschiedenen Kombinationen aus tatsächlicher und geschätzter Gruppenzugehörigkeit auftreten und zum anderen die Trefferquote.

Tabelle 4.19 zeigt die *Klassifikationsmatrix* (vgl. Abschnitt 4.2.4.1). Die "Trefferquote" in der Untersuchungsstichprobe beträgt 75 %. Bei zufälliger Einordnung der Elemente (Beurteilungen) in die drei Gruppen wäre dagegen (unter Vernachlässigung der unterschiedlichen Gruppengrößen) eine Trefferquote von 33.3 % zu erwarten.

Tabelle 4.19: Klassifikationsmatrix

Klassifizierungsergebnisse [a]

| | | SEGMENT | Vorhergesagte Gruppenzugehörigkeit | | | |
			Segment A	Segment B	Segment C	Gesamt
Original	Anzahl	Segment A	12	7	0	19
		Segment B	9	38	4	51
		Segment C	3	0	19	22
	%	Segment A	63,2	36,8	,0	100,0
		Segment B	17,6	74,5	7,8	100,0
		Segment C	13,6	,0	86,4	100,0

[a.] 75,0% der ursprünglich gruppierten Fälle wurden korrekt klassifiziert.

Zusammenfassung der Verarbeitung von Klassifizierungen

Verarbeitet		127
Ausgeschlossen	Fehlende oder außerhalb des Bereichs liegende Gruppencodes	0
	Wenigstens eine Diskriminanzvariable fehlt	35
In der Ausgabe verwendet		92

Die Zahlen unter der Matrix zeigen an, daß nur die 92 vollständigen Beurteilungen (ohne Missing Values) bei der Klassifizierung berücksichtigt wurden.

Innerhalb der SPSS-Datendatei ist es möglich, für jeden zur Analyse herangezogenen Fall die vorhergesagte Gruppenzugehörigkeit, den Wert der Diskriminanzfunktion und die Wahrscheinlichkeit der Gruppenzugehörigkeit zu berechnen und zu speichern. Hierzu ist es notwendig, wie in Abbildung 4.12 dargestellt, die entsprechenden Optionen im Dialogfenster "Neue Variablen speichern" auszuwählen. Die Werte werden dann, wenn man wie hier dargestellt mit der SPSS-Menüsteuerung arbeitet, nicht im Output ausgegeben, sondern nur im entsprechenden Dateneditor an den bestehenden Datensatz automatisch angehängt.

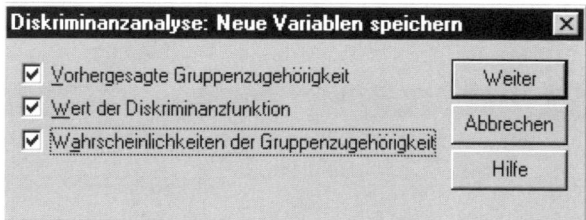

Abb. 4.12:   Dialogfenster "Neue Variablen speichern"

Tabelle 4.20:   Individuelle Klassifizierungsergebnisse

SEGMENT	PREDICT	PROB1	PROB2	PROB3	SCORE1	SCORE2
2,00	2,00	,02800	,97009	,00191	-1,20206	-2,66900
2,00	2,00	,30597	,47062	,22342	,43003	,06504
2,00	2,00	,10493	,87931	,01576	-,56378	-1,43683
2,00	,	,	,	,	,	,
2,00	1,00	,49829	,45725	,04447	-,20612	,40077
2,00	1,00	,94481	,05304	,00214	-,84990	2,57983
2,00	,	,	,	,	,	,
2,00	2,00	,10347	,89243	,00410	-1,05532	-1,52398
2,00	1,00	,90379	,09291	,00330	-,82641	2,09300
2,00	2,00	,12364	,73285	,14351	,26498	-1,04885
2,00	2,00	,44869	,55035	,00096	-1,63373	-,01954
2,00	2,00	,22270	,75648	,02082	-,51274	-,69896
.						
.						
.						
2,00	2,00	,32123	,63445	,04432	-,23727	-,22405
2,00	2,00	,14687	,81182	,04131	-,23284	-1,05695
2,00	2,00	,19306	,78608	,02086	-,50494	-,84471

Number of cases read: 127   Number of cases listed: 127

In Tabelle 4.20 sind die *individuellen Klassifizierungsergebnisse* zusammengestellt. Für jedes Element lassen sich die folgenden Angaben entnehmen:

- die tatsächliche Gruppenzugehörigkeit (SEGMENT),
- die geschätzte Gruppenzugehörigkeit (PREDICT),
- Klassifizierungswahrscheinlichkeiten P(G|D) für die drei Gruppen (PROB1 bis PROB3),

- Diskriminanzwerte bezüglich der beiden Diskriminanzfunktionen (SCORE1 und SCORE2).

(Vgl. hierzu die Abschnitte 4.2.7.3 bis 5.) Die Diskriminanzwerte SCORE1 und SCORE2 bilden die Koordinaten eines Elementes im Raum der Diskriminanzfunktionen (vgl. Abbildung 4.14).

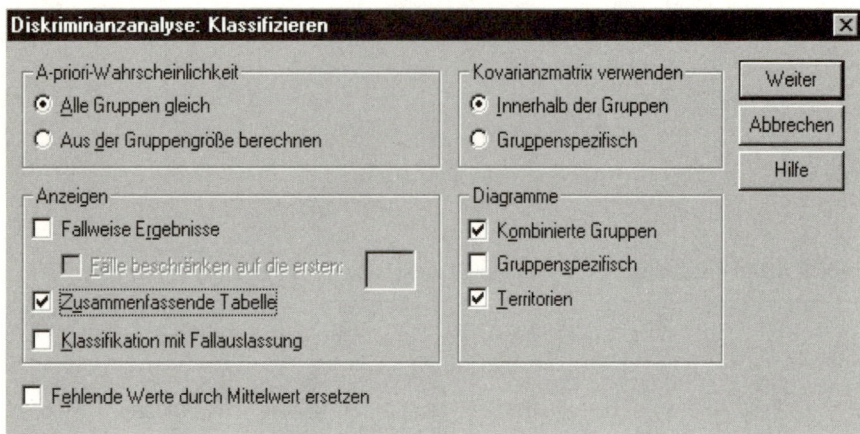

Abb. 4.13:   Dialogfenster "Klassifizieren"

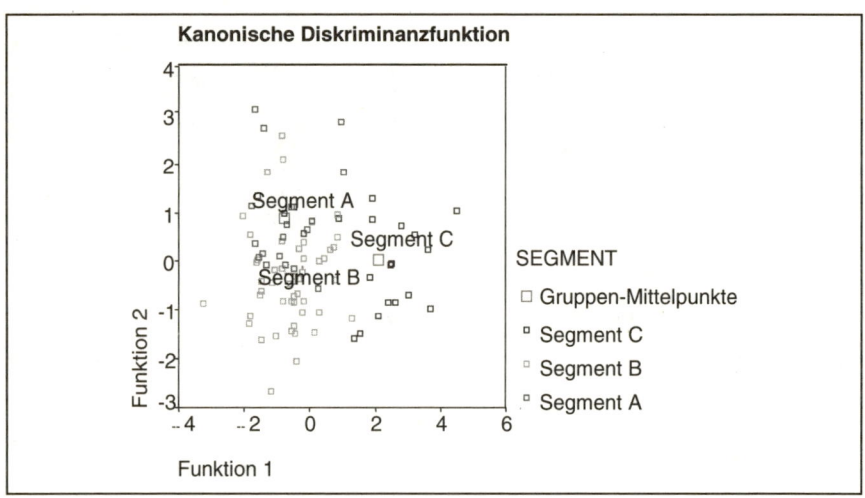

Abb. 4.14:   Darstellung der Gruppen im Diskriminanzraum

Wie bereits oben erwähnt, ist es möglich, die Analyseergebnisse auch grafisch durch Gegenüberstellung der Funktionswerte darzustellen. Wie Abbildung 4.13 zeigt, können hier die Diagramme "Kombinierte Gruppen", "Gruppenspezifisch" und "Territorien" ausgewählt werden. Bei unserer beispielhaften Betrachtung soll die gruppenspezifische Darstellung unberücksichtigt bleiben.

Abbildung 4.14 zeigt zunächst eine *kombinierte Darstellung der Gruppen in der Diskriminanzebene*, die durch die beiden Diskriminanzfunktionen gebildet wird. Die Diskriminanzebene entspricht der Diskriminanzachse im Zwei-Gruppen-Fall (bei nur einer Diskriminanzfunktion). Die Gruppencentroide sind ebenfalls in Abbildung 4.14 markiert.

Das *Klassifizierungsdiagramm* in der Abbildung 4.15 zeigt die Aufteilung der Diskriminanzebene in Gebiete (Territorien), die den Zugehörigkeitsbereich der Gruppen markieren. Innerhalb der Gebietsgrenzen ist die Klassifizierungswahrscheinlichkeit für die betreffende Gruppe größer als für die übrigen Gruppen. Auf den Gebietsgrenzen sind die Klassifizierungswahrscheinlichkeiten für die angrenzenden Gruppen identisch. Sie entsprechen dem kritischen Diskriminanzwert auf der Diskriminanzachse.

Die obigen Klassifizierungsergebnisse wie auch die Klassifizierungsfunktionen basieren auf der Annahme gleicher Streuungen der Merkmalsvariablen in den Gruppen. Durch Auswahl der Option "Box' M" im Dialogfenster "Statistik" (vgl. Abbildung 4.16) ist es möglich, einen Test auf Gleichheit der Streuungen durchzuführen. Das Ergebnis dieses Tests ist in Tabelle 4.21 zu sehen. Als Maß der Streuung einer Gruppe wird die logarithmierte Determinante der Kovarianzmatrix der 10 Merkmalsvariablen angegeben. Man ersieht daraus, daß die Streuung der zweiten Gruppe bedeutend größer ist, als die der beiden anderen Gruppen. Auf diesen Werten basiert die Berechnung von Box's M sowie der F-Test zur Überprüfung der Annahme gleicher Streuungen. Der F-Wert ist hier so groß, daß die Annahme gleicher Streuungen nicht aufrechterhalten werden kann und folglich die obigen Klassifizierungsergebnisse in Frage zu stellen sind.

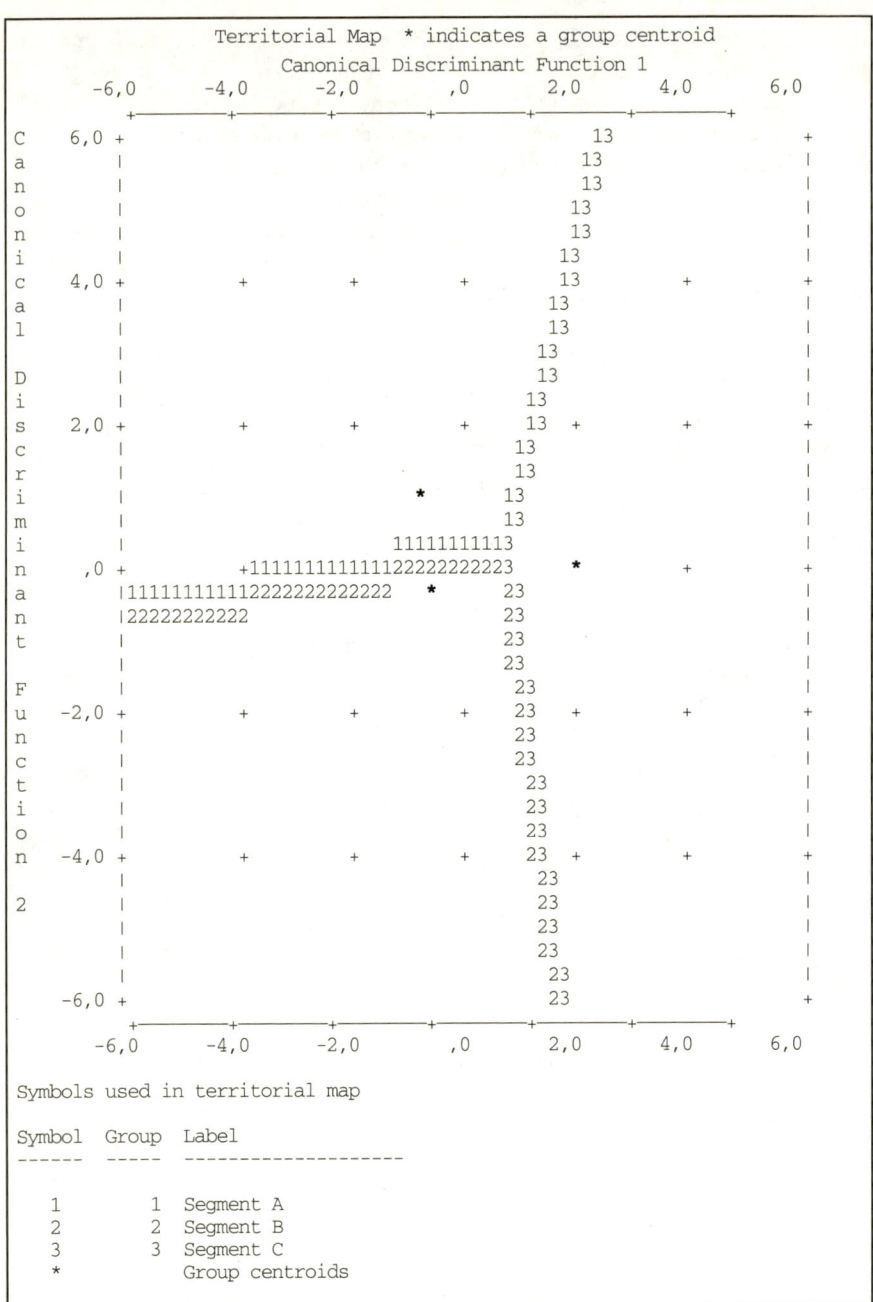

Abb. 4.15:   Klassifizierungsdiagramm (Gebietskarte der Gruppen)

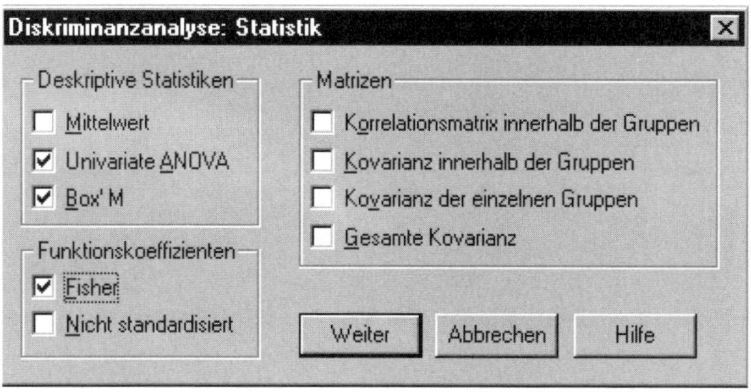

Abb. 4.16: Dialogfenster "Statistik"

Tabelle 4.21: Test auf Gleichheit der Gruppen

Log-Determinanten

SEGMENT	Rang	Log-Determinante
Segment A	10	2,051
Segment B	10	4,600
Segment C	10	2,771
Gemeinsam innerhalb der Gruppen	10	5,822

Die Ränge und natürlichen Logarithmen der ausgegebenen Determinanten sind die der Gruppen-Kovarianz-Matrizen.

Textergebnisse

Box-M		192,994
F	Näherungswert	1,391
	df1	110
	df2	8657,069
	Signifikanz	,004

Testet die Null-Hypothese der Kovarianz-Matrizen gleicher Grundgesamtheit.

Es wurde daher eine zweite Analyse unter *Berücksichtigung der ungleichen Gruppenstreuungen* durchgeführt. Die Abbildung 4.17 zeigt das sich ergebende Klassifizierungsdiagramm, das leichte Änderungen aufweist.

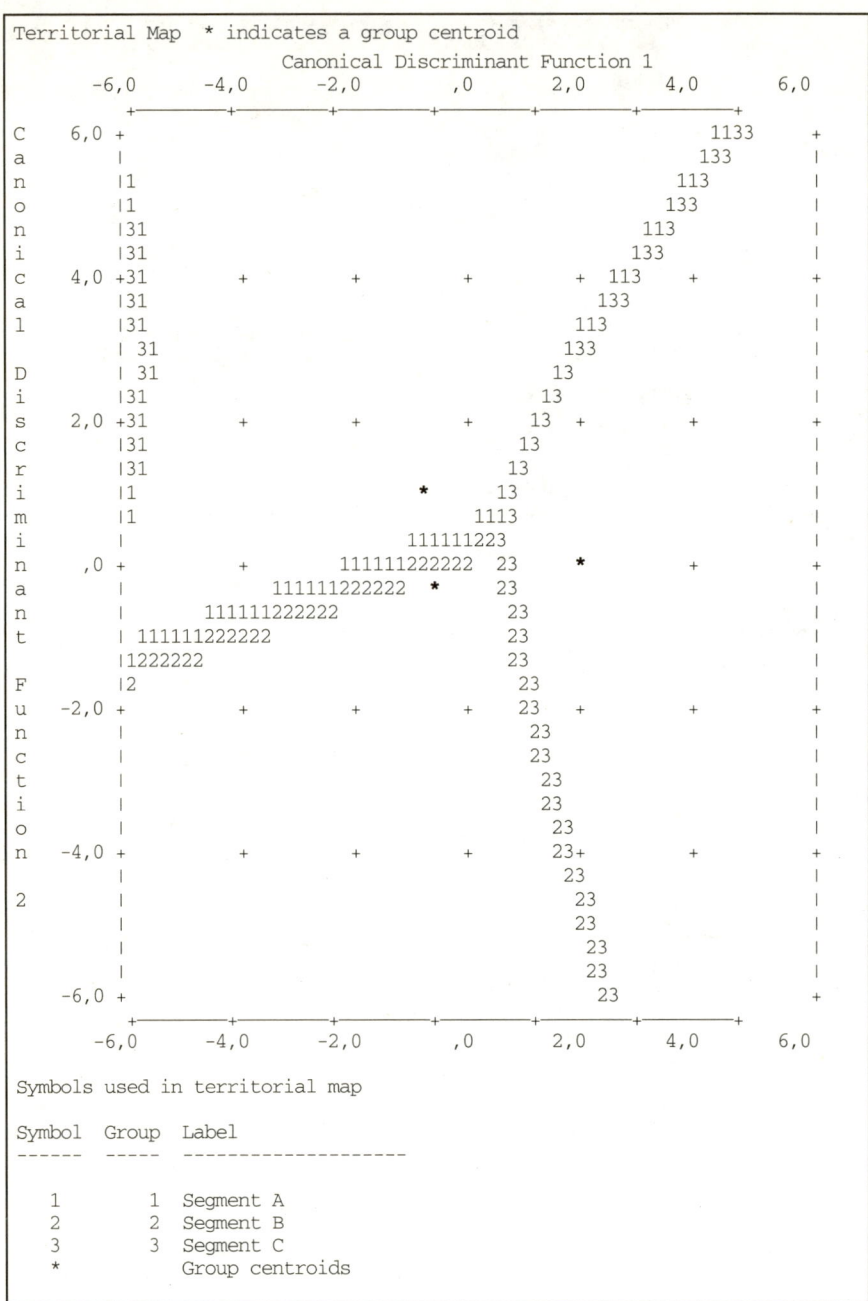

Abb. 4.17:   Klassifizierungsdiagramm bei Berücksichtigung ungleicher Streuung der Gruppen

Man beachte, daß die Klassifizierungsfunktionen immer auf Basis der vereinten Innergruppen-Streuung der Merkmalsvariablen berechnet werden (vgl. Anhang D) und sich somit, im Gegensatz zu den Klassifizierungswahrscheinlichkeiten, nicht verändern. Die Anwendung der Klassifizierungsfunktionen ist daher nur bei annähernd gleichen Streuungen der Gruppen sinnvoll.

4.4   Anwendungsempfehlungen

Nachfolgend seien einige Empfehlungen für die Durchführung einer Diskriminanzanalyse zusammengestellt. Dabei werden auch Hinweise für die Handhabung von SPSS gegeben, auf die im folgenden Abschnitt näher eingegangen wird.

Erhebung der Daten und Formulierung der Diskriminanzfunktion:

- Die Stichprobe darf keine Elemente enthalten, die gleichzeitig zu mehr als nur einer Gruppe gehören (z.b. Person mit zwei Berufen).
- Der Umfang der Stichprobe sollte wenigstens doppelt so groß sein wie die Anzahl der Merkmalsvariablen.
- Die Anzahl der Merkmalsvariablen sollte größer sein als die Anzahl der Gruppen.

Schätzung der Diskriminanzfunktion mit SPSS:

- Zunächst sollte die Schätzung (Optimierung) nach dem Kriterium WILKS erfolgen, entweder en bloc (METHOD = DIRECT) oder schrittweise (METHOD = WILKS). (Über die Schaltfläche "Methode", vgl. Abbildung 4.9.)
- Wenn Unsicherheit bezüglich der auszuwählenden Merkmalsvariablen besteht, sollte das Kriterium RAO angewendet werden.
- Soll insbesondere eine Unterscheidung der am schlechtesten trennbaren Gruppen erreicht werden, so sind die Kriterien MAHAL, MAXMINF oder MINRESID anzuwenden.
- Graphische Darstellungen erleichtern die Interpretation und können somit vor Fehlurteilen schützen. Eine Beschränkung auf zwei Diskriminanzfunktionen ist daher im Mehr-Gruppen-Fall von Vorteil.

Klassifizierung:

- Die Gleichheit der Gruppenstreuungen ist zu prüfen. Gegebenenfalls sind die individuellen Gruppenstreuungen zu berücksichtigen. Es entfällt damit die Anwendbarkeit von Klassifizierungsfunktionen.
- Im Mehr-Gruppen-Fall sollten nicht alle mathematisch möglichen, sondern nur die signifikanten bzw. wichtigsten Diskriminanzfunktionen für die Klassifizierung verwendet werden.

- Bei ungleichen Kosten einer Fehlklassifikation muß die Klassifizierung auf Basis des Wahrscheinlichkeitskonzeptes vorgenommen werden.

4.5   SPSS-Kommandos

Im Folgenden sollen einige Hinweise für die Durchführung der Diskriminanz-analyse mittels des SPSS-Syntax-Editors gegeben werden. Dabei beziehen wir uns insbesondere auf die Windows-Version (SPSS für Windows, Version 9.0). Die Prozedur DISCRIMINANT zur Durchführung von Diskriminanzanalysen ist bei SPSS/Windows 9.0 im Modul "BASE" enthalten.

Bezüglich näherer Ausführungen zur Handhabung von SPSS sei auf die Handbücher von Norusis, M.J./ SPSS Inc. (1999) sowie auf die Handbücher von W. Schubö et al. (1991) und H.-M. Uehlinger et al. (1992) verwiesen.

4.5.1   Durchführung der Diskriminanzanalyse

Tabelle 4.22 zeigt die Kommandos im SPSS-Syntax-Editor (Steuerdatei oder Job) die zur Auswertung des Fallbeispiels herangezogen werden können, wenn die Analyse nicht über die Menüsteuerung erfolgt.

Mittels der Kommandos *COMPUTE* und *RECODE* wird die Variable "Segment" erzeugt, die in der folgenden Analyse als Gruppierungsvariable dient. Dem Segment 1 werden die Marken 7 und 8, dem Segment 2 die Marken 1,2,3,9,10 und 11 sowie dem Segment 3 die Marken 4,5 und 6 zugeordnet. Durch das Kommando *VALUE LABELS* wird der Gruppierungsvariable für den Wert 1 das Label "Segment A", für den Wert 2 das Label "Segment B" und für den Wert 3 das Label "Segment C" zugewiesen.

Das Prozedurkommando *DISCRIMINANT* zur Durchführung der Diskriminanz-analyse enthält eine Reihe von Unterkommandos (subcommands). Durch das Unterkommando GROUPS wird die Gruppierungsvariable bestimmt. Durch die Werte in den Klammern läßt sich der Wertebereich der Gruppierungsvariable und damit die Anzahl der untersuchten Gruppen einengen (hier sollen die Gruppen 1 - 3 untersucht werden).

Durch das Unterkommando *VARIABLES* werden die Merkmalsvariablen aus dem Datensatz bestimmt, die in die Analyse einbezogen werden sollen.

Mittels *ANALYSIS* können mehrere Diskriminanzanalysen durchgeführt werden, die dieselbe Gruppierungsvariable haben. Dabei können jeweils verschiedene Untermengen von Merkmalsvariablen ausgewählt werden. Werden alle Variablen gewählt, so kann auch ANALYSIS = ALL angegeben werde. Innerhalb des Prozedurkommandos DISCRIMINANT können beliebig viele ANALYSIS-Kommandos erfolgen, während die Kommandos GROUPS und VARIABLES jeweils nur einmal vorkommen dürfen. Im ersten Analyseblock ist die Angabe von ANALYSIS optional und hätte daher hier auch entfallen können.

Tabelle 4.22: SPSS-Kommandos für das Beispiel zur Diskriminanzanalyse

```
TITLE "Multivariate Analysemethoden".

* DATENDEFINITION
* ---------------.
DATA LIST FIXED
    /Streichf 8 Preis 10  Haltbark 12  Ungefett 14
    Backeign 16  Geschmac 18 Kalorien  20  Tierfett 22
    Vitamin 24  Natur 26  Person 27-29 Marke 30-32.

* DATENMODIFIKATION
* -----------------
* Definition der Segmente (Gruppen):
*    A: Homa, Flora
*    B: Becel, Du darfst, Rama, SB, Sanella, Botteram
*    C: Delicado, Hollaendische Butter, Weihnachtsbutter.

COMPUTE Segment   =   Marke.
RECODE  SEGMENT (7,8=1) (1,2,3,9,10,11=2) (4,5,6=3).
VALUE LABELS Segment  1 "Segment A"
                      2 "Segment B"
                      3 "Segment C".

BEGIN DATA
  1   3 3 5 4 1 2 3 1 3 4  1  1
  2   6 6 5 2 2 5 2 1 6 7  3  1
  3   2 3 3 3 2 3 5 1 3 2  4  1
  .
  .
  .
127   5 4 4 1 4 4 1 1 1 4 18 11
END DATA.

* PROZEDUR
* --------.
SUBTITLE "Diskriminanzanalyse fuer den Margarinemarkt".
DISCRIMINANT GROUPS = Segment (1,3)
    /VARIABLES   =   Streichf TO Natur
    /ANALYSIS    =   Streichf TO Natur
    /METHOD      =   DIRECT
    /PRIORS      =   EQUAL
    /SAVE            CLASS    =   predict
                     SCORES   =   score
                     PROBS    =   prob
    /CLASSIFY    =   NONMISSING
    /STATISTICS  =   MEAN STDDEV UNIVF BOXM RAW COEFF TABLE
    /PLOT        =   COMBINED MAP.

SUBTITLE "Ausgabe der individuellen Klassifiz.Ergebnisse".
LIST VARIABLES  =   segment predict prob1 TO prob3 score1 TO score2.
```

Durch das Unterkommando *METHOD* = DIRECT wird bewirkt, daß alle ausgewählten Merkmalsvariablen simultan in die Analyse einbezogen werden sollen. Andere Spezifikationen, wie z.B. WILKS, MAHAL oder RAO dienen der Durchführung einer schrittweisen Diskriminanzanalyse (siehe Abschnitt 4.5.4).

Das Unterkommando *PRIORS* = EQUAL besagt, daß den Gruppen gleiche A-priori-Wahrscheinlichkeiten zugeordnet werden sollen. Die Spezifikation EQUAL bildet die Voreinstellung von SPSS (default specification) und kann daher auch entfallen. Eine zweite Analyse mit Angabe von A-priori-Wahrscheinlichkeiten ließe sich wie folgt durchführen:

```
/ANALYSIS    =  ALL
/METHOD      =  DIRECT
/PRIORS      =  0.21, 0.55, 0.24
```

Die obigen A-priori-Wahrscheinlichkeiten geben die relative Anzahl von Marken in den Gruppen an. Im Fallbeispiel erhöht sich bei Berücksichtigung dieser A-priori-Wahrscheinlichkeiten die Trefferquote der Klassifikation von 75,0 % auf 77,2 %.

Das Unterkommando *SAVE* ist anzuwenden, um individuelle Klassifizierungsergebnisse zu erhalten, wie sie in Tabelle 4.20 wiedergegeben sind. Mittels SAVE lassen sich die individuellen Ergebnisse als Variablen speichern und können sodann mit der Prozedur *LIST* ausgegeben oder mittels anderer Prozeduren weiterverarbeitet werden.

Durch *CLASSIFY* = NONMISSING wurde spezifiziert, daß bei der Klassifizierung nur Elemente berücksichtigt werden, die keine fehlenden Werte enthalten.

Mittels *STATISTICS* läßt sich spezifizieren, welche zusätzlichen statistischen Ergebnisse in der Programmausgabe erscheinen sollen. Standardmäßig werden nur die Gütemaße der Diskriminanzfunktionen, die standardisierten Diskriminanzkoeffizienten und die Gruppencentroide ausgegeben. Es lassen sich hier z.B. die folgenden Schlüsselwörter angeben.

MEAN   Gesamt- und Gruppenmittel für jede Merkmalsvariable,

STDDEV Standardabweichungen gesamt und je Gruppe für jede Variable,

UNIVF   Univariate Trennfähigkeit der Merkmalsvariablen (Tabelle 4.14),

BOXM   Box's Test auf Gleichheit der Gruppen (Tabelle 4.21),

RAW   Unstandardisierte Diskriminanzkoeffizienten (Tabelle 4.15),

COEFF   Koeffizienten der Klassifizierungsfunktionen (Tabelle 4.18),

TABLE   Klassifizierungsmatrix (Tabelle 4.19).

Mittels PLOT und Angabe weiterer Schlüsselwörter lassen sich unterschiedliche Abbildungen erzeugen, z.B.

COMBINED Darstellung der Gruppen im Diskriminanzraum (Abbildung 4.14)

MAP   Klassifizierungsdiagramm (Gebietskarte) der Gruppen (Abbildung 4.15).

4.5.2 Klassifizierung von Elementen

Die Klassifizierung erfolgt standardmäßig unter der Annahme gleicher Streuung in den Gruppen. Um bei ungleicher Gruppenstreuung die gruppenspezifischen Kovarianzmatrizen zu benutzen, wie es bei Erzeugung des Klassifizierungsdiagramm in Abbildung 4.17 gemacht wurde, ist das Unterkommando CLASSIFY mit der Spezifikation SEPARATE zu verwenden, z.B.:

CLASSIFY = NONMISSING SEPARATE

Neue Elemente, deren Gruppenzugehörigkeit nicht bekannt ist, lassen sich durch Einbeziehung in den Datensatz ohne Änderung der obigen Kommandos klassifizieren. Es ist dafür lediglich erforderlich, daß die Gruppierungsvariable für die neuen Elemente einen Wert erhält, der außerhalb des durch das GROUPS-Kommando spezifizierten Bereichs liegt.

Beispiel: Der Margarine-Hersteller läßt ein Testprodukt beurteilen und möchte jetzt herausfinden, wie dessen Beurteilungen in die zuvor gebildeten Segmente zu klassifizieren sind. Wird das Testprodukt als Marke 0 kodiert, so erhält über die obigen Kommandos auch die Variable SEGMENT für jede Beurteilung des Testproduktes den Wert 0. Dieser Wert liegt nicht im Bereich 1 - 3, der durch das GROUPS-Kommando angegeben wurde.

Jedes Element, dessen Gruppierungswert die GROUPS-Spezifikation nicht erfüllt, gilt als "ungruppiert" und wird bei der Ermittlung der Diskriminanzfunktionen nicht berücksichtigt. In der anschließenden Klassifizierungsphase werden dagegen auch die ungruppierten Elemente einbezogen und erscheinen zusätzlich bei der Ausgabe der individuellen Klassifizierungsergebnisse (vgl. Tabelle 4.20). Mittels CLASSIFY = UNCLASSIFIED läßt sich bewirken, daß nur die ungruppierten Elemente klassifiziert werden.

4.5.3 Behandlung von Missing Values

Im Datensatz des Fallbeispiels erscheinen die fehlenden Werte der Merkmalsvariablen als Leerzeichen. Sie werden vom Programm automatisch durch einen sog. *System-missing value* ersetzt.

Alternativ hätte man die fehlenden Werte im Datensatz auch durch eine 0 (oder einen anderen Wert, der unter den beobachteten Werten nicht vorkommt), ersetzen können. Mittels des Kommandos

MISSING VALUES Streichf TO Natur (0)

kann man dem Programm sodann mitteilen, daß der Wert 0 für einen fehlenden Wert steht. Derartige vom Benutzer bestimmte fehlende Werte werden in SPSS als *User-missing values* bezeichnet. Für eine Variable lassen sich mehrere Missing Values angeben, z.B. 0 für "Ich weiß nicht" und 9 für "Antwort verweigert".

Mittels des Unterkommandos

    CLASSIFY = MEANSUB

läßt sich bewirken, daß auch Elemente mit fehlenden Werten in die Klassifizierung einbezogen werden, indem der fehlende Wert durch den Mittelwert der betreffenden Variable ersetzt wird. Dies gilt gleichermaßen für User- und System-missing values. Bei der Schätzung der Diskriminanzfunktionen dagegen bleiben die Elemente mit fehlenden Werten grundsätzlich unberücksichtigt.

Im Fallbeispiel führt die Einbeziehung von Elementen mit fehlenden Werten zu einer Verschlechterung der Trefferquote von 75,0 % auf 66,1 %. Das bedeutet, daß nur 15 (42 %) von den 36 Elementen mit Missing Values korrekt klassifiziert werden. Nach dem Zufallsprinzip wäre eine Trefferquote von 33.3 % zu erwarten.

4.5.4 Schrittweise Diskriminanzanalyse

Mittels des Unterkommandos

    METHOD = DIRECT

wird das Programm veranlaßt, alle Merkmalsvariablen simultan in die Diskriminanzfunktion(en) aufzunehmen. Diese sog. direkte Methode ist im Programm voreingestellt, d.h. sie wird auch dann angewendet, wenn das METHOD-Kommando weggelassen wird.

Alternativ kann eine *schrittweise Diskriminanzanalyse* durchgeführt werden (vgl. Abschnitt 4.2.6). Diese wird, wie Abbildung 4.18 zeigt, bei Nutzung der Menüsteuerung über die Option "Schrittweise Methode verwenden" ausgewählt.

Abb. 4.18: Dialogfenster "Diskriminanzanalyse"

Über die Schaltfläche "Methode" kann dann für die schrittweise Diskriminanzanalyse die Wahl zwischen fünf verschiedenen Gütekriterien erfolgen (vgl. Abbildung 4.19).

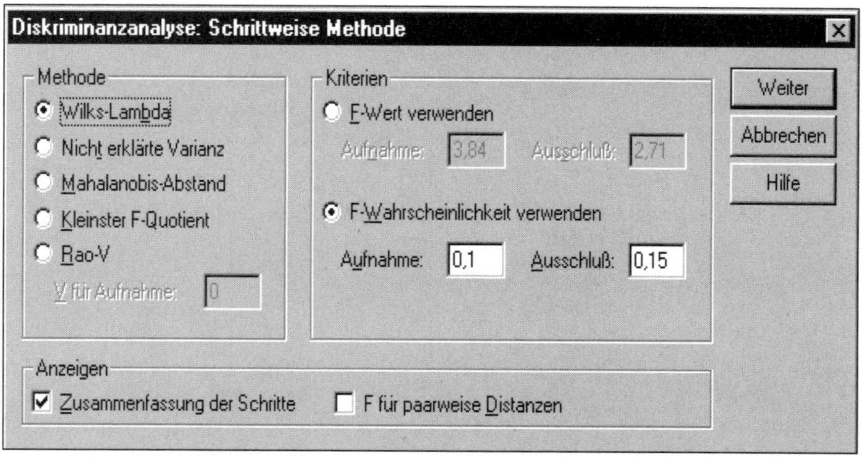

Abb. 4.19: Dialogfenster "Schrittweise Methode"

Diese Kriterien stehen natürlich auch als Kommandos in der SPSS-Syntax zur Verfügung und beinhalten folgendes:

WILKS	Wilks' Lambda wird minimiert.
MAHAL	Die kleinste Mahalanobis-Distanz zwischen jeweils zwei Gruppen wird maximiert.
MAXMINF	Der kleinste F-Wert für jeweils zwei Gruppen wird maximiert.
MINRESID	Die größte nichterklärte Streuung für jeweils zwei Gruppen wird minimiert.
RAO	Rao's V wird maximiert

Die Kriterien WILKS und RAO optimieren die Trennung bezüglich aller Gruppen, während die Kriterien MAHAL, MAXMINF und MINRESID eine optimale Trennung der am schlechtesten trennbaren Gruppen anstreben. Das Kriterium RAO ist besonders geeignet, wenn unwichtige (redundante) Variable erkannt und eliminiert werden sollen. Im Zwei-Gruppen-Fall sind alle Kriterien identisch.

Beispiel:

```
/ANALYSIS    = ALL
/METHOD      = WILKS
/PIN         = 0.1
```

Es wird eine schrittweise Diskriminanzanalyse nach dem Kriterium WILKS durchgeführt. Bei jedem Schritt wird diejenige Variable ausgewählt, für die das multivariate Wilks' Lambda gemäß Formel (19) minimal wird. Dieses Kriterium

214   Diskriminanzanalyse

erfordert den geringsten Rechenaufwand. Tabelle 4.23 zeigt die Zusammenfassung der Analyse.

Tabelle 4.23:   Ergebnis der schrittweisen Diskriminanzanalyse

Aufgenommene/Entfernte Variablen [a,b,c,d]

Schritt	Aufgenommen	Wilks-Lambda Statistik	Exaktes F Signifikanz
1	NATUR	,703	,000
2	TIERFETT	,536	,000
3	STREICHF	,476	,000
4	PREIS	,431	,000
5	VITAMIN	,403	,000
6	KALORIEN	,375	,000

Bei jedem Schritt wird die Variable aufgenommen, die das gesamte Wilks-Lambda minimiert.

a. Maximale Anzahl der Schritte ist 20.

b. Maximale Signifikanz des F-Werts für die Aufnahme ist 0.1.

c. Minimale Signifikanz des F-Werts für den Ausschluß ist .11

d. F-Niveau, Toleranz oder VIN sind für eine weitere Berechnung unzureichend.

Man ersieht aus Tabelle 4.23 die Reihenfolge, in der die Merkmalsvariablen in die beiden Diskriminanzfunktionen aufgenommen wurden sowie den jeweiligen Wert für das multivariate Wilks' Lambda. Im ersten Schritt wird die Variable "Natur" aufgenommen, da sie das kleinste univariate Wilks' Lambda besitzt (vgl. Tabelle 4.14). Insgesamt werden nur sechs Variablen aufgenommen, während die restlichen vier Variablen das geforderte Signifikanzniveau (PIN-Wert, siehe unten) nicht erreichen. Durch den Verzicht auf vier Variablen verringert sich die Trefferquote der Klassifizierung von 75,0 % auf 70,2 %.

Die Durchführung einer schrittweisen Diskriminanzanalyse läßt sich mit Hilfe verschiedener statistischer Kontrollparameter steuern. Insbesondere läßt sich damit eine Aufnahme von unwichtigen Merkmalsvariablen, die wenig zur Trennung der Gruppen beitragen, verhindern. Zwei Unterkommandos zur Spezifikation derartiger Parameter sind die folgenden:

FIN = n   F-to-enter $(n \geq 0)$
PIN = n   Signifikanzniveau des F-to-enter $(0 < n \leq 1)$

F-to-enter mißt die Verringerung von Wilks' Lambda und somit die Erhöhung der Diskriminanz, die durch die Aufnahme einer Merkmalsvariablen in die Diskriminanzfunktion(en) bewirkt wird. Eine Variable wird nur dann aufgenommen, wenn ihr F-to-enter den FIN-Wert übersteigt. Wird das PIN-Kommando gegeben, so wird eine Variable nur dann aufgenommen, wenn ihr Signifikanzniveau (Irrtumswahrscheinlichkeit der Nullhypothese) unter dem PIN-Wert bleibt. Da das Signifikanzniveau des F-Wertes auch von der Anzahl der Freiheitsgrade und somit von der Anzahl bereits aufgenommenen Variablen abhängt, sind die beiden Kriterien nicht identisch.

Allgemein gilt: Je größer der FIN-Wert bzw. je kleiner der PIN-Wert, desto mehr Variablen werden ausgeschlossen. Vermindert man z.b. den PIN-Wert von 0,1 auf 0,05, so werden hier insgesamt vier Merkmalsvariablen ausgeschlossen. Wie Abbildung 4.19 zeigt, können diese Werte auch bei der Analyse über das Menü variiert werden. Indem hier zunächst zwischen den alternativen Optionen "F-Wert verwenden" und "F-Wahrscheinlichkeit verwenden" ausgewählt wird und dann entweder die voreingestellten Werte übernommen oder benutzerdefiniert werden.

Bei Durchführung einer schrittweisen Diskriminanzanalyse kann es auch vorkommen, daß eine bereits ausgewählte Variable wieder entfernt wird. Die Anzahl der Schritte kann daher größer sein als die Anzahl der Variablen. Die maximale Schrittzahl ist gleich der doppelten Anzahl der Merkmalsvariablen. Mittels des Unterkommandos MAXSTEPS = n kann sie verringert werden.

4.5.5 Anzahl der Diskriminanzfunktionen

Mittels des Unterkommandos FUNCTIONS läßt sich die Anzahl der Diskriminanzfunktionen einschränken. Wird dieses Kommando nicht verwendet, so wird die Klassifizierung mit der maximalen Anzahl von Diskriminanzfunktionen durchgeführt.

Im FUNCTIONS-Kommando müssen immer drei Parameter in folgender Reihenfolge angegeben werden:

- Anzahl der Diskriminanzfunktionen (Voreinstellung: Min$\{G-1,J\}$)
- kumulativer Eigenwertanteil in Prozent (Voreinstellung: 100)
- Signifikanzniveau der Funktionen (Voreinstellung: 1.0)

Beispiel:

```
/ANALYSIS    = ALL
/METHOD      = WILKS
/PIN         = 0.1
/FUNCTIONS   = 2, 100, .05
```

Da 2 hier die maximale Anzahl von Diskriminanzfunktionen ist, kann nur das geforderte Signifikanzniveau von 0,1 wirksam werden.

Wenn man den ersten Parameter von FUNCTIONS auf 1 setzt und damit auf die zweite Diskriminanzfunktion verzichtet, dann verschlechtert sich die Trefferquote der Klassifizierung von 70,2 % weiter auf 61,9 %.

Anhang

A. Schätzung der Diskriminanzfunktion

Ergänzend zum Text wird nachfolgend die Methode zur Schätzung der Diskriminanzfunktion näher erläutert.

Anstelle der gesuchten normierten Diskriminanzfunktion (1) wird zunächst eine *nicht-normierte Diskriminanzfunktion* der Form

$$Y = v_1 X_1 + v_2 X_2 + \ldots + v_J X_J \tag{A1}$$

ermittelt. Die Koeffizienten v_j seien proportional zu den Koeffizienten b_j und damit ebenfalls optimal im Sinne des Diskriminanzkriteriums. Nach Einsetzen von (A1) in das Diskriminanzkriterium gemäß Formel (6)

$$\Gamma = \frac{\sum\limits_{g=1}^{G} I_g \left(\overline{Y}_g - \overline{Y} \right)^2}{\sum\limits_{g=1}^{G} \sum\limits_{i=1}^{I_g} \left(Y_{gi} - \overline{Y}_g \right)^2}$$

erhält man in Matrizenschreibweise folgenden Ausdruck:

$$\Gamma = \frac{v'Bv}{v'Wv} \tag{A2}$$

mit

v = Spaltenvektor der nicht-normierten Diskriminanzkoeffizienten v_j
    ($j = 1, \ldots, J$)
B = (JxJ)-Matrix für die Streuung der J Merkmalsvariablen *zwischen den Gruppen*
W = (JxJ)-Matrix für die Streuung der J Merkmalsvariablen *in den Gruppen*
Die Matrixelemente von B und W lauten:

$$B_{jr} = \sum\limits_{g=1}^{G} I_g \left(\overline{X}_{jg} - \overline{X}_j \right) \left(\overline{X}_{rg} - \overline{X}_r \right) \tag{A3}$$

$$W_{jr} = \sum_{g=1}^{G}\sum_{i=1}^{I_g}\left(X_{jgi} - \overline{X}_{jg}\right)\left(X_{rgi} - \overline{X}_{rg}\right) \qquad (A4)$$

mit

X_{jgi} = Merkmalsausprägung von Element i in Gruppe g bezüglich
Merkmalsvariable j (j,r = 1,...,J)

$\overline{X}_{jg}$ = Mittelwert von Variable j in Gruppe g

I_g = Fallzahl in Gruppe g

G = Anzahl der Gruppen

Die Maximierung von Γ mittels vektorieller Differentiation nach v liefert für den Maximalwert γ von Γ die folgende Bedingung:

$$\frac{\delta\Gamma}{\delta v} = \frac{2\left[(Bv)(v'\,Wv)-(v'\,Bv)(Wv)\right]}{(v'\,Wv)^2} = 0 \qquad (A5)$$

Dabei ist durch $\boldsymbol{0}$ ein Null-Vektor bezeichnet. Nach Division von Zähler und Nenner durch $(v'\,W\,v)$ und unter Verwendung der Definition (A2) für γ erhält man

$$\frac{2\left[Bv - \gamma Wv\right]}{v'\,Wv} = \boldsymbol{0} \qquad (A6)$$

Dieser Ausdruck läßt sich umformen in

$$\left(B - \gamma W\right)v = \boldsymbol{0} \qquad (A7)$$

Falls W regulär ist (Rang J besitzt) und sich somit invertieren läßt, kann man (A7) weiter umformen in

$$\left(A - \gamma\,E\right)v = \boldsymbol{0} \quad \text{mit} \quad A = W^{-1}\,B \qquad (A8)$$

wobei durch E die Einheitsmatrix bezeichnet ist. Die Lösung von (A8) bildet ein klassisches *Eigenwertproblem*. Zu finden ist der größte Eigenwert γ der Matrix A. Der gesuchte Vektor v ist somit ein zugehöriger Eigenvektor.

Die gesuchten Diskriminanzkoeffizienten sollen die *Normierungsbedingung*

$$\frac{1}{I-G}b'\,Wb = 1 \quad \text{mit} \quad I = I_1 + I_2 + ... + I_G \qquad (A9)$$

erfüllen, d.h. die "gepoolte" (vereinte) Innergruppen-Varianz der Diskriminanzwerte (pooled within-groups variance) in der Stichprobe vom Umfang I soll den

Wert Eins erhalten. Die *normierten Diskriminanzkoeffizienten* erhält man somit durch folgende Transformation:

$$b = v\frac{1}{s} \qquad \text{mit} \qquad s^2 = \frac{1}{I-G}v'Wv \qquad (A10)$$

Dabei ist s die gepoolte Innergruppen-Standardabweichung der Diskriminanzwerte, die man mit den nicht-normierten Diskriminanzkoeffizienten v erhalten würde. Mit Hilfe der normierten Diskriminanzkoeffizienten wird sodann das konstante Glied der Diskriminanzfunktion wie folgt berechnet:

$$b_0 = -\sum_{j=1}^{J} b_j \overline{X}_j \qquad (A11)$$

Weitere Diskriminanzfunktionen lassen sich in analoger Weise ermitteln, indem man den jeweils nächstgrößten Eigenwert aufsucht. Jede so ermittelte Diskriminanzfunktion ist orthogonal zu den vorher ermittelten Funktionen und erklärt einen Teil der jeweils verbleibenden Reststreuung in den Gruppen. Das Rechenverfahren der Diskriminanzanalyse beinhaltet somit eine Hauptkomponentenanalyse der Matrix A. Die Anzahl der positiven Eigenwerte und damit der möglichen Diskriminanzfunktionen kann nicht größer sein als Min{G-1, J}.

  Beispiel:
Als Beispiel dienen die Daten in Tabelle 4.2. für zwei Gruppen und zwei Variable. Bei zwei Merkmalsvariablen umfassen die Matrizen B und W in (A2) nur jeweils vier Elemente. Mit den Werten aus Tabelle 4.3b. und 4.3d. erhält man

$$B = \begin{bmatrix} B_{11} & B_{12} \\ B_{21} & B_{22} \end{bmatrix} = \begin{bmatrix} 13{,}5 & -4{,}5 \\ -4{,}5 & 1{,}5 \end{bmatrix}$$

und

$$W = \begin{bmatrix} W_{11} & W_{12} \\ W_{21} & W_{22} \end{bmatrix} = \begin{bmatrix} 29 & 21 \\ 21 & 49 \end{bmatrix}$$

Die Inversion von W ergibt:

$$W^{-1} = \begin{bmatrix} 0{,}05 & -0{,}02143 \\ -0{,}02143 & 0{,}02959 \end{bmatrix}$$

und die Multiplikation der Inversen mit B liefert die Matrix

$$A = W^{-1}B = \begin{bmatrix} 0{,}77143 & -0{,}25714 \\ -0{,}42245 & 0{,}14082 \end{bmatrix}$$

Durch Nullsetzen der Determinante

$$\begin{vmatrix} 0,77143 - \gamma & -0,25714 \\ -0,42245 & 0,14082 - \gamma \end{vmatrix}_{det}$$

erhält man schließlich die quadratische Gleichung

$$\gamma^2 - \gamma \ 0,91225 + 0 = 0$$

deren Nullstelle $\gamma = 0,91225$ der gesuchte Eigenwert der Matrix A ist (im Zwei-Gruppen-Fall existiert nur eine von 0 verschiedene Nullstelle).

Nach Subtraktion des Eigenwertes von den Diagonalelementen in A ergibt sich die reduzierte Matrix

$$R = A - \gamma \ E = \begin{bmatrix} -0,14082 & -0,25714 \\ -0,42245 & -0,77143 \end{bmatrix}$$

Der zugehörige Eigenvektor v läßt sich durch Lösung des Gleichungssystems

$$R v = 0$$

finden. Da die Zeilen der Matrix R proportional zueinander sind (sonst wäre das Gleichungssystem nicht lösbar), läßt sich unschwer erkennen, daß die beiden folgenden Vektoren Lösungsvektoren sind:

$$v = \begin{bmatrix} 0,77143 \\ -0,42245 \end{bmatrix} \ \text{oder} \ \begin{bmatrix} 0,25714 \\ 0,14082 \end{bmatrix}$$

Man erhält sie, indem man die Diagonalelemente von R vertauscht und ihre Vorzeichen ändert. Natürlich ist auch jede proportionale Transformation dieser Vektoren ein zulässiger Lösungsvektor.

Wählt man die Elemente des ersten Vektors als Diskriminanzkoeffizienten, so erhält man damit die *nicht-normierte Diskriminanzfunktion*

$$Y = 0,77143X_1 - 0,42245X_2$$

Unter Anwendung von (A10) erhält man den *Normierungsfaktor*

$$\frac{1}{s} = 1,33656$$

und nach Multiplikation mit v den Vektor der *normierten Diskriminanzkoeffizienten*

$$b = \begin{bmatrix} 1,03106 \\ -0,56463 \end{bmatrix}$$

Formel (A11) liefert damit für das konstante Glied

$$b_0 = -(1,03106 \cdot 4,25 - 0,56463 \cdot 4,25) = -1,9823$$

Die *normierte Diskriminanzfunktion* lautet somit:

$$Y = -1,9823 + 1,03106 X_1 - 0,56463 X_2$$

Die Koeffizienten der normierten Diskriminanzfunktion werden zur Unterscheidung von den standardisierten Diskriminanzkoeffizienten auch als unstandardisierte Diskriminanzkoeffizienten bezeichnet. Eine standardisierte Diskriminanzfunktion existiert dagegen i.d.R. nicht, es sei denn, daß jede Merkmalsvariable bereits so standardisiert wäre, daß ihr Gesamtmittel Null und ihre gepoolte Innergruppen-Varianz Eins ist. In diesem Falle wären die Koeffizienten der normierten Diskriminanzfunktion gleichzeitig standardisierte Diskriminanzkoeffizienten.

B. Berechnung von Distanzen

Auf Basis von J *Merkmalsvariablen* X_j läßt sich die Mahalanobis-Distanz (verallgemeinerte Distanz) zwischen einem Element i und dem Centroid der Gruppe g wie folgt berechnen:

$$D_{ig}^2 = (X_i - \overline{X}_g) C^{-1} (X_i - \overline{X}_g)' \tag{B1}$$

mit

$$X_i{}' = [X_{1i}, X_{2i}, ..., X_{ji}]$$
$$\overline{X}g{}' = [\overline{X}_{1g}, \overline{X}_{2g}, ..., \overline{X}_{jg}]$$

und

$$C = \frac{W}{I - G} \quad \text{(Kovarianzmatrix)} \tag{B2}$$

C ist die gepoolte Innergruppen-Kovarianzmatrix der Merkmalsvariablen, die man aus der Streuungsmatrix *W* gemäß (A4) nach Division durch die Anzahl der Freiheitsgrade erhält.

Die Kovarianzmatrix der Diskriminanzvariablen bildet unter der Annahme gleicher Streuungen eine Einheitsmatrix *E*. Die Berechnung der Mahalanobis-

Distanz auf Basis von K Diskriminanzvariablen Y_k vereinfacht sich daher wie folgt:

$$D_{ig}^2 = \left(Y_i - \overline{Y}_g\right) E \left(Y_i - \overline{Y}_g\right)'$$

$$= \sum_{k=1}^{K} \left(Y_{ki} - \overline{Y}_{kg}\right)^2 \qquad \text{(B3)}$$

Bei Berücksichtigung ungleicher Streuungen in den Gruppen ist das folgende modifizierte Distanzmaß zu berechnen :

$$Q_{ig}^2 = \left(Y_i - \overline{Y}_g\right) C_g^{-1} \left(Y_i - \overline{Y}_g\right)' + \ln\left|C_g\right| \qquad \text{(B4)}$$

mit

Cg   = Kovarianzmatrix der Diskriminanzvariablen in Gruppe g
|*Cg*| = Determinante der Kovarianzmatrix

Diese Distanzen können entweder direkt zur Klassifizierung (nach minimaler Distanz) oder zur Berechnung von Klassifizierungswahrscheinlichkeiten verwendet werden (vgl. hierzu Tatsuoka, 1988, S. 350 ff.).

C. Berechnung von Klassifizierungswahrscheinlichkeiten

Unter Bezugnahme auf den zentralen Grenzwertsatz der Statistik läßt sich unterstellen, daß die Diskriminanzwerte und damit die Distanzen der Elemente einer Gruppe g vom Centroid dieser Gruppe normalverteilt sind. Damit läßt sich für ein Element i mit Diskriminanzwert Y_i unter der der Hypothese "Element i gehört zu Gruppe g" die folgende *Dichte* angeben:

$$f\left(Y_i \mid g\right) = \frac{1}{\sqrt{2\pi}}\, e^{-\left(D_{ig}^2\right)/2s_g^2} \qquad \text{(C1)}$$

mit

$$D_{ig}^2 = \left(Y_i - Y_g\right)^2$$

Besitzen alle Gruppen gleiche Streuung, so gilt infolge der Normierung der Diskriminanzfunktion für deren Standardabweichungen:

$$s_g = 1 \qquad \left(g = 1,...,G\right)$$

Die obige Dichtefunktion vereinfacht sich damit zu:

$$f\left(Y_i \mid g\right) = \frac{1}{\sqrt{2\pi}}\, e^{-\left(D_{ig}\right)^2/2} \tag{C2}$$

Die Verwendung einer stetigen Verteilung der Diskriminanzwerte erfordert, daß die übliche diskrete Formulierung des Bayes-Theorems gemäß (27) zwecks Berechnung von Klassifizierungswahrscheinlichkeiten modifiziert wird (vgl. hierzu Tatsuoka, 1988, S. 358 ff.). Setzt man anstelle der bedingten Wahrscheinlichkeiten $P(Y_i|g)$ die Dichten $f(Y_i|g)$ gemäß (C2) unter Weglassung des konstanten Terms

$$1/\sqrt{2\pi}$$

in die Bayes-Formel ein, so erhält man anstelle von (27) die folgende Formel zur Berechnung der *Klassifizierungswahrscheinlichkeiten*:

$$P\!\left(g|Y_i\right) = \frac{\exp\!\left(-D_{ig}^2/2\right) P_i(g)}{\displaystyle\sum_{g=1}^{G} \exp\!\left(-D_{ig}^2/2\right) P_i(g)} \qquad (g = 1,\ldots G) \tag{C3}$$

Für die Anwendung dieser Formel macht es keinen Unterschied, ob die Klassifizierung auf Basis einer oder mehrerer Diskriminanzfunktionen erfolgen soll. Im zweiten Fall bilden die Diskriminanzwerte und Centroide jeweils Vektoren und die Distanzen sind gemäß (26) bzw. (B3) zu berechnen.

Bei wesentlich *unterschiedlicher Streuung* in den Gruppen kann die vereinfachte Dichtefunktion gemäß (C2) nicht länger verwendet werden, sondern es muß auf die Formel (C1) zurückgegriffen werden. Zwecks Vereinfachung der Berechnung läßt sich (C1) umformen in

$$f\left(Y_i|g\right) = \frac{1}{\sqrt{2p}}\, e^{-Q_{ig}/2} \tag{C4}$$

mit

$$Q_{ig}^2 = \frac{\left(Y_i - \overline{Y}_g\right)^2}{s_g^2} + \ln s_g^2 \tag{C5}$$

Es sind also unter Berücksichtigung der individuellen Streuung der Gruppen *modifizierte Distanzen* zu berechnen.

Zur Berechnung der Klassifizierungswahrscheinlichkeiten ist damit die folgende Formel anzuwenden:

$$P(g|Y_i) = \frac{f(Y_{ig}|g)P_i(g)}{\sum\limits_{g=1}^{G} f(Y_{ig}|g)P_i(g)} \qquad (g = 1,...,G) \qquad \text{(C6)}$$

Bei mehreren Diskriminanzfunktionen ist anstelle von (C5) die Formel (B4) anzuwenden.

Für das *Beispiel* sind in Tabelle 4.4. die folgenden empirischen Varianzen der Diskriminanzwerte in den beiden Gruppen angegeben:

$$s_A = 1,079 \quad \text{und} \quad s_B = 0,915$$

Man erhält damit die folgenden Klassifizierungswahrscheinlichkeiten

$$P(A|Y_i) = 0,381$$

$$P(B|Y_i) = 0,619$$

Diese unterscheiden sich hier nur geringfügig von den in Abschnitt 4.2.6.4. unter der Annahme gleicher Streuungen berechneten Klassifizierungswahrscheinlichkeiten. In kritischen Fällen aber sollte stets untersucht werden, ob sich durch Berücksichtigung der individuellen Streuungen das Ergebnis der Klassifizierung verändert.

D. Berechnung von Klassifizierungsfunktionen

Die Koeffizienten der Klassifizierungsfunktionen (23) werden auf Basis der Merkmalsvariablen wie folgt berechnet:

$$b_{jg} = (I - G) \sum_{r=1}^{J} W_{jr}^{-1} \overline{X}_{rg} (j = 1,...,J) \qquad \text{(D1)}$$
$$(g = 1,...,G)$$

wobei durch W_{jr} die Streuungsmaße der Merkmalsvariablen gemäß (A4) bezeichnet sind. Das konstante Glied der Funktion F_g berechnet sich unter Berücksichtigung der Apriori-Wahrscheinlichkeit P_g durch:

$$b_{og} = -\frac{1}{2} \sum_{j=1}^{J} b_{jg} \overline{X}_{jg} + \ln P_g \qquad (g = 1,...,G) \qquad \text{(D2)}$$

(Vgl. SPSS Statistical Algorithms, 1991, S. 81). Die zur Berechnung erforderlichen Werte können dem Beispiel im Teil A dieses Anhangs entnommen werden.

4.6   Literaturhinweise

Bühl, A. / Zöfel, P. (2000): SPSS Version 9: Einführung in die moderne Datenanalyse unter Windows, 6. Aufl., München.

Cooley, W.F. / Lohnes, P.R. (1971): Multivariate Data Analysis, New York.

Green, P.E. / Tull, D.S. / Albaum, G. (1988): Research for Marketing Decisions, 5th ed., Englewood Cliffs (NJ).

Hartung, J. / Elpelt, B. (1999): Multivariate Statistik: Lehr- und Handbuch der angewandten Statistik, 6. Aufl., München, Wien.

Kendall, M. (1980): Multivariate Analysis, 2nd ed., London.

Klecka, W.R. (1993): Discriminant Analysis, 15th ed., Beverly Hills.

Lachenbruch, P.A. (1975): Discriminant Analysis, London.

Morrison, D.F. (1990): Multivariate Statistical Methods, 3nd ed., New York.

Morrison, D.F. (1981): On the Interpretation of Discriminant Analysis, in: Aaker, D.A., Belmont (ed.): Multivariate Analysis in Marketing: Theory and Applications, Palo Alto.

Norusis, M.J. / SPSS Inc. (1999): SPSS Base 9.0 User's Guide Package, Chicago.

Norusis, M.J. / SPSS Inc. (1999): SPSS Base 9.0 Applications Guide, Chicago.

Norusis, M.J. / SPSS Inc. (1999): SPSS Base 9.0 Syntax Reference Guide, Chicago.

Tatsuoka, M.M. (1988): Multivariate Analysis - Techniques for Educational and Psychological Research, 2nd ed., New York.

5   Kreuztabellierung und Kontingenzanalyse

5.1 Problemstellung

Kreuztabellierung und Kontingenzanalyse dienen dazu, Zusammenhänge[1] zwischen *nominal* skalierten Variablen aufzudecken und zu untersuchen. Typische Anwendungsbeispiele sind die Untersuchung von Zusammenhängen zwischen der Einkommensklasse, der Größe und dem Konsumverhalten von Haushalten oder die Überprüfung der Frage, ob der Bildungsstand oder die Zugehörigkeit zu einer sozialen Klasse einen Einfluß auf die Mitgliedschaft in einer bestimmten politischen Partei hat.

Die im einzelnen dabei auftretenden Fragen sind u.a.: Ist ein Zusammenhang zwischen den Variablen erkennbar? Gibt es weitere Variable, durch deren zusätzliche Betrachtung das vorherige Untersuchungsergebnis bestätigt, näher erläutert oder revidiert wird? Ist eine beobachtete Abhängigkeit zwischen Variablen rein zufällig aufgetreten oder läßt sich das Ergebnis verallgemeinern? Gibt es die Möglichkeit, eine Aussage über Stärke oder gar Richtung des Zusammenhangs zu treffen?

---

[1] Zur unterschiedlichen Bedeutung des Begriffes "Zusammenhang" vgl. Lienert, Gustav A.: Verteilungsfreie Methoden in der Biostatistik, Band I, Meisenheim 1973, S. 518.

Das folgende fiktive Beispiel möge das verdeutlichen. Aus der Statistik der Todesursachen von Patienten eines Krankenhauses läßt sich folgende Aufgliederung entnehmen (vgl. Tabelle 5.1):

Tabelle 5.1:   Statistik der Todesursachen eines Krankenhauses (Auszug)

	Lungenkrebs	andere Ursachen	Σ
Raucher	12	55	67
Nichtraucher	8	60	68
Σ	20	115	135

Es fällt auf, daß der Tod von Nichtrauchern relativ seltener auf Lungenkrebs zurückzuführen ist als der von Rauchern. Kann man hieraus möglicherweise einen *nicht zufälligen* Zusammenhang ableiten? Eine Antwort auf diese Frage ergibt sich vielleicht aus einer weiteren Variablen, z.B. dem Wohnort oder dem Beruf der Patienten, die in diesem Beispiel nicht erfaßt sind. Aus sachlogischen Überlegungen könnte sich in Großstädten möglicherweise eine andere Verteilung ergeben als auf dem Lande.

Die Kreuztabellierung dient dazu, die Ergebnisse einer Erhebung tabellarisch darzustellen und auf diese Art und Weise einen möglichen Zusammenhang zwischen Variablen zu erkennen. Dabei ist allerdings insbesondere auf eine durch den Sachverhalt begründete Auswahl der Variablen und ihrer Ausprägungen zu achten. Andernfalls besteht die Gefahr, Zusammenhänge willkürlich zu konstruieren oder tatsächlich existierende Abhängigkeiten zu verdecken.

Ist ein Zusammenhang aufgedeckt, kann mit Hilfe der Kontingenzanalyse der Frage nachgegangen werden, ob die Assoziation in der Stichprobe zufällig auftrat oder nicht. Das bekannteste Instrument hierzu ist der Chiquadrat-Test (χ^2-Test). In einem weiteren Schritt kann gegebenenfalls überprüft werden, wie stark diese Assoziation ist. Ein möglicher Indikator hierfür ist der Phi-Koeffizient (φ).[2]

Ein Grund für die häufige Anwendung der hier vorgestellten Verfahren liegt in der Möglichkeit, Variable mit unterschiedlichem Skalenniveau in einer gemeinsamen Analyse zu betrachten, indem Variable höheren Skalenniveaus auf solche nominalen Niveaus transformiert werden. Damit geht allerdings ein Informationsverlust einher. Neben der Möglichkeit der Transformation auf ein gemeinsames, niedrigeres Skalenniveau gibt es ebenso wie für die Untersuchung mehrerer Variabler auf höherem Skalenniveau zahlreiche spezielle Verfahren.[3]

---

[2] Sind die Variablen von ordinalem Niveau, sind sogar Aussagen über die Richtung des Zusammenhangs möglich. Diese Frage wird allerdings in diesem Kapitel nicht weiter verfolgt. Vgl. dazu Everitt, B.S.: The analysis of contingency tables, London 1977, S. 61-66.

[3] Zur Analyse von zwei- oder mehrdimensionaler Tabellen mit geordneten Kategorien siehe z.B.: Fahrmeier, Ludwig / Hamerle, Alfred (Hrsg): Multivariate statistische Verfahren,

Werden mehr als zwei Variable analysiert, entstehen statt zweidimensionaler mehrdimensionale Tabellen. Zur übersichtlichen Darstellung werden hieraus häufig mehrere zweidimensionale Tabellen gebildet, wobei innerhalb einer Tabelle die Merkmalsausprägung der dritten (oder weiterer Variabler) konstant gehalten wird.[4]

Kreuztabellierung und Kontingenzanalyse sind Analyseinstrumente, die streng genommen zur Untersuchung zweier unterschiedlicher Sachverhalte eingesetzt werden können. Je nach untersuchter Fragestellung und Methode der Stichprobenerhebung wird entweder eine Homogenitätsprüfung oder eine Abhängigkeits-(Kontingenz-) analyse zwischen den Variablen durchgeführt.[5]

Bei einer *Homogenitätsprüfung* wird untersucht, ob ein Merkmal in zwei oder mehreren Stichproben identisch verteilt ist.[6] Beispiel: Um zu untersuchen, ob die Häufigkeit der Todesursache Lungenkrebs bei Rauchern und Nichtrauchern gleich hoch ist, werden aus den beiden Gruppen jeweils 100 Sterbefälle eines Krankenhauses zufällig ausgewählt und anschließend die Todesursache anhand der Aufzeichnungen festgestellt (vgl. Tabelle 5.2). Die Analyse ermöglicht eine Aussage darüber, ob innerhalb der Merkmalsausprägungen der Klassifikationsvariablen "Raucher/Nichtraucher" die Verteilung der Beobachtungsvariablen "Tod durch Lungenkrebs" gleich, d. h. homogen ist (χ^2 - Homogenitätstest).

Bei der *Kontingenzanalyse* wird untersucht, ob die betrachteten Variablen statistisch unabhängig oder abhängig voneinander sind. Dazu werden zufällig aus einer Grundgesamtheit Probanden ausgewählt und bei jedem Probanden jeweils zwei oder mehr Merkmale erhoben. Beispiel: Es interessiert die Frage, ob

---

Berlin u.a. 1984, S. 555-560 oder Lienert, Gustav A.: Verteilungsfreie Methoden in der Biostatistik, Band II, 2. Auflage, Meisenheim 1978, S. 554-592.

[4] Weitere Möglichkeiten sind die Bildung von Mittelwerten oder Verhältniszahlen. Vgl. Zeisel, Hans: Die Sprache der Zahlen, Köln u.a. 1970, Kap.V. Darüber hinaus wurden in den letzten Jahrzehnten weitere Verfahren zur Analyse von mehrdimensionalen Tabellen wie die loglinearen Modelle oder die Konfigurationsfrequenzanalyse entwickelt. Diese Ansätze bieten dem Forscher weitergehende Untersuchungsmöglichkeiten über die reine Unabhängigkeitshypothese hinaus, wie z.B. die Untersuchung des Einflusses einiger Variabler auf einige andere oder die Bestimmung der sogenannten second-order-Effekte. Eine Darstellung würde allerdings den hier gesetzten Rahmen sprengen. Vgl. den Literaturüberblick in Fahrmeier, Ludwig / Hamerle, Alfred (Hrsg): Multivariate statistische Verfahren, Berlin u.a. 1984, S. 473.

[5] Vgl. Lienert, Gustav A.: Verteilungsfreie Methoden in der Biostatistik, Band II, 2. Auflage, Meisenheim 1978, S. 386-391; Hartung, Joachim: Statistik: Lehr- und Handbuch der angewandten Statistik, 8. Auflage, München u.a. 1991, S. 412; aber auch die Ausführungen zur Stichprobenerhebung und die Auswirkungen auf die Güte des Test bei Fleiss, Joseph L.: Statistical Methods for Rates and Proportions, 2. Auflage, New York 1981, S.20-24 sowie S.85; ähnlich Kendall, Maurice / Stuart Alan: The advanced theory of statistics, Vol. 2, 4th ed., London u.a. 1979, S. 580-585

[6] Diese Idee ist dem Leser von den χ^2-Anpassungstests vielleicht bekannt, bei denen eine empirische Verteilung auf Gleichheit mit einer theoretischen Verteilung getestet wird.

Tabelle 5.2:   Statistik der Todesursachen eines Krankenhauses (Auszug)

	Lungenkrebs	andere Ursachen	Σ
Raucher	20	80	100
Nichtraucher	10	90	100
Σ	30	170	200

zwischen der Todesursache Lungenkrebs und dem Rauchen ein Zusammenhang vermutet werden kann. Die Stichprobe, wiederum bestehend aus 200 tödlich verlaufenen Krankheitsgeschichten, wird zufällig aus der Statistik eines Krankenhauses gezogen. Bei jedem Fall werden dann zwei Merkmale gleichzeitig erhoben: das Rauchverhalten und die Todesursache des betreffenden Patienten (vgl. Tabelle 5.3). Hier kann nun versucht werden, eine statistische Abhängigkeit der beiden Variablen nachzuweisen (χ^2 - Unabhängigkeitstest).

Tabelle 5.3:   Statistik der Todesursachen eines Krankenhauses (Auszug)

	Lungenkrebs	andere Ursachen	Σ
Raucher	18	63	81
Nichtraucher	12	107	119
Σ	30	170	200

Für die methodische Durchführung der Analyse mittels χ^2-Test ist der Unterschied zwischen Homogenitätsprüfung und Kontingenzanalyse irrelevant, für die Interpretation und Verallgemeinerung der Ergebnisse ist er allerdings grundlegend.[7] Tabelle 5.4 zeigt typische Anwendungsbeispiele der Kontingenzanalyse.

---

[7] Nach Lienert, Gustav A.: Verteilungsfreie Methoden in der Biostatistik, Band II, 2. Auflage, Meisenheim 1978, S. 449f. ist die Kontingenzanalyse in der beschriebenen Form völlig ungeeignet für den Nachweis von Ursache-Wirkungsbeziehungen. Auch die Wahl geeigneter Assoziationsmaße hängt u.a. von der Möglichkeit zur Unterteilung in abhängige und unabhängige Variable ab.

Tabelle 5.4:   Typische Anwendungsbeispiele der Kontingenzanalyse

	Fragestellung	Variable 1	Variable 2
1.	Gibt es einen Zusammenhang von Studienabbruch und Nebenerwerbstätigkeit von Studenten?	Studienabbruch: Abgang von der Hochschule ohne Abschluß	Berufstätigkeit: unter 15 Std. pro Woche, 15-30 Std. pro Woche, mehr als 30 Std. pro Woche
2.	Ist das Krankheitsbild der Depression bei Selbstmördern häufiger vorzufinden als bei anderen Todesursachen?	Selbstmord ja/nein	Depression: nach ärztlichem Gutachten schwach ausgeprägt, mittel ausgeprägt, hoch ausgeprägt
3.	Sind einem Testmarkt unterzogene Produkte erfolgreicher als nicht getestete?	Erfolg der Markteinführung: Rücknahme des Produktes aus dem Markt innerhalb 6 Monaten nach Einführung	Testmarktdurchführung ja/nein
4.	Haben international tätige Konzerne eine andere Organisationsstruktur als national tätige?	Konzernstruktur divisional, funktional, Matrix	Internationale Tätigkeit ja/nein
5.	Gibt es einen Zusammenhang zwischen Beruf und Herzinfarkt?	Angestellter, Arbeiter, Beamter, Selbständiger, Unternehmer	Herzinfarkt ja/nein

5.2   Vorgehensweise

5.2.1. Untersuchungen von zwei Variablen

Zur Untersuchung zweier nominalskalierter Variabler mit jeweils mehreren Ausprägungen wird zunächst eine zweidimensionale *Kreuztabelle* gebildet. Es wird die Gesamtzahl n_{ij} an Beobachtungen einer bestimmten Merkmalskombination (i-te Ausprägung der ersten Variablen (i=1,..,I) und j-te Ausprägung der zweiten Variablen (j=1,..,J)) bestimmt und in eine Tabelle eingetragen. Dabei bilden die I möglichen Merkmalsausprägungen der einen Variablen die verschiedenen Zeilen der Tabelle, die Ausprägungen der anderen Variablen die J verschiedenen Spalten. Aus der Anzahl der möglichen Merkmalskombinationen ergibt sich auch die Bezeichnung "IxJ - Kreuztabelle" Tabelle 5.5).

Die Randsummen geben jeweils die Gesamtzahl aller Beobachtungen einer bestimmten Ausprägung einer Variablen, unabhängig von der Ausprägung der anderen Variablen, an, n.. bezeichnet die Gesamtzahl aller Beobachtungen.

Um die Kreuztabelle besser analysieren und interpretieren zu können, werden häufig statt absoluter Werte Prozentwerte, bezogen auf verschiedene Basen, in die Tabelle eingetragen.

Betrachten wir zunächst den einfachen Fall zweier Merkmale, die jeweils nur zwei Ausprägungen annehmen können (binäre Variable). Nehmen wir an, daß eine Handelskette für die Planung ihrer Logistik wissen will, ob die Wohnlage im Zusammenhang mit der Verwendung von Butter bzw. Magarine als bevorzugtem

Brotaufstrich steht. Zur Klärung der Frage werden zufällig 181 Personen ausgewählt und nach ihrem bevorzugten Brotaufstrich und ihrem Wohnort gefragt. Zur Untersuchung und Darstellung des Befragungsergebnisses verwenden wir die einfachste aller Kreuztabellen, die 2x2- oder auch 4-Felder-Tafel (Vgl. Tabelle 5.6).

Tabelle 5.5:   IxJ-Kreuztabelle

IxJ Kreuz-tabelle Merkmal 1	Merkmal 2					Zeilen- oder Randsumme
	Ausprägung					
	1	2	..	..	J	
Ausprägung 1	n_{11}	n_{12}				$n_{1.}$
Ausprägung 2	n_{21}	n_{22}				$n_{2.}$
Ausprägung 3			...			
Ausprägung I	n_{I1}				n_{IJ}	$n_{I.}$
Spalten- oder Randsumme	$n_{.1}$	$n_{.2}$			$n_{.J}$	$n_{..}$

Tabelle 5.6:   Analyse der Produktpräferenzen (181 Einkaufsvorgänge)

Wohnort	Bevorzugter Brotaufstrich		Σ
	Margarine	Butter	
ländlich	23	45	68
städtisch	83	30	113
Σ	106	75	181

Zur besseren Übersichtlichkeit werden die absoluten Werte in Prozentzahlen transformiert. Üblicherweise finden drei verschiedene Darstellungen Verwendung. Die Wahl einer geeigneten Tabellierung kann in der Regel erst durch die konkrete Fragestellung entschieden werden. Man unterscheidet die Bildung von

a) Zeilenprozenten (andere literaturübliche Bezeichnung: Quer- oder auch Horizontalprozentuierung)
b) Spaltenprozenten (Längs- oder Vertikalprozentuierung)
c) Totalprozenten

Die jeweiligen Ergebnisse zeigen die Tabellen 5.7 bis 5.9. In Tabelle 5.7 beziehen sich die Prozentangaben auf die Spaltensumme, d.h. auf die Beobachtungsgesamtzahl einer Merkmalsausprägung der zweiten Variablen "Bevorzugter Brotaufstrich" (Spaltenprozente).

In Tabelle 5.8 bildet die Zeilensumme die Basis für die Prozentberechnung (Zeilenprozente) und in Tabelle 5.9 ist es die Gesamtzahl aller Beobachtungen (Totalprozente).

Tabelle 5.7:   Analyse der Produktpräferenzen (181 Einkaufsvorgänge) - Darstellung mit Spaltenprozenten

Wohnort	Bevorzugter Brotaufstrich	
	Margarine	Butter
ländlich	21,7 %	60 %
städtisch	78,3 %	40 %
Σ	100 %	100 %

Tabelle 5.8:   Analyse der Produktpräferenzen (181 Einkaufsvorgänge) - Darstellung mit Zeilenprozenten

Wohnort	Bevorzugter Brotaufstrich		Σ
	Margarine	Butter	
ländlich	33,8 %	66,2 %	100 %
städtisch	73,5 %	26,5 %	100 %

Tabelle 5.9:   Analyse der Produktpräferenzen (181 Einkaufsvorgänge) - Darstellung mit Totalprozenten

Wohnort	Bevorzugter Brotaufstrich		Σ
	Margarine	Butter	
ländlich	12,7 %	24,9 %	37,6 %
städtisch	45,9 %	16,6 %	62,4 %
Σ	58,6 %	41,4 %	100 %

Jede dieser Darstellungen liefert andere Informationen. Daher ist die Auswahl der geeigneten Tabellierung immer abhängig von der konkreten Fragestellung.

Für unser Beispiel heißt das: Will die Handelskette verstärkt Magarine vertreiben und daher gezielt Filialen beliefern, so ist es für sie wichtig, welche Filialen

232 Kreuztabellierung und Kontingenzanalyse

überproportional viele Margarinekäufer haben, damit sie ihre Absatzbemühungen auf diese Filialen konzentrieren kann. Daher ist die Darstellung in Tabelle 5.7 aussagekräftig. Dort kann man erkennen, daß der weitaus größere Teil der Verwender von Magarine in der Stadt lebt.

Für den Filialleiter eines Supermarktes ist hingegen die Fragestellung eine andere. Ihn dürfte interessieren, ob seine Kunden Unterschiede hinsichtlich der Nachfrage nach Butter bzw. Magarine aufweisen, um so für seinen Standort die entsprechende Sortimentspolitik zu planen. Daher wäre hier die Darstellung in Tabelle 5.8 interessant. Dort ist zu erkennen, daß z.B. Bewohner aus ländlichen Gegenden überwiegend Butter nachfragen. Die Darstellungsform in Tabelle 5.9 gibt einen generellen Überblick darüber, wie Wohnlage und Sortenpräferenz in der Stichprobe zusammenhängen.

Aus der Rohdatenbasis in Tabelle 5.6 ergeben sich auf den ersten Blick deutliche Hinweise darauf, daß die Wohngegend und die Bevorzugung eines Brotaufstrichs nicht voneinander unabhängig sind. So wohnt fast jede dritte befragte Person der Stichprobe auf dem Lande, während es bei den Butterliebhabern mindestens jede zweite war und bei den Magarineverwendern nur etwa jeder fünfte. Wären die Variablen unabhängig, würden wir eine ungefähr gleiche Verteilung der Merkmalsausprägungen in allen Spalten erwarten und ebenso eine gleiche Verteilung der Merkmalsausprägungen in allen Zeilen.

An dieser Stelle ist allerdings darauf hinzuweisen, daß ungleiche Verteilungen allein nicht ausreichen, um hieraus einen Zusammenhang zu folgern. So ist es durchaus möglich, daß durch die Einbeziehung einer dritten Variablen in die Untersuchung eine getroffene Beurteilung revidiert werden muß. Im Falle eines vermuteten Zusammenhangs kann dieser in seiner ursprünglichen Art bestätigt oder als andersartig erkannt, er kann allerdings auch als scheinbarer Zusammenhang aufgedeckt werden. Umgekehrt kann ein fehlender (nicht erkennbarer) Zusammenhang zweier Variabler durch Berücksichtigung einer dritten Variablen als nicht existierend bestätigt oder aber als lediglich bisher verdeckt entlarvt werden. Hierzu ein Beispiel: In Tabelle 5.10 ist das Untersuchungsergebnis einer weiteren Erhebung zur Auswirkung des Familienstandes auf den Kauf von Diätprodukten dargestellt. Bei der Untersuchung wurden 132 verheiratete und 158 ledige Personen danach befragt, ob sie Diätprodukte verwenden.

Tabelle 5.10: Zusammenhang zwischen Familienstand und der Verwendung von Diätmagarine

	Verwendet Diätprodukte		Gesamt
Familienstand	ja	nein	
verheiratet	30 (23 %)	102 (77 %)	132 (100 %)
ledig	100 (63 %)	58 (37 %)	158 (100 %)

n.. = 290

Die Darstellung erfolgt in absoluten Werten und zusätzlich in Zeilenprozenten (in Klammern), weil die vorrangige Fragestellung die nach Unterschieden im Kaufverhalten von ledigen und verheirateten Personen ist. Es ist ein Zusammenhang zwischen dem Kauf von Diätprodukten und dem Familienstand erkennbar; die Verhältnisse innerhalb der Merkmalsausprägungen "verheiratet" und "ledig" sind deutlich unterschiedlich. Verheiratete Personen scheinen Diätprodukten gegenüber skeptischer zu sein.

Teilt man die Stichprobe allerdings nach dem Alter in zwei Untergruppen auf, entsteht das in den Tabellen 5.11 und 5.12 aufgeführte Bild:

Tabelle 5.11:   Untergruppe der unter 35-jährigen

	Verwendet Diätprodukte		Gesamt
Familienstand	ja	nein	
verheiratet	10 (83 %)	2 (17 %)	12 (100 %)
ledig	90 (81 %)	21 (19 %)	111 (100 %)

n.. = 123

Tabelle 5.12:   Untergruppe der über 35-jährigen

	Verwendet Diätprodukte		Gesamt
Familienstand	ja	Nein	
verheiratet	20 (13 %)	100 (83 %)	120 (100 %)
ledig	10 (21 %)	37 (79 %)	47 (100 %)

n.. = 167

Jetzt ist jeweils in jeder Ausprägung der Variablen Familienstand das Verhältnis zwischen Verwendern und Nichtverwendern von Diätprodukten in etwa gleich. In unserer Experimentgruppe ist also das Alter eine Variable, die einen Einfluß auf die Diätproduktnachfrage hat. Jüngere Leute fragen offenbar verstärkt Diät-Produkte nach, ältere deutlich weniger. Da der Familienstand aber in der Regel mit dem Alter zusammenhängt, ist auf den ersten Blick der Eindruck entstanden, als ob der Familienstand ein Indikator dafür wäre, ob Personen Diätprodukte verwenden oder nicht. (Ende Beispiel)

Durch die Einbeziehung der dritten Variablen ist der erkannte Zusammenhang nicht widerlegt worden, sondern er wurde modifiziert und konnte so besser verstanden und erklärt werden. Grundsätzlich ist es möglich, durch die Einbeziehung einer dritten Variablen die bisherige Schlußfolgerung, sei es nun die der Existenz oder die des Nichtvorhandensein eines Zusammenhangs, zu bestätigen oder zu ändern.[8] Daher ist es für die verantwortungsvolle Interpretation einer Untersuchung äußerst wichtig, schon bei der Variablenauswahl darauf zu achten, mögliche weitere Einflußfaktoren zu berücksichtigen.

Nachdem die Vermutung eines Zusammenhanges durch die Kreuztabellierung gestützt wird, kann mit Hilfe statistischer Verfahren (Tests) geprüft werden, ob dieser Tatbestand nur zufällig in der Stichprobe auftrat oder sich auf die Grundgesamtheit übertragen läßt. Die Methode, die dazu herangezogen wird, ist der χ^2-Test.

Betrachten wir wieder das in Tabelle 5.6 dargestellte Untersuchungsergebnis und unterstellen, daß die Erkenntnisse durch die Einbeziehung weiterer Variabler der Vermutung eines Zusammenhangs zwischen Wohngegend und dem Kaufverhalten bzgl. Butter/Magarine nicht widersprechen. Folgende heuristische Überlegung kann eine erste Antwort auf die Frage bieten, ob die Bevorzugung von Butter oder Magarine unabhängig oder abhängig von der Wohngegend des Käufers ist. Aus Tabelle 5.6 ist zu entnehmen, daß 106 von 181 Befragten Margarine bevorzugen. Ebenso ist abzulesen, daß 68 Probanden in ländlicher Wohngegend leben. Gemäß der Annahme, daß beide Merkmale unabhängig voneinander sind, muß man erwarten, daß das Verhältnis von Landbewohner zu Stadtbewohner in der Gesamtstichprobe dem Verhältnis in den Untergruppen der Käufer bzw. Nichtkäufer von Margarine entspricht.

Überprüfen wir das: Aus Tabelle 5.9 wissen wir, daß 37,6% aller Befragten auf dem Lande leben. Bei unterstellter Unabhängigkeit[9] müßten also auch 37,6% der Margarineverwender, also etwa (0,376 · 106 =) 40 Personen, bzw. 37,6% der Butterverwender, also 28 (= 0,376 · 75) Personen auf dem Lande leben. In unserem Experiment haben wir jedoch völlig andere Zahlen erhalten. Dort beobachteten wir lediglich 23 anstatt nach obiger Überlegung erwarteten 40 Personen, die auf dem Lande leben und Magarine kaufen. Anstatt der erwarteten 28 Personen in unserer Stichprobe mit den Merkmalsausprägungen Butterverwender und Landbewohner beobachteten wir insgesamt 45. Analoge Berechnungen und Vergleiche kann man nun für alle auftretenden Kombinationen von Merkmalsausprägungen durchführen.

Als Faustformel für die Berechnung der erwarteten absoluten Werte gilt dabei jeweils:

$$\text{Erwarteter Wert} = \text{Zeilensumme} \cdot \text{Spaltensumme} / \text{Gesamtsumme}$$

Insgesamt ergeben sich jeweils mehr oder minder große Abweichungen. Diese können wir als ein Maß zur Überprüfung der ausgangs unterstellten Hypothese der Unabhängigkeit der Merkmale auffassen. Nach diesem Prinzip arbeitet auch der χ^2-Test.

---

[8] Eine ausführliche Darstellung aller Möglichkeiten mit Beispielen findet sich bei Churchill, Gilbert A., Jr.: Marketing Research: Methodological Foundations, 6. Auflage, Chicago 1998 oder Böhler, Heymo: Marktforschung, 2. Aufl., Stuttgart u.a. 1992, S. 181.

[9] Bei der stochastischen Unabhängigkeit zweier Ereignisse A und B gilt für die Bestimmung der Wahrscheinlichkeit des gemeinsamen Eintretens von A und B: $P(A \cap B) = P(A) \cdot P(B)$.

Der χ^2-Test ist ein Test zur Überprüfung der Unabhängigkeit zweier Merkmale bzw. der Homogenität eines Merkmals in zwei Stichproben. Die statistischen Hypothesen lauten:

H_0: X und Y sind voneinander unabhängig.

bzw. im Fall der Überprüfung der Verteilung eines Merkmals in zwei unabhängigen Stichproben:

H_0: Der Anteil jeder Merkmalsausprägung der Variablen X ist in beiden Stichproben gleich.[10]

Wir können uns hier allerdings auf den Fall der Kontingenzanalyse beschränken, da die methodische Vorgehensweise zur Homogenitätsprüfung identisch ist.

Die Testgröße des χ^2-Tests leiten wir wie folgt ab. (Wir verwenden die Bezeichnungen aus der Tabelle 5.5).

Bei insgesamt beobachteten n_i. Probanden mit i-ter Merkmalsausprägung der ersten Variablen und $n_{.j}$ Beobachtungen der Ausprägung j der zweiten Variablen erwarten wir unter der Nullhypothese, daß in unserer Stichprobe $e_{ij} = n_i$. · $n_{.j}/n_{..}$ Personen gleichzeitig die j-te Ausprägung in der zweiten Variablen und i-te Ausprägung beim ersten Merkmal aufweisen. Die Differenz zwischen der erwarteten Anzahl e_{ij} und der beobachten Anzahl n_{ij} ist ein erster Hinweis darauf, ob die Merkmale unabhängig sind oder nicht. Je kleiner die Differenz, desto mehr spricht für die Unabhängigkeit; bzw. je größer die Differenz, desto eher scheint die Nullhypothese der Unabhängigkeit der Merkmale nicht zu stimmen. Die Testgröße des χ^2-Tests berücksichtigt alle Abweichungen, indem sie die Gesamtsumme bildet. Um zu verhindern, daß Abweichungen nach oben und unten sich gegenseitig aufheben, wird allerdings jedesmal das Quadrat der Differenz verwendet. Die Division jedes Summanden durch die erwartete Anzahl hat zur Folge, daß gleiche Abweichungen in Abhängigkeit von der absoluten Größe der erwarteten Werte unterschiedlich gewichtet (normiert) werden. Die Teststatistik des χ^2-Test lautet demnach:

$$\chi^2 = \sum_{i=1}^{I} \sum_{j=1}^{J} \frac{(n_{ij} - e_{ij})^2}{e_{ij}}$$

Führen wir den χ^2-Test für unser Beispiel durch. Wir überprüfen die Nullhypothese

H_0: Die bevorzugte Verwendung von Butter/Magarine und die Wohnlage sind unabhängig

Als Testniveau wählen wir 5%. Mit Hilfe der Tabelle 5.6 ergeben sich folgende Rechenschritte:

---

[10] Es ist bei 4-Felder-Tafeln auch möglich, einen Test durchzuführen, um zu überprüfen, ob der Anteil der Merkmalsträger in der einen Stichprobe größer (oder kleiner) als in der anderen Stichprobe ist. Zur Vorgehensweise bei solchen einseitigen Test vgl. Fleiss, Joseph L.: Statistical Methods for Rates and Proportions, 2. Auflage, New York 1981, S. 27.

$e_{11} = n_{1.} \cdot n_{.1} / n_{..} = 68 \cdot 106 / 181 = 39,8$
$e_{12} = n_{1.} \cdot n_{.2} / n_{..} = 68 \cdot 75 / 181 = 28,2$
$e_{21} = n_{2.} \cdot n_{.1} / n_{..} = 113 \cdot 106 / 181 = 66,2$
$e_{22} = n_{2.} \cdot n_{.2} / n_{..} = 113 \cdot 75 / 181 = 46,8$

Die Testgröße berechnet sich nun:

$$\chi^2 = (23-39,8)^2/39,8 + (45-28,2)^2/28,2 + (83-66,2)^2/66,2 + (30-46,8)^2/46,8 = 27,4$$

Wie an den Beispielzahlen schon zu erkennen ist, gilt immer bei 4-Felder-Tafeln, daß die Differenz zwischen beobachteten und erwarteten Werten gleich ist und daher nur einmal berechnet werden muß. Durch einige Umformungen ist daher eine einfachere Möglichkeit zur Bestimmung der Größe χ^2 im 4-Felder-Fall (und nur dort) gegeben durch:

$$\chi^2 = n_{..} \cdot (n_{11} \cdot n_{22} - n_{12} \cdot n_{21})^2 / (n_{1.} \cdot n_{.1} \cdot n_{2.} \cdot n_{.2})$$

Durch Einsetzen ergibt sich (bis auf Rundungsfehler) das gleiche Ergebnis wie oben

$$\chi^2 = 181 \cdot 9272025/61087800 = 27,47$$

Die Statistik χ^2 ist unter der Nullhypothese (approximativ) χ^2-verteilt mit $(I-1) \cdot (J-1)$ Freiheitsgraden. Überschreitet die Teststatistik einen dem Signifikanzniveau entsprechenden Wert der χ^2-Tabelle (vgl. Anhang), so ist die Nullhypothese, die Annahme der Unabhängigkeit der Merkmale, mit der vorher festgelegten Irrtumswahrscheinlichkeit zu verwerfen.

Anhand der χ^2-Tabelle im Anhang bestimmt sich bei einem vorgebenen Signifikanzniveau von 5% und $(I-1) \cdot (J-1)=1$ Freiheitsgraden der Vergleichswert als 3,84. Der Vergleich ergibt:

$$\chi^2 = 27,47 > 3,84.$$

Daher kann die Nullhypothese mit einer Irrtumswahrscheinlichkeit von 5% abgelehnt werden.

Die Testgröße χ^2 ist unter H_0 strenggenommen nur approximativ χ^2-verteilt.[11] Bei kleinen Stichprobenumfängen ist diese Approximation nicht befriedigend. Zur Verbesserung bietet sich zum einen die korrigierte Teststatistik nach Yates oder der exakte Fisher-Test an.

Die Yates-Korrektur lautet:

$$\chi^2_{korr} = \frac{n_{..} \cdot (\,|n_{11} \cdot n_{22} - n_{12} \cdot n_{21}| - n_{..}/2)^2}{n_{1.} \cdot n_{.1} \cdot n_{2.} \cdot n_{.2}}$$

Der Wert der Teststatistik χ^2_{korr} ist ebenfalls mit dem kritischen Wert aus der χ^2-Verteilung zu vergleichen.

---

[11] Sie genügt eigentlich einer disketen, der Poly(Multi-) nomialverteilung.

Für unser Beispiel ergibt sich

$$\chi^2_{korr} = \frac{181 \cdot (|690 - 3.735| - 90,5)^2}{68 \cdot 113 \cdot 75 \cdot 106} = 25,86$$

und daher ebenfalls die Ablehnung der Nullhypothese. Die Ablehnung der Null-hypothese heißt, daß die Variablen *nicht* unabhängig sind (mit einer Irrtums-wahrscheinlichkeit von kleiner als 5 %), und daher *nehmen wir an*, daß sie ab-hängig sind. Ein Beweis für die Abhängigkeit ist damit nicht erbracht.

Die Anwendung der Yates-Korrekturformel soll die Approximation für kleinere Stichproben verbessern und wird i.a. für Stichprobenumfänge zwischen 20 und 60 Einheiten empfohlen. Manche Autoren empfehlen ihre Anwendung generell. Mit zunehmendem Stichprobenumfang ergeben sich immer kleinere Unterschiede, da der Korrekturterm immer unbedeutender wird.[12]

Für Tests der Hypothese mit Stichprobenumfängen kleiner als 20 oder bei stark asymmetrischen Randverteilungen (starker Asymmetrie der Zeilen- und Spaltensumme) wird allgemein die Anwendung des exakten Fisher-Test empfoh-len[13]. Die Bezeichnung "exakt" resultiert aus der Tatsache, daß für die dort ver-wendete Teststatistik die Verteilung bekannt und für kleine Stichproben berechnet und tabelliert ist.

Wir halten fest: Der χ^2-Test für unser Beispiel hat zum Ergebnis, daß wir eine Abhängigkeit zwischen der bevorzugten Verwendung von Butter bzw. Magarine und der Wohngegend annehmen können.

Nachdem ein χ^2-Test eine Abhängigkeit der Variablen anzeigt, wird nun ver-sucht, weitere Informationen über die Art des Zusammenhanges, wie Stärke oder Richtung, zu bestimmen. Da χ^2 u.a. eine Funktion des Stichprobenumfanges ist, ist diese Größe als Indikator für die *Stärke* des Zusammenhangs nicht brauchbar. Der Leser kann dies selber überprüfen: So führt eine Verdoppelung aller Stich-probenwerte zur Verdoppelung der χ^2-Werte, obwohl die Stärke des Zusammen-hangs davon nicht berührt wird.[14] Noch weniger Anhaltspunkte liefert die χ^2-

---

[12] Vgl. Hartung, Joachim: Statistik: Lehr- und Handbuch der angewandten Statistik, 8. Auflage, München u.a. 1991, S. 414; Fleiss, Joseph L.: Statistical Methods for Rates and Proportions, 2. Auflage, New York 1981, S. 27 (dort auch ein Überblick über die strittige Diskussion); Everitt, Brian S.: The analysis of contingency tables, London 1977, S.14; Büning, Herbert / Trenkler, Götz: Nichtparametrische statistische Methoden, Berlin u. a. 1978, S. 246 empfehlen die Verwendung des exakten Fisher-Tests für Stichprobenumfänge kleiner als 40.

[13] Vgl. Lienert, Gustav A.: Verteilungsfreie Methoden in der Biostatistik, Band I, Meisenheim 1973, S.171 oder Hartung, Joachim: Statistik: Lehr- und Handbuch der angewandten Statistik, 8. Auflage, München u.a. 1991, S. 414-416.

[14] Der Leser mache sich aber bewußt, daß die damit verbundene höhere Signifikanz des Testergebnisses als Folge des höheren Informationsgehaltes durch die "verdoppelte" Stichprobe sinnvoll ist.

Testgröße für eine Interpretation der *Richtung* der Abhängigkeit. Bei der Berechnung dieser Größe werden Abweichungen von den erwarteten Größen nach oben und unten durch die Quadrierung gleich bewertet.

Es gibt zwei Gruppen von Indikatoren für die Stärke des Zusammenhanges. Die erste Gruppe basiert trotz der Interpretationsschwierigkeiten auf der χ^2-Teststatistik. Das einfachste Maß ist der *phi-Koeffizient (φ)*:

$$\varphi = \sqrt{\frac{\chi^2}{n_{..}}}$$

Je größer der Wert von φ ist, desto stärker ist der Zusammenhang. Als Faustformel wird angegeben, daß ein Wert größer als 0,3 eine Stärke der Abhängigkeit anzeigt, die mehr als trivial ist.[15] Der φ-Koeffizient besitzt allerdings eine Reihe von Nachteilen. Insbesondere ist zu beachten, daß die φ-Koeffizienten aus verschiedenen Untersuchungen sich nicht vergleichen lassen. Ebenso ist zu beachten, daß bei der Einteilung von stetigen Variablen in zwei Klassen, etwa bei der Transformation einer intervallskalierten Variablen auf eine ordinalskalierte Größe, die Wahl der Schnittlegung einen starken Einfluß auf die Testgröße φ besitzt.[16]

In unserem Beispiel bestimmen wir als Maßgröße

$$\varphi = \sqrt{\frac{27,4}{181}} = 0,389.$$

Wir können also nicht nur von der Tatsache eines Zusammenhang zwischen den Variablen unseres Beispiels ausgehen, sondern gemäß obiger Faustformel auch unterstellen, daß dieser Zusammenhang von Bedeutung ist.

Für die Untersuchung von Kreuztabellen mit Variablen mit mehr als zwei Ausprägungen kann φ Werte über 1 annehmen. In solchen Fällen wird die Verwendung des *Kontingenzkoeffizienten* empfohlen, der eine Modifikation von φ darstellt:

$$CC = \sqrt{\frac{\chi^2}{\chi^2 + n_{..}}} \; .$$

Dieser Koeffizient nimmt nur Werte zwischen 0 und 1 an, kann allerdings nur selten den Maximalwert von 1 erreichen. Die obere Grenze ist eine Funktion der Anzahl der Spalten und Zeilen der Tabelle. Zur Beurteilung sollte daher der jeweilige theoretische Maximalwert mitbetrachtet werden. Die Tatsache unterschiedlicher Obergrenzen läßt auch einen Vergleich zweier Koeffizienten i.a. nicht zu. Die Obergrenze der anzunehmenden Werte von CC wird berechnet nach

$$CC_{max} = \sqrt{(R-1)/R} \qquad \text{mit } R = \min{(I, J)}.$$

---

[15] Fleiss, Joseph L.: Statistical Methods for Rates and Proportions, 2. Auflage, New York 1981, S. 60.

[16] Fleiss, Joseph L.: Statistical Methods for Rates and Proportions, 2. Auflage, New York 1981, S. 60.

Für unser Beispiel erhalten wir

$$CC = 0{,}362 \text{ und } CC_{max} = \sqrt{1/2} = 0{,}707.$$

Ein anderes Maß, welches ebenfalls Werte zwischen 0 und 1 und auch unabhängig von der Anzahl der Dimensionen den Maximalwert 1 annehmen kann, ist Cramer's V.

$$\text{Cramer's V} = \sqrt{\frac{\chi^2}{n_{..}(R-1)}}$$

mit R wie oben. Falls eine der untersuchten Variablen binär ist, sind φ und Cramer's V identisch.

Die Assoziationsmaße der ersten Gruppe, die sämtlich auf der χ^2-Statistik basieren, nehmen den Wert 0 an, falls keine Assoziation vorliegt und den maximalen Wert bei vollständiger Abhängigkeit. Probleme entstehen bei der Interpretation von Zwischenwerten und bei der Beurteilung, welche Art von Zusammenhang eigentlich vorliegt.

Neben den Assoziationsmaßen der ersten Gruppe gibt es Koeffizienten, die Aufschluß über die Stärke einer Assoziation zweier Variabler liefern, indem sie messen, inwieweit die Kenntnis der Ausprägung einer Variablen bei der Prognose der anderen Variablen hilft. Diese Koeffizienten sind die sogenannten tau-(τ-) und lambda- (λ-) Maße von Goodmann und Kruskal.

Die λ-Maße vergleichen die Wahrscheinlichkeit einer falschen Vorhersage der Ausprägung der ersten (abhängigen) Variablen bei Unkenntnis der Ausprägung der zweiten (unabhängigen) Variablen mit der Wahrscheinlichkeit einer falschen Vorhersage der Ausprägung der ersten Variablen bei Kenntnis der Ausprägung der zweiten Variablen.

Je nach dem, welche Variable als erste und welche als zweite Variable betrachtet wird, ergeben sich unterschiedliche Resultate. In unserem Beispiel sei zunächst die Fehlerreduktion betrachtet, die sich bei der Prognose des Wohnorts aus Kenntnis des bevorzugten Brotaufstrichs ergibt.

Ausgehend von den Werten in Tabelle 5.6 würden wir zur Prognose des Wohnortes eines beobachteten Kunden bei Unkenntnis des von der Person bevorzugten Brotaufstrichs am ehesten auf einen städtischen Wohnort tippen, da die meisten der Befragten aus dieser Kategorie stammen und wir damit die geringsten Fehlerwahrscheinlichkeit haben. Damit würden wir jedoch, wie aus Tabelle 5.9 ersichtlich, 37,6% der Personen falsch einschätzen. Sollte die Präferenz einer befragten Person für Magarine uns vor der Prognose ihres Wohnortes bekannt sein, würden wir in Anlehnung an Tabelle 5.6 wiederum auf einen städtischen Wohnort tippen, da unter der Gruppe der die Magarine bevorzugenden Personen die Städter in der Mehrheit sind. Lediglich 23 Personen oder 12,7 % aller Personen (vgl. Tabelle 5.9) würden unter diesen Umständen falsch eingeordnet. Anders wäre es, wenn wir von der Butter-Präferenz einer Person Kenntnis hätten. Aufgrund des höheren Anteils der Landbewohner in der entsprechenden Gruppe würden wir jetzt einen Landbewohner erwarten und in unserer Stichprobe auf diese Art und Weise 16,6% der Befragten falsch einschätzen.

Insgesamt würden wir bei Kenntnis des jeweils bevorzugten Brotaufstrichs 12,7% + 16,6% = 29,3% der Befragten falsch einschätzen. Im Vergleich zur Fehleinschätzung ohne diese Kenntnis (37,6 %) ergibt sich eine Reduktion um 8,3 Prozentpunkte.

Das λ_{Wohnort}-Maß bestimmt sich nun aus dem Verhältnis von Fehlerreduktion durch Kenntnis der ersten Variablen (Brotaufstrich) zur Fehlprognosewahrscheinlichkeit bei Unkenntnis:

$$\lambda_{\text{Wohnort}} = 8,3\% \: / \: 37,6\% = 0,221$$

Analog kann man den Koeffizienten λ_{Sorte} bestimmen, welcher den Nutzen quantifiziert, der durch die Kenntnis des Wohnortes bei der Prognose der bevorzugten Sorte Brotaufstrich entsteht.

Allgemein bestimmen sich die beiden Koeffizienten für zwei Variablen 1 und 2 nach:

$$\lambda_1 = \frac{\sum_j \max_i n_{ij} - \max_i n_{i.}}{n.. - \max_i n_{i.}}$$

$$\lambda_2 = \frac{\sum_i \max_j n_{ij} - \max_j n_{.j}}{n.. - \max_j n_{.j}}$$

Die λ-Werte bewegen sich immer zwischen 0 und 1. Dabei bedeutet ein Wert nahe Null, daß die Kenntnis der ersten Variablen für die Prognose der zweiten keinen Nutzen stiftet, ein Wert bei Eins, daß die Kenntnis eine fehlerfreie Prognose ermöglicht. Bei der Interpretation ist allerdings zu beachten, daß ein Wert von Null nur bedeutet, daß ein möglicherweise vorhandener Zusammenhang nicht zur Vorhersage geeignet ist. Mit anderen Worten, die Koeffizienten messen nur eine bestimmte Art von Zusammenhang.

Für den Fall, daß die Bestimmung einer abhängigen (ersten) und unabhängigen (zweiten) Variablen aus dem Sachverhalt nicht einwandfrei möglich ist, kann das symmetrische λ verwendet werden. Dieses nimmt Werte zwischen den beiden obigen λ-Werten an und bestimmt sich nach:

$$\lambda_{\text{sym}} = \frac{\frac{1}{2}(\sum_i \max_j n_{ij} + \sum_j \max_i n_{ij}) - \frac{1}{2}(\max_j n_{.j} + \max_i n_{i.})}{n.. - \frac{1}{2}(\max_j n_{.j} + \max_i n_{i.})}$$

Während bei den λ-Maßen jeweils zur Prognose die Kategorie mit den jeweils meisten Beobachtungen gewählt wurde, bestimmen die τ-Maße ihre Prognose unter

Berücksichtigung der gesamten Randverteilungen, d.h.unter Berücksichtigung der Häufigkeiten aller Ausprägungen der Variablen.[17]

5.2.2 Untersuchungen mit mehr als 2 Variablen

Die Methoden zur Untersuchung einer zweidimensionalen Tafel lassen sich auch auf mehrdimensionale Kontingenztafeln übertragen. So ist im mehrdimensionalen Fall ebenfalls die Hypothese der Unabhängigkeit aller Variablen durch eine χ^2-Statistik, die auf den Differenzen zwischen beobachteten und erwarteten Werten beruht, prüfbar. Jedoch sind zwischen den einzelnen Variablen unterschiedliche Abhängigkeiten denkbar. So könnte im Fall der dreidimensionalen Tafel eine Variable unabhängig von zwei anderen sein, die voneinander abhängig sind, oder die Abhängigkeit von zwei Variablen könnte sich in Abhängigkeit von den Ausprägungen der dritten Variablen unterschiedlich darstellen. Diese Fragestellungen lassen sich mit zur obigen Darstellung analogen Überlegungen statistisch überprüfen.[18]

In den letzten Jahren haben sich allerdings andere Verfahren zur Untersuchung solcher Sachverhalte durchgesetzt. Durch eine der Varianzanalyse ähnelnde Modelldarstellung, in der die Effekte der einzelnen Merkmalsstufen additiv die beobachteten Zellhäufigkeiten erklären, sind die sogenannten log-linearen Modelle[19]

---

[17] Zu einer genaueren Darstellung vgl. Hartung, Joachim: Statistik: Lehr- und Handbuch der angewandten Statistik, 8. Auflage, München u.a. 1991, S. 459f. Untersuchungen von Variablen auf *ordinalem* Niveau können darüber hinaus mit Hilfe solcher Kennziffern wie Somers Dependenzmaß, Kendalls tau-Statistiken u.a. spezielle Fragestellungen wie Trends etc. beantworten. Vgl. Everitt, Brian S.: The analysis of contingency tables, London 1977, Kap.3.7.3, S. 61.

Eine weitere Methode zur Untersuchung eines signifikanten χ^2-Wertes ist die Residual-Analyse. Hierbei werden die Abweichungen der beobachteten Häufigkeiten von den erwarteten Werten berechnet, um die Merkmalskombinationen zu bestimmen, die "aus dem Rahmen fallen". Vgl. Everitt, Brian S.: The analysis of contingency tables, London 1977, S. 47; Lienert, Gustav A.: Verteilungsfreie Methoden in der Biostatistik, Band I, Meisenheim 1973, S. 538 oder Haberman, Shelby J.: Analysis of Qualitative Data, Vol.1 Introductory topics, New York u.a. 1978, S.17-21.

In diesem Kapitel werden nur Kontingenzmaße für die Untersuchung eines signifikanten χ^2-Ergebnisses betrachtet. Für die Untersuchung eines signifikanten Ergebnisses des Test auf Homogenität gegen Heterogenität zweier Verteilungen gibt es ebenfalls spezielle Maße wie die Anteilsdifferenz, das relative Risiko oder den Kreuzproduktquotienten, die für die 4-Felder-Tafel auch im SPSS-Programm abrufbar sind. Vgl. Lienert, Gustav A.: Verteilungsfreie Methoden in der Biostatistik, Band II, 2. Auflage, Meisenheim 1978, S. 457-463.

[18] Siehe Everitt, Brian S.: The analysis of contingency tables, London 1977, S. 70-78.

[19] Zur Einführung siehe Fahrmeier, Ludwig / Hamerle, Alfred (Hrsg): Multivariate statistische Verfahren, Berlin u.a. 1984, Kapitel 10; Everitt, B.S.: The analysis of contingency tables, London 1977, S. 80-107; ausführliche Darstellung bei Bishop, Yvonne M.M. / Fienberg, Stephen E. / Holland, Paul W.: Discrete Multivariate Analysis, 5. Auflage, Cambridge 1978; vgl. auch die SPSS-Prozeduren HILOGLINEAR; LOGLINEAR.

in der Lage, nicht nur die Frage einer Unabhängigkeit von mehreren nominal skalierten Variablen zu klären, sondern auch Schätzer für die Stärke der Einzeleffekte zu bestimmen. Bei der Betrachtung der Einflüsse von mehreren "unabhängigen" Variablen auf eine dichotome "abhängige" Variable können sog. logit-Modelle[20] zur Analyse herangezogen werden. Eine weitere Methode zur Analyse von mehrdimensionalen Kontingenztafeln bietet die Korrespondenzanalyse[21]. Dieses Verfahren gibt eine graphische Darstellung der Zusammenhänge zwischen den Variablen.

5.3   Fallbeispiel

Das in Abschnitt 5.2.1 dargestellte Beispiel kann zum einen unter SPSS durch das in Kapitel 5.5 abgedruckte Programm berechnet werden. In der Programmversion SPSS 9.0 bietet sich auch folgende Vorgehensweise an: Unter dem Menüpunkt „Analysieren" werden die Unterpunkte „Deskriptive Statisken" und „Kreuztabellen" aufgerufen (vgl. Abb. 1).

Im geöffneten Dialogfeld „Kreuztabellen" werden die Variablen für die Zeilen (hier: Wohnort) und für die Spalten (hier: Margarinesorte) festgelegt und in die entsprechenden Felder übertragen (vgl. Abb. 2). Durch Anklicken des Button „Statistik" öffnet sich ein Dialogfeld in dem verschiedene Teststatistiken ausgewählt werden können wobei sich im Folgenden auf die oben erklärten Tests beschränkt werden soll (vgl. Abb 3). Zunächst wird der Chi-Quadrat Test zur Überprüfung der Unabhängigkeit der Merkmale markiert. Da es sich bei den beiden Variablen „Wohnort" und „Margarinesorte" um nominal skalierte Merkmale handelt werden desweiteren die entsprechenden Statistiken, „Kontingenzkoeffizient", „Phi und Cramer-V" sowie „Lambda" mit einem Häckchen versehen. Durch anklicken von „Weiter" gelangt man zurück zum Dialogfeld „Kreuztabellen".

---

[20] Eine ausführliche Darstellung bietet Haberman, Shelby J.: Analysis of Qualitative Data, Vol.1 Introductory topics, New York u.a. 1978, S. 292-353; kürzer Fahrmeier, Ludwig / Hamerle, Alfred (Hrsg): Multivariate statistische Verfahren, Berlin u.a. 1984, S. 550-555; vgl. die SPSS-Prozedur PROBIT.

[21] Vgl. Backhaus, Klaus / Meyer, Margit: Korrespondenzanalyse, in: Marketing ZFP, Jg. (1988) 4, S. 295-307; Weller, Susan C. / Romney, A. Kimball: Metric Scaling, Newbury Park, S. 55-70; Greenacre, Michael: Theory and Applications of Correspondence Analysis, London 1984; vgl. auch die SPSS-Prozeduren ANACOR, HOMALS, PRINCALS und OVERALS, die in dem Zusatzmodul CATEGORIES enthalten sind.

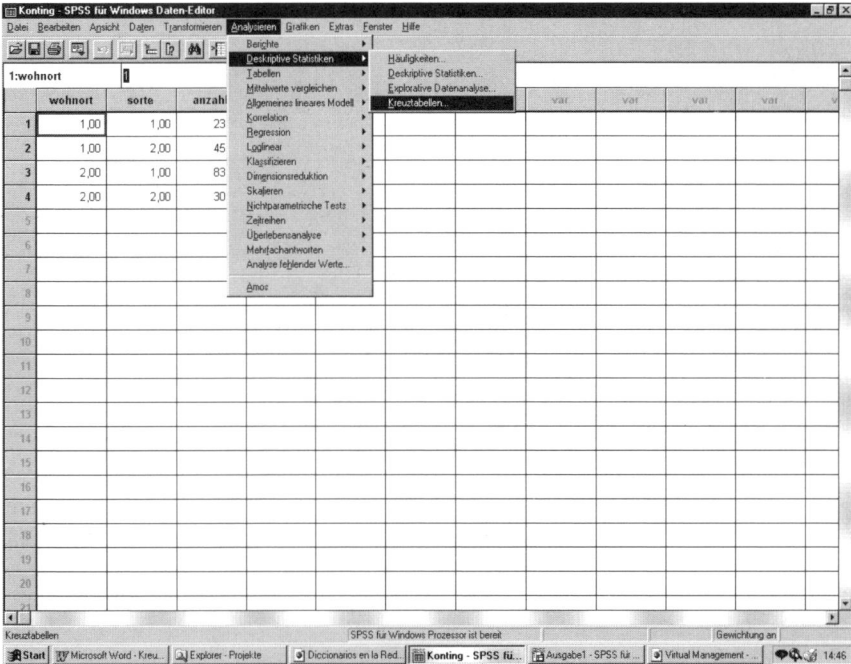

Abb. 1: Daten-Editor mit Auswahl „Kreuztabellen"

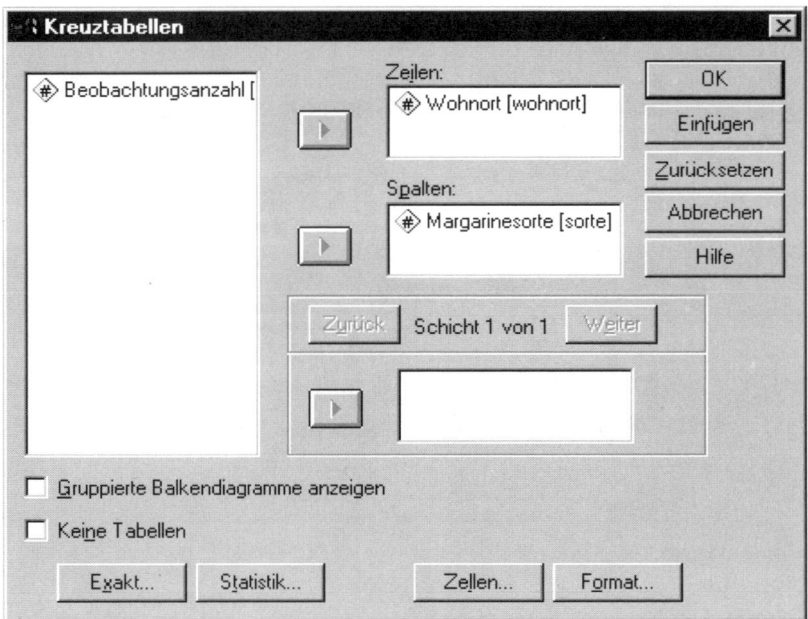

Abb. 2: Dialogfeld „Kreuztabellen"

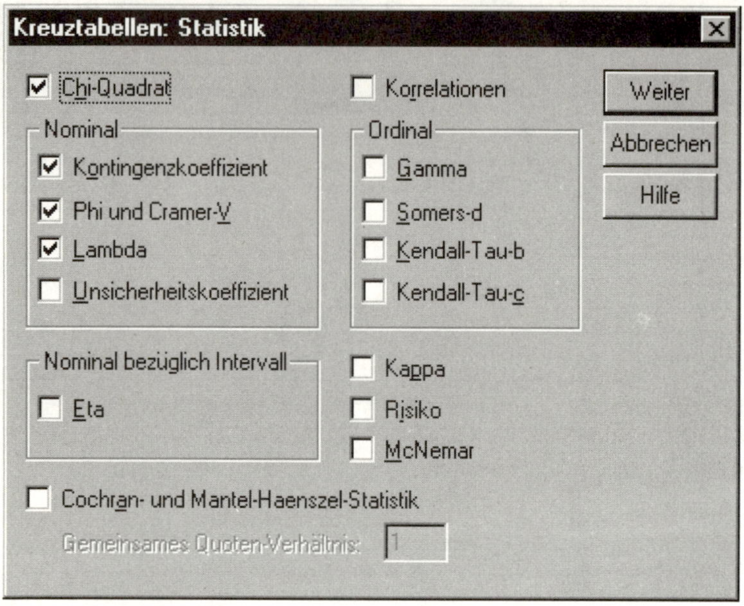

Abb. 3: Dialogfeld „Statistiken"

Der Button „Zellen" führt in ein entsprechendes Dialogfeld, indem die darzustellenden Parameter für die Vierfelder-Tafel einzustellen sind. Die damit zu generierende Tabelle dient zur Veranschaulichung der Ergbenisse der Kontingenzanalyse (vgl. Abb. 4).

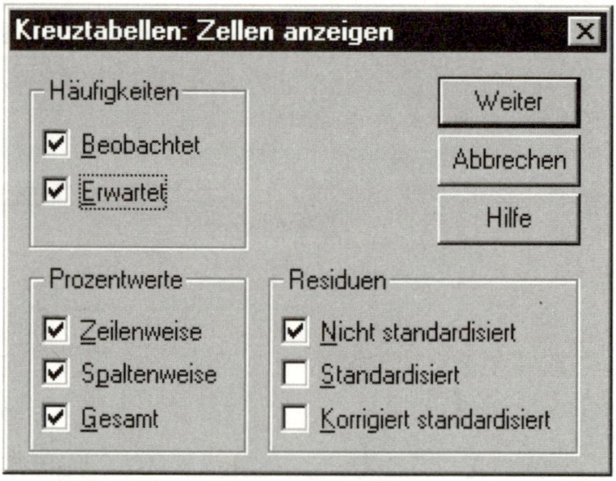

Abb. 4: Dialogfeld „Zellen anzeigen"

Dort wird festgelegt welche Häufigkeiten (Beobachtete, Erwartete) angezeigt werden sollen, welche Prozentwerte (Zeilenweise, Spaltenweise, Gesamt) sowie in welcher Form die Residuen zu berechnen sind. Letztere stellen die Differenz zwischen „beobachteten" und „erwarteten" Häufigkeiten dar. Durch anklicken des „Weiter" Buttons gelangt man wiederum zurück zum Dialogfeld „Kreuztabellen" und startet durch „OK" die Prozedur. Hierdurch ergeben sich die Berechnungen, welche bereits aus dem Abschnitt 5.2 bekannt sind (vgl. Tabelle 5.13).

Zunächst wird im Ausdruck die Vierfelder-Tafel dargestellt. Neben der Anzahl an Beobachtungen jeder Kombination von Merkmalsausprägungen (ANZAHL) in jeder Zelle, werden die Zeilen- (WOHNORT), die Spalten- (MARGARINESORTE) und Totalprozente (GESAMTZAHL) ausgedruckt. Diese Angaben sind identisch zu den Informationen in den Tabellen 5.6 bis 5.9. Ebenfalls aufgelistet wird in der Darstellung die erwartete Anzahl jeder Merkmalskombination e_{ij} (ERWARTETE ANZAHL) sowie die Differenz zwischen beobachtetem und erwartetem Wert (RESIDUEN).

Tabelle 5.13: Ergebnisse der Kontingenzanalyse (1. Teil)

Wohnort * Margarinesorte Kreuztabelle

			MARGARINE	BUTTER	Gesamt
			Margarinesorte		
Wohnort	LÄNDLICH	Anzahl	23	45	68
		Erwartete Anzahl	39,8	28,2	68,0
		% von Wohnort	33,8%	66,2%	100,0%
		% von Margarinesorte	21,7%	60,0%	37,6%
		% der Gesamtzahl	12,7%	24,9%	37,6%
		Residuen	-16,8	16,8	
	STÄDTISCH	Anzahl	83	30	113
		Erwartete Anzahl	66,2	46,8	113,0
		% von Wohnort	73,5%	26,5%	100,0%
		% von Margarinesorte	78,3%	40,0%	62,4%
		% der Gesamtzahl	45,9%	16,6%	62,4%
		Residuen	16,8	-16,8	
Gesamt		Anzahl	106	75	181
		Erwartete Anzahl	106,0	75,0	181,0
		% von Wohnort	58,6%	41,4%	100,0%
		% von Margarinesorte	100,0%	100,0%	100,0%
		% der Gesamtzahl	58,6%	41,4%	100,0%

Im unteren Teil der Tabelle sind die Statistiken χ^2 (CHI-QUADRAT NACH PEARSON) und die Yates-Korrektur χ^2_{korr} (KONTINUITÄTSKORREKTUR) bestimmt. Die uns bereits bekannten Werte führen unter Berücksichtigung der Freiheitsgrade (DF) aufgrund der Vergleichsgröße (SIGNIFIKANZ) bei einem

Testniveau von 5% in beiden Teststatistiken wieder zu einer Ablehnung der Nullhypothese.

Zusätzlich automatisch ausgedruckt werden die Mantel-Haenszel-Statistik (ZUSAMMENHANG LINEAR MIT LINEAR) und die Likelihood-Statistik (LIKELIHOOD-QUOTIENT). Der Mantel-Haenzel-Test ist allerdings für Fragestellungen mit nominalskalierten Variabeln nicht anwendbar und wird von uns daher nicht weiter beachtet.[22] Der auf der Likelihood-Statistik beruhende Test basiert auf dem Testprinzip der Maximum-Likelihood-Schätzung und führt bei großen Stichproben zu ähnlichen Ergebnissen wie der χ^2 -Test.[23] Der Auszug in Tabelle 5.14 endet mit der Angabe der kleinsten erwarteten Anzahl pro Zelle (MINIMALE ERWARTETE HÄUFIGKEIT). Ist diese kleiner als fünf, so bestimmt SPSS anstelle der χ^2- Statistik den exakten Fisher-Test.

Tabelle 5.14:   Ergebnisse der Kontingenzanalyse (2. Teil)

Chi-Quadrat-Tests					
	Wert	df	Asymptotische Signifikanz (2-seitig)	Exakte Signifikanz (2-seitig)	Exakte Signifikanz (1-seitig)
Chi-Quadrat nach Pearson	27,473[b]	1	,000		
Kontinuitätskorrektur[a]	25,864	1	,000		
Likelihood-Quotient	27,773	1	,000		
Exakter Test nach Fisher				,000	,000
Zusammenhang linear-mit-linear	27,321	1	,000		
Anzahl der gültigen Fälle	181				

a. Wird nur für eine 2x2-Tabelle berechnet

b. 0 Zellen (,0%) haben eine erwartete Häufigkeit kleiner 5. Die minimale erwartete Häufigkeit ist 28,18.

In Tabelle 5.15 und 5.16 sind die verschiedenen Assoziationsmaße aufgelistet:

---

[22] Vgl. zur einer ausführlichen Darstellung Fleiss, Joseph L.: Statistical Methods for Rates and Proportions, 2. Auflage, New York 1981, S. 173 ff. oder Bishop, Yvonne M.M. / Fienberg, Stephen E. / Holland, Paul W.: Discrete Multivariate Analysis, 12. Auflage, Cambridge 1995.

[23] Eine Darstellung des zugrundeliegenden Modells und der Teststatistik sowie einem genauen Vergleich mit der chi-Quadrat-Statistik findet der Leser bei Hartung, Joachim: Statistik: Lehr- und Handbuch der angewandten Statistik, 8. Auflage, München u.a 1991, S. 435-439.

Tabelle 5.15:   Ergebnisse der Kontingenzanalyse (3. Teil)

Symmetrische Maße

		Wert	Näherung sweise Signifikanz
Nominal- bzgl. Nominalmaß	Phi	-,390	,000
	Cramer-V	,390	,000
	Kontingenzkoeffizient	,363	,000
Anzahl der gültigen Fälle		181	

a. Die Null-Hyphothese wird nicht angenommen.

b. Unter Annahme der Null-Hyphothese wird der asymptotische Standardfehler verwendet.

Tabelle 5.16:   Ergebnisse der Kontingenzanalyse (4. Teil)

Richtungsmaße

			Wert	Asymptoti scher Standardf ehler[a]	Näherung sweises T[b]	Näherung sweise Signifikanz
Nominal- bzgl. Nominalmaß	Lambda	Symmetrisch	,259	,095	2,464	,014
		Wohnort abhängig	,221	,112	1,747	,081
		Margarinesorte abhängig	,293	,092	2,722	,006
	Goodman-und -Kruskal-Tau	Wohnort abhängig	,152	,054		,000[c]
		Margarinesorte abhängig	,152	,054		,000[c]

a. Die Null-Hyphothese wird nicht angenommen.

b. Unter Annahme der Null-Hyphothese wird der asymptotische Standardfehler verwendet.

c. Basierend auf Chi-Quadrat-Näherung

Die auf der χ^2 - Statistik beruhenden Maße sind zunächst angegeben: Der φ-Koeffizient (PHI), Cramer's V (CRAMER'S V) und der Kontingenzkoeffizient CC (KONTINGENZKOEFFIZIENT). Da die betrachteten Variablen binär sind, sollten φ und Cramer's V identisch sein. SPSS berechnet jedoch an dieser Stelle für 2x2-Tafeln den Korrelationskoeffizienten mit Vorzeichen (vgl. Base System User's Guide-Release 5.0, S. 202). In der jeweiligen Zeile ist unter SIGNIFIKANZ auch die Größe angegeben, mit der eine Testentscheidung bzgl. der Nullhyphese, daß das betrachtete Maß gleich Null sei, möglich ist. In unserem Fall können wir uns bei einem Testniveau von 5% in allen drei Fällen gegen die Nullhypothese entscheiden.

In der Tabelle 5.16 finden sich die Assoziationsmaße, welche die Stärke des Zusammenhangs über die Reduktion von Prognosefehlern messen. Zunächst sind dies die λ-Maße (LAMBDA), beginnend mit dem symmetrischen λ (SYMMETRISCH), danach das für den Fall der Variablen WOHNORT als zu prognostizierender (WOHNORT ABHÄNGIG) und abschließend das für den Fall der Variablen MARGARINESORTE als zu prognostizierender Variable (MARGARINESORTE ABHÄNGIG). Aus der Angabe des Standardfehlers der Statistik (ASYMPTOTISCHER STANDARDFEHLER) kann man ein Konfidenzintervall für die Statistik bilden.[24]

In den nächsten Zeilen befinden sich die Angaben zu den τ-Maßen (GOODMAN UND KRUSKAL TAU) mit jeweils einer der beiden Variablen als Prognosevariable. Hier wird zusätzlich zum Standardfehler der Statistik ein Test berechnet für die Nullhypothese, daß das betrachtete τ gleich Null ist.[25]

5.4   Anwendungsempfehlungen

Aus der Diskussion im Abschnitt 5.2.1 ergibt sich, daß schon im Planungsprozeß mit dem gebotenen Sachverstand zu klären ist, welche Art von Untersuchung angemessen ist und welche Variablen zu erheben sind.

Jeglicher auf der Grundlage der Kontingenzanalyse ermittelte Zusammenhang kann nur ein statistischer Zusammenhang sein. Hieraus z. B. eine Kausalität zu begründen, kann zu erheblichen Irrtümern und Fehlschlüssen führen.

Im folgenden werden die wichtigsten Voraussetzungen des χ^2-Tests zusammengestellt:

1. Die einzelnen Beobachtungen müssen voneinander unabhängig sein.[26]

2. Jede Beobachtung muß eindeutig einer Kombination von Merkmalsausprägungen zugeordnet werden können.

3. Der Anteil der Zellen mit erwarteten Häufigkeiten, die kleiner als fünf sind, darf 20% nicht überschreiten (Faustformel). Keine dieser Häufigkeiten darf kleiner als eins sein.[27] Ein Zusammenfassen mehrerer Merkmalsklassen zu einer, um

---

[24] Zur Bildung vgl. Hartung, Joachim: Statistik: Lehr- und Handbuch der angewandten Statistik, 8. Auflage, München u.a. 1991, S. 457-458.

[25] Zur Verteilung der Teststatistik vgl. Hartung, Joachim: Statistik: Lehr- und Handbuch der angewandten Statistik, 8. Auflage, München u.a. 1991, S. 461.

[26] Dies ist z. B. dann nicht gegeben, wenn die Merkmale zu unterschiedlichen Zeitpunkten an denselben Personen erhoben wurden. Bei diesen sog. verbundenen Stichproben muß auf den McNemar-Test oder Cochran-Test zurückgegriffen werden. Vgl. Bortz, Jürgen: Lehrbuch der Statistik, 2. Aufl., Berlin u. a. 1985, S. 191-195 oder Büning, Herbert / Trenkler, Götz: Nichtparametrisch statistische Methoden, Berlin u. a. 1978, S. 226-228.

[27] Zu alternativen Auswertungsmöglichkeiten in den Fällen, in denen diese Voraussetzung nicht gegeben ist, vergleiche Lienert, Gustav A.: Verteilungsfreie Methoden in der Biostatistik, Band II, 2. Auflage, Meisenheim 1978, S.398 ff.; Everitt, Brian S.: The analysis of contingency tables, London 1977 S. 40 zitiert Arbeiten, nach denen obige Voraussetzungen zu restriktiv seien.

hierdurch größere zu erwartende Werte zu erreichen, ist nur unter ganz bestimmten Bedingungen zulässig und sollte sorgfältig überlegt sein.[28]

4. Im 4-Felder-Fall bei Stichproben mit einem Umfang von weniger als 60 Einheiten sollte der χ^2-Test nicht angewandt werden. Bei Stichprobenumfängen zwischen 20 und 60 bietet sich die Yates-Korrektur an, bei noch kleineren Umfängen sollte im 4-Felder-Fall auf den exakten Fisher-Test ausgewichen werden.[29]

5.5   SPSS-Kommandos

Das in 5.3 erläuterte Fallbeispiel wurde mit Hilfe des folgenden SPSS-Programms ausgewertet (Tabelle 5.17).

Die wichtigste Prozedur zur Erstellung und Auswertung von Kreuztabellen ist Bestandteil des SPSS-Base-Programmpakets und heißt CROSSTABS. Das einzige, notwendige Kommando neben dem Prozedurnamen oder seiner Abkürzung lautet TABLES. Mit dem Befehl

CROSSTABS TABLES=row variable BY column variable

legt der Benutzer fest, welche Variable die Zeilen- und welche die Spalteneinträge bestimmt.

Es ist möglich, jeweils mehr als eine Variable anzugeben. SPSS berechnet dann für jede Kombination aus zwei Variablen eine eigene Kreuztabelle. Darüber hinaus kann hinter einem zweiten BY-Kommando eine Kontrollvariable genannt werden. SPSS erzeugt dann für jede Merkmalsausprägung dieser Kontrollvariablen eine Kreuztabelle der Zeilen- und Spaltenvariable(n). Auf diese Weise kann man z.B. den Einfluß weiterer Variabler überprüfen.

CROSSTABS bestimmt normalerweise die Häufigkeit des Auftretens aller Merkmalskombinationen innerhalb eines Datensatzes und erstellt daraus eine Kreuztabelle. Jedoch kann über den Befehl WEIGHT in der Prozedur CROSSTABS auch eine früher erstellte und als Datei abgespeicherte Kreuztabelle aufgerufen werden. Darüber hinaus ist aber, wie in unserem Fallbeispiel oben, auch möglich, eine vorliegende Kreuztabelle als Datensatz einzulesen und mit dem Befehl WEIGHT dann durch die Prozedur auszuwerten.

---

[28] Zu weiterer Information vgl. Everitt, Brian S.: The analysis of contingency tables, London 1977, S. 40 und Lienert, Gustav A.: Verteilungsfreie Methoden in der Biostatistik, Band II, 2. Auflage, Meisenheim 1978, S. 398.

[29] Zur Diskussion um die Empfehlung der ständigen Anwendung der Yates-Korrektur vgl. Fleiss, Joseph L.: Statistical Methods for Rates and Proportions, 2. Auflage, New York 1981, S.27 und Büning, Herbert / Trenkler, Götz: Nichtparametrische statistische Methoden, Berlin u.a. 1978, S. 246.

Tabelle 5.17: SPSS-Programm

```
TITLE "Multivariate Analysemethoden (9. Auflage)".

* DATENDEFINITION

DATA LIST FREE/ WOHNORT SORTE ANZAHL.
BEGIN DATA.
1 1 23
1 2 45
2 1 83
2 2 30
END DATA.
VARIABLE LABELS
  SORTE    "Margarinesorte"
/ WOHNORT "Wohnort"
/ ANZAHL  "Beobachtungsanzahl".
VALUE LABELS
  WOHNORT 1 "LÄNDLICH" 2 "STÄDTISCH"
/ SORTE 1 "MARGARINE" 2 "BUTTER".

* PROZEDUR

WEIGHT BY ANZAHL.
SUBTITLE "            Kontingenzanalyse für den
Margarinemarkt".
CROSSTABS TABLES=WOHNORT BY SORTE
/ CELLS=COUNT ROW COLUMN TOTAL EXPECTED RESID
/ STATISTICS=CHISQ PHI CC LAMBDA.
```

Mit Hilfe des Unterkommandos CELLS kann der Anwender bestimmen, welche Informationen SPSS in Tabellenform bereitstellen soll. Fehlt dieser Befehl, wird aufgrund der Voreinstellung (default) die Anzahl der Beobachtungen pro Zelle gelistet. Der Befehl CELLS alleine ohne weitere Ergänzungen liefert darüber hinaus noch die Prozentwerte bezogen auf die Spaltensumme, Zeilensumme und Gesamtbeobachtungszahl. Mit Hilfe von Spezifikationen zum CELLS-Befehl können auch nur bestimmte dieser Angaben oder zusätzliche, wie z.B. die zu erwartete Anzahl in einer Zelle (EXPECTED) oder die Differenz zwischen beobachtetem und erwartetem Auftreten der Merkmalskombinationen, angefordert werden (RESID).

Die Berechnung statistischer Tests und Kontingenzmaße wird über das Unter-kommando STATISTICS beeinflußt. Das Kommando ohne Zusatz oder in Verbin-dung mit dem Zusatz CHISQ bewirkt die Berechung der χ^2-Größe und zweier wie-terer Testverfahren (des Likelihood- Ratio-Tests und des Mantel & Haentzel- χ^2-Tests), die in diesem Kapitel nicht behandelt wurden.[30] SPSS berechnet bei Vier-

---

[30] Vgl. Norusis, Marija J. / SPSS Inc.: SPSS for Windows - Base System User's Guide-Release 5.0, S. 200 und 208; Everitt, B.S.: The analysis of contingency tables, London 1977, S. 34 und 79.

Felder-Tafeln automatisch den exakten Test nach Fisher, falls eine der erwarteten Häufigkeiten kleiner als fünf ist. Ansonsten wird bei 2x2-Tafeln automatisch Yates korrigiertes χ^2 bestimmt. Zusätzlich informiert SPSS über die Anzahl der Merkmalskombinationen, deren erwartete Anzahl unter 5 liegt, sowie über die kleinste erwartete Anzahl.

Mit Hilfe von weiteren Spezifikationen wie PHI und CC können die Assoziationsmaße φ, Cramer's V, der Kontingenzkoeffizient und weitere statistische Kennzahlen angefordert werden.

Zur verbesserten Gestaltung von und zur Erstellung zusätzlicher Angaben in Kreuztabellen existiert ein Zusatzprodukt, das SPSS-TABLES.

Für die Analyse von loglinearen Modellen wird hier auf die Prozeduren LOGLINEAR bzw. HILOGLINEAR und die entsprechenden Abschnitte in den Handbüchern verwiesen.

5.6   Literaturhinweise

Bishop, Y.M., Fienberg, S.E., Holland, P.W. (1995): Discrete Multivariate Analysis. Theory and Practice, 12th ed., Cambridge.

Bortz, J., Lienert, G.A., Boehnke, K. (1990): Verteilungsfreie Methoden in der Biostatik, Berlin u. a.

Churchill, G.A. (1998): Marketing Research. Methodological Foundations, 6th ed., Chicago.

Everitt, B.S. (1977): The Analysis of Contingency Tables, New York.

Fleiss, J.L. (1981): Statistical Methods for Rates and Proportions, 2nd ed., New York.

Haberman, S.J. (1978): Analysis of Qualitative Data. Vol. 1 Introductory Topics, New York u. a.

Janssen, J., Laatz, W. (1999): Statistische Datenanalyse mit SPSS für Windows. Eine anwendungsorientierte Einführung in das Basissystem Version 8 und das Modul Exakte Tests, 3. Aufl., Berlin u. a.

SPSS Inc. (1999): SPSS Base 9.0 Applications Guide, Chicago.

SPSS Inc. (1999): SPSS Base 9.0 Systems Reference Guide, Chicago.

SPSS Inc. (1999): SPSS Base 9.0 User's Guide, Chicago.

Wickens, T.D. (1989): Multiway Contingency Tables Analysis for the Social Sciences, Hillsdale.

6   Faktorenanalyse

6.1   Problemstellung

Für viele wissenschaftliche und praktische Fragestellungen geht es darum, den Wirkungszusammenhang zwischen zwei oder mehreren Variablen zu untersuchen. Methodisches Hilfsmittel dafür sind in der Regel die Regressions- und Korrelationsanalyse. Reicht eine relativ geringe Zahl von unabhängigen Variablen zur Erklärung einer abhängigen Variablen aus und lassen sich die unabhängigen Variablen relativ leicht ermitteln, so wirft diese Vorgehensweise kaum schwerwiegende Probleme auf.

In manchen - insbesondere naturwissenschaftlichen - Bereichen kommt man in der Tat häufig mit einer relativ kleinen Zahl von Variablen aus, um z.b. bestimmte physikalische Effekte erklären bzw. prognostizieren zu können.

In den Sozialwissenschaften ist die Situation jedoch anders: I. d. R. ist zur Erklärung menschlicher Verhaltensweisen oder allgemeiner sozialer Phänomene eine Vielzahl von Einflußfaktoren (Variablen) zu berücksichtigen. Je größer jedoch die Zahl der notwendigen Erklärungsvariablen wird, um so weniger ist gesichert, daß diese auch tatsächlich alle unabhängig voneinander zur Erklärung des Sachverhaltes notwendig sind. Bedingen sich die Erklärungsvariablen gegenseitig, dann führt die Einbeziehung aller Variablen zu unbefriedigenden Erklärungswerten.

Eines der Hauptprobleme sozialwissenschaftlicher Erklärungsansätze liegt daher darin, aus der Vielzahl möglicher Variablen die voneinander unabhängigen Einflußfaktoren herauszukristallisieren, die dann weiteren Analysen zugrunde gelegt werden können. Genau das macht sich die Faktorenanalyse zur Aufgabe. Im Gegensatz beispielsweise zur Regressionsanalyse versucht die Faktorenanalyse also, einen Beitrag zur *Entdeckung* von untereinander unabhängigen Beschreibungs- und Erklärungsvariablen zu finden.

Gelingt es tatsächlich, die Vielzahl möglicher Variablen auf wenige, wichtige Einflußfaktoren zurückzuführen (zu reduzieren), lassen sich für empirische Untersuchungen erhebliche Vorteile realisieren. So kann z.B. eine Vielzahl möglicher Einflußfaktoren getestet werden und es muß erst im nachhinein entschieden werden, welche Variablen oder Variablenbündel tatsächlich erklärungsrelevant sind. Darüber hinaus ermöglicht dieses Verfahren durch die Datenreduktion eine Erleichterung empirischer Forschungsarbeit.

In Tabelle 6.1 sind einige Anwendungsbeispiele der Faktorenanalyse zusammengestellt. Sie vermitteln einen Einblick in die Problemstellung, die Zahl und Art der Merkmale, die aus den Merkmalen extrahierten Faktoren sowie die jeweiligen Untersuchungseinheiten.

Tabelle 6.1:   Anwendungsbeispiele der Faktorenanalyse

Problemstellung	Merkmale	Faktoren
Stadtanalyse[1]	Bevölkerungszahl, Beschäftigtenzahl, Dienstleistungsangebot, Schulbildung, Häuserwert.	Bevölkerungs-/ und Beschäftigtenfaktor, Ausbildungs-/ und Wirtschaftsfaktor.
Untersuchungen der kognitiven Fähigkeiten[2]	Streckenplanung, Gruppierung von Symbolen, Erkennung von Ähnlichkeiten, etc.	Bildliche Fähigkeit,
	Wortschatz, Schlußfolgerungs-eigenschaften, Satzbau, etc.	Verbale Fähigkeit.
Kostenanalyse[3]	18 Kostenarten differenziert nach jeweils 5 Kosten-eigenschaften.	Beeinflußbarkeit, Deckungsdringlich-keit.
Blutdruckmessung[4]	1. SBDM, 2. bis 12 SBDM, 1. DBDM, 2. bis 12 DBDM.	Systolischer Blutdruck, Diastolischer Blutdruck.

(SBDM = Systolische Blutdruckmessung; DBDM = Diastolische Blutdruckmessung)

Veranschaulichen wir uns die Problemstellung noch einmal anhand eines konkreten Beispiels. In einer Befragung seien Hausfrauen nach ihrer Einschätzung von Emulsionsfetten (Butter, Margarine) befragt worden. Dabei seien die Marken Rama, Sanella, Becel, Du darfst, Holländische Markenbutter und Weihnachtsbutter anhand der Variablen Anteil ungesättigter Fettsäuren, Kaloriengehalt, Vitamingehalt, Haltbarkeit und Preis auf einer siebenstufigen Skala von hoch bis niedrig beurteilt wor-

---

[1] Vgl. Harman, H. H.: Modern Factor Analysis, 3. Aufl. Chicago 1976, S. 13 ff.

[2] Vgl. Carroll, J. B.: Human Cognitive Abilities - A survey of factor-analytic studies, Cambridge 1993.

[3] Vgl. Plinke, W.: Erlösplanung im industriellen Anlagengeschäft, Wiesbaden 1985, S. 118 ff.

[4] Vgl. Überla, K.: Faktorenanalyse, Berlin Heidelberg New York 1977, S. 264 ff.

den. Die nachfolgende Abbildung 6.1 zeigt einen Ausschnitt aus dem entsprechenden Fragebogen.

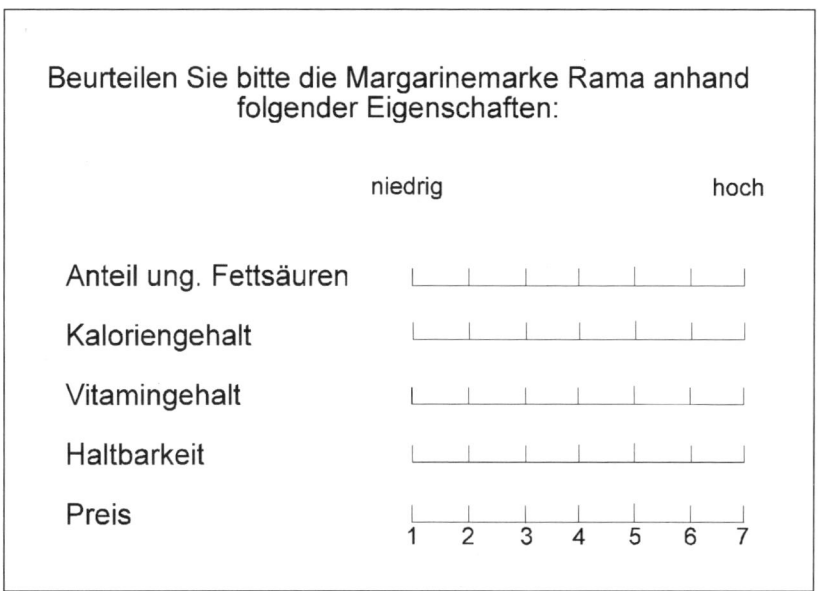

Abb. 6.1: Fragebogenausschnitt

Die Beantwortung des obigen Fragebogenausschnitts durch die 30 befragten Probanden liefert subjektive Eigenschaftsurteile der fünf Variablen für die Margarinemarke Rama, so daß eine (30 x 5)-Matrix entsteht. Diese Matrix kann der weiteren Analyse zugrunde gelegt werden. Wir haben dann 5 Eigenschaften und 30
Fälle, wobei wir für unsere Analyse *unterstellen*, daß die Befragtenurteile *unabhängig* voneinander sind.

Will man jedoch die sechs Marken gleichzeitig analysieren, so werden häufig für
jede Eigenschaft pro Marke Durchschnittswerte über alle 30 Befragten gebildet.
Wir erhalten dann eine (6 x 5)-Matrix, wobei die Marken als Fälle interpretiert
werden. Bei einer solchen Durchschnittsbildung muß man sich allerdings bewußt
sein, daß man bestimmte Informationen (nämlich die über die Streuung der Ausprägung zwischen den Personen) verliert.

Je größer die Streuung der Stichprobenwerte ist, um so problematischer ist der
Aussagewert bei einer solchen Vorgehensweise. Da in praktischen Fällen häufig
dennoch so vorgegangen wird, beziehen sich auch die nachfolgenden Ausführungen
auf die der (6 x 5)-Matrix zugrundeliegenden Durchschnittswerte über alle Personen. Im abschließenden Kapitel wird ein Lösungsvorschlag für eine Alternative zur
Durchschnittsbildung vorgestellt.

Wir fassen zusammen: Unsere Befragung liefert uns folgende Daten:

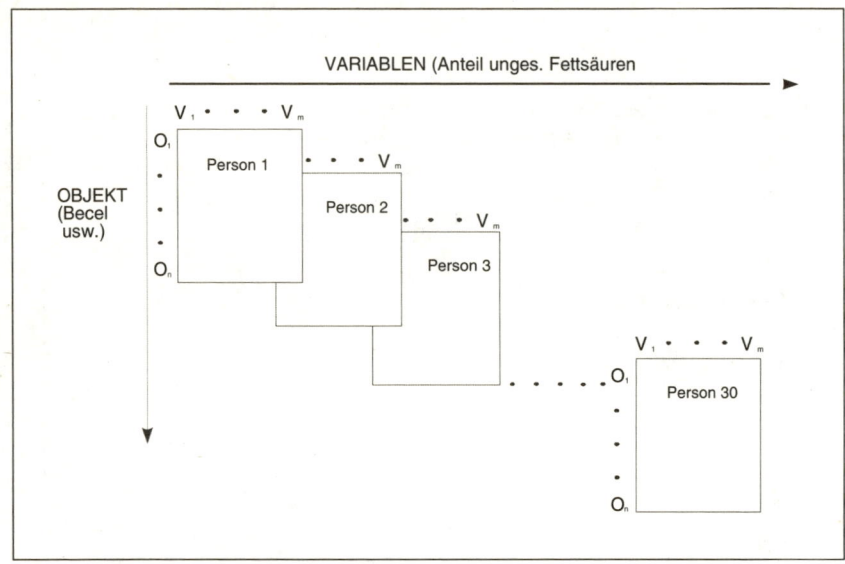

Abb. 6.2:   Ausgangsdaten im Beispiel

Es sei unterstellt, daß die ausgewählten Eigenschaften für die Beurteilung von Emulsionsfetten auch als relevant angesehen werden können. Für die folgenden Betrachtungen verdichten wir nun die Werte aus Abbildung 6.2 durch Bildung der arithmetischen Mittel für jede Objekt/Variablen-Kombination über alle 30 Befragten. Als Durchschnittswert der 30 befragten Probanden mögen sich bei dieser Befragung über alle Hausfrauen folgende Werte ergeben haben (Abbildung 6.3).

Mißt man den Informationsgehalt einer Datenstruktur an der in ihr enthaltenen Streuung (Varianz) der Befragungswerte, so verliert man durch die Durchschnittsbildung einen Teil der ursprünglichen Informationen (Streuungen), und der Informationsgehalt der Mittelwertmatrix in Abbildung 6.3 enthält jetzt nur noch die Streuung der durchschnittlichen Beurteilungen *über die verschiedenen Emulsionsfette.*

Ein erster Blick auf die Ausgangsdatenmatrix macht bereits deutlich, daß die Eigenschaften (Variablen) x_1 bis x_3 bei den Margarinemarken (Sanella, Becel und Du darfst, Ausnahme Rama) tendenziell höher bewertet wurden als bei den Buttersorten (Holländische Butter und Weihnachtsbutter), während die Eigenschaften x_4 und x_5 primär bei den Buttersorten höher ausgeprägt sind. Die Ausgangsdaten geben damit in diesem Beispiel bereits einen Hinweis darauf, daß zwei Gruppen (x_1, x_2, x_3 und x_4, x_5) ähnlich beurteilter Variablen existieren, die sich in der Beurteilung untereinander aber unterscheiden. Damit läßt sich in diesem Beispiel bereits aus der *Datenstruktur* ein Beziehungszusammenhang vermuten. Will man diese Vermutung genauer überprüfen, so ist es erforderlich, auf ein statistisches Kriterium zurückzugreifen, das die Quantifizierung von Beziehungen zwischen Variablen erlaubt. Ein solches statistisches Kriterium stellt der *Korrelationskoeffizient* dar. Durch die Berechnung von *Korrelationen* zwischen allen Variablen läßt sich die Stärke der Beziehungszusammenhänge zwischen allen Variablen berechnen.

			Eigenschaften		
Marken	x_1	x_2	x_3	x_4	x_5
Rama	1	1	2	1	2
Sanella	2	6	3	3	4
Becel	4	5	4	4	5
Du darfst	5	6	6	2	3
Holländische Butter	2	3	3	5	7
Weihnachtsbutter	3	4	4	6	7

wobei:

x_1 = Anteil ungesättigter Fettsäuren
x_2 = Kaloriengehalt
x_3 = Vitamingehalt
x_4 = Haltbarkeit
x_5 = Preis

Abb. 6.3: Mittelwertmatrix für das 6-Produkte-Beispiel

Dabei ist jedoch zu beachten, daß Korrelationen grundsätzlich auf *drei* verschiedene Arten *kausal interpretiert* werden können. Wir wollen dies an dem Beispiel der Variablen "Fettsäuren" und "Vitamingehalt" ve rdeutlichen:

(1)   Die Korrelation zwischen "Fettsäuren" und "Vitamingehalt" r esultiert daraus, daß sich durch die Erhöhung des Anteils ungesättigter Fettsäuren auch der Vitamingehalt erhöht.

(2)   Die Korrelation zwischen "Fettsäuren" und "Vitamingehalt" r esultiert daraus, daß durch eine Erhöhung des Vitamingehalts auch der Anteil ungesättigter Fettsäuren gesteigert wird.

(3)   Für die Korrelation zwischen "Fettsäuren" und "Vitamingehalt" ist eine hi nter diesen beiden Variablen stehende Größe kausal verantwortlich, d. h. diese hypothetische Größe stellt die Ursache für das Zustandekommen der Korrelation dar.

An dieser Stelle wird bereits deutlich, daß aus *inhaltlichen* Überlegungen heraus entschieden werden muß, welche der obigen drei Interpretationsmöglichkeiten in einer bestimmten Anwendungssituation Gültigkeit besitzt. Die Faktorenanalyse *unterstellt*, daß *immer* die *dritte* Interpretationsvariante zutrifft. Nur wenn dem aufgrund sachlogischer Überlegungen zugestimmt werden kann, darf eine Faktorenanalyse angewendet werden.

Verzichtet man zunächst auf die Berechnung von Korrelationen und unterstellt die Gültigkeit der o. g. dritten Interpretationsart, so können wir in obigem Beispiel von der plausiblen Vermutung ausgehen, daß x_1 bis x_3 sowie x_4 und x_5 lediglich Beschreibungen von zwei eigentlich "hinter diesen Variablen stehenden" Größen (Faktoren) darstellen.

Diese Vermutung läßt sich graphisch, wie in Abbildung 6.4 dargestellt, verdeutlichen.

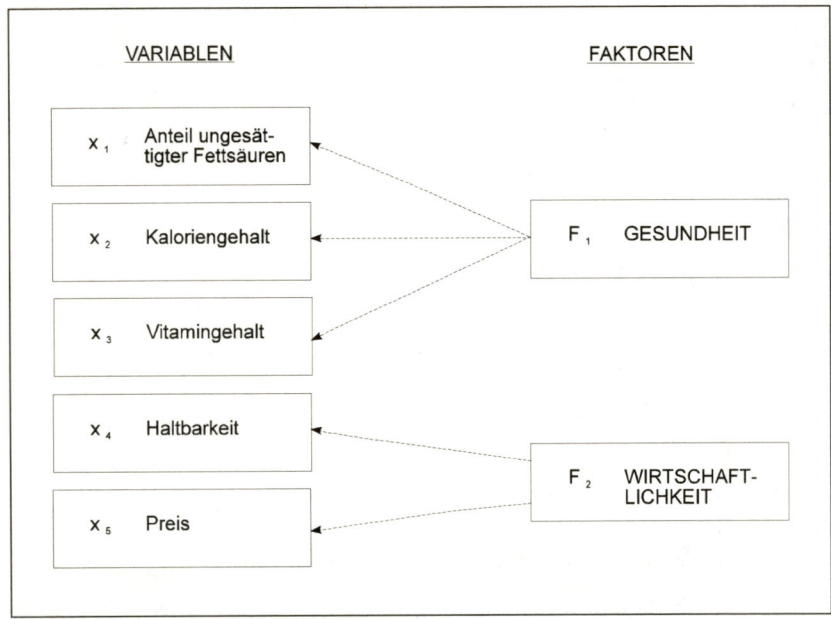

Abb. 6.4:   Grundgedanke der Faktorenanalyse im Beispiel

Ausgehend von den fünf Eigenschaften, die in der Befragung verwendet wurden, wird aufgrund der sich in den Daten manifestierenden Beziehungen zwischen x_1 bis x_3 bzw. x_4 und x_5 vermutet, daß eigentlich nur zwei unabhängige Beschreibungsdimensionen für die Aufstrichfette existieren (die die Variationen in den Variablen bedingen). x_1 bis x_3 könnten z.B. Ausdruck *eines* Faktors sein, den man etwa mit "Gesundheit" bezeichnen könnte, denn sowohl der Anteil ungesättigter Fettsäuren als auch Kaloriengehalt und Vitamingehalt haben "etwas mit der Gesundheit zu tun". Ebenso können die Variablen x_4 und x_5 (Haltbarkeit und Preis) Ausdruck für Wirtschaftlichkeitsüberlegungen sein. Man könnte also vermuten, daß sich die Variablen x_1 bis x_5 in diesem konkreten Fall auf zwei komplexere Variablenbündel verdichten lassen. Diese "Variablenbündel" bezeichnen wir im folgenden als *Faktoren*.

Werden die im Ausgang betrachteten Eigenschaften zu Faktoren zusammengefaßt, so ist unmittelbar einsichtig, daß gegenüber der Mittelwertmatrix in Abbildung 6.3 ein weiterer Informationsverlust entsteht, da i.d.R. weniger Faktoren als ursprüngliche Eigenschaften betrachtet werden. Dieser Informationsverlust ist darin zu sehen, daß zum einen die Faktoren in der Summe nur weniger Varianz erklären können als die fünf Ausgangsvariablen und zum anderen die Varianz einer jeden Ausgangsgröße in der Erhebungsgesamtheit ebenfalls durch die Faktoren i.d.R. nicht vollständig erklärt werden kann. Der Verlust an erklärter Varianz wird im Rahmen der Faktorenanalyse zugunsten der Variablenverdichtung bewußt in Kauf genommen. Allerdings muß sich der Anwender vorab überlegen, in welchem Ausmaß dieser Erklärungsverlust (im Sinne eines Varianzverlustes) bei den einzelnen Ausgangsvariablen toleriert bzw. wieviel Varianz durch die Faktoren bei einer bestimmten Variablen erklärt werden soll. Den Umfang an Varianzerklärung, den die Faktoren gemeinsam für eine Ausgangsvariable liefern, wird als *Kommunalität* bezeichnet. Die Art und Weise, mit der die Kommunalitäten bestimmt werden, ist unmittelbar an die Methode der Faktorenermittlung (*Faktorextraktionsmethode*) gekoppelt. Je nachdem, welche Überlegungen der Kommunalitätenbestimmung zugrunde liegen, werden unterschiedliche Faktorenanalyseverfahren relevant.

Ist eine Entscheidung über die Höhe der Kommunalitäten der einzelnen Ausgangsvariablen getroffen, so muß weiterhin über die *Anzahl der zu extrahierenden Faktoren* entschieden werden, da das Ziel der Faktorenanalyse gerade darin zu sehen ist, weniger Faktoren als ursprüngliche Variable zu erhalten. Hier steht der Anwender vor dem Zielkonflikt, daß mit einer geringen Faktorenzahl tendenziell ein großer Informationsverlust (im Sinne von nicht erklärter Varianz) verbunden ist und umgekehrt. In unserem Beispiel hatten wir uns aufgrund einer Plausibilitätsbetrachtung für zwei Faktoren entschieden.

Ist schließlich die Anzahl der Faktoren bestimmt, so ist es von besonderem Interesse, die Beziehungen zwischen den Ausgangsvariablen und den Faktoren zu kennen. Zu diesem Zweck werden "Korrelationen" berechnet, die ein Maß für die Stärke und die Richtung der Zusammenhänge zwischen Faktoren und ursprünglichen Variablen angeben. Diese Korrelationen werden als Faktorladungen bezeichnet und in der sog. *Faktorladungsmatrix* zusammengefaßt. Abschließend ist es dann von Interesse, wie die befragten Personen die Marken Rama, Sanella, Becel, Du darfst, Holländische Markenbutter und Weihnachtsbutter im Hinblick auf die beiden "künstlichen" Faktoren "Gesundheit" und "Wirtschaftlichkeit" beurteilen würden. Gesucht ist also die entsprechende Matrix zu Abbildung 6.3, die die Einschätzung der Marken bezüglich der beiden Faktoren "Gesundheit" und "Wirtschaftlichkeit" enthält. Diese "Einschätzungen" werden als *Faktorwerte* bezeichnet. Abbildung 6.5 zeigt die entsprechende Faktorwerte-Matrix für unser kleines Ausgangsbeispiel. Die Darstellung enthält standardisierte Werte, wobei die Ausprägungen als Abweichungen vom Mittelwert dargestellt sind.

	Faktor 1	Faktor 2
Rama	-1,21136	-1,25027
Sanella	-0,48288	-0,26891
Becel	0,57050	0,19027
Du darfst	1,56374	-0,88742
Holl. Butter	-0,63529	0,94719
Weihnachtsbutter	0,19530	1,26914

Abb. 6.5: Faktorwerte-Matrix

Die Faktorwerte liefern nicht nur einen Anhaltspunkt für die Einschätzung der Margarinesorten bezüglich der gefundenen Faktoren, sondern erlauben darüber hinaus
(im Fall einer 2- oder 3-Faktorlösung) eine *graphische Darstellung* der Faktorener-
gebnisse. Durch solche "Mappings" lassen sich besonders gut die Positionen von
Objekten (hier: Margarinemarken) im Hinblick auf die gefundenen Faktoren
visualisieren (vgl. Abb. 6.5a).

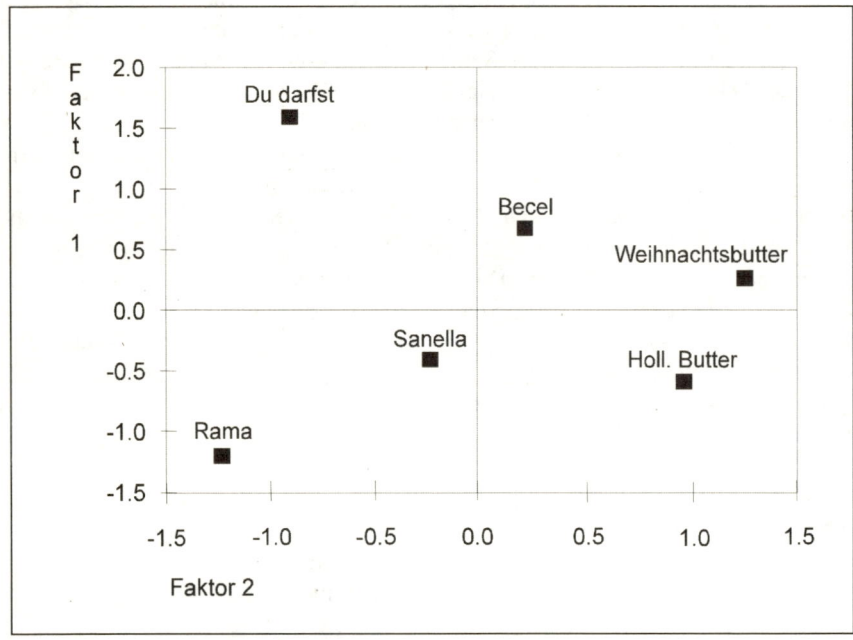

Abb. 6.5a: "Mapping" der Faktorwerte

Dabei wird deutlich, daß es sich bei diesem "mapping" um eine "relative" Darstellung handelt: Die Faktorwerte werden als Abweichung vom auf Null normierten Mittelwert dargestellt, so daß hohe positive Faktorwerte stark überdurchschnittliche, hohe negative Faktorwerte stark unterdurchschnittliche Ausprägungen kennzeichnen.

Der in Abbildung 6.6 dargestellte knappe Aufriß der Faktorenanalyse enthält die wesentlichen Teilschritte bei der Durchführung einer Faktorenanalyse und ist unten als Ablaufdiagramm dargestellt. Entsprechend diesem Ablaufdiagramm sind die nachfolgenden Betrachtungen aufgebaut. Allerdings ist zu beachten, daß sich bei konkreten Anwendungen der Faktorenanalyse insbesondere die Schritte (2) und (3) gegenseitig bedingen und nur schwer voneinander trennen lassen. Aus didaktischen Gründen wurde hier aber eine Trennung vorgenommen.

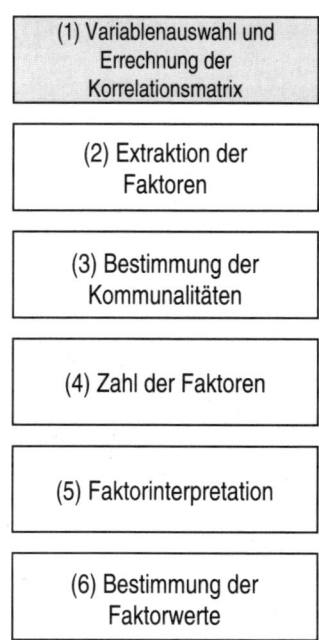

Abb. 6.6:   Ablauf einer Faktorenanalyse

6.2   Vorgehensweise

6.2.1 Variablenauswahl und Errechnung der Korrelationsmatrix

| (1) Variablenauswahl und Errechnung der Korrelationsmatrix |
| (2) Extraktion der Faktoren |
| (3) Bestimmung der Kommunalitäten |
| (4) Zahl der Faktoren |
| (5) Faktorinterpretation |
| (6) Bestimmung der Faktorwerte |

Die Güte der Ergebnisse einer Faktorenanalyse ist von der Zuverlässigkeit der Ausgangsdaten abhängig. Es muß deshalb besondere Sorgfalt auf die Wahl der Untersuchungsmerkmale verwendet werden. Insbesondere ist darauf zu achten, daß die erhobenen Merkmale auch für den Untersuchungsgegenstand relevant sind. Irrelevante Merkmale sind vorab auszusortieren sowie als ähnlich erachtete Kriterien müssen zusammengefaßt werden. Insbesondere bei der Formulierung von Befragungsitems ist darauf zu achten, daß bereits die Wortwahl der Fragestellungen das Antwortverhalten der Befragten und damit die Streuung der Daten beeinflußt. Weiterhin sollten die Befragten einer möglichst homogenen Stichprobe entstammen, da die Höhe der Korrelationen zwischen den Untersuchungsmerkmalen (Variablen) durch den Homogenitätsgrad der Befragungsstichprobe beeinflußt wird.

Die oben aufgezeigten Sachverhalte schlagen sich insgesamt in den Korrelationen nieder, die als Maß für den Zusammenhang zwischen Variablen errechnet werden. Es wurden deshalb Prüfkriterien entwickelt, die es erlauben, Variablenzusammenhänge auf ihre Eignung für eine Faktorenanalyse zu überprüfen. Wir werden deshalb im folgenden zunächst auf die Ermittlung von Korrelationen näher eingehen und sodann ausgewählte (statistische) Prüfkriterien erläutern.

6.2.1.1   Korrelationsanalyse zur Aufdeckung der Variablenzusammenhänge

Faktoren, die als "hinter den Variablen" stehende Größen angesehen werden, repräsentieren den Zusammenhang zwischen verschiedenen Ausgangsvariablen. Bevor solche Faktoren ermittelt werden können, ist es zunächst erforderlich, die Zusammenhänge zwischen den Ausgangsvariablen meßbar zu machen. Als methodisches Hilfsmittel wird hierzu die *Korrelationsrechnung* herangezogen.

Bereits anhand der Korrelationen läßt sich erkennen, ob Zusammenhänge zwischen Paaren von Variablen bestehen, so daß Variablen als voneinander abhängig und damit als "bündelungsfähig" angesehen werden können.

Für die Mittelwertmatrix (Abbildung 6.3) in obigem Beispiel läßt sich z.B. die Korrelation zwischen x_1 (Anteil ungesättigter Fettsäuren) und x_2 (Kaloriengehalt) wie folgt berechnen:

Korrelationskoeffizient:

$$r_{x_1, x_2} = \frac{\sum\limits_{k=1}^{K}\left(x_{k1} - \overline{x}_1\right) \cdot \left(x_{k2} - \overline{x}_2\right)}{\sqrt{\sum\limits_{k=1}^{K}\left(x_{k1} - \overline{x}_1\right)^2 \cdot \sum\limits_{k=1}^{K}\left(x_{k2} - \overline{x}_2\right)^2}} \tag{1}$$

mit:

x_{k1}	=	Ausprägung der Variablen 1 bei Objekt k (in unserem Beispiel läuft k von 1 bis 6 (6 Marken))
$\overline{x}_1$	=	Mittelwert der Ausprägung von Variable 1 über alle Objekte k
x_{k2}	=	Ausprägung der Variablen 2 bei Objekt k
$\overline{x}_2$	=	Mittelwert der Ausprägung von Variable 2 über alle Objekte k

Setzt man in Formel (1) die entsprechenden Werte der Ausgangsdatenmatrix ein, so ergibt sich ein Korrelationskoeffizient von $r_{x_1, x_2} = 0{,}71176$. Um die im einzelnen notwendigen Rechenschritte zu erleichtern, bedient man sich zur Ermittlung der Korrelationskoeffizienten am besten der Hilfstabelle 6.2. Dabei stellt $\overline{x}_1$ den Mittelwert über alle Marken für die Eigenschaft "Ungesättigte Fettsäuren" $\left((1+2+4+5+2+3): 6 = 2{,}83\right)$ und $\overline{x}_2$ für die Eigenschaft "Kaloriengehalt" $\left((1+6+5+6+3+4): 6 = 4{,}17\right)$ dar.

Tabelle 6.2:   Hilfstabelle zur Berechnung eines Korrelationskoeffizienten

	$(x_{k1}-\overline{x}_1)$	$(x_{k2}-\overline{x}_2)$	$(x_{k1}-\overline{x}_1)^2$	$(x_{k2}-\overline{x}_2)^2$	$(x_{k1}-\overline{x}_1) \cdot (x_{k2}-\overline{x}_2)$
Rama	-1,83333	-3,16667	3,36110	10,02780	5,80555
Sanella	-0,83333	1,83333	0,69444	3,36110	-1,52777
Becel	1,16667	0,83333	1,36112	0,69444	0,97222
Du darfst	2,16667	1,83333	4,69446	3,36110	3,97222
Holl. Butter	-0,83333	-1,16667	0,69444	1,36111	0,97222
Weihnachtsbutter	0,16667	-0,16667	0,02778	0,02778	-0,02778
			10,83334	18,83333	10,16666
			$\sum\limits_{k=1}^{6}(x_{k1}-\overline{x}_1)^2$	$\sum\limits_{k=1}^{6}(x_{k2}-\overline{x}_2)^2$	$\sum\limits_{k=1}^{6}(x_{k1}-\overline{x}_1) \cdot (x_{k2}-\overline{x}_2)$

$$r_{x_1 \cdot x_2} = \frac{10{,}16664}{\sqrt{10{,}83334 \cdot 18{,}83333}} = 0{,}71176$$

Berechnet man die Korrelationskoeffizienten über alle Eigenschaften, ergibt sich für die Mittelwertmatrix die in Tabelle 6.3 abgebildete Korrelationsmatrix.

Tabelle 6.3:   Korrelationsmatrix für das 6-Produkte-Beispiel

	UNGEFETT	KALORIEN	VITAMIN	HALTBARK	PREIS
UNGEFETT	1.00000				
KALORIEN	**0.71176**	1.00000			
VITAMIN	0.96134	0.70397	1.00000		
HALTBARK	0.10894	0.13771	0.07825	1.00000	
PREIS	0.04385	0.06652	0.02362	0.98334	1.00000

In der Regel empfiehlt es sich, die Ausgangsdatenmatrix vorab zu standardisieren, da dadurch

- die Korrelationsrechnung und die im Rahmen der Faktorenanalyse erforderlichen Rechenschritte erleichtert werden;
- Interpretationserleichterungen erzielt werden;
- eine Vergleichbarkeit der Variablen ermöglicht wird, die in unterschiedlichen Maßeinheiten erhoben wurden (z.B. Einkommen gemessen in DM und Verkauf von Gütern in Stck.).

Eine Standardisierung der Datenmatrix erfolgt durch die Bildung der Differenz zwischen dem Mittelwert und dem jeweiligen Beobachtungswert einer Variablen sowie der anschließenden Division durch die Standardabweichung. Dadurch wird sichergestellt, daß der neue Mittelwert gleich Null und die Standardabweichung einer Variablen gleich Eins ist. Die Werte einer standardisierten Datenmatrix bezeichnen wir im folgenden nicht mehr mit x, sondern mit z.

Standardisierte Variable

$$z_{kj} = \frac{x_{kj} - \overline{x}_j}{s_j}$$

mit:

x_{kj} = Beobachtungswert der Variablen j bei Objekt k

$\overline{x}_j$ = Durchschnitt aller Beobachtungswerte der Variablen j über alle Objekte

s_j Standardabweichung der Variablen j

z_{kj} = Standardisierter Beobachtungswert der Variablen j bei Objekt k

Aus der standardisierten Datenmatrix ergibt sich auch eine einfachere Berechnung der Korrelationsmatrix R nach folgender Formel:

$$R = \frac{1}{K-1} \cdot Z' \cdot Z \qquad (2)$$

wobei Z' die transponierte Matrix der standardisierten Ausgangsdatenmatrix Z darstellt.

Der Leser möge selbst anhand des Beispiels die Gültigkeit der Formel überprüfen. Dabei wird klar werden, daß die Korrelationsmatrix auf *Basis der Ausgangsdaten identisch* ist mit der Korrelationsmatrix auf *Basis der standardisierten Daten.* Wird die Korrelationsmatrix aus *standardisierten* Daten errechnet, so sind in diesem Falle Varianz-Kovarianzmatrix und Korrelationsmatrix *identisch.* Für den Korrelationskoeffizienten läßt sich auch schreiben:

$$r_{x_1,x_2} = \frac{S_{x_1,x_2}}{S_{x_1} S_{x_2}} \text{ mit: } S_{x_1,x_2} = \frac{1}{K-1} \sum_k (x_{k1} - \bar{x}_1)(x_{k2} - \bar{x}_2)$$

Da wegen der Standardisierung die beiden Varianzen im Nenner 1 sind, folgt, daß Korrelationskoeffizient und Kovarianz $\left(s_{x_1,x_2}\right)$ identisch sind.

Die Korrelationsmatrix zeigt dem Anwender auf, welche Variablen der Ausgangsbefragung offenbar mit welchen anderen Variablen dieser Befragung "irgendwie zusammenhängen". Sie zeigt ihm jedoch *nicht*, ob

1. die Variablen sich gegenseitig bedingen

   oder

2. das Zustandekommen der Korrelationswerte durch einen oder mehrere hinter den zusammenhängenden Variablen stehenden Faktoren bestimmt wird.

Angesichts der beiden klar trennbaren Blöcke der Korrelationsmatrix (vgl. die abgegrenzten Vierecke) läßt sich vermuten, daß die Variablen x_1 bis x_3 und x_4/x_5 durch zwei Faktoren "erklärt" werden könnten.

Ausgehend von dieser *Hypothese* stellt sich unmittelbar die Frage, mit welchem Gewicht denn die beiden Faktoren an der Beschreibung der beobachteten Zusammenhänge beteiligt sind. Es ist ja denkbar, daß der Faktor "Gesundheit" als alleiniger Beschreibungsfaktor für die Variablen x_1 bis x_3 fast für die gesamten Unterschiede in der Ausgangsbefragung verantwortlich ist. Es kann aber auch sein, daß er nur einen Teil der unterschiedlichen Beurteilungen in der Ausgangsbefragung erklärt. Die größere oder geringere Bedeutung beider Faktoren läßt sich in einer Gewichtszahl ausdrücken, die im Rahmen einer Faktorenanalyse auch als *Eigenwert* bezeichnet wird.

6.2.1.2   Eignung der Korrelationsmatrix

Zu Beginn des Abschnittes 6.2.1 hatten wir bereits darauf hingewiesen, daß sich die Eignung der Ausgangsdaten für faktoranalytische Zwecke in der Korrelationsmatrix widerspiegelt. Dabei liefern bereits die *Ausgangsdaten* selbst einen Anhaltspunkt zur Eignungsbeurteilung der Daten zum Zwecke der Faktorenanalyse, da die Höhe der Korrelationskoeffizienten durch die Verteilung der Variablen in der Erhebungsgesamtheit (Symmetrie, Schiefe und Wölbung der Verteilung) beeinflußt wird. Liegt einer Erhebung eine heterogene Datenstruktur zugrunde, so macht sich dies durch viele kleine Werte in der Korrelationsmatrix bemerkbar, womit eine sinnvolle Anwendung der Faktorenanalyse in Frage gestellt ist. Es ist deshalb *vorab* eine Prüfung der Variablen auf Normalverteilung, zumindest aber auf Gleichartigkeit der Verteilungen empfehlenswert, obwohl die Faktorenanalyse selbst keine Verteilungsannahmen setzt.

Bezogen auf unser 6-Produkte-Beispiel treten neben sehr hohen Werten (> 0,7) insbesondere im unteren Teil der Matrix kleine Korrelationen auf (vgl. Tabelle 6.3), so daß die Korrelationsmatrix selbst kein eindeutiges Urteil über die Eignung der Daten zur Faktorenanalyse zuläßt.

Es ist deshalb zweckmäßig, weitere Kriterien zur Prüfung heranzuziehen. Hierzu bieten sich insbesondere statistische Prüfkriterien an, die eine Überprüfung der Korrelationskoeffizienten auf Eignung zur Faktorenanalyse ermöglichen. Es ist durchaus empfehlenswert, mehr als ein Kriterium zur faktoranalytischen Eignung der Datenmatrix anzuwenden, da die verschiedenen Kriterien unterschiedliche Vor- und Nachteile haben. Im einzelnen werden durch SPSS folgende Kriterien bereitgestellt:

Signifikanzniveaus der Korrelationen

Ein Signifikanzniveau überprüft die Wahrscheinlichkeit, mit der eine zuvor formulierte Hypothese zutrifft oder nicht. Für alle Korrelationskoeffizienten lassen sich die Signifikanzniveaus anführen. Zuvor wird eine sogenannte H_0-Hypothese formuliert, die aussagt, daß kein Zusammenhang zwischen den Variablen besteht. Das Signifikanzniveau des Korrelationskoeffizienten berechnet anschließend, mit welcher *Irrtumswahrscheinlichkeit* eben diese H_0-Hypothese abgelehnt werden kann. Ein beispielhaftes Signifikanzniveau von 0,00 bedeutet, daß mit dieser *Irrtumswahrscheinlichkeit* die H_0-Hypothese abgelehnt werden kann, sprich zu 0,0% wird sich der Anwender täuschen, wenn er von einem Zusammenhang ungleich Null zwischen den Variablen ausgeht. Anders ausgedrückt: Mit einer Wahrscheinlichkeit von 100% wird sich die Korrelation von Null unterscheiden.

Tabelle 6.4:   Signifikanzniveaus der Korrelationskoeffizienten im 6-Produkte-Beispiel

Korrelationsmatrix						
		UNGEFETT	KALORIEN	VITAMIN	HALTBARK	PREIS
Signifikanz (1-seitig)	UNGEFETT		,05632	,00111	,41862	,46713
	KALORIEN	,05632		,05924	,39737	,45018
	VITAMIN	,00111	,05924		,44144	,48229
	HALTBARK	,41862	,39737	,44144		,00021
	PREIS	,46713	,45018	,48229	,00021	

Für unser Beispiel zeigt Tabelle 6.4, daß sich genau diejenigen Korrelationskoeffizienten signifikant von Null unterscheiden (niedrige Werte in Tabelle 6.4), die in Tabelle 6.3 hohe Werte (> 0,7) aufweisen, während die Korrelationskoeffizienten mit geringen Werten auch ein hohes Signifikanzniveau (Werte > 0,4) besitzen. Das bedeutet, daß sich z.B. die Korrelation zwischen den Variablen "Vitamingehalt" und "Haltbarkeit" nur mit einer Wahrscheinlichkeit von $(1 - 0,44 =)\,56\%$ von Null unterscheidet.

Inverse der Korrelationsmatrix

Die Eignung einer Korrelationsmatrix für die Faktorenanalyse läßt sich weiterhin an der Struktur der Inversen der Korrelationsmatrix erkennen. Dabei wird davon ausgegangen, daß eine Eignung dann gegeben ist, wenn die *Inverse eine Diagonalmatrix* darstellt, d. h. die Nicht-diagonal-Elemente der inversen Korrelationsmatrix möglichst nahe bei Null liegen. Für das 6-Produkte-Beispiel zeigt Tabelle 6.5, daß insbesondere für die Werte der Variablen "Ungesättigte Fettsäuren" und "Vitamingehalt" sowie "Haltbarkeit" und "Preis" hohe Werte auftreten, wäh rend alle anderen Werte *relativ* nahe bei Null liegen. Es existiert allerdings kein allgemeingültiges Kriterium dafür, wie stark und wie häufig die Nicht-diagonal-Elemente von Null abweichen dürfen.

Tabelle 6.5: Inverse der Korrelationsmatrix im 6-Produkte-Beispiel

Inverse Korrelationsmatrix					
	UNGEFETT	KALORIEN	VITAMIN	HALTBARK	PREIS
UNGEFETT	14,49910	-,60678	-13,19772	-5,58018	5,20353
KALORIEN	-,60678	2,17944	-,82863	-2,18066	2,04555
VITAMIN	-13,19772	-,82863	14,00000	4,79257	-4,40959
HALTBARK	-5,58018	-2,18066	4,79257	38,17871	-37,26624
PREIS	5,20353	2,04555	-4,40959	-37,26624	37,38542

Bartlett-Test (test of sphericity)

Der Bartlett-Test überprüft die Hypothese, ob die Stichprobe aus einer Grundgesamtheit entstammt, in der die Variablen unkorreliert sind.[5]

Gleichbedeutend mit dieser Aussage ist die Frage, ob die Korrelationsmatrix nur zufällig von einer Einheitsmatrix abweicht, da im Falle der *Einheitsmatrix* alle Nicht-diagonal-Elemente Null sind, d. h. keine Korrelationen zwischen den Variablen vorliegen. Es werden folgende Hypothesen formuliert:

H_0: Die Variablen in der Erhebungsgesamtheit sind unkorreliert.

H_1: Die Variablen in der Erhebungsgesamtheit sind korreliert.

Der Bartlett-Test setzt voraus, daß die Variablen in der Erhebungsgesamtheit einer *Normalverteilung* folgen und die entsprechende Prüfgröße annähernd Chi-Quadrat-verteilt ist. Letzteres aber bedeutet, daß der Wert der Prüfgröße in hohem Maße

---

[5] Vgl. Dziuban, C. D./Shirkey, E. C.: When is a Correlation Matrix Appropriate for Factor Analysis?, in: Psychological Bulletin, 81(1974), S. 358 ff.

durch die Größe der Stichprobe beeinflußt wird. Für unser Beispiel erbrachte der Bartlett-Test eine Prüfgröße von 17,371 bei einem Signifikanzniveau von 0,0665. Das bedeutet, daß mit einer Wahrscheinlichkeit von $(1-0,0655=)93,45\%$ davon auszugehen ist, daß die Variablen der Erhebungsgesamtheit korreliert sind. Setzt man als kritische Irrtumswahrscheinlichkeit einen Wert von 0,05 fest, so wäre für unser Beispiel die Nullhypothese anzunehmen und folglich die Korrelationsmatrix nur zufällig von der Einheitsmatrix verschieden. Das läßt dann den Schluß zu, daß die Ausgangsvariablen in unserem Fall unkorreliert sind.

Allerdings sei an dieser Stelle nochmals darauf hingewiesen, daß die Anwendung des Bartlett-Tests eine Prüfung der Ausgangsdaten auf Normalverteilung voraussetzt, die in unserem Fall noch erfolgen müßte.

Anti-Image-Kovarianz-Matrix

Der Begriff Anti-Image stammt aus der Image-Analyse von Guttmann.[6] Guttmann geht davon aus, daß sich die Varianz einer Variablen in zwei Teile zerlegen läßt: das Image und das Anti-Image.

Das *Image* beschreibt dabei den Anteil der Varianz, der durch die verbleibenden Variablen mit Hilfe einer multiplen Regressionsanalyse (vgl. Kapitel 1) erklärt werden kann, während das *Anti-Image* denjenigen Teil darstellt, der von den übrigen Variablen unabhängig ist. Da die Faktorenanalyse unterstellt, daß den Variablen gemeinsame Faktoren zugrunde liegen, ist es unmittelbar einsichtig, daß Variablen nur dann für eine Faktorenanalyse geeignet sind, wenn das Anti-Image der Variablen möglichst gering ausfällt. Das aber bedeutet, daß die Nicht-diagonal-Elemente der Anti-Image-Kovarianz-Matrix möglichst nahe bei Null liegen müssen bzw. diese Matrix eine *Diagonalmatrix* darstellen sollte. Für das 6-Produkte-Beispiel zeigt Tabelle 6.6, daß die Forderung nach einer Diagonalmatrix erfüllt ist.

Tabelle 6.6:   Anti-Image-Kovarianz-Matrix im 6-Produkte-Beispiel

Anti-Image-Matrizen						
		UNGEFETT	KALORIEN	VITAMIN	HALTBARK	PREIS
Anti-Image-Kovarianz	UNGEFETT	,06897	-,01920	-,06502	-,01008	,00960
	KALORIEN	-,01920	,45883	-,02716	-,02621	,02511
	VITAMIN	-,06502	-,02716	,07143	,00897	-,00842
	HALTBARK	-,01008	-,02621	,00897	,02619	-,02611
	PREIS	,00960	,02511	-,00842	-,02611	,02675

Als Kriterium dafür, wann die Forderung nach einer Diagonalmatrix erfüllt ist, schlagen Dziuban und Shirkey vor, die Korrelationsmatrix dann als für die Faktorenanalyse ungeeignet anzusehen, wenn der Anteil der Nicht-diagonal-Elemente, die ungleich Null sind (> 0,09), in der Anti-Image-Kovarianzmatrix (AIC) 25%

---

[6] Vgl. Guttmann, L.: Image Theory for the Structure of Quantitative Variates, in: Psychometrika, 18 (1953), S. 277 ff.

oder mehr beträgt.[7] Das trifft in unserem Fall für keines der Nicht-diagonal-Elemente der AIC-Matrix zu, womit nach diesem Kriterium die Korrelationsmatrix für faktoranalytische Auswertungen geeignet ist.

Kaiser-Meyer-Olkin-Kriterium

Während die Überlegungen von Dziuban und Shirkey auf Plausibilität beruhen, haben Kaiser, Meyer und Olkin versucht, eine geeignete Prüfgröße zu entwickeln und diese zur Entscheidungsfindung heranzuziehen. Sie berechnen ihre Prüfgröße, die als *"measure of sampling adequacy (MSA)"* bezeichnet wird, auf Basis der Anti-Image-Korrelationsmatrix. Das MSA-Kriterium zeigt an, in welchem Umfang die Ausgangsvariablen zusammengehören und dient somit als Indikator dafür, ob eine Faktorenanalyse sinnvoll erscheint oder nicht. Das MSA-Kriterium erlaubt sowohl eine Beurteilung der Korrelationsmatrix insgesamt als auch einzelner Variablen; sein Wertebereich liegt zwischen 0 und 1. Kaiser und Rice schlagen folgende Beurteilungen vor:[8]

MSA ≥ 0,9	marvelous	("erstaunlich")
MSA ≥ 0,8	meritorious	("verdienstvoll")
MSA ≥ 0,7	middling	("ziemlich gut")
MSA ≥ 0,6	mediocre	("mittelmäßig")
MSA ≥ 0,5	miserable	("kläglich")
MSA < 0,5	unacceptable	("untragbar")

Sie vertreten die Meinung, daß sich eine Korrelationsmatrix mit MSA < 0,5 nicht für eine Faktorenanalyse eignet.[9] Als wünschenswert sehen sie einen Wert von MSA ≥ 0,8 an.[10] In der Literatur wird das MSA-Kriterium, das auch als Kaiser-Meyer-Olkin-Kriterium (KMK) bezeichnet wird, als das beste zur Verfügung stehende Verfahren zur Prüfung der Korrelationsmatrix angesehen, weshalb seine Anwendung vor der Durchführung einer Faktorenanalyse auf jeden Fall zu empfehlen ist.[11]

Bezogen auf unser 6-Produkte-Beispiel ergab sich für die Korrelationsmatrix insgesamt ein MSA-Wert von 0,576, womit sich für unser Beispiel ein nur "klägli-

---

[7] Vgl. Dziuban, C. D./ Shirkey, E. C.: When is a Correlation Matrix Appropriate for Factor Analysis?, in: Psychological Bulletin, 81 (1974), S. 359.

[8] Vgl. Kaiser, H. F./ Rice, J.: Little Jiffy, Mark IV, in: Educational and Psychological Measurement, 34 (1974), S. 111 ff.

[9] Vgl. Cureton, E. E./ D'Agostino, R. B.: Factor Analysis - An Applied Approach, 1983, S. 389 f.

[10] Vgl. Kaiser, H. F.: A Second Generation Little Jiffy, in: Psychometrika, 35 (1970), S. 405.

[11] Stewart, D. W.: The Application and Misapplication of Factor Analysis in Marketing Research, in: Journal of Marketing Research, 18 (1981), S. 57 f.; Dziuban, C. D./ Shirkey, E. C., a.a.O., S. 360 f.

ches" Ergebnis ergibt. Darüber hinaus gibt SPSS in der Diagonalen der Anti-Image-Korrelationsmatrix aber auch das MSA-Kriterium für die einzelnen Variablen an.

Tabelle 6.7:   Anti-Image-Korrelations-Matrix im 6-Produkte-Beispiel

Anti-Image-Matrizen		UNGEFETT	KALORIEN	VITAMIN	HALTBARK	PREIS
Anti-Image-Korrelation	UNGEFETT	,59680[a]	-,10794	-,92633	-,23717	,22350
	KALORIEN	-,10794	,87789[a]	-,15001	-,23906	,22661
	VITAMIN	-,92633	-,15001	,59755[a]	,20730	-,19274
	HALTBARK	-,23717	-,23906	,20730	,47060[a]	-,98640
	PREIS	,22350	,22661	-,19274	-,98640	,46701[a]

a. Maß der Stichprobeneignung

Tabelle 6.7 macht deutlich, daß lediglich die Variable "Kaloriengehalt" mit einem MSA-Wert von 0,87789 als "verdienstvoll" anzusehen ist, während alle übrigen Variablen eher "klägliche" oder "untragbare" Ergebnisse aufweisen. Die variablenspezifischen MSA-Werte liefern damit für den Anwender einen Anhaltspunkt dafür, welche Variablen aus der Analyse auszuschließen wären, wobei sich ein sukzessiver Ausschluß von Variablen mit jeweiliger Prüfung der vorgestellten Kriterien empfiehlt.

6.2.2 Extraktion der Faktoren

(1) Variablenauswahl und
Errechnung der
Korrelationsmatrix

**(2) Extraktion der
Faktoren**

(3) Bestimmung der
Kommunalitäten

(4) Zahl der Faktoren

(5) Faktorinterpretation

(6) Bestimmung der
Faktorwerte

Die bisherigen Ausführungen haben verdeutlicht, daß bei Faktorenanalysen große Sorgfalt auf die Wahl der Untersuchungsmerkmale und -einheiten zu verwenden ist, da durch die Güte der Korrelationsmatrix, die den Startpunkt der Faktorenanalyse darstellt, alle Ergebnisse der Faktorenanalyse beeinflußt werden. Im folgenden ist nun zu fragen, wie denn nun die Faktoren rein rechnerisch aus den Variablen ermittelt werden können. Wir werden im folgenden zunächst das *Fundamentaltheorem der Faktorenanalyse* darstellen und anschließend die Extraktion auf graphischem Wege plausibel machen. Auf die Unterschiede zwischen konkreten (rechnerischen) Faktorextraktionsverfahren gehen wir dann im Zusammenhang mit der Bestimmung der Kommunalitäten (Abschnitt 6.2.3) ein.

6.2.2.1 Das Fundamentaltheorem

Während die bisherigen Überlegungen die Ausgangsdaten und ihre Eignung für faktoranalytische Zwecke betrafen, stellt sich nun die Frage, wie sich die Faktoren rechnerisch aus den Variablen ermitteln lassen. Zu diesem Zweck geht die Faktorenanalyse von folgender grundlegenden Annahme aus:

"Jeder Beobachtungswert einer Ausgangsvariablen x_j oder der standardisierten Variablen z_j läßt sich als eine Linearkombination mehrerer (hypothetischer) Faktoren beschreiben."

Mathematisch läßt sich dieser Zusammenhang wie folgt formulieren:

$$x_{kj} = a_{j1} \cdot p_{k1} + a_{j2} \cdot p_{k2} + ... + a_{jQ} \cdot p_{kQ} \tag{3a}$$

bzw. für standardisierte x-Werte

$$z_{kj} = a_{j1} \cdot p_{k1} + a_{j2} \cdot p_{k2} + ... + a_{jQ} \cdot p_{kQ} = \sum_{q=1}^{Q} a_{jq} \cdot p_{kq} \tag{3b}$$

Die obige Formel (3b) besagt für das 2-Faktorenbeispiel nichts anderes, als daß z.B. die standardisierten Beobachtungswerte für "Anteil ungesättigter Fettsäuren" und "Vitamingehalt" beschrieben werden durch die Faktoren p_1 und p_2, so wie sie im Hinblick auf Marke k gesehen wurden (p_{k1} bzw. p_{k2}), jeweils multipliziert mit ihren Gewichten bzw. Faktorenladungen beim Merkmal j, also für Faktor 1 a_{j1} und für Faktor 2 a_{j2}.

Die Faktorladung gibt dabei an, *wieviel* ein Faktor mit einer Ausgangsvariablen zu tun hat. Im mathematisch-statistischen Sinne sind Faktorladungen nichts anderes als eine *Maßgröße für den Zusammenhang zwischen Variablen und Faktor*, und das ist wiederum nichts anderes als ein *Korrelationskoeffizient zwischen Faktor und Variablen*.

Um die Notation zu verkürzen, schreibt man häufig den Ausdruck (3b) auch in Matrixschreibweise. Identisch mit Formel (3b) ist daher auch folgende Matrixschreibweise, die die *Grundgleichung der Faktorenanalyse* darstellt:

$$Z = P \cdot A' \tag{3c}$$

Aufbauend auf diesem Grundzusammenhang läßt sich dann auch eine *Rechenvorschrift* ableiten, die aufzeigt, wie aus den erhobenen Daten die vermuteten Faktoren mathematisch ermittelt werden können.

Wir hatten gezeigt, daß die Korrelationsmatrix R sich bei standardisierten Daten wie folgt aus der Datenmatrix Z ermitteln läßt:

$$R = \frac{1}{K-1} \cdot Z'Z \tag{2}$$

Da Z aber im Rahmen der Faktorenanalyse durch $P \cdot A'$ beschrieben wird $(Z = P \cdot A')$, ist in (2) Z durch Formel (3c) zu ersetzen, so daß sich folgende Formel ergibt:

$$R = \frac{1}{K-1} \cdot (P \cdot A')' \cdot (P \cdot A') \tag{4}$$

Nach Auflösung der Klammern ergibt sich nach den Regeln der Matrixmultiplikation:

$$R = \frac{1}{K-1} \cdot A \cdot P' \cdot P \cdot A' = A \overbrace{\frac{1}{K-1} \cdot P' \cdot P} \cdot A' \tag{5}$$

Da alle Daten standardisiert sind, läßt sich der $\overbrace{\dfrac{1}{K-1} \cdot P' \cdot P}$ Ausdruck in Formel (5)

auch als *Korrelationsmatrix der Faktoren* (C) bezeichnen (vgl. Formel (2)), so daß sich schreiben läßt:

$$R = A \cdot C \cdot A' \tag{6}$$

Da die Faktoren als unkorreliert angenommen werden, entspricht C einer Einheitsmatrix (einer Matrix, die auf der Hauptdiagonalen nur Einsen und sonst Nullen enthält). Da die Multiplikation einer Matrix mit einer Einheitsmatrix aber wieder die Ausgangsmatrix ergibt, vereinfacht sich die Formel (6) zu:

$$R = A \cdot A' \tag{7}$$

Die Beziehungen (6) und (7) werden von Thurstone als das *Fundamentaltheorem der Faktorenanalyse* bezeichnet, da sie den Zusammenhang zwischen Korrelationsmatrix und Faktorladungsmatrix beschreiben.

Das Fundamentaltheorem der Faktorenanalyse besagt nicht anderes, als daß sich die Korrelationsmatrix durch die Faktorladungen (Matrix A) und die Korrelationen zwischen den Faktoren (Matrix C) reproduzieren läßt. Für den Fall, daß man von unabhängigen (orthogonalen) Faktoren ausgeht, reduziert sich das Fundamentaltheorem auf Formel (7). Dabei muß sich der Anwender allerdings bewußt sein, daß das Fundamentaltheorem der Faktorenanalyse nach Formel (7) stets nur unter der Prämisse einer Linearverknüpfung und Unabhängigkeit der Faktoren Gültigkeit besitzt.

6.2.2.2   Graphische Interpretation von Faktoren

Der Informationsgehalt einer Korrelationsmatrix läßt sich auch graphisch in einem Vektor-Diagramm darstellen, in dem die jeweiligen Korrelationskoeffizienten als Winkel zwischen zwei Vektoren dargestellt werden. Zwei Vektoren werden dann als linear unabhängig bezeichnet, wenn sie senkrecht (orthogonal) aufeinander stehen. Sind die beiden betrachteten Vektoren (Variablen) jedoch korreliert, ist der Korrelationskoeffizient also ≠ 0, z.B. 0,5, dann wird dies graphisch durch einen Winkel von 60° zwischen den beiden Vektoren dargestellt.

Es stellt sich die Frage: Warum entspricht ein Korrelationskoeffizient von 0,5 genau einem Winkel von 60°? Die Verbindung wird über den Cosinus des jeweiligen Winkels hergestellt.

Verdeutlichen wir uns dies anhand des Ausgangsbeispiels (Abbildung 6.7):

In Abbildung 6.7 repräsentieren die Vektoren $\overline{AC}$ und $\overline{AB}$ z.B. die beiden Variablen "Kaloriengehalt" und "Vitamingehalt". Zwischen den beiden Variablen möge eine Korrelation von 0,5 gemessen worden sein. Der Vektor $\overline{AC}$, der den Kaloriengehalt repräsentiert und der genau wie $\overline{AB}$ aufgrund der Standardisierung eine Länge von 1 hat, weist zu $\overline{AB}$ einen Winkel von 60° auf. Der Cosinus des Winkels 60°, der die Stellung der beiden Variablen zueinander (ihre Richtung) angibt, ist definiert als Quotient aus Ankathete und Hypothenuse, also als $\overline{AD}/\overline{AC}$. Da $\overline{AC}$ aber gleich 1 ist, ist der Korrelationskoeffizient identisch mit der Strecke $\overline{AD}$.

Wie Tabelle 6.8 ausschnitthaft zeigt, ist z.B. der Cosinus eines 60°-Winkels gleich 0,5. Entsprechend läßt sich jeder beliebige Korrelationskoeffizient zwischen zwei Variablen auch durch zwei Vektoren mit einem genau definierten Winkel zueinander darstellen. Verdeutlichen wir uns dies noch einmal anhand einer Korrelationsmatrix mit drei Variablen (Tabelle 6.9).

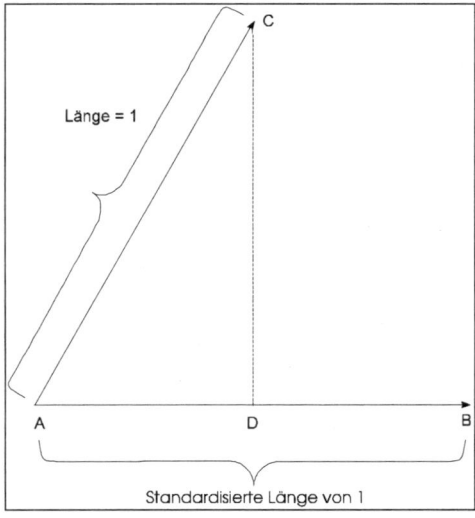

Abb. 6.7: Vektordarstellung einer Korrelation zwischen zwei Variablen

Tabelle 6.8:   Werte für den Cosinus
(entnommen aus: Gellert, W.; Küstner, H., Hellwich, M.; Kästner, H.: Kleine Enzyklopädie
Mathematik, Leipzig 1969, S. 799)

Grad	cos	Grad	cos
45	0,7071	**90**	**0,0000**
44	7193	89	0175
43	7314	88	0349
42	7431	87	0523
41	7547	86	0698
40	**0,7660**	85	0872
39	7771	84	1045
38	7880	83	1219
37	7986	82	1392
36	8090	81	1564
35	8192	**80**	**0,1736**
34	8290	79	1908
33	8387	78	2079
32	8480	77	2250
31	8572	76	2419
30	**0,8660**	75	2588
29	8746	74	2756
28	8829	73	2924
27	8910	72	3090
26	8988	71	3256
25	9063	**70**	**0,3420**
24	9135	69	3584
23	9205	68	3746
22	9272	67	3907
21	9336	66	4067
20	**0,9397**	65	4226
19	9455	64	4384
18	9511	63	4540
17	9563	62	4695
16	9613	61	4848
15	9659	**60**	**0,5000**
14	9703	59	5150
13	9744	58	5299
12	9781	57	5446
11	9816	56	5592
10	**0,9848**	55	5736
9	9877	54	5878
8	9903	53	6018
7	9925	52	6157
6	9945	51	6293
5	9962	**50**	**0,6428**
4	9976	49	6561
3	9986	48	6691
2	9994	47	6820
1	9998	46	6947
0	**1,0000**	45	7071

Tabelle 6.9:   Korrelationsmatrix

$$R = \begin{pmatrix} 1 & & \\ 0{,}8660 & 1 & \\ 0{,}1736 & 0{,}6428 & 1 \end{pmatrix}$$

R läßt sich auch anders schreiben (vgl. Tabelle 6.10).

Tabelle 6.10:   Korrelationsmatrix mit Winkelausdrücken

$$R = \begin{pmatrix} 0° & & \\ 30° & 0° & \\ 80° & 50° & 0° \end{pmatrix}$$

Der Leser möge die entsprechenden Werte selbst in einer Cosinus-Tabelle überprüfen.

   Die der oben gezeigten Korrelationsmatrix zugrundeliegenden drei Variablen und
ihre Beziehungen zueinander lassen sich relativ leicht in einem zweidimensionalen
Raum darstellen (Abbildung 6.8).

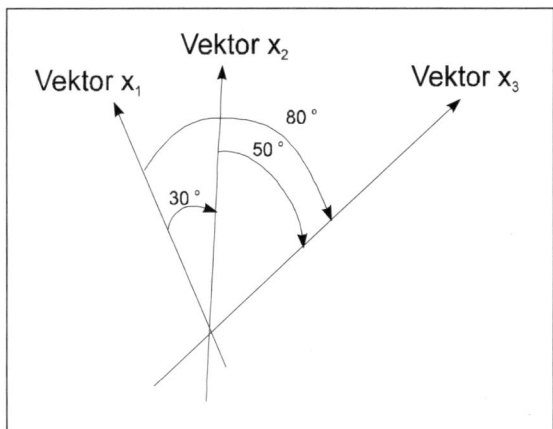

Abb. 6.8:   Graphische Darstellung des 3-Variablen-Beispiels

Je mehr Variable jedoch zu berücksichtigen sind, desto mehr Dimensionen werden
benötigt, um die Vektoren in ihren entsprechenden Winkeln zueinander zu positio-

nieren. Die Faktorenanalyse trachtet nun danach, das sich über die Korrelations-koeffizienten gemessene Verhältnis der Variablen zueinander *in einem möglichst gering dimensionierten Raum* zu reproduzieren. Die Zahl der benötigten Achsen gibt dann die entsprechende Zahl der Faktoren an.

Wenn man die Achsen als Faktoren ansieht, dann stellt sich unmittelbar die Frage: Wie werden diese Achsen (Faktoren) in ihrer Lage zu den jeweiligen Vektoren (Variablen) bestimmt?

Dazu vergegenwärtigt man sich am besten das Bild eines halboffenen Schirmes. Die Zacken des Schirmgestänges, die alle in eine bestimmte Richtung weisend die Variablen repräsentieren, lassen sich näherungsweise auch durch den Schirmstock darstellen. Vereinfacht man diese Überlegung aus Darstellungsgründen noch weiter auf den 2-Variablen-Fall wie in Abbildung 6.9, die einen Korrelationskoeffizienten von 0,5 für die durch die Vektoren $\overline{OA}$ und $\overline{OB}$ dargestellten Variablen repräsentiert, dann gibt der Vektor $\overline{OC}$ eine zusammenfassende (faktorielle) Beschreibung wieder. Die beiden Winkel von 30° zwischen Vektor I bzw. Vektor II und Faktor-Vektor geben wiederum an, inwieweit der gefundene Faktor mit Vektor (Variable) I bzw. II zusammenhängt. Sie repräsentieren ebenfalls Korrelationskoeffizienten, und zwar die zwischen den jeweiligen Variablen und dem Faktor. Diese Korrelationskoeffizienten hatten wir oben als *Faktorladungen* bezeichnet. Die Faktorladungen des 1. Faktors betragen also in bezug auf Variable I und Variable II: cos 30° = 0,8660.

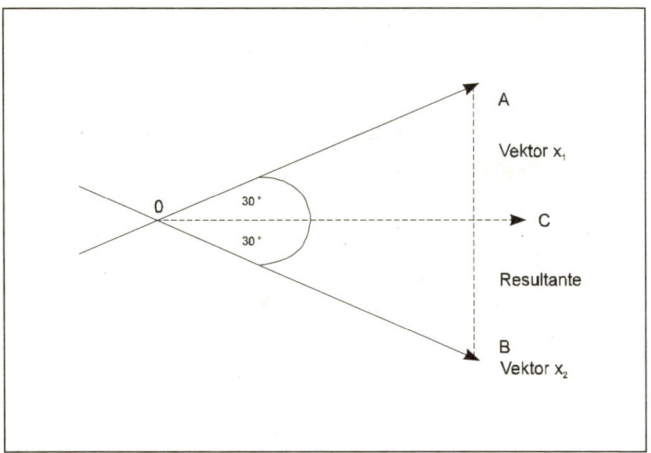

Abb. 6.9: Faktorlösung bei 2 Variablen

6.2.2.3   Das Problem der Faktorextraktion

Nachdem wir nun wissen, was eine *Faktorladung* inhaltlich bedeutet, ist zu fragen: Wie findet man einen solchen Vektor (Faktor), der stellvertretend für mehrere zusammenhängende Variable fungieren kann? Erinnern wir uns noch einmal des Ausgangsbeispiels. Aufstrichfette waren nach den fünf Merkmalen

- Anteil ungesättigter Fettsäuren
- Kaloriengehalt
- Vitamingehalt
- Haltbarkeit
- Preis

bewertet worden[12]. Aus dieser Bewertung sei die Korrelationsmatrix in Tabelle 6.11 berechnet worden.

Tabelle 6.11:   Spiegelbildlich identische Korrelationsmatrix

	x_1	x_2	x_3	x_4	x_5
x_1		10°	70°	90°	100°
x_2	0,9848		60°	80°	90°
x_3	0,3420	0,5000		20°	30°
x_4	0,0000	0,1736	0,9397		10°
x_5	-0,1736	0,0	0,8660	0,9848	

Diese Korrelationsmatrix enthält in der unteren Dreiecks-Matrix die Korrelationswerte, in der oberen (spiegelbildlich identischen) Dreiecks-Matrix die entsprechenden Winkel. Graphisch ist der Inhalt dieser Matrix in Abbildung 6.10 dargestellt.

Das Beispiel wurde so gewählt, daß die Winkel zwischen den Faktoren in einer zweidimensionalen Darstellung abgebildet werden können - ein Fall, der in der Realität allerdings kaum relevant ist.

Wie findet man nun den 1. Faktor in dieser Vektordarstellung?

Bleiben wir zunächst bei der graphischen Darstellung, dann sucht man den Schwerpunkt aus den fünf Vektoren.

Der Leser möge sich dazu folgendes verdeutlichen:

In Abbildung 6.10 ist der Faktor nichts anderes als die Resultante der fünf Vektoren. Würden die fünf Vektoren fünf Seile darstellen mit einem Gewicht in O, und jeweils ein Mann würde mit gleicher Stärke an den Enden der Seile ziehen, dann würde sich das Gewicht in eine bestimmte Richtung bewegen (vgl. die gestrichelte Linie in Abbildung 6.11). Diesen Vektor bezeichnen wir als Resultante. Er ist die graphische Repräsentation des 1. Faktors.

---

[12] Es werden hier andere Werte als im Ausgangsbeispiel verwendet, um zunächst eine eindeutige graphische Lösung zu ermöglichen.

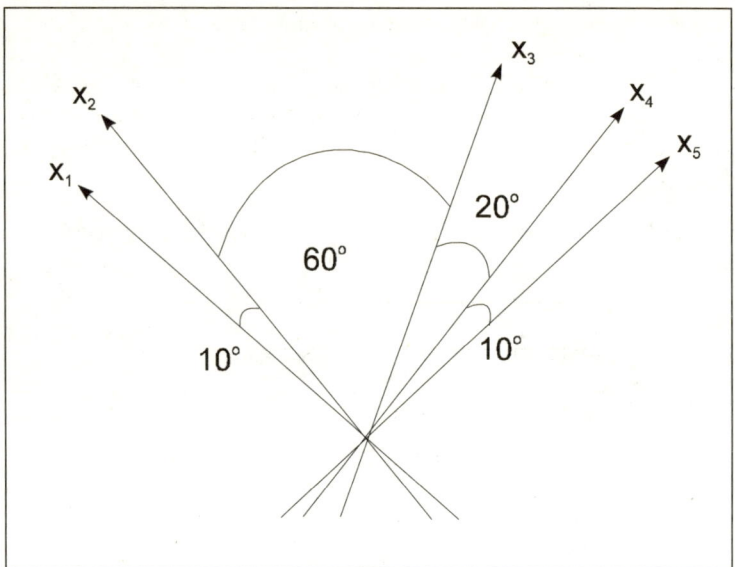

Abb. 6.10: Graphische Darstellung des 5-Variablen-Beispiels

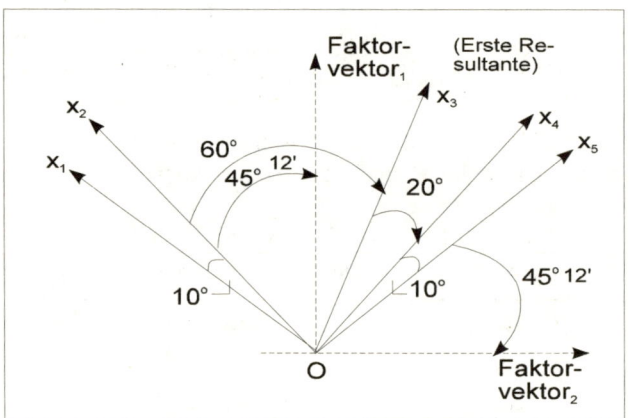

Abb. 6.11: Graphische Darstellung des Schwerpunktes

Betrachtet man nun die jetzt gebildeten Winkel zwischen dem 1. Faktor und den Ausgangsvektoren, dann hat man auch die gesuchten Faktorladungen gefunden.

Beispielsweise beträgt der Winkel zwischen 1. Faktor und 1. Variablen (Anteil ungesättigter Fettsäuren) 55° 12′. Dies entspricht einer Faktorladung von 0,5707. Der Leser möge die übrigen Winkel selbst ausmessen.

Schlägt er die Werte für den Cosinus der jeweiligen Winkel in einer Cosinus-Tabelle nach, so wird er feststellen, daß sich die in Tabelle 6.12 gezeigten übrigen Faktorladungen ergeben.

Ein zweiter Faktor, der ja vom 1. Faktor unabhängig sein soll, ergibt sich durch die Errichtung eines Vektors in O, der rechtwinklig zum 1. Faktor steht. Damit ergeben sich die in Tabelle 6.13 dargestellten Faktorladungen (der Leser möge die Werte selbst überprüfen).

Tabelle 6.12:   Einfaktorielle Ladungsmatrix

	Faktor
x_1	0,5707
x_2	0,7046
x_3	0,9668
x_4	0,8211
x_5	0,7096

Wir haben das Beispiel so gewählt, daß alle Korrelationskoeffizienten zwischen den Ausgangsvektoren (Variablen) im zweidimensionalen Raum darstellbar waren. Damit können die Variationen in den Korrelationskoeffizienten vollständig über zwei Faktoren erklärt werden. Mit anderen Worten: Es genügen zwei Faktoren, um die verschiedenen Ausprägungen der Ausgangsvariablen vollständig zu reproduzieren (deterministisches Modell).

Tabelle 6.13:   Zweifaktorielle Ladungsmatrix

	Faktor 1	Faktor 2
x_1	0,5707	-0,8211
x_2	0,7046	-0,7096
x_3	0,9668	0,2554
x_4	0,8211	0,5707
x_5	0,7096	0,7046

Die negativen Faktorladungen zeigen an, daß der jeweilige Faktor negativ mit der entsprechenden Variablen verknüpft ist et vice versa.

In einem solchen Fall, wenn die ermittelten (extrahierten) Faktoren die Unterschiede in den Beobachtungsdaten restlos erklären, muß die Summe der Ladungsquadrate für jede Variable gleich 1 sein. Warum?

1. Durch die Standardisierung der Ausgangsvariablen erzeugten wir einen Mittelwert von 0 und eine Standardabweichung von 1. Da die Varianz das Quadrat der Standardabweichung ist, ist auch die Varianz gleich 1:

$$s_j^2 = 1 \tag{8}$$

2. Die Varianz einer jeden Variablen j erscheint in der Korrelationsmatrix als Selbstkorrelation.

   Man kann diese Überlegung an der graphischen Darstellung in Abbildung 6.7 deutlich machen. Wir hatten gesagt, daß die Länge der Strecke $\overline{AD}$ den Korrelationskoeffizienten beschreibt, wenn $\overline{AC}$ standardisiert, also gleich 1 ist.

   Im Falle der Selbstkorrelation fallen $\overline{AC}$ und $\overline{AB}$ zusammen. Die Strecke $\overline{AB}$ bzw. $\overline{AC}$ mit der normierten Länge von 1 ergibt den (Selbst-) Korrelationskoeffizienten. Die Länge des Vektors $\overline{AB}$ bzw. $\overline{AC}$ gibt aber definitionsgemäß die Ausprägungs-Spannweite der Ausgangsvariablen, also die Standardabweichung wieder. Wegen der Standardisierung ist diese jedoch mit dem Wert 1 gleich der Varianz, so daß tatsächlich gilt:

$$s_j^2 = 1 = r_{jj} \tag{9}$$

3. Es läßt sich zeigen, daß auch die Summe der Ladungsquadrate der Faktoren gleich 1 ist, wenn eine komplette Reproduktion der Ausgangsvariablen durch die Faktoren erfolgt.

   Schauen wir uns dazu ein Beispiel an, bei dem zwei Variablen durch zwei Faktoren reproduziert werden (Abbildung 6.12).

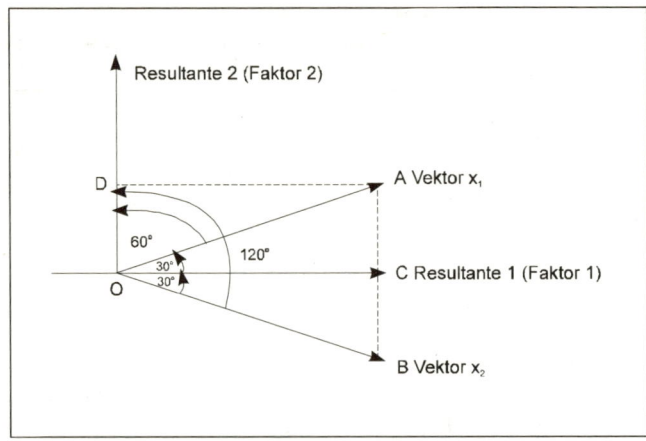

Abb. 6.12: Zwei Variablen-Zwei Faktor-Lösung

Die Faktorladungen werden durch den Cosinus der Winkel zwischen Ausgangsvektoren und Faktoren beschrieben. Das bedeutet für Variable 1 z.B.:

Ladung des 1. Faktors: cos Winkel $COA = \overline{OC}/\overline{OA}$

Ladung des 2. Faktors: cos Winkel $DOA = \overline{OD}/\overline{OA}$

Wenn obige Behauptung stimmt, müßte gelten:

$$\left(\frac{\overline{OC}}{\overline{OA}}\right)^2 + \left(\frac{\overline{OD}}{\overline{OA}}\right)^2 = 1 \tag{10a}$$

Überprüfung:

$$\frac{\overline{OC}^2}{\overline{OA}^2} + \frac{\overline{OD}^2}{\overline{OA}^2} = \frac{\overline{OC}^2 + \overline{OD}^2}{\overline{OA}^2} \tag{10b}$$

In Abbildung 6.12 in Verbindung mit dem Satz des Pythagoras gilt:

$$\overline{OA}^2 = \overline{OC}^2 + \overline{AC}^2 \tag{10c}$$

Da nach Abbildung 6.12 $\overline{AC} = \overline{OD}$, gilt auch:

$$\overline{OA}^2 = \overline{OC}^2 + \overline{OD}^2 \tag{10d}$$

(10d) eingesetzt in (10b) ergibt dann:

$$\frac{\overline{OC}^2 + \overline{OD}^2}{\overline{OC}^2 + \overline{OD}^2} = 1 \tag{10e}$$

4. Als Fazit läßt sich somit folgende wichtige Beziehung ableiten:

$$s_j^2 = r_{jj} = a_{j1}^2 + a_{j2}^2 + ... + a_{jq}^2 = 1, \tag{11}$$

wobei a_{j1} bis a_{jq} die Ladungen der Faktoren 1 bis q auf die Variable j angibt. Das bedeutet nichts anderes, als daß durch Quadrierung der Faktorladungen in bezug auf eine Variable und deren anschließender Summation der durch die Faktoren wiedergegebene *Varianzerklärungsanteil der betrachteten Variablen* dargestellt wird: $\sum_q a_{jq}^2$ ist nichts anderes als das *Bestimmtheitsmaß* der Regressionsanalyse (vgl. Kapitel 1 in diesem Buch). Im Falle der Extraktion aller möglichen Faktoren ist der Wert des Bestimmtheitsmaßes gleich 1.

6.2.3 Bestimmung der Kommunalitäten

(1) Variablenauswahl und Errechnung der Korrelationsmatrix

(2) Extraktion der Faktoren

(3) Bestimmung der Kommunalitäten

(4) Zahl der Faktoren

(5) Faktorinterpretation

(6) Bestimmung der Faktorwerte

In einem konkreten Anwendungsfall, bei dem vor dem Hintergrund des Ziels der Faktorenanalyse die Zahl der Faktoren kleiner als die Zahl der Merkmale ist, kann es sein, daß die Summe der Ladungsquadrate (erklärte Varianz) kleiner als 1 ist. Dies ist dann der Fall, wenn aufgrund theoretischer Vorüberlegungen klar ist, daß nicht die gesamte Varianz durch die Faktoren bedingt ist. Dies ist das sog. Kommunalitätenproblem.

Beispielsweise könnten die auf den Wert von 1 normierten Varianzen der Variablen "Kaloriengehalt" und "Anteil ungesättigter Fettsäuren" nur zu 70 % auf den Faktor "Gesundheit" zurückzuführen sein. 30 % der Varianz sind nicht durch den gemeinsamen Faktor bedingt, sondern durch andere Faktoren oder durch Meßfehler (Restvarianz).

Abbildung 6.13 zeigt die Zusammenhänge noch einmal graphisch.

Werden statt eines Faktors zwei Faktoren extrahiert, so läßt sich naturgemäß mehr Gesamtvarianz durch die gemeinsamen Faktoren erklären, z.B. 80 % wie in Abbildung 6.14. Den Teil der Gesamtvarianz einer Variablen, der durch die gemeinsamen Faktoren erklärt werden soll, bezeichnet man als *Kommunalität* h_j^2. Da i. d. R. die gemeinsamen Faktoren nicht die Gesamtvarianz erklären, sind die Kommunalitäten meist kleiner als eins.

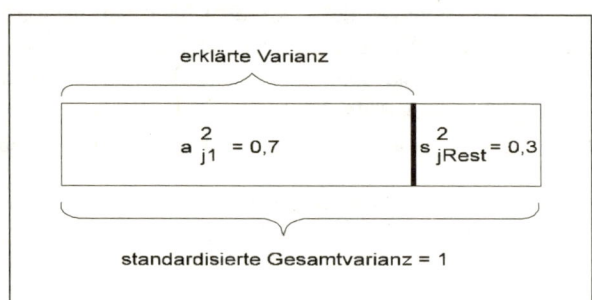

Abb. 6.13: Die Komponenten der Gesamtvarianz bei der 1-Faktorlösung

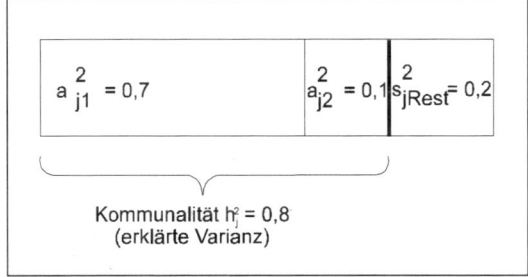

Abb. 6.14: Die Komponenten der Gesamtvarianz bei einer 2-Faktorlösung

Das heißt aber nichts anderes, als daß für die Faktorenanalyse das Fundamentaltheorem in Gleichung (7) durch eine nicht erklärte Komponente zu ergänzen ist. Wählt man für diesen Restterm, der potentielle Meßfehler und die spezifische Varianz beschreibt, das Symbol U, dann ergibt sich für (7)

$$R = A \cdot A' + U \tag{7a}$$

Die Korrelationsmatrix R in (7a) spiegelt ebenfalls in identischer Weise die aus den empirischen Daten errechneten Korrelationen wider, wobei im Gegensatz zu (7) hier eine explizite Unterscheidung zwischen *gemeinsamen Faktoren* (die sich in der Matrix A niederschlagen) und *spezifischen Faktoren* (die durch die Matrix U repräsentiert werden) vorgenommen wurde. Dabei umfassen die spezifischen Faktoren die spezifische Varianz einer Variablen sowie die jeweiligen Meßfehler. Spezifische Faktoren werden häufig auch als *Einzelrestfaktoren* bezeichnet.

Ein wichtiges Problem der Faktorenanalyse besteht nun darin, die Kommunalitäten zu schätzen, deren Werte der Anwender ja nicht kennt - er hat nur die Korrelationsmatrix und sucht erst die Faktorladungen. Hierbei handelt es sich um ein subjektives Vorab-Urteil des Forschers, mit dem er einer Vermutung Ausdruck gibt. Setzt er die Kommunalität beispielsweise auf 0,8, so legt er damit fest, daß *nach seiner Meinung* 80 % der Ausgangsvarianz durch gemeinsame Faktoren erklärbar sind. Um den Schätzcharakter deutlich zu machen, werden die Kommunalitäten häufig als Klammerwerte in die Haupt-Diagonale der Korrelationsmatrix eingesetzt. Die so modifizierte Korrelationsmatrix fungiert dann als Ausgangsbasis für die oben beschriebene Faktorenextraktion.

Hierbei läßt sich ein Zusammenhang zwischen der Anzahl verwendeter Variablen und der Bedeutung einer nahezu korrekten Einschätzung der Kommunalitäten aufstellen: Je größer die Zahl an Variablen ist, desto unwichtiger sind exakt geschätzte Kommunalitäten. Schließlich nimmt der prozentuale Anteil der diagonalen Elemente einer Matrix bei einer steigenden Anzahl an untersuchten Variablen ab. In einer 2x2-Matrix bilden die diagonalen Elemente noch 50 % aller Elemente, bei einer 10x10-Matrix sind dies nur noch 10 % (10 diagonale aus insgesamt 100 Elementen), bei einer 100x100-Matrix gerade einmal noch 1 %. Eine fehlerhafte Eintragung in einem von 100 Elementen für eine Variable (im Falle einer 100x100-

Matrix) hat folglich eine deutlich geringer negative Auswirkung als im Falle einer 2x2-Matrix.[13]

In der Schätzung der Kommunalitäten ist der Anwender des Verfahrens nicht völlig frei. Vielmehr ergeben sich theoretische Ober- und Untergrenzen für die jeweiligen Werte, die aber hier im einzelnen nicht dargestellt werden sollen.[14] Innerhalb dieser Grenzen existiert jedoch keine eindeutige Lösung. Vielmehr ist eine Reihe von Schätzverfahren entwickelt worden, die aber zu unterschiedlichen Ergebnissen gelangen können.

Bei praktischen Anwendungen sind i. d. R. jedoch nur zwei Verfahren zur Kommunalitätenbestimmung von Bedeutung, die sich wie folgt beschreiben lassen:

1. Der Anwender geht von der Überlegung aus, daß die gesamte Varianz der Ausgangsvariablen durch die Faktorenanalyse erklärt werden soll und "setzt" somit die Kommunalitäten auf 1. Damit wird durch die Faktorenanalyse keine explizite Kommunalitätenschätzung vorgenommen.
2. Für die Kommunalität wird durch den Anwender aufgrund *inhaltlicher* Überlegungen ein bestimmter Schätzwert *vorgegeben*. In vielen Fällen wird dabei der höchste quadrierte Korrelationskoeffizient einer Variablen mit den anderen Variablen (das entspricht dem höchsten Korrelationskoeffizienten einer Zeile bzw. Spalte mit Ausnahme der Hauptdiagonal-Werte) als Vorgabewert herangezogen. Die Begründung hierfür ist darin zu sehen, daß die Faktoren gemeinsam (mindestens) den gleichen Erklärungsbeitrag liefern, wie die höchste Korrelation einer Variablen mit den verbleibenden Variablen ausmacht. Dieser Wert ist i. d. R. jedoch zu niedrig, da nicht die Beziehungen zu den weiteren Variablen berücksichtigt werden. Dies ist der Fall bei Anwendung des multiplen Bestimmtheitsmaßes. Als relevanter Wertebereich ergibt sich damit

$$1 \geq h_j^2 \geq R_j^2 \geq \max_j r_{jk}^2 \, .$$

Wir hatten bereits zu Beginn dieses Abschnittes erwähnt, daß die Bestimmung der Kommunalitäten eng mit Wahl des *Faktorextraktionsverfahrens* verbunden ist. Im Rahmen der Faktorenanalyse ist eine Vielzahl von Extraktionsverfahren entwickelt worden, wobei zwei Verfahren von besonderer Bedeutung sind, deren Unterscheidung eng mit der oben beschriebenen Vorgehensweise bei der Bestimmung der Kommunalitäten zusammenhängt: die Haupt*komponenten*analyse und die Haupt*achsen*analyse.

- Die *Hauptkomponentenanalyse* geht davon aus, daß die Varianz einer Ausgangsvariablen *vollständig* durch die Extraktion von Faktoren erklärt werden kann, d. h. sie *unterstellt*, daß *keine Einzelrestvarianz* (= spezifische Varianz + Meßfehlervarianz) in den Variablen existiert. Das bedeutet, daß als "Startwert" bei der Kommunalitätenschätzung immer der Wert 1 vorgegeben wird und die Kommu-

---

[13] Vgl. Loehlin, J.C.: Latent variable models: factor, path, and structural analysis, 3. Aufl., New Jersey 1998, S. 154.

[14] Vgl. Überla, K.: Faktorenanalyse, 2. Aufl., Berlin usw. 1972, S. 155 ff.

nalität von 1 auch *immer* dann vollständig reproduziert wird, wenn ebenso viele Faktoren wie Variable extrahiert werden. Werden weniger Faktoren als Variable extrahiert, so ergeben sich auch bei der Hauptkomponentenanalyse im Ergebnis Kommunalitätenwerte von kleiner 1, wobei der "nicht erklärte" Varianzanteil (1 - Kommunalität) jedoch nicht als Einzelrestvarianz, sondern als durch die Faktoren nicht reproduzierter Varianzanteil und damit als (bewußt in Kauf genommener) Informationsverlust deklariert wird.

- Die *Hauptachsenanalyse* hingegen *unterstellt*, daß sich die Varianz einer Variablen immer in die Komponenten Kommunalität und Einzelrestvarianz aufteilt. Ziel der Hauptachsenanalyse ist es, lediglich die Varianzen der Variablen in Höhe der Kommunalitäten zu erklären. Das bedeutet, daß als "Startwert" bei der Kommunalitätenschätzung immer Werte kleiner 1 vorgegeben werden. Allerdings besitzt der Anwender hier eine *Eingriffsmöglichkeit*:

  Entweder besitzt der Anwender aufgrund *inhaltlicher Überlegungen* Informationen darüber, wie groß die "wahren" Werte der Kommunalität sind oder er überläßt es dem Iterationsprozeß der Hauptachsenanalyse, die "Endwerte" der Kommunalität zu schätzen, wobei als Kriterium "Konvergenz der Iterationen" herangezogen wird. Gibt der Anwender die Kommunalitätenwerte vor, so werden diese *immer* in identischer Weise erzeugt, wenn ebenso viele Faktoren wie Variablen extrahiert werden. Werden hingegen weniger Faktoren als Variable extrahiert, so ergeben sich auch bei Vorgabe der Kommunalitäten im Ergebnis Kommunalitätenwerte, die kleiner sind als die Vorgaben, wobei die *Differenz zu den Vorgaben* auch hier als nicht reproduzierter Varianzanteil und damit als Informationsverlust deklariert wird.[15]

Obwohl sich Hauptkomponenten- und Hauptachsenanalyse in ihrer *Rechentechnik* <u>nicht</u> *unterscheiden* (beides sind iterative Verfahren), sondern sogar als *identisch* zu bezeichnen sind, so machen die obigen Betrachtungen jedoch deutlich, daß beide Verfahren von vollkommen *unterschiedlichen theoretischen Modellen* ausgehen:

Das *Ziel der Hauptkomponentenanalyse* liegt in der möglichst umfassenden *Reproduktion* der Datenstruktur durch möglichst wenige Faktoren. Deshalb wird auch *keine* Unterscheidung zwischen Kommunalitäten und Einzelrestvarianz vorgenommen. Damit nimmt die Hauptkomponentenanalyse auch *keine kausale Interpretation* der Faktoren vor, wie sie in Abschnitt 6.1 als charakteristisch für die Faktorenanalyse aufgezeigt wurde. In vielen Lehrbüchern wird deshalb die Hauptkomponentenanalyse häufig auch als ein *eigenständiges Analyseverfahren* (neben der Faktorenanalyse) behandelt. Demgegenüber liegt das *Ziel der Hauptachsenanalyse* in der *Erklärung* der Varianz der Variablen durch hypothetische Größen (Faktoren), und es ist zwingend eine Unterscheidung zwischen Kommunalitäten und Einzelrestvarianz erforderlich; Korrelationen werden hier also kausal interpretiert. Diese Unter-

---

15 An dieser Stelle wird bereits deutlich, daß es sich bei der Hauptkomponenten- und der Hauptachsenanalyse um *identische* Verfahren handelt, da die Hauptachsenanalyse bei einer Vorgabe der Kommunalitätenwerte von 1 die Hauptkomponentenanalyse als Spezialfall enthält.

schiede schlagen sich *nicht* in der Rechentechnik, sondern in der *Interpretation der Faktoren* nieder:

Bei der Haupt*komponenten*analyse lautet die Frage bei der Interpretation der Faktoren:

"Wie lassen sich die auf einen Faktor hoch ladenden Variablen durch einen <u>Sammelbegriff</u> (Komponente) zusammenfassen?"

Bei der Haupt*achsen*analyse lautet die Frage bei der Interpretation der Faktoren:

"Wie läßt sich die <u>Ursache</u> bezeichnen, die für die hohen Ladungen der Variablen auf diesen Faktor verantwortlich ist?"

Die Entscheidung darüber, ob eine Faktorenanalyse mit Hilfe der Hauptkomponenten- oder der Hauptachsenanalyse durchgeführt werden soll, wird damit *allein* durch *sach-inhaltliche* Überlegungen bestimmt. Wir unterstellen im folgenden, daß für unser Beispiel die Frage der "hypothetischen Erklärungsgrößen" beim Margarinekauf von Interesse ist und zeigen im folgenden die Vorgehensweise der Hauptachsenanalyse bei iterativer Kommunalitätenschätzung auf.

Kehren wir zu unserem Ausgangsbeispiel in Abbildung 6.3 und Tabelle 6.3 zurück, so zeigt Tabelle 6.14 die Anfangswerte der Kommunalitäten, die von SPSS im Rahmen der *Hauptachsenanalyse* (bei iterativer Kommunalitätenschätzung) als *Startwerte* vorgegeben werden.

Tabelle 6.14:   Startwerte der Kommunalitäten im 6-Produkte-Beispiel

Kommunalitäten	
	Anfänglich
UNGEFETT	,93103
KALORIEN	,54117
VITAMIN	,92857
HALTBARK	,97381
PREIS	,97325

Extraktionsmethode: Hauptachsen-Faktorenanalyse.

SPSS verwendet als Startwerte für die iterative Bestimmung der Kommunalitäten das multiple Bestimmtheitsmaß, das den gemeinsamen Varianzanteil einer Variablen mit allen übrigen Variablen angibt. Setzt man diese Werte in die Korrelationsmatrix der Tabelle 6.3 anstelle der Einsen in die Hauptdiagonale ein und führt auf dieser Basis eine Faktorextraktion mit Hilfe der Hauptachsenanalyse durch (auf die Darstellung der einzelnen Iterationsschritte sei hier verzichtet), so ergibt sich bei (zunächst willkürlicher) Vorgabe von zwei zu extrahierenden Faktoren die in Tabelle 6.15 dargestellte *Faktorladungsmatrix*.

Tabelle 6.15:   Faktorladungen im 6-Produkte-Beispiel

Faktorenmatrix[a]

	Faktor	
	1	2
UNGEFETT	,94331	-,28039
KALORIEN	,70669	-,16156
VITAMIN	,92825	-,30210
HALTBARK	,38926	,91599
PREIS	,32320	,93608

Extraktionsmethode: Hauptachsen-Faktorenanalyse.

a. 2 Faktoren extrahiert. Es werden 7 Iterationen benötigt.

Multipliziert man die Faktorladungsmatrix mit ihrer Transponierten, so ergibt sich (gemäß dem Fundamentaltheorem der Faktorenanalyse in Formel (7)) die in Tabelle 6.16 dargestellte (reproduzierte) Korrelationsmatrix. Tabelle 6.16 enthält im oberen Teil mit der Überschrift "Reproduzierte Korrelation" in der Hauptdiagonalen die Endwerte der iterativ geschätzten Kommunalitäten bei zwei Faktoren. Die nicht-diagonal-Elemente geben die durch die Faktorenstruktur reproduzierten Korrelationen wieder. In der unteren Tabelle mit der Überschrift "Residuum" werden die Differenzwerte zwischen den ursprünglichen (Tabelle 6.3) und den reproduzierten Korrelationen ausgewiesen. Dabei wird deutlich, daß in unserem Beispiel keiner der Differenzwerte größer als 0,05 ist, so daß die auf der Basis der Faktorladungen ermittelte Korrelationsmatrix der ursprünglichen Korrelationsmatrix sehr ähnlich ist, sie also "sehr gut" reproduziert.

Tabelle 6.16:   Die reproduzierte Korrelationsmatrix im 6-Produkte-Beispiel

Reproduzierte Korrelationen

		UNGEFETT	KALORIEN	VITAMIN	HALTBARK	PREIS
Reproduzierte Korrelation	UNGEFETT	,96845[b]	,71193	,96034	,11035	,04241
	KALORIEN	,71193	,52552[b]	,70480	,12709	,07717
	VITAMIN	,96034	,70480	,95292[b]	,08461	,01722
	HALTBARK	,11035	,12709	,08461	,99056[b]	,98325
	PREIS	,04241	,07717	,01722	,98325	,98070[b]
Residuum[a]	UNGEFETT		-,00017	,00101	-,00141	,00144
	KALORIEN	-,00017		-,00083	,01061	-,01065
	VITAMIN	,00101	-,00083		-,00636	,00640
	HALTBARK	-,00141	,01061	-,00636		,00010
	PREIS	,00144	-,01065	,00640	,00010	

Extraktionsmethode: Hauptachsen-Faktorenanalyse.

a. Residuen werden zwischen beobachteten und reproduzierten Korrelationen berechnet. Es gibt 0 (,0%) nichtredundante Residuen mit Absolutwerten > 0,05.

b. Reproduzierte Kommunalitäten

Das aber bedeutet nichts anderes, als daß sich die beiden gefundenen Faktoren ohne großen Informationsverlust zur Beschreibung der fünf Ausgangsvariablen eignen.

Wegen der unterstellten spezifischen Varianz und des damit verbundenen Problems der Kommunalitätenschätzung ist es klar, daß durch die Rechenregel $R = A \cdot A'$ die Ausgangs-Korrelationsmatrix R nicht identisch reproduziert werden kann. Dies gilt auch für die Kommunalitäten. Aus diesem Grunde kennzeichnen wir die reproduzierte Korrelationsmatrix als $\hat{R}$.

6.2.4 Zahl der zu extrahierenden Faktoren

(1) Variablenauswahl und Errechnung der Korrelationsmatrix

(2) Extraktion der Faktoren

(3) Bestimmung der Kommunalitäten

(4) Zahl der Faktoren

(5) Faktorinterpretation

(6) Bestimmung der Faktorwerte

Im vorangegangenen Abschnitt hatten wir uns willkürlich für zwei Faktoren entschieden. Generell ist zu bemerken, daß zur Bestimmung der Faktorenzahl keine eindeutigen Vorschriften existieren, so daß hier der *subjektive Eingriff* des Anwenders erforderlich ist. Allerdings lassen sich auch statistische Kriterien heranziehen, von denen insbesondere die folgenden als bedeutsam anzusehen sind:

- *Kaiser-Kriterium.* Danach ist die Zahl der zu extrahierenden Faktoren gleich der Zahl der Faktoren mit Eigenwerten größer eins. Die Eigenwerte (Eigenvalues) werden berechnet als Summe der quadrierten Faktorladungen *eines* Faktors über alle Variablen. Sie sind ein Maßstab für die durch den jeweiligen Faktor erklärte Varianz der Beobachtungswerte. Der Begriff Eigenwert ist deutlich vom "erklärten Varianzanteil" zu trennen. Letzterer beschreibt den Varianzerklärungsanteil, der durch die Summe der quadrierten Ladungen *aller Faktoren* im Hinblick auf *eine Variable* erreicht wird (theoretischer oberer Grenzwert Kommunalität $\sum_q a^2_{jq}$), während der Eigenwert den Varianzbeitrag *eines Faktors* im Hinblick auf die Varianz *aller Variablen* beschreibt ($\sum_j a^2_{jq}$).

Tabelle 6.17 zeigt nochmals die Faktorladungsmatrix aus Tabelle 6.15 auf, wobei in Klammern jeweils die *quadrierten Faktorladungen* stehen. Addiert man die Ladungsquadrate je Zeile, so ergeben sich die *Kommunalitäten* der Variablen (vgl. Tabelle 6.18). Von der Eigenschaft "Anteil ungesättigter Fettsäure" werden folglich (0,8898 + 0,07786 = 0,9684) 96,84 % der Varianz durch die zwei extrahierten Faktoren erklärt. Die spaltenweise Summation erbringt die Eigenwerte der Faktoren, die in Tabelle 6.17 in der untersten Zeile abgebildet werden.

Die Begründung für die Verwendung des Kaiser-Kriteriums liegt darin, daß ein Faktor, dessen Varianzerklärungsanteil über alle Variablen kleiner als eins ist, weniger Varianz erklärt als eine einzelne Variable; denn die Varianz einer *standardisierten* Variable beträgt ja gerade 1. In unserem Beispiel führt das Kaiser-Kriterium zu der Extraktion von zwei Faktoren, da bei der Extraktion eines dritten Faktors der entsprechende Eigenwert bereits kleiner 0,4 wäre.

Tabelle 6.17: Bestimmung der Eigenwerte

Faktorenmatrix

	Faktor	
	1	2
UNGEFETT	0,94331 (0,8898)	-0,28039 (0,0786)
KALORIEN	0,70669 (0,4994)	-0,16156 (0,0261)
VITAMIN	0,92825 (0,8616)	-0,30210 (0,0913)
HALTBARK	0,38926 (0,1515)	0,91599 (0,8390)
PREIS	0,32320 (0,1045)	0,93608 (0,8762)
Eigenwerte	2,5068	1,9112

Tabelle 6.18: Kommunalitäten als erklärter Varianzanteil

Kommunalitäten

	Extraktion
UNGEFETT	,9684
KALORIEN	,5255
VITAMIN	,9529
HALTBARK	,9906
PREIS	,9807

- *Scree-Test.* Beim Scree-Test werden die Eigenwerte in einem Koordinatensystem nach abnehmender Wertefolge angeordnet. Sodann werden diejenigen Punkte, die sich asymptotisch der Abszisse nähern, durch eine Gerade angenähert. Der letzte Punkt *links* auf dieser Geraden bestimmt die Zahl der zu extrahierenden Faktoren. Der Hintergrund dieser Vorgehensweise ist darin zu sehen, daß die Faktoren mit den kleinsten Eigenwerten für Erklärungszwecke als unbrauchbar (Scree=Geröll) angesehen werden und deshalb auch nicht extrahiert werden. Das Verfahren liefert allerdings nicht immer eindeutige Lösungen, da nicht eindeutig festliegt, wie die Gerade in das Koordinatensystem einzupassen ist. Abbildung 6.15 zeigt den Scree-Test für das 6-Produkte-Beispiel, wonach hier drei Faktoren zu extrahieren wären.

Obwohl es dem Forscher prinzipiell selbst überlassen bleibt, welches Kriterium er bei der Entscheidung über die Zahl zu extrahierender Faktoren zugrunde legt, kommt in empirischen Untersuchungen häufig das Kaiser-Kriterium zur Anwendung.

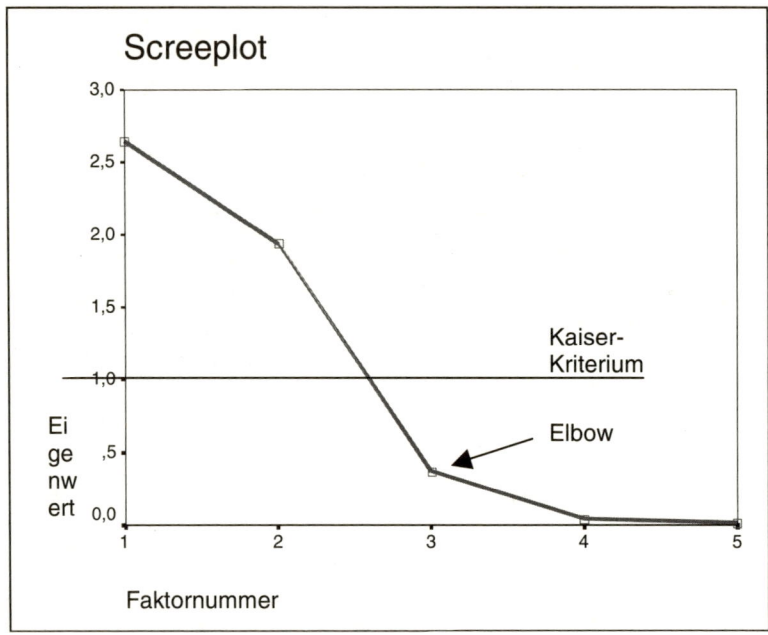

Abb. 6.15: Scree-Test im 6-Produkte-Beispiel

6.2.5 Faktorinterpretation

(1) Variablenauswahl und Errechnung der Korrelationsmatrix

(2) Extraktion der Faktoren

(3) Bestimmung der Kommunalitäten

(4) Zahl der Faktoren

(5) Faktorinterpretation

(6) Bestimmung der Faktorwerte

Ist die Zahl der Faktoren bestimmt, so muß anschließend versucht werden, die Faktoren, die zunächst rein abstrakte Größen (Vektoren) darstellen, zu interpretieren. Dazu bedient man sich als Interpretationshilfe der Faktorladungen, die für unser Beispiel *nochmals* in Tabelle 6.19 wiedergegeben sind (vgl. auch Tabelle 6.15):

Es zeigt sich, daß der Faktor 1 besonders stark mit den Größen

- Anteil ungesättigter Fettsäuren
- Kaloriengehalt
- Vitamingehalt

korreliert. Da hier eine *Hauptachsenanalyse* durchgeführt wurde, ist danach zu fragen, welche Ursache sich hinter diesem Zusammenhang verbirgt. Hier sei unterstellt, daß letztendlich der Gesundheitsaspekt für das Beurteilungsverhalten der Befragten verantwortlich war und damit die Faktorladungen bestimmt hat. Wir bezeichnen den ersten Faktor deshalb als "Gesundheit". Für die Variablen x_4 und x_5 sei unterstellt, daß der Wirtschaftlichkeitsaspekt bei der Beurteilung im Vordergrund stand, und der Faktor wird deshalb als "Wirtschaftlichkeit" charakterisiert. An dieser Stelle wird besonders deutlich, daß die Interpretation der Faktoren eine hohe Sachkenntnis des Anwenders bezüglich des konkreten Untersuchungsobjektes erfordert. Weiterhin sei nochmals darauf hingewiesen, daß im Gegensatz zur Hauptachsenanalyse bei Anwendung einer *Hauptkomponentenanalyse* die Interpretation der Faktoren der Suche nach einem "*Sammelbegriff*" für die auf einen Faktor hoch ladenden Variablen entspricht.

Tabelle 6.19: Faktorladungen im 6-Produkte-Beispiel

	FAKTOR 1	FAKTOR 2
UNGEFETT	.94331	-.28039
KALORIEN	.70669	-.16156
VITAMIN	.92825	-.30210
HALTBARK	.38926	.91599
PREIS	.32320	.93608

Die Faktorladungsmatrix in Tabelle 6.19 weist eine sogenannte *Einfachstruktur* auf, d. h. die Variablen laden immer nur auf *einem* Faktor hoch und auf allen anderen Faktoren (in diesem 2-Faktorfall auf jeweils dem anderen Faktor) niedrig.

Bei größeren Felduntersuchungen ist dies jedoch häufig nicht gegeben und es fällt dann nicht leicht, die jeweiligen Faktoren zu interpretieren. Hier besteht nur die Möglichkeit, das Faktormuster offenzulegen, so daß der jeweils interessierte Verwender der Analyseergebnisse Eigeninterpretationen vornehmen kann. Das bedeutet allerdings auch, daß gerade die Faktorinterpretation subjektive Beurteilungsspielräume offenläßt. Das gilt besonders dann, wenn eine Interpretation wegen der inhaltlich nicht konsistenten Ladungen schwierig ist.

Der Anwender muß dabei häufig entscheiden, ab welcher Ladungshöhe er eine Variable einem Faktor zuordnet. Dazu sind gewisse Regeln (Konventionen) entwickelt worden, wobei in der praktischen Anwendung "hohe" Ladungen ab 0,5 angenommen werden. Dabei ist allerdings darauf zu achten, daß eine Variable, wenn sie auf mehreren Faktoren Ladungen ≥ 0,5 aufweist, bei *jedem* dieser Faktoren zur Interpretation herangezogen werden muß.

Laden mehrere Variable auf mehrere Faktoren gleich hoch, dann ist es häufig unmöglich, unmittelbar eine sinnvolle Faktorinterpretation zu erreichen (Abbildung 6.16).

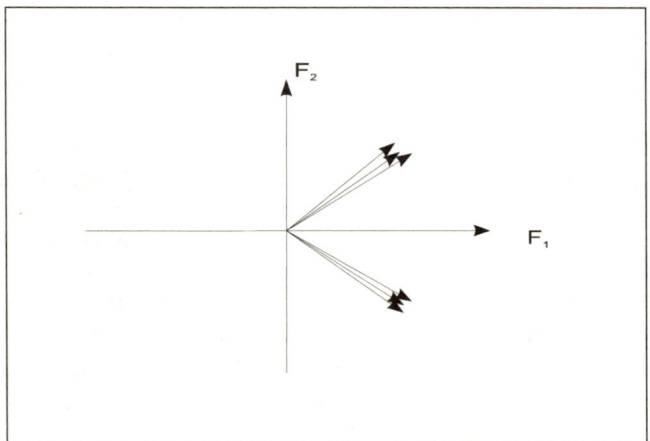

Abb. 6.16: Unrotierte Faktorladungen

Es läßt sich mathematisch nachweisen, daß die Aussagekraft einer Hauptachsenanalyse durch Drehung (Rotation) des Koordinatenkreuzes in seinem Ursprung nicht verändert wird. Aus diesem Grunde wird zur Interpretationserleichterung häufig eine Rotation durchgeführt. Dreht man das Koordinatenkreuz in Abbildung 6.16 in seinem Ursprung, so läßt sich beispielsweise die Konstellation aus Abbildung 6.17 erreichen. Jetzt lädt das obere Variablenbündel vor allem auf Faktor 2 und das untere auf Faktor 1. Damit wird die Interpretation erheblich erleichtert.

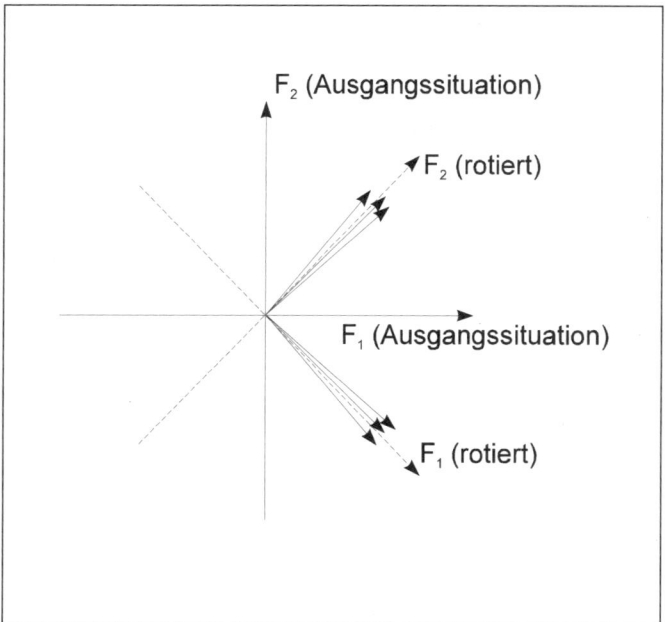

Abb. 6.17: Rotierte Faktorladungen

SPSS unterstützt verschiedene Möglichkeiten zur Rotation des Koordinatenkreuzes, wobei grundsätzlich zwei Kategorien unterschieden werden können.

1) Sofern angenommen werden kann, daß die Faktoren untereinander nicht korrelieren, verbleiben die Faktorachsen während der Drehung in einem rechten Winkel zueinander. Es handelt sich hierbei um Methoden der *orthogonalen (rechtwinkligen) Rotation.*

2) Die Achsen werden in einem schiefen Winkel zueinander rotiert, falls eine Korrelation zwischen den rotierten Achsen bzw. Faktoren angenommen wird. Hierbei spricht man von Methoden der *obliquen (schiefwinkligen) Rotation.* Da allerdings die Unabhängigkeitsprämisse der Faktoren (im statistischen Sinne) aufgegeben wird, wäre dann eine erneute Faktorenanalyse notwendig. Empirische Untersuchungen haben allerdings gezeigt, daß diese häufig zu kaum noch interpretierbaren Ergebnissen führen.

Tabelle 6.20 zeigt das Ergebnis der rechtwinkligen Varimax-Rotation für unser Beispiel. Hierbei handelt es sich um eine sehr häufig angewendete Methode. Die Ergebnisse zeigen, daß die Faktorladungen auf die jeweiligen Faktoren jeweils noch höher geworden sind.

Tabelle 6.20: Rotierte Varimax-Faktorladungsmatrix im 6-Produkte-Beispiel

```
Rotierte Faktorenmatrix:

                    FAKTOR  1        FAKTOR  2

    UNGEFETT        .98357          .03229
    KALORIEN        .72152          .07020
    VITAMIN         .97615          .00694

    HALTBARK        .07962          .99208
    PREIS           .01060          .99025
```

Um die Rotation nachvollziehen zu können, sollte sich der Leser die Formel für eine orthogonale Transformation um einen Winkel α *nach links* vergegenwärtigen:

$$A^* = A \cdot T \text{ mit } T = \begin{bmatrix} \cos\alpha & -\sin\alpha \\ \sin\alpha & \cos\alpha \end{bmatrix}$$

Im obigen Beispiel handelt es sich um eine Rotation um 18,43° nach rechts bzw. um 341,57° nach links:

$$
\underset{A}{\begin{bmatrix} 0,94331 & -0,28039 \\ 0,70669 & -0,16156 \\ 0,92825 & -0,30210 \\ 0,38926 & 0,91599 \\ 0,32320 & 0,93608 \end{bmatrix}} \cdot
\underset{T}{\begin{bmatrix} \cos341,57° & -\sin341,57 \\ \sin341,57° & \cos341,57 \end{bmatrix}} =
\underset{A^*}{\begin{bmatrix} 0,98357 & 0,03229 \\ 0,72152 & 0,07020 \\ 0,97615 & 0,00694 \\ 0,07962 & 0,99208 \\ 0,01060 & 0,99025 \end{bmatrix}}
$$

Im SPSS-Output läßt sich der Rotationswinkel anhand der Faktor Transformationsmatrix bestimmen (vgl. Tabelle 6.21).

Tabelle 6.21:   Faktor Transformationsmatrix

	Faktor 1	Faktor 2
Faktor 1	,94868	,31622
Faktor 2	-,31622	,94868

Für das Bogenmaß 0,94868 gilt für den Cosinus ein entsprechendes Winkelmaß von $\alpha = 18,43°$.

6.2.6 Bestimmung der Faktorwerte

(1) Variablenauswahl und Errechnung der Korrelationsmatrix

(2) Extraktion der Faktoren

(3) Bestimmung der Kommunalitäten

(4) Zahl der Faktoren

(5) Faktorinterpretation

(6) Bestimmung der Faktorwerte

Für eine Vielzahl von Fragestellungen ist es von großem Interesse, nicht nur die Variablen auf eine geringere Anzahl von Faktoren zu reduzieren, sondern danach zu erfahren, welche Werte die Objekte (Marken) nun hinsichtlich der extrahierten Faktoren annehmen. Man benötigt also nicht nur die Faktoren selbst, sondern auch die Ausprägung der Faktoren bei den Objekten bzw. Personen. Dieses bezeichnet man als das Problem der Bestimmung der *Faktorwerte*.

Wie oben erläutert, ist es das Ziel der Faktorenanalyse, die standardisierte Ausgangsdatenmatrix Z als Linearkombination von Faktoren darzustellen. Es galt:

$$Z = P \cdot A' \tag{3c}$$

Wir haben uns bisher mit der Bestimmung von A (Faktorladungen) beschäftigt. Da Z gegeben ist, ist die Gleichung (3c) nach den gesuchten Faktorwerten P aufzulösen. Bei Auflösung nach P ergibt sich durch Multiplikation von rechts mit der inversen Matrix $(A')^{-1}$:

$$Z \cdot (A')^{-1} = P \cdot A' \cdot (A')^{-1} \tag{12}$$

Da $A' \cdot (A')^{-1}$ definitionsgemäß die Einheitsmatrix E ergibt, folgt:

$$Z \cdot (A')^{-1} = P \cdot E \tag{13}$$

Da $P \cdot E = P$ ist, ergibt sich:

$$P = Z \cdot (A')^{-1} \tag{14}$$

Für das in der Regel nicht quadratische Faktormuster A (es sollen ja gerade weniger Faktoren als Variable gefunden werden!) ist eine Inversion nicht möglich. Deshalb könnte in bestimmten Fällen folgende Vorgehensweise eine Lösung bieten:

(3c) wird von rechts mit A multipliziert:

$$Z \cdot A = P \cdot A' \cdot A \tag{15}$$

Matrix $\left(A' \cdot A\right)$ ist definitionsgemäß quadratisch und somit invertierbar:

$$Z \cdot A \cdot \left(A' \cdot A\right)^{-1} = P \cdot \left(A' \cdot A\right) \cdot \left(A' \cdot A\right)^{-1} \tag{16}$$

Da $(A' \cdot A) \cdot (A' \cdot A)^{-1}$ definitionsgemäß eine Einheitsmatrix ergibt, gilt:

$$P = Z \cdot A \cdot (A' \cdot A)^{-1} \qquad (17)$$

In bestimmten Fällen können sich bei der Lösung dieser Gleichung aber ebenfalls Schwierigkeiten ergeben. Man benötigt dann Schätzverfahren zur Lösung dieses Problems. Je nach Wahl des Schätzverfahrens kann daher die Lösung variieren.

In vielen Fällen wird zur Schätzung der Faktorwerte auf die Regressionsanalyse (vgl. Kapitel 1) zurückgegriffen. Für unser Beispiel ergab sich für den Term $A \cdot (A' \cdot A)^{-1}$ die in Tabelle 6.22 aufgeführte Koeffizientenmatrix der Faktorwerte.

Tabelle 6.22:   Koeffizientenmatrix der Faktorwerte

	FAKTOR 1 GESUNDHEIT	FAKTOR 2 WIRTSCHAFT- LICHKEIT
UNGEFETT	.55098	-.04914
KALORIEN	.01489	-.01014
VITAMIN	.42220	.00081
HALTBARK	.26113	.67344
PREIS	-.28131	.33084

Die standardisierte Ausgangsdatenmatrix Z multipliziert mit den Regressions-koeffizienten ergibt dann die in Tabelle 6.23 aufgeführten Faktorwerte. Die standardisierte Datenmatrix Z errechnet sich gemäß der Formel $Z_{kj} = \dfrac{x_{kj} - \overline{x}_j}{s_j}$ auf Seite 264 zu:

Tabelle 6.23:   Standardisierte Ausgangsdatenmatrix Z

	UNGEFETT	KALORIEN	VITAMIN	HALTBARK	PREIS
RAMA	-1.24550	-1.63164	-1.21988	-1.33631	-1.29100
SANELLA	-.56614	.94463	-.48795	-.26726	-.32275
BECEL	.79260	.42938	.24397	.26726	.16137
DU DARFST	1.47196	.94463	1.70782	-.80178	-.80687
HOLL.BUTTER	-.56614	-.60113	-.48795	.80178	1.12962
WEIH.BUTTER	.11323	-.08588	.24397	1.33631	1.12962

Die Multiplikation der Matrix [6x5] in Tabelle 6.23 mit der Matrix [5x2] in Tabelle 6.22 ergibt sich zu der Faktorwerte-Matrix [6x2] in Tabelle 6.24.

Tabelle 6.24:   Faktorwerte im 6-Produkte-Beispiel

	FAKTOR 1 GESUNDHEIT	FAKTOR 2 WIRTSCHAFT- LICHKEIT
RAMA	-1.21136	-1.25027
SANELLA	-.48288	-.26891
BECEL	.57050	.19027
DU DARFST	1.56374	-.88742
HOLL. BUTTER	-.63529	.94719
WEIH. BUTTER	.19530	1.26914

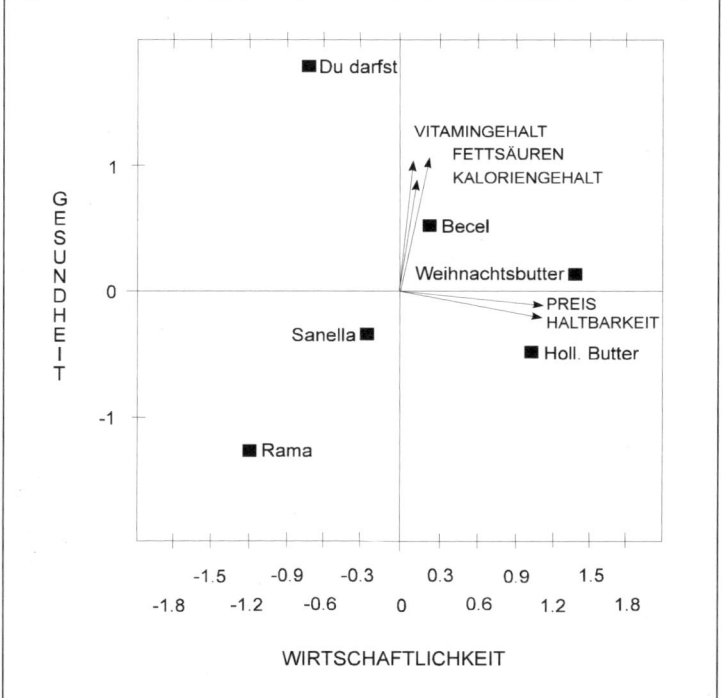

Abb. 6.18: Faktorwerte-Plot und rotierte Faktorladungen im 6-Produkte-Beispiel

Die Faktorwerte lassen sich graphisch verdeutlichen und liefern damit eine Vi-
sualisierung der beurteilten Margarinemarken im zweidimensionalen Faktorenraum
(Abbildung 6.18). Gleichzeitig lassen sich in diese Darstellung, unter Rückgriff auf
die (rotierte) Faktorladungsmatrix (Tabelle 6.20), auch die Positionen der Faktoren
übertragen. Damit erhält der Anwender gleichzeitig einen optischen Anhaltspunkt
dafür, wie stark die Achsen des Koordinatensystems (Faktoren) mit den Variablen
in Verbindung stehen.

6.2.7 Zusammenfassende Darstellung der Faktorenanalyse

Wie im einzelnen dargestellt, sind zur Durchführung einer Faktorenanalyse fünf grundlegende *Schritte* notwendig, um die Variablen einer Datenmatrix auf die den Daten zugrundeliegenden hypothetischen Faktoren zurückzuführen (Abbildung 6.19), wobei die Kantenlängen in Relation zueinander stehen: In der Ausgangsdatenmatrix X wird analog zum Beispiel davon ausgegangen, daß die Zahl der Variablen (5) kleiner ist als die Zahl der Objekte (6). Die Korrelationsmatrix ist dagegen definitionsgemäß quadratisch. Aus der Darstellung wird noch einmal deutlich, welche Begriffe welchen Rechenoperationen bzw. Rechenergebnissen zuzuordnen sind.

Zusammenfassend läßt sich noch einmal festhalten: Bei der Ermittlung der Faktorenwerte aus den Ausgangsdaten sind zwei verschiedene Arten von Rechenschritten notwendig:

- solche, die eindeutig festgelegt sind (die Entwicklung der standardisierten Datenmatrix und der Korrelationsmatrix aus der Datenmatrix),
- solche, wo der Verwender des Verfahrens subjektiv eingreifen kann und muß, wo das Ergebnis also von seinen Entscheidungen abhängt (z.B. die Kommunalitätenschätzung).

Geht man davon aus, daß die erhobenen Daten das für die Korrelationsanalyse notwendige Skalenniveau besitzen, d. h. sind sie mindestens intervallskaliert, dann sind lediglich die *ersten beiden Schritte* von X nach Z und Z nach R *manipulationsfrei*. Alle anderen notwendigen Rechenschritte, die in Abbildung 6.19 durch Pfeile gekennzeichnet sind, sind subjektiven Maßnahmen des Untersuchenden zugänglich und erfordern die Eingriffe.

In den gängigen Computerprogrammen für die Durchführung einer Faktorenanalyse wird dieses Problem i. d. R. so gelöst, daß dem Anwender des Verfahrens für die einzelnen Entscheidungsprobleme "Standardlösungen" angeboten werden. Der Anwender muß nur eingreifen, wenn er eine andere Lösung anstrebt, beispielsweise statt des automatisch angewendeten Kaiser-Kriteriums eine bestimmte Anzahl an zu extrahierenden Faktoren vorgeben möchte.

Gerade diese Vorgehensweise ist jedoch immer dann höchst problematisch, wenn dem Anwender die Bedeutung der einzelnen Schritte im Verfahren nicht klar ist und er das ausgedruckte Ergebnis als "die" Lösung ansieht.

Um diesen Fehler vermeiden zu helfen und die Aussagekraft faktoranalytischer Untersuchungen beurteilen zu können, wird im folgenden eine Faktoranalyse anhand eines komplexeren konkreten Beispiels vorgestellt. Um die einzelnen Rechenschritte nachprüfen zu können, sind im Anhang die Ausgangsdatenmatrix sowie die Mittelwerte über die Befragten abgedruckt. Es werden verschiedene Lösungen bei den einzelnen Teilproblemen im Rechengang der Faktoranalyse vorgestellt und kommentiert, um so den möglichen Manipulationsspielraum bei der Verwendung des Verfahrens offenzulegen.

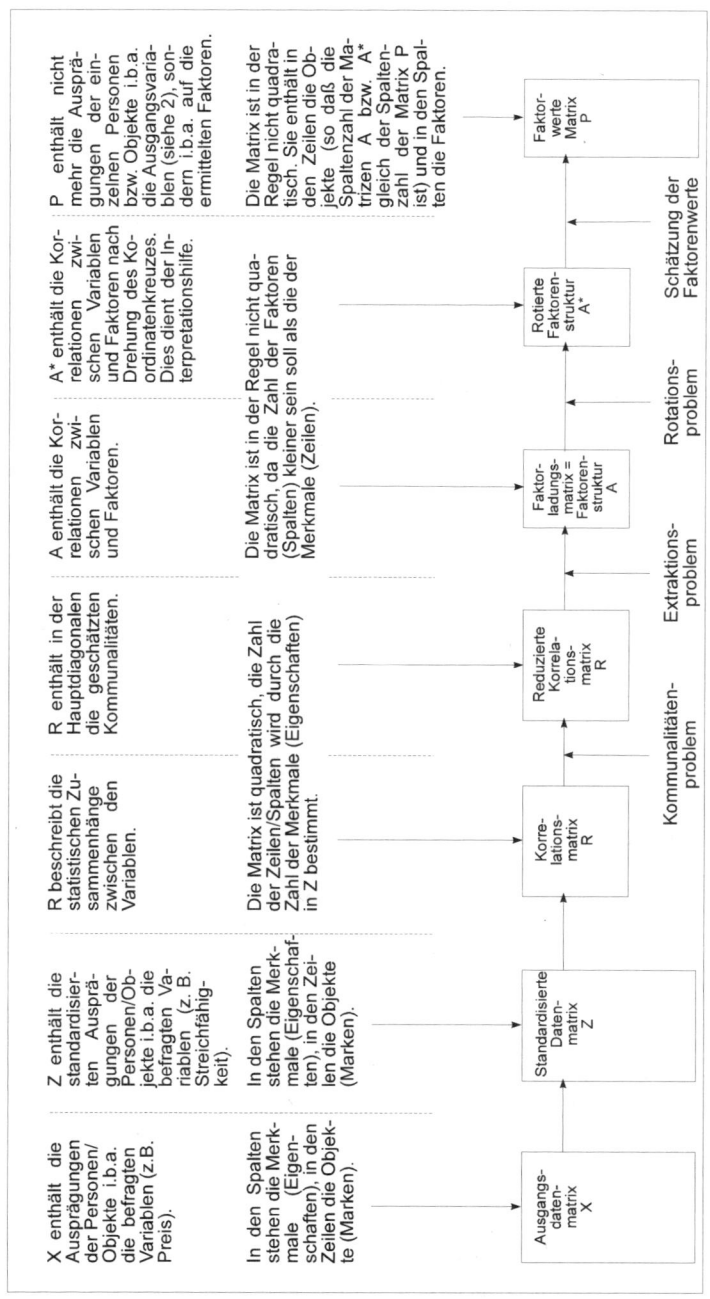

Abb. 6.19: Die Rechenschritte der Faktorenanalyse

6.3   Fallbeispiel

In einer empirischen Erhebung wurden elf Emulsionsfette (Butter und Margarine) im Hinblick auf bestimmte Eigenschaften beurteilt. Im einzelnen handelte es sich um die in Abbildung 6.20 angeführten Marken und Eigenschaften.

18 Personen wurden befragt (vgl. die Daten in Anhang 3). Obwohl die 18 Personen alle Marken beurteilt haben und somit nicht ausgeschlossen werden kann, daß die Beurteilung der *Marken* nicht unabhängig erfolgte, wird dies für die weitere Analyse unterstellt. Bei empirischen Untersuchungen ist jedoch darauf zu achten, daß unsere Annahme auch tatsächlich erfüllt ist.

Es sollte auf Basis dieser Befragung geprüft werden, ob die zehn *Eigenschaften* alle *unabhängig voneinander* zur (subjektiven) Beurteilung der Marken notwendig waren oder ob bestimmte komplexere Faktoren eine hinreichend genaue Beurteilung geben. In einem zweiten Schritt sollten die Marken entsprechend der Faktorenausprägung positioniert werden.

Marken		Eigenschaften $M_k (k=1-11)$ $x_j (j=1-10)$	
1	Sanella	A	Streichfähigkeit
2	Homa	B	Preis
3	SB	C	Haltbarkeit
4	Delicado	D	Anteil ungesättigter Fettsäuren
5	Holl. Marktenbutter		
6	Weihnachtsbutter	E	Back- und Brateignung
7	Du darfst	F	Geschmack
8	Becel	G	Kaloriengehalt
9	Botteram	H	Anteil tierischer Fette
10	Flora	I	Vitamingehalt
11	Rama	K	Natürlichkeit

Abb. 6.20: Variable und Objekte des Beispiels

Um mit Hilfe des Programmes SPSS eine Faktorenanalyse durchführen zu können, wurde zunächst das Verfahren der Faktorenanalyse aus dem Menüpunkt Dimensionsreduktion ausgewählt (vgl. Abbildung 6.21).

Die untersuchten Variablen aus der Quellvariablenliste wurden danach in das Feld "Variablen" übertragen (vgl. Abbildung 6.22) und ausgewählte Voreinstellungen des Programmes SPSS wurden verändert, um die Aussagekraft des Outputs zu steigern. Der dabei anschließend erzeugte Ergebnisausdruck wird im folgenden entsprechend der Analyseschritte des Kapitels 6.2 nachvollzogen und kommentiert.

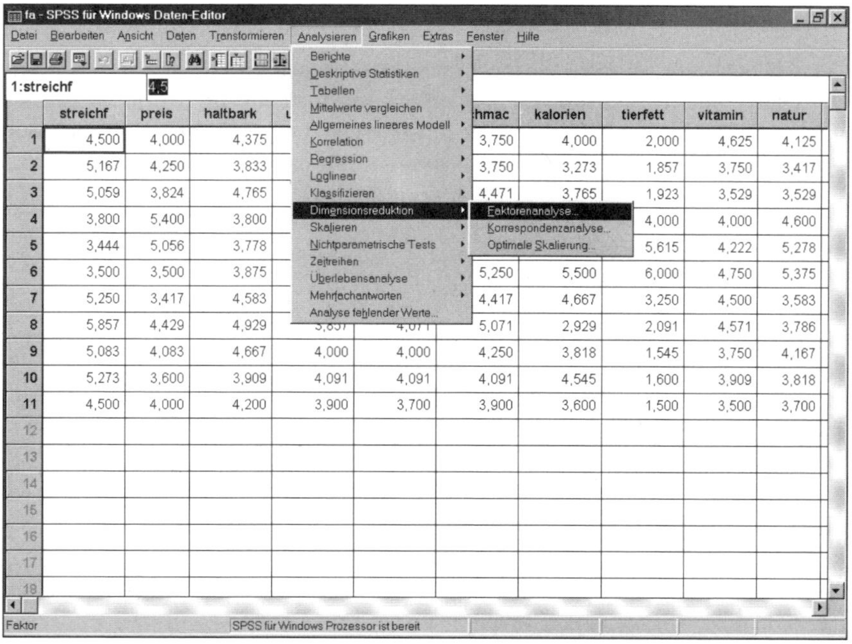

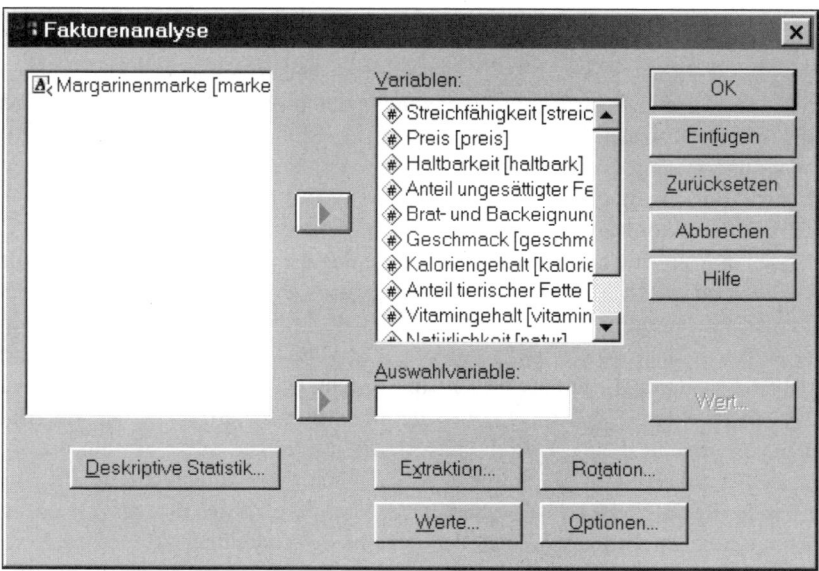

Abb. 6.21: Dateneditor mit Auswahl des Analyseverfahrens "Faktorenanalyse"

Abb. 6.22: Dialogfeld "Faktorenanalyse"

1. Variablenauswahl und Errechnung der Korrelationsmatrix:

Im ersten Schritt wird zunächst die Datenmatrix standardisiert und in eine Korrelationsmatrix überführt. Dieser Schritt erfolgt manipulationsfrei, d. h. es ist keine (subjektive) Entscheidung des Forschers erforderlich, und er besitzt somit auch keine Eingriffsmöglichkeit. Die Korrelationsmatrix der Margarinestudie ist in Tabelle 6.25 wiedergegeben.

Tabelle 6.25: Die Korrelationskoeffizienten

Korrelationsmatrix										
	Streichfähig keit	Preis	Haltbarkeit	Anteil ungesättigter Fettsäuren	Brat- und Backeignung	Geschmack	Kalorien gehalt	Anteil tierischer Fette	Vitamin gehalt	Natürlichkeit
Streichfähigkeit	1,00000	-,38528	,67996	,33627	-,30914	-,47235	-,76286	-,79821	-,18589	-,86041
Preis	-,38528	1,00000	-,31859	-,69955	,08853	,40894	,04698	,26197	-,10843	,34815
Haltbarkeit	,67996	-,31859	1,00000	,21163	,08494	-,11325	-,58603	-,50281	,03207	-,50802
Anteil ungesättigter Fettsäuren	,33627	-,69955	,21163	1,00000	-,41754	-,30354	-,21686	-,20350	,18030	-,14506
Brat- und Backeignung	-,30914	,08853	,08494	-,41754	1,00000	,66559	,59178	,45295	,21888	,44121
Geschmack	-,47235	,40894	-,11325	-,30354	,66559	1,00000	,51782	,80040	,43373	,72025
Kaloriengehalt	-,76286	,04698	-,58603	-,21686	,59178	,51782	1,00000	,81204	,36565	,76014
Anteil tierischer Fette	-,79821	,26197	-,50281	-,20350	,45295	,80040	,81204	1,00000	,53309	,87546
Vitamingehalt	-,18589	-,10843	,03207	,18030	,21888	,43373	,36565	,53309	1,00000	,45577
Natürlichkeit	-,86041	,34815	-,50802	-,14506	,44121	,72025	,76014	,87546	,45577	1,00000

In Abschnitt 6.2.1.2 wurde ausführlich dargelegt, daß die Art und Weise der Befragung, die Struktur der Befragten sowie die Verteilungen der Variablen in der Erhebungsgesamtheit zu einer Verzerrung der Ergebnisse der Faktorenanalyse führen können. Diese Verzerrungen schlagen sich in der Korrelationsmatrix nieder, und folglich kann die Eignung der Daten anhand der Korrelationsmatrix überprüft werden. Bereits die Korrelationsmatrix macht deutlich, daß in der vorliegenden Studie relativ häufig geringe Korrelationswerte auftreten (vgl. z.B. die Variable "Ungesättigte Fettsäuren") und manche Korrelationen sogar nahe bei Null liegen (z.B. die Korrelation zwischen "Backeignung" und "Preis"). Bereits daraus läßt sich schließen, daß diese Variablen für faktoranalytische Zwecke wenig geeignet sind. Die in Abschnitt 6.2.1.2 behandelten Prüfkriterien bestätigen in der Summe diese Vermutung. Beispielhaft sei hier jedoch nur das Kaiser-Meyer-Olkin-Kriterium näher betrachtet, das für die Korrelationsmatrix insgesamt nur einen Wert von 0,437 erbrachte und damit die Korrelationsmatrix als "untragbar" für die Faktorenanalyse deklariert. Welche Variablen dabei für dieses Ergebnis verantwortlich sind, macht Tabelle 6.26 deutlich. Das variablenspezifische Kaiser-Meyer-Olkin-Kriterium (MSA-Kriterium) ist auf der Hauptdiagonalen der Anti-Image-Korrelations-Matrix abgetragen und weist nur die Variablen "Natürlichkeit" und "Haltbarkeit" als "kläglich" bzw. "ziemlich gut" für faktoranalytische Zwecke aus. Es ist deshalb angezeigt, Variable aus der Analyse sukzessive auszuschließen (beginnend mit der Variablen "Vitamingehalt"), bis alle variablespezifischen MSA-Kriterien größer als 0,5 sind. In unserem Fall würde dieser Prozeß dazu führen, daß insgesamt acht Variable aus der Analyse herausgenommen werden müßten. Aus *didaktischen Gründen* wird hier jedoch auf den Ausschluß von Variablen verzichtet.

Tabelle 6.26: Anti-Image-Korrelations-Matrix der Margarinestudie

				Anti-Image-Matrizen						
	Streichfähig keit	Preis	Haltbarkeit	Anteil ungesättigter Fettsäuren	Brat- und Backeignung	Geschmack	Kalorien gehalt	Anteil tierischer Fette	Vitamin gehalt	Natürlichkeit
Streichfähigkeit	,45777[a]	,33981	-,10512	-,11143	,61480	-,84225	-,62569	,83545	-,75416	,84396
Preis	,33981	,36966[a]	,08188	,76538	,61519	-,58983	-,29977	,55726	-,26705	-,02622
Haltbarkeit	-,10512	,08188	,74145[a]	-,10522	-,41957	,13870	,49891	-,14367	-,14926	-,03962
Anteil ungesättigter Fettsäuren	-,11143	,76538	-,10522	,48550[a]	,46223	-,22180	-,15505	,22193	,01675	-,41600
Brat- und Backeignung	,61480	,61519	-,41957	,46223	,28670[a]	-,88320	-,88693	,86260	-,44878	,37170
Geschmack	-,84225	-,58983	,13870	-,22180	-,88320	,36880[a]	,82444	-,97126	,66229	-,63532
Kaloriengehalt	-,62569	-,29977	,49891	-,15505	-,88693	,82444	,46496[a]	-,83898	,46026	-,52367
Anteil tierischer Fette	,83545	,55726	-,14367	,22193	,86260	-,97126	-,83898	,45227[a]	-,71028	,57640
Vitamingehalt	-,75416	-,26705	-,14926	,01675	-,44878	,66229	,46026	-,71028	,27807[a]	-,65216
Natürlichkeit	,84396	-,02622	-,03962	-,41600	,37170	-,63532	-,52367	,57640	-,65216	,58052[a]

a. Maß der Stichprobeneignung

Um im Rahmen der SPSS-Anwendung die beiden Eignungskriterien der Korrelationskoeffizienten und die Anti-Image-Matrix zu erhalten, sind im Dialogfeld Deskriptive Statistik die beiden Felder "Koeffizienten der Korrelation" und "Anti-Image-Matrix" auszuwählen. Neben den in dieser Fallstudie vorgestellten Anwendungsmöglichkeiten der deskriptiven Statistik können hier weitere Korrelationsauswertungen selektiert werden (vgl. Abbildung 6.23).

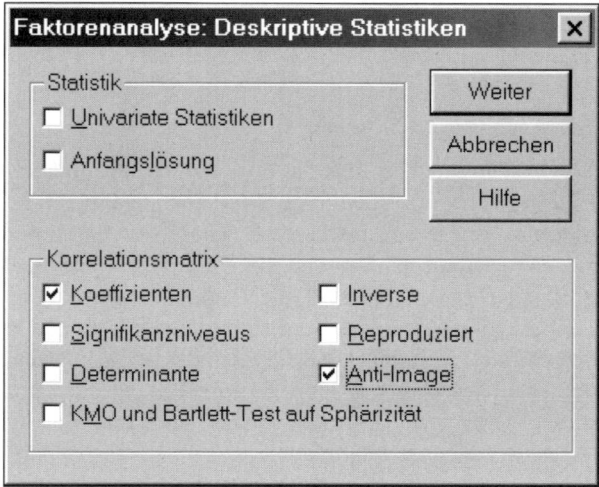

Abb. 6.23: Dialogfeld "Deskriptive Statistik"

2. Bestimmung der Kommunalitäten:

Bei diesem Schritt erfolgt der erste Eingriff des Anwenders in den Ablauf der Faktorenanalyse, da eine Schätzung der Kommunalitäten, also des Anteils der durch die gemeinsamen Faktoren zu erklärenden Varianz der Variablen, vorgenommen werden muß. Wir wollen hier beide Verfahrensweisen, die in Abschnitt 6.2.3 vorgestellt wurden, vergleichen.

Das Ergebnis der zwei Schätzverfahren ist in Tabelle 6.27 dargestellt.Während bei der Hauptkomponentenanalyse die Startwerte der Kommunalitätenschätzung immer auf eins festgelegt werden, wird bei der Hauptachsenanalyse als Startwert immer das multiple Bestimmtheitsmaß der Variablen gewählt. Die Analysen führen, bei Extraktion von drei Faktoren, zu den ebenfalls in Tabelle 6.27 aufgeführten Ergebnissen (Endwerten). Es wird deutlich, daß die "Endwerte" zum Teil erheblich von den Startwerten abweichen.

Tabelle 6.27:   Vergleich der geschätzten Kommunalitäten

	Hauptkomponentenanalyse		Hauptachsenanalyse	
Variable	Kommunalität (Startwerte)	Kommunalität (Endwerte)	Kommunalität (Startwerte)	Kommunalität (Endwerte)
STREICHF	1.00000	.88619	.97414	.85325
PREIS	1.00000	.76855	.89018	.55717
HALTBARK	1.00000	.89167	.79497	.85754
UNGEFETT	1.00000	.85324	.85847	.91075
BACKEIGN	1.00000	.76043	.96501	.55819
GESCHMAC	1.00000	.84012	.98810	.82330
KALORIEN	1.00000	.80223	.97132	.73903
TIERFETT	1.00000	.92668	.99166	.94796
VITAMIN	1.00000	.63297	.78019	.40402
NATUR	1.00000	.88786	.96445	.87851

Bei der Hauptkomponentenanalyse liegt das aber *nur* darin begründet, daß hier weniger Faktoren als Variable extrahiert wurden. Würde man bei diesen beiden Verfahren ebenfalls 10 Faktoren extrahieren, so würden die Start- und Endwerte der Kommunalitätenschätzung übereinstimmen. Bei der mit iterativer Kommunalitätenschätzung durchgeführten Hauptachsenanalyse sind die "wahren Endwerte" der Kommunalitätenschätzung unbekannt und werden aufgrund der Konvergenz des Iterationsprozesses (Konvergenzkriterium) bestimmt. Für die weiteren Betrachtungen sind die "Endwerte" der Kommunalitätenschätzung jedoch von entscheidender Bedeutung, da der Erklärungswert der gefundenen Faktoren immer auch im Hinblick auf die *zugrundeliegende Kommunalität* zu beurteilen ist.

3. Wahl der Extraktionsmethode:

Es wurde gezeigt, daß die beiden grundlegenden Faktoranalyseverfahren *Hauptkomponentenanalyse* und *Hauptachsenanalyse* auf unterschiedlichen theoretischen Modellen basieren. Für die Margarinestudie sei unterstellt, daß als Zielsetzung die Suche nach den hinter den Variablen stehenden, hypothetischen Gründen formuliert wurde und damit die Korrelationen kausal interpretiert werden. Im folgenden wird deshalb eine *Hauptachsenanalyse* angewendet.

Hierfür ist eine Änderung der SPSS-Voreinstellungen erforderlich. In der Dialogbox "Faktorenanalyse: Extraktion" ist im Auswahlfenster "Methode" aus der sich öffnenden Liste "Hauptachsen-Faktorenanalyse" auszuwählen (vgl. Abbildung 6.24). Neben den hier diskutierten zwei Extraktionsmethoden bietet SPSS eine Reihe von Extraktionsverfahren zur Auswahl. Die Alternativen unterscheiden sich in dem verwendeten Gütekriterium, das sie benutzen, um mit Hilfe der extrahierten Fakoren einen möglichst hohen Varianzanteil der Ausgangsvariablen zu erklären.[16]

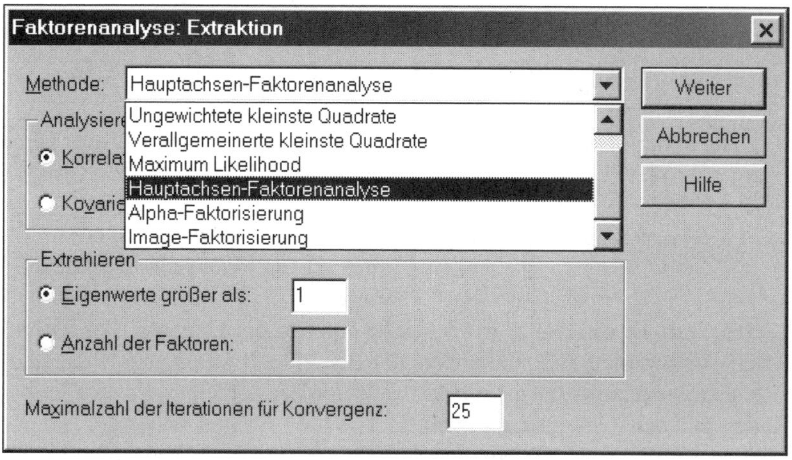

Abb. 6.24: Dialogfeld "Extraktion"

4. Zahl der Faktoren:

Die Zahl der maximal möglichen Faktoren entspricht der Zahl der Variablen: Dann entspricht *jeder* Faktor *einer* Variablen. Da aber gerade die Zahl der Faktoren kleiner als die der Variablen sein soll, ist zu entscheiden, wie viele Faktoren (Zahl der Faktoren < Zahl der Variablen) extrahiert werden sollen.

Wie bereits gezeigt, existieren zur Lösung dieses Problems verschiedene Vorschläge, ohne daß auf eine theoretisch befriedigende Alternative zurückgegriffen werden kann. Beispielhafte Alternative, die von SPSS unterstützt werden, sind in Abbildung 6.25 aufgelistet.

Unabhängig davon, welches Kriterium man zur Extraktion der Faktoren verwendet, ist es zunächst sinnvoll, so viele Faktoren zu extrahieren, wie Variablen vorhanden sind. Dies erfolgt bei Anwendung des Programmes SPSS automatisch. Hierbei wird allerdings unabhängig von der gewählten Extraktionsmethode die anfängliche Lösung und die Zahl der Faktoren nach der Haupt*komponenten*methode bestimmt. Die Anzahl der vorhandenen Variablen, die in einem korrelierten Verhältnis zueinander ste-

---

[16] Für eine Erläuterung sämtlicher Extraktionsmethoden, vgl. Janssen, J.: Statistische Datenanalyse mit SPSS für Windows, 3. Aufl., Berlin usw., 1999, S. 453 f.

hen, wird in diesem ersten Auswertungsschritt in eine gleich große Anzahl unkorre-
lierter Variablen umgewandelt. Die eigentliche Faktorenanalyse auf Basis der Hauptachsenmethode hat zu diesem Zeitpunkt folglich noch nicht stattgefunden. Tabelle
6.28 zeigt den entsprechenden SPSS-Ausdruck der automatisierten Hauptkomponentenanalyse. Nach der Faustregel (95 % Varianzerklärung) würden sich fünf Faktoren
ergeben.

In der Literatur vorgeschlagene Kriterien zur Bestimmung der Faktoranzahl	Bei SPSS realisierte Alternativen
1. Extrahiere solange, bis x% (i. d. R. 95%) der Varianz erklärt sind.	Kann ex post manuell bestimmt werden.
2. Extrahiere nur Faktoren mit Eigenwerten größer 1 (Kaiser-Kriterium).	Vom Computer automatisch verwandt, wenn keine andere Spezifikation.
3. Extrahiere n (z.B. 3) Faktoren.	Anzahl kann im Dialogfeld "Extraktion" ex ante manuell eingegeben werden.
4. Scree-Test: Die Faktoren werden nach Eigenwerten in abfallender Reihenfolge geordnet. An die Faktoren mit den niedrigsten Eigenwerten wird eine Gerade angepaßt. Der letzte Punkt auf der Geraden bestimmt die Faktorenzahl.	Erforderlicher Screeplot kann im Dialogfeld "Extraktion" ebenfalls angefordert werden.
5. Zahl der Faktoren soll kleiner als die Hälfte der Zahl der Variablen sein.	Kann ex post manuell bestimmt werden, sofern im Dialogfeld "Extraktion" die eingetragene Zahl zu extrahierender Faktoren nicht kleiner als die Hälfte der Zahl der Variablen ist.
6. Extrahiere alle Faktoren, die nach der Rotation interpretierbar sind.	Kann nach Einstellung des erwüschten Rotationsprinzips ex post manuell bestimmt werden.

Abb. 6.25: Ausgewählte Faktorextraktionskriterien

Tabelle 6.28: Extrahierte Faktoren mit Eigenwerten und Varianzerklärungsanteil

Erklärte Gesamtvarianz

Faktor	Anfängliche Eigenwerte		
	Gesamt	% der Varianz	Kumulierte %
1	5,05188	50,51883	50,51883
2	1,77106	17,71061	68,22944
3	1,42700	14,27002	82,49946
4	,81935	8,19349	90,69295
5	,42961	4,29611	94,98905
6	,24709	2,47085	97,45991
7	,15928	1,59275	99,05266
8	,06190	,61902	99,67168
9	,02943	,29434	99,96602
10	,00340	,03398	100,00000

Abbildung 6.26 zeigt die entsprechende Zahl der Faktoren für das Kaiser-Kriterium und den Scree-Test. Wegen der unterschiedlichen Ergebnisse der drei Extraktionskriterien muß sich der Anwender *subjektiv* für eine der Lösungen entscheiden.

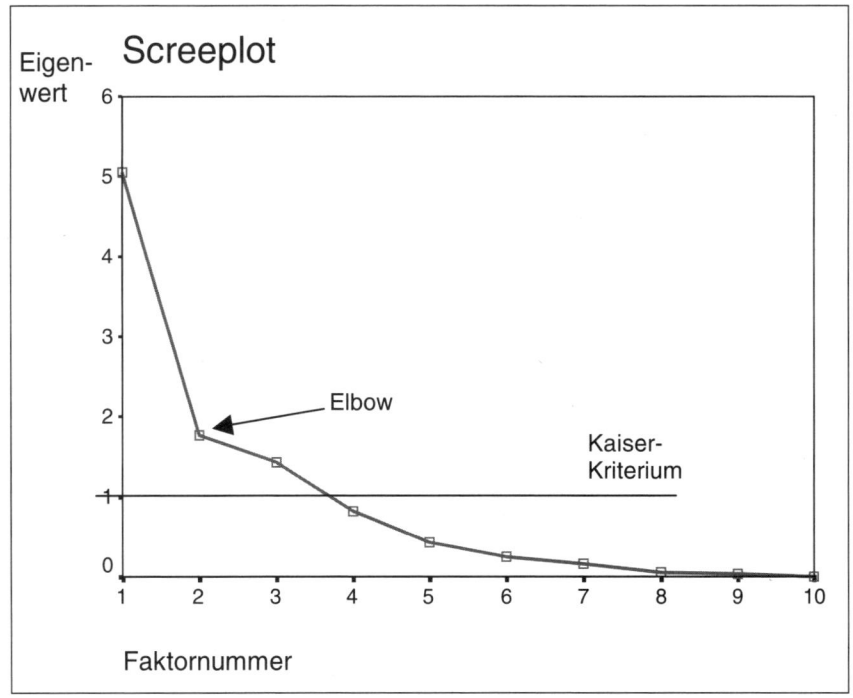

Abb. 6.26: Scree-Test und Kaiser-Kriterium

Im vorliegenden Fallbeispiel wird das Kaiser-Kriterium als Extraktionskriterium verwendet. Dies entspricht der Voreinstellung von SPSS. Der Screetest in Abbildung 6.26 bestätigt, daß bei Anwendung des Kaiser-Kriteriums drei Faktoren extrahiert werden.

Um die Güte der 3-Faktorenlösung zu bestimmen, sind weitere SPSS-Outputs näher zu betrachten (vgl. Tabelle 6.29 bis Tabelle 6.31). Da es sich hierbei um keine anfängliche Lösung (automatisierte Hauptkomponentenmethode), sondern um eine Lösung nach Durchführung zahlreicher Iterationsschritte handelt, ist die zuvor ausgewählte Extraktionsmethode (Hauptachsenmethode) zur Anwendung gekommen.

Bei zehn Variablen beträgt die Gesamtvarianz wegen der Normierung jeder Einzelvarianz auf den Wert von 1 gleich 10. Das bedeutet z.B. für den ersten Faktor in Tabelle 6.29 mit einem Eigenwert von 4,86417 im Verhältnis zu 10 einen Erklärungsanteil von ca. 48,6 % der Gesamtvarianz. Insgesamt beträgt die Summe der drei Eigenwerte 7,52971. Setzt man diese Summe ins Verhältnis zur Gesamtvarianz von 10, so ergibt sich ein durch die Faktoren erklärter Varianzanteil von 75,3 % (vgl. Spalte "Kumulierte %" in Tabelle 6.29).

Die in der Übersicht ausgewiesenen Varianzerklärungsanteile (% der Varianz) geben also an, wieviel der jeweilige Faktor an Erklärunganteil in bezug auf *alle* Ausgangsvariablen besitzt. Diese drei Faktoren erklären zusammen 75,3 % der Ausgangsvarianz, wobei der 1. Faktor 48,6 %, der 2. Faktor 14,7 % und der 3. Faktor 12,0 % der Ausgangsvarianz erklären. Der Eigenwert der drei Faktoren (erklärter Teil der Gesamtvarianz eines Faktors) kann in der Spalte "Gesamt" abgelesen werden.

Tabelle 6.29:   Eigenwerte und Anteile erklärter Varianz

Erklärte Gesamtvarianz			
	Summen von quadrierten Faktorladungen für Extraktion		
Faktor	Gesamt	% der Varianz	Kumulierte %
1	4,86417	48,64	48,64
2	1,46805	14,68	63,32
3	1,19749	11,97	75,30
Extraktionsmethode: Hauptachsen-Faktorenanalyse.			

Tabelle 6.30 enthält die unrotierte Faktorladungsmatrix, wobei die Faktorladungen der extrahierten Faktoren nach ihrer Ladungsgröße sortiert wurden. Dabei wird deutlich, daß die Variablen "Anteil tierischer Fette", "Natürlichkeit", "Streichfähigkeit", "Kaloriengehalt", "Geschmack" und "Backeignung" offenbar "viel mit Faktor 1 zu tun haben", während Faktor 2 offenbar mit den Variablen "Ungesättigte Fettsäuren", "Preis" und "Vitamingehalt" und Faktor 3 vor allem mit "Haltbarkeit" korreliert.

Tabelle 6.30:   Faktorladungen

Faktorenmatrix

	Faktor		
	1	2	3
Anteil tierischer Fette	,94758	,22325	-,01469
Natürlichkeit	,91885	,16537	-,08292
Streichfähigkeit	-,86273	,10548	,31276
Kaloriengehalt	,83090	,18542	-,11935
Geschmack	,77638	,09144	,46062
Brat- und Backeignung	,54555	,04984	,50802
Anteil ungesättigter Fettsäuren	-,40207	,80846	-,30900
Preis	,40050	-,62446	,08261
Vitamingehalt	,38346	,48337	,15273
Haltbarkeit	-,56373	,23939	,69458

Extraktionsmethode: Hauptachsen-Faktorenanalyse.

Die iterativ geschätzten Kommunalitäten auf Basis der Hauptachsenanalyse werden in Tabelle 6.31 widergespiegelt (vgl. auch Tabelle 6.27). Auffällig ist dabei vor allem, daß offenbar die Varianzanteile der Variablen "Preis", "Backeignung" und "Vitamingehalt" nur zu einem sehr geringen Teil durch die gefundenen Faktoren erklärbar sind. Daraus ergibt sich die Konsequenz, daß diese Variablen tendenziell zu *Ergebnisverzerrungen* führen und von daher aus der Analyse ausgeschlossen werden sollten. Dabei handelt es sich aber gerade um diejenigen Variablen, die bereits nach dem Kaiser-Meyer-Olkin-Kriterium (vgl. Tabelle 6.26) aus der Analyse auszuschließen waren. Aus didaktischen Gründen wird hier allerdings wiederum auf den Ausschluß von Variablen verzichtet.

Tabelle 6.31:   Kommunalitäten

Kommunalitäten

	Extraktion
Streichfähigkeit	,85325
Preis	,55717
Haltbarkeit	,85754
Anteil ungesättigter Fettsäuren	,91075
Brat- und Backeignung	,55819
Geschmack	,82330
Kaloriengehalt	,73903
Anteil tierischer Fette	,94796
Vitamingehalt	,40402
Natürlichkeit	,87851

Extraktionsmethode: Hauptachsen-Faktorenanalyse.

Um aus den unendlich vielen Möglichkeiten der Positionierung eines Koordinatenkreuzes die beste, d. h. interpretationsfähigste, bestimmen zu können, wird das
oben ermittelte Faktorenmuster rotiert.

Die rechtwinklige Rotation kann im zwei-dimensionalen (wie im drei-dimen-
sionalen) Fall grundsätzlich auch graphisch erfolgen, indem der Untersuchende versucht, das Koordinatenkreuz so zu drehen, daß möglichst viele Punkte im Koordinatenkreuz (Faktorladungen) auf einer der beiden Achsen liegen. Im Mehr-als-drei-
Faktoren-Fall ist es allerdings notwendig, die Rotation analytisch vorzunehmen.
SPSS stellt hierfür unterschiedliche Möglichkeiten der Rotation zur Verfügung, die
bei Auswahl der Dialogbox "Rotation" erscheinen (vgl. Abbildung 6.27).

Bei der hier angewendeten Varimax-Rotationsmethode handelt es sich um eine orthogonale Rotation. Die Faktorachsen verbleiben folglich bei der Rotation in einem
rechten Winkel zueinander, was unterstellt, daß die Achsen bzw. Faktoren nicht untereinander korrelieren. Da die Rotation der Faktoren zwar die Faktorladungen, nicht
aber die Kommunalitäten des Modells verändert, ist die unrotierte Lösung primär für
die Auswahl der Anzahl an Faktoren und für die Gütebeurteilung der Faktorlösung
geeignet. Eine Interpretation der ermittelten Faktoren ist auf Basis eines unrotierten
Modells allerdings nicht empfehlenswert, da sich durch Anwendung einer Rotationsmethode die Verteilung des erklärten Varianzanteils einer Variable auf die Faktoren
verändert.

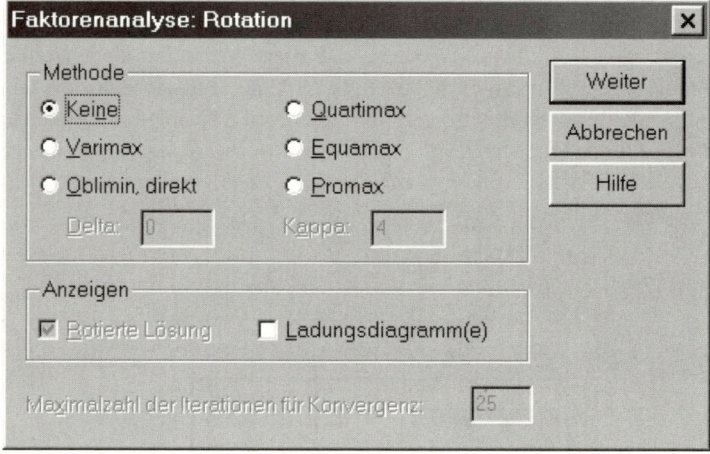

Abb. 6.27: Dialogfeld "Rotation"

Die analytische Lösung von SPSS auf der Basis des Varimax-Kriteriums beim vorliegenden Beispiel zeigt Tabelle 6.32.

Tabelle 6.32:   Varimax-rotierte Faktormatrix

Rotierte Faktorenmatrix [a]

	Faktor		
	1	2	3
Geschmack	,84729	,17468	-,27365
Anteil tierischer Fette	,73476	,63626	-,05711
Brat- und Backeignung	,69978	-,01333	-,26139
Vitamingehalt	,55369	,12349	,28669
Haltbarkeit	,12616	-,90249	,16474
Streichfähigkeit	-,36302	-,81410	,24230
Natürlichkeit	,65040	,67002	-,08109
Kaloriengehalt	,57633	,63728	-,02717
Anteil ungesättigter Fettsäuren	-,12951	-,07381	,94262
Preis	,06852	,23296	-,70584

Extraktionsmethode: Hauptachsen-Faktorenanalyse.
Rotationsmethode: Varimax mit Kaiser-Normalisierung.
a. Die Rotation ist in 7 Iterationen konvergiert.

Vergleicht man die Lösung der rotierten Faktorladungen mit den unrotierten (Tabelle 6.30), dann zeigt sich eine erhebliche Veränderung. Nach Rotation laden z.T. andere Variable auf bestimmte Faktoren im Vergleich zur nicht rotierten Faktorladungsmatrix.

5. Faktorinterpretation:

Welche Interpretation läßt diese Rotation zu? Dazu wurden die jeweils positiv oder negativ hochladenden Variablen auf die jeweiligen Faktoren unterstrichen. Zur Veranschaulichung ist es häufig sinnvoll, die hochladenden Variablen - wie in Abbildung 6.28 dargestellt - mit einem + oder - (positive oder negative Korrelation) in bezug auf den jeweiligen Faktor zu kennzeichnen.

Dabei wird deutlich, daß Faktor 2 durch hohe Ladungen der Variablen "Haltbarkeit", "Streichfähigkeit", "Natürlichkeit", "Kaloriengehalt" und "Tier fette" gekennzeichnet ist, wobei die beiden erst genannten Variablen *negativ* auf den Faktor laden. Versucht man nun, eine Interpretation des zweiten Faktors vorzunehmen, so muß man sich bewußt sein, daß hier eine Haupt*achsen*analyse vorgenommen wurde, d. h. es ist also nach "hinter den Variablen stehenden" Beurteilungsdimensionen gefragt. Die negativen und positiven Ladungen sind damit erklärbar, daß bei "natürlichen Produkten" meist der "Anteil tierischer Fettes", der "Kaloriengehalt" und damit die "Natürlichkeit" in einem gegensetzlichen Verhältnis zu "Haltbarkeit" und "Streichfähigkeit" stehen. Das bedeutet, daß z.B. eine hohe "Haltbarkeit" und "Streichfähigkeit" meist mit geringem "Anteil tierischer Fettes", "Kaloriengehalt" und damit

"Natürlichkeit" einhergeht. Die Korrelationen zwischen diesen Variablen läßt sich deshalb auf die Beurteilungsdimension "*Naturbelassenheit*" zurückführen.

	Faktor 1 Gesundheit	Faktor 2 Naturbelassenheit	Faktor 3 Preis-/Leistungs- verhältnis
Geschmack	+		
Tierfette	+	+	
Backeignung	+		
Vitamine	+		
Haltbarkeit	-		
Streichfähigkeit	-		
Natürlichkeit	+	+	
Kalorien	+	+	
Unges. Fettsäuren			+
Preis			-

Abb. 6.28: Schematische Darstellung der rotierten Faktorladungen

Der Leser möge selber versuchen, unseren *Interpretationsvorschlag* für die beiden übrigen Faktoren nachzuvollziehen. Dabei wird schnell deutlich werden, welche Schwierigkeiten eine gewissenhafte und sorgfältige Interpretation (entsprechend dem theoretischen Modell des angewandten Verfahrens) bereiten kann.

Häufig ist es allerdings notwendig, die Daten detaillierter zu analysieren, um die Ergebnisse einer Rotation richtig zu deuten. Gerade beim Rotationsproblem eröffnen sich erhebliche Manipulationsspielräume. Damit eröffnet die Faktorenanalyse auch Spielräume für Mißbrauch.

6. Bestimmung der Faktorwerte:

Nach Extraktion der drei Faktoren interessiert häufig auch, wie die verschiedenen Marken anhand dieser drei Faktoren beurteilt wurden. Auf dieser Basis lassen sich beispielsweise Produktpositionierungen vornehmen. Auch dazu sind Schätzungen notwendig. Empirische Untersuchungen haben gezeigt, daß je nach verwendeter Schätzmethode die Ergebnisse erheblich variieren können. In der Regel erfolgt die Schätzung der Faktor*werte*, die streng von den *Faktorladungen* zu trennen sind, - wie auch in SPSS - durch eine multiple Regressionsrechnung. SPSS bietet drei Verfahren zur Schätzung von Faktorwerten an, die zu unterschiedlichen Werten führen. Zur Einstellung der gewünschten Schätzmethode ist das Dialogfeld "Werte" auszuwählen (vgl. Abbildung 6.29).

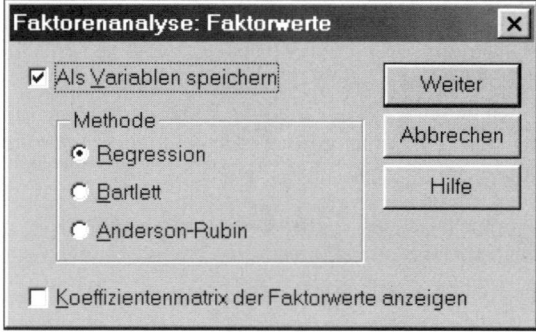

Abb. 6.29: Dialogfeld "Werte"

	kalorien	tierfett	vitamin	natur	marke	fac1_1	fac2_1	fac3_1	var
1	4,000	2,000	4,625	4,125	SANELLA	-,72230	-,33569	-,19936	
2	3,273	1,857	3,750	3,417	HOMA	-1,47749	,63800	,14345	
3	3,765	1,923	3,529	3,529	SB	,18870	-1,96953	-1,80583	
4	5,000	4,000	4,000	4,600	DELICAD	,36531	,83137	-2,24023	
5	5,056	5,615	4,222	5,278	HOLLBUT	,88095	,90557	-,24468	
6	5,500	6,000	4,750	5,375	WEIHBUT	1,54865	1,55885	,78783	
7	4,667	3,250	4,500	3,583	DUDARFS	,70722	-,32404	1,68757	
8	2,929	2,091	4,571	3,786	BECEL	,45323	-1,57839	-,13594	
9	3,818	1,545	3,750	4,167	BOTTERA	,41452	-,20917	1,17437	
10	4,545	1,600	3,909	3,818	FLORA	-,86477	-,27836	,05455	
11	3,600	1,500	3,500	3,700	RAMA	-1,49402	,76139	,77828	

Abb. 6.30: Die Faktorwerte in der Datenmatrix

Alle drei zur Verfügung stehenden Schätzverfahren führen zu standardisierten Faktorwerten, mit einem Mittelwert von 0 und einer Standardabweichung von 1. Durch die Auswahl der hier verwendeten Methode "Regression" können die zu ermittelnden Faktorwerte korrelieren, obwohl - wie im Fall der Hauptachsenanalyse - die Faktoren orthogonal geschätzt wurden. Die zur Ermittlung der Faktorwerte erforderlichen *Regressionskoeffizienten* werden bei SPSS unter der Überschrift "Koeffizientenmatrix der Faktorwerte" abgedruckt. Hierbei handelt es sich nicht um die Faktorwerte, sondern um die Gewichtungsfaktoren, die mit den standardisierten Ausgangsdaten multipliziert werden müssen, um die entgültigen Faktorwerte zu errechnen. Der Datenmatrix werden die Faktorwerte der einzelnen Fälle bei SPSS als neue Variablen (fac1_1, fac2_1 und fac3_1) angehängt (vgl. Abbildung 6.30).

Für den Fall, daß für bestimmte Variable einzelne Probanden keine Aussagen gemacht haben (Problem der missing values), gilt:

(1) Die Fallzahl verringert sich für die entsprechende Variable.
(2) Für diesen Fall können keine Faktorwerte berechnet werden.

Da in unsere Analyse nicht die Aussagen der einzelnen Probanden eingingen (vgl. dazu Kapiel 6.1), sondern für die elf Marken die Mittelwerte über alle Probanden, waren diese Effekte nicht relevant.

Stellt man die Faktorwerte der beiden ersten Faktoren graphisch dar (auf die Darstellung des 3. Faktors wird aus Anschauungsgründen verzichtet, da dies eine dreidimensionale Abbildung erfordern würde), so ergeben sich folgende Produktpositionen für die elf Aufstrichfette (Abbildung 6.31).

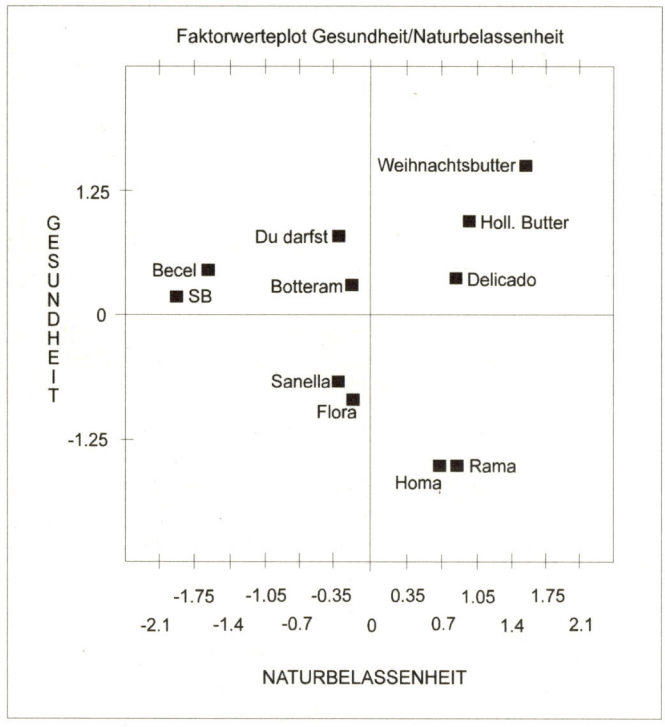

Abb. 6.31: Graphische Darstellung der Faktorwerte

Die Achsen stellen in Abbildung 6.31 die beiden ersten extrahierten Faktoren dar und die Punkte im Koordinatenkreuz geben die jeweiligen Positionen der Marken in bezug auf die beiden Faktoren an (Faktorwerte). Produkt 3 (SB) hat beispielsweise die Koordinaten 0,189/-1,970 (vgl. die Werte in Abbildung 6.30). Bei einer 2-faktoriellen Lösung gibt diese Position an, daß offenbar die Befragten, die ja die ursprünglichen zehn Variablen bewertet hatten, bei einer "Bündelung" der zehn Variablen zu zwei unabhängigen Faktoren Produkt 3 in bezug auf Faktor 1 (Gesundheit) positiv und Faktor 2 (Naturbelassenheit) relativ negativ bewerten. Entsprechendes gilt für die Bewertung (Positionierung) der übrigen zehn Marken.

Als Ergebnis zeigt sich, daß z.b. die Marken "HOMA" und "RAMA" ebenso wie die Buttersorten (Holl. Butter, Weihnachtsbutter und Delicado Sahnebutter) im Vergleich zu den übrigen Produkten eine Extremposition einnehmen.

Bei der inhaltlichen Interpretation der Faktorwerte ist darauf zu achten, daß sie aufgrund der Standardisierung der Ausgangsdatenmatrix ebenfalls standardisierte Größen darstellen, d. h. sie besitzen einen Mittelwert von 0 und eine Varianz von 1. Für die Interpretation der Faktorwerte bedeutet das folgendes:

- Ein negativer Faktorwert besagt, daß ein Produkt (Objekt) in bezug auf diesen Faktor *im Vergleich zu allen anderen* betrachteten Objekten unterdurchschnittlich ausgeprägt ist.
- Ein Faktorwert von 0 besagt, daß ein Produkt (Objekt) in bezug auf diesen Faktor eine *dem Durchschnitt entsprechende* Ausprägung besitzt.
- Ein positiver Faktorwert besagt, daß ein Produkt (Objekt) in bezug auf diesen Faktor *im Vergleich zu allen anderen* betrachteten Objekten überdurchschnittlich ausgeprägt ist.

Damit sind z.B. die Koordinatenwerte der Marke SB mit 0,189/-1,970 wie folgt zu interpretieren: Bei SB wird die Gesundheit (Faktor 1) im Vergleich zu den übrigen Marken als überdurchschnittlich stark ausgeprägt angesehen, während die Naturbelassenheit (Faktor 2) als nur unterdurchschnittlich stark ausgeprägt eingeschätzt wird. Dabei ist zu beachten, daß die Faktorwerte unter Verwendung *aller* Faktorladungen aus der rotierten Faktorladungsmatrix (Tabelle 6.32) berechnet werden. Somit haben auch kleine Faktorladungen einen Einfluß auf die Größe der Faktorwerte. Das bedeutet in unserem Beispiel, daß insbesondere die Faktorwerte bei Faktor 1, der einen *Generalfaktor* darstellt (d. h. durchgängig vergleichbar hohe Ladungen aufweist), *nicht nur* durch die in Tabelle 6.32 unterstrichenen Werte bestimmt werden, sondern auch *alle* anderen Variablen einen Einfluß - wenn z. T. auch nur einen geringen - auf die Bestimmung der Faktorwerte ausüben.

Solche Informationen lassen sich z.B. für Marktsegmentierungsstudien verwenden, indem durch die Faktorenanalyse Marktnischen aufgedeckt werden können. So findet sich z.B. im Bereich links unten (geringe Gesundheit und geringe Naturbelassenheit) kein Produkt. Stellt sich heraus, daß diese Kombination von Merkmalen für Emulsionsfette von ausreichend vielen Nachfragern gewünscht wird, so kann diese Marktnische durch ein neues Produkt mit eben diesen Eigenschaften geschlossen werden.

6.4   Anwendungsempfehlungen

6.4.1   Probleme bei der Anwendung der Faktorenanalyse

6.4.1.1 Unvollständig beantwortete Fragebögen: Das Missing Value-Problem

Beim praktischen Einsatz der Faktorenanalyse steht der Anwender häufig vor dem Problem, daß die Fragebögen nicht alle vollständig ausgefüllt sind. Um die fehlenden Werte (missing values) im Programm handhaben zu können, bietet SPSS drei Optionen an. Zur Auswahl einer der Alternativen ist die Dialogbox "Optionen" zu öffnen (vgl. Abbildung 6.32).

Folgende Optionen stehen dem Anwender konkret zur Auswahl:

1. Die Werte werden *fallweise* ausgeschlossen ("*Listenweiser Fallausschluß*"), d. h. sobald ein fehlender Wert bei einer Variablen auftritt, wird der gesamte Fragebogen aus der weiteren Analyse ausgeschlossen. Dadurch wird die Fallzahl häufig erheblich reduziert!

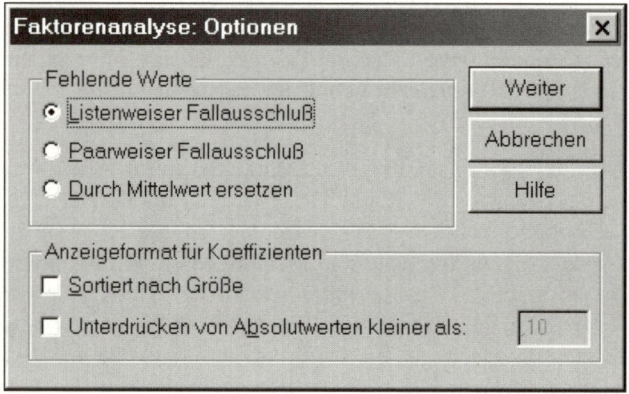

Abb. 6.32: Das Dialogfeld "Optionen"

2. Die Werte werden *variablenweise* ausgeschlossen (*"Paarweiser Fallausschluß"*), d. h. bei Fehlen eines Wertes wird nicht der gesamte Fragebogen eliminiert, sondern lediglich die betroffene Variable. Dadurch wird zwar nicht die Fallzahl insgesamt reduziert, aber bei der Durchschnittsbildung liegen pro Variable unterschiedliche Fallzahlen vor. Dadurch kann es zu einer Ungleichgewichtung der Variablen kommen.
3. Es erfolgt überhaupt kein Ausschluß. Für die fehlenden Werte pro Variable werden *Durchschnittswerte* (*"Durch Mittelwert ersetzen"*) eingefügt.

Je nachdem, welches Verfahren der Anwender zugrunde legt, können unterschiedliche Ergebnisse resultieren, so daß hier ein weiterer Manipulationsspielraum vorliegt.

6.4.1.2 Starke Streuung der Antworten: Das Problem der Durchschnittsbildung

In unserem Fallbeispiel hatte die Befragung eine *dreidimensionale Matrix* ergeben (Abbildung 6.33).

18 Personen hatten 11 Objekte (Marken) anhand von 10 Eigenschaften beurteilt. Diese dreidimensionale Datenmatrix hatten wir durch Bildung der Durchschnitte über die 18 Personen auf eine zweidimensionale Objekte/ Variablen-Matrix verdichtet. Diese Durchschnittsbildung verschenkt aber die Informationen über die personenbezogene Streuung der Daten. Ist diese Streuung groß, wird also auch viel Informationspotential verschenkt.

Eine Möglichkeit, die personenbezogene Streuung in den Daten mit in die Analyse einfließen zu lassen, besteht darin, die Beurteilung der jeweiligen Marke für jede Person aufrecht zu erhalten, indem jede einzelne Markenbeurteilung durch jede Person als *ein* Objekt betrachtet wird. Die dreidimensionale Matrix in Abbildung 6.33 wird dann zu einer vergrößerten zweidimensionalen Matrix (Abbildung 6.34).

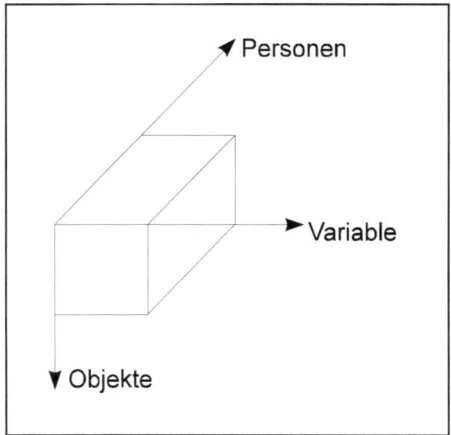

Abb. 6.33: Der "Datenquader"

In diesem Falle werden aus den ursprünglich (durchschnittlich) bewerteten 11 Objekten (Marken) 11 x 18 = 198 Objekte (Da in unserem Fallbeispiel jedoch nicht alle Personen alle Marken beurteilt hatten, ergaben sich nur 127 Objekte).

Vergleicht man die Ergebnisse des "Durchschnittsverfahrens" mit dem "personenbezogenen Objektverfahren", dann können *erhebliche Unterschiede* in den Ergebnissen der Faktorenanalyse auftreten. Tabelle 6.33 stellt die Ergebnisse bei einer Zweifaktoren-Lösung gegenüber.

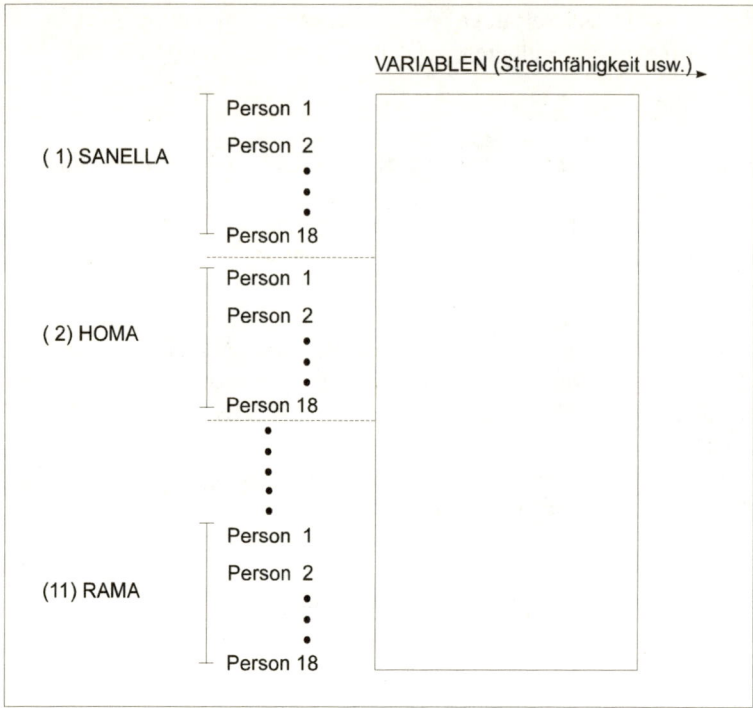

Abb. 6.34: Die personenbezogene Objektmatrix

Tabelle 6.33: Die Faktorladungen im Vergleich

	Durchschnittsverfahren (N = 11)		Objektverfahren (N = 127)	
	FAKTOR 1	FAKTOR 2	FAKTOR 1	FAKTOR 2
STREICHF	-.77533	.35540	.29203	-.88490
PREIS	.15782	-.82054	.24729	-.00013
HALTBARK	-.43414	.29059	.50559	-.38055
UNGEFETT	-.13003	.80776	.15111	-.05290
BACKEIGN	.49826	-.15191	.58184	.11287
GESCHMAC	.71213	-.21740	.79836	.20807
KALORIEN	.86186	-.07113	.31326	.30129
TIERFETT	.98085	-.10660	.22904	.61220
VITAMIN	.51186	.30277	.62307	.03999
NATUR	.92891	-.15978	.53825	.36232

Dabei wird deutlich, daß sich die Faktorladungen z. T. erheblich verschoben haben. Unterschiede ergeben sich auch in den Positionierungen der Marken anhand der Faktorwerte. Abbildung 6.35 zeigt die Durchschnittspositionen der 11 Marken. Vergleicht man die Positionen von Rama und SB aus der Durchschnittspositionierung mit der personenbezogenen Positionierung in Abbildung 6.36, dann werden die Ergebnisunterschiede besonders deutlich.

Die Vielzahl unterdrückter Informationen bei der Mittelwertbildung führt über verschiedene Faktormuster letztlich auch zu recht heterogenen Faktorwertstrukturen und damit Positionen. Dadurch, daß sich bei den Analysen unterschiedliche Faktorenmuster ergeben, sind die Positionierungen in letzter Konsequenz nicht mehr vergleichbar.

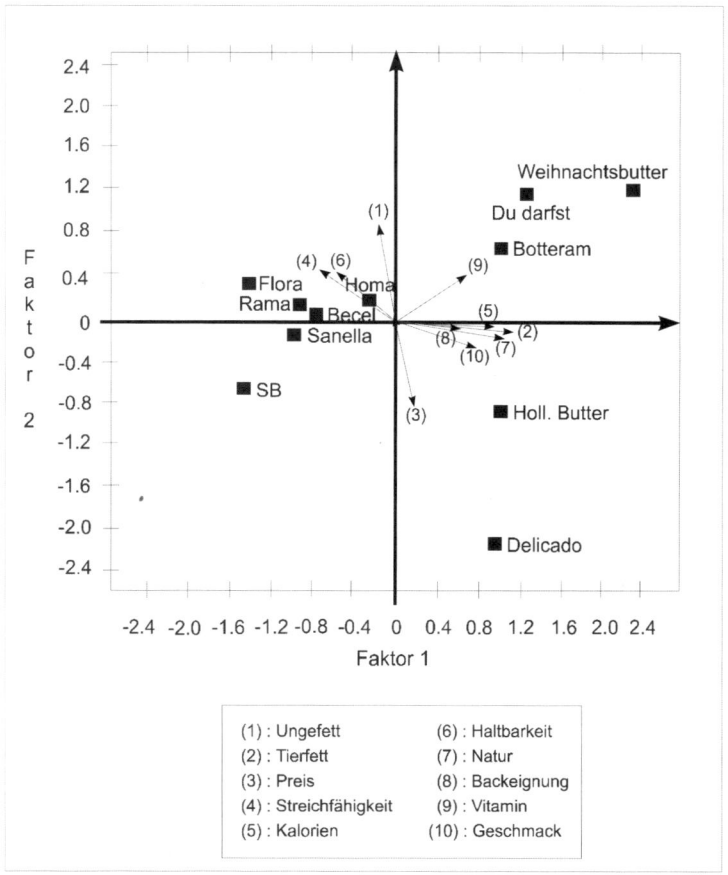

Abb. 6.35: Die zweidimensionale Positionierung beim Durchschnittsverfahren

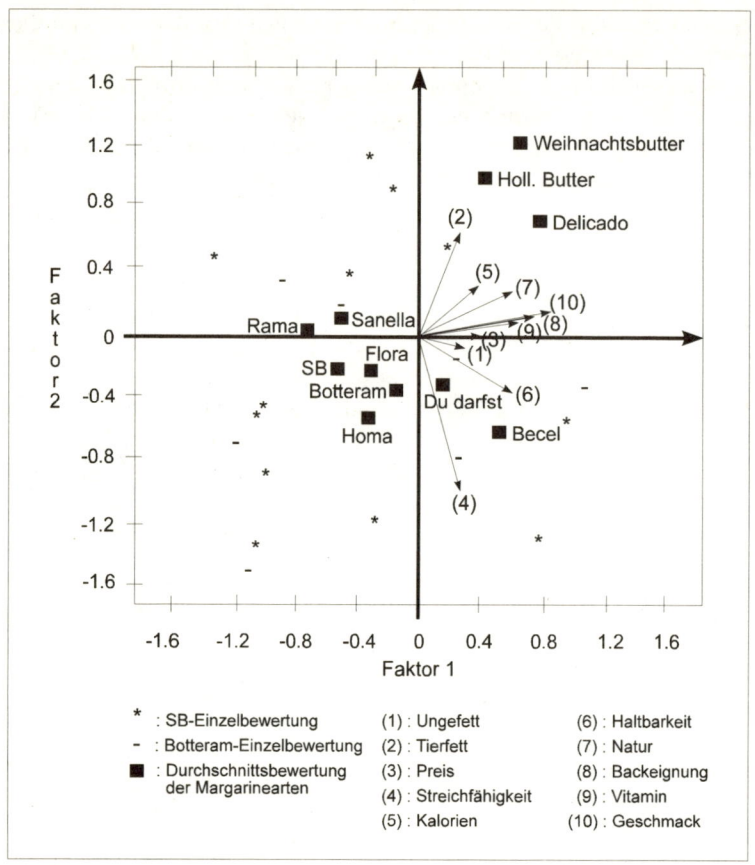

Abb. 6.36: Die zweidimensionale Positionierung beim Objektverfahren

6.4.1.3   Entdeckungs- oder Begründungszusammenhang: Exploratorische versus konfirmatorische Faktorenanalyse

Bei einer Vielzahl wissenschaftlicher und praktischer Fragestellungen ist es von Interesse, Strukturen in einem empirischen Datensatz zu erkennen. Der Anwender hat keine konkreten Vorstellungen über den Zusammenhang zwischen Variablen, und es werden lediglich hypothetische Faktoren als verursachend für empirisch beobachtete Korrelationen zwischen den Variablen angesehen, ohne daß der Anwender genaue Kenntnisse über diese Faktoren besitzt. In einer solchen Situation bietet die in diesem Kapitel beschriebene Faktorenanalyse ein geeignetes Analyseinstrumentarium zur Aufdeckung unbekannter Strukturen. Die Faktorenanalyse ist damit im Hinblick auf den methodologischen Standort in den *Entdeckungszusammenhang* einzuordnen. Sie kann deshalb auch als *Hypothesengenerierungsinstrument* bezeichnet werden, und wir sprechen in diesem Fall von einer *explorativen Faktorenanalyse*.

Demgegenüber existieren bei vielen Anwendungsfällen aber bereits a priori konkrete Vorstellungen über mögliche hypothetische Faktoren, die hinter empirisch beobachteten Korrelationen zwischen Variablen zu vermuten sind. Aufgrund *theoretischer* Vorüberlegungen werden Hypothesen über die Beziehung zwischen direkt beobachtbaren Variablen und dahinter stehenden, nicht beobachtbaren Faktoren aufgestellt, und es ist von Interesse, diese Hypothesen an einem empirischen Datensatz zu prüfen. Hier kann die Faktorenanalyse zur *Hypothesenprüfung* herangezogen werden. Wir befinden uns damit im *Begründungszusammenhang*. In solchen Anwendungsfällen spricht man von einer *konfirmatorischen Faktorenanalyse*. Die konfirmatorische Faktorenanalyse basiert ebenfalls auf dem Fundamentaltheorem der Faktorenanalyse. Die Anwendung einer solchen Faktorenanalyse setzt allerdings voraus, daß der Anwender die Beziehungen zwischen beobachteten Variablen und Faktoren aufgrund intensiver theoretischer Überlegungen *vor* Anwendung der Faktorenanalyse festlegt. Die konfirmatorische Faktorenanalyse stellt einen *Spezialfall* des LISREL-Ansatzes der Kausalanalyse dar. Wir wollen deshalb hier auf eine Darstellung der konfirmatorischen Faktorenanalyse verzichten und den interessierten Leser auf die entsprechenden Ausführungen in Kapitel 8 verweisen. Dort findet sich auch eine genauere Diskussion der Unterschiede zwischen explorativer und konfirmatorischer Faktorenanalyse.[17]

6.4.2 Empfehlungen zur Durchführung einer Faktorenanalyse

Die obigen Ausführungen haben gezeigt, daß eine Faktorenanalyse bei gleichen Ausgangsdaten zu unterschiedlichen Ergebnissen führen kann, je nachdem, wie die subjektiv festzulegenden Einflußgrößen "eingestellt" werden. Gerade für denjenigen, der neu in diesem Gebiet tätig werden will, mögen einige Empfehlungen (Abbildung 6.37) für die vom Anwender subjektiv festzulegenden Größen eine erste Hilfestellung bedeuten. Die Vorschläge sind dabei daran orientiert, inwieweit sie sich bei der Fülle bereits durchgeführter Faktorenanalysen bewährt haben.

Abschließend sei nochmals betont, daß diese Empfehlungen lediglich an denjenigen gerichtet sind, der sich neu mit der Faktorenanalyse befaßt. Die Leser, die tiefer in die Materie eindringen möchten, seien vor allem auf das Buch von Überla verwiesen. Hier finden sich weitere ins Detail gehende Erläuterungen und Empfehlungen.[18]

---

[17] Vgl. Kapitel 8.
[18] Vgl. Überla, K., 1972.

NOTWENDIGE SCHRITTE DER FAKTORENANALYSE	EMPFEHLUNGEN BZW. VORAUSSETZUNGEN
1. Ausgangserhebung	- Daten müssen metrisch skaliert sein (mindestens Intervallskala). - Fallzahl sollte mindestens der drei- fachen Variablenzahl entsprechen, mindestens aber der Zahl der Va- riablen.
2. Erstellen der Ausgangsdatenmatrix	
3. Errechnen der Korrelationsmatrix	
4. Kommunalitätenschätzung	- Eigene Vorgaben - Iterative Schätzung
5. Faktorextraktion	- Hauptachsenanalyse - Hauptkomponentenanalyse
6. Bestimmung der Faktorenzahl	- Kaiser-Kriterium
7. Rotation	- Varimax-Kriterium
8. Interpretation	- Höchstens Faktorladungen > 0,5 verwenden (Konvention)
9. Bestimmung der Faktorwerte	- Regressionsschätzung

Abb. 6.37: Empfehlungen zur Faktoranalyse

6.5   SPSS-Kommandos

Neben der Möglichkeit, die oben aufgezeigte explorative Faktorenanalyse menuge-stützt durchzuführen, kann die Auswertung ebenfalls mit der nachfolgenden Syntax-datei gerechnet werden. Die entsprechende Datei ist auf der Supportdiskette enthalten.

Beschreibung der SPSS-Kommandos zur Faktorenanalyse:
Bevor die Prozedur FACTOR aufgerufen wird, wurde mit Hilfe des Unterbefehls SUBTITLE eine zweite Überschrift für die aktuelle Prozedur eingeführt. Mit dem Unterbefehl VARIABLES wird der Prozedur FACTOR mitgeteilt, welche Variablen in die Faktorenanalyse einfließen sollen. Hier sind das alle Variablen, die mit dem Befehl DATA LIST spezifiziert wurden. Jeder weitere Unterbefehl der Prozedur FACTOR wird durch einen Schrägstrich (/) eingeleitet. In der vorliegenden Faktoren-analyse wurden folgende Unterbefehle verwendet:[19]

---

[19] Eine detaillierte Aufstellung aller möglichen Unterbefehle in der Prozedur FACTOR findet sich bei: Norusis, M. J./SPSS Inc. (Hrsg.): SPSS for Windows, Professional Statistics, Release 5, Chicago 1992, S. 278 ff.

```
TITLE "Multivariate Analysemethoden (9. Auflage)".
* DATENDEFINITION
* ---------------.

DATA LIST FIXED
    /Streichf Preis Haltbark Ungefett Backeign Geschmac Kalorien
    Tierfett Vitamin Natur 1-50(3) Marke 53-60(A).
VARIABLE LABELS  Streichf   "Streichfähigkeit"
    /Preis      "Preis"
    /Haltbark   "Haltbarkeit"
    /Ungefett   "Anteil ungesättigter Fettsäuren"
    /Backeign   "Brat- und Backeignung"
    /Geschmac   "Geschmack"
    /Kalorien   "Kaloriengehalt"
    /Tierfett   "Anteil tierischer Fette"
    /Vitamin    "Vitamingehalt"
    /Natur      "Natürlichkeit"
    /Marke      "Margarinenmarke".
VALUE LABELS  Streichf to Natur 1 "niedrig" 7 "hoch".

BEGIN DATA
    4500 4000 4375 3875 3250 3750 4000 2000 4625 4125  SANELLA
    5167 4250 3833 3833 2167 3750 3273 1857 3750 3417  HOMA
    5059 3824 4765 3438 4235 4471 3765 1923 3529 3529  SB
    .
    .
    .
    4500 4000 4200 3900 3700 3900 3600 1500 3500 3700  RAMA
END DATA.

* PROZEDUR
* --------.

SUBTITLE "Hauptachsenanalyse (PA2) für den Margarinemarkt".
FACTOR variables = Streichf to Natur
    /ANALYSIS   = all
    /FORMAT     = sort
    /PRINT      = all
    /PLOT       = eigen rotation (1 2)
    /EXTRACTION = pa2
    /ROTATION   = varimax
    /SAVE REG (all,fakw).
SUBTITLE "Ausgabe der Faktorwerte für alle Margarinemarken.".
FORMATS fakw1 to fakw3 (f8.5).
LIST VARIABLES = fakw1 to fakw3 Marke.
```

Abb. 6.38: SPSS-Kommandos zur Faktorenanalyse

- Der Unterbefehl ANALYSIS:

Der Unterbefehl ANALYSIS ist nur dann erforderlich, wenn mehrere Faktoren-analysen durchgeführt werden sollen. In diesem Fall können durch ANALYSIS je-weils verschiedene Untermengen von Merkmalsvariablen aus der Menge der Varia-blen ausgewählt werden, die zuvor in der VARIABLES-Anweisung benannt wurden. Innerhalb der Prozedur FACTOR können beliebig viele ANALYSIS-Anweisungen erfolgen. In dem hier verwendeten Job hätte die ANALYSIS-Anweisung auch entfal-len können.

- Der Unterbefehl FORMAT:

Mit Hilfe des Unterbefehls FORMAT kann die Interpretationsfähigkeit der unrotierten und rotierten Faktorladungsmatrix erhöht werden. Zwei Spezifikationsmöglichkeiten stehen zur Verfügung:

- SORT: Beginnend mit dem ersten Faktor werden die Faktorladungen nach ihrer Höhe sortiert.
- BLANK(n): Alle Faktorladungen kleiner als n werden bei der Darstellung unterdrückt.

- Der Unterbefehl PRINT:

Mit Hilfe dieses Unterbefehls wird der Umfang der auszudruckenden Statistiken bestimmt. Wichtige Statistiken sind hier z.B.:

- UNIVARIATE: Errechnet für die zu analysierenden Variablen die jeweils gültige Fallzahl, den Mittelwert und die Standardabweichung.
- INITIAL: Erzeugt eine Tabelle mit den Ausgangswerten der Kommunalitäten, den Eigenwerten der (nicht reduzierten) Korrelationsmatrix sowie Prozentangaben zu den einzelnen Eigenwerten an der Summe der Eigenwerte und kumuliert.
- CORRELATION: Druckt die Korrelationsmatrix der Variablen.
- EXTRACTION: Erzeugt eine Tabelle mit den Endkommunalitäten, den Eigenwerten der extrahierten Faktoren sowie Prozentangaben zu den einzelnen Eigenwerten bezogen auf die Summe aller Eigenwerte und kumuliert. Außerdem druckt INITIAL die unrotierte Faktorladungsmatrix aus.
- ROTATION: Druckt die rotierte Faktorladungsmatrix.
- FSCORE: Druckt die Regressionskoeffizienten zur Berechnung der Faktorwerte.
- REPR: Erzeugt die reproduzierte bzw. reduzierte Korrelationsmatrix und die Differenzwerte zwischen ursprünglicher und reproduzierter Korrelationsmatrix.
- ALL: Erzeugt alle verfügbaren Statistiken.
- DEFAULT: Erzeugt die unter INITIAL, EXTRACTION und ROTATION beschriebenen Statistiken.

- Der Unterbefehl PLOT:

Mit Hilfe des Unterbefehls PLOT können graphische Darstellungen für den Scree-Test und die rotierte Faktorladungsmatrix angefordert werden:

- EIGEN: Graphik für den Scree-Test.
- ROTATION(n1 n2) (n3 n4) ...: Erstellt auf Basis der rotierten Faktorladungsmatrix graphische Darstellungen für die jeweils in Klammern angegebenen Faktoren-Paare. Die Spezifikation wird allerdings nur wirksam, wenn auch der Unterbefehl ROTATION explizit angegeben wird.

- Der Unterbefehl DIAGONAL:

Durch den Unterbefehl DIAGONAL kann der Anwender selbst die Werte der Kommunalitäten bestimmen, die als Ausgangsschätzungen für die Hauptachsenanalyse (PA2 bzw. PAF) verwendet werden sollen. Werden andere Extraktionsverfahren als PA2 verwendet, so bleiben die bei DIAGONAL eingetragenen Werte unwirksam.

- Der Unterbefehl CRITERIA:

Durch CRITERIA können die Extraktion und die Rotation der Faktoren beeinflußt werden. Wichtige Wahlmöglichkeiten sind hier:

- FACTORS(n): Hier kann die genaue Zahl n der Faktoren angegeben werden, die extrahiert werden soll.

- MINEIGEN(eg): Für eg wird ein Eigenwert als numerische Größe angegeben. Die Prozedur extrahiert dann alle Faktoren, die einen Eigenwert von mindestens eg besitzen. Standardmäßig ist eg auf 1 gesetzt, d.h. in der *Voreinstellung* werden die Faktoren entsprechend dem *Eigenwert-Kriterium* extrahiert.

- ECONVERGE(e1): Der Extraktion der Faktoren liegt ein Konvergenzkriterium zugrunde, das *standardmäßig auf 0,001* gesetzt ist.

- ITERATE(ni): Anzahl der Iteration, die maximal bei der Extraktion und der Rotation der Faktoren durchgeführt werden soll. Die *Voreinstellung ist 25.*

- Der Unterbefehl EXTRACTION:

Hier wird angegeben, welche Methode zur Extraktion der Faktoren verwendet werden soll. Folgende Methoden stehen zur Verfügung:[20]

- PC: Principal components analysis (Hauptkomponentenanalyse); kann auch mit der Spezifikation PA1 aufgerufen werden. Sie ist die *Voreinstellung* des Systems.
- PAF: Principal axis factoring (Hauptachsenanalyse; kann auch mit der Spezifikation PA2 aufgerufen werden.
- ALPHA: Alpha factoring.
- IMAGE: Image factoring.
- ULS: Unweighted least squares.
- GLS: Generalized least squares.r
- ML: Maximum likelihood.

- Der Unterbefehl ROTATION:

Mit Hilfe des Unterbefehls ROTATION wird die Methode zur Berechnung der rotierten Faktorladungsmatrix spezifiziert. Die *Voreinstellung* ist hier die rechtwinklige Rotation (Spezifikation: VARIMAX). Daneben können aber auch verschiedene Verfahren zur schiefwinkligen Rotation angegeben oder die Rotation ganz unterdrückt werden (Spezifikation: NOROTATE).

- Der Unterbefehl SAVE:

Mit Hilfe von SAVE werden die errechneten Faktorwerte für die befragten Personen zunächst dem ACTIVE-File hinzugefügt. Gleichzeitig wird hier angegeben, nach welcher Methode die Faktorwerte zu berechnen sind. Folgende Methoden sind verfügbar:

- REG: Regressionsanalyse. (*Voreinstellung*)
- BART: Bartlett Methode.
- AR: Anderson-Rubin Methode.

Nach der Berechnungsmethode für die Faktorwerte wird in Klammern noch angegeben, für wieviele Faktoren auch Faktorwerte berechnet werden sollen und welchen Namen die Faktorwerte tragen sollen. In unserem Fall wurden für alle Faktoren auch Faktorwerte errechnet (Spezifikation: ALL), und die Faktorwerte heißen FAKW1, FAKW2 und FAKW3.

Die Behandlung von Missing Values:

Als fehlende Werte (MISSING VALUES) bezeichnet man Variablenwerte, die von den Befragten entweder außerhalb des zulässigen Beantwortungsintervalls vergeben

---

[20] Vgl. ausführlich zu den einzelnen Extraktions-Methoden: Überla, K.: Faktorenanalyse, 2. Aufl., Berlin-Heidelberg-New York 1972, passim.

oder überhaupt nicht eingetragen wurden. Im Datensatz können fehlende Werte der Merkmalsvariablen als Leerzeichen kodiert werden. Sie werden dann vom Programm automatisch durch einen sog. *System-missing value* ersetzt.

Alternativ kann man die fehlenden Werte im Datensatz auch durch eine 0 (oder durch einen anderen Wert, der unter den beobachteten Werten nicht vorkommt) ersetzen. Mit Hilfe der Anweisung

MISSING VALUES streichf to natur (00000)

kann man dem Programm sodann mitteilen, daß der Wert 00000 für einen fehlenden Wert steht. Derartige vom Benutzer bestimmte fehlende Werte werden von SPSS als *User-missing values* bezeichnet. Für eine Variable lassen sich mehrere Missing Values angeben, z.B. 0 für "Ich weiß nicht" und 9 für "Antwort verweigert". Im Rahmen der hier aufgezeigten Faktorenanalyse treten allerdings keine fehlenden Werte auf.

Innerhalb der Faktorenanalyse können durch den Unterbefehl MISSING fehlende Werte im Datensatz wie folgt behandelt werden:

- LISTWISE: Sobald bei einer der zu analysierenden Variablen ein fehlender Wert auftritt, wird der gesamte Fall aus der Analyse ausgeschlossen. Damit wird erreicht, daß die Fallzahl bei allen Variablen gleich groß bleibt. Die Spezifikation LISTWISE *ist die Voreinstellung* des Systems, d.h. sie wird wirksam, wenn der Unterbefehl MISSING nicht angegeben wird.
- PAIRWISE: Diese Spezifikation bewirkt, daß nur die Variablen mit fehlenden Werten aus der Analyse ausgeschlossen werden, nicht aber der gesamte Fall. Das führt allerdings dazu, daß die einzelnen Variablen mit unterschiedlich starker Fallzahl in die Analyse eingehen.
- MEANSUB: Durch die Angabe von MEANSUB werden alle fehlenden Werte durch die entsprechenden Variablen-Mittelwerte ersetzt. Durch diese Substitution können alle Fälle in der Analyse berücksichtigt werden.
- INCLUDE: Mit dieser Spezifikation werden die vom Anwender als fehlend deklarierten Werte mit in die Analyse einbezogen, d.h. wie gültige Werte behandelt.

6.6   Literaturhinweise

Child, D. (1973): The Essentials of Factor Analysis, 2. Aufl, London u.a.

Carroll, J.B. (1993): Human Cognitive Abilities - A survey of factor-analytic studies, Cambridge.

Cureton, E.E. / D'Agostino, R.B. (1983): Factor Analysis - An Applied Approach, Hillsdale, New Jersey.

Harman, H.H. (1976): Modern Factor Analysis, 3. Aufl., Chicago.

Hofstätter, P.R. (1974): Faktorenanalyse. in: König R. (Hrsg.) Handbuch der empirischen Sozialforschung, Bd. 3 a, 3. Aufl, Stuttgart, S. 204-272.

Hüttner, M. / Schwerting, K. (1999): Explorative Faktorenanalyse, in Herrmann, A. / Homburg, C. (Hrsg.) Marktforschung, Wiesbaden, S. 381-412.

Hüttner, M. (1979): Informationen für Marketing-Entscheidungen, München, S. 329-351.

Janssen, J. (1999): Statistische Datenanalyse mit SPSS für Windows: eine anwendungsorientierte Einführung in das Basissystem Version 8 und das Modul Exakte Tests, 3. Aufl, Berlin u.a.

Kim, J.-O. / Mueller, C.W. (1986): Introduction to Factor Analysis, Sage University Paper, Series Number 07-013, 13. Aufl., Beverly Hills, London.

Loehlin, J.C. (1998): Latent variable models: factor, path, and structural analysis, 3. Aufl., New Jersey.

Ost, F. (1984): Faktorenanalyse. In: Fahrmeir L./Hamerle A. (Hrsg.): Multivariate statistische Verfahren, Berlin u.a., S. 575-662.

Revenstorf, D. (1976): Lehrbuch der Faktorenanalyse, Stuttgart.

Überla, K. (1972): Faktorenanalyse, 2. Aufl., Berlin u.a.

7 Clusteranalyse

7.1 Problemstellung

Unter dem Begriff Clusteranalyse versteht man Verfahren zur Gruppenbildung. Das durch sie zu verarbeitende Datenmaterial besteht im allgemeinen aus einer Vielzahl von *Personen bzw. Objekten.* Beispielhaft seien die 20000 eingeschriebenen Studenten einer Universität genannt. Von diesen Personen hat man einige Eigenschaften ermittelt. In unserem Fall mögen dies das Geschlecht, das Studienfach, die Semesterzahl, der Studienwohnort, die Nationalität und der Familienstand sein. Ausgehend von diesen Daten besteht die Zielsetzung der Clusteranalyse in der *Zusammenfassung* der Studenten zu *Gruppen.* Die Mitglieder einer Gruppe sollen dabei eine weitgehend verwandte Eigenschaftsstruktur aufweisen; d. h. sich möglichst ähnlich sein. Zwischen den Gruppen sollen demgegenüber (so gut wie) keine Ähnlichkeiten bestehen. Ein wesentliches Charakteristikum der Clusteranalyse ist die gleichzeitige Heranziehung *aller* vorliegenden Eigenschaften zur Gruppenbildung.

Ihren Ablauf kann man in zwei grundlegende Schritte unterteilen:

1. Schritt: Wahl des Proximitätsmaßes
   Man überprüft für jeweils zwei Personen die Ausprägungen der sechs Merkmale und versucht, durch einen Zahlenwert die Unterschiede bzw. Übereinstimmungen zu messen. Die berechnete Zahl symbolisiert die Ähnlichkeit der Personen hinsichtlich der untersuchten Merkmale.
2. Schritt: Wahl des Fusionierungsalgorithmus
   Aufgrund der Ähnlichkeitswerte werden die Personen so zu Gruppen zusammengefaßt, daß sich die Studenten mit weitgehend übereinstimmenden Eigenschaftsstrukturen in einer Gruppe wiederfinden.

Diesen Schritten entsprechend ist der Abschnitt 7.2 dieses Kapitels aufgebaut. Nachdem nachfolgend kurz einige Anwendungsgebiete der Clusteranalyse dargestellt worden sind, sollen im zweiten Abschnitt die Möglichkeiten zur Quantifizierung der Ähnlichkeit zwischen den Objekten aufgezeigt werden. Anschließend findet man eine Beschreibung einzelner Verfahren, die zur Gruppenbildung geeignet sind.

In Tabelle 7.1 sind einige *Anwendungsbeispiele* der Clusteranalyse im Rahmen der Wirtschaftswissenschaften zusammengestellt. Sie vermitteln einen Einblick in die Problemstellung, die Zahl und Art der Merkmale, die Zahl und Art der Untersuchungseinheiten und die ermittelte Gruppenzahl. Weitere Wissenschaftsgebiete, in denen die Clusteranalyse angewendet wird, sind u. a. die Medizin, die Archäologie, die Soziologie, die Linguistik und die Biologie.

Bei allen Problemstellungen, die mit Hilfe der Clusteranalyse gelöst werden können, geht es immer um die Analyse einer *heterogenen Gesamtheit von Objekten* (z. B. Personen, Unternehmen), mit dem Ziel, *homogene Teilmengen von Objekten* aus der Objektgesamtheit zu identifizieren.

Tabelle 7.1:   Anwendungsbeispiele der Clusteranalyse

Problemstellung	Zahl und Art der Merkmale	Zahl und Art der Untersuchungseinheiten	Ermittelte Gruppenzahl
Auswahl von Testmärkten[1]	14 Merkmale z. B.: Anzahl der Haushalte; Einwohnerzahl; Anteil der Einzel- und Großhandlungen	88 Nordamerikanische Großstädte	18
Klassifikation von Unternehmungen, um Aufschluß über Organisationsstrukturen und Unternehmenstypen zu gewinnen[2]	30 Merkmale z. B.: Produktivität; Beschäftigte; Technologie; Absatzwege	50 Unternehmen	4
Auffinden von Persönlichkeitstypen[3]	Zustimmung oder Ablehnung einer Batterie von Statements z. B. "Faulenzen könnte ich nie genug".	2133 Männer 2294 Frauen	15

1 Vgl. Green, Paul E/Frank, Ronald E/Robinson, Patrick J.: Cluster Analysis in Test Market Selection, in: Management Science, Serie B, 13(1967), S. B387-B400.

2 Vgl. Goronzy, F.: A Numerical Taxonomy of Business Enterprises, in: Numerical Taxonomie, hrsg. von Cole, A. J., London New York 1969, S. 42-52.

3 Vgl. Steinhausen, Detlef/ Steinhausen, Jörg: Cluster-Analyse als Instrument der Zielgruppendefinition in der Marktforschung, in: Fallstudien Cluster-Analyse, hrsg. von Späth, Helmuth, München 1977, S. 7-36.

7.2   Vorgehensweise

7.2.1   Quantifizierung der Ähnlichkeit zwischen den Objekten

7.2.1.1   Überblick über ausgewählte Proximitätsmaße

Den Ausgangspunkt der Clusteranalyse bildet eine *Rohdatenmatrix* mit K Objekten (z. B. Personen, Unternehmen), die durch J Variable beschrieben werden und deren Aufbau Abbildung 7.1 zeigt.

	Variable 1	Variable 2	....	Variable J
Objekt 1				
Objekt 2				
-				
-				
-				
Objekt K				

Abb. 7.1:   Aufbau der Rohdatenmatrix

Im Inneren dieser Matrix stehen die objektbezogenen metrischen und/oder nicht metrischen Variablenwerte. Im ersten Schritt geht es zunächst um die *Quantifizierung der Ähnlichkeit* zwischen den Objekten durch eine statistische Maßzahl. Zu diesem Zweck wird die Rohdatenmatrix in eine *Distanz- oder Ähnlichkeitsmatrix* (Abbildung 7.2) überführt, die immer eine quadratische (KxK)-Matrix darstellt.

	Objekt 1	Objekt 2	....	Objekt K
Objekt 1				
Objekt 2				
-				
-				
-				
Objekt K				

Abb. 7.2:   Aufbau einer Distanz oder Ähnlichkeitsmatrix

Diese Matrix enthält die Ähnlichkeits- oder Unähnlichkeitswerte (Distanzwerte) zwischen den betrachteten Objekten, die unter Verwendung der objektbezogenen Variablenwerte aus der Rohdatenmatrix berechnet werden. Maße, die eine Quantifizierung der Ähnlichkeit oder Distanz zwischen den Objekten ermöglichen, werden allgemein als *Proximitätsmaße* bezeichnet. Es lassen sich zwei Arten von Proximitätsmaßen unterscheiden:

- *Ähnlichkeitsmaße* spiegeln die Ähnlichkeit zwischen zwei Objekten wider: Je größer der Wert eines Ähnlichkeitsmaßes wird, desto ähnlicher sind sich zwei Objekte.
- *Distanzmaße* messen die Unähnlichkeit zwischen zwei Objekten: Je größer die Distanz wird, desto unähnlicher sind sich zwei Objekte.

In Abhängigkeit des Skalenniveaus der betrachteten Merkmale ist eine Vielzahl von Proximitätsmaßen entwickelt worden. Beispiele für mögliche Proximitätsmaße zeigt die Abbildung 7.3, und wir wollen im folgenden entsprechend dem Skalenniveau der Ausgangsdaten jeweils drei Maße näher betrachten.

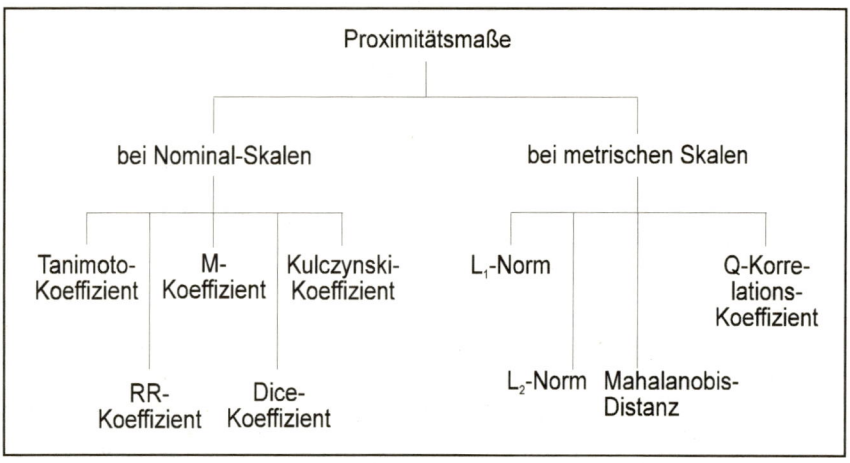

Abb. 7.3:   Überblick über ausgewählte Proximitätsmaße

7.2.1.2   Nominales Skalenniveau der Merkmale

7.2.1.2.1   Die Ermittlung der Ähnlichkeit zwischen Objekten mit binärer Variablenstruktur

Nominale Merkmale, die mehr als zwei mögliche Merkmalsausprägungen aufweisen, werden in binäre (Hilfs-)Variable zerlegt, und jeder Merkmalsausprägung (Kategorie) wird entweder der Wert 1 (Eigenschaft vorhanden) oder der Wert 0 (Eigenschaft nicht vorhanden) zugewiesen. Damit lassen sich mehrkategoriale Merkmale in Binärvariable (0/1-Variable) zerlegen, und wir können im folgenden Ähnlichkeitsmaße für binäre Variable als Spezialfall nominaler Merkmale behandeln. Dabei ist aber zu berücksichtigen, daß bei großer und unterschiedlich großer Anzahl von Kategorien solche Ähnlichkeitsmaße zu starken Verzerrungen führen können, die den gemeinsamen Nichtbesitz einer Eigenschaft als Übereinstimmung von Objekten betrachten (z. B. RR- und M-Koeffizient).

Bei der Ermittlung der Ähnlichkeit zwischen zwei Objekten wird immer von einem Paarvergleich ausgegangen, d. h. für jeweils zwei Objekte werden alle Eigenschaftsausprägungen miteinander verglichen. Wie man Tabelle 7.2 entnehmen kann, lassen sich im Fall binärer Merkmale beim Vergleich zweier Objekte bezüglich einer Eigenschaft vier Fälle unterscheiden:

- bei beiden Objekten ist die Eigenschaft vorhanden (Feld a)
- nur Objekt 2 weist die Eigenschaft auf (Feld b)
- nur Objekt 1 weist die Eigenschaft auf (Feld c)
- bei beiden Objekten ist die Eigenschaft nicht vorhanden (Feld d)

Tabelle 7.2:   Kombinationsmöglichkeiten binärer Variablen

Objekt 1	Objekt 2		Zeilensumme
	Eigenschaft vorhanden (1)	Eigenschaft nicht vorhanden (0)	
Eigenschaft vorhanden (1)	a	c	a + c
Eigenschaft nicht vorhanden (0)	b	d	b + d
Spaltensumme	a + b	c + d	m

Für die Ermittlung von Ähnlichkeiten zwischen Objekten mit binärer Variablenstruktur ist in der Literatur eine Vielzahl von Maßzahlen entwickelt worden, die sich größtenteils auf folgende allgemeine Ähnlichkeitsfunktionen zurückführen lassen:[4]

$$S_{ij} = \frac{a + \delta \cdot d}{a + \delta \cdot d + \lambda(b + c)} \tag{1}$$

mit:

S_{ij} :   Ähnlichkeit zwischen den Objekten i und j

δ, λ :   mögliche (konstante) Gewichtungsfaktoren

Dabei entsprechen die Variablen a, b, c und d den Kennungen in Tabelle 7.2, wobei z. B. die Variable a der Anzahl der Eigenschaften entspricht, die bei beiden Objekten (i und j) vorhanden ist. Je nach Wahl der Gewichtungsfaktoren δ und λ

---

[4] Vgl. auch Steinhausen, Detlef/Langer, Klaus: Clusteranalyse, Berlin New York 1977, S. 54.

erhält man unterschiedliche Ähnlichkeitsmaße für Objekte mit binären Variablen. Tabelle 7.3 gibt einen Überblick:[5]

Tabelle 7.3:   Definition ausgewählter Ähnlichkeitsmaße bei binären Variablen

Name des Koeffizienten	Gewichtungsfaktoren		Definition
	δ	λ	
Tanimoto (Jaccard)	0	1	$\dfrac{a}{a+b+c}$
Simple Matching (M)	1	1	$\dfrac{a+d}{m}$
Russel & Rao (RR)	-	-	$\dfrac{a}{m}$
Dice	0	1/2	$\dfrac{2a}{2a+(b+c)}$
Kulczynski	-	-	$\dfrac{a}{b+c}$

7.2.1.2.2 Betrachtung des Tanimoto-, RR- und M-Koeffizienten für ein Beispiel

Zur Verdeutlichung der Darstellung wird das in Tabelle 7.4 enthaltene Beispiel herangezogen, das elf Butter- und Margarinemarken mit jeweils zehn Eigenschaften enthält. Bezüglich der Merkmale wird angegeben, ob ein Produkt die jeweilige Eigenschaft aufweist (1) oder nicht (0).

Wir wollen nun die Berechnung der Ähnlichkeit zwischen den Objekten mit Hilfe des Tanimoto-, RR- und M-Koeffizienten näher betrachten.

Der *Tanimoto- bzw. Jaccard-Koeffizient* mißt den relativen Anteil gemeinsamer Eigenschaften bezogen auf die Variablen, die mindestens eine 1 aufweisen. Zunächst wird festgestellt, wie viele Eigenschaften beide Produkte übereinstimmend aufweisen. In unserem Beispiel sind dies bei den Margarinemarken "Becel" und "Du darfst" drei Merkmale ("Lagerzeit mehr als 1 Monat", "Diätprodukt" und "Becherverpackung").

---

[5] Eine Darstellung weiterer Ähnlichkeitskoeffizienten findet man u.a. bei Steinhausen/ Langer, a.a.O., S. 53ff.

Tabelle 7.4:   Ausgangsdatenmatrix zur Darstellung von Ähnlichkeitskoeffizienten bei binären Variablen

Emulsionsfette \ Eigenschaften	Lagerzeit mehr als 1 Monat	Diätprodukt	Nationale Werbung	Becher-verpackung	Pfundgröße	Verkaufshilfen	Eignung für Sonderangebote	Direktbezug vom Hersteller	Handelsspanne mehr als 20 %	Beanstandungen im letzten Jahr
Becel	1	1	1	1	0	0	1	0	0	0
Du darfst	1	1	0	1	0	1	0	1	0	1
Rama	1	0	1	1	1	1	1	1	1	0
Delicado Sahnebutter	0	0	1	1	0	0	1	0	1	0
Holländische Butter	0	0	0	0	0	1	0	0	0	0
Weihnachtsbutter	0	0	0	0	1	0	1	0	0	1
Homa	1	0	0	1	1	1	0	1	0	1
Flora	1	1	1	1	1	0	1	0	1	0
SB	1	1	0	1	1	1	0	0	1	0
Sanella	1	0	1	1	1	0	1	1	1	0
Botteram	0	0	1	1	1	1	0	0	0	1

Anschließend werden die Eigenschaften gezählt, die lediglich bei einem Produkt vorhanden sind. In unserem Beispiel lassen sich fünf Attribute finden ("Nationale Werbung", "Verkaufshilfen", "Eignung für Sonderangebote", "Direktbezug vom Hersteller" und "Beanstandungen im letzten Jahr"). Setzt man die Anzahl der Eigenschaften, die bei beiden Produkten vorhanden sind, in den Zähler (a=3) und addiert hierzu für den Nenner die Anzahl der Eigenschaften, die nur bei einem Produkt vorhanden sind (b+c=5), so beträgt der Tanimoto- (Jaccard)-Koeffizient für die Produkte "Becel" und "Du darfst" 3/8 = 0,375.

Auf dem gleichen Weg werden für alle anderen Objektpaare die entsprechenden Ähnlichkeiten berechnet. Tabelle 7.5 gibt die Ergebnisse wieder.

Bezüglich der dargestellten Matrix ist auf zwei Dinge hinzuweisen:

- Die Ähnlichkeit zweier Objekte wird nicht durch ihre Reihenfolge beim Vergleich beeinflußt; d. h. es ist unerheblich, ob die Ähnlichkeit zwischen "Becel" und "Du darfst" oder zwischen "Du darfst" und "Becel" gemessen wird (Symmetrie-Eigenschaft). Damit ist auch zu erklären, daß die Ähnlichkeit der Produkte in Tabelle 7.5 nur durch die untere Dreiecksmatrix wiedergegeben wird.

Tabelle 7.5:   Tanimoto- bzw. Jaccard-Koeffizient

	Becel	Du darfst	Rama	Delicado Sahnebutter	Holländische Butter	Weihnachtsbutter	Homa	Flora	SB	Sanella	Botteram
Becel	1										
Du darfst	0,375	1									
Rama	0,444	0,4	1								
Delicado Sahnebutter	0,5	0,111	0,5	1							
Holländische Butter	0	0,167	0,125	0	1						
Weihnachtsbutter	0,143	0,125	0,222	0,167	0	1					
Homa	0,222	0,714	0,556	0,111	0,167	0,286	1				
Flora	0,714	0,3	0,667	0,571	0	0,25	0,3	1			
SB	0,375	0,5	0,556	0,25	0,167	0,125	0,5	0,625	1		
Sanella	0,5	0,3	0,875	0,571	0	0,25	0,444	0,75	0,444	1	
Botteram	0,25	0,375	0,444	0,286	0,2	0,333	0,571	0,333	0,375	0,333	1

- Die Werte der Ähnlichkeitsmessung liegen zwischen 0 ("totale Unähnlichkeit", a=0) und 1 ("totale Ähnlichkeit", b=c=0). Wird die Übereinstimmung der Merkmale bei einem Produkt geprüft, so gelangt man zum Ergebnis der vollständigen Übereinstimmung. Somit ist auch verständlich, daß man in der Diagonalen der Matrix lediglich die Zahl 1 vorfindet.

Die Erläuterungen setzen uns nunmehr in die Lage, das ähnlichste und das unähnlichste Paar zu ermitteln. Die größte Übereinstimmung weisen die Margarinesorten "Rama" und "Sanella" auf (Tanimoto-Koeffizient=0,875). Als völlig unähnlich werden fünf Paare bezeichnet: "Holländische Butter" - "Becel", "Holländische Butter" - "Delicado Sahnebutter", "Weihnachtsbutter" - "Holländische Butter", "Flora" - "Holländische Butter" und "Sanella" - "Holländische Butter" (Tanimoto-Koeffizient=0, da a=0).

Auf eine etwas andere Art und Weise wird die Ähnlichkeit der Objektpaare beim RR-Koeffizienten (Russel & Rao-Koeffizient) gemessen. Der Unterschied zum Tanimoto-Koeffizienten besteht darin, daß nunmehr im Nenner auch die Fälle, bei denen beide Objekte das Merkmal nicht aufweisen (d), mitaufgenommen werden. Somit finden sich alle in der jeweiligen Untersuchung berücksichtigten Eigenschaften im Nenner des Ähnlichkeitsmaßes wieder. Abgesehen von den Extremwerten (0 und 1) ergeben sich in unserem Beispiel nur "Zehntel-Brüche" als RR-Koeffizient. Existiert beim Paarvergleich der Fall, daß wenigstens eine Eigenschaft bei beiden Objekten nicht vorhanden ist, so weist der RR-Koeffizient einen kleineren Ähnlichkeitswert auf als der Tanimoto- bzw. Jaccard-Koeffizient. Dieser Fall ist beim Produktpaar "Becel" - "Du darfst" zu verzeichnen. Beide Margarinemarken weisen nicht die Eigenschaften "Pfundgröße" und "Handelsspanne mehr als 20%" auf. Somit "sinkt" ihr Ähnlichkeitswert im Vergleich zum Tanimoto-Koeffizienten auf 0,3. Besteht kein gleichzeitiges Fehlen einer Eigenschaft (d=0), gelangen beide Ähnlichkeitsmaße zum gleichen Ergebnis. Die einzelnen Werte für den RR-Koeffizienten enthält Tabelle 7.6:

Tabelle 7.6:   RR-Koeffizient

	Becel	Du darfst	Rama	Delicado Sahnebutter	Holländische Butter	Weihnachtsbutter	Homa	Flora	SB	Sanella	Botteram
Becel	1										
Du darfst	0,3	1									
Rama	0,4	0,4	1								
Delicado Sahnebutter	0,3	0,1	0,4	1							
Holländische Butter	0,0	0,1	0,1	0,0	1						
Weihnachtsbutter	0,1	0,1	0,2	0,1	0,0	1					
Homa	0,2	0,5	0,5	0,1	0,1	0,2	1				
Flora	0,5	0,3	0,6	0,4	0,0	0,2	0,3	1			
SB	0,3	0,4	0,5	0,2	0,1	0,1	0,4	0,5	1		
Sanella	0,4	0,3	0,7	0,4	0,0	0,2	0,4	0,6	0,4	1	
Botteram	0,2	0,3	0,4	0,2	0,1	0,2	0,4	0,3	0,3	0,3	1

Abschließend sei noch aus der Vielzahl der in der Literatur diskutierten Ähnlichkeitsmaße der M-Koeffizient (auch Simple-Matching-Koeffizient genannt) erwähnt. Gegenüber dem vorher behandelten Maß werden hier im Zähler alle übereinstimmenden Komponenten erfaßt. Zu den bereits oben genannten Merkmalen kommen daher beim Vergleich von "Becel" und "Du darfst" noch die beiden Eigenschaften "Pfundgröße" und "Handelsspanne mehr als 20%" hinzu. Die Ähnlichkeit, die sich entsprechend des Bruchs ($\frac{a + d}{m}$) berechnet, hat für das genannte Produktpaar folglich einen Wert von 0,5. Die Werte für die anderen Objektpaare kann man Tabelle 7.7 entnehmen.

Alle drei genannten Ähnlichkeitsmaße gelangen zum gleichen Ergebnis, wenn keine Eigenschaft beim Paarvergleich gleichzeitig fehlt: d. h. wenn d=0 ist. Ist dies jedoch nicht gegeben, so weist grundsätzlich der RR-Koeffizient den geringsten und der M-Koeffizient den höchsten Ähnlichkeitswert auf. Eine Mittelposition nimmt das Tanimoto-Ähnlichkeitsmaß ein. Tanimoto- und M-Koeffizient kommen jedoch dann zum gleichen Ergebnis, wenn lediglich die Fälle (a) und (d) existieren, d. h. nur ein gleichzeitiges Vorhandensein bzw. Fehlen von Eigenschaften beim Paarvergleich zu verzeichnen ist.

Tabelle 7.7:   Simple-Matching (M)-Koeffizient

	Becel	Du darfst	Rama	Delicado Sahnebutter	Holländische Butter	Weihnachtsbutter	Homa	Flora	SB	Sanella	Botteram
Becel	1										
Du darfst	0,5	1									
Rama	0,5	0,4	1								
Delicado Sahnebutter	0,7	0,2	0,6	1							
Holländische Butter	0,4	0,5	0,3	0,5	1						
Weihnachtsbutter	0,2	0,3	0,3	0,5	0,6	1					
Homa	0,3	0,8	0,6	0,2	0,5	0,5	1				
Flora	0,8	0,3	0,7	0,7	0,2	0,4	0,3	1			
SB	0,5	0,6	0,6	0,4	0,5	0,2	0,6	0,7	1		
Sanella	0,6	0,3	0,9	0,7	0,2	0,4	0,5	0,8	0,5	1	
Botteram	0,4	0,5	0,5	0,5	0,6	0,6	0,7	0,4	0,5	0,4	1

An dieser Stelle kann nicht ausführlich auf alle *Unterschiede der Ähnlichkeits-rangfolge* in unserem Beispiel eingegangen werden, die sich aufgrund der drei vorgestellten Koeffizienten ergeben. Es sei jedoch kurz auf einige Differenzen hingewiesen:

- Die Objektpaare "SB" und "Rama" bzw. "Homa" und "Rama" belegen z. B. beim RR-Koeffizienten den dritten Rang in der Ähnlichkeitsreihenfolge. Bei den beiden anderen Ähnlichkeitsmaßen sind die Produkte nicht unter den ersten neun ähnlichsten Paaren zu finden.
- Während "Weihnachtsbutter" und "Holländische Butter" nach dem Tanimoto- und RR-Koeffizienten keinerlei Ähnlichkeit aufweisen, beläuft sich ihr Ähnlichkeitswert nach dem M-Koeffizienten auf 0,6.

Welches Ähnlichkeitsmaß im Rahmen einer empirischen Analyse vorzuziehen ist, läßt sich nicht allgemeingültig sagen. Eine große Bedeutung bei dieser nur im Einzelfall zu treffenden Entscheidung hat die Frage, ob das Nichtvorhandensein eines Merkmals für die Problemstellung die gleiche Bedeutung bzw. Aussagekraft besitzt wie das Vorhandensein der Eigenschaft. Machen wir uns diesen Sachverhalt am Beispiel der eingangs erwähnten Studenten-Untersuchung klar. Beim Merkmal "Geschlecht" kommt z. B. dem Vorhandensein der Eigenschaftsausprägung "männlich" die gleiche Aussagekraft zu wie dem Nichtvorhandensein. Dies gilt nicht für das Merkmal "Nationalität" mit den Ausprägungen "Deutscher" und "Nicht-Deutscher"; denn durch die Aussage "Nicht-Deutscher" läßt sich die genaue Nationalität, die möglicherweise von Interesse ist, nicht bestimmen. Wenn also das Vorhandensein einer Eigenschaft (eines Merkmals) dieselbe Aussagekraft für die

Gruppierung besitzt wie das Nichtvorhandensein, so ist Ähnlichkeitsmaßen, die im Zähler alle Übereinstimmungen berücksichtigen (z. B. M-Koeffizient) der Vorzug zu gewähren. Umgekehrt ist es ratsam, den Tanimoto- bzw. Jaccard-Koeffizienten oder mit ihm verwandte Proximitätsmaße heranzuziehen.

Bisher wurden lediglich binäre Variable betrachtet. Wir wollen nun den Fall mehrkategorialer Merkmale etwas genauer analysieren. Die dargestellten Ähnlichkeitsmaße lassen sich in diesem Fall erst dann verwenden, nachdem eine Transformation in binäre Merkmale durchgeführt wurde. Dies soll an einem Beispiel verdeutlicht werden. Bei der Eigenschaft "Beanstandungen im letzten Jahr" sei nicht mehr danach unterschieden, ob im letzten Jahr Mängel bei der Lieferung aufgetreten sind oder nicht; es sollen vielmehr die in Tabelle 7.8 gezeigten Beanstandungsklassen gebildet werden.

Aus Tabelle 7.8 läßt sich neben den Beanstandungsstufen gleichzeitig entnehmen, wie man eine Transformation durchführen kann, wobei durch die Abstufungen keine Rangordnung zum Ausdruck gebracht werden soll.

Tabelle 7.8:   Beispiel einer Datentransformation

Zahl der Beanstandungen	Stufe	Transformation in mehrere binäre Merkmale
0	1	1000
1-5	2	0100
6-10	3	0010
mehr als 10	4	0001

Die Zahl der Abstufungen bestimmt dabei die Länge des aus Nullen und Einsen bestehenden Feldes. In unserem Fall umfaßt das Feld somit vier Stellen. Für jede Beanstandungsklasse ist jeweils eine Spalte vorgesehen, die bei Gültigkeit mit einer Eins versehen wird. Treten beispielsweise sieben Beanstandungen auf, so wird die für diese Klasse vorgesehene dritte Spalte mit einer Eins versehen und die restlichen Spalten erhalten jeweils eine Null. Bezüglich der Verwendung der Ähnlichkeitskoeffizienten bei mehrstufigen Variablen ist darauf hinzuweisen, daß bei großer und/oder unterschiedlicher Stufenzahl der Merkmale die Maße, die den gemeinsamen Nicht-Besitz als Übereinstimmung interpretieren (d. h. der Wert wird mit in den Zähler genommen), wegen der Verzerrungsgefahr möglichst keine Berücksichtigung finden sollten (vgl. hierzu auch Abschnitt 7.4). Würden wir beispielsweise die Ähnlichkeit zweier Objekte bezüglich der Zahl der Beanstandungen überprüfen, so ergäbe sich im obigen Beispiel dem M-Koeffizienten entsprechend - unabhängig von der Wahl der beiden differierenden Beanstandungsstufen - immer ein Ähnlichkeitswert von 0,5. Daß dieses Ergebnis wenig sinnvoll ist, bedarf keiner besonderen Erläuterung.

7.2.1.3   Metrisches Skalenniveau der Merkmale

Wir betrachten nun eine weitere Gruppe von Proximitätsmaßen, die der Klassifikation von Objekten dient, die Eigenschaften mit metrischem Skalenniveau aufweisen. Zur Bestimmung der Beziehung zwischen den Objekten zieht man i. d. R. ihre *Distanz* heran. Zwei Objekte bezeichnet man als sehr ähnlich, wenn ihre Distanz sehr klein ist. Eine große Distanz weist umgekehrt auf eine geringe Ähnlichkeit der Produkte hin. Sind zwei Objekte als vollkommen identisch anzusehen, so ergibt sich eine Distanz von Null.

Zur Erläuterung von Proximitätsmaßen bei metrischem Skalenniveau der Beschreibungsmerkmale der Objekte soll im folgenden auf ein konkretes Beispiel zurückgegriffen werden. In einer Befragung seien Hausfrauen nach ihrer Einschätzung von Emulsionsfetten (Butter, Margarine) befragt worden. Dabei seien die Marken Rama, Homa, Flora, SB und Weihnachtsbutter anhand der Variablen Kaloriengehalt, Preis und Vitamingehalt auf einer siebenstufigen Skala von hoch bis niedrig beurteilt worden. Die Tabelle 7.9 enthält die durchschnittlichen subjektiven Beurteilungswerte der 30 befragten Hausfrauen für die entsprechenden Emulsionsfette.

Tabelle 7.9:   Ausgangsdatenmatrix für das 5-Produkte-Beispiel

Eigenschaften Marken	Kalorien- gehalt	Preis	Vitamin- gehalt
Rama	1	2	1
Homa	2	3	3
Flora	3	2	1
SB	5	4	7
Weihnachtsbutter	6	7	6

Mit Hilfe des in Tabelle 7.9 dargestellten Beispiels wollen wir im folgenden drei Proximitätsmaße zur Bestimmung der Unähnlichkeit bzw. Ähnlichkeit zwischen Objekten mit *metrischem* Skalenniveau der Beschreibungsmerkmale näher betrachten.

In der praktischen Anwendung stellen die sog. *Minkowski-Metriken* oder *L-Normen* weit verbreitete Distanzmaße dar, die sich wie folgt berechnen lassen:

Minkowski-Metrik:

$$d_{k,l} = \left[\sum_{j=1}^{J} \left| x_{kj} - x_{lj} \right|^{r} \right]^{\frac{1}{r}} \tag{2}$$

mit:

$d_{k,l}$:   Distanz der Objekte k und l
x_{kj}, x_{lj}: Wert der Variablen j bei Objekt k, l (j=1,2,...J)
$r \geq 1$:   Minkowski-Konstante

Dabei stellt r eine positive Konstante dar. Für r=1 erhält man die *City-Block-Metrik* (L_1-Norm) und für r=2 die *Euklidische Distanz* (L_2-Norm). Die *City-Block-Metrik* (auch Manhattan- oder Taxifahrer-Metrik genannt) spielt bei praktischen Anwendungen vor allem bei der Clusterung von Standorten eine bedeutende Rolle. Sie wird berechnet, indem man die Differenz bei jeder Eigenschaft für ein Objektpaar bildet und die sich ergebenden absoluten Differenzwerte addiert. Die Berechnung dieser Distanz (d) sei beispielhaft für das Objektpaar "Rama" und "Homa" (vgl. Tabelle 7.9) durchgeführt, wobei die erste Zahl bei der Differenzbildung jeweils den Eigenschaftswert von "Rama" darstellt.

$$d_{Rama, Homa} = |1 - 2| + |2 - 3| + |1 - 3|$$
$$= 1 + 1 + 2$$
$$= 4$$

Zwischen den Produkten "Rama" und "Homa" ergibt sich somit aufgrund der L_1-Norm eine Distanz von 4. In der gleichen Weise werden für alle anderen Objektpaare die Abstände ermittelt. Das Ergebnis der Berechnungen zeigt die Tabelle 7.10.

Tabelle 7.10:   Distanzmatrix entsprechend der L_1-Norm (City-Block-Metrik)

	Rama	Homa	Flora	SB	Weihnachts-butter
Rama	0				
Homa	4	0			
Flora	2	4	0		
SB	12	8	10	0	
Weihnachtsbutter	15	11	13	5	0

Da ein Objekt zu sich selbst immer eine Distanz von Null besitzt, besteht die Hauptdiagonale einer Distanzmatrix immer aus Nullen. Aus diesem Grund wollen wir im folgenden bei der Aufstellung einer Distanzmatrix die Hauptdiagonalwerte jeweils vernachlässigen, d. h. die erste Zeile und die letzte Spalte der Distanzmatrix in Tabelle 7.10 können eliminiert werden.

Die Tabelle 7.10 macht deutlich, daß mit einem Abstandswert von 2 das Produktpaar "Flora" und "Rama" die größte Ähnlichkeit aufweist. Die geringste Ähnlichkeit besteht demgegenüber zwischen "Weihnachtsbutter" und der Margarinemarke "Rama". Hier beträgt die Differenz 15.

Ebenfalls ausgehend von den Differenzwerten bei jeder Eigenschaft für ein Objektpaar läßt sich die Berechnung der Euklidischen Distanz erläutern. Die quadrierten Differenzwerte werden addiert und aus der Summe wird die Quadratwurzel gezogen. Basierend auf den oben berechneten Differenzwerten gelangt man für das Produktpaar "Rama" und "Homa" zunächst wie folgt zur *quadrierten Euklidischen Distanz*:

$$d^2_{Rama,\,Homa} = 1^2 + 1^2 + 2^2$$
$$= 1 + 1 + 4$$
$$= 6$$

Durch die Quadrierung werden große Differenzwerte bei der Berechnung der Distanz stärker berücksichtigt, während geringen Differenzwerten ein kleineres Gewicht zukommt. Sowohl die quadrierte Euklidische Distanz als auch die Euklidische Distanz können als Maß für die Unähnlichkeit zwischen Objekten herangezogen werden. Da eine Reihe von Algorithmen auf der quadrierten Euklidischen Distanz aufbaut, wollen wir im folgenden unsere Betrachtungen ebenfalls auf die quadrierte Euklidische Distanz stützen. Die Tabelle 7.11 faßt die quadrierten Euklidischen Distanzen für unser 5-Produkte-Beispiel zusammen.

Tabelle 7.11:   Distanzmatrix nach der quadrierten Euklidischen Distanz

	Rama	Homa	Flora	SB
Homa	6			
Flora	4	6		
SB	56	26	44	
Weihnachtsbutter	75	41	59	11

Bezüglich des ähnlichsten und des unähnlichsten Paares gelangt man bei der quadrierten Euklidischen Distanz zur gleichen Aussage wie bei der City-Block-Metrik. Faßt man die Reihenfolge der Ähnlichkeiten nach beiden Metriken in einer Tabelle zusammen (Tabelle 7.12), so wird deutlich, daß sich bei den Produktpaaren "SB" und "Flora" sowie "Weihnachtsbutter" und "Homa" eine Ver schiebung der Reihenfolge der Ähnlichkeiten ergeben hat. Die Wahl des Distanzmaßes beeinflußt somit die Ähnlichkeitsreihenfolge der Untersuchungsobjekte.

Tabelle 7.12:   Reihenfolge der Ähnlichkeiten entsprechend der quadrierten Euklidischen Distanz (Klammerwerte der Tabelle) sowie der L_1-Norm

	Rama	Homa	Flora	SB
Homa	2 (2)			
Flora	1 (1)	2 (2)		
SB	7 (7)	4 (4)	5 (6)	
Weihnachtsbutter	9 (9)	6 (5)	8 (8)	3 (3)

Die unterschiedlichen Ergebnisse sind auf die abweichende Behandlung der Differenzen zurückzuführen, da bei der L_1-Norm alle Differenzwerte gleichgewichtig in die Berechnung eingehen.

Bei der Anwendung der *Minkowski-Metriken* ist allerdings darauf zu achten, daß *vergleichbare Maßeinheiten* zugrunde liegen. Das ist in unserem Beispiel erfüllt, da alle Eigenschaftsmerkmale der Margarinemarken auf einer von 1 bis 7 gehenden Ratingskala erhoben wurden. Ist diese Voraussetzung *nicht* erfüllt, so müssen die Ausgangsdaten zuerst z. B. mit Hilfe einer *Standardisierung* vergleichbar gemacht werden (vgl. Abschnitt 7.4).

Neben den bisher besprochenen Distanzmaßen kann zur Bestimmung der Proximität zwischen Objekten aber auch ein Ähnlichkeitsmaß herangezogen werden. Ein solches Ähnlichkeitsmaß ist z. B. der *Q-Korrelationskoeffizient*, der sich wie folgt berechnen läßt:

$$r_{k,l} = \frac{\sum\limits_{j=1}^{J}(x_{jk} - \overline{x}_k) \cdot (x_{jl} - \overline{x}_l)}{\left\{ \sum\limits_{j=1}^{J}(x_{jk} - \overline{x}_k)^2 \cdot \sum\limits_{j=1}^{J}(x_{jl} - \overline{x}_l)^2 \right\}^{\frac{1}{2}}} \qquad (3)$$

mit:

x_{jk}:   Ausprägung der Eigenschaft j bei Objekt (Cluster) k (bzw. 1),
             wobei: j= 1, 2, ..., J

$\overline{x}_k$:   Durchschnittswert aller Eigenschaften bei Objekt (Cluster) k (bzw. 1)

Der Q-Korrelationskoeffizient berechnet die Ähnlichkeit zwischen zwei Objekten k und l unter Berücksichtigung aller Variablen eines Objektes. So ergibt sich z. B. für "Rama" ein Variablendurchschnitt von $(1+2+1)/3 = 4/3$ $(= \overline{x}_k)$ und für "Homa" ein Variablendurchschnitt von $(2+3+3)/3 = 8/3$ $(= \overline{x}_l)$. Mit Hilfe dieser Variablendurchschnitte läßt sich die Ähnlichkeit zwischen "Rama" und "Homa" unter Verwendung der Ausgangsdaten aus Tabelle 7.9 wie folgt bestimmen (Tabelle 7.13):

Tabelle 7.13:   Berechnungstabelle zur Bestimmung des Q-Korrelationskoeffizienten

$x_{jk} - \overline{x}_k$	$x_{jl} - \overline{x}_l$	$(x_{jk} - \overline{x}_k)(x_{jl} - \overline{x}_l)$	$(x_{jk} - \overline{x}_k)^2$	$(x_{jl} - \overline{x}_l)^2$
-1/3	-2/3	2/9	1/9	4/9
2/3	1/3	2/9	4/9	1/9
-1/3	1/3	-1/9	1/9	1/9
		3/9	6/9	6/9

$$r_{k,l} = \frac{3/9}{\sqrt{6/9 \cdot 6/9}} = 0,5$$

mit :

k = Rama; l = Homa

Führt man diese Berechnung für alle Produktpaare durch, so ergibt sich für unser Beispiel die in Tabelle 7.14 dargestellte Ähnlichkeitsmatrix auf Basis des Q-Korrelationskoeffizienten:

Tabelle 7.14:   Ähnlichkeitsmatrix entsprechend dem Q-Korrelationskoeffizienten

	Rama	Homa	Flora	SB	Weihnachts-butter
Rama	1,000				
Homa	0,500	1,000			
Flora	0,000	-0,866	1,000		
SB	-0,756	0,189	-0,655	1,000	
Weihnachtsbutter	1,000	0,500	0,000	-0,756	1,000

Vergleicht man diese Ähnlichkeitswerte mit den Distanzwerten aus Tabelle 7.11, so wird deutlich, daß sich die Beziehungen zwischen den Objekten stark verschoben haben. Nach der quadrierten Euklidischen Distanz sind sich "Weihnachtsbutter" und "Rama" am unähnlichsten, während sie nach dem Q-Korrelationskoeffizienten als das ähnlichste Markenpaar erkannt werden. Ebenso sind nach Euklid "Flora" und "Rama" mit einer Distanz von 4 sehr ähnlich, während sie mit einer Korrelation von 0 in Tabelle 7.14 als vollkommen unähnlich gelten. Diese Vergleiche machen deutlich, daß bei der Wahl des Proximitätsmaßes vor allem inhaltliche Überlegungen eine Rolle spielen. Betrachten wir zu diesem Zweck einmal die Profilverläufe von "Rama" und "Weihnachtsbutter" entsprechend den Ausgangsdaten in unserem Beispiel (Abbildung 7.4):

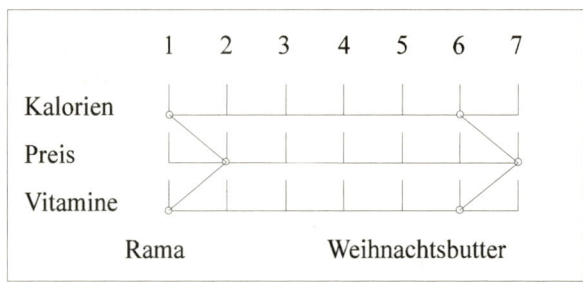

Abb. 7.4:   Profilverläufe von "Rama" und "Weihnachtsbutter"

Die Profilverläufe zeigen, daß "Rama" und "Weihnachtsbutter" zwar sehr weit voneinander entfernt liegen, der Verlauf ihrer Profile aber vollkommen gleich ist. Von daher läßt sich erklären, warum sie bei Verwendung eines Distanzmaßes als vollkommen unähnlich und bei Verwendung des Q-Korrelationskoeffizienten als vollkommen ähnlich erkannt werden. Allgemein läßt sich somit festhalten:
Zur Messung der Ähnlichkeit zwischen Objekten sind

- *Distanzmaße* immer dann geeignet, wenn der absolute Abstand zwischen Objekten von Interesse ist und die Unähnlichkeit dann als um so größer anzusehen ist, wenn zwei Objekte weit entfernt voneinander liegen;
- *Ähnlichkeitsmaße* immer dann geeignet, wenn der primäre Ähnlichkeitsaspekt im Gleichlauf zweier Profile zu sehen ist, unabhängig davon, auf welchem Niveau die Objekte liegen.

Betrachten wir hierzu ein Beispiel: Eine Reihe von Unternehmen wird durch die Umsätze eines bestimmten Produktes im Ablauf von fünf Jahren (= Variable) beschrieben. Mit Hilfe der Clusteranalyse sollen solche Unternehmen zusammengefaßt werden, die

1. im Zeitablauf ähnliche *Umsatzgrößen* mit diesem Produkt erzielt haben.
2. im Zeitablauf ähnliche *Umsatzentwicklungen* bei diesem Produkt aufweisen.

Im ersten Fall ist für die Clusterung die *Umsatzhöhe* von Bedeutung. Folglich muß die Proximität zwischen den Unternehmen mit Hilfe eines *Distanzmaßes* ermittelt werden. Im zweiten Fall hingegen spielt die Umsatzhöhe keine Rolle, sondern die *Umsatzentwicklung,* und ein Ähnlichkeitsmaß (Korrelationskoeffizient) ist das geeignete Proximitätsmaß.

7.2.1.4   Gemischte Variable und ihre Behandlung

Durch die bisherige Darstellung wurde deutlich, daß die clusteranalytischen Verfahren kein spezielles Skalenniveau der Merkmale verlangen. Dieser Vorteil der allgemeinen Verwendbarkeit ist allerdings mit dem Problem der Behandlung *gemischter Variabler* verbunden; denn man verzeichnet in empirischen Studien sehr häufig sowohl metrische als auch nicht-metrische Eigenschaften der zu klassifizierenden Objekte. Ist dies der Fall, so muß man eine Antwort auf die Frage finden, wie Variable mit unterschiedlichem Skalenniveau gemeinsam Berücksichtigung finden können. Im folgenden sollen einige Wege der Problemlösung aufgezeigt werden.[6] Es ergeben sich grundsätzlich *zwei mögliche Verfahrensweisen*.
Im ersten Fall werden für die metrischen und die nicht-metrischen Variablen *getrennt die Ähnlichkeitskoeffizienten bzw. Distanzen berechnet.* Die Gesamtähnlichkeit ermittelt man als ungewichteten oder gewichteten Mittelwert der im vorherigen Schritt berechneten Größen. Verdeutlichen wir uns den Vorgang am

---

[6] Vgl. Bock, Hans Herrmann: Automatische Klassifikation, Göttingen 1974, S. 74f.; Vogel, Friedrich: Probleme und Verfahren der numerischen Klassifikation, Göttingen 1975, S. 73ff.

Beispiel der Produkte "Rama" und "Flora". Die Ähnlichkeit der Produkte soll anhand der nominalen (Tabelle 7.4) und der metrischen Eigenschaften (Tabelle 7.9) bestimmt werden. Als M-Koeffizient für diese beiden Produkte hatten wir einen Wert von 0,7 ermittelt (Tabelle 7.7). Die sich daraus ergebende Distanz der beiden Margarinesorten beläuft sich auf 0,3. Man erhält sie, indem man den Wert für die Ähnlichkeit von der Zahl 1 subtrahiert. Bei den metrischen Eigenschaften hatten wir für die beiden Produkte eine quadrierte euklidische Distanz von 4 (Tabelle 7.11) berechnet. Verwendet man nun das *ungewichtete arithmetische Mittel* als gemeinsames Distanzmaß, so erhalten wir in unserem Beispiel einen Wert von 2,15. Zu einer anderen Distanz kann man bei Anwendung des *gewichteten arithmetischen Mittels* gelangen. Hier besteht einmal die Möglichkeit, mehr oder weniger willkürlich extern Gewichte für den metrischen und den nicht-metrischen Abstand vorzugeben. Zum anderen kann man auch den jeweiligen Anteil der Variablen an der Gesamt-Variablenzahl als Gewichtungsfaktor heranziehen. Würde man den letzteren Weg beschreiten, so ergäben sich in unserem Beispiel keine Veränderungen gegenüber der Verwendung des ungewichteten arithmetischen Mittels, wenn wir sowohl zehn nominale als auch zehn metrische Merkmale zur Klassifikation benutzt hätten.

Der zweite Lösungsweg besteht in der *Transformation von einem höheren auf ein niedrigeres Skalenniveau*. Welche Möglichkeiten sich in dieser Hinsicht ergeben, wollen wir am Beispiel des Merkmals "Preis" verdeutlichen. Für die betrachteten 5 Emulsionsfette im "metrischen Fall" habe man die nachstehenden durchschnittlichen Verkaufspreise ermittelt (bezogen auf eine 250-Gramm-Packung).

Weihnachtsbutter	2,05 DM
Rama	1,75 DM
Flora	1,65 DM
SB	1,59 DM
Homa	1,35 DM

Eine Möglichkeit zur Umwandlung der vorliegenden Verhältnisskalen in binäre Skalen besteht in der *Dichotomisierung*. Hierbei hat man eine Schnittstelle festzulegen, die zu einer Trennung der niedrig- und hochpreisigen Emulsionsfette führt. Würde man diese Grenze bei 1,60 DM annehmen, so erhielten die Preisausprägungen bis zu 1,59 DM als Schlüssel eine Null und die darüber hinausgehenden Preise eine Eins. Vorteilhaft an dem dargestellten Vorgehen ist seine Einfachheit sowie seine rasche Anwendungsmöglichkeit. Als problematisch ist demgegenüber der hohe Informationsverlust zu bezeichnen; denn "Flora" stünde in preislicher Hinsicht mit "Weihnachtsbutter" auf einer Stufe, obwohl die letztgenannte Marke wesentlich teurer ist. Ein weiterer Problemaspekt besteht in der Festlegung der Schnittstelle. Ihre willkürliche Bestimmung kann leicht zu Verzerrungen der realen Gegebenheiten führen, dies hat wiederum einen Einfluß auf das Gruppierungsergebnis.

Der Informationsverlust läßt sich verringern, wenn man *Preisintervalle* bildet und jedes Intervall binär derart kodiert, daß, wenn der Preis für ein Produkt in das Intervall fällt, eine Eins und ansonsten eine Null vergeben wird. Diese Vorgehensweise wurde bereits in Abschnitt 7.2.1.2.2 ausführlich dargestellt.

Abschließend sei eine dritte Möglichkeit genannt, die ebenfalls auf einer Einteilung in Preisklassen beruht. In unserem Beispiel gehen wir von vier Intervallen (Tabelle 7.15) aus. Zur Verschlüsselung benötigen wir dann drei binäre Merkmale. Die Kodierung einer Null bzw. einer Eins erfolgt entsprechend der Antwort auf die nachfolgenden Fragen:

Merkmal 1: Preis gleich oder größer als 1,40 DM?
            nein=0 ja=1
Merkmal 2: Preis gleich oder größer als 1,70 DM?
            nein=0 ja=1
Merkmal 3: Preis gleich oder größer als 2,00 DM?
            nein=0 ja=1

Das erste Preisintervall verschlüsselt man somit durch drei Nullen, da jede Frage mit nein beantwortet wird. Geht man auch bei den anderen Klassen in der beschriebenen Weise vor, so ergibt sich die in Tabelle 7.15 enthaltene Kodierung.

Verwendet man nun die erhaltene Binärkombination z. B. zur Verschlüsselung von "Rama", so erhalten wir für dieses Produkt die Zahlenfolge "1 1 0". Tabelle 7.16 enthält die weiteren Verschlüsselungen der Emulsionsfette.

Tabelle 7.15: Kodierung von Preisklassen

PREIS	Binäres Merkmal		
	1	2	3
bis 1,40 DM	0	0	0
1,41-1,69 DM	1	0	0
1,70-1,99 DM	1	1	0
2,00-2,30 DM	1	1	1

Tabelle 7.16: Verschlüsselung der Emulsionsfette

Produkte	Binär-Schlüssel		
Weihnachtsbutter	1	1	1
Rama	1	1	0
Flora	1	0	0
SB	1	0	0
Homa	0	0	0

Der besondere Vorteil des Verfahrens liegt in seinem geringen Informationsverlust, der um so geringer ausfällt, je kleiner die jeweilige Klassenspanne ist. Bei sieben Preisklassen könnte man beispielsweise zu einer Halbierung der Spannweite und damit zu einer besseren Wiedergabe der tätsächlichen Preisunterschiede gelangen.

Ein Nachteil einer derartigen Verschlüsselung ist in der Zunahme des Gewichts der betreffenden Eigenschaft zu sehen. Gehen wir nämlich davon aus, daß in unserer Studie neben dem Merkmal "Preis" nur noch Eigenschaften mit zwei Ausprägungen existieren, so läßt sich erkennen, daß dem Preis bei fünf Preisklassen ein vierfaches Gewicht zukommt. Eine Halbierung der Spannweiten führt dann zu einem achtfachen Gewicht. Inwieweit eine stärkere Berücksichtigung eines einzelnen Merkmals erwünscht ist, muß man im Einzelfall klären.

7.2.2   Algorithmen zur Gruppenbildung

7.2.2.1   Überblick über Cluster-Algorithmen

Die bisherigen Ausführungen haben gezeigt, wie sich mit Hilfe von Proximitätsmaßen eine Distanz- oder Ähnlichkeitsmatrix aus den Ausgangsdaten ermitteln läßt. Die gewonnene Distanz- oder Ähnlichkeitsmatrix bildet nun den Ausgangspunkt der Clusteralgorithmen, die eine Zusammenfassung der Objekte zum Ziel haben. Die Clusteranalyse bietet dem Anwender ein breites Methodenspektrum an Algorithmen zur Gruppierung einer gegebenen Objektmenge. Nach der Zahl der Variablen, die beim Fusionierungsprozeß Berücksichtigung finden, lassen sich *monothetische und polythetische* Verfahren unterscheiden. Monothetische Verfahren sind dadurch gekennzeichnet, daß sie zur Gruppierung jeweils nur eine Variable heranziehen. Der große Vorteil der Clusteranalyse liegt aber gerade darin, simultan alle relevanten Beschreibungsmerkmale (Variable) zur Gruppierung der Objekte heranzuziehen. Da dieser Zielsetzung aber nur polythetische Verfahren entsprechen, sollen auch nur diese im folgenden betrachtet werden. Eine weitere Einteilung der Clusteralgorithmen läßt sich entsprechend der Vorgehensweise im Fusionierungsprozeß vornehmen. Die Abbildung 7.5 gibt einen entsprechenden Überblick.

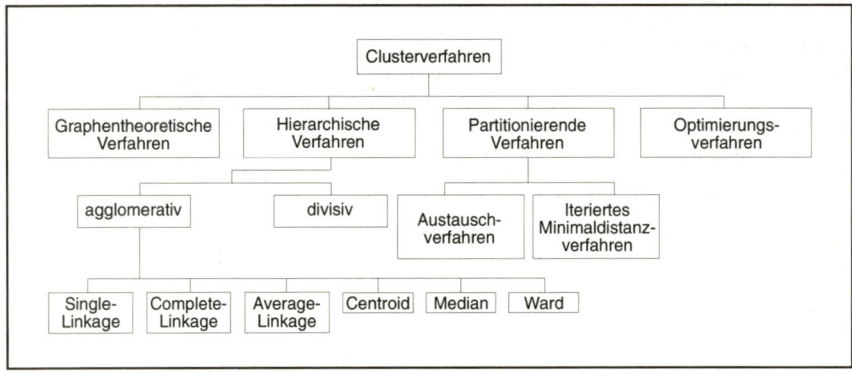

Abb. 7.5:   Überblick über ausgewählte Cluster-Algorithmen

Aus der Vielzahl existierender Verfahren soll der Ablauf bei partitionierenden und hierarchischen Verfahren beispielhaft dargestellt werden:

- Die *partitionierenden Verfahren* gehen von einer gegebenen Gruppierung der Objekte (Startpartition) aus und ordnen die einzelnen Elemente mit Hilfe eines Austauschalgorithmus zwischen den Gruppen so lange um, bis eine gegebene Zielfunktion ein Optimum erreicht. Während bei den hierarchischen Verfahren eine einmal gebildete Gruppe im Analyseprozeß nicht mehr aufgelöst werden kann, haben die partitionierenden Verfahren den Vorteil, daß während des Fusionierungsprozesses Elemente zwischen den Gruppen getauscht werden können.
- Bei den *hierarchischen Verfahren* unterscheidet man zwischen agglomerativen und divisiven Algorithmen. Während man bei den agglomerativen Verfahren von der feinsten Partition (sie entspricht der Anzahl der Untersuchungsobjekte) ausgeht, bildet die gröbste Partition (alle Untersuchungsobjekte befinden sich in einer Gruppe) den Ausgangspunkt der divisiven Algorithmen. Somit läßt sich der Ablauf der ersten Verfahrensart durch die *Zusammenfassung* von Gruppen und der der zweiten Verfahrensart durch die *Aufteilung* einer Gesamtheit in Gruppen charakterisieren.

Wir stellen im folgenden die grundsätzliche Vorgehensweise dieser beiden Gruppen von Cluster-Algorithmen dar. Dabei liegt der Schwerpunkt der Betrachtungen auf den agglomerativen Verfahren, da ihnen in der Praxis die größte Bedeutung zukommt. Demgegenüber werden die divisiven Verfahren wegen ihrer geringen Bedeutsamkeit nicht weiter betrachtet.

7.2.2.2   Partitionierende Verfahren

Die Gemeinsamkeit partitionierender Verfahren besteht darin, daß man, ausgehend von einer vorgegebenen Gruppeneinteilung, durch Verlagerung der Objekte in andere Gruppen versucht, zu einer besseren Lösung zu gelangen.[7] Die in diesem Bereich existierenden Verfahren unterscheiden sich in zweierlei Hinsicht. Erstens ist in diesem Zusammenhang auf die Art und Weise, wie die Verbesserung der Clusterbildung gemessen wird, hinzuweisen. Ein zweiter Unterschied besteht in der Regelung des Austausches der Objekte zwischen den Gruppen.

Im Rahmen unserer Darstellung wollen wir beispielhaft das Austauschverfahren kurz erläutern. Die Verbesserung einer Gruppenbildung soll durch das Varianzkriterium gemessen werden (vgl. Abschnitt 7.2.2.3.2). Wie das Austauschverfahren im einzelnen abläuft, wird anhand von Abbildung 7.6 deutlich:

---

[7] Vgl. zu den partitionierenden Verfahren auch: Späth, Helmuth: Cluster-Analyse-Algorithmen zur Objektklassifizierung und Datenreduktion, 2. Aufl., München Wien 1977, S. 35ff.

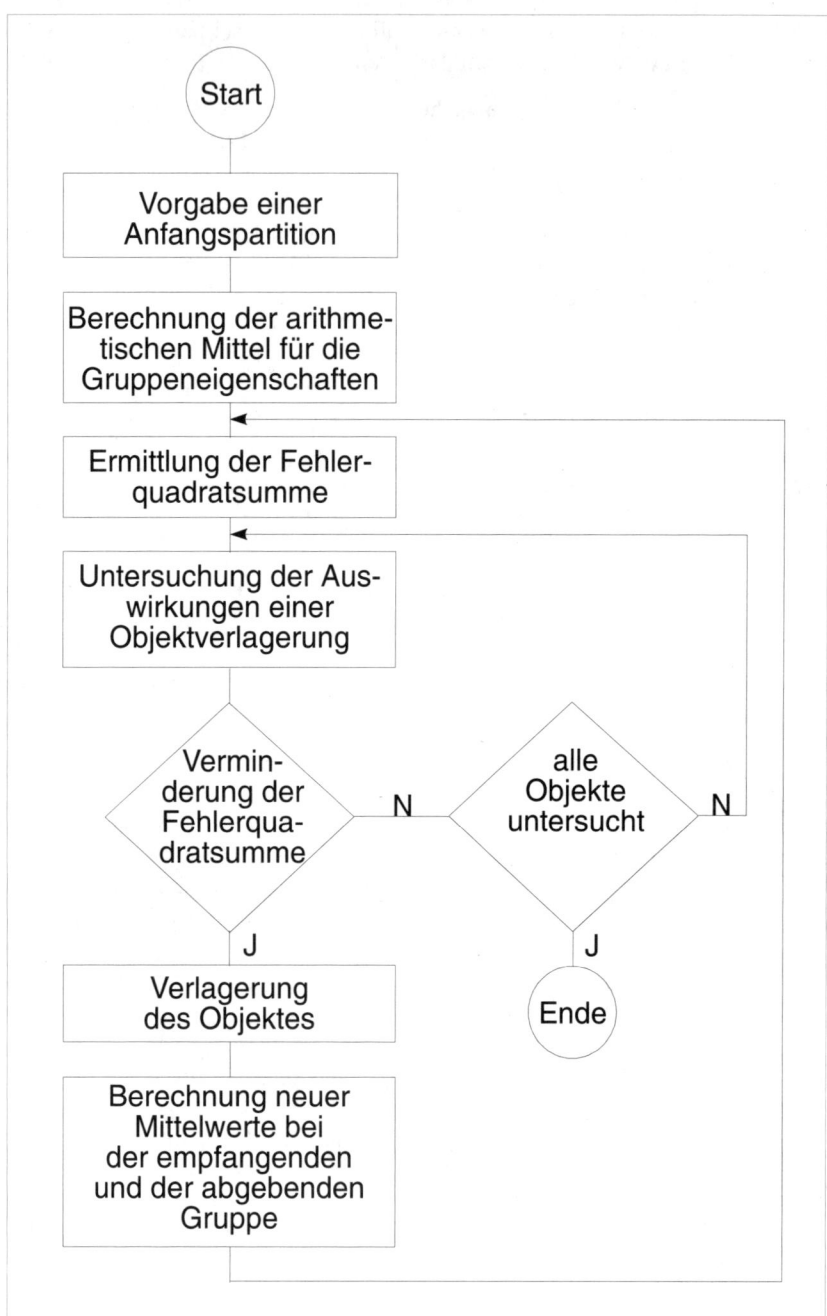

Abb. 7.6:   Ablauf des Austauschverfahrens

Abbildung 7.6 beinhaltet folgende Ablaufschritte:

1. Schritt: Man gibt eine Anfangspartition vor.
2. Schritt: Es wird pro Gruppe für jede Eigenschaft das arithmetische Mittel berechnet.
3. Schritt: Man ermittelt für die jeweils gültige Gruppenzuordnung die Fehlerquadratsumme.
4. Schritt: Die Objekte werden daraufhin untersucht, ob durch eine Verlagerung das Varianzkriterium vermindert werden kann.
5. Schritt: Das Objekt, das zu einer maximalen Verringerung führt, wird in die entsprechende Gruppe verlagert.
6. Schritt: Für die empfangende und die abgebende Gruppe müssen die neuen Mittelwerte berechnet werden.

Das Verfahren setzt den nächsten Durchlauf mit dem 3. Schritt fort. Beendet wird die Clusterung, wenn alle Objekte bezüglich ihrer Verlagerung untersucht wurden und sich keine Verbesserung des Varianzkriteriums mehr erreichen läßt. Der Abbruch an dieser Stelle muß erfolgen, da nicht alle grundsätzlich möglichen Gruppenbildungen auf ihren Zielfunktionswert hin untersucht werden können. Diese Aussage läßt sich leicht dadurch erklären, daß für m Objekte und g Gruppen g^m Einteilungsmöglichkeiten existieren. Gehen wir beispielsweise von 10 Objekten und drei Gruppen aus, so existieren bereits $3^{10}=59.049$ Möglichkeiten zur Clusterbildung. Bereits diese Zahlen verdeutlichen, daß auch bei heutigen EDV-Anlagen eine vollständige Enumeration nicht wirtschaftlich realisierbar ist. Man gelangt folglich nur zu lokalen und nicht zu globalen Optima. Daher ist es bei den partitionierenden Verfahren erforderlich, zu einer Verbesserung der Lösung durch eine Veränderung der Startpartition zu gelangen. Inwieweit hierdurch eine homogenere Gruppenbildung erzielt wird, läßt sich anhand des Varianzkriteriums ablesen. Ist der Zielfunktionswert gesunken, so ist man dem Vorhaben der Zusammenfassung gleichartiger Objekte nähergekommen.

Hinter der einfachen Feststellung "Veränderung der Startpartition" verbergen sich zwei Entscheidungsprobleme. Erstens muß man festlegen, auf wie viele Gruppen die Objekte verteilt werden sollen. Zweitens ist festzulegen, nach welchem Modus die Untersuchungsobjekte auf die Startgruppen zu verteilen sind. Hierzu kann man beispielsweise eine Zufallszahlentabelle heranziehen. Eine andere Möglichkeit besteht darin, daß man die Objekte entsprechend der Reihenfolge ihrer Numerierung den Gruppen $1,2,...g_1$; $1,2,...g_2$; usw. zuordnet. Weiterhin lassen sich auch die Ergebnisse hierarchischer Verfahren für die Festlegung der Startpartition heranziehen.

Vergleicht man die agglomerativen hierarchischen und die partitionierenden Verfahren, so ergibt sich ein zentraler Unterscheidungspunkt. Während bei den erstgenannten Verfahren sich ein einmal konstruiertes Cluster in der Analyse nicht mehr auflösen läßt, kann bei den partitionierenden Verfahren jedes Element von Cluster zu Cluster beliebig verschoben werden. Die partitionierenden Verfahren zeichnen sich somit durch eine größere Variabilität aus. Sie haben jedoch bei praktischen Anwendungen nur wenig Verbreitung gefunden. Dieser Umstand ist vor allem durch folgende Punkte begründet:

- Die Ergebnisse der partitionierenden Verfahren werden verstärkt durch die der "Umordnung" der Objekte zugrunde liegenden Zielfunktion beeinflußt.
- Die Wahl der Startpartition ist häufig subjektiv begründet und kann ebenfalls die Ergebnisse des Clusterprozesses beeinflussen.
- Man gelangt bei partitionierenden Verfahren häufig nur zu lokalen und nicht zu globalen Optima, da selbst bei modernen EDV-Anlagen die Durchführung einer vollständigen Enumeration nicht wirtschaftlich möglich ist.

7.2.2.3   Hierarchische Verfahren

7.2.2.3.1 Ablauf der agglomerativen Verfahren

Die in der Praxis häufig zur Anwendung kommenden *agglomerativen Algorithmen* sind die in Abbildung 7.5 dargestellten sechs Verfahren. Der Ablauf dieser Verfahren verdeutlicht Abbildung 7.7.:

1. Schritt: Man startet mit der feinsten Partition; d. h. jedes Objekt stellt ein Cluster dar. In unserem Beispiel aus Tabelle 7.9 gehen wir somit von fünf Gruppen aus.

2. Schritt: Man berechnet für alle in die Untersuchung eingeschlossenen Objekte die Distanz. In unserem Fall erhalten wir somit $\binom{5}{2}$ =10 Distanzen. Für den weiteren Verlauf gehen wir von den in Tabelle 7.11 enthaltenen quadrierten Euklidischen Distanzen aus.

3. Schritt: Es werden die beiden Cluster mit der geringsten Distanz zueinander gesucht. Im ersten Durchlauf weisen die beiden Margarinemarken "Rama" und "Flora" den geringsten Abstand auf $\left(d^2 = 4\right)$.

4. Schritt: Die beiden Gruppen mit der größten Ähnlichkeit faßt man zu einem neuen Cluster zusammen. Die Zahl der Gruppen nimmt somit um 1 ab. Zum Ende des ersten Durchgangs existieren in unserem Beispiel noch vier Gruppen.

5. Schritt: Man berechnet die Abstände zwischen den neuen und den übrigen Gruppen und gelangt so zu einer *reduzierten* Distanzmatrix. Die Unterschiede zwischen den agglomerativen Verfahren ergeben sich nur daraus, wie die Distanz zwischen einem Objekt (Cluster) R und dem neuen Cluster (P+Q) ermittelt wird.

Sind zwei Objekte (Gruppen) P und Q zu vereinigen, so erhält man die Distanz D(R;P+Q) zwischen irgendeiner Gruppe R und der neuen Gruppe (P+Q) durch folgende Transformation:

$$D(R,P+Q) = A \cdot D(R,P) + B \cdot D(R,Q) + E \cdot D(P,Q) + G \cdot |D(R,P)-D(R,Q)| \qquad (4)$$

mit:[8]

D(R,P):	Distanz zwischen den Gruppen R und P
D(R,Q):	Distanz zwischen den Gruppen R und Q
D(P,Q):	Distanz zwischen den Gruppen P und Q

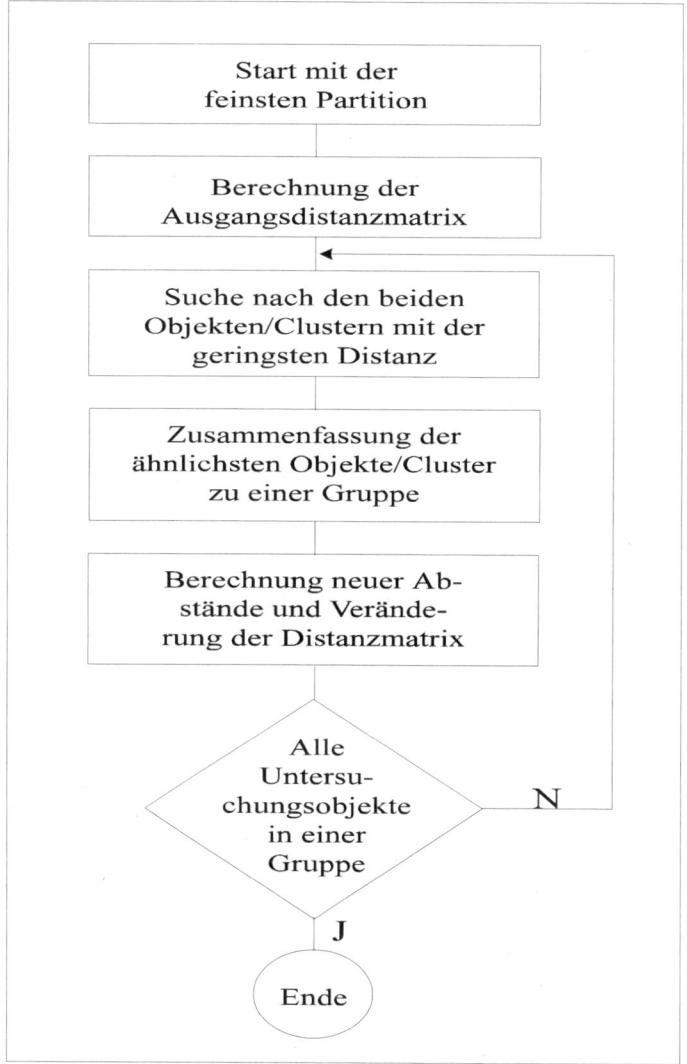

Abb. 7.7: Ablaufschritte der agglomerativen hierarchischen Clusterverfahren

---

[8] Vgl. zu obiger Transformation Steinhausen/ Langer, a.a.O., S.76.

Die Größen A, B, E und G sind Konstante, die je nach verwendetem Algorithmus variieren. Die in Abbildung 7.5 dargestellten agglomerativen Verfahren erhält man durch Zuweisung entsprechender Werte für die Konstanten in Gleichung (4). Die Tabelle 7.17 zeigt die jeweiligen Wertzuweisungen und die sich damit ergebenden Distanzberechnungen bei ausgewählten agglomerativen Verfahren.[9]

Während bei den ersten vier Verfahren grundsätzlich alle möglichen Proximitätsmaße verwendet werden können, ist die Anwendung der Verfahren "Zentroid", "Median" und "Ward" nur sinnvoll bei Verwendung eines Distanzmaßes. Bezüg-

Tabelle 7.17: Distanzberechnung bei ausgewählten agglomerativen Verfahren

Verfahren	Konstante				Distanzberechnung (D(R;P+Q)) nach Gleichung (4):
	A	B	E	G	
Single Linkage	0,5	0,5	0	-0,5	$0{,}5 \cdot \{D(R, P) + D(R,Q) - |D(R,P) - D(R, Q)|\}$
Complete Linkage	0,5	0,5	0	0,5	$0{,}5 \cdot \{D(R, P) + D(R,Q) + |D(R,P) - D(R, Q)|\}$
Average Linkage (ungewichtet)	0,5	0,5	0	0	$0{,}5 \cdot \{D(R, P) + D(R,Q)\}$
Average Linkage (gewichtet)	$\dfrac{NP}{NP + NQ}$	$\dfrac{NQ}{NP + NQ}$	0	0	$\dfrac{1}{NP + NQ}\{NP \cdot D(R,P) + NQ \cdot D(R, Q$
Zentroid	$\dfrac{NP}{NP + NQ}$	$\dfrac{NQ}{NP + NQ}$	$-\dfrac{NP \cdot NQ}{(NP + NQ)^2}$	0	$\dfrac{1}{NP + NQ}\{NP \cdot D(R, P) + NQ \cdot D(R, Q)\}$ $-\dfrac{NP \cdot NQ}{(NP + NQ)^2} \cdot D(P,Q)$
Median	0,5	0,5	-0,25	0	$0{,}5\big(D(R, P) + D(R, Q)\big) - 0{,}25 \cdot D(P, Q)$
Ward	$\dfrac{NR + NP}{NR + NP + NQ}$	$\dfrac{NR + NQ}{NR + NP + NQ}$	$-\dfrac{NR}{NR + NP + NQ}$	0	$\dfrac{1}{NR + NP + NQ}\{(NR + NP) \cdot D(R, P) +$ $(NR + NQ) \cdot D(R, Q) - NR \cdot D(P, Q)\}$

mit: NR: Zahl der Objekte in Gruppe R
        NP: Zahl der Objekte in Gruppe P
        NQ: Zahl der Objekte in Gruppe Q

[9] Vgl. ebenda, S.77.

lich des Skalenniveaus der Ausgangsdaten läßt sich festhalten, daß die Verfahren sowohl bei metrischen als auch bei nicht-metrischen Ausgangsdaten angewandt werden können. Entscheidend ist hier nur, daß die verwendeten Proximitätsmaße auf das Skalenniveau der Daten abgestimmt sind; denn nicht-metrische Proximitätsmaße stellen relative Häufigkeiten dar, die im Ergebnis metrisch interpretiert werden können.

7.2.2.3.2 Vorgehensweise bei den Verfahren "Single-Linkage", "Complete-Linkage" und "Ward"

Das *Single-Linkage-Verfahren* , das auch als „Nächstgelegener Nachbar" bezeichnet wird, vereinigt im ersten Schritt die Objekte, die gemäß der Distanzmatrix aus Tabelle 7.11 die *kleinste* Distanz aufweisen, d. h. die Objekte, die sich am ähnlichsten sind. Somit werden im ersten Durchlauf die Objekte "Rama" und "Flora" mit einer Distanz von 4 vereinigt. Da "Rama" und "Flora" nun eine eigenständige Gruppe bilden, muß im nächsten Schritt der Abstand dieser Gruppe zu allen übrigen Objekten bestimmt werden. Als Distanz zwischen der neuen Gruppe "Rama, Flora" und einem Objekt (Gruppe) R wird nun der *kleinste* Wert der Einzeldistanzen zwischen "Rama" und R bzw. "Flora" und R herangezogen, so daß sich die neue Distanz gemäß Formel (4) wie folgt bestimmt (vgl. Tabelle 7.17):

$$D(R;P+Q) = 0,5 \{D(R,P) + D(R,Q) - |D(R,P) - D(R,Q)|\} \qquad (5)$$

Vereinfacht ergibt sich diese Distanz auch aus der Beziehung:

$$D(R;P+Q) = \min \{D(R,P);D(R,Q)\}$$

Das Single-Linkage-Verfahren weist somit einer neu gebildeten Gruppe die kleinste Distanz zu, die sich aus den alten Distanzen der in der Gruppe vereinigten Objekte zu einem bestimmten anderen Objekt ergibt. Man bezeichnet diese Methode deshalb auch als *"Nearest-Neighbour-Verfahren"* (nächstgelegener Nachbar). Verdeutlichen wir uns dieses Vorgehen beispielhaft an der Distanzbestimmung zwischen der Gruppe "Rama, Flora" und der Marke "SB". Zur Berechnung der neuen Distanz sind die Abstände zwischen "Rama" und "SB" sowie zwischen "Flora" und "SB" heranzuziehen. Aus der Ausgangsdistanzmatrix (Tabelle 7.11) ersieht man, daß die erstgenannte Distanz 56 und die zweitgenannte Distanz 44 beträgt. Somit wird für den zweiten Durchlauf als Distanz zwischen der Gruppe "Rama, Flora" und der Marke "SB" eine Distanz von 44 zugrunde gelegt. Abbildung 7.8 faßt die Vorgehensweise noch einmal graphisch zusammen. Der "Kreis" um "Rama" und "Flora" soll verdeutlichen, daß sich die beiden Produkte bereits in einem Cluster befinden.

Formal lassen sich diese Distanzen auch mit Hilfe von Formel (5) bestimmen. Dabei ist P+Q die Gruppe "Flora (P) und Rama (Q)", und R stellt jeweils ein verbleibendes Objekt dar. Die neuen Distanzen zwischen "Flora, Rama" und den übrigen Objekten ergeben sich in unserem Beispiel dann wie folgt (vgl. die Werte in Tabelle 7.11):

$$D(\text{Homa; Flora + Rama}) = 0,5 \cdot \{(6+6) - |6-6|\} = 6$$

$$D(\text{SB; Flora + Rama}) = 0,5 \cdot \{(44+56) - |44-56|\} = 44$$

$$D(\text{W.butter; Flora + Rama}) = 0,5 \cdot \{(59+75) - |59-75|\} = 59$$

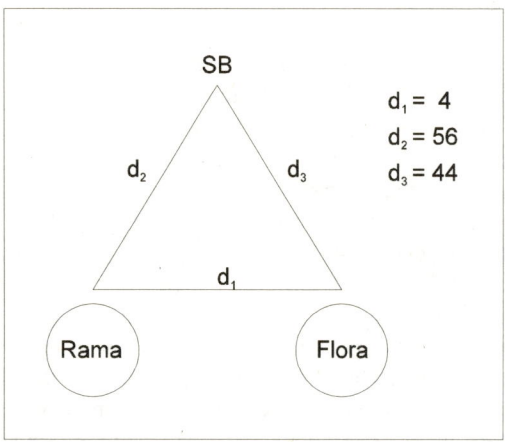

Abb. 7.8: Berechnung der neuen Distanz beim Single-Linkage-Verfahren

Damit erhält man die reduzierte Distanzmatrix, indem man die Zeilen und Spalten der fusionierten Cluster aus der für den betrachteten Durchgang gültigen Distanzmatrix entfernt und dafür eine neue Spalte und Zeile für die gerade gebildete Gruppe einfügt. Am Ende des ersten Durchgangs ergibt sich eine reduzierte Distanzmatrix (Tabelle 7.18), die im zweiten Schritt Verwendung findet.

Tabelle: 7.18: Distanzmatrix nach dem ersten Durchlauf beim Single-Linkage-Verfahren

	Flora, Rama	Homa	SB
Homa	6		
SB	44	26	
Weihnachtsbutter	59	41	11

Entsprechend der reduzierten Distanzmatrix werden im nächsten Schritt die Objekte (Cluster) vereinigt, die die geringste Distanz aufweisen. Im vorliegenden Fall wird "Homa" in die Gruppe "Flora, Rama" aufgenommen, da hier die Distanz (d=6) am kleinsten ist. Für die reduzierte Distanzmatrix im zweiten Durchlauf errechnen sich dann die Abstände der Gruppe "Flora, Rama, Homa" zu SB bzw. Weihnachtsbutter wie folgt:

D(SB; Flora + Rama + Homa) $= 0,5 \cdot \{(44+26)-|44-26|\} = 26$

D(Wb.; Flora + Rama + Homa) $= 0,5 \cdot \{(59+41)-|59-41|\} = 41$

Damit ergibt sich die reduzierte Distanzmatrix im zweiten Schritt gemäß Tabelle 7.19.

Tabelle 7.19:   Distanzmatrix nach dem zweiten Durchlauf beim Single-Linkage-Verfahren

	Flora, Rama, Homa	SB
SB	26	
Weihnachtsbutter	41	11

Den Werten in Tabelle 7.19 entsprechend werden im nächsten Schritt die Marken "SB" und "Weihnachtsbutter" zu einer eigenständigen Gruppe zusammengefaßt. Die Distanz zwischen den verbleibenden Gruppen "Flora, Rama, Homa" und "SB, Weihnachtsbutter" ergibt sich dann auf Basis von Tabelle 7.19 wie folgt:

D(Flora, Rama, Homa; SB, Weihnb.) $= 0,5 \cdot \{(26+41)-|26-41|\} = 26$

Das Ergebnis der Cluster-Analyse nach dem Single-Linkage-Verfahren läßt sich graphisch durch das in Abbildung 7.9 dargestellte Dendrogramm verdeutlichen.

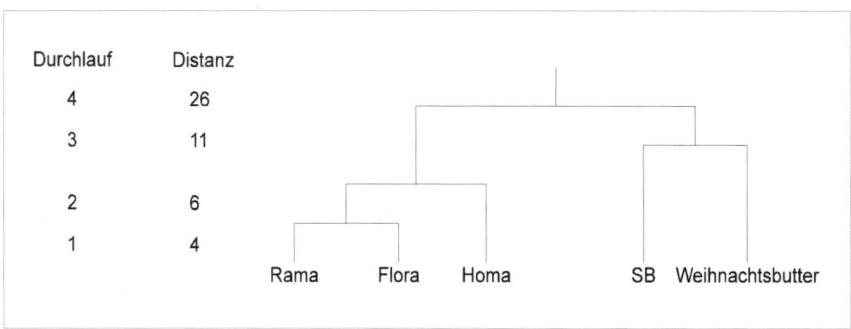

Abb. 7.9:   Dendrogramm für das Single-Linkage-Verfahren

Dadurch, daß das Single-Linkage-Verfahren als neue Distanz zwischen zwei Gruppen immer den kleinsten Wert der Einzeldistanzen heranzieht, ist es geeignet, "Ausreißer" in einer Objektmenge zu erkennen. Da das Single-Linkage-Verfahren dazu neigt, viele kleine und wenige große Gruppen zu bilden (kontrahierendes

Verfahren), bilden die kleinen Gruppen einen Anhaltspunkt für die Identifikation von "Ausreißern" in der Objektmenge. Das Verfahren hat dadurch aber den Nachteil, daß es aufgrund der großen Gruppen zur Kettenbildung neigt, wodurch "schlecht" getrennte Gruppen nicht aufgedeckt werden.[10]

Der Unterschied zwischen dem gerade erläuterten Algorithmus und dem *Complete-Linkage-Verfahren* besteht in der Vorgehensweise bei der neuen Distanzbildung im vierten Schritt. Diese berechnet sich gemäß Formel (4) wie folgt (vgl. Tabelle 7.17):

$$D(R;P+Q)= 0,5 \cdot \{D(R,P) + D(R,Q) + |D(R,P) - D(R,Q)|\} \tag{6}$$

Es werden also nicht die geringsten Abstände als neue Distanz herangezogen - wie beim Single-Linkage-Verfahren -, sondern die größten Abstände, so daß sich für (6) auch schreiben läßt:

$$D(R;P+Q)=\max \{D(R,P);D(R,Q)\}$$

Man bezeichnet dieses Verfahren deshalb auch als *"Furthest-Neighbour-Verfahren"* (entferntester Nachbar). Ausgehend von der Distanzmatrix in Tabelle 7.11 werden im ersten Schritt auch hier die Objekte "Rama" und "Flora" vereinigt. Der Abstand dieser Gruppe zu z. B. "SB" entspricht aber jetzt in der reduzierten Distanzmatrix dem größten Einzelabstand, der entsprechend Abbildung 7.8 56 beträgt. Formal ergeben sich die Einzelabstände gemäß (6) wie folgt:

$$D(\text{Homa; Flora + Rama}) \quad = 0,5 \cdot \left\{(6+ 6) + |6 - 6|\right\} = 6$$

$$D(\text{SB; Flora + Rama}) \quad = 0,5 \cdot \left\{(44 + 56) + |44 - 56|\right\} = 56$$

$$D(\text{W.butter; Flora + Rama}) = 0,5 \cdot \left\{(59 + 75) + |59 - 75|\right\} = 75$$

Damit erhalten wir die in Tabelle 7.20 dargestellte reduzierte Distanzmatrix.

Tabelle 7.20: Reduzierte Distanzmatrix nach dem ersten Durchlauf beim Complete-Linkage-Verfahren

	Flora, Rama	Homa	SB
Homa	6		
SB	56	26	
Weihnachtsbutter	75	41	11

Im nächsten Durchlauf wird auch hier die Marke "Homa" in die Gruppe "Rama, Flora" aufgenommen, da entsprechend Tabelle 7.20 hier die kleinste Distanz mit d=6 auftritt. Der Prozeß setzt sich nun ebenso wie beim Single-Linkage-Verfahren

---

[10] Vgl. hierzu die Ausführungen im Abschnitt 7.2.2.3.3

fort, wobei die jeweiligen Distanzen immer nach Formel (6) bestimmt werden. Hier sei nur das Endergebnis anhand eines Dendrogramms aufgezeigt (Abbildung 7.10).

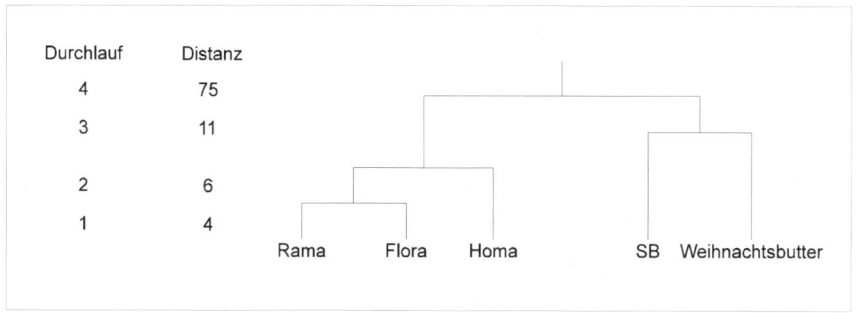

Abb. 7.10: Dendrogramm für das Complete-Linkage-Verfahren

Obwohl in diesem Beispiel der Fusionierungsprozeß beim Single- und Complete-Linkage-Verfahren nahezu identisch verläuft, tendiert das Complete-Linkage-Verfahren eher zur Bildung kleiner Gruppen. Das liegt darin begründet, daß als neue Distanz jeweils der größte Wert der Einzeldistanzen herangezogen wird. Von daher ist das Complete-Linkage-Verfahren, im Gegensatz zum Single-Linkage-Verfahren, nicht dazu geeignet, "Ausreißer" in einer Objektgesamtheit zu entdecken. Diese führen beim Complete-Linkage-Verfahren eher zu einer Verzerrung des Gruppierungsprozesses und sollten daher vor Anwendung dieses Verfahrens (etwa mit Hilfe des Single-Linkage-Verfahrens) eliminiert werden.[11]

Als letzter hierarchischer Cluster-Algorithmus soll noch das *Ward-Verfahren* dargestellt werden.

Dieses Verfahren unterscheidet sich von den vorhergehenden nicht nur durch die Art der neuen Distanzbildung, sondern auch durch die Vorgehensweise bei der Fusion von Gruppen. Der Abstand zwischen dem zuletzt gebildeten Cluster und den anderen Gruppen wird wie folgt berechnet (vgl. Tabelle 7.17):

$$D(R;P+Q) = \frac{1}{NR + NP + NQ} \left\{ (NR + NP) \cdot D(R,P) + (NR + NQ) \cdot D(R,Q) - NR \cdot D(P,Q) \right\} \quad (7)$$

Das Ward-Verfahren unterscheidet sich von den bisher dargestellten Linkage-Verfahren insbesondere dadurch, daß nicht diejenigen Gruppen zusammengefaßt werden, die die geringste Distanz aufweisen, sondern es werden die Objekte (Gruppen) vereinigt, die ein vorgegebenes *Heterogenitätsmaß* am wenigsten vergrößern. Das Ziel des Ward-Verfahrens besteht darin, jeweils diejenigen Objekte (Gruppen) zu vereinigen, die die Streuung (Varianz) in einer Gruppe möglichst wenig erhöhen. Dadurch werden möglichst homogene Cluster gebildet. Als

---

[11] Vgl. hierzu auch die Ausführungen in Abschnitt 7.2.2.3.3.

Heterogenitätsmaß wird das *Varianzkriterium* verwendet, das auch als Fehlerquadratsumme bezeichnet wird.

Die *Fehlerquadratsumme* (Varianzkriterium) errechnet sich für eine Gruppe g
wie folgt:

$$V_g = \sum_{k=1}^{K_g} \sum_{j=1}^{J} (x_{kjg} - \overline{x}_{jg})^2 \tag{8}$$

mit

x_{kjg} : Beobachtungswert der Variablen j (j = 1,...,J) bei Objekt k (für alle Objekte

  k = 1, ...,K_g in Gruppe g)

$\overline{x}_{jg}$: Mittelwert über die Beobachtungswerte der Variablen j in Gruppe g

$$\left(= 1/K_g \sum_{k=1}^{K_g} x_{kjg} \right)$$

Wird dem Ward-Verfahren als Proximitätsmaß die quadrierte Euklidische Distanz
zugrunde gelegt, so werden auch hier im ersten Schritt die quadrierten Euklidischen
Distanzen zwischen allen Objekten berechnet. Somit hat auch das Ward-Verfahren
für unser 5-Produkte-Beispiel die in Tabelle 7.11 berechnete Distanzmatrix als
Ausgangspunkt. Da in Tabelle 7.11 noch keine Objekte vereinigt wurden, besitzt
die Fehlerquadratsumme im ersten Schritt einen Wert von Null; d. h. jedes Objekt
ist eine "eigenständige Gruppe", und folglich tritt auch bei den Variablenwerten
dieser Objekte noch keine Streuung auf. Das Zielkriterium beim Ward-Verfahren
für die Zusammenfassung von Objekten (Gruppen) lautet nun:

> "Vereinige diejenigen Objekte (Gruppen), die die Fehlerquadratsumme am
> wenigsten erhöhen."

Es läßt sich nun zeigen, daß die Werte der Distanzmatrix in Tabelle 7.11 (qua-
drierte Euklidische Distanzen) bzw. die mit Hilfe von Gleichung (7) berechneten
Distanzen genau der *doppelten Zunahme der Fehlerquadratsumme* gemäß
Gleichung (8) bei Fusionierung zweier Objekte (Gruppen) entsprechen.

Dieser Zusammenhang läßt sich für das vorliegende Beispiel wie folgt verdeutlichen: Entsprechend Tabelle 7.11 sind im ersten Schritt die Objekte mit der
kleinsten quadrierten Euklidischen Distanz zu vereinigen. Das sind in unserem
Beispiel die Produkte "Rama" und "Flora", die eine quadrierte Euklidischen Distanz von 4 besitzen. Entsprechend des oben formulierten Zusammenhangs muß
dieser Wert der doppelten Zunahme der Fehlerquadratsumme entsprechen bzw. die
Zunahme der Fehlerquadratsumme beträgt nach Vereinigung dieser Produkte 1/2·4
= 2. Da die Fehlerquadratsumme im Ausgang Null war (es wurden zwei Objekte
vereinigt), beträgt sie nach Vereinigung der Produkte Rama und Flora für diese
neue Gruppe ebenfalls 2. Abbildung 7.11 verdeutlicht diesen Zusammenhang für
unser Beispiel.

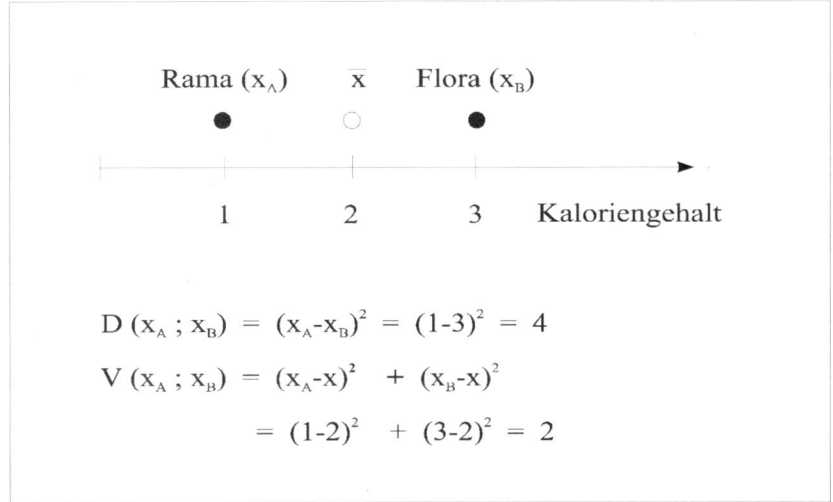

Abb. 7.11: Zusammenhang zwischen quadrierter Euklidischer Distanz und Fehlerquadratsumme

Dabei ist zu beachten, daß die Ausgangswerte für die Variablen "Preis" und "Vitamingehalt" bei Rama und Flora identisch sind (vgl. Tabelle 7.9), so daß sich die quadrierte Euklidische Distanz zwischen diesen beiden Objekten allein aufgrund der unterschiedlichen Werte der Variablen "Kaloriengehalt" bestimmt. Für die quadrierte Euklidische Distanz folgt damit:

$$D(\text{Rama, Flora}) = (1-3)^2 = 4$$

Berücksichtigt man, daß der Mittelwert der Variablen "Kaloriengehalt" $(1+3)/2 = 2$ beträgt, so ergibt sich für die Fehlerquadratsumme der Wert:

$$V(\text{Rama, Flora}) = (1-2)^2 + (3-2)^2 = 2$$

Im zweiten Schritt müssen nun die Distanzen zwischen der Gruppe "Rama, Flora" und den verbleibenden Objekten gemäß Gleichung (7) bestimmt werden. Wir verwenden zu diesem Zweck die Distanzen aus Tabelle 7.11:

$$D(\text{Homa; Rama + Flora}) = \frac{1}{3}\{(1+1)\cdot 6 + (1+1)\cdot 6 - 1\cdot 4\} = 6{,}667$$

$$D(\text{SB; Rama + Flora}) = \frac{1}{3}\{(1+1)\cdot 56 + (1+1)\cdot 44 - 1\cdot 4\} = 65{,}333$$

$$D(\text{Wb.; Rama + Flora}) = \frac{1}{3}\{(1+1)\cdot 75 + (1+1)\cdot 59 - 1\cdot 4\} = 88{,}000$$

Wir erhalten damit im zweiten Schritt die reduzierte Distanzmatrix im Ward-Verfahren, die ebenfalls die doppelte Zunahme der Fehlerquadratsumme bei Fusionierung zweier Objekte (Gruppen) enthält (Tabelle 7.21).

Tabelle 7.21:   Matrix der doppelten Heterogenitätszuwächse nach dem ersten Durchlauf beim Ward-Verfahren

	Rama, Flora	Homa	SB
Homa	6,667		
SB	65,333	26	
Weihnachtsbutter	88,000	41	11

Die doppelte Zunahme der Fehlerquadratsumme ist bei Hinzunahme von "Homa" in die Gruppe "Rama, Flora" am geringsten. In diesem Fall wird die Fehlerquadratsumme nur um $1 / 2 \cdot 6,667 = 3,333$ erhöht. Die gesamte Fehlerquadratsumme beträgt nach diesem Schritt:

$$V_g = 2 + 3,333 = 5,333;$$

wobei der Wert 2 die Zunahme der Fehlerquadratsumme aus dem ersten Schritt darstellt. Nach Abschluß dieser Fusionierung sind die Produkte "Rama", "Flora" und "Homa" in einer Gruppe, und die Fehlerquadratsumme beträgt 5,333.

Dieser Wert läßt sich auch mit Hilfe von Gleichung (8) unter Verwendung der Ausgangsdaten in Tabelle 7.9 berechnen:

Wir müssen zu diesem Zweck zunächst die Mittelwerte für die Variablen "Kaloriengehalt" (x_1), "Preis" (x_2) und "Vitamingehalt" (x_3) über die Objekte "Rama, Homa, Flora" berechnen. Wir erhalten aus Tabelle 7.9:

$$\overline{X}_1 = 2; \quad \overline{X}_2 = 2\frac{1}{3}; \quad \overline{X}_3 = 1\frac{2}{3};$$

Nun bilden wir gemäß Formel (8) die quadrierten Differenzen zwischen den Beobachtungswerten (x_{kj}) einer jeden Variablen bei jedem Produkt und summieren diese Werte. Es folgt:

$$V_g = \underbrace{(1-2)^2 + (2-2\tfrac{1}{3})^2 + (1-1\tfrac{2}{3})^2}_{\text{Rama}} + \underbrace{(2-2)^2 + (3-2\tfrac{1}{3})^2 + (3-1\tfrac{2}{3})^2}_{\text{Homa}}$$

$$+ \underbrace{(3-2)^2 + (2-2\tfrac{1}{3})^2 + (1-1\tfrac{2}{3})^2}_{\text{Flora}}$$

$$= (-1)^2 + \left(-\frac{1}{3}\right)^2 + \left(-\frac{2}{3}\right)^2 + (0)^2 + \left(\frac{2}{3}\right)^2 + \left(1\frac{1}{3}\right)^2 + 1^2 + \left(-\frac{1}{3}\right)^2 + \left(-\frac{2}{3}\right)^2$$

$$= 1 + \frac{1}{9} + \frac{4}{9} + 0 + \frac{4}{9} + \frac{16}{9} + 1 + \frac{1}{9} + \frac{4}{9} = 5\frac{3}{9}$$

$$= 5{,}333$$

Im nächsten Schritt müssen nun die Distanzen zwischen der Gruppe "Rama, Flora, Homa" und den verbleibenden Produkten bestimmt werden. Wir verwenden hierzu wiederum Gleichung (7) und die Ergebnisse aus Tabelle 7.21 des ersten Durchlaufs:

D (SB; Rama + Flora + Homa) =

$$\frac{1}{4}\{(1+2)\cdot 65{,}333 + (1+1)\cdot 26 - 1\cdot 6{,}667\} = 60{,}333$$

D (Wb; Rama + Flora + Homa) =

$$\frac{1}{4}\{(1+2)\cdot 88{,}000 + (1+1)\cdot 41 - 1\cdot 6{,}667\} = 84{,}833$$

Damit erhalten wir folgendes Ergebnis im zweiten Durchlauf beim Ward-Verfahren (Tabelle 7.22).

Tabelle 7.22: Matrix der doppelten Heterogenitätszuwächse nach dem zweiten Durchlauf beim Ward-Verfahren

	Rama, Flora, Homa	SB
SB	60,333	
Weihnachtsbutter	84,833	11

Die Tabelle 7.22 zeigt, daß die doppelte Zunahme in der Fehlerquadratsumme dann am kleinsten ist, wenn wir im nächsten Schritt die Objekte "SB" und "Weihnachtsbutter" vereinigen. Die Fehlerquadratsumme erhöht sich dann nur um 1/2·11 = 5,5 und beträgt nach dieser Fusionierung:

$$V_g = 5{,}333 + 5{,}5 = 10{,}833$$

Der Wert 10,833 spiegelt dabei die Höhe der Fehlerquadratsumme nach Abschluß des dritten Fusionierungsschrittes wider. Entsprechend Formel (8) splittet sich der Gesamtwert korrekt in folgende zwei Einzelwerte auf: V(Rama, Flora, Homa) = 5,333 und V(SB, Weihnachtsbutter) = 5,5.

Werden im letzten Schritt die Gruppen "Rama, Flora, Homa" und "SB, Weih-nachtsbutter" vereinigt, so bedeutet das eine doppelte Zunahme der Fehlerqua-dratsumme um:

D (Rama, Flora, Homa; Wb., SB)   =

$$\frac{1}{5}\{(3+1)\cdot 84,833+(3+1)\cdot 60,333-3\cdot 11\}=109,533$$

Nach diesem Schritt sind *alle* Objekte in einem Cluster vereinigt, wobei das Va-rianzkriterium im letzten Schritt nochmals um 1/2·109,533 = 54,767 erhöht wurde. Die Gesamtfehlerquadratsumme beträgt somit im Endzustand 10,833 + 54,767 = 65,6. Der Fusionierungsprozeß entsprechend dem Ward-Verfahren läßt sich zusam-menfassend durch ein Dendrogramm wiedergeben, wobei nach jedem Schritt die Fehlerquadratsumme aufgeführt ist (Abbildung 7.12).

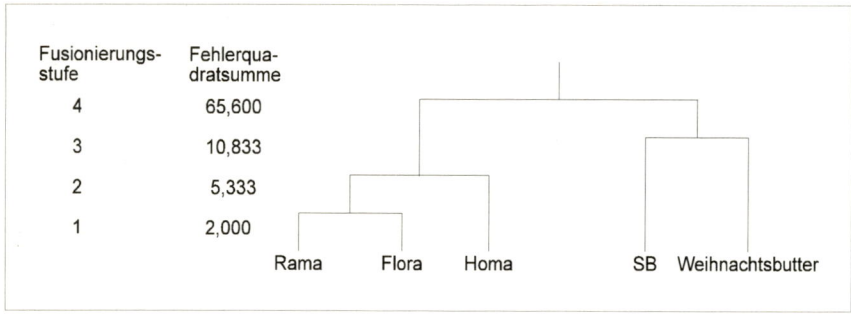

Abb. 7.12: Dendrogramm für das Ward-Verfahren

Die bisherigen Ausführungen haben gezeigt, nach welchen Kriterien verschiedene Clusteranalysealgorithmen eine Fusionierung von Einzelobjekten zu Gruppen vornehmen. Dabei gehen alle agglomerativen Verfahren von der feinsten Partition (alle Objekte bilden jeweils ein eigenständiges Cluster) aus und enden mit einer Zusammenfassung aller Objekte in einer großen Gruppe. Der Anwender muß deshalb entscheiden, welche Anzahl von Gruppen als die "beste" anzusehen ist. Dieses Problem wird anhand eines umfassenderen Beispiels in Abschnitt 7.3 verdeutlicht.

7.2.2.3.3 Fusionierungseigenschaften ausgewählter Clusterverfahren

Die bisher betrachteten Clusterverfahren lassen sich bezüglich ihrer Fusionierungseigenschaften allgemein in dilatierende, kontrahierende und konservative Verfahren unterteilen.[12] *Dilatierende Verfahren* neigen dazu, die Objekte verstärkt in einzelne etwa gleich große Gruppen zusammenzufassen, während *kontrahierende Algorithmen* dazu tendieren, zunächst wenige große Gruppen zu bilden, denen viele kleine gegenüberstehen. Kontrahierende Verfahren sind damit geeignet, insbesondere "Ausreißer" in einem Objektraum zu identifizieren. Weist ein Verfahren weder Tendenzen zur Dilatation noch zur Kontraktion auf, so wird es als *konservativ* bezeichnet. Daneben lassen sich Verfahren auch danach beurteilen, ob sie zur Kettenbildung neigen, d. h. ob sie im Fusionierungsprozeß primär einzelne Objekte aneinanderreihen und damit große Gruppen erzeugen. Schließlich kann noch danach gefragt werden, ob mit zunehmender Fusionierung das verwendete Heterogenitätsmaß monoton ansteigt oder ob auch ein Absinken des Heterogenitätsmaßes möglich ist. Betrachtet man die obigen Kriterien, so lassen sich die hier besprochenen Verfahren wie in Tabelle 7.23 gezeigt charakterisieren.

Tabelle 7.23:   Charakterisierung agglomerativer Clusterverfahren

Verfahren	Eigenschaft	Monoton?	Proximitätsmaße	Bemerkungen
Single-Linkage	kontrahierend	ja	alle	neigt zur Kettenbildung
Complete-Linkage	dilatierend	ja	alle	neigt zu kleinen Gruppen
Average-Linkage	konservativ	ja	alle	-
Zentroid	konservativ	nein	Distanzmaße	-
Median	konservativ	nein	Distanzmaße	-
Ward	konservativ	ja	Distanzmaße	bildet etwa gleich große Gruppen

Bezüglich des *Ward-Verfahrens* sei noch darauf hingewiesen, daß eine Untersuchung von Bergs gezeigt hat, daß das Ward-Verfahren im Vergleich zu anderen

---

[12] Vgl. zu dieser Unterscheidung: Lance, G. H./ Williams, W. T.: A General Theory of Classificatory Sorting Strategies I. Hierarchical Systems, in: Comp. Journal, 9(1966), S. 374 sowie Steinhausen/ Langer, a.a.O., S. 75ff.

Algorithmen in den meisten Fällen *sehr gute Partitionen* findet und die Elemente "*richtig*" den Gruppen zuordnet.[13] Das Ward-Verfahren kann somit als *sehr guter Fusionierungsalgorithmus* angesehen werden, wenn

- die Verwendung eines Distanzmaßes ein (inhaltlich) sinnvolles Kriterium zur Ähnlichkeitsbestimmung darstellt;
- alle Variablen auf metrischem Skalenniveau gemessen wurden;
- keine Ausreißer in einer Objektmenge enthalten sind, bzw. vorher eliminiert wurden;
- die Variablen unkorreliert sind;
- zu erwarten ist, daß die Elementzahl in jeder Gruppe ungefähr gleich groß ist;
- die Gruppen in etwa die gleiche Ausdehnung besitzen.

Die drei letztgenannten Voraussetzungen beziehen sich auf die Anwendbarkeit des im Rahmen des Ward-Verfahrens verwendeten Varianzkriteriums (auch "Spur-W-Kriterium" genannt). Allerdings neigt das Ward-Verfahren dazu, möglichst *gleich große Cluster* zu bilden und ist *nicht* in der Lage, langgestreckte Gruppen oder solche mit kleiner Elementzahl zu erkennen

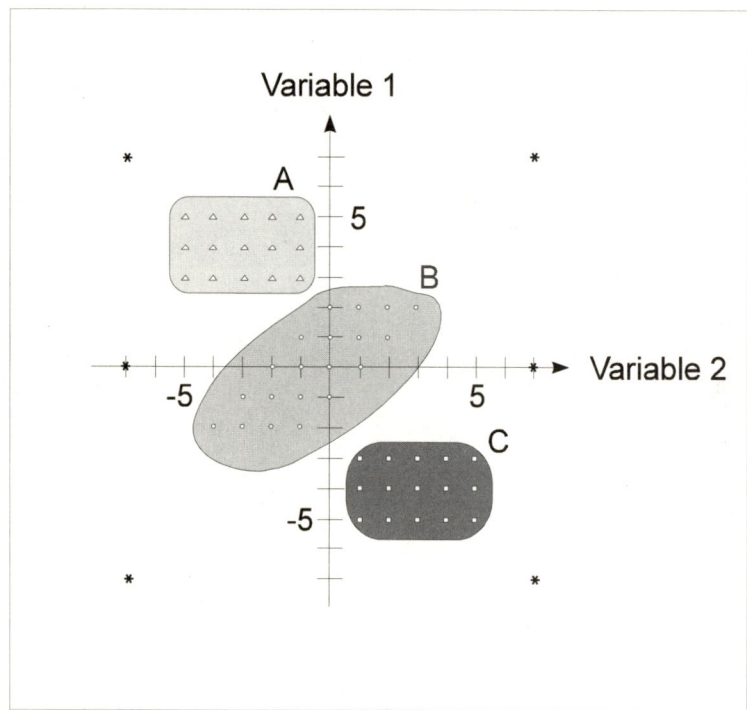

Abb. 7.13: Beispieldaten zur Verdeutlichung der Fusionierungseigenschaften

---

[13] Vgl. Bergs, Siegfried: Optimalität bei Cluster-Analysen, Diss. Münster 1981, S. 96f.

Für die Verfahren "Single-Linkage", "Complete-Linkage" und "Ward" sollen abschließend deren zentrale Fusionierungseigenschaften anhand eines fiktiven Beispiels verdeutlicht werden. Die dabei verwendeten Daten sind in Abbildung 7.13 dargestellt, wobei sich optisch drei Gruppen von Objekten (A, B und C) sowie sechs Ausreißer (jeweils durch einen Stern gekennzeichnet) erkennen lassen.

Wendet man auf die Daten in Abbildung 7.13 zunächst das *Single-Linkage-Verfahren* an, so läßt das entsprechende Dendrogramm in Abbildung 7.14 deutlich die Neigung dieses Verfahrens zur Kettenbildung erkennen. Während die Objekte der drei Gruppen quasi auf der gleichen Stufe zusammengefaßt werden, werden die als Ausreißer gekennzeichneten Objekte erst am Ende des Prozesses fusioniert. Damit ist auch klar erkennbar, daß sich das Single-Linkage-Verfahren in besonderem Maße dazu eignet, "Ausreißer" in einer Objektmenge zu erkennen. Wendet man hingegen auf die Daten aus Abbildung 7.13 das Complete-Linkage- und das Ward-Verfahren an, so sind im Vergleich zum Single-Linkage-Verfahren deutlich unterschiedliche Fusionierungsverläufe erkennbar. Abbildung 7.15 läßt für das *Complete-Linkage-Verfahren* zwar eine klare 3-Cluster-Lösung erkennen, jedoch wird nur die Gruppe C exakt isoliert, während die Gruppe B nur teilweise separiert und die überwiegende Zahl der Elemente aus B mit den Objekten aus Gruppe A zusammengefaßt wird. Das Complete-Linkage-Verfahren ist damit nicht in der Lage, die "wahre Gruppierung" entsprechend Abbildung 7.13 zu reproduzieren.

Demgegenüber zeigt das Dendrogramm in Abbildung 7.16, daß das *Ward-Verfahren* die "wahre Gruppierung" gemäß Abb. 7.13 erzeugen kann, wobei sich die Ausreißer auf die 3-Cluster-Lösung verteilen. Damit werden auch die Untersuchungen von Bergs bestätigt, wonach das Ward-Verfahren sehr gut in der Lage ist, Objekte zu den "wahren Gruppen" zusammenzufassen.

Aus den dargestellten Zusammenhängen läßt sich abschließend die Empfehlung ableiten, daß bei praktischen Anwendungen eine Objektmenge zunächst mit Hilfe des Single-Linkage-Verfahrens auf Ausreißer untersucht werden sollte. Anschliessend sind die gefundenen "Ausreißer-Objekte" zu eliminieren, und die reduzierte Objektmenge ist dann mit Hilfe eines anderen agglomerativen Verfahrens zu gruppieren, wobei die Auswahl des Verfahrens vor dem Hintergrund der jeweiligen Anwendungssituation zu erfolgen hat.

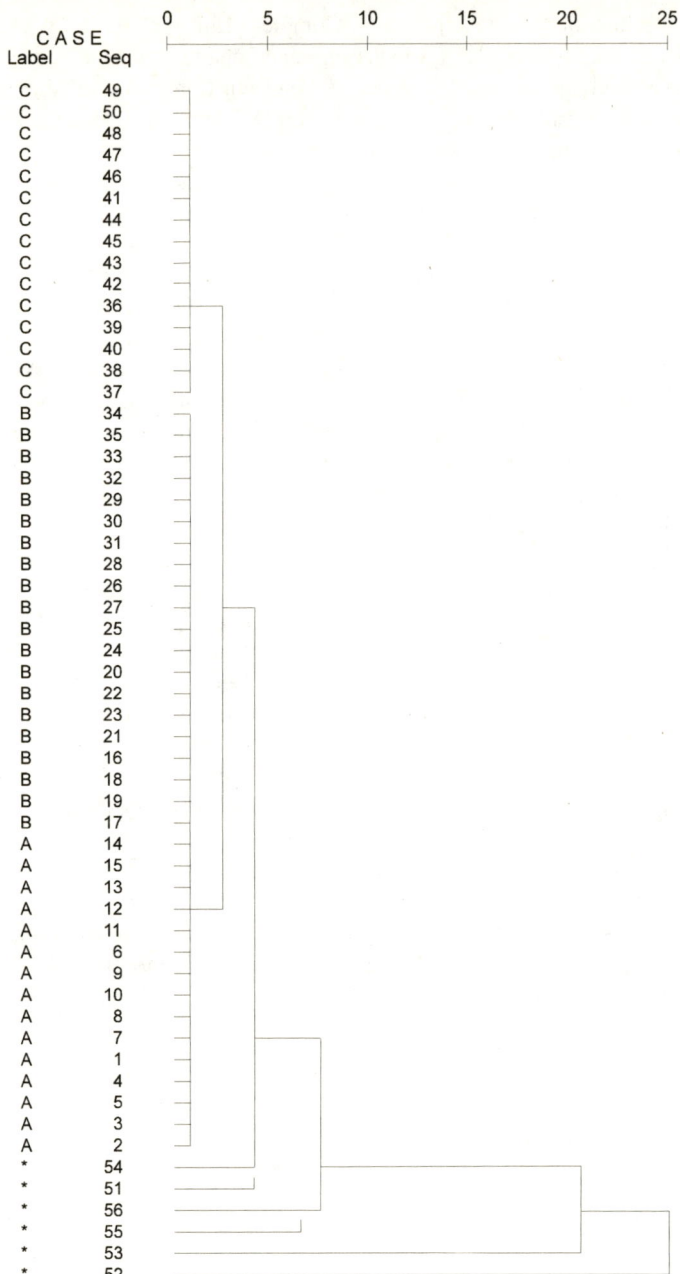

Abb. 7.14: Dendrogramm des Single-Linkage-Verfahrens zur Verdeutlichung der Fusionierungseigenschaften

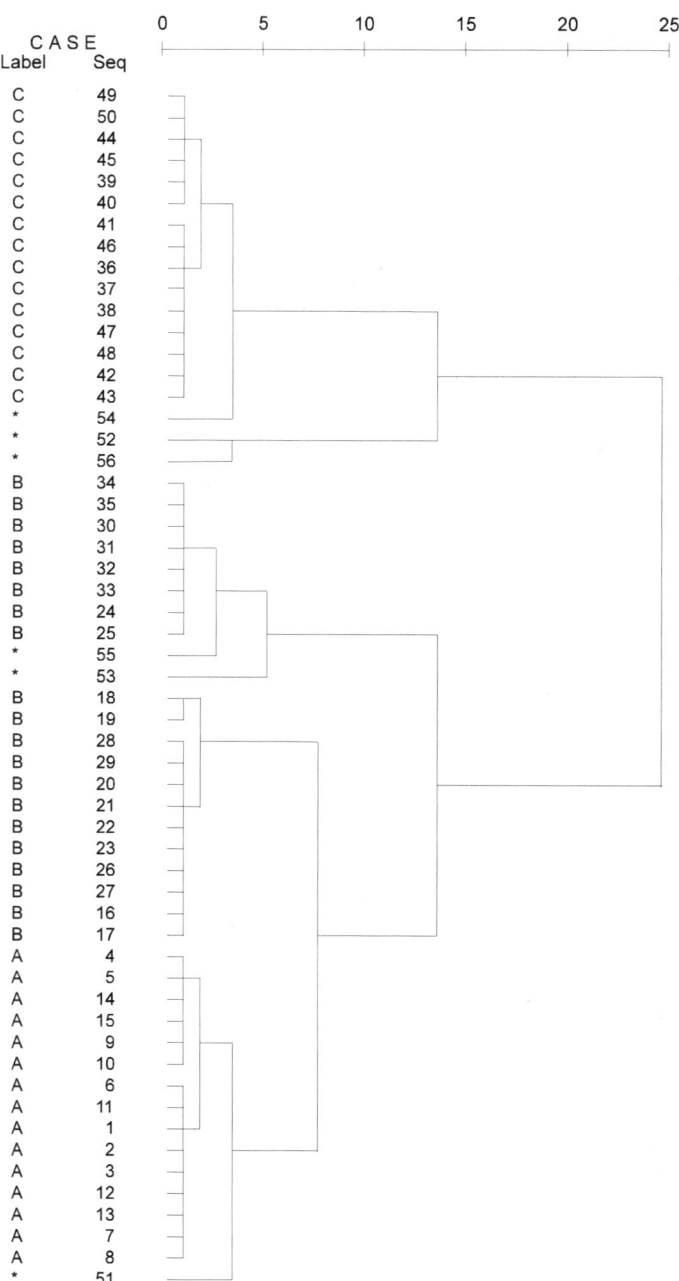

Abb. 7.15: Dendrogramm des Complete-Linkage-Verfahrens zur Verdeutlichung der Fusionierungseigenschaften

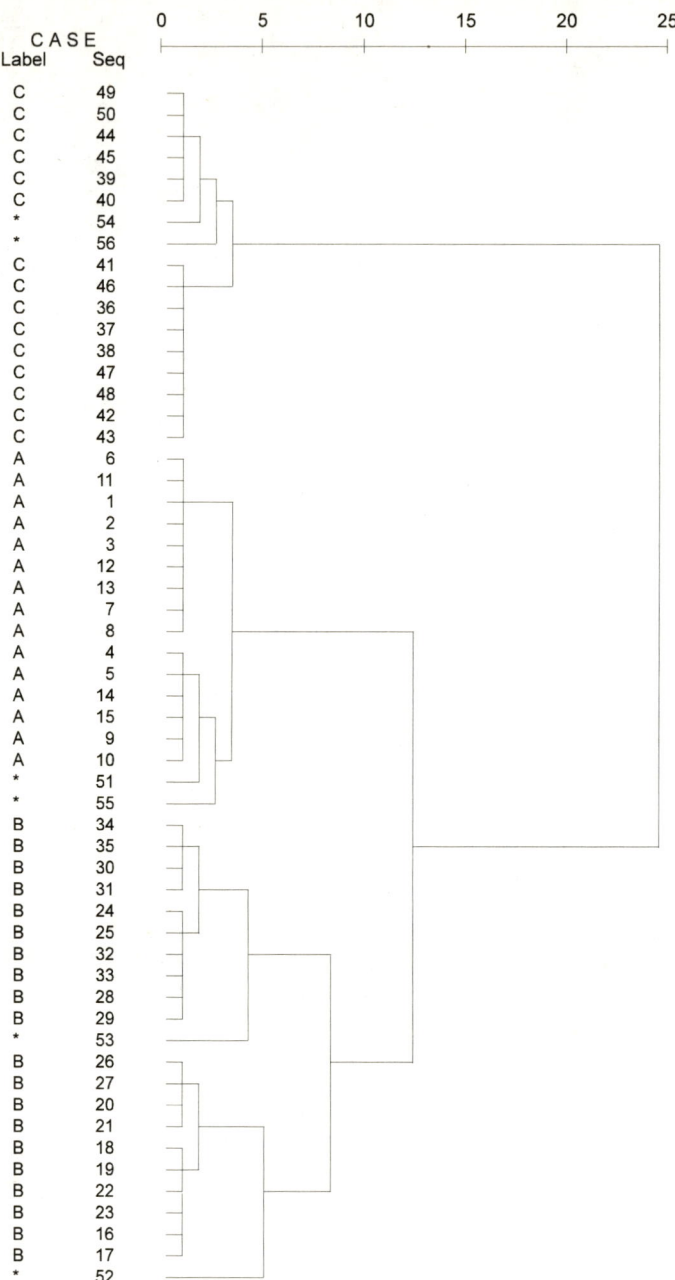

Abb. 7.16: Dendrogramm des Ward-Verfahrens zur Verdeutlichung der
Fusionierungseigenschaften

7.3   Fallbeispiel

In einer empirischen Erhebung wurden elf Emulsionsfette (Butter und Margarine) im Hinblick auf bestimmte Eigenschaften beurteilt. Im einzelnen handelte es sich um die in Abbildung 7.17 aufgeführten Marken und Eigenschaften.

Marken (k = 1 - 11)	Eigenschaften (i = 1 - 10)
1 Sanella	A Streichfähigkeit
2 Homa	B Preis
3 SB	C Haltbarkeit
4 Delicado	D Anteil ungesättigter
5 Holl. Markenbutter	Fettsäuren
6 Weihnachtsbutter	E Back- und Brateignung
7 Du darfst	F Geschmack
8 Becel	G Kaloriengehalt
9 Botteram	H Anteil tierischer Fette
10 Flora	I Vitamingehalt
11 Rama	K Natürlichkeit

Abb. 7.17: Marken und Eigenschaften des Fallbeispiels

Die Eigenschaftsbeurteilung erfolgte durch 32 *Probanden*, die gebeten wurden, jede Marke einzeln nach diesen Eigenschaften auf einer siebenstufigen Intervallskala zu beurteilen. Man erhielt somit eine dreidimensionale Matrix (32 x 11 x 10) mit 3.520 metrischen Eigenschaftsurteilen. Da die Algorithmen der Clusteranalyse lediglich *zweidimensionale Matrizen* verarbeiten können, wurde aus den 32 Urteilen pro Eigenschaft das *arithmetische Mittel* berechnet, so daß wir für die nachfolgenden Betrachtungen eine 11x10-Matrix heranziehen, mit den 11 Emulsionsfetten als Fälle und den 10 Eigenschaftsurteilen als Variablen (vgl. die Daten in Anhang 2). Bei einer solchen Durchschnittsbildung muß man sich allerdings bewußt sein, daß bestimmte Informationen (nämlich die über die Streuung der Ausprägungen zwischen den Personen) verloren gehen.

Bei den meisten Anwendungen im Rahmen der Clusteranalyse wird jedoch *keine* Durchschnittsbildung vorgenommen und im Ausgang die Rohdatenmatrix betrachtet. Dabei können Probleme insbesondere dadurch entstehen, daß einzelnen Variablen bei bestimmten Fällen kein Wert zugewiesen wurde (*Problem der missing values*). Das vorliegende Beispiel zum Margarinemarkt wurde mit Hilfe der Prozedur "Cluster" im Rahmen des Programmpakets SPSS analysiert. Die Marken und Eigenschaften in Abbildung 7.17 wurden mit Hilfe der im vorangegangenen Abschnitt besprochenen Clusteranalysealgorithmen untersucht. Dabei wurde jedem Verfahren die *quadrierte Euklidische Distanz* als Proximitätsmaß zugrunde gelegt. Um mit Hilfe des Programms SPSS eine Clusteranalyse durch-

führen zu können, ist zunächst das Verfahren der „Hierarchischen Clusteranalyse"
aus dem Menüpunkt Klassifizieren auszuwählen (vgl. Abb. 7.18).

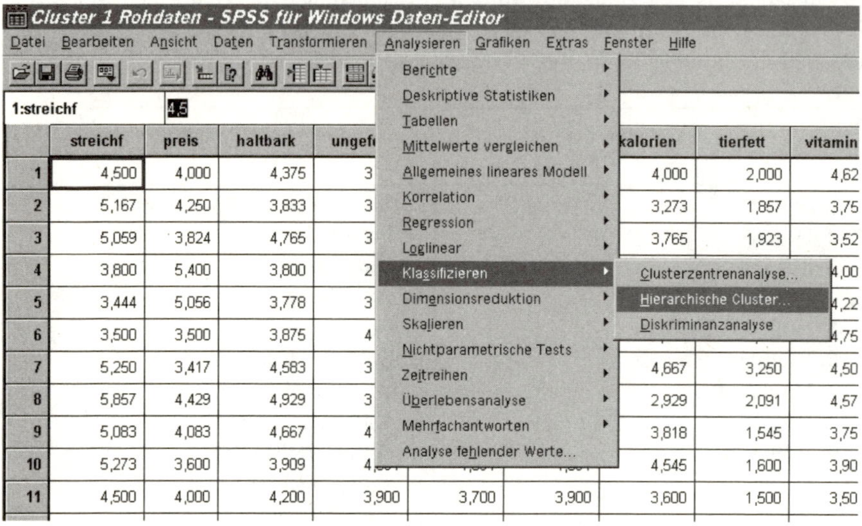

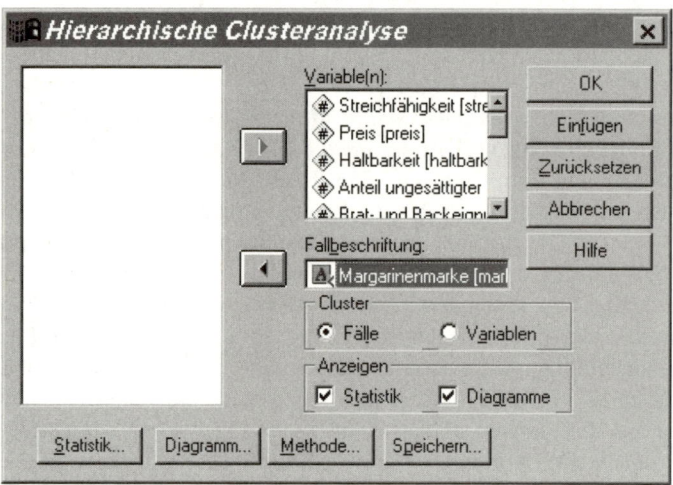

Abb. 7.18: Dateneditor mit Auswahl des Analyseverfahrens
„Hierarchische Clusteranalyse"

Abb. 7.19: Dialogfeld der Prozedur „Hierarchische Clusteranalyse"

Nach Aufruf dieser Prozedur öffnet sich das Dialogfeld der Clusteranalyse, das die
Spezifikation der zu untersuchenden Variablen und Fälle erlaubt (vgl. Abb. 7.19).

In dem Untermenü „Methode" können dann die gewünschten Proximitätsmaße und Fusionierungsverfahren (Cluster-Methode) spezifiziert werden.

Im folgenden werden die Cluster-Methoden *Single-Linkage (Nächstgelegener Nachbar)* und *Ward* jeweils mit dem Proximitätsmaß „Quadrierter Euklidischer Abstand" durchgeführt. Im ersten Schritt wurde hier mit Hilfe des *Single-Linkage-Verfahrens* (Nächstgelegener Nachbar) geprüft, ob in der Objektmenge sog. Ausreißer enthalten sind. Es ergibt sich dabei die in Tabelle 7.24 dargestellte Distanzmatrix der elf Emulsionsfette.

Tabelle 7.24: Distanzmatrix der quadrierten Euklidischen Distanz für die elf Emulsionsfette

Näherungsmatrix

Fall	Quadriertes euklidisches Distanzmaß										
	1:SANELLA	2:HOMA	3:SB	4:DELICADO	5:HOLLBUTT	6:WEIHBUTT	7:DUDARFST	8:BECEL	9:BOTTERAM	10:FLORA	11:RAMA
1:SANELLA		3,792	3,794	15,198	21,442	25,484	4,882	6,025	2,268	2,909	2,112
2:HOMA	3,792		6,322	23,871	30,458	38,621	10,881	8,063	5,325	6,194	3,396
3:SB	3,794	6,322		14,151	24,971	28,933	3,998	3,471	1,099	2,361	1,725
4:DELICADO	15,198	23,871	14,151		6,496	11,882	11,692	18,362	15,929	16,520	17,030
5:HOLLBUTT	21,442	30,458	24,971	6,496		3,606	16,410	26,957	25,334	25,906	26,768
6:WEIHBUTT	25,484	38,621	28,933	11,882	3,606		15,887	32,336	29,999	28,195	32,272
7:DUDARFST	4,882	10,881	3,998	11,692	16,410	15,887		6,422	5,156	3,825	6,932
8:BECEL	6,025	8,063	3,471	18,362	26,957	32,336	6,422		3,395	6,376	6,022
9:BOTTERAM	2,268	5,325	1,099	15,929	25,334	29,999	5,156	3,395		1,564	1,118
10:FLORA	2,909	6,194	2,361	16,520	25,906	28,195	3,825	6,376	1,564		2,152
11:RAMA	2,112	3,396	1,725	17,030	26,768	32,272	6,932	6,022	1,118	2,152	

Dies ist eine Unähnlichkeitsmatrix

Es wird deutlich, daß die größte Distanz zwischen "Homa" (2) und "Weihnachtsbutter" (6) besteht. Die geringste Distanz hingegen weisen "SB" (3) und "Botteram" (9) auf. Das zugehörige Dendrogramm in Abbildung 7.20 macht deutlich, daß die Marke "Delicado" als Ausreißer bezeichnet werden kann und deshalb im folgenden aus dem Clusterungsprozeß ausgeschlossen wird.

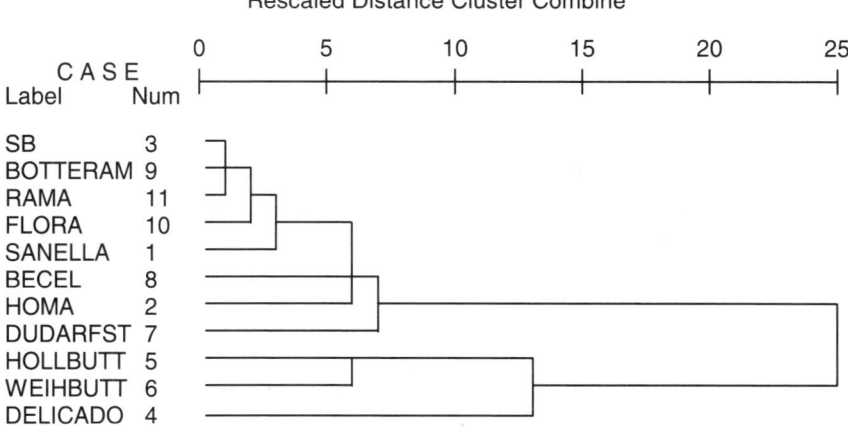

Abb. 7.20: Dendrogramm für das Single-Linkage-Verfahren

Nach Ausschluß der Marke "Delicado" wurden die verbleibenden 10 Marken mit Hilfe des Ward-Verfahrens analysiert. Zu diesem Zweck werden im Untermenü „Methode" zur Cluster-Prozedur Ward als Cluster-Methode und die Quadrierte Euklidische Distanz als (Abstands-)Maß eingestellt (vgl. Abb. 7.21).

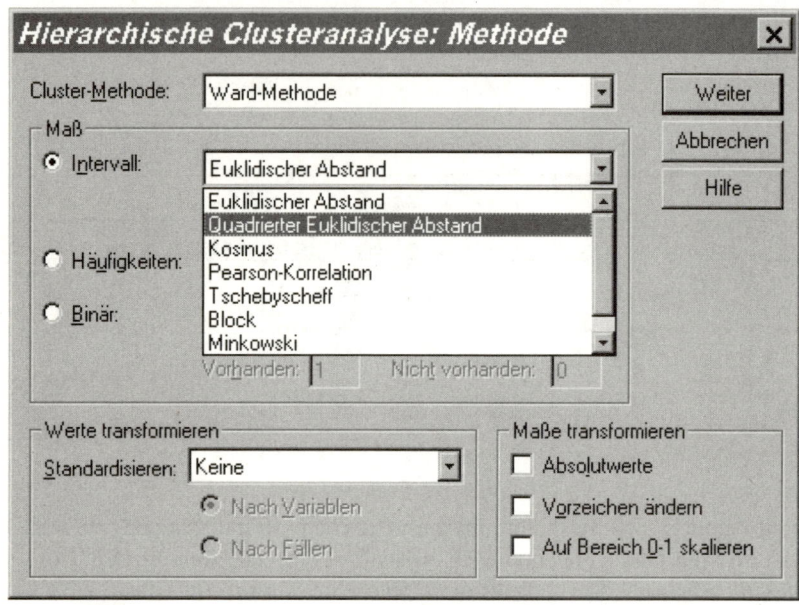

Abb. 7.21: Dialogfeld „Methode"

Der Verlauf des Fusionierungsprozesses kann durch eine sog. Zuordnungsübersicht verdeutlicht werden, die sich über das Untermenü „Statistik" im Dialogfeld der Cluster-Prozedur anfordern läßt. Der sich im Rahmen des Ward-Verfahrens ergebende Fusionierungsverlauf ist in Tabelle 7.25 wiedergegeben, wobei die Tabelle wie folgt zu lesen ist:

In der Spalte "Schritt" wird der jeweilige *Fusionierungsschritt* angegeben. Es gibt insgesamt immer genau einen Schritt weniger als Objekte existieren. Die Spalte "Zusammengeführte Cluster" gibt unter den Überschriften "Cluster 1" und "Cluster 2" die Nummer der im jeweiligen Schritt fusionierten Objekte bzw. Cluster an, und in der Spalte "Koeffizienten" steht der jeweilige *Wert des verwendeten Heterogenitätsmaßes* (hier: Varianzkriterium) am Ende eines Fusionierungsschrittes. Die zu einem Cluster zusammengefaßten Objekte bzw. Cluster erhalten als neue Identifikation immer die Nummer des zuerst genannten Objektes (Clusters). In der Spalte "Erstes Vorkommen des Clusters" wird jeweils der Fusionierungsschritt angegeben, bei dem das jeweilige Objekt (Cluster) *erstmals* in dieser Form zur Fusionierung herangezogen wurde. Die Spalte "Nächster Schritt " zeigt schließlich an, auf welcher Stufe die gebildete Gruppe zum *nächstenmal* in den Fusionierungsprozeß einbezogen wird.

So wird z. B. im 7. Schritt das Cluster 1, das in dieser Form bereits im vierten Schritt gebildet wurde, mit dem Objekt 2 bei einem Heterogenitätsmaß von 12,702 vereinigt. Die sich dabei ergebende Gruppe erhält die Kennung "1" und wird im 8. Schritt wieder zur Fusionierung herangezogen.

Tabelle 7.25: Entwicklung der Fehlerquadratsumme beim Ward-Verfahren

Zuordnungsübersicht

Schritt	Zusammengeführte Cluster		Koeffizienten	Erstes Vorkommen des Clusters		Nächster Schritt
	Cluster 1	Cluster 2		Cluster 1	Cluster 2	
1	3	8	,549	0	0	2
2	3	10	1,314	1	0	3
3	3	9	2,505	2	0	4
4	1	3	4,220	0	3	7
5	4	5	6,023	0	0	9
6	6	7	9,234	0	0	8
7	1	2	12,702	4	0	8
8	1	6	17,000	7	6	9
9	1	4	55,516	8	5	0

Insgesamt macht Tabelle 7.25 deutlich, daß bei den ersten vier Fusionierungsschritten die Marken "SB (3), Botteram (8), Rama (10), Flora (9) und Sanella (1)" vereinigt werden, wobei die Fehlerquadratsumme nach der vierten Stufe 4,220 beträgt, d. h., daß die Varianz der Variablenwerte in dieser Gruppe also noch relativ gering ist. Mit Hilfe der Werte in Tabelle 7.25 läßt sich nun entscheiden, wie viele Cluster als endgültige Lösung heranzuziehen sind. Ein Kriterium, das hier zu Rate gezogen werden kann, stellt das sog. *Elbow-Kriterium* dar. Zu diesem Zwecke wird hier die Fehlerquadratsumme gegen die entsprechende Clusterzahl in einem Koordinatensystem abgetragen. Es ergibt sich die Darstellung entsprechend Abbildung 7.22. Es zeigt sich (vgl. auch Tabelle 7.25), daß beim Übergang von 2 Clustern zur letzten Fusionierungsstufe die Fehlerquadratsumme von 17,0 auf 55,516 ansteigt und sich ein "Ellbogen" herausbildet, der anzeigt, daß sich im Vergleich zu den vorhergehenden Fusionen an dieser Stelle der stärkste Heterogenitätszuwachs herausbildet. Allerdings ist zu beachten, daß beim Übergang von der Zwei- zur Ein-Cluster-Lösung immer ein relativ großer Heterogenitätssprung zu verzeichnen ist. Im folgenden wird jedoch die *Zwei-Cluster-Lösung* als Ergebnis beibehalten.

Aufschluß über die Entwicklung des Varianz-Kriteriums im Rahmen des Fusionierungsprozesses beim Ward-Verfahren gibt aber auch das in Abbildung 7.23 dargestellte Dendrogramm, das über das Untermenü „Diagramm" im Dialogfeld der Cluster-Prozedur angefordert werden kann.

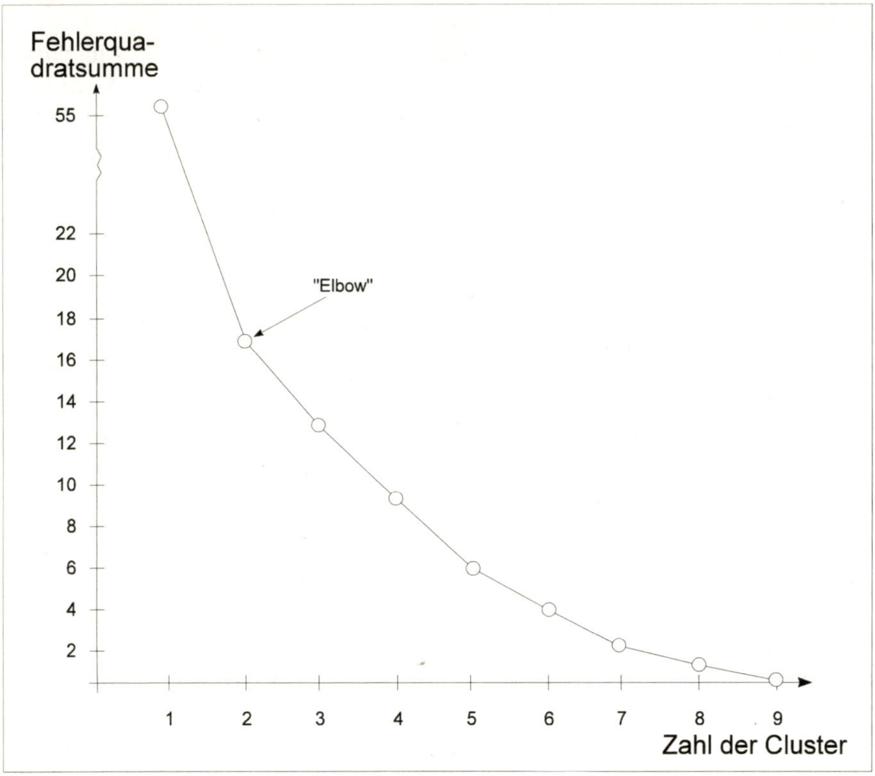

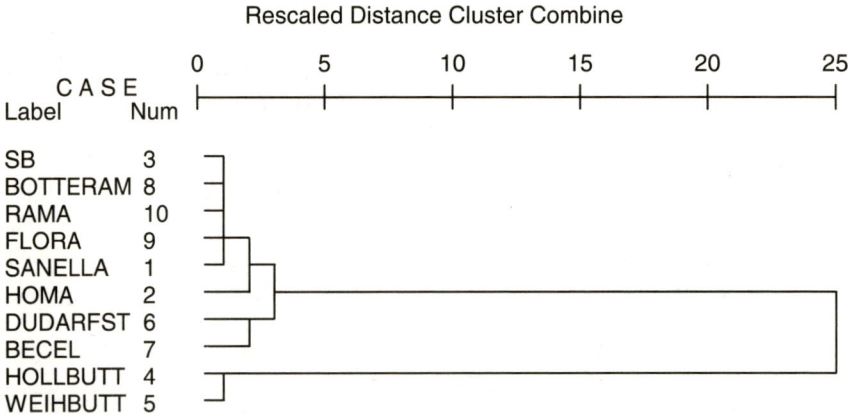

Abb. 7.22: Elbow-Kriterium beim Ward-Verfahren

Abb. 7.23: Dendrogramm für das Ward-Verfahren

Bei der Erstellung des Dendrogramms werden durch SPSS die Fehlerqua-
dratsummen, die im Laufe eines Fusionierungsprozesses auftreten, immer auf eine
Skala von 0 bis 25 *normiert*, so daß die Fehlerquadratsumme der letzten
Fusionierungsstufe (hier: 55,516) immer einem Wert von 25 entspricht.

Abschließend läßt sich mit Hilfe von Tabelle 7.26 erkennen, welches Objekt sich
in welchem Cluster befindet. Für unser Beispiel wurden die Clusterzuordnungen für
die 2-, 3-, 4- und 5-Cluster-Lösung angegeben. Es ist erkennbar, daß bei der 2-
Cluster-Lösung die Objekte "Holländische Butter" und "Weihnachtsbutter" (*Butter-
Cluster*) in der zweiten Gruppe zusammengefaßt sind, während alle übrigen
Objekte zu Cluster 1 (*Margarine-Cluster*) gehören.

Tabelle 7.26: Cluster-Zugehörigkeiten im Margarine-Beispiel

Cluster-Zugehörigkeit

Fall	5 Cluster	4 Cluster	3 Cluster	2 Cluster
1:SANELLA	1	1	1	1
2:HOMA	2	2	1	1
3:SB	1	1	1	1
4:HOLLBUTT	3	3	2	2
5:WEIHBUTT	3	3	2	2
6:DUDARFST	4	4	3	1
7:BECEL	5	4	3	1
8:BOTTERAM	1	1	1	1
9:FLORA	1	1	1	1
10:RAMA	1	1	1	1

Zum Vergleich der agglomerativen Verfahren wurde das bisher betrachtete Beispiel
auch mit den Verfahren "Complete-Linkage", "Average-Linkage", "Centroid" und
"Median" analysiert. Als zentraler Unterschied zum Ward-Verfahren ist hier vor
allem zu nennen, daß diese Verfahren in der Spalte "Koeffizienten" der
"Zuordnungsübersicht" (vgl. Tabelle 7.25) *nicht* den Zuwachs der Fehlerquadrat-
summe, sondern die Distanzen bzw. Ähnlichkeiten der jeweils zusammengefaßten
Objekte oder Gruppen enthalten. Allerdings führten im vorliegenden Fall alle
Verfahren zu identischen Lösungen im 2-Cluster-Fall. Es ergab sich immer ein
"Butter-Cluster" und ein "Margarine-Cluster".

Da im vorliegenden Fall alle Verfahren nach dem Elbow-Kriterium zu identischen 2-Cluster-Lösungen führten, wollen wir diese abschließend näher betrachten.
Im ersten Cluster sind die Produkte "Holländische Butter" und "Weihnachtsbutter"
zusammengefaßt, und wir bezeichnen dieses Cluster deshalb als "Butter-Cluster".

Das zweite Cluster enthält alle Margarinesorten, und es wird deshalb als "Margarine-Cluster" bezeichnet. Zur Beurteilung der beiden Gruppen lassen sich die Mittelwerte und Varianzen der 10 Eigenschaftsurteile über die zehn betrachteten Marken (ohne die Marke "Delicado Sahnebutter") sowie die entsprechenden Mittelwerte und Varianzen der Variablen in dem jeweiligen Cluster heranziehen. Die Werte für die Erhebungsgesamtheit (10 Marken) zeigt Tabelle 7.27.

Tabelle 7.27:   Mittelwerte und Varianzen der Eigenschaftsurteile über die zehn betrachteten Marken (Erhebungsgesamtheit)

	Mittelwert	Varianz
Streichfähigkeit	4.7633	.61340
Preis	4.0159	.23854
Haltbarkeit	4.2914	.18506
Ungesättigte Fettsäuren	3.8676	.03166
Back- und Brateignung	3.8416	.48164
Geschmack	4.4339	.37308
Kaloriengehalt	4.1153	.65534
Anteil tierischer Fette	2.7381	2.87048
Vitamingehalt	4.1106	.22903
Natürlichkeit	4.0778	.49015

Ein erstes Kriterium zur Beurteilung der *Homogenität einer gefundenen Gruppe* stellt der F-Wert dar, der sich für jede Variable in einer Gruppe wie folgt berechnet:

$$F = \frac{V(J,G)}{V(J)}$$

mit: V(J,G):   Varianz der Variable J in Gruppe G
         V(J):   Varianz der Variable J in der Erhebungsgesamtheit

Je kleiner ein F-Wert ist, desto geringer ist die Streuung dieser Variable in einer Gruppe im Vergleich zur Erhebungsgesamtheit. Der F-Wert sollte 1 nicht übersteigen, da in diesem Fall die entsprechende Variable in der Gruppe eine größere Streuung aufweist als in der Erhebungsgesamtheit.

Für die Variable "Streichfähigkeit" im "Butter-Cluster" ergibt sich beispielsweise eine Varianz von 0,00157, womit sich der entsprechende F-Wert wie folgt berechnet:

$$F = \frac{0,00157}{0,6134} = 0,00256$$

Die F-Werte sind nun für *alle* Variablen in beiden Clustern zu berechnen. Ein Cluster ist dann als *vollkommen homogen* anzusehen, wenn alle F-Werte kleiner als 1 sind.

Ein weiteres Kriterium, das allerdings primär Anhaltspunkte zur Interpretation der Cluster liefern soll, stellt der t-Wert dar. Er berechnet sich für jede Variable in einer Gruppe wie folgt:

$$t = \frac{\overline{X}(J,G) - \overline{X}(J)}{S(J)}$$

mit :

$\overline{X}(J,G)$ = Mittelwert der Variable J über die Objekte in Gruppe G

$\overline{X}(J)$ = Gesamtmittelwert der Variable J in der Erhebungsgesamtheit

$S(j)$ = Standardabweichung der Variable J in der Erhebungsgesamtheit

Die t-Werte stellen normierte Werte dar, wobei

- negative t-Werte anzeigen, daß eine Variable in der betrachten Gruppe im Vergleich zur Erhebungsgesamtheit unterrepräsentiert ist;
- positive t-Werte anzeigen, daß eine Variable in der betrachten Gruppe im Vergleich zur Erhebungsgesamtheit überrepräsentiert ist.

Somit dienen diese Werte nicht zur Beurteilung der Güte einer Clusterlösung, sondern können zur *Charakterisierung der jeweiligen Cluster* herangezogen werden. Für die Variable "Streichfähigkeit" im "Butter-Cluster" ergibt sich ein Mittelwert von 3,472. Der t-Wert errechnet sich somit wie folgt:

$$t = \frac{3,472 - 4,7633}{\sqrt{0,6134}} = -1,6487$$

In Tabelle 7.28 sind die F- und t-Werte für beide Cluster zusammengefaßt. Da SPSS zu den Clusterlösungen keine Statistiken ausdruckt, empfiehlt es sich, mit Hilfe der Prozedur AGGREGATE zunächst die Gruppenmittelwerte und -streuungen zu bestimmen und anschließend mit Hilfe von COMPUTE-Befehlen die F- und t-Werte zu berechnen.

Tabelle 7.28: F- und t-Werte für die 2-Cluster-Lösung

	F - WERTE		t - WERTE	
	MARGARINE CLUSTER	BUTTER CLUSTER	MARGARINE CLUSTER	BUTTER CLUSTER
Streichfähigkeit	.31450	.00256	.41219	-1.6487
Preis	.45789	5.07481	-.13416	.5366
Haltbarkeit	.86501	.02542	.27017	-1.0807
Ungesättigte Fettsäuren	1.15862	.87228	-.02094	.0838
Back- und Brateignung	1.07147	.48144	-.15955	.6382
Geschmack	.53122	.02589	-.36248	1.4499
Kaloriengehalt	.52749	.15041	-.35907	1.4363
Anteil tierischer Fette	.10985	.02582	-.45291	1.8117
Vitamingehalt	.97900	.60862	-.19611	.7844
Natürlichkeit	.14823	.00960	-.44589	1.7836

Es wird deutlich, daß bei den F-Werten nur die Variablen "Ungesättigte Fettsäuren" sowie "Back- und Brateignung" im Margarine-Cluster und die Variable "Preis" im Butter-Cluster Werte größer 1 aufweisen. Das bedeutet, daß diese Variablen in den Gruppen eine größere Heterogenität aufweisen als in der Erhebungsgesamtheit. Ansonsten sind beide Cluster durch eine relativ homogene Variablenstruktur gekennzeichnet.

Bezüglich der t-Werte zeigt sich für das "Margarine-Cluster", daß die Variablen "Streichfähigkeit" und "Haltbarkeit" positive Werte aufweisen, d. h. überrepräsentiert sind. Im "Butter-Cluster" hingegen sind genau diese Variablen unterrepräsentiert, denn sie weisen dort negative t-Werte auf.

Alle übrigen Variablen zeigen die umgekehrte Tendenz; sie sind im "Margarine-Cluster" unterrepräsentiert (negative t-Werte) und im "Butter-Cluster" überrepräsentiert (positive t-Werte). Somit sind die Marken im "Margarine-Cluster" vor allem durch eine hohe "Streichfähigkeit" sowie "Haltbarkeit" gekennzeichnet. Andererseits werden z. B. "Geschmack", "Kaloriengehalt" und "Natürlichkeit" der Margarinemarken eher als gering angesehen.

Das "Butter-Cluster" hingegen ist durch z. B. hohe Werte bei "Geschmack", "Kaloriengehalt" und "Natürlichkeit" gekennzeichnet, während "Streichfähigkeit" und "Haltbarkeit" bei den Buttermarken nur gering ausgeprägt sind.

Eine weitere Möglichkeit zur Feststellung der Trennschärfe zwischen den gefundenen Clustern bietet auch die Anwendung einer Diskriminanzanalyse im Anschluß an die Clusteranalyse. In diesem Fall werden die gefundenen Cluster als Gruppen vorgegeben und die Eigenschaftsurteile als unabhängige Variable betrachtet. Mit Hilfe einer schrittweisen Diskriminanzanalyse lassen sich dann diejenigen Eigenschaftsurteile ermitteln, die besonders zur Trennung der gefundenen Cluster beitragen.[14]

7.4   Anwendungsempfehlungen

7.4.1   Vorüberlegungen bei der Clusteranalyse

Bevor eine Clusteranalyse durchgeführt wird, sollte der Anwender einige Überlegungen zur Auswahl und Aufbereitung der Ausgangsdaten anstellen. Im einzelnen sollten insbesondere folgende Punkte Beachtung finden:[15]

1. Anzahl der Objekte
2. Problem der Ausreißer
3. Anzahl zu betrachtender Merkmale (Variable)
4. Gewichtung der Merkmale
5. Vergleichbarkeit der Merkmale

---

[14] Vgl. zur Diskriminanzanalyse Kap. 4 in diesem Buch.

[15] Vgl. zu diesen Problemkreisen auch: Bergs, a.a.O., S. 51ff.

Wurde eine *Clusteranalyse auf Basis einer Stichprobe* durchgeführt und sollen aufgrund der gefundenen Gruppierung Rückschlüsse auf die Grundgesamtheit gezogen werden, so muß sichergestellt werden, daß auch genügend Elemente in den einzelnen Gruppen enthalten sind, um die entsprechenden Teilgesamtheiten in der Grundgesamtheit zu repräsentieren. Da man i. d. R. im voraus aber nicht weiß, welche Gruppen in einer Erhebungsgesamtheit vertreten sind - denn das Auffinden solcher Gruppen ist ja gerade das Ziel der Clusteranalyse -, sollte man insbesondere sog. Ausreißer aus einer gegebenen Objektmenge herausnehmen. *Ausreißer* sind Objekte, die im Vergleich zu den übrigen Objekten eine vollkommen anders gelagerte Kombination der Merkmalsausprägungen aufweisen und dadurch von allen anderen Objekten weit entfernt liegen. Sie führen dazu, daß der Fusionierungsprozeß der übrigen Objekte stark beeinflußt wird und damit das Erkennen der Zusammenhänge zwischen den übrigen Objekten erschwert wird und Verzerrungen auftreten. Eine Möglichkeit zum Auffinden solcher Ausreißer bietet z. B. das Single-Linkage-Verfahren (vgl. Abschnitt 7.2.2.3.2). Mit seiner Hilfe können Ausreißer erkannt und dann aus der Untersuchung ausgeschlossen werden.

Ebenso wie für die Anzahl der zu betrachtenden Objekte gibt es auch für die Zahl der in einer Clusteranalyse heranzuziehenden Variablen keine eindeutigen Vorschriften. Der Anwender sollte darauf achten, daß nur solche Merkmale im Gruppierungsprozeß Berücksichtigung finden, die aus theoretischen Überlegungen als *relevant* für den zu untersuchenden Sachverhalt anzusehen sind. Merkmale, die für den Untersuchungszusammenhang bedeutungslos sind, müssen aus dem Gruppierungsprozeß herausgenommen werden.

Weiterhin läßt sich im voraus i. d. R. nicht bestimmen, ob die betrachteten Merkmale mit unterschiedlichem Gewicht zur Gruppenbildung beitragen sollen, so daß in praktischen Anwendungen weitgehend eine *Gleichgewichtung der Merkmale* unterstellt wird. Hierbei ist darauf zu achten, daß insbesondere durch hoch korrelierende Merkmale bei der Fusionierung der Objekte bestimmte Aspekte überbetont werden, was wiederum zu einer Verzerrung der Ergebnisse führen kann. Will man eine Gleichgewichtung der Merkmale sicherstellen und liegen *korrelierte Ausgangsdaten* vor, so bieten sich vor allem folgende Lösungsmöglichkeiten an:

- Vorschalten einer explorativen Faktorenanalyse:
  Das Ziel der explorativen Faktorenanalyse (vgl. Kapitel 6 in diesem Buch) liegt vor allem in der Reduktion hoch korrelierter Variablen auf unabhängige Faktoren. Werden die Ausgangsvariablen mit Hilfe einer Faktorenanalyse auf solche Faktoren verdichtet, so kann auf Basis der Faktorwerte, zwischen denen keine Korrelationen mehr auftreten, eine Clusteranalyse durchgeführt werden. Dabei ist aber darauf zu achten, daß die Faktoren und damit auch die Faktorwerte i. d. R. Interpretationsschwierigkeiten aufweisen und nur einen Teil der Ausgangsinformation widerspiegeln.

- Verwendung der Mahalanobis-Distanz:
  Verwendet man zur Ermittlung der Unterschiede zwischen den Objekten die Mahalanobis-Distanz, so lassen sich dadurch bereits im Rahmen der Distanzberechnung zwischen den Objekten etwaige Korrelationen zwischen den Variablen ausschließen. Die Mahalanobis-Distanz stellt allerdings bestimmte Vorausset-

zungen an das Datenmaterial (z. B. einheitliche Mittelwerte der Variablen in allen Gruppen), die gerade bei Clusteranalyseproblemen häufig nicht erfüllt sind.[16]

- Ausschluß korrelierter Variable:

Weisen zwei Merkmale hohe Korrelationen (>0,9) auf, so gilt es zu überlegen, ob eines der Merkmale nicht aus den Ausgangsdaten auszuschließen ist. Die Informationen, die eine hoch korrelierte Variable liefert, werden größtenteils durch die andere Variable mit erfaßt und können von daher als redundant angesehen werden. Der Ausschluß korrelierter Merkmale aus der Ausgangsdatenmatrix ist u. E. die sinnvollste Möglichkeit, eine Gleichgewichtung der Daten sicherzustellen.[17]

Schließlich sollte der Anwender darauf achten, daß in den Ausgangsdaten *keine konstanten Merkmale*, d. h. Merkmale, die bei allen Objekten dieselbe Ausprägung besitzen, auftreten, da sie zu einer Nivellierung der Unterschiede zwischen den Objekten beitragen und somit Verzerrungen bei der Fusionierung hervorrufen können. Konstante Merkmale sind nicht trennungswirksam und können von daher aus der Analyse herausgenommen werden (das gilt besonders für Merkmale, die fast überall Null-Werte aufweisen).

Ebenfalls zu einer (impliziten) Gewichtung kann es dann kommen, wenn die Ausgangsdaten auf *unterschiedlichem Skalenniveau* erhoben wurden. So kommt es allein dadurch zu einer Vergrößerung der Differenzen zwischen den Merkmalsausprägungen, wenn ein Merkmal auf einer sehr fein dimensionierten (d. h. breiten) Skala erhoben wurde. Um eine Vergleichbarkeit zwischen den Variablen herzustellen, empfiehlt es sich, zu Beginn der Analyse z. B. eine Standardisierung der Daten vorzunehmen.[18] Durch die Transformation

$$z_{kj} = \frac{x_{kj} - \bar{x}_j}{S_j}$$

mit :

x_{kj}: Ausprägung von Merkmal j bei Objekt k

$\bar{x}_j$: Mittelwert von Merkmal j

S_j: Standardabweichung von Merkmal j

wird erreicht, daß alle Variablen einen Mittelwert von Null und eine Varianz von Eins besitzen (sog. standardisierte oder normierte Variable).

Erst nach diesen Überlegungen beginnt die eigentliche Aufgabe der Clusteranalyse. Der Anwender muß nun entscheiden, welches Proximitätsmaß und welcher

---

[16] Vgl. hierzu: Bock, a.a.O., S. 40 ff. Steinhausen/ Langer, a.a.O., S. 89ff.

[17] Vgl. auch Vogel, a.a.O., S. 92.

[18] Weitere Möglichkeiten zur Sicherstellung der Vergleichbarkeit von Merkmalen zeigt z. B. Bergs, a.a.O., S. 59f.

Fusionierungsalgorithmus verwendet werden soll. Diese Entscheidungen können nur jeweils vor dem Hintergrund einer konkreten Anwendungssituation getroffen werden.

Besteht bezüglich der Anwendung eines bestimmten Cluster-Verfahrens Unsicherheit, so empfiehlt es sich, zunächst einmal das Verfahren von Ward anzuwenden. Eine Simulationsstudie von Bergs hat gezeigt, daß nur das Ward-Verfahren "gleichzeitig sehr gute Partitionen findet und meistens die richtige Clusterzahl signalisiert"[19]. Anschließend können die Ergebnisse des Ward-Verfahrens durch die Anwendung anderer Algorithmen überprüft werden. Dabei sollte man aber die unterschiedlichen Fusionierungseigenschaften einzelner Algorithmen beachten (vgl. Tabelle 7.23).

7.4.2   Empfehlungen zur Durchführung einer Clusteranalyse

Zur Verdeutlichung der durchzuführenden Tätigkeiten im Rahmen einer Clusteranalyse sei auf Abbildung 7.24 verwiesen. Sie enthält auf der linken Seite die acht wesentlichen Arbeitsschritte eines Gruppierungsprozesses. Die einzelnen Schritte bedürfen nunmehr keiner weiteren Erläuterung, es soll allerdings vermerkt werden, daß die Analyse und Interpretation der Ergebnisse zu einem wiederholten Durchlauf einzelner Stufen führen kann. Dies wird immer dann der Fall sein, wenn die Ergebnisse keine sinnvolle Interpretation gestatten. Eine weitere Begründung für die Wiederholung erkennt man bei Betrachtung der rechten Seite der Abbildung.

Dort sind für jeden Ablaufschritt beispielhaft Problemstellungen in Form von Fragen genannt, auf die bei Durchführung einer Studie Antworten gefunden werden müssen. Die Überprüfung der Auswirkungen einer anderen Antwortalternative auf die Gruppierungsergebnisse kann somit ebenfalls zu einem wiederholten Durchlauf einzelner Stufen führen.

Bedenkt man nun, daß die genannten Fragen nur eine begrenzte Auswahl darstellen und daß darüber hinaus auf viele Fragen mehr als zwei Antwortalternativen bestehen, so wird der breite Manövrier- und Einflußraum des Anwenders deutlich. Diese Tatsache hat zwar den *Vorteil*, daß sich hierdurch ein breites Anwendungsgebiet der Clusterverfahren ergibt. Überspitzt formuliert, gibt es beim Vorliegen eines Gruppierungsbedarfs kaum wesentliche Widerstände, die einer Verwendung der Clusteranalyse im Wege stehen. Auf der anderen Seite steht der Anwender in der *Gefahr*, die Daten der Untersuchung so zu manipulieren, daß sich die gewünschten Ergebnisse einstellen. Um Dritten einen Einblick in das Vorgehen im Rahmen der Analyse zu geben, sollte der jeweilige Anwender bei Darstellung seiner Ergebnisse wenigstens die nachstehenden Fragen offen und klar beantworten:

---

[19] Bergs, a.a.O., S.97.

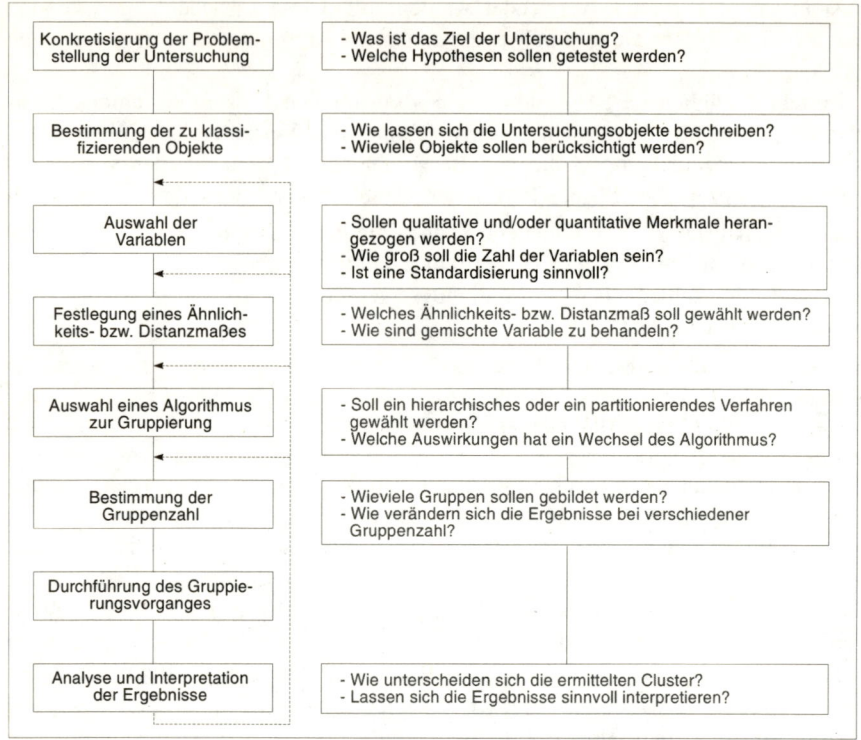

Abb. 7.24: Ablaufschritte und Entscheidungsprobleme der Clusteranalyse

1. Welches Ähnlichkeitsmaß und welcher Algorithmus wurden gewählt?
2. Was waren die Gründe für die Wahl?
3. Wie stabil sind die Ergebnisse bei
   - Veränderung des Ähnlichkeitsmaßes
   - Wechsel des Algorithmus
   - Veränderung der Gruppenzahl?

7.5   SPSS-Kommandos

Die Clusteranalyse wurde mit Hilfe der Prozedur CLUSTER durchgeführt, die in SPSS (Modul "Professional Statistics") enthalten ist. Die menügestützen Kommandos zur Clusteranalyse wurden bereits im Rahmen des Fallbeispiels erklärt. Im folgenden werden die verwendeten Kommandos nochmals als Syntax-Datei aufgelistet (vgl. Abbildung 7.25) und nachfolgend erläutert:

Beschreibung der SPSS-Kommandos zur Clusteranalyse:

Wird die Clusteranalyse mit Hilfe einer Syntax-Datei ausgeführt, so kann der Datensatz zur Clusteranalyse entweder direkt in das Programm integriert oder über einen separaten Datenfile eingelesen werden. Im letzten Fall entfallen die Anweisungen "BEGIN DATA" und "END DATA" und der DATA LIST-Befehl enthält nach der Option "file" die Angabe des Datenfiles. Mit Hilfe des Prozedurnamens CLUSTER wird die Clusteranalyse aufgerufen. Zuvor wurde mit dem SUBTITLE-Befehl noch eine zweite Überschrift für die aktuelle Prozedur eingeführt. Unmittelbar nach dem Prozedur-Aufruf wird der Prozedur CLUSTER mitgeteilt, welche Variablen in die Clusteranalyse einfließen sollen. Hier sind das alle Variablen, die mit dem Befehl DATA LIST spezifiziert wurden. Jeder weitere Unterbefehl der Prozedur CLUSTER wird durch einen Schrägstrich (/) eingeleitet. In der vorliegenden Clusteranalyse wurden folgende Unterbefehle verwendet:[20]

- Der Unterbefehl ID:
  Der Unterbefehl ID legt eine Zeichenvariable fest, die bei der Aufstellung der Zugehörigkeit einzelner Fälle zu einem Cluster und der Dendrogramm-Erstellung als "Label" verwendet wird.[21] Numerische Variable dürfen als IDentifikations-Variable nicht verwendet werden. Wird der Unterbefehl ID nicht verwendet, so werden die Fälle nur gemäß der laufenden Numerierung den Gruppen zugeordnet (Voreinstellung).

- Der Unterbefehl MEASURE:
  Mit Hilfe von MEASURE wird das Proximitätsmaß bestimmt, das zur Bestimmung der Ähnlichkeit zwischen den Objekten (Fällen) herangezogen werden soll. Die Prozedur CLUSTER stellt dabei eine Reihe von Proximitätsmaßen zur Verfügung, wie z. B.:[22]

---

[20] Eine detaillierte Aufstellung aller möglichen Unterbefehle in der Prozedur CLUSTER findet sich bei: Norusis, Marija J./SPSS Inc. (Hrsg.): SPSS for Windows, Professional Statistics, Release 5, Chicago 1992, S. 247ff.

[21] Vgl. die Spalte LABEL in Abb. 7.23.

[22] Vgl. zur Berechnung der verschiedenen Proximitätsmaße: Norusis, Marija J./SPSS Inc. (Hrsg.): SPSS for Windows, a.a.O., S. 104ff. Bei der menügestützten Durchführung der Clusteranalyse befinden sich die Proximitätsmaße im Untermenü „Methode" des Dialogfeldes „Hierarchische Clusteranalyse" (vgl. auch Abb. 7.19).

```
TITLE "Multivariate Analysemethoden".

* DATENDEFINITION
* ---------------.

DATA LIST fixed
   /Streichf Preis Haltbark Ungefett Backeign Geschmac Kalorien
    Tierfett Vitamin Natur 1-50(3) Marke 53-60(A).
VARIABLE LABELS  Streichf    "Streichfähigkeit"
   /Preis       "Preis"
   /Haltbark    "Haltbarkeit"
   /Ungefett    "Anteil ungesättigter Fettsäuren"
   /Backeign    "Brat- und Backeignung"
   /Geschmac    "Geschmack"
   /Kalorien    "Kaloriengehalt"
   /Tierfett    "Anteil tierischer Fette"
   /Vitamin     "Vitamingehalt"
   /Natur       "Natürlichkeit"
   /Marke       "Margarinenmarke".
VALUE LABELS   Streichf to Natur 1 "niedrig" 7 "hoch".

BEGIN DATA.
4500 4000 4375 3875 3250 3750 4000 2000 4625 4125   SANELLA
5167 4250 3833 3833 2167 3750 3273 1857 3750 3417   HOMA
5059 3824 4765 3438 4235 4471 3765 1923 3529 3529   SB
  .
  .
  .
4500 4000 4200 3900 3700 3900 3600 1500 3500 3700   RAMA
END DATA.

*PROZEDUR.
* --------.

SUBTITLE   "Clusteranalyse    für    den    Margarinemarkt    (WARD-
Verfahren)".
CLUSTER   Streichf to Natur
   /id       = Marke
   /measure  = seuklid
   /method   = ward
   /print    = clusters(2 5) distance schedule
   /plot     = dendrogram.
```

Abb. 7.25: SPSS-Kommandos zur Clusteranalyse

- SEUCLID: Quadrierte Euklidische Distanz. Dieses Distanzmaß ist die Vorein-
  stellung und wird bei den Fusionierungsalgorithmen Zentroid, Median und
  Ward empfohlen.
- EUCLID: Euklidische Distanz (Distanzmaß).
- COSINE: Kosinus von Variablen-Vektoren (Ähnlichkeitsmaß).
- BLOCK: City-block- oder Manhattan-Metrik (Distanzmaß).
- CHEBYCHEV: Chebychev'sches Distanzmaß.

• POWER(p,r): Minkowski-Metrik. Durch die Wahl der Parameter p (=Exponent der Minkowski-Metrik) und r (=Wurzel der Minkowski-Metrik) können unterschiedliche Distanzmaße erzeugt werden.

Darüber hinaus können mit Hilfe der Prozedur PROXIMITIES weitere metrische und nicht-metrische Proximitätsmaße berechnet werden, die mit Hilfe des MA-TRIX-Unterbefehls in die Prozedur CLUSTER eingelesen werden können.[23]

- Der Unterbefehl METHOD:[24]
  Der Unterbefehl METHOD legt fest, welcher Fusionierungsalgorithmus für die Bildung der Cluster verwendet werden soll. Folgende Fusionierungs-Methoden stehen zur Verfügung:
  ° BAVERAGE: Average-Linkage-Verfahren zwischen Gruppen. Diese Methode ist die Voreinstellung der Prozedur CLUSTER.
  ° WAVERAGE: Average-Linkage-Verfahren innerhalb der Gruppen.
  ° SINGLE: Single-Linkage-Verfahren (Nearest Neighbour).
  ° COMPLETE: Complete-Linkage-Verfahren (Furthest Neighbour).
  ° CENTROID: Zentroid-Verfahren. Als Proximitätsmaß sollte hier SEUCLID verwendet werden.
  ° MEDIAN: Median-Verfahren. Als Proximitätsmaß sollte hier SEUCLID verwendet werden.
  ° WARD: Ward-Verfahren. Als Proximitätsmaß sollte hier SEUCLID verwendet werden.

- Der Unterbefehl PRINT:[25]
  Mit Hilfe dieses Unterbefehls wird der Druckumfang bestimmt. Folgende Ausdrucke können angefordert werden:
  • SCHEDULE: Druckt die Fusionierungstabelle. Aus ihr geht hervor, welche Fälle auf welcher Stufe fusioniert werden und wie hoch der Koeffizient des gewählten Proximitätsmaßes ist. Diese Tabelle ist die Voreinstellung für den Ausdruck im Rahmen der Prozedur CLUSTER.
  • CLUSTER(min,max): Druckt die Tabelle mit der Cluster-Zugehörigkeit der einzelnen Fälle. Da der Anwender vor Durchführung der Analyse noch nicht weiß, welche endgültige Cluster-Zahl zu wählen ist, kann durch die Angaben min und max eine Bandbreite von Cluster-Lösungen angefordert werden.

---

[23] Vgl. zur Prozedur PROXIMITIES: Norusis, Marija J./SPSS Inc. (Hrsg.): SPSS for Windows, a.a.O., S. 296ff.

[24] Bei der menügestützten Durchführung der Clusteranalyse befinden sich nachfolgende Optionen die Fusionierungsalgorithmen im Untermenü „Methode" des Dialogfeldes „Hierarchische Clusteranalyse" (vgl. auch Abb. 7.19).

[25] Bei der menügestützten Durchführung der Clusteranalyse befinden sich die Fusionierungsalgorithmen im Untermenü „Statistik" des Dialogfeldes „Hierarchische Clusteranalyse" (vgl. auch Abb. 7.19).

- DISTANCE: Druckt die Matrix der Distanz- bzw. Ähnlichkeitskoeffizienten zwischen allen Fällen. Bei großer Fallzahl ist dieser Ausdruck sehr rechen- und platzintensiv.
- NONE: Keine der obigen Tabellen wird gedruckt.

- Der Unterbefehl PLOT:[26]

Durch diesen Unterbefehl ist es möglich, verschiedene graphische Dar für den Verlauf des Fusionierungsprozesses anzufordern. PLOT erzeugt dabei eine graphische Darstellung entsprechend der Fusionierungstabelle, die mit der Spezifikation SCHEDULE des PRINT-Unterbefehls ausgedruckt werden kann. Folgende Graphiken stehen zur Verfügung:

- VICICLE(min,max,inc): Erzeugt einen vertikalen Eiszapfen-Plot (Voreinstellung). Durch die Angaben min, max und inc kann folgendes festgelegt werden:

min = Cluster-Zahl mit der der Plot beginnen soll.

max = Cluster-Zahl mit der der Plot enden soll.

inc = Intervallgröße (Increment) mit der vom kleinsten bis zum größten Cluster gezählt werden soll.

Werden diese Angaben nicht gemacht, so wird bei min und inc Voreinstellung 1 wirksam und max ist die um 1 verringerte Fallzahl.

- HICICLE(min,max,inc): Erzeugt einen horizontalen Eiszapfen-Plot. Die Angaben min, max und inc entsprechen denSpezifikationen des vertikalen Eiszapfen-Plots (VICICLE).
- DENDROGRAM: Erzeugt ein Baum-Diagramm, bei dem die Distanzwerte des Fusionierungsprozesses auf eine Skala von 0 bis 25 normiert werden. Der größte Distanzwert der Fusionierungstabelle entspricht immer dem Wert 25 und der kleinste Distanzwert immer dem Wert 1. Die Fusionierungstabelle wird durch die Spezifikation SCHEDULE des PRINT-Unterbefehls angefordert.
- NONE: Keine der obigen Graphiken werden erstellt.

Die Behandlung von Missing Values

Als fehlende Werte (MISSING VALUES) werden Variablenwerte bezeichnet, die von den Befragten entweder außerhalb des zulässigen Beantwortungsintervalls vergeben oder überhaupt nicht eingetragen wurden. Im Datensatz können fehlende Werte der Merkmalsvariablen als Leerzeichen kodiert werden. Sie werden dann vom Programm automatisch durch einen sog. System-missing-value ersetzt.

Alternativ kann man die fehlenden Werte im Datensatz auch durch eine 0 (oder durch einen anderen Wert, der unter den beobachteten Werten nicht vorkommt), ersetzen. Mit Hilfe der Anweisung

---

[26] Bei der menügestützten Durchführung der Clusteranalyse befinden sich die Fusionierungsalgorithmen im Untermenü „Diagramm" des Dialogfeldes „Hierarchische Clusteranalyse" (vgl. auch Abb. 7.19).

MISSING VALUES streichf to natur (00000)

kann man dem Programm sodann mitteilen, daß der Wert 00000 für einen fehlenden Wert steht. Derartige vom Benutzer bestimmte fehlende Werte werden von
SPSS als User-missing-values bezeichnet. Für eine Variable lassen sich mehrere
Missing Values angeben, z. B. 0 für "Ich weiß nicht" und 9 für "Antwort
verweigert". Im Rahmen der hier aufgezeigten Clusteranalyse treten allerdings
keine fehlenden Werte auf.
Innerhalb der Cluster-Prozedur existieren keine alternativen Behandlungsoptionen
für fehlende Werte. Allerdings stehen direkt im Hauptmenüpunkt „Transformieren"
im Untermenü „Fehlende Werte ersetzen" entsprechende Optionen zur Verfügung,
die je Variable ausgeübt werden können.

7.6   Literaturhinweise

Akaiski, Y. et al. (1987): Cluster Model & Other Topics, Teaneck, New York.

Aldenderfer, M.S. / Blashfield R.K. (1985): Cluster Analysis, 2. Aufl., Beverly Hills et al.

Baumann, U. (1971): Psychologische Taxonomie, Bern, Stuttgart, Wien.

Bergs, S. (1981): Optimalität bei Cluster-Analysen, Diss. Münster.

Bock, H.H. (1974): Automatische Klassifikation, Göttingen.

Buhl, A. / Zofel, P. (2000): SPSS Version 9 - Einführung in die moderne Datenanalyse
    unter Windows, 6. Aufl., München u.a.

Büschken, J. / von Thaden, C. (1999): Clusteranalyse, in: Herrmann, A., Homburg, C.
    (Hrsg.) Marktforschung, S. 337-380, Wiesbaden.

Everitt, B. (1993): Cluster Analysis, 3. Aufl., London et al.

Janssen, J. (1999): Statistische Datenanalyse mit SPSS für Windows, 3. Aufl., Berlin u.a.

Norusis, M.J./SPSS Inc. (1992): SPSS for Windows, Professional Statistics, Release 5,
    Chicago.

Späth, H. (1977): Cluster-Analyse-Algorithmen zur Objektklassifizierung und Datenreduk-
    tion, 2. Aufl., München, Wien.

Steinhausen, D. / Langer, K. (1977): Clusteranalyse, Berlin, New York.

Vogel, F. (1975): Probleme und Verfahren der numerischen Klassifikation, Göttingen.

8 Der LISREL-Ansatz der Kausalanalyse

8.1   Problemstellung

8.1.1   Grundgedanke der Kausalanalyse

Bei vielen Fragestellungen im praktischen und wissenschaftlichen Bereich geht es darum, *kausale Abhängigkeiten* zwischen bestimmten Merkmalen (Variablen) zu untersuchen. Werden mit Hilfe eines Datensatzes Kausalitäten überprüft, so spricht man allgemein von einer *Kausalanalyse*. Im Rahmen der Kausalanalyse ist es von *besonderer* Wichtigkeit, daß der Anwender *vor* Anwendung eines statistischen Verfahrens intensive Überlegungen über die Beziehungen zwischen den Variablen anstellt. Auf Basis eines *theoretisch fundierten* Hypothesensystems wird dann mit Hilfe der Kausalanalyse überprüft, ob die theoretisch aufgestellten Beziehungen mit dem empirisch gewonnenen Datenmaterial übereinstimmen. Die Kausalanalyse hat damit *konfirmatorischen Charakter*, d. h. sie ist den hypothesenprüfenden statistischen Verfahren zuzurechnen. Die Besonderheit des LISREL-Ansatzes (LISREL = *Li*near *S*tructural *Rel*ationship) der Kausalanalyse ist darin zu sehen, daß mit seiner Hilfe Beziehungen zwischen *latenten, d. h. nicht direkt beobachtbaren Variablen* überprüft werden können.

Betrachten wir zur Verdeutlichung zwei einfache Beispiele:

Beispiel 1:

Hypothese: "Die Herstellungskosten eines Produktes beeinflussen den Kaufpreis dieses Produktes."

Bezeichnen wir die Kosten mit x_1 und den Preis mit x_2, so läßt sich die in dieser Hypothese formulierte kausale Abhängigkeit wie folgt darstellen:

Beispiel 2:

Hypothese: "Die Einstellung gegenüber einem Produkt bestimmt das Kaufverhalten des Kunden."

Bezeichnen wir die Einstellung mit ξ (lies: Ksi) und das Kaufverhalten mit η (lies: Eta), so läßt sich die in dieser Hypothese formulierte kausale Abhängigkeit wie folgt darstellen:

Im ersten Beispiel wird eine Abhängigkeit zwischen zwei *direkt meßbaren* Größen angenommen. Unterstellt man, daß beide Variable linear zusammenhängen, so läßt sich die Hypothese in Beispiel 1 auch mathematisch formulieren:

$$x_2 = a + b \cdot x_1$$

Werden im Rahmen einer Untersuchung empirische Werte für x_1 und x_2 erhoben, so können mit ihrer Hilfe die Koeffizienten a und b in der Gleichung bestimmt werden.

Auch die im zweiten Beispiel unterstellte Abhängigkeit läßt sich formal in einer Gleichung ausdrücken:

$$\eta = a + b \cdot \xi$$

Der Unterschied zwischen beiden Beispielen liegt darin, daß sich im zweiten Beispiel die betrachteten Variablen einer direkten Meßbarkeit entziehen, d. h. sie stellen *latente Variable bzw. hypothetische Konstrukte* dar. Um diesen Unterschied zu verdeutlichen, wurden die Variablen im zweiten Beispiel mit griechischen Kleinbuchstaben bezeichnet und durch Kreise eingefaßt, während die direkt meßbaren Variablen im ersten Beispiel mit lateinischen Kleinbuchstaben be- zeichnet und durch Rechtecke dargestellt wurden. *Hypothetische Konstrukte* sind durch abstrakte Inhalte gekennzeichnet, bei denen sich nicht unmittelbar ent- scheiden läßt, ob der gemeinte Sachverhalt in der Realität vorliegt oder nicht. Sie spielen in fast allen Wissenschaftsdisziplinen und bei vielen praktischen An- wendungen eine große Rolle. So stellen z. B. Begriffe wie psychosomatische Stö- rungen, Sozialisation, Einstellung, Verhaltensintention, Sozialstatus, Selbstver- wirklichung, Motivation, Aggression, Frustration oder Image hypothetische Konstrukte dar. Häufig ist bei praktischen Fragestellungen das Zusammenwirken zwischen solchen latenten Variablen von Interesse.

Greifen wir nochmals auf Beispiel 2 zurück, so ist einsichtig, daß sich für die hy- pothetischen Konstrukte "Einstellung" und "Kaufverhalten" nicht direkt empi rische Meßwerte erheben lassen und sich die unterstellte kausale Abhängigkeit ohne weitere Informationen nicht überprüfen läßt. Es ist deshalb notwendig, eine Opera- tionalisierung der hypothetischen Konstrukte vorzunehmen, d. h. die hypotheti- schen Konstrukte sind zu definieren, und es ist nach (Meß-) Indikatoren zu suchen. "Indikatoren sind unmittelbar meßbare Sachverhalte, welche das Vorliegen der gemeinten, aber nicht direkt erfaßbaren Phänomene ... anzeigen".[1] In der Wissen- schaftstheorie spricht man in diesem Zusammenhang von einer *theoretischen Sprache* und einer *Beobachtungssprache*. Die theoretische Sprache umfaßt dabei die hypothetischen Konstrukte, d. h. sie wird aus Begriffen gebildet, die auf nicht direkt meßbare Sachverhalte bezogen sind. Die Beobachtungssprache hingegen enthält Begriffe, die sich auf direkt beobachtete empirische Phänomene beziehen.[2] Die in Beispiel 1 formulierte Hypothese wäre allein dem Bereich der Beobach- tungssprache und die Hypothese aus Beispiel 2 allein dem Bereich der theoreti- schen Sprache zuzurechnen. Neben der theoretischen Sprache und der Beobach- tungssprache gibt es aber noch eine dritte Klasse von Aussagen, die sog. *Korre- spondenzhypothesen*. Sie enthalten gemischte Sätze, die sowohl theoretische als auch beobachtbare Variable enthalten und schlagen damit eine Brücke zwischen der theoretischen Sprache und der Beobachtungssprache. Mit ihrer Hilfe können hypothetische Konstrukte operationalisiert werden. Um die Beziehungen zwischen den hypothetischen Konstrukten aus Beispiel 2 quantitativ erfassen zu können, muß jede latente Variable durch ein oder mehrere Indikatoren definiert werden. "Die Indikatoren stellen die empirische Repräsentation der nicht beobachtbaren, latenten Variablen dar. Die Zuordnung erfolgt mit Hilfe von Korrespondenzhypothesen, die die theoretischen Begriffe mit Begriffen der Beobachtungssprache verbinden."[3]

Der LISREL-Ansatz der Kausalanalyse basiert auf diesen Überlegungen. In einem *Strukturmodell* werden die aufgrund theoretischer Überlegungen aufge- stellten Beziehungen zwischen *hypothetischen Konstrukten* abgebildet.

---

[1] Kroeber- Riel, Werner: Konsumentenverhalten, 5. Aufl. München 1992, S. 28.

[2] Vgl. Hempel, C. G.: Grundzüge der Begriffsbildung in der empirischen Wissenschaft, Düsseldorf 1974, S. 72 f.

[3] Hodapp, Volker: Analyse linearer Kausalmodelle, Bern Stuttgart Toronto 1984, S. 47.

Dabei werden die abhängigen latenten Variablen als endogene Größen und die unabhängigen latenten Variablen als exogene Größen bezeichnet und durch griechische Kleinbuchstaben dargestellt. (Auf eine genauere Unterscheidung zwischen endogenen und exogenen Variablen wird später noch eingegangen; vgl. Abschnitt 8.1.2.2.1). Beispiel 2 stellt somit ein einfaches Strukturmodell mit einer endogenen (η) und einer exogenen (ξ) Variable dar.

In einem zweiten Schritt werden *ein Meßmodell für die latenten endogenen Variablen* und *ein Meßmodell für die latenten exogenen Variablen* formuliert. Diese Meßmodelle enthalten empirische Indikatoren für die latenten Größen und sollen die nicht beobachtbaren latenten Variablen möglichst gut abbilden. Wir wollen für unser Beispiel 2 vereinfacht unterstellen, daß

- die latente endogene Variable "Kaufverhalten" durch den direkt beobachtbaren Indikator "Zahl der Käufe" (y_1) erfaßt werden kann;
- die latente exogene Variable "Einstellung" durch zwei verschiedene Einstellungs-Meßmodelle erfaßt werden kann, die metrische Einstellungswerte liefern.

Das Strukturmodell aus Beispiel 2 läßt sich jetzt durch "Anhängen" der obigen Meßmodelle zu einem *vollständigen LISREL-Modell* ausbauen, das sich wie folgt darstellen läßt:

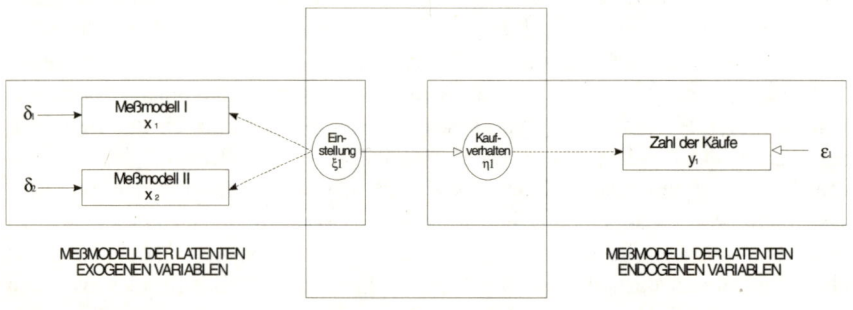

Auf der Basis der Indikatorvariablen x_1, x_2 und y_1 ist es nun möglich, Kovarianzen oder Korrelationen *zwischen den Indikatorvariablen* zu berechnen. Diese Kovarianzen oder Korrelationen dienen im LISREL-Ansatz zur Bestimmung der Beziehungen

- zwischen latenten Variablen und ihren Indikatorvariablen, wodurch sich z. B. auch die Validität der Indikatoren zur Messung eines hypothetischen Konstruktes bestimmen läßt;
- zwischen den latenten endogenen und exogenen Variablen.

Da die Beziehungen zwischen den hypothetischen Konstrukten in einem vollständigen LISREL-Modell aus den Kovarianzen oder Korrelationen zwischen den Indikatorvariablen errechnet werden, spricht man in diesem Zusammenhang auch von einer *Kovarianzstrukturanalyse*. Den Ausgangspunkt der Kovarianzstrukturanalyse bildet somit nicht die erhobene Rohdatenmatrix, sondern die aus einem empirischen Datensatz errechnete Kovarianzmatrix oder die Korrelationsmatrix. Es läßt sich somit sagen, daß der LISREL-Ansatz der Kausalanalyse eine Analyse auf der Ebene von aggregierten Daten (Kovarianz- oder Korrelationsdaten) darstellt und ein gegebenes *Hypothesensystem* in seiner Gesamtheit überprüft.

Der Leser sei an dieser Stelle nochmals darauf hingewiesen, daß die Anwendung des LISREL-Ansatzes als *Hypothesenprüfinstrument* nur dann sinnvoll ist, wenn die Hypothesenbildung auf Basis intensiver und sorgfältig durchgeführter sachlicher Überlegungen erfolgt ist. Das gilt um so mehr, je komplexer das zu prüfende System von Hypothesen wird.

Typische Fragestellungen aus unterschiedlichen Wissenschaftsgebieten, die mit Hilfe eines LISREL-Modells untersucht werden können sowie die dazugehörigen Einteilungen der Variablen zeigt Tabelle 8.1.

Der im folgenden dargestellte LISREL-Ansatz geht insbesondere auf die Arbeiten von Jöreskog zurück, der die Entwicklung von neuen Verfahren der Kausalanalyse stark vorangetrieben hat. Der von ihm entwickelte kausalanalytische Ansatz ist mathematisch in einem *linearen Strukturgleichungsmodell* formuliert und in Zusammenarbeit mit Sörbom in dem gleichnamigen Programmpaket programmiert worden.[4] Das Programm LISREL 7 ist kompatibel zu SPSS, und es können z. B. Ergebnisse aus SPSS von LISREL weiterverarbeitet werden.

Bevor wir eine genauere Betrachtung des Analyseinstrumentariums des LISREL-Ansatzes vornehmen (Abschnitt 8.3), wollen wir zunächst grundlegende Begriffe der Kausalanalyse klären sowie die Elemente eines vollständigen LISREL-Modells genauer betrachten und die allgemeine Vorgehensweise an einem Rechenbeispiel erläutern. Es sei an dieser Stelle bereits darauf hingewiesen, daß zum Verständnis des LISREL-Ansatzes grundlegende Kenntnisse der Regressions- und der Faktorenanalyse erforderlich sind. Dem mit diesen Methoden nicht vertrauten Leser sei deshalb empfohlen, sich die Grundzüge dieser Methoden (Kapitel 1 und 6 dieses Buches) anzueignen, bevor er sich mit dem vorliegenden Kapitel intensiver auseinandersetzt.

---

[4] Vgl. Jöreskog, Karl G/Sörbom, Dag: LISREL 7 - User´s Reference Guide, Mooresville 1989.

Tabelle 8.1:   Typische Fragestellungen des LISREL-Ansatzes der Kausalanalyse

FRAGESTELLUNG	LATENTE VARIABLE(N)	INDIKATOREN
Welche Auswirkungen besitzen Familie und Schule auf die Schulleistungen eines Kindes?[5]	*Familie* / Schule } exogene Variable Schulleistung ⟶ endogene Variable	Beruf des Vaters Schulbildung des Vaters Schulbildung der Mutter Ausmaß der Nachhilfe Ausbildungsniveau des Lehrers Wissenstest Interessenstest
Beeinflussen Einstellungen und Bezugsgruppen die Verhaltensintentionen gegenüber Zeitschriften?[6]	*Einstellung* / Bezugsgruppe } exogene Variable Verhaltens-intention → endogene Variable	Einstellungsmodelle: * Ideal-Konzept-Modell * Meßmodell der Einstellung zum Handeln * Erwartungs-x-Wert-Modell Kollegeneinfluß Freundeseinfluß Wahrscheinlichkeit eine Zeitschrift zu lesen Wahrscheinlichkeit eine Zeitschrift zu kaufen
Inwieweit ist die Berücksichtigung von Warentestinformationen bei produktpolitischen Marketing-Entscheidungen abhängig von der Branchenzugehörigkeit, der Organisationsgröße und der Konkurrenzintensität eines Industrieunternehmens?[7]	Branchenzugehörigkeit / Organisationsgröße / Konkurrenzintensität } exogene Variable Produktentwicklung mit Testkriterien / Produktänderung aufgrund von Testkriterien } endogene Variable	Branche (Nominalskala) Jahresumsatz Anzahl der Beschäftigten Wahrgenommener Wettbewerbsdruck Häufigkeit der Berücksichtigung von Testkriterien Ausmaß der Berücksichtigung von Testkriterien Ausmaß, in dem Testkriterien zu Produktänderungen beitragen

[5] Vgl. Noonan, R./Wold, H.: Nipals path modelling with latent variables: Analysing school survey data using Nonlinear Iterative Partial Least Squares, in: Scandinavian Journal of Educational Research, 21 (1977), S. 33 ff.

[6] Vgl. Hildebrandt, Lutz: Kausalanalytische Validierung in der Marketingforschung, in: Marketing ZFP, Heft 1, (1984), S. 45 ff.

[7] Vgl. Fritz, W.: Warentest und Konsumgüter-Marketing. Forschungskonzeption und empirische Ergebnisse, Wiesbaden 1984. Fritz, W. u.a.: Testnutzung und Testwirkungen im Bereich der Konsumgüterindustrie, in: Raffée, H./Silberer, G. (Hrsg.): Warentest und Unternehmen, Frankfurt am Main 1984.

Inwieweit nehmen Rollen-unsicherheit und Arbeits-motivation eines Verkäufers Einfluß auf seine Selbstwert-schätzung, seine Berufs-zufriedenheit und den erzielten Umsatz?[8]	Rollenverständnis Arbeitsmotivation } exogene Variable Selbstwertschätzung Berufszufriedenheit } endogene Variable Leistung	Meßmodell 1 Meßmodell 2 Meßmodell 1 Meßmodell 2 Meßmodell 1 Meßmodell 2 Meßmodell 1 Meßmodell 2 Umsatz
Messen unterschiedliche Kon-zepte zur Beurteilung des Ri-sikos bei Auslandsinvestitio-nen "Wirtschaftliche und po-litische Stabilität des Landes" und "Zahlungsfähigkeit des Landes"?[9]	Stabilität Zahlungsfähigkeit } exogene Variable	Alternative Risikokon-zepte zur Beurteilung des Länderrisikos bei Aus-landsinvestitionen wie z. B. der BERI-Index
Wie beeinflussen bestimmte Rahmenbedingungen das In-teraktionsverhalten bei Ver-handlungsprozessen im Inve-stitionsgüter-Marketing?[10]	Kaufsituation Unternehmensgröße } exogene Variable Buying Center - Struktur Geschäftsbeziehungen } endogene Variable Transaktionsprozeß	Konjunktur, Produktwert, Konkurrenzgrad Größe, Technikerzahl BC-Größe, Promotoren, Hierarchiestufe Umsatz, Aufträge, Ange-bote usw. Verhandlungsdauer, Te-lefonkontakt, Messe usw.

8.1.2   Grundlegende Zusammenhänge der Kausalanalyse

8.1.2.1   Begriff der Kausalität: Kovarianz und Korrelation

Gegenstand dieses Kapitels sind Kausalmodelle. Es ist deshalb erforderlich, daß wir uns auf ein bestimmtes Verständnis des Kausalbegriffs einigen. Wir wollen hier jedoch *nicht* näher auf die Diskussion eingehen, was unter Kausalität zu verstehen ist, sondern eine hier verwendete Arbeitsdefinition aufstellen.[11]

Mit Blalock wird im folgenden davon ausgegangen, daß eine Variable X nur dann eine direkte Ursache der Variablen Y (geschrieben als: $X \rightarrow Y$) darstellt,

---

[8] Die Meßmodelle basieren auf verschiedenen Likert-Skalen. Vgl. Bagozzi, R.P.: The Nature and Causes of Self Esteem, Performance and Satisfaction in the Sales Force: A Structural Equation Approach, in: Journal of Business, 53 (1980), S. 316 ff.

[9] Vgl. zu den einzelnen Risikokonzepten: Backhaus, Klaus/Meyer, Margit/Weiber, Rolf: A LISREL Modell for Country Risk Assessment, in: Naresh, K./Malhotra, Ph. D. (Hrsg.): Developments in Marketing Science, Vol. VIII 1985, Atlanta Georgia, S. 437 ff.

[10] Vgl. Kern, Egbert: Der Interaktionsansatz im Investitionsgütermarketing, Berlin 1990, S. 158.

[11] Vgl. zur Diskussion des Kausalbegriffs: Hodapp, Volker, a.a.O., S. 10 ff. und die dort zitierte Literatur.

wenn eine Veränderung von Y durch eine Veränderung von X hervorgerufen wird und alle anderen Variablen, die nicht kausal von Y abhängen, in einem Kausalmodell konstant gehalten werden.[12] Von einer Kausalität kann somit gesprochen werden, wenn Variationen der Variable X Variationen der Variablen Y hervorrufen.

Es stellt sich die Frage, wie eine Kausalitätsbeziehung formal erfaßt werden kann. Zu diesem Zweck greifen wir auf die Definition der Kovarianz und der Korrelation zwischen zwei Variablen zurück. Die empirische Kovarianz $s(x_1, x_2)$ zwischen zwei Variablen x_1 und x_2 ist wie folgt definiert:

Empirische Kovarianz

$$s(x_1, x_2) = \frac{1}{K-1} \sum_k \left(x_{k1} - \overline{x}_1 \right) \cdot \left(x_{k2} - \overline{x}_2 \right) \tag{1}$$

Legende:

x_{k1} = Ausprägungen der Variablen 1 bei Objekt k

   (Objekte sind z. B. die befragten Personen)

$\overline{x}_1$ = Mittelwert der Ausprägungen von Variable 1 über alle Objekte ($k = 1, ..., K$)

x_{k2} = Ausprägung der Variable 2 bei Objekt k

$\overline{x}_2$ = Mittelwert der Ausprägungen von Variable 2 über alle Objekte

Ermittelt man auf Basis empirischer Werte für die Kovarianz einen Wert nahe Null, so kann davon ausgegangen werden, daß keine lineare Beziehung zwischen beiden Variablen besteht, d. h. sie werden nicht häufiger zusammen angetroffen als dies dem Zufall entspricht. Ergeben sich hingegen für die Kovarianz Werte größer oder kleiner als Null, so bedeutet das, daß sich die Werte beider Variablen in die gleiche Richtung (positiv) oder in entgegengesetzter Richtung (negativ) entwickeln.

Für die Kovarianz zwischen zwei Variablen läßt sich jedoch kein bestimmtes Definitionsintervall angeben, d. h. es läßt sich vorab nicht festlegen, in welcher Spannbreite der Wert der Kovarianz liegen muß. Somit gibt der absolute Wert einer Kovarianz noch keine Auskunft darüber, wie *stark* die Beziehung zwischen zwei Variablen ist. Es ist deshalb sinnvoll, die Kovarianz auf ein Intervall zu normieren, mit dessen Hilfe eine eindeutige Aussage über die Stärke des Zusammenhangs zwischen zwei Variablen getroffen werden kann. Eine solche Normierung ist zu erreichen, indem man die Kovarianz durch die Standardabweichung (= Streuung der Beobachtungswerte um den jeweiligen Mittelwert) der jeweiligen Variablen dividiert. Diese Normierung beschreibt der *Korrelationskoeffizient* zwischen zwei Variablen.

---

[12] Vgl. Blalock, H.M., Jr.: Four-variable causal models and partial correlations, in: Blalock, H. M., Jr. (ed.): Causal models in the social sciences, 2nd ed., Chicago 1985, S.24f.

Korrelationskoeffizient

$$r_{x_1, x_2} = \frac{s(x_1, x_{2)}}{s_{x_1} \cdot s_{x_2}}$$

(2)

Legende:

$s(x_1, x_2)$ = Kovarianz zwischen den Variablen x_1 und x_2

$$s_{x_1} = \sqrt{\frac{1}{K-1} \sum_k \left(x_{k1} - \bar{x}_1\right)^2}$$ = Standardabweichung der Variablen x_1

$$s_{x_2} = \sqrt{\frac{1}{K-1} \sum_k \left(x_{k2} - \bar{x}_2\right)^2}$$ = Standardabweichung der Variablen x_2

Der Korrelationskoeffizient kann Werte zwischen -1 und +1 annehmen. Je mehr sich sein Wert *absolut* der Größe 1 nähert, desto größer ist die Abhängigkeit zwischen den Variablen anzusehen. Ein Korrelationskoeffizient von Null spiegelt lineare Unabhängigkeit der Variablen wider.

Der Korrelationskoeffizient läßt jedoch *keine* Aussage darüber zu, welche Variable als *verursachend* für eine andere Variable anzusehen ist.

Es sind vielmehr vier grundsätzliche Interpretationsmöglichkeiten einer Korrelation denkbar:

A: Die Variable x_1 ist verursachend für den Wert der Variablen x_2:

$x_1 \rightarrow x_2$

Wir sprechen in diesem Fall von einer *kausal interpretierten Korrelation,* da eine eindeutige Wirkungsrichtung von x_1 auf x_2 unterstellt wird.

B: Die Variable x_2 ist verursachend für den Wert der Variable x_1:

$x_2 \rightarrow x_1$

Auch hier sprechen wir, ebenso wie in Fall A, von einer *kausal interpretierten Korrelation.*

C: Die Abhängigkeit der Variablen x_1 und x_2 ist teilweise bedingt durch den Einfluß einer exogenen (hypothetischen) Größe ξ (lies: Ksi), die hinter diesen Variablen steht:

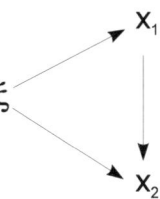

In diesem Fall kann die errechnete Korrelation nur zum Teil kausal interpretiert werden, da x_2 nicht nur *direkt* von x_1 beeinflußt wird, sondern auch von der hypothetischen Größe ξ, die die Variable x_2 sowohl direkt als auch indirekt (nämlich über x_1) beeinflußt.

Hier ist noch eine weitere Interpretationsmöglichkeit denkbar, wenn wir den Pfeil von x_2 auf x_1 gehen lassen.

D: Der Zusammenhang zwischen den Variablen x_1 und x_2 resultiert allein aus einer exogenen (hypothetischen) Größe ξ, die hinter den Variablen steht:

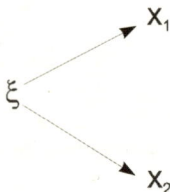

In diesem Fall sprechen wir von einer *kausal nicht interpretierten Korrelation* zwischen x_1 und x_2, da die Korrelation zwischen beiden Variablen *allein* aus dem Einfluß der (hypothetischen) Größe ξ resultiert. *Unterstellt man*, daß die Korrelation zwischen zwei Variablen allein auf eine hypothetische Größe zurückgeführt werden kann, die hinter diesen Variablen zu vermuten ist, so folgt man damit dem Denkansatz der *Faktorenanalyse*.[13] Die Faktorenanalyse ermöglicht dann eine Aussage darüber, wie stark die Variablen x_1 und x_2 von der hypothetischen Größe beeinflußt werden. Die Interpretationsmöglichkeit D läßt sich wie folgt überprüfen:

Wir gehen davon aus, daß sich für die Variablen x_1, x_2 und ξ drei Korrelationen berechnen lassen. Ist allein ξ für die Korrelation zwischen x_1 und x_2 verantwortlich, so muß die Korrelation zwischen x_1 und x_2 gleich Null sein, wenn die Variable ξ *konstant* gehalten wird, d. h. wenn der Einfluß von ξ eliminiert wird. Dieser Sachverhalt läßt sich mit Hilfe des *partiellen Korrelationskoeffizienten* überprüfen, der sich wie folgt berechnen läßt:[14]

Partieller Korrelationskoeffizient:

$$r_{x_1,x_2 \cdot \xi} = \frac{r_{x_1,x_2} - r_{x_1,\xi} \cdot r_{x_2,\xi}}{\sqrt{\left(1 - r_{x_1,\xi}^2\right) \cdot \left(1 - r_{x_2,\xi}^2\right)}} \qquad (3)$$

---

[13] Vgl. zur Faktorenanalyse Kap. 6 dieses Buches.

[14] Vgl. Duncan, Otis Dudley et al.: Introduction to Structural Equation Models. New York San Francisco London 1975, S. 10.

Legende:

$r_{x_1,x_2 \cdot \xi}$ = partieller Korrelationskoeffizient zwischen x_1 und x_2, wenn der Einfluß ξ
    eliminiert (konstant gehalten) wird

r_{x_1,x_2} = Korrelationskoeffizient zwischen x_1 und x_2

$r_{x_1,\xi}$ = Korrelationskoeffizient zwischen x_1 und ξ

$r_{x_2,\xi}$ = Korrelationskoeffizient zwischen x_2 und ξ

Die Variable ξ ist dann als allein verantwortlich für die Korrelation zwischen x_1
und x_2 anzusehen, wenn der partielle Korrelationskoeffizient in (3) gleich Null
wird. Das ist genau dann der Fall, wenn

$$r_{x_1,x_2} = r_{x_1,\xi} \cdot r_{x_2,\xi}$$

gilt. Nach dieser Beziehung ergibt sich die Korrelation zwischen x_1 und x_2 in diesem Fall allein durch Multiplikation der Korrelationen zwischen x_1, ξ und x_2, ξ.

Die vorangegangenen Ausführungen haben gezeigt, daß auf Basis einer errechneten Korrelation zwischen zwei Variablen vier grundsätzliche Interpretationsmöglichkeiten denkbar sind, die alle von unterschiedlichen Annahmen über die
Kausalität zwischen den Variablen ausgehen. Alle genannten Interpretationsmöglichkeiten finden im LISREL-Ansatz der Kausalanalyse Anwendung, je
nachdem welche Beziehungen zwischen den Variablen *vorab* postuliert wurden
(denn mit Hilfe von LISREL werden Variablenbeziehungen *überprüft*, die aufgrund
theoretischer Vorüberlegungen a priori aufgestellt wurden).

Die Überprüfung a priori formulierter kausaler Zusammenhänge ist mit Hilfe
eines regressionsanalytischen Ansatzes möglich, der im LISREL-Ansatz der
Kausalanalyse enthalten ist.

8.1.2.2   Die Überprüfung kausaler Zusammenhänge im LISREL-Modell

8.1.2.2.1   Die Denkweise in Kausalstrukturen

Ein wesentliches Kennzeichen des LISREL-Ansatzes liegt in der *Denkweise in*
Kausalstrukturen. Ein aufgrund theoretischer Überlegungen aufgestelltes Hypothesensystem wird auf Basis der Kovarianz- oder Korrelationsbeziehungen zwischen den Variablen überprüft. Der LISREL-Ansatz bedient sich zu diesem Zweck
des methodischen Instrumentariums der Regressionsanalyse.[15]

Den Ausgangspunkt der Analyse bildet immer ein hypothetisches Kausalmodell,
das aufgrund theoretischer Vorüberlegungen aufgestellt wurde und die vermuteten
kausalen Abhängigkeiten zwischen den Variablen widerspiegelt. Das verbal
formulierte Hypothesensystem wird anschließend in einem *Pfaddiagramm*
graphisch dargestellt. Obwohl die Erstellung eines Pfaddiagramms letztendlich für

---

[15] Vgl. zur Regressionsanalyse Kap. 1 dieses Buches.

die Durchführung der Analyse *nicht* notwendig ist, besitzt das Pfaddiagramm jedoch insbesondere folgende Vorteile:[16]

1.   Die graphische Darstellung von Hypothesen ist leichter verständlich, als die rein verbale Formulierung oder deren Darstellung in mathematischen Gleichungen.
2.   Auf Basis des Pfaddiagramms lassen sich die im LISREL-Ansatz notwendigen Gleichungen leichter ableiten.
3.   Es können leichter neue Variable eingeführt werden und deren Beziehungen untereinander sowie deren Beziehungen zu bereits enthaltenen Variablen überlegt werden.
4.   Das Aufdecken evtl. noch fehlender Variablenbeziehungen in einem komplexen Hypothesensystem wird erleichtert.

Wurden zu einer bestimmten Fragestellung Hypothesen formuliert, so besteht die Aufgabe des LISREL-Ansatzes in der *Hypothesenprüfung*. Wird z. B. unterstellt, daß die Variable y_1 von den Größen x_1, x_2 und x_3 beeinflußt wird, so ergibt sich folgendes *Pfaddiagramm:*

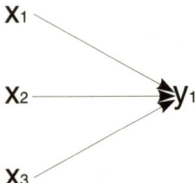

Die mathematische Formulierung dieser Beziehung lautet dann:

$$y_1 = b_0 + b_{11} \cdot x_1 + b_{12} \cdot x_2 + b_{13} \cdot x_3$$

In dieser Gleichung wurden die Indices der Koeffizienten b so gewählt, daß an erster Stelle der Index der Variablen aufgeführt wird, auf die ein Pfeil hinzeigt und an zweiter Stelle der Index der Variablen steht, von der ein Pfeil weggeht. Wir wollen diese Bezeichnungsweise im folgenden beibehalten.

Liegen für die Variablen in obigem Pfaddiagramm empirische Daten vor, so lassen sich die Koeffizienten b_0, b_{11}, b_{12} und b_{13} durch Anwendung der multiplen Regressionsanalyse schätzen und auf Signifikanz überprüfen. Die Schätzung der Koeffizienten allein stellt aber noch *keine* Überprüfung unserer Hypothese dar. Es ist deshalb notwendig, daß bei der Hypothesenformulierung die Beziehungen zwischen den Variablen und die *Vorzeichen* der Koeffizienten aufgrund theoretischer Überlegungen festgelegt werden. Dadurch wird erreicht, daß bei der Bestimmung der Koeffizienten zumindest die Hypothesen bezüglich des a priori vermuteten Vorzeichens geprüft werden.[17] Die Formulierung von Hypothesen erfordert äußerste Sorgfalt und muß aus theoretischer Sicht fundiert sein.

---

[16] Vgl. auch: Opp, Karl-Dieter/Schmidt, Peter: Einführung in die Mehrvariablenanalyse, Reinbek bei Hamburg 1976, S. 31.

[17] Vgl. zu diesem Problemkreis: Opp/Schmidt, a.a.O., S. 91 ff.

Wird eine theoretische Vorarbeit nicht oder nur unzureichend geleistet, so wird mit Hilfe der Pfadanalyse kein Kausalmodell überprüft, sondern lediglich ein Regressionsmodell an empirisches Datenmaterial angepaßt.

Wir wollen nun unser Beispiel etwas erweitern und gehen davon aus, daß ein *gegebenes Hypothesensystem* folgendes Pfaddiagramm erbracht hat:

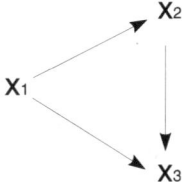

In diesem Fall läßt sich das Pfaddiagramm nicht mehr in einer Gleichung abbilden, sondern es sind bereits 2 Gleichungen notwendig:

$$(1) x_2 = b_1 + b_{21} \cdot x_1$$
$$(2) x_3 = b_2 + b_{31} \cdot x_1 + b_{32} \cdot x_2$$

Man bezeichnet die Gleichungen, die sich aus der mathematischen Formulierung des Pfaddiagramms ergeben als *Strukturgleichungen*, da sie die Struktur zwischen den Variablen widerspiegeln, und man spricht in diesem Zusammenhang von einem *Mehrgleichungssystem*.

Die Variable x_2 ist "abhängig" in Gleichung 1 und "unabhängig" in Gleichung 2. Man unterscheidet deshalb in Mehrgleichungssystemen nicht zwischen abhängigen und unabhängigen Variablen, sondern zwischen endogenen und exogenen Variablen. *Endogene Variable* werden durch die Beziehungen im Kausalmodell erklärt und stehen in der Regel links vom Gleichheitszeichen. Sie können aber auch rechts vom Gleichheitszeichen stehen, wenn sie zur Erklärung anderer endogener Variablen dienen. Im obigen Beispiel stellen x_2 und x_3 endogene Variable dar. *Exogene Variable* hingegen stehen *immer* rechts vom Gleichheitszeichen und werden durch das betrachtete System *nicht* erklärt. Sie stellen damit immer erklärende (unabhängige) Variable dar und sind exogen, d. h. von außen in ein System gegeben. In unserem Beispiel ist nur x_1 eine exogene Variable.

Die Koeffizienten der Gleichungen (1) und (2) können wiederum mit Hilfe der Regressionsanalyse geschätzt werden. Sie lassen sich aber auch unmittelbar aus der Korrelationsmatrix der Variablen berechnen, wenn man das *Fundamentaltheorem der Pfadanalyse* anwendet.

8.1.2.2.2 Das Fundamentaltheorem der Pfadanalyse

Die Pfadanalyse stellt einen Spezialfall des regressionsanalytischen Ansatzes dar und dient ebenfalls zur Überprüfung kausaler Abhängigkeiten zwischen Variablen. Dem regressionsanalytischen Ansatz im LISREL-Modell und der Pfadanalyse sind gemeinsam, daß beide Verfahren nicht die Originalwerte der Variablen betrachten, sondern alle Variablen als Abweichungen von ihrem jeweiligen Mittelwert in die

Analyse eingehen. Wir betrachten also nicht mehr den Wert der Variablen j bei Objekt k, sondern nehmen folgende Transformation vor:

Zentrierte Variable

$$x_{kj}^{*} = x_{kj} - \overline{x}_j \qquad (4)$$

mit :

x_{kj}^{*} = Wert der zentrierten Variablen j bei Objekt k

x_{kj} = Beobachtungswert der Variablen j bei Objekt k

$\overline{x}_j$ = Mittelwert der Variablen j über alle Objekte

Werden Variable in obiger Weise transformiert, so spricht man von *zentrierten Variablen*. Durch die Zentrierung einer Variablen kann bei der Bestimmung der Koeffizienten einer Gleichung eine Vereinfachung derart erreicht werden, daß der konstante Term eliminiert wird. Betrachten wir zur Verdeutlichung eine einfache Gleichung der Art:

$$y_i = a + b \cdot x_i$$

Für den Mittelwert ($\overline{Y}$) der Variablen Y gilt:

$$\overline{Y} = a + b \cdot \overline{X}; \quad \text{mit } \overline{X} = \text{Mittelwert der Variablen X}$$

Wird die Variable Y zentriert, so folgt:

$$\begin{aligned} y_i - \overline{Y} &= (a + b \cdot x_i) - (a + b \cdot \overline{X}) \\ &= b \cdot (x_i - \overline{X}) \end{aligned}$$

Durch die Zentrierung der Variablen Y wird also erreicht, daß in unserer ursprünglichen Gleichung der konstante Term a eliminiert werden konnte und nur noch der Koeffizient b zu bestimmen ist, wobei auch die Variable X eine zentrierte Variable darstellt. Wird eine zentrierte Variable noch durch ihre Standardabweichung dividiert, so erhält man eine *standardisierte* Variable, die wir mit Z bezeichnen wollen:

Standardisierte Variable

$$z_{kj} = \frac{x_{kj} - \overline{x}_j}{s_j} \qquad (5)$$

mit :

x_{kj} = Beobachtungswert der Variablen j bei Objekt k

$\overline{x}_j$ = Mittelwert der Variablen j über alle Objekte

s_j = Standardabweichung der Variablen j

z_{kj} = standardisierter Beobachtungswert der Variablen j bei Objekt k

Standardisierte Variable sind dadurch gekennzeichnet, daß sie einen *Mittelwert von 0* und eine *Standardabweichung von 1* besitzen. Wir werden im folgenden ebenfalls alle Variablen standardisieren. Betrachten wir nochmals das Beispiel im vorangegangenen Abschnitt und nehmen eine Standardisierung der betrachteten Variablen x_1 bis x_3 vor, so vereinfachen sich die Strukturgleichungen (1) und (2) wie folgt:

(1a) $z_2 = p_{21} \cdot z_1$

(2a) $z_3 = p_{31} \cdot z_1 + p_{32} \cdot z_2$

Dabei wurden die Variablen nicht mehr mit X sondern mit Z bezeichnet, um zu verdeutlichen, daß es sich hier um standardisierte Variable handelt. Außerdem haben wir die Koeffizienten b_{ij} durch p_{ij} ersetzen. Dadurch soll kenntlich gemacht werden, daß es sich um Koeffizienten in Gleichungen handelt, deren Variablen standardisiert wurden. Man bezeichnet die Koeffizienten p_{ij} als *(standardisierte) Pfadkoeffizienten.* Werden die *Variablen nicht standardisiert, sondern nur zentriert, so spricht man von unstandardisierten Pfadkoeffizienten oder "path regressions".*

In unserem Beispiel wurde bisher angenommen, daß die endogenen Variablen durch die unterstellten Variablenbeziehungen vollständig erklärt werden können. Davon kann in der Realität *nicht* ausgegangen werden. Vielmehr müssen wir davon ausgehen, daß

- bei der Erhebung empirischer Daten Meßfehler begangen werden, die sich z. B. in Übertragungsfehlern oder in Verständnisfehlern bei der Erhebung dokumentieren. Solche Fehler beeinflussen ebenfalls die endogenen Variablen im Kausalmodell und können in einer *Meßfehlervariablen* zusammengefaßt werden.
- ein gegebenes Hypothesensystem nicht immer alle relevanten Variablen erfaßt, die auf die endogenen Variablen im Kausalmodell Einfluß nehmen. Solche Variablen werden als *Drittvariable* bezeichnet.

Der Anwender sollte jedoch versuchen, alle relevanten Variablen in seinem Hypothesensystem zu erfassen, um damit Drittvariableneffekte auszuschließen.

Dem obigen Sachverhalt wird im Rahmen des LISREL-Ansatzes durch eine *Residualvariable oder Irrtumsvariable e* Rechnung getragen, die mögliche Meßfehler und/oder Drittvariableneffekte in einer Größe zusammenfaßt. Berücksichtigt man die Residualvariable, so verändert sich das Pfaddiagramm in unserem Beispiel wie folgt:

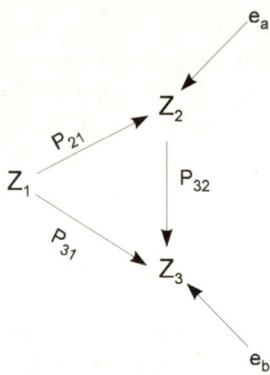

Bilden wir das obige Pfaddiagramm in Gleichungen ab, wobei wir unterstellen, daß alle Variable *standardisiert* wurden und somit *in diesem Fall* auch die *Residualvariablen standardisierte Größen* darstellen, so ergeben sich die folgenden Strukturgleichungen:

(1b) $z_2 = p_{21} \cdot z_1 + p_{2a} \cdot e_a$

(2b) $z_3 = p_{31} \cdot z_1 + p_{32} \cdot z_2 + p_{3b} \cdot e_b$

Unser Ziel besteht nun darin, die standardisierten Pfadkoeffizienten des obigen Gleichungssystems zu bestimmen. Das ist einerseits mit Hilfe der Regressionsanalyse möglich, kann aber auch mit Hilfe des *Fundamentaltheorems der Pfadanalyse* erfolgen. Wir wollen die zuletzt genannte Vorgehensweise hier näher betrachten, da sie das Verständnis für die Dekompensation von Korrelationen erleichtert. Zu diesem Zweck ist es notwendig, daß man weiß, wie sich ein Korrelationskoeffizient im Falle standardisierter Variablen bestimmt. Allgemein gilt für den Korrelationskoeffizienten zwischen zwei beliebigen Variablen x_1 und x_2 gemäß Gleichung (2):

$$r_{x_1,x_2} = \frac{s(x_1, x_2)}{s_{x_1} \cdot s_{x_2}}$$

Werden die Variablen standardisiert, so gilt für die Standardabweichung dieser Variablen $s_{x_1} = s_{x_2} = 1$, wodurch im Fall *standardisierter Daten* der Korrelationskoeffizient der Kovarianz entspricht. Es gilt also:

$$r_{x_1,x_2} = s(x_1, x_2)$$

Dieser Ausdruck kann nochmals vereinfacht werden, wenn wir die Definition der Kovarianz betrachten (vgl. Abschnitt 8.1.2.1.). Da der Mittelwert einer standardisierten Variablen immer Null beträgt, läßt sich für die Kovarianz in diesem Fall schreiben:

$$s(x_1, x_2) = \frac{1}{K-1} \sum_k z_{k1} \cdot z_{k2}$$

Berücksichtigen wir jetzt noch, daß wir standardisierte Variable mit Z bezeichnet hatten, so bestimmt sich der Korrelationskoeffizient (Kovarianz) bei standardisierten Variablen wie folgt:

Korrelationskoeffizient bei standardisierten Variablen:

$$r_{z_1,z_2} = \frac{1}{K-1} \sum_k z_{k1} \cdot z_{k2} \tag{6}$$

Diese Beziehung wollen wir nun verwenden, um die Koeffizienten in unserem obigen Strukturgleichungssystem mit standardisierten Variablen zu bestimmen. Wir bedienen uns dazu der sog. *Multiplikationsmethode*.[18]

Jede Gleichung wird der Reihe nach mit jeder einzelnen *determinierenden Variablen* multipliziert. Die determinierenden Variablen, die auch als prädeterminierte Variable bezeichnet werden, sind alle Variablen, die rechts vom Gleichheitszeichen stehen und auf die links vom Gleichheitszeichen stehenden Variablen direkt oder indirekt (d. h. über zwischengeschaltete Variable) kausal einwirken. So ist z. B. x_1 eine *direkt determinierende Variable* von x_3, wenn gilt:

$$x_1 \rightarrow x_3$$

Wir sprechen von einer *indirekt determinierenden Variablen* x_1, wenn x_1 z. B. über x_2 auf x_3 wirkt:

$$x_1 \rightarrow x_2 \rightarrow x_3$$

Determinierende Variable können sowohl die endogenen als auch die exogenen Variablen in einem Kausalmodell sein, wobei jedoch die *Residualvariablen nicht* den determinierenden Variablen zugerechnet werden.

Wenden wir die Multiplikationsmethode auf unser Beispiel an, so ergeben sich aus den zwei obigen Strukturgleichungen drei *neue Gleichungen*:

$(1) z_2 \cdot z_1 = p_{21} \cdot z_1 \cdot z_1 + p_{2a} \cdot e_a \cdot z_1$

$(2) z_3 \cdot z_1 = p_{31} \cdot z_1 \cdot z_1 + p_{32} \cdot z_2 \cdot z_1 + p_{3b} \cdot e_b \cdot z_1$

$(3) z_3 \cdot z_2 = p_{31} \cdot z_1 \cdot z_2 + p_{32} \cdot z_2 \cdot z_2 + p_{3b} \cdot e_b \cdot z_2$

Dividieren wir nun jede dieser Gleichungen durch K - 1, so entsprechen die Ausdrücke $\frac{1}{K-1} \sum_k z_{ki} \cdot z_{kj}$ gerade den Korrelationskoeffizienten r_{ij} zwischen den Variablen i und j, da alle Variablen vorher standardisiert wurden. Dabei ist zu beachten, daß der Index k für die betrachteten Objekte bisher vernachlässigt wurde. Folglich läßt sich das Gleichungssystem nach Division durch K - 1 und unter Berücksichtigung, daß $r_{ii} = 1$ ist, wie folgt schreiben:

---

[18] Vgl. Opp/Schmidt, a. a. O., S. 98 ff.

(1a) $r_{21} = p_{21} \qquad + p_{2a} \cdot r_{a1}$

(2a) $r_{31} = p_{31} \qquad + p_{32} \cdot r_{21} + p_{3b} \cdot r_{b1}$

(3a) $r_{32} = p_{31} \cdot r_{12} + p_{32} \qquad + p_{3b} \cdot r_{b2}$

Das Gleichungssystem enthält nur noch Korrelationskoeffizienten und standardisierte Pfadkoeffizienten. Die Variable z_i ist immer die determinierte Variable (Variable auf die ein Pfeil hinzeigt) und z_j sind alle determinierenden Variablen von z_i (Variable von denen ein Pfeil weggeht).

Mit dem so gewonnenen Gleichungssystem ist jedoch eine Bestimmung der standardisierten Pfadkoeffizienten noch nicht möglich, da den drei Gleichungen die fünf unbekannten Pfadkoeffizienten p_{21}, p_{31}, p_{32}, p_{2a} und p_{3b} gegenüber stehen. Wir führen deshalb folgende Annahme ein:

Die Residualvariablen e sind unkorreliert mit den determinierenden Variablen.

Würde eine Korrelation zwischen Residualvariable und determinierender Variable zugelassen, so würde damit z. B. unterstellt, daß die Residualvariable mindestens noch eine weitere Größe enthält, die auf die determinierende Variable und damit auch auf die links vom Gleichheitszeichen stehende Variable einwirkt. In diesem Fall würde in unserem Hypothesensystem mindestens eine relevante Variable fehlen, d. h. die Hypothesen wären unvollständig (im Prinzip sogar falsch), und die Koeffizienten würden damit auch falsch geschätzt. Da wir jedoch davon ausgehen, daß in unserem Hypothesensystem alle relevanten Variablen enthalten sind, haben wir bereits stillschweigend unterstellt, daß zwischen den Residualvariablen und den determinierenden Variablen keine Korrelationen bestehen. Für unser obiges Gleichungssystem bedeutet diese Annahme, daß die Korrelationen r_{a1}, r_{b1} und r_{b2} Null sind, wodurch sich das Gleichungssystem nochmals vereinfacht:

(1b) $r_{21} = p_{21}$

(2b) $r_{31} = p_{31} \qquad + p_{32} \cdot r_{21}$

(3b) $r_{32} = p_{31} \cdot r_{21} + p_{32}$

Diese Gleichungen, die mit Hilfe der Multiplikationsmethode ermittelt wurden, lassen sich auch mit Hilfe des von Wright beschriebenen *Fundamentaltheorems der Pfadanalyse* wie folgt bestimmen:[19]

Fundamentaltheorem der Pfadanalyse

$$r_{ij} = \sum_q p_{iq} \cdot r_{qj} \qquad (7)$$

wobei:

∗ i und j zwei Variable Z_i und Z_j ($i \neq j$) im Pfaddiagramm bezeichnen, die durch eine Pfeil direkt miteinander verbunden sind.

∗ q über alle determinierenden Variablen Z_j läuft.

∗ die Residualvariablen (e) nicht zu den determinierenden Variablen zählen.

---

[19] Vgl. Wright, S.: The Method of Path Coefficients, in: The Annals of Mathematical Statistics, 5 (1934), S. 161 ff.

Der Leser sollte einmal selbst die Gültigkeit des Fundamentaltheorems in unserem Beispiel nachprüfen.

Obiges Gleichungssystem enthält nur noch drei unbekannte Koeffizienten (p_{21}, p_{31}, p_{32}) und ist damit eindeutig lösbar, da alle Korrelationskoeffizienten aus empirischen Daten ermittelt werden können. Die einzelnen standardisierten Pfadkoeffizienten lassen sich nun jeweils durch eine Kombination von Korrelationskoeffizienten ausdrücken. Im einzelnen erhalten wir:

(1c) $\quad p_{21} = r_{21}$

(2c) $\quad p_{31} = r_{31} - p_{32} \cdot r_{21}$

(3c) $\quad p_{32} = r_{32} - p_{31} \cdot r_{21}$

Setzen wir für p_{32} in (2c) die Beziehung in (3c) ein, so folgt:

(2d) $\quad p_{31} = r_{31} - (r_{32} - p_{31} \cdot r_{21}) \cdot r_{21}$

$\qquad = r_{31} - r_{32} \cdot r_{21} + p_{31} \cdot r_{21}^2$

Damit folgt:

$$p_{31}\left(1 - r_{21}^2\right) = r_{31} - r_{32} \cdot r_{21}$$

(2e) $\quad p_{31} = \dfrac{r_{31} - r_{32} \cdot r_{21}}{1 - r_{21}^2}$

Analog erhält man für p_{32} in (3c), wenn man für p_{31} die Beziehung in (2c) verwendet:

(3d) $\quad p_{32} = \dfrac{r_{32} - r_{31} \cdot r_{21}}{1 - r_{21}^2}$

Da die einzelnen Korrelationen aus dem empirischen Datenmaterial bekannt sind, lassen sich mit ihrer Hilfe die standardisierten Pfadkoeffizienten bestimmen.

An dieser Stelle sei angemerkt, daß die Ausdrücke rechts vom Gleichheitszeichen bei p_{31} und p_{32} den *partialisierten standardisierten Regressionskoeffizienten entsprechen*, d. h. wir hätten diese standardisierten Pfadkoeffizienten auch mit Hilfe von zwei multiplen Regressionsgleichungen bestimmen können. Im Fall von p_{21} ist der standardisierte Pfadkoeffizient gleich dem standardisierten Regressionskoeffizienten und entspricht gleichzeitig dem Korrelationskoeffizienten. Die letztgenannte Beziehung gilt immer dann, wenn nur *eine* abhängige und *eine* unabhängige Variable (abgesehen von den Residualvariablen) betrachtet wird.

8.1.2.2.3 Die Dekomposition von Korrelationen

Das Fundamentaltheorem der Pfadanalyse hat verdeutlicht, daß sich die Pfadkoeffizienten in einem Pfaddiagramm auf Basis der empirischen Korrelationswerte bestimmen lassen. Mit Hilfe der gewonnenen Pfadkoeffizienten lassen sich die empirischen Korrelationswerte nun in *kausale und nichtkausale* Komponenten zerlegen.[20] Wir wollen einmal unterstellen, daß für unser obiges Beispiel folgende empirische Korrelationswerte errechnet wurden: $r_{21} = 0,5$; $r_{31} = 0,5$; $r_{32} = 0,4$. Gemäß den Gleichungen (1c), (2e) und (3d) aus Abschnitt 8.1.2.2.2 ergeben sich dann die folgenden Pfadkoeffizienten:

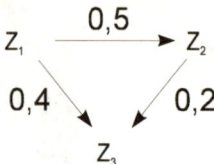

In obigem Pfaddiagramm entsprechen die Pfadkoeffizienten den *direkten kausalen Effekten* zwischen den Variablen. So tritt z. B. zwischen Z_3 und Z_1 ein direkter kausaler Effekt in Höhe von 0,4 auf. Demgegenüber besitzt die Variable Z_1 aber auch einen *indirekten kausalen Effekt* auf Z_3, da Z_1 über Z_2 auf Z_3 einwirkt. Die Stärke dieses indirekten kausalen Effektes ist gleich dem Produkt der Pfadkoeffizienten der einzelnen direkten kausalen Beziehungen. In diesem Beispiel errechnet sich der indirekte kausale Effekt von Z_1 auf Z_3 wie folgt:

$0,5 \cdot 0,2 = 0,1$. Addieren wir den direkten kausalen Effekt von Z_1 auf Z_3 (=0,4) und den indirekten kausalen Effekt von Z_1 auf Z_3 (=0,1), so ergibt sich ein *totaler kausaler Effekt* zwischen Z_1 und Z_3 in Höhe von 0,4+0,1=0,5. Da der empirische Korrelationswert zwischen Z_1 und Z_3 ebenfalls 0,5 beträgt, stellt diese Korrelation eine vollständig kausal interpretierte Korrelation dar; es tritt *keine* nichtkausale Komponente der Korrelation auf.

Betrachten wir nun die Variablen Z_2 und Z_3, so zeigt sich, daß hier *nur* ein direkter kausaler Effekt in Höhe von 0,2 auftritt, während der empirische Korrelationswert zwischen Z_2 und Z_3 0,4 beträgt. Da kein indirekter kausaler Effekt zwischen Z_2 und Z_3 auftritt, beträgt der totale kausale Effekt ebenfalls 0,2. Die Differenz zum empirischen Korrelationswert spiegelt nun die *nichtkausale Komponente* dieser Korrelation wider, die hier 0,4-0,2=0,2 beträgt. Diese nichtkausal interpretierte Komponente der empirischen Korrelation ist in diesem Fall auf den Effekt einer "Drittvariablen" zurückzuführen. Diese Drittvariable stellt Z_1 dar, die auf die korrelierenden Variablen Z_2 und Z_3 gleichzeitig wirkt und in diesem Fall den nichtkausal interpretierten Anteil der empirischen Korrelation ausmacht.

Die bisher besprochenen Komponenten einer Korrelation lassen sich in einer Tabelle wie folgt zusammenfassen:

---

[20] Vgl. zur Dekomposition von Korrelationen: Opp/Schmidt, a.a.O., S. 147 ff. und die Ausführungen in Abschnitt 8.1.2.1 dieses Kapitels.

Variablenbeziehungen	Z_2Z_1	Z_3Z_1	Z_3Z_2
(A) empirische Korrelationen	0,5	0,5	0,4
direkter kausaler Effekt	0,5	0,4	0,2
+ indirekter kausaler Effekt	-	0,1	-
(B) Totaler kausaler Effekt	0,5	0,5	0,2
Nichtkausale Komponente (A - B)	0	0	0,2

Die nichtkausale Komponente einer Korrelation kann neben Drittvariablen-Effekten auch durch indirekt wirkende korrelative Effekte hervorgerufen werden. Zur Verdeutlichung ändern wir unser obiges Pfaddiagramm, unter Beibehaltung aller Werte, wie nachfolgend dargestellt:

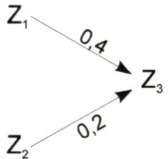

In diesem Beispiel bestehen die *Korrelationen* zwischen Z_1, Z_3 (=0,5) und zwischen Z_2, Z_3 (=0,4) jeweils aus einem direkten kausalen Effekt in Höhe der Pfadkoeffizienten und aus einer nichtkausalen Komponente, die durch die Korrelation zwischen Z_1 und Z_2 (=0,5) verursacht wird. Die Korrelation zwischen Z1 und Z2 bewirkt, daß z. B. Z_1 indirekt über Z_2 auf Z_3 einen "Effekt" ausübt, der allerdings nicht kausal interpretiert werden kann. Der *kausale Anteil* der Korrelation zwischen Z_1 und Z_3 wird dadurch um 0,1 vermindert. Der gleiche Sachverhalt gilt für die Korrelation zwischen Z_2 und Z_3.

Die vorangegangenen Ausführungen haben gezeigt, daß die Dekomposition von Korrelationswerten Aufschluß über kausale und nichtkausale Komponenten in Variablenbeziehungen geben kann. Die bisher dargestellten Beziehungen werden im LISREL-Ansatz der Kausalanalyse zur Überprüfung von Kausalitäten verwendet.

8.2   Vorgehensweise

8.2.1 Besonderheiten des LISREL-Ansatzes

Bei den bisherigen Überlegungen wurde unterstellt, daß die betrachteten Variablen direkt beobachtbare Größen darstellen. Im Einführungsabschnitt hatten wir jedoch herausgestellt, daß der LISREL-Ansatz der Kausalanalyse in der Lage ist, die Beziehungen zwischen hypothetischen Konstrukten, d. h. nicht direkt beobachtbaren Variablen abzuschätzen und zu überprüfen. Zur Bestimmung der Beziehungen zwischen hypothetischen Konstrukten, die wir hier auch als latente Variable bezeichnen, wird im Rahmen des LISREL-Ansatzes auch die Regressionsanalyse verwendet. Eine Überprüfung kausaler Abhängigkeiten zwischen hypothetischen Konstrukten ist jedoch nur möglich, wenn die hypothetischen Konstrukte durch empirisch beobachtbare Indikatoren operationalisiert worden sind. Der LISREL-Ansatz verlangt deshalb, daß alle in einem Hypothesensystem enthaltenen hypothetischen Konstrukte durch ein oder mehrere *Indikatorvariable* beschrieben werden. Alle Indikatorvariable der exogenen latenten Variablen werden dabei mit X bezeichnet, und alle Indikatorvariable, die sich auf endogene latente Variable beziehen, werden mit Y bezeichnet. Zur Unterscheidung der Indikatorvariablen von den latenten Variablen bezeichnet man die endogenen latenten Variablen mit dem griechischen Kleinbuchstaben eta (η) und die exogenen latenten Variablen mit dem griechischen Kleinbuchstaben Ksi (ξ).

Diese Bezeichnung hat sich in der Literatur durchgesetzt und entspricht der Notation des Programmpakets LISREL 7.[21] Tabelle 8.2 gibt dem Leser einen Überblick über die *Variablen in einem vollständigen LISREL-Modell* sowie über deren Bedeutung und Abkürzungen:

---

[21] Neben dem LISREL-Ansatz basiert auch das von Bentler entwickelte EQS-Verfahren (EQuations based Structural program) auf der Analyse von Kovarianzstrukturen. Vgl. zu einem Vergleich der beiden Ansätze: Homburg, Christian/Sütterlein, Stefan: Kausalmodell in der Marketingforschung - EQS als Alternative zu LISREL 7?, in: Marketing, ZFP, 12 (1990), Heft 3, S. 181ff. Demgegenüber versucht der von Wold entwickelte PLS-Ansatz (Partial Least Square) Fallwerte der Rohdatenmatrix mit Hilfe einer Kleinst-Quadrate-Schätzung, die auf der Hauptkomponentenanalyse und der kanonischen Korrelationsanalyse aufbaut, möglichst genau zu prognostizieren. Vgl. Wold, H.: Systems under Indirect Observation using PLS, in: Fornell, C. (Hrsg.): A Second Generation of Multivariate Analysis, Bd. 1, New York 1982, S. 325ff. Ein auf dem PLS-Ansatz basierendes Programmsystem ist LVPLS. Vgl. Lohmöllerm J. B.: Das Programmsystem LVPLS für Pfadmodelle mit latenten Variablen, in: ZA-Information, Heft 14 (1984), S. 44ff.

Tabelle 8.2:   Variablen im vollständigen LISREL-Modell

Abkürzung	Sprechweise	Bedeutung	Notation in LISREL 7*
η	Eta	latente endogene Variable, die im Modell erklärt wird	NE
ξ	Ksi	latente exogene Variable, die im Modell *nicht* erklärt wird	NK
y	--	Indikator-(Meß-) Variable für eine latente endogene Variable	NY
x	--	Indikator-(Meß-) Variable für eine latente exogene Variable	NX
ε	Epsilon	Residualvariable für eine Indikatorvariable y	--
δ	Delta	Residualvariable für eine Indikatorvariable x	--
ζ	Zeta	Residualvariable für eine latente endogene Variable	--

* Die Bezeichnung N steht für die jeweilige Anzahl (number) dieser Variablen

Wir wollen im folgenden davon ausgehen, daß es sich bei den Variablen aus unserem Beispiel in Abschnitt 8.1.2.2.2 um latente Variable handelt. Das Strukturmodell würde sich dann wie folgt verändern:

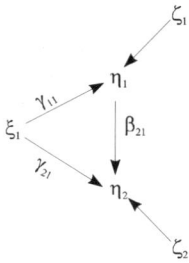

In diesem Pfaddiagramm wurden die Residualvariablen e_a und e_b durch den griechischen Kleinbuchstaben Zeta (ζ_1; ζ_2) ersetzt, um deutlich zu machen, daß es sich um Residualgrößen in einem System latenter Variablen handelt. Entsprechend verändern sich unsere Strukturgleichungen wie folgt:

(1) $\eta_1 = \gamma_{11} \cdot \xi_1 + \zeta_1$
(2) $\eta_2 = \beta_{21} \cdot \eta_1 + \gamma_{21} \cdot \xi_1 + \zeta_2$

Auch hier wird unterstellt, daß die latenten Variablen standardisiert (oder zumindest zentriert) wurden und entsprechend die Koeffizienten standardisierte Pfadkoeffizienten darstellen, wobei die standardisierten Pfadkoeffizienten zwischen latenten endogenen Variablen durch den griechischen Kleinbuchstaben Beta (β) und die zwischen latenten endogenen und exogenen Variablen durch den griechischen Kleinbuchstaben Gamma (γ) gekennzeichnet werden. Das Strukturmodell der latenten Variablen kann statt in zwei Gleichungen auch wie folgt in Matrixschreibweise dargestellt werden:

$$\begin{bmatrix} \eta_1 \\ \eta_2 \end{bmatrix} = \begin{bmatrix} 0 & 0 \\ \beta_{21} & 0 \end{bmatrix} \cdot \begin{bmatrix} \eta_1 \\ \eta_2 \end{bmatrix} + \begin{bmatrix} \gamma_{11} \\ \gamma_{21} \end{bmatrix} \cdot \xi_1 + \begin{bmatrix} \zeta_1 \\ \zeta_2 \end{bmatrix}$$

oder allgemein:

$$\eta = B \cdot \eta + \Gamma \cdot \xi + \zeta$$

Die Koeffizientenmatrizen B und Γ lassen sich mit Hilfe des *Fundamentaltheorems der Pfadanalyse* bestimmen. Wir stoßen allerdings jetzt auf die Schwierigkeit, daß die Korrelationen zwischen den latenten Variablen nicht bekannt sind, da keine empirischen Beobachtungswerte hierfür vorliegen. Wir wollen deshalb unterstellen, daß in diesem Beispiel alle latenten Variablen durch je zwei Indikatorvariablen beschrieben werden. Für die *latente exogene Variable* ergibt sich damit folgendes Pfaddiagramm:

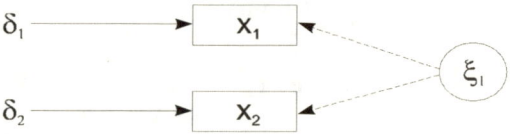

Wir bezeichnen ein solches Modell als *Meßmodell der (latenten) exogenen Variablen*, da wir davon ausgehen, daß die latente Größe Ksi durch zwei direkt beobachtbare Indikatorvariable beschrieben werden kann. Das Meßmodell läßt sich ebenfalls durch Regressionsgleichungen darstellen:

$$x_1 = \lambda_{11} \cdot \xi_1 + \delta_1$$
$$x_2 = \lambda_{21} \cdot \xi_1 + \delta_2$$

Auch im Meßmodell wird unterstellt, daß alle Variablen standardisiert (oder zumindest zentriert) sind, wodurch der konstante Term in den Gleichungen wegfällt. Die Gleichungen lassen sich in *Matrixschreibweise* wie folgt zusammenfassen:

$$\begin{bmatrix} x_1 \\ x_2 \end{bmatrix} = \begin{bmatrix} \lambda_{11} \\ \lambda_{21} \end{bmatrix} \cdot \xi_1 + \begin{bmatrix} \delta_1 \\ \delta_2 \end{bmatrix}$$

oder allgemein:

$$X = \Lambda_x \cdot \xi + \delta$$

Dabei stellt LAMBDA-X (Λ_x) die Matrix der Pfadkoeffizienten dar, und δ ist der Vektor der Residuen.

Im Meßmodell wird unterstellt, daß sich die Korrelationen zwischen den direkt beobachtbaren Variablen auf den Einfluß der latenten Variablen zurückführen lassen, d. h. die Korrelationen werden *nicht* kausal interpretiert. Die latente Variable bestimmt damit als verursachende Variable den Beobachtungswert der Indikatorvariablen. Aus diesem Grund zeigt die Pfeilspitze in obigem Pfaddiagramm auf die jeweilige Indikatorvariable. Mit dieser Überlegung folgen wir dem Denkansatz der *Faktorenanalyse* (genauer: der Hauptachsenanalyse), und das Meßmodell stellt nichts anderes als ein faktoranalytisches Modell dar.[22] Nach dem *Fundamentaltheorem der Faktorenanalyse* läßt sich die Korrelationsmatrix R_x, die die Korrelationen zwischen den X-Variablen enthält, wie folgt reproduzieren:

$$R_x = \Lambda_x \cdot \Phi \cdot \Lambda_x' + \Theta_\delta$$

Dabei ist Λ_x' die Transponierte der LAMBDA-X-Matrix, und die Matrix Phi (Φ) enthält die Korrelationen zwischen den Faktoren, d. h. in diesem Fall die Korrelationen zwischen den exogenen latenten Variablen. Unterstellt man, daß die exogenen Variablen untereinander *nicht* korrelieren, so vereinfacht sich das Fundamentaltheorem der Faktorenanalyse zu:

$$R_x = \Lambda_x \cdot \Lambda_x' + \Theta_\delta$$

Die Matrix LAMBDA-X enthält die Faktorenladungen der Indikatorvariablen auf die latenten exogenen Variablen und Theta-Delta Θ_δ stellt die Kovarianzmatrix der Residualgrößen Delta (δ) dar. Die Faktorladungen sind nichts anderes als die Regressionen der Indikatoren auf die latenten exogenen Variablen, wobei im Fall *standardisierter Variablen* (von dem wir hier ausgehen) die Regressionskoeffizienten den Pfadkoeffizienten entsprechen, die im Rahmen der Faktorenanalyse als *Faktorladungen* bezeichnet werden. Geht man weiterhin davon aus, daß die latenten exogenen Variablen voneinander unabhängig sind, so entsprechen die Faktorladungen gleichzeitig den Korrelationen zwischen Indikatorvariablen und hypothetischen Konstrukten.

Neben den latenten exogenen Variablen sollen aber auch die latenten endogenen Variablen (in unserem Beispiel η_1 und η_2) durch jeweils zwei Indikatorvariablen operationalisiert werden. Analog zu den vorangegangenen Ausführungen erhalten wir damit folgendes *Meßmodell der (latenten) endogenen Variablen:*

---

[22] Vgl. zur Faktorenanalyse Kap. 6 dieses Buches.

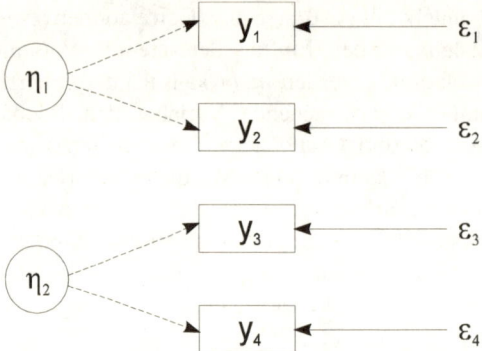

Eine mathematische Formulierung des Meßmodells erhalten wir analog zu oben durch folgende Matrizengleichung:

$$\begin{bmatrix} y_1 \\ y_2 \\ y_3 \\ y_4 \end{bmatrix} = \begin{bmatrix} \lambda_{11} & 0 \\ \lambda_{21} & 0 \\ 0 & \lambda_{32} \\ 0 & \lambda_{42} \end{bmatrix} \cdot \begin{bmatrix} \eta_1 \\ \eta_2 \end{bmatrix} + \begin{bmatrix} \varepsilon_1 \\ \varepsilon_2 \\ \varepsilon_3 \\ \varepsilon_4 \end{bmatrix}$$

oder allgemein:

$$Y = \Lambda_y \cdot \eta + \varepsilon$$

In dieser Matrizengleichung enthält Λ_y die Faktorladungen der Meßvariablen Y_1 bis Y_4 auf die latenten Variablen η_1 und η_2, und Epsilon (ε) ist der Vektor der Residuen.

Auch das Meßmodell der endogenen Variablen stellt ein Faktorenmodell dar, und die Korrelationen zwischen den empirischen Indikatorvariablen lassen sich ebenfalls auf faktoranalytischem Wege reproduzieren. Allerdings verkomplizieren sich die Rechenoperationen dadurch, daß zwischen den endogenen Variablen direkte kausale Abhängigkeiten zugelassen werden. So besitzt in unserem Beispiel die endogene Größe η_1 einen direkten Effekt auf die endogene Größe η_2 (vgl. auch das Pfaddiagramm am Anfang dieses Abschnittes).

Fassen wir die bisherigen Schritte noch einmal zusammen:

Der *LISREL-Ansatz der Kausalanalyse* ist in der Lage, kausale Abhängigkeiten zwischen latenten Variablen zu überprüfen. Alle in einem Kausalmodell betrachteten Variablen werden standardisiert (oder zentriert), d. h. sie gehen als Abweichungswerte von ihrem Mittelwert in die Analyse ein. Zu diesem Zweck werden

- die Beziehungen zwischen den latenten Variablen in einem *Strukturmodell* abgebildet, das dem *regressionsanalytischen Denkansatz* entspricht.
- die latenten Variablen durch direkt beobachtbare Indikatorvariable operationalisiert, wobei für endogene und exogene Variable getrennte *Meßmodelle* aufgestellt werden, die dem *faktoranalytischen Denkmodell* entsprechen.

Die Beziehungen zwischen latenten Variablen und Indikatorvariablen können mit Hilfe der Faktorenanalyse bestimmt werden, während die Schätzung der Beziehungen zwischen den latenten Größen mit Hilfe der Regressionsanalyse erfolgt. Wie die Berechnung der Pfadkkoeffizienten im Strukturmodell erfolgt, wird deutlich, wenn wir die bisher betrachteten Teilmodelle zusammenfügen. Wir "hängen" zu diesem Zweck das Meßmodell der exogenen Variablen an die linke Seite des Strukturmodells und das Meßmodell der endogenen Variablen an die rechte Seite des Strukturmodells. Auf diese Weise erhalten wir für unser Beispiel nachfolgendes Pfaddiagramm eines *vollständigen LISREL-Modells*:

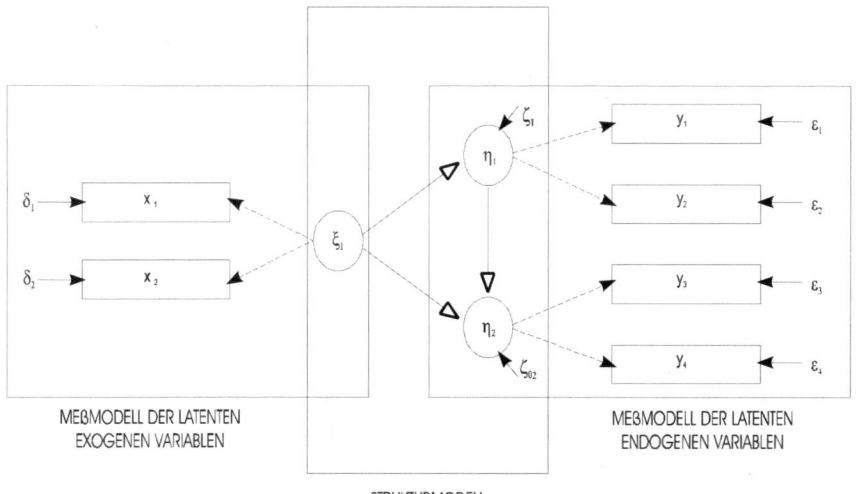

In diesem Pfaddiagramm sind nur die X- und Y-Variablen direkt empirisch beobachtbare Größen, zwischen denen Korrelationen berechnet werden können. Wir haben gezeigt, daß sich aus den Korrelationen zwischen den X-Variablen die Beziehungen im Meßmodell der exogenen Variablen bestimmen lassen, und die Korrelationen zwischen den Y-Variablen die Beziehungen im Meßmodell der endogenen Variablen bestimmen. Die Korrelationen zwischen den X- und Y-Variablen schlagen quasi eine Brücke zwischen beiden Meßmodellen, und mit ihrer Hilfe ist es möglich, die Beziehungen im Strukturmodell auf regressions-analytischem Wege zu bestimmen. Wie das im einzelnen geschehen kann, wird im nächsten Abschnitt an einem einfachen Rechenbeispiel demonstriert.

8.2.2 Rechenbeispiel für ein vollständiges LISREL-Modell

8.2.2.1 Die Hypothesen

Die *Besonderheit* des LISREL-Ansatzes der Kausalanalyse liegt in der *Integration von zwei Faktormodellen mit einem Regressionsmodell*, wodurch theoretisch unterstellte Beziehungen zwischen latenten Variablen überprüft werden können. Wir wollen im folgenden zeigen, wie die Beziehung zwischen einer latenten exogenen und einer latenten endogenen Variablen überprüft werden kann. Wir greifen zu diesem Zweck auf das Beispiel im ersten Abschnitt zurück. Wir hatten dort beispielhaft folgende Hypothesen aufgestellt:

1.   Die Einstellung gegenüber einem Produkt bestimmt das Kaufverhalten des Kunden.
2.   Das Kaufverhalten ist durch die Zahl der Käufe eindeutig erfaßbar.
3.   Die Einstellung wird durch zwei verschiedene Meßmodelle operationalisiert.

Wir wollen diese Hypothesen noch um folgende erweitern:

4.   Durch eine positive Einstellung gegenüber dem Produkt, wird auch das Kaufverhalten positiv beeinflußt.
5.   Die Erfassung des Kaufverhaltens durch die Zahl der Käufe ist ohne Meßfehler möglich.
6.   Je größer die Einstellungswerte der beiden Meßmodelle sind, desto positiver ist auch die Einstellung gegenüber dem Produkt.

Durch die letzten drei Hypothesen werden aufgrund theoretischer Überlegungen die *Vorzeichen* der Koeffizienten in unserem Kausalmodell bestimmt. Solche Hypothesen sind notwendig, da mit Hilfe des LISREL-Ansatzes die Größe der Koeffizienten aus dem empirischen Datenmaterial geschätzt wird. Diese Schätzung stellt letztendlich aber *keine Hypothesenprüfung* dar, sondern nur eine Anpassung an empirische Daten. Stimmen aber die Vorzeichen der geschätzten Koeffizienten mit den theoretisch überlegten Vorzeichen überein, so kann zumindest in diesem Zusammenhang von einer Hypothesenprüfung gesprochen werden. Eine "echte Hypothesenprüfung" würde dann erreicht, wenn man nicht nur die Vorzeichen der Koeffizienten, sondern auch deren Größe aufgrund theoretischer Überlegungen (entweder absolut oder in einem Intervall) festlegt und diese Festsetzung mit den Schätzungen vergleicht.

An dieser Stelle wird nochmals deutlich, daß jedes LISREL-Modell mit der Theorie beginnen muß. Das Ziel des LISREL-Ansatzes ist die Hypothesenprüfung, die um so besser erreicht wird, je mehr Informationen aufgrund theoretischer Vorabüberlegungen in das Modell eingehen. Diese Informationen beziehen sich sowohl auf Richtung und Stärke der Beziehungen, als auch auf die Zahl möglicher latenter Variablen und Indikatoren.

Unterstellt man, daß obiges Hypothesensystem den Zusammenhang zwischen Einstellung und Kaufabsicht theoretisch fundiert erklären könnte, so lassen sich die Hypothesen durch folgendes Pfaddiagramm abbilden:

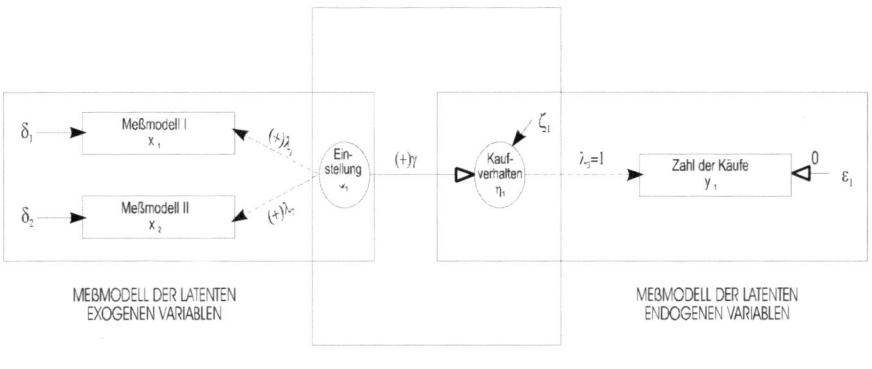

STRUKTURMODELL

Das Pfaddiagramm spiegelt den einfachsten Fall eines vollständigen LISREL-mit einer latenten exogenen und einer latenten endogenen Variablen wider. Die in Klammern stehenden Vorzeichen geben die theoretisch begründeten Vorzeichen der Koeffizienten an, und der Koeffizient λ_3 wurde auf 1 gesetzt, da wir unterstellen, daß die Kaufabsicht *eindeutig* durch die Zahl der Käufe operationalisiert werden kann. Folglich kann die Residualvariable ε_1 in diesem Fall a priori als Null angenommen werden.

Gehen wir davon aus, daß die Indikatorvariablen an K Objekten gemessen und *alle* im Modell enthaltenen Variablen *standardisiert* wurden, so läßt sich das Pfaddiagramm durch folgende Gleichungen abbilden:

Gleichungssystem des LISREL-Modells

$$\eta_{k1} = \gamma \cdot \xi_{k1} + \zeta_{k1} \qquad \text{"Strukturmodell"}$$

$$\left.\begin{array}{l} x_{k1} = \lambda_1 \cdot \xi_{k1} + \delta_{k1} \\ x_{k2} = \lambda_2 \cdot \xi_{k1} + \delta_{k2} \end{array}\right\} \quad \text{"Meßmodell der latenten exogenen Variable"}$$

$$y_{k1} = \lambda_3 \cdot \eta_{k1} + \varepsilon_{k1} \qquad \text{"Meßmodell der latenten endogenen Variablen"}$$

Der Index k deutet dabei an, daß es sich bei der entsprechenden Variable um den Beobachtungswert bei Objekt k handelt, wobei auch die latenten Variablen eine objektspezifische Ausprägung besitzen, die allerdings nicht beobachtbar ist. Für die Indikatorvariablen sollen sich folgende Korrelationen aus der empirischen Erhebung ergeben haben:

$$R = \begin{bmatrix} r_{y_1, y_1} \\ r_{y_1, x_1} & r_{x_1, x_1} \\ r_{y_1, x_2} & r_{x_1, x_2} & r_{x_2, x_2} \end{bmatrix} = \begin{bmatrix} 1 \\ 0{,}72 & 1 \\ 0{,}48 & 0{,}54 & 1 \end{bmatrix}$$

Im folgenden wird gezeigt, wie sich mit Hilfe der empirischen Korrelationen die Parameter im Gleichungssystem bestimmen lassen.

8.2.2.2   Die Schätzung der Parameter

Mit Hilfe des LISREL-Ansatzes werden die in Abschnitt 8.2.2.1 aufgestellten Hypothesen an den aus dem empirischen Datenmaterial errechneten Korrelationen überprüft. Die Hypothesenprüfung erfolgt dabei wie folgt: Mit Hilfe der Parameter $\lambda_1, \lambda_2, \lambda_3, \delta_1, \delta_2, \varepsilon_1$ und ζ_1 wird eine modelltheoretische Korrelationsmatrix $\hat{\Sigma}$ errechnet und möglichst gut an die empirische Korrelationsmatrix R angepaßt. Wir wollen in einem ersten Schritt überlegen, wie sich die modelltheoretische Korrelationsmatrix durch eine Kombination der Parameter (sprich Pfadkoeffizienten) bestimmen läßt.

Wir haben unterstellt, daß *alle* Variablen *standardisiert* sind. Zwischen zwei standardisierten Variablen Z läßt sich der Korrelationskoeffizient gemäß Gleichung (6) wie folgt berechnen:

$$r_{z_1, z_2} = \frac{1}{K-1} \sum_k z_{k1} \cdot z_{k2}$$

Wir benutzen diese Beziehungen nun zur Errechnung der Korrelationen zwischen den standardisierten Indikatorvariablen, wobei wir das Gleichungssystem im vorangegangenen Abschnitt zur Berechnung heranziehen. Für die Korrelation zwischen den standardisierten Indikatoren x_1 und x_2 folgt:

$$r_{x_1, x_2} = \frac{1}{K-1} \sum_k x_{k1} \cdot x_{k2}$$

Setzen wir für x_{k1} und x_{k2} die Gleichungen aus unserem Gleichungssystem ein, so ergibt sich:

$$
\begin{aligned}
r_{x_1, x_2} &= \frac{1}{K-1} \sum_k (\lambda_1 \xi_{k1} + \delta_{k1})(\lambda_2 \xi_{k1} + \delta_{k2}) \\
&= \frac{1}{K-1} \sum_k (\lambda_1 \lambda_2 \xi_{k1}^2 + \lambda_1 \xi_{k1} \delta_{k2} + \lambda_2 \xi_{k1} \delta_{k1} + \delta_{k1} \delta_{k2}) \\
&= \lambda_1 \lambda_2 \underbrace{\frac{\sum \xi_{k1}^2}{K-1}}_{1} + \lambda_1 \underbrace{\frac{\sum \xi_{k1} \delta_{k2}}{K-1}}_{0} + \lambda_2 \underbrace{\frac{\sum \xi_{k1} \delta_{k1}}{K-1}}_{0} + \underbrace{\frac{\sum \delta_{k1} \delta_{k2}}{K-1}}_{0}
\end{aligned}
$$

Da alle Variablen standardisiert sind, stellen die Ausdrücke über den geschweiften Klammern Korrelationen dar. Der erste Ausdruck ist die Korrelation der exogenen latenten Variable Ksi mit sich selbst; diese Korrelation ist immer 1. Die beiden nächsten Ausdrücke geben die Korrelationen zwischen der exogenen latenten Variable Ksi und den Residualvariablen an. Ist ein Hypothesensystem aus theoretischer Sicht aber als vollständig zu bezeichnen, so müssen diese Korrelationen Null sein (vgl. die Ausführungen in Abschnitt 8.1.2.2.2.). Wir setzen also die Annahme, daß determinierende Variable und Residualvariable nicht korrelieren. Diese Annahme ist bei linearen Modellen, wie sie hier betrachtet werden, *äquivalent* mit der Annahme, daß auch die Residualvariablen miteinander *nicht* korrelieren.[23] Folglich ist auch die im letzten Ausdruck stehende Korrelation zwischen den Residualvariablen δ_1 und δ_2 gleich Null. Für die Korrelation zwischen den Indikatoren x_1 und x_2 ergibt sich damit:

$$r_{x_1, x_2} = \lambda_1 \cdot \lambda_2$$

Die empirische Korrelation zwischen x_1 und x_2 läßt sich also durch Multiplikation der Parameter λ_1 und λ_2 reproduzieren. Analog zu dieser Vorgehensweise lassen sich auch die Korrelationen zwischen y_1 und x_2 sowie zwischen y_1 und x_1 durch eine Kombination der Modellparameter ausdrücken:

$$
\begin{aligned}
r_{y_1, x_2} &= \frac{1}{K-1} \sum_k y_{k1} \cdot x_{k2} \\
&= \frac{1}{K-1} \sum_k (\lambda_3 \eta_{k1} + \varepsilon_{k1})(\lambda_2 \xi_{k1} + \delta_{k2}) \\
&= \frac{1}{K-1} \sum_k (\lambda_2 \lambda_3 \eta_{k1} \xi_{k1} + \lambda_3 \eta_{k1} \delta_{k2} + \lambda_2 \xi_{k1} \varepsilon_{k1} + \varepsilon_{k1} \delta_{k2}) \\
&= \lambda_2 \lambda_3 \underbrace{\frac{\sum \eta_{k1} \xi_{k1}}{K-1}}_{r_{\eta_1 \xi_1}} + \lambda_3 \underbrace{\frac{\sum \eta_{k1} \delta_{k2}}{K-1}}_{0} + \lambda_2 \underbrace{\frac{\sum \xi_{k1} \varepsilon_{k1}}{K-1}}_{0} + \underbrace{\frac{\sum \varepsilon_{k1} \delta_{k2}}{K-1}}_{0}
\end{aligned}
$$

$$r_{y_1, x_2} = \lambda_2 \lambda_3 r_{\eta_1 \xi_1}$$

$$
\begin{aligned}
r_{y_1, x_1} &= \frac{1}{K-1} \sum_k y_{k1} \cdot x_{k1} \\
&= \frac{1}{K-1} \sum_k (\lambda_3 \eta_{k1} + \varepsilon_{k1})(\lambda_1 \xi_{k1} + \delta_{k1}) \\
&= \frac{1}{K-1} \sum_k (\lambda_1 \lambda_3 \eta_{k1} \xi_{k1} + \lambda_3 \eta_{k1} \delta_{k1} + \lambda_1 \xi_{k1} \varepsilon_{k1} + \varepsilon_{k1} \delta_{k1}) \\
&= \lambda_1 \lambda_3 \underbrace{\frac{\sum \eta_{k1} \xi_{k1}}{K-1}}_{r_{\eta_1 \xi_1}} + \lambda_3 \underbrace{\frac{\sum \eta_{k1} \delta_{k1}}{K-1}}_{0} + \lambda_1 \underbrace{\frac{\sum \xi_{k1} \varepsilon_{k1}}{K-1}}_{0} + \underbrace{\frac{\sum \varepsilon_{k1} \delta_{k1}}{K-1}}_{0}
\end{aligned}
$$

$$r_{y_1, x_1} = \lambda_1 \lambda_3 r_{\eta_1 \xi_1}$$

Die beiden zuletzt berechneten Korrelationen zwischen den Indikatoren y_1, x_1 und x_2 enthalten auf der rechten Seite noch jeweils die Korrelation zwischen den latenten Größen Eta und Ksi. Wir müssen uns deshalb überlegen, wie sich diese

---

[23] Vgl. Opp/Schmidt, a.a.O., S. 139, Fußnote 2.

Korrelation berechnen läßt, da hierfür *keine* empirischen Beobachtungswerte zur Verfügung stehen. Wir greifen zu diesem Zweck auf die Ausführungen in Abschnitt 8.1.2.2.2 zurück. Die Strukturgleichung der latenten Variablen hat in unserem Beispiel folgendes Aussehen:

$$\eta_{k1} = \gamma \cdot \xi_{k1} + \zeta_{k1}$$

Da die latenten Variablen ebenfalls als *standardisiert* angenommen wurden, erhält man die Korrelation zwischen η_1 und ξ_1, indem man zunächst obige Strukturgleichung mit der determinierenden Variablen ξ_1 multipliziert und anschließend die Summe über alle Objekte k bildet und dieses Ergebnis durch K-1 dividiert. Es folgt:

$$\frac{\sum\limits_{k} \eta_{k1} \cdot \xi_{k1}}{K-1} = \gamma \cdot \underbrace{\frac{\sum\limits_{k} \xi_{k1} \cdot \xi_{k1}}{K-1}}_{1} + \underbrace{\frac{\sum\limits_{k} \zeta_{k1} \cdot \xi_{k1}}{K-1}}_{0}$$

Dafür läßt sich auch schreiben:

$$r_{\eta_1, \xi_1} = \gamma$$

Auch hier haben wir unterstellt, daß determinierende Variable (ξ_1) und Residualvariable (ζ_1) nicht korrelieren. Diese Beziehung können wir nun bei der Berechnung der Korrelationen zwischen den Indikatoren benutzen. Damit ergibt sich für die einzelnen Korrelationskoeffizienten das folgende Ergebnis:

$$r_{x_1, x_2} = \lambda_1 \cdot \lambda_2$$

$$r_{y_1, x_1} = \lambda_1 \cdot \lambda_3 \cdot \gamma$$

$$r_{y_1, x_2} = \lambda_2 \cdot \lambda_3 \cdot \gamma$$

Es zeigt sich, daß sich alle empirischen Korrelationskoeffizienten durch eine Kombination der Modellparameter bestimmen lassen. Mit Hilfe dieser Beziehungen läßt sich nun die folgende *modelltheoretische Korrelationsmatrix* $\hat{\Sigma}$ bestimmen:

$$\hat{\Sigma} = \begin{bmatrix} \hat{r}_{y_1, y_1} & & \\ \hat{r}_{y_1, x_1} & \hat{r}_{x_1, x_1} & \\ \hat{r}_{y_1, x_2} & \hat{r}_{x_1, x_2} & \hat{r}_{x_2, x_2} \end{bmatrix} = \begin{bmatrix} \lambda_3^2 + \varepsilon_1^2 & & \\ \lambda_1 \cdot \lambda_3 \cdot \gamma & \lambda_1^2 + \delta_1^2 & \\ \lambda_2 \cdot \lambda_3 \cdot \gamma & \lambda_1 \cdot \lambda_2 & \lambda_2^2 + \delta_2^2 \end{bmatrix}$$

Das "Dach" über den Korrelationen soll deutlich machen, daß es sich bei diesen Korrelationskoeffizienten *nicht* um die empirischen Korrelationen, sondern um die modelltheoretisch errechenbaren Korrelationen handelt. Daß für die Selbstkorrelationen der Indikatoren (Hauptdiagonale von $\hat{\Sigma}$) die obigen Beziehungen gelten, sollte der Leser selbst überprüfen. Die Korrelation r_{y_1, y_1} ergibt sich z. B.

durch $\frac{1}{K-1}\sum_k y_{k1} \cdot y_{k1}$, wobei für y_{k1} die Beziehung aus dem Gleichungssystem unseres Beispiels zu verwenden ist.

Das Ziel des LISREL-Ansatzes besteht nun darin, die modelltheoretische Korrelationsmatrix $\hat{\Sigma}$ möglichst gut an die empirische Korrelationsmatrix R anzupassen. Es muß also die Differenz

$$R - \hat{\Sigma}$$

minimiert werden. Wir setzen zu diesem Zweck die Elemente der modelltheoretischen Korrelationsmatrix gleich den Korrelationswerten aus der empirischen Korrelationsmatrix unseres Beispiels und erhalten folgendes Gleichungssystem:

(I) $r_{x_1,x_2} = \lambda_1 \cdot \lambda_2 \quad\;\; = 0{,}54$

(II) $r_{y_1,x_1} = \lambda_1 \cdot \lambda_3 \cdot \gamma \;\; = 0{,}72$

(III) $r_{y_1,x_2} = \lambda_2 \cdot \lambda_3 \cdot \gamma \;\; = 0{,}48$

(IV) $r_{x_1,x_1} = \lambda_1^2 + \delta_1^2 \quad\; = 1$

(V) $r_{x_2,x_2} = \lambda_2^2 + \delta_2^2 \quad\; = 1$

(VI) $r_{y_1,y_1} = \lambda_3^2 + \varepsilon_1^2 \quad\; = 1$

Diesen sechs Gleichungen stehen die sieben zu schätzenden Modellparameter $\lambda_1, \lambda_2, \lambda_3, \gamma, \delta_1, \delta_2$ und ε_1 gegenüber, wodurch das Gleichungssystem in dieser Weise noch nicht lösbar ist. Wir hatten jedoch in Hypothese 5 unterstellt, daß die latente Variable "Kaufverhalten" *ohne* Meßfehler erfaßt werden kann, d. h. ε_1 ist gleich Null und somit ist $\lambda_3 = 1$. Damit entfällt Gleichung VI und den verbleibenden fünf Gleichungen stehen jetzt genau fünf Unbekannte gegenüber. Damit ist das Gleichungssystem wie folgt eindeutig lösbar:

Wir dividieren zunächst (II) durch (III) und erhalten:

$$\frac{\lambda_1 \cdot \gamma}{\lambda_2 \cdot \gamma} = \frac{0{,}72}{0{,}48}$$

$$\frac{\lambda_1}{\lambda_2} = \frac{0{,}72}{0{,}48}$$

$$\lambda_1 = 1{,}5 \cdot \lambda_2$$

Diese Beziehung setzen wir in (I) ein, und es folgt:

$$1{,}5 \cdot \lambda_2 \cdot \lambda_2 = 0{,}54$$

$$\lambda_2^2 = 0{,}36$$

$$\lambda_2 = 0{,}6$$

Jetzt ergeben sich die übrigen Parameterwerte unmittelbar wie folgt:

$$\lambda_1 = \frac{0,54}{0,6} = 0,9 \quad \text{aus (I)}$$

$$\gamma = \frac{0,72}{0,9 \cdot 1} = 0,8 \quad \text{aus (II)}$$

$$\delta_1^2 = 0,19 \qquad \text{aus (IV)}$$

$$\delta_2^2 = 0,64 \qquad \text{aus (V)}$$

$$\varepsilon_1 = 0 \qquad \text{gemäß Hypothese 5}$$

Wir konnten in diesem Beispiel alle Modellparameter mit Hilfe der empirischen Korrelationswerte eindeutig bestimmen. Es zeigt sich, daß die postulierten Vorzeichen der Parameter mit allen Vorzeichen der errechneten Parameter übereinstimmen. Unsere Hypothesen können deshalb im Kontext des Modells nicht abgelehnt werden.

Bei praktischen Anwendungen stehen im Regelfall aber mehr empirische Korrelationswerte zur Verfügung als Parameter zu schätzen sind. Das sich in solchen Fällen ergebende Gleichungssystem ist dann nicht mehr eindeutig lösbar. Aus diesem Grund werden zunächst für alle zu schätzenden Parameter Näherungswerte (*Startwerte*) vorgegeben, wobei das Programmpaket LISREL 7 diese Startwerte automatisch festsetzt. Die Matrix $\hat{\Sigma}$ wird dann iterativ so geschätzt, daß sie sich möglichst gut an die empirische Korrelationsmatrix R annähert. Die Zielfunktion zur Schätzung der Parameter lautet in diesem Fall

$$(R - \hat{\Sigma}) \rightarrow \text{Min!}$$

Stehen mehr empirische Korrelationswerte zur Verfügung als Parameter im Modell zu schätzen sind, so spricht man von einem *überidentifizierten Modell* mit einer positiven Anzahl von Freiheitsgraden. Solche Modelle bieten den Vorteil, daß neben der Schätzung der Modellparameter auch Teststatistiken berechnet werden können, die eine Aussage darüber zulassen, wie gut sich die modelltheoretische Korrelationsmatrix an die empirische Korrelationsmatrix anpaßt. Es lassen sich also Gütekriterien für die Modellschätzung entwickeln, auf die wir in Abschnitt 8.3.1.6 noch näher eingehen werden. Bei dem hier betrachteten Beispiel können solche Teststatistiken nicht berechnet werden, da *alle* zur Verfügung stehenden empirischen Korrelationswerte bereits zur Berechnung der Modellparameter benötigt wurden. In diesem Fall spricht man von einem *genau identifizierten Modell* mit Null Freiheitsgraden.

8.2.2.3   Die Interpretation der Ergebnisse

Wir konnten im vorangegangenen Abschnitt alle Parameter des Kausalmodells mit Hilfe der empirischen Korrelationswerte bestimmen. Tragen wir diese Parameterwerte in unser Pfaddiagramm ein, so ergibt sich folgendes Bild:

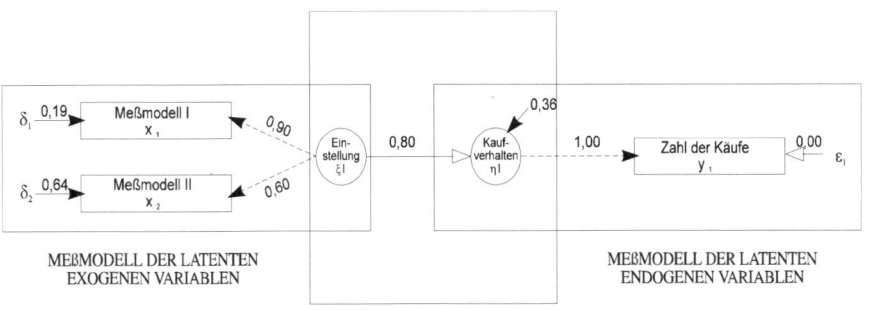

STRUKTURMODELL

Da die endogene Variable "Kaufverhalten" eindeutig durch den Indikator "Zahl der Käufer" operationalisiert werden kann (das wurde in unserer Hypothese 5 *unterstellt*), beträgt der standardisierte Pfadkoeffizient in diesem Fall 1 und die Meßfehlergröße O. Für die standardisierten Pfadkoeffizienten zwischen der exogenen Variablen "Einstellung" und den beiden Indikatorvariablen ergeben sich Koeffizienten von 0,9 und 0,6. Wir hatten gezeigt, daß diese Koeffizienten den Korrelationen zwischen exogener Variable und Indikatorvariablen entsprechen. Folglich beträgt die Korrelation zwischen "Einstellung" und "Meßmodell I" 0,9 und die Korrelation zwischen "Einstellung" und "Meßmodell II" 0,6. Der standardisierte Pfadkoeffizient zwischen der "Einstellung" und dem "Kaufverhalten" in Höhe von 0,8 entspricht dem Anteil der Standardabweichung der Variablen "Kaufverhalten" (η_1), der durch die exogene Variable "Einstellung" (ξ_1) erklärt werden kann, korrigiert um den Einfluß anderer Variablen, die auf die Einstellung und das Kaufverhalten wirken bzw. die mit diesen Variablen korrelieren. Da in unserem Beispiel keine weiteren Variablen betrachtet wurden, die auf die Einstellung und das Kaufverhalten einwirken, kann auch dieser Pfadkoeffizient als Korrelationskoeffizient zwischen den latenten Variablen interpretiert werden. Es sei allerdings betont, daß eine solche Interpretation nur möglich ist, wenn nur zwei latente Variablen in einem direkten kausalen Verhältnis stehen. Ansonsten spiegeln die standardisierten Pfadkoeffizienten im Strukturmodell immer den Anteil der Standardabweichung einer endogenen Variablen wider, der durch die exogene Variable erklärt wird, korrigiert um den Einfluß anderer Variablen, die auf die beiden latenten Größen wirken.

Wir hatten weiterhin gesehen, daß die Selbstkorrelationen der Indikatorvariablen ebenfalls durch Kombinationen der Modellparameter dargestellt werden können. Da wir standardisierte Variable betrachtet haben, entspricht die Selbstkorrelation in Höhe von 1 gleichzeitig auch der Varianz der entsprechenden Indikatorvariablen, die im Fall standardisierter Größen ebenfalls 1 beträgt. Die Varianz läßt sich nun in zwei Komponenten zerlegen:

1 = Erklärter Varianzanteil + Unerklärter Varianzanteil

Der *erklärte Varianzanteil* einer Indikatorvariablen entspricht dem Quadrat des entsprechenden Pfadkoeffizienten zwischen Indikatorvariablen und latenten Variablen. Somit ergibt sich im Fall der Indikatorvariablen "Meßmodell I" ein durch die latente Variable "Einstellung" erklärter Varianzanteil in Höhe von $0,9^2 = 0,81$. Entsprechend beträgt der erklärte Varianzanteil der Indikatorvariablen "Meßmodell II" $0,6^2 = 0,36$.

Subtrahiert man die erklärten Varianzanteile von der Gesamtvarianz der jeweiligen Indikatorvariablen in Höhe von 1, so erhält man die *nicht erklärten Varianzanteile* der Indikatorvariablen. Damit ergibt sich für die Indikatorvariable "Meßmodell I", daß 1 - 0,81 = 19% der Varianz dieser Indikatorgröße durch die im Modell unterstellten Kausalbeziehungen *nicht* erklärt werden kann. Ebenso erhalten wir für die Indikatorvariable "Meßmodell II", daß 1 - 0,36 = 64% der Varianz von x_2 unerklärt bleiben und auf Meßfehler oder Drittvariableneffekte zurückzuführen sind. Da auch die latenten Variablen als standardisierte Größen betrachtet wurden, beträgt auch ihre Varianz 1. Folglich entspricht das Quadrat des standardisierten Pfadkoeffizienten zwischen "Einstellung" und "Kaufverhalten" dem Varianzanteil des Kaufverhaltens, der durch die latente Variable "Einstellung" erklärt werden kann. In unserem Beispiel ergibt sich somit ein Wert von $0,8^2 = 0,64$. Somit wird durch die latente Größe "Einstellung" 64% der Varianz der latenten Variable "Kaufverhalten" erklärt. Bilden wir die Differenz 1 - 0,64 = 0,36, so ergibt sich in diesem Beispiel, daß 36% (ζ_1) der Varianz des Kaufverhaltens durch die unterstellten Kausalbeziehungen nicht erklärt werden können.

Mit Hilfe der gewonnenen Ergebnisse läßt sich weiterhin verdeutlichen, daß der LISREL-Ansatz unterschiedliche Interpretationsmöglichkeiten eines Korrelationskoeffizienten verwendet, wie wir sie in Abschnitt 8.1.2.1 besprochen hatten. Da wir in diesem Beispiel nur eine exogene und eine endogene Variable betrachten, entspricht der Pfadkoeffizient $\gamma = 0,8$ dem Korrelationskoeffizienten zwischen den latenten Variablen. Diese Korrelation wird *kausal interpretiert*, da die exogene Variable allein als verursachende Variable deklariert wird. Bei der Korrelation zwischen x_1 und x_2 ($r_{x_1,x_2} = 0,54$) hingegen liegt der Fall einer *kausal nicht interpretierten Korrelation* vor. Es wird in den Meßmodellen unterstellt, daß die Korrelationen zwischen den Indikatorvariablen durch eine hinter diesen Variablen stehende latente Größe verursacht werden. Stimmt diese Interpretation, so müßte die Korrelation zwischen x_1 und x_2 gleich Null werden, wenn man den Einfluß der Variablen "Einstellung" eliminiert. Da die Faktorladungen im Meßmodell der latenten exogenen Variablen den Korrelationen zwischen Indikatoren und latenter Variable entsprechen, läßt sich diese Interpretation mit Hilfe des partiellen Korrelationskoeffizienten überprüfen (vgl. auch Abschnitt 8.1.2.1):

$$r_{x_1,x_2 \cdot \xi_1} = \frac{r_{x_1,x_2} - r_{x_1,\xi_1} \cdot r_{x_2,\xi_1}}{\sqrt{\left(1 - r_{x_1,\xi_1}{}^2\right) \cdot \left(1 - r_{x_2,\xi_1}{}^2\right)}}$$

Wird der partielle Korrelationskoeffizient Null, so bedeutet das, daß zwischen x_1 und x_2 keine kausale Abhängigkeit besteht, wenn man den Einfluß der latenten Größe eliminiert. In unserem Beispiel sind alle benötigten Korrelationen bekannt:

$$r_{x_1,x_2} = 0,54$$

$$r_{x_1,\xi_2} = 0,9$$

$$r_{x_2,\xi_1} = 0,6$$

Damit ergibt sich für den partiellen Korrelationskoeffizienten:

$$r_{x_1,x_2 \cdot \xi_1} = \frac{0,54 - 0,9 \cdot 0,6}{\sqrt{\left(1 - 0,9^2\right)\left(1 - 0,6^2\right)}} = 0$$

Da der partielle Korrelationskoeffizient Null ist, kann in diesem Beispiel davon ausgegangen werden, daß die empirische Korrelation zwischen Meßmodell I und Meßmodell II allein durch den Einfluß der latenten Variable "Einstellung" verursacht wird.

8.2.3 Ablaufschritte in einem vollständigen LISREL-Modell

Die bisherigen Ausführungen haben deutlich gemacht, daß ein vollständiges LISREL-Modell aus drei Teilmodellen besteht:

1. Das *Strukturmodell* bildet die theoretisch vermuteten Zusammenhänge zwischen den *latenten* Variablen ab. Dabei werden die endogenen Variablen durch die im Modell unterstellten kausalen Beziehungen erklärt, während die exogenen Variablen als erklärende Größen dienen und selbst durch das Kausalmodell *nicht* erklärt werden.

2. Das *Meßmodell der latenten exogenen Variablen* enthält empirische Indikatoren, die zur Operationalisierung der exogenen Variablen dienen und spiegelt die vermuteten Zusammenhänge zwischen diesen Indikatoren und den exogenen Größen wider.

3. Das *Meßmodell der latenten endogenen Variablen* enthält empirische Indikatoren, die zur Operationalisierung der endogenen Variablen dienen und spiegelt die vermuteten Zusammenhänge zwischen diesen Indikatoren und den endogenen Größen wider.

An einem Rechenbeispiel wurde gezeigt, daß sich die Parameter im LISREL-Modell allein auf Basis der empirisch gewonnenen Korrelationen schätzen lassen. Dabei bilden im LISREL-Ansatz die Korrelationen zwischen den Meßvariablen der endogenen Größen und der exogenen Größen die Grundlage zur Schätzung der Parameter im Strukturmodell.

Zur Überprüfung eines aufgrund *theoretischer Überlegungen* aufgestellten Hypothesensystems mit Hilfe des LISREL-Ansatzes lassen sich nun folgende *Ablaufschritte* festhalten:

1. Schritt: Hypothesenbildung. Das Ziel des LISREL-Ansatzes der Kausalanalyse besteht vorrangig in der Überprüfung eines aufgrund theoretischer Überlegungen aufgestellten Hypothesensystems mit Hilfe empirischer Daten. Es ist deshalb in einem ersten Schritt erforderlich, genaue Überlegungen darüber anzustellen, welche Variablen in einem LISREL-Modell Berücksichtigung finden sollen und wie die Beziehungen zwischen diesen Variablen aussehen sollen (Festlegung der Vorzeichen).

2. Schritt: Erstellung eines Pfaddiagramms. Da Hypothesensysteme sehr häufig komplexe Ursache-Wirkungs-Zusammenhänge enthalten, ist es empfehlenswert, diese Beziehungszusammenhänge graphisch zu verdeutlichen. Die aufgestellten Hypothesen werden deshalb in einem Pfaddiagramm dargestellt.

3. Schritt: Spezifikation der Modellstruktur. Die verbal formulierten Hypothesen und deren im Pfaddiagramm graphisch dargestellten Beziehungszusammenhänge müssen in einem dritten Schritt in mathematische Gleichungen überführt werden. Die mathematische Spezifikation eines gegebenen Hypothesensystems erfolgt im Rahmen des LISREL-Ansatzes mit Hilfe von Matrizengleichungen.

4. Schritt: Identifikation der Modellstruktur. Sind die Hypothesen in Matrizengleichungen formuliert, so muß geprüft werden, ob das sich ergebende Gleichungssystem lösbar ist. Im Rahmen dieses Schrittes wird geprüft, ob die Informationen, die aus den empirischen Daten bereitgestellt werden, ausreichen, um die unbekannten Parameter in eindeutiger Weise bestimmen zu können.

5. Schritt: Parameterschätzungen. Gilt ein LISREL-Modell als identifiziert, so kann eine Schätzung der einzelnen Modell-Parameter erfolgen. Das Programmpaket LISREL 7 stellt dem Anwender dafür mehrere Methoden zur Verfügung, die von unterschiedlichen Annahmen ausgehen.

6. Schritt: Beurteilung der Schätzergebnisse. Sind die Modell-Parameter geschätzt, so läßt sich abschließend prüfen, wie gut sich die Modellstruktur an den empirischen Datensatz anpaßt. Der LISREL-Ansatz stellt dabei Prüfkriterien zur Verfügung, die sich zum einen auf die Prüfung der Modellstruktur als Ganzes beziehen und zum anderen eine Prüfung von Teilstrukturen (z. B. isolierte Prüfung der Meßmodelle) ermöglichen.

Die obigen Schritte zur Analyse eines vollständigen LISREL-Modells sind in einem Ablaufdiagramm (Abbildung 8.1) noch einmal zusammengefaßt. An dieser Stelle sei bereits darauf hingewiesen, daß sich aus den Ergebnissen der Beurteilung der Parameterschätzungen auch Anhaltspunkte darüber gewinnen lassen, wie die Modellstruktur verändert werden muß, damit sich die ermittelten Prüfkriterien verbessern. Werden die Prüfkriterien jedoch zu einer Veränderung der Modellstruktur herangezogen, dann verliert der LISREL-Ansatz der Kausalanalyse seinen konfirmatorischen Charakter und wird zu einem *explorativen* Datenanalyseinstrument, da eine Veränderung der Modellstruktur immer neue bzw. modifizierte Hypothesen beinhaltet. Diese Hypothesen sind aber nicht aufgrund theoretischer Überlegungen entstanden, sondern sind das Resultat der empirischen Untersuchung und eine theoretische Begründung kann von daher nur im nachhinein erfolgen.

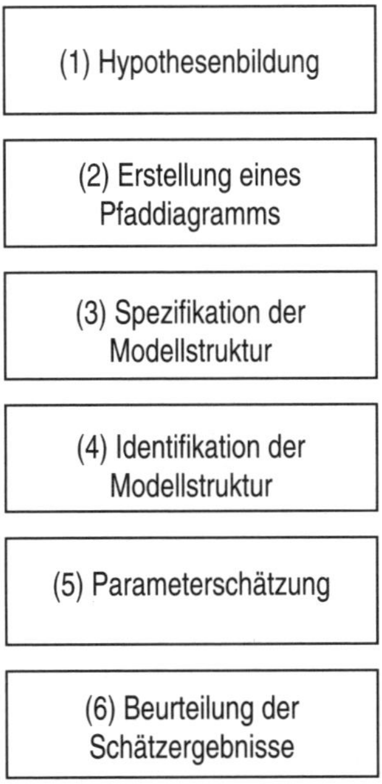

(1) Hypothesenbildung

(2) Erstellung eines Pfaddiagramms

(3) Spezifikation der Modellstruktur

(4) Identifikation der Modellstruktur

(5) Parameterschätzung

(6) Beurteilung der Schätzergebnisse

Abb. 8.1:   Ablaufschritte bei der Anwendung des LISREL-Ansatzes

Zur Verdeutlichung der rein konfirmatorischen Handhabung des LISREL-Ansatzes und seiner explorativen Nutzung betrachten wir im folgenden zwei Fallbeispiele. Das erste Beispiel verdeutlicht die konfirmatorische Vorgehensweise für ein *vollständiges LISREL-Modell* zum Kaufverhalten bei Margarine. Im zweiten Beispiel hingegen beschränken wir uns auf die Betrachtung des Meßmodells der exogenen Variablen und stellen damit die Vorgehensweise der *konfirmatorischen Faktorenanalyse* dar. An diesem Beispiel wird dann auch gezeigt, wie sich mit Hilfe der Prüfkriterien eine Veränderung der Modellstruktur vornehmen und eine Verbesserung der Ergebnisse erreichen läßt.

8.3   Fallbeispiele

8.3.1   Ein vollständiges LISREL-Modell für das Kaufverhalten bei Margarine

8.3.1.1   Hypothesen zum Kaufverhalten bei Margarine

(1) Hypothesenbildung

(2) Erstellung eines Pfaddiagramms

(3) Spezifikation der Modellstruktur

(4) Identifikation der Modellstruktur

(5) Parameterschätzung

(6) Beurteilung der Schätzergebnisse

Voraussetzung für die Anwendung eines LISREL-Modells sind explizite Hypothesen über die Beziehungen in einem empirischen Datensatz, die aufgrund *intensiver sachlogischer Überlegungen* aufgestellt werden müssen.[24]

Wir gehen im folgenden von einem *fiktiven Fallbeispiel* aus, wobei unterstellt wird, daß beim Kauf von Margarine die Verbraucher insbesondere auf die "Verwendungsbreite" und die "Attraktivität" der Margarine achten. Die "Verwendungsbreite" soll durch die "Lagerfähigkeit" und den "Gesundheitsgrad" der Margarine bestimmt werden und die "Attraktivität" durch die "Wirtschaftlichkeit des Margarinekaufs" und ebenfalls den "Gesundheitsgrad". Wir gehen von folgenden Hypothesen über die Beziehung zwischen diesen fünf latenten Variablen aus:

H_1:   Je größer die Lagerfähigkeit einer Margarine eingeschätzt wird, desto besser wird sie auch hinsichtlich ihrer Verwendungsbreite eingestuft.

H_2:   Je höher ein Verbraucher den Gesundheitsgrad einer Margarine einschätzt, desto geringer wird ihre Verwendungsbreite angesehen.

H_3:   Je höher ein Verbraucher den Gesundheitsgrad einer Margarine einschätzt, desto attraktiver wird die Margarine angesehen.

H_4:   Je größer die Wirtschaftlichkeit der Margarine beurteilt wird, desto größer ist auch ihre empfundene Attraktivität.

H_5:   Mit zunehmender Verwendungsbreite einer Margarine wird auch der Margarinekauf in den Augen der Konsumenten immer attraktiver.

---

[24] Aus diesem Grund konnte die diesem Buch zugrunde liegende empirische Erhebung zum Margarinemarkt nicht als Basis für das folgende, mit dem PC-Programm LISREL 7 durchgeführten Rechenbeispiel verwendet werden, da die durchgeführte Befragung nicht auf Basis einer Theorie über das Kaufverhalten bei Margarine vorgenommen wurde. Wir haben deshalb eigens für dieses Kapitel einen fiktiven Datensatz generiert, der auf bestimmte Annahmen über das Kaufverhalten bei Margarine aufbaut.

Des weiteren wird nicht ausgeschlossen, daß zwischen den latenten Größen Lagerfähigkeit, Gesundheitsgrad und Wirtschaftlichkeit Korrelationen bestehen. Außerdem sollen auch mögliche Meßfehler geschätzt werden.

Die hier genannten Kriterien, die für den Kauf einer Margarine verantwortlich sein sollen, stellen *hypothetische Konstrukte* dar, die sich einer direkten Meßbarkeit entziehen. Es müssen deshalb aufgrund theoretischer Überlegungen direkt meßbare Größen gefunden werden, die eine Operationalisierung der hypothetischen Konstrukte ermöglichen. Bei der Wahl der Meßgrößen ist darauf zu achten, daß die hypothetischen Konstrukte als "hinter diesen Meßgrößen stehend" angesehen werden können, d. h. die Meßvariablen sind so zu wählen, daß sich aus theoretischer Sicht die Korrelationen zwischen den Indikatoren durch die jeweilige hypothetische (latente) Größe erklären lassen. Wir wollen hier unterstellen, daß dieser Sachverhalt für die Meßvariablen in Tabelle 8.3 Gültigkeit besitzt. Die für die Meßvariablen empirisch erhobenen metrischen Werte sind dabei eine Einschätzung der befragten Personen (=Objekte) bezüglich dieser Indikatoren bei Margarine. Die Beziehungen zwischen den Meßvariablen und den hypothetischen Konstrukten stellen ebenfalls *Hypothesen* dar, die aufgrund *sachlogischer Überlegungen* zum Kaufverhalten bei Margarine aufgestellt wurden. Dabei wird unterstellt, daß zwischen Indikatorvariablen und hypothetischen Konstrukten jeweils positive Beziehungen bestehen.

Die in den Hypothesen 1 bis 5 vermuteten Zusammenhänge beim Kauf von Margarine werden nun unter Verwendung der Indikatorvariablen in Tabelle 8.3. anhand eines fiktiven Datensatzes überprüft. Dafür ist zunächst zweckmäßig, daß wir die verbal postulierten Beziehungen graphisch darstellen und in ein Pfaddiagramm überführen.

Tabelle 8.3: Operationalisierung der latenten Variablen durch Indikatoren

Latente Variable	Meßvariable (Indikatoren)
Endogene Variable (η):	
η_1 : Verwendungsbreite	y_1 : Brat - und Backeignung
η_2 : Attraktivität	y_2 : Natürlichkeit
	y_3 : Geschmack
Exogene Variable (ξ):	
ξ_1 : Lagerfähigkeit	x_1 : Anteil ungesättigter Fettsäuren
	x_2 : Haltbarkeit
ξ_2 : Gesundheitsgrad	x_3 : Vitamingehalt
ξ_3 : Wirtschaftlichkeit	x_4 : Preisvorstellung
	x_5 : Streichfähigkeit

8.3.1.2 Darstellung der Hypothesen in einem Pfaddiagramm

8.3.1.2.1 Empfehlungen zur Erstellung eines Pfaddiagramms

(1) Hypothesenbildung

(2) Erstellung eines Pfaddiagramms

(3) Spezifikation der Modellstruktur

(4) Identifikation der Modellstruktur

(5) Parameterschätzung

(6) Beurteilung der Schätzergebnisse

Das allgemeine LISREL-Modell wird durch die Formulierung verbaler Hypothesen sowie deren Umsetzung in graphische und mathematische Strukturen spezifiziert.

Für die Erstellung eines Pfaddiagramms haben sich in der Forschungspraxis bestimmte Konventionen herausgebildet. Die Tabelle 8.4 basiert auf diesen Konventionen und faßt Empfehlungen zur Erstellung eines Pfaddiagramms für ein vollständiges LISREL-Modell zusammen.[25]

---

[25] Vgl. auch Heise, David R.: Causal Analysis, New York London Sydney Toronto 1975, S. 38 ff. und S. 115.

Tabelle 8.4: Empfehlungen zur Erstellung eines Pfaddiagramms für ein vollständiges LISREL-Modell

---

A: Allgemeine Konstruktionsregeln

(1) Eine *kausale Beziehung* zwischen zwei Variablen wird immer durch einen geraden Pfeil (=Pfad) dargestellt. ($\rightarrow$)
Die Endpunkte eines Pfeils bilden also immer zwei kausal verbundene Variable.

(2) Ein Pfeil hat seinen Ursprung immer bei der verursachenden (unabhängigen) Variablen und seinen Endpunkt immer bei der abhängigen Variablen.

(3) Ein Pfeil hat immer nur *eine* Variable als Ursprung und *eine* Variable als Endpunkt.

(4) Je-desto-Hypothesen beschreiben kausale Beziehungen, wobei die zu Anfang genannte Größe *immer* die verursachende (ξ /η) und die zuletzt genannte Größe *immer* die kausal abhängige (η) Größe darstellt.

(5) Der Einfluß von Residualvariablen (Meßfehlervariablen) wird ebenfalls durch Pfeile dargestellt, wobei der Ursprung eines Pfeils immer von der Residualvariablen ausgeht.

(6) Nicht kausal interpretierte *Beziehungen* werden immer durch gekrümmte Doppelpfeile dargestellt und sind *nur* zwischen latenten exogenen Variablen (ξ -Variable) oder zwischen den Meßfehlervariablen zulässig. ($\leftrightarrow$)

B: Allgemeine Bezeichnungs- und Darstellungsweisen

(7) Die Stärke kausaler oder nicht kausal interpretierter Beziehungen wird durch griechische Kleinbuchstaben dargestellt und immer mit zwei Zahlenindices versehen.

(8) Bei *kausalen Beziehungen* gibt der erste Index *immer* die Variable an, auf die ein Pfeil hinzeigt (abhängige Variable) und der zweite Index entspricht *immer* der Variablen, von der ein Pfeil ausgeht (unabhängige Variable).

(9) Direkt beobachtbare (Meß-) Variable werden in Kästchen ($\square$) dargestellt, latente Variable werden durch Kreise (O) gekennzeichnet und Meßfehlervariable bleiben uneingefaßt.

(10) Beziehungen zwischen Indikatorvariablen und latenten Variablen werden *hier* durch gestrichelte Pfeile dargestellt, um deutlich zu machen, daß sie wie eine kausale Beziehung behandelt werden. Hier stellt die Indikatorvariable immer die abhängige und die latente Variable immer die unabhängige Variable dar. ($--\rightarrow$)

C: Konstruktionsregeln im vollständigen LISREL-Modell

(11) Ein vollständiges LISREL-Modell besteht *immer* aus *zwei* Meßmodellen und *einem* Strukturmodell.

(12) Das Pfaddiagramm für ein vollständiges LISREL-Modell ist wie folgt aufgebaut:

- ⁻ Links steht das *Meßmodell der latenten exogenen Variablen.* Es besteht aus x- und ξ-Variablen und den Beziehungen zwischen diesen Variablen.
- ⁻ In der Mitte wird das *Strukturmodell* abgebildet. Es besteht aus ξ- und η-Variablen und den Beziehungen zwischen diesen Variablen.
- ⁻ Rechts steht das *Meßmodell der latenten endogenen Variablen.* Es besteht aus y- und η-Variablen und den Beziehungen zwischen diesen Variablen.

(13) Für die Kennzeichnung *kausaler Beziehungen* werden folgende griechischen Kleinbuchstaben als Bezeichnungen gewählt:

λ (lies: Lambda): kennzeichnet eine kausale Beziehung zwischen einer latenten endogenen oder exogenen Variablen und ihrer entsprechenden Meßvariablen;

γ (lies: Gamma): kennzeichnet eine kausale Beziehung zwischen ξ (exogenen)-Variablen und einer η (endogenen)-Variablen;

β (lies: Beta): kennzeichnet eine kausale Beziehung zwischen zwei η (endogenen)-Variablen.

(14) *Kausal nicht interpretierte Beziehungen* zwischen exogenen Variablen werden durch den griechischen Buchstaben Φ (lies:Phi) dargestellt.

8.3.1.2.2 Pfaddiagramm für das Margarinebeispiel

Mit Hilfe der in Tabelle 8.4 aufgestellten Regeln lassen sich nun die Hypothesen zum Kaufverhalten bei Margarine wie folgt in ein Pfaddiagramm überführen:

- Gemäß Tabelle 8.3 stellen die Variablen x_1 *bis* x_5 Meßvariable für latente exogene Variable dar und sind nach Regel (9) als Kästchen links im Pfaddiagramm (Regel 12) darzustellen.
- Die Größen y_1 *bis* y_3 sind Meßvariable für latente endogene Variable und sind gemäß den Regeln (9) und (12) als Kästchen rechts im Pfaddiagramm darzustellen. Die Verbindungen zwischen den Meßvariablen und den latenten Variablen werden gemäß Regel (10) durch gestrichelte Pfeile dargestellt.
- Die latenten Größen Lagerfähigkeit, Gesundheitsgrad und Wirtschaftlichkeit sind gemäß Regel (4) ξ-Variable und Verwendungsbreite und Attraktivität sind η-Variable. Sie sind nach Regel (9) als Kreise darzustellen.
- Die in den Hypothesen unterstellten kausalen Beziehungen sind nach den Regeln (1) bis (3) als Pfeile darzustellen.

- Die unterstellten nicht kausal interpretierten Beziehungen zwischen den ξ-Variablen sind gemäß Regel (6) durch gekrümmte Doppelpfeile darzustellen.
- Die Bezeichnungen im Pfaddiagramm ergeben sich aus den Regeln (7), (8), (13) und (14).
- Die Wirkungsrichtungen zwischen den betrachteten Variablen werden entsprechend der aufgestellten Hypothesen (gekennzeichnet durch + oder -) in das Pfaddiagramm aufgenommen.
- Da wir davon ausgehen müssen, daß bei der empirischen Erhebung *Meßfehler* auftreten, werden alle Residualvariablen in das Pfaddiagramm eingezeichnet.

Wir erhalten damit in einem ersten Schritt das in Abbildung 8.2 dargestellte Pfaddiagramm. Es enthält alle Informationen, die bisher in den Hypothesen zum Kaufverhalten bei Margarine aufgestellt wurden. Wir wollen im folgenden jedoch noch weitere Informationen bei der Schätzung unseres LISREL-Modells berücksichtigen, die aus sachlogischen Überlegungen resultieren. Da wir diese Überlegungen jedoch erst an späterer Stelle anstellen, muß das Pfaddiagramm in Abbildung 8.2. zunächst einmal als vorläufig bezeichnet werden.

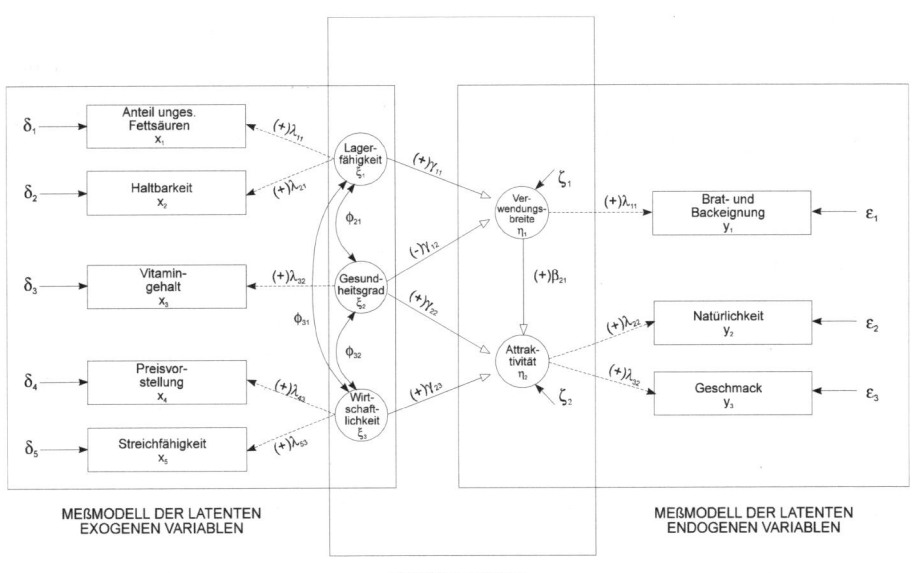

Abb. 8.2: (Vorläufiges) Pfaddiagramm für das Kaufverhalten bei Margarine

8.3.1.3   Spezifikation der Modellstruktur

8.3.1.3.1 Empfehlungen zur mathematischen Formulierung des Pfaddiagramms

(1) Hypothesenbildung

(2) Erstellung eines Pfaddiagramms

(3) Spezifikation der Modellstruktur

(4) Identifikation der Modellstruktur

(5) Parameterschätzung

(6) Beurteilung der Schätzergebnisse

Die im Pfaddiagramm dargestellten Strukturen müssen nun in ein lineares Gleichungssystem überführt werden, damit die Beziehungen im Modell mathematisch geschätzt werden können. In einem ersten Schritt werden die im Pfaddiagramm bestehenden Beziehungen in ein Gleichungssystem übertragen. Wir bedienen uns dabei der in Tabelle 8.5 dargestellten Regeln.[26]

Das sich damit ergebende Gleichungssystem wird in einem zweiten Schritt in Matrizenschreibweise dargestellt, wodurch eine größere Übersichtlichkeit erreicht wird. Außerdem verlangt das Programmpaket LISREL die Spezifikation eines Kausalmodells in Matrizenschreibweise. Wir bedienen uns dabei der aus Tabelle 8.6 ersichtlichen Regeln.

Tabelle 8.5:   Empfehlungen zur mathematischen Formulierung des Pfaddiagramms in einem Gleichungssystem

---

Erstellung der Gleichungssysteme

(1)   Für jede abhängige (x, y und η) Variable läßt sich genau eine Gleichung formulieren.

(2)   Abhängige Variable sind solche Variable, auf die ein Pfeil hinzeigt.

(3)   Variable, auf die ein Pfeil hinzeigt, stehen links vom Gleichheitszeichen und Variable, von denen ein Pfeil ausgeht, stehen rechts vom Gleichheitszeichen.

(4)   Die Pfeile des Pfaddiagramms werden mathematisch durch Pfadkoeffizienten repräsentiert, deren Größe die Stärke des jeweiligen Zusammenhangs angibt.

(5)   Werden abhängige Variable (x, y, η) von mehreren unabhängigen Variablen beeinflußt, so werden die unabhängigen Variablen additiv verknüpft.

---

[26] Vgl. auch Heise, a.a.O., S. 49 ff.

Tabelle 8.6: Empfehlungen zur Formulierung des Pfaddiagramms in
Matrizenschreibweise

Erstellung der Matrizen-Gleichungen

(1) Ein vollständiges LISREL-Modell besteht immer aus drei Matrizen-Gleichungen: Zwei für die Meßmodelle und eine für das Strukturmodell.

(2) Die Koeffizienten zwischen je zwei Variablengruppen werden in einer Matrix zusammengefaßt, wobei alle Matrizen durch griechische Großbuchstaben entsprechend den Bezeichnungen der Koeffizienten gekennzeichnet werden.

(3) Die Variablen selbst werden als *Spaltenvektoren* aufgefaßt und zur Kennzeichnung werden die *griechischen Kleinbuchstaben beibehalten.*

8.3.1.3.2 Das Gleichungssystem für das Margarinebeispiel

Die Erstellung des Gleichungssystems für unser Margarinebeispiel erfolgt auf Basis des Pfaddiagramms in Abbildung 8.2. Mit Hilfe der Regeln in Tabelle 8.5 lassen sich im ersten Schritt die folgenden Gleichungen ableiten:

(A) Gleichungen im Strukturmodell

$$(1)\ \eta_1 = \gamma_{11} \cdot \xi_1 + \gamma_{12} \cdot \xi_2 + \zeta_1$$
$$(2)\ \eta_2 = \beta_{21} \cdot \eta_1 + \gamma_{22} \cdot \xi_2 + \gamma_{23} \cdot \xi_3 + \zeta_2$$

(B) Gleichungen im Meßmodell der latenten endogenen Variablen

$$(3)\ y_1 = \lambda_{11} \cdot \eta_1 + \varepsilon_1$$
$$(4)\ y_2 = \lambda_{22} \cdot \eta_2 + \varepsilon_2$$
$$(5)\ y_3 = \lambda_{32} \cdot \eta_2 + \varepsilon_3$$

(C) Gleichungen im Meßmodell der latenten exogenen Variablen

$$(6)\ x_1 = \lambda_{11} \cdot \xi_1 + \delta_1$$
$$(7)\ x_2 = \lambda_{21} \cdot \xi_1 + \delta_2$$
$$(8)\ x_3 = \lambda_{32} \cdot \xi_2 + \delta_3$$
$$(9)\ x_4 = \lambda_{43} \cdot \xi_3 + \delta_4$$
$$(10)\ x_5 = \lambda_{53} \cdot \xi_3 + \delta_5$$

Diese Gleichungen lassen sich mit Hilfe der Regeln aus Tabelle 8.6 in Matrizen-Schreibweise wie folgt zusammenfassen:

$$(A)\ \begin{bmatrix} \eta_1 \\ \eta_2 \end{bmatrix} = \begin{bmatrix} 0 & 0 \\ \beta_{21} & 0 \end{bmatrix} \cdot \begin{bmatrix} \eta_1 \\ \eta_2 \end{bmatrix} + \begin{bmatrix} \gamma_{11} & \gamma_{12} & 0 \\ 0 & \gamma_{22} & \gamma_{23} \end{bmatrix} \cdot \begin{bmatrix} \xi_1 \\ \xi_2 \\ \xi_3 \end{bmatrix} + \begin{bmatrix} \zeta_{11} \\ 0 & \zeta_{22} \end{bmatrix}$$

(B)

$$
\begin{bmatrix} y_1 \\ y_2 \\ y_3 \end{bmatrix} =
\begin{bmatrix} \lambda_{11} & 0 \\ 0 & \lambda_{22} \\ 0 & \lambda_{32} \end{bmatrix} \cdot
\begin{bmatrix} \eta_1 \\ \eta_2 \end{bmatrix} +
\begin{bmatrix} \varepsilon_{11} & & \\ 0 & \varepsilon_{22} & \\ 0 & 0 & \varepsilon_{33} \end{bmatrix}
$$

(C)

$$
\begin{bmatrix} x_1 \\ x_2 \\ x_3 \\ x_4 \\ x_5 \end{bmatrix} =
\begin{bmatrix} \lambda_{11} & 0 & 0 \\ \lambda_{21} & 0 & 0 \\ 0 & \lambda_{32} & 0 \\ 0 & 0 & \lambda_{43} \\ 0 & 0 & \lambda_{53} \end{bmatrix} \cdot
\begin{bmatrix} \xi_1 \\ \xi_2 \\ \xi_3 \end{bmatrix} +
\begin{bmatrix} \delta_{11} & & & & \\ 0 & \delta_{22} & & & \\ 0 & 0 & \delta_{33} & & \\ 0 & 0 & 0 & \delta_{44} & \\ 0 & 0 & 0 & 0 & \delta_{55} \end{bmatrix}
$$

Durch das obige lineare Gleichungssystem sind die Beziehungen im Pfaddiagramm eindeutig abgebildet, wobei sich die aufgestellten Matrizen noch wie folgt verkürzen lassen:[27]

(A) Strukturgleichungsmodell

$\eta = B \cdot \eta + \Gamma \cdot \xi + \zeta$

(B) Meßmodell der latenten endogenen Variablen

$y = \Lambda_y \cdot \eta + \varepsilon$

(C) Meßmodell der latenten exogenen Variablen

$x = \Lambda_x \cdot \xi + \delta$

8.3.1.3.3 Parameter und Annahmen im allgemeinen LISREL-Modell

Das LISREL-Modell geht bei der Lösung der Matrizengleichungen von bestimmten Annahmen aus, die in nachfolgender Box zusammengestellt und kurz erläutert sind.

---

[27] Aus rechentechnischen Gründen ist in der Matrix B die Hauptdiagonale mit Nullen besetzt und die Differenzmatrix (I-B) muß invertierbar sein, damit das Gleichungssystem lösbar ist. Die Matrix I stellt dabei die Einheitsmatrix dar.

Annahmen im LISREL-Modell

(a) ζ ist unkorreliert mit ξ

(b) ε ist unkorreliert mit η

(c) δ ist unkorreliert mit ξ

(d) δ, ε und ζ korrelieren nicht miteinander

Die Annahmen, daß die *Meßfehlervariablen* nicht mit den hypothetischen Konstrukten und auch nicht untereinander korrelieren dürfen, lassen sich wie folgt erklären:[28]

Würde z. B. eine Residualvariable δ mit einer unabhängigen Variablen korrelieren, so ist zu vermuten, daß in δ mindestens eine Variable enthalten ist, die sowohl eine Auswirkung auf ξ besitzt als auch auf die zu erklärende Variable x. Damit wäre das unterstellte Meßmodell (C) falsch, da es (mindestens) eine unabhängige Variable zu wenig enthält. Weiterhin ist denkbar, daß bei einer Korrelation zwischen δ und ξ in δ eine "Drittvariable" als die Korrelation verursachende Größe enthalten ist. In diesem Fall könnte die vorhandene Korrelation zwischen Residualvariable und unabhängiger Variable nur durch Eliminierung der Drittvariable beseitigt werden, d. h. neben der korrelierten unabhängigen Variable muß noch eine (theoretische) Drittvariable in das Modell aufgenommen werden. Die Überlegung ist auch der Grund für die Annahme (d). Bei der Schätzung der Parameter mit LISREL ist es u. a. möglich, etwaige Korrelationen zwischen den Residualvariablen zu bestimmen. Diese Korrelationen werden für die δ-Variablen in der Matrix Θ_δ, für die ε-Variablen in der Matrix Θ_ε und für die ζ-Variablen in der Matrix Ψ erfaßt. Treten zwischen den Meßfehlern hohe Korrelationen auf (z. B. zwischen den δ-Variablen), so ist damit Annahme (d) verletzt. Eine Begründung hierfür liegt z. B. darin, daß bei der Messung ein systematischer Fehler aufgetreten ist, der *alle* δ-Variablen beeinflußt oder daß gleichartige Drittvariableneffekte relevant sind. Ein solcher Umstand läßt sich dadurch beheben, daß man eine weitere hypothetische Größe einführt (also in diesem Fall eine ξ-Variable), die als verursachende Variable auf *alle* x-Variablen wirkt, bei denen die entsprechenden δ-Variablen korrelieren. Eine solche Größe wird dann als *Methodenfaktor* bezeichnet. Nach Einführung des Methodenfaktors, der in diesem Fall in kausaler Abhängigkeit mit allen x-Variablen steht, müßten die Korrelationen zwischen den δ-Variablen verschwunden sein. Der LISREL-Ansatz geht jedoch davon aus, daß Drittvariableneffekte *nicht* relevant sind, da bei deren Vorliegen die Parameter im Modell falsch geschätzt würden. Die Matrizen Θ_δ, Θ_ε und Ψ dienen zur Überprüfung dieser Annahme. Man spricht deshalb bei LISREL-Modellen auch *nicht von Residualvariablen,* sondern stattdessen *nur von Meßfehlervariablen.*

Zur Verdeutlichung werden die einzelnen Parametermatrizen eines vollständigen LISREL-Modells nochmals in Tabelle 8.7 zusammengefaßt. Zur mathematischen Spezifikation eines vollständigen LISREL-Modells muß in *allen acht Parametermatrizen* der Tabelle 8.7 bestimmt werden, welche Elemente zu schätzen

---

[28] Vgl. hierzu auch die Ausführungen in Abschnitt 8.1.2.2.2.

sind. Dabei entsprechen die Matrizen Λ_y, Λ_x, B und Γ den Matrizen in den Gleichungen (A), (B) und (C), und sie enthalten die in den Hypothesen postulierten kausalen Beziehungen.

Tabelle 8.7:   Die acht Parametermatrizen eines vollständigen LISREL-Modells

Abkürzung	Sprechweise	Bedeutung	LISREL 7-Notation
Λ_y	LAMBDA-y	ist eine (p x m)-Matrix und repräsentiert die Koeffizienten der Pfade zwischen y und η-Variablen	LY
Λ_x	LAMBDA-x	ist eine (q x n)-Matrix und repräsentiert die Koeffizienten der Pfade zwischen x und ξ-Variablen	LX
B	BETA	ist eine (m x m)-Matrix und repräsentiert die postulierten kausalen Beziehungen zwischen η-Variablen	BE
Γ	GAMMA	ist eine (m x n)-Matrix und repräsentiert die postulierten Beziehungen zwischen den ξ und η-Variablen	GA
Φ	PHI	ist eine (n x n)-Matrix und enthält die Kovarianzen zwischen den ξ-Variablen	PH
Ψ	PSI	ist eine (m x m)-Matrix und enthält die Kovarianzen zwischen den ζ-Variablen	PS
Θ_ε	THETA-EPSILON	ist eine (p x p)-Matrix und enthält die Kovarianzen zwischen den ε-Variablen	TE
Θ_δ	THETA-DELTA	ist eine (q x q)-Matrix und enthält die Kovarianzen zwischen den δ-Variablen	TD

Dabei bedeuten: p = Anzahl der y-Variable;
q = Anzahl der x-Variable;
m = Anzahl der η-Variable;
n = Anzahl der ξ-Variable.

Durch die Φ-Matrix werden Kovarianzen bzw. Korrelationen (wenn die latenten Größen standardisiert wurden) zwischen den latenten exogenen Variablen geschätzt und durch die Matrix Ψ die der Residualgrößen in den Strukturgleichungen. Die ζ-Variablen spiegeln den Anteil nichterklärter Varianz in den latenten endogenen Konstrukten wider. Die Matrizen Θ_δ und Θ_ε sind die Kovarianzmatrizen der Meßfehler. In unserem Beispiel ist jedoch zu beachten, daß wir im Ausgangspunkt von einer Korrelationsmatrix ausgegangen sind, wodurch Informationen über Varianzen und Kovarianzen der Variablen fehlen. Damit dürften streng genommen die in Abschnitt 8.3.1.3.2 dargestellten Matrizen PSI, THETA-EPSILON und THETA-DELTA jedoch nur als *Spaltenvektoren* geschrieben werden.

Obige Ausführungen machen deutlich, daß der LISREL-Ansatz explizit zwischen Fehlern in den postulierten Kausalbeziehungen durch die Größen ζ und Fehlern in den durchgeführten Messungen (über die Größen δ und ε) unterscheidet. Sind durch die acht Parametermatrizen eines vollständigen LISREL-Modells die in den Ausgangshypothesen formulierten kausalen Beziehungen mathematisch spezifiziert, so erfolgt die Schätzung der einzelnen Parameter. Da die Beziehungen in einem gegebenen Hypothesensystem durch Matrizen wiedergegeben werden, ist es möglich, daß neben den zu schätzenden Parametern einzelne Elemente in den Matrizen

- *Nullwerte* aufweisen, wenn zwischen zwei Variablen aufgrund theoretischer Überlegungen *kein* Beziehungszusammenhang vermutet wird;
- durch *gleich große Werte* geschätzt werden sollen. Das ist immer dann der Fall, wenn aufgrund sachlogischer Überlegungen *vorab* festgelegt werden kann, daß die Stärke der Beziehungen bei mehreren Variablen als gleichgroß anzusehen ist.

Diesem Sachverhalt wird im Rahmen des LISREL-Ansatzes durch drei verschiedene Arten von Parametern Rechnung getragen, wobei der Forscher aus Anwendersicht *vorab* bestimmen muß, welche Parameter in seinem Hypothesensystem auftreten. Im einzelnen unterscheidet LISREL folgende Parameter:

1. Feste Parameter (fixed parameters). Parameter, denen a priori ein bestimmter konstanter Wert zugewiesen wird, heißen feste Parameter.

Dieser Fall tritt vor allem dann auf, wenn aufgrund der theoretischen Überlegungen davon ausgegangen wird, daß keine kausalen Beziehungen zwischen bestimmten Variablen bestehen. In diesem Fall werden die entsprechenden Parameter auf Null gesetzt und nicht im Modell geschätzt (vgl. die entsprechenden Null-Werte in den Matrizen der Gleichungen (A), (B) und (C) in Abschnitt 8.3.1.3.2).

Feste Parameter können aber auch durch Werte größer Null belegt werden, wenn man aufgrund von a priori Überlegungen in der Lage ist, eine kausale Beziehung zwischen zwei Variablen numerisch genau abzuschätzen. Auch in diesem Fall wird der entsprechende Parameter nicht mehr im Modell geschätzt, sondern geht mit dem zugewiesenen Wert in die Lösung ein.

2. Restringierte Parameter (constrained parameters). Parameter, die im Modell geschätzt werden sollen, deren Wert aber genau dem Wert eines oder mehrerer anderer Parameter entsprechen soll, heißen restringierte Parameter.

Es kann z. B. aufgrund theoretischer Überlegungen sinnvoll sein, daß der Einfluß von zwei unabhängigen Variablen auf eine abhängige Variable als gleich groß angesehen wird oder daß die Werte von Meßfehlervariablen gleich groß sind. Werden zwei Parameter als restringiert festgelegt, so ist zur Schätzung der Modellstruktur nur ein Parameter notwendig, da mit der Schätzung dieses Parameters auch automatisch der andere Parameter bestimmt ist. Die Zahl der zu schätzenden Parameter wird dadurch also verringert.

3. Freie Parameter (free parameters). Parameter, deren Werte als unbekannt gelten und erst aus den empirischen Daten geschätzt werden sollen, heißen freie Parameter. Sie spiegeln die postulierten kausalen Beziehungen und zu schätzenden Meßfehlergrößen sowie die Kovarianzen zwischen den Variablen wider.

8.3.1.3.4   Festlegung der Parameter für das Margarinebeispiel

Zur Verdeutlichung der Handhabung der unterschiedlichen Typen von Parametern in einem LISREL-Modell wollen wir für unser Beispiel die Parameter in den Gleichungen (A), (B) und (C) in Abschnitt 8.3.1.3.2 wie folgt festlegen (vgl. auch das Pfaddiagramm in Abbildung 8.2):

1. Feste Parameter. Die latente exogene Variable "Gesundheitsgrad" wird durch die Indikatorvariable "Vitamingehalt" erhoben und die latente endogene Variable "Verwendungsbreite" durch die Indikatorvariable "Brat- und Backeignung" (vgl. Tabelle 8.3). Wir gehen davon aus, daß *beide* Indikatorvariable die jeweiligen latenten Variablen in eindeutiger Weise repräsentieren, so daß wir die Pfade λ_{11} zwischen "Verwendungsbreite" und "Brat- und Backeignung" und λ_{32} zwischen "Gesundheitsgrad" und "Vitamingehalt" auf 1 festsetzen. Damit unterstellen wir (bei standardisierten latenten Variablen), daß zwischen den jeweiligen Variablen jeweils eine Korrelation von 1 besteht. Außerdem sollen diese Meßvariable ohne Meßfehler erhoben worden sein, so daß wir auch für die Pfade ε_1 bzw. δ_3 der Meßfehlervariablen einen festen Parameterwert von Null vorgeben können.

Des weiteren sollen sachlogische Überlegungen ergeben haben, daß die Einschätzung der Meßvariablen "Natürlichkeit" vollständig durch die latente Variable "Attraktivität" bestimmt wird und somit auch der Pfad λ_{22} zwischen "Attraktivität" und "Natürlichkeit" auf 1 festgesetzt werden kann. Unsicherheiten sollen hier allerdings bezüglich evtl. vorhandener Meßfehler bei der Erhebung der "Natürlichkeit" bestehen, so daß wir den Meßfehler ε_2 durch das Modell schätzen lassen.

Bezüglich der latenten exogenen Größen "Lagerfähigkeit", "Gesundheitsgrad" und "Wirtschaftlichkeit" wollen wir annehmen, daß sie Einheitsvarianz besitzen, so daß die Varianzen in der Phi-Matrix (als die Koeffizienten Θ_{11}, Θ_{22} und Θ_{33}) als feste Parameter mit dem Wert 1 in das Modell eingehen. Damit ist die Phi-Matrix eine *Korrelationsmatrix*, die die Korrelationen zwischen den latenten exogenen Variablen enthält. Gleichzeitig wird dadurch die LAMBDA-X-Matrix eine sog. *Faktorladungsmatrix*, d. h. sie enthält die Korrelationen zwischen den Ksi- und den x-Variablen.

2. Restringierte Parameter. Wir wollen unterstellen, daß *theoretische Überlegungen* gezeigt haben, daß der Einfluß der latenten Variablen "Lagerfähigkeit" auf die Meßvariablen "Fettsäuren" und "Haltbarkeit" als *gleich stark anzusehen* ist und auch die entsprechenden Meßfehlervariablen gleich groß sind. Damit können die Pfade λ_{11} und λ_{21} der Lambda-X-Matrix sowie die Pfade δ_{11} und δ_{22} der Theta-Delta-Matrix als restringiert angesehen werden.

3. Freie Parameter. Alle übrigen zu schätzenden Parameter werden in der in Abbildung 8.2 spezifizierten Form beibehalten und stellen *freie Parameter* dar.

Die obigen Überlegungen zur Bestimmung der Parameter in einem Hypothesensystem müssen bei praktischen Anwendungen *immer* aufgrund theoretischer Überlegungen *vorab* im Rahmen der Hypothesenformulierung (1. Schritt im LISREL-Modell) aufgestellt werden. Wir haben hier lediglich aus didaktischen Gründen eine Trennung zwischen der Festlegung der Beziehungen in einem Hypothesensystem und der *vorab* bereits festlegbaren Stärke einzelner Beziehungen vorgenommen. Die Bestimmung der einzelnen Parameterarten hat auch einen Einfluß auf das Pfaddiagramm, das im 2. Schritt festgelegt wurde. Deshalb wurde das Pfaddiagramm in Abbildung 8.2 als "vorläufig" bezeichnet.

Die obigen Festsetzungen einzelner Parameter führen nun auch zu einer Veränderung der Gleichungen (A), (B) und (C) in Abschnitt 8.3.1.3.2. In Gleichung (B) werden λ_{11} und λ_{22} auf 1 und ε_{11} auf 0 gesetzt, und in Gleichung (C) werden $\lambda_{32} = 1$ und $\delta_{33} = 0$ spezifiziert. Für die restringierten Parameter wird in Gleichung (C) $\lambda_{11} = \lambda_{21}$ und $\delta_{11} = \delta_{22}$ vorgegeben. Damit ergibt sich die Zahl der im Modell zu schätzenden Parameter wie folgt:

- In Gleichung (A) sind zu schätzen:

$\beta_{21}; \gamma_{11}; \gamma_{12}; \gamma_{22}; \gamma_{23}; \zeta_{11}; \zeta_{22}$ = 7 Parameter

- In Gleichung (B) sind zu schätzen:

$\lambda_{32}; \varepsilon_{22}; \varepsilon_{33}$ = 3 Parameter

- In Gleichung (C) sind zu schätzen:

$\lambda_{11}(= \lambda_{21}); \lambda_{43}; \lambda_{53}; \delta_{11}(= \delta_{22}); \delta_{44}; \delta_{55}$ = 6 Parameter

- Weiterhin sollen die Korrelationen zwischen den latenten exogenen Variablen ($\Phi_{21}; \Phi_{31}; \Phi_{32}$)

in der Phi-Matrix geschätzt werden   = 3 Parameter

Damit enthält unser Modell insgesamt 19 zu schätzende Parameter. Gleichzeitig ändert sich durch die getroffenen Vereinbarungen bezüglich der Parameterarten auch unser Pfaddiagramm. Wir erhalten damit das in Abbildung 8.3 dargestellte "endgültige Pfaddiagramm", das bei praktischen Anwendungen direkt im 2. Schritt der Analyse aufgestellt wird.

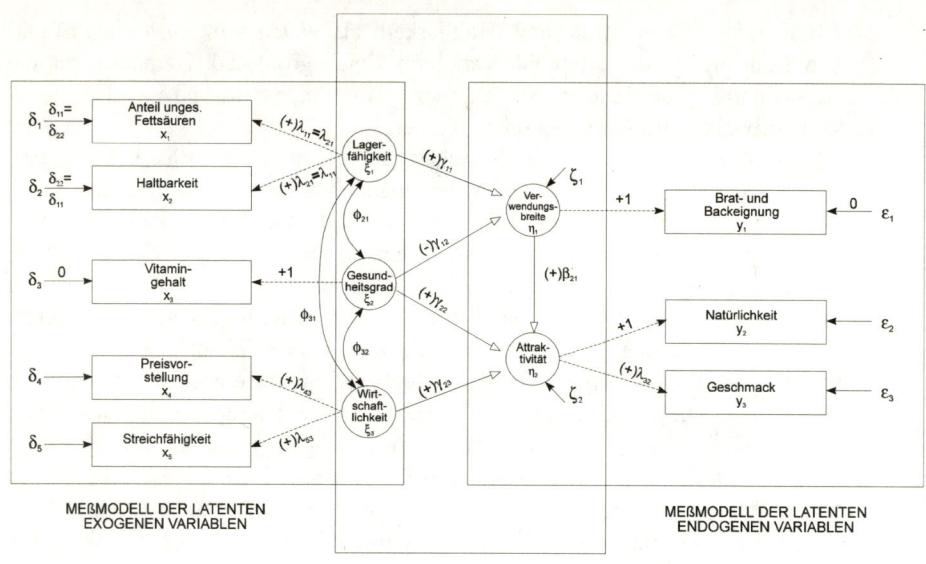

STRUKTURMODELL

Abb. 8.3: Endgültiges Pfaddiagramm mit festen und restringierten Parametern

Bevor nun eine Schätzung der einzelnen Parameter möglich ist, muß geklärt werden, ob die empirischen Daten eine ausreichende Informationsmenge zur Schätzung der Parameter bereitstellen können.

8.3.1.4   Das Problem der Identifizierbarkeit eines Modells

8.3.1.4.1 Allgemeine Überlegungen

```
(1) Hypothesenbildung
```

```
(2) Erstellung eines
    Pfaddiagramms
```

```
(3) Spezifikation der
    Modellstruktur
```

```
(4) Identifikation der
    Modellstruktur
```

```
(5) Parameterschätzung
```

```
(6) Beurteilung der
    Schätzergebnisse
```

Das Problem der Identifizierbarkeit besteht aus der Frage, ob ein Gleichungssystem *eindeutig* lösbar ist, d. h. es muß geprüft werden, ob die Informationen, die aus den empirischen Daten bereitgestellt werden können, ausreichen, die aufgestellten Gleichungen zu "identifizieren".[29] Ein vollständiges LISREL-Modell stellt immer ein *Mehrgleichungssystem* dar, das nur dann lösbar ist, wenn die Zahl der Gleichungen *mindestens* der Zahl der zu schätzenden Parameter entspricht. Die Zahl der Gleichungen im LISREL-Modell entspricht immer der Anzahl der unterschiedlichen Elemente in der modelltheoretischen Korrelationsmatrix $\hat{\Sigma}$. Werden n *Indikatorvariable* erhoben, so lassen sich $\frac{n(n+1)}{2}$ Korrelationskoeffizienten berechnen, und diese Zahl entspricht gleichzeitig der Zahl der unterschiedlichen Elemente in der modelltheoretischen Korrelationmatrix. In unserem Rechenbeispiel in Abschnitt 8.2.2 wurden z. B. drei Indikatorvariable erhoben und es ergaben sich $\frac{3(3+1)}{2} = 6$ Gleichungen, denen jedoch im ersten Schritt 7 unbekannte Parameter gegenüberstanden. Bildet man jetzt die Differenz s-t, wobei s die Anzahl der Gleichungen und t der Anzahl der unbekannten Parameter entspricht, so erhält man die *Zahl der Freiheitsgrade* (=degress of freedom; kurz: d.f.) eines Gleichungssystems.[30] In unserem Rechenbeispiel ergaben sich 6-7 = -1 d.f., und ein solches Modell ist nicht identifiziert, d. h. nicht lösbar, da die aus dem empirischen Datenmaterial zur Verfügung stehenden Informationen zur Berechnung der Parameter *nicht* ausreichen. Entspricht hingegen die Zahl der Gleichungen der Zahl der unbekannten Parameter, so ergeben sich 0 d.f., und das

---

[29] Das Problem der Identifizierbarkeit von LISREL-Modellen ist letztendlich noch nicht gelöst, da der LISREL-Ansatz eine Kombination aus Regressionsanalyse und Faktorenanalyse darstellt und die sich daraus ergebende komplexe Modellstruktur in ihrer Gesamtheit nicht *eindeutig* auf Identifizierbarkeit überprüft werden kann. Es existiert jedoch eine Reihe von Hilfskriterien, von denen hier zwei dargestellt wurden, mit denen die Identifizierbarkeit eines LISREL-Modells überprüft werden kann. Zu weiteren Hilfskriterien vgl. Hildebrandt, Lutz: Konfirmatorische Analysen von Modellen des Konsumentenverhaltens, Berlin 1983, S. 76 ff.

[30] Vgl. zum Konzept der Freiheitsgrade die Ausführungen in Kap. 2 im Rahmen der Varianzanalyse.

Gleichungssystem ist eindeutig lösbar. Allerdings werden in einem solchen Fall alle "empirischen Informationen" zur Berechnung der Parameter benötigt, und es stehen keine Informationen mehr zur Verfügung, um z. B. die Modellstruktur zu testen. Somit kann ein solcher Fall nicht als sinnvoll angesehen werden, da die Modellparameter lediglich aus den empirischen Daten berechnet werden. Es ist deshalb empfehlenswert, bei der empirischen Erhebung sicherzustellen, daß mindestens so viele Indikatorvariable erhoben werden, wie erforderlich sind, um eine *positive* Zahl von Freiheitsgraden zu erreichen. Als *Faustregel* kann man sich merken, daß die *Zahl der Freiheitsgrade der Zahl der zu schätzenden Parameter entsprechen sollte.* Für die Lösbarkeit eines LISREL-Modells ist es somit unbedingt erforderlich (*notwendige Bedingung*), daß die Zahl der Freiheitsgrade größer oder gleich Null ist.

Bezeichnen wir die Zahl der y-Variablen mit p und die der x-Variablen mit q, so ergibt sich die Anzahl der zur Verfügung stehenden empirischen Korrelationen gemäß $\frac{1}{2}(p+q)\cdot(p+q+1)$. Damit läßt sich eine notwendige Bedingung für Identifizierbarkeit wie folgt formulieren, wobei t die Zahl der zu schätzenden Parameter angibt:

$$t \le \frac{1}{2}(p+q)\cdot(p+q+1) \qquad (8)$$

Diese Bedingung reicht i. d. R. jedoch nicht aus, um die Identifizierbarkeit einer Modellstruktur mit Sicherheit überprüfen zu können. Es ist deshalb notwendig, weitere Kriterien zur Überprüfung der Identifizierbarkeit heranzuziehen.

Eine nützliche Hilfestellung zur Erkennung *nicht* identifizierter LISREL-Modelle bietet das Programmpaket LISREL selbst. Die Identifizierbarkeit einer Modellstruktur setzt voraus, daß die zu schätzenden Gleichungen *linear unabhängig* sind. Von linearer Unabhängigkeit kann dann ausgegangen werden, wenn das Programm die zur Schätzung notwendigen Matrizeninversionen vornehmen kann. Ist dies nicht der Fall, so liefert das Programm entsprechende Meldungen darüber, welche Matrizen nicht positiv definit, d. h. nicht invertierbar sind. Außerdem druckt das Programm Warnmeldungen bezüglich nicht identifizierter Parameter aus. Damit im LISREL-Modell überhaupt eine Schätzung der Parameter möglich ist, muß vor allem die verwendete empirische Korrelationsmatrix positiv definit (invertierbar) sein. Eine notwendige Bedingung dafür ist, daß die Zahl der untersuchten Objekte größer ist als die Zahl der erhobenen Indikatorvariablen.

Kann ein Modell als identifiziert angesehen werden, so ist eine eindeutige Schätzung der gesuchten Parameter möglich.

8.3.1.4.2 Identifizierbarkeit im Margarinebeispiel

In unserem Fallbeispiel zum Margarinemarkt hatten wir in Abschnitt 8.3.1.3.4 insgesamt 19 zu schätzende Parameter ermittelt. Die Anzahl der zur Verfügung stehenden empirischen Korrelationen entspricht in unserem Beispiel

$\frac{1}{2}(3+5)\cdot(3+5+1) = 36$, da 3 y-Variable und 5 x-Variable empirisch erhoben wurden. Somit beträgt die Anzahl der Freiheitsgrade 36-19=17, wodurch die notwendige Bedingung der Identifizierbarkeit erfüllt ist. Außerdem waren im Rechenlauf alle Matrizen positiv definit, und es wurden keine Warnmeldungen über nicht identifizierte Parameter ausgegeben.

Mit Abschluß dieses 4. Schrittes im Rahmen des LISREL-Ansatzes sind nun weitgehend alle Punkte abgeschlossen, die direkt *durch den Anwender vorzunehmen* sind. Im einzelnen haben wir bisher

- Hypothesen zum Kaufverhalten bei Margarine aufgestellt,
- die Beziehungen im Hypothesensystem in ein Pfaddiagramm übertragen,
- eine mathematische Formulierung der Hypothesen vorgenommen,
- die notwendige Bedingung für Identifizierbarkeit des Modells geprüft.

In einem letzten Schritt ist nun noch festzulegen, welches Schätzverfahren zur Bestimmung der Parameter zu verwenden ist.

8.3.1.5 Schätzung der Parameter

8.3.1.5.1 Alternative Schätzverfahren

(1) Hypothesenbildung
(2) Erstellung eines Pfaddiagramms
(3) Spezifikation der Modellstruktur
(4) Identifikation der Modellstruktur
(5) Parameterschätzung
(6) Beurteilung der Schätzergebnisse

Durch die Spezifikation der Hypothesen zum Kaufverhalten bei Margarine in Matrizengleichungen ist festgelegt, welche Parameter im Rahmen der LISREL-Analyse zu schätzen sind. Diese Schätzungen erfolgen auf Basis eines empirischen Datensatzes.

Den folgenden Berechnungen liegen die betrachteten 8 Indikatorvariablen zugrunde. Die Einschätzung dieser Indikatorvariablen bei Margarine wurde bei 170 fiktiven Personen (=Objekte) erhoben. Alle Variable gehen in den LISREL-Ansatz als Abweichungswerte vom Mittelwert ein, d. h. es werden *zentrierte Variable* betrachtet. Dadurch wird erreicht, daß in den Regressionsgleichungen keine konstanten Terme zu schätzen sind (vgl. Abschnitt 8.1.2.2.2). Für die Indikatorvariablen wurden die empirischen Korrelationen berechnet, die unserem LISREL-Modell als Eingabematrix und zur Schätzung der Modellparameter dienen. Die empirische Korrelationsmatrix R ist für das Margarinebeispiel in Abbildung 8.4 dargestellt.

CORRELATION MATRIX TO BE ANALYZED

	BRAT+BAC	NATUR	GESCHMAC	UNG_FETT	HALTBARK	VITAMINE	PREISVOR	STREICHF
BRAT+BAC	1.00000							
NATUR	.39406	1.00000						
GESCHMAC	.41793	.62698	1.00000					
UNG_FETT	.50685	.31405	.22502	1.00000				
HALTBARK	.54405	.32406	.28100	.54584	1.00000			
VITAMINE	-.35665	-.03799	-.15586	-.17380	-.29374	1.00000		
PREISVOR	.18903	.20806	.28399	.17410	.16092	-.27677	1.00000	
STREICHF	.12903	.26610	.20200	.17202	.20110	-.19878	.36493	1.00000

Abb. 8.4: Die empirische Korrelationsmatrix

Wird eine *Korrelationsmatrix* zu Parameterschätzungen herangezogen, so stellt auch die im LISREL-Modell berechnete modelltheoretische Matrix $\hat{\Sigma}$ eine Korrelationsmatrix dar. Die Matrix $\hat{\Sigma}$ wird nun durch geeignete Schätzung der Parameter bestmöglich an die empirische Korrelationsmatrix R angenähert. Ziel des Schätzverfahrens ist es, den Ausdruck $(R-\hat{\Sigma})$ zu minimieren. Dabei läßt sich $\hat{\Sigma}$ allein auf Basis der acht Parametermatrizen berechnen.

Wir betrachten hierzu noch einmal die Eingabematrix R. In unserem Beispiel gibt es drei y-Variable und fünf x-Variable. Da das Programm *immer* verlangt, daß zuerst die y-Variable eingelesen werden, hat R den in Abbildung 8.5 dargestellten Aufbau.

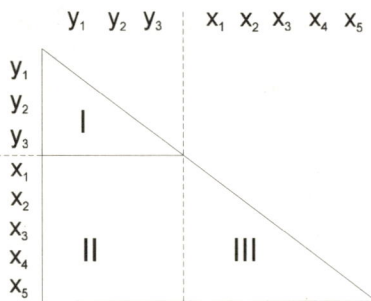

Abb. 8.5: Aufbau der empirischen Korrelationsmatrix R

Im oberen Dreieck I stehen die Korrelationen zwischen den y-Variablen, die verantwortlich sind für die Beziehungen im Meßmodell der latenten endogenen Konstrukte. Entsprechend stehen im unteren Dreieck III die Korrelationen der x-Variablen, die die Beziehungen im Meßmodell der latenten exogenen Variablen bestimmen. Im Rechteck II stehen die Korrelationen zwischen den x- und den y-Variablen, die für die Pfade im Strukturmodell verantwortlich sind. Da Korrelationsmatrizen immer symmetrische Matrizen darstellen (d. h. unter- und oberhalb der Hauptdiagonalen stehen die gleichen Werte), genügt es, wenn wir die untere Dreiecksmatrix betrachten.

Entsprechend der Matrix R in Abbildung 8.5 ist auch die *modelltheoretische* Korrelationsmatrix $\hat{\Sigma}$ aufgebaut, die durch das *LISREL-Modell berechnet* wird. Sie läßt sich analog zur Abbildung 8.5 in vier Untermatrizen zerlegen:

$$\hat{\Sigma} := \begin{bmatrix} \Sigma_{yy} & \Sigma_{yx} \\ \Sigma_{xy} & \Sigma_{xx} \end{bmatrix} \tag{9}$$

Dabei entspricht Σ_{xy} gerade Σ_{yx}. Die in (9) enthaltenen Teilmatrizen ergeben sich jeweils durch Multiplikation der in Abschnitt 8.3.1.3.3 spezifizierten acht Parametermatrizen (vgl. auch Tabelle 8.7):

$$\Sigma_{yy} = \Lambda_y \cdot C \cdot \Lambda_y' + \Theta_\varepsilon \qquad \text{mit: } C = (I-B)^{-1}\left(\Gamma\Phi\Gamma' + \Psi\right)\left(I-B'\right)^{-1} \tag{9a}$$

$$\Sigma_{xy} = \Lambda_x \cdot D \cdot \Lambda_y' \qquad \text{mit: } D = \Phi\Gamma'\left(I-B'\right)^{-1} \tag{9b}$$

$$\Sigma_{yx} = \Lambda_y \cdot G \cdot \Lambda_x' \qquad \text{mit: } G = (I-B)^{-1}\Gamma\Phi \tag{9c}$$

$$\Sigma_{xx} = \Lambda_x \cdot \Phi \cdot \Lambda_x' + \Theta_\delta \tag{9d}$$

Die Gleichungen (9a) bis (9d) machen deutlich, daß alle Teilmatrizen von $\hat{\Sigma}$ gleichartig aufgebaut sind. Sie basieren dabei auf dem *Fundamentaltheorem der Faktorenanalyse.*[31] So bestimmt z. B. die Gleichung (9d), die Korrelationen zwischen den x-Variablen auf Basis der Parametermatrizen Λ_x, Φ und Θ_δ, wobei Φ die Korrelationen zwischen den latenten exogenen Variablen enthält. Fassen wir die obigen Matrizengleichungen wieder zu einer Matrix zusammen, so errechnet sich $\hat{\Sigma}$ wie folgt:[32]

$$\hat{\Sigma} = \begin{bmatrix} \Lambda_y(I-B)^{-1}\left(\Gamma\Phi\Gamma'+\Psi\right)\left(I-B'\right)^{-1}\Lambda_y' + \Theta_\varepsilon & \Lambda_y(I-B)^{-1}\Gamma\Phi\Lambda_x' \\ \Lambda_x\Phi\Gamma'\left(I-B'\right)^{-1}\Lambda_y' & \Lambda_x\Phi\Lambda_x' + \Theta_\delta \end{bmatrix} \tag{10}$$

Die Gleichung (10) zeigt, daß zur Berechnung der Elemente von $\hat{\Sigma}$ *alle* acht Parametermatrizen benötigt werden, die vom Anwender spezifiziert wurden. Dadurch wird deutlich, daß Modifikationen der Parametermatrizen auch zu einer veränderten $\hat{\Sigma}$-Matrix führen. Da die Parametermatrizen nur eine mathematische Formulierung der aufgrund sachlogischer Überlegungen aufgestellten Hypothesen

---

[31] Vgl. zum Fundamentaltheorem der Faktorenanalyse Kap. 6 dieses Buches und die Ausführungen in Abschnitt 8.2.1 dieses Kapitels.

[32] Vgl. zur Herleitung von $\hat{\Sigma}$: Schmidt, Peter: Zur praktischen Anwendung von Theorien: Grundlagenprobleme und Anwendung auf die Hochschuldidaktik, Diss. Mannheim 1977, S. 409 ff.

darstellen, wird offensichtlich, daß letztendlich Schlüssigkeit und Fundiertheit der Hypothesen über die Ergebnisse der im LISREL-Modell errechneten modelltheoretischen Korrelationmatrix entscheiden und damit auch die Güte der Modellschätzungen bestimmen.

Gemäß Gleichung (10) gilt, daß die Elemente in $\hat{\Sigma}$, die wir mit σ_{ij} bezeichnen wollen, eine Funktion der unbekannten Modellparameter darstellen. Fassen wir die unbekannten Modellparameter zu einem Vektor π zusammen, so werden in einem ersten Schritt für alle Parameter Startwerte vorgegeben, die eine Annahme über die "wahren" Werte der zu schätzenden Parameter darstellen. Mit Hilfe dieser Startwerte wird dann *die* modelltheoretische Korrelationsmatrix $\hat{\Sigma}$ errechnet, die mit größter Wahrscheinlichkeit die empirische Korrelationsmatrix R reproduziert. Die Startwerte werden in LISREL 7 mit Hilfe einer der folgenden Methoden bestimmt:[33]

1. Methode der Instrumentalvariablen (IV)
2. Zweistufenschätzmethode (two-stage least square; TSLS)

Beide Methoden stellen nicht-iterative Verfahren dar. Die Schätzwerte dieser Methoden können auch als endgültige Modellschätzer verwendet werden; denn sie sind relativ robust gegenüber Fehlspezifikationen, da die Parameter sukzessive pro Gleichung geschätzt werden. Dadurch können sie jedoch nur einen Teil der Gesamtinformation aus der empirischen Korrelationsmatrix R für die Schätzung der Parameter verwenden. Außerdem sind sie nur in der Lage, die Parameterschätzungen vorzunehmen *ohne* Berechnung jeglicher Teststatistiken.

In den meisten Fällen wird der Anwender ein iteratives Schätzverfahren verwenden, das *simultan alle Informationen* aus der empirischen Korrelationsmatrix zur Parameterschätzung verwendet und weiterhin die Berechnung von Schätzstatistiken erlaubt. Bei den iterativen Verfahren werden die Startwerte mit Hilfe der Methode der Instrumentenvariablen (IV) oder der Zweistufenschätzmethode (TSLS) *automatisch* vom Programm vorgegeben, und der Anwender hat die Wahl zwischen folgenden iterativen Schätzverfahren:[34]

1. Methode der *ungewichteten kleinsten Quadrate* (unweighted least-squares; ULS)
2. Methode der *verallgemeinerten kleinsten Quadrate* (generalized least-squares; GLS)
3. *Maximum-Likelihood-Methode (ML)*
4. Methode der *allgemeinen gewichteten kleinsten Quadrate* (generally weighted least-squares; WLS)

---

[33] Vgl. Jöreskog/Sörbom, a.a.O., S. 16 ff. Opp/Schmidt, a.a.O., S.287 ff.

[34] Vgl. Bentler, P.M./Bonett, Douglas G.: Significance Test and Goodness of Fit in the Analysis of Covariance Structure, in: Psychological Bulletin, Vol. 88 (1980), S. 590 ff. Jöreskog, Karl G.: Structural Analysis of Covariance and Correlation Matrices, in: Psychometrika, Vol. 43 (1978), S. 446 f. Jöreskog, Karl G./ Sörbom, Dag: Recent Developments in Structural Equation Modeling, in: Journal of Marketing Research, Vol. 19 (1982), S. 405 ff. Dieselben, User´s Reference Guide, a.a.O., S. 18ff.

5. Methode der *diagonalen gewichteten kleinsten Quadrate* (diagonally weighted least-squares; DWLS)

Alle fünf Schätzverfahren können zu der Klasse der gewichteten Kleinst-Quadrate-Schätzungen gerechnet werden, und sie versuchen im Prinzip, die Differenz zwischen der empirischen und der modelltheoretischen Varianz-Kovarianzmatrix bzw. Korrelationsmatrix zu minimieren. Dabei stellen die Verfahren ULS-, GLS und ML Spezialfälle der WLS-Methode dar.

Weiterhin ist zu beachten, daß das GLS-Verfahren und die ML-Methode eine Normalverteilung der Ausgangsvariablen voraussetzen und nur dann durchführbar sind, wenn die Eingabematrix positiv definit und damit invertierbar ist. Ist die Voraussetzung der Invertierbarkeit verletzt, so tritt im Programmpaket LISREL 7 automatisch die sog. RIDGE-OPTION in Kraft, die durch Addition einer Konstanten versucht, eine Invertierbarkeit der Eingabematrix herbeizuführen. Ist die Annahme der Multinormalverteilung erfüllt, so liefert die ML-Methode bei großem Stichprobenumfang die präzisesten Schätzer.[35]

8.3.1.5.2 Ergebnisse der Schätzungen im Margarinebeispiel mit Hilfe der Maximum-Likelihood-Methode

8.3.1.5.2.1 Interpretation der Parameterschätzungen

Die Maximum-Likelihood-Methode ist das in der Praxis am häufigsten angewendete Verfahren zur Schätzung einer theoretischen Modellstruktur. Aus diesem Grund wollen wir die Ergebnisse der Modellschätzung für das Kaufverhalten bei Margarine mit Hilfe der ML-Methode im folgenden ausführlich besprechen. *Die ML-Methode maximiert die Wahrscheinlichkeit dafür, daß die modelltheoretische Korrelationsmatrix die betreffende empirische Korrelationsmatrix erzeugt hat.* Zur besseren Übersicht zeigt die Abbildung 8.6 nochmals die von uns vorgenommene Modellspezifikation, wie sie bei LISREL zu Beginn ausgedruckt wird. Die Zahlen 1 bis 19 in den einzelnen Matrizen stehen jeweils für einen zu schätzenden Parameter, während die 0-Kennungen für nicht zu schätzende oder feste Parameter im Modell stehen. Restringierte Parameter werden mit jeweils der gleichen Zahl gekennzeichnet (vgl. hierzu z. B. die LAMBDA-X-Matrix). Ein Vergleich mit den Gleichungen (A), (B) und (C) in Abschnitt 8.3.1.3.2 und den Ausführungen in Abschnitt 8.3.1.3.4 zeigt, daß die dort vorgenommenen Spezifikationen identisch sind mit den Festsetzungen in Abbildung 8.6.

---

[35] Vgl. zur Größe des Stichprobenumfangs und den Anwendungsvoraussetzungen der einzelnen Schätzverfahren die Ausführungen in Abschnitt 8.4.

Vollständiges LISREL-Modell für den Margarinemarkt

PARAMETER SPECIFICATIONS

LAMBDA Y

	VERWENDB	ATTRAKT.
BRAT+BAC	0	0
NATUR	0	0
GESCHMAC	0	1

LAMBDA X

	LAGERF	GESUNDH	WIRTLK
UNG_FETT	2	0	0
HALTBARK	2	0	0
VITAMINE	0	0	0
PREISVOR	0	0	3
STREICHF	0	0	4

BETA

	VERWENDB	ATTRAKT.
VERWENDB	0	0
ATTRAKT.	5	0

GAMMA

	LAGERF	GESUNDH	WIRTLK
VERWENDB	6	7	0
ATTRAKT.	0	8	9

PHI

	LAGERF	GESUNDH	WIRTLK
LAGERF	0		
GESUNDH	10	0	
WIRTLK	11	12	0

PSI

VERWENDB	ATTRAKT.
13	14

THETA EPS

BRAT+BAC	NATUR	GESCHMAC
0	15	16

THETA DELTA

UNG_FETT	HALTBARK	VITAMINE	PREISVOR	STREICHF
17	17	0	18	19

Abb. 8.6:   Spezifikation der Modellstruktur

Unter Verwendung der *ML-Methode* wurden die einzelnen Parameter wie in Abbildung 8.7 gezeigt, geschätzt.

Vollständiges LISREL-Modell für den Margarinemarkt

LISREL ESTIMATES (MAXIMUM LIKELIHOOD)

LAMBDA Y

	VERWENDB	ATTRAKT.
BRAT+BAC	1.00000	.00000
NATUR	.00000	1.00000
GESCHMAC	.00000	.98060

LAMBDA X

	LAGERF	GESUNDH	WIRTLK
UNG_FETT	.74172	.00000	.00000
HALTBARK	.74172	.00000	.00000
VITAMINE	.00000	1.00000	.00000
PREISVOR	.00000	.00000	.62949
STREICHF	.00000	.00000	.56956

BETA

	VERWENDB	ATTRAKT.
VERWENDB	.00000	.00000
ATTRAKT.	.36254	.00000

GAMMA

	LAGERF	GESUNDH	WIRTLK
VERWENDB	.65785	-.14931	.00000
ATTRAKT.	.00000	.18975	.38802

COVARIANCE MATRIX OF ETA AND KSI

	VERWENDB	ATTRAKT.	LAGERF	GESUNDH	WIRTLK
VERWENDB	1.00000				
ATTRAKT.	.41793	.64565			
LAGERF	.70491	.34747	1.00000		
GESUNDH	-.35665	-.09529	-.31517	1.00000	
WIRTLK	.31714	.42684	.39098	-.40137	1.00000

PSI

VERWENDB	ATTRAKT.
.48302	.34660

THETA EPS

BRAT+BAC	NATUR	GESCHMAC
.00000	.36061	.38518

THETA DELTA

UNG_FETT	HALTBARK	VITAMINE	PREISVOR	STREICHF
.44986	.44986	.00000	.60374	.67560

Abb. 8.7: Parameterschätzung ($\hat{\pi}$) mit Hilfe der ML-Methode (unstandardisierte Lösung)

Diese Werte stellen Schätzgrößen für die Parameter unseres Modells dar. Mit ihrer Hilfe lassen sich die im endgültigen Pfaddiagramm eingezeichneten Parameter (vgl. Abbildung 8.3) quantifizieren. Übertragen wir die Parameterschätzungen zur Verdeutlichung in ein Pfaddiagramm, so ergibt sich das in Abbildung 8.8 wiedergegebene Bild.

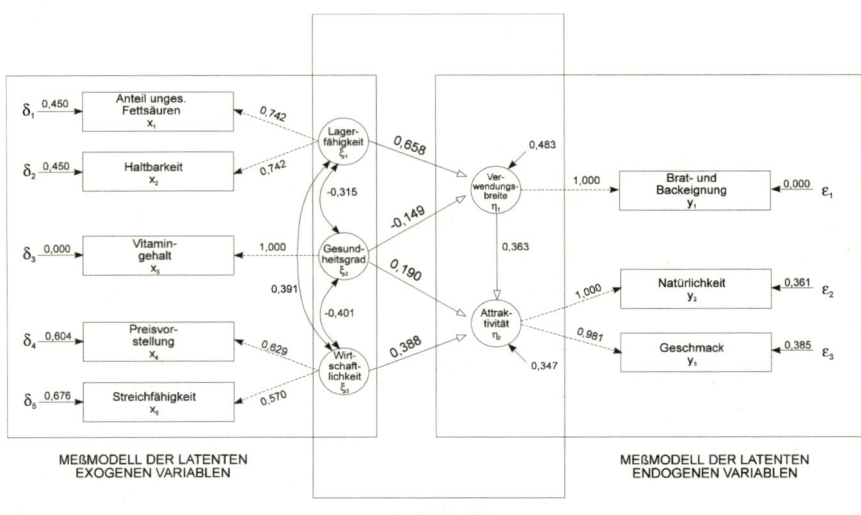

Abb. 8.8: Pfaddiagramm mit Schätzergebnissen der unstandardisierten Lösung

Wir sprechen hier von einer *unstandardisierten Lösung*, da die LAMBDA-Y-Matrix *keine* Faktorladungsmatrix darstellt, sondern die Regressionskoeffizienten zwischen den Meßvariablen und den latenten endogenen Variablen enthält.

Demgegenüber entspricht die LAMBDA-X-Matrix einer Faktorladungsmatrix, d. h. sie enthält die Korrelationen zwischen Meßvariablen und latenten exogenen Variablen, da die PHI-Matrix von uns als Korrelationsmatrix spezifiziert wurde (vgl. Abschnitt 8.3.1.3.4). Die PHI-Matrix ist in Abbildung 8.7 in der Kovarianzmatrix der latenten Größen enthalten. Während die ersten beiden Spalten dieser Matrix u. a. die Kovarianzen zwischen den latenten endogenen und exogenen Variablen enthalten, spiegeln die letzten drei Spalten die geschätzten Kovarianzen (=Korrelationen) zwischen den latenten exogenen Größen wider, was der PHI-Matrix entspricht. Dabei zeigt sich, daß der "Gesundheitsgrad" sowohl mit der "Lagerfähigkeit" als auch mit der "Wirtschaftlichkeit" negativ korreliert ist, während "Wirtschaftlichkeit" und "Lagerfähigkeit" mit 0,391 positiv korrelieren. In allen drei Fällen sind die Korrelationen jedoch als *relativ* gering anzusehen. Die Matrix LAMBDA-X gibt Auskunft darüber, wie stark die Indikatorvariablen mit den hypothetischen exogenen Konstrukten korrelieren. Setzt man diese Faktorladungen ins Quadrat, so erhalten wir den erklärten Varianzanteil einer beobachteten x-Variablen. So erklärt z. B. das Konstrukt "Wirtschaftlichkeit" $0,629^2=0,396$ der Varianz der Variablen "Preisvorstellung". Folglich bleibt ein

Varianzanteil von 1-0,396=0,604 unerklärt. Dieser Wert entspricht genau dem Wert der "Preisvorstellung" in der THETA-DELTA-Matrix, d. h. 60,4% der Einheitsvarianz der Variablen "Preisvorstellung" sind auf Meßfehler und evtl. nicht berücksichtige Variableneffekte zurückzuführen. Entsprechend sind auch die übrigen Werte in den Matrizen LAMBDA-X und THETA-DELTA zu interpretieren. Außerdem wird deutlich, daß die Werte der von uns als restringiert festgelegten Parameter ($\lambda_{11} = \lambda_{21}$ und $\delta_{11} = \delta_{21}$) durch das Programm jeweils gleich groß geschätzt wurden.

Bei der Interpretation des Meßmodells der y-Variablen wurde die Varianz der latenten endogenen Konstrukte nicht auf 1 gebracht. Somit können auch die Matrizen LAMBDA-Y und THETA-EPSILON *nicht* als Korrelationsmatrizen interpretiert werden, sondern sind als Kovarianz-Matrizen anzusehen. Durch das Programmpaket wurde *nur* der Parameter λ_{32} der LAMBDA-Y Matrix geschätzt, da alle übrigen Parameter von uns a priori festgesetzt wurden (vgl. Abschnitt 8.3.1.3.4). Die THETA-EPSILON-Matrix macht dabei deutlich, daß die nicht erklärte Varianz der erhobenen Variable "Natürlichkeit" 0,361 und die der Variable "Geschmack" 0,385 beträgt, während wir bei der "Brat- und Backeignung" a priori *unterstellt* hatten, daß keine Meßfehler auftreten.

Da die Matrix LAMBDA-Y eine Kovarianz-Matrix darstellt, gibt der Wert von 0,981 zwischen "Geschmack" und "Attraktivität" die *Kovarianz* zwischen diesen beiden Variablen an. Da die Kovarianz aber durch die Skaleneinheiten der jeweiligen Variablen, sprich durch deren Varianzen beeinflußt werden, empfiehlt es sich, eine Standardisierung der Lösung vorzunehmen.

Durch das Programm LISREL 7 werden zwei Arten von "standardisierten Lösungen" ermittelt: die standardisierte Lösung und die komplett-standardisierte Lösung.

In beiden Fällen wird eine Standardisierung der Lösung dadurch erreicht, daß die Varianzen der *latenten Variablen* auf 1 fixiert werden. Der Unterschied in beiden Lösungsmöglichkeiten ist lediglich darin zu sehen, daß bei der *standardisierten Lösung* die Indikatorvariablen nicht standardisiert werden, während bei der *komplett-standardisierten Lösung* alle Variablen, d. h. latente und Indikator-Variable standardisiert sind.

Da wir bei den latenten exogenen Variablen eine Fixierung auf 1 bereits vorgenommen hatten, stimmt die unstandardisierte Lösung (Abbildung 8.7) mit der komplett-standardisierten Lösung (Abbildung 8.9) für die Matrizen LAMBDA-X, PHI und THETA-DELTA überein.

Die LAMBDA-Y-Matrix enthält in der komplett-standardisierten Lösung die Korrelationen zwischen den beobachteten Variablen und den latenten endogenen Größen und kann jetzt als *Faktorladungsmatrix* interpretiert werden. So besagt z. B. der Wert von 0,80102, daß die "Attraktivität" einer Margarine relativ stark mit der subjektiv empfundenen "Natürlichkeit" korreliert. Weiterhin addieren sich in der komplett-standardisierten Lösung die quadrierten Faktorladungen aus der LAMBDA-Y bzw. LAMBDA-X-Matrix mit den Werten der THETA-EPSILON- bzw. THETA-DELTA-Matrix zu 1. Durch die Standardisierung ändern sich im Vergleich zur unstandardisierten Lösung außerdem die Koeffizienten in den Matrizen des Strukturmodells (BETA, GAMMA und PSI).

Vollständiges LISREL-Modell für den Margarinemarkt
COMPLETELY STANDARDIZED SOLUTION

LAMBDA Y

	VERWENDB	ATTRAKT.
BRAT+BAC	1.00000	.00000
NATUR	.00000	.80102
GESCHMAC	.00000	.78557

LAMBDA X

	LAGERF	GESUNDH	WIRTLK
UNG_FETT	.74172	.00000	.00000
HALTBARK	.74172	.00000	.00000
VITAMINE	.00000	1.00000	.00000
PREISVOR	.00000	.00000	.62949
STREICHF	.00000	.00000	.56956

BETA

	VERWENDB	ATTRAKT.
VERWENDB	.00000	.00000
ATTRAKT.	.45119	.00000

GAMMA

	LAGERF	GESUNDH	WIRTLK
VERWENDB	.65785	-.14931	.00000
ATTRAKT.	.00000	.23614	.48289

CORRELATION MATRIX OF ETA AND KSI

	VERWENDB	ATTRAKT.	LAGERF	GESUNDH	WIRTLK
VERWENDB	1.00000				
ATTRAKT.	.52012	1.00000			
LAGERF	.70491	.43243	1.00000		
GESUNDH	-.35665	-.11859	-.31517	1.00000	
WIRTLK	.31714	.53120	.39098	-.40137	1.00000

PSI

	VERWENDB	ATTRAKT.
	.48302	.53682

THETA EPS

	BRAT+BAC	NATUR	GESCHMAC
	.00000	.35837	.38288

THETA DELTA

	UNG_FETT	HALTBARK	VITAMINE	PREISVOR	STREICHF
	.44986	.44986	.00000	.60374	.67560

REGRESSION MATRIX ETA ON KSI (STANDARDIZED)

	LAGERF	GESUNDH	WIRTLK
VERWENDB	.65785	-.14931	.00000
ATTRAKT.	.29682	.16878	.48289

Abb. 8.9: Komplett-standardisierte Lösung

Betrachten wir nun die *Koeffizienten des Strukturmodells*. In der komplett-standardisierten Lösung werden zusätzlich zu den Parametermatrizen noch die Korrelationen zwischen *allen* latenten Variablen errechnet. Dabei zeigt sich, daß mit 0,705 die höchste Korrelation zwischen den Konstrukten "Verwendungsbreite" und "Lagerfähigkeit" besteht. Eine ebenfalls relativ hohe Korrelation ergibt sich mit einem Wert von 0,52 zwischen "Verwendungsbreite" und "Attraktivität". Die

BETA-Matrix gibt hier genauere Auskunft. Wir finden dort den Wert 0,451, d. h. die Varianz des Konstruktes "Attraktivität" wird zu $0,451^2 = 20,34\%$ durch das Konstrukt "Verwendungsbreite" bestimmt.

Betrachten wir abschließend noch die Effekte, die von den exogenen Konstrukten auf die endogenen Konstrukte wirken. Die Vorzeichen der Koeffizienten in GAMMA entsprechen genau den unterstellten Richtungszusammenhängen in den Hypothesen H_1 bis H_4 (vgl. Abschnitt 8.3.1.1). Am stärksten wird die "Verwendungsbreite" von der "Lagerfähigkeit" beeinflußt (0,658) und die "Attraktivität" mit 0,483 von der "Wirtschaftlichkeit". Die Effekte des "Gesundheitsgrades" auf die endogenen Konstrukte sind im Vergleich zu den übrigen Effekten geringer, und die "Verwendungsbreite" wird negativ beeinflußt. Es läßt sich also z. B. sagen, daß je größer der "Gesundheitsgrad" anzusehen ist, desto geringer wird die "Verwendungsbreite" einer Margarine angesehen und je größer die "Wirtschaftlichkeit", desto attraktiver ist eine Margarine in den Augen der Konsumenten. Diese Tendenz wird auch durch die Werte der Korrelationsmatrix zwischen den latenten Variablen bestärkt.

8.3.1.5.2.2 Indirekte und totale Beeinflussungseffekte

Neben den bisher beschriebenen *direkten Beeinflussungseffekten* zwischen den Variablen lassen sich aber auch *indirekte Effekte* zwischen den Variablen erfassen, die dadurch entstehen, daß eine Variable über eine oder mehrere Zwischenvariable auf eine andere wirkt. Direkte und indirekte Effekte ergeben zusammen den *totalen Beeinflussungseffekt* (vgl. auch Abschnitt 8.1.2.2.3). Zur Bestimmung dieser Effekte wird die *unstandardisierte Lösung* der Modellschätzung (vgl. Abbildung 8.7) herangezogen. Wir wollen hier zur Verdeutlichung die im *Strukturmodell* wirkenden Effekte näher betrachten. Abbildung 8.10 faßt nochmals die im Strukturmodell vorhandenen *direkten Beeinflussungseffekte* der unstandardisierten Lösung zusammen.

Die totalen Beeinflussungseffekte zwischen den Variablen lassen sich nun wie folgt berechnen:

Totaler Effekt = direkt kausaler Effekt + indirekt kausaler Effekt

Indirekte kausale Effekte ergeben sich immer dann, wenn sich im Pfaddiagramm die Beziehung zwischen zwei Variablen nur über ein oder mehrere *zwischenge-schaltete Variablen* finden läßt. Die indirekten Effekte lassen sich einfach durch Multiplikation der entsprechenden Koeffizienten ermitteln.

So besteht z. B. ein *indirekter kausaler Effekt* zwischen "Lagerfähigkeit" und "Attraktivität", da die Lagerfähigkeit über die endogene Variable "Verwendungsbreite" auf die "Attraktivität" einwirkt (vgl. die verstärkt gezeichneten Pfeile in Abbildung 8.10). Dieser indirekte Effekt errechnet sich wie folgt und entspricht gleichzeitig dem *totalen kausalen Effekt* zwischen diesen Variablen, da *kein* direkter Effekt zwischen "Lagerfähigkeit" und "Attraktivität" auftritt (vgl. Abbildung 8.11):

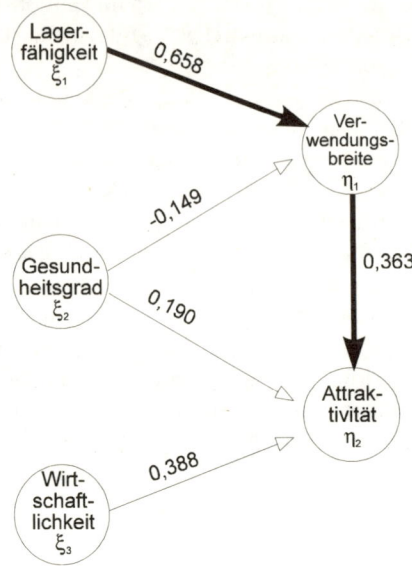

Abb. 8.10: Direkte kausale Effekte in der unstandardisierten Lösung

Total $(\xi_1; \eta_2) = 0{,}65785 \cdot 0{,}36254 = 0{,}2385$

Einen direkten und einen indirekten kausalen Effekt besitzt die latente exogene Variable "Gesundheitsgrad" auf die latente endogene Variable "Attraktivität". Der direkte kausale Effekt beträgt 0,18975, und der indirekte Beeinflussungseffekt verläuft über die zwischengeschaltete endogene Variable "Verwendungsbreite". Der totale kausale Effekt zwischen "Gesundheitsgrad" und "Attraktivität" errechnet sich damit wie folgt (vgl. auch Abbildung 8.11):

Total $(\xi_2; \eta_2) = 0{,}18975 + (-0{,}14931) \cdot 0{,}36254 = 0{,}13561$

Insgesamt wird also die "Attraktivität" einer Margarine durch den "Gesundheitsgrad" positiv beeinflußt. Dieser Effekt wird aber dadurch abgeschwächt, daß eine hoch empfundene Gesundheit zu einer Einschränkung der Verwendungsbreite führt und damit die Attraktivität der Margarine wieder herabgesetzt wird.

Außer den bisher aufgezeigten Effekten bestehen im Strukturmodell nur direkte Effekte, die gleichzeitig den totalen Effekten entsprechen. Durch das Programmpaket LISREL 7 werden automatisch auf Basis der *unstandardisierten Lösung* folgende indirekten und totalen Beeinflussungseffekte sowie deren Standardfehler berechnet:

- indirekte und totale Effekte der KSI- auf die ETA-Variablen
- indirekte und totale Effekte zwischen den ETA-Variablen
- indirekte und totale Effekte der ETA- auf die Y-Variablen
- totale Effekte der KSI- auf die Y-Variablen

Abbildung 8.11 zeigt den entsprechenden Computerausdruck, wobei auf die Wiedergabe der jeweiligen Standardfehler verzichtet wurde.

Da KSI-Variable niemals einen direkten Einfluß auf die Y-Variablen ausüben können, entsprechen in diesem Fall die totalen den indirekten Kausaleffekten. Bei den Beeinflussungseffekten der latenten Größen auf die Y-Indikatorvariablen muß der Anwender jedoch aufgrund *inhaltlicher Überlegungen* entscheiden, ob eine solche Effekt-Zerlegung sinnvoll ist; denn die latenten Variablen sind weitgehend ad hoc-Erklärungen, die aus den gemessenen Variablen abgeleitet werden. So ist es in unserem Fall z. B. fraglich, ob die "Wirtschaftlichkeit" tatsächlich die Meßvariable "Geschmack" beeinflußt. Zusätzlich zu den Beeinflussungseffekten wird für die Beziehung zwischen den ETA-Variablen noch der sog. *STABILITY INDEX* ausgegeben. Seine Aussagekraft bezieht sich insbesondere auf solche Modelle, in denen reziproke oder zirkuläre Beziehungen zwischen den ETA-Variablen existieren, d. h. die latenten endogenen Variablen beeinflussen sich gegenseitig. In diesen Fällen gibt der STABILITY INDEX Auskunft über die Stabilität der Beziehungen. Die Beziehungen gelten als stabil und die entsprechenden totalen Effekte als begrenzt, solange der Wert des Stabilitätsindex kleiner 1 bleibt. Die totalen Effekte, die sich aus der *komplett-standardisierten Lösung* zwischen den Ksi- und den Eta-Variablen ergeben, werden von LISREL im Rahmen der standardisierten Lösung unter der Überschrift "REGRESSION MATRIX ETA ON KSI (STANDARDIZED)" ausgedruckt (vgl. Abbildung 8.9).

Vollständiges LISREL-Modell für den Margarinemarkt
TOTAL AND INDIRECT EFFECTS

TOTAL EFFECTS OF KSI ON ETA

	LAGERF GESUNDH	WIRTLK	
VERWENDB	.65785	-.14931	.00000
ATTRAKT.	.23850	.13561	.38802

INDIRECT EFFECTS OF KSI ON ETA

	LAGERF GESUNDH	WIRTLK	
VERWENDB	.00000	.00000	.00000
ATTRAKT.	.23850	-.05413	.00000

TOTAL EFFECTS OF ETA ON ETA

	VERWENDB	ATTRAKT.
VERWEND	.00000	.00000
ATTRAKT.	.36254	.00000

LARGEST EIGENVALUE OF B*B' (STABILITY INDEX) IS   .131

INDIRECT EFFECTS OF ETA ON ETA

	VERWENDB	ATTRAKT.
VERWENDB	.00000	.00000
ATTRAKT.	.00000	.00000

TOTAL EFFECTS OF ETA ON Y

	VERWENDB	ATTRAKT.
BRAT+BAC	1.00000	.00000
NATUR	.36254	1.00000
GESCHMAC	.35551	.98060

INDIRECT EFFECTS OF ETA ON Y

	VERWENDB	ATTRAKT.
BRAT+BAC	.00000	.00000
NATUR	.36254	.00000
GESCHMAC	.35551	.00000

TOTAL EFFECTS OF KSI ON Y

	LAGERF GESUNDH	WIRTLK	
BRAT+BAC	.65785	-.14931	.00000
NATUR	.23850	.13561	.38802
GESCHMAC	.23387	.13298	.38049

Abb. 8.11: Totale und indirekte kausale Effekte im Margarinebeispiel

8.3.1.6 Test der Modellstruktur

8.3.1.6.1 Plausibilitätsbetrachtungen der Schätzungen

(1) Hypothesenbildung

(2) Erstellung eines Pfaddiagramms

(3) Spezifikation der Modellstruktur

(4) Identifikation der Modellstruktur

(5) Parameterschätzung

(6) Beurteilung der Schätzergebnisse

Mit Hilfe der Maximum-Likelihood-Methode wurden die einzelnen Parameter unseres Modellbeispiels geschätzt. Die Schätzung erfolgte dabei mit der Zielsetzung, die mit Hilfe der geschätzten Parameter berechenbare modelltheoretische Korrelationsmatrix möglichst gut an die empirische Korrelationsmatrix anzupassen. Es stellt sich jetzt natürlich die Frage, wie gut diese Anpassung durch die Parameterschätzungen gelungen ist.

Bevor auf einzelne Gütekriterien im Detail eingegangen wird, soll jedoch vorab noch eine Plausibilitätsbetrachtung der Schätzungen vorgenommen werden, die Aufschluß darüber gibt, ob die im Modell geschätzten Parameter auch keine logisch oder theoretisch unplausiblen Werte aufweisen und damit *Fehlspezifikationen* im Modell vorliegen. Treten theoretisch unplausible Werte auf, so ist das aufgestellte Modell entweder falsch oder die Daten können die benötigten Informationen nicht bereitstellen. Solche Werte liefern einen Hinweis dafür, daß Fehlspezifikationen im Modell vorgenommen wurden oder daß das Modell in Teilen nicht identifizierbar ist. Parameterschätzungen sind z. B. dann als unplausibel anzusehen, wenn die Matrix Phi als Korrelationsmatrix der exogenen Konstrukte spezifiziert wurde (1 in der Hauptdiagonalen), die Lambda-x-Matrix aber absolute Werte größer als 1 aufweist. Ein weiterer Indikator sind *negative Varianzen* sowie Kovarianz- oder Korrelationsmatrizen, die nicht positiv definit, d. h. nicht invertierbar sind. Im letzten Fall wird eine entsprechende Meldung vom Programm ausgedruckt. Im vorliegenden Modell treten keine unplausiblen Schätzungen auf.

8.3.1.6.2 Testkriterien des LISREL-Modells

Die Korrelationsmatrix kann im Rahmen des Programmpakets LISREL mit Hilfe statistischer Kriterien überprüft werden. Das Programmpaket stellt zu diesem Zweck Gütekriterien bereit, die

- die Zuverlässigkeit der Parameterschätzungen überprüfen;
- zur Beurteilung dafür dienen, wie gut die in den Hypothesen aufgestellten Beziehungen *insgesamt* durch die empirischen Daten wiedergegeben werden;
- die Güte einzelner Teilstrukturen überprüfen.[36]

8.3.1.6.2.1 Die Zuverlässigkeit der Schätzungen

Die Zuverlässigkeit der Parameterschätzungen kann mit Hilfe statistischer Kriterien überprüft werden. Im einzelnen werden hierfür folgende Gütekriterien zur Verfügung gestellt:

1. Standardfehler der Schätzung
Die Schätzungen der einzelnen Parameter stellen sog. Punktschätzungen dar, d. h. für jeden Parameter wird nur ein konkreter Wert berechnet. Da das betrachtete Datenmaterial aber im Regelfall eine Stichprobe aus der Grundgesamtheit darstellt, können diese Schätzungen je nach Stichprobe variieren. Für alle geschätzten Parameter werden deshalb die Standardfehler (STANDARD ERRORS) berechnet, die angeben, mit welcher Streuung bei den jeweiligen Parameterschätzungen zu rechnen ist.

Sind die Standardfehler sehr groß, so ist dies ein Indiz, daß die Parameter (Koeffizienten) im Modell nicht sehr zuverlässig sind. Für unser Modell sind die Standardfehler in Abbildung 8.12 aufgeführt. Sie liegen alle unter 0,14, und es kann von daher auf relativ sichere Schätzungen geschlossen werden. Bei der Interpretation der Standardfehler ist allerdings zu beachten, daß im vorliegenden Fall eine *Korrelationsmatrix* analysiert wurde. Die "wahren" Standardfehler werden aber bei der Analyse von Korrelationsmatrizen tendenziell unterschätzt.

2. Multiple Korrelationskoeffizienten
Wie zuverlässig die Messung der *latenten Variablen* in einem Modell ist, läßt sich durch die sog. *Reliabilität* ausdrücken. Die Reliabilität einer Variablen spiegelt den Grad wider, mit dem eine Messung frei von zufälligen Meßfehlern ist, d. h. mit dem unabhängige, aber vergleichbare Messungen ein und derselben Variablen übereinstimmen.[37] Allgemein ergibt sich die Reliabilität aus der Beziehung:

$$\text{Reliabilität} = 1 - \frac{\text{Fehlervarianz}}{\text{Gesamtvarianz}}$$

Die Reliabilität wird in LISREL 7 durch quadrierte multiple Korrelationskoeffizienten für jede beobachtete Variable und die latenten endogenen Variablen separat berechnet sowie für die Strukturgleichungen insgesamt. Diese Koeffizienten können zwischen 0 und 1 liegen, und je näher sich ihr Wert an 1 annähert, desto zuverlässiger sind die Messungen im Modell.

---

[36] Einen Überblick zu Gütemaßen in der Kausalanalyse liefert auch: Homburg, Christian: Die Kausalanalyse, in: Marketing, ZFP, 14 (1992), Heft 10, S. 504.

[37] Vgl. Hildebrandt, a.a.O., S. 44ff.

Vollständiges LISREL-Modell für den Margarinemarkt

STANDARD ERRORS

LAMBDA Y

	VERWENDB	ATTRAKT.
BRAT+BAC	.00000	.00000
NATUR	. 00000	.00000
GESCHMAC	. 00000	. 13525

LAMBDA X

	LAGERF	GESUNDH	WIRTLK
UNG_FETT	.05894	.00000	.00000
HALTBARK	.05894	.00000	.00000
VITAMINE	.00000	.00000	.00000
PREISVOR	.00000	.00000	.10125
STREICHF	.00000	.00000	.09755

BETA

	VERWENDB	ATTRAKT.
VERWENDB	.00000	.00000
ATTRAKT.	.07334	.00000

GAMMA

	LAGERF	GESUNDH	WIRTLK
VERWENDB	.08099	.06837	.00000
ATTRAKT.	.00000	.07836	.10406

PHI

	LAGERF	GESUNDH	WIRTLK
LAGERF	.00000		
GESUNDH	.08268	.00000	
WIRTLK	.10872	.09469	.00000

PSI

VERWENDB	ATTRAKT.
.07367	.09050

THETA EPS

BRAT+BAC	NATUR	GESCHMAC
.00000	.08611	.08479

THETA DELTA

UNG_FETT	HALTBARK	VITAMINE	PREISVOR	STREICHF
.04865	.04865	.00000	.11441	.10654

Abb. 8.12: Standardfehler $(\hat{s})$ der Schätzungen

Ergeben sich hier z. B. Werte größer als 1, so ist das ebenfalls ein Hinweis darauf, daß eine Fehlspezifikation im Modell vorliegt. Die Reliabilitätskoeffizienten geben Auskunft, wie gut die Messungen der Indikatorvariablen und der latenten endogenen Variablen gelungen sind.

Dabei werden die "beobachteten" Varianzen, wenn sie nicht bekannt sind (z. B. bei Korrelationen als Eingabematrix) ebenfalls durch das Programm geschätzt. In Bezug auf die beobachteten Variablen geben die multiplen Korrelationskoeffizienten an, wie gut die jeweiligen Meßvariablen einzeln zur Messung der latenten Größen dienen.

Die quadrierten multiplen Korrelationskoeffizienten für die endogenen Konstrukte (latente unabhängige Variable) sind ein Maß für die Stärke der Kausalbeziehungen in den Strukturgleichungen.

Demgegenüber spiegelt das *Bestimmtheitsmaß* (COEFFICIENT OF DETER-MINATION) die Stärke der Kausalbeziehungen für *alle Strukturgleichungen gemeinsam* wider.[38] Das Bestimmtheitsmaß läßt sich auch für die beobachteten Variablen berechnen und gibt an, wie gut die Indikatoren *zusammen* zur Messung der latenten Variablen wiedergegeben werden.

```
SQUARED MULTIPLE CORRELATIONS FOR Y - VARIABLES

          BRAT+BAC      NATUR    GESCHMAC
          _____    _____   _____
          1.00000      .64163     .61712

SQUARED MULTIPLE CORRELATIONS FOR X - VARIABLES

          UNG_FETT    HALTBARK   VITAMINE   PREISVOR    STREICHF
          _____    _____   _____   _____    _____
           .55014      .55014    1.00000     .39626      .32440

SQUARED MULTIPLE CORRELATIONS FOR STRUCTURAL EQUATIONS

          VERWENDB    ATTRAKT.
          _____    _____
           .51698      .46318
TOTAL COEFFICIENT OF DETERMINATION FOR STRUCTURAL EQUATIONS IS .645
```

Abb. 8.13: Reliabilitätskoeffizienten der unabhängigen Variablen

Die Werte in Abbildung 8.13 machen deutlich, daß für die latente endogene Variable "Attraktivität" der Indikator "Natürlichkeit" mit einem Wert von 0,642 die reliabelste Messung darstellt, während die "Brat- und Backeignung" (da a priori *ohne* Meßfehler spezifiziert) eindeutig die endogene Größe "Verwendungsbreite" mißt. Für die latenten exogenen Größen stellen die "ungesättigten" Fettsäuren" und die "Haltbarkeit" mit 0,55 die reliabelsten Messungen für die "Lagerfähigkeit" dar und die "Preisvorstellung" ist mit 0,396 die reliabelste Messung für die

---

[38] Vgl. zum Begriff des Bestimmtheitsmaßes die Ausführungen im Rahmen der Regressionsanalyse in diesem Buch.

"Wirtschaftlichkeit". Auch die Reliabilität des Strukturgleichungsmodells (d. h. der Stärke der Zusammenhänge im Strukturmodell) ist mit einem Bestimmtheitsmaß von 0,645 noch zu akzeptieren. An dieser Stelle muß aber auch darauf hingewiesen werden, daß z. B. für die latente Größe "Verwendungsbreite" *unterstellt* wurde, daß sie *ohne* Meßfehler durch die beobachbare Variable "Brat- und Backeignung" erhoben werden kann. Somit besitzt die "Brat- und Backeignung" eine Reliabilität von 1. Eine solche Annahme ist aber i. d. R. bei praktischen Anwendungen unrealistisch. Da die a priori Festsetzung eines Wertes sowohl die Parameter-schätzungen als auch die Standardfehler beeinflußt, sollte aufgrund *theoretischer Überlegungen* genau überprüft werden, ob die Festsetzung eines Pfades auf 1 sinnvoll ist oder ob nicht Werte kleiner 1 als sinnvoll zu erachten sind und die Differenz als Meßfehlerwert in der Analyse vorgegeben wird.

3. *Korrelation zwischen den Parameterschätzungen*
Das Programm berechnet Korrelationen zwischen *allen geschätzten Parametern*. Ist eine Korrelation zwischen zwei Parametern sehr hoch, so sollte einer der Parameter aus der Modellstruktur entfernt werden, da in einem solchen Fall die entsprechenden Parameter identische Sachverhalte messen und somit einer als redundant angesehen werden kann. Als sehr hoch werden bei praktischen Anwendungen nur solche Korrelationen angesehen, die Werte von absolut größer als 0,9 aufweisen. In unserem Modell zum Kaufverhalten bei Margarine traten keine hohen Korrelationen auf, und folglich können alle spezifizierten Parameter beibehalten werden.

Aufgrund obiger Gütekriterien kann aus *theoretischer Sicht* davon ausgegangen werden, daß keine Fehlspezifikationen in unserem Modell vorliegen. Wir wollen nun in einem zweiten Schritt prüfen, wie gut sich die theoretische Modellstruktur an die empirischen Daten anpaßt.

8.3.1.6.2.2 Die Beurteilung der Gesamtstruktur

Die folgenden Kriterien liefern ein Maß für die Anpassungsgüte der theoretischen Modellstruktur an die empirischen Daten. Im einzelnen wollen wir vier verschiedene *Gütekriterien* zur Beurteilung eines Meßmodells *in seiner Gesamtheit* betrachten:

- Chi-Quadrat-Wert
- Goodness-of-Fit-Index
- Adjusted-Goodness-of-Fit-Index
- Root-Mean-Square-Residual

Diese statistischen Kriterien geben die Gesamtanpassungsgüte eines Modells an, und man spricht in diesem Zusammenhang auch von dem *Fit eines Modells*. Für das vorliegende Modellbeispiel ergaben sich für die obigen Gütekriterien die in Abbildung 8.14 aufgeführten Werte.

```
CHI-SQUARE WITH  17 DEGREES OF FREEDOM =    16.15 (P = .513)
                 GOODNESS OF FIT INDEX = .976
        ADJUSTED GOODNESS OF FIT INDEX = .949
              ROOT MEAN SQUARE RESIDUAL = .032
```

Abb.8.14: Kriterien zur Beurteilung der Güte eines LISREL-Modells

1. Der Chi-Quadrat-Wert. Die *Validität* eines Modells kann mit Hilfe eines Likelihood-Ratio-Tests überprüft werden. Dieser Test stellt im Prinzip einen Chi-Quadrat-Anpassungstest dar, und es wird die Nullhypothese

H_0: Die empirische Kovarianz-Matrix entspricht der modelltheoretischen Kova-rianz-Matrix.

geprüft gegen die Alternativhypothese

H_1: Die empirische Kovarianz-Matrix entspricht einer beliebig positiv definiten Matrix A.

Die sich ergebende Prüfgröße ist Chi-Quadrat-verteilt mit ½(p+q)(p+q+1)-t d.f. (vgl. Abschnitt 8.3.1.4.1). In unserem Modell wurden 17 Freiheitsgrade errechnet, und der Chi-Quadrat-Wert entspricht 16,15.

Bei *praktischen Anwendungen* ist es weit verbreitet, ein Modell dann anzu-nehmen, wenn der Chi-Quadrat-Wert im Verhältnis zu den Freiheitsgraden mög-lichst klein wird, d. h. er sollte kleiner oder gleich der Anzahl der Freiheitsgrade sein. Dies ist in unserem Modell der Fall. Weiterhin wird die Wahrscheinlichkeit (p) dafür berechnet, daß die *Ablehnung* der Nullhypothese eine Fehlentscheidung darstellen würde, d. h. 1-p entspricht der Irrtumswahrscheinlichkeit (Fehler 1. Art) der klassischen Testtheorie. In der Praxis werden Modelle häufig dann verworfen, wenn p kleiner als 0,1 ist.[39] In unserem Beispiel entspricht p=0,513, und damit würde eine Ablehnung des Modells mit einer Wahrscheinlichkeit von 0,513 eine Fehlentscheidung darstellen (vgl. den P-Wert in Abbildung 8.14).

Die Berechnung des Chi-Quadrat-Wertes ist jedoch an eine Reihe von Voraus-setzungen geknüpft, und er ist nur dann eine geeignete Teststatistik, wenn

- alle beobachteten Variablen Normalverteilung besitzen,
- die durchgeführte Schätzung auf einer Stichproben-Kovarianz-Matrix basiert,
- ein "ausreichend großer" Stichprobenumfang vorliegt.

Diese Voraussetzungen sind bei praktischen Anwendungen jedoch nur selten er-füllt. Z. B. basieren die vorliegenden Schätzungen *nicht* auf der Stichproben-Ko-varianz-Matrix, sondern auf der Stichproben-Korrelationsmatrix, und damit ist die Chi-Quadrat-Teststatistik letztendlich auf unser Beispiel nicht anwendbar.

---

[39] Vgl. Bagozzi, Richard P.: Causal Models in Marketing, New York 1980, S. 105.

Außerdem reagiert der Chi-Quadrat-Wert äußerst sensitiv auf den Stichproben-umfang und Abweichungen von der Normalverteilungsannahme. So steigen z. B. die Chancen, daß ein Modell angenommen wird mit kleiner werdendem Stich-probenumfang und umgekehrt. Die Frage des "ausreichenden" Stichprobenumfangs spielt deshalb eine zentrale Rolle bei der Anwendung der Chi-Quadrat-Teststatistik (vgl. hierzu Abschnitt 8.4).[40]
Weiterhin ist die Chi-Quadrat-Teststatistik nicht in der Lage, eine Abschätzung des Fehlers 2. Art vorzunehmen, d. h. es läßt sich keine Wahrscheinlichkeit dafür angeben, daß eine falsche Modellstruktur als wahr angenommen wird.[41] Der Chi-Quadrat-Wert ist also mit Vorsicht zu interpretieren. Das gilt insbesondere vor dem Hintergrund, daß er ein Maß für die Anpassungsgüte des *gesamten Modells* darstellt; also auch dann hohe Werte annimmt, wenn komplexe Modelle nur in Teilen von der empirischen Kovarianz-Matrix abweichen.
Vor diesem Hintergrund haben Jöreskog und Sörbom zwei weitere Kriterien zur Beurteilung der Gesamtgüte eines Modells entwickelt, die unabhängig vom Stich-probenumfang und relativ robust gegenüber Verletzungen der Multinormal-verteilungsannahme sind. Sie werden als GFI und AGFI bezeichnet.

2. Der Goodness-of-Fit-Index (GFI). Der Goodness-of-Fit-Index mißt die relative Menge an Varianz und Kovarianz, der das Modell insgesamt Rechnung trägt und entspricht dem Bestimmtheitsmaß im Rahmen der Regressionsanalyse. GFI kann Werte zwischen 0 und 1 annehmen, und für GFI=1 können alle empirischen Varianzen und Kovarianzen durch das Modell errechnet werden. In unserem Beispiel beträgt GFI=0,976, d. h. die Modellstruktur erklärt 97,6% der gesamten Ausgangsvarianz.

3. Der Adjusted-Goodness-of-Fit-Index (AGFI). Der AGFI-Wert ist ebenfalls ein Maß für die im Modell erklärte Varianz, das aber zusätzlich noch die Zahl der Freiheitsgrade berücksichtigt. Er läßt sich wie folgt berechnen:

$$AGFI = 1 - \frac{k(k+1)}{2 \cdot d}(1 - GFI)$$

---

[40] Bezüglich der Sensitivität des Chi-Quadrat-Wertes im Hinblick auf den Stichproben-umfang sind eine Reihe von Simulationsstudien durchgeführt worden. Vgl. hierzu z.B.: Boomsma, A.: The Robustness of LISREL against Small Sample Sizes in Factor Analysis Models, in: Jörreskog, K.G./World, H. (Hrsg.): Systems under indirect observations, Amsterdam New York Oxford 1982, S. 149 ff. Bearden, William O./Sharma, Subhash/Teel, Jesse E.: Sample Size Effects on Chi Square and Other Statistics Used in Evaluating Causal Models, in: Journal of Marketing Research, Vol. XIX (1982), S. 425 ff.

[41] Vgl. Förster, Friedrich/Fritz, Wolfgang/Silberer, Günter/Raffée, Hans: Der LISREL-Ansatz der Kausalanalyse und seine Bedeutung für die Marketing-Forschung, in: Zeitschrift für Betriebswirtschaft (ZfB), 54 (1984), S. 357 ff. Jöreskog, Structural Analysis of Covariance, a.a.O., S.447 f. Jöreskog/Sörbom, LISREL 7, a.a.O., S. 25 ff.

mit:

k = Anzahl der y- und x-Variablen
d = Zahl der Freiheitsgrade

Für unser Beispiel ergibt sich:

$$AGFI = 1 - \frac{8(8+1)}{2 \cdot 17}(1 - 0{,}976) = 0{,}949$$

Auch AGFI liegt zwischen 0 und 1, und je mehr sich AGFI an 1 annähert, desto besser ist der Fit des Modells anzusehen.

4. Root-Mean-Square-Residual (RMR). Der RMR-Index bezieht sich auf die Residualvarianzen, die in einem Modell *nicht* erklärt werden können. Er ist damit ein Maß für die durchschnittlich durch das Modell *nicht* erklärten Varianzen und Kovarianzen und entspricht dem Standardfehler im Rahmen der Regressionsanalyse. Dabei wird unterstellt, daß alle Varianzen der Meßvariablen in etwa gleich groß sind. Deshalb sollte RMR nur dann zur Beurteilung einer Modellstruktur herangezogen werden, wenn als *Eingabematrix eine Korrelationsmatrix* verwendet wurde.

Je mehr sich RMR an 0 annähert, desto weniger Varianz bzw. Kovarianz wird im Modell *nicht* erklärt und desto besser ist folglich die Anpassungsgüte des Modells. In unserem Beispiel, daß auf einer Korrelations-Matrix basiert, beträgt RMR = 0,032, womit auch nach diesem Kriterium eine sehr gute Modellanpassung gelungen ist. RMR ist besonders dazu geneigt, zwei verschiedene Modelle, die am gleichen Datensatz getestet wurden, miteinander zu vergleichen.

Die bisher besprochenen Kriterien zur Überprüfung des globalen Fits eines Modells können jedoch *keine* Auskunft über die Anpassungsgüte von *Teilstrukturen im Modell* (z. B. die Güte der Abbildung eines Meßmodells) geben. So kann es z. B. sein, daß die Anpassungsgüte des Gesamtmodells gut ist, während die Anpassung von Teilstrukturen durchaus zu wünschen übrig läßt. In unserem Beispiel weisen alle vier Kriterien zur Beurteilung der Gesamtstruktur auf einen sehr guten Fit des Modells hin.

Außerdem gibt ein schlechter Fit des Gesamtmodells *keine* Auskunft darüber, welche Teile im Modell falsch spezifiziert wurden oder für die schlechte Anpassungsgüte des Gesamtmodells verantwortlich sind. Wir wollen deshalb im folgenden Gütekriterien für die Beurteilung von Teilstrukturen eines Modells diskutieren.

8.3.1.6.2.3 Die Beurteilung der Teilstrukturen

Wie gut die Schätzung einzelner Parameter ist, und welche Werte für einen schlechten Fit des Gesamtmodells verantwortlich sind, läßt sich z. B. mit Hilfe der folgenden Kriterien ermitteln:

- Beurteilung der Residuen
- Betrachtung der standardisierten Residuen und Q-Plot
- T-Werte
- Vergleich alternativer Schätzverfahren

1. *Beurteilung der Residuen.* Mit Hilfe der geschätzten Parameter läßt sich über Gleichung (10) in Abschnitt 8.3.1.5.1 die modelltheoretische Korrelations-Matrix $\hat{\Sigma}$ berechnen. Sie ist in Abbildung 8.15 unter der Überschrift "FITTED COVARIANCE MATRIX" abgedruckt. Bildet man nun die Differenz $(R-\hat{\Sigma})$, wobei R die empirische Korrelations-Matrix darstellt (vgl. Abbildung 8.4), so erhält man die Residuen, die im Modell *nicht* erklärt werden können. Diese Differenzmatrix wird in LISREL als "FITTED RESIDUALS" bezeichnet. Je näher ein Residualwert an Null liegt, desto geringer ist der Kovarianz- bzw. Korrelationsanteil der entsprechenden Variable, der durch die Modellstruktur nicht erklärt werden kann. Während der RMR-Index den durchschnittlichen Residualwert widerspiegelt, werden in der SUMMARY STATISTICS der FITTED RESIDUALS in Abbildung 8.15 der kleinste und der größte Residualwert sowie der Median der Residualwerte angegeben. Dabei wird deutlich, daß im vorliegenden Fall kein Residuum größer als 0,066 ist. Bei praktischen Anwendungen geht man häufig dann von "guten" Modellen aus, wenn die Werte der Residuen 0,1 nicht übersteigen. Einen Hinweis auf die Verteilung der Residuen erhält man durch den sog. STEMLEAF-PLOT der Residuen, der die Häufigkeitsverteilung der Residuen widerspiegelt. Dabei wird jeder Residualwert in eine "führende Stammziffer" (STEM) und eine "Folgeziffer" (LEAF) aufgeteilt, wobei die "führende Stammziffer" als Abzissenwert und die "Folgeziffer" als Symbol für die "Säulen" im Häufigkeitsdiagramm verwendet wird. So besitzt z. B. der Residualwert -0,06242 die "führende Stammziffer" 6 und die Folgeziffer 2. Der STEMLEAF-Plot ist damit geeignet "Ausreißer" zu identifizieren und liefert einen Anhaltspunkt zur Beurteilung von Wölbung und Schiefe der Verteilung der Residuen.

2. *Die Betrachtung standardisierter Residuen und Q-Plot.* Bei der Beurteilung der FITTED RESIDUALS ist darauf zu achten, daß die Höhe der Residuen durch die Skalierung der Variablen beeinflußt wird. Eine Veränderung der Skalierung führt immer zu einer Veränderung der Kovarianzen und Varianzen und somit zu einer Veränderung der Höhe der Residuals. FITTED RESIDUALS sind damit nur dann ein guter Indikator für Fehlspezifikationen im Modell, wenn die Eingabematrix eine Korrelations-Matrix darstellt. Wird als Eingabematrix hingegen eine Kovarianzmatrix verwendet, so ist es zweckmäßig, die FITTED RESIDUALS zu standardisieren. Zu diesem Zweck werden alle unter (1) betrachteten Residuen durch ihre *geschätzte* Standardabweichung dividiert, und man erhält damit die *standardisierten Residuen*, die ebenfalls in Abbildung 8.15 abgebildet sind. Für die STANDARDIZED RESIDUALS wird ebenfalls eine SUMMARY STATISTIC und ein STEMLEAF-PLOT erstellt.

Vollständiges LISREL-Modell für den Margarinemarkt

FITTED COVARIANCE MATRIX $\left(\hat{\Sigma}\right)$

	BRAT+BAC	NATUR	GESCHMAC	UNG_FETT	HALTBARK	VITAMINE	PREISVOR	STREICHF
BRAT+BAC	1.00000							
NATUR	.41793	1.00626						
GESCHMAC	.40982	.63312	1.00602					
UNG_FETT	.52285	.25772	.25272	1.00000				
HALTBARK	.52285	.25772	.25272	.55014	1.00000			
VITAMINE	-.35665	-.09529	-.09344	-.23277	-.23377	1.00000		
PREISVOR	.19964	.26869	.26348	.18255	.18255	-.25266	1.00000	
STREICHF	.18063	.24311	.23839	.16517	.16517	-.22860	.35853	1.00000

FITTED RESIDUALS $\left(R-\hat{\Sigma}\right)$

	BRAT+BAC	NATUR	GESCHMAC	UNG_FETT	HALTBARK	VITAMINE	PREISVOR	STREICHF
BRAT+BAC	.00000							
NATUR	-.02387	-.00626						
GESCHMAC	.00811	-.00614	-.00602					
UNG_FETT	-.01600	.05633	-.02770	.00000				
HALTBARK	.02120	.06634	.02828	-.00430	.00000			
VITAMINE	.00000	.05730	-.06242	.05997	-.05997	.00000		
PREISVOR	-.01061	-.06063	.02051	-.00845	-.02163	-.02411	.00000	
STREICHF	-.05160	.02299	-.03639	.00685	.03593	.02982	.00640	.00000

SUMMARY STATISTICS   STEMLEAF PLOT

```
SMALLEST FITTED RESIDUAL =  -.062          - 6|210
  MEDIAN FITTED RESIDUAL =   .000          - 4|2
 LARGEST FITTED RESIDUAL =   .066          - 2|68442
                                           - 0|61866664000000
                                             0|1678
                                             2|113806
                                             4|67
                                             6|06
```

STANDARDIZED RESIDUALS

	BRAT+BAC	NATUR	GESCHMAC	UNG_FETT	HALTBARK	VITAMINE	PREISVOR	STREICHF
BRAT+BAC	.00000							
NATUR	-1.20498	-.14776						
GESCHMAC	.38816	-.80478	-1.58121					
UNG_FETT	-.42395	.99465	-.48610	.00000				
HALTBARK	.56202	1.17141	.49623	-.54013	.00000			
VITAMINE	-.00000	1.74398	-1.76066	1.34852	-1.34853	.00000		
PREISVOR	-.20959	-1.59808	.52241	-.16866	-.43169	-.60483	-.00000	
STREICHF	-.95986	.55092	-.84709	.12718	.66718	.68525	.62567	-.00000

SUMMARY STATISTICS   STEMLEAF PLOT

```
SMALLEST STANDARDIZED RESIDUAL = -1.761     - 1|866
  MEDIAN STANDARDIZED RESIDUAL =   .000     - 1|320
 LARGEST STANDARDIZED RESIDUAL =  1.744     - 0|188655
                                            - 0|1442210000000
                                              0|114
                                              0|5566677
                                              1|023
                                              1|7
```

Abb. 8.15: Modelltheoretische Korrelationsmatrix und Residual-Matrizen

Graphisch lassen sich die standardisierten Residuen in einem Q-Plot darstellen. Mit Hilfe des Q-Plots läßt sich überprüfen,

- ob die Ausgangsdaten von der Annahme der Multi-Normalverteilung abweichen;
- wie gut der *Gesamtfit* des gegebenen Modells ist.

Beim Q-Plot werden die standardisierten Residuen gegen die Quantile der Normalverteilung geplottet. Liegen die sich daraus ergebenden Punkte alle auf einer senkrechten Geraden (Parallele zur Ordinate), so hat das Modell den absolut besten Fit, und liegen alle Punkte auf einer horizontalen Geraden (Parallelen zur Abzisse), so bedeutet dies der absolut schlechteste Fit (vgl. die in Abbildung 8.16 verstärkt eingezeichneten Pfeile).

Ein noch zu akzeptierender Fit ergibt sich immer dann, wenn die Koordinatenwerte der standardisierten Residuen ungefähr entlang der Diagonalen im Q-Plot verlaufen (vgl. die gepunktete Diagonallinie in Abbildung 8.16). Weichen die Punkte im Q-Plot stark von einer Geraden ab, so ist das ein Indikator dafür, daß Fehlspezifikationen im Modell oder Abweichungen von der Normalverteilungsannahme vorliegen, unabhängig davon, ob ein guter oder ein schlechter Fit vorliegt.

Die Abbildung 8.16 zeigt den Q-Plot für unser Beispiel. Die Punkte liegen ungefähr auf einer Geraden mit einer Steigung größer 1, was auf einen relativ guten Modell-Fit hindeutet. Die in Abbildung 8.16 eingezeichneten Punkte entsprechen den Werten aus der Matrix der standardisierten Residuen (vgl. Abbildung 8.15). Auf diese Weise lassen sich alle Werte der standardisierten Residuen aus Abbildung 8.15 im Q-Plot identifizieren, wobei dicht beieinanderliegende Werte durch einen * gekennzeichnet sind.

3. *Betrachtung der t-Werte.* Für alle *im Modell geschätzten Parameter* wird ein Test darauf durchgeführt, ob die geschätzten Werte signifikant von Null verschieden sind. Für jeden Parameter wird folgende Prüfgröße errechnet.

$$t_i = \frac{\hat{\pi}_i}{\hat{s}_i}$$

mit:

$\hat{\pi}_i$ = geschätzter Parameterwert der unstandardisierten Lösung

$\hat{s}_i$ = Standardfehler der Schätzung des Parameters i

Vollständiges LISREL-Modell für den Margarinemarkt
QPLOT OF STANDARDIZED RESIDUALS

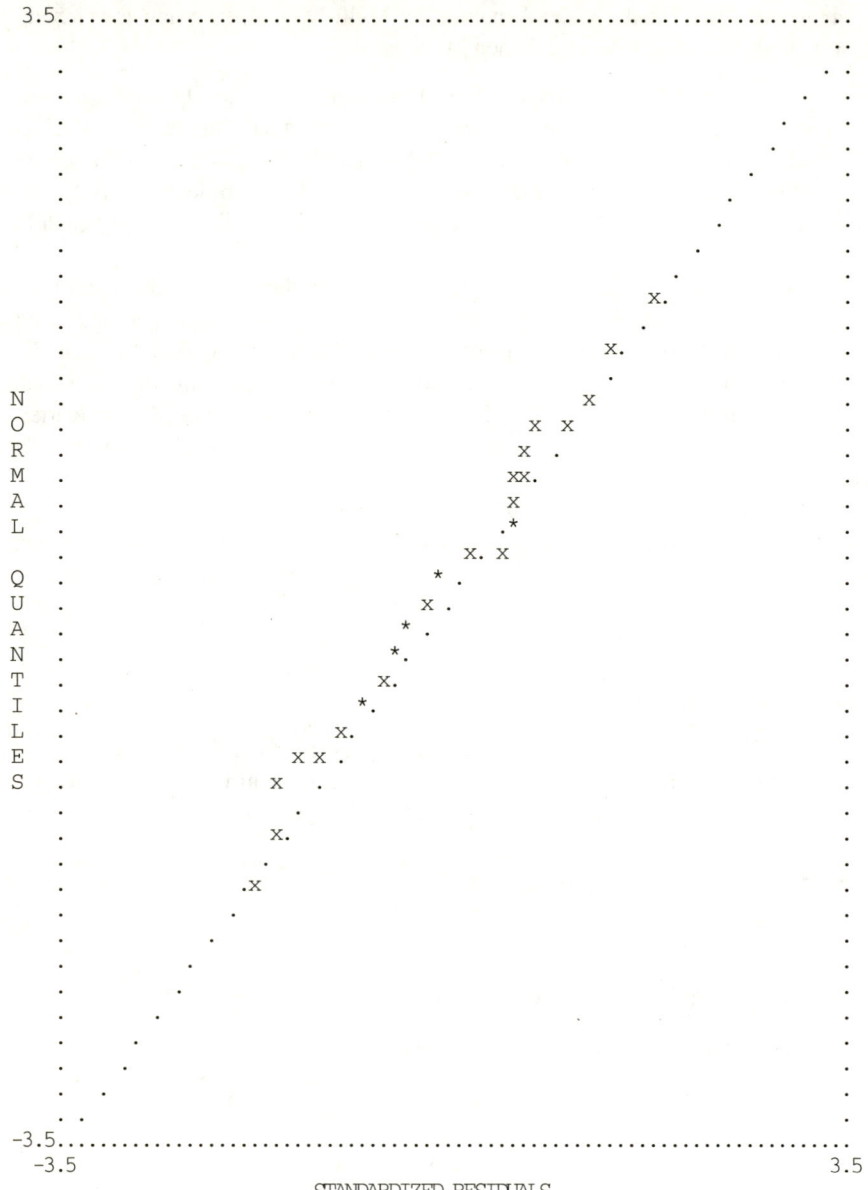

Abb. 8.16: Q-Plot der standardisierten Residuen

Vollständiges LISREL-Modell für den Margarinemarkt
<u>T-VALUES</u>

LAMBDA Y

	VERWENDB	ATTRAKT.
BRAT+BAC	.00000	.00000
NATUR	.00000	.00000
GESCHMAC	.00000	7.25047

LAMBDA X

	LAGERF	GESUNDH	WIRTLK
UNG_FETT	12.58432	.00000	.00000
HALTBARK	12.58432	.00000	.00000
VITAMINE	.00000	.00000	.00000
PREISVOR	.00000	.00000	6.21739
STREICHF	.00000	.00000	5.83847

BETA

	VERWENDB	ATTRAKT.
VERWENDB	.00000	.00000
ATTRAKT.	4.94352	.00000

GAMMA

	LAGERF	GESUNDH	WIRTLK
VERWENDB	8.12257	-2.18384	.00000
ATTRAKT.	.00000	2.42149	3.72888

PHI

	LAGERF	GESUNDH	WIRTLK
LAGERF	.00000		
GESUNDH	-3.81184	.00000	
WIRTLK	3.59631	-4.23855	.00000

PSI

VERWENDB	ATTRAKT.
6.55636	3.82990

THETA EPS

BRAT+BAC	NATUR	GESCHMAC
.00000	4.18769	4.54280

THETA DELTA

UNG_FETT	HALTBARK	VITAMINE	PREISVOR	STREICHF
9.24686	9.24686	.00000	5.27709	6.34160

Abb. 8.17: t-Werte der geschätzten Parameter

Die t-Werte sind in Abbildung 8.17 wiedergegeben und lassen sich leicht durch Division der Werte aus den Abbildungen 8.7 und 8.12 nachrechnen. Die Parameterschätzungen können dann als signifikant von Null verschieden angesehen werden, wenn die t-Werte absolut größer als 2 sind. Solche Werte sind ein Indiz dafür, daß die entsprechenden Parameter einen gewichtigen Beitrag zur Bildung der Modellstruktur liefern. Im vorliegenden Modell (Abbildung 8.17) sind alle t-Werte absolut größer als 2 und somit für die Modellspezifikation unbedingt erforderlich.

4. *Vergleich alternativer Schätzverfahren*. Die Zuverlässigkeit einzelner Schätzungen läßt sich auch durch die Anwendung alternativer Schätzverfahren überprüfen. Wird ein Modell mit Hilfe mehrerer Methoden geschätzt, und stimmen alle Schätzungen überein, so ist das ein gewichtiger Indikator dafür, daß der "wahre" Wert eines Parameters gefunden ist. Das gilt insbesondere dann, wenn die iterativ geschätzten Parameter nahe an den Parametern einer Schätzung mit nicht-iterativem Verfahren liegen.

Die folgende Tabelle zeigt ausgewählte Parameterschätzungen für das Modell zum Kaufverhalten bei Margarine nach dem nicht-iterativen TSLS-Verfahren und nach den iterativen GLS-, ULS- und ML-Verfahren.

Tabelle 8.8:   Alternative Parameterschätzungen für ausgewählte Parameter

Parameter	TSLS	GLS	ULS	ML
λ_{11}	0,842	0,749	0,749	0,742
λ_{43}	0,641	0,615	0,628	0,629
γ_{11}	0,432	0,649	0,665	0,658
γ_{12}	-0,219	-0,183	-0,141	-0,149
γ_{22}	0,193	0,200	0,183	0,190
Φ_{21}	-0,319	-0,296	-0,313	-0,315
Φ_{31}	0,384	0,374	0,381	0,391
Φ_{32}	-0,395	-0,402	-0,394	-0,401

Die Tabelle 8.8 zeigt, daß die Abweichungen zwischen den Schätzungen der *iterativen Verfahren nur minimal sind* und auch gegenüber dem nicht-iterativen TSLS-Verfahren keine großen Abweichungen auftreten. Es kann deshalb davon ausgegangen werden, daß die Schätzungen unseres Modells mit Hilfe der ML-Methode den "wahren" Werten der Parameter sehr nahe kommen.

8.3.1.7 Modifikation der Modellstruktur

Mit der Beurteilung der Güte der Parameterschätzungen sind nun alle Ablaufschritte im Rahmen eines vollständigen LISREL-Modells durchlaufen, und damit ist die Analyse zunächst einmal abgeschlossen. Es bleibt jedoch noch die Frage zu beantworten, welche Maßnahmen ergriffen werden können, wenn die Gütekriterien eine schlechte Anpassung der modelltheoretischen Korrelationsmatrix an die empirischen Daten erbracht haben. In einem solchen Fall wäre zunächst einmal die Konsequenz zu ziehen, daß die im Hypothesensystem aufgestellte Theorie nicht mit den erhobenen Daten übereinstimmt und somit aus empirischer Sicht zu verwerfen ist, wenn man die Repräsentativität der empirischen Erhebung unterstellen darf.

Es kann aber auch versucht werden, aus dem verwendeten Datenmaterial Anregungen zur Modifikation der aufgestellten Hypothesen zu erhalten. Für diese Zwecke können ebenfalls die besprochenen Gütekriterien herangezogen werden. Dabei ist aber streng zu beachten, daß der LISREL-Ansatz der Kausalanalyse damit zu einem *explorativen* Datenanalyseinstrument wird und seinen konfirmatorischen Charakter verliert.

Im folgenden werden wir die Vorgehensweise bei der Veränderung der Modellstruktur am Beispiel der konfirmatorischen Faktorenanalyse verdeutlichen.

8.3.2 Die konfirmatorische Faktorenanalyse

8.3.2.1 Problemstellung der konfirmatorischen Faktorenanalyse

Die konfirmatorische Faktorenanalyse geht ebenso wie die explorative Faktorenanalyse davon aus, daß hinter einer Reihe von beobachteten Variablen ein oder mehrere *hypothetische Konstrukte* stehen. Dabei versucht die explorative Faktorenanalyse aus einem gegebenen Datensatz diese hypothetischen Konstrukte zu ermitteln.[42] Die konfirmatorische Faktorenanalyse hingegen setzt voraus, daß eine genaue Vorstellung bzw. eine eindeutige Theorie darüber vorliegt, wie diese hypothetischen Konstrukte aussehen und in welcher Beziehung sie zu den beobachteten Variablen stehen. Sie versucht dann, mit Hilfe eines empirischen Datensatzes, eine Überprüfung der Beziehungen zwischen den beobachteten Variablen und den hypothetischen Konstrukten vorzunehmen. Es ist also auch für die konfirmatorische Faktorenanalyse, ebenso wie im Fall des vollständigen LISREL-Modells, unabdingbar notwendig, a priori genaue und gesicherte Vorstellungen über mögliche Beziehungszusammenhänge zu besitzen.

Die konfirmatorische Faktorenanalyse unterscheidet sich von der explorativen Faktorenanalyse insbesondere durch folgende Punkte:

---

[42] Vgl. zur explorativen Faktorenanalyse Kap. 6 dieses Buches und: Überla, Karl: Faktorenanalyse, 2. Aufl. Berlin Heidelberg New York 1977; Weiber, Rolf: Faktorenanalyse, St. Gallen 1984.

- Durch *theoretische* Überlegungen wird bestimmt, welche beobachteten Variablen mit welchen hypothetischen Faktoren in Beziehung stehen und ob die Faktoren voneinander unabhängig sind oder ob Abhängigkeiten zwischen den Faktoren bestehen.
- Bei der konfirmatorischen Faktorenanalyse werden häufig einzelne Variable auch nur einzelnen Faktoren zugerechnet, d. h. es werden häufig aufgrund *inhaltlicher* Überlegungen sog. Null-Ladungen unterstellt. Diese Null-Ladungen (feste Parameter) bleiben dann zwar im Laufe der Analyse erhalten, beeinflussen aber die Schätzung der übrigen Parameter.
- Aufgrund der häufig spezifizierten Null-Ladungen werden i. d. R. bei konfirmatorischen Faktorenanalysen Abhängigkeiten zwischen den Faktoren zugelassen und geschätzt, während man in der explorativen Faktorenanalyse bestrebt ist, möglichst voneinander *unabhängige* Faktoren zu erhalten.
- Die Anzahl der Faktoren wird in der konfirmatorischen Faktorenanalyse vom Forscher vorgegeben und nicht erst im Laufe des Verfahrens durch ein bestimmtes Abbruchkriterium (Extraktionskriterium) bestimmt.
- Durch die Vorgabe einfacher Faktorenstrukturen erübrigt sich auch eine Rotation, sie ist sogar unmöglich, sobald ein Modell eindeutig identifiziert ist.[43]

Die im folgenden vorgestellte konfirmatorische Faktorenanalyse stellt ein *Submodell* eines vollständigen LISREL-Modells in Form eines *Meßmodells der latenten exogenen Variablen* dar, wodurch die Betrachtung des Strukturmodells entfällt. Damit vereinfacht sich die modelltheoretische Korrelationsmatrix $\hat{\Sigma}$ des LISREL-Modells zu einem rein faktoranalytischen Ansatz, und es gilt entsprechend Gleichung (9d) in Abschnitt 8.3.1.5.1:

$$\hat{\Sigma} = \Lambda_x \cdot \Phi \cdot \Lambda_x' + \Theta_\delta \quad (= \Sigma_{xx}) \tag{13}$$

Ein weiteres Modell der konfirmatorischen Faktorenanalyse läßt sich bei isolierter Betrachtung des *Meßmodells der latenten endogenen Variablen* aufstellen. Dieses Modell unterscheidet sich von dem im folgenden dargestellten insbesondere dadurch, daß zwischen den hypothetischen Konstrukten (= endogene Variable im vollständigen LISREL-Modell) nicht korrelative, sondern kausale Abhängigkeiten spezifiziert werden können. Dadurch läßt sich z. B. abschätzen, wie stark ein hypothetisches Konstrukt auf eine andere Variable wirkt.

Die Ablaufschritte der konfirmatorischen Faktorenanalyse entsprechen denen eines vollständigen LISREL-Modells. Im folgenden soll jedoch gezeigt werden, auf welche Weise die Gütekriterien zur Beurteilung der Modellschätzungen zur *Modifikation der Modellstruktur* herangezogen werden können. Wird aber ein LISREL-Modell an ein und demselben Datensatz überprüft *und* modifiziert, so müssen die bisher betrachteten Ablaufschritte im LISREL-Modell um einen Schritt erweitert werden, wodurch sich das in Abbildung 8.18 dargestellte Ablaufdiagramm ergibt.

---

[43] Vgl. Weede, Erich/ Jagodzinski, Wolfgang: Einführung in die konfirmatorische Faktorenanalyse, in: Zeitschrift für Soziologie, 6 (1977), S. 316 ff.

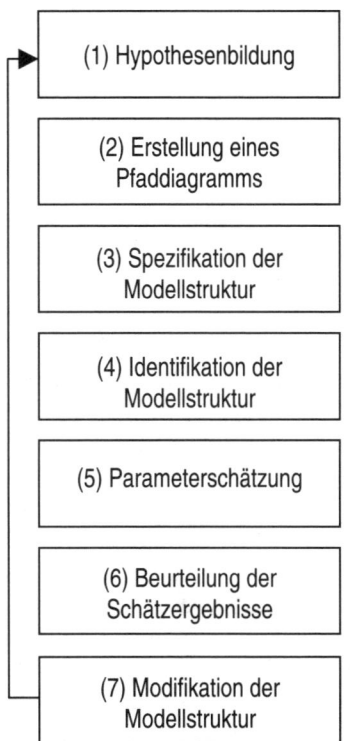

Abb. 8.18: Erweiterung der Ablaufschritte im LISREL-Modell

Wir wollen im folgenden alle Ablaufschritte an einem Beispiel demonstrieren, wobei wir die Schritte (1) bis (6) jedoch nur kurz darstellen, da sie zu dem bisher betrachteten (vollständigen) LISREL-Modell analog sind.

8.3.2.2 Fallbeispiel zur konfirmatorischen Faktorenanalyse

8.3.2.2.1 Hypothesen und Spezifikation der Modellstruktur

Wir betrachten in diesem Abschnitt ein weiteres Beispiel aus dem Margarinemarkt, wobei wir *unterstellen* wollen, daß die Verbraucher beim Margarinekauf ausschließlich nach den Kriterien "Verwendungsbreite" und "Wirtschaftlichkeit" entscheiden. Da diese Vermutung keine "gesicherte Theorie" zum Kaufverhalten bei Margarine darstellt, *(das LISREL-Modell aber theoretisch fundierte Hypothesen verlangt),* wurde auch für dieses Beispiel ein fiktiver Datensatz mit 210 Fällen generiert, der es erlaubt, die Vorgehensweise bei der Modifikation von Modellstrukturen idealisiert darzustellen.

Auch die hier betrachteten Kaufkriterien stellen hypothetische Konstrukte dar, die durch direkt beobachtbare Indikatoren operationalisiert werden sollen, die in Abbildung 8.19 dargestellt sind.

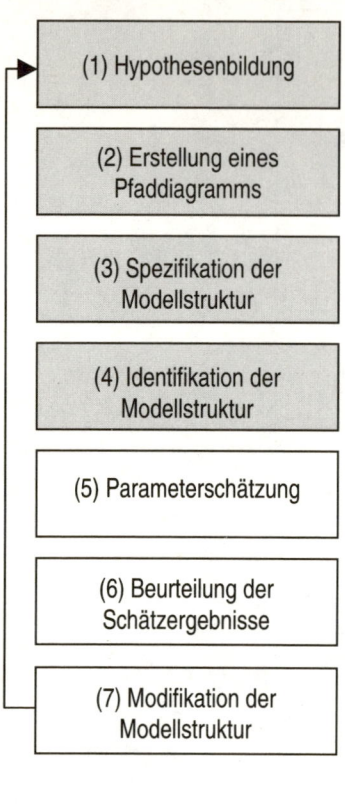

(1) Hypothesenbildung

(2) Erstellung eines Pfaddiagramms

(3) Spezifikation der Modellstruktur

(4) Identifikation der Modellstruktur

(5) Parameterschätzung

(6) Beurteilung der Schätzergebnisse

(7) Modifikation der Modellstruktur

Dabei wird vermutet, daß zwischen den Meßvariablen und den hypothetischen Konstrukten positive Beziehungen vorliegen. Entsprechend der Regeln aus Tabelle 8.4 lassen sich die obigen Hypothesen in ein Pfaddiagramm übertragen (Abbildung 8.20).

Mit Hilfe der Regeln aus den Tabellen 8.5 und 8.6 läßt sich das Pfaddiagramm dann in Matrizenschreibweise darstellen (Abbildung 8.21).

Die in Gleichung (13) aufgeführten Parametermatrizen (Λ_x, Φ und Θ_δ) sollen nun so geschätzt werden, daß sich die modelltheoretische Korrelationsmatrix an die empirische Korrelationsmatrix möglichst gut anpaßt. Dabei soll *unterstellt* werden, daß die latenten Variablen "Verwendungsbreite" (ξ_1) und "Wirtschaftlichkeit" (ξ_2) *standardisierte Größen* darstellen. Mit dieser Annahme wird die Varianz der latenten Variablen auf 1 festgesetzt und die Matrix Φ stellt die *Korrelationsmatrix* der latenten Variablen dar. Damit sind in diesem Modell 11 verschiedene Parameter zu schätzen (vgl. Abbildung 8.20).

Meßvariable für die latente Variable "*Verwendungsbreite*"
x_1: "Brat- und Backeignung"
x_2: "Vitamingehalt"
x_3: "Streichfähigkeit"

Meßvariable für die latente Variable "*Wirtschaftlichkeit*"
x_4: "Preisvorstellung"
x_5: "Haltbarkeit"

Abb. 8.19: Meßvariable der hypothetischen Konstrukte

Bei 5 Indikatorvariablen gibt es $\dfrac{5(5+1)}{2}=15$ empirische Korrelationen, und unser Modell besitzt somit 15-11=4 d.f., d. h. die *notwendige Bedingung* für Identifizierbarkeit ist erfüllt.

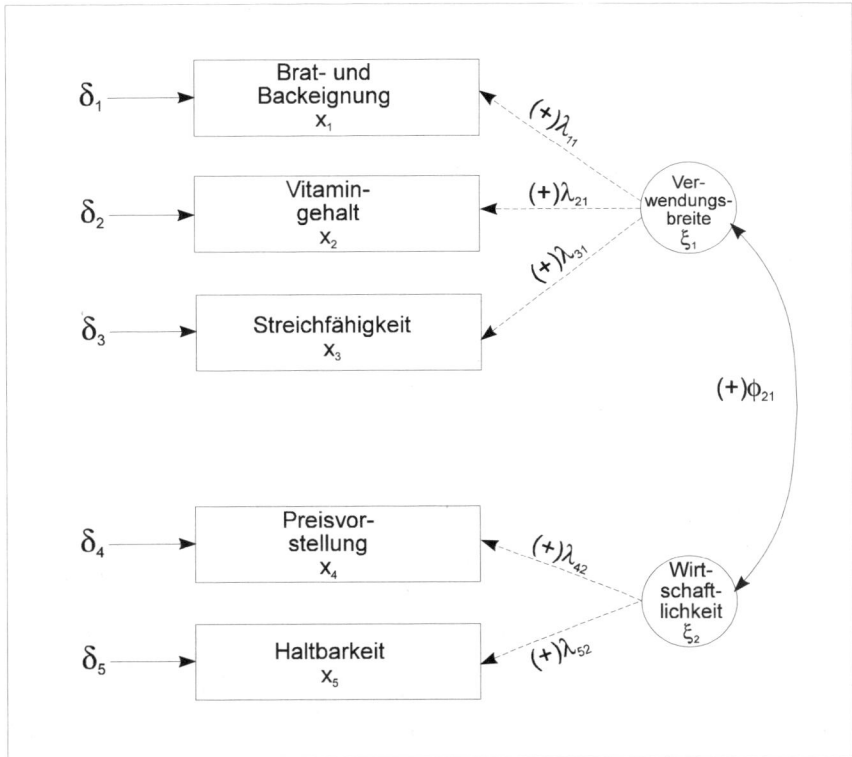

Abb. 8.20: Pfaddiagramm des Meßmodells

$$\begin{bmatrix} x_1 \\ x_2 \\ x_3 \\ x_4 \\ x_5 \end{bmatrix} = \begin{bmatrix} \lambda_{11} & 0 \\ \lambda_{21} & 0 \\ \lambda_{31} & 0 \\ 0 & \lambda_{42} \\ 0 & \lambda_{52} \end{bmatrix} \cdot \begin{bmatrix} \xi_1 \\ \xi_2 \end{bmatrix} + \begin{bmatrix} \delta_1 \\ \delta_2 \\ \delta_3 \\ \delta_4 \\ \delta_5 \end{bmatrix}$$

bzw.

$$X = \Lambda_x \cdot \xi + \delta$$

Abb. 8.21: Spezifikation des Meßmodells in einer Matrizengleichung

Als Eingabematrix dient die folgende Korrelationsmatrix, die aus dem von uns generierten Datensatz mit 210 Fällen errechnet wurde.

```
Konfirmatorische Faktorenanalyse für den Margarinemarkt
CORRELATION MATRIX TO BE ANALYZED
```

	BRAT+BAC	VITAMINE	STREICHF	PREISVOR	HALTBARK
BRAT+BAC	1.000				
VITAMINE	.540	1.000			
STREICHF	.632	.540	1.000		
PREISVOR	.475	.420	.375	1.000	
HALTBARK	.395	.355	.432	.725	1.000

Abb. 8.22: Empirische Korrelationsmatrix für das Meßmodell

8.3.2.2.2 Ergebnisse der Parameterschätzungen

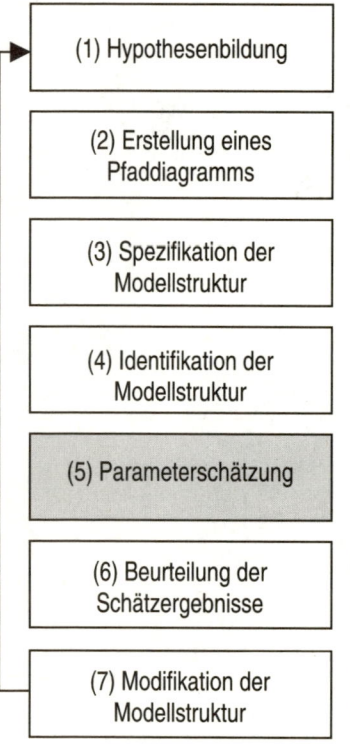

(1) Hypothesenbildung

(2) Erstellung eines Pfaddiagramms

(3) Spezifikation der Modellstruktur

(4) Identifikation der Modellstruktur

(5) Parameterschätzung

(6) Beurteilung der Schätzergebnisse

(7) Modifikation der Modellstruktur

Auch in diesem Beispiel sollen die Modellparameter mit Hilfe der Maximum-Likelihood-Methode geschätzt werden, da sie die "besten" Schätzer erbringt, wenn die der Methode zugrunde liegenden Annahmen erfüllt sind. Nach der ML-Methode ergaben sich für unser Modell die in Abbildung 8.23 dargestellten Parameterschätzungen. Die Modellschätzung in Abbildung 8.23 bestätigt die von uns aufgestellten Hypothesen zum Kaufverhalten bei Margarine. Die beobachteten Variablen weisen hohe Korrelationen mit den latenten Größen auf. Auch die in der THETA-DELTA-Matrix erfaßten Meßfehler sind als relativ gering anzusehen. Der größte Meßfehler tritt bei der Variable "Vitamingehalt" mit 0,527 auf, d. h. 52,7% der Varianz der Variable "Vitamingehalt" kann nicht erklärt werden. Alle Parameterschätzungen weisen plausible Werte auf, d. h. es treten keine Korrelationen größer als 1 auf und die geschätzten Varianzen sind nicht negativ. Weiterhin macht die Abbildung 8.23 deutlich, daß zwischen der "Verwendungsbreite" und der "Wirtschaftlichkeit" eine Korrelation in Höhe von 0,631 auftritt. Das bedeutet, daß sich "Verwendungsbreite" und "Wirtschaftlichkeit" gegenseitig bedingen und nicht unabhängig voneinander das Kaufverhalten der Margarine bestimmen.

Konfirmatorische Faktorenanalyse für den Margarinemarkt
LISREL ESTIMATES (MAXIMUM LIKELIHOOD)

LAMBDA X

	VERWENDB	WIRTLK
BRAT+BAC	.806	.000
VITAMINE	.688	.000
STREICHF	.777	.000
PREISVOR	.000	.881
HALTBARK	.000	.823

PHI

	VERWENDB	WIRTLK
VERWENDB	1.000	
WIRTLK	.631	1.000

THETA DELTA

	BRAT+BAC	VITAMINE	STREICHF	PREISVOR	HALTBARK
BRAT+BAC	.350				
VITAMINE	.000	.527			
STREICHF	.000	.000	.397		
PREISVOR	.000	.000	.000	.224	
HALTBARK	.000	.000	.000	.000	.323

Abb. 8.23: Parameterschätzungen mit Hilfe der ML-Methode

8.3.2.2.3 Die Güte des Modells

In Abschnitt 8.3.1.6 wurde ausführlich diskutiert, welche Kriterien zur Beurteilung der Güte eines Modells herangezogen werden können. Es sei deshalb hier auf eine detaillierte Diskussion der einzelnen Kriterien verzichtet.

Wir geben im folgenden nur einen kurzen Überblick über die Anpassungsgüte der modelltheoretischen Korrelationsmatrix an die empirische Korrelationsmatrix. Die Abbildung 8.24 faßt die Kriterien zur Beurteilung der *Anpassungsgüte des Gesamtmodells* zusammen.

Es zeigt sich, daß der Chi-Quadrat-Wert mit 12,49 und 4 d.f. relativ hoch ist. Es gilt allerdings zu beachten, daß im vorliegenden Fall eine Korrelationsmatrix und *nicht* eine Kovarianz-Matrix analysiert wurde, so daß der Chi-Quadrat-Wert nur mit Einschränkung eine *valide Testgröße* darstellt. Auch der Probability-Level liegt mit 0,014 unterhalb der Akzeptanzgrenze. Er besagt, daß wir bei *Ablehnung* des vorliegenden Modells mit einer Wahrscheinlichkeit von 0,014 eine Fehlentscheidung treffen würden bzw. ein "wahres" Modell ablehnen würden.

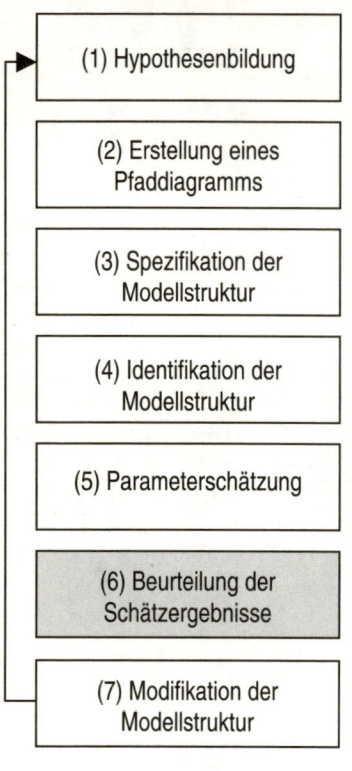

Außerdem ist zu beachten, daß der Chi-Quadrat-Wert äußerst sensitiv auf die Größe des Stichprobenumfangs reagiert. Tabelle 8.9 zeigt, daß der Chi-Quadrat-Wert bei *konstant* bleibenden Parameterschätzungen *allein* durch Variation des Stichprobenumfangs verbessert werden kann.

So ist z. B. der Wert für N=100 als gut anzusehen, während sich für N=300 ein sehr schlechter Fit (Anpassungsgüte) des Modells darstellt.

Die Größen "Goodness of Fit Index" (GFI) und "Adjusted Goodness of Fit Index" (AGFI) hingegen, die nicht auf so restriktiven Annahmen wie der Chi-Quadrat-Wert aufbauen, weisen Werte nahe 1 auf, d. h. es können nahezu 100% der empirischen Korrelationen durch die Modellstruktur erklärt werden. Auch die Größe "Root Mean Square Residual" (RMR) weist mit einem Wert von 0,022 auf eine gute Anpassung der theoretischen Modellstruktur hin.

```
CHI-SQUARE WITH    4 DEGREES OF FREEDOM = 12.49   (P = .014)

                    GOODNESS OF FIT INDEX =    .978
          ADJUSTED GOODNESS OF FIT INDEX =    .917
                ROOT MEAN SQUARE RESIDUAL =    .022
```

Abb. 8.24: Die Anpassungsgüte des Gesamtmodells

Auf eine Diskussion der Detailkriterien zur Beurteilung der Güte der Modellstruktur sei hier verzichtet. Wir wollen dafür im nächsten Abschnitt aufzeigen, wie *diese Kriterien* auch dazu verwendet werden können, eine "schlechte" Modellstruktur zu verbessern.

Tabelle 8.9: Veränderung des Chi-Quadrat-Wertes bei Variation des Stichprobenumfangs

	Stichprobenumfang (N)				
	100	160	210	260	300
Chi-Quadrat-Wert (4 d.f.)	5,920	9,500	12,490	15,480	17,870
Probabilitiy-Level (p)	0,206	0,050	0,014	0,004	0,001

8.3.2.2.4 Modifikation der Modellstruktur

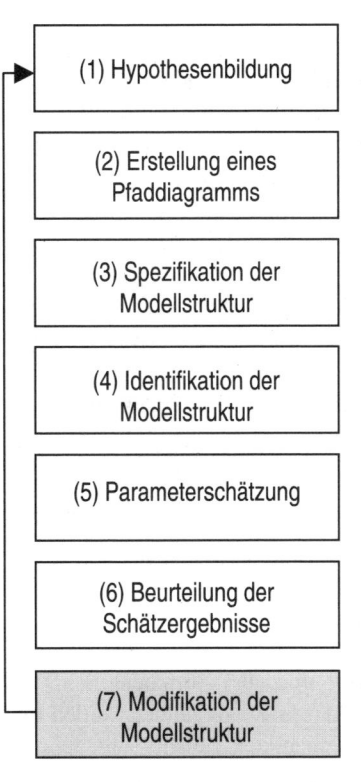

(1) Hypothesenbildung

(2) Erstellung eines Pfaddiagramms

(3) Spezifikation der Modellstruktur

(4) Identifikation der Modellstruktur

(5) Parameterschätzung

(6) Beurteilung der Schätzergebnisse

(7) Modifikation der Modellstruktur

Die in Abschnitt 8.3.1.6.2.3 diskutierten Detailkriterien zur Beurteilung eines Modells können auch dazu verwendet werden, ein "schlechtes" Modell zu modifizieren und damit besser an die empirischen Daten anzupassen. Der LISREL-Ansatz der Kausalanalyse *verliert damit jedoch seinen ursprünglich konfirmatorischen Charakter* und wird zu einem Instrument der *explorativen Datenanalyse.* Es geht jetzt also nicht mehr nur darum, eine gegebene Theorie an einem empirischen Datensatz zu überprüfen, sondern auch aus dem Datensatz neue Hypothesen zu generieren. Der LISREL-Ansatz ist damit *nicht eindeutig* zu den Verfahren der explorativen oder konfirmatorischen Datenanalyse zuzuordnen, sondern kann je nach Anwendungsziel sowohl konfirmatorisch als auch exploratorisch verwendet werden. Gehen wir von einem gegebenen Modell aus, so lassen sich mit Hilfe der bisher verwendeten Gütekriterien auch Informationen darüber gewinnen, wie ein Modell zu modifizieren ist, damit eine bessere Anpassungsgüte erreicht werden kann. Je nach Beurteilungskriterium läßt sich ermitteln, ob zur Verbesserung einer gegebenen Modellstruktur neue Parameter aufzunehmen sind oder enthaltene Parameter ausgeschlossen werden sollen.

Einen Überblick gibt Abbildung 8.25. Der darin dargestellte Ablauf besitzt bei der Betrachtung eines vollständigen LISREL-Modells in gleicher Weise *uneingeschränkt* Gültigkeit.

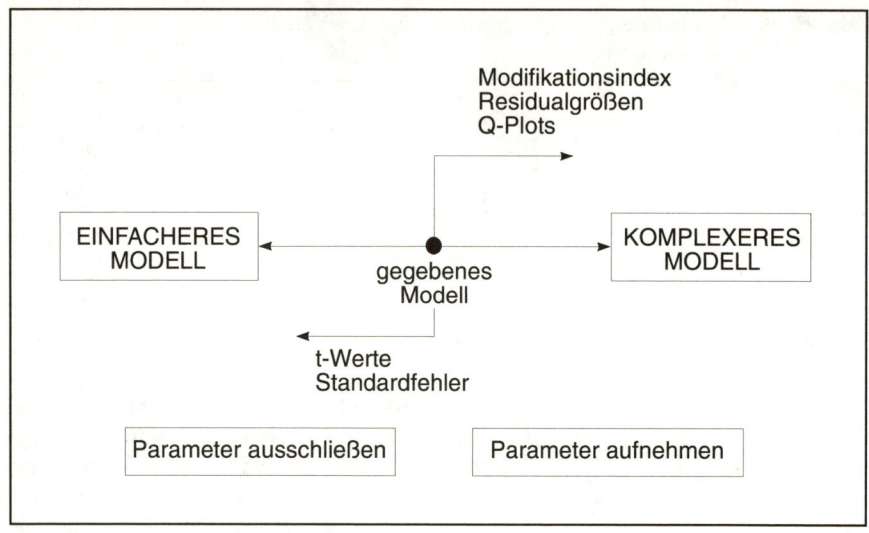

Abb. 8.25:   Ablaufschema zur Modifikation einer gegebenen Modellstruktur

8.3.2.2.4.1 Vereinfachung der Modellstruktur

Eine gegebene Modellstruktur läßt sich dadurch vereinfachen, daß bisher spezifizierte Parameter wieder aus dem Modell ausgeschlossen werden, wenn damit eine Verbesserung der Anpassungsgüte des Modells erreicht werden kann. Hinweise darauf, welche Parameter *keine* "Erklärungsmächtigkeit" besitzen, liefern insbesondere folgende Teststatistiken:

- Standardfehler der Schätzung,
- t-Werte.

Werden aufgrund dieser Werte Parameter aus dem Modell ausgeschlossen, so wird dadurch auch die Schätzung der übrigen Parameter beeinflußt, was zu einer Verbesserung des Fits eines Modells führen kann.

Für jeden geschätzten Parameter werden die *Standardfehler der Schätzung* berechnet, die Auskunft darüber geben, wie "sicher" eine vorgenommene Schätzung ist, bzw. mit welchen Abweichungen in den Schätzwerten gerechnet werden muß. Treten hier hohe Werte auf, so muß der entsprechende Parameter mit äußerster Vorsicht interpretiert werden und stellt nur unter großer Unsicherheit eine valide Schätzung für den Parameter dar. Parameter mit großen Standardfehlern sollten deshalb aus dem Modell herausgenommen werden. Im vorliegenden Beispiel lagen *alle* Standardfehler unter 0,08, so daß aufgrund der Standardfehler davon ausgegangen werden kann, daß alle ML-Schätzungen valide sind und somit keiner der ursprünglich spezifizierten Parameter aus dem Modell auszuschließen ist.

Auf Basis der Standardfehler werden für jeden Parameter *t-Werte* berechnet, die Auskunft darüber geben, ob die geschätzten Werte signifikant von Null verschieden sind (vgl. Abschnitt 8.3.1.6.2.3). Sind die t-Werte für einen Parameter absolut kleiner als 2, so muß davon ausgegangen werden, daß sich der entsprechende

Parameter nicht signifikant von Null unterscheidet. Das bedeutet aber, daß er keinen großen Beitrag zur Erklärung der Beziehungsstrukturen liefert bzw. daß seine Erklärungskraft nur unter starken Vorbehalten anzuerkennen ist. Es ist deshalb ratsam, Parameter mit t-Werten absolut kleiner als 2 auf Null zu fixieren und somit aus dem Beziehungsgefüge des Modells auszuschließen.

Im vorliegenden Beispiel weisen die t-Werte immer Werte größer 3 auf (negative t-Werte treten nicht auf) und auch von daher können alle bisher spezifizierten Parameter im Modell beibehalten werden.

Für das vorliegende Beispiel läßt sich also aufgrund der bisher betrachteten Gütekriterien *keine Vereinfachung* der Modellstruktur erreichen.

8.3.2.2.4.2 Vergrößerung der Modellstruktur

Die Anpassungsgüte eines Modells kann auch durch Aufnahme bisher als fest deklarierter Parameter (Parameter mit Null-Pfaden) verbessert werden. Dies geschieht in der Weise, daß die entsprechenden festen Parameter zu freien Parametern werden und damit im Modell geschätzt werden. Welche Parameter in ein Modell aufgenommen werden sollen, läßt sich durch folgende Kriterien herausfinden:

- einfache und standardisierte Residuen,
- Q-Plot der standardisierten Residuen,
- Modifikations-Index.

Die *einfachen Residuen* ergeben sich aus der Differenz der Elemente der empirischen und der modelltheoretischen Korrelationsmatrix. Treten hier hohe Werte auf, so ist dies ein Indiz dafür, daß die entsprechende Korrelation in der Ausgangsmatrix nicht in ausreichendem Maße reproduziert werden konnte. Daraus läßt sich schließen, daß zusätzliche Pfade in die Modellbeziehung aufzunehmen sind, um eine Verbesserung der Ergebnisse zu erreichen. In unserem Beispiel lagen alle einfachen Residuen absolut unter 0,06.

Wir hatten aber gezeigt, daß auch die Residualgrößen durch die Varianzen der Parameter beeinflußt werden und deshalb mit ihrer Standardabweichung zu korrigieren sind, woraus sich die standardisierten *Residuen* ergeben. Die standardisierten Residuen lassen sich mit Hilfe des *Q-Plots* graphisch darstellen (vgl. Abschnitt 8.3.1.6.2.3). Er spiegelt die Werte der standardisierten Residuen wider, die hier alle absolut kleiner als 0,8 waren. Der Q-Plot in Abbildung 8.26 zeigt, daß eine relativ gute Anpassung des Modells an die empirischen Daten gelungen ist. Die Werte liegen nahezu alle auf einer Geraden, was darauf schließen läßt, daß keine großen Abweichungen gegenüber der Normalverteilungsannahme auftreten.

Konfirmatorische Faktorenanalyse für den Margarinemarkt
QPLOT OF STANDARDIZED RESIDUALS

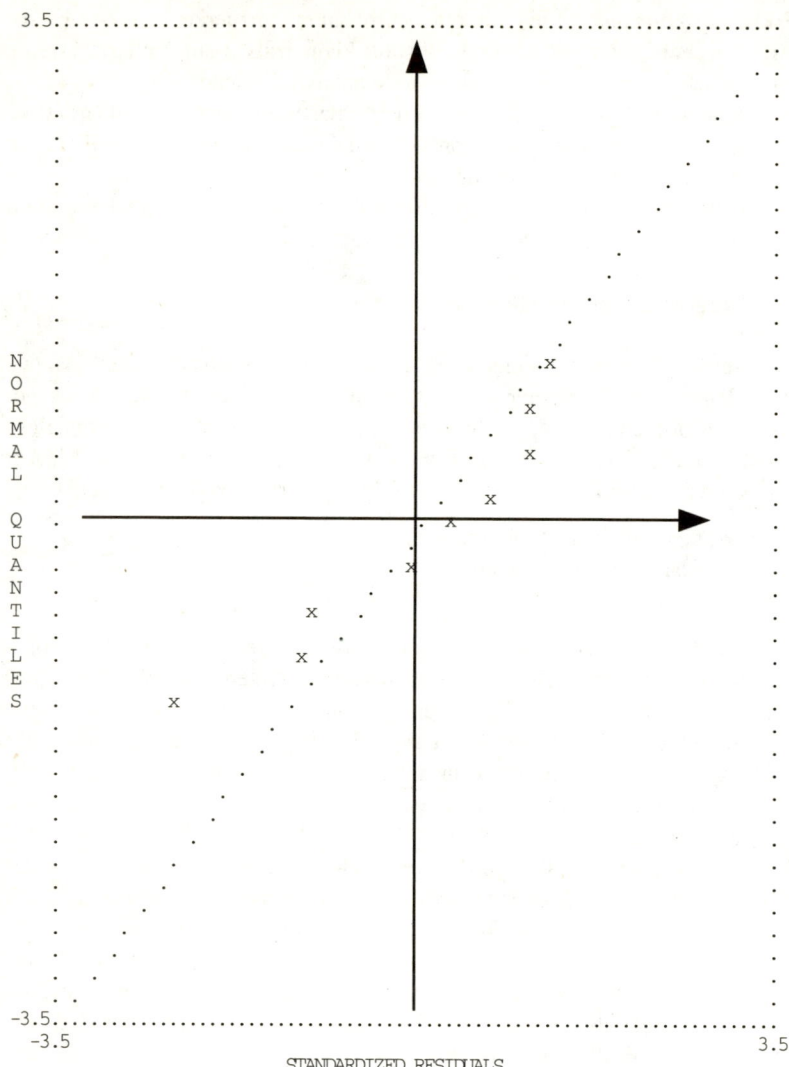

Abb. 8.26: Q-Plot der standardisierten Residuen

Somit geben die einfachen und standardisierten Residuen keinen Hinweis darauf, daß durch eine Aufnahme weiterer Parameter die Modellstruktur verbessert werden kann.

Ein weiteres Kriterium zur Ermittlung evtl. freizusetzender Parameter wurden von Sörbom entwickelt und ist unter dem Namen *Modifikations-Index* im Programmpaket LISREL 7 implementiert.[44]

Der Modifikations-Index schätzt für jeden als *fest* spezifizierten Parameter ab, um wieviel der Chi-Quadrat-Wert sinken würde, wenn dieser Parameter freigesetzt wird. Dabei wird *unterstellt*, daß alle übrigen Parameter ihre bisher geschätzten Werte beibehalten. Er bezieht sich damit nur auf solche Parameter, die bisher *nicht* in die Beziehungsstrukturen des Modells aufgenommen waren.

Unter der Überschrift "ESTIMATED CHANGE" wird weiterhin angegeben, in welchem Ausmaß sich die jeweiligen Parameterwerte näherungsweise verändern würden, wenn man die entsprechenden Parameter tatsächlich freisetzt. Eine Freisetzung von Parametern beeinflußt jedoch auch die Schätzungen der übrigen Parameter, so daß bei Aufnahme eines entsprechenden Parameters i. d. R. der Chi-Quadrat-Wert um mehr sinkt, als der Modifikations-Index berechnet hat. Bei besonders "schlechten" Modellen kann die Aufnahme eines Parameters aber auch zu einer Vergrößerung des Chi-Quadrat-Wertes führen. Es ist deshalb ratsam, den Modifikations-Index *nicht "blind" zu benutzen,* sondern *vor dem Hintergrund theoretischer Überlegungen* zu entscheiden, ob die Aufnahme eines Parameters sinnvoll ist.

Der Modifikations-Index ist für alle bereits im Modell als frei spezifizierten Parameter Null, ebenso wie für solche Parameter, die bei Freisetzung nicht identifiziert werden können. Im Programmpaket LISREL 7 wird die Freisetzung von festen Parametern auf Basis des Modifikations-Index automatisch vorgenommen, wenn der Anwender den Befehl einer automatischen Modifikation (*Automatic Model Modification*) gibt. Das Programm setzt dann alle Parameter frei, die bei Aufnahme in das Modell auf einem statistischen Niveau von 1% signifikant sind (das Signifikanzniveau kann durch den Anwender mit Hilfe des Befehls SL verändert werden). In Zahlen ausgedrückt bedeutet das i. d. R., daß Parameter dann freigesetzt werden, wenn der Modifikations-Index für einen Parameter einen Wert von größer als 5 annimmt.

Die Abbildung 8.27 zeigt, daß der Modifikations-Index mit 11,404 für den Parameter THETA-DELTA (4,3) am größten ist, d. h. daß zwischen den beobachteten Variablen "Streichfähigkeit" und "Preisvorstellung" eine *Korrelation der Meßfehler* vorliegt. Wird diese Meßfehlerkorrelation in die Analyse aufgenommen, so kann der Chi-Quadrat-Wert um 11,404 verringert werden, wenn alle übrigen Parameter mit gleichen Werten geschätzt würden.

---

[44] Vgl. Sörbom, Dag/ Jöreskog, Karl G.: Recent Developments in LISREL: Modification indices, unpublished Paper, University of Uppsala.

Konfirmatorische Faktorenanalyse für den Margarinemarkt
MODIFICATION INDICES AND ESTIMATED CHANGE

MODIFICATION INDICES FOR LAMBDA X

	VERWENDB	WIRTLK
BRAT+BAC	.000	.143
VITAMINE	.000	.535
STREICHF	.000	1.118
PREISVOR	.000	.000
HALTBARK	.000	.000

ESTIMATED CHANGE FOR LAMBDA X

	VERWENDB	WIRTLK
BRAT+BAC	.000	.038
VITAMINE	.000	.068
STREICHF	.000	-.102
PREISVOR	.000	.000
HALTBARK	.000	.000

NO NON-ZERO MODIFICATION INDICES FOR PHI

MODIFICATION INDICES FOR THETA DELTA

	BRAT+BAC	VITAMINE	STREICHF	PREISVOR	HALTBARK
BRAT+BAC	.000				
VITAMINE	1.118	.000			
STREICHF	.535	.143	.000		
PREISVOR	4.533	1.867	11.404	.000	
HALTBARK	3.954	.751	7.826	.000	.000

ESTIMATED CHANGE FOR THETA DELTA

	BRAT+BAC	VITAMINE	STREICHF	PREISVOR	HALTBARK
BRAT+BAC	.000				
VITAMINE	-.070	.000			
STREICHF	.059	.024	.000		
PREISVOR	.080	.052	-.126	.000	
HALTBARK	-.075	-.033	.104	.000	.000

MAXIMUM MODIFICATION INDEX IS 11.40 FOR ELEMENT (4,3) OF THETA DELTA

Abb. 8.27: Werte des Modifikations-Index

Eine Freisetzung der Meßfehlerkorrelation zwischen "Streichfähigkeit" und "Preisvorstellung" zeigt, daß dadurch der Gesamtfit des Modells wesentlich verbessert werden kann (vgl. Abbildung 8.28).

```
CHI-SQUARE WITH    3 DEGREES OF FREEDOM =  .37  (P = .946)
                   GOODNESS OF FIT INDEX =  .999
         ADJUSTED GOODNESS OF FIT INDEX =  .996
              ROOT MEAN SQUARE RESIDUAL =  .006
```

Abb. 8.28:   Fitmaße für das Gesamtmodell nach Freisetzung des Parameters THETA-DELTA (4,3)

Alle Beurteilungskriterien in Abbildung 8.28 für den Gesamtfit des Modells konnten durch die Freisetzung des Parameters THETA-DELTA (4,3) verbessert werden, so daß das Modell nun als "sehr gut" bezeichnet werden kann. Dies wird vor allem dadurch deutlich, daß der sich nun ergebende Q-Plot der standardisierten Residuen fast eine Parallele zur Ordinate bildet. Der Q-Plot ist nach Aufnahme von THETA-DELTA (4,3) in Abbildung 8.29 dargestellt (vgl. demgegenüber auch den Plot vor Aufnahme von THETA-DELTA (4,3) in Abbildung 8.26).

Werden Modelle auf die bisher beschriebene Weise modifiziert, so muß sich der Anwender darüber im klaren sein, daß

- eine solche Vorgehensweise nur dann sinnvoll ist, wenn aufgrund *theoretischer Überlegungen* die Aufnahme eines Parameters plausibel erscheint;
- ein langer Suchprozeß irgendwann in den meisten Fällen zu einem *Modell* führt, *das zu den Daten paßt;*
- modifizierte Modelle auch lediglich *Charakteristika eines bestimmten Datensatzes widerspiegeln* können und von daher nicht die Allgemeingültigkeit einer Theorie stützen;
- durch eine solche Anwendung der *konfirmatorische* Gehalt des LISREL-Ansatzes stark herabgesetzt wird und man sich im Bereich der *explorativen* Datenanalyse befindet;
- für die Überprüfung einer auf diesem Wege gewonnenen Theorie ein *neuer Datensatz* erforderlich ist.

Konfirmatorische Faktorenanalyse für den Margarinemarkt

QPLOT OF STANDARDIZED RESIDUALS

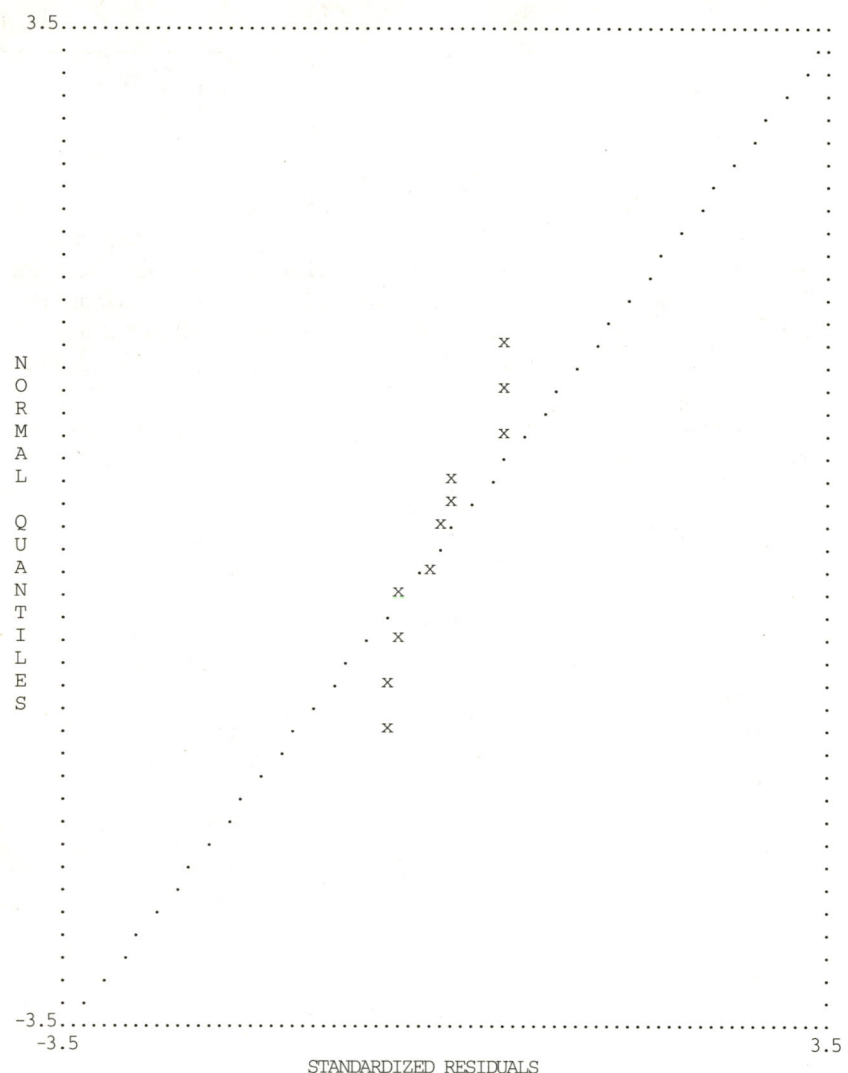

Abb. 8.29: Q-Plot der standardisierten Residuen nach Aufnahme von THETA-DELTA (4,3) in die Modellstruktur

8.4 Anwendungsempfehlungen

8.4.1 Annahmen und Voraussetzungen des LISREL-Ansatzes

Der LISREL-Ansatz der Kausalanalyse stellt eine Analyse auf Aggregationsniveau dar. Alle Variablen gehen als zentrierte oder standardisierte Größen in die Berechnungen ein. Die Analyse basiert auf auf einer Reihe von Annahmen und Voraussetzungen, die sich wie folgt zusammenfassen lassen (vgl. auch Abschnitt 8.3.1.3.3):

1. Die Maximum Likelihood-Methode und das GLS-Verfahren setzen voraus, daß die beobachteten Variablen x und y einer Multi-Normalverteilung folgen. Diese Annahme ist dann nicht erforderlich, wenn als Schätzverfahren das ULS-, das WLS- oder das DWLS-Verfahren herangezogen wird. Beim ULS-Verfahren ist aber zu beachten, daß Standardfehler, T-Werte, standardisierte Residuen und der Chi-Quadrat-Test nur dann zur Interpretation herangezogen werden dürfen, wenn die Normalverteilungsannahme erfüllt ist. Während die iterativen Schätzverfahren alle Teststatistiken bereitstellen, berechnen die nicht-iterativen Verfahren TSLS und IV nur die Paramterwerte ohne Angabe eines Gütekriteriums (vgl. auch Abschnitt 8.3.1.5.1).
2. Die Meßmodelle entsprechen dem Grundmodell der Faktorenanalyse und den in Abschnitt 8.3.1.3.3 getroffenen Annahmen.
3. Dem Strukturmodell liegt die Annahme zugrunde, daß die Residuen nicht mit den exogenen latenten Variablen korrelieren und die Erwartungswerte der Residuen Null sind.
4. Es besteht keine Korrelation zwischen Meßfehlern und den Residuen der Strukturgleichungen oder anderen Konstrukten.
5. Es wird Linearität und Additivität der Konstrukte und Meßhypothesen unterstellt.
6. Damit die Parameterwerte geschätzt werden können, muß die modelltheoretische Kovarianz-Matrix positiv definit, d. h. invertierbar sein und das Modell muß identifizierbar sein. Bei einer nicht invertierbaren Ausgangsmatrix versucht das Programm LISREL 7 automatisch durch die sog. RIDGE-OPTION durch Addition einer Konstanten eine Invertierbarkeit der Eingabematrix herbeizuführen.

Neben diesen statistischen Kriterien stellt der LISREL-Ansatz aber auch bestimmte inhaltliche Anforderungen an das zu analysierende Datenmaterial. LISREL kann seinem *konfirmatorischen Charakter* nur dann gerecht werden, wenn

- eine gesicherte *Theorie* über die Zusammenhänge zwischen den Variablen vorliegt;
- möglichst *viele Informationen* (z. B. in Form von Variablen) in die Analyse eingehen, wobei diese Informationen aus theoretischen oder vorausgegangenen explorativen Analysen gewonnen werden können.

8.4.2. Empfehlung zur Durchführung von LISREL-Analysen

Der LISREL-Ansatz der Kausalanalyse stellt von der *Grundidee* her ein *konfirmatorisches* Datenanalyseinstrument dar, d. h. eine aufgrund von a priori angestellten *theoretischen Überlegungen gewonnene Theorie* soll anhand eines empirischen Datensatzes überprüft werden. Bei der Anwendung des LISREL-Ansatzes zur Hypothesenprüfung sollten insbesondere folgende Punkte beachtet werden:

1. *Wahl der Eingabematrix.* In die Analyse gehen nicht die Rohdaten ein, sondern sie werden im allgemeinen zu einer Kovarianz- oder Korrelationsmatrix verdichtet, d. h. LISREL stellt eine Analyse auf *Aggregationsniveau* dar. Wir haben in diesem Kapitel (aus didaktischen Gründen) nur Korrelationsmatrizen als Eingabematrix betrachtet. Verwendet man hingegen eine *Kovarianzmatrix*, so werden dadurch in der modelltheoretischen Matrix Kovarianzen reproduziert. Die Interpretation der Ergebnisse verändert sich jedoch in diesem Fall, da die Schätzergebnisse der unstandardisierten Lösung dann keine Korrelationen, sondern Varianzen und Kovarianzen der Parameter darstellen. Durch die Betrachtung von Kovarianzmatrizen werden der Parameterschätzung im Vergleich zu Korrelationsmatrizen *mehr Informationen* bereitgestellt: nämlich die Information über Varianzen und Kovarianzen der Meßvariablen. Außerdem erfordert die Interpretation der Chi-Quadrat-Teststatistik die Analyse von Kovarianzmatrizen. Verwendet man im Fall von Kovarianzmatrizen zur Interpretation der Schätzergebnisse die *standardisierte Lösung,* so werden dort die Varianzen und Kovarianzen in Korrelationen "umgerechnet", und die Interpetation ist identisch mit dem Fall einer Korrelationsmatrix als Eingabematrix.

2. *Zahl der Meßvariablen und Skalenniveau.* Je mehr Informationen in ein LISREL-Modell eingehen, desto besser kann ein gegebenes Hypothesensystem überprüft werden. Das gilt auch für die Zahl der zu analysierenden Meßvariablen, die theoretisch unbegrenzt ist.

Bezüglich des Skalenniveaus der Meßvariablen ist LISREL in der Lage, *metrische und/oder nicht metrische Daten* zu verarbeiten. Mit Hilfe des Zusatzprogramms PRELIS lassen sich Kovarianz- und Korrelationsmatrizen für ordinale und sog. "censored variables" errechnen. PRELIS ist außerdem in der Lage, auch für gemischte Variablen-Strukturen (z. B. metrische und ordinale Variablen) geeignete Eingabematrizen zu errechnen.[45] Die durch PRELIS erzeugten Eingabematrizen werden von LISREL 7 in gleicher Weise analysiert wie Eingabematrizen, die auf metrisch-skalierten Daten basieren. Darüber hinaus kann mit Hilfe von PRELIS u. a. die Normalverteilungsannahme der Ausgangsdaten überprüft werden.

3. *Identifizierbarkeit eines Modells.* Notwendige Voraussetzung für die Identifizierbarkeit eines Modells ist die Existenz einer positiven Anzahl von Freiheitsgraden. Hinweise auf nicht identifizierte Modelle geben *Parametermatrizen,* die vom Programm als nicht positiv definit bezeichnet wurden und entsprechende Warnmeldungen über nicht identifizierte Parameter. In solchen Fällen kann der

---

[45] Vgl. Jöreskog, Karl G./Sörbom, Dag: PRELIS, 2. Aufl. Mooresville 1988.

Anwender versuchen, durch Festsetzung oder Gleichsetzung von Parametern in den jeweiligen Parametermatrizen, eine Identifizierbarkeit zu erreichen.

4. *Wahl des Schätzverfahrens.* Bei der Durchführung einer LISREL-Analyse besitzt der Anwender, im Vergleich zu explorativen Datenanalyseverfahren, einen nur geringen Manipulationsspielraum. Eingriffsmöglichkeiten bestehen nur bei der Wahl des Schätzverfahrens und der Gütekriterien zur Beurteilung einer geschätzten Modellstruktur.

Sollen durch die Analyse auch Beurteilungskriterien für die Anpassungsgüte (Teststatistiken) bereitgestellt werden, so muß auf die iterativen Schätzprozeduren zurückgegriffen werden, deren Anwendung unter folgenden Bedingungen empfehlenswert ist:

- Ist die Annahme der Multinormalverteilung der Ausgangsdaten erfüllt, so empfiehlt sich die Anwendung der Maximum-Likelihood-Methode (ML) oder des GLS-Verfahrens (Generalized Least-Squares). Stellt die Eingabematrix eine Kovarianz-Matrix dar, so liefert die ML-Methode bei entsprechend großem Stichprobenumfang die zuverlässigsten Schätzer.

- Ist die Annahme der Multinormalverteilung der Ausgangsdaten *nicht* erfüllt, so empfiehlt sich die Anwendung der Schätzverfahren ULS (Unweighted Least-Squares), WLS (generally Weighted Least-Squares) oder DWLS (Diagonally Weighted Least-Squares), die unter weit allgemeineren Bedingungen konsistente Schätzungen liefern. Dabei setzt die WLS-Methode voraus, daß die Eingabematrix mit Hilfe des Zusatzprogramms PRELIS als Kovarianzmatrix geschätzt wurde. Eine Alternative zu WLS stellt das DWLS-Verfahren dar, daß einen Kompromiß zwischen den Verfahren ML oder GLS (Normalverteilung Voraussetzung) und WLS (Normalverteilung nicht vorausgesetzt) darstellt. Dieser Kompromiß ist darin zu sehen, daß bei DWLS die Annahme der Normalverteilung nur bei der Erstellung bestimmter Beurteilungsstatistiken erforderlich ist. Bei der DWLS-Methode muß die Eingabematrix ebenfalls mit Hilfe des Zusatzprogramms PRELIS erstellt worden sein.

5. *Stichprobenumfang.* Der Stichprobenumfang spielt eine entscheidende Rolle zur Sicherstellung ausreichender Informationen für die Parameterschätzung und bei der Anwendung der Chi-Quadrat-Teststatistik. Bei praktischen Anwendungen wird häufig davon ausgegangen, daß ein *ausreichender Stichprobenumfang* dann vorliegt, wenn die Stichprobengröße minus der Anzahl der zu schätzenden Parameter größer 50 ist *(Faustregel).*[46] Simulationsstudien haben gezeigt, daß die Größe des Stichprobenumfangs auch von der Komplexität eines Modells abhängt. Boomsma empfiehlt deshalb eine Stichprobengröße, die nicht unter 200 liegen sollte, wenn das Risiko falscher Schlußfolgerungen möglichst gering gehalten werden soll.[47]

---

[46] Vgl. Bagozzi, Richard P.: Evaluating Structural Equation Models with Unobservable Variables and Measurement Error: A Comment, in: Journal of Marketing Research, Vol. 18 (1981), S. 380.

[47] Vgl. Boomsma, a.a.O., S. 171 ff. und Bearden/Sharma/Teel, a.a.O., S. 429.

6. Modellbeurteilung. Bei der Beurteilung der Anpassungsgüte (Fit) eines Modells sollte der Anwender darauf achten, daß er neben den Kriterien zur Beurteilung der Anpassungsgüte eines Gesamtmodells auch Detailkriterien zur Überprüfung des Fits heranzieht. Ein *"sehr gutes"* Modell liegt dann vor, wenn *alle* Gütekriterien zufriedenstellende Ergebnisse liefern.

7. Modellmodifikation. Wird aufgrund einer LISREL-Analyse eine gegebene Theorie modifiziert, so verläßt man damit den "Pfad" der konfirmatorischen Datenanalyse, und der LISREL-Ansatz erhält *exploratorischen Charakter.* Der Manipulationsspielraum nimmt in diesem Moment *rapide* zu, da sich nahezu jedes Modell auf die Spezifika eines gegebenen Datensatzes ausrichten läßt. In letzter Konsequenz ist eine solche Vorgehensweise nur dann zulässig, wenn das gefundene "neue" Modell an einem zweiten Datensatz überprüft werden kann.

8.5   LISREL-Kommandos

Alle Analysen des vorliegenden Kapitels wurden mit Hilfe des Programmpaketes LISREL 7 durchgeführt.[48] Das Programm für das vollständige LISREL-Modell für den Margarinemarkt (Abschnitt 8.3.1) ist in Abbildung 8.30 abgedruckt:

A: Beschreibung der LISREL-Kommandos zur Kausalanalyse beim vollständigen LISREL-Modell:

LISREL-Kommandos können in drei Gruppen unterteilt werden:[49]

(1) Spezifikation der Eingabedaten
(2) Spezifikation des Modells
(3) Spezifikation der Ausgabedatei

---

[48] Die Programme können aber in identischer Weise mit LISREL 8 gerechnet werden. Erweiterungen in LISREL 8 beziehen sich vor allem auf zusätzliche Statistiken und die Ausgabe unterschiedlicher Pfaddiagramme.

[49] Vgl. Jöreskog, Karl G./Sörbom, Dag: LISREL 7, a.a.O., S. 1ff.

```
Vollständiges LISREL-Modell für den Margarinemarkt
DA NI=8 NO=170 MA=KM
LA
Brat+Back Natur Geschmack Ung_Fett Haltbark Vitamine Preisvor
Streichf
KM SY
(8f7.5)
 100000
 039406 100000
 041793 062698 100000
 050685 031405 022502 100000
 054405 032406 028100 054584 100000
-035665-003799-015586-017380-029374 100000
 018903 020806 028399 017410 016092-027677 100000
 012903 026610 020200 017202 020110-019878 036493 100000
MO NX=5 NK=3 NY=3 NE=2 BE=FU PH=ST PS=DI
LK
Lagerf Gesundh Wirtlk
LE
Verwendbk Attrakt.
FR LX(1,1) LX(2,1) LX(4,3) LX(5,3)
FR LY(3,2)
FR BE(2,1)
FI GA(2,1) GA(1,3) TE(1,1) TD(3,3)
VA 1 LX(3,2) LY(1,1) LY(2,2)
EQ LX(1,1) LX(2,1)
EQ TD(1,1) TD(2,2)
OU ND=5 ME=ML PC SE TV RS EF VA SS SC
```

Abb. 8.30: LISREL-Kommandos zur Kausalanalyse (Vollständiges Modell)

1. Spezifikation der Eingabedaten:

Durch die erste Zeile wird LISREL eine Titelzeile mitgeteilt, die in der Ergebnis-Datei auf jeder Seite erscheint. Mit Hilfe des DA-Befehls (DAtaparameters) wird das LISREL-Modell durch folgende Größen allgemein beschrieben:

- NI (Number of Input variables): Die Gesamtzahl der Meßvariablen.
- NO (Number of Observations): Umfang der Erhebungsgesamtheit.
- MA (MAtrix to be analyzed): Die Form der Eingabematrix, wobei u. a. folgende Eingabemöglichkeiten bestehen:
  - KM = Korrelations Matrix
  - CM = Covarianz Matrix
  - MM = Moment Matrix

Der Befehl LA (LAbels) legt die Kennungen der Meßvariablen fest, wobei zuerst alle endogenen Meßvariablen und dann alle exogenen Meßvariablen benannt werden müssen. Anschließend wird die Form der Eingabedaten angegeben, die in unserem Fall eine SYmetrische (SY) Korrelations-Matrix (KM) darstellt, wobei jede Variable 7 Stellen umfaßt und mit 5 Stellen nach dem Komma kodiert wurde

(Formatangabe: 8f7.5; die Ziffer vor dem f-Format gibt die maximale Anzahl von Variablen pro Zeile an; hier: 8). Darüber hinaus kann die Eingabematrix aber auch von einer separaten Datei gelesen werden.

2. Spezifikation des Modells:

Durch den MO-Befehl (MOdell) wird das LISREL-Modell beschrieben. Folgende Modell-Spezifikationen wurden hier vorgenommen:

- Form der Variablen:
  - NX (Number of X-Variables): Anzahl der exogenen Meßvariablen.
  - NK (Number of Ksi-Variables): Anzahl der latenten exogenen Variablen.
  - NY (Number of Y-Variables): Anzahl der endogenen Meßvariablen.
  - NE (Number of Eta-Variables): Anzahl der latenten endogenen Variablen.

- Form der Parametermatrizen:

Die acht Parametermatrizen eines vollständigen LISREL-Modells können folgende Formen besitzen.

Name	LISREL Name	Mögliche Formen	Voreinstellung der Form	Voreinstellung des Modus
LAMBDA-Y	LY	ID,IZ,ZI,DI,FU	FU	FI
LAMBDA-X	LX	ID,IZ,ZI,DI,FU	FU	FI
BETA	BE	ZE,SD,FU	ZE	FI
GAMMA	GA	ID,IZ,ZI,DI,FU	FU	FR
PHI	PH	ID,DI,SY,ST	SY	FR
PSI	PS	ZE,DI,SY	SY	FR
THETA-EPS	TE	ZE,DI,SY	DI	FR
THETA-DELTA	TD	ZE,DI,SY	DI	FR

Dabei bedeuten:

DI	= DIagonal-Matrix
FU	= FUll-Matrix
ID	= Einheits-Matrix (IDentity)
IZ	= zweiteilige Matrix aus Einheits- und Nullmatrix
SD	= Untere Dreiecksmatrix mit Nullen in der Hauptdiagonalen
ST	= Symmetrische Matrix mit Einsen in der Hauptdiagonalen
SY	= Symmetrische Matrix, die aber nicht diagonal ist
ZE	= Nullmatrix (ZEro)
ZI	= zweiteilige Matrix aus Null- und Einheitsmatrix

Der Modus der Matrizen ist dabei entweder FRee, d. h. alle Werte in der entsprechenden Matrix sind zu schätzen oder FIxed, d. h. alle Werte in der entsprechenden Matrix sind festgelegt und damit nicht zu schätzen. Der voreingestellte Modus einer Matrix kann allerdings durch die nachfolgende Angabe der Befehle FR (FRee) und FI (FIxed) noch verändert werden. So wurde z. B. das Element 2,1 der BEta-Matrix frei gesetzt, d. h. für dieses Element wurde eine Schätzung vorgenommen.

Weiterhin können durch den Befehl VA (VAlue) einzelnen Elementen der Parametermatrizen bereits vorab feste Schätzwerte zugewiesen werden. In unserem Beispiel wurde dem Element 3,2 der LAMBDA-X-Matrix und den Elementen 1,1 und 2,2 der LAMBDA-Y-Matrix ein fester Schätzwert von 1 zugewiesen. Kann davon ausgegangen werden, daß bestimmte Parameter den gleichen Schätzwert erhalten müssen, so können diese Parameter durch den Befehl EQ (EQual) bestimmt werden. Die Befehle LK (Labels of KSI) und LE (Labels of ETA) legen die Kennungen für die latenten exogenen (KSI)- bzw. latenten endogenen (ETA)-Variablen fest.

3. Spezifikation der Ausgabedatei:

Der OU-Befehl (OUtput) bestimmt, welche Ergebnisse ausgegeben werden sollen. Folgende Ergebnisse können u. a. angefordert werden:

- ME (MEthod): Schätzmethode. Zur Verfügung stehen die Verfahren:

      IV   = Instrumetal variables (nicht iterativ)
      TS   = Two-stage least squares (nicht iterativ)
      UL   = Unweighted least squares (iterativ)
      GL   = Generalized least squares (iterativ)
      ML   = Maximum likelihood (iterativ)
      WL = Generally weighted least squares (iterativ)
      DW = Diagonally weighted least squares (iterativ)

- AM (Automatical Modification): Automatische Freisetzung von festen Parametern
- EF (total EFfects): Totale Beeinflussungseffekte
- PC (Print Correlations of estimates): Korrelationen zwischen den Schätzwerten
- MI (Modification Indices): Modifikations-Index
- RS (ReSiduals): Residualmatrizen
- SE (Standard Errors): Standardfehler
- SS (Standardized Solution): Standardisierte Lösung
- SC (Completely Standardized Solution): Komplett-standardisierte Lösung
- TV (T-Values): T-Werte
- VA (Variances): Varianzen und Kovarianzen
- ND (Number of Decimals): Anzahl der Stellen nach dem Komma
- ALL: Ausgabe aller verfügbaren Statistiken

B: Beschreibung der LISREL-Kommandos zur Durchführung einer konfirmatorischen Faktorenanalyse:

Die konfirmatorische Faktorenanalyse (Abschnitt 8.3.2) stellt ein Submodell des vollständigen LISREL-Modells dar. Der Aufbau der LISREL-Kommandos ist deshalb analog zum vollständigen LISREL-Modell, und die entsprechenden LISREL-Kommandos sind in Abbildung 8.31 abgedruckt.

```
Konfirmatorische Faktorenanalyse für den Margarinemarkt
DA NI=5 NO=210 MA=KM
LA
Brat+Back Vitamine Streichf Preisvorst Haltbark
KM SY
(16f5.3)
  1000
   540  1000
   632   540  1000
   475   420   375  1000
   395   355   432   725  1000
MO NX=5 NK=2 PH=ST TD=SY
LK
Verwendbk Wirtlk
FR LX(1,1) LX(2,1) LX(3,1) LX(4,2) LX(5,2)
OU ME=ML SE TV RS VA MI SS AM
```

Abb. 8.31: LISREL-Kommandos zur konfirmatorischen Faktorenanalyse

8.6   Literaturhinweise

Bagozzi, R.P. (1981): Evaluating Structural Equation Models With Unobservable Variables and Measurement Error: A Comment, in: Journal of Marketing Research, Vol. XVIII, S. 375-381.

Blalock, H.M. Jr (ed) (1985): Causal models in the social sciences, 2nd ed, Chicago.

Förster, F. / Fritz, W. / Silberer, G. / Raffée, H. (1984): Der LISREL-Ansatz der Kausalanalyse und seine Bedeutung für die Marketing-Forschung, in: Zeitschrift für Betriebswirtschaft (ZfB) 54, S. 346-367.

Heise, D.R. (1975): Causal Analysis, New York, London, Sydney, Toronto.

Hildebrandt L (1983): Konfirmatorische Analysen von Modellen des Konsumentenverhaltens, Berlin.

Hodapp, V. (1984): Analyse linearer Kausalmodelle, Bern. Stuttgart. Toronto.

Homburg, C. (1989): Exploratorische Ansätze der Kausalanalyse als Instrument der Marketingplanung, Frankfurt.

Homburg, C. / Pflesser, C. (1999): Strukturgleichungsmodelle mit latenten Variablen: Kausalanalyse, in: Homburg C., Herrmann, A. (Hrsg.) Marktforschung, Wiesbaden, S. 633-660.

Homburg, C. / Pflesser, C. (1999): Konfirmatorische Faktorenanalyse, in: Herrmann, A. / Homburg, C. (Hrsg.) Marktforschung, Wiesbaden, S. 413-433.

Jöreskog, K.G. / Sörbom, D. (1982): Recent Developments in Structural Equation Modeling, in: Journal of Marketing research, Vol. XIX, S. 404-416.

Jöreskog, K.G. / Sörbom, D. (1988): PRELIS - A Program for Multivariate Data Screening and Data Summerization, 2. Aufl. Mooresville.

Jöreskog, K.G. / Sörbom, D. (1989): LISREL 7- User´s Reference Guide, Mooresville.

Opp, K.D. / Schmidt, P. (1976): Einführung in die Mehrvariablenanalyse, Hamburg.

Pfeifer, A. / Schmidt, P. (1987): Die Analyse komplexer Strukturgleichungsmodelle, Stuttgart.

9 Multidimensionale Skalierung

9.1   Problemstellung

Für viele Bereiche der sozialwissenschaftlichen Forschung ist es von großer Bedeutung, die subjektive Wahrnehmung von Objekten durch Personen (z.B. Wahrnehmung von Produkten durch Konsumenten, von Politikern durch Wähler, von Universitäten durch Studenten) zu bestimmen. Man geht davon aus, daß Objekte eine Position im Wahrnehmungsraum einer Person haben. Der Wahrnehmungsraum einer Person ist in der Regel mehrdimensional, d.h. Objekte werden von Personen im Hinblick auf verschiedene Dimensionen beurteilt (z.B. ein Auto nach Komfort, Sportlichkeit, Prestige). Die Gesamtheit der Positionen der Objekte im Wahrnehmungsraum in ihrer relativen Lage zueinander wird Konfiguration genannt. Abbildung 9.1 zeigt beispielhaft eine Konfiguration verschiedener Automarken für eine Person.

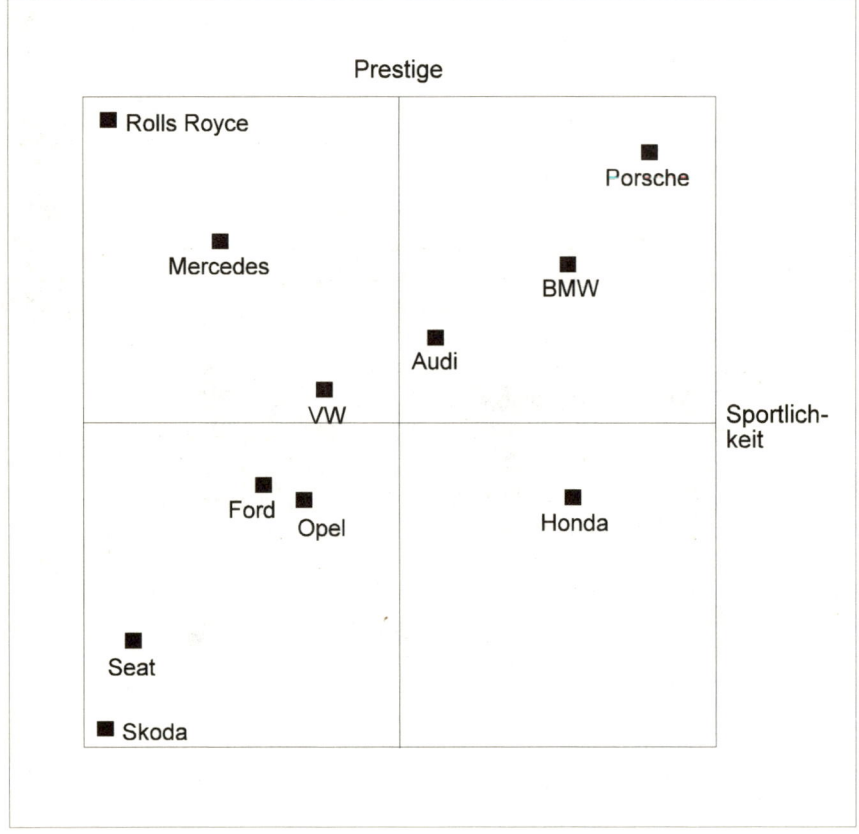

Abb. 9.1: Konfiguration von wahrgenommenen Automarken

Um die Positionen von Objekten im Wahrnehmungsraum einer Person bestimmen zu können, stehen grundsätzlich zwei Wege zur Verfügung, nämlich auf Basis von

- Eigenschaftsbeurteilungen der Objekte,
- Beurteilung der Ähnlichkeiten zwischen den Objekten.

Im ersten Fall ist eine Menge *relevanter Eigenschaften* festzulegen und die Auskunftsperson muß jedes Objekt bezüglich aller Eigenschaften beurteilen (z.b. durch Einstufung auf einer Ratingskala). Mittels Methoden der *Faktorenanalyse* ist es sodann möglich, die Dimensionen abzuleiten und die Objekte zu positionieren (vgl. Kapitel 6). Die Zahl der Dimensionen ist i.d.R. sehr viel kleiner als die Zahl der relevanten Eigenschaften. In Ausnahmefällen ist es auch möglich, die Dimensionen selbst vorzugeben und die Objekte hinsichtlich dieser Dimensionen beurteilen zu lassen.

Im zweiten Fall muß die Auskunftsperson lediglich die subjektiv empfundene Ähnlichkeit oder Unähnlichkeit zwischen den Objekten einschätzen. Aus diesen Ähnlichkeitsurteilen läßt sich mit Methoden der *Multidimensionalen Skalierung* (MDS) die Konfiguration der Objekte im Wahrnehmungsraum der Person ableiten.

Als *Vorteile der MDS* gegenüber Verfahren, die sich auf Eigenschaftsbeurteilungen stützen, sind zu nennen:

- Die relevanten Eigenschaften können unbekannt sein.
- Es erfolgt keine Beeinflussung des Ergebnisses durch die Auswahl der Eigenschaften und deren Verbalisierung.

Nachteilig ist, daß die Ergebnisse einer MDS schwieriger zu interpretieren sind, da der Bezug zwischen den gefundenen Dimensionen des Wahrnehmungsraumes und den empirisch erhobenen Eigenschaften der Objekte nicht besteht, wie es bei der Faktorenanalyse der Fall ist. Dadurch wird auch die konkrete Umsetzung von Positionierungsstrategien (wie sie im Marketing üblich sind) erschwert. Durch Anwendung ergänzender Methoden, auf die wir noch eingehen werden, ist es aber möglich, diese Nachteile zu beheben.

Das methodische Konzept der MDS läßt sich sehr gut anhand eines Beispiels verdeutlichen, in dem der Leser das Ergebnis der Analyse schon kennt. Man will die Skizze einer Landkarte erstellen, die die Lage von zehn Städten abbildet, d.h. man sucht die Konfiguration von 10 Städten. Die verfügbaren Informationen seien lediglich die Entfernungsangaben in einer Kilometertabelle, wie sie in jedem Autoatlas zu finden sind. Eine solche Tabelle gibt nicht die geographische Lage der Städte an, sondern lediglich die *paarweisen Distanzen*. Tabelle 9.1 zeigt die paarweisen Distanzen von zehn Städten.

Tabelle 9.1:   Entfernungen zwischen 10 Städten in Kilometern

	Basel	Berlin	Frankfurt	Hamburg	Hannover	Kassel	Köln	München	Nürnberg	Stuttgart
Basel	---									
Berlin	874	---								
Frankfurt	337	555	---							
Hamburg	820	294	495	---						
Hannover	677	282	352	154	---					
Kassel	517	378	193	307	164	---				
Köln	496	569	189	422	287	243	---			
München	438	584	400	782	639	482	578	---		
Nürnberg	437	437	228	609	466	309	405	167	---	
Stuttgart	268	634	217	668	526	366	376	220	207	---

Tabelle 9.2:   Rangwerte der Entfernungen (1: geringste Entfernung)

	Basel	Berlin	Frankfurt	Hamburg	Hannover	Kassel	Köln	München	Nürnberg	Stuttgart
Basel	---									
Berlin	45	---								
Frankfurt	17	34	---							
Hamburg	44	14	30	---						
Hannover	42	12	18	1	---					
Kassel	32	21	5	15	2	---				
Köln	31	35	4	24	13	10	---			
München	27	37	22	43	40	29	36	---		
Nürnberg	25	25	9	38	28	16	23	3	---	
Stuttgart	11	39	7	41	33	19	20	8	6	---

Mit Hilfe der MDS soll nun das Problem gelöst werden, aus den vorhandenen paarweisen Distanzen die *relative Lage* aller Orte zueinander, d.h. die Konfiguration der zehn Städte zu ermitteln. Dies wird in Abbildung 9.2 zunächst für die ersten drei Werte aus Tabelle 9.1 (874, 337, 555) gezeigt. Die größte Distanz liegt zwischen den Städten Basel und Berlin, die willkürlich als Ausgangspunkte der Lösung gewählt werden. Die Position der dritten Stadt, Frankfurt, liegt 337 km von Basel entfernt (gezeichnet als Radius um Basel) und 555 km von Berlin (Radius um Berlin). Man erhält bei zweidimensionaler Darstellung und verkleinertem Maßstab die Konfiguration in Abbildung 9.2.

Es ergeben sich zwei mögliche Konfigurationen mit alternativen Lagen des dritten Ortes (Berlin-Frankfurt-Basel und Berlin-Frankfurt-Basel). Für den Aussagegehalt der MDS ist es nicht von Belang, welche der beiden Lösungen gewählt wird, da die beiden Lösungen spiegelbildlich identisch sind.

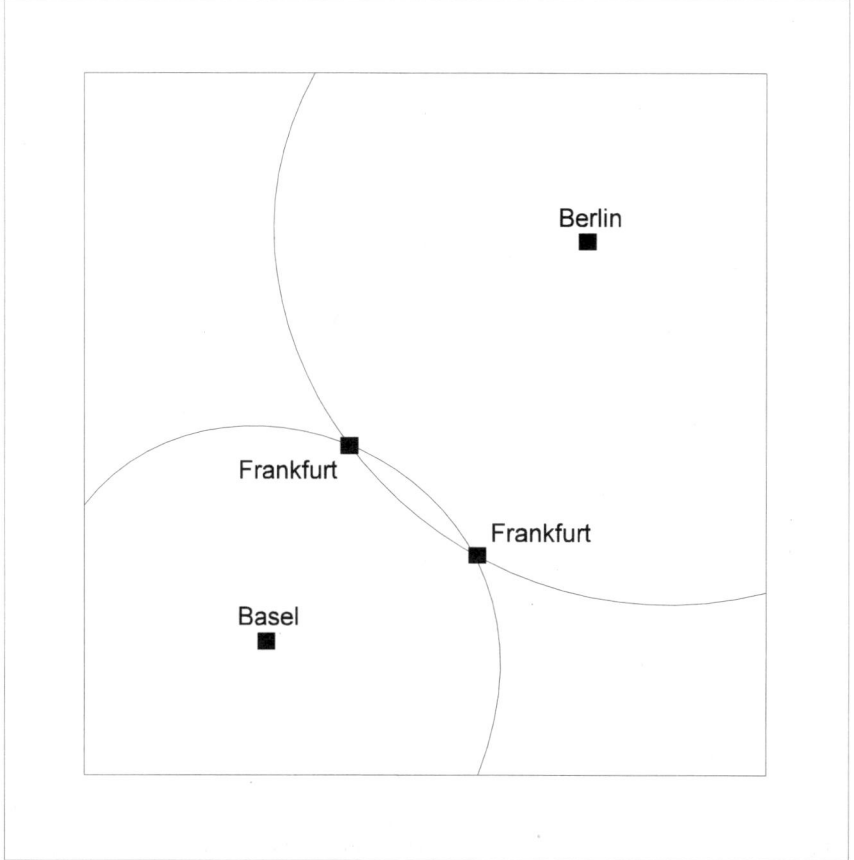

Abb. 9.2:   Positionierung von drei Städten

Bei der MDS geht es vielmehr nur darum, die relative Position der Objekte zueinander adäquat abzubilden: Diese Konfiguration ist unabhängig von Spiegelung
und Drehung (Rotation).

Abbildung 9.3 zeigt die Konfiguration, die aus den paarweisen Distanzen aller
zehn Städte abgeleitet wurde.

Das Bild mag zunächst verwirren. Jedoch durch bloße Rotation der Konfiguration und Spiegelung an der Nord-Süd-Achse erhält man die Darstellung in Abbildung 9.4. Kleine Ungenauigkeiten ergeben sich daraus, daß die verwendeten
Distanzen nicht die Luftlinie, sondern die Straßenentfernung betreffen.

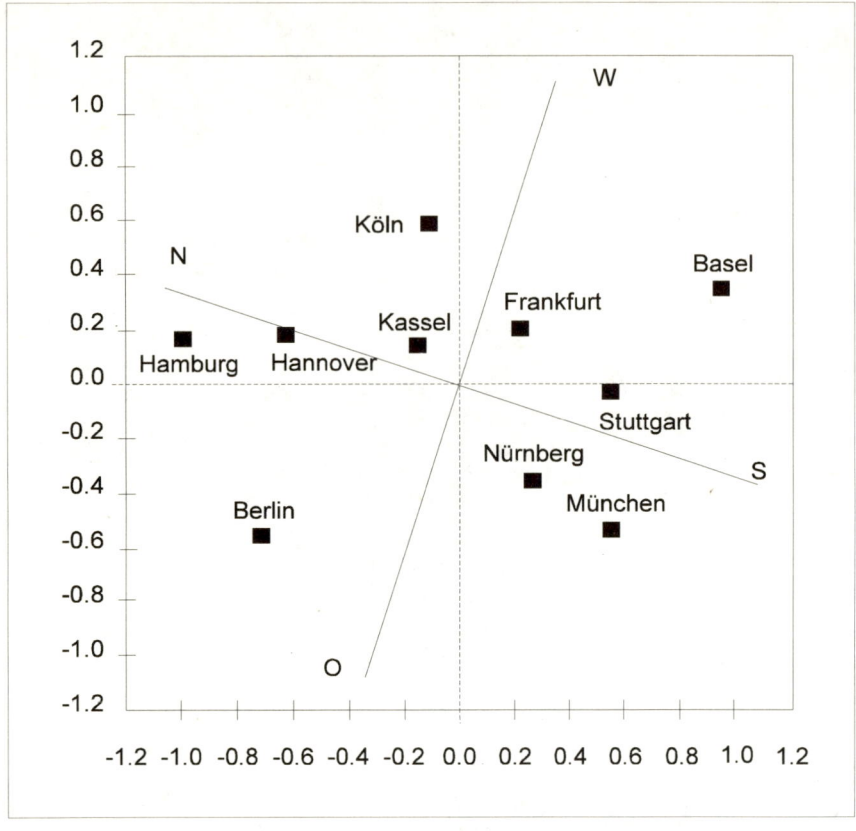

Abb. 9.3:   Durch MDS gewonnene Konfiguration von 10 Städten (vor Rotation und
Spiegelung)

Das Beispiel macht deutlich, daß die Interpretation des Ergebnisses der MDS ein
schwieriges Problem sein kann, das aufgrund von Sachkenntnis des untersuchten
Problems gelöst werden muß. Neben der Interpretation der Dimensionen tritt bei
empirischen Untersuchungen i.d.R. die Frage nach der Zahl der Dimensionen auf.
Während in dem geographischen Beispiel die Zahl der Dimensionen von vorn-
herein feststand, ist bei Konfigurationen in einem subjektiven Wahrnehmungsraum
die Zahl der Dimensionen unbekannt und muß durch den Forscher bestimmt
werden.

Zur Ableitung einer Konfiguration benötigt die MDS nicht unbedingt metrische
Distanzangaben, sondern Rangwerte der Distanzen sind bereits ausreichend.
Tabelle 9.2 zeigt die Rangwerte der Distanzen zwischen den 10 Städten, wobei hier
1 die niedrigste Distanz angibt. Die *nichtmetrische MDS*, mit der wir uns hier
befassen, liefert auf Basis dieser Rangwerte dasselbe Ergebnis wie auf Basis der

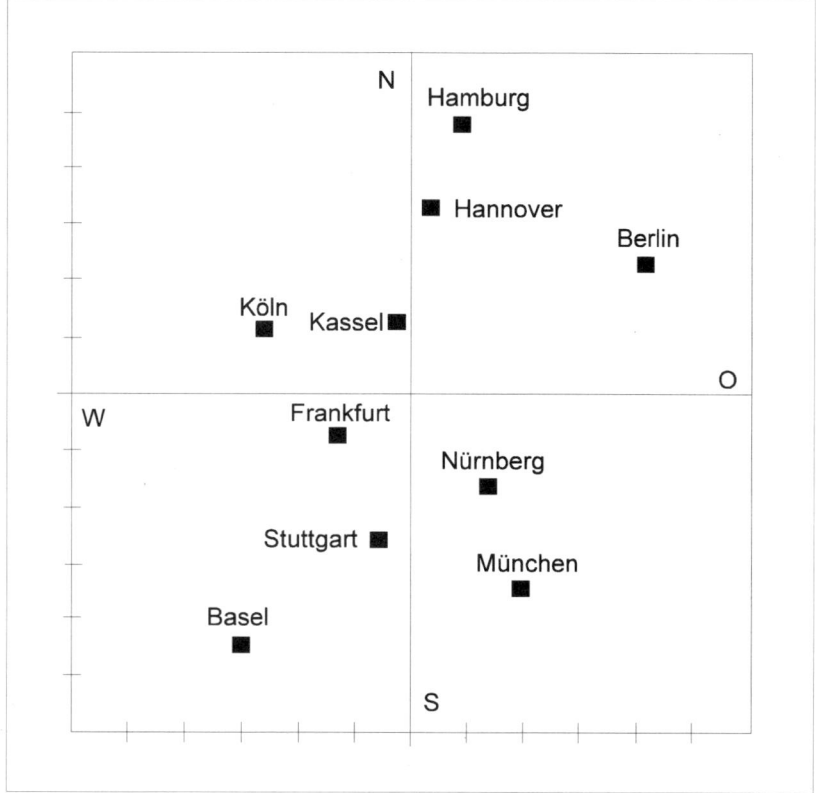

Abb. 9.4: Konfiguration der Städte nach Rotation und Spiegelung

Distanzen.[1] Auch eine beliebige monotone Transformation der Rangwerte (z.B. der Quadrierung oder Logarithmierung) würde am Ergebnis nichts ändern. Entscheidend ist lediglich, daß die Reihenfolge der Distanzen erhalten bleibt. Dies ist von erheblicher Bedeutung für die Wahrnehmungsmessung.

Die Aufgabe der MDS ist es nicht, bekannte Positionen von Objekten zu rekonstruieren, sondern unbekannte Positionen aufzufinden, insbesondere die Positionen von Objekten im psychologischen Wahrnehmungsraum von Personen. Dies ist möglich, wenn man die Distanzen der Objekte im Wahrnehmungsraum als Ähnlich-

---

[1] Mit MDS werden wir im folgenden immer die nichtmetrische Multidimensionale Skalierung meinen. Dabei bezieht sich "nichtmetrisch" nur auf die Input-Daten, während die Ergebnisse immer metrisch sind. Die nichtmetrische MDS besitzt größere Bedeutung als die metrische MDS, da häufig nur Rangdaten vorliegen. Überdies können auch metrische Daten mit nichtmetrischer MDS verarbeitet werden, wie im Städtebeispiel gezeigt wurde.

Die metrische MDS beinhaltet eine Faktorenanalyse der Distanzen. In nichtmetrischen MDS-Programmen wird sie meist herangezogen, um eine Ausgangslösung zu finden, die anschließend mit nichtmetrischen Verfahren verbessert wird.

keiten oder, genauer gesagt, als Unähnlichkeiten interpretiert. Je dichter zwei Objekte im Wahrnehmungsraum beieinander liegen, desto ähnlicher werden sie empfunden, und je weiter sie voneinander entfernt liegen, desto unähnlicher werden sie empfunden. So werden in Abbildung 9.1 die Produkte "Opel" und "Ford" als relativ ähnlich, die Marken "VW" und "Rolls-Royce" als sehr unähnlich empfunden. Ziel der MDS ist es also letztlich, die subjektive Wahrnehmung von Objekten (Meinungsgegenständen) räumlich abzubilden. Erforderlich ist dazu lediglich, daß die Rangfolge der Ähnlichkeiten bekannt ist. Sie muß durch Befragung von Personen ermittelt werden.

Abb. 9.5: Ablauf einer MDS-Analyse

Die Schritte einer MDS sind in Abbildung 9.5 zusammengefaßt. Sie werden nachfolgend im einzelnen dargestellt.

9.2   Aufbau und Ablauf einer MDS

9.2.1   Messung von Ähnlichkeiten

(1) Messung von Ähnlichkeiten

(2) Wahl des Distanzmodells

(3) Ermittlung der Konfiguration

(4) Zahl und Interpretation der Dimensionen

(5) Aggregation von Personen

Für die Durchführung einer MDS muß zunächst die subjektive Wahrnehmung der Ähnlichkeit von Objekten (z.B. Marken einer Produktklasse) gemessen werden. Dazu sind *Ähnlichkeitsurteile* von Personen (z.B. potentielle Käufer einer Produktklasse) zu erfragen. Ähnlichkeitsurteile beziehen sich nicht isoliert auf einzelne Objekte, sondern immer auf *Paare von Objekten*.

In der Literatur werden zahlreiche Methoden zur Erhebung von Ähnlichkeitsurteilen dargestellt[2]. Im folgenden werden die drei wichtigsten beschrieben.

---

[2] Vgl. z. B. Green, P.E. / Carmone, F. / Smith, S.M. (1989): Multidimensional Scaling: Concepts and Applications, Boston/London, S. 56 ff.; Torgerson, W.S. (1958): Theory and Method of Scaling, New York, S. 262 ff.; Sixtl, F. (1967): Meßmethoden der Psychologie, Weinheim, S. 316 ff.

9.2.1.1   Die Methode der Rangreihung

Das klassische Verfahren zur Erhebung von Ähnlichkeitsurteilen ist die Methode der Rangreihung. Dabei wird eine Auskunftsperson veranlaßt, die Objektpaare nach ihrer empfundenen Ähnlichkeit zu ordnen, d.h. sie nach aufsteigender oder abfallender Ähnlichkeit in eine Rangfolge zu bringen. Hierzu werden ihr Kärtchen vorgelegt, auf denen jeweils ein Objektpaar angegeben ist.

Bei K Objekten ergeben sich $K(K-1)/2$ Paare (Kärtchen), die zu ordnen sind. Die Zahl der Paare nimmt also überproportional mit der Zahl der Objekte zu. Um bei größerer Anzahl von Objekten die Aufgabe zu erleichtern, läßt man daher die Auskunftsperson zunächst zwei Gruppen bilden: "ähnliche Paare" und "unähnliche Paare", welche im zweiten Schritt jeweils wieder in zwei Untergruppen wie "ähnlichere Paare" und "weniger ähnliche Paare" geteilt werden usw., bis letztlich eine vollständige Rangordnung vorliegt.

Für die Anwendung von MDS-Algorithmen sind die Objektpaare entsprechend ihrer Reihenfolge mit Zahlen (Rangwerten) zu versehen. Dies muß nicht die Auskunftsperson selbst tun, sondern kann auch von Untersuchenden übernommen werden. Bei $K = 10$ Objekten ergeben sich 45 Paare, denen die Ränge 1 bis 45 zuzuordnen sind. Dies kann alternativ so erfolgen, daß man Ähnlichkeits- oder Unähnlichkeitsdaten (similarities and dissimilarities) erhält:

Ähnlichkeitsdaten: 1 =   unähnlichstes Paar
                         45 =   ähnlichstes Paar

Unähnlichkeitsdaten: 1 =   ähnlichstes Paar
                         45 =   unähnlichstes Paar

Üblich ist die zweite Alternative, d.h. *mit Rangdaten sind üblicherweise Unähnlichkeitsdaten* gemeint, wie es auch in Tabelle 9.2 der Fall ist. Bei der Auswertung mit Computer-Programmen sind prinzipiell beide Alternativen zulässig; es muß nur dem Programm korrekt mitgeteilt werden, wie die Daten kodiert wurden, da man andernfalls unsinnige Ergebnisse erhält. Wie in Tabelle 9.2 sind die Rangdaten in einer Dreiecksmatrix zusammenzufassen.

9.2.1.2   Die Ankerpunktmethode

Bei der Ankerpunktmethode dient jedes Objekt genau einmal als Vergleichsobjekt, d.h. als Ankerpunkt für alle restlichen Objekte, um diese gemäß ihrer Ähnlichkeit zum Ankerpunkt in eine Rangfolge zu bringen. Zur näheren Erläuterung soll ein Beispiel herangezogen werden, bei dem elf Margarine- und Buttermarken betrachtet werden (Tabelle 9.3). Die Marke "Becel" bildet den ersten Ankerpunkt; die restlichen zehn Marken sind nach dem Grad der Ähnlichkeit zur Marke "Becel" mit einem Rangwert zu versehen, wobei eine fortlaufende Rangordnung zu bilden ist (Rang 1 beschreibt dabei die größte Ähnlichkeit, Rang 10 die geringste).

Entsprechend werden die anderen zehn Marken als Ankerpunkt vorgegeben. Für K Marken erhält man insgesamt $K(K-1)$ Paarvergleiche oder Rangwerte. Während bei der Methode der Rangreihung die Person eine Rangordnung über 55 Paare erstellen muß, ist hier das Problem der Rangreihung in eine Reihe von Teilaufgaben zerlegt. Für jede der elf Marken sind 10 Ähnlichkeitsvergleiche durchzuführen und in eine Rangordnung zu bringen, in unserem Beispiel mit 11 Marken also 110 Werte. Diese Rangwerte lassen sich in einer quadratischen Datenmatrix zusammenfassen (vgl. Tabelle 9.4).

Tabelle 9.3:   Datenerhebung mittels Ankerpunktmethode (Beispiel)

1. Ankerpunkt: Becel		
Marke		Rangwert
2	Du darfst	1
3	Rama	7
4	Delicado Sahnebutter	10
5	Holländische Markenbutter	8
6	Weihnachtsbutter	9
7	Homa	3
8	Flora Soft	2
9	SB	4
10	Sanella	6
11	Botteram	5

Tabelle 9.4:   Matrix der Ähnlichkeitsdaten (Ankerpunktmethode)

Anker-punkt	Marke										
	1	2	3	4	5	6	7	8	9	10	11
1	-	1	7	10	8	9	3	2	4	6	5
2	1	-	9	7	2	8	3	5	4	6	10
3	10	9	-	8	7	6	3	5	4	2	1
4	7	6	8	-	1	2	4	9	10	5	3
5	10	9	8	1	-	2	7	3	5	6	4
6	10	9	3	1	2	-	8	7	5	6	4
7	8	7	2	5	6	10	-	3	4	1	9
8	8	9	4	10	5	6	2	-	3	7	1
9	9	8	3	10	7	6	4	5	-	1	2
10	9	10	1	8	6	7	2	5	3	-	4
11	9	10	1	5	8	6	7	2	3	4	-

Die Datenmatrix, die man mit Hilfe der Ankerpunktmethode erhält, ist i.d.R. asymmetrisch, d.h. beim Vergleich einer Marke A mit Ankerpunkt B kann sich ein anderer Rang ergeben als beim Vergleich von Marke B mit Ankerpunkt A. Es handelt sich also um bedingte (konditionale) Daten, für welche die Werte in der Matrix nur zeilenweise für jeweils einen Ankerpunkt vergleichbar sind, so daß alle rechnerischen Transformationen streng getrennt für jede Zeile der Datenmatrix durchzuführen sind. Mittels geeigneter Verfahren ist es möglich, die asymmetrische Matrix in eine Dreiecksmatrix zu überführen, wie man sie bei der Rangreihung erhält[3]. Manche MDS-Programme (wie POLYCON oder ALSCAL) gestatten aber auch die direkte Eingabe von Ankerpunkt-Daten.

9.2.1.3   Das Ratingverfahren

Eine dritte Möglichkeit zur Gewinnung von Un/Ähnlichkeitsdaten bildet die Anwendung von *Ratingverfahren*. Dabei werden die Objektpaare jeweils einzeln auf einer Ähnlichkeits- oder Unähnlichkeitsskala eingestuft, z.B.:

Die Marken "Becel" und "Du darfst" sind

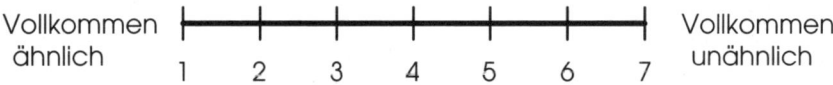

Vollkommen ähnlich   1   2   3   4   5   6   7   Vollkommen unähnlich

Die Person soll jeweils den ihrer Meinung nach zutreffenden Punkt auf der Skala ankreuzen. Üblich sind 7- oder 9-stufige Skalen.

Da Ähnlichkeit und Unähnlichkeit (wie auch Nähe und Distanz) symmetrische Konstrukte sind, d.h. die Ähnlichkeit zwischen A und B ist gleich der Ähnlichkeit zwischen B und A, wird jedes Paar nur einmal beurteilt. Insgesamt sind so für K Marken K(K-1)/2 Paare zu beurteilen. In unserem Beispiel mit elf Marken sind 55 Urteile (Ratings) abzugeben. Man erhält damit halb so viele Werte wie bei der Ankerpunktmethode und ebenso viele Werte wie bei der Rangreihung, die sich wiederum in einer Dreiecksmatrix zusammenfassen lassen.

Das Ratingverfahren läßt sich von den Auskunftspersonen am schnellsten durchführen, da jedes Objektpaar isoliert beurteilt wird und nicht mit den anderen Paaren verglichen werden muß. Bei großer Anzahl von Objekten bzw. geringer Belastbarkeit der Auskunftspersonen ist es daher vorzuziehen. Es liefert aber auch die ungenauesten Daten, da zwangsläufig, wenn z.B. 55 Paare auf einer 7-stufigen Ratingskala beurteilt werden, verschiedene Paare gleiche Ähnlichkeitswerte (Ties) erhalten. Je größer die Zahl der Objekte und je geringer die Stufigkeit der Ratingskala, desto mehr derartiger Ties treten auf.

---

[3] Vgl. Carmone, F.J. / Green, P.E. / Robinson, P.J. (1968): TRICON - An IBM 360/65 FORTRAN IV Program for the Triangularisation of Conjoint Data. In: Journal of Marketing Research, Vol. 5, S. 219 - 220. Mittels des Verfahrens der Triangularisation kann man die asymmetrische Datenmatrix in eine symmetrische Matrix umformen.

9.2.1.4   Vergleich der Erhebungsverfahren

Das Problem der Ties tritt hauptsächlich bei der Ankerpunktmethode und bei der Anwendung von Ratingverfahren auf. Die Stabilität der Lösung wird dadurch verringert. Um dem Problem zu begegnen, werden die Ähnlichkeitsdaten gewöhnlich über die Personen (oder Gruppen von Personen) aggregiert, z.B. durch Bildung von Medianen oder Mittelwerten. Für individuelle Analysen ist daher die Methode der Rangreihung besser geeignet, da sie detailliertere Daten liefert. Für aggregierte Analysen dagegen sind Ankerpunktmethode und Ratingverfahren von Vorteil, da sie die Datenerhebung erleichtern.

9.2.2 Wahl des Distanzmodells

(1) Messung von Ähnlichkeiten

(2) Wahl des Distanzmodells

(3) Ermittlung der Konfiguration

(4) Zahl und Interpretation der Dimensionen

(5) Aggregation von Personen

Die Abbildung von Objekten in einem psychologischen Wahrnehmungsraum bedeutet die Darstellung von Ähnlichkeiten in Form von Distanzen, d.h. ähnliche Objekte liegen dicht beeinander (geringe Distanzen), unähnliche Objekte liegen weit auseinander (große Distanzen). Folglich ist es für die Durchführung der MDS von Bedeutung, ein Distanzmaß zu bestimmen. Dafür stehen dem Forscher verschiedene Ansätze zur Verfügung.

9.2.2.1   Euklidische Metrik

Bei der Euklidischen Metrik wird die Distanz zweier Punkte nach ihrer kürzesten Entfernung zueinander ("Luftweg") beschrieben.

Euklidische Metrik

$$d_{kl} = \left[\sum_{r=1}^{R} \left(x_{kr} - x_{lr} \right)^2 \right]^{\frac{1}{2}} \tag{1}$$

mit

d_{kl}	:	Distanz der Punkte k, l
x_{kr}, x_{lr}	:	Koordinaten der Punkte k, l auf der r-ten Dimension (r=1,2,...R)

Ein Beispiel soll die Berechnung verdeutlichen (vgl. Abbildung 9.6).

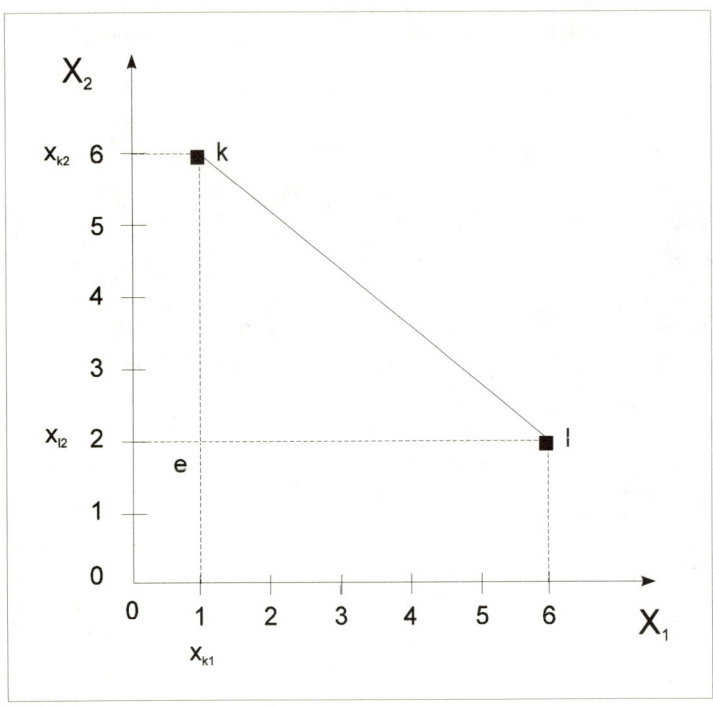

Abb. 9.6:   Euklidische Distanz

Die Distanz der Punkte k mit den Koordinaten (1,6) und l mit den Koordinaten (6,2) beträgt:

$$d_{kl} = \sqrt{(1-6)^2 + (6-2)^2} \qquad = \sqrt{25+16} \qquad = 6,4$$

9.2.2.2   City-Block-Metrik

Bei der City-Block-Metrik wird die Distanz zweier Punkte als Summe der absoluten Abstände zwischen den Punkten ermittelt.

City-Block-Metrik

$$d_{kl} = \sum_{r=1}^{R} |x_{kr} - x_{lr}| \tag{2}$$

mit

d_{kl} : Distanz der Punkte k, l

x_{kr}, x_{lr} : Koordinaten der Punkte k, l auf der r-ten Dimension
(r=1,2,...R)

Die Idee der City-Block-Metrik läßt sich vergleichen mit einer nach dem Schachbrettmuster aufgebauten Stadt (z.B. Manhattan), in der die Entfernung zwischen zwei Punkten durch das Abschreiten rechtwinkliger Blöcke gemessen wird. Ein Beispiel verdeutlicht dies für die Entfernung zwischen den Punkten k und l (Abbildung 9.7).

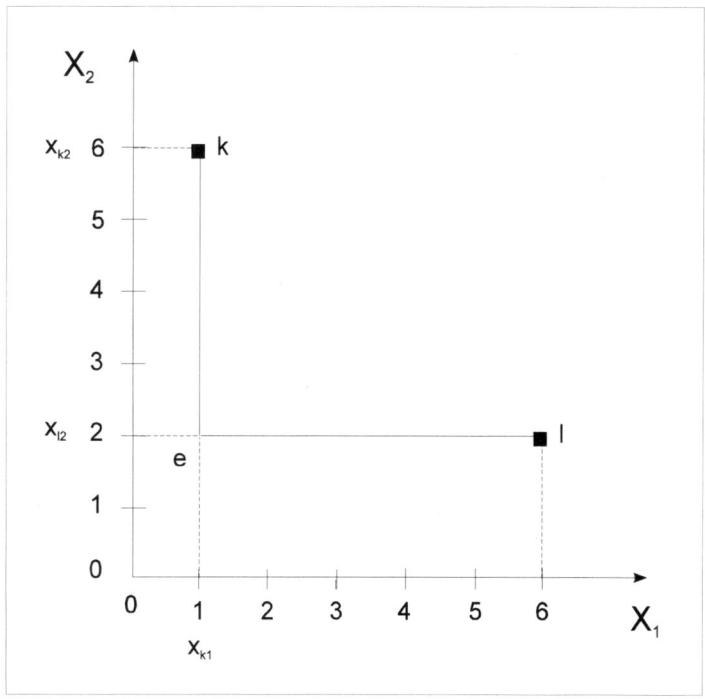

Abb. 9.7: City-Block-Distanz

die Distanz der Punkte k mit den Koordinaten (1,6) und l mit den Koordinaten (6,2) beträgt hier:

$$\text{Strecke von k nach e:} \quad d_{ke} = |6-2| = 4$$

+ $$\text{Strecke von e nach l:} \quad d_{el} = |1-6| = 5$$

= $$\text{Strecke von k nach l:} \quad d_{kl} = |4+5| = 9$$

was man auch durch Einsetzen der Werte in Formel (2) erhält.

9.2.2.3   Minkowski-Metrik

Eine Verallgemeinerung der beiden obigen Metriken bildet die Minkowski-Metrik. Für zwei Punkte k, l wird die Distanz als Differenz der Koordinatenwerte über alle Dimensionen berechnet. Diese Differenzen werden mit einem konstanten Faktor c potenziert und anschließend summiert. Durch Potenzierung der Gesamtsumme mit dem Faktor 1/c erhält man die gesuchte Distanz d_{kl}:

Minkowski-Metrik

$$d_{kl} = \left[\sum_{r=1}^{R} |x_{kr} - x_{lr}|^c \right]^{1/c} \tag{3}$$

mit

d_k	:	Distanz der Punkte k und l
x_{kr}, x_{lr}	:	Koordinaten der Punkte k, l auf der r-ten Dimension (r=1,2,...R)
$c \geq 1$	:	Minkowski-Konstante

Für c=1 ergibt sich die City-Block-Metrik und für c=2 die Euklidische Metrik.

9.2.3 Ermittlung der Konfiguration

(1) Messung von Ähnlichkeiten

(2) Wahl des Distanzmodells

(3) Ermittlung der Konfiguration

(4) Zahl und Interpretation der Dimensionen

(5) Aggregation von Personen

Das Verfahren der MDS läßt sich wie folgt umreißen: Aus vorgegebenen Ähnlichkeiten bzw. Unähnlichkeiten u_{kl} (für Objekte k und l) ist in einem Raum mit möglichst geringer Dimensionalität eine Konfiguration zu ermitteln, deren Distanzen d_{kl} möglichst gut die folgende *Monotoniebedingung* erfüllen sollten:

$$\text{Wenn} \quad u_{kl} > u_{ij}, \quad \text{dann} \quad d_{kl} > d_{ij} \qquad (4)$$

In der gesuchten Konfiguration sollte also die Rangfolge der Distanzen zwischen den Objekten *möglichst gut* die Rangfolge der vorgegebenen Unähnlichkeiten wiedergeben. Eine perfekte Erfüllung der Monotoniebedingung ist i.d.R. nicht möglich (und sollte auch, wie unten noch erläutert wird, nicht möglich sein).

Um die Konfiguration zu finden, geht man iterativ vor. Man startet mit einer Ausgangskonfiguration und versucht, diese schrittweise zu verbessern. Wir betrachten dazu ein kleines Beispiel mit 4 Objekten, für die in Tabelle 9.5 die Matrix der Unähnlichkeiten u_{kl} wiedergegeben ist. Je größer der Wert u_{kl} ist, desto unähnlicher werden die Objekte k und l wahrgenommen und desto weiter sollen sie in der gesuchten Konfiguration voneinander entfernt liegen.

Tabelle 9.5:   Unähnlichkeitsdaten u_{kl}

k	l	1 Rama	2 Homa	3 Becel	4 Butter
1	Rama	-			
2	Homa	3	-		
3	Becel	2	1	-	
4	Butter	5	4	6	-

Für den Wahrnehmungsraum legen wir fest, daß er zwei Dimensionen habe und die Euklidische Metrik zugrunde liege.

Als Startkonfiguration für das Beispiel seien beliebige Koordinatenwerte vorgegeben (vgl. Tabelle 9.6). Die entsprechende Konfiguration ist in Abbildung 9.8a dargestellt. Wie man sieht, besteht keine Übereinstimmung zwischen der Rangfolge der Distanzen und der Rangfolge der Unähnlichkeiten. So ist z.B. die Unähnlichkeit

u_{23} zwischen den Objekten 2 und 3 am geringsten, während in Abbildung 9.8a die Distanz d_{13} zwischen den Objekten 1 und 3 am geringsten ist.

Tabelle 9.6:   Koordinaten der Startkonfiguration

		Koordinaten	
Objekt k		x_{k1}	x_{k2}
1	(Rama)	3	2
2	(Homa)	2	7
3	(Becel)	1	3
4	(Butter)	10	4

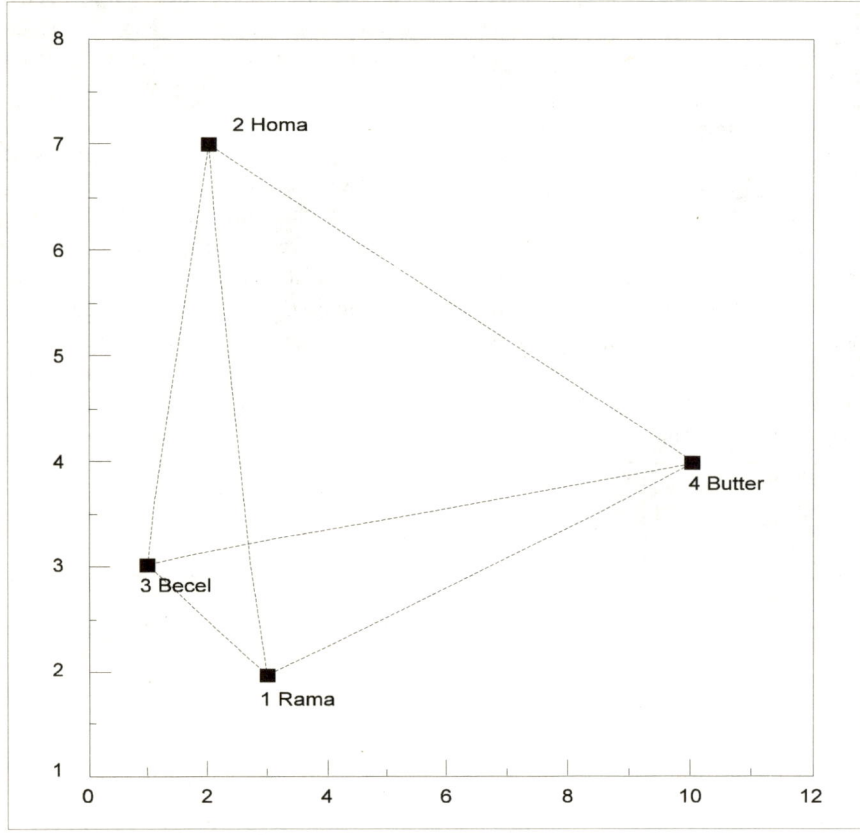

Abb. 9.8a: Startkonfiguration für das Handbeispiel

In Tabelle 9.7 werden die Distanzen d_{kl} berechnet. In Klammern sind jeweils die Rangzahlen der ermittelten Distanzen angegeben (vorletzte Spalte). Diesen sind die Unähnlichkeitsdaten u_{kl} gegenübergestellt (letzte Spalte). Wie man sieht, stimmen die beiden Rangreihen nur für das erste Paar (1,2) und das letzte Paar (3,4) überein.

Tabelle 9.7:   Berechnung der euklidischen Distanzen d_{kl}

Punkte k,l	$\lvert x_{k1} - x_{l1} \rvert$	$\lvert x_{k2} - x_{l2} \rvert$	$\sum_r \lvert x_{kr} - x_{lr} \rvert^2$	d_{kl}		u_{kl}
1, 2	$\lvert 3\text{-}2 \rvert = 1$	$\lvert 2\text{-}7 \rvert = 5$	$1+25 = 26$	5,1	(3)	3
1, 3	$\lvert 3\text{-}1 \rvert = 2$	$\lvert 2\text{-}3 \rvert = 1$	$4 + 1 = 5$	2,2	(1)	2
1, 4	$\lvert 3\text{-}10 \rvert = 7$	$\lvert 2\text{-}4 \rvert = 2$	$49 + 4 = 53$	7,3	(4)	5
2, 3	$\lvert 2\text{-}1 \rvert = 1$	$\lvert 7\text{-}3 \rvert = 4$	$1+16 = 17$	4,1	(2)	1
2, 4	$\lvert 2\text{-}10 \rvert = 8$	$\lvert 7\text{-}4 \rvert = 3$	$64+ 9 = 73$	8,5	(5)	4
3, 4	$\lvert 1\text{-}10 \rvert = 9$	$\lvert 3\text{-}4 \rvert = 1$	$81+ 1 = 82$	9,1	(6)	6

Um die Güte der Übereinstimmung zwischen den Distanzen in der Konfiguration und den wahrgenommenen Unähnlichkeiten zu veranschaulichen, sind in Abbildung 9.9 die Unähnlichkeiten auf der Abszisse, und die Distanzen auf der Ordinate abgetragen. Diese Darstellung wird auch als *Shepard-Diagramm* bezeichnet.

Wenn die Rangfolge der Distanzen der Rangfolge der Unähnlichkeiten entspricht, entsteht durch Verbindung der Punkte ein monoton steigender Verlauf. Das ist in Abbildung 9.9 nicht der Fall. Wie schon aus Tabelle 9.7 ersichtlich, ist die Monotoniebedingung nur für die Objektpaare (1,2) und (3,4) erfüllt. Eine Verbesserung läßt sich möglicherweise durch eine Veränderung der Ausgangskonfiguration erreichen.

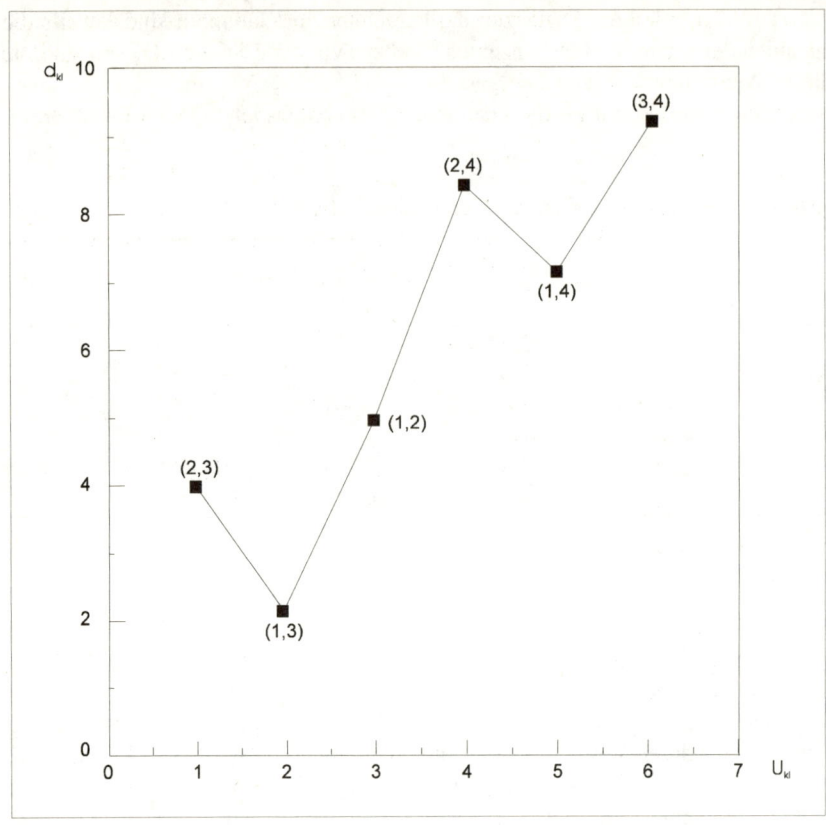

Abb. 9.9: Beziehung zwischen Unähnlichkeiten und Distanzen (Shepard-Diagramm)

Neben den Unähnlichkeiten u_{kl} und den Distanzen d_{kl} wird im Rahmen der MDS noch eine dritte Gruppe von Größen, die sog. *Disparitäten* $\hat{d}_{kl}$, eingeführt. Es handelt sich dabei um Zahlen, die von den Distanzen möglichst wenig abweichen sollen (im Sinne des Kleinstquadratekriteriums) und die die folgende Bedingung erfüllen müssen:

$$\text{Wenn}\quad u_{kl} > u_{ij}, \quad \text{dann} \quad \hat{d}_{kl} \geq \hat{d}_{ij}$$

Die Disparitäten bilden also schwach monotone Transformationen der Unähnlichkeiten. Ein rechnerischer Weg zur Ermittlung der Disparitäten ist die Mittelwertbildung zwischen den Distanzen der nichtmonotonen Objektpaare. Im Beispiel für die Objektpaare 1,3 und 2,3 ergibt sich:

$$\hat{d}_{1,3} = \hat{d}_{2,3} = \frac{d_{1,3} + d_{2,3}}{2} = \frac{2,2 + 4,1}{2} = 3,15$$

Trägt man die Disparitäten im Shepard-Diagramm über den Unähnlichkeiten ab und verbindet die entsprechenden Punkte, so erhält man den in Abbildung 9.10 darstellten monotonen Funktionsverlauf.

Aus Abbildung 9.10 kann man erkennen, daß sich die angestrebte Monotonie dadurch herstellen läßt, daß man für die abweichenden Objektpaare (1,3), (2,3), (1,4) und (2,4) die Distanzen verändert. Zum Beispiel könnte das Objekt 3 in der Konfiguration so verschoben werden, daß die Distanz zum Objekt 2 kleiner wird und gleichzeitig zum Objekt 1 vergrößert wird. Dabei muß jedoch beachtet werden, daß von dieser Verschiebung auch die Distanz zwischen Objekt 3 und 4 betroffen ist.

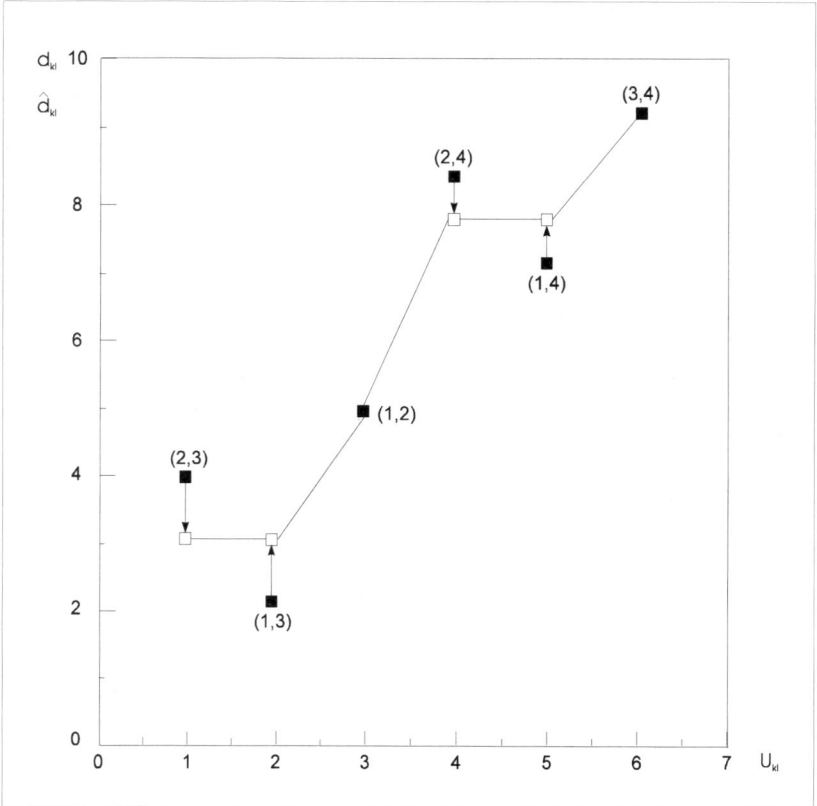

Abb. 9.10: Beziehung zwischen Unähnlichkeiten und Disparitäten (Shepard-Diagramm)

Zur Lösung dieses Problems wurde erstmals von J.B. Kruskal ein Algorithmus vorgeschlagen, der unter Nutzung der Disparitäten neue, verbesserte Koordinatenwerte ermittelt[4]. Als Maß für die Güte einer Konfiguration und damit als Zielkriterium für deren Optimierung wird dabei das sog. *STRESS-Maß* verwendet:

$$STRESS = \sqrt{\frac{\sum\limits_{k} \sum\limits_{l} (d_{kl} - \hat{d}_{kl})^2}{Faktor}} \tag{5}$$

mit

d_{kl} : Distanz zwischen Objekten k und l

$\hat{d}_{kl}$: Disparitäten für Objekte k und l

Das STRESS-Maß mißt, wie gut (genauer gesagt, wie schlecht) eine Konfiguration die Monotoniebedingung (4) erfüllt. Je größer der STRESS ausfällt, desto schlechter ist die Anpassung der Distanzen an die Ähnlichkeiten (badness of fit).

Die Größe des STRESS-Maßes wird bestimmt durch die Differenzen $(d_{kl} - \hat{d}_{kl})$ zwischen Distanzen und Disparitäten. Sie sind in Abbildung 9.10 durch die vertikalen Pfeile dargestellt. Da positive wie negative Differenzen gleichermaßen unerwünscht sind, werden sie quadriert. Im Fall einer exakten monotonen Anpassung entsprechen alle Distanzen den Disparitäten und der STRESS nimmt den Wert 0 an.

Der Faktor im Nenner von (5) dient lediglich nur zur Normierung des STRESS-Maßes auf Werte zwischen 0 und 1. Hier existieren unterschiedliche Varianten. Besonders gebräuchlich sind die *STRESS-Formeln 1 und 2* von Kruskal:

$$STRESS1 = \sqrt{\frac{\sum\limits_{k} \sum\limits_{l} (d_{kl} - \hat{d}_{kl})^2}{\sum\limits_{k} \sum\limits_{l} d_{kl}^2}} \tag{5a}$$

$$STRESS2 = \sqrt{\frac{\sum\limits_{k} \sum\limits_{l} (d_{kl} - \hat{d}_{kl})^2}{\sum\limits_{k} \sum\limits_{l} (d_{kl} - \overline{d})^2}} \tag{5b}$$

mit

$\overline{d}$: Mittelwert der Distanzen

Die obigen STRESS-Formeln finden in bedeutenden Computer-Programmen für die MDS (z.B. MDSCAL, KYST, POLYCON) wie auch in Programmen zum Conjoint Measurement (z.B. MONANOVA) Verwendung. Da die Werte der beiden STRESS-Maße sich stark unterscheiden (Formel 2 liefert etwa doppelt so

---

[4] Kruskal, J.B. (1964a): Multidimensional Scaling by Optimizing Goodness of Fit to a Nonmetric Hypothesis, in: Psychometric monographes, Vol. 29, März 1964, S. 1 - 27, sowie Kruskal, J.B. (1964b): Nonmetric Multidimensional Scaling: A Numerical Method, in: Psychometric monographes, Vol. 29, Juni 1964, S. 115 - 129.

große Werte wie Formel 1), ist beim Vergleich von Ergebnissen, die mit verschiedenen Programmen erzielt wurden, darauf zu achten, welche Formel verwendet wurde.

Ein weiteres Stress-Maß ist *S-Stress* von Takane/Young/de Leeuw, das in dem Programm ALSCAL als Zielkriterium verwendet wird.[5] ALSCAL ist seit kurzem in der Windows-Version von SPSS auch auf dem PC verfügbar. Im Ausdruck von ALSCAL wird als Gütemaß neben S-STRESS auch STRESS 1 angegeben.

Für das Handbeispiel zeigt Tabelle 9.8 die Berechnung des STRESS-Maßes.

Tabelle 9.8:   Ermittlung des STRESS (Beispiel)

Objektpaar k, l	u_{kl}	d_{kl}	$\hat{d}_{kl}$	$(d_{kl} - \hat{d}_{kl})^2$	d_{kl}^2	$(d_{kl} - \bar{d})^2$
2, 3	1	4,1		0,9	16,8	3,8
			3,15			
1, 3	2	2,2		0,9	4,8	14,8
1, 2	3	5,1	5,10	0,0	26,0	0,9
2, 4	4	8,5		0,4	72,3	6,0
			7,90			
1, 4	5	7,3		0,4	53,3	1,6
3, 4	6	9,1	9,10	0	82,8	9,3
Σ		36,3		2,6	256,0	36,4

$$\bar{d} = 36,3/6 = 6,05 \qquad STRESS1 = \sqrt{2,6/256} = 0,10$$

$$STRESS2 = \sqrt{2,6/36,4} = 0,27$$

Bei dem von Kruskal vorgeschlagenen Algorithmus zum Auffinden einer optimalen Konfiguration handelt es sich methodisch um ein iteratives Optimierungsverfahren, das auf dem Prinzip des steilsten Anstiegs (Gradientenverfahren) basiert. Die jeweils gefundene Konfiguration wird iterativ so lange weiter verbessert, bis ein

---

[5] Vgl. z.B. Schiffman, S.S. / Reynolds, M.L. / Young, F.W. (1981): Introduction to Multidimensional Scaling, Orlando u.a., S. 354.

minimaler STRESS erreicht ist oder eine vorgegebene Zahl von Iterationen überschritten wird.

Mittels folgender Formel läßt sich für den Koordinatenwert x_{kr} von Objekt k auf Dimension r iterativ ein "neuer" Koordinatenwert berechnen, der die Position von Objekt k relativ zu Objekt l verbessert:

$$x_{kr}^{+}(l) \;=\; x_{kr} + \alpha \left(1 - \frac{\hat{d}_{kl}}{d_{kl}} \right)(x_{lr} - x_{kr}) \qquad (k \neq l, \; r = 1, ..., R) \qquad (6)$$

Dabei bezeichnet α die Schrittweite der Iteration. Eine Veränderung des Koordinatenwertes ergibt sich nur, wenn eine Differenz zwischen Disparität $\hat{d}_{kl}$ und Distanz d_{kl} besteht.

Durch (6) wird der Koordinatenwert lediglich bezüglich *einem* anderen Objekt l verändert. Um eine Verbesserung bezüglich aller K-1 übrigen Objekte zu erzielen, ist die Formel wie folgt zu erweitern:

$$x_{kr}^{+} \;=\; x_{kr} + \frac{a}{K-1} \sum_{l=1}^{K} \left(1 - \frac{\hat{d}_{kl}}{d_{kl}} \right) \cdot (x_{lr} - x_{kr}) \qquad (r = 1, ..., R) \qquad (7)$$

Durch (7) wird ein Vektor zur Verschiebung des Objektes k erzeugt, dessen Richtung von den Koordinaten aller Objekte und den Disparitäten bezüglich k abhängig ist. Die Länge dieses Vektors kann durch die Schrittweite α variiert werden. Diese darf weder zu klein sein, da sonst der Iterationsprozeß sehr lange dauern würde, noch darf sie zu groß sein, da man sonst über das Optimum hinausschießt und so eine Verschlechterung bewirkt werden kann. Diese Problematik wird als *Schrittweitenproblem* bezeichnet. Als Startwert schlägt Kruskal z.B. 0,2 vor. Überdies variieren die gängigen Algorithmen die Schrittweite in Abhängigkeit vom jeweiligen STRESS-Wert, d.h. je kleiner der STRESS-Wert wird und je mehr man folglich dem Optimum nähert, desto kleiner wird die Schrittweite gewählt.

Beispielhaft berechnen wir neue Koordinatenwerte für Objekt k = 3. Aus Abbildung 9.8a wie auch aus Abbildung 9.10 ist ersichtlich, daß die Position von Objekt 3 so verändert werden muß, daß die Distanz zu Objekt 2 verringert und die zu Objekt 1 vergrößert wird. Um eine deutliche Veränderung zu erhalten, wählen wir hier, entgegen obigen Ausführungen, mit $\alpha = 3$ eine extrem große Schrittweite. Man erhält dann mittels Formel (7) die folgenden verbesserten Koordinatenwerte.

Dimension 1:

$$x_{31}^{+} = 1 + \frac{3}{4-1} \sum_{\substack{l=1 \\ l \neq 3}}^{4} \left(1 - \frac{\hat{d}_{31}}{d_{31}}\right) \cdot (x_{11} - 1)$$

$$= 1 + \left(1 - \frac{3,15}{2,20}\right) \cdot (3-1)$$

$$+ \left(1 - \frac{3,15}{4,10}\right) \cdot (2-1)$$

$$+ \left(1 - \frac{9,10}{9,10}\right) \cdot (10-1)$$

$$= 1 - 0,86 + 0,23 + 0$$
$$= 1 - 0,63$$
$$= 0,37$$

Dimension 2:

$$x_{32}^{+} = 3 + \frac{3}{4-1} \sum_{\substack{l=1 \\ l \neq 3}}^{4} \left(1 - \frac{\hat{d}_{31}}{d_{31}}\right) \cdot (x_{12} - 3)$$

$$= 3 + \left(1 - \frac{3,15}{2,20}\right) \cdot (2-3)$$

$$+ \left(1 - \frac{3,15}{4,10}\right) \cdot (7-3)$$

$$+ \left(1 - \frac{9,10}{9,10}\right) \cdot (4-3)$$

$$= 3 + 0,43 + 0,93 + 0$$
$$= 3 + 1,36$$
$$= 4,36$$

In Abbildung 9.8b ist durch einen Pfeil die sich ergebende Veränderung der Position von Objekt 3 markiert. Wie gewünscht wird die Distanz zu Objekt 2 verringert und die zu Objekt 1 vergrößert. Analog lassen sich neue Positionen für die übrigen Objekte berechnen. Das Endergebnis nach zwei Iterationen ist in Abbildung 9.8b dargestellt. Betrachtet man jetzt die Distanzen zwischen den neuen Positionen der Objekte, so zeigt sich, daß diese die Monotoniebedingung exakt erfüllen, d.h. sie stimmen hinsichtlich ihrer Rangfolge mit den vorgegebenen Unähnlichkeiten genau überein. Das STRESS-Maß wird damit Null und eine weitere Verbesserung durch den Algorithmus ist nicht möglich.

Bemerkt sei, daß immer dann, wenn der STRESS null wird, auch weitere Lösungen existieren, die ebenfalls die Monotoniebedingung erfüllen. Eine eindeutige Lösung ist in derartigen Fällen also nicht möglich. Hierauf wird im folgenden Abschnitt näher eingegangen.

Ist eine streßminimale Lösung gefunden und ist der STRESS größer null, so hilft Tabelle 9.9 bei der Beurteilung der Anpassungsgüte. Kruskal hat diese Erfahrungswerte als Anhaltspunkte zur Beurteilung des STRESS-Maßes vorgeschlagen[6].

Tabelle 9.9:   Anhaltswerte zur Beurteilung des STRESS

Anpassungsgüte	STRESS 1	STRESS 2
gering	0,2	0,4
ausreichend	0,1	0,2
gut	0,05	0,1
ausgezeichnet	0,025	0,05
perfekt	0	0

Im anfangs vorgestellten Städtebeispiel ergab sich mit STRESS 1 = 0,0118 bzw. STRESS 2 = 0,03 eine nahezu perfekte Anpassung.

Wir haben hier nur die Lösung im 2-dimensionalen Raum betrachtet. Das Verfahren gilt aber analog auch für Räume mit mehr als 2 Dimensionen. Lediglich die Berechnung der Distanzen in Tabelle 9.7 verändert sich dadurch. Auf die Frage nach der Anzahl der Dimensionen des Wahrnehmungsraumes gehen wir nachfolgend ein.

---

[6] Kruskal, J.B. / Carmone, F. J.(1973): How to Use MDSCAL, A Program to do Multidimensional Scaling and Multidimensional Unfolding (Version 5M), Bell Laboratories, Murray Hill New York (vervielfältigtes Manual).

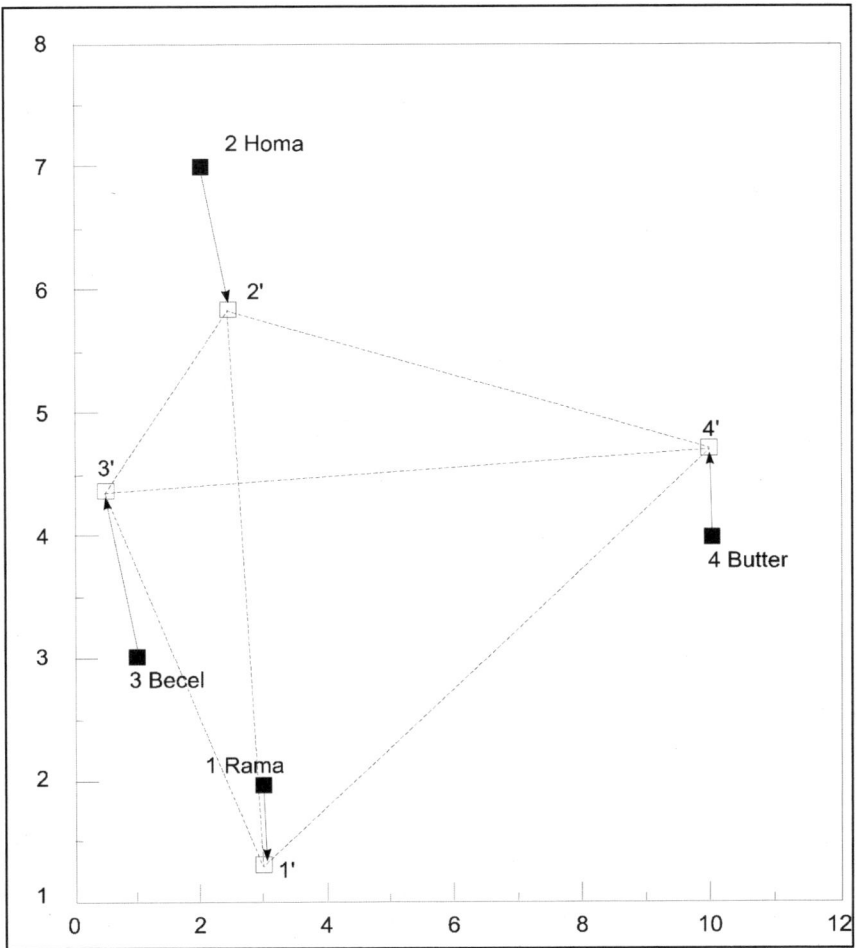

Abb. 9.8b: Veränderung der Startkonfiguration

9.2.4 Zahl und Interpretation der Dimensionen

| (1) Messung von Ähnlichkeiten |
| (2) Wahl des Distanzmodells |
| (3) Ermittlung der Konfiguration |
| (4) Zahl und Interpretation der Dimensionen |
| (5) Aggregation von Personen |

Ein Wahrnehmungsraum wird neben der *Metrik* auch durch die *Zahl der Dimensionen* bestimmt. Beides muß vom Anwender einer MDS festgelegt werden.

Die Zahl der Dimensionen sollte der "wahren" Dimensionalität der Wahrnehmung entsprechen. Da diese aber i.d.R. unbekannt ist und oft durch die MDS erst aufgedeckt werden soll, entsteht ein schwieriges Problem. Dieses Problem wird aber dadurch gemildert, daß der Spielraum für die Zahl der Dimension sehr eng ist.

Aus praktischen Erwägungen wird man sich meist auf zwei oder drei Dimensionen beschränken, um eine grafische Darstellung der Ergebnisse zu ermöglichen und so die inhaltliche Interpretation zu erleichtern. Da sich unsere räumliche Erfahrung und Vorstellung auf maximal drei Dimensionen beschränkt, wird zum Teil argumentiert, daß dies generell auch für Wahrnehmungsräume der Fall ist.

Ob zwei oder drei Dimensionen zu wählen sind, kann inhaltlich danach entschieden werden, welche Lösung eine bessere Interpretation der Konfiguration wie auch der Dimensionen ermöglicht. Auch eine einzige Dimension kann ausreichend sein.

Wenngleich eine Interpretation der Dimensionen (der Achsen des Koordinatensystems) nicht immer möglich oder notwendig ist, so erhöht die Interpretierbarkeit der Dimensionen doch die Anschaulichkeit und bestärkt die Validität der gefundenen Lösung. Zwecks besserer Interpretierbarkeit ist es oft notwendig, die Achsen geeignet zu rotieren. Dabei wird meist das *Varimaxkriterium* angewendet, bei dem die Achsen so gelegt werden, daß die Objekte sich möglichst entlang der Achsen verteilen, nicht aber in diagonaler Richtung. Auf diese Weise wird eine sog. Einfachstruktur bewirkt (vgl. Kapitel 6: Faktorenanalyse). Damit lassen sich Unterschiede zwischen den Objekten mit den Achsen in Verbindung bringen.

Als formales Kriterium zur Bestimmung der Zahl der Dimensionen kann das STRESS-Maß herangezogen werden. Der STRESS einer Lösung sollte möglichst niedrig sein. Dabei ist aber zu beachten, daß generell der STRESS abnimmt, wenn die Zahl der Dimensionen erhöht wird. Bei nur geringfügiger Änderung des STRESS sollte daher die Lösung mit geringerer Anzahl von Dimensionen vorgezogen werden. Zur Unterstützung der Entscheidung kann das Elbow-Kriterium herangezogen werden (vgl. Kapitel 7: Cluster-Analyse).

Vorsicht ist geboten, wenn der STRESS null oder sehr klein wird (z.B. $< 0,01$), da dies ein Indiz für eine *degenerierte Lösung* sein kann. Die Objekte klumpen sich dann meist im Mittelpunkt des Koordinatensystems. Ein gewisses Mindestmaß an STRESS ist deshalb bei der MDS immer notwendig, um eine eindeutige Lösung zu erhalten.

Bei der MDS erfolgt eine *Gewinnung von metrischen Ergebnissen aus ordinalen Daten*, also eine Anhebung des Skalenniveaus. Dies ist nur durch Verdichtung der ordinalen Daten möglich. Hierin kommt ein wichtiges Prinzip der Skalierung zum Ausdruck. Eine nützliche Kennziffer bildet der *Datenverdichtungskoeffizient Q*:

$$Q = \frac{K(K-1)/2}{K \cdot R} = \frac{\text{Zahl der Ähnlichkeiten}}{\text{Zahl der Koordinaten}} \qquad (8)$$

mit

K	:	Anzahl der Objekte
R	:	Anzahl der Dimensionen
$K \cdot (K-1)/2$	:	Anzahl der Un/Ähnlichkeiten: Input-Daten
$K \cdot R$	:	Anzahl der Koordinaten: Output-Daten

Tabelle 9.10: Werte des Datenverdichtungskoeffizienten Q für unterschiedliche Anzahl von Objekten und Dimensionen

Zahl der Objekte K	Dimensionen	
	R=2	R=3
7	1,50	1,00
8	1,75	1,17
9	2,00	1,33
10	2,25	1,50
11	2,50	1,67
12	2,75	1,83
13	3,00	2,00

Damit eine Anhebung des Skalenniveaus möglich ist, muß die Zahl der Input-Daten größer als die Zahl der Output-Daten und somit Q größer als 1 sein. Die Verdichtung ist umso höher, je größer die Anzahl der Objekte ist, und umso niedriger, je höher die Anzahl der Dimensionen ist. Als *Faustregel* zur Erzielung einer stabilen Lösung kann $Q \geq 2$ gelten. Dabei sind gegebenenfalls auch Ties oder fehlende Werte (missing values) zu berücksichtigen, die den Wert von Q verringern.

In Tabelle 9.10 sind Werte von Q für verschiedene Werte von K und R aufgelistet.

Die Zahl der Dimensionen wird, wie man sieht, auch durch die Zahl der Objekte begrenzt. Bei 13 Objekten sind entsprechend obiger Faustregel maximal 3 Dimensionen und bei 9 Objekten maximal 2 Dimensionen zulässig. Anders gesehen wäre damit 9 die minimale Anzahl von Objekten für eine MDS.

Als Kriterien für die Zahl der Dimensionen bieten sich damit

- der *Verdichtungskoeffizient*, der eine obere Grenze liefert,
- der *STRESS-Wert*, der möglichst klein sein sollte (im Sinne des Elbow-Kriteriums),
- die *Interpretierbarkeit* der Ergebnisse, die letztlich das wichtigste Kriterium bildet.

Weiterhin wurde aus der Behandlung des Datenverdichtungskoeffizienten deutlich, daß eine Mindestzahl von etwa 9 Objekten für die Anwendung der MDS erforderlich ist. Hier offenbart sich ein gewisses *Dilemma der MDS*, da mit der Zahl der Objekte einerseits die Präzision des Verfahrens zunimmt, andererseits sich aber auch die Schwierigkeit der Datengewinnung erhöht.

9.2.5 Aggregation von Personen

(1) Messung von Ähnlichkeiten
(2) Wahl des Distanzmodells
(3) Ermittlung der Konfiguration
(4) Zahl und Interpretation der Dimensionen
(5) Aggregation von Personen

Wir haben bisher die MDS zur Ermittlung des Wahrnehmungsraumes einer Person verwendet. Diese Art der MDS wird auch als klassische MDS bezeichnet. Bei vielen Anwendungsfragestellungen interessieren jedoch nicht individuelle Wahrnehmungen, sondern diejenigen von Gruppen, z.B. bei der Analyse der Markenwahrnehmung durch Käufergruppen.

Grundsätzlich bieten sich drei Möglichkeiten zur Lösung des Aggregationsproblems an:

1. Es werden vor der Durchführung der MDS die Ähnlichkeitsdaten durch Bildung von Mittelwerten oder Medianen aggregiert. Auf die so aggregierten Daten wird dann eine klassische MDS angewendet.
2. Es wird eine klassische MDS für jede Person durchgeführt und anschließend werden die Ergebnisse aggregiert. Da die Ergebnisse immer metrisch sind im Gegensatz zu den empirischen Ähnlichkeitsdaten, erscheint diese Vorgehensweise adäquater. Sie ist allerdings sehr aufwendig und infolge von Ties und fehlenden Werten nicht immer möglich.
3. Einige Computer-Programme, wie POLYCON, KYST oder ALSCAL, erlauben eine gemeinsame Analyse der Ähnlichkeitsdaten einer Mehrzahl von Personen, für die dann eine gemeinsame Konfiguration ermittelt wird. Man bezeichnet diese Art der MDS auch als RMDS (replicated MDS).[7]

Beim Vergleich einer MDS auf Basis von aggregierten Ähnlichkeitsdaten und einer RMDS ist zu berücksichtigen, daß letztere zwangsläufig höhere STRESS-Werte

---

[7] Vgl. Shiffman, S.S. / Reynolds, M.L. / Young, F.W. (1981): Introduction to Multidimensional Scaling, Orlando u.a., S. 56 ff.

liefert. Daraus darf nicht der Fehlschluß gezogen werden, daß die extern aggregierten Daten eine bessere Abbildung der Objekte im Wahrnehmungsraum liefern.[8]

Grundsätzlich ist bei der Aggregation über Personen zu prüfen, ob hinreichende Homogenität der Personen vorliegt. Andernfalls ist z.b. mit Hilfe der Cluster-Analyse (vgl. Kapitel 7) zuvor eine Segmentierung vorzunehmen, d.h. es sind möglichst homogene Cluster zu bilden, innerhalb derer eine Aggregation zulässig ist.

Nützlich für die Prüfung der Homogenität und eventuelle Segmentierung ist die Anwendung von Verfahren der MDS, die individuelle Differenzen berücksichtigen. Dies erfolgt durch Berechnung individueller Gewichtungen der Dimensionen. Man spricht daher auch von WMDS (weighted MDS). Geeignete Programme sind z.B. INDSCAL und ALSCAL.[9]

9.2.6 Fallbeispiel

Bei 32 Personen wurden Unähnlichkeiten zwischen 11 Margarine- und Butter-marken abgefragt. Die 55 Markenpaare wurden jeweils mittels einer 7-stufigen Ratingskala beurteilt, wie sie in Abschnitt 9.2.1.3 dargestellt wurde.

Aufgrund der erhaltenen Daten, die im Anhang 4 dieses Buches wiedergegeben sind, sollen die 11 Marken mittels MDS im Wahrnehmungsraum positioniert werden. Hierzu wird das Computer-Programm POLYCON von F.W. Young verwendet.[10] Es soll eine aggregierte Lösung über alle 32 Personen erstellt werden (replicated MDS). Als Metrik wird die euklidische Metrik vorgegeben, und die Zahl der Dimensionen wird auf 2 festgelegt.

Output von Polycon

Abbildung 9.11 zeigt einen Ausschnitt des Computer-Ausdrucks von POLYCON, den wir von oben nach unten gehend erläutern.

(1) Bei einer Lösung in 2 Dimensionen sind für die 11 Punkte (Marken) 22 Koordinaten zu berechnen. Von den maximal 55 x 32 = 1.760 Unähnlichkeits-daten stehen hier nur 1.351 Daten zur Verfügung, da die Auskunftspersonen Paare mit unbekannten Marken nicht beurteilt haben. Für die 409 fehlenden Werte wurde

---

[8] Vgl. Shiffman, S.S. / Reynolds, M.L. / Young, F.W. (1981): Introduction to Multidimensional Scaling, Orlando u.a., S. 119.

[9] Einen Überblick über diese und weitere Programme geben Green, P.E. / Carmone, F. / Smith, S.M. (1989): Multidimensional Scaling: Concepts and Applications, Boston/London; Schiffman, S.S. / Reynold, M.L. / Young, F.W. (1981): Introduction to Multidimensional Scaling, Orlando u.a.

[10] Siehe hierzu Young, F.W. (1973): POLYCON - Conjoint Scaling, The L.L. Thurstone Psychometric Laboratory, University of North Carolina, Report No. 118, Chapel Hill, S. 66-92; Schiffman, S.S. / Reynolds M.L. / Young, F.W. (1981): Introduction to Multidimensio-nal Scaling, Orlando u.a., S. 103-126.

im Datensatz jeweils eine '0' eingesetzt, die von POLYCON als 'missing value' behandelt wird.

(2) Es wird angezeigt, daß PHASE 1 durchlaufen wurde (hier erfolgt die Anwendung eines metrischen Verfahrens nach Young und Housholder) und eine Lösung mit minimalem STRESS-Wert gefunden wurde.

(3) Es wird angezeigt, daß PHASE 2 durchlaufen wurde (hier erfolgt die weitere Verbesserung der Lösung mittels nicht-metrischer Optimierung) und daß ein minimaler STRESS-Wert gefunden wurde. Die optimale Lösung wurde hier bereits nach 2 Iterationen gefunden (siehe unten).

(4) Unter der Überschrift "BEST ITERATION" werden für die optimale Lösung die Kennziffern für jede Person angegeben. Dabei betrifft die erste Zeile die fehlenden Werte und die letzte Zeile die aggregierte Lösung. Insbesondere bezeichnet z.B.:

ITER	Zahl der Iterationen, die zur Erreichung des Optimums benötigt wurden.
P	Nummer der Personen
NP	Anzahl der vorliegenden Unähnlichkeitsdaten für Person P
DIST M	Mittelwert der Distanzen für Person P
DISP M	Mittelwert der Disparitäten für Person P
DIST V	Varianz der Distanzen
DISP V	Varianz der Disparitäten
DIST SQ	Summe der quadrierten Distanzen
DIFF SQ	Summe der quadrierten Differenzen zwischen Disparitäten und Distanzen

In den letzten zwei Spalten stehen beiden oben erläuterten STRESS-Maße.

(5) Für die aggregierte Lösung wird ein STRESS-Wert von 0,596 erzielt. Dieser Wert weist auf eine recht geringe Anpassungsgüte hin, die bei empirischen Untersuchungen aber leider häufig vorkommt.

(6) Unter der Überschrift "DERIVED CONFIGURATION" sind für jede Marke die Koordinaten der optimalen Lösung im 2-dimensionalen Wahrnehmungsraum angegeben. Hiermit erhält man die Konfiguration in Abbildung 9.12.

```
        MDS für den Margarinemarkt

(1)     SOLUTION IN 2 DIMENSIONS FOR  22 COORDINATES FROM  409 PASSIVE AND
        1351 ACTIVE DATA ELEMENTS PARTITIONED INTO  32 SUBSETS.


(2)     P H A S E   1


        MINIMUM STRESS FOUND


(3)     P H A S E   2


        MINIMUM STRESS FOUND


(4)     B E S T    I T E R A T I O N
        ITER P   NP   DIST M   DISP M   DIST V    DISP V   DIST SQ   DIFF SQ STRESS 1 STRESS 2
         2  0   409   1.1719   1.1719  97.1713   97.1713 658.8941    0.0000   0.0000   0.0000
         2  1    54   0.9137   0.9137  11.9531    6.7550  57.0363    5.1981   0.3019   0.6594
         2  2    28   0.6980   0.6980   5.7762    5.1867  19.4164    0.5895   0.1742   0.3195
         2  3    45   0.8289   0.8289   8.2951    6.9005  39.2168    1.3946   0.1886   0.4100
         2  4    36   0.8372   0.8372   6.9142    5.3906  32.1460    1.5236   0.2177   0.4694
         2  5    43   0.8489   0.8489   9.4165    1.9635  40.4007    7.4529   0.4295   0.8897
         2  6    54   0.9137   0.9137  11.9531    0.5632  57.0364   11.3899   0.4469   0.9762
         2  7    36   0.7663   0.7663   6.5428    4.1381  27.6801    2.4048   0.2947   0.6063
         2  8    27   0.8662   0.8662   5.2365    2.9833  25.4957    2.2532   0.2973   0.6560
         2  9    54   0.9137   0.9137  11.9531    3.1710  57.0364    8.7821   0.3924   0.8572
         2 10    46   0.8434   0.8434   8.7297    1.7106  41.4532    7.0191   0.4115   0.8967
                   .
                   .
                   .
         2 30    52   0.8801   0.8801  10.3465    6.9585  50.6282    3.3880   0.2587   0.5722
         2 31    28   0.7280   0.7280   5.5155    2.6373  20.3533    2.8782   0.3760   0.7224
         2 32    44   0.8574   0.8574   9.5556    5.5577  41.9041    3.9978   0.3089   0.6468
         2      1760                            376.0461 242.50281936.0010 133.5434   0.2626   0.5959


(5)     S T R E S S ( 2 )   =   0.596


(6)     D E R I V E D   C O N F I G U R A T I O N
                          1         2         3         4         5         6
                        Becel      Duda      Rama      Deli     HollB     WeihnB
        DIMENSION 1     0.264     0.414     0.162    -1.184    -0.724    -0.768
        DIMENSION 2     0.665     0.839    -0.512    -0.181     0.238     0.129
        CONTINUED MATRIX
                          7         8         9        10        11
                        Homa      Flora      SB      Sanella   Botteram
        DIMENSION 1     0.286     0.208     0.673     0.406     0.263
        DIMENSION 2    -0.458    -0.326    -0.065    -0.253    -0.076
```

Abbildung 9.11:   Output der MDS mit POLYCON

Grafische Darstellung und Interpretation

In Abbildung 9.12 ist die ermittelte Konfiguration der 11 Marken grafisch dargestellt. Es lassen sich drei Gruppen (Cluster) erkennen: Oben die Diät-Margarinen 'Becel' und 'Du darfst'(Cluster A), links die drei Buttermarken (Cluster B) und schließlich die übrigen Margarinemarken (Cluster C). In Abbildung 9.13 sind die drei Cluster markiert.

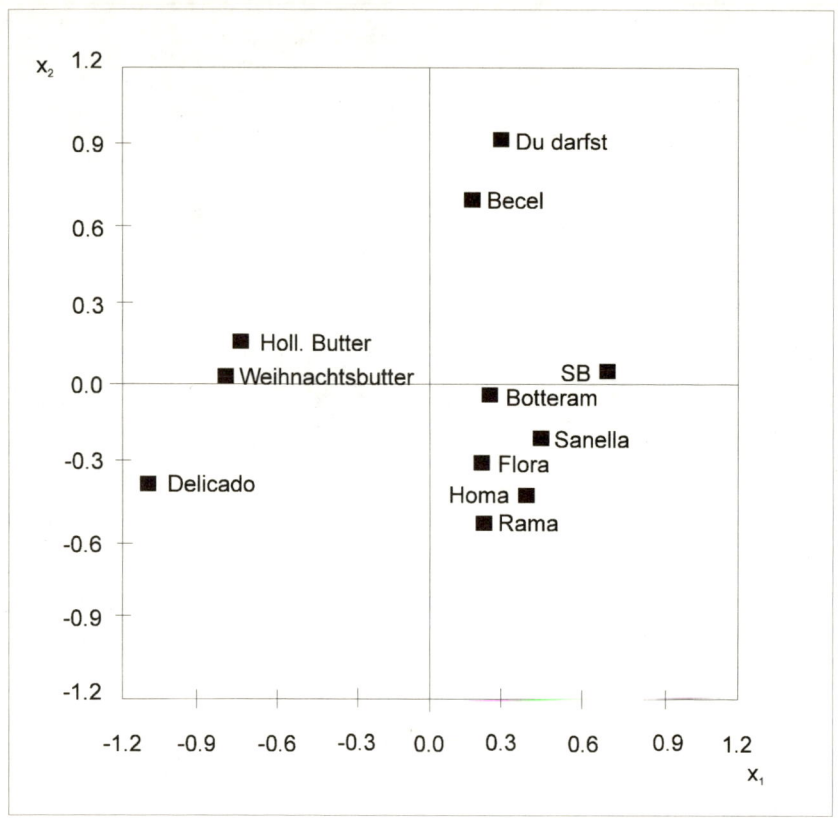

Abb. 9.12:   Konfiguration der Marken im Wahrnehmungsraum (POLYCON)

Die Darstellung von Marken im Wahrnehmungsraum der Konsumenten vermag folgende Erkenntnisse zu liefern:

- Sie zeigt, wie eine Marke relativ zu konkurrierenden Marken wahrgenommen wird.
- Sie läßt erkennen, welche Marken ähnlich wahrgenommen werden und somit in einer engen Konkurrenzbeziehung stehen.
- Sie kann Hinweise liefern, wo eventuell Marktlücken für neue Produkte bestehen.

Aus dem Vorteil der MDS, daß sie ohne Vorgabe von Eigenschaften und deren Verbalisierung auskommt, ergibt sich eine besondere Schwierigkeit für die *Interpretation der Dimensionen*. Sie ist nur indirekt über die Lage der Marken in bezug auf die Dimensionen möglich.

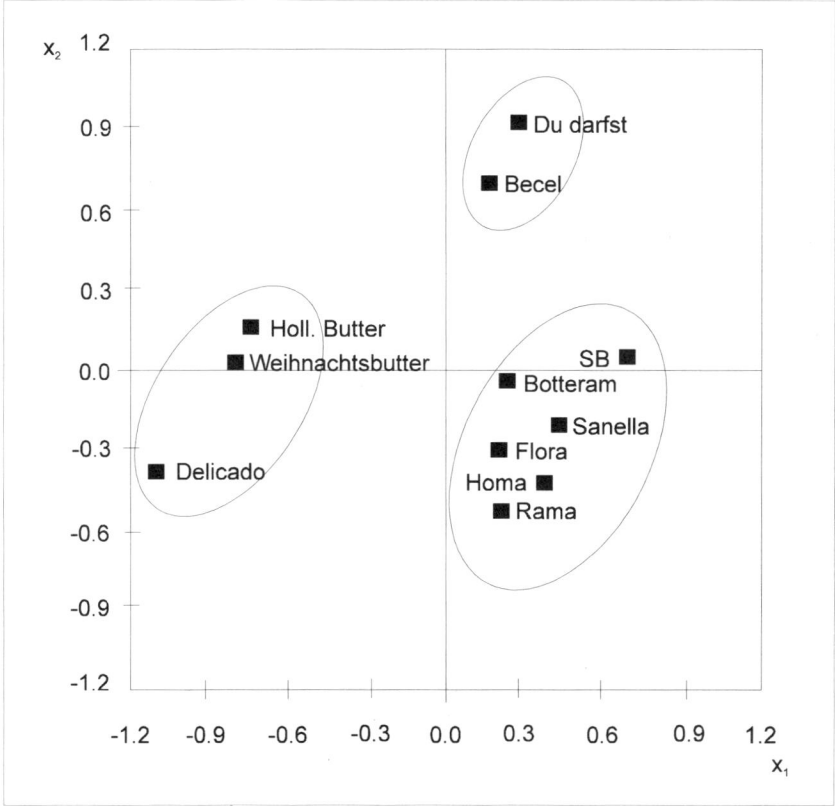

Abb. 9.13:   Konfiguration und Clusterung der Marken

Gewöhnlich rotiert man die Dimensionen, um die Interpretation zu erleichtern. Im vorliegenden Fall aber ist bereits eine "Einfachstruktur" gegeben, so daß die Anwendung einer *Varimax-Rotation* hier keine nennenswerten Änderungen bringt.

Auf der Dimension 1 (Abzisse) unterscheidet sich das Butter-Cluster B primär von den beiden Margarine-Clustern A und C. Man könnte sie daher mit der Bezeichnung "Geschmack" versehen. Auf der Dimension 2 (Ordinate) unterscheidet sich das Diät-Cluster A von den beiden anderen Clustern, weshalb man sie mit der Bezeichnung "gesunde Ernährung" umschreiben könnte.

Gegebenenfalls ist es durch Hinzuziehung weiterer Daten und Analysen möglich, Hilfestellung für die Interpretation zu erlangen. Dies wird z.B. durch die Methode des *Property Fitting* ermöglicht, auf die wir in Abschnitt 9.4 eingehen. Mittels dieser Methode werden separat erhobene Eigenschaftsbeurteilungen der Objekte nachträglich in den Wahrnehmungsraum einbezogen. Dabei zeigt sich, daß die Dimensionen des Wahrnehmungsraumes oft komplexer Natur sind, die sich nur unzulänglich mit einem einzigen Begriff umreißen lassen.

9.3   Einbeziehung von Präferenzurteilen

Ähnlichkeitsurteile beinhalten keinerlei Information über die Präferenzen einer Person bezüglich der Objekte. Liegen derartige Informationen vor, so ist es möglich, die MDS zu erweitern, d.h. neben den Objekten auch die Präferenzen von Personen in den Wahrnehmungsraum (perceptual space) einzubeziehen. Man spricht in diesem Fall auch von *Joint-space-Analyse*.[11] Hierbei unterscheidet man zwei Ansätze, die interne und die externe Präferenzanalyse. Wir befassen uns zunächst mit der *externen Präferenzanalyse* und werden anschließend kurz auf die weniger bedeutsame *interne Präferenzanalyse* eingehen.[12]

9.3.1 Externe Präferenzanalyse

Die externe Präferenzanalyse (auch externe oder indirekte Präferenzskalierung) geht von einer *gegebenen Konfiguration* (Darstellung der Objekte im Wahrnehmungsraum) aus. Diese Konfiguration ist i.d.R. das Ergebnis einer aggregierten Analyse für eine Mehrzahl von Personen, d.h. die Punkte der Konfiguration repräsentieren deren durchschnittliche Wahrnehmung. Formal ist es dabei unerheblich, ob die Konfiguration mittels

- *multidimensionaler Skalierung* (MDS) auf Basis von Ähnlichkeitsdaten oder
- *Faktorenanalyse* auf Basis von Eigenschaftsbeurteilungen

ermittelt wurde. Inhaltlich ist allerdings von Wichtigkeit, daß die Dimensionen des Raumes die *für die Präferenzbildung relevanten Eigenschaften der Objekte repräsentieren*.

Mit Hilfe von Methoden der externen Präferenzanalyse ist es jetzt möglich, auch die Personen in dem gegebenen Wahrnehmungsraum darzustellen. Dies sollten nach Möglichkeit dieselben Personen sein, für die auch die Konfiguration der Objekte ermittelt wurde. Benötigt werden dazu *Präferenzwerte* der Personen.

Wir behandeln zunächst die *Messung von Präferenzen* und sodann alternative *Nutzenmodelle*, die bei der Einbeziehung von Präferenzen zugrunde gelegt werden. Die Begriffe Nutzen und Präferenz können wir dabei als synonym auffassen.[13]

---

[11] Der Begriff des Joint Space wurde von Coombs im Rahmen seiner Unfolding-Analyse eingeführt. Vgl. Coombs, C.H. (1950): Psychological Scaling without a Unit of Measurement, in: Psychological Review, Vol. 57, 1950, S. 145-158 sowie derselbe: A Theory of Data, New York u.a.

[12] Vgl. Carroll, J.D. (1972): Individual Differences and Multidimensional Scaling, in: Shepard, B.N. / Romney, A.W. / Nerlove, S.B. (1972): Multidimensional Scaling, S. 105-155.

[13] In der normativen Entscheidungstheorie bezieht sich der Begriff Nutzen auf bestimmte Objekte oder Zustände, der Begriff Präferenz dagegen auf Handlungsalternativen, mittels derer sich die betreffenden Objekte oder Zustände erreichen lassen. Im Fall der Sicherheit

Insbesondere definieren wir hier *Präferenz* als eine eindimensionale psychische Variable, die die empfundene relative Vorteilhaftigkeit von Alternativen zum Ausdruck bringt. Die Alternativen können z.B. Objekte oder Zustände betreffen.

9.3.1.1 Messung von Präferenzen

Zur Messung von Präferenzen lassen sich, wie auch zur Messung von Ähnlichkeiten, die *Rangreihung* und das *Ratingverfahren* heranziehen.

Im vorliegenden Fallbeispiel wurde die Rangreihung verwendet, d.h. die Personen wurden wie folgt gebeten, die 11 Margarine- und Buttermarken entsprechend ihrer Präferenz zu ordnen:

"Bitte geben Sie an, welche Marke Ihnen am besten, welche am zweitbesten usw. gefällt!"

Der meistpräferierten Marke wurde hier der Wert 1, der zweitpräferierten der Wert 2 usw. zugewiesen. In Tabelle 9.11 sind beispielhaft die Präferenzdaten von drei Personen und im Anhang 5 dieses Buches der vollständige Datensatz für 36 Personen wiedergegeben.

Die Messung von Präferenzen gestaltet sich sehr viel einfacher als die Messung von Ähnlichkeiten, da nur die K Objekte selbst zu ordnen sind, während bei der Ähnlichkeitmessung die K(K-1)/2 Paare von Objekten zu ordnen sind.

Tabelle 9.11: Matrix der Präferenzdaten von drei Personen

Person	Marke										
	1	2	3	4	5	6	7	8	9	10	11
1	10	11	2	4	5	6	1	8	3	7	9
2	6	7	8	5	4	1	10	9	11	2	3
3	11	10	3	9	2	8	7	1	5	4	6

besteht eine deterministische Beziehung zwischen Handlung und Ergebnis der Handlung und die Begriffe Präferenz und Nutzen sind somit austauschbar. Dies gilt nicht mehr im Fall von Unsicherheit, bei der eine Handlungsalternative unterschiedliche Ergebnisse mit unterschiedlichem Nutzen nach sich ziehen kann. Die Problematik von Unsicherheit soll hier jedoch unberücksichtigt bleiben.

9.3.1.2   Nutzenmodelle

Während die Objekte immer durch Punkte im Wahrnehmungsraum dargestellt werden, hängt die Darstellungsart der Personen von dem verwendeten Nutzenmodell ab. Dabei kommen zwei verschiedene Nutzenmodelle zur Anwendung: *Idealpunkt-Modell* und *Vektor-Modell*. Welches Modell adäquat ist, hängt ab vom Typ der relevanten Eigenschaften der Objekte bzw. der sie repräsentierenden Dimensionen. Nach der Art des Nutzenverlaufs in Abhängigkeit von der Ausprägung einer Eigenschaft unterscheiden wir:[14]

1. "Es gibt eine optimale Ausprägung": *Idealpunkt-Modell* (vgl. Abbildung 9.14 a)

2. "Je mehr, desto besser": *Vektor-Modell* (vgl. Abbildung 9.14 b).

Beispiele für Eigenschaften von Typ 1 wären z.B. bei einer Tasse Kaffee: Süße, Stärke, Temperatur. Zuviel oder zuwenig ist jeweils von Nachteil, zumindest für die Mehrzahl der Kaffeetrinker. Beispiele für Eigenschaften von Typ 2 wären bei einem Auto: Leistung, Sicherheit, Komfort. Mehr ist immer besser. Die Annahme eines linearen Verlaufs bildet dabei allerdings eine Vereinfachung, die nur in einem begrenzten Bereich zulässig ist.

Unter Anwendung des *Idealpunkt-Modells* lassen sich Personen im Wahrnehmungsraum, gemeinsam mit der Konfiguration der Objekte (*Realpunkte*), als *Idealpunkte* darstellen. Der Idealpunkt markiert die von einer Person als ideal empfundene Kombination von Eigenschaften (Ausprägungen der Wahrnehmungsdimensionen). Die Nutzen- oder Präferenzfunktion über dem Wahrnehmungsraum nimmt in diesem Punkt ihr Maximum an. Abbildung 9.15 veranschaulicht dies im Falle eines zwei-dimensionalen Wahrnehmungsraumes.

Die Gesamtheit aller Punkte gleicher Präferenz ergibt die *Iso-Präferenz-Linie*. Gewöhnlich wird eine Nutzenfunktion mit kreisförmiger Iso-Präferenz-Linie unterstellt. Ebenso sind aber auch elliptische oder andere Formen denkbar. Im Falle kreisförmiger Iso-Präferenz-Linien gilt: Je geringer die Distanz eines Objektes zum Idealpunkt ist, desto höher ist die Präferenz der betreffenden Person für dieses Objekt. In Abbildung 9.15 ergibt sich für die 5 dargestellten Objekte folgende Präferenzfolge:

$$C \succ B \succ A \succ D \succ E$$

Bei Anwendung des *Vektor-Modells* wird eine Person im Wahrnehmungsraum durch einen Vektor, ihren Präferenzvektor, repräsentiert. Der Präferenz-Vektor

---

[14] Ein dritter Typ von Nutzenmodellen ist das Teilnutzenwert-Modell (part-worth model), das insbesondere für qualitative Merkmale dient, bei entsprechender Diskretisierung aber auch für quantitative Merkmale verwendet werden kann. Dieses Modell findet z. B. beim Conjoint Measurement Verwendung (vgl. Kapitel 10). Dem Vorteil des Teilnutzenwert-Modells, daß es sehr flexibel ist, steht der Nachteil gegenüber, daß bei seiner Anwendung viele Parameter (einer je Teilwert) zu schätzen sind.

zeigt an, in welcher Richtung sich die Präferenz einer Person erhöht (vgl. Abbildung 9.16).

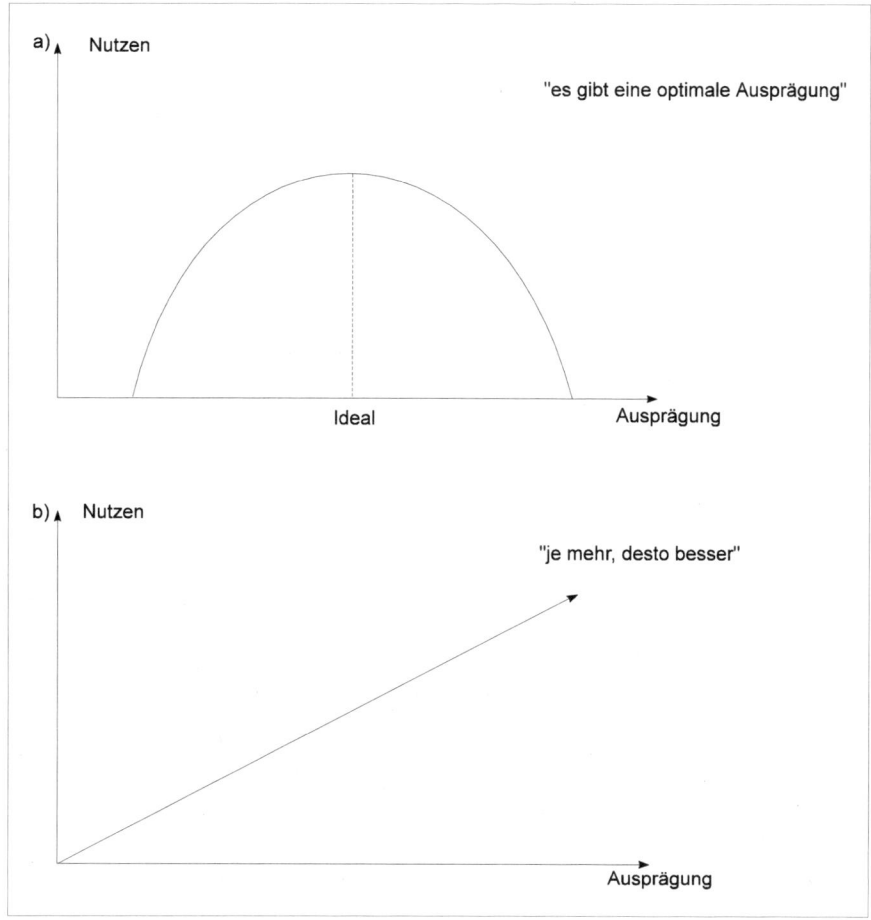

Abb. 9.14:   Typen von Nutzenverläufen: Idealpunkt-Modell (oben) und Vektor-Modell (unten)

Im Unterschied zum Idealpunkt-Modell bilden die Iso-Präferenz-Linien im Vektor-Modell Geraden. Damit läßt sich durch Projektion eines Realpunktes auf den Präferenzvektor dessen Präferenz geometrisch ermitteln. In Abbildung 9.16 ergibt sich für die dargestellten Objekte folgende Präferenzfolge:

$$B \succ E \succ C \succ A \succ D$$

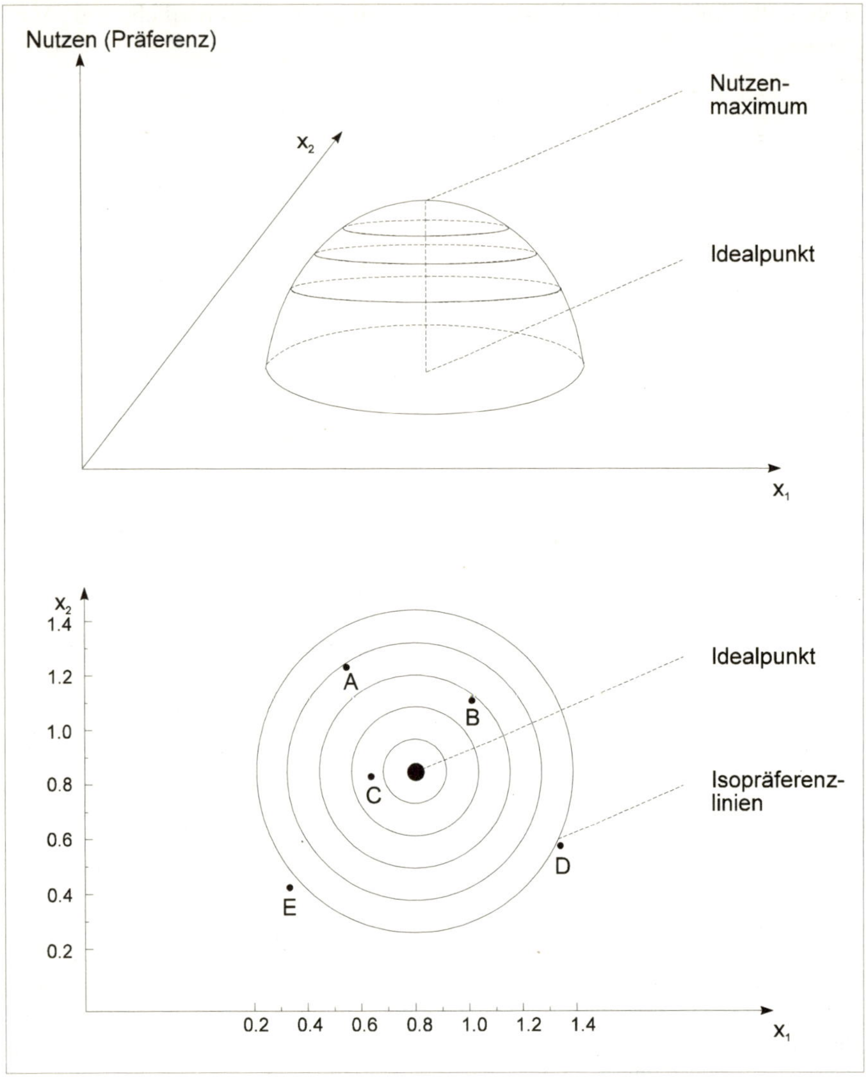

Abb. 9.15:   Idealpunkt-Modell der Präferenz: Präferenz-Vektor und Iso-Präferenz-Linien
im Idealpunktmodell

Das Vektor-Modell läßt sich auch als ein Spezialfall des Idealpunkt-Modells auffassen. Bewegt man den Idealpunkt aus der Konfiguration der Realpunkte heraus,
so werden mit zunehmender Distanz die Iso-Präferenz-Kreise größer und damit im
Bereich der Konfiguration flacher, d.h. sie nähern sich dort den Geraden an. Das
Vektor-Modell ergibt sich damit aus dem Idealpunkt-Modell im Fall eines
unendlich weit entfernten Idealpunktes.

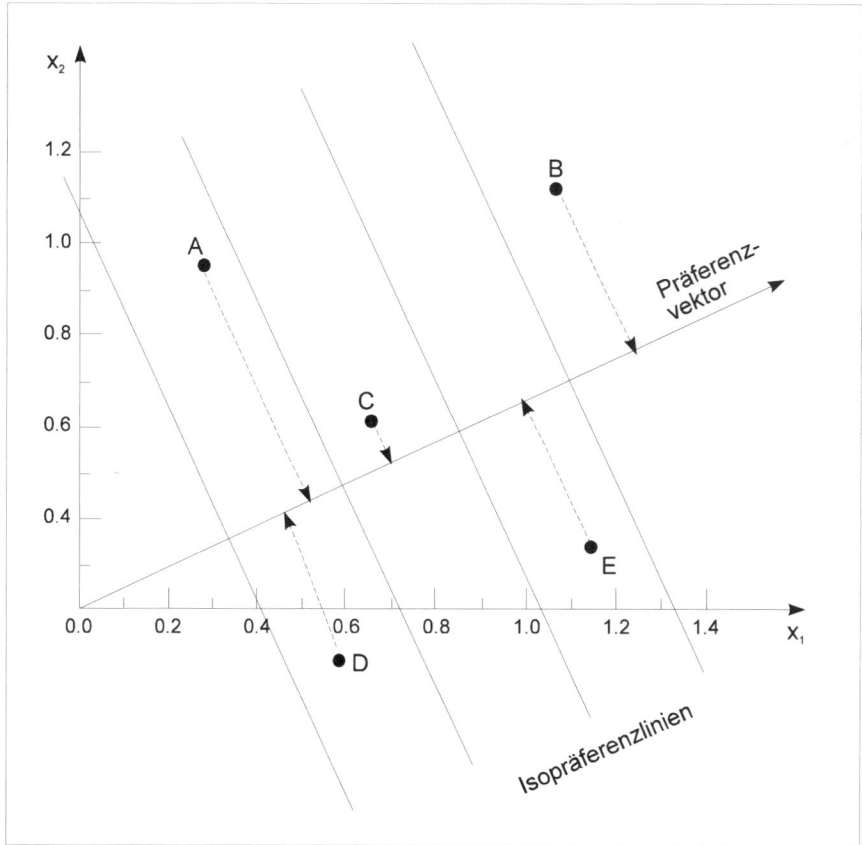

Abb. 9.16:   Vektormodell der Präferenz: Präferenz-Vektor und Iso-Präferenz-Linien

Im Rahmen der Präferenzanalyse wird meist auf individueller Ebene gearbeitet. D.h. es werden die Idealpunkte separat für die Personen einer Stichprobe ermittelt. Die Realpunkte werden dagegen, da die Wahrnehmung über die Personen meist weniger variiert als deren Präferenzen, auf aggregierter Ebene ermittelt. Durch Clusteranalyse können sodann die individuellen Idealpunkte zu einer oder mehreren Gruppe(n) (Marktsegmenten) zusammengefaßt werden. Damit lassen sich Hinweise für die Positionierung existierender oder neuer Produkte gewinnen.

9.3.1.3   Rechnerische Durchführung

Die Durchführung von externen Präferenzanalysen ist mit Standardverfahren der Regressionsanalyse möglich. Von Vorteil ist aber die Verwendung spezieller Programme, wie z.B. PREFMAP von J.J. Chang und J.D. Carroll. Der Begriff der externen Präferenzanalyse stammt von Carroll, der auch die theoretischen Grundlagen zu PREFMAP gelegt hat.[15]

Im Kern beinhaltet die externe Präferenzanalyse eine *Präferenzregression*, d.h. die Regression der Präferenz auf die Dimensionen des Wahrnehmungsraumes (vgl. dazu Kapitel 1: Regressionsanalyse).

Vektor-Modell

Bei Anwendung des Vektor-Modells lautet das Regressionsmodell wie folgt:

$$y_k = a + \sum_{r=1}^{R} b_r \cdot x_{rk} \qquad (k = 1, ..., K) \qquad (9)$$

mit

y_k :   geschätzter Präferenzwert einer Person bezüglich Objekt k

x_{rk} :   Koordinate von Objekt k auf Dimension r (r = 1,...,R)

a, b_r :   zu schätzende Parameter

Das konstante Glied a ist dabei ohne Bedeutung. Die Schätzung der Parameter auf Basis der empirischen Präferenzränge p_k kann alternativ durch metrische oder nichtmetrische (monotone) Regression erfolgen.

Bei der *metrischen Regression* werden die Präferenzränge p_k wie metrische Daten behandelt. Die Parameter werden so bestimmt, daß das folgende Zielkriterium (Kleinstquadratkriterium) minimiert wird:

$$\min_{a, b_r} \sum_{k=1}^{K} (p_k - y_k)^2 \qquad (10)$$

Bei der *nichtmetrischen Regression* wird dagegen folgendes Zielkriterium minimiert:

$$\min_{f_m} \min_{a, b_r} \sum_{k=1}^{K} (z_k - y_k)^2 \qquad (11)$$

mit

z_k :   monoton transformierte Präferenzränge, für die gelten muß:

$z_k \leq z_k$ für $p_k < p_k$

f_m: monotone Transformation

Bei der nichtmetrischen bzw. monotonen Regression erfolgt also eine Anpassung der geschätzten Präferenzwerte y_k an monotone Transformationen z_k der empi-

---

[15] Vgl. Carroll, J.D. (1972): Individual Differences and Multidimensional Scaling, in: Shepard, Z.N. / Romney, A.K. / Nerlove, S.B. (1972), S. 105-155.

rischen Präferenzränge p_k. Mittels eines iterativen Verfahrens werden alternierend die y_k durch Kleinstquadrateschätzung und die z_k durch monotone Transformation optimal angepaßt und so die Summe der quadrierten Abweichungen sukzessiv verkleinert, bis ein Konvergenzkriterium erreicht ist. Ein analoges Vorgehen erfolgt bei der Minimierung des STRESS-Maßes.

I.d.R. unterscheiden sich die Ergebnisse einer metrischen Regression nur wenig von denen einer monotonen Regression.[16] Nur wenn die Präferenzränge deutliche Sprünge aufweisen, wird daher die sehr viel aufwendigere monotone Regression erforderlich.

Die Lage des Präferenzvektors im Wahrnehmungsraum läßt sich grafisch mit Hilfe der Regressionskoeffizienten b_r ($r = 1,...,R$) bestimmen (siehe nachfolgendes Beispiel). Mittels der Beta-Werte der Regressionskoeffizienten läßt sich aussagen, welche unterschiedliche Wichtigkeit die Dimensionen des Wahrnehmungsraumes für die Präferenzbildung der betreffenden Person haben.

Beispiel:

Für die 5 Objekte in Abbildung 9.16 sind in Tabelle 9.12 die Präferenzränge und Koordinaten aufgeführt.

Tabelle 9.12: Präferenzränge und Koordinaten von 5 Objekten (vgl. Abbildung 9.16)

Objekt k	Präferenzrang p_k	Koordinaten	
		x_{1k}	x_{2k}
A	4	0,23	0,92
B	1	1,06	1,08
C	3	0,68	0,58
D	5	0,60	-0,30
E	2	1,16	0,28

Die Regression der Präferenz auf die beiden Eigenschaften liefert:

$$y_k = 6,4 - 3,34x_{1k} - 1,80x_{2k}$$

Da es sich hier bei den Präferenzdaten um Rangdaten handelt, bei denen der niedrigste Wert die höchste Präferenz bedeutet, sind die Vorzeichen umzudrehen. Danach erhält man:

$$y_k = -6,4 + 3,34x_{1k} + 1,80x_{2k}$$

---

[16] Vgl. hierzu Cattin, Ph. / Wittink, D.R. (1976): A Monte-Carlo Study of Metric and Nonmetric Estimation Methods for Multiattribute Models, Research Paper No. 341, Graduate School of Business, Stanford University.

Dieses Ergebnis würde man auch bei Durchführung einer metrischen Analyse mit PREFMAP erhalten. Die Lage des Präferenzvektors im Wahrnehmungsraum erhält man, indem man den Punkt mit den Koordinaten $x_1 = b_1 = 3{,}34$ und $x_2 = b_2 = 1{,}80$ sucht und diesen mit dem Ursprung (Nullpunkt) des Wahrnehmungsraumes verbindet (vgl. Abbildung 9.16). Die Steigung des Präferenzvektors beträgt somit b_2/b_1.

Idealpunkt-Modell

Bei Anwendung des Idealpunkt-Modells wird eine modifizierte Präferenzregression durchgeführt. Das Modell lautet:[17]

$$y_k = a + \sum_{r=1}^{R} b_r \cdot x_{rk} + b_{R+1} \cdot q_k \tag{12}$$

mit

$$q_k = \sum_{r=1}^{R} x_{rk}^2 \quad (k=1,...,K)$$

Die Regressionsgleichung wird also um eine Dummy-Variable q erweitert, deren Werte sich aus der Summe der quadrierten Koordinaten eines Objektes k (k = 1,...,K) ergeben. Die Koordinaten des Idealpunktes erhält man durch

$$x_r^* = \frac{-b_r}{2\,b_{R+1}} \qquad (r = 1, ..., R) \tag{13}$$

Beispiel:

Für das Regressionsmodell (12) erhält man mit den Daten in Tabelle 9.13 und nach Umkehrung der Vorzeichen:

$$y_k = 13{,}7 - 15{,}03x_{1k} - 16{,}28x_{2k} + 9{,}43q_k$$

Für die Koordinaten des Idealpunktes der betreffenden Person erhält man gemäß (13):

$$x_1^* = 0{,}80, \quad x_2^* = 0{,}86$$

Bei Anwendung von PREFMAP erhält man neben den Koordinaten des Ideal- punktes auch Gewichte für die Dimensionen. Während deren Werte hier nicht in- teressieren, so sind doch deren Vorzeichen zu beachten. Diese sind normalerweise

---

[17] Vgl. Carroll, J.D. (1972): Individual Differences and Multidimensional Scaling, in: Shepard, R.N. / Romney, A.K. / Nerlove, S.B. (1972): Multidimensional Scaling, New York u.a., S. 135, sowie Shiffmann, S.S. / Reynolds, M.L. / Young, F.W. (1981): Introduction to Multidimensional Scaling, Orlando u.a., S. 266.

Tabelle 9.13: Präferenzränge und Koordinaten von 5 Objekten (vgl. Abbildung 9.15)

Objekt k	Präferenzrang p_k	Koordinaten x_{1k}	x_{2k}
A	3	0,57	1,30
B	2	0,99	1,21
C	1	0,62	0,80
D	4	1,30	0,55
E	5	0,37	0,33

positiv. Negative Vorzeichen dagegen zeigen an, daß es sich um einen *Anti-Idealpunkt* handelt, d.h. mit zunehmender Entfernung von diesem Punkt nimmt die Präferenz der betreffenden Person zu. Ein Beispiel mag die Temperatur von Tee (in einem gewissen Bereich) sein: Kalter wie auch heißer Tee werden möglicherweise einem lauwarmen Tee vorgezogen. Unterscheiden sich die Vorzeichen der Gewichte, so liegt ein *Sattelpunkt* vor. Generell bereitet die Interpretation von Anti-Idealpunkten und erst recht die von Sattelpunkten Schwierigkeiten.

9.3.1.4   Ablauf von PREFMAP

PREFMAP umfaßt neben dem Vektor-Modell und dem Idealpunkt-Modell mit kreisförmigen Iso-Präferenz-Linien zwei weitere Idealpunkt-Modelle, ein ellipti-sches Modell und ein rotiertes elliptisches Modell (vgl. Abbildung 9.17). Ent-sprechend diesen Modellen läuft PREFMAP in 4 Phasen ab:

Phase	Modell
1	elliptisches Idealpunkt-Modell mit Rotation
2	elliptisches Idealpunkt-Modell
3	kreisförmiges Idealpunkt-Modell
4	Vektor-Modell

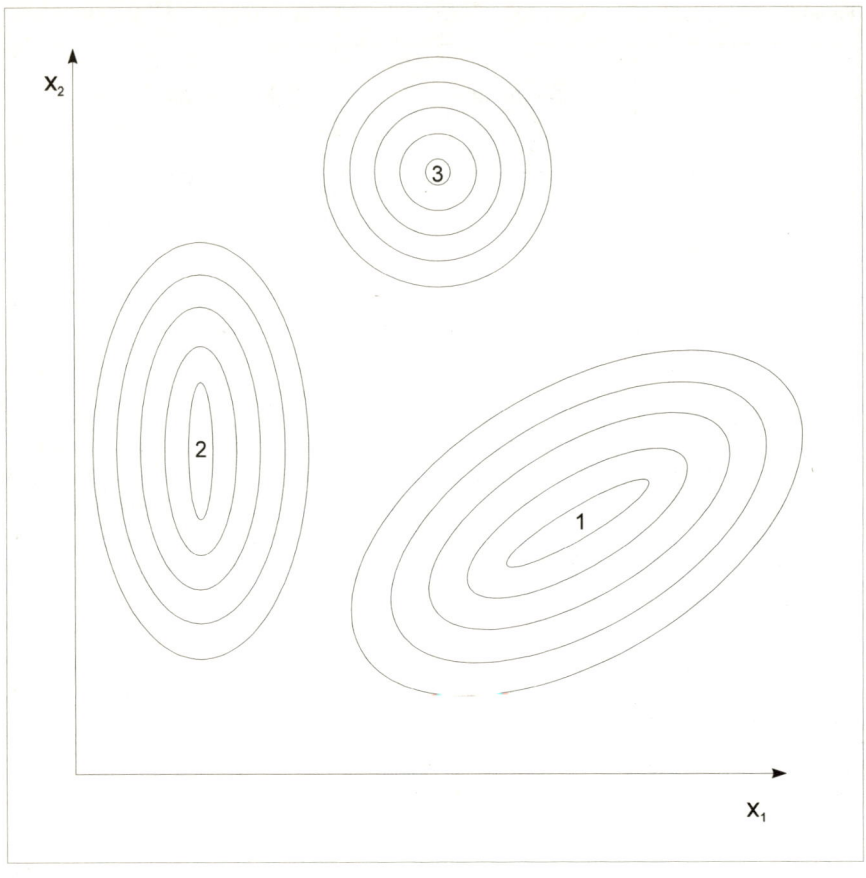

Abb. 9.17:   Die drei Idealpunkt-Modelle von PREFMAP

Die Modelle werden in obiger Reihenfolge durchlaufen, d.h. zuerst das allge-
meinste und komplexeste Modell und zuletzt das einfachste Modell, das Vektor-
Modell. Der Benutzer kann aber angeben, in welcher Phase er beginnen will. Bei
Wahl von Phase 1 oder 2 ändern sich auch die Ergebnisse der nachfolgenden
Phasen.

Für den Benutzer stellt sich die Frage, welches Modell er anwenden soll. Generell sollte er am Anfang nur das einfache (kreisförmige) Idealpunkt-Modell oder
das Vektor-Modell anwenden, also mit Phase 3 oder 4 beginnen. Für die Wahl
zwischen Idealpunkt- und Vektor-Modell können sowohl inhaltliche wie auch
statistische Kriterien herangezogen werden. Im Zweifelsfall sollte dem einfacheren
Modell, dem Vektor-Modell, der Vorzug gegeben werden.

Das Idealpunkt-Modell sollte nur dann angewendet werden, wenn dieses auch
sinnvoll interpretierbar ist, also wenn die Variablen bzw. Dimensionen nicht vom
Typ "Je mehr, desto besser" sind. Dies gilt erst recht für Anti-Idealpunkte, die

meist nur schwer interpretierbar sind. Überdies ist die Anwendung des Idealpunkt-Modells nur dann zwingend, wenn der Idealpunkt innerhalb der Konfiguration der Objekte liegt. Bei (weit) außerhalb liegenden Idealpunkten ist daher ebenfalls das Vektor-Modell vorzuziehen.

Ein statistisches Kriterium bildet die Prüfung des Regressionskoeffizienten b_{R+1} für die Dummy-Variable im Regressionsansatz (12). Nur wenn dieser signifikant ist (was mit einem t-Test festgestellt werden kann), ist das komplexere Idealpunkt-Modell gerechtfertigt.

PREFMAP liefert für jedes Modell weitere statistische Gütemaße, wie den multiplen Korrelationskoeffizienten und zugehörigen F-Wert. Zwangsläufig aber liefert ein komplexeres Modell immer auch eine bessere Anpassung an die Daten und damit einen höheren Wert für den Korrelationskoeffizienten bzw. das Bestimmtheitsmaß. Nützlich ist daher eine weitere Testgröße, die PREFMAP bietet, der F-Wert für den Unterschied zwischen zwei Phasen. Dieser F-Wert wird für alle Paare von durchlaufenen Phasen berechnet. Der F-Test ist allerdings, wie auch der t-Test, nur bei metrischer Analyse gültig.

Abschließend sei bemerkt, daß PREFMAP, wenn Präferenzdaten für mehrere Personen eingegeben werden, alle Analysen separat für jede Person wie auch aggregiert (für eine durchschnittliche Person) ausführt.

9.3.1.5   Fallbeispiel

Mit den Präferenzdaten von 36 Personen, die im Anhang 5 dieses Buches wiedergegeben sind, wurde eine externe Präferenzanalyse mit PREFMAP durchgeführt. Der Job hierfür ist in Abschnitt 9.7 wiedergegeben und wird dort erläutert.

Es wurden nur die Phasen 3 und 4, also das kreisförmige Idealpunkt-Modell und das Vektor-Modell, angewendet und eine metrische Analyse durchgeführt. In Abbildung 9.18 ist die Summary-Tabelle von PREFMAP, die sich jeweils am Ende des Ausdrucks findet, in verkürzter Form wiedergegeben. Sie gliedert sich in drei Teile.

Oberer Teil: Korrelationen und F-Werte
Für jede durchlaufene Phase werden

- die Korrelationen zwischen den Präferenzdaten und den geschätzten Präferenzwerten und
- die jeweiligen F-Werte der Korrelationskoeffizienten

für jede Person und für die "durchschnittliche Person" angegeben (in Abbildung 9.18 werden nur die Werte der ersten drei und der letzten Person wiedergegeben). Das Idealpunkt-Modell liefert infolge seiner höheren Komplexität auch höhere Korrelationen als das Vektor-Modell. Dagegen sind die zugehörigen F-Werte beim Vektor-Modell mit einer Ausnahme höher. Bei einer Irrtumswahrscheinlichkeit (Signifikanzniveau) von 5 % gelten folgende theoretischen F-Werte (vgl. F-Tabelle im Anhang):

	CORRELATION (PHASE)			F RATIO (PHASE)	
	... R3	R4		... F3	F4
DF				... 3 7	2 8
SUBJ					
1	... .777	.740		... 3.565	4.841
2	... .696	.542		... 2.192	1.668
3	... .831	.824		... 5.204	8.446
.					
.					
.					
36	... .938	.929		... 17.049	25.259
AVG	... .850	.849		... 6.062	10.315

	F RATIO	(BETWEEN	PHASE)			
	F12	F13	F14	F23	F24	F34
DF	1 5	2 5	3 5	1 6	2 6	1 7
SUBJ						
1	.000	.000	.000	.000	.000	1.007
2	.000	.000	.000	.000	.000	2.580
3	.000	.000	.000	.000	.000	.268
.						
.						
.						
36	.000	.000	.000	.000	.000	.949
AVG	.000	.000	.000	.000	.000	.038

ROOT MEAN SQUARE	
PHASE	
1	.000
2	.000
3	.755
4	.694

Abb. 9.18:   Summary-Tabelle von PREFMAP (verkürzt)

- Phase 3 (3 und 7 Freiheitsgrade): F = 4,35
- Phase 4 (2 und 8 Freiheitsgrade): F = 4,46

Folglich ist unter den hier betrachteten Fällen das Idealpunkt-Modell für Person 1 und 2 nicht signifikant, während das Vektor-Modell nur für Person 2 nicht signifikant ist.

Mittlerer Teil: Zwischen-Phasen-F-Werte

Genaueren Aufschluß darüber, ob ein komplexeres Modell gegenüber einem einfacheren Modell eine signifikante Verbesserung bringt und seine Anwendung somit gerechtfertigt ist, geben die Zwischen-Phasen-F-Werte. Wenn alle vier Modelle durchlaufen werden, lassen sich jeweils sechs Zwischen-Phasen-F-Werte berechnen. Da hier nur die Phasen 3 und 4 durchlaufen wurden, ist nur der F-Wert F_{34} relevant. Er indiziert die Verbesserung, die das Idealpunkt-Modell gegenüber dem Vektor-Modell bringt. Der theoretische F-Wert bei einer Irrtumswahrscheinlichkeit (Signifikanzniveau) von 5 % beträgt F = 5,59. Er wird unter den 36 Personen nur bei drei Personen überschritten.

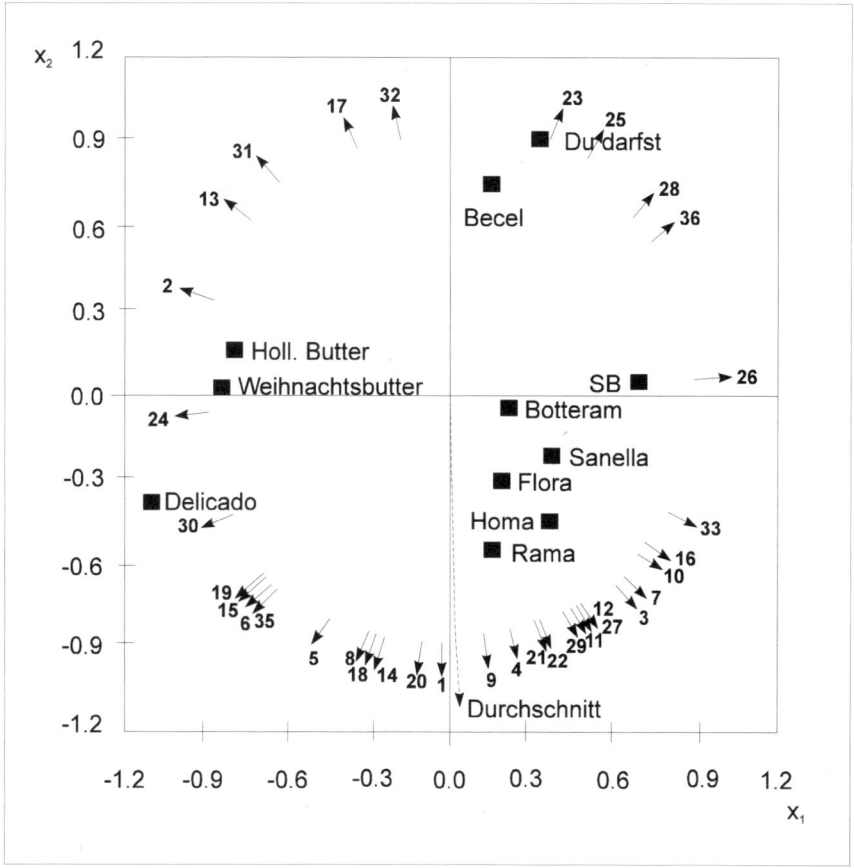

Abb. 9.19:   Marken und Präferenzvektoren im Wahrnehmungsraum
(externe Präferenzskalierung)

Unterer Teil: Mittlere Korrelationen
Hier ist für jede durchlaufene Phase das geometrische Mittel der individuellen
Korrelationskoeffizienten angegeben.

Aufgrund der obigen Prüfmaße wird hier das Vektor-Modell ausgewählt. In
Abbildung 9.19 sind die ermittelten Präferenzvektoren der 36 Personen im
Wahrnehmungsraum zusammen mit der Konfiguration der Produkte dargestellt.
Aus Gründen der Übersichtlichkeit wurden nur die Spitzen der Präferenzvektoren
eingezeichnet. Der gestrichelte Pfeil dagegen zeigt die aggregierte Lösung
(durchschnittlicher Präferenzvektor).

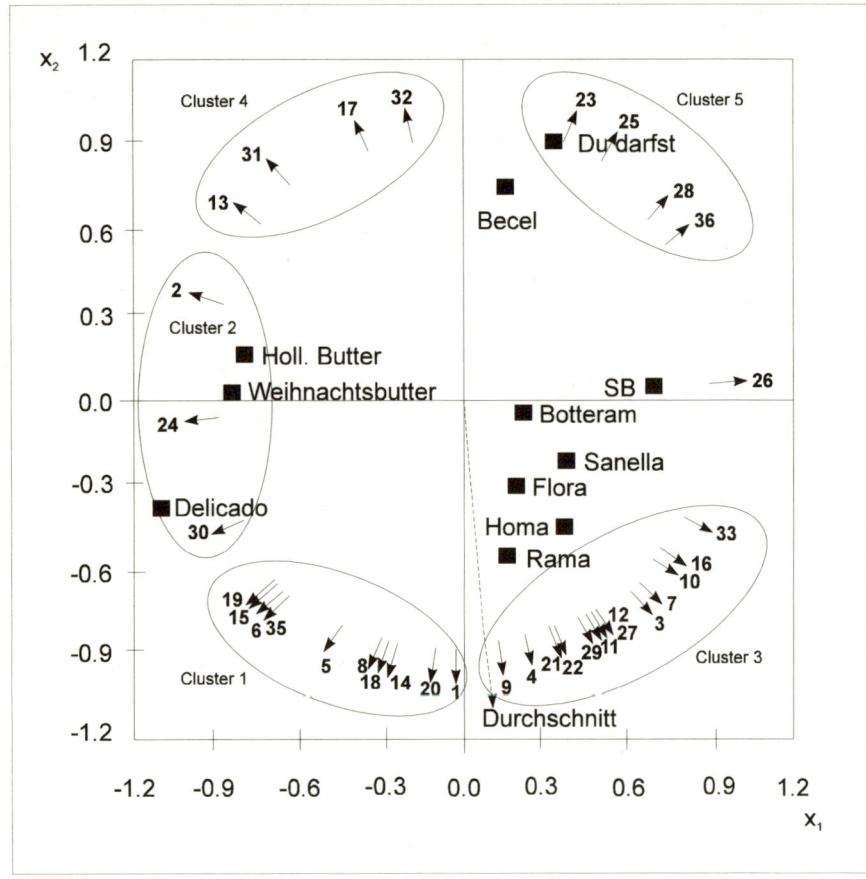

Abb. 9.20:   Marken und Cluster der Präferenzvektoren im Wahrnehmungsraum

Eine Cluster-Analyse auf Basis der Präferenzvektoren ergab die dargestellten 5 Cluster in Abbildung 9.20. Bemerkenswert ist, daß das zweitstärkste Cluster Nr.1, aber auch das Cluster Nr. 4, in Bereichen liegen, die durch keine existierenden Produkte abgedeckt werden. Dies könnten Hinweise auf bestehende Marktlücken sein.

9.3.2 Interne Präferenzanalyse

Der Begriff der internen Präferenzanalyse (direkte Präferenzskalierung) beinhaltet, daß gemeinsam mit den Objekten (Stimuli) auch ein fiktives Ideal beurteilt und skaliert wird. Methodisch ergeben sich dabei keinerlei Unterschiede gegenüber einer "normalen" multidimensionalen Skalierung. Im Unterschied zur externen Präferenzanalyse, bei der zwei Mengen von Daten (Koordinaten der Objekte und

Präferenzen der Personen) verarbeitet werden, wird bei der internen Präferenzanalyse nur eine Menge von Daten verarbeitet:

- Ähnlichkeiten bei Anwendung der nichtmetrischen multidimensionalen Skalierung,
- Eigenschaftsbeurteilungen bei Anwendung der Faktorenanalyse.

Bei Anwendung der MDS auf Basis von Ähnlichkeitsdaten wird davon Gebrauch gemacht, daß sich Präferenz auch als eine spezielle Ähnlichkeit interpretieren läßt, nämlich als Ähnlichkeit zwischen einem realen Objekt und dem Ideal. Die Auswahl der Paarvergleiche, die für die praktische Anwendung der MDS eine kritische Größe bildet, erhöht sich dadurch allerdings erheblich, z.b. bei 11 realen Objekten von 55 auf 66, oder allgemein bei K Objekten um K Paarvergleiche.

Weitere Nachteile, die sowohl bei Anwendung der MDS wie auch der Faktorenanalyse gelten, sind:

- Es kann nur das Idealpunkt-Modell zur Anwendung kommen, nicht aber das Vektor-Modell, da das Ideal wie alle realen Objekte behandelt und somit als Punkt dargestellt wird.
- Die Beurteilung eines fiktiven Ideals mag dem Befragten realitätsfremd erscheinen und somit Schwierigkeiten bereiten.

Eine weitere Form der internen Präferenzanalyse, die hier erwähnt sei, bildet das Unfolding von Coombs, das später von Bennett und Hays zum multidimensionalen Unfolding weiterentwickelt wurde.[18] Bei diesem Verfahren werden allein auf Basis von Präferenzdaten Objekte und Personen in einem gemeinsamen Wahrnehmungsraum skaliert.

9.4   Einbeziehung von Eigenschaftsurteilen

Ähnlichkeitsurteile beinhalten weder Information über die Präferenzen einer Person bezüglich der Objekte, noch darüber, wie sie bestimmte Eigenschaften der Objekte beurteilt. Analog zur Einbeziehung von Präferenzen mittels externer Präferenzanalyse ist es auch möglich, Eigenschaftsbeurteilungen in den Wahrnehmungsraum einzubeziehen, was auch als *Property Fitting* bezeichnet wird.

Methodisch besteht zwischen dem Property Fitting und der externen Präferenzanalyse kein Unterschied. Es werden i.d.R. die über die Personen aggregierten Eigenschaftsbeurteilungen herangezogen, da erfahrungsgemäß die Wahrnehmung von Personen weniger individuelle Differenzen aufweist als deren Präferenzen.

---

[18] Vgl. Coombs, C.H. (1965): A Theory of Data, New York u.a., S.80 ff.; Bennet, J.F. / Hays, W.L. (1960): Multidimensional Unfolding: Determining the Dimensionality of Ranked Preference Data, in: Psychometric monographes, S. 27-43.

Um die formale Übereinstimmung zu verdeutlichen, sind nachfolgend die Datensätze für die externe Präferenzanalyse und für das Property Fitting schematisch gegenüber gestellt.

Datensatz für die Präferenzanalyse:

Person 1: Präferenzen für die K Objekte
.
.
.
Person I: Präferenzen für die K Objekte

Datensatz für das Property Fitting:

Eigenschaft 1: Beurteilungen der K Objekte
.
.
.
Eigenschaft J: Beurteilungen der K Objekte

Zusätzlich werden (jeweils identisch) die Daten für die vorgegebene Konfiguration der Objekte benötigt.

Jede Eigenschaft läßt sich wie zuvor jede Person als Punkt oder als Vektor im Wahrnehmungsraum darstellen (je nach Modellwahl). Das Ergebnis für unser Fallbeispiel (mit den Eigenschaftsbeurteilungen aus Anhang 6 in diesem Buch) zeigt Abbildung 9.21. Damit steht eine zusätzliche Interpretationshilfe für die Dimensionen des Wahrnehmungsraumes zur Verfügung.

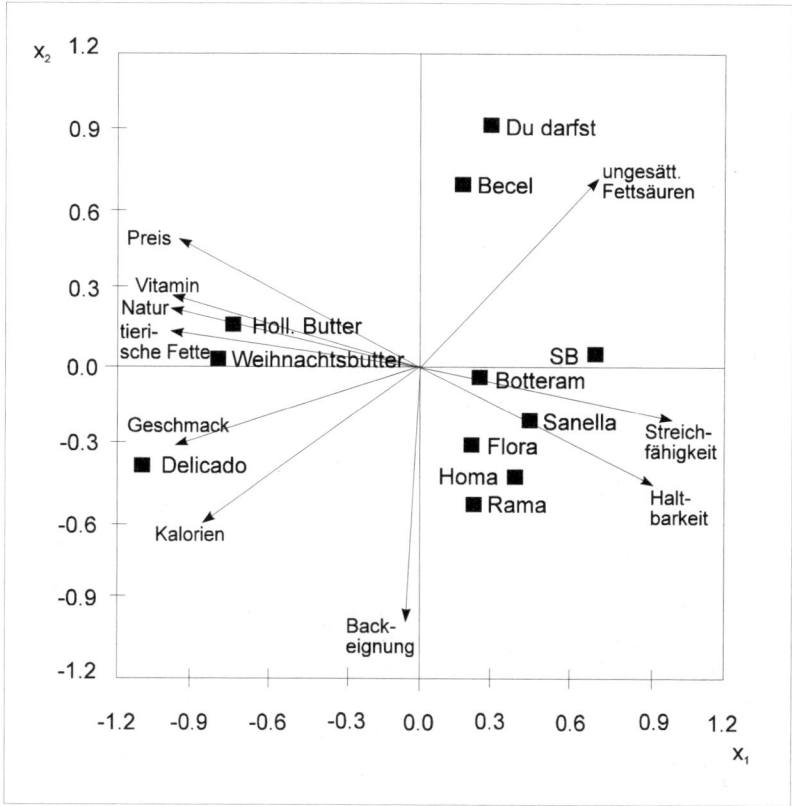

Abb. 9.21: Marken und Eigenschaften im Wahrnehmungsraum (Property Fitting)

9.5   Anwendungsempfehlungen

Folgende Empfehlungen sollen dem Anfänger den Einstieg bei der Anwendung der MDS erleichtern.

1. Die Zahl der Objekte sollte nicht zu klein sein (möglichst mehr als acht).
2. Die Erhebung der Ähnlichkeitsdaten wird durch Anwendung des Ratingver-fahrens erleichtert. Für individuelle Analysen aber sind i.d.R. Rangdaten er-forderlich.
3. Bei der Wahl des Distanzmodells sollte die Euklidische Metrik bevorzugt werden.
4. Es sollten nicht mehr als zwei oder drei Dimensionen vorgegeben werden.
5. Für aggregierte Analysen ist ein Verfahren mit Replikationen zu bevorzugen.

6. Zur Erleichterung der Interpretation sollten die Achsen geeignet rotiert werden (z.B. Varimax-Kriterium).
7. Eine vernünftige Interpretation der Lösung ist nicht ohne fundierte Sachkenntnis des untersuchten Problems möglich.

Bei zusätzlicher Durchführung einer externen Präferenzanalyse oder eines Property-Fittings wird weiterhin empfohlen:

1. Während bei Wahrnehmungsdaten eine aggregierte Analyse meist zweckmäßig und oft auch notwendig ist, sollten Präferenzdaten immer individuell analysiert werden.
2. Bei Anwendung von PREFMAP sollte man nicht mit Phase 1, sondern besser erst mit Phase 3 (kreisförmiges Idealpunkt-Modell) oder Phase 4 (Vektor-Modell) beginnen.
3. Es sollte mit einer metrischen Analyse begonnen werden, da die statistischen Testkriterien bei der monotonen Analyse nicht gültig sind.
4. Das Idealpunkt-Modell sollte nur dann angewendet werden, wenn es auch sinnvoll interpretierbar ist (also nicht, wenn die Dimensionen vom Typ "Je mehr, desto besser" sind).
5. Die Anwendung des Idealpunkt-Modells ist nur dann zwingend, wenn der Idealpunkt innerhalb der Konfiguration der Objekte liegt.
6. Im Zweifelsfall sollte dem einfacheren Modell, dem Vektor-Modell, der Vorzug gegeben werden.

9.6   POLYCON-Kommandos

In Abbildung 9.22 sind die Kommandos zur Durchführung der MDS mit POLYCON (vgl. Abschnitt 9.2.6) wiedergegeben.[19] In den Spalten 1-10 steht jeweils der Kommando-Name und in den Spalten 11-72 folgen dessen Spezifikationen (Parameter), soweit diese erforderlich sind.

Durch das Kommando *START* wird ein Job eingeleitet und mittels *TITLE* läßt sich ein Titel angeben.

Durch das Kommando *LABEL* können den Variablen Namen mit jeweils 8 Zeichen zugeordnet werden.

---

[19] Bezüglich näherer Ausführungen zur Verwendung von POLYCON siehe Schiffman, S.S. / Reynolds, M.L. / Young, F.W. (1981): Introduction to Multidimensional Scaling, Orlando u.a., S. 103-126 sowie Young, F.W. (1973): POLYCON - Conjoint Scaling, The L.L. Thurstone Psychometric Laboratory, University of North Carolina, Report No. 118, Chapel Hill, S. 66-92.
Zur Durchführung der MDS wurde hier eine PC-Version von POLYCON verwendet. Diese kann von den Autoren dieses Buches bezogen werden.
Eine Beschreibung der mathematischen Grundlagen von POLYCON liefert Young, F.W. (1972): A Model for Polynomial Conjoint Algorithms, in: Shepard, Z.N. / Romney, A.K. / Nerlove, S.B. (1972): Multidimensional Scaling, New York u.a., S. 69 - 104.

Das *INPUT*-Kommando dient zur Beschreibung der Daten:

INPUT   DATA MATRIX, TRIANGULAR(11), NO DIAGONAL,
               REPLICATIONS(32), FORMAT(10F1.0).

DATA MATRIX besagt, daß (Ähnlichkeits- bzw. Unähnlichkeits-)Daten folgen. Alternative Spezifikationen sind INITIAL CONFIGURATION zur Eingabe einer Startkonfiguration oder TARGET CONFIGURATION zur Eingabe einer Ziel-konfiguration für die Rotation der gefundenen Konfiguration.

TRIANGULAR(11) besagt, daß die Datensätze in Form einer unteren Drei-ecksmatrix angeordnet sind und daß es sich hier um die Daten von 11 Objekten handelt. Alternative Spezifikationen sind SQUARE(n) für quadratische und RECTANGULAR(n) für rechteckige Matrizen.

NO DIAGONAL besagt, daß die Diagonale der vollständigen Matrix fehlt.

REPLICATIONS(32) besagt, daß es sich um die Daten von 32 Personen handelt und somit hier 32 Dreiecksmatrizen folgen.

FORMAT(10F1.0) gibt das Format der Daten in FORTRAN-Notation an (hier: maximal 10 Zahlen pro Zeile, wobei jede Zahl nur eine Stelle umfaßt und somit 0 Stellen hinter dem Dezimalpunkt besitzt).

Die Kommandos *PRINT* und *PLOT* dienen zur Steuerung der Ausgabe. Wenn diese Kommandos fehlen, wird nur die Standardinformation ausgegeben.

Durch das *ANALYSIS*-Kommando wird die Art der Analyse spezifiziert:

ANALYSIS   EUCLIDIAN, ITERATIONS(10,30),
               ASCENDING REGRESSION, SECONDARY,
               DIMENSIONS(3,2).

EUCLIDEAN besagt, daß als Distanzmaß die euklidische Distanz verwendet wird. Alternativ kann MINKOWSKI(c) spezifiziert werden, wobei MINKOWSKI(2) identisch mit EUCLIDEAN ist und MINKOWSKI(1) die City-Block-Metrik ergibt.

ITERATIONS(10,30) besagt, daß maximal 10 Iterationen in Phase 1 und ma-ximal 30 Iterationen in Phase 2 erfolgen sollen.

Durch ASCENDING REGRESSION wird angezeigt, daß es sich hier um Un-ähnlichkeitsdaten handelt und folglich mit deren Größe auch die Werte der ge-suchten Distanzen ansteigen sollten. Für Ähnlichkeitsdaten ist DESCENDING REGRESSION anzugeben.

SECONDARY besagt, daß Ties in den Daten (Gleichheit von Unähnlichkeiten) erhalten bleiben sollen, d.h. daß auch die entsprechenden Disparitäten gleich gesetzt werden (Secondary Approach). Alternativ bedeutet PRIMARY, daß Ties aufgelöst werden, d.h. bei Gleichheit der Unähnlichkeiten ergeben sich daraus keine Anforderungen an die Disparitäten. Dadurch kann der STRESS-Wert we-sentlich niedriger ausfallen. SECONDARY ist die Voreinstellung bei POLYCON. Bei Anwendung des Primary Approach vermindert sich im Fallbeispiel STRESS 1 von 0,263 auf 0,185 und STRESS 2 von 0,596 auf 0,448.

DIMENSIONS(3,2) besagt, daß zunächst eine Lösung in drei Dimensionen und sodann in zwei Dimensionen gesucht werden soll. In Abschnitt 9.2.6 wurden nur die Ergebnisse der Lösung in zwei Dimensionen wiedergegeben.

```
START
COMMENT      ******************************************
COMMENT      Multivariate Analysemethoden
COMMENT      ******************************************
COMMENT
TITLE        MDS für den Margarinemarkt
LABEL        Becel,Duda,Rama,Deli,HollB,WeihnB,Homa
             ,Flora,SB,Sanella,Botteram.
INPUT        DATA MATRIX,
             TRIANGULAR(11),
             NO DIAGONAL,
             REPLICATIONS(32),
             FORMAT(10F1.0).
2
65
765
7642
76323
651454
5536442
65204323
661544141
6613433222
0
00
000
0040
00603
001054
0020652
00304522
001055221
0020542321
1
.
.
.
0340702633
PLOT         ROTATED CONFIGURATION,
             GOODNESS OF FIT.
PRINT        DATA MATRIX,
             DISTANCES MATRIX,
             ROTATED CONFIGURATION.
ANALYSIS     EUCLIDEAN,
             ITERATIONS(10,30),
             ASCENDING REGRESSION,
             SECONDARY,
             DIMENSIONS(3,2).
COMPUTE
STOP
```

Abb. 9.22:   Kommandos zur MDS mit POLYCON

Durch *COMPUTE* wird die Durchführung einer Analyse ausgelöst. Es können weitere ANALYSIS-Kommandos, jeweils gefolgt von COMPUTE, in einem Job folgen.

Durch das Kommando *STOP* wird ein Job beendet.

9.7 PREFMAP-Kommandos

Abbildung 9.23 zeigt die Steuerdatei (Job), mit Hilfe derer die externe Präferenzanalyse in Abschnitt 9.3.1 durchgeführt wurde.[20]

Die erste Zeile der Steuerdatei enthält die Werte der Steuerparameter. Es folgen zwei Datenblöcke, die Koordinaten der Konfiguration und die Präferenzdaten. Den beiden Datenblöcken ist jeweils eine Formatangabe in FORTRAN-Notation vorangestellt.

In Abbildung 9.24 sind die Parametereinstellungen in Verbindung mit den Symbolen der Steuerparameter dargestellt.

Tabelle 9.14 gibt eine vollständige Übersicht der Steuerparameter von PREFMAP mit ihren jeweiligen Ausprägungen. Empfehlenswerte Einstellungen, mit denen man bei der Anwendung beginnen sollte, sind durch (*) gekennzeichnet.[21]

Mittels Parameter LFITSW läßt sich zwischen metrischer und nicht-metrischer (monotoner) Analyse wählen. Wenn sog. Ties (gleiche Präferenzränge p_k für verschiedene Objekte) vorkommen, so kann bei der monotonen Analyse weiterhin zwischen dem Primary Approach (die Ties werden aufgelöst) und dem Secondary Approach (die Ties bleiben erhalten) gewählt werden.

In Abbildung 9.25 ist die Steuerdatei zum Property Fitting (vgl. Abschnitt 9.4) wiedergegeben. Sie enthält anstelle der Präferenzdaten der 36 Personen die 10 Eigenschaftsbeurteilungen der Objekte. Ansonsten ist sie analog aufgebaut. Da hier nur das Vektormodell angewendet werden soll, wird mit Phase 4 gestartet (IPS = 4).

---

[20] Es wurde hier die PC-Version von PREFMAP aus der Serie PC-MDS von S.M. Smith (Brigham Young University, Provo, Utah 84602, USA) verwendet. Dieses Programm ist auch auf der Diskette zum Buch von Green, P.E. / Carmone, F. / Smith S.M. (1989): Multidimensional Scaling: Concepts and Applications, Boston, London u.a. enthalten.

[21] Vgl. hierzu: Green, P.E. / Carmone F. / Smith S.M. (1989): Multidimensional Scaling: Concepts and Applications, Boston, London u.a., S. 303-317; Schiffman, S.S. / Reynolds M.L. / Young, F.W. (1981): Introduction to Multidimensional Scaling, Orlando u.a., S. 253-282; Chang, J.J. / Carroll J.D. (o.J.) How to Use PREFMAP and PREFMAP2 - Programs which Relate Preference Data to Multidimensional Scaling Solution, Bell Laboratories, Murray Hill, N.J.

```
 11    2  36   0   1   0   3   4   0   0   0  15   0   0   1
(3X,2F7.3)
01   0.162   0.697
02   0.285   0.891
03   0.236  -0.482
04  -1.144  -0.355
05  -0.752   0.127
06  -0.778   0.013
07   0.351  -0.410
08   0.254  -0.292
09   0.676   0.036
10   0.439  -0.189
11   0.272  -0.036
(11F3.0)
10 11   2   4   5   6   1   8   3   7   9
 6  7   8   5   4   1  10   9  11   2   3
 7 11   4   8   9  10   6   5   3   1   2
 .
 .
 .
 2  1   6  11   9  10   8   4   3   5   7
```

Abb. 9.23: Steuerdatei zur Präferenzanalyse mit PREFMAP

```
11   2  36   0   1   0   3   4   0   0   0  15   0   0   1
 N   K   ³ ISV   ³ IRX IPS   ³   ³   ³ IAV   ³   ³   ³ CRIT
         ³       ³        IPE   ³   ³  MAXIT   ³   ³
        NSUB    NORS          IWRT   ³        ISHAT   ³
                              LFITSW              IPLOT
```

Abb. 9.24: Benutzte Parametereinstellung für die Präferenzanalyse

Tabelle 9.14: Steuerparameter von PREFMAP

Symbol	Spalte	Erläuterung
N	1- 4	Anzahl der Objekte bzw. Stimuli (im Text K)
K	5- 8	Anzahl der Dimensionen (im Text R)
NSUB	9-12	Anzahl der Personen (im Text I) oder der Eigenschaften (im Text J)
ISV	13-16	0 = kleinerer Wert bedeutet größere Präferenz (*) 1 = größerer Wert bedeutet größere Präferenz
NORS	17-20	Normalisierung der Skalenwerte für jede Person: 1 = ja (*), 0 = nein
IRX	21-24	Eingabeform der Koordinaten für Konfiguration: 0 = Objekte in Zeilen, Dimensionen in Spalten (*) 1 = Objekte in Spalten, Dimensionen in Zeilen
IPS	25-28	Angabe der Start-Phase: 1, 2, 3 oder 4 (*: 3 oder 4)
IPE	28-32	Angabe der letzten Phase: IPS ≤ IPE ≤ 4)
IRWT	33-36	Vorgabe unterschiedlicher Gewichte für Dimensionen: 0 = nein (*), 1 = ja
LFITSW	37-40	Art der Analyse 0 = metrisch (*) 1 = monoton, keine ties 2 = monoton, primary approach für ties 3 = monoton, secondary approach für ties
IAV	41-44	Berechnung der durchschnittlichen Skalenwerte: 0 = einmalig in Startphase (*) 1 = erneut in jeder Phase (irrelevant für metrische Analyse)
MAXIT	45-48	Maximale Anzahl von Iterationen (*: 15)
ISHAT	49-52	0 = Benutze Skalenwerte von vorhergehender Phase (*) 1 = Berechnung neuer Skalenwerte in jeder Phase
IPLOT	53-56	Plot-Optionen für Phase 1 und 2: 0 = Idealpunkt für durchschnittliche Person 1 = zusätzlich Funktionsplot für jede Person 2 = zusätzlich Idealpunkt für jede Person
CRIT	57-60	Konvergenz-Kriterium für Iteration (*: 0001)

```
 11    2  10   0   1   0   4   4   0   0   0  15   0   0   1
(3X,2F7.3)
01   0.162   0.697
02   0.285   0.891
03   0.236  -0.482
04  -1.144  -0.355
05  -0.752   0.127
06  -0.778   0.013
07   0.351  -0.410
08   0.254  -0.292
09   0.676   0.036
10   0.439  -0.189
11   0.272  -0.036
(11F5.2)
4.68 4.90 4.97 3.71 3.58 3.67 5.00 5.48 4.70 4.68 4.38  Streichf.
4.74 4.60 4.13 5.79 5.23 3.30 3.86 4.36 3.97 3.79 3.65  Preis
4.37 4.05 4.75 3.43 3.71 3.40 4.64 4.77 4.67 4.52 4.10  Haltbark.
4.37 3.80 3.71 3.14 3.87 3.62 3.86 3.93 3.90 3.97 3.64  Ungefett
3.63 2.35 4.34 4.00 4.26 4.03 4.29 4.03 3.97 4.45 3.79  Backeign.
4.26 3.90 4.34 5.29 5.55 4.57 4.32 4.52 4.31 4.26 3.83  Geschmack
3.37 2.84 4.06 5.00 5.29 4.93 3.89 3.61 3.86 4.19 3.62  Kalorien
2.13 2.29 1.78 4.82 5.91 5.64 2.09 1.78 1.54 2.00 2.00  Tierfett
4.47 3.85 3.94 4.21 4.23 3.86 4.25 4.32 3.73 3.77 3.31  Vitamin
4.53 3.50 3.78 4.64 5.23 4.53 3.75 3.97 3.87 3.71 3.62  Natur
```

Abb. 9.25:   Steuerdatei zum Property Fitting mit PREFMAP

9.8   SPSS-Kommandos

In der Windows-Version von SPSS ist jetzt auch eine Prozedur zur MDS verfügbar. Inbesondere handelt es sich hier um das Programm ALSCAL von Young und Lewyckyj, das bislang unter SPSS nur in den Mainframe- und Unix-Versionen verfügbar war.[22] Es soll hier kurz die Analyse des Fallbeispiels mit dieser Prozedur gezeigt werden.[23]

Abbildung 9.26 zeigt die Steuerdatei zur MDS mit SPSS. Der Aufbau ist der Steuerdatei von POLYCON sehr ähnlich. Bei der Dateneingabe ist zu beachten, daß, anders als bei POLYCON oder auch bei der Original-Version von ALSCAL, bei der Eingabe einer unteren Dreiecksmatrix auch die Diagonale vorhanden sein muß. Da sie nicht gelesen wird, reicht es aus, wenn lediglich der Platz dafür vorhanden ist, was darauf hinausläuft, daß vor jeder Dreiecksmatrix eine Leerzeile einzufügen ist.

---

[22] Vgl. Young, F.W. / Lewyckyj, R. (1979): ALSCAL User´s Guide, 3rd Ed., University of North Carolina, Chapel Hill.

Takane, Y. / Young, F.W. / De Leeuw, J. (1977): Nonmetric Individual Differences Multidimensional Scaling: An Alternating Least Squares Method with Optimal Scaling Features, in: Psychometrika, 42, S. 7-67.

[23] Bezüglich näherer Erläuterungen siehe Norusis, M.J. / SPSS Inc. (1999): SPSS Base 9.0 Syntax Reference Guide, Chicago.

Durch LEVEL=ORDINAL (UNTIE) wird spezifiziert, daß eine nicht-metrische Analyse durchgeführt werden soll und daß der Primary Approach anzuwenden ist (siehe oben). Alternativ zu UNTIE kann mittels SIMILAR der Secondary Approach angewendet werden, bei dem die Ties erhalten bleiben. In diesem Fall aber konnte die Prozedur ALSCAL keine Lösung für das Fallbeispiel erbringen.

Abbildung 9.27 zeigt auszugsweise das Ergebnis der MDS. In ALSCAL wird abweichend von den meisten MDS-Programmen nicht STRESS sondern S-STRESS als Zielkriterium der Optimierung verwendet. Im Unterschied zu (5) berechnet es sich wie folgt:

$$S-STRESS = \sqrt{\frac{\sum_k \sum_l (d_{kl}^2 - \hat{d}_{kl}^2)^2}{\sum_k \sum_l \hat{d}_{kl}^4}} \qquad (14)$$

Im Output von ALSCAL wird neben S-SRESS auch STRESS 1 für jede Person sowie als Mittel über die Personen angegeben. Der mittlere Wert für STRESS 1 beträgt hier 0,2998. Er liegt damit etwas höher als bei POLYCON mit 0,2626. Der Wert für STRESS 1 bei POLYCON aber vermindert sich weiter auf 0,1848, wenn wie hier der Primary Approach gewählt wird.

RSQ bezeichnet die quadrierte Korrelation zwischen den Disparitäten und den Distanzen. Im Gegensatz zum STRESS-Maß (badness of fit) handelt es sich hierbei um ein "Güte"-Maß (goodness of fit), das mit dem Bestimmtheitsmaß der Regressionsanalyse vergleichbar ist.

Eine angenehme Neuerung von ALSCAL unter SPSS/Windows ist, daß der Benutzer sofort eine High-Resolution-Darstellung der ermittelten Konfiguration erhält. Sie ist für das Fallbeispiel in Abbildung 9.28 wiedergegeben.

```
TITLE "MDS fuer den Margarinemarkt".
DATA LIST
 /Becel Duda Rama Deli HollB WeihnB Homa
  Flora SB Sanella Botteram 1-11.
BEGIN DATA

2
65
765
7642
76323
651454
5536442
65204323
661544141
6613433222

0
00
000
0040
00603
001054
0020652
00304522
001055221
0020542321

1
.
.
.
2026543333
END DATA.

ALSCAL
  VARIABLES= Becel TO Botteram
   /SHAPE=SYMMETRIC
   /LEVEL=ORDINAL (UNTIE)
   /CONDITION=MATRIX
   /MODEL=EUCLID
   /CRITERIA=CONVERGE(.001) STRESSMIN(.005) ITER(30) CUTOFF(0)
    DIMENS(2,2)
   /PLOT=DEFAULT
   /PRINT=DATA HEADER.
```

Abb. 9.26:   Kommandos zur MDS mit SPSS (ALSCAL)

```
Iteration  history  for  the  2  dimensional  solution  (in  squared
distances)

                Young's S-stress formula 1 is used.

            Iteration      S-stress        Improvement

                1           ,43187
                2           ,40737           ,02450
                3           ,39816           ,00921
                4           ,39546           ,00270
                5           ,39480           ,00065

                    Iterations stopped because
                S-stress improvement is less than    ,001000


        Stress and squared correlation (RSQ) in distances

RSQ  values  are  the  proportion  of  variance  of  the  scaled  data
(disparities)
            in the partition (row, matrix, or entire data) which
            is accounted for by their corresponding distances.
            Stress values are Kruskal's stress formula 1.

        Matrix     Stress      RSQ     Matrix     Stress      RSQ
          1        ,270       ,561       2        ,302       ,438
          3        ,270       ,554       4        ,297       ,456
          5        ,345       ,274       6        ,375       ,147
          7        ,270       ,551       8        ,237       ,653
          9        ,321       ,389      10        ,355       ,243
         11        ,270       ,547      12        ,292       ,477
         13        ,310       ,410      14        ,279       ,523
         15        ,261       ,587      16        ,317       ,390
         17        ,338       ,302      18        ,285       ,497
         19        ,320       ,375      20        ,346       ,262
         21        ,313       ,405      22        ,260       ,588
         23        ,307       ,439      24        ,338       ,302
         25        ,243       ,642      26        ,310       ,414
         27        ,247       ,621      28        ,215       ,721
         29        ,270       ,549      30        ,321       ,377
         31        ,314       ,393      32        ,323       ,367


        Averaged (rms) over  matrices
    Stress  =   ,29983      RSQ =   ,45172
```

Abb. 9.27: Output der MDS mit SPSS (ALSCAL)

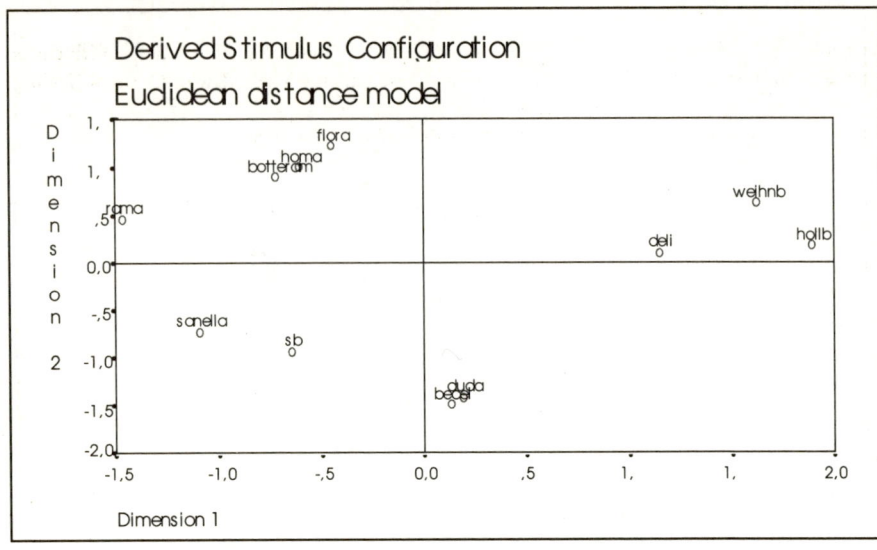

Abb. 9.28: SPSS-Darstellung der ermittelten Konfiguration

9.9   Literaturhinweise

Ahrens, H.J. (1974): Multidimensionale Skalierung, Weinheim u.a.

Borg, I. (1981): Anwendungsorientierte Multidimensionale Skalierung, Berlin u.a.

Carroll, J.D. (1972): Individual Differences and Multidimensional Scaling, in: Shepard u.a. (1972), S. 105 - 155.

Dichtl, E. / Schobert, R. (1979): Mehrdimensionale Skalierung - Methodische Grundlagen und betriebswirtschaftliche Anwendungen, München.

Green, P.E. / Carmone, F. / Smith, S.M. (1989): Multidimensional Scaling: Concepts and Applications, Boston/London u.a.

Green, P.E. / Rao, V.R. (1972): Applied Multidimensional Scaling, New York u.a.

Kemper, F.J. (1984): Multidimensionale Skalierung, Bremen.

Kruskal, J.B. / Wish, M. (1994): Multidimensional Scaling, 20. printing, Newbury Park, Calif. u.a.

Kühn, W. (1976): Einführung in die multidimensionale Skalierung, Stuttgart.

Norusis, M.J. / SPSS Inc. (1999): SPSS Base 9.0 Syntax Reference Guide, Chicago.

Norusis, M.J. / SPSS Inc. (1999): SPSS Base 9.0 User's Guide Package, Chicago.

Rehder, H.K.K. (1975): Multidimensionale Produktmarktstrukturierung - Theorie und Anwendung auf einem Produktmarkt, Meisenheim am Glan.

Schiffman, S.S. / Reynolds, M.L. / Young, F.W. (1981): Introduction to Multidimensional Scaling, Orlando u.a.

Schobert, R. (1979): Die Dynamisierung komplexer Marktmodelle mit Hilfe von Verfahren der Mehrdimensionalen Skalierung, Berlin.

Shepard, R.N. / Romney, A.K. / Nerlove, S.B. (1972): Multidimensional Scaling, New York u.a.

Takane, Y. / Young, F.W. / De Leeuw, J. (1977): Nonmetric Individual Differences Multidimensional Scaling: An Alternating Least Squares Method with Optimal Scaling Features, in: Psychometrika, 42, S. 7-67.

Torgerson, W.S. (1958): Theory and Methods of Scaling, New York.

10   Conjoint-Measurement

10.1 Problemstellung

Bei der Gestaltung von Objekten (z. B. Produkten, Parteiprogrammen) ist es wichtig zu wissen, welchen Beitrag verschiedene Komponenten zum Gesamtnutzen eines Objektes beitragen. So kann es z. B. für einen Margarinehersteller nützlich sein zu wissen, ob eine Änderung der Verpackung oder eine Änderung der Substanz des Produktes einen größeren Beitrag zum empfundenen Gesamtnutzen des Konsumenten stiftet. Ebenso kann es bei der Gestaltung von Parteiprogrammen von entscheidender Bedeutung sein, ob die Wähler einer stärkeren Umweltorientierung den Vorzug vor einer stärkeren Sozialorientierung geben. Die Conjoint-Analyse ist ein Verfahren, das auf Basis empirisch erhobener Gesamtnutzenwerte versucht, den Beitrag einzelner Komponenten zum Gesamtnutzen zu ermitteln.[1] Die Conjoint-Analyse läßt sich damit als ein *dekompositionelles Verfahren* charakterisieren. In der Regel wird dabei unterstellt, daß sich der Gesamtnutzen *additiv* aus den Nutzen der Komponenten (Teilnutzenwerte) zusammensetzt. Die Datenbasis der Conjoint-Analyse bilden Gesamtnutzenurteile (Präferenzurteile) von befragten Personen.

Eines der wichtigsten Anwendungsgebiete der Conjoint-Analyse bildet im Rahmen der Neuproduktplanung die Frage, wie ein neues Produkt (oder eine Dienstleistung) in Hinsicht auf die Bedürfnisse des Marktes optimal zu gestalten ist. Dabei muß vom Untersucher vorab festgelegt werden, welche Objekteigenschaften und welche Ausprägungen dieser Eigenschaften für das Neuprodukt relevant sind und in die Untersuchung einbezogen werden sollen. Dies sei an einem Beispiel verdeutlicht.

Ein Hersteller von Margarine plant die Neueinführung eines Produktes, das sich in zwei Eigenschaften von bestehenden Produkten abheben soll: Kaloriengehalt und Verpackung. Als Eigenschaftsausprägung betrachtet er:

- Kaloriengehalt: hoch/niedrig
- Verpackung: Becher/Papier

Durch die Festlegung von zwei Eigenschaften, mit jeweils zwei Eigenschaftsausprägungen, können vier Kombinationen von Eigenschaftsausprägungen, d. h. vier fiktive Produkte, gebildet werden:

Produkt I	*Produkt II*	*Produkt III*	*Produkt IV*
Wenig Kalorien	wenig Kalorien	viel Kalorien	viel Kalorien
Im Becher	in Papier	im Becher	in Papier

---

[1] Die Begriffe "Conjoint-Analyse" und "Conjoint-Measurement" werden hier synonym verwendet. In der Literatur findet man zum Teil auch die Begriffe Verbundmessung und konjunkte Analyse. Vgl. zu einer entsprechenden Begriffsdiskussion Schweikl, H.: Computergestützte Präferenzanalyse mit individuell wichtigen Produktmerkmalen, Berlin 1985, S. 39.

Diese vier fiktiven Produkte werden einer Auskunftsperson zur Beurteilung vorgelegt, um deren Nutzenstruktur zu ermitteln. Hierbei ist man allerdings nicht auf eine rein verbale Beschreibung der Eigenschaften und ihrer Ausprägungen beschränkt, wie es bei der Beschreibung der alternativen Produkte mittels sog. Produktkarten der Fall ist. Es lassen sich vielmehr auch reale Darstellungen oder Computeranimationen in das Erhebungsdesign integrieren. So können die verschiedenen Verpackungsformen in obigem Beispiel durchaus mittels realer Verpackungen dargestellt werden. Die Auskunftsperson wird dabei aufgefordert, über die Produkte entsprechend ihrer subjektiven Nutzenvorstellung eine Rangordnung zu bilden. Beispielsweise möge sich folgende Rangordnung ergeben haben:

Rang	Produkt	Eigenschaftsausprägungen
1	III	viel Kalorien, im Becher
2	IV	viel Kalorien, in Papier
3	I	wenig Kalorien, im Becher
4	II	wenig Kalorien, in Papier

Diese Rangreihe bildet die Grundlage zur Ableitung von Teilnutzenwerten für die einzelnen Eigenschaftsausprägungen. Die Auskunftsperson gibt also *ordinale Gesamtnutzenurteile* ab, aus denen durch die Conjoint-Analyse *metrische Teilnutzenwerte* abgeleitet werden. Damit wird es außerdem möglich, durch Addition der Teilnutzenwerte auch metrische Gesamtnutzenwerte zu ermitteln.

Eine Besonderheit der Conjoint-Analyse besteht darin, daß die Befragten realitätsnahe Entscheidungen treffen müssen, da sie zur Bewertung der verschiedenen fiktiven Produkte als Ganzes aufgefordert werden. Produkte werden daher im Zusammenhang mit der Conjoint-Analyse oftmals als gebündelte Menge von Eigenschaftsausprägungen aufgefaßt. Die Objekteigenschaften stellen im Rahmen der Conjoint-Analyse die unabhängigen Variablen dar. Die Eigenschaftsausprägungen sind dann konkrete Werte der unabhängigen Variable. Die abhängige Variable ist die Präferenz der Auskunftsperson für die fiktiven Produkte. In Tabelle 10.1 sind einige Anwendungsbeispiele der Conjoint-Analyse zusammengestellt. Sie vermitteln einen Einblick in die Problemstellung, die Zahl und Art der Eigenschaften sowie die betrachteten Eigenschaftsausprägungen.

Die Conjoint-Analyse ist in ihrem Kern eine Analyse *individueller* Nutzenvorstellungen. Häufig interessiert darüber hinaus die Nutzenstruktur einer Mehrzahl von Personen. So möchte z. B. der Margarinehersteller nicht primär die Nutzenstruktur eines einzelnen Konsumenten ermitteln, sondern die seiner Käufer insgesamt. Zu diesem Zwecke ist eine Aggregation der individuellen Ergebnisse notwendig.

Tabelle 10.1: Anwendungsbeispiele der Conjoint-Analyse

Problemstellung	Eigenschaften	Eigenschaftsausprägungen
Neuproduktplanung[2]	Produktdesign	Design A, Design B, Design C
	Produktname	K2R, GLORY, BISSELL
	Preis in $	1.19, 1.39, 1.59
	Gütesiegel	Ja, Nein
	Geldrückgabegarantie	Ja, Nein
Entwicklung einer Servicestrategie für technische Konsumgüter[3]	Händler	A, B, C, D, E, F
	Marke	Hersteller-, Eigenmarke
	Preis	5 Preissprünge von x DM - y DM
	Produktqualität	durchschnittliche Lebensdauer, besonders langlebig
	Beratung beim Kauf	Selbstbedienung, Intensive Beratung, Lieferung und Anschluß, Fremde, Serviceorganisation, Händler
	Reparaturservice	Händler, Hersteller, Fremde Serviceorganisation
	Garantiedauer	6 Monate, 1 Jahr, 2 Jahre
Einfluß von Kindern auf die Produktpräferenz ihrer Mütter[4]	Fahrradtyp	Typ A, Typ B, Typ C
	Gangschaltung	3-Gang-Nabenschaltung, Mehrgang Kettenschaltung usw.
	Rahmenart	24 Zoll-Rahmen, 26 Zoll-Rahmen
	Reifen	Normalreifen, Sonderreifen usw.
	Beleuchtung	einfache Beleuchtung, Breitstrahler usw.
	Bremse	Rücktrittbremse, 2 Felgenbremse usw.
	Kettenschutz	geschlossener Kettenkasten, einfacher Kettenschutz
Nachfragerpräferenzen im Güterfernverkehr[5]	Transportmedium	Wagenladungsverkehr, LKW, zwei kombinierte Verkehrsarten
	Vertriebsweg	Spediteur, Bahn
	Preis	unterschiedliche Preisstufen
	Lieferservice	marktüblicher Service, stundengenauer Transport, just in time

[2] Green, P. E./ Wind, Y.: New Way to Measure Consumers' Judgements, in: Harvard Business Review, 53(1975), Nr. 4, S. 107-117.

[3] Theuerkauf, I.: Kundennutzenmessung mit Conjoint, in: Zeitschrift für Betriebswirtschaft, 59(1989), S. 1179-1192.

[4] Thomas, L.: Der Einfluß von Kindern auf Produktpräferenzen ihrer Mütter, Berlin 1983.

[5] Backhaus, K./Ewers, H.-J./Büschken,J./Fonger, M.: Marketingstrategien für den schienengebundenen Güterfernverkehr, Göttingen 1992.

Die Planung und Durchführung einer Conjoint-Analyse erfordert die in Abbildung 10.1 dargestellten Ablaufschritte.

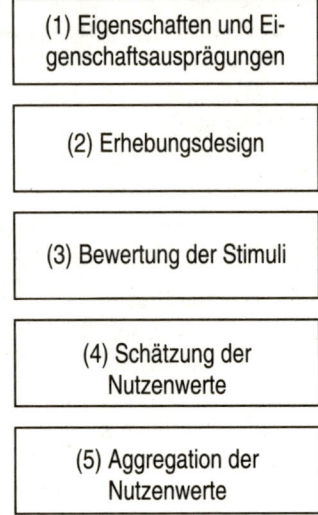

Abb. 10.1: Ablaufschritte einer Conjoint-Analyse

Zunächst müssen vom Untersucher die Eigenschaften und Eigenschaftsausprägungen ausgewählt und sodann ein Erhebungsdesign entwickelt werden. Im dritten Schritt erfolgt die Erhebung der Daten durch Befragung, wobei die fiktiven Produkte (Stimuli) von den Auskunftspersonen bewertet werden. Aus diesen Daten werden mit Hilfe der Conjoint-Analyse die Teilnutzenwerte geschätzt. Evtl. wird anschließend eine Aggregation der individuellen Nutzenwerte vorgenommen. Während die ersten drei Schritte die *Datenerhebung* betreffen, beziehen sich die Schritte vier und fünf auf die *Datenauswertung*. Entsprechend der Unterscheidung nach Datenerhebung und Datenauswertung sind die nachfolgenden Betrachtungen aufgebaut.

10.2   Vorgehensweise

10.2.1   Datenerhebung

10.2.1.1   Eigenschaften und Eigenschaftsausprägungen

| (1) Eigenschaften und Ei- genschaftsausprägungen |
| (2) Erhebungsdesign |
| (3) Bewertung der Stimuli |
| (4) Schätzung der Nutzenwerte |
| (5) Aggregation der Nutzenwerte |

Die durch die Conjoint-Analyse zu ermittelnden Teilnutzenwerte beziehen sich auf einzelne Ausprägungen von Eigenschaften, die der Untersucher für die Analyse vorgeben muß. Bei der Auswahl der Eigenschaften bzw. Eigenschaftsausprägungen sollten folgende Gesichtspunkte beachtet werden:

1. Die Eigenschaften müssen *relevant* sein.
   Das bedeutet, daß der Untersucher größte Sorgfalt darauf verwenden muß, nur solche Eigenschaften auszuwählen, von denen zu vermuten ist, daß sie für die Gesamtnutzenbewertung der Befragten von Bedeutung sind und auf die Kaufentscheidung Einfluß nehmen.
2. Die Eigenschaften müssen durch den Hersteller *beeinflußbar* sein.
   Wenn die Ergebnisse der Conjoint-Analyse für Produktentscheidungen nutzbar gemacht werden sollen, muß die Variation der betreffenden Eigenschaften Parameter der Produktgestaltung sein.
3. Die ausgewählten Eigenschaften sollten *unabhängig* sein.
   Eine Verletzung dieser Bedingung widerspricht dem additiven Modell der Conjoint-Analyse. Unabhängigkeit der Eigenschaften bedeutet, daß der empfundene Nutzen einer Eigenschaftsausprägung nicht durch die Ausprägungen anderer Eigenschaften beeinflußt wird.
4. Die Eigenschaftsausprägungen müssen *realisierbar* sein.
   Die Nutzbarkeit der Ergebnisse für die Produktgestaltung erfordert, daß die untersuchten Eigenschaftsausprägungen vom Hersteller technisch durchführbar sind.
5. Die einzelnen Eigenschaftsausprägungen müssen in einer *kompensatorischen Beziehung* zueinander stehen.
   Kompensatorische Conjoint-Modelle gehen von der Annahme aus, daß sich die Gesamtbeurteilung eines Objektes durch Summation aller Einzelurteile der als gegenseitig substituierbar angesehenen Eigenschaftsausprägungen ergibt. Das bedeutet, daß in der subjektiven Wahrnehmung der Befragten z. B. eine Verringerung des Kaloriengehaltes einer Margarine durch eine Verbesserung des Geschmacks kompensiert werden kann. Damit wird ein einstufiger Entscheidungs-

prozeß unterstellt, bei dem alle Eigenschaftsausprägungen simultan in die Beurteilung eingehen.[6]

6. Die betrachteten Eigenschaften bzw. Eigenschaftsausprägungen dürfen *keine Ausschlußkriterien* (K.O.-Kriterien) darstellen.

Ausschlußkriterien liegen vor, wenn bestimmte Eigenschaftsausprägungen für die Auskunftspersonen auf jeden Fall gegeben sein müssen. Im Fall des Vorhandenseins von K.O.-Kriterien wäre das kompensatorische Verhältnis der Eigenschaftsausprägungen untereinander nicht mehr gegeben.

7. Die Anzahl der Eigenschaften und ihrer Ausprägungen muß *begrenzt* werden.

Der Befragungsaufwand wächst exponentiell mit der Zahl der Eigenschaftsausprägungen. Deshalb ist es aus erhebungstechnischen Gründen notwendig, sich auf relativ wenige Eigenschaften und je Eigenschaft auf wenige Ausprägungen zu beschränken.

In Erweiterung des Ausgangsbeispiels gehen wir im folgenden davon aus, daß sich der Margarinehersteller für die in Tabelle 10.2 dargestellten Eigenschaften und Eigenschaftsausprägungen entschieden hat, wobei er vermutet, daß die gewählten Eigenschaften obige Kriterien erfüllen.

Tabelle 10.2: Eigenschaften und Eigenschaftsausprägungen

Eigenschaften	Eigenschaftsausprägungen
A Verwendung	1: Brotaufstrich - 2: Kochen, Backen, Braten - 3: universell
B Kaloriengehalt	1: kalorienarm - 2: normaler Kaloriengehalt
C Verpackung	1: Becherverpackung - 2: Papierverpackung

---

[6] Darüber hinaus existieren auch nicht-kompensatorische-Conjoint-Modelle, die eine Kompensation einer negativ beurteilten Eigenschaftsausprägung durch eine positive Bewertung einer anderen Ausprägung nicht zulassen. Da den kompensatorischen Modellen in der behandelten Praxis jedoch die größere Bedeutung zukommt, beschränken sich die Betrachtungen im folgenden auf diesen Modelltyp. Vgl. auch Shocker, A. D./ Srinivasan, V.: Multiattribute Approaches for Product Concept Evaluation and Generation: A Critical Review, in: Journal of Marketing Research, 16 (1979), S. 169ff.

10.2.1.2 Erhebungsdesign

(1) Eigenschaften und Eigenschaftsausprägungen

(2) Erhebungsdesign

(3) Bewertung der Stimuli

(4) Schätzung der Nutzenwerte

(5) Aggregation der Nutzenwerte

Im Rahmen der Festlegung des Erhebungsdesigns sind zwei Entscheidungen zu treffen:

1. Definition der Stimuli: Profil- oder Zwei-Faktor-Methode?
2. Zahl der Stimuli: Vollständiges oder reduziertes Design?

10.2.1.2.1 Definition der Stimuli

Als Stimulus wird eine Kombination von Eigenschaftsausprägungen verstanden, die den Auskunftspersonen zur Beurteilung vorgelegt wird. Bei der *Profilmethode* besteht ein Stimulus aus der Kombination je einer Ausprägung aller Eigenschaften. Dadurch können sich in unserem Beispiel in Tabelle 10.2 für die drei Eigenschaften mit jeweils zwei bzw. drei Ausprägungen maximal (2 x 2 x 3 =) 12 Stimuli ergeben, die in Abbildung 10.2 als Übersicht dargestellt sind.

Margarine I kalorienarm Becherverpackung als Brotaufstrich geeignet	*Margarine II* kalorienarm Becherverpackung zum Kochen, Backen, Braten
Margarine III kalorienarm Becherverpackung universell verwendbar	*Margarine IV* normale Kalorien Becherverpackung als Brotaufstrich geeignet
Margarine V normale Kalorien Becherverpackung zum Kochen, Backen, Braten	*Margarine VI* normale Kalorien Becherverpackung universell verwendbar
Margarine VII kalorienarm Papierverpackung als Brotaufstrich geeignet	*Margarine VIII* kalorienarm Papierverpackung zum Kochen, Backen, Braten
Margarine IX kalorienarm Papierverpackung universell verwendbar	*Margarine X* normale Kalorien Papierverpackung als Brotaufstrich geeignet
Margarine XI normale Kalorien Papierverpackung zum Kochen, Backen, Braten	*Margarine XII* normale Kalorien Papierverpackung universell verwendbar

Abb. 10.2: Stimuli nach der Profilmethode

Bei der *Zwei-Faktor-Methode*, die auch als Trade-Off-Analyse bezeichnet wird, werden zur Bildung eines Stimulus jeweils nur zwei Eigenschaften (Faktoren) herangezogen.[7] Für jedes mögliche Paar von Eigenschaften wird eine Trade-Off-Matrix gebildet. Diese enthält die Kombinationen der Ausprägungen der beiden Eigenschaften. Man erhält damit bei n Eigenschaften insgesamt $\binom{n}{2}$ Trade-Off-Matrizen. In unserem Beispiel ergeben sich damit $\binom{3}{2}$, also 3 Trade-Off-Matrizen, die in Abbildung 10.3 wiedergegeben sind. Jede Zelle einer Trade-Off-Matrix bildet damit einen Stimulus. Die Wahl zwischen Profil- und Zwei-Faktor-Methode sollte im Hinblick auf folgende drei Gesichtspunkte erfolgen:

---

[7] Die Zwei-Faktor-Methode geht zurück auf Johnson, R. M.: Trade-Off-Analysis of Consumer Values, in: Journal of Marketing Research, 11(1974), S. 121ff.

A	B		
		1: kalorienarm	2: normaler Kalorien-gehalt
1: Brotaufstrich		A1B1	A1B2
2: Kochen, Backen, Braten		A2B1	A2B2
3: universell		A3B1	A3B2
A	C		
		1: Becherverpackung	2: Papierverpackung
1: Brotaufstrich		A1C1	A1C2
2: Kochen, Backen, Braten		A2C1	A2C2
3: universell		A3C1	A3C2
B	C		
		1: Becherverpackung	2: Papierverpackung
1: kalorienarm		B1C1	B1C2
2: normaler Kaloriengehalt		B2C1	B2C2

Abb. 10.3: Trade-Off-Matrizen

1. Ansprüche an die Auskunftsperson: Da bei der Zwei-Faktor-Methode die Auskunftsperson nur jeweils zwei Faktoren gleichzeitig betrachten und gegeneinander abwägen muß ("trade off"), besteht gegenüber der Profilmethode eine leichter zu bewältigende Bewertungsaufgabe. Die Zwei-Faktor-Methode kann daher auch ohne Interviewereinsatz (z. B. in Form einer schriftlichen Befragung) angewendet werden, während der mit der Profilmethode verbundene Erklärungsaufwand nur äußerst schwer in einem Fragebogen umsetzbar ist.

2. Realitätsbezug: Da beim realen Beurteilungsprozeß i. d. R. komplette Produkte und nicht isolierte Eigenschaften miteinander verglichen werden, liefert die Profilmethode ein realitätsnäheres Design. Außerdem können die Stimuli nicht nur in schriftlicher Form, sondern auch als anschauliche Abbildungen oder Objekte vorgegeben werden.

3. Zeitaufwand: Mit zunehmender Anzahl der Eigenschaften und ihrer Ausprägungen steigt die Zahl möglicher Stimuli bei der Profilmethode wesentlich schneller als bei der Zwei-Faktor-Methode, wodurch eine sinnvolle Bewertung aller Stimuli durch die Auskunftsperson u. U. unmöglich werden kann.

In der Regel steht bei Anwendungen der Conjoint-Analyse der Realitätsbezug im Vordergrund, so daß meist der Profilmethode der Vorzug gegeben wird. Der Gesichtspunkt des Zeitaufwandes, der tendenziell für die Zwei-Faktor-Methode spricht, wird allerdings durch die Tatsache relativiert, daß die Möglichkeit existiert, bei der Profilmethode aus allen möglichen Stimuli eine repräsentative Teilmenge auszuwählen, wodurch sich der Zeitaufwand bei der Profilmethode wesentlich reduzieren läßt. Im folgenden steht daher die Profilmethode im Vordergrund der Betrachtungen.

10.2.1.2.2   Zahl der Stimuli

In vielen empirischen Untersuchungen besteht der Wunsch, mehr Eigenschaften und/oder Ausprägungen zu analysieren als erhebungstechnisch realisierbar sind. Dies ist insbesondere bei der Profilmethode der Fall. Bereits bei sechs Eigenschaften mit jeweils nur drei Ausprägungen ergeben sich (3^6 =) 729 Stimuli, was erhebungstechnisch nicht mehr zu bewältigen ist. Daraus erwächst die Notwendigkeit, aus der Menge der theoretisch möglichen Stimuli (*vollständiges Design*) eine zweckmäßige Teilmenge (*reduziertes Design*) auszuwählen.

Die Grundidee eines reduzierten Designs besteht darin, eine Teilmenge von Stimuli zu finden, die das vollständige Design möglichst gut repräsentiert. Beispielsweise könnte eine Zufallsstichprobe gezogen werden. Davon wird jedoch in der Regel nicht Gebrauch gemacht, sondern es wird eine systematische Auswahl der Stimuli vorgenommen. In der experimentellen Forschung ist eine Reihe von Verfahren entwickelt worden, die zur Lösung dieses Problems herangezogen werden können. Dabei wird zwischen symmetrischen und asymmetrischen Designs unterschieden:

Ein *symmetrisches Design* liegt vor, wenn alle Eigenschaften die gleiche Anzahl von Ausprägungen aufweisen. Ein spezielles reduziertes symmetrisches Design ist das *Lateinische Quadrat*. Seine Anwendung ist auf den Fall von genau drei Eigenschaften beschränkt. Das vollständige Design, das dem lateinischen Quadrat zugrunde liegt, umfaßt z. B. im Fall von drei Ausprägungen je Eigenschaft (3 x 3 x 3 =) 27 Stimuli, die in Tabelle 10.3 dargestellt sind.

Tabelle 10.3:   Vollständiges faktorielles Design

A1B1C1	A2B1C1	A3B1C1
A1B2C1	A2B2C1	A3B2C1
A1B3C1	A2B3C1	A3B3C1
A1B1C2	A2B1C2	A3B1C2
A1B2C2	A2B2C2	A3B2C2
A1B3C2	A2B3C2	A3B3C2
A1B1C3	A2B1C3	A3B1C3
A1B2C3	A2B2C3	A3B2C3
A1B3C3	A2B3C3	A3B3C3

Von den 27 Stimuli des vollständigen Designs werden 9 derart ausgewählt, daß jede Ausprägung einer Eigenschaft genau einmal mit jeder Ausprägung einer anderen Eigenschaft vorkommt. Damit ergibt sich, daß jede Eigenschaftsausprägung genau dreimal (statt neunmal) im Design vertreten ist. Tabelle 10.4 zeigt das entsprechende Design.

Tabelle 10.4: Lateinisches Quadrat

	A1	A2	A3
B1	A1 B1 C1	A2 B1 C2	A3 B1 C3
B2	A1 B2 C2	A2 B2 C3	A3 B2 C1
B3	A1 B3 C3	A2 B3 C1	A3 B3 C2

Wesentlich komplizierter ist die Reduzierung *asymmetrischer Designs*, in denen die verschiedenen Eigenschaften eine unterschiedliche Anzahl von Ausprägungen aufweisen, wie das (2 x 2 x 3)-faktorielle Design des Margarinebeispiels. Auch hier wurden Pläne zur Konstruktion reduzierter Designs entwickelt. Reduzierte asymmetrische Designs werden gewöhnlich wie folgt konstruiert:

- Im ersten Schritt wird ein reduziertes Design für den entsprechenden *symmetrischen Fall* erstellt. Liegt beispielsweise ein (3 x 3 x 2 x 2)-Design vor, so wird zunächst ein (3 x 3 x 3 x 3)-Design erzeugt. Block 1 in Tabelle 10.5 zeigt ein reduziertes (3 x 3 x 3 x 3)-Design mit 9 Kombinationen (Stimuli). Dieses reduzierte Design enthält pro Eigenschaft eine Spalte, bezogen auf obiges Beispiel also vier Spalten. In jeder Spalte sind die Ziffern 1, 2 und 3, die die Eigenschaftsausprägungen repräsentieren, systematisch in 3er Gruppen angeordnet. In den 9 Zeilen stehen dann jeweils unterschiedliche Kombinationen von Eigenschaftsausprägungen, die die neun (fiktiven) Produkte des reduzierten Designs repräsentieren.
- Mittels einer eindeutigen Transformation wird im zweiten Schritt für eine oder mehrere Eigenschaften die Zahl der Ausprägungen reduziert.

Tabelle 10.5: Basic plan 2 von Addelman

Spalte Zeile	Block 1				Block 2			
	1	2	3	4	1	2	3	4
1	1	1	1	1	1	1	1	1
2	1	2	2	3	1	2	2	1
3	1	3	3	2	1	1	1	2
4	2	1	2	2	2	1	2	2
5	2	2	3	1	2	2	1	1
6	2	3	1	3	2	1	1	1
7	3	1	3	3	1	1	1	1
8	3	2	1	2	1	2	1	2
9	3	3	2	1	1	1	2	1

Im Beispiel muß für die Eigenschaften C und D die Anzahl der Ausprägungen von 3 auf 2 reduziert werden. Eine geeignete Transformation ist z. B. die folgende:

$1 \rightarrow 1$

$2 \rightarrow 2$

$3 \rightarrow 1$

Wendet man diese Transformation auf die Spalten in Block 1 an, so erhält man den Block 2 in Tabelle 10.5. Block 2 bildet ein reduziertes (2 x 2 x 2 x 2)-Design.

Die Tabelle 10.5 mit den Blöcken 1 und 2 bildet einen von mehreren Basisplänen (basic plans), die von Addelman entwickelt wurden, um die Bildung reduzierter Designs zu erleichtern.[8] Es lassen sich aus dem Basic plan 2 sehr einfach reduzierte Designs mit maximal 4 Eigenschaften und maximal 3 Ausprägungen bilden, so z. B. für die Fälle (3 x 3 x 3 x 2), (3 x 3 x 2 x 2) und (3 x 2 x 2 x 2). Es sind zu diesem Zweck lediglich die benötigten Spalten aus den Blöcken 1 und 2 auszuwählen.

In unserem Beispiel eines (3 x 3 x 2 x 2)-Designs werden für die beiden Eigenschaften A und B mit jeweils drei Ausprägungen die Spalten 1 und 2 aus Block 1 und für die Eigenschaften C und D mit jeweils zwei Ausprägungen die Spalten 3 und 4 aus Block 2 ausgewählt. Damit ergibt sich das in Tabelle 10.6 formulierte reduzierte Erhebungsdesign.

Tabelle 10.6:   Reduziertes Design

ausgewählte Stimuli	Eigenschaft			
	A	B	C	D
	Anzahl der Ausprägungen			
	3	3	2	2
1	1	1	1	1
2	1	2	2	1
3	1	3	1	2
4	2	1	2	2
5	2	2	1	1
6	2	3	1	1
7	3	1	1	1
8	3	2	1	2
9	3	3	2	1

[8] Siehe dazu Addelman, S.: Orthogonal Main-Effect Plans for Factorial Experiments, in: Technometrics, 1962, S. 21 ff. Addelman hat nachgewiesen, daß die "Bedingung proportionaler Häufigkeiten" hinreichend für die Erlangung von unkorrelierten Schätzungen ist. In einem vollständigen Design dagegen kommt jede Ausprägung einer Eigenschaft gleich häufig mit jeder Ausprägung der übrigen Eigenschaften vor.

Tabelle 10.6 ist wie folgt zu interpretieren: Die erste Zeile entspricht dem fiktiven Produkt I (Stimulus I) und ist durch folgende Eigenschaftsausprägungen gekennzeichnet:

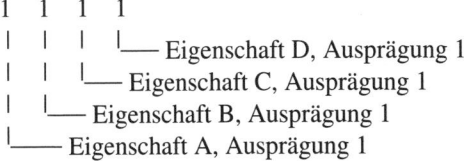

```
1  1  1  1
|  |  |  |—— Eigenschaft D, Ausprägung 1
|  |  |—— Eigenschaft C, Ausprägung 1
|  |—— Eigenschaft B, Ausprägung 1
|—— Eigenschaft A, Ausprägung 1
```

Da im folgenden die konkreten Rechenschritte der Conjoint-Analyse im einzelnen aufgezeigt werden sollen, nehmen wir nochmals eine Modifikation unseres Margarinebeispiels vor und beschränken die nachfolgenden Betrachtungen auf die Eigenschaften "Verwendung" und "Kaloriengehalt" aus Tabelle 10.2. Durch Kombination aller Eigenschaftsausprägungen erhält man dann die folgenden sechs Stimuli (fiktiven Produkte):

I:	A1, B1	Brotaufstrich/ kalorienarm
II:	A1, B2	Brotaufstrich/ normaler Kaloriengehalt
III:	A2, B1	Kochen, Backen, Braten/ kalorienarm
IV:	A2, B2	Kochen, Backen, Braten/ normaler Kaloriengehalt
V:	A3, B1	universell verwendbar/ kalorienarm
VI:	A3, B2	universell verwendbar/ normaler Kaloriengehalt

Abb. 10.4: Stimuli im vollständigen Design für das Margarinebeispiel

Die obigen sechs fiktiven Produkte bilden ein vollständiges Design, wodurch auf eine Reduktion dieses Designs verzichtet werden kann, da davon auszugehen ist, daß sechs Stimuli von den Auskunftspersonen ohne Probleme in eine Präferenzrangfolge gebracht werden können. Damit folgt ein vollständiges, zweistufiges Untersuchungsdesign, das in Tabelle 10.7 dargestellt ist.

Tabelle 10.7: Vollständiges Untersuchungsdesign für das Beispiel

| | | Eigenschaft B | |
		1	2
Eigenschaft A	1	p_I	p_{II}
	2	p_{III}	p_{IV}
	3	p_V	p_{VI}

Durch p sind dabei die empirischen Rangwerte der jeweiligen Stimuli bezeichnet, die im Rahmen der Untersuchung erhoben werden müssen.

10.2.1.3 Bewertung der Stimuli

(1) Eigenschaften und Eigenschaftsausprägungen

(2) Erhebungsdesign

(3) Bewertung der Stimuli

(4) Schätzung der Nutzenwerte

(5) Aggregation der Nutzenwerte

Die Conjoint-Analyse erfordert, daß eine Rangfolge der Stimuli ermittelt wird, die die Nutzenvorstellungen der Auskunftsperson widerspiegelt. Dazu bieten sich verschiedene Vorgehensweisen an. Üblich ist die Erhebung über *Rangreihung*. Dabei werden die Stimuli nach empfundenen Nutzen mit Rangwerten versehen. Bei einer größeren Anzahl von Stimuli empfiehlt sich eine indirekte Vorgehensweise. Es erfolgt zunächst eine Grobeinteilung in Gruppen unterschiedlichen Nutzens (z. B. niedriger, mittlerer, hoher Nutzen).

Innerhalb der Gruppen werden Rangfolgen der einzelnen Stimuli ermittelt, die dann zur Gesamtrangordnung zusammengefaßt werden. Weitere Möglichkeiten bestehen darin, die Rangwerte über Rating-Skalen oder Paarvergleiche abzufragen.[9]

Für unser Beispiel (vgl. Abb. 10.4) wurde eine Person gebeten, die sechs möglichen Margarinesorten mit Rangwerten von 1 bis 6 zu versehen, wobei 1 der am wenigsten und 6 der am stärksten präferierte Stimulus sein sollte. Das Ergebnis der Rangreihung zeigt Tabelle 10.8:

Tabelle 10.8: Rangwerte für eine Auskunftsperson im Beispiel

		Eigenschaft B	
		1	**2**
Eigenschaft A	**1**	2	1
	2	3	4
	3	6	5

---

[9] Die Vorgehensweise der Ermittlung einer Rangfolge durch Paarvergleiche findet insbesondere im Rahmen verschiedener computergestützter Conjointanalyseverfahren Anwendung. Eine ausführliche Darstellung der verschiedenen Möglichkeiten der Abfrage der Rangfolge geben Green P.E., Srinivasan V.: Conjoint Analysis in Consumer Research, in: The Journal of Consumer Research, 5(1978), S. 111ff. und Schweikl, H.: Computergestützte Präferenzanalyse mit individuell wichtigen Produktmerkmalen, Berlin 1985, S. 56ff.

10.2.2 Datenauswertung

10.2.2.1 Schätzung der Nutzenwerte

(1) Eigenschaften und Eigenschaftsausprägungen

(2) Erhebungsdesign

(3) Bewertung der Stimuli

(4) Schätzung der Nutzenwerte

(5) Aggregation der Nutzenwerte

Auf Basis der empirisch ermittelten Rangdaten einer Menge von Stimuli werden mit Hilfe der Conjoint-Analyse zunächst *Teilnutzenwerte* (part-worths) für alle Eigenschaftsausprägungen ermittelt. Aus diesen Teilnutzenwerten lassen sich dann folgende Größen ableiten:

- metrische Gesamtnutzenwerte für alle Stimuli
- relative *Wichtigkeiten* für die einzelnen Eigenschaften

Die Schätzung der Teilnutzenwerte wird nachfolgend anhand unseres Beispiels aus Abbildung 10.4 dargestellt. Den Berechnungen legen wir die Beurteilungen der Auskunftsperson entsprechend Tabelle 10.8 zugrunde.

Für jede der insgesamt fünf Eigenschaftsausprägungen ist jetzt ein Teilnutzenwert ß zu schätzen. Aus der Verknüpfung der Teilnutzenwerte ergibt sich dann der Gesamtnutzenwert y eines Stimulus. Im einfachsten Fall wird daher das folgende additive Modell zugrunde gelegt:

$$y = \beta_A + \beta_B \tag{1}$$

In allgemeiner Form läßt sich das *additive Modell der Conjoint-Analyse* wie folgt formulieren:

$$y_k = \sum_{j=1}^{J} \sum_{m=1}^{M_j} \beta_{jm} \cdot x_{jm} \tag{1a}$$

mit :

y_k : geschätzter Gesamtnutzenwert für Stimulus k

β_{jm} : Teilnutzenwert für Ausprägung m von Eigenschaft j

$x_{jm} = \begin{cases} 1 \text{ falls bei Stimulus k die Eigenschaft j in der Ausprägung m vorliegt} \\ 0 \text{ sonst} \end{cases}$

Das additive Modell, das in der Conjoint-Analyse vornehmlich Anwendung findet, besagt, daß die Summe der Teilnutzen den Gesamtnutzen ergibt.[10] Durch Anwen-

---

[10] Bezüglich anderer Nutzenmodelle vgl. Young F.W.: Conjoint Scaling, The L. L. Thurstone Psychometric Laboratory, University of North Carolina 1973, S. 28ff.

dung dieses Modells ergeben sich im Beispiel die folgenden Gesamtnutzenwerte (vgl. Tabelle 10.7):

$$y_I = \beta_{A1} + \beta_{B1}$$

$$y_{II} = \beta_{A1} + \beta_{B2}$$

$$y_{III} = \beta_{A2} + \beta_{B1}$$

$$y_{IV} = \beta_{A2} + \beta_{B2}$$

$$y_V = \beta_{A3} + \beta_{B1}$$

$$y_{VI} = \beta_{A3} + \beta_{B2}$$

Das zur Bestimmung der Teilnutzenwerte verwendete *Zielkriterium* läßt sich wie folgt formulieren:

Die Teilnutzenwerte β_{jm} sollen so bestimmt werden, daß die resultierenden Gesamtnutzenwerte y_k "möglichst gut" den empirischen Rangwerten p_k entsprechen. Das Zielkriterium wird im folgenden noch näher spezifiziert.

Das zur Ermittlung der Teilnutzenwerte üblicherweise verwendete Rechenverfahren wird als monotone Varianzanalyse bezeichnet. Es bildet eine Weiterentwicklung der gewöhnlichen (metrischen) Varianzanalyse, die in Kapitel 2 dieses Buches behandelt wird.

10.2.2.1.1   Metrische Lösung

Das Problem der Conjoint-Analyse soll zunächst durch Anwendung der metrischen Varianzanalyse gelöst werden. Dabei wird unterstellt, daß die Befragten die Abstände zwischen den vergebenen Rangwerten jeweils als gleich groß (äquidistant) einschätzen, womit die empirisch ermittelten p-Werte nicht mehr ordinales Skalenniveau besitzen, sondern metrisch interpretiert werden können. Das Modell (1) muß dabei durch Einbeziehung eines konstanten Terms μ wie folgt modifiziert werden:

$$y = \mu + \beta_A + \beta_B \qquad\qquad\qquad (1b)$$

Die Konstante μ spiegelt dabei den "Durchschnittsrang" über alle vergebenen (metrischen) Rangwerte wider. Die Konstante μ kann auch als Basisnutzen interpretiert werden, von dem sich die Eigenschaftsausprägungen positiv oder negativ abheben. Für unser Beispiel ergibt sich als Summe über alle sechs empirischen Rangdaten (vgl. Tabelle 10.8) 1+2+3+4+5+6 = 21 und damit ein "Durchschnittsrang" von 21/6 = 3,5. Zur Bestimmung der einzelnen Teilnutzenwerte wird im zweiten Schritt für jede Eigenschaftsausprägung der durchschnittliche empirische Rangwert ermittelt. Zu diesem Zweck wird für jede Eigenschaftsausprägung geprüft, welche Rangdaten der Befragte in Verbindung mit dieser Eigenschaft vergeben hat und daraus der Durchschnitt gebildet. Betrachtet man Tabelle 10.8, so hat die Auskunftsperson z. B. bei Eigenschaftsausprägung A1 die Rangwerte 2 und 1 vergeben, woraus sich eine Durchschnittseinschätzung von 3/2 = 1,5 ergibt. Damit bleibt die durchschnittliche Einschätzung der Eigenschaftsausprägung A1 aber hinter dem "Durchschnittsrang" von 3,5 zurück, d. h. sie liefert einen geringeren Teilnutzenwert als der

Durchschnitt. Das Ausmaß, in dem Eigenschaftsausprägung A1 hinter dem Durchschnittsrang zurückbleibt, ergibt sich durch einfache Differenzbildung und beträgt (1,5 - 3,5) = -2,0. Dieser Differenzwert stellt den Teilnutzenwert der Eigenschaftsausprägung A1 dar. Entsprechend wird mit allen anderen Eigenschaftsausprägungen verfahren. Tabelle 10.9 zeigt das entsprechende Berechnungstableau auf.

Tabelle 10.9: Berechnungstableau der metrischen Varianzanalyse

		Eigenschaft B 1	2	$\overline{p}_A$	$\overline{p}_A - \overline{p}$
Eigenschaft A	1	2	1	1,5	- 2,0
	2	3	4	3,5	0,0
	3	6	5	5,5	2,0
$\overline{p}_B$		3,6667	3,3333	3,5	
$\overline{p}_B - \overline{p}$		0,1667	- 0,1667		

Anmerkung: Ein Teilnutzenwert ergibt sich allgemein durch $\beta_j = \overline{p}_j - \overline{p}$, wobei $\overline{p}_j$ den Mittelwert einer Zeile oder Spalte und $\overline{p}$ das Gesamtmittel der p-Werte bezeichnet.

Tabelle 10.9 enthält in der letzten Spalte und Zeile die empirischen Schätzwerte (Teilnutzenwerte), die nachfolgend nochmals zusammengefaßt sind.

$\mu = 3,5$ $\quad \beta_{A1} = -2,000$ $\quad \beta_{B1} = 0,1667$

$\quad\quad\quad\quad \beta_{A2} = 0,000$ $\quad\ \beta_{B2} = -0,1667$

$\quad\quad\quad\quad \beta_{A3} = 2,000$

Damit ergibt sich beispielsweise für Stimulus I ein Gesamtnutzenwert von:

$y_I = 3,5 + (-2,0) + 0,1667 = 1,667$

In Tabelle 10.10 sind die empirischen und geschätzten Nutzenwerte sowie deren einfache und quadrierte Abweichungen zusammengefaßt:

Tabelle 10.10: Ermittlung der quadratischen Abweichungen zwischen den empirischen und geschätzten Nutzenwerten

Stimulus	p	y	p - y	$(p-y)^2$
I	2	1,6667	0,333	0,1111
II	1	1,3333	- 0,333	0,1111
III	3	3,6667	- 0,667	0,4444
IV	4	3,3333	0,667	0,4444
V	6	5,6667	0,333	0,1111
VI	5	5,3333	- 0,333	0,1111
	21	21,0000	0,000	1,3333

Die durch Anwendung der Varianzanalyse ermittelten Teilnutzenwerte ß sind Kleinst-Quadrate-Schätzungen, d. h. sie wurden so ermittelt, daß die Summe der quadratischen Abweichungen zwischen den empirischen und geschätzten Nutzenwerten minimal ist:

$$\underset{\beta}{\text{Min}} \sum_{k=1}^{K} (p_k - y_k)^2 \qquad (2)$$

Zu der gleichen Lösung gelangt man auch durch Anwendung einer Regressionsanalyse (vgl. Kapitel 1 in diesem Buch) der p-Werte auf die 0/1-Variablen (Dummy-Variablen) x_{jm} in Formel (1a). Eine derartige Dummy-Regression wird im Rahmen der Conjoint-Analyse häufig angewendet.[11]

10.2.2.1.2   Nichtmetrische Lösung

Läßt man die Annahme metrisch skalierter Ausgangswerte fallen und beschränkt sich auf die Annahme ordinal skalierter p-Werte, so gewinnt man größeren Spielraum für die Lösung des Problems einer optimalen Schätzung der Teilnutzenwerte. Dieser Spielraum kann durch Anwendung der *monotonen Varianzanalyse* genutzt werden. Die Art der Ergebnisse und deren Interpretation ändert sich dabei nicht.

Die von Kruskal entwickelte monotone Varianzanalyse bildet ein iteratives Verfahren und ist somit bedeutend rechenaufwendiger als die metrische Varianzanalyse.[12] Die metrische Lösung kann als Ausgangspunkt für den Iterationsprozeß verwendet werden.[13] Das Prinzip der *monotonen Varianzanalyse* läßt sich wie folgt darstellen:

Monotone Varianzanalyse

$$p_k \xrightarrow{f_M} z_k \cong y_k = \sum_{j=1}^{J} \sum_{m=1}^{M_j} \beta_{jm} \cdot x_{jm} \qquad (3)$$

mit:

p_k: empirische Rangwerte der Stimuli (k= 1,...,K)

z_k: monoton angepaßte Rangwerte

---

[11] Vgl. dazu auch die Ausführungen im Anhang dieses Kapitels.

[12] Zur monotonen Varianzanalyse, die auch der in Kapitel 8 behandelten Multidimensionalen Skalierung zugrundeliegt, siehe insbesondere Kruskal J. B.: Analysis of factorial experiments by estimating a monotone transformation of data, in: Journal of Royal Statistical Society, Series B, 1965, S. 251ff. und Kruskal J.B., Carmone F. J.: Use and Theory of MONANOVA, a Program to Analysze Factorial Experiments by Estimation Monotone Transformations of the Data, Bell Telephone Laboratories, Murray Hill, o.J.

[13] Da das Verfahren gegen suboptimale Lösungen (lokale Optima) konvergieren kann, ist es von Vorteil, den Iterationsprozeß wiederholt mit verschiedenen Ausgangslösungen zu starten. Während das Programm MONANOVA mit einer metrischen Ausgangslösung beginnt, enthält das Programm UNICON eine Option zur Generierung von unterschiedlichen Ausgangslösungen durch einen Zufallsgenerator.

y_k: metrische Gesamtnutzenwerte, die durch das additive Modell (1a) gewonnen wurden.

f_M: monotone Transformation zur Anpassung der z-Werte an die y- Werte

$\cong$:   bedeutet möglichst gute Anpassung im Sinne des Kleinst-Quadrate-Kriteriums

Die monotone Varianzanalyse unterscheidet sich von der metrischen Varianzanalyse dadurch, daß die Anpassung der y-Werte (durch Schätzung der Teilnutzenwerte β) nicht direkt an die empirischen p-Werte erfolgt, sondern indirekt über die z-Werte. Diese müssen der nachstehenden Monotoniebedingung folgen:

$$z_k \leq z_{k'} \qquad \text{für } p_k < p_{k'} \qquad \text{(schwache Monotonie)} \qquad (4)$$

Das Zielkriterium der monotonen Varianzanalyse beinhaltet daher im Unterschied zu Formel (2) eine Minimierung der Abweichungen zwischen z und y. Es lautet wie folgt:

Zielkriterium der monotonen Varianzanalyse (STRESS-Maß)

$$\underset{f_M}{\text{Min}}\,\underset{\beta}{\text{Min}}\ \text{STRESS} = \sqrt{\frac{\sum_{k=1}^{K}(z_k - y_k)^2}{\sum_{k=1}^{K}(y_k - \bar{y})^2}} \qquad (5)$$

Das Zentrum des STRESS-Maßes bildet das Kleinst-Quadrate-Kriterium im Zähler der Wurzel. Der Nenner dient lediglich als Skalierungsfaktor und bewirkt, daß lineare Transformationen der z-Werte (und damit der angepaßten y-Werte) keinen Einfluß auf die Größe "STRESS" haben. Die Wurzel selbst soll nur der besseren Interpretation dienen und hat keinen Einfluß auf die Lösung.

Das Zielkriterium erfordert eine zweifache Optimierung, nämlich über die Transformation f_m, die die Bedingung in Formel (4) erfüllen muß und über die Teilnutzenwerte β . Es kommen daher auch zwei verschiedene Rechenverfahren zur Anwendung. *Wechselseitig* erfolgt für eine

- gegebene Transformation f_M:
Anpassung von y an z durch Auffindung von Teilnutzenwerten ß (*Gradientenverfahren*).
- gegebene Menge von β -Werten:
Anpassung von z an y durch Auffinden einer monotonen Transformation f_M (*monotone Regression*).

Das zur Optimierung über β herangezogene Gradientenverfahren (Methode des steilsten Anstiegs) ist ein iteratives Verfahren.[14] Bei jedem Schritt dieses Verfah-

---

[14] Siehe dazu Kruskal J. B.: Analysis of factorial experiments by estimating a monotone transformation of data, in: Journal of Royal Statistical Society, Series B, 1965, S. 261f.

rens werden für die gefundenen Teilnutzenwerte β die resultierenden Gesamt-nutzenwerte y_k berechnet und sodann die Werte z_k durch monotone Regression (von p auf y) optimal angepaßt. Abbildung 10.5 veranschaulicht den Ablauf.

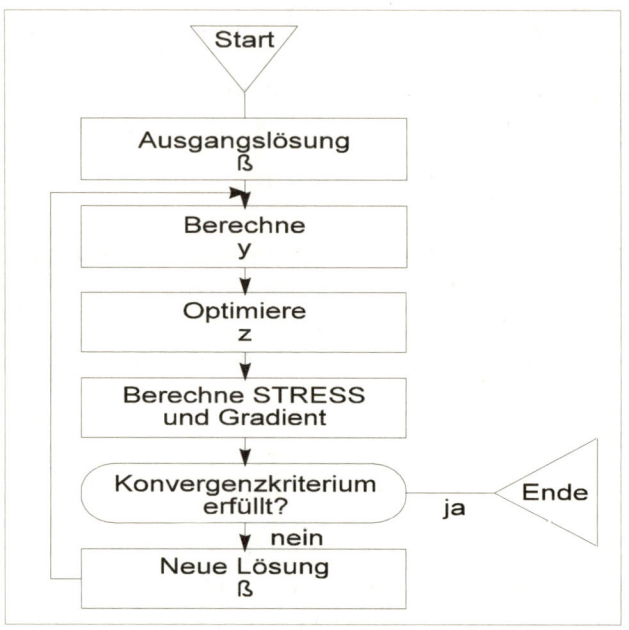

Abb. 10.5: Ablauf der monotonen Varianzanalyse

10.2.2.1.3   Monotone Regression

Unter dem Begriff der monotonen Regression, die als Baustein der monotonen Varianzanalyse dient, verbirgt sich ein im Prinzip sehr einfaches Verfahren.[15] Die Abbildungen 10.6 und 10.7 dienen zur Veranschaulichung.

In Abbildung 10.6 sind die in Abschnitt 10.2.2.1.1 durch metrische Varianzanalyse ermittelten Gesamtnutzenwerte y_k über den empirischen Rangwerten der sechs Stimuli eingetragen (vgl. Tabelle 10.10).

Wie man sieht, ist der sich ergebende Verlauf nicht monoton. Die y-Werte für Stimulus III und IV verletzen die Monotoniebedingung in Formel (4); denn es gilt:

---

sowie Kruskal J. B.: Nonmetric Multidimensional Scaling: A Numerical Method, in: Psychometrika, 29(1964b), No 2, S. 119ff.

[15] Siehe dazu Kruskal J. B.: Nonmetric Multidimensional Scaling, a.a.O., S. 126ff. sowie Young F.W.: Conjoint Scaling, The L. L. Thurstone Psychometric Laboratory, University of North Carolina 1973, S. 42ff.

$$y_{III} > y_{IV} \quad \text{aber} \quad p_{III} < p_{IV}$$

Durch monotone Regression von y über p werden jetzt monoton angepaßte Werte z, die optimal im Sinne des Kleinst-Quadrate-Kriteriums sind, wie folgt angepaßt:

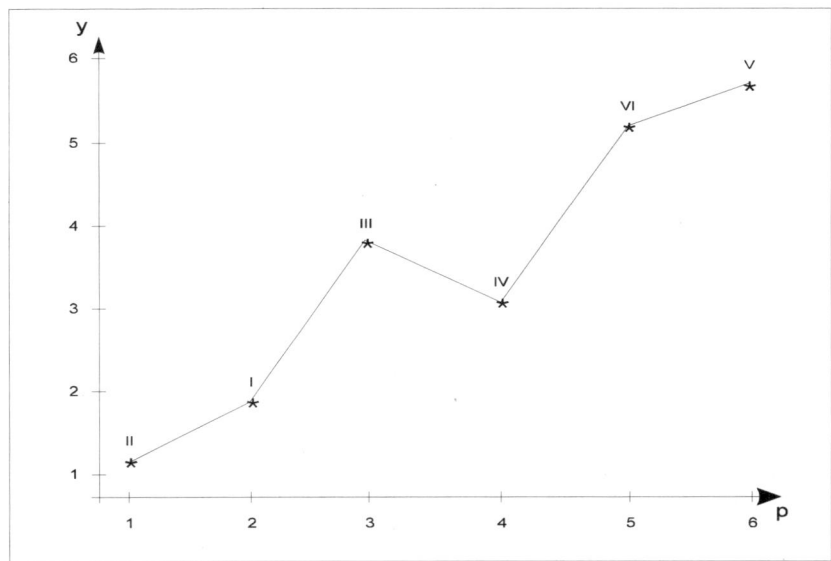

Abb. 10.6: Verlauf der geschätzten y-Werte über den empirischen Rangdaten

- Es wird $z_k = y_k$ gesetzt, wenn y_k die Monotoniebedingung (bezüglich aller übrigen y-Werte) erfüllt.
- Verletzen zwei Werte y_k und $y_{k'}$ die Monotoniebedingung, so wird deren Mittelwert gebildet und den z-Werten zugeordnet:

$$z_k = z_{k'} = \frac{y_k + y_{k'}}{2}$$

Analog wird verfahren, wenn mehr als zwei y-Werte die Monotoniebedingung verletzen.

Abbildung 10.7 zeigt das Ergebnis der monotonen Regression. Die erhaltenen z-Werte sind nicht nur optimal im Sinne des Kleinst-Quadrate-Kriteriums, sondern sie minimieren auch das STRESS-Maß in Formel (5), da der Nenner unter der Wurzel bei der monotonen Anpassung konstant bleibt. Wenn alle y-Werte die Monotoniebedingung erfüllen, ergibt sich für den STRESS der Wert Null ("perfekte Lösung"). In diesem Fall erübrigt sich eine monotone Regression.

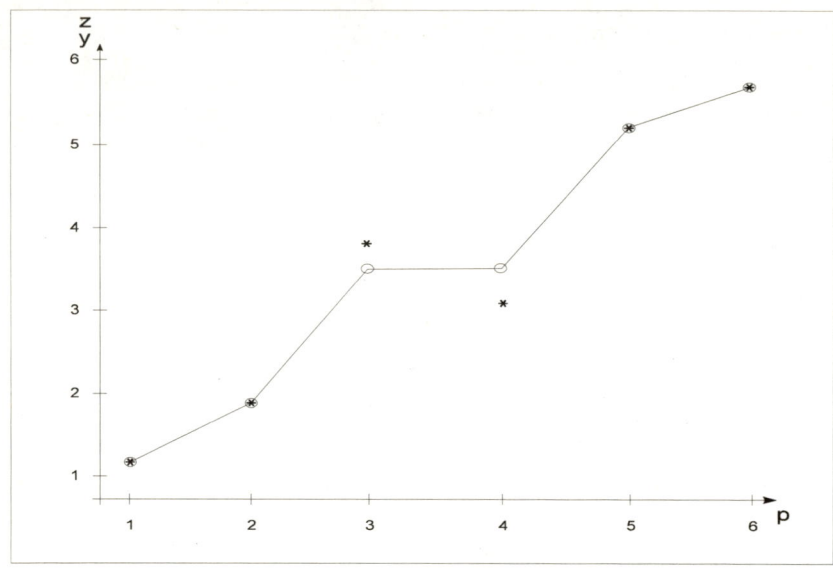

Abb. 10.7: Verlauf der monoton angepaßten z-Werte über den empirischen Rangdaten

Wenn sogenannte *Ties* unter den empirischen Rangwerten auftreten, d. h. wenn gleiche Rangwerte mehr als einmal vorkommen, sind bei der monotonen Regression zwei alternative Vorgehensweisen möglich.[16]

- *Primary Approach:*
  Aus $p_k = p_{k'}$ folgt keine Einschränkung für z_k und $z_{k'}$.

- *Secondary Approach:*
  Aus $p_k = p_{k'}$ folgt die Bedingung $z_k = z_{k'}$.

Kruskal, von dem diese Einteilung stammt, erscheint der Primary Approach als die geeignetere Vorgehensweise.

10.2.2.1.4   Fehlende Rangdaten

Es wurde bereits darauf hingewiesen, daß bei größerer Anzahl von Eigenschaften und Eigenschaftsausprägungen *unvollständige (reduzierte) Untersuchungsdesigns* angewendet werden müssen, um den Erhebungsaufwand in Grenzen zu halten und eine Überforderung der Versuchspersonen zu vermeiden. Bei unvollständigen Untersuchungsdesigns werden nur für eine systematisch gebildete Teilmenge aus der Gesamtmenge der Stimuli des vollständigen Designs Rangdaten erhoben.

Bei empirischen Untersuchungen ist es weiterhin unvermeidbar, daß ungewollt fehlende Daten, sog. *Missing Values* auftreten, z. B. als Folge von Erhebungsfeh-

---

[16] Siehe dazu Kruskal J. B.: Multidimensional Scaling by Optimizing Goodness of Fit to a Nonmetric Hypothesis, in: Psychometrika, 29(1964a), No 1, S. 21ff.

lern oder weil die Auskunftspersonen nicht antworten können oder wollen. Auch aus diesen Gründen können bei der Durchführung einer Conjoint-Analyse Rangdaten fehlen.

Das Prinzip der Behandlung fehlender Rangdaten ist sehr einfach: Bei der Berechnung der STRESS-Formel, wie auch bei Durchführung der monotonen Regression, werden nur diejenigen Stimuli berücksichtigt, für die empirische Rangdaten vorliegen. Daher ist es gleichgültig, ob die Rangdaten als Missing Values oder infolge eines unvollständigen Designs fehlen.

Bei der Dateneingabe in ein Programm müssen für fehlende Daten *Füllwerte* eingegeben werden.

Beispiel:

vollständige Rangdaten: 2, 1, 3, 4, 6, 5
unvollständige Rangdaten: 2, 0, 3, 4, 0, 5

Die fehlenden Daten werden jeweils durch eine Null ersetzt. Die Null kann dabei als Füllwert durch das Programm vorgegeben oder vom Benutzer (durch Spezifizierung eines Cut-off-Wertes) gewählt werden.

Natürlich dürfen nicht zuviele Rangdaten fehlen, damit eine Ermittlung der zugrundeliegenden Nutzenstruktur möglich ist. Andernfalls kann es sein, daß das Verfahren "zusammenbricht" (degeneriert). Man erhält dann einen minimalen STRESS-Wert von Null, obgleich die ermittelten Teilnutzenwerte bedeutungslos sind.

10.2.2.2   Interpretation und Aggregation der Nutzenwerte

(1) Eigenschaften und Eigenschaftsausprägungen

(2) Erhebungsdesign

(3) Bewertung der Stimuli

(4) Schätzung der Nutzenwerte

(5) Aggregation der Nutzenwerte

Die bisherigen Betrachtungen haben verdeutlicht, wie sich mit Hilfe der Conjoint-Analyse die Nutzenstruktur einer einzelnen Person analysieren läßt. Sollen jedoch die Individualanalysen der einzelnen Auskunftspersonen miteinander verglichen werden, so ist dies nur möglich, wenn zunächst über eine entsprechende *Normierung* eine Vergleichbarkeit herbeigeführt wird. Durch die Normierung muß sichergestellt werden, daß die errechneten Teilnutzenwerte für alle Befragten jeweils auf dem gleichen "Nullpunkt" und gleichen Skaleneinheiten basieren.

Bezüglich des Nullpunktes ist es sinnvoll, diejenige Eigenschaftsausprägung, die den geringsten Nutzenbeitrag liefert, auf Null zu setzen.

Für die Normierungsvorschrift folgt daraus, daß im ersten Schritt jeweils die Differenz zwischen den einzelnen Teilnutzenwerten und dem kleinsten Teilnutzenwert der entsprechenden Eigenschaft zu bilden ist, was sich formal durch folgende Transformation beschreiben läßt.

$$\beta^*_{jm} = \beta_{jm} - \beta_j^{.Min} \qquad (6)$$

mit:

β_{jm} :   Teilnutzenwert für Ausprägung m von Eigenschaft j

$\beta_j^{.Min}$:   minimaler Teilnutzenwert bei Eigenschaft j

Für die in unserem Beispiel errechneten Werte (vgl. Abschnitt 10.2.2.1.1) ergeben sich damit folgende transformierte Teilnutzenwerte:

$\beta^*_{A1} = (-2{,}000 - (-2{,}000)) = 0{,}000$ $\beta^*_{B1} = (0{,}1667 - (-0{,}1667)) = 0{,}3334$

$\beta^*_{A2} = (0{,}000 - (-2{,}000)) = 2{,}000$ $\beta^*_{B2} = (-0{,}1667 - (-0{,}1667)) = 0{,}0000$

$\beta^*_{A3} = (2{,}000 - (-2{,}000)) = 4{,}000$

Für die *Justierung der Skaleneinheit* ist entscheidend, welche Größe den Maximalwert des Wertebereichs beschreiben soll. Da die Conjoint-Analyse je Eigenschaft versucht, die Nutzenbeiträge der einzelnen, sich gegenseitig ausschließenden Eigenschaftsausprägungen zu schätzen, ergibt sich für einen Befragten der am stärksten präferierte Stimulus aus der Summe der höchsten Teilnutzenwerte je Eigenschaft. Die Summe der maximalen Teilnutzenwerte je Eigenschaft ist damit gleich dem Maximalwert des Wertebereichs. Alle anderen Kombinationen von Eigenschaftsausprägungen (Stimuli) führen zu kleineren Gesamtnutzenwerten. Es ist deshalb zweckmäßig, den Gesamtnutzenwert des am stärksten präferierten Stimulus bei allen Auskunftspersonen auf 1 zu setzen. Damit ergeben sich die *normierten Teilnutzenwerte* wie folgt.

$$\hat{\beta}_{jm} = \frac{\beta_{jm}^*}{\sum\limits_{j=1}^{J} \max\limits_{m} \left\{ \beta_{jm}^* \right\}} \tag{7}$$

Für das Margarinebeispiel ergeben sich folgende normierten Teilnutzenwerte:

$\hat{\beta}_{A1} = 0{,}000/4{,}3334 = 0{,}000$ $\hat{\beta}_{B1} = 0{,}3334/4{,}3334 = 0{,}077$

$\hat{\beta}_{A2} = 2{,}000/4{,}3334 = 0{,}462$ $\hat{\beta}_{B2} = 0{,}0000/4{,}3334 = 0{,}000$

$\hat{\beta}_{A3} = 4{,}000/4{,}3334 = 0{,}923$

Es wird deutlich, daß das am stärksten präferierte Produkt einen Gesamtnutzenwert von 1 erhält und hier in der Kombination aus universeller Verwendbarkeit (A3) und armem Kaloriengehalt (B1) besteht, was Stimulus V aus Abbildung 10.4 entspricht.

An dieser Stelle sei darauf hingewiesen, daß sich aus der absoluten Höhe der Teilnutzenwerte zwar auf die Bedeutsamkeit einer Eigenschaftsausprägung für den Gesamtnutzenwert eines Stimulus schließen läßt, *nicht* aber auf die *relative Wichtigkeit* einer Eigenschaft zur Präferenz*veränderung*. Hat beispielsweise eine Eigenschaft im Vergleich zu einer anderen durchgängig hohe Teilnutzenwerte für alle Eigenschaftsausprägungen, dann läßt sich daraus *nicht* schließen, daß diese Eigenschaft für die Präferenz*veränderung* wichtiger ist als die andere. Es gehen zwar hohe Nutzenwerte in den Gesamtnutzenwert ein, jedoch tragen diese hohen Werte *für jede Eigenschaftsausprägung gleichermaßen* zum Gesamtnutzenwert bei, so daß eine *Variation* der Ausprägung dieser Eigenschaft keinen bedeutsamen Einfluß auf die Höhe des Gesamtnutzenwertes ausübt. Entscheidend für die Bedeutung einer Eigenschaft zur Präferenz*veränderung* ist vielmehr die *Spannweite*, d. h. die Differenz zwischen dem höchsten und dem niedrigsten Teilnutzenwert der verschiedenen Ausprägungen jeweils einer Eigenschaft. Ist die Spannweite groß, dann kann durch eine Variation der betreffenden Eigenschaft eine bedeutsame Veränderung des Gesamtnutzenwertes erfolgen. Gewichtet man die Spannweite einzelner Eigenschaften an der Summe der Spannweiten, so erhält man die Bedeutung einzelner Eigenschaften für die Präferenzvariation. Die *relative Wichtigkeit* einer Eigenschaft läßt sich damit entsprechend Formel (8) bestimmen:

$$W_j = \frac{\max\limits_{m} \left\{ \beta_{jm} \right\} - \min\limits_{m} \left\{ \beta_{jm} \right\}}{\sum\limits_{j=1}^{J} (\max\limits_{m} \left\{ \beta_{jm} \right\} - \min\limits_{m} \left\{ \beta_{jm} \right\})} \tag{8}$$

Wird Formel (8) bei *normierten* Teilnutzenwerten verwendet (vgl. Formel (7)), so ist der Ausdruck "min { β_{jm} }" in Zähler und Nenner der Formel (8) *immer* gleich

Null. In diesem Fall sind Formel (7) und (8) mithin identisch. Damit liefern die *größten normierten* Teilnutzenwerte je Eigenschaft gleichzeitig auch eine Aussage über die relative Wichtigkeit der Eigenschaften. Für die in unserem Beispiel betrachtete Auskunftsperson besitzt die Eigenschaft A (Verwendbarkeit) mit 92,3% gegenüber der Eigenschaft B (Kaloriengehalt) mit nur 7,7% ein weit stärkeres Gewicht für die Präferenzbildung.

Durch die Normierung gemäß Formel (7) ist nun auch eine *Vergleichbarkeit* der Ergebnisse aus verschiedenen Individualanalysen sichergestellt. In vielen Fällen interessieren den Untersucher nämlich vor allem die aggregierten Nutzenwerte für eine Mehrzahl von Individuen. So ist es z. B. für einen Anbieter in der Regel ausreichend, wenn er die mittlere Nutzenstruktur seiner potentiellen Käufer oder für Segmente von Käufern kennt. Es existieren zwei grundsätzliche Möglichkeiten, aggregierte Ergebnisse der Conjoint-Analyse zu gewinnen:

- Durchführung von *Individualanalysen* für jede Auskunftsperson und anschließende Aggregation der gewonnenen Teilnutzenwerte.
- Durchführung einer *gemeinsamen Conjoint-Analyse* für eine Mehrzahl von Auskunftspersonen, die aggregierte Teilnutzenwerte liefert.

Wird für jede Auskunftsperson eine *Individualanalyse* durchgeführt, so lassen sich anschließend die individuellen Teilnutzenwerte je Eigenschaftsausprägung durch *Mittelwertbildung* über die Personen aggregieren. Voraussetzung ist dabei, daß zuvor eine Normierung der Teilnutzenwerte für jede Person entsprechend Formel (7) vorgenommen wurde.

Eine *gemeinsame Conjoint-Analyse* über eine Mehrzahl von Auskunftspersonen läßt sich durchführen, indem die Auskunftspersonen als Wiederholungen (Replikationen) des Untersuchungsdesigns aufgefaßt werden. Die in Abschnitt 10.2.2.1 vorgestellten Berechnungsformeln können dabei unverändert übernommen werden, wenn man die Bedeutung des Laufindex k, der zur Identifizierung der Stimuli diente, verändert. Betrachtet man anstelle der Stimuli jetzt Punkte (wie in Abbildung 10.6 und 10.7 dargestellt), so vervielfacht sich bei einer Gesamtanalyse die Anzahl der Punkte entsprechend der Anzahl der Personen. Bei N Personen erhält man

K = N x Anzahl der Stimuli

$$K = N \cdot \prod_{j=1}^{J} M_j \qquad (9)$$

Punkte, wobei J wiederum die Anzahl der Eigenschaften und M_j die Anzahl der Ausprägungen von Eigenschaft j bezeichnet. Da die aggregierten Teilnutzenwerte die empirischen Rangdaten jeder einzelnen Person nicht mehr so gut reproduzieren können, wie es bei Individualanalysen der Fall ist, fällt der STRESS-Wert der Gesamtanalysen tendenziell höher aus.

Die Durchführung von Einzelanalysen ist bei großer Anzahl von Auskunftspersonen sehr mühselig, wenn der Ablauf nicht automatisiert wird, indem man zuvor etwas Programmieraufwand investiert. Bei einer Gesamtanalyse müssen lediglich die empirischen Rangdaten nacheinander, Person für Person, in das verwendete Computerprogramm eingegeben werden. Da der Speicherbedarf der Programme aber proportional mit der Anzahl der Punkte und somit mit der Anzahl der Personen wächst, kann man recht schnell an technische Grenzen stoßen.

Jede Aggregation ist objektiv mit einem Verlust an Informationen verbunden. Es muß daher geprüft werden, ob die aggregierten Nutzenstrukturen nicht allzu *heterogen* sind, da ansonsten wesentliche Informationen durch die Aggregation verloren gehen würden. Bei starker Heterogenität lassen sich durch Anwendung einer *Clusteranalyse* (vgl. dazu Kapitel 6 in diesem Buch) homogene(re) Teilgruppen bilden.

Die Clusterung kann auf Basis der empirischen Rangdaten wie auch auf Basis der durch die Einzelanalysen gewonnenen *normierten* Teilnutzenwerte vorgenommen werden. Dabei ist jedoch zu beachten, daß bei der Durchführung einer Clusteranalyse als Proximitätsmaß immer ein *Ähnlichkeitsmaß* (Korrelationskoeffizient) verwendet wird. Der Grund hierfür ist darin zu sehen, daß es bei der Conjoint-Analyse *nicht* darauf ankommt, Niveauunterschiede zwischen den Befragten aufzudecken, sondern die Entwicklung der Teilnutzenwerte in ihrer Relation zu betrachten. Das bedeutet, daß es bei einem Vergleich von Teilnutzenwerten zwischen verschiedenen Personen nicht auf deren *absolute* Höhe ankommt, sondern darauf, wie diese Personen die Eigenschaftsausprägungen in Relation gesehen haben; denn erst durch die relative Betrachtung läßt sich feststellen, ob zwei Personen einer bestimmten Eigenschaftsausprägung im Vergleich zu einer anderen (oder allen anderen) Ausprägung(en) einen höheren bzw. geringeren Nutzenbeitrag beimessen.

Soll dennoch ein Distanzmaß als Proximitätsmaß verwendet werden, weil der Anwender z. B. das Ward-Verfahren zur Clusterung heranziehen möchte, so müßte in diesem Fall auch der konstante Term (μ) der Individualanalysen als eigenständige Variable in die Clusteranalyse einbezogen werden, da in der Größe μ gerade der Niveauunterschied in der Beurteilung der einzelnen Auskunftspersonen zum Ausdruck kommt.

10.3 Fallbeispiel

10.3.1 Datenerhebung

Im Rahmen einer empirischen Erhebung wurden 40 Personen gebeten, insgesamt 11 Margarinebeschreibungen entsprechend ihrer individuellen Präferenzen in eine Rangordnung zu bringen. Den Margarinebeschreibungen lagen folgende vier Margarine-Eigenschaften zugrunde:

A: Preis
B: Verwendung
C: Geschmack
D: Kaloriengehalt

Dabei wurde unterstellt, daß diese Eigenschaften *voneinander unabhängig* sind und für die Kaufentscheidung als *relevant* angesehen werden können. Für die vier Eigenschaften wurde von den in Tabelle 10.11 dargestellten Eigenschaftsausprägungen ausgegangen.

Tabelle 10.11: Eigenschaften und Eigenschaftsausprägungen in der Margarinestudie

A Preis	1 2,50 DM - 3,00 DM 2 2,00 DM - 2.49 DM 3 1,50 DM - 1.99 DM
B Verwendung	1 als Brotaufstrich geeignet 2 zum Kochen, Backen, Braten geeignet 3 universell verwendbar
C Geschmack	1 nach Butter schmeckend 2 pflanzlich schmeckend
D Kaloriengehalt	1 kalorienarm (400 kcal/100 g) 2 normaler Kaloriengehalt (700 kcal/100g)

Da für die Eigenschaften A und B die Zahl der Ausprägungen drei und für die Eigenschaften C und D nur zwei beträgt, liegt hier ein *asymmetrisches* (3 x 3 x 2 x 2)-Design vor. Das Erhebungsdesign wird nach der *Profilmethode* erstellt. Bei einem vollständigen Design, d. h. bei Berücksichtigung aller möglichen Kombinationen der Eigenschaftsausprägungen würden wir (3 x 3 x 2 x 2 =) 36 fiktive Produkte (Stimuli) erhalten. Allerdings dürfte die Bewertung dieser 36 Alternativen eine Überforderung für die Auskunftspersonen bedeuten, so daß hier ein *reduziertes Design* gebildet wird. Wir können dabei auf die Ausführungen in Kapitel 10.2.1.2.2 zurückgreifen und uns an dem Basic plan 2 von Addelman in Tabelle 10.5 orientieren. Für unserer Fallbeispiel ergibt sich damit ein reduziertes Design wie in Tabelle 10.6 dargestellt. Gemäß dieser Tabelle läßt sich für unser Fallbeispiel Stimulus I als *Produktkarte* wie folgt formulieren:

Preis: 2,50 - 3,00 DM
als Brotaufstrich geeignet
nach Butter schmeckend
kalorienarm (400 kcal/100g)

Mit SPSS können durch die Prozedur ORTHOPLAN reduzierte Designs (Orthogonal arrays) erstellt werden. ORTHOPLAN arbeitet dabei entsprechend den in Kapitel 10.2.1.2.2 beschriebenen Addelman-Plans. Die Prozedur ORTHOPLAN ist – im Gegensatz zur eigentlichen Conjoint-Analyse – in die Menüstruktur von SPSS integriert und kann folgendermaßen erreicht werden:

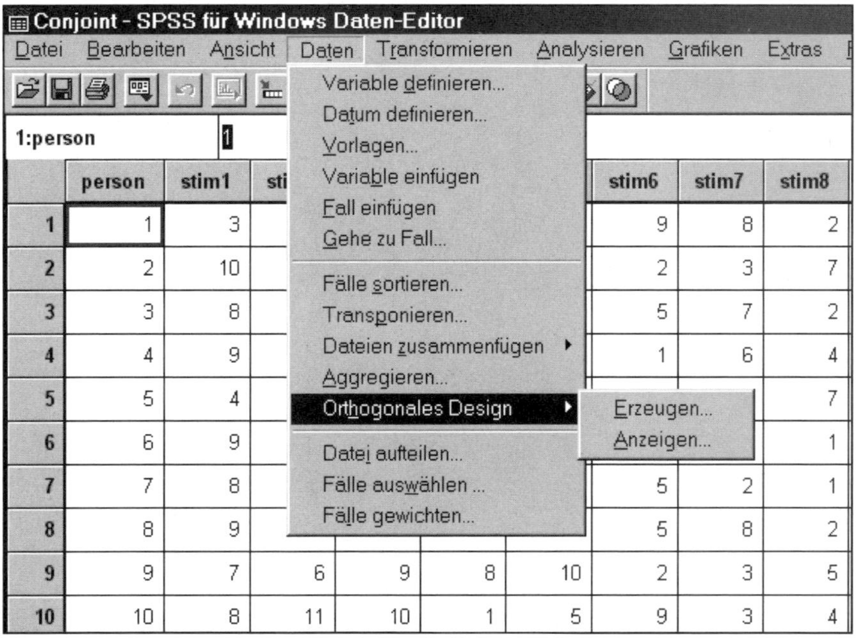

Abb. 10.8: Aufruf der Prozedur ORTHOPLAN

Nach dem Aufruf erscheint das Fenster "Orthogonales Design erzeugen". Hier muß für jeden Faktor (Eigenschaft) in der Analyse ein (maximal 8 Zeichen langer) Faktorname und ein dazugehöriges Faktorlabel eingegeben werden. Der Faktor ist jeweils durch Anklicken der Taste „Hinzufügen" zum Design der Conjoint-Analyse hinzuzufügen. In einem nächsten Schritt sind im Fenster "Design erzeugen: Werte definieren" die Werte und Wert-Labels der jeweiligen Variable zu vergeben. Diese Prozedur ist für jede Variable in der Analyse zu wiederholen (vgl. Abb. 10.8). Anschließend kann im Fenster "Orthogonales Design erzeugen" die Taste OK angeklickt werden und durch SPSS wird ein passendes orthogonales Design erzeugt, welches im Daten-Editor angezeigt wird.

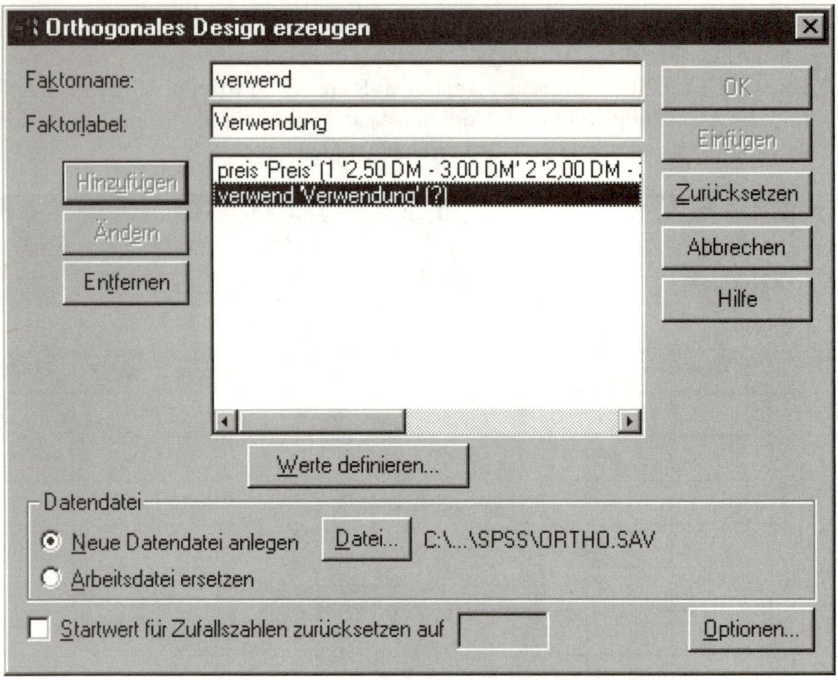

Abb. 10.9: Erzeugung eines orthogonalen Designs mit SPPS

Das von ORTHOPLAN erzeugte *reduzierte Design* für die Margarinestudie ist nachfolgend in Tabelle 10.12 gezeigt.[17]

Tabelle 10.12: Mit ORTHOPLAN erzeugtes reduziertes Design der Margarinestudie

PREIS	VERWEND	GESCHMAC	KALORIEN	STATUS_	CARD_
1,00	3,00	1,00	2,00	,00	1,00
1,00	2,00	2,00	1,00	,00	2,00
2,00	1,00	2,00	2,00	,00	3,00
3,00	1,00	1,00	1,00	,00	4,00
1,00	1,00	1,00	1,00	,00	5,00
3,00	3,00	2,00	1,00	,00	6,00
2,00	2,00	1,00	1,00	,00	7,00
2,00	3,00	1,00	1,00	,00	8,00
3,00	2,00	1,00	2,00	,00	9,00
2,00	3,00	1,00	2,00	1,00	10,00
1,00	1,00	1,00	2,00	1,00	11,00
3,00	3,00	2,00	2,00	2,00	1,00
1,00	2,00	1,00	1,00	2,00	2,00

Number of cases read: 13   Number of cases listed: 13

In Tabelle 10.12 sind in den ersten vier Spalten die jeweilige Ausprägung der vier Variablen aufgeführt. Darüber hinaus existieren zwei weitere Spalten, die mit "STATUS_" und "CARD_" überschrieben sind. Die Spalte "CARD_" enthält dabei die *Numerierung* der Karten.

In der Spalte STATUS_ sind ausschließlich die Ziffern 0, 1 und 2 vorhanden. Dabei werden die Stimuli, die dem *reduzierten Design* angehören, von SPSS mit einem STATUS_ von 0 versehen. In Tabelle 10.12 gehören mithin die ersten neun Stimuli zum reduzierten Design. Diese stimmen genau mit den Stimuli aus Tabelle 10.6 überein, wobei allerdings die Reihenfolge verändert ist. Ein STATUS_ von 1 zeigt die sog. *Holdout-Karten* ("holdout cards") an. Holdout-Karten – oder Prüffälle – sind ebenfalls Stimuli, die den Auskunftspersonen zur Beurteilung vorgelegt werden. Sie werden allerdings *nicht* von SPSS zur Schätzung der Nutzenwerte verwendet, sondern zur Validitätsprüfung herangezogen. Sie werden mit den Stimuli des reduzierten Designs durchnumeriert (vgl. Spalte CARD_), um direkt erkennen zu können, wieviele Stimuli den Auskunftspersonen *insgesamt* zur Beurteilung vorgelegt werden müssen. In unserem Beispiel sind zwei Holdout-Karten vorhanden. Die vom Experimentator gewünschte Zahl an Prüffällen kann im Fenster "Orthogonales Design erzeugen" im Unterpunkt "Optionen" festgelegt werden.

---

[17] SPSS läßt auch reduzierte Designs zu, die durch den Anwender vorgegeben werden. In diesem Fall ist die Prozedur ORTHOPLAN überflüssig.

Diese Prüffalle bekommen in der Spalte CARD_ die Nummern 10 und 11. Insgesamt sind mithin elf Stimuli von den Befragten in eine Rangfolge zu bringen.

Ein STATUS_ von 2 bedeutet, daß es sich um eine sog. *Simulations-Karte* ("simulation card") handelt. Diese werden den Auskunftspersonen nicht zur Bewertung vorgelegt (die Numerierung beginnt wieder bei 1). SPSS errechnet mittels der auf Basis der Rangreihung der Stimuli geschätzten Teilnutzenwerte die Gesamtnutzenwerte der Simulations-Karten. Im vorliegenden Beispiel sind zwei Simulations-Karten vorhanden, die im Gegensatz zu den Stimuli des reduzierten Designs und den Holdout-Karten vom Anwender selbst vorgegeben werden können. Bei der Wahl der Simulations-Karten ist es dem Anwender z. B. möglich, fiktive Produkte festzulegen, die für ihn von besonderem Interesse sind. Für diese Produkte werden dann ebenfalls Gesamtnutzenwerte berechnet sowie die Wahrscheinlichkeit ermittelt, daß ein Befragter einen durch die Simulationskarte dargestellten Stimulus präferiert.

Im nächsten Schritt kann den erstellten Stimuli, die bisher nur als Zahlenkombinationen zum Ausdruck kommen, die jeweils *inhaltliche Bedeutung* zugeordnet werden. Durch die Prozedur PLANCARDS bietet SPSS die Möglichkeit, sog. Produktkarten zu erzeugen.[18] Beispielsweise bedeutet Stimulus 1 mit der Zahlenkombination (1,3,1,2), daß es sich um eine (fiktive) Margarine mit folgenden Eigenschaftsausprägungen handelt:

Preis: 2,50 DM - 3,00 DM
Verwendung: universell
Geschmack: nach Butter
Kaloriengehalt: normal

Tabelle 10.13 zeigt den entsprechenden Computer-Ausdruck, wobei die Karten 1 bis 9 den Stimuli des reduzierten Designs entsprechen und die Karten 10 und 11 die Holdout-Karten repräsentieren.

---

[18] Um eine entsprechende Ausgabedatei zu erzeugen, muß zunächst die Datendatei mit dem reduzierten Design geladen werden. Anschließend kann PLANCARDS über die Menüpunkte [Daten][Orthogonales Design][Anzeigen] aufgerufen werden.

Tabelle 10.13: Durch PLANCARDS erzeugte Produktkarten der Margarinestudie

```
Margarine 1

Preis     2,50DM - 3,00DM
Verwendung  universell
Geschmack   Buttergeschmack
Kaloriengehalt  normale Kalorien
```

```
Margarine 7

Preis     2,00DM - 2,49DM
Verwendung  Kochen/Backen/Braten
Geschmack   Buttergeschmack
Kaloriengehalt  kalorienarm
```

```
Margarine 2

Preis     2,50DM - 3,00DM
Verwendung  Kochen/Backen/Braten
Geschmack   pflanzlich schmeckend
Kaloriengehalt  kalorienarm
```

```
Margarine 8

Preis     2,00DM - 2,49DM
Verwendung  universell
Geschmack   Buttergeschmack
Kaloriengehalt  kalorienarm
```

```
Margarine 3

Preis     2,00DM - 2,49DM
Verwendung  Brotaufstrich
Geschmack   pflanzlich schmeckend
Kaloriengehalt  normale Kalorien
```

```
Margarine 9

Preis     1,50DM - 1,99DM
Verwendung  Kochen/Backen/Braten
Geschmack   Buttergeschmack
Kaloriengehalt  normale Kalorien
```

```
Margarine 4

Preis     1,50DM - 1,99DM
Verwendung  Brotaufstrich
Geschmack   Buttergeschmack
Kaloriengehalt  kalorienarm
```

```
Margarine 10

Preis     2,00DM - 2,49DM
Verwendung  universell
Geschmack   Buttergeschmack
Kaloriengehalt  normale Kalorien
```

```
Margarine 5

Preis     2,50DM - 3,00DM
Verwendung  Brotaufstrich
Geschmack   Buttergeschmack
Kaloriengehalt  kalorienarm
```

```
Margarine 11

Preis     2,50DM - 3,00DM
Verwendung  Brotaufstrich
Geschmack   Buttergeschmack
Kaloriengehalt  normale Kalorien
```

```
Margarine 6

Preis     1,50DM - 1,99DM
Verwendung  universell
Geschmack   pflanzlich schmeckend
Kaloriengehalt  kalorienarm
```

Die Produktkarten aus Tabelle 10.13 können nun zur Befragung verwendet werden. Die Präferenzeinschätzung durch die Befragten kann dabei über verschiedene Wege erfolgen:

- Bei der *Methode der Rangverteilung* werden die Befragten gebeten, jede Produktkarte mit einem Rangwert zu versehen, wobei die Rangwerte die Produktpräferenzen der Befragten widerspiegeln. Je kleiner der Rangwert, desto größer ist die Präferenz des Befragten für die jeweilige Produktkarte.

- Bei der *Präferenzwertmethode* wird jede einzelne Produktkarte z. B. mit Hilfe einer Likert-Skala durch einen (metrischen) Präferenzwert beurteilt. Je größer der Präferenzwert, desto größer ist auch die Präferenz des Befragten für diese Produktkarte.
- Bei der *Methode des Rangordnens* müssen die Befragten die Produktkarten nach ihrer Präferenz sortieren, und eine Beurteilung in Form von Rang- oder Präferenzwerten wird nicht vorgenommen.

Im Rahmen der Margarinestudie wurden die befragten Personen gebeten, entsprechend der *Methode der Rangverteilung*, den jeweiligen Produktkarten Rangwerte von 1 bis 11 zuzuordnen. Nach der "Eignung für den persönlichen Bedarf" sollten die elf Produktkarten mit Rang 1, für die "am stärksten präferierte Produktalternative", bis Rang 11, für die "am wenigsten präferierte Produktalternative", versehen werden. Die Rangverteilungen der Auskunftspersonen bilden die Basis für die Datenauswertung.

10.3.2   Datenauswertung

10.3.2.1   Individuelle Auswertung

Aufgrund der Befragungsergebnisse ist es nun möglich, eine Conjoint-Analyse durchzuführen. Vorab muß jedoch durch den Anwender festgelegt werden, ob und ggf. welche Zusammenhänge zwischen den Eigenschaften (Variablen) und den erhobenen Rangdaten bestehen. Insbesondere folgende Beziehungszusammenhänge sind von Bedeutung:

- Die Rangdaten stehen in einer *linearen Beziehung* zu den Variablen. Bei linearen Beziehungen ist weiterhin die Richtung des Zusammenhangs entscheidend. Diese konkretisiert sich darin, ob mit steigender Ausprägungsnummer der einzelnen Eigenschaftskategorien einer Variablen eine wachsende oder eine fallende Präferenz zu vermuten ist.
- Die Rangdaten stehen in einer *negativ quadratischen Beziehung* zu den Variablen. Dabei wird unterstellt, daß eine ideale Eigenschaftsausprägung einer Variablen existiert und zunehmende Abweichungen von diesem "Idealwert" zu immer stärker werdenden Präferenzeinbußen führen.
- Die Rangdaten stehen in einer *positiv quadratischen Beziehung* zu den Variablen. Dabei wird unterstellt, daß eine "schlechteste" Eigenschaftsausprägung einer Variablen existiert und zunehmende Abweichungen von diesem "Antiideal" zu immer stärker werdenden Präferenzen führen.

Im Rahmen der vorliegenden Margarinestudie wurden bezüglich der Variablen "Verwendung" und "Geschmack" *keine* Annahmen über Zusammenhänge zwischen diesen beiden Variablen und den Rangdaten getroffen. Bei den Variablen "Preis" und "Kaloriengehalt" hingegen wurde eine *lineare Beziehung* derart unterstellt, daß mit einem geringeren Preis und einem geringeren Kaloriengehalt tendenziell höhere Präferenzen für eine Produktalternative entstehen (negativer Zusammenhang).

An dieser Stelle muß streng auf die *Kodierung* (Definition) der Variablenausprägungen geachtet werden (vgl. Tabelle 10.11). Bei der Variablen "Kaloriengehalt" sind die Eigenschaftsausprägungen aufsteigend sortiert. Damit ist gemeint, daß die Ausprägung Nr. 2 einen höheren Kaloriengehalt anzeigt als Ausprägung Nr. 1. Gemäß der Linearitätsannahme ist davon auszugehen, daß die kleinere Eigenschaftsausprägung eine höhere Präferenz erzeugt. Dies muß in SPSS durch die Angabe "LESS" gekennzeichnet werden. Beim Preis hingegen sind die Ausprägungen absteigend sortiert. Damit werden bei höheren Variablenausprägungen auch höhere Präferenzen und umgekehrt vermutet, was in SPSS durch den Zusatz "MORE" deutlich gemacht werden muß (vgl. auch Abschnitt 10.5.2; Tab. 10.25).

Nach diesen Festsetzungen werden im ersten Schritt die in der Befragung gewonnenen Rangwerte für die neun fiktiven Produkte des reduzierten Designs für jede Auskunftsperson isoliert ausgewertet. Beispielhaft sei im folgenden das Ergebnis der Individualanalyse für Auskunftsperson 33 betrachtet, das in Tabelle 10.14 dargestellt ist. Zunächst wird in der ersten Zeile kenntlich gemacht, daß es sich um die individuelle Auswertung der Daten von Auskunftsperson 33 handelt (SUBJECT NAME: 33). Die *geschätzten Teilnutzenwerte für jede Eigenschaftsausprägung* werden mit ihren jeweiligen *Standardfehlern* (standard error=s.e.) in der Spalte "Utility(s.e.)" ausgegeben. Die Spalte "Factor" soll dem Anwender eine Interpretationserleichterung bieten, indem die positiven und negativen Teilnutzenwerte *graphisch* abgetragen werden. Dabei ist allerdings zu beachten, daß bei SPSS für die graphische Darstellung eines Teilnutzenwertes bestimmte "Schwellenwerte" existieren. Rechts von der Spalte "Factor" befinden sich die Kennungen für die vier Eigenschaften und ihre jeweiligen Eigenschaftsausprägungen. Betrachtet man die geschätzten Teilnutzenwerte, so betragen diese beispielsweise für die Eigenschaft "Verwendung":

-1,6667   (Ausprägung: als Brotaufstrich geeignet)
 0,6667   (Ausprägung: zum Kochen, Backen, Braten geeignet)
 1,0000   (Ausprägung: universell verwendbar)

Der Standardfehler beträgt bei allen drei Eigenschaftsausprägungen 0,5984. Er liefert einen ersten Anhaltspunkt für die Güte der Conjoint-Ergebnisse. Je geringer die Standardfehler, desto eher läßt sich die empirische Rangfolge durch die ermittelten Rangwerte abbilden. Entsprechend sind die übrigen Werte dieser Spalte zu interpretieren. Die Teilnutzenwerte ermöglichen die Berechnung von *metrischen Gesamtnutzenwerten* für beliebig konstruierbare Produkte, wobei sich die Gesamtnutzenwerte für unser Beispiel nach Maßgabe von Formel (10) berechnen:

$$G_k = \mu + \beta_{Am} + \beta_{Bm} + \beta_{Cm} + \beta_{Dm} \qquad (10)$$

mit:

G_k :	Gesamtnutzenwert für Stimulus k
μ :	konstanter Term der Nutzenschätzung
β_{Am} :	Teilnutzenwert für die Ausprägung m der Eigenschaft A
β_{Bm} :	Teilnutzenwert für die Ausprägung m der Eigenschaft B
β_{Cm} :	Teilnutzenwert für die Ausprägung m der Eigenschaft C
β_{Dm} :	Teilnutzenwert für die Ausprägung m der Eigenschaft D

Tabelle 10.14: Ergebnisse der individuellen Conjoint-Analyse

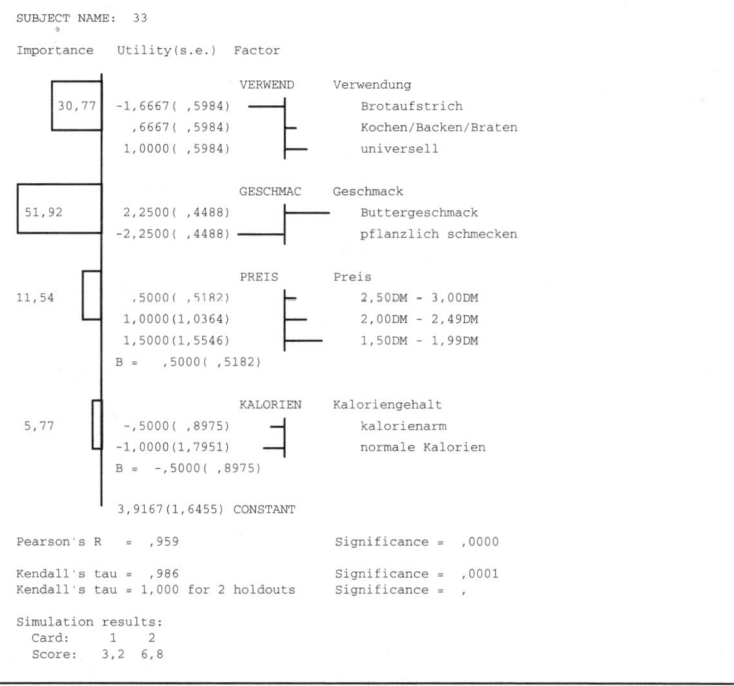

```
SUBJECT NAME:  33

Importance  Utility(s.e.)  Factor

                      VERWEND    Verwendung
     30,77   -1,6667( ,5984) ──┐        Brotaufstrich
              ,6667( ,5984)    ├─        Kochen/Backen/Braten
             1,0000( ,5984)    ├─        universell

                      GESCHMAC   Geschmack
     51,92    2,2500( ,4488) ──┤         Buttergeschmack
             -2,2500( ,4488) ──┘         pflanzlich schmecken

                         PREIS   Preis
     11,54    ,5000( ,5182) ──┐          2,50DM - 3,00DM
             1,0000(1,0364)   ├─         2,00DM - 2,49DM
             1,5000(1,5546)   ├─         1,50DM - 1,99DM
          B =  ,5000( ,5182)

                      KALORIEN   Kaloriengehalt
      5,77    -,5000( ,8975) ──┐         kalorienarm
             -1,0000(1,7951) ──┘         normale Kalorien
          B = -,5000( ,8975)

             3,9167(1,6455) CONSTANT

    Pearson's R    = ,959              Significance = ,0000

    Kendall's tau = ,986               Significance = ,0001
    Kendall's tau = 1,000 for 2 holdouts  Significance = ,

    Simulation results:
      Card:    1    2
      Score:  3,2  6,8
```

Die Konstante μ kann dabei als Basisnutzen interpretiert werden, von dem sich die übrigen Eigenschaftsausprägungen positiv oder negativ abheben. Beispielhaft für Stimulus 1 (Margarine 1 in Tabelle 10.13), bei dem es sich um eine normal kalorienhaltige, nach Butter schmeckende Margarine mit einem Preis von 2,50 DM - 3,00 DM und universeller Verwendungsmöglichkeit handelt, läßt sich der Gesamtnutzenwert wie folgt berechnen:

$$G_1 = 3,9167 + 1,0000 + 2,2500 + 0,5000 + (-1,0000) = 6,6667$$

Entsprechend können die Gesamtnutzenwerte für die Stimuli des reduzierten Designs und für die Holdout-Karten berechnet werden (vgl. Tabelle 10.15).

Tabelle 10.15: Gesamtnutzenwert, Rang und tatsächlicher Rang der Auskunftsperson 33

Stimulus	Gesamtnutzenwert	resultierender Rang	tatsächlicher Rang
1	6,67	5	5
2	2,33	10	10
3	0,00	11	11
4	5,50	6	6
5	4,50	7	8
6	3,67	9	9
7	7,33	2a	2
8	7,67	1	1
9	7,33	2b	3
10	7,17	4	4
11	4,00	8	7

Aus Tabelle 10.15 wird deutlich, daß die tatsächlichen Rangwerte (Spalte 4) der Auskunftsperson 33 sehr gut durch die aus den metrischen Gesamtnutzenwerten resultierenden Rangwerte (Spalte 3) reproduziert werden. Bei den Stimuli 1-4, 6, 8 und 10 stimmen die abgeleiteten Rangwerte genau mit den tatsächlichen überein. Auch die Stimuli 7 und 9, für die gleich hohe Gesamtnutzenwerte geschätzt wurden, wurden von der Auskunftsperson in aufeinanderfolgender Reihenfolge sortiert. Für Stimulus 5 und die zweite Holdout-Karte werden die empirischen Rangwerte nicht korrekt abgebildet. Ein Maß für die Güte der Abbildung der empirischen Rangdaten auf die aus den Gesamtnutzenwerten reultierenden Ränge liefern die in Tabelle 10.14 am Ende ausgegebenen Korrelationskoeffizienten. Während der *Pearson'sche Korrelationskoeffizient* die Korrelationen zwischen den metrischen Gesamtnutzenwerten und den tatsächlichen (empirischen) Rängen berechnet, mißt *Kendall's Tau* die Korrelation zwischen tatsächlichen und aus den Conjoint-Ergebnissen resultierenden Rängen. Je mehr sich die Korrelationskoeffizienten absolut dem Wert 1 nähern, desto besser können die empirischen Daten durch die Conjoint-Ergebnisse abgebildet werden. Allerdings ist zu beachten, daß im Falle von Pearson's R die empirischen Rangdaten als metrisch skaliert unterstellt werden müssen, was nur dann der Fall ist, wenn bei der Befragung die Präferenzwertmethode zur Anwendung kam. Darüber hinaus werden Pearson's R und Kendall's Tau auch für die Holdout-Karten berechnet und beziehen sich in diesem Fall auf die tatsächliche und geschätzte Rangfolge dieser Karten. Da Holdout-Karten bei der Schätzung der Teilnutzenwerte nicht berücksichtigt, real aber abgefragt wurden, stellen die auf die Holdout-Karten bezogenen Korrelationskoeffizienten ein Maß für die Validität der Ergebnisse dar.

Mit Hilfe der Teilnutzenwerte aus Tabelle 10.14 lassen sich für Person 33 nun auch die Gesamtnutzenwerte für das *vollständige Design* berechnen, obwohl in der *Befragung* nur ein *reduziertes Design* erhoben wurde. Tabelle 10.16 zeigt unter der Überschrift "Gesamtnutzenwerte" die einzelnen Gesamtnutzenwerte auf. Mit Hilfe der "Stimuli-Anordnungen" lassen sich die Positionen der einzelnen Gesamtnutzenwerte identifizieren. So entspricht z. B. der fett gedruckte Gesamtnutzenwert dem Stimulus P3121, wobei die Ziffernreihenfolge hinter dem P der Eigenschaftsreihenfolge "Preis", "Verwendung", "Geschmack", "Kaloriengehalt" ent - spricht und die Ziffern selber die jeweiligen Eigenschaftsausprägungen entsprechend Tabelle 10.9 angeben.

Tabelle 10.16: Gesamtnutzenwert des vollständigen Designs für Auskunftsperson 33

```
Stimulus Anordnung (Gesamtnutzenwert)
```

P1111 (4,5000)	P1121 (0,0000)	P1211 (6,8334)	P1221 (2,3334)	P1311 (7,1667)	P1321 (2,6667)
P1112 (4,0000)	P1122 (-0,5000)	P1212 (6,3334)	P1222 (1,8334)	P1312 (6,6667)	P1322 (2,1667)
P2111 (5,0000)	P2121 (0,5000)	P2211 (7,3334)	P2221 (2,8334)	P2311 (7,6667)	P2321 (3,1667)
P2112 (4,5000)	P2122 (0,0000)	P2212 (6,8334)	P2222 (2,3334)	P2312 (7,1667)	P2322 (2,6667)
P3111 (5,5000)	P3121 (1,0000)	P3211 (7,8334)	P3221 (3,3334)	**P3311 (8,1667)**	P3321 (3,6667)
P3112 (5,0000)	P3122 (0,5000)	P3212 (7,3334)	P3222 (2,8334)	P3312 (7,6667)	P3322 (3,1667)

Die in Tabelle 10.16 unterstrichenen Werte kennzeichnen die Gesamtnutzenwerte der Produktalternativen im reduzierten Design. Allerdings wird deutlich, daß die am stärksten präferierte Produktalternative (vgl. den fett gesetzten Wert) darstellt, der in der Befragung nicht erhoben wurde. Damit ist die Conjoint-Analyse in der Lage, *Gesamtnutzenwerte für alle Produktalternativen* zu ermitteln, auch wenn der Befragung nur ein reduziertes Design zugrunde lag.

Die bisherigen Ausführungen bezogen sich jeweils auf den Nutzenbeitrag einzelner Eigenschaftsausprägungen. Der Spalte 1 in Tabelle 10.14 (Importance) läßt sich aber darüber hinaus noch entnehmen, welche Bedeutung den *einzelnen Eigenschaften* bei der Präferenzbildung von Person 33 zukommt. Diese Prozentwerte spiegeln die *relativen Wichtigkeiten* der einzelnen Eigenschaften wider. An dieser Stelle sei nochmals daran erinnert, daß sich die relative Wichtigkeit einer Eigenschaft auf die Wichtigkeit zur Präferenzveränderung bezieht, die sich *nicht* aus den absoluten Werten der Teilnutzenwerte ableiten läßt. Für die relative Wichtigkeit ist die Spannweite der Teilnutzenwerte je Eigenschaft entscheidend (vgl. Abschnitt 10.2.2.2). Zur Verdeutlichung ist in Tabelle 10.17 die Berechnung der relativen Wichtigkeiten der Eigenschaften für Person 33 gem. Formel (8) aufgezeigt:

Tabelle 10.17: Berechnung der relativen Wichtigkeiten je Eigenschaft

Eigenschaft	Spannweite	relative Wichtigkeit
Verwendung	1,0000 - (-1,6667) = 2,67	2,67 : 8,67 = **0,31**
Geschmack	2,2500 - (-2,2500) = 4,50	4,5 : 8,67 = **0,52**
Preis	1,5000 - (0,5000) = 1,00	1,00 : 8,67 = **0,12**
Kaloriengehalt	-0,5000 - (-1,0000) = 0,50	0,50 : 8,67 = **0,06**
	Summe: 8,67	Summe: 1,00

Die in Tabelle 10.17 fett hervorgehobenen Anteilswerte entsprechen den in Tabelle 10.14 abgedruckten Prozentwerten in der Spalte "Importance". Es wird deutlich, daß der Geschmack der Margarine die Gesamtpräferenz der Auskunftsperson 33 am stärksten beeinflußt (51,93%). Danach folgen Verwendung und Preis. Der Eigenschaft Kalorien kommt mit 5,77% die geringste Bedeutung zur Präferenzveränderung zu. Die relative Wichtigkeit der einzelnen Eigenschaften, die sich gem. der Spalte "Importance" ergeben, sind zusammenfassend für alle Befragten in Tabelle 10.18 dargestellt.

Tabelle 10.18: Relative Wichtigkeiten für alle Befragten

PERSON	VERWENDUNG	GESCHMACK	PREIS	KALORIEN
1	,2745	,5294	,0784	,1176
2	,1818	,0545	,5455	,2182
3	,2353	,1765	,5882	,0000
4	,1509	,0566	,6792	,1132
5	,3600	,5400	,0400	,0600
6	,3704	,0000	,1852	,4444
7	,1200	,3000	,0400	,5400
8	,1961	,1765	,6275	,0000
9	,6000	,0000	,4000	,0000
10	,1071	,4821	,3571	,0536
11	,3492	,0952	,4127	,1429
12	,1923	,0577	,6923	,0577
13	,1569	,5294	,3137	,0000
14	,1961	,4706	,2745	,0588
15	,4815	,0000	,1852	,3333
16	,1455	,4909	,2545	,1091
17	,5085	,0508	,2373	,2034
18	,1667	,2500	,4583	,1250
19	,2456	,2105	,0702	,4737
20	,3158	,1053	,1053	,4737
21	,4800	,3600	,0400	,1200
22	,4255	,5745	,0000	,0000
23	,6182	,1091	,2182	,0545
24	,5714	,0536	,1071	,2679
25	,2143	,1071	,4643	,2143
26	,5185	,0556	,3704	,0556
27	,1091	,4909	,1818	,2182
28	,0714	,4821	,1786	,2679
29	,5614	,2632	,0702	,1053
30	,1404	,2105	,5965	,0526
31	,3704	,1111	,5185	,0000
32	,1404	,4737	,1754	,2105
33	,3077	,5192	,1154	,0577
34	,1270	,1905	,3492	,3333
35	,1053	,3158	,5263	,0526
36	,6154	,2885	,0385	,0577
37	,1071	,0536	,3571	,4821
38	,3600	,5400	,0400	,0600
39	,3051	,2542	,2373	,2034
40	,2034	,2034	,1356	,4576

Zu Beginn dieses Abschnittes hatten wir darauf hingewiesen, daß für die Eigenschaften "Preis" und "Kaloriengehalt" bestimmte Beziehungszusammenhänge zwischen Eigenschaftsausprägungen und empirischen Rangdaten unterstellt wurden. Dabei sind wir davon ausgegangen, daß mit geringer werdendem Preis und sinkendem Kaloriengehalt der Nutzen steigen wird. Diese Vermutung schlägt sich in Tabelle 10.14 darin nieder, daß die Eigenschaften nicht in der ermittelten Reihenfolge des reduzierten Designs (vgl. Tabelle 10.12) aufgelistet werden. Statt dessen werden diejenigen Eigenschaften, bei denen keine Vermutungen über mögliche Beziehungszusammenhänge vorliegen, als erstes aufgeführt. Die aufgestellten Vermutungen zu den Wirkungsbeziehungen der Variablen "Preis" und "Kalorien" schlagen sich darin nieder, daß für diese Variablen der lineare Regressionskoeffizient B jeweils unterhalb der Teilnutzenwerte ausgewiesen wird.

Die Teilnutzenwerte ergeben sich in diesen Fällen durch das Produkt aus der Nummer der Eigenschaftsausprägung (also 1 für die erste Ausprägung, 2 für die zweite Ausprägung usw.) und dem Regressionskoeffizienten. Für die Eigenschaft "Kalorien" läßt sich die Höhe der Teilnutzenwerte für die Auskunftsperson 33 beispielsweise wie folgt berechnen:

Erster Teilnutzenwert   (B=-0,5): 1 * (-0,5) = -0,5
Zweiter Teilnutzenwert   (B=-0,5): 2 * (-0,5) = -1,0

Wird ein vermuteter Zusammenhang *nicht* bestätigt, bekommen also beispielsweise bei einer Auskunftsperson geringe Preise auch geringere Teilnutzenwerte als hohe Preise, so wird eine *Verletzung der getroffenen Annahme* als *Reversal* bezeichnet. Reversals werden durch zwei Sterne (**) bei der jeweiligen Variablen deutlich gemacht. Im Kopf des Ausdrucks findet sich dann ebenfalls die Meldung "** Reversed" und dahinter die Anzahl der sog. Reversals. In unserem Beispiel können pro Person maximal zwei Reversals entstehen, da nur bei zwei Eigenschaften Annahmen über die Beziehung zwischen Eigenschaftsausprägungen und Rangdaten getroffen wurden. Eine Übersicht der vorhandenen Reversals wird durch SPSS am Ende der Analyse ausgegeben. Tabelle 10.19 zeigt das Ergebnis.

Aus Tabelle 10.19 läßt sich unter der Bezeichnung "Reversals by factor" erkennen, bei welchen *Eigenschaften* wieviele Reversals aufgetreten sind. Bei der Eigenschaft "Kalorien" traten sechs und bei der Eigenschaft "Preis" vier Reversals auf. Bei den Eigenschaften "Geschmack" und "Verwendung" können keine Reversals auftreten, da bei diesen keine Vermutungen über Richtungszusammenhänge zwischen tatsächlichen Rangwerten und aus den Gesamtnutzenwerten abgeleiteten Rangwerten eingebracht wurden. Aus der Anzahl der Reversals können Hinweise abgeleitet werden, inwieweit sich obige Vermutungen bestätigt haben. Der "Reversal index" zeigt an, bei welchen Personen wieviele Reversals aufgetreten sind. Dabei wird gleichzeitig eine Seitenangabe (Page) gemacht, wo sich die *Individualanalyse* der entsprechenden Person (Subject) im Computerausdruck befindet. Eine Zusammenfassung des "Reversal index" liefert die "Reversal summary". Im vorliegenden Beispiel traten bei insgesamt 11 Personen Reversals auf, wobei 2 Personen zwei Reversals und 9 Personen jeweils ein Reversal aufwiesen. Hieraus lassen sich *Konzentrationen* von Reversals auf bestimmte Personen erkennen.

Tabelle 10.19: Reversals in der Margarinestudie

```
Reversal Summary:

    2 subjects had  2 reversals
    6 subjects had  1 reversals

Reversals by factor:

    KALORIEN   6
    PREIS      4
    GESCHMAC   0
    VERWEND    0

Reversal index:
```

Page	Reversals	Subject	Page	Reversals	Subject
1	0	1	21	0	21
2	0	2	22	0	22
3	0	3	23	0	23
4	0	4	24	2	24
5	1	5	25	0	25
6	0	6	26	0	26
7	0	7	27	0	27
8	0	8	28	0	28
9	0	9	29	0	29
10	0	10	30	0	30
11	0	11	31	0	31
12	1	12	32	1	32
13	0	13	33	0	33
14	0	14	34	0	34
15	0	15	35	0	35
16	1	16	36	1	36
17	1	17	37	0	37
18	0	18	38	0	38
19	0	19	39	2	39
20	0	20	40	0	40

Abschließend sei noch darauf hingewiesen, daß am Ende der Tabelle 10.14 die Gesamtnutzenwerte der Simulations-Karten aufgeführt werden. Simulations-Karten stellen für den Untersucher besonders wichtige Stimuli dar, und er kann damit deren Gesamtnutzenwerte bei einer bestimmten Auskunftsperson unmittelbar aus dem Ergebnisausdruck entnehmen. Auch für die Simulations-Karten weist SPSS am Ende der Conjoint-Analyse eine zusammenfassende Statistik aus, die in Tabelle 10.20 wiedergegeben ist.

Tabelle 10.20: Zusammenfassende Statistik der Conjoint-Analyse

```
Simulation Summary  (40 subjects/ 40 subjects with non-negative scores)
```

Card	Max Utility*	BTL	Logit
1	48,75%	50,70%	51,36%
2	51,25	49,30	48,64

```
* Includes tied simulations
```

Die "Simulation Summary" enthält die Wahrscheinlichkeiten dafür, daß die Simulationskarten von den Befragten mit der höchsten Präferenz versehen und folglich von diesen ausgewählt werden. Dabei werden Wahlwahrscheinlichkeiten für die Simulationskarten nach drei verschiedenen Modellen (probability-of-choice models) berechnet:

- Das *Max Utility-Modell* weist pro Person der Simulationskarte mit dem höchsten Gesamtnutzen eine Wahlwahrscheinlichkeit von 1 zu, während alle anderen Simulationskarten eine Wahlwahrscheinlichkeit von 0 erhalten. In der "Simulation Summary" wird unter "Max Utility" der Durchschnittswert dieser Wahrscheinlichkeiten über alle Personen ausgewiesen.

  Falls der höchste Gesamtnutzenwert für mehrere Simulationskarten identisch ist, so wird die Wahrscheinlichkeit von 1 auf die entsprechenden Simulationskarten gleich verteilt.

- Das *BTL-Modell* geht auf die Überlegungen von Bradley, Terry und Luce zurück und errechnet pro Person die Wahlwahrscheinlichkeit für eine bestimmte Simulationskarte, indem es den Gesamtnutzenwert dieser Simulationskarte durch die Summe der Gesamtnutzenwerte aller Simulationskarten dividiert. In der "Simulation Summary" wird unter "BTL" der Durchschnittswert dieser Wahrscheinlichkeiten über alle Personen ausgewiesen.

  Besitzt eine Simulationskarte für eine bestimmte Person einen negativen oder Null-Gesamtnutzenwert, so wird für diese Person keine BTL-Wahlwahrscheinlichkeit berechnet.

- Das *Logit-Modell* verfährt analog zum BTL-Modell, wobei jedoch nicht die absoluten Gesamtnutzenwerte betrachtet werden, sondern für jede Simulations-Karte die Euler'sche Zahl in die Potenz entsprechend des errechneten Gesamtnutzenwertes erhoben wird. Die Wahlwahrscheinlichkeit für eine bestimmte Simulations-Karte errechnet sich damit wie folgt:

$$P_{Si} = \frac{e^{G_i}}{\sum_{i=1}^{I} e^{G_i}} \tag{11}$$

mit: P_{Si} :   Wahlwahrscheinlichkeit für Simulations-Karte i
 G_i :   Gesamtnutzenwert der Simulations-Karte i
 e :   Euler'sche Zahl (e = 2,71828...)

In der "Simulation Summary" wird unter "Logit" der Durchschnittswert dieser Wahrscheinlichkeiten über alle Personen ausgewiesen. Besitzt eine Simulationskarte für eine bestimmte Person einen negativen oder Null-Gesamtnutzenwert, so wird für diese Person keine Logit-Wahlwahrscheinlichkeit berechnet.

Tabelle 10.20 macht deutlich, daß für die Margarinestudie alle drei Wahrscheinlichkeits-Modelle zu nahezu identischen Ergebnissen führen. Im vorliegenden Fall muß der Anwender davon ausgehen, daß die Wahlwahrscheinlichkeit für beide in den Simulationskarten vorgegebenen Margarinesorten im Durchschnitt bei nur 50% liegt. Damit ist keine eindeutige Präferenz der Befragten für eine der Simulationskarten erkennbar.

10.3.2.2   Aggregierte Auswertung

Für die Neuprodukteinführung einer Margarinemarke sind die individuellen Auswertungen im Vergleich zu einer aggregierten Auswertung nur von untergeordne-
tem Interesse. In vielen Fällen möchte der Anbieter einer Margarine vor allem wissen, ob es *Gruppen von potentiellen Nachfragern* gibt, die in bezug auf die *Teilnut-
zenbewertungen* ähnliche *Präferenzen* besitzen und welche *Produkteigenschaften*
insgesamt als besonders *präferenzrelevant* eingestuft werden müssen. Zu diesem
Zweck ist es notwendig, eine *Aggregation der individuellen Daten* vorzunehmen.
Dies kann auf zwei Wegen erfolgen:

- Aggregation der Individualanalysen
- Durchführung einer gemeinsamen Conjoint-Analyse

10.3.2.2.1   Aggregation der Individualanalysen

Eine Aggregation der Individualanalysen ist nur möglich, wenn zuvor eine *Normierung der ermittelten Teilnutzenwerte* vorgenommen wird. Zu diesem Zweck
greifen wir auf die Normierungsvorschrift aus Abschnitt 10.2.2.2 zurück. Mit Hilfe
von Formel (7) lassen sich aus den Teilnutzenwerten der Individualanalysen normierte Teilnutzenwerte errechnen, die eine Vergleichbarkeit der einzelnen Individualanalysen ermöglichen. Normierte Teilnutzenwerte werden durch SPSS nicht
automatisch bereitgestellt und müssen mit Hilfe von COMPUTE-Befehlen errechnet werden. Mit Hilfe der SPSS-Prozedur DESCRIPTIVES lassen sich dann durchschnittliche normierte Teilnutzenwerte über alle Befragten ermitteln. Tabelle 10.21
zeigt die entsprechenden Ergebnisse für die Margarinestudie, wobei die relativen
Gewichte der Eigenschaften gem. Formel (8) berechnet wurden.

Tabelle 10.21: Durchschnittlich normierte Teilnutzenwerte in der Margarinestudie

	Mittelwert	**Standardabweichung**
Verwendung (Gewicht: 29,26%)		
als Brotaufstrich	0.1586	0.1867
Kochen,Backen,Braten	0.1005	0.1479
universell verwendbar	0.2099	0.1887
Geschmack (Gewicht: 25,58%)		
Buttergeschmack	0.2263	0.1990
pflanzlich schmeckend	0.0367	0.1218
Preis (Gewicht: 28,16%)		
2,50 - 3,00 DM	0.0131	0.0516
2,00 - 2,49 DM	0.1443	0.1009
1,50 - 1,99 DM	0.2756	0.2127
Kaloriengehalt (Gewicht: 16,99%)		
kalorienarm	0.1436	0.1666
normale Kalorien	0.0332	0.0880

Die Durchschnittswerte der normierten Teilnutzenwerte in Tabelle 10.21 sind analog zu den individuellen Teilnutzenwerten der Auskunftspersonen zu interpretieren. Es wird deutlich, daß die Befragten im Durchschnitt eine kalorienarme, nach Butter schmeckende und universell verwendbare Margarine zu einem Preis zwischen 1,50 DM und 1,99 DM präferieren. Allerdings ist zu beachten, daß im vorliegenden Beispiel unterschiedlich große *Streuungsbreiten* der Teilnutzenwerte auftreten. Die Streuungen (Standardabweichungen in Tabelle 10.21) sind dafür verantwortlich, daß trotz der Betrachtung normierter Teilnutzenwerte der Gesamtnutzen der am meisten präferierten Margarine nicht mehr genau 1 beträgt, sondern in unserem Fall nur noch (0,2756 + 0,2099 + 0,2263 + 0,1436 =) 0,86. Bei der Aggregation der Individualanalysen muß sich der Anwender deshalb bewußt sein, daß ihm bei der Errechnung von Gesamtnutzenwerten für die fiktiven Produkte die Informationen über die Streuungen verloren gehen.

Ein solcher Informationsverlust wird vermieden, wenn statt der Mittelwertbildung auf der Basis der normierten Teilnutzenwerte eine Clusteranalyse (vgl. Kapitel 6) durchgeführt wird, die Gruppen von Personen mit ähnlichen Teilnutzenprofilen ermittelt. Dabei ist allerdings zu beachten, daß als Proximitätsmaß ein *Ähnlichkeitsmaß* (z. B. der Korrelationskoeffizient) zugrunde gelegt wird (vgl. Abschnitt 10.2.2.2). Im Gegensatz zur Mittelwertbildung liefert die Clusteranalyse jedoch keinen Repräsentativwert für alle Personen. Es kann davon ausgegangen werden, daß die Durchschnittswerte der normierten Teilnutzenwerte je Cluster eine geringere Streuung als in der Erhebungsgesamtheit aufweisen.

10.3.2.2.2   Gemeinsame Conjoint-Analyse

Bei der Durchführung einer gemeinsamen Conjoint-Analyse werden die Befragten als Replikationen in die Analyse einbezogen, wodurch alle Befragungswerte der Auskunftspersonen *gleichzeitig* zur Schätzung der Teilnutzenwerte herangezogen werden (vgl. Abschnitt 10.2.2.2). Dadurch bleiben die in den Streuungen enthaltenen Informationen erhalten, wodurch ein geringerer Informationsverlust als bei der Durchschnittsbildung entsteht. Durch SPSS wird am Ende der Analyse eine sog. "Subfile Summary" ausgegeben, die die Ergebnisse der gemeinsamen Conjoint-Analyse enthält und für die Margarinestudie in Tabelle 10.22 dargestellt ist.

Die Ergebnisse der gemeinsamen Conjoint-Analyse können analog zu den Ausführungen in Abschnitt 10.3.2.1 interpretiert werden.

Vergleicht man die Ergebnisse der aggregierten (Tabelle 10.21) mit denen der gemeinsamen Conjoint-Analyse (Tabelle 10.22), so wird deutlich, daß die ermittelten Teilnutzenwerte unterschiedlich ausgeprägt sind. Für eine aggregierte Betrachtung sind aber insbesondere die relativen Wichtigkeiten von Bedeutung. Hier zeigt sich insbesondere eine Bedeutungsverlagerung von dem Merkmal "Verwendung" hin zu dem Merkmal "Preis". Dennoch ist auch nach der gemeinsamen Conjoint-Analyse das fiktive Produkt mit dem höchsten Gesamtnutzen eine kalorienarme, nach Butter schmeckende, universell verwendbare Margarine, die zu einem Preis zwischen 1,50 DM und 1,99 DM erworben werden kann.

Tabelle 10.22: Ergebnisse der gemeinsamen Conjoint-Analyse

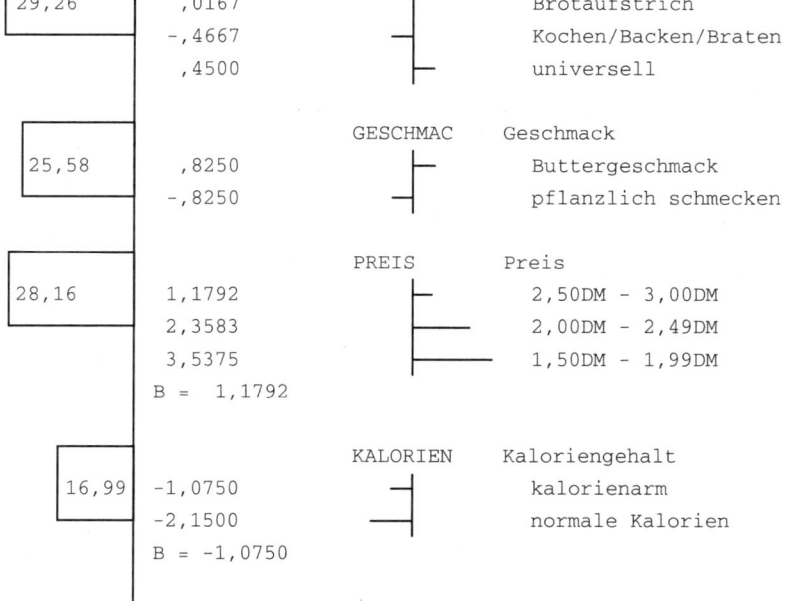

```
SUBFILE SUMMARY

 Averaged
Importance    Utility          Factor

                               VERWEND        Verwendung
  29,26         ,0167                            Brotaufstrich
              -,4667                            Kochen/Backen/Braten
               ,4500                            universell

                               GESCHMAC       Geschmack
  25,58         ,8250                            Buttergeschmack
              -,8250                            pflanzlich schmecken

                               PREIS          Preis
  28,16        1,1792                            2,50DM - 3,00DM
               2,3583                            2,00DM - 2,49DM
               3,5375                            1,50DM - 1,99DM
           B =  1,1792

                               KALORIEN       Kaloriengehalt
  16,99       -1,0750                            kalorienarm
              -2,1500                            normale Kalorien
           B = -1,0750

               3,8000          CONSTANT

Pearson's R   =  ,983                     Significance =  ,0000

Kendall's tau = 1,000                     Significance =  ,0001
Kendall's tau = 1,000 for 2 holdouts      Significance =  ,

Simulation results:
  Card:      1    2
  Score:    4,8  4,3
```

10.4   Anwendungsempfehlungen

10.4.1   Durchführung einer klassischen Conjoint-Analyse

Zusammenfassend lassen sich für den Einstieg in eine Conjoint-Analyse folgende Empfehlungen geben:

1. Eigenschaften und Eigenschaftsausprägungen:

Die Zahl der Eigenschaften und Eigenschaftsausprägungen ist möglichst gering zu halten. Weiterhin ist darauf zu achten, daß es sich um voneinander unabhängige Eigenschaften handelt, die für die Untersuchung relevant sein müssen. Ebenso müssen die Eigenschaftsausprägungen bei der Produktgestaltung konkret umsetzbar sein.

2. Erhebungsdesign:

Nach Möglichkeit sollten im Erhebungsdesign nicht mehr als maximal 20 fiktive Produkte enthalten sein. Wird diese Zahl im vollständigen Design überschritten, so sollte ein reduziertes Design unter Verwendung der Profilmethode erstellt werden.[19]

3. Bewertung der Stimuli:

Die Befragungsmethode kann jeweils nur in Abhängigkeit von der konkreten Fragestellung festgelegt werden.

4. Schätzung der Nutzenwerte:

Der Schätzung sollte ein additives Nutzenmodell zugrunde liegen. Bei schlechten STRESS-Werten, die eine mangelnde Anpassungsgüte signalisieren, kann über die Wahl einer veränderten Ausgangskonfiguration evtl. eine Verbesserung der Lösung erreicht werden.

5. Aggregation der Nutzenwerte:

Die gemeinsame Conjoint-Analyse kann zu einer größeren Differenzierung der Teilnutzenwerte einzelner Eigenschaften und damit zu besser interpretierbaren Werten führen. Wenn die Anzahl der Daten nicht zu groß ist, ist die gemeinsame Conjoint-Analyse der Aggregation der Einzelanalysen vorzuziehen.

---

[19] Zur Erstellung symmetrischer reduzierter Designs finden sich Pläne bei Green, P.E.: On the Design of Choice Experiments Involving Multifactor Alternatives, in: Journal of Consumer Research, Vol. 1, 1974, S. 61-68 sowie Green, P. E., Caroll, J.D., Carmone, F.J.: Some New Types of Fractional Factorial Designs for Marketing Experiments, in: Sheth, J. N. (Ed.): Research in Marketing, Vol. I, Greenwich, Ct. 1978, S. 99-122. Zur Erstellung asymmetrischer reduzierter Designs siehe Addelman S.: Orthogonal Main-Effect Plans for Factorial Experiments, in: Technometrics, 1962, S. 21ff.

6. Segmentierung:

Eine Aggregation (oder gemeinsame Analyse) über alle Personen ist nur bei hinreichender Homogenität der individuellen Teilnutzenwerte gerechtfertigt. Dies sollte mit Hilfe einer Clusteranalyse (vgl. Kapitel 6) überprüft werden. Bei ausgeprägter Heterogenität sind segmentspezifische Analysen durchzuführen.

10.4.2 Anwendung alternativer conjointanalytischer Verfahren

Die Conjoint-Analyse hat in jüngster Zeit weite Verbreitung in der empirischen Forschung gefunden. Entsprechend breit sind auch die existierenden Verfahrensvarianten der Conjoint-Analyse. Die nachfolgend differenzierten Ansätze (vgl. Abb. 10.10) der Conjoint-Analyse unterscheiden sich vor allem im Hinblick auf die Erhebung der Präferenzurteile. Dabei ist jedoch zu beachten, daß innerhalb der jeweiligen Verfahren noch eine Vielzahl von Optionen zur Verfügung steht, wie z. B. Art der Erhebung, Wahl des Schätzalgorithmus, Art der verwendeten Skala, die entweder in einem oder aber auch in mehreren Verfahren Anwendung finden können.[20] Aufgrund ihrer in der Praxis und Literatur erlangten Bedeutung und der Verfügbarkeit entsprechender Softwareprodukte werden im folgenden aber nur die in Abb. 10.10 grau hinterlegten conjointanalytischen Verfahren einer kurzen Betrachtung unterzogen:

Die **klassischen Untersuchungsansätze** der Trade-off- und der Profilmethode wurden bereits in Abschnitt 10.2.1.2 dieses Kapitels behandelt, so daß an dieser Stelle lediglich darauf hingewiesen werden soll, daß insbesondere die Profilmethode Gegenstand einer Reihe von Erweiterungen und Verbesserungen geworden ist. Zum einen wurde die traditionelle Teilnutzenwert-Modellierung um eine Mischung aus linearen und quadratischen Teilnutzen-Parametern erweitert.[21] Zum anderen wurde eine Verbesserung von Validität und Reliabilität durch "Constrained Attribute Levels", um die Monotonie innerhalb der Attribute sicherzustellen, sowie durch die Verwendung unterschiedlicher partialer Aggregationsmethoden erreicht.[22]

---

[20] Vgl. zu den nachfolgenden Ausführungen insb. Weiber, R./Rosendahl, T.: Anwendungsprobleme der Conjoint-Analyse: Die Eignung conjointanalytischer Untersuchungsansätze zur Abbildung realer Entscheidungsprozesse, in: Marketing ZFP, 19(1997), Heft 2, S. 107ff.

[21] Vgl. bspw. Pekelman D./Sen, S. L.: Improving Prediction in Conjoint Analysis, in: Journal of the American Statistical Association, 75(1979), S. 801ff.

[22] Vgl. Green, P. E./DeSarbo, W. S.: Componential Segmentation in the Analysis of Consumer Tradeoffs, in: Journal of Marketing, 43(1979), S. 33ff.; Kamakura, W.: A Least Squares Procedure for Benefit Segmentation with Conjoint Experiments, in: Journal of Marketing Research, 25(1988), S. 157ff.; Srinivasan V./Jain A. K./Malhorta, N. K.: Improving the Predictive Power of Conjoint Analysis by Constrained Parameter Estimation, in: Journal of Marketing Research, 20(1983), S. 433ff.

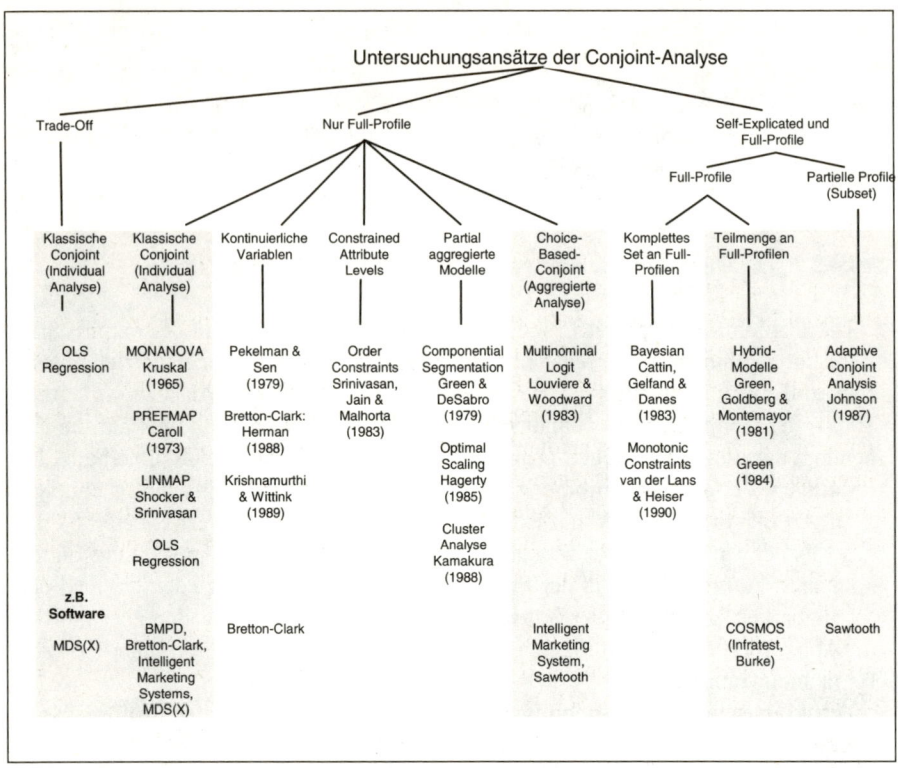

Abb. 10.10:   Alternative Untersuchungsansätze der Conjoint-Analyse
(in Anlehnung an: Carroll/Green (1995), S. 386.)

Die **Choice-Based-Conjoint-Analyse**, häufig auch als **Discrete-Choice-Analyse** bezeichnet, unterscheidet sich nicht nur bei der Bewertung der Stimuli von den vorher genannten Verfahren, sondern auch bezüglich ihrer theoretischen Grundlagen.[23] Im Gegensatz zu den zuvor erläuterten Untersuchungsansätzen werden im Rahmen der Choice-Based-Conjoint-Analyse von den Auskunftspersonen Präferenzurteile in Form von *Auswahlentscheidungen* verlangt. Die "Bewertung" der Stimuli erfolgt dabei durch einmalige oder wiederholte Auswahl eines Stimulus aus einem Alternativen-Set. Im Gegensatz zu allen anderen Methoden kann damit auch eine *Nichtwahl-Möglichkeit* im Alternativen-Set berücksichtigt werden. Theoretische Grundlage der Choice-Based-Conjoint-Analyse ist die Zufallsnutzentheorie.[24] Gemäß der Hypothese der Zufallsnutzenmaximierung wird diejenige Alternative ausgewählt, für die der Nutzen maximal ist. Dabei läßt sich der als Zufallsvariable

---

[23] Vgl. Louviere J. J./Woodworth, G.: Design and Analysis of Simulated Consumer Choice or Allocation Experiments: An Approach Based on Aggregate Data, in: Journal of Marketing Research, 20(1983), S. 352ff.

[24] Vgl. bspw. McFadden, D.: Conditional logit analysis of qualitative choice behavior, in: Zarembka P. (Hrsg.), Frontiers in Economics, New York, 1973, S. 105ff.

zu verstehende Nutzen U einer Alternative a durch eine deterministische und eine probabilistische Komponente beschreiben. Während der deterministische Term die Charakteristika einer Alternative widerspiegelt, werden die übrigen auf die Auswahlentscheidung wirkenden Einflußfaktoren durch den probabilistischen Term der Nutzenfunktion modelliert. Mit Hilfe eines multinominalen Logit-Modells lassen sich auf Basis der aggregierten Auswahlentscheidungen die relevanten Parameter berechnen.

Die Choice-Based-Conjoint-Analyse darf somit *nicht* als Individualanalyse bezeichnet werden, da aufgrund der geringen Anzahl von Auswahlentscheidungen je Proband keine Berechnung individueller Nutzenwerte möglich ist. Demgegenüber liegt der Vorteil dieses Ansatzes in dem Aspekt, "echte" Auswahlentscheidungen abbilden zu können, da die mit Hilfe der übrigen conjointanalytischen Untersuchungsansätze ermittelten Präferenzdaten zunächst keine Informationen über die tatsächlichen Auswahlentscheidungen enthalten. Bei ihnen sind weitere Annahmen über das Entscheidungsverhalten erforderlich. Einschränkend ist allenfalls zu vermerken, daß bei der Choice-Based-Conjoint-Analyse keine realen Wahlakte abgefragt werden, sondern diese durch die wiederholte Präsentation der Stimuli simulativ ermittelt werden, wodurch verzerrende Effekte bei der Datenerhebung nicht ausgeschlossen werden können.

Um *umfangreich fraktionierte Conjoint-Designs* auf mehrere Personen verteilen zu können, wird im Rahmen der **Hybrid-Conjoint-Analyse** die Verknüpfung eines Punktbewertungsmodells (Self-Explicated-Modell) mit einem Conjoint-Ansatz vorgenommen. Mit Hilfe des Punktbewertungsmodells werden zunächst die individuellen Wichtigkeiten aller relevanten Merkmale sowie die Erwünschtheit ihrer Merkmalsausprägungen individuell erfragt und die hier gewonnenen Beurteilungswerte zur Bildung von Personengruppen mit homogenen Beurteilungsstrukturen verwendet.[25] Darauf aufbauend wird das für eine Auskunftsperson zu große Master-Design in Teilblöcke zerlegt, und jedes der Gruppenmitglieder beurteilt nur noch *einen Teilblock*. Damit lassen sich zunächst Nutzenwerte auf Gruppenebene ermitteln. Zur Bestimmung der individuellen Nutzenwerte werden im Unterschied zur klassischen Conjoint-Analyse zusätzlich zu den empirischen Präferenzurteilen auch die Daten des Self-Explicated-Models herangezogen. Dadurch ergibt sich die für hybride Modelle typische Verknüpfung eines dekompositionellen mit einem kompositionellen Ansatz.[26] Allerdings ist zu beachten, daß im Gegensatz zur klassischen Conjoint-Analyse keine "rein" individuellen Nutzenfunktionen berechnet werden können, da die aus den Schätzergebnissen "quasi-individuell" hergeleiteten Teilnutzenbeträge immer noch von den Parametern des aggregierten Conjoint-Modells beeinflußt sind. Dies liegt darin begründet, daß die Schätzung der Funktionsparameter nur auf Gruppenniveau erfolgen kann, da die Bewertungen aller Sti-

25 Vgl. Green P. E.: Hybrid Models for Conjoint Analysis: An Expository Review, in: Journal of Marketing Research, 21(1984), S. 156ff.

26 Vgl. Green P. E., Srinivasan V.: Conjoint Analysis in Marketing: New Developments with Implications for Research and Practice, in: Journal of Marketing, 54(1990), Heft 4, S. 9.

muli des fraktionierten Designs in die Schätzung einzubeziehen sind und diese vollständig nur auf Gruppenebene vorliegen. Weiterhin ist zu beachten, daß bei praktischen Anwendungen eine ausreichend große Stichprobe an Auskunftspersonen verfügbar sein muß.

Auch die **Adaptive-Conjoint-Analyse** stellt ein hybrides Modell dar, da die ganzheitlich zu beurteilenden Alternativkonzepte (dekompositioneller Teil) aufgrund der vorher *individuell erfragten Relevanz und Wichtigkeit* der Merkmale und Merkmalsausprägungen (kompositioneller Teil) erzeugt werden. Allgemein umfaßt die Adaptive-Conjoint-Analyse folgende Ablaufschritte:

1. Bewertung der individuell relevanten Eigenschaftsausprägungen. In diesem Schritt können auch durch den Befragten völlig unakzeptable Ausprägungen eliminiert werden.
2. Bestimmung der Wichtigkeit jeder Eigenschaft anhand der zuvor festgelegten besten und schlechtesten Eigenschaftsausprägung.
3. Paarweise Präferenzbestimmung bei Teilprofilen mit maximal fünf Eigenschaften. Hierbei wird eine Annäherung von einfachen zu realistischeren Konzepten empfohlen, wobei sich Teilprofile mit drei Eigenschaften bewährt haben.
4. Präferenzbestimmung anhand kalibrierter Einzelkonzepte.
    Abb. 10. 11 zeigt ein solches Einzelkonzept am Beispiel einer Telefonanlage.

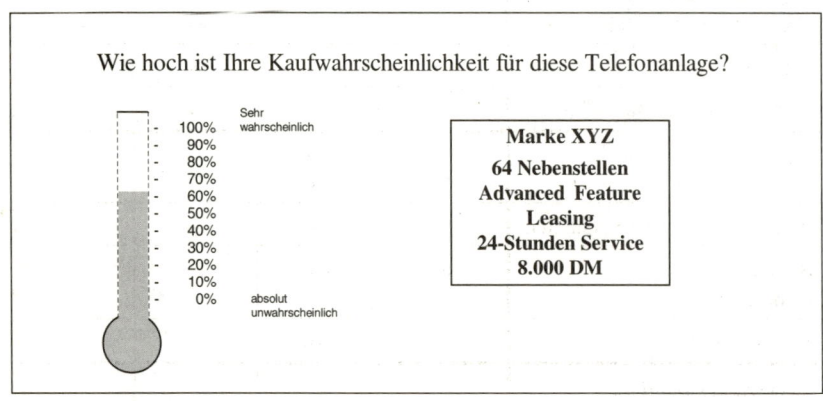

Abb. 10.11:   Präferenzbestimmung durch kalibrierte Einzelkonzepte

Der gesamte Befragungsablauf erfolgt dabei computergestützt und orientiert sich am Beurteilungsverhalten jeder einzelnen Auskunftsperson. Da bei der adaptiven Conjoint-Analyse tatsächlich spezifische Erhebungsdesigns für jede Auskunftsperson erstellt werden, kann hier von einer *echten Individualanalyse* gesprochen werden. Durch diesen zentralen Vorteil können Studien mit einer großen Anzahl von

Eigenschaften (bis max. 30) und Eigenschaftsausprägungen (bis max. 9) durchgeführt werden.[27]

Abschließend seien hier durch die nachfolgende Tabelle Empfehlungen für den Einsatz der oben skizzierten Verfahrensvarianten der Conjoint-Analyse gegeben, wobei die Beurteilungskategorien nach Erhebungsart sowie Erhebungs-, Anwendungs- und Auswertungssituation unterschieden sind.

Tabelle 10.23: Vergleichende Bewertung alternativer conjointanalytischer Untersuchungsansätze

Beurteilungskriterien	Klassische Ansätze	Choice-Based-CA	Hybrid-CA	Adaptive CA
Erhebungsart: persönlich, schriftlich	++	+	++	--
persönlich, computergestützt	∅	++	∅	++
postalisch, schriftlich	∅	∅	∅	--
postalisch, computergestützt	-	++	-	++
telefonisch	∅	(+)	-	+
Erhebungssituation: Große Merkmalsanzahl	--	--	++	++
Individualanalyse	++	--	+	++
individuelle Erhebungsprofile	-	-	--	++
Anwendungssituation: Auswahlentscheidungen	∅	++	∅	∅
Berücksichtigung der Simularität	-	++	-	-
Bestimmung von Marktreaktionen	∅	++	∅	∅
Marktsegmentierung	++	(∅)	-	(+)
Auswertungssituation: Inferenzstatistik	-	++	-	-

Legende:
Eignung: ++ = sehr gut + = gut ∅ = durchschnittlich - = gering -- = ungeeignet

---

[27] Vgl. Schubert B.: Conjoint-Analyse, in: Tietz B., Köhler, R., Zentes J. (Hrsg.): Handwörterbuch des Marketing, 2. Aufl., Stuttgart 1995, Sp. 380.

Bezüglich der Auswertungssituation ist hier noch anzumerken, daß lediglich bei der Choice-Based-Conjoint-Analyse Inferenzstatistiken berechnet werden können, während die nicht-metrischen Verfahren nur Fitmaße bereitstellen können. Weiterhin ist darauf hinzuweisen, daß die in Tabelle 10.23 gemachten Empfehlungen nur Grundsatzaussagen darstellen können, die in der konkreten Anwendungssituation einer geeigneten Relativierung bedürfen und kritisch zu hinterfragen sind.[28]

10.5 SPSS-Kommandos

Bei der Durchführung einer Conjoint-Analyse mit SPSS empfiehlt es sich, ebenfalls nach den Schritten "Datenerhebung" und "Datenauswertung" zu unterscheiden. Die Prozeduren ORTHOPLAN und PLANCARDS lassen sich dabei der Phase der Datenerhebung und die Prozedur CONJOINT der Phase der Datenauswertung zuordnen (vgl. Abbildung 10.12). Dabei ist zu beachten, daß lediglich die Prozeduren ORTHOPLAN und PLANCARDS in die Menüstruktur von SPSS integriert sind, während die eigentliche Conjoint-Analyse immer noch als Syntax-Datei geschrieben und unter SPSS ausgeführt werden muß.

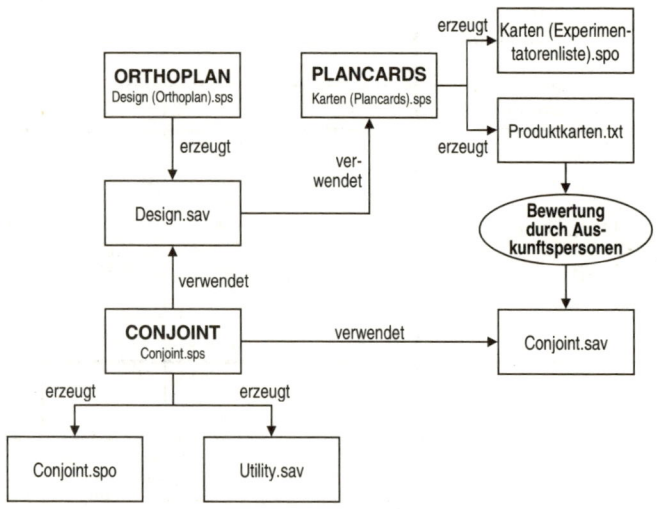

Abb. 10.12:   Zusammenwirken der SPSS-Prozeduren im Rahmen der Conjoint-Analyse

---

[28] Vgl. zu Tabelle 10.23 und der zusammenfassenden Beurteilung ausführlich Weiber, R./ Rosendahl, T.: Anwendungsprobleme der Conjoint-Analyse: Die Eignung conjointanalytischer Untersuchungsansätze zur Abbildung realer Entscheidungsprozesse, in: Marketing ZFP, 19(1997), Heft 2, S. 113ff.

Im folgenden werden alle in Abbildung 10.12 aufgeführten Prozeduren im Zusammenhang mit den für das Fallbeispiel verwendeten SPSS-Jobs besprochen.

10.5.1   Datenerhebung

10.5.1.1   Erstellung reduzierter Designs mit Hilfe der Prozedur ORTHOPLAN

Es wurde der in Tabelle 10.24 dargestellte SPSS-Job zur Erstellung des reduzierten Designs verwendet.[29]

Tabelle 10.24: SPSS-Job zur Erstellung eines reduzierten Designs (Design (Orthoplan).sps)

```
TITLE "Multivariate Analysemethoden (9. Auflage)".

SUBTITLE "Erstellung des reduzierten Designs für die Margarinestudie"

DATA LIST Free /Preis Verwend Geschmac Kalorien.

VARIABLE LABELS  Preis "Preis"
   /Verwend   "Verwendung"
   /Geschmac "Geschmack"
   /Kalorien "Kaloriengehalt".

VALUE LABELS
    Preis 1 "2,50DM - 3,00DM" 2 "2,00DM - 2,49DM" 3 "1,50DM - 1,99DM"
   /Verwend 1 "Brotaufstrich" 2 "Kochen/Backen/Braten" 3 "universell"
   /Geschmac 1 "Buttergeschmack" 2 "pflanzlich schmeckend"
   /Kalorien 1 "kalorienarm"    2 "normale Kalorien".

BEGIN DATA.
3 3 2 2
1 2 1 1
END DATA.

ORTHOPLAN   holdout = 2.

LIST VARIABLES = ALL.

SAVE OUTFILE = "a:\Conjoint\Design_1.sav".
```

Durch die Prozedur ORTHOPLAN werden zur Vorbereitung der Conjoint-Analyse reduzierte Erhebungsdesigns (orthogonal arrays) ermittelt.[30] ORTHOPLAN benö-

---

[29] Vgl. zur menügestützten Ausführung von ORTHOPLAN Abschnitt 10.3.1.
[30] Vgl. SPSS Inc. (Hrsg.): SPSS Categories, Chicago 1990, S. B-5ff. und C-22ff.

tigt dabei keinen Datensatz. Auf Basis der spezifizierten Variablen errechnet ORTHOPLAN das reduzierte Erhebungsdesign und liefert im Ergebnis eine Aufstellung der notwendigen Anzahl der fiktiven Produkte (als Fälle) mit den jeweiligen Ausprägungen der Eigenschaften (als Variable). Durch den Unterbefehl MINIMUM kann die Anzahl der Stimuli angegeben werden, die durch ORTHO-PLAN mindestens erzeugt werden sollen. Wird dieser Befehl nicht verwendet, erstellt ORTHOPLAN zumindest soviele Stimuli, wie sie für ein reduziertes Design benötigt werden.

Vor der Ausführung von ORTHOPLAN sollten noch die den Untersucher besonders interessierenden Eigenschaftskombinationen als Simulationskarten spezifiziert werden. In unserem Beispiel wurden zwei Simulationskarten gewählt, die durch die Befehle BEGIN DATA und END DATA eingeschlossen sind. Die Anzahl der gewünschten Holdout-Karten, die ebenfalls von ORTHOPLAN erzeugt werden, kann mit Hilfe des Unterbefehls HOLDOUT angegeben werden. Durch die Prozedur LIST wird in obigem SPSS-Job das Ergebnis abschließend angezeigt und mit Hilfe des Befehls SAVE OUTFILE in der Systemdatei DESIGN_1.SAV hinterlegt. Bei den folgenden Prozeduren wird auf die Datei DESIGN.SAV zurückgegriffen, um die zufallsbedingten Änderungen im reduzierten Design auszuschließen.[31]

10.5.1.2   Generierung von Produktkarten mit Hilfe der Prozedur PLANCARDS

Tabelle 10.25 zeigt den verwendeten SPSS-Job zur Generierung der Produktkarten.

Tabelle 10.25: SPSS-Job zur Erstellung der Produktkarten (Karten (Plancards).sps)

```
TITLE "Multivariate Analysemethoden (9. Auflage)".

SUBTITLE "Erstellung der Produktkarten aus dem reduzierten Design".

get file     = "a:\Conjoint\Design.sav".

PLANCARDS
   /factor    = preis verwend geschmac kalorien
   /format both
   /paginate
   /title     = "Margarine )CARD"
   /outfile   = "A:\Conjoint\Produktkarten.txt".
```

Die Prozedur PLANCARDS verwendet das Ergebnis der Prozedur ORTHOPLAN zur Erstellung von Produktkarten, die dann in der Befragung eingesetzt werden

---

[31] Die entsprechenden Daten- und Programmdateien können mit der Bestellkarte am Ende dieses Buches angefordert werden.

können.[32] Da das Ergebnis der Prozedur ORTHOPLAN in der Systemdatei DESIGN.SAV abgespeichert wurde, wird dieses Ergebnis durch den Befehl GET FILE in den Job eingelesen. Mit Hilfe des Unterbefehls FORMAT kann festgelegt werden, ob die Produktkarten in einer Liste (LIST), als einzelne Karten (CARDS) oder als Liste und Karten (BOTH) ausgegeben werden sollen.

Darüber hinaus können die Produktkarten mit Hilfe des Unterbefehls TITLE mit Kopfzeilen und mit Hilfe des Unterbefehls FOOTER mit Fußzeilen versehen werden. Produktkarten können mit PLANCARDS aber auch unabhängig von der Prozedur ORTHOPLAN erstellt werden, indem der Benutzer selbst das reduzierte Design für die Produktkarten im Rahmen der SPSS-Datendefinitionen bestimmt. Mit dem Unterbefehl OUTFILE wird die Datei spezifiziert, in die das Ergebnis der Prozedur PLANCARDS geschrieben werden soll.

10.5.2 Datenauswertung mit Hilfe der Prozedur CONJOINT

Das für unser Beispiel verwendete Programm zur Durchführung der Conjoint-Analyse mit Hilfe der Prozedur CONJOINT ist in Tabelle 10.26 dargestellt.

Tabelle 10.26: SPSS-Job zur Conjoint-Analyse (Conjoint.sps)

```
TITLE "Multivariate Analysemethoden (9. Auflage)".

SUBTITLE "Conjoint-Analyse für den Margarinemarkt".

CONJOINT
    plan      = "A:\Conjoint\Design.sav"
    /data     = "A:\Conjoint\Conjoint.sav"
    /factors = Preis (LINEAR MORE) Verwend (DISCRETE)
               Geschmac (DISCRETE) Kalorien (LINEAR LESS)
    /subject = Person
    /rank     = Stim1 to Stim9 Hold1 Hold2
    /print    = all
    /utility = "A:\Conjoint\Utility.sav".

SUBTITLE "Auflistung der Gesamtnutzenwerte".

get file "A:\Conjoint\Utility.sav".

LIST.
```

Die eigentliche Conjoint-Analyse wird durch die Prozedur CONJOINT durchgeführt. Zuvor wurde mit dem TITLE-Befehl noch eine Überschrift für die aktuelle Prozedur eingeführt. Mit dem Unterbefehl PLAN wird der Prozedur CONJOINT

---

[32] Vgl. SPSS Inc. (Hrsg.): SPSS Categories, a.a.O., S. B-11ff. und C-33ff.

mitgeteilt, welche Datei die Daten für das *reduzierte Erhebungsdesign* enthält. In unserem Fall ist das die Datei DESIGN.SAV, die zuvor mit Hilfe der Prozedur ORTHOPLAN erzeugt wurde.

Jeder weitere Unterbefehl der Prozedur CONJOINT wird durch einen Schrägstrich (/) eingeleitet. In der vorliegenden Conjoint-Analyse wurden die folgenden Unterbefehle verwendet:[33]

- Der Unterbefehl DATA

Die in diesem Beispiel verwendeten *Präferenzwerte der Befragten* wurden im SPSS-Datendokument CONJOINT.SAV hinterlegt. Auf dieses Datendokument kann nun im DATA-Unterbefehl der Prozedur CONJOINT zurückgegriffen werden. Alternativ können die Daten auch im Datendefinitionsteil eingegeben werden und sind damit bereits im ACTIVE-FILE (Spezifikation *) enthalten.

- Der Unterbefehl FACTORS:

Der Unterbefehl FACTORS bestimmt, welche Beziehung die Faktoren zu den Präferenzwerten der Befragten aufweisen. Vier Modelle stehen zur Verfügung, die bei den verschiedenen Eigenschaften verwendet werden können (vgl. Abschnitt 10.3.2.1):

• DISCRETE: Es liegen kategoriale Variablen vor, und es werden keinerlei Annahmen über die Beziehung zwischen Variablen und Rangwerten gemacht.
• LINEAR: Die Rangwerte stehen in einer linearen Beziehung zu den Variablen.
• IDEAL: Die Rangwerte stehen in einer quadratischen Beziehung zu den Variablen, wobei mit zunehmender Abweichung von einem "Idealwert" die Präferenz immer geringer wird.
• ANTIIDEAL: Die Rangwerte stehen in einer quadratischen Beziehung zu den Variablen, wobei mit zunehmender Abweichung von einem "schlechtesten Wert" die Präferenz immer größer wird.

- Der Unterbefehl SUBJECT:

Durch den Unterbefehl SUBJECT wird eine Identifikationsvariable für die Befragten bestimmt. In unserem Fall ist das die Variable "PERSON", die die Personen-Nummer enthält. Wird keine Identifikationsvariable bestimmt, so gibt die Prozedur CONJOINT keine Einzelanalyse, sondern nur eine Gesamtanalyse aus.

- Die Unterbefehle RANK, SCORE und SEQUENCE:

Zur Analyse der Präferenzdaten läßt CONJOINT alternativ drei Arten der Datenkodierung zu (vgl. Abschnitt 10.3.1):

• RANK: (Methode der Rangverteilung)
Dabei muß die Kodierung der Daten so erfolgen, daß die *Reihenfolge der Variablen* der *Reihenfolge der Produktkarten* entspricht. In unserem Fall entspricht die Variable "STIM1" der Produktkarte Nr. 1, die Variable "STIM2" der Produktkarte Nr. 2 usw. Beispielsweise hat der Datensatz für Auskunftsperson 33 folgende Form:

---

[33] Eine detaillierte Aufstellung aller möglichen Unterbefehle in der Prozedur CONJOINT findet sich bei: SPSS Inc. (Hrsg.): SPSS Categories, a.a.O., S. B-15ff. und C-9ff.

33 5   10 11 6   8   9   2   1   3   4   7

Nach der laufenden Nummer für die Personen folgen die Rangwerte für die elf Stimuli. Die Auskunftsperson hat dem Stimulus 1 (STIM1) den Rang 5, dem Stimulus 2 (STIM2) den Rang 10 vergeben usw. Die letzten beiden Ziffern 4 und 7 entsprechen den Rangwerten für die Holdout-Karten. Die Ziffern stehen für die Rangwerte der sortierten Stimuli.

- SCORE: (Präferenzwertmethode)
  Dabei muß die Kodierung der Daten so erfolgen, daß die Reihenfolge der Variablen wiederum der Reihenfolge der Produktkarten entspricht.
- SEQUENCE: (Methode des Rangordnens)
  Eine Beurteilung in Form von Rang- oder Präferenzwerten ist nicht erfolgt. Die Kodierung der Daten muß hier allerdings so erfolgen, daß die *Produktkarte mit der höchsten Präferenz* als *erste Variable* und *diejenige mit der kleinsten Präferenz* als *letzte Variable* kodiert wird. Für Auskunftsperson 33 hätte der Datensatz bei der Methode des Rangordnens wie folgt ausgesehen:

33   8   7   9   10 1   4   11 5   6   2   3

Stimulus Nr. 8 bekam die höchste Präferenz, Stimulus Nr. 7 die zweithöchste Präferenz usw. zugeordnet. Die Ziffern stehen für die Nummer des jeweiligen Stimulus.

- Der Unterbefehl PRINT:
  Der PRINT-Unterbefehl steuert die Druckausgabe der Prozedur CONJOINT.

- Der Unterbefehl UTILITY:
  Durch den Unterbefehl UTILITY wird ein Systemfile unter dem Namen UTIL.SYS erzeugt, in dem für jede Person folgende Informationen abgespeichert sind.
  - Personenkennung (Variable "PERSON")
  - Konstanter Term der Conjoint-Schätzung (Variable "CONSTANT")
  - Teilnutzenwerte (Variable "VERWEN1" bis "KALORI_L")
  - Gesamtnutzenwerte des reduzierten Designs
    (Variable "SCORE1" bis "SCORE9")
  - Gesamtnutzenwerte der Holdout-Karten
    (Variable "SCORE10" und "SCORE11")
  - Gesamtnutzenwerte der Simulations-Karten
    (Variable "SIMUL01" und "SIMUL02")

Tabelle 10.27 zeigt den Inhalt der UTIL-Datei für Person 33. Dabei ist jedoch zu beachten, daß bei den Eigenschaften "Preis" und "Kaloriengehalt" nur der Wert des Regressionskoeffizienten B angegeben wird, da mit seiner Hilfe, wie in Abschnitt 10.3.2.1 beschrieben, auf die Teilnutzenwerte geschlossen werden kann.

Tabelle 10.27: Auszug aus dem Systemfile UTIL.SYS für Person 33

```
The variables are listed in the following order:

LINE   1: PERSON CONSTANT VERWEN1 VERWEN2 VERWEN3 GESCHM1 GESCHM2
LINE   2: PREIS_L KALORI_L SCORE1 SCORE2 SCORE3 SCORE4 SCORE5
LINE   3: SCORE6 SCORE7 SCORE8 SCORE9 SCORE10 SCORE11 SIMUL01
LINE   4: SIMUL02

. Ausdruck für Person 1 bis 32

.
   PERSON:    33,00     3,92    -1,67     ,67    1,00    2,25   -2,25
  PREIS_L:     ,50     -,50     6,67    2,33     ,00    5,50    4,50
   SCORE6:    3,67     7,33     7,67    7,33    7,17    4,00    3,17
 SIMUL02:    6,83

. Ausdruck für Person 34 bis 40

.
Number of cases read:  40    Number of cases listed:  40
```

Entscheidend ist dabei die Angabe der Teilnutzenwerte (VERWEN1 bis KALO-RI_L), da sich mit ihrer Hilfe die Gesamtnutzenwerte aller Stimuli errechnen lassen und sie durch andere Prozeduren (wie z. B. durch die Clusteranalyse) eingelesen werden können. Darüber hinaus lassen sich durch den File UTIL.SYS unmittelbar die Gesamtnutzenwerte der Stimuli des reduzierten Designs und der Holdout-Karten ablesen, die im Ausdruck der Individualanalysen (vgl. Tabelle 10.14) nicht enthalten sind.

Abschließend sei noch darauf hingewiesen, daß die Prozedur ORTHOPLAN jeweils nach einem Zufallsprinzip reduzierte Designs erstellt, wodurch mit jedem ORTHOPLAN-Aufruf jeweils unterschiedliche reduzierte Designs erzeugt werden. Die Prozedur CONJOINT läßt aber auch die *Vorgabe eines reduzierten Designs durch den Anwender* zu. Möchte man z. B. auf das in diesem Kapitel verwendete reduzierte Design zurückgreifen, so zeigt Tabelle 10.28 den entsprechenden SPSS-Job zur Durchführung der Conjoint-Analyse.

Die Behandlung von Missing Values

Als fehlende Werte (MISSING VALUES) bezeichnet man Variablenwerte, die von den Befragten entweder außerhalb des zulässigen Beantwortungsintervalls vergeben wurden oder überhaupt nicht eingetragen wurden. Die Prozedur CONJOINT ist nicht in der Lage, solche fehlenden Werte zu handhaben. Sobald fehlende Werte bei den Rang- oder Präferenzwerten auftreten, wird der entsprechende Fall aus der Analyse ausgeschlossen.

Tabelle 10.28: SPSS-Job zur Conjoint-Analyse mit vorgegebenem reduzierten Design

```
DATA LIST free /PREIS VERWEND GESCHMAC KALORIEN STATUS_ CARD_.

VARIABLE LABELS  Preis "Preis"
   /Verwend  "Verwendung"
   /Geschmac "Geschmack"
   /Kalorien "Kaloriengehalt".

VALUE LABELS
   Preis 1 "2,50DM - 3,00DM" 2 "2,00DM - 2,49DM" 3 "1,50DM - 1,99DM"
   /Verwend 1 "Brotaufstrich" 2 "Kochen/Backen/Braten" 3 "universell"
   /Geschmac 1 "nach Butter" 2 "pflanzlich"
   /Kalorien 1 "kalorienarm"     2 "normale Kalorien".

BEGIN DATA.
1.00     3.00     1.00     2.00          0          1
1.00     2.00     2.00     1.00          0          2
2.00     1.00     2.00     2.00          0          3
3.00     1.00     1.00     1.00          0          4
1.00     1.00     1.00     1.00          0          5
3.00     3.00     2.00     1.00          0          6
2.00     2.00     1.00     1.00          0          7
2.00     3.00     1.00     1.00          0          8
3.00     2.00     1.00     2.00          0          9
2.00     3.00     1.00     2.00          1          10
1.00     1.00     1.00     2.00          1          11
3.00     3.00     2.00     2.00          2          1
1.00     2.00     1.00     1.00          2          2
END DATA.

* PROZEDUR
* --------.

SUBTITLE "Conjoint-Analyse für den Margarinemarkt".
CONJOINT plan = *
   /data      = "CONJOINT.SYS"
   /factors = Preis (LINEAR MORE) Verwend (DISCRETE)
              Geschmac (DISCRETE) Kalorien (LINEAR LESS)
   /subject = Person
   /rank      = Stim1 to Stim9 Hold1 Hold2
   /print     = all
   /utility = "UTIL.SYS".

SUBTITLE "Auflistung der Gesamtnutzenwerte".
get file "UTIL.SYS".
LIST.
```

Anhang

Berechnung der Teilnutzenwerte durch Regressionsanalyse

Bei Durchführung einer Regression der p-Werte auf die Dummy-Variablen ist darauf zu achten, daß von den M_j Dummy-Variablen einer Eigenschaft j nur (M_j - 1) Variablen linear unabhängig sind. Je Eigenschaft ist daher eine der Dummy-Variablen zu eliminieren, so daß insgesamt nur

$$Q = \sum_{j=1}^{K} M_j - K \tag{B1}$$

Dummy-Variablen zu berücksichtigen sind. Im Beispiel ergibt sich Q=3. Die der eliminierten Dummy-Variable zugehörige Merkmalsausprägung wird als Basis-ausprägung der betreffenden Eigenschaft betrachtet. Geschätzt werden sodann die Abweichungen von den jeweiligen Basisausprägungen. Wählt man jeweils die letzte Ausprägung einer Eigenschaft als Basisausprägung, so gelangt man zu folgender Datenmatrix:

Empirische Werte	Dummies			Geschätzte Werte
p_k	X_{A1}	X_{A2}	X_{B1}	y_k
2	1	0	1	1,6667
1	1	0	0	1,3333
3	0	1	1	3,6667
4	0	1	0	3,3333
6	0	0	1	5,6667
5	0	0	0	5,3333

Die zu schätzende Regressionsgleichung lautet allgemein:

$$y_k = a + \sum_{j=1}^{J} \sum_{m=1}^{M_j-1} b_{jm} x_{jm} \tag{B2}$$

Für das Beispiel ergibt sich:

$$y_k = 5,3333 - 4,0 x_{A1} - 2,0 x_{A2} + 0,3333 x_{B1} \left(R^2 = 0,924 \right)$$

Diese Gleichung liefert dieselben Gesamtnutzenwerte y_k, die man auch bei Anwendung der Varianzanalyse erhält. Die Teilnutzenwerte b_{jm} sind gegenüber den zuvor erhaltenen Werten β_{jm} andersartig skaliert. Die β_{jm} sind für jede Eigenschaft j um den Nullpunkt zentriert, und man erhält sie durch folgende Transformation:

$$\beta_{jm} = b_{jm} - \overline{b}_j \qquad\qquad (B3)$$

Die Differenzen zwischen den Teilnutzenwerten für die Eigenschaft j sind dagegen identisch, wie sich leicht nachprüfen läßt. Damit liefern beide Verfahren auch gleiche Wichtigkeiten der Eigenschaften.

10.6 Literaturhinweise

Addelman, S. (1962): Orthogonal Main-Effect Plans for Factorial Experiments, in: Technometrics, S. 21 ff.

Backhaus, K. / Ewers, H.-J. / Büschken, J. / Fonger, M. (1992): Marketingstrategien für den schienengebundenen Güterfernverkehr, Göttingen 1992.

Carroll, D.J. / Green, P.E. (1995): Psychometric methods in Marketing Research: Part I, Conjoint Analysis, in: Journal of Marketing Research, Vol. 32, S. 385-391.

Green, P.E. (1974): On the Design of Choice Experiments Involving Multifactor Alternatives, in: Journal of Consumer Research, Vol. 1, 1974, S. 61-68.

Green, P.E. (1984): Hybrid Models for Conjoint Analysis: An Expository Review, in: Journal of Marketing Research, Vol. 21, S. 155-169.

Green, P.E. / Caroll, J.D. / Carmone, F.J. (1978): Some New Types of Fractional Factorial Designs for Marketing Experiments, in: Sheth, J. N. (Ed.): Research in Marketing, Vol. I, Greenwich, Ct. 1978, S. 99-122.

Green, P.E. / DeSarbo, W.S. (1979): Componential Segmentation in the Analysis of Consumer Tradeoffs, in: Journal of Marketing, 43 Jg., S. 33-41.

Green, P.E. / Srinivasan, V. (1978): Conjoint Analysis in Consumer Research, in: The Journal of Consumer Research, Vol. 5, S. 103-122.

Green, P.E. / Wind, Y. (1975): New Way to Measure Consumers' Judgements, in: Harvard Business Review, 53 (1975), Nr. 4, S. 107-117.

Green, P.E. / Srinivasan, V. (1990): Conjoint Analysis in Marketing: New Developments with Implications for Research and Practice, in: Journal of Marketing, Vol. 54, Heft 4, S. 3-19.

Johnson, R.M. (1974): Trade-Off-Analysis of Consumer Values, in: Journal of Marketing Research, Vol. 11, S. 121ff.

Kamakura, W. (1988): A Least Squares Procedure for Benefit Segmentation with Conjoint Experiments, in: Journal of Marketing Research, Vol. 25, S. 157-167.

Kruskal, J.B. (1964a): Multidimensional Scaling by Optimizing Goodness of Fit to a Nonmetric Hypothesis, in: Psychometrika, Vol. 29, No 1, S. 1-27.

Kruskal, J.B. (1964b): Nonmetric Multidimensional Scaling: A Numerical Method, in: Psychometrika, Vol. 29, No 2, S. 115-129.

Kruskal, J.B. (1965): Analysis of factorial experiments by estimating a monotone transformation of data, in: Journal of Royal Statistical Society, Series B, S. 251-263.

Kruskal, J.B. / Carmone, F.J. (o.J.): Use and Theory of MONANOVA, a Program to Analysze Factorial Experiments by Estimation Monotone Transformations of the Data, Bell Telephone Laboratories, Murray Hill (N.J.).

Louviere, J.J. / Woodworth, G. (1983): Design and Analysis of Simulated Consumer Choice or Allocation Experiments: An Approach Based on Aggregate Data, in: Journal of Marketing Research, Vol. 20, S. 350-367.

McFadden, D. (1973): Conditional logit analysis of qualitive choice behavior, in: Zarembka P. (Hrsg.), Frontiers in Economics, New York, S. 105-142.

Pekelman, D. / Sen, S.L. (1979): Improving Prediction in Conjoint Analysis, in: Journal of the American Statistical Association, Vol. 75, S. 801-816.

Schubert, B. (1995): Conjoint-Analyse, in: Tietz B., Köhler, R., Zentes J. (Hrsg.): Handwörterbuch des Marketing, 2. Aufl., Stuttgart, Sp. 376-389.

Schweikl, H. (1985): Computergestützte Präferenzanalyse mit individuell wichtigen Produktmerkmalen, Berlin.

Shocker, A.D. / Srinivasan, V. (1979): Multiattribute Approaches for Product Concept Evaluation and Generation: A Critical Review, in: Journal of Marketing Research, Vol. 16, S. 169ff.

SPSS Inc. (1990) (Hrsg.): SPSS Categories, Chicago.

Srinivasan, V. / Jain, A.K. / Malhorta, N.K. (1983): Improving the Predictive Power of Conjoint Analysis by Constrained Parameter Estimation, in: Journal of Marketing Research, 20(1983), S. 433-438.

Theuerkauf, I. (1989): Kundennutzenmessung mit Conjoint, in: Zeitschrift für Betriebswirtschaft, 59 (1989), S. 1179-1192.

Thomas, L. (1983): Der Einfluß von Kindern auf die Produktpräferenzen ihrer Mütter, Berlin

Weiber, R. / Rosendahl, T. (1997): Anwendungsprobleme der Conjoint-Analyse: Die Eignung conjointanalytischer Untersuchungsansätze zur Abbildung realer Entscheidungsprozesse, in: Marketing ZFP, 19 Jg., Heft 2, S. 107-118.

Young, F.W. (1973): Conjoint Scaling, The L. L. Thurstone Psychometric Laboratory, University of North Carolina.

Anhang

Mit der Bestellkarte am Ende dieses Buches kann die Support-Diskette angefordert werden, die alle Daten- und Programm-Dateien enthält.

Anhang 1.   Datensatz für die Regressionsanalyse

MENGE	PREIS	AUSGABEN	BESUCHE
2585	12.5	2000	109
1819	10	550	107
1647	9.95	1000	99
1496	11.5	800	70
921	12	0	81
2278	10	1500	102
1810	8	800	110
1987	9	1200	92
1612	9.5	1100	87
1913	12.5	1300	79
2118	8.5	1550	75
1438	12	550	106
1834	9.5	1980	66
1869	9	1600	80
1574	7	500	90
2597	11	2000	120
2026	10	1680	95
2016	9.5	1700	92
1566	10	1400	65
2169	13	1800	90
1996	11	1600	76
2501	8	2000	89
2604	8.5	1800	108
1277	10	460	78
1789	9	800	88
1824	11	1460	87
1813	12	1300	103
1513	11.5	600	89
1172	13	750	68
1987	9	900	106
2056	10.5	1250	96
1513	9	850	78
1756	12.5	950	86
2007	13	1500	125
2079	11	1850	109
1664	9.9	1200	60
1699	12.5	1600	79

Anhang 2.   Datensatz für die Diskriminanzanalyse

Jede Zeile gibt die Beurteilungen (Ratings) einer Marke durch eine Person an. In der ersten Spalte steht eine laufende Nummerierung, danach folgen die Ratings und am Ende der Zeile sind Person und Marke angegeben.

0.	Laufende Nummer
1.	Streichfähigkeit
2.	Preis
3.	Haltbarkeit
4.	Anteil ungesättigter Fettsäuren
5.	Back- und Brateignung
6.	Geschmack
7.	Kaloriengehalt
8.	Anteil tierischer Fette
9.	Vitamingehalt
10.	Natürlichkeit
11.	Person
12.	Marke

Nr.	1	2	3	4	5	6	7	8	9	10	Person	Marke
1	3	3	5	4	1	2	3	1	3	4	1	1
2	6	6	5	2	2	5	2	1	6	7	3	1
3	2	3	3	3	2	3	5	1	3	2	4	1
4	4	3	3	4	4	3	5		4	4	7	1
5	7	5	5	7	3	6	5	1	5	5	11	1
6	5	4	5	2	5	4	3	7	7	3	12	1
7	6	5	6	5	6	5	6		6	5	16	1
8	3	3	3	4	3	2	3	1	3	3	18	1
9	7	6	6	2	3	7	5	1	6	3	2	2
10	3	4	4	4	2	5	5	1	4	4	4	2
11	7	1	4	5	1	4	1	1	3	5	7	2
12	7	7	3	7	1	3	1	1	4	5	8	2
13	6	5	4	3	1	2		1	3	1	9	2
14	3	3	4	3	1	4	2		4	2	10	2
15	4	6	2	4	1	3	1		4	4	11	2
16	4	3	4	4	4	4	4		4	4	12	2
17	3	4	4	4	3	3	3	7	5	5	13	2
18	6	3	5	4	4	4	4		4	4	14	2
19	7	7	3	2	1	2	5	1	1	1	15	2
20	5	2	3	4	4	4	5		3	3	16	2

Anhang 2 (Fortsetzung)

21	3	4	4	4	3	4	3	1	1	3	1	3
22	6	2	5	2	3	4	2	1	3	4	3	3
23	4	3	4	3	4	5	4	7	4	4	4	3
24	6	2	4	5	6	6	3	1	5	4	5	3
25	6	5	7	3	3	2	3	1	3	1	6	3
26	6	2	6	4	6	6	4		5	5	7	3
27	5	2	4	4	6	5	4		5	4	8	3
28	6	5	6	4	6	6	4		4	4	9	3
29	3	4	6	2	6	4	6	7	2	4	10	3
30	7	7	4		4	6	7	1	5	1	11	3
31	2	2	5	4	3	5	3	1	4	5	12	3
32	6	5	4	1	1	3	4	1	3	3	13	3
33	5	3	4	4	4	3	4	1	2	2	14	3
34	5	4	4	4	4	5	4		4	4	15	3
35	4	6	4	4	4	4	3	1	4	4	16	3
36	7	4	6	4	5	5	5	1	3	5	17	3
37	5	5	4	3	4	3	1	1	3	3	18	3
38	4	5	4	3	4	5	5	1	3	6	2	4
39	2	2	2	2	3	2	6		3	2	8	4
40	3	6	3	3	7	5	4	7	4	4	10	4
41	3	7	3	1	4	6	3	7	4	5	11	4
42	7	7	7	3	7	7	7	1	6	6	13	4
43	3	5	3	2	3	3	5	7	2	4	1	5
44	6	2	3	2	4	3	5	1	5	5	2	5
45	4	5	4	5	5	5	5	1	3	6	3	5
46	2	7	5	6	5	6	5	7	5	6	4	5
47	3	7	5	6	1	7	6	7	5	6	5	5
48	4	6	6	4	6	7	4		5	5	6	5
49	6	7	5	4	2	6	6	7	6	5	7	5
50	1	7	1		7	7	7	7	1	7	8	5
51	2	2	2	6	6	5	5	7	4	6	9	5
52	2	4	4	4	4	6	4		4	4	10	5
53	3	6	2	2	2	4	5	7	3	6	11	5
54	2	4	3	5	2	5	7		4	4	12	5
55	5	4	5	3	3	4	5		4	4	13	5
56	1	3	3	3	1	7	5	7	7	7	14	5
57	3	6	4	4	6	6	7	7	6	7	15	5
58	3	7	3	1	4	6	3	7	4	5	16	5
59	5	4	4	4	4	4	3		3	3	17	5
60	7	5	6	3	6	6	4	1	5	5	18	5
61	3	5	5	4	3	5	6	7	5	5	4	6
62	2	7	3	2	6	7	7	7	7	7	7	6
63	3	1	3	6	5	5	6		5	4	8	6
64	2	2	6	6	5	5	7	4	6		10	6
65	6	4	4	4	4	4	4		4	4	12	6
66	2	1	2	2	2	4	5	7	2	5	13	6
67	3	4	6	4	6	6	7	7	6	7	14	6

Anhang 2 (Fortsetzung)

68	7	4	6	4	5	6	4	1	5	5	16	6
69	5	3	6	5	7	6	2	7	6	3	2	7
70	3	4	3	4	2	4	5		4	3	6	7
71	6	2	6	4	6	6	4		5	5	7	7
72	5	3	4	4	5	5	3	1	4	4	8	7
73	6	3	5	5	3	6	3		4	4	9	7
74	6	4	5	1	5	6	6	7	3	3	12	7
75	4	2	4	2	5	3	5	1	5	4	13	7
76	5	3	4	3	4	3	6	1	5	4	14	7
77	5	3	4	5	2	1	4	7	4	1	15	7
78	5	5	5	4	5	4	6		4	3	16	7
79	6	4	5	5	5	4	6	1	5	6	17	7
80	7	5	4	5	3	5	6	1	5	3	18	7
81	5	4	4	4	4	4	3	1	3	2	1	8
82	7	6	6	3	2	6	1	1	2	3	2	8
83	5	2	5	2	3	5	2	1	4	5	3	8
84	7	5	4	4	3	4	4	1	5	4	4	8
85	6	2	6	4	5	6	2	7	6	3	6	8
86	6	4	5	6	6	5	5	1	6	3	8	8
87	6	6	6	4	6	6	3	1	4	2	10	8
88	6	2	6	4	6	6	4		5	5	11	8
89	7	6	2	4	3	4	3	1	4	4	12	8
90	6	6	6	6	3	6	2		4	4	13	8
91	5	4	4	3	3	5	4	1	6	5	14	8
92	5	4	4	5	3	4	3	1	4	3	15	8
93	4	5	4	4	3	3	3		4	3	16	8
94	7	6	7	1	7	7	2	7	7	7	17	8
95	7	4	2	6	1	2	3	1	5	2	1	9
96	7	7	7	4	5	7	7	1	6	6	2	9
97	5	2	5	2	3	2	2	1	3	4	3	9
98	5	4	4	5	3	4	4	1	4	3	4	9
99	6	4	4	6	7	5	6	1	5	6	5	9
100	5	2	6	3	5	4	6	7	3	3	6	9
101	2	2	5	4	3	5	3	1	4	5	8	9
102	6	4	6	3	5	4	3	1	3	7	9	9
103	5	6	5	4	5	5		1	2	4	11	9
104	5	4	4	4	4	4	4		4	4	13	9
105	4	3	4	3	3	5	3	1	3	3	17	9
106	4	7	4	4	4	4	1	1	3	3	18	9
107	6	5	4	4	5	4	5	1	4	4	4	10
108	5	5	4	5	4	4	5	7	3	3	5	10
109	5	1	4	3	6	4	5	1	4	4	7	10
110	5	4	4	4	5	5	4	1	4	4	9	10
111	6		3	4	2	6	5	1	3	4	12	10
112	6	5	4	4	4	3	5	1	4	1	13	10
113	5	3	3	4	3	4	3	1	3	4	14	10
114	4	1	4	3	1	2	3	1	3	3	15	10

Anhang 2 (Fortsetzung)

115	5	3	5	6	7	5	7	1	6	6	16	10
116	4	4	4	4	4	4	4	1	4	4	17	10
117	7	5	4	4	4	4	4		5	5	18	10
118	4	4	4	3	2	2	3	1	2	2	1	11
119	5	3	4	4	3	3	3	1	3	3	2	11
120	5	3	5	4	4	3	5	1	5	4	3	11
121	3	3	3	4	4	5	3	5	4	3	4	11
122	5	5	5	5	4	5	3		4	4	6	11
123	6	7	5	5	5	5	5		5	5	8	11
124	4	3	4	3	3	3	4	1	3	4	9	11
125	5	4	4	6	4	5	5	1	4	4	13	11
126	3	4	4	4	4	4	4	1	4	4	17	11
127	5	4	4	1	4	4	1	1	1	4	18	11

Anhang 3.   Datensatz zur Faktoren- und Cluster-Analyse

STREI CHFÄH	PREIS	HALT BARK	UNGES FETTS	BACK EIGNG	GESCH MACK	KALOR IENGE	TIER FETT	VITAM INGEH	NATÜR LICHK	
4.500	4.000	4.375	3.875	3.250	3.750	4.000	2.000	4.625	4.125	SANELLA
5.167	4.250	3.833	3.833	2.167	3.750	3.273	1.857	3.750	3.417	HOMA
5.059	3.824	4.765	3.438	4.235	4.471	3.765	1.923	3.529	3.529	SB
3.800	5.400	3.800	2.400	5.000	5.000	5.000	4.000	4.000	4.600	DELICADO
3.444	5.056	3.778	3.765	3.944	5.389	5.056	5.615	4.222	5.278	HOLLBUTT
3.500	3.500	3.875	4.000	4.625	5.250	5.500	6.000	4.750	5.375	WEIHBUTT
5.250	3.417	4.583	3.917	4.333	4.417	4.667	3.250	4.500	3.583	DUDARFST
5.857	4.429	4.929	3.857	4.071	5.071	2.929	2.091	4.571	3.786	BECEL
5.083	4.083	4.667	4.000	4.000	4.250	3.818	1.545	3.750	4.167	BOTTERAM
5.273	3.600	3.909	4.091	4.091	4.091	4.545	1.600	3.909	3.818	FLORA
4.500	4.000	4.200	3.900	3.700	3.900	3.600	1.500	3.500	3.700	RAMA

Anhang 4.   Ähnlichkeitsdaten für die MDS

Jede Dreiecksmatrix steht für eine Person.
Die Diagonale der Ähnlichkeitsmatrix ist leer.

Lesebeispiel für 1. Person (Matrix):
       1. Zeile: Ähnlichkeit von 2 mit 1 (von Du darfst mit Becel): 2
       2. Zeile: Ähnlichkeit von 3 mit 1, 2: 6, 5
       3. Zeile: Ähnlichkeit von 4 mit 1, 2, 3: 7,6,5
       etc.

1	Becel
2	Du darfst
3	Rama
4	Delicado
5	Holländische Markenbutter
6	Weihnachtsbutter
7	Homa
8	Flora Soft
9	SB
10	Sanella
11	Botteram

```
2
65
765
7642
76323
651454
5536442
65204323
661544141
6613433222

0
00
000
0040
00603
001054
0020652
00304522
001055221
0020542321
```

Anhang 4 (Fortsetzung)

```
1
44
000
7770
66601
331066
5310662
25107731
431067121
4410452222

2
44
000
6560
55502
552054
6520555
00000000
652045230
5520552202

0
10
304
5041
50623
102204
2046572
10305521
203664232
2015724763

5
66
553
3342
25456
542335
4625436
32606333
646726542
2665536765
```

Anhang 4 (Fortsetzung)

```
0
20
000
4040
40401
202044
2020442
20204422
202044222
2020442222

0
02
000
0560
05502
000000
0320650
02205502
022055022
0200650222

1
66
772
7722
55222
641341
6612231
66202332
661231221
7745431334

1
74
000
7730
77101
575445
7140474
33506653
772026553
6530443464
```

Anhang 4 (Fortsetzung)

```
0
50
000
4070
50603
502076
4030663
30206742
503077464
4030764035

0
60
000
6030
40503
501545
4010551
30105511
301045111
2010351111

0
05
000
0430
03201
041043
0610331
04103311
061043111
0410331111

4
56
000
4760
67501
561075
6610662
45306621
450076121
4543434325
```

Anhang 4 (Fortsetzung)

```
0
10
707
7071
70711
101777
1017771
10177711
101777111
1017771111
```

```
0
50
504
3043
40221
000000
3024330
40502502
405365042
4046530554
```

```
0
05
000
0530
04302
023064
0420332
04304333
042043332
0340652425
```

```
0
70
700
6075
70732
506576
3064351
40605733
402777657
0000000000
```

Anhang 4 (Fortsetzung)

```
0
10
504
5051
50411
201444
1015541
10105551
303322354
1115553112

3
34
000
2350
24001
332025
2340344
24406632
024066343
3350654433

2
45
000
7630
76502
632066
6210661
32306612
243076132
3240061431

2
33
352
1251
13211
321452
1112221
33104312
322444131
2214231111
```

Anhang 4 (Fortsetzung)

2
22
665
4456
35433
533652
4556522
52505422
533655242
5246552224

2
55
000
6620
25201
000000
5200632
32202302
522225022
5530332353

3
57
676
7771
77611
671777
5617771
77107711
571777111
7737772333

0
07
077
0674
07754
071776
0660663
05366635
043746222
0545453333

Anhang 4 (Fortsetzung)

```
1
77
000
7770
77701
000070
7740770
77407001
774077011
7710770441

2
55
777
7772
77722
551777
5517771
44207722
224777545
4427773334

0
06
000
0670
06700
062076
0620761
05206622
061066322
0520662222

2
66
006
6645
65344
651454
7616551
66104411
661654111
6617542111
```

Anhang 4 (Fortsetzung)

```
0
06
000
0660
00000
042060
0540604
04406035
042060242
0340702633
```

```
0
30
706
6065
30433
202664
3025542
20305533
304664332
2026543333
```

Anhang 5.   Präferenzdaten für die MDS

Jede Zeile steht für eine Person.
Die Spalten betreffen die Marken.
In den Zeilen stehen die Rangwerte der Marken.

Lesebeispiel für 1. Person (Zeile):
      Marke 1 (Becel) nimmt Rang 10 ein,
      Marke 2 (Du darfst) nimmt Rang 11 (letzter Rang) ein,
      etc.

1	Becel
2	Du darfst
3	Rama
4	Delicado
5	Holländische Markenbutter
6	Weihnachtsbutter
7	Homa
8	Flora Soft
9	SB
10	Sanella
11	Botteram

```
10 11  2  4  5  6  1  8  3  7  9
 6  7  8  5  4  1 10  9 11  2  3
 7 11  4  8  9 10  6  5  3  1  2
11 10  3  9  2  8  7  1  5  4  6
10 11  1  2  3  4  5  6  7  8  9
11 10  5  1  2  3  8  7  6  4  9
11  8  7  9 10  6  5  4  2  1  3
10 11  2  4  3  5  6  9  8  1  7
 8 10  2  9  5  1  6  7  4  3  5
 8  7  6  9 11 10  1  2  3  4  5
11 10  3  9  8  7  5  6  1  2  4
 7 11  1 10  9  8  2  3  4  5  6
 3  4  5  6  1  2  7  8  9 10 11
11 10  3  9  2  1  6  5  4  7  8
10 11  9  3  2  1  4  5  6  7  8
 7  8  4 11  9 10  5  1  6  2  3
10  4  5  9  3  7 11  8  1  6  7
11  7  8  3  2 10  5  6  9  1  4
11 10  9  3  2  1  4  5  6  7  8
```

Anhang 5 (Fortsetzung)

```
10 11   4   9   3   2   6   7   8   1   5
11 10   3   7   6   8   4   5   2   1   9
10 11   3   8   7   6   5   4   2   1   9
 4  5   6   7   9   3  10  11   2   1   8
 4 10   5   1   3   2   8   9   6   7  11
 0  0   3   0   4   5   1   2   0   6   0
 0  8   7   9  10   6   5   4   2   1   3
 3  2   1   0   9   8   0   4   5   6   7
 0  0   4   0   3   5   0   0   1   2   0
 5  6   3   0   8   9   2   7   0   1   4
 0  8   4   0   1   2   0   5   3   6   7
 0  0   5   0   0   0   3   2   1   4   6
 0  0   1   0   5   6   4   4   3  11   1
 5  6   2   8   9  10   4   4   3   2   1
11 11   5   3   1   2   3   3   3   3  11
11 10   4   1   2   3   6   5   9   7   8
 2  1   6  11   9  10   8   4   3   5   7
```

Anhang 6.   Eigenschaftsdaten für die MDS (Property Fitting)

Jede Zeile steht für eine Eigenschaft.
Die Spalten betreffen die Marken.
In den Zeilen stehen die durchschnittlichen Beurteilungen der Marken bezüglich
einer Eigenschaft.

Lesebeispiel für 1. Element:
    Beurteilung von Marke 1 (Becel) bezüglich Streichfähigkeit: 4,684

1	Becel
2	Du darfst
3	Rama
4	Delicado
5	Holländische Markenbutter
6	Weihnachtsbutter
7	Homa
8	Flora Soft
9	SB
10	Sanella
11	Botteram

4.684 4.900 4.969 3.714 3.581 3.667 5.000 5.484 4.700 4.677 4.379 Streichf.
4.737 4.600 4.125 5.786 5.226 3.300 3.857 4.355 3.967 3.793 3.655 Preis
4.368 4.050 4.750 3.429 3.710 3.400 4.643 4.774 4.667 4.516 4.103 Haltbark.
4.368 3.800 3.710 3.143 3.867 3.621 3.857 3.935 3.897 3.967 3.643 Ungefett
3.632 2.350 4.344 4.000 4.258 4.033 4.286 4.032 3.967 4.452 3.793 Backeign.
4.263 3.900 4.344 5.286 5.548 4.567 4.321 4.516 4.310 4.258 3.828 Geschmack
3.368 2.842 4.063 5.000 5.290 4.933 3.893 3.613 3.862 4.194 3.621 Kalorien
2.125 2.286 1.783 4.818 5.909 5.636 2.091 1.783 1.545 2.000 2.000 Tierfett
4.474 3.850 3.938 4.214 4.226 3.862 4.250 4.323 3.733 3.774 3.310 Vitamin
4.526 3.500 3.781 4.643 5.226 4.533 3.750 3.968 3.867 3.710 3.621 Natur

Anhang 7.   Datensatz für das Conjoint-Measurement

1	3	10	11	1	4	9	8	2	7	6	5
2	10	6	8	1	11	2	3	7	4	5	9
3	8	11	6	3	10	5	7	2	4	1	9
4	9	10	7	2	8	1	6	4	3	5	11
5	4	11	9	1	3	10	5	7	8	6	2
6	9	8	7	3	4	2	5	1	10	6	11
7	8	7	11	3	4	5	2	1	9	6	10
8	9	11	6	1	10	5	8	2	4	3	7
9	7	6	9	8	10	2	3	5	1	4	11
10	8	11	10	1	5	9	3	4	2	6	7
11	11	5	8	3	7	4	2	6	1	9	10
12	8	9	7	3	10	2	5	6	1	4	11
13	6	11	10	4	8	9	5	2	3	1	7
14	6	7	11	1	8	9	4	3	2	5	10
15	8	10	6	3	4	2	7	1	11	5	9
16	3	10	11	2	8	9	6	7	1	4	5
17	3	10	6	9	11	2	7	4	5	1	8
18	10	11	5	2	9	7	1	3	6	4	8
19	9	8	11	2	3	4	5	1	10	6	7
20	10	6	7	1	3	4	5	2	11	8	9
21	10	9	6	2	1	11	7	4	5	8	3
22	3	11	10	5	6	9	8	1	7	2	4
23	9	11	3	1	2	7	10	5	8	6	4
24	3	11	2	6	5	8	10	7	9	4	1
25	10	6	8	1	4	3	5	7	2	11	9
26	7	6	9	8	10	1	3	4	2	5	11
27	8	10	11	3	6	9	2	1	5	4	7
28	11	2	3	4	7	1	6	5	9	8	10
29	3	11	10	5	7	4	8	1	9	2	6
30	10	8	3	2	9	1	7	5	4	6	11
31	9	8	7	6	10	5	2	3	1	4	11
32	7	3	1	8	11	2	10	6	5	4	9
33	5	10	11	6	8	9	2	1	3	4	7
34	10	9	8	1	5	4	3	2	7	6	11
35	7	11	10	1	8	4	6	3	2	5	9
36	3	11	8	4	6	7	9	1	10	2	5
37	11	6	9	1	5	2	4	3	8	7	10
38	4	10	11	6	8	9	3	2	5	1	7
39	3	8	6	4	2	11	10	9	5	7	1
40	10	6	9	1	2	5	4	3	8	11	7

Anhang 8.   Tabellen

t-Tabelle

FG \ α	Irrtumswahrscheinlichkeit α für den zweiseitigen Test								
	0,50	0,20	0,10	0,05	0,02	0,01	0,002	0,001	0,0001
1	1,000	3,078	6,314	12,706	31,821	63,657	318,309	636,619	6366,198
2	0,816	1,886	2,920	4,303	6,965	9,925	22,327	31,598	99,992
3	0,765	1,638	2,353	3,182	4,541	5,841	10,214	12,924	28,000
4	0,741	1,533	2,132	2,776	3,747	4,604	7,173	8,610	15,544
5	0,727	1,476	2,015	2,571	3,365	4,032	5,893	6,869	11,178
6	0,718	1,440	1,943	2,447	3,143	3,707	5,208	5,959	9,082
7	0,711	1,415	1,895	2,365	2,998	3,499	4,785	5,408	7,885
8	0,706	1,397	1,860	2,306	2,896	3,355	4,501	5,041	7,120
9	0,703	1,383	1,833	2,262	2,821	3,250	4,297	4,781	6,594
10	0,700	1,372	1,812	2,228	2,764	3,169	4,144	4,587	6,211
11	0,697	1,363	1,796	2,201	2,718	3,106	4,025	4,437	5,921
12	0,695	1,356	1,782	2,179	2,681	3,055	3,930	4,318	5,694
13	0,694	1,350	1,771	2,160	2,650	3,012	3,852	4,221	5,513
14	0,692	1,345	1,761	2,145	2,624	2,977	3,787	4,140	5,363
15	0,691	1,341	1,753	2,131	2,602	2,947	3,733	4,073	5,239
16	0,690	1,337	1,746	2,120	2,583	2,921	3,686	4,015	5,134
17	0,689	1,333	1,740	2,110	2,567	2,898	3,646	3,965	5,044
18	0,688	1,330	1,734	2,101	2,552	2,878	3,610	3,922	4,966
19	0,688	1,328	1,729	2,093	2,539	2,861	3,579	3,883	4,897
20	0,687	1,325	1,725	2,086	2,528	2,845	3,552	3,850	4,837
21	0,686	1,323	1,721	2,080	2,518	2,831	3,527	3,819	4,784
22	0,686	1,321	1,717	2,074	2,508	2,819	3,505	3,792	4,736
23	0,685	1,319	1,714	2,069	2,500	2,807	3,485	3,767	4,693
24	0,685	1,318	1,711	2,064	2,492	2,797	3,467	3,745	4,654
25	0,684	1,316	1,708	2,060	2,485	2,787	3,450	3,725	4,619
26	0,684	1,315	1,706	2,056	2,479	2,779	3,435	3,707	4,587
27	0,684	1,314	1,703	2,052	2,473	2,771	3,421	3,690	4,558
28	0,683	1,313	1,701	2,048	2,467	2,763	3,408	3,674	4,530
29	0,683	1,311	1,699	2,045	2,462	2,756	3,396	3,659	4,506
30	0,683	1,310	1,697	2,042	2,457	2,750	3,385	3,646	4,482
32	0,682	1,309	1,694	2,037	2,449	2,738	3,365	3,622	4,441
34	0,682	1,307	1,691	2,032	2,441	2,728	3,348	3,601	4,405
35	0,682	1,306	1,690	2,030	2,438	2,724	3,340	3,591	4,389
36	0,681	1,306	1,688	2,028	2,434	2,719	3,333	3,582	4,374
38	0,681	1,304	1,686	2,024	2,429	2,712	3,319	3,566	4,346
40	0,681	1,303	1,684	2,021	2,423	2,704	3,307	3,551	4,321
42	0,680	1,302	1,682	2,018	2,418	2,698	3,296	3,538	4,298
45	0,680	1,301	1,679	2,014	2,412	2,690	3,281	3,520	4,269
47	0,680	1,300	1,678	2,012	2,408	2,685	3,273	3,510	4,251
50	0,679	1,299	1,676	2,009	2,403	2,678	3,261	3,496	4,228
55	0,679	1,297	1,673	2,004	2,396	2,668	3,245	3,476	4,196
60	0,679	1,296	1,671	2,000	2,390	2,660	3,232	3,460	4,169
70	0,678	1,294	1,667	1,994	2,381	2,648	3,211	3,435	4,127
80	0,678	1,292	1,664	1,990	2,374	2,639	3,195	3,416	4,096
90	0,677	1,291	1,662	1,987	2,368	2,632	3,183	3,402	4,072
100	0,677	1,290	1,660	1,984	2,364	2,626	3,174	3,390	4,053
120	0,677	1,289	1,658	1,980	2,358	2,617	3,160	3,373	4,025
200	0,676	1,286	1,653	1,972	2,345	2,601	3,131	3,340	3,970
500	0,675	1,283	1,648	1,965	2,334	2,586	3,107	3,310	3,922
1000	0,675	1,282	1,646	1,962	2,330	2,581	3,098	3,300	3,906
∞	0,675	1,282	1,645	1,960	2,326	2,576	3,090	3,290	3,891
FG \ α	0,25	0,10	0,05	0,025	0,01	0,005	0,001	0,0005	0,00005
	Irrtumswahrscheinlichkeit α für den einseitigen Test								

α   = Signifikanzniveau (1-Vertrauenswahrscheinlichkeit)
FG   = Freiheitsgrade

entnommen aus: Sachs, L. (1999): Angewandte Statistik, 9. Auflage, Berlin u.a., S. 210.

F-Tabelle (Vertrauenswahrscheinlichkeit 0,9)

v_2 \ v_1	1	2	3	4	5	6	7	8	9	10	12	15	20	24	30	40	60	120	∞
1	39,86	49,50	53,59	55,83	57,24	58,20	58,91	59,44	59,86	60,19	60,71	61,22	61,74	62,00	62,26	62,53	62,79	63,06	63,33
2	8,53	9,00	9,16	9,24	9,29	9,33	9,35	9,37	9,38	9,39	9,41	9,42	9,44	9,45	9,46	9,47	9,47	9,48	9,49
3	5,54	5,46	5,39	5,34	5,31	5,28	5,27	5,25	5,24	5,23	5,22	5,20	5,18	5,18	5,17	5,16	5,15	5,14	5,13
4	4,54	4,32	4,19	4,11	4,05	4,01	3,98	3,95	3,94	3,92	3,90	3,87	3,84	3,83	3,82	3,80	3,79	3,78	3,76
5	4,06	3,78	3,62	3,52	3,45	3,40	3,37	3,34	3,32	3,30	3,27	3,24	3,21	3,19	3,17	3,16	3,14	3,12	3,10
6	3,78	3,46	3,29	3,18	3,11	3,05	3,01	2,98	2,96	2,94	2,90	2,87	2,84	2,82	2,80	2,78	2,76	2,74	2,72
7	3,59	3,26	3,07	2,96	2,88	2,83	2,78	2,75	2,72	2,70	2,67	2,63	2,59	2,58	2,56	2,54	2,51	2,49	2,47
8	3,46	3,11	2,92	2,81	2,73	2,67	2,62	2,59	2,56	2,54	2,50	2,46	2,42	2,40	2,38	2,36	2,34	2,32	2,29
9	3,36	3,01	2,81	2,69	2,61	2,55	2,51	2,47	2,44	2,42	2,38	2,34	2,30	2,28	2,25	2,23	2,21	2,18	2,16
10	3,29	2,92	2,73	2,61	2,52	2,46	2,41	2,38	2,35	2,32	2,28	2,24	2,20	2,18	2,16	2,13	2,11	2,08	2,06
11	3,23	2,86	2,66	2,54	2,45	2,39	2,34	2,30	2,27	2,25	2,21	2,17	2,12	2,10	2,08	2,05	2,03	2,00	1,97
12	3,18	2,81	2,61	2,48	2,39	2,33	2,28	2,24	2,21	2,19	2,15	2,10	2,06	2,04	2,01	1,99	1,96	1,93	1,90
13	3,14	2,76	2,56	2,43	2,35	2,28	2,23	2,20	2,16	2,14	2,10	2,05	2,01	1,98	1,96	1,93	1,90	1,88	1,85
14	3,10	2,73	2,52	2,39	2,31	2,24	2,19	2,15	2,12	2,10	2,05	2,01	1,96	1,94	1,91	1,89	1,86	1,83	1,80
15	3,07	2,70	2,49	2,36	2,27	2,21	2,16	2,12	2,09	2,06	2,02	1,97	1,92	1,90	1,87	1,85	1,82	1,79	1,76
16	3,05	2,67	2,46	2,33	2,24	2,18	2,13	2,09	2,06	2,03	1,99	1,94	1,89	1,87	1,84	1,81	1,78	1,75	1,72
17	3,03	2,64	2,44	2,31	2,22	2,15	2,10	2,06	2,03	2,00	1,96	1,91	1,86	1,84	1,81	1,78	1,75	1,72	1,69
18	3,01	2,62	2,42	2,29	2,20	2,13	2,08	2,04	2,00	1,98	1,93	1,89	1,84	1,81	1,78	1,75	1,72	1,69	1,66
19	2,99	2,61	2,40	2,27	2,18	2,11	2,06	2,02	1,98	1,96	1,91	1,86	1,81	1,79	1,76	1,73	1,70	1,67	1,63
20	2,97	2,59	2,38	2,25	2,16	2,09	2,04	2,00	1,96	1,94	1,89	1,84	1,79	1,77	1,74	1,71	1,68	1,64	1,61
21	2,96	2,57	2,36	2,23	2,14	2,08	2,02	1,98	1,95	1,92	1,87	1,83	1,78	1,75	1,72	1,69	1,66	1,62	1,59
22	2,95	2,56	2,35	2,22	2,13	2,06	2,01	1,97	1,93	1,90	1,86	1,81	1,76	1,73	1,70	1,67	1,64	1,60	1,57
23	2,94	2,55	2,34	2,21	2,11	2,05	1,99	1,95	1,92	1,89	1,84	1,80	1,74	1,72	1,69	1,66	1,62	1,59	1,55
24	2,93	2,54	2,33	2,19	2,10	2,04	1,98	1,94	1,91	1,88	1,83	1,78	1,73	1,70	1,67	1,64	1,61	1,57	1,53
25	2,92	2,53	2,32	2,18	2,09	2,02	1,97	1,93	1,89	1,87	1,82	1,77	1,72	1,69	1,66	1,63	1,59	1,56	1,52
26	2,91	2,52	2,31	2,17	2,08	2,01	1,96	1,92	1,88	1,86	1,81	1,76	1,71	1,68	1,65	1,61	1,58	1,54	1,50
27	2,90	2,51	2,30	2,17	2,07	2,00	1,95	1,91	1,87	1,85	1,80	1,75	1,70	1,67	1,64	1,60	1,57	1,53	1,49
28	2,89	2,50	2,29	2,16	2,06	2,00	1,94	1,90	1,87	1,84	1,79	1,74	1,69	1,66	1,63	1,59	1,56	1,52	1,48
29	2,89	2,50	2,28	2,15	2,06	1,99	1,93	1,89	1,86	1,83	1,78	1,73	1,68	1,65	1,62	1,58	1,55	1,51	1,47
30	2,88	2,49	2,28	2,14	2,05	1,98	1,93	1,88	1,85	1,82	1,77	1,72	1,67	1,64	1,61	1,57	1,54	1,50	1,46
40	2,84	2,44	2,23	2,09	2,00	1,93	1,87	1,83	1,79	1,76	1,71	1,66	1,61	1,57	1,54	1,51	1,47	1,42	1,38
60	2,79	2,39	2,18	2,04	1,95	1,87	1,82	1,77	1,74	1,71	1,66	1,60	1,54	1,51	1,48	1,44	1,40	1,35	1,29
120	2,75	2,35	2,13	1,99	1,90	1,82	1,77	1,72	1,68	1,65	1,60	1,55	1,48	1,45	1,41	1,37	1,32	1,26	1,19
∞	2,71	2,30	2,08	1,94	1,85	1,77	1,72	1,67	1,63	1,60	1,55	1,49	1,42	1,38	1,34	1,30	1,24	1,17	1,00

v_1 = Zahl der erklärenden Variablen (J)

v_2 = Zahl der Freiheitsgrade des Nenners (K − J − 1)

entnommen aus: Sachs, L.: a.a.O.; S. 218.

F-Tabelle (Vertrauenswahrscheinlichkeit 0,95)

$\nu_2 \backslash \nu_1$	1	2	3	4	5	6	7	8	9	10	12	15	20	24	30	40	60	120	∞
1	161,4	199,5	215,7	224,6	230,2	234,0	236,8	238,9	240,5	241,9	243,9	245,9	248,0	249,1	250,1	251,1	252,2	253,3	254,3
2	18,51	19,00	19,16	19,25	19,30	19,33	19,35	19,37	19,38	19,40	19,41	19,43	19,45	19,45	19,46	19,47	19,48	19,49	19,50
3	10,13	9,55	9,28	9,12	9,01	8,94	8,89	8,85	8,81	8,79	8,74	8,70	8,66	8,64	8,62	8,59	8,57	8,55	8,53
4	7,71	6,94	6,59	6,39	6,26	6,16	6,09	6,04	6,00	5,96	5,91	5,86	5,80	5,77	5,75	5,72	5,69	5,66	5,63
5	6,61	5,79	5,41	5,19	5,05	4,95	4,88	4,82	4,77	4,74	4,68	4,62	4,56	4,53	4,50	4,46	4,43	4,40	4,36
6	5,99	5,14	4,76	4,53	4,39	4,28	4,21	4,15	4,10	4,06	4,00	3,94	3,87	3,84	3,81	3,77	3,74	3,70	3,67
7	5,59	4,74	4,35	4,12	3,97	3,87	3,79	3,73	3,68	3,64	3,57	3,51	3,44	3,41	3,38	3,34	3,30	3,27	3,23
8	5,32	4,46	4,07	3,84	3,69	3,58	3,50	3,44	3,39	3,35	3,28	3,22	3,15	3,12	3,08	3,04	3,01	2,97	2,93
9	5,12	4,26	3,86	3,63	3,48	3,37	3,29	3,23	3,18	3,14	3,07	3,01	2,94	2,90	2,86	2,83	2,79	2,75	2,71
10	4,96	4,10	3,71	3,48	3,33	3,22	3,14	3,07	3,02	2,98	2,91	2,85	2,77	2,74	2,70	2,66	2,62	2,58	2,54
11	4,84	3,98	3,59	3,36	3,20	3,09	3,01	2,95	2,90	2,85	2,79	2,72	2,65	2,61	2,57	2,53	2,49	2,45	2,40
12	4,75	3,89	3,49	3,26	3,11	3,00	2,91	2,85	2,80	2,75	2,69	2,62	2,54	2,51	2,47	2,43	2,38	2,34	2,30
13	4,67	3,81	3,41	3,18	3,03	2,92	2,83	2,77	2,71	2,67	2,60	2,53	2,46	2,42	2,38	2,34	2,30	2,25	2,21
14	4,60	3,74	3,34	3,11	2,96	2,85	2,76	2,70	2,65	2,60	2,53	2,46	2,39	2,35	2,31	2,27	2,22	2,18	2,13
15	4,54	3,68	3,29	3,06	2,90	2,79	2,71	2,64	2,59	2,54	2,48	2,40	2,33	2,29	2,25	2,20	2,16	2,11	2,07
16	4,49	3,63	3,24	3,01	2,85	2,74	2,66	2,59	2,54	2,49	2,42	2,35	2,28	2,24	2,19	2,15	2,11	2,06	2,01
17	4,45	3,59	3,20	2,96	2,81	2,70	2,61	2,55	2,49	2,45	2,38	2,31	2,23	2,19	2,15	2,10	2,06	2,01	1,96
18	4,41	3,55	3,16	2,93	2,77	2,66	2,58	2,51	2,46	2,41	2,34	2,27	2,19	2,15	2,11	2,06	2,02	1,97	1,92
19	4,38	3,52	3,13	2,90	2,74	2,63	2,54	2,48	2,42	2,38	2,31	2,23	2,16	2,11	2,07	2,03	1,98	1,93	1,88
20	4,35	3,49	3,10	2,87	2,71	2,60	2,51	2,45	2,39	2,35	2,28	2,20	2,12	2,08	2,04	1,99	1,95	1,90	1,84
21	4,32	3,47	3,07	2,84	2,68	2,57	2,49	2,42	2,37	2,32	2,25	2,18	2,10	2,05	2,01	1,96	1,92	1,87	1,81
22	4,30	3,44	3,05	2,82	2,66	2,55	2,46	2,40	2,34	2,30	2,23	2,15	2,07	2,03	1,98	1,94	1,89	1,84	1,78
23	4,28	3,42	3,03	2,80	2,64	2,53	2,44	2,37	2,32	2,27	2,20	2,13	2,05	2,01	1,96	1,91	1,86	1,81	1,76
24	4,26	3,40	3,01	2,78	2,62	2,51	2,42	2,36	2,30	2,25	2,18	2,11	2,03	1,98	1,94	1,89	1,84	1,79	1,73
25	4,24	3,39	2,99	2,76	2,60	2,49	2,40	2,34	2,28	2,24	2,16	2,09	2,01	1,96	1,92	1,87	1,82	1,77	1,71
26	4,23	3,37	2,98	2,74	2,59	2,47	2,39	2,32	2,27	2,22	2,15	2,07	1,99	1,95	1,90	1,85	1,80	1,75	1,69
27	4,21	3,35	2,96	2,73	2,57	2,46	2,37	2,31	2,25	2,20	2,13	2,06	1,97	1,93	1,88	1,84	1,79	1,73	1,67
28	4,20	3,34	2,95	2,71	2,56	2,45	2,36	2,29	2,24	2,19	2,12	2,04	1,96	1,91	1,87	1,82	1,77	1,71	1,65
29	4,18	3,33	2,93	2,70	2,55	2,43	2,35	2,28	2,22	2,18	2,10	2,03	1,94	1,90	1,85	1,81	1,75	1,70	1,64
30	4,17	3,32	2,92	2,69	2,53	2,42	2,33	2,27	2,21	2,16	2,09	2,01	1,93	1,89	1,84	1,79	1,74	1,68	1,62
40	4,08	3,23	2,84	2,61	2,45	2,34	2,25	2,18	2,12	2,08	2,00	1,92	1,84	1,79	1,74	1,69	1,64	1,58	1,51
60	4,00	3,15	2,76	2,53	2,37	2,25	2,17	2,10	2,04	1,99	1,92	1,84	1,75	1,70	1,65	1,59	1,53	1,47	1,39
120	3,92	3,07	2,68	2,45	2,29	2,17	2,09	2,02	1,96	1,91	1,83	1,75	1,66	1,61	1,55	1,50	1,43	1,35	1,25
∞	3,84	3,00	2,60	2,37	2,21	2,10	2,01	1,94	1,88	1,83	1,75	1,67	1,57	1,52	1,46	1,39	1,32	1,22	1,00

ν_1 = Zahl der erklärenden Variablen (J)

ν_2 = Zahl der Freiheitsgrade des Nenners (K - J - 1)

entnommen aus: Sachs, L.: a.a.O.; S. 219.

F-Tabelle (Vertrauenswahrscheinlichkeit 0,975)

v_2 \ v_1	1	2	3	4	5	6	7	8	9	10
1	647,8	799,5	864,2	899,6	921,8	937,1	948,2	956,7	963,3	968,6
2	38,51	39,00	39,17	39,25	39,30	39,33	39,36	39,37	39,39	39,40
3	17,44	16,04	15,44	15,10	14,88	14,73	14,62	14,54	14,47	14,42
4	12,22	10,65	9,98	9,60	9,36	9,20	9,07	8,98	8,90	8,84
5	10,01	8,43	7,76	7,39	7,15	6,98	6,85	6,76	6,68	6,62
6	8,81	7,26	6,60	6,23	5,99	5,82	5,70	5,60	5,52	5,46
7	8,07	6,54	5,89	5,52	5,29	5,12	4,99	4,90	4,82	4,76
8	7,57	6,06	5,42	5,05	4,82	4,65	4,53	4,43	4,36	4,30
9	7,21	5,71	5,08	4,72	4,48	4,32	4,20	4,10	4,03	3,96
10	6,94	5,46	4,83	4,47	4,24	4,07	3,95	3,85	3,78	3,72
11	6,72	5,26	4,63	4,28	4,04	3,88	3,76	3,66	3,59	3,53
12	6,55	5,10	4,47	4,12	3,89	3,73	3,61	3,51	3,44	3,37
13	6,41	4,97	4,35	4,00	3,77	3,60	3,48	3,39	3,31	3,25
14	6,30	4,86	4,24	3,89	3,66	3,50	3,38	3,29	3,21	3,15
15	6,20	4,77	4,15	3,80	3,58	3,41	3,29	3,20	3,12	3,06
16	6,12	4,69	4,08	3,73	3,50	3,34	3,22	3,12	3,05	2,99
17	6,04	4,62	4,01	3,66	3,44	3,28	3,16	3,06	2,98	2,92
18	5,98	4,56	3,95	3,61	3,38	3,22	3,10	3,01	2,93	2,87
19	5,92	4,51	3,90	3,56	3,33	3,17	3,05	2,96	2,88	2,82
20	5,87	4,46	3,86	3,51	3,29	3,13	3,01	2,91	2,84	2,77
21	5,83	4,42	3,82	3,48	3,25	3,09	2,97	2,87	2,80	2,73
22	5,79	4,38	3,78	3,44	3,22	3,05	2,93	2,84	2,76	2,70
23	5,75	4,35	3,75	3,41	3,18	3,02	2,90	2,81	2,73	2,67
24	5,72	4,32	3,72	3,38	3,15	2,99	2,87	2,78	2,70	2,64
25	5,69	4,29	3,69	3,35	3,13	2,97	2,85	2,75	2,68	2,61
26	5,66	4,27	3,67	3,33	3,10	2,94	2,82	2,73	2,65	2,59
27	5,63	4,24	3,65	3,31	3,08	2,92	2,80	2,71	2,63	2,57
28	5,61	4,22	3,63	3,29	3,06	2,90	2,78	2,69	2,61	2,55
29	5,59	4,20	3,61	3,27	3,04	2,88	2,76	2,67	2,59	2,53
30	5,57	4,18	3,59	3,25	3,03	2,87	2,75	2,65	2,57	2,51
40	5,42	4,05	3,46	3,13	2,90	2,74	2,62	2,53	2,45	2,39
60	5,29	3,93	3,34	3,01	2,79	2,63	2,51	2,41	2,33	2,27
120	5,15	3,80	3,23	2,89	2,67	2,52	2,39	2,30	2,22	2,16
∞	5,02	3,69	3,12	2,79	2,57	2,41	2,29	2,19	2,11	2,05

v_1 = Zahl der erklärenden Variablen (J)
v_2 = Zahl der Freiheitsgrade des Nenners (K - J - 1)

entnommen aus: Sachs, L.: a.a.O., S. 220.

F-Tabelle (Vertrauenswahrscheinlichkeit 0,975)
(Fortsetzung)

v_2 \ v_1	12	15	20	24	30	40	60	120	∞
1	976,7	984,9	993,1	997,2	1001	1006	1010	1014	1018
2	39,41	39,43	39,45	39,46	39,46	39,47	39,48	39,49	39,50
3	14,34	14,25	14,17	14,12	14,08	14,04	13,99	13,95	13,90
4	8,75	8,66	8,56	8,51	8,46	8,41	8,36	8,31	8,26
5	6,52	6,43	6,33	6,28	6,23	6,18	6,12	6,07	6,02
6	5,37	5,27	5,17	5,12	5,07	5,01	4,96	4,90	4,85
7	4,67	4,57	4,47	4,42	4,36	4,31	4,25	4,20	4,14
8	4,20	4,10	4,00	3,95	3,89	3,84	3,78	3,73	3,67
9	3,87	3,77	3,67	3,61	3,56	3,51	3,45	3,39	3,33
10	3,62	3,52	3,42	3,37	3,31	3,26	3,20	3,14	3,08
11	3,43	3,33	3,23	3,17	3,12	3,06	3,00	2,94	2,88
12	3,28	3,18	3,07	3,02	2,96	2,91	2,85	2,79	2,72
13	3,15	3,05	2,95	2,89	2,84	2,78	2,72	2,66	2,60
14	3,05	2,95	2,84	2,79	2,73	2,67	2,61	2,55	2,49
15	2,96	2,86	2,76	2,70	2,64	2,59	2,52	2,46	2,40
16	2,89	2,79	2,68	2,63	2,57	2,51	2,45	2,38	2,32
17	2,82	2,72	2,62	2,56	2,50	2,44	2,38	2,32	2,25
18	2,77	2,67	2,56	2,50	2,44	2,38	2,32	2,26	2,19
19	2,72	2,62	2,51	2,45	2,39	2,33	2,27	2,20	2,13
20	2,68	2,57	2,46	2,41	2,35	2,29	2,22	2,16	2,09
21	2,64	2,53	2,42	2,37	2,31	2,25	2,18	2,11	2,04
22	2,60	2,50	2,39	2,33	2,27	2,21	2,14	2,08	2,00
23	2,57	2,47	2,36	2,30	2,24	2,18	2,11	2,04	1,97
24	2,54	2,44	2,33	2,27	2,21	2,15	2,08	2,01	1,94
25	2,51	2,41	2,30	2,24	2,18	2,12	2,05	1,98	1,91
26	2,49	2,39	2,28	2,22	2,16	2,09	2,03	1,95	1,88
27	2,47	2,36	2,25	2,19	2,13	2,07	2,00	1,93	1,85
28	2,45	2,34	2,23	2,17	2,11	2,05	1,98	1,91	1,83
29	2,43	2,32	2,21	2,15	2,09	2,03	1,96	1,89	1,81
30	2,41	2,31	2,20	2,14	2,07	2,01	1,94	1,87	1,79
40	2,29	2,18	2,07	2,01	1,94	1,88	1,80	1,72	1,64
60	2,17	2,06	1,94	1,88	1,82	1,74	1,67	1,58	1,48
120	2,05	1,94	1,82	1,76	1,69	1,61	1,53	1,43	1,31
∞	1,94	1,83	1,71	1,64	1,57	1,48	1,39	1,27	1,00

v_1 = Zahl der erklärenden Variablen (J)
v_2 = Zahl der Freiheitsgrade des Nenners (K - J - 1)

entnommen aus: Sachs, L.: a.a.O., S. 221.

F-Tabelle (Vertrauenswahrscheinlichkeit 0,99)

v_2 \ v_1	1	2	3	4	5	6	7	8	9	10
1	4052	4999,5	5403	5625	5764	5859	5928	5982	6022	6056
2	98,50	99,00	99,17	99,25	99,30	99,33	99,36	99,37	99,39	99,40
3	34,12	30,82	29,46	28,71	28,24	27,91	27,67	27,49	27,35	27,23
4	21,20	18,00	16,69	15,98	15,52	15,21	14,98	14,80	14,66	14,55
5	16,26	13,27	12,06	11,39	10,97	10,67	10,46	10,29	10,16	10,05
6	13,75	10,92	9,78	9,15	8,75	8,47	8,26	8,10	7,98	7,87
7	12,25	9,55	8,45	7,85	7,46	7,19	6,99	6,84	6,72	6,62
8	11,26	8,65	7,59	7,01	6,63	6,37	6,18	6,03	5,91	5,81
9	10,56	8,02	6,99	6,42	6,06	5,80	5,61	5,47	5,35	5,26
10	10,04	7,56	6,55	5,99	5,64	5,39	5,20	5,06	4,94	4,85
11	9,65	7,21	6,22	5,67	5,32	5,07	4,89	4,74	4,63	4,54
12	9,33	6,93	5,95	5,41	5,06	4,82	4,64	4,50	4,39	4,30
13	9,07	6,70	5,74	5,21	4,86	4,62	4,44	4,30	4,19	4,10
14	8,86	6,51	5,56	5,04	4,69	4,46	4,28	4,14	4,03	3,94
15	8,68	6,36	5,42	4,89	4,56	4,32	4,14	4,00	3,89	3,80
16	8,53	6,23	5,29	4,77	4,44	4,20	4,03	3,89	3,78	3,69
17	8,40	6,11	5,18	4,67	4,34	4,10	3,93	3,79	3,68	3,59
18	8,29	6,01	5,09	4,58	4,25	4,01	3,84	3,71	3,60	3,51
19	8,18	5,93	5,01	4,50	4,17	3,94	3,77	3,63	3,52	3,43
20	8,10	5,85	4,94	4,43	4,10	3,87	3,70	3,56	3,46	3,37
21	8,02	5,78	4,87	4,37	4,04	3,81	3,64	3,51	3,40	3,31
22	7,95	5,72	4,82	4,31	3,99	3,76	3,59	3,45	3,35	3,26
23	7,88	5,66	4,76	4,26	3,94	3,71	3,54	3,41	3,30	3,21
24	7,82	5,61	4,72	4,22	3,90	3,67	3,50	3,36	3,26	3,17
25	7,77	5,57	4,68	4,18	3,85	3,63	3,46	3,32	3,22	3,13
26	7,72	5,53	4,64	4,14	3,82	3,59	3,42	3,29	3,18	3,09
27	7,68	5,49	4,60	4,11	3,78	3,56	3,39	3,26	3,15	3,06
28	7,64	5,45	4,57	4,07	3,75	3,53	3,36	3,23	3,12	3,03
29	7,60	5,42	4,54	4,04	3,73	3,50	3,33	3,20	3,09	3,00
30	7,56	5,39	4,51	4,02	3,70	3,47	3,30	3,17	3,07	2,98
40	7,31	5,18	4,31	3,83	3,51	3,29	3,12	2,99	2,89	2,80
60	7,08	4,98	4,13	3,65	3,34	3,12	2,95	2,82	2,72	2,63
120	6,85	4,79	3,95	3,48	3,17	2,96	2,79	2,66	2,56	2,47
∞	6,63	4,61	3,78	3,32	3,02	2,80	2,64	2,51	2,41	2,32

v_1 = Zahl der erklärenden Variablen (J)
v_2 = Zahl der Freiheitsgrade des Nenners (K - J - 1)

entnommen aus: Sachs, L.: a.a.O., S. 222.

F-Tabelle (Vertrauenswahrscheinlichkeit 0,99)
(Fortsetzung)

v_2 \\ v_1	12	15	20	24	30	40	60	120	∞
1	6106	6157	6209	6235	6261	6287	6313	6339	6366
2	99,42	99,43	99,45	99,46	99,47	99,47	99,48	99,49	99,50
3	27,05	26,87	26,69	26,60	26,50	26,41	26,32	26,22	26,13
4	14,37	14,20	14,02	13,93	13,84	13,75	13,65	13,56	13,46
5	9,89	9,72	9,55	9,47	9,38	9,29	9,20	9,11	9,02
6	7,72	7,56	7,40	7,31	7,23	7,14	7,06	6,97	6,88
7	6,47	6,31	6,16	6,07	5,99	5,91	5,82	5,74	5,65
8	5,67	5,52	5,36	5,28	5,20	5,12	5,03	4,95	4,86
9	5,11	4,96	4,81	4,73	4,65	4,57	4,48	4,40	4,31
10	4,71	4,56	4,41	4,33	4,25	4,17	4,08	4,00	3,91
11	4,40	4,25	4,10	4,02	3,94	3,86	3,78	3,69	3,60
12	4,16	4,01	3,86	3,78	3,70	3,62	3,54	3,45	3,36
13	3,96	3,82	3,66	3,59	3,51	3,43	3,34	3,25	3,17
14	3,80	3,66	3,51	3,43	3,35	3,27	3,18	3,09	3,00
15	3,67	3,52	3,37	3,29	3,21	3,13	3,05	2,96	2,87
16	3,55	3,41	3,26	3,18	3,10	3,02	2,93	2,84	2,75
17	3,46	3,31	3,16	3,08	3,00	2,92	2,83	2,75	2,65
18	3,37	3,23	3,08	3,00	2,92	2,84	2,75	2,66	2,57
19	3,30	3,15	3,00	2,92	2,84	2,76	2,67	2,58	2,49
20	3,23	3,09	2,94	2,86	2,78	2,69	2,61	2,52	2,42
21	3,17	3,03	2,88	2,80	2,72	2,64	2,55	2,46	2,36
22	3,12	2,98	2,83	2,75	2,67	2,58	2,50	2,40	2,31
23	3,07	2,93	2,78	2,70	2,62	2,54	2,45	2,35	2,26
24	3,03	2,89	2,74	2,66	2,58	2,49	2,40	2,31	2,21
25	2,99	2,85	2,70	2,62	2,54	2,45	2,36	2,27	2,17
26	2,96	2,81	2,66	2,58	2,50	2,42	2,33	2,23	2,13
27	2,93	2,78	2,63	2,55	2,47	2,38	2,29	2,20	2,10
28	2,90	2,75	2,60	2,52	2,44	2,35	2,26	2,17	2,06
29	2,87	2,73	2,57	2,49	2,41	2,33	2,23	2,14	2,03
30	2,84	2,70	2,55	2,47	2,39	2,30	2,21	2,11	2,01
40	2,66	2,52	2,37	2,29	2,20	2,11	2,02	1,92	1,80
60	2,50	2,35	2,20	2,12	2,03	1,94	1,84	1,73	1,60
120	2,34	2,19	2,03	1,95	1,86	1,76	1,66	1,53	1,38
∞	2,18	2,04	1,88	1,79	1,70	1,59	1,47	1,32	1,00

v_1 = Zahl der erklärenden Variablen (J)

v_2 = Zahl der Freiheitsgrade des Nenners (K - J - 1)

entnommen aus: Sachs, L.: a.a.O., S. 223.

F-Tabelle (Vertrauenswahrscheinlichkeit 0,995)

v_2 \ v_1	1	2	3	4	5	6	7	8	9	10
1	16211	20000	21615	22500	23056	23437	23715	23925	24091	24224
2	198,5	199,0	199,2	199,2	199,3	199,4	199,4	199,4	199,4	199,4
3	55,55	49,80	47,47	46,19	45,39	44,84	44,43	44,13	43,88	43,69
4	31,33	26,28	24,26	23,15	22,46	21,97	21,62	21,35	21,14	20,97
5	22,78	18,31	16,53	15,56	14,94	14,51	14,20	13,96	13,77	13,62
6	18,63	14,54	12,92	12,03	11,46	11,07	10,79	10,57	10,39	10,25
7	16,24	12,40	10,88	10,05	9,52	9,16	8,89	8,68	8,51	8,38
8	14,69	11,04	9,60	8,81	8,30	7,95	7,69	7,50	7,34	7,21
9	13,61	10,11	8,72	7,96	7,47	7,13	6,88	6,69	6,54	6,42
10	12,83	9,43	8,08	7,34	6,87	6,54	6,30	6,12	5,97	5,85
11	12,23	8,91	7,60	6,88	6,42	6,10	5,86	5,68	5,54	5,42
12	11,75	8,51	7,23	6,52	6,07	5,76	5,52	5,35	5,20	5,09
13	11,37	8,19	6,93	6,23	5,79	5,48	5,25	5,08	4,94	4,82
14	11,06	7,92	6,68	6,00	5,56	5,26	5,03	4,86	4,72	4,60
15	10,80	7,70	6,48	5,80	5,37	5,07	4,85	4,67	4,54	4,42
16	10,58	7,51	6,30	5,64	5,21	4,91	4,69	4,52	4,38	4,27
17	10,38	7,35	6,16	5,50	5,07	4,78	4,56	4,39	4,25	4,14
18	10,22	7,21	6,03	5,37	4,96	4,66	4,44	4,28	4,14	4,03
19	10,07	7,09	5,92	5,27	4,85	4,56	4,34	4,18	4,04	3,93
20	9,94	6,99	5,82	5,17	4,76	4,47	4,26	4,09	3,96	3,85
21	9,83	6,89	5,73	5,09	4,68	4,39	4,18	4,01	3,88	3,77
22	9,73	6,81	5,65	5,02	4,61	4,32	4,11	3,94	3,81	3,70
23	9,63	6,73	5,58	4,95	4,54	4,26	4,05	3,88	3,75	3,64
24	9,55	6,66	5,52	4,89	4,49	4,20	3,99	3,83	3,69	3,59
25	9,48	6,60	5,46	4,84	4,43	4,15	3,94	3,78	3,64	3,54
26	9,41	6,54	5,41	4,79	4,38	4,10	3,89	3,73	3,60	3,49
27	9,34	6,49	5,36	4,74	4,34	4,06	3,85	3,69	3,56	3,45
28	9,28	6,44	5,32	4,70	4,30	4,02	3,81	3,65	3,52	3,41
29	9,23	6,40	5,28	4,66	4,26	3,98	3,77	3,61	3,48	3,38
30	9,18	6,35	5,24	4,62	4,23	3,95	3,74	3,58	3,45	3,34
40	8,83	6,07	4,98	4,37	3,99	3,71	3,51	3,35	3,22	3,12
60	8,49	5,79	4,73	4,14	3,76	3,49	3,29	3,13	3,01	2,90
120	8,18	5,54	4,50	3,92	3,55	3,28	3,09	2,93	2,81	2,71
∞	7,88	5,30	4,28	3,72	3,35	3,09	2,90	2,74	2,62	2,52

v_1 = Zahl der erklärenden Variablen (J)
v_2 = Zahl der Freiheitsgrade des Nenners (K - J - 1)

entnommen aus: Sachs, L.: a.a.O., S. 224.

F-Tabelle (Vertrauenswahrscheinlichkeit 0,995)
(Fortsetzung)

v_2 \ v_1	12	15	20	24	30	40	60	120	∞
1	24426	24630	24836	24940	25044	25148	25253	25359	25465
2	199,4	199,4	199,4	199,5	199,5	199,5	199,5	199,5	199,5
3	43,39	43,08	42,78	42,62	42,47	42,31	42,15	41,99	41,83
4	20,70	20,44	20,17	20,03	19,89	19,75	19,61	19,47	19,32
5	13,38	13,15	12,90	12,78	12,66	12,53	12,40	12,27	12,14
6	10,03	9,81	9,59	9,47	9,36	9,24	9,12	9,00	8,88
7	8,18	7,97	7,75	7,65	7,53	7,42	7,31	7,19	7,08
8	7,01	6,81	6,61	6,50	6,40	6,29	6,18	6,06	5,95
9	6,23	6,03	5,83	5,73	5,62	5,52	5,41	5,30	5,19
10	5,66	5,47	5,27	5,17	5,07	4,97	4,86	4,75	4,64
11	5,24	5,05	4,86	4,76	4,65	4,55	4,44	4,34	4,23
12	4,91	4,72	4,53	4,43	4,33	4,23	4,12	4,01	3,90
13	4,64	4,46	4,27	4,17	4,07	3,97	3,87	3,76	3,65
14	4,43	4,25	4,06	3,96	3,86	3,76	3,66	3,55	3,44
15	4,25	4,07	3,88	3,79	3,69	3,58	3,48	3,37	3,26
16	4,10	3,92	3,73	3,64	3,54	3,44	3,33	3,22	3,11
17	3,97	3,79	3,61	3,51	3,41	3,31	3,21	3,10	2,98
18	3,86	3,68	3,50	3,40	3,30	3,20	3,10	2,99	2,87
19	3,76	3,59	3,40	3,31	3,21	3,11	3,00	2,89	2,78
20	3,68	3,50	3,32	3,22	3,12	3,02	2,92	2,81	2,69
21	3,60	3,43	3,24	3,15	3,05	2,95	2,84	2,73	2,61
22	3,54	3,36	3,18	3,08	2,98	2,88	2,77	2,66	2,55
23	3,47	3,30	3,12	3,02	2,92	2,82	2,71	2,60	2,48
24	3,42	3,25	3,06	2,97	2,87	2,77	2,66	2,55	2,43
25	3,37	3,20	3,01	2,92	2,82	2,72	2,61	2,50	2,38
26	3,33	3,15	2,97	2,87	2,77	2,67	2,56	2,45	2,33
27	3,28	3,11	2,93	2,83	2,73	2,63	2,52	2,41	2,29
28	3,25	3,07	2,89	2,79	2,69	2,59	2,48	2,37	2,25
29	3,21	3,04	2,86	2,76	2,66	2,56	2,45	2,33	2,21
30	3,18	3,01	2,82	2,73	2,63	2,52	2,42	2,30	2,18
40	2,95	2,78	2,60	2,50	2,40	2,30	2,18	2,06	1,93
60	2,74	2,57	2,39	2,29	2,19	2,08	1,96	1,83	1,69
120	2,54	2,37	2,19	2,09	1,98	1,87	1,75	1,61	1,43
∞	2,36	2,19	2,00	1,90	1,79	1,67	1,53	1,36	1,00

v_1 = Zahl der erklärenden Variablen (J)
v_2 = Zahl der Freiheitsgrade des Nenners (K - J - 1)

entnommen aus: Sachs, L.: a.a.O., S. 225.

c-Tabelle nach Cochran

α = 0,05

k \ v	1	2	3	4	5	6	7	8	9	10	16	36	144	∞
2	0,9985	0,9750	0,9392	0,9057	0,8772	0,8534	0,8332	0,8159	0,8010	0,7880	0,7341	0,6602	0,5813	0,5000
3	0,9669	0,8709	0,7977	0,7457	0,7071	0,6771	0,6530	0,6333	0,6167	0,6025	0,5466	0,4748	0,4031	0,3333
4	0,9065	0,7679	0,6841	0,6287	0,5895	0,5598	0,5365	0,5175	0,5017	0,4884	0,4366	0,3720	0,3093	0,2500
5	0,8412	0,6838	0,5981	0,5441	0,5065	0,4783	0,4564	0,4387	0,4241	0,4118	0,3645	0,3066	0,2513	0,2000
6	0,7808	0,6161	0,5321	0,4803	0,4447	0,4184	0,3980	0,3817	0,3682	0,3568	0,3135	0,2612	0,2119	0,1667
7	0,7271	0,5612	0,4800	0,4307	0,3974	0,3726	0,3535	0,3384	0,3259	0,3154	0,2756	0,2278	0,1833	0,1429
8	0,6798	0,5157	0,4377	0,3910	0,3595	0,3362	0,3185	0,3043	0,2926	0,2829	0,2462	0,2022	0,1616	0,1250
9	0,6385	0,4775	0,4027	0,3584	0,3286	0,3067	0,2901	0,2768	0,2659	0,2568	0,2226	0,1820	0,1446	0,1111
10	0,6020	0,4450	0,3733	0,3311	0,3029	0,2823	0,2666	0,2541	0,2439	0,2353	0,2032	0,1655	0,1308	0,1000
12	0,5410	0,3924	0,3264	0,2880	0,2624	0,2439	0,2299	0,2187	0,2098	0,2020	0,1737	0,1403	0,1100	0,0833
15	0,4709	0,3346	0,2758	0,2419	0,2195	0,2034	0,1911	0,1815	0,1736	0,1671	0,1429	0,1144	0,0889	0,0667
20	0,3894	0,2705	0,2205	0,1921	0,1735	0,1602	0,1501	0,1422	0,1357	0,1303	0,1108	0,0879	0,0675	0,0500
24	0,3434	0,2354	0,1907	0,1656	0,1493	0,1374	0,1286	0,1216	0,1160	0,1113	0,0942	0,0743	0,0567	0,0417
30	0,2929	0,1980	0,1593	0,1377	0,1237	0,1137	0,1061	0,1002	0,0958	0,0921	0,0771	0,0604	0,0457	0,0333
40	0,2370	0,1576	0,1259	0,1082	0,0968	0,0887	0,0827	0,0780	0,0745	0,0713	0,0595	0,0462	0,0347	0,0250
60	0,1737	0,1131	0,0895	0,0765	0,0682	0,0623	0,0583	0,0552	0,0520	0,0497	0,0411	0,0316	0,0234	0,0167
120	0,0998	0,0632	0,0495	0,0419	0,0371	0,0337	0,0312	0,0292	0,0279	0,0266	0,0218	0,0165	0,0120	0,0083
∞	0	0	0	0	0	0	0	0	0	0	0	0	0	0

α = 0,01

k \ v	1	2	3	4	5	6	7	8	9	10	16	36	144	∞
2	0,9999	0,9950	0,9794	0,9586	0,9373	0,9172	0,8988	0,8823	0,8674	0,8539	0,7949	0,7067	0,6062	0,5000
3	0,9933	0,9423	0,8831	0,8335	0,7933	0,7606	0,7335	0,7107	0,6912	0,6743	0,6059	0,5153	0,4230	0,3333
4	0,9676	0,8643	0,7814	0,7212	0,6761	0,6410	0,6129	0,5897	0,5702	0,5536	0,4884	0,4057	0,3251	0,2500
5	0,9279	0,7885	0,6957	0,6329	0,5875	0,5531	0,5259	0,5037	0,4854	0,4697	0,4094	0,3351	0,2644	0,2000
6	0,8828	0,7218	0,6258	0,5635	0,5195	0,4866	0,4608	0,4401	0,4229	0,4084	0,3529	0,2858	0,2229	0,1667
7	0,8376	0,6644	0,5685	0,5080	0,4659	0,4347	0,4105	0,3911	0,3751	0,3616	0,3105	0,2494	0,1929	0,1429
8	0,7945	0,6152	0,5209	0,4627	0,4226	0,3932	0,3704	0,3522	0,3373	0,3248	0,2779	0,2214	0,1700	0,1250
9	0,7544	0,5727	0,4810	0,4251	0,3870	0,3592	0,3378	0,3207	0,3067	0,2950	0,2514	0,1992	0,1521	0,1111
10	0,7175	0,5358	0,4469	0,3934	0,3572	0,3308	0,3106	0,2945	0,2813	0,2704	0,2297	0,1811	0,1376	0,1000
12	0,6528	0,4751	0,3919	0,3428	0,3099	0,2861	0,2680	0,2535	0,2419	0,2320	0,1961	0,1535	0,1157	0,0833
15	0,5747	0,4069	0,3317	0,2882	0,2593	0,2386	0,2228	0,2104	0,2002	0,1918	0,1612	0,1251	0,0934	0,0667
20	0,4799	0,3297	0,2654	0,2288	0,2048	0,1877	0,1748	0,1646	0,1567	0,1501	0,1248	0,0960	0,0709	0,0500
24	0,4247	0,2871	0,2295	0,1970	0,1759	0,1608	0,1495	0,1406	0,1338	0,1283	0,1060	0,0810	0,0595	0,0417
30	0,3632	0,2412	0,1913	0,1635	0,1454	0,1327	0,1232	0,1157	0,1100	0,1054	0,0867	0,0658	0,0480	0,0333
40	0,2940	0,1915	0,1508	0,1281	0,1135	0,1033	0,0957	0,0898	0,0853	0,0816	0,0668	0,0503	0,0363	0,0250
60	0,2151	0,1371	0,1069	0,0902	0,0796	0,0722	0,0668	0,0625	0,0594	0,0567	0,0461	0,0344	0,0245	0,0167
120	0,1225	0,0759	0,0585	0,0489	0,0429	0,0387	0,0357	0,0334	0,0316	0,0302	0,0242	0,0178	0,0125	0,0083
∞	0	0	0	0	0	0	0	0	0	0	0	0	0	0

v = Anzahl der Freiheitsgrade für s_z^2

k = Anzahl der Varianzen

entnommen aus: Sachs, L.: a.a.O., S. 615.

χ^2-Tabelle

FG \ α	0.001	0.01	0.025	0.05	0.10	0.20	0.30	0.50	0.70	0.80	0.90	0.95	0.975	0.99
1	10.83	6.63	5.02	3.84	2.71	1.64	1.07	0.455	0.148	0.064	0.0158	0.0039	0.00098	0.00016
2	13.82	9.21	7.38	5.99	4.61	3.22	2.41	1.39	0.713	0.446	0.2107	0.1026	0.0506	0.0201
3	16.27	11.34	9.35	7.81	6.25	4.64	3.66	2.37	1.42	1.00	0.584	0.352	0.216	0.115
4	18.47	13.28	11.14	9.49	7.78	5.99	4.88	3.36	2.20	1.65	1.064	0.711	0.484	0.297
5	20.52	15.09	12.83	11.07	9.24	7.29	6.06	4.35	3.00	2.34	1.61	1.15	0.831	0.554
6	22.46	16.81	14.45	12.59	10.64	8.56	7.23	5.35	3.83	3.07	2.20	1.64	1.24	0.872
7	24.32	18.48	16.01	14.07	12.02	9.80	8.38	6.35	4.67	3.82	2.83	2.17	1.69	1.24
8	26.13	20.09	17.53	15.51	13.36	11.0	9.52	7.34	5.53	4.59	3.49	2.73	2.18	1.65
9	27.88	21.67	19.02	16.92	14.68	12.2	10.7	8.34	6.39	5.38	4.17	3.33	2.70	2.09
10	29.59	23.21	20.48	18.31	15.99	13.4	11.8	9.34	7.27	6.18	4.87	3.94	3.25	2.56
11	31.26	24.73	21.92	19.68	17.28	14.6	12.9	10.3	8.15	6.99	5.58	4.57	3.82	3.05
12	32.91	26.22	23.34	21.03	18.55	15.8	14.0	11.3	9.03	7.81	6.30	5.23	4.40	3.57
13	34.53	27.69	24.74	22.36	19.81	17.0	15.1	12.3	9.93	8.63	7.04	5.89	5.01	4.11
14	36.12	29.14	26.12	23.68	21.06	18.2	16.2	13.3	10.8	9.47	7.79	6.57	5.63	4.66
15	37.70	30.58	27.49	25.00	22.31	19.3	17.3	14.3	11.7	10.3	8.55	7.26	6.26	5.23
16	39.25	32.00	28.85	26.30	23.54	20.5	18.4	15.3	12.6	11.2	9.31	7.96	6.91	5.81
17	40.79	33.41	30.19	27.59	24.77	21.6	19.5	16.3	13.5	12.0	10.08	8.67	7.56	6.41
18	42.31	34.81	31.53	28.87	25.99	22.8	20.6	17.3	14.4	12.9	10.86	9.39	8.23	7.01
19	43.82	36.19	32.85	30.14	27.20	23.9	21.7	18.3	15.4	13.7	11.65	10.12	8.91	7.63
20	45.31	37.57	34.17	31.41	28.41	25.0	22.8	19.3	16.3	14.6	12.44	10.85	9.59	8.26
22	48.27	40.29	36.78	33.92	30.81	27.3	24.9	21.3	18.1	16.3	14.04	12.34	10.98	9.54
24	51.18	42.98	39.36	36.42	33.20	29.6	27.1	23.3	19.9	18.1	15.66	13.85	12.40	10.86
26	54.05	45.64	41.92	38.89	35.56	31.8	29.2	25.3	21.8	19.8	17.29	15.38	13.84	12.20
28	56.89	48.28	44.46	41.34	37.92	34.0	31.4	27.3	23.6	21.6	18.94	16.93	15.31	13.56
30	59.70	50.89	46.98	43.77	40.26	36.2	33.5	29.3	25.5	23.4	20.60	18.49	16.79	14.95
35	66.62	57.34	53.20	49.80	46.06	41.8	38.9	34.3	30.2	27.8	24.80	22.46	20.57	18.51
40	73.40	63.69	59.34	55.76	51.81	47.3	44.2	39.3	34.9	32.3	29.05	26.51	24.43	22.16
50	86.66	76.15	71.42	67.50	63.17	58.2	54.7	49.3	44.3	41.4	37.69	34.76	32.36	29.71
60	99.61	88.38	83.30	79.08	74.40	69.0	65.2	59.3	53.8	50.6	46.46	43.19	40.48	37.48
80	124.84	112.33	106.63	101.88	96.58	90.4	86.1	79.3	72.9	69.2	64.28	60.39	57.15	53.54
100	149.45	135.81	129.56	124.34	118.50	111.7	106.9	99.3	92.1	87.9	82.36	77.93	74.22	70.06
120	173.62	158.95	152.21	146.57	140.23	132.8	127.6	119.3	111.4	106.8	100.62	95.70	91.57	86.92
150	209.26	193.21	185.80	179.58	172.58	164.3	158.6	149.3	140.5	135.3	128.28	122.69	117.99	112.67
200	267.54	249.45	241.06	233.99	226.02	216.6	210.0	199.3	189.0	183.0	174.84	168.28	162.73	156.43
z_α für (1.169) links	3.090	2.326	1.96	1.645	1.282	0.842	0.524	0	-0.524	-0.842	-1.282	-1.645	-1.96	-2.326

FG \ α	0,10	0,05	0,01	0,001	0,0001
1	2,7055	3,8415	6,6349	10,8276	15,1367
2	4,6052	5,9915	9,2103	13,8155	18,4207
3	6,2514	7,8147	11,3449	16,2662	21,1075
4	7,7794	9,4877	13,2767	18,4668	23,5127
5	9,2364	11,0705	15,0863	20,5150	25,7448
6	10,6446	12,5916	16,8119	22,4577	27,8563

α = Zahl der erklärenden Variablen (J)
FG = Zahl der Freiheitsgrade (DR)

entnommen aus: Sachs, L.: a.a.O.; S. 212.

Durbin-Watson-Tabelle (Vertrauenswahrscheinlichkeit 0,95)

K	J=1		J=2		J=3		J=4		J=5	
	d^+_u	d^+_o	d^+_u	d^+_o	d^+_u	d^+_o	d^+_u	d^+_o	d^+_u	d^+_o
15	1,08	1,36	1,95	1,54	0,82	1,75	0,69	1,97	0,56	2,21
16	1,10	1,37	1,98	1,54	0,86	1,73	0,74	1,93	0,62	2,15
17	1,13	1,38	1,02	1,54	0,90	1,71	0,78	1,90	0,67	2,10
18	1,16	1,39	1,05	1,53	0,93	1,69	0,82	1,87	0,71	2,06
19	1,18	1,40	1,08	1,53	0,97	1,68	0,86	1,85	0,75	2,02
20	1,20	1,41	1,10	1,54	1,00	1,68	0,90	1,83	0,79	1,99
21	1,22	1,42	1,13	1,54	1,03	1,67	0,93	1,81	0,83	1,96
22	1,24	1,43	1,15	1,54	1,05	1,66	0,96	1,80	0,86	1,94
23	1,26	1,44	1,17	1,54	1,08	1,66	0,99	1,79	0,90	1,92
24	1,27	1,45	1,19	1,55	1,10	1,66	1,01	1,78	0,93	1,90
25	1,29	1,45	1,21	1,55	1,12	1,66	1,04	1,77	0,95	1,89
26	1,30	1,46	1,22	1,55	1,14	1,65	1,06	1,76	0,98	1,88
27	1,32	1,47	1,24	1,56	1,16	1,65	1,08	1,76	1,01	1,86
28	1,33	1,48	1,26	1,56	1,18	1,65	1,10	1,75	1,03	1,85
29	1,34	1,48	1,27	1,56	1,20	1,65	1,12	1,74	1,05	1,84
30	1,35	1,49	1,28	1,57	1,21	1,65	1,14	1,74	1,07	1,83
31	1,36	1,50	1,30	1,57	1,23	1,65	1,16	1,74	1,09	1,83
32	1,37	1,50	1,31	1,57	1,24	1,65	1,18	1,73	1,11	1,82
33	1,38	1,51	1,32	1,58	1,26	1,65	1,19	1,73	1,13	1,81
34	1,39	1,51	1,33	1,58	1,27	1,65	1,21	1,73	1,15	1,81
35	1,40	1,52	1,34	1,58	1,28	1,65	1,22	1,73	1,16	1,80
36	1,41	1,52	1,35	1,59	1,29	1,65	1,24	1,73	1,18	1,80
37	1,42	1,53	1,36	1,59	1,31	1,66	1,25	1,72	1,19	1,80
38	1,43	1,54	1,37	1,59	1,32	1,66	1,26	1,72	1,21	1,79
39	1,43	1,54	1,38	1,60	1,33	1,66	1,27	1,72	1,22	1,79
40	1,44	1,54	1,39	1,60	1,34	1,66	1,29	1,72	1,23	1,79
45	1,48	1,57	1,43	1,62	1,38	1,67	1,34	1,72	1,29	1,78
50	1,50	1,59	1,46	1,63	1,42	1,67	1,38	1,72	1,34	1,77
55	1,53	1,60	1,49	1,64	1,45	1,68	1,41	1,72	1,38	1,77
60	1,55	1,62	1,51	1,65	1,48	1,69	1,44	1,73	1,41	1,77
65	1,57	1,63	1,54	1,66	1,50	1,70	1,47	1,73	1,44	1,77
70	1,58	1,64	1,55	1,67	1,52	1,70	1,49	1,74	1,46	1,77
75	1,60	1,65	1,57	1,68	1,54	1,71	1,51	1,74	1,49	1,77
80	1,61	1,66	1,59	1,69	1,56	1,72	1,53	1,74	1,51	1,77
85	1,62	1,67	1,60	1,70	1,57	1,72	1,55	1,75	1,52	1,77
90	1,63	1,68	1,61	1,70	1,59	1,73	1,57	1,75	1,54	1,78
95	1,64	1,69	1,62	1,71	1,60	1,73	1,58	1,75	1,56	1,78
100	1,65	1,69	1,63	1,72	1,61	1,74	1,59	1,76	1,57	1,78

K   = Zahl der Beobachtungen
J   = Zahl der Regressoren
d^+_u = unterer Grenzwert des Unschärfebereichs
d^+_o = oberer Grenzwert des Unschärfebereichs

entnommen aus: Durbin, J. / Watson, G.S. (1951): Testing for Serial Correlation in Least
Squares Regression II, in: Biometrica, Vol. 38, S. 159 - 178, 173.

Durbin-Watson-Tabelle (Vertrauenswahrscheinlichkeit 0,975)

K	J=1		J=2		J=3		J=4		J=5	
	d^+_u	d^+_o	d^+_u	d^+_o	d^+_u	d^+_o	d^+_u	d^+_o	d^+_u	d^+_o
15	0,95	1,23	0,83	1,40	0,71	1,61	0,59	1,84	0,48	2,09
16	0,98	1,24	0,86	1,40	0,75	1,59	0,64	1,80	0,53	2,03
17	1,01	1,25	0,90	1,40	0,79	1,58	0,68	1,77	0,57	1,98
18	1,03	1,26	0,93	1,40	0,82	1,56	0,72	1,74	0,62	1,93
19	1,06	1,28	0,96	1,41	0,86	1,55	0,76	1,72	0,66	1,90
20	1,08	1,28	0,99	1,41	0,89	1,55	0,79	1,70	0,70	1,87
21	1,10	1,30	1,01	1,41	0,92	1,54	0,83	1,69	0,73	1,84
22	1,12	1,31	1,04	1,42	0,95	1,54	0,86	1,68	0,77	1,82
23	1,14	1,32	1,06	1,42	0,97	1,54	0,89	1,67	0,80	1,80
24	1,16	1,33	1,08	1,43	1,00	1,54	0,91	1,66	0,83	1,79
25	1,18	1,34	1,10	1,43	1,02	1,54	0,94	1,65	0,86	1,77
26	1,19	1,35	1,12	1,44	1,04	1,54	0,96	1,65	0,88	1,76
27	1,21	1,36	1,13	1,44	1,06	1,54	0,99	1,64	0,91	1,75
28	1,22	1,37	1,15	1,45	1,08	1,54	1,01	1,64	0,93	1,74
29	1,24	1,38	1,17	1,45	1,10	1,54	1,03	1,63	0,96	1,73
30	1,25	1,38	1,18	1,46	1,12	1,54	1,05	1,63	0,98	1,73
31	1,26	1,39	1,20	1,47	1,13	1,55	1,07	1,63	1,00	1,72
32	1,27	1,40	1,21	1,47	1,15	1,55	1,08	1,63	1,02	1,71
33	1,28	1,41	1,22	1,48	1,16	1,55	1,10	1,63	1,04	1,71
34	1,29	1,41	1,24	1,48	1,17	1,55	1,12	1,63	1,06	1,70
35	1,30	1,42	1,25	1,48	1,19	1,55	1,13	1,63	1,07	1,70
36	1,31	1,43	1,26	1,49	1,20	1,56	1,15	1,63	1,09	1,70
37	1,32	1,43	1,27	1,49	1,21	1,56	1,16	1,62	1,10	1,70
38	1,33	1,44	1,28	1,50	1,23	1,56	1,17	1,62	1,12	1,70
39	1,34	1,44	1,29	1,50	1,24	1,56	1,19	1,63	1,13	1,69
40	1,35	1,45	1,30	1,51	1,25	1,57	1,20	1,63	1,15	1,69
45	1,39	1,48	1,34	1,53	1,30	1,58	1,25	1,63	1,21	1,69
50	1,42	1,50	1,38	1,54	1,34	1,59	1,30	1,64	1,26	1,69
55	1,45	1,52	1,41	1,56	1,37	1,60	1,33	1,64	1,30	1,69
60	1,47	1,54	1,44	1,57	1,40	1,61	1,37	1,65	1,33	1,69
65	1,49	1,55	1,46	1,59	1,43	1,62	1,40	1,66	1,36	1,69
70	1,51	1,57	1,48	1,60	1,45	1,63	1,42	1,66	1,39	1,70
75	1,53	1,58	1,50	1,61	1,47	1,64	1,45	1,67	1,42	1,70
80	1,54	1,59	1,52	1,62	1,49	1,65	1,47	1,67	1,44	1,70
85	1,56	1,60	1,53	1,63	1,51	1,65	1,49	1,68	1,46	1,71
90	1,57	1,61	1,55	1,64	1,53	1,66	1,50	1,69	1,48	1,71
95	1,58	1,62	1,56	1,65	1,54	1,67	1,52	1,69	1,50	1,71
100	1,59	1,63	1,57	1,65	1,55	1,67	1,53	1,70	1,51	1,72

K   = Zahl der Beobachtungen
J   = Zahl der Regressoren
d^+_u = unterer Grenzwert des Unschärfebereichs
d^+_o = oberer Grenzwert des Unschärfebereichs

entnommen aus: Durbin, J. / Watson, G.S.: a. a. O., S. 174

q-Werte-Tabelle

df des Nenners	p%	Spannweite										
		2	3	4	5	6	7	8	9	10	11	12
1	5	18,00	27,00	32,80	37,10	40,40	43,10	45,40	47,40	49,10	50,60	52,00
	1	90,00	135,00	164,00	186,00	202,00	216,00	227,00	237,00	246,00	253,00	260,00
2	5	6,09	8,30	9,80	10,90	11,70	12,40	13,00	13,50	14,00	14,40	14,70
	1	14,00	19,00	22,30	24,70	26,60	28,20	29,50	30,70	31,70	32,60	33,40
3	5	4,50	5,91	6,82	7,50	8,04	8,48	8,85	9,18	9,46	9,72	9,95
	1	8,26	10,60	12,20	13,30	14,20	15,00	15,60	16,20	16,70	17,10	17,50
4	5	3,93	5,04	5,76	6,29	6,71	7,05	7,35	7,60	7,83	8,03	8,21
	1	6,51	8,12	9,17	9,96	10,60	11,10	11,50	11,90	12,30	12,60	12,80
5	5	3,64	4,60	5,22	5,67	6,03	6,33	6,58	6,80	6,99	7,17	7,32
	1	5,70	6,97	7,80	8,42	8,91	9,32	9,67	9,97	10,20	10,50	10,70
6	5	3,46	4,34	4,90	5,31	5,63	5,89	6,12	6,32	6,49	6,65	6,79
	1	5,24	6,33	7,03	7,56	7,97	8,32	8,61	8,87	9,10	9,30	9,49
7	5	3,34	4,16	4,69	5,06	5,36	5,61	5,82	6,00	6,16	6,30	6,43
	1	4,95	5,92	6,54	7,01	7,37	7,68	7,94	8,17	8,37	8,55	8,71
8	5	3,26	4,04	4,53	4,89	5,17	5,40	5,60	5,77	5,92	6,05	6,18
	1	4,74	5,63	6,20	6,63	6,96	7,24	7,47	7,68	7,87	8,03	8,13
9	5	3,20	3,95	4,42	4,76	5,02	5,24	5,43	5,60	5,74	5,87	5,98
	1	4,60	5,43	5,96	6,35	6,66	6,91	7,13	7,32	7,49	7,65	7,78
10	5	3,15	3,88	4,33	4,65	4,91	5,12	5,30	5,46	5,60	5,72	5,83
	1	4,48	5,27	5,77	6,14	6,43	6,67	6,87	7,05	7,21	7,36	7,48
11	5	3,11	3,82	4,26	4,57	4,82	5,03	5,20	5,35	5,49	5,61	5,71
	1	4,39	5,14	5,62	5,97	6,25	6,48	6,67	6,84	6,99	7,13	7,26
12	5	3,08	3,77	4,20	4,51	4,75	4,95	5,12	5,27	5,40	5,51	5,62
	1	4,32	5,04	5,50	5,84	6,10	6,32	6,51	6,67	6,81	6,94	7,06
13	5	3,06	3,73	4,15	4,45	4,69	4,88	5,05	5,19	5,32	5,43	5,53
	1	4,25	4,96	5,40	5,73	5,98	6,19	6,37	6,53	6,67	6,79	6,90
14	5	3,03	3,70	4,11	4,41	4,64	4,83	4,99	5,13	5,25	5,36	5,46
	1	4,21	4,69	5,32	5,63	5,88	6,08	6,26	6,41	6,54	6,66	6,77
16	5	3,00	3,65	4,05	4,33	4,56	4,74	4,90	5,03	5,15	5,26	5,35
	1	4,13	4,78	5,19	5,49	5,72	5,92	6,08	6,22	6,35	6,46	6,56
18	5	2,97	3,61	4,00	4,28	4,49	4,67	4,82	4,96	5,07	5,17	5,27
	1	4,07	4,70	5,09	5,38	5,60	5,79	5,94	6,08	6,20	6,31	6,41
20	5	2,95	3,58	3,96	4,23	4,45	4,62	4,77	4,90	5,01	5,11	5,20
	1	4,03	4,64	5,02	5,29	5,51	5,69	5,84	5,97	6,09	6,19	6,29
24	5	2,92	3,53	3,90	4,17	4,37	4,54	4,68	4,81	4,92	5,01	5,10
	1	3,95	4,54	4,91	5,17	5,37	5,54	5,69	5,81	5,92	6,02	6,11
30	5	2,89	3,49	3,84	4,10	4,30	4,46	4,60	4,72	4,83	4,92	5,00
	1	3,89	4,45	4,80	5,05	5,24	5,40	5,54	5,56	5,76	5,85	5,93
40	5	2,86	3,44	3,79	4,04	4,23	4,39	4,52	4,63	4,74	4,82	4,91
	1	3,82	4,37	4,70	4,93	5,11	5,27	5,39	5,50	5,60	5,69	5,77
60	5	2,83	3,40	3,74	3,98	4,16	4,31	4,44	4,55	4,65	4,73	4 81
	1	3,76	4,28	4,60	4,82	4,99	5,13	5,25	5,36	5,45	5,53	5,60
120	5	2,80	3,36	3,69	3,92	4,10	4,24	4,36	4,48	4,56	4,64	4,72
	1	3,70	4,20	4,50	4,71	4,87	5,01	5,12	5,21	5,30	5,38	5,44
		2,77	3,31	3,63	3,86	4,03	4,17	4,29	4,39	4,47	4,55	4,62
		3,64	4,12	4,40	4,60	4,76	4,88	4,99	5,08	5,16	5,23	5,29

df = Zahl der Freiheitsgrade

p   = Signifikanzniveau in %

entnommen aus: Fröhlich, W. D. / Becker, J. (1972): Forschungsstatistik, 6. Aufl., Bonn, S. 547.

✂--

Absender:

_____

_____

_____

_____

Tel.:

> Herrn
> Univ.-Prof. Dr. Rolf Weiber
> Universität Trier
> FB IV BWL-AMK
> Professur für Marketing
>
> D-54286 Trier

Betr.: Multivariate Analysemethoden 9. Auflage

Hiermit bestelle ich

Die Support-Diskette zum Preis von DM 10,--
Das komplette Set von Folienvorlagen zum Preis von DM 40,--

Das Set von Folienvorlagen für das Kapitel

Zur Verwendung dieses Buches	zum Preis von DM 1,--
Regressionsanalyse	zum Preis von DM 5,--
Varianzanalyse	zum Preis von DM 5,--
Dikriminanzanalyse	zum Preis von DM 5,--
Kontingenzanalyse	zum Preis von DM 1,--
Faktorenanalyse	zum Preis von DM 6,--
Clusteranalyse	zum Preis von DM 6,--
Lisrel-Ansatz der Kausalanalyse	zum Preis von DM 6,--
Multidimensionale Skalierung	zum Preis von DM 6,--
Conjoint-Measurement	zum Preis von DM 6,--

zuzüglich Versandkosten

_____   _____
        Datum   Unterschrift

G. Fandel, B. Heuft, A. Paff, T. Pitz

Kostenrechnung

1999. XIV, 532 S. 52 Abb., 40 Tab. Brosch.
DM 59,-; öS 431,-; sFr 54,- ISBN 3-540-66282-0

Dieses Lehrbuch gibt einen fundierten Gesamtüberblick über die traditionellen Stoffinhalte der Kostenrechnung und über neuere Entwicklungen. Als Methoden der Kostenrechnung werden Systeme der Istkostenrechnung, der Plankostenrechnung und der Prozeßkostenrechnung behandelt.

M. Lehmann

Marktorientierte Betriebswirtschaftslehre

Planen und Handeln in der Entgeltwirtschaft

1998. XVI, 415 S. Brosch.
DM 49,90; öS 365,-; sFr 46,- ISBN 3-540-65113-6

Im Zentrum des Buches steht das Prinzip "Leistung gegen Entgelt": Betriebswirtschaftliches Planen, Entscheiden und Handeln wird beschrieben als das Erstellen von Leistungen und ihre Verwendung gegen Entgelt mit dem Zweck der Gewinnerzielung.

H.-O. Günther, H. Tempelmeier

Produktion und Logistik

4. neubearb. u. erw. Aufl. 2000. XII, 368 S. 141 Abb., 69 Tab. Brosch.
DM 39,90; öS 292,-; sFr 37,- ISBN 3-540-66518-8

Dieses Lehrbuch vermittelt eine anwendungsorientierte Einführung in die industrielle Produktion und Logistik. Es behandelt die wichtigsten produktionswirtschaftlichen und logistischen Planungsprobleme und stellt die zu ihrer Lösung verfügbaren grundlegenden Methoden im Überblick dar.

H. Dyckhoff

Umweltmanagement

Zehn Lektionen in umweltorientierter Unternehmensführung

Unter Mitarbeit von **D. Lohmann, U. Schmid, M. Schmidt, R. Souren**

2000. XIV, 266 S. 35 Abb., 13 Tab. Brosch.
DM 39,90; öS 292,-; sFr 37,- ISBN 3-540-66966-3

Das Lehrbuch basiert auf einer ganzheitlichen Konzeption umweltorientierter Unternehmensführung. Diese wird in der ersten Lektion entwickelt und liefert einen einführenden, in sich schlüssigen Überblick über das betriebliche Umweltmanagement.

H. Dyckhoff

Grundzüge der Produktionswirtschaft

Einführung in die Theorie betrieblicher Wertschöpfung

3., überarb. Aufl. 2000. XII, 387 S. 98 Abb., 20 Tab. Brosch.
DM 45,-; öS 329,-; sFr 41,50 ISBN 3-540-67151-X

In einem einheitlichen Rahmen behandelt dieses Lehrbuch sowohl wesentliche Modelle und Aussagen der traditionellen Produktions- und Kostentheorie als auch grundlegende Aspekte des Produktionsmanagements.

H. Dyckhoff, H. Ahn, R. Souren

Übungsbuch Produktionswirtschaft

2., überarb. Aufl. 2000. X, 270 S. 85 Abb., 45 Tab. Brosch.
DM 29,90; öS 219,-; sFr 27,50 ISBN 3-540-66529-3

Springer · Kundenservice
Haberstr. 7 · 69126 Heidelberg
Bücherservice: Tel.: 0 62 21-345 -217/-218 · Fax: 0 62 21-345-229
e-mail: orders@springer.de
Zeitschriftenservice: Tel.: 0 62 21-345 240 · Fax: 0 62 21-345-229
e-mail: subscriptions@springer.de

 Springer

Preisänderungen und Irrtümer vorbehalten. d&p · BA 67544/1

Druck- und Bindearbeiten: Legoprint, Italien